CHEMISCHES ZENTRALBLATT

1830 gegründet
1897—1945 von der Deutschen Chemischen Gesellschaft fortgeführt

Herausgegeben im Auftrage
der Deutschen Akademie der Wissenschaften zu Berlin,
der Chemischen Gesellschaft in der DDR,
der Akademie der Wissenschaften zu Göttingen
und der Gesellschaft Deutscher Chemiker
von Prof. Dr. HEINRICH BERTSCH und Prof. Dr. Dr. h. c. WILHELM KLEMM

Chefredakteure
Dr. HELGA VÖLZ und Dr.-Ing. CHRISTIAN WEISKE

REFERAT 0001—2192
SEITE 1—224
140. JAHRGANG

12/1969

19. MÄRZ 1969

AKADEMIE-VERLAG GMBH · BERLIN · VERLAG CHEMIE GMBH WEINHEIM/BERGSTRASSE

Inhalt

CHEMISCHES ZENTRALBLATT

1830 gegründet
1897—1945 von der Deutschen Chemischen Gesellschaft fortgeführt

Herausgegeben im Auftrage
der Deutschen Akademie der Wissenschaften zu Berlin,
der Chemischen Gesellschaft in der DDR,
der Akademie der Wissenschaften zu Göttingen
und der Gesellschaft Deutscher Chemiker
von Prof. Dr. HEINRICH BERTSCH und Prof. Dr. Dr. h. c. WILHELM KLEMM

Chefredakteure
Dr. HELGA VÖLZ und Dr.-Ing. CHRISTIAN WEISKE

140. JAHRGANG
1969

Nr.	Referat	Seitenzahl	Ausgabe-Datum
9	0001—2097	1—216	26. Februar 1969
10	0001—2106	1—216	5. März 1969
11	0001—2252	1—224	12. März 1969
12	0001—2192	1—224	19. März 1969

AKADEMIE-VERLAG GMBH · BERLIN – VERLAG CHEMIE GMBH · WEINHEIM · BERGSTRASSE

Abkürzungsverzeichnis

Bitte besonders beachten:

1. Die Abkürzungen werden auch bei zusammengesetzten Wörtern verwendet. Die abgekürzten Wortteile werden durch einen Bindestrich verbunden. Der Bindestrich fällt weg, wenn der abgekürzte Wortteil am Wortende steht (Bldg.-Wärme, aber Wärmebldg.; ungesätt.).
2. Die Endung „isch" (chemisch, physikalisch, organisch usw.) wird durch einen Punkt ersetzt, ausgenommen sind Wörter, bei denen „isch" an einen Vokal angehängt ist (algebraisch).
3. Das letzte Wort eines Satzes wird nicht abgekürzt. Die Kurzzeichen für Maßeinheiten bilden hierbei eine Ausnahme (z. B. m, A).

A.	Äthanol, Äthylalkohol
Abb.	Abbildung(en)
abs.	absolut(e)
Ae.	Äther (nur Diäthyläther)
akt.	aktiv(e)
allg.	allgemein(e)
Anm.	Anmerkung(en)
App.	Apparat(e), Apparatur(en)
Ausb.	Ausbeute(n)
ausg.	ausgegeben
$[\alpha]_D^{20}$	optische Drehung, spezifische (nur in Verbindung mit Indizes und/oder Zahlenangaben, z. B. bei 20°, D-Linie)
ber.	berechnet(e)
bes.	besondere, besonders, insbesondere
Best.	Bestimmung(en)
bez.	bezüglich
Bibl.	Bibliographie(n)
bin.	binär(e)
Bldg.	Bildung(en)
Bzl.	Benzol (nur für die Verbindung C_6H_6)
Bzn.	Benzin
bzw.	beziehungsweise
C.	Chem. Zentralblatt
D.	Dichte(n) (auch in Verbindung mit Indizes und/oder Zahlenangaben, z. B. bei 20° auf Wasser der Dichte bei 4° bezogen: D_4^{20})
dad. gek.	dadurch gekennzeichnet
Darst.	Darstellung(en)
Deriv.	Derivat(e)
Dest.	Destillation(en)
dest.	destillieren, destilliert(e)
d. h.	das heißt
E.	Erstarrungspunkt(e)
Eig.	Eigenschaft(en)
Einfl.	Einfluß, Einflüsse
Einw.	Einwirkung(en)
Entw.	Entwicklung(en)
et al.	und Mitarbeiter
evtl.	eventuell
F.	Schmelzpunkt(e)
fl.	flüssig(e)
Fl.	Flüssigkeit(en)
frakt.	fraktioniert(e)
gasf	gasförmig
geb.	geboren
Geh.	Gehalt(e)
gek.	gekennzeichnet
gesätt.	gesättigt(e)
Geschw	Geschwindigkeit(en)
gest.	gestorben
Gew.	Gewicht(e)
ggf.	gegebenenfalls
Ggw.	Gegenwart
Herst.	Herstellung
ibid.	ibidem
Koeff.	Koeffizient(en)
koll.	kolloid(e), kolloidal(e)
Koll.	Kolloid(e)
Kondens.	Kondensation(en)
Konfig.	Konfiguration(en)
Konform.	Konformation(en)
konst.	konstant(e)
Konst.	Konstante(n)
Konstit.	Konstitution(en)
Konz.	Konzentration(en)
konz.	konzentriert(e)
korr.	korrigiert(e)
Kp.	Siedepunkt(e) (Siedepunkt z. B. bei 10 Torr: $Kp._{10}$)
Krist.	Kristall(e)
krist.	kristallisieren, kristallisiert(e), kristallin(e)
KW-Stoff(e)	Kohlenwasserstoff(e)
Labor.	Laboratorium, Laboratorien
l.c.	loco citato
Leg.	Legierung(en)
lösl.	löslich(e)
Lsg.	Lösung(en)
Lsgm.	Lösungsmittel
Max.	Maximum
Meth.	Methode(n)
Min.	Minute(n), allgemein
Mitt.	Mitteilung(en)
mkr.	mikroskopisch(e)
mol.	molekular(e)
Mol.	Molekül(e)
Molgew.	Molekulargewicht(e)
n_D^{20}	Brechungsindex (nur in Verbindung mit Indizes und/oder Zahlenangaben, z. B. bei 20°, D-Linie)
nachst.	nachstehend(e)
Nachw.	Nachweis(e)
Nd.	Niederschlag, Niederschläge
Orig.	Original(e)
Ox.	Oxydation(en)
ox.	oxydiert(e)
PAe.	Petroläther
Präp.	Präparat(e)
prim.	primär(e)
Prior	Priorität(en), Unionspriorität(en)
Prod.	Produkt(e)
‰ig.	promillig(e)
%ig.	prozentig(e)
Py.	Pyridin (nur für die Verbindung C_5H_5N)
qual.	qualitativ(e)
quant.	quantitativ(e)
quart.	quartär(e) (Bindigkeit)
quatern.	quaternär(e)
rac.	racemisch(e)
Red.	Reduktion(en)
red.	reduziert(e)
Ref.	Referat(e)
Rk.	Reaktion(en)
s.	siehe
sd	siedend(e), siedet
sek	sekundär(e)
Sek	Sekunde(n), allgemein
sog.	sogenannt(e)
Std.	Stunde(n), allgemein
std.	stündig(e)
Subl.	Sublimation(en)
subl.	sublimiert(e)
symm.	symmetrisch(e)
Synth.	Synthese(n)
Syst.	System(e)
Temp.	Temperatur(en)
tern.	ternär(e)
tert.	tertiär(e)
u.	und
u. a.	und andere, unter anderem
u. dgl.	und dergleichen
Unters.	Untersuchung(en)
usw.	und so weiter
Verb.	Verbindung(en)
verd.	verdünnt(e)
Verf.	Verfahren
Verh.	Verhalten
Vers.	Versuch(e)
Verw.	Verwendung(en)
Vf.	Verfasser, Verfasserin(nen)
Vgl.	Vergleich(e)
vgl.	vergleiche
Vol.	Volumen, Volumina
Vork.	Vorkommen
vorl. Mitt.	vorläufige Mitteilung(en)
Vorr.	Vorrichtung(en)
vorst.	vorstehend(e)
W.	Wasser
Wrkg.	Wirkung(en)
wss.	wäßrig(e)
z. B.	zum Beispiel
Zers.	Zersetzung(en)
z. T.	zum Teil
Zus.	Zusammensetzung(en)

Mathematische Zeichen

$\approx$	angenähert gleich, rund, zirka
⌀	Durchmesser
$\triangleq$	entspricht
$>$	größer als
$\geqq$	größer oder gleich
$<$	kleiner als
$\leqq$	kleiner oder gleich
$\sim$	proportional
∞	unendlich

Patent-Abkürzungen

Aust.P.	Australisches Patent
Belg.P.	Belgisches Patent
Belg.A.S.	Belgische Auslegeschrift
Brit.P.	Britisches Patent
Can.P.	Canadisches Patent
Dän.P.	Dänisches Patent
D.A.S.	Deutsche Auslegeschrift
D.B.P.	Deutsches Bundes-Patent
D.P.[DDR]	Deutsches Pat. [DDR]
Finn.P.	Finnisches Patent
F.P.	Französisches Patent
Ind.P.	Indisches Patent
Israel.A.S.	Israelische Auslegeschrift
It.P.	Italienisches Patent
Jap.A.S.	Japanische Auslegeschr.
Niederl.P.	Niederländisches Patent
Norw.P.	Norwegisches Patent
Oe.P.	Österreichisches Patent
Port.P.	Portugiesisches Patent
Schwed.P.	Schwedisches Patent
Schwz.P.	Schweizer Patent
Tschech.P.	Tschechoslowakisches Patent
UdSSR.P.	Sowjetisches Patent
Ung.P.	Ungarisches Patent
U.S.P.	Amerikanisches Patent

Dr. Helga Völz und Dr.-Ing. Christian Weiske

Namenregister Nr. 12

Ein vollständiger oder gekürzter Abdruck der Referate ist ohne Genehmigung der Redaktion und des Verlages verboten!

Patentregister

Australische Patente (Aust. P.)

Nr.	Ref. Nr.	Bezugspatent
246 544	2159	(F.P. 78 073)
249 308	2105	(Brit.P. 945 809)
250 116	2161	(Brit.P. 903 048)
424	1600	(F.P. [Med.] 1 586)
476	1584	(D.A.S. 1 196 653)
524	2190	(Brit.P. 919 248)
525	2120	(Brit.P. 966 481)
251 341	1597	(F.P. [Med.] 1 077)
527	2055	(Brit.P. 944 758)
559	1532	(Brit.P. 918 066)
630	1524	(F.P. [Med.] 688)
253 594	1931	(F.P. 1 282 688)
267 686	1604	(U.S.P. 3 142 703)
270 315	2175	(Brit.P. 973 236)
271 014	2092	(F.P. 1 350 623)
029	1596	(Brit.P. 1 003 474)
030	2082	(Oe.P. 231 428)
275	2171	(Brit.P. 972 978)
307	2181	(U.S.P. 3 129 261)
391	2169	(U.S.P. 3 154 398)
474	1938	(Brit.P. 930 354)
272 057	2165	
185	2166	

Belgische Auslegeschriften (Belg. A. S.)

Nr.	Ref. Nr.	Bezugspatent
644 985	2148	(Brit.P. 1 018 459)
647 709	1475	
654 108	2026	
772	1582	(Ung.P. 152 542)
657 178	2188	

Britische Patente (Brit. P.)

Nr.	Ref. Nr.	Bezugspatent
907 646	1555	(Oe.P. 228 215)
909 606	1593	(D.A.S. 1 132 925)
916 566	2059	(Can.P. 690 214)
929 190	1562	(F.P. [Med.] 794)
938 806	2146	(Ind.P. 77 288)
941 990	2108	(F.P. 1 279 273)
942 621	2068	(F.P. 1 305 091)
944 440	2089	(F.P. 1 300 595)
574	2090	(F.P. 1 297 933)
949 502	2159	(F.P 78 073)
953 936	1939	(Oe.P. 233 144)
962 005	1936	(F.P. 1 295 711)
965 788	2070	(U.S.P 3 104 248)
966 485	1510	(Oe.P. 230 878)
		(Ung.P. 17 872)
486	1510	(Oe.P. 230 878)
		(Ung.P. 17 872)
971 637	1517	(U.S.P. 3 082 152)
858	2110	(Can.P. 688 409)
973 360	1530	(F.P. 1 305 389)
		(Ung.P. 149 912)
976 304	2071	(F.P. 1 285 780)
919	2093	(D.P. [DDR] 33 282)
982 249	1514	(F.P. 1 285 920)
1 002 467	1509	(D.A.S. 1 203 910)
1 010 005	1599	(D.A.S. 1 203 912)
745	2155	(Belg.A.S. 646 061)
1 013 574	1556	(D.P. [DDR] 31 380)
1 014 443	1926	(F.P. 1 361 468)
1 016 651	2129	
1 017 617	2128	
693	2176	(Niederl.P. 110 761)
		(Oe.P. 241 902)
1 019 920	1455	
1 033 269	2127	
1 037 022	2184	(F.P. 1 349 807)
1 039 238	2167	
1 043 347	1475	
852	1458	
1 048 680	1459	
1 053 208	1477	
818	1482	
852	2044	
696	1501	
1 054 436	2043	
632	1463	
655	1435	
862	1429	
1 055 184	2035	
548	1450	
619	1409	
688	2017	
1 056 045	1465	
163	1481	
319	1983	
418	1507	
474	1430	
475	1430	
675	1479	
676	1479	
729	1986	
908	1425	
948	1406	
1 057 028	1491	
051	1496	
116	2008	
145	1437	
219	1436	
667	1411	
969	1410	
1 058 243	1424	
383	1486	
418	1470	
468	1428	
822	1445	
824	1432	
984	1427	
1 059 107	1464	
182	1466	
271	1453	
350	2014	
386	2000	
968	1418	
1 060 194	1499	
344	1469	
586	2037	
1 061 241	1478	
335	1483	
639	1426	
658	2029	
731	2007	
852	1968	
877	2004	
893	1495	
1 062 124	1912	
252	1417	
954	1456	
1 063 248	1899	
497	1975	
727	1413	
728	1414	
797	2032	
884	1506	
885	1505	
1 064 125	2048	
178	2051	
188	1978	
558	1907	
585	1454	
893	1484	
972	1412	
1 065 183	1431	
516	2031	
1 066 107	1485	
161	1984	
250	2134	
1 067 083	1963	
311	1971	
1 068 549	1985	
655	1416	
698	1438	
814	1503	
1 069 096	1473	
204	1449	
346	1497	
367	1457	
379	2041	
411	1419	
733	2001	
1 070 755	2163	
1 071 012	2019	
013	2019	
943	1471	
1 072 337	1494	
735	1498	
834	1472	
918	2030	

Nr.	Ref. Nr.	Bezugspatent
1 073 256	2033	
328	1991	
365	1415	
530	1493	
609	2005	
1 074 084	1421	
085	1421	
099	1910	
217	1468	
331	1487	
369	1480	
665	1914	
1 075 585	2023	
1 076 142	1958	
244	1981	
304	2010	
450	1913	
1 077 089	1443	
275	2036	
301	2038	
920	1993	
988	1973	
1 078 045	1976	
164	2025	
424	1959	
1 079 037	2013	
314	2050	
421	2039	
520	1444	
676	1988	
748	2018	
900	2009	
1 080 128	1440	
153	1994	
253	1909	
282	2164	
661	1904	
797	1407	
1 081 944	2049	
1 082 017	1969	
308	1915	
427	1489	
572	1964	
1 083 195	2016	
1 084 134	1980	
175	2034	
428	2046	
429	2047	
467	1474	
468	1474	
700	1502	
359	1916	
1 085 606	1490	
724	1917	
762	2052	
878	1992	
1 086 222	1960	
250	1999	
494	1488	
528	1974	
530	1422	
951	1972	
982	1998	
1 087 325	1504	
413	1979	
414	1979	
702	1966	
779	2162	
854	2002	
880	1982	
887	2015	
1 088 924	1918	
1 089 681	1905	
682	1902	
709	1903	
1 091 227	1919	
1 092 102	1920	
582	1898	
883	1906	
1 093 404	1895	
1 094 918	1901	
1 099 641	2125	
1 105 350	2126	
1 123 865	2136	

Canadische Patente
(Can. P.)

Nr.	Ref. Nr.	Bezugspatent
677 712	2056	(F.P. 1 326 717)
680 976	2074	(U.S.P. 3 054 806)
681 277	2138	(D.A.S. 1 153 839)
778	2103	(U.S.P. 2 980 708)
687 222	1550	(Schwz.P. 378 894)
339	1553	(Brit.P. 946 864)
688 542	2081	(F.P. 1 305 721)
690 074	2104	(U.S.P. 3 117 977)
633	2102	(U.S.P. 3 142 686)
736	2106	(D.P.[DDR] 37 796)
761	1927	(U.S.P. 3 133 870)
692 861	2107	(Brit.P. 941 866)
934	2053	(D.A.S. 1 206 415)
693 612	2152	(Brit.P. 975 844)
695 304	2079	(Brit.P. 960 279)
697 103	1943	(U.S.P. 3 107 144)
699 392	1941	(U.S.P. 3 110 681)
483	1928	(U.S.P. 3 102 787)

Auslegeschriften
der Patentanmeldungen des Deutschen Patentamtes München
(D. A. S.)

Nr.	Ref. Nr.	Bezugspatent
1 157 602	2087	(U.S.P. 3 139 449)
1 198 365	1569	(Brit.P. 924 955)
1 207 354	1929	(D.P. [DDR] 37 451)
1 218 090	2124	
095	2132	
1 220 065	2131	
1 270 715	2135	
1 271 688	1932	(F.P. 1 392 360)
861	2130	
1 275 231	2133	
1 276 018	1942	(F.P. 1 412 643)

Deutsche Patente
(D. P. [DDR])

Nr.	Ref. Nr.	Bezugspatent
28 644	2072	(Brit.P. 969 793)
31 042	1523	(Oe.P 233 008) (Ung.P 150 888)
39 727	1564	(D.A.S. 1 194 422)
48 629	1528	(D.A.S. 1 225 660)

Französische Patente
(F. P.)

Nr.	Ref. Nr.	Bezugspatent
13	1508	(Brit.P. [Med.] ADD 955 849)
1 244	1531	(Brit.P. [Med.] 956 850)
399	1542	(Brit.P. [Med.] 964 143)
2 019	1563	(Brit.P. [Med.] 955 766)
083	1522	(D.P.[DDR] (Med.) 40 502)
089	1529	(Brit.P. [Med.] 979 994)
3 102	1515	(U.S.P. [Med.] 3 133 964)
138	1557	(D.P. [DDR] (Med.) 31 380)
612	1571	(D.A.S. [Med.] 1 181 213)
4 030	1586	(Belg.A.S. [Med.] 633 906)
049	1585	(U.S.P. 3 170 919)
197	1589	(F.P. [Med.] 1 362 733)
300	1581	(U.S.P. [Med.] 3 127 428)
82 531	2096	(Can.P. 693 956)
1 285 079	2076	(U.S.P. 3 157 689)
1 305 368	1531	(Brit.P. 956 850)
1 309 459	2054	(Brit.P. 976 966)
1 310 493	1533	(Can.P. 689 237)
1 311 455	2069	(U.S.P. 3 104 248)
1 315 272	2058	(Brit.P. 957 631)
990	2095	(D.P.[DDR] 32 764) (Ung.P 149 979)
1 318 147	2062	(D.P.[DDR] 44 722)
190	2075	(U.S.P. 3 175 004)
1 320 028	2192	(D.P.[DDR] 33 022)
375	2088	(Brit.P. 948 880)
1 321 317	1930	(Brit.P. 948 882)
1 324 011	2113	(D.A.S. 1 206 097)
1 328 945	2080	(Brit.P. 979 656)
1 331 848	2116	(Brit.P. 1 009 305)
1 332 145	1557	(D.P.[DDR] 31 380)
615	2111	(Can.P. 689 463)
794	2063	(Brit.P. 953 776)
1 336 042	2078	(Brit.P. 963 756)
379	2077	(D.A.S. 1 230 413)
388	1512	(D.A.S. 1 166 766)
444	2100	(Brit.P. 1 007 854)
597	2101	(Schwz.P 407 076)
648	2137	(D.A.S. 1 233 408)
860	2112	(Brit.P. 1 000 685)
949	2109	(Brit.P. 967 483)
1 337 097	1545	(Brit.P. 970 130)
174	2084	(Can.P. 698 235)
332	1522	(D.P.[DDR] 40 502)
775	1598	(Brit.P. 1 012 943)
786	1535	(Brit.P. 962 293)
787	1536	(Brit.P. 963 459)
788	1537	(Brit.P. 961 628)
1 342 556	1937	(Can.P. 690 311)
1 369 307	1548	(F.P. [Med.] 625)
1 377 651	1539	(U.S.P. 3 155 674)
1 380 270	2114	(Brit.P. 1 011 575)
272	2115	(Brit.P. 1 018 987)
1 415 355	1423	
852	2026	
1 429 548	1892	
1 432 529	1891	
1 438 159	1587	(U.S.P. 3 080 392)
1 439 311	1576	(D.A.S. 1 226 574)
1 447 112	1577	(U.S.P. 2 970 157)
113	1583	(U.S.P. 2 929 815)
114	1588	(D.A.S. 1 123 320)
1 448 706	1578	(U.S.P. 3 016 392)
1 450 357	1579	(Brit.P. 878 759)
1 451 166	1574	(U.S.P. 3 060 199)
1 466 324	1893	
1 467 003	1575	(Brit.P. 898 291) (Brit.P. 898 295)
1 469 062	1908	
1 478 120	1922	
1 479 974	1923	
1 483 489	1921	
1 495 043	1897	
1 504 324	2126	

Indische Patente
(Ind. P.)

Nr.	Ref. Nr.	Bezugspatent
74 339	2145	(Brit.P. 924 599)
75 481	1531	(Brit.P. 956 850)
543	2139	(D.A.S. 1 188 229)
76 105	1573	(F.P. 1 290 654)
78 351	2091	(Can.P. 693 865)
450	2160	(D.A.S. 1 204 763)
85 614	1934	(D.A.S. 1 195 276)

Italienische Patente
(It. P.)

Nr.	Ref. Nr.	Bezugspatent
650 528	2066	(D.A.S. 1 171 895)

Japanische Auslegeschriften
(Jap. A. S.)

Nr.	Ref. Nr.	Bezugspatent
6 168/1967	1961	
171/1967	1987	
244/1967	1965	
245/1967	1965	
246/1967	1965	
488	1977	

Niederländische Patente
(Niederl. P.)

Nr.	Ref. Nr.	Bezugspatent
107 522	2140	(Brit.P. 885 457)
108 605	2141	(Brit.P. 864 093)
695	1580	(D.A.S. 1 163 321)
109 020	1525	(Oe.P. 236 582)
110 264	1555	(Oe.P. 228 215)
121 955	1434	
122 627	1962	
123 320	1967	

Oesterreichische Patente
(Oe. P.)

Nr.	Ref. Nr.	Bezugspatent
232 659	1572	(D.A.S. 1 196 653)
234 637	1940	(Brit.P. 968 011)
239 221	1541	(Brit.P. 966 278) (D.A.S. 1 159 954)
243 258	1528	(D.A.S. 1 225 660)
272	1549	(U.S.P. 3 122 538)
273	1549	(U.S.P. 3 122 538)
799	1606	(Brit.P. 980 394)
245 554	1603	(D.P.[DDR] 39 732)
555	1603	(D.P [DDR] 39 732)
246 162	1558	(Brit.P. 1 016 526)
729	1408	
247 519	1592	(D.P.[DDR] 37 206)
865	1520	(D.P.[DDR] 49 842)
250 343	2177	(D.A.S. 1 217 963)
366	1467	
373	1461	
251 189	1594	(F.P. [Med.] 229)
198	1560	(U.S.P. 3 060 104)
204	1570	(D.A.S. 1 200 827)
252 939	1446	
254 222	1891	
225	1892	
263 972	2136	

Portugiesische Patente
(Port. P.)

Nr.	Ref. Nr.	Bezugspatent
45 452	2012	
593	2027	
594	2028	
46 486	1990	
936	1970	
47 035	1995	
036	1995	

Schwedische Patente
(Schwed. P.)

Nr.	Ref. Nr.	Bezugspatent
201 889	2180	(Brit.P. 945 578)
202 018	2172	(Port.P. 41 966)
433	2191	(D.P.[DDR] 23 769)
567	2173	(D.A.S. 1 157 029)
680	2183	(F.P. 1 158 756)
203 127	2188	(Oe.P. 237 632)
400	2182	(D.A.S. 1 166 790)
401	1602	(D.P.[DDR] 39 732)
471	1519	(U.S.P. 2 953 578)
472	1519	(U.S.P. 2 953 578)
473	1526	(D.A.S. 1 197 880)
478	1540	(Aust.P. 225 790)
479	1516	(D.A.S. 1 031 799)

Nr.	Ref. Nr.	Bezugspatent
522	1590	(Brit.P. 835 638)
560	2187	(U.S.P. 3 071 594)
561	2168	(Brit.P. 966 283)
612	1595	(D.A.S. 1 026 481)
630	1544	(D.A.S. 1 134 678)
631	1543	(D.A.S. 1 202 280)
707	2170	(Port.P. 40 862)
768	1546	(U.S.P. 3 170 926)
769	1534	(D.A.S. 1 164 415)
771	1513	(D.A.S. 1 213 846)
831	2179	(D.A.S. 1 231 051)
879	1924	(F.P. 1 180 420)
887	1554	(Oe.P. 219 604)
204 009	1527	(Brit.P. 907 528)
138	1518	(D.A.S. 1 068 242)
139	1518	(D.A.S. 1 068 242)
294	1551	(D.A.S. 1 090 667)
297	1538	(Brit.P. 957 462)
298	1521	(D.A.S. 1 165 607)
293 474	1526	(D.A.S. 1 197 880)

Schweizer Patente
(Schwz. P.)

Nr.	Ref. Nr.	Bezugspatent
203 884	1552	(F.P. 1 199 227)
375 728	1555	(Oe.P. 228 215)
390 256	1523	(Oe.P. 233 008)
		(Ung.P. 150 888)
391 703	1523	(Oe.P. 233 008)
		(Ung.P. 150 888)
393 596	2153	(F.P. 1 255 770)
396 024	1559	(Oe.P. 226 379)
404 682	2117	(F.P. 1 346 082)
405 566	2151	(Brit.P. 913 438)
408 948	1591	(D.A.S. 1 205 546)
410 231	2149	(Brit.P. 859 899)
		(Brit.P. 859 900)
		(F.P. 1 242 433)
234	2143	(Brit.P. 923 068)
235	2143	(Brit.P. 923 068)
411 178	2149	(Brit.P. 859 899)
		(Brit.P. 859 900)
		(F.P. 1 242 433)
413 819	2185	(Brit.P. 966 843)
416 636	1458	
417 599	1500	
420 077	1894	
421 942	2020	
943	2021	
424 765	2006	
426 828	1492	
427 759	1900	
769	1441	
432 481	1890	
433 324	1462	
332	1447	
337	1448	
338	1447	
339	1447	
340	1448	
344	1452	
434 247	1476	
269	1448	
435 267	1475	
297	1430	
437 263	1420	
288	1442	
313	1451	
345	2040	
347	2024	
438 301	1439	
331	2026	
366	1989	
439 274	2003	
323	2042	
444 996	2125	
446 576	2134	
448 337	2127	
452 087	2130	
454 130	1433	

Tschechoslowakische Patente
(Tschech. P.)

Nr.	Ref. Nr.	Bezugspatent
115 816	1565	(D.P.[DDR] 28 275)

U.S.A.-Patente
(U. S. P.)

Nr.	Ref. Nr.	Bezugspatent
3 069 476	2189	(D.A.S. 1 124 029)
3 073 699	2158	(D.A.S. 1 112 403)
3 080 368	2086	(D.A.S. 1 073 480)
3 086 023	1569	(Brit.P. 924 955)
3 095 413	2190	(Brit.P. 919 248)
3 110 722	2083	(Can.P. 696 652)
3 149 146	2097	(Brit.P. 980 092)
953	2174	(Can.P. 694 406)
3 153 046	1605	(F.P. 1 310 507)
3 159 672	2085	(Brit.P. 971 172)
3 168 441	2157	(Brit.P. 969 377)
3 170 924	1547	(Brit.P. 956 269)
3 194 768	1925	(D.A.S. 1 121 594)
3 205 241	2156	(Brit.P. 870 948)
3 235 549	2048	
3 236 829	2150	(F.P. 1 370 011)
3 246 004	2142	(Ind.P. 74 753)
3 250 596	1599	(D.A.S. 1 203 912)
804	1511	(D.A.S. 1 243 174)
3 251 822	2150	(F.P. 1 370 011)
3 255 259	2061	(F.P. 1 315 275)
3 256 286	1561	(Can.P. 695 728)
3 260 717	1460	
3 261 826	2144	(F.P. 83 724)
3 264 059	1896	
3 270 065	2060	(D.A.S. 1 232 937)
3 272 796	1566	(Belg.A.S. 560 107)
3 275 630	2045	
3 282 277	1601	(Can.P. 678 213)
3 284 472	2154	(Brit.P. 964 482)
507	2067	(Brit.P. 1 038 464)
		(D.A.S. 1 232 941)
3 285 924	1568	(F.P. 1 343 270)
929	2178	(Brit.P. 927 834)
945	2073	(D.A.S. 1 227 888)
968	2064	(D.A.S. 1 206 418)
978	2057	(F.P. 1 376 809)
3 287 351	1473	
3 288 776	2147	(F.P. 1 253 728)
780	2118	(F.P. 1 346 082)
812	2099	(Brit.P. 1 000 684)
831	2094	(Ung.P. 151 548)
3 291 819	2119	(Brit.P. 914 053)
822	2065	(D.A.S. 1 117 565)
3 294 831	2098	(Brit:P. 966 798)
844	1567	(D.A.S. 1 155 126)
875	2186	(D.A.S. 1 160 436)
3 301 666	1911	
3 345 418	2011	
3 347 896	1996	
897	1997	
3 349 103	2022	
3 363 978	1933	(F.P. 1 410 678)
3 365 270	1935	(Brit.P. 1 009 345)

CHEMISCHES ZENTRALBLATT

Nr. 12 · 19. März 1969
Referat 0001—2192
Seite 1—224

A. Allgemeine, physikalisch-anorganische und anorganische Chemie

A–2. Physik der Atome und Moleküle

0001 **Molekulare Relaxation.** W. H. Flygare. (Accounts chem. Res. 1 (1968) 4, 121—27; Noyes Chem. Labor., Univ. of Ill., Urbana, Ill.; engl.) — Es wird ein Überblick über die Unters. von Mol.-Relaxationsprozessen gegeben. Dabei werden bes. die neueren Meth. wie Laseranregung, Fluoreszenzbeobachtung u. Mikrowellenresonanztechniken besprochen. A. Becker 21

0002 **Strukturchemie von Si—H-Verbindungen.** E. A. V. Ebsworth. (Pure appl. Chem. 13 (1966) 1/2, 189—202; Univ. Chem. Labor., Cambridge; engl.) — Übersichtsvortrag: Mol.-Geometrie; NMR-Spektren (Theorie, Identifizierung von Gruppen, Verw. von ^{29}SiH-Satelliten, Unters. labiler Syst.). — 47 Literaturangaben.
A. Blaschette 21

0003 **Grundzustand von atomaren Zwei-Elektronen-Systemen im Modell unabhängiger Teilchen.** Marten J. Ten Hoor. (Int. J. Quantum Chem. 2 (1968) 1, 109 bis 128; Labor. voor Structurchem., Rijksuniv. te Groningen, Groningen, The Netherlands; engl.)
H. Liepack 22

0004 **Selbstkonsistente Störungstheorie.** R. McWeeny. (Chem. Physics Letters [Amsterdam] 1 (1968) 12, 567 bis 568; Dep. of Chem., Univ. of Sheffield, England; engl.) — Die Beziehung verschiedener Formulierungen der SCF-Störungstheorie wird geklärt, die Theorie der abgeschlossenen Schale wird auf den Fall der offenen Schale erweitert. H. Liepack 22

0005 **Analytische SCF-Wellenfunktionen mit begrenztem Basissystem für Übergangsmetallatome.** A. M. Karo, F. McMurphy und R. K. Nesbet. (Physic. Rev. [2] 165 (1968) 1, 123—26; Lawrence Radiat. Labor., Univ. of Calif., Livermore, Calif.; engl.) — Berechnungen für Sc, Ti, V, Cr, Mn, Fe, Co u. Ni in neutralen Grundzustandskonfigurationen. H. Liepack 22

0006 **Verwendung coulombscher Green-Funktionen in der Störungstheorie für Atome.** A. I. Grejser und V. V. Tolmačev. (Teoret. èksper. Chim. 4 (1968) 2, 165—70; Fiz.-chim. inst. im. Karpova, Moskva; russ.) — Coulombsche Green-Funktionen bei negativen Energiewerten werden zur Berechnung von Summen u. Integralen verwendet, die in 2. Ordnung in der Feldform der Störungstheorie für Atome auftreten.
H. Roschkowski 22

0007 **Anwendung der Theorien der Supraleitfähigkeit auf atomare und molekulare Systeme. Biorbital-Methode.** Philippe Durand. (Cahiers de Physique 21 (1967) 204, 285—332; franz.) — Es wird gezeigt, daß aus völlig ident. Paaren bestehende Wellenfunktionen sich nicht nur zur Beschreibung von supraleitenden Syst., sondern auch zur Näherungsbehandlung normaler Vielelektronensyst. eignen. Diese Funktionen sind allgemeiner als die Hartree-Fock-Funktionen u. eignen sich daher zur Erfassung von Anziehungs- u. Abstoßungskorrelationen zwischen den Elektronen des Systems. Da Atome u. Mol. nur eine begrenzte Anzahl von Elektronen besitzen, konnten exakte Energieausdrücke sowie Variationsgleichungen eines neuen Typs erhalten werden. Die Lösung dieser Gleichungen stößt allerdings auf erhebliche mathemat. Schwierigkeiten. Anwendung auf das *Be*-Atom, wobei ca. 50% der Korrelationsenergie gefunden werden. A. Blaschette 22

0008 **Quantenmechanische Behandlung des H-Atoms ohne komplizierte Mathematik.** B. L. Cohen. (Amer. J. Physics 35 (1967) 9, 849—52; Univ. of Pittsburgh, Pittsburgh, Pa.; engl.) Herbert Weber 22

0009 **Wirkung der Kerndeformation auf die Hyperfeinstruktur-Anomalie.** I. Unna. (Physics Letters [Amsterdam] 24B (1967) 10, 499—500; Dep. of Theor. Phys., Hebrew Univ., Jerusalem; engl.) — Die kürzlich gemessene Hyperfeinstruktur-Anomalie von deformierten ^{171,173}*Yb*-Isotopen wird nach dem Nilsson-Modell für diese Kerne interpretiert. Es ergibt sich, daß die Anomalie am besten mit Deformationen verstanden werden kann, die konsistent mit denen sind, die durch andere, mehr direkte Meth. erhalten wurden. I. M. Spaeth 22

0010 **Schnelle Berechnung von Matrixelementen.** Franklin Prosser und Stanley Hagstrom. (Int. J. Quantum Chem. 2 (1968) 1, 89—99; Lockheed Palo Alto Res. Labor., Palo Alto, Calif.; engl.) — Es wird eine Meth. für die Berechnung des Überlappungsbeitrages der Matrixelemente zwischen Slater-Determinanten beschrieben, die von nichtorthogonalen Spinorbitalen konstruiert sind. H. Liepack 22

0011 **Numerische Berechnung der Matrixelemente der Operatoren des elektrischen Feldes und des elektrischen Feldgradienten mit einer Slater-Funktionen-Basis.** Carla Guidotti und Oriano Salvetti. (Theoret. chim. Acta [Berlin] 10 (1968) 2, 181—86; Ist. di Chim. Fis., Univ., Pisa; engl.) — Eine Meth. zur Berechnung aller Matrixelemente der Operatoren des elektr. Feldes u. des Feldgradienten mit einer Slater-Funktionen-Basis bei beliebiger Anordnung der Zentren u. Kerne wird angegeben. Durch entsprechende Wahl der Integrationsgebiete u. Umformungen ist es möglich, Singularitäten u. Spitzen bei numer. Integrationen zu umgehen. Bei vernünftiger Gitterwahl erreicht das Programm eine Genauigkeit von 10^{-5} bis 10^{-6} a.E. D. Hoene 22

0012 **Näherungsformeln für spiegelungsantimetrische Moleküleigenschaften.** Ernst Ruch und Alfred Schönhofer. (Theoret. chim. Acta [Berlin] 10 (1968) 2, 91 bis 110; Inst. für Quantenchem., FU, Berlin; dt.) — Eine Einteilung von Mol. in Klassen mit dem Merkmal eines nichtchiralen Mol.-Gerüstes bestimmter Bauart gestattet spiegelungsantimetr. Mol.-Eig. nach zwei verschiedenen theoret. Gesichtspunkten näherungsweise zu beschreiben. Es werden die Meth. zur Ableitung von Formeln nach diesen beiden Approximationsstandpunkten u. allg. Eig. der so gewonnenen Näherungssätze aufgezeigt. Dann werden für 16 repräsentative Mol.-Klassen in einer Tabelle Formeln nach beiden Verf. zusammengestellt u. typ. Züge an diesen Beispielen untersucht. Ein Theorem, das als Verallgemeinerung des Van't Hoffschen Superpositionsprinzips angesehen werden kann, ergibt sich bei der Anwendung beider Verf. auf Mol. mit chiralen Liganden. D. Hoene 22

0013 **Störungstheorie für die Dichtematrix in der MO-LCAO-Methode.** M. M. Mestečkin. (Teoret. èksper. Chim. 4 (1968) 2, 154—64; Doneckoe otd. Inst. fiz. chim. AN USSR; russ.) — Die Berechnung der Dichtematrix der gestörten Elektronenschalen komplizierter Mol. in MO-LCAO-Näherung wird behandelt.
H. Roschkowski 22

0014 **Programm zur Berechnung von Komplexverbindungen nach der erweiterten Methode von Wolfsberg-Helmholz. 1. Variante.** A. O. Litinskij und R. I. Rakauskas. (Teoret. èksper. Chim. 4 (1968) 2, 287; Vil'njiesskij gos univ. im. Kapsukasa; russ.) — Kurze Beschreibung eines Elektronenrechner-Programms für MO-Berechnungen. H. Roschkowski 22

0015 **Programm zur Berechnung der Oszillatorenstärken von Elektronenübergängen für ebene Moleküle.** A. O. Litinskij und R. I. Rakauskas. (Teoret. èksper. Chim. 4 (1968) 2, 287—88; russ.) — Vgl. vorst. Referat.
H. Roschkowski 22

0016 **Voraussage von Molekülorbitalsymmetrien aus Modellen lokalisierter Paare.** H. Bradford Thompson. (Inorg. Chem. [Washington] 7 (1968) 3, 604—08; Dep.

of Chem. and the Inst. of Sci. and Technol., Univ. of Mich., Ann Arbor, Mich.; engl.) — Für die von Gillespie u. Bent vorgeschlagenen Modelle lokalisierter Elektronenpaare folgt als Konsequenz, daß die Paaranordnung in diesen Modellen Max. der lokalisierten Molekülorbitale (MO) sind. Vf. zeigt, daß unter dieser Voraussetzung die Symm. aller konventionellen, nichtlokalisierten MOs aus einem Modell lokalisierter Paare vorausgesagt werden können. Folgende Mol.-Typen werden untersucht: AH_2, AH_3, HAB, AB_2, H_2AB, AB_3 u. HAAH. R. Blank 22

0017 **Einheitliche Lokalisierung von Atom- und Molekülorbitalen.** 1. Mitt. V. Magnasco und A. Perico. (J. chem. Physics 47 (1967) 3, 971—81; Ist. di Chim. Ind., Univ. Genova, Italy; engl.) — Darst. einer externen, allg., von bestimmten Mol. unabhängigen Meth., die einheitliche, lokalisierte, orthonormale AO u. MO einfach aus der Kenntnis der Koeff. in der LCAO-Entw. u. der Überlappungsmatrix zwischen den AO erzeugt. Die Ergebnisse werden mit denen anderer Autoren für folgende Verb. verglichen: *LiH, BH, NH, FH, LiF, BF, CO*, Li_2, Be_2, N_2, F_2. R. Blank 22

0018 **Parameterfreie MO-Rechnungen.** Richard F. Fenske und Douglas D. Radtke. (Inorg. Chem. [Washington] 7 (1968) 3, 479—87; Dep. of Chem., Univ. of Wis., Madison, Wis.; engl.) — Vf. beschreiben eine Meth. zur Berechnung von Elektronenenergietermen von Übergangsmetallkomplexen durch Verw. der Δ-Werte, nephelauxet. B- u. β-Werte, Bindungsordnung, Überlappungsbesetzung, Valenzschwingungen u. Cl-Kernquadrupolwerte. Ber. werden vier oktaedr. u. sieben tetraedr. Chlorokomplexe: $TiCl_6^{3-}$, VCl_6^{3-}, $CrCl_6^{3-}$, $FeCl_6^{3-}$, $TiCl_4$, VCl_4, $FeCl_4^-$, $MnCl_4^{2-}$, $FeCl_4^{2-}$, $CoCl_4^{2-}$ u. $NiCl_4^{2-}$. Danach steigt bei verschiedenen Übergangsmetallionen im selben Ox.-Zustand der Kovalenzcharakter mit steigender Ordnungszahl. R. Blank 22

0019 **Anwendung der erweiterten Hückel-Theorie auf die Berechnung der Potentialenergiekurve von zweiatomigem Kupfer.** C. R. Hare, T. P. Sleight, W. Cooper und G. A. Clarke. (Inorg. Chem. [Washington] 7 (1968) 4, 669—73; Dep. of Chem., State Univ. of N. Y., Buffalo, N.Y.; engl.) — Theoret. Arbeit am Cu_2-Mol., wobei die geeignete Wahl der 4s-Orbitale eine entscheidende Rolle spielt. Gute Übereinstimmung mit Literaturwerten bei folgenden Parametern: Kernabstand, Dissoziationsenergie, Valenzschwingungsfrequenz, Ionisationspotential u. Energie des ersten Spektralübergangs Δ. Weiterhin wurden die Dissoziationsenergien mehratomiger Cu_n-Syst. (n = 3, 4, 6) ber., die durchaus existieren müßten, außerdem müßte das lineare Cu_3 stabiler sein als das dreieckige Isomere. R. Blank 22

0020 **Anwendung des Virialtheorems zur Berechnung molekularer Kraftkonstanten in zweiatomigen Hydriden.** V. V. Rossichin, V. P. Morozov und L. I. Bezzub. (Teoret. ėksper. Chim. 4 (1968) 1, 37—41; Dnepropetrovskij chim.-technol. inst.; russ.) — Am Beispiel der Mol. *LiH, BH, CH, NH* u. *OH* wird die Möglichkeit der Anwendung des quantenmechan. Virialtheorems zur Berechnung der Koeff. der Potentialfunktion zweiatomiger Hydride auf der Basis von Fock-Roothaanschen Wellenfunktionen in der Näherung gefüllter Elektronenschalen nachgewiesen. H. Roschkowski 22

0021 **Anwendung des Virialtheorems zur Berechnung molekularer Kraftkonstanten. Harmonische Kraftkonstanten des Wassermoleküls.** V. V. Rossichin, V. P. Morozov und A. Ja. Caune. (Teoret. ėksper. Chim. 4 (1968) 1, 42—47; russ.) — Vgl. vorst. Referat. — Das quantenmechan. Virialtheorem wird zur Berechnung des harmon. Teils der Potentialfunktion des W.-Mol. auf der Basis von Wellenfunktionen angewendet, die in SCF-Näherung erhalten wurden.
H. Roschkowski 22

0022 **Numerische Integration der Schrödinger-Gleichung für die Schwingungen eines zweiatomigen Moleküls.** A. S. Vasilevskij, I. G. Kacnel'son und N. I. Žirnov. (Teoret. ėksper. Chim. 4 (1968) 1, 113—16; Mosk. gos. pedinst. im. Lenina; russ.) — Beschreibung des Integrationsverfahrens. Als Anwendung werden das Schwingungsspektrum u. die Schwingungs-Wellenfunktion für den $X^1\Sigma_g^+$-Zustand des H_2-Mol. berechnet.
H. Roschkowski 22

0023 **Intensität der C—O-Schwingungen in Metallcarbonylen.** 1. Mitt. **Interpretation.** Michaël Bigorgne und David Benlian. (Bull. Soc. chim. France **1967**, 11, 4100—06; Labor. de Chim. min., ENSC, Paris; franz.) — Die Schwingungseig. der CO-Gruppen in Metallcarbonylen werden unter bes. Berücksichtigung der Elektronenkopplung zwischen verschiedenen CO-Liganden über π(M—C)-Bindungen diskutiert. Es wird eine Deutung der (C—O)-Schwingungsintensitäten vorgeschlagen, die auf einer Betrachtung der Ladungsverschiebungen durch das Syst. konjugierter π-Bindungen basiert. Demnach beruht die Absorptionsintensität vorwiegend auf dem durch das Glied l (dδ/dl) beschriebenen induzierten Dipol (dδ = durch die Schwingung in der Nähe des C-Atoms erzeugte Ladung). Mit Hilfe dieses Modells lassen sich die an Verb. des Typs $M(CO)_{x-n}L_n$ erhaltenen experimentellen Ergebnisse u. deren Abhängigkeit von L, n u. x deuten. Ferner ergibt sich eine Korrelation zwischen der auf eine CO-Gruppe bezogenen mittleren Intensität A'_{CO} u. den Schwingungs-Wechselwrkg.-Konst. F^1_{st}(M—CO) u. F^2_t(CO—CO). Im einzelnen werden nachst. Verb. diskutiert [$L = P(C_2H_5)_3$ u. $P(OC \cdot H_3)_3$]: $Ni(CO)_{4-n}L_n$ mit $n = 0-3$; $Fe(CO)_{5-n}L_n$ mit $n = 0-4$; $Mo(CO)_{6-n}L_n$ mit $n = 0-5$.
A. Blaschette 22

0024 **Intensität der C—O-Schwingungen in Metallcarbonylen.** 2. Mitt. **Beziehungen mit den Wechselwirkungskonstanten.** David Benlian und Michaël Bigorgne. (Bull. Soc. chim. France **1967**, 11, 4106—11; franz.) — 1. vgl. vorst. Referat. — Die Intensitäten der (C—O)-Valenzschwingungsbanden, ausgedrückt durch die auf eine einzelne CO-Gruppe bezogene mittlere Intensität A'_{CO}, werden für eine Reihe von Komplexen des Typs $Mo(CO)_{6-n}L_n$ untersucht. Bandenbreiten u. -konturen werden in Abhängigkeit von n u. L verglichen. Es werden quant. Beziehungen zwischen A'_{CO} u. F^2_t(CO—CO) ermittelt, aus denen hervorgeht, daß A'_{CO} einen sehr kleinen Wert annimmt oder Null wird, wenn die Wechselwrkg.-Konst. MC—CO gegen Null geht. Letztere Konst. wird dabei als proportional F^2_t(CO—CO) angenommen. Ferner existiert für Agg ein Grenzwert von ca. 60 l/Mol · cm^2, oberhalb dessen die elektron. Wechselwrkg. zwischen den (C—O)-Valenzschwingungen nicht mehr weiter zunehmen kann. — Im einzelnen wurden nachst. Verb. untersucht: $Mo(CO)_6$; $Mo(CO)_5L$ mit $L = P(C_2H_5)_3$ (I), $P(O-CH_2-CH_2-)_3C-C_2H_5$, $P(OCH_3)_3$ (II); *cis*-$Mo \cdot (CO)_4L_2$ mit L = I, $Sb(C_2H_5)_3$; *trans*-$Mo(CO)_4L_2$ mit L = I, II; *cis*-$Mo(CO)_3L_3$ mit L = I, II, $P(CH_3)_3$, *Mesitylen*, PCl_3, $PCl_2(OCH_3)$; *trans*-$Mo(CO)_3[P(C_2H_5)_3]_3$.
A. Blaschette 22

0025 **Untersuchung der Ladungsverschiebungen in den Verbindungen von Kobalt- und Eisencarbonyl mit Elementen der Gruppe IVB.** O. Kahn und M. Bigorgne. (J. organometallic Chem. [Amsterdam] 10 (1967) 1, 137—67; franz.) — Vgl. vorst. Referate. — An Verb. des Typs $(CO)_4CoM'X_3$ u. $(CO)_4FeM''X_3$ (M' = Element aus der Gruppe IVB; M'' = Element aus der Gruppe VB; X = Cl, OCH_3, C_6H_5 oder Alkyl) wurden Strukturunters. ausgeführt, um die M—M'- mit den M—M''-Bindungen vergleichen zu können (M = Co bzw. Fe). IR-spektroskop. Messungen im Bereich der CO-Valenzschwingung erlauben eine Best. der relativen Ladungsverschiebungen zwischen M u. M' bzw. M u. M'', einmal bei verschiedenem M'/M'' u. konst. X, zum anderen bei konst. M'/M'' u. variiertem X. Messungen der Dipolmomente zeigen, daß eine enge Beziehung zwischen den Frequenzen $\nu(CO)_m$ einer gegebenen Verb.-Reihe u. den Ladungsverschiebungen innerhalb der M—M'- bzw. M—M''-Bindungen besteht. Diese Beziehung untermauert die spektroskop. Ergebnisse u. definiert darüber hinaus die Richtung der Ladungsverschiebung. Sie läßt ferner erkennen, daß das zentrale Übergangsmetallatom ungeladen ist. Mit Hilfe einer Berechnung der π-Überlappung, ausgehend von Slaterschen AO, wird endlich die Richtung der Änderung der π-Komponente der Gesamtladungsverschiebung bei Variation von M′ bzw. M″ festgelegt. Es wird ein Schema zur Darst. der δ- u. π-Ladungsverschiebung in M—M′- u. M—M″-Bindungen vorgeschlagen. — Im einzelnen wurden nachst. Verb. dargestellt u. untersucht: $(CO)_4CoSiX_3$ ($X = Cl$, OCH_3, C_6H_5, C_2H_5), aus $HSiX_3$ u. $Co_2(CO)_8$ bei Zimmertemp., rot bis gelb; $(CO)_4CoGe(C_2H_5)_3$, aus $HGe(C_2H_5)_3$ u. $Co_2(CO)_8$ bei Zimmertemp., dunkelgelbe Fl.; $(CO)_4CoM'(C_2H_5)_3$ ($M' = Sn, Pb$), aus $ClM'(C_2H_5)_3$ u. $(CO)_4CoNa$ in Hexan/W., gelb; $[P(C_2H_5)_3](CO)_3CoSiCl_3$, aus $(Co)_4CoSiCl_3$ u. überschüssigem $P(C_2H_5)_3$ in Hexan bei 25⁰ in 5 Std., hellgelbe, sehr oxydationsempfindliche Krist.; $[P(C_2H_5)_3] \cdot (CO)_3CoSi(C_2H_5)_3$, aus $(CO)_4CoSi(C_2H_5)_3$ u. überschüssigem $P(C_2H_5)_3$ in Hexan bei 25⁰ in 1 Std., rote, in gesätt. KW-Stoffen nur wenig lösl. Krist.; $[P(C_2H_5)_3](CO)_3 \cdot CoPb(C_2H_5)_3$, aus $(CO)_4CoPb(C_2H_5)_3$ u. überschüssigem $P(C_2H_5)_3$ bei 50⁰ in 10 Std., rote Fl.; *cis*- u. *trans*-$(CO)_4 \cdot Fe(SiCl_3)_2$, aus $Fe_3(CO)_{12}$ u. überschüssigem $HSiCl_3$ bei 70⁰ im Einschlußrohr, Isolierung der cis-Verb. (hellgelbe Krist.) durch Umkrist. bei —80⁰ aus einer verd. Hexanlsg., Isolierung der trans-Verb. durch frakt. Vakuumsubl. bei 0⁰; *cis*-$(CO)_4Fe[Si(C_2H_5)_3]_2$, neben viel $Fe(CO)_5$ durch 48std. Rk. von $Fe_3(CO)_{12}$ mit einem großen Überschuß von $HSi(C_2H_5)_3$ bei 90⁰, Abdampfen von $Fe(CO)_5$ u. überschüssigem $HSi(C_2H_5)_3$, Extraktion des Rückstands mit Hexan u. zweifache frakt. Vakuumdest., dunkelgelbe Fl.; *cis*-$(CO)_4Fe[Ge(C_2H_5)_3]_2$, aus $Fe_3 \cdot (CO)_{12}$ u. einem großen Überschuß von $HGe(C_2H_5)_3$ bei 70⁰ in 12 Std., sehr instabil (nur Hexanlsg. isoliert); *cis*-$(CO)_4Fe[Sn(CH_3)_3]_2$ u. *cis*-$(CO)_4Fe[Pb(C_2H_5)_3]_2$, im Gemisch mit jeweils dem entsprechenden Zweikernkomplex durch Einw. von $ClSn(CH_3)_3$ bzw. $ClPb(C_2H_5)_3$ auf $K_2Fe(CO)_4$ u. Abtrennung durch mehrfache Umkristallisation aus Hexan bei —80⁰, gelborange, leicht zersetzlich unter Bldg. der Zweikernkomplexe; $[(CO)_4 \cdot FeSn(C_2H_5)_2]_2$ u. $[(CO)_4FePb(C_2H_5)_2]_2$, nach Hieber u. Breu [Chem. Ber. **90** (1957) 1270]; $[(CO)_4FeGe(C_2H_5)_2]_2$, durch Einw. einer Lsg. von $(C_2H_5)_2GeCl_2$ in Hexan auf eine wss. $K_2Fe(CO)_4$-Lsg. bei 0⁰, hellgrüne, oxydationsempfindliche Krist.; $[P(C_2H_5)_3](CO)_3Fe[Sn(C_4H_9)_2]_2Fe \cdot (CO)_4$ u. $\{[P(C_2H_5)_3](CO)_3FeSn(C_4H_9)_2\}_2$, neben $Fe(CO)_4 \cdot [P(C_2H_5)_3]$ u. trans-$Fe(CO)_3[P(C_2H_5)_3]_2$ aus $[(CO)_4Fe \cdot Sn(C_4H_9)_2]_2$ u. überschüssigem $P(C_2H_5)_3$ in 48 Std. bei 20⁰ bzw. in 5 Std. bei 80⁰ (Trennung vgl. Original), gelbe bzw. hellgelbe Kristalle. A. Blaschette 22

0026 **Isomerenzahl mehrkerniger Koordinationsverbindungen.** B. P. Block und K. D. Maguire. (Inorg. Chem. [Washington] **6** (1967) 11, 2107—08; King of Prussia, Pa.; Pennsalt Chem. Co.; engl.) — Die mögliche Anzahl verschiedener Isomerer von mehrkernigen Koordinationsverb. des Typs $(AB)_2M(C_2)M(AB)_2$, wobei M ein Metall u. A, B u. C Liganden sind, wird aus Symmetrieüberlegungen hergeleitet. Für das Dimere $Nb_2Cl_2(OC_2 \cdot H_5)_6(C_5H_5N)_2$ folgen 70 geometr. Isomere, für das Cr(III)-Dimere *Bis-μ-[diphenylphosphinato]-bis-[hydroxo-(diphenylphosphinato)-diaquochrom]* 42 nichtäquivalente Konfigurationen. J. Bargon 22

0027 **Generalisierte Suszeptibilitätstheorie.** 1. Mitt. **Theorien des Hypochromismus.** William Rhodes und Malcolm Chase. (Rev. mod. Physics **39** (1967) 2, 348—61; Dep. of Chem., Fla. State Univ., Tallahassee, Fla.; engl.) — Eine allg. Theorie für die lineare Wrkg. eines äußeren Feldes auf ein Mol.-Syst. in Wechselwrkg. wird entwickelt. Für *Äthylenmol.* als Modellsubstanz für lineare Ketten, bei denen die Mol.-Achse senkrecht zur Kettenachse liegt, werden Absorptionsspektren (1300—1900 Å) berechnet. A. Jaeschke 22

0028 **Relative Intensitäten von K- und L-Röntgenlinien.** S. J. B. Reed. (J. Physics, D (Brit. J. appl. Physics) [2] **1** (1968) 8, 1090; Dep. of Miner., Brit. Museum, London; engl.) — Diskussion über die relativen Intensitäten von K- u. L-Linien unter bes. Berücksichtigung der Fluoreszenzkorrekturformel bei der quant. Elektronensonden-Mikroanalyse. I. Zoll 24

0029 **Relative Intensitäten von K_α-Satelliten in Röntgenfluoreszenzspektren von Na, Mg, Al und Si.** J. Utriainen, M. Linkoaho, E. Rantavuori, T. Åberg und G. Graeffe. (Z. Naturforsch. **23a** (1968) 8, 1178—82; Labor. of Phys., TU of Helsinki, Otaniemi, Finland; engl.) — Unters. zu K_α-Röntgensatelliten in Fluoreszenzspektren von Na in NaF u. von Mg, Al, Si in Metallen u. Oxiden (MgO, Al_2O_3, SiO_2). Ein Vgl. zwischen der gemessenen Intensität der $K_{\alpha'\alpha_3\alpha_4}$-Satellitengruppe u. der aus Elektronenanregungsmessungen erhaltenen Intensität zeigt, daß die Erzeugungswahrscheinlichkeit von KL-Doppellochzuständen unabhängig von der Anregungsart ist. Die gemessenen Intensitäten in Metallen sind in Übereinstimmung mit ber. Intensitäten nach der „Sudden-Approximation"-Theorie der Röntgensatelliten von freien neonähnlichen Ionen. Es wird gezeigt, daß die Bindung in Fluoriden (Unters. an NaF) u. Oxiden die relative Intensität um ca. 13% steigert. Aus Intensitätsbetrachtungen wurde die $K_{\alpha_5\alpha_6}$-Satellitengruppe den KL^2-Dreifachlochzuständen zugeordnet.
Herbert Weber 24

0030 **Lebensdauern der Niveaus He I und He II.** A. L. Ošerovič und Ja. F. Verolajnen. (Optika i Spektroskopija **24** (1968) 2, 162—69; russ.) — Mittels der Meth. der verzögerten Koinzidenzen wurden in ns die folgenden Lebensdauern für He I Niveaus erhalten: 3^1S_0 (60 ± 3), 4^1S_0 (75 ± 4), 5^1S_0 (115 ± 5), $3^1P_1^0$ (9 + 1), $4^1P_1^0$ (14 ± 1), 3^1D_2 (16 ± 1), 4^1D_2 (30 ± 2), 5^1D_2 (46 ± 3), 3^3S_1 (47 ± 3), 4^3S_1 (69 ± 3), 5^3S_1 (106 ± 5), $3^3P_1^0$ (115 ± 5), 3^3D (13 ± 2), 4^3D (23 ± 2), 5^3D (35 ± 3), ferner die Löschung der 6560-Å-Linie von He II. M. Wiedemann 26

0031 **Wechselwirkung der Xenon-Resonanzlinie bei 1469,6 Å mit verschiedenen komprimierten Gasen von 0 bis 500 atm.** Jean-Marie Rupin, Maurice Morlais und Stéphane Robin. (C. R. hebd. Séances Acad. Sci., Sér. A et B **265** (1967) 21, B1177—B1180; Labor. de Spectrosc., Fac. des Sci., Rennes; franz.) — Die bei der Bestrahlung von unter Drücken von 0—500 atm bei Zimmertemp. befindlichem *Ar*, *He*, N_2 u. H_2 mit der Xe-Resonanzlinie bei 1469,6 Å auftretenden Maxima der Hauptlinien u. Satellitenbanden werden vermessen.
A. Meixner 26

0032 **Stickstoffspektrum, emittiert von einem stark beschleunigten Ionenstrahl, welcher beim Durchgang durch ein festes Target angeregt wird.** Alain Denis, Jean Desesquelles, Maurice Dufay und Marie-Claude Poulizac. (C. R. hebd. Séances Acad. Sci., Sér. A et B **266** (1968) 2, B64—B67; Fac. des Sci. de Lyon, 43, boulevard du Onze-Novembre 1918, Villeurbanne; franz.) — Es werden Übergänge in den N II-, N III- u. N IV-Spektren beobachtet, welche von einem mit 2 MV beschleunigten Ionenstrahl emittiert werden, dessen Ionen beim Durchgang durch ein dünnes C-Target angeregt werden. Die Lebensdauer einiger Niveaus der N II-, N III- u. N IV-Spektren werden im Bereich von 2000—6000 Å gemessen. G. Richard 26

0033 **Spektren von As VII und Selen VIII im Vakuumultraviolett-Spektralbereich.** L. I. Zvereva und É. Ja. Kononov. (Optika i Spektroskopija **24** (1968) **5**, 827 bis 829; russ.) — Tabellar. Angabe von Übergängen, Wellenlängen u. relativen Intensitäten der im Hochspannungsfunken beobachteten Linien.
H. Roschkowski 26

0034 **Besetzungsinversion bei der optischen Anregung des $7^2P_{3/2}$-Niveaus von Cs.** A. N. Ključarëv. (Optika i Spektroskopija **24** (1968) 2, 289—91; russ.) — Die abs. Helligkeit der Linien 455,5; 459,3; 1368,8 u. 1469,5 nm im Fluoreszenzspektrum von Cs wurde bei Anregung mit dem Dublett 455,5 u. 459,3 nm direkt gemessen. Hieraus wurde die Besetzung der einzelnen Niveaus berechnet. Entsprechend der Theorie ergab sich die des Niveaus $7^2P_{3/2}$ 5mal höher als die des $7^2S_{1/2}$.
M. Wiedemann 26

0035 **Verbreiterung des zweiten Dubletts von Cs durch Edelgase.** Ju. V. Evdokimov. (Optika i Spektroskopija **24** (1968) 5, 832—35; russ.) — Die Verbreiterung des zweiten Dubletts von Cs durch He, Ar u. Xe bei Drücken unter 15 Torr wurde gemessen. Es wurde eine elektrodenlose Hochfrequenzlampe verwendet. Beide Komponenten der Hyperfeinstruktur wurden gleichmäßig verbreitert, die Verbreiterung nahm mit dem Druck zu.
M. Wiedemann 26

0036 **Erweiterung der Ultraviolettspektren der Bogenspektren von Erdalkalimetallen: Absorptionsspektrum von Strontiumdampf.** W. R. S. Garton und K. Codling. (J. Physics, B (Proc. physic. Soc.) [2] 1 (1968) 1, 106—13; Dep. of Phys., Imp. College, London; engl.) — Mit guter Auflösung erhielten Vf. das Absorptionsspektrum von Sr-Dampf im Quarz-UV u. Schumann-Bereich. Die Singulettserien $5s^2\ ^1S_0 - 5snp\ ^1P_1^0$ von Sr I wurden zwischen 42 462,32 cm^{-1} (n = 8) bis 45812,51 cm^{-1} (n = 33) u. die bei hohen Dampfdichten als Satelliten zur Hauptserie auftretenden Linien als Interkombinationen $5s^2\ ^1S_0 - 5snp\ ^3P_1^0$ von n = 22 bis 33 identifiziert. Im Schumann-Bereich (bis 60768,2 cm^{-1}) werden von 94 Absorptionslinien 88 in sechs Serien entsprechend den Übergängen $5s^2\ ^1S_0 - [4dnp]_{\nu-1}$, $[4dnf]_{\nu-1}$ klassifiziert, die zu zwei Gruppen von je drei Serien des metastabilen $4\ ^2D_{3/2,5/2}$-Terms von Sr II gehören. Außerdem treten in diesem Bereich angeregte Selbstionisationsresonanzeffekte auf. Ein bisher als 4d6p $^3F^0$ beschriebener Term konnte als 4d6p $^3D^0$ klassifiziert werden.
R. Blank 26

0037 **Analyse der Selbstionisationsresonanzstruktur im $5s^2\ ^1S_0$—4dnp, nf-Spektrum von Sr I.** W. R. S. Garton, G. L. Grasdalen, W. H. Parkinson und E. M. Reeves. (J. Physics, B (Proc. physic. Soc.) [2] 1 (1968) 1, 114—19; Harvard Coll. Observ., Cambridge, Mass.; engl.) — Vgl. vorst. Referat. — Mit einem photoelektr. Spektrometer wurden die relativen Absorptionswrkg.-Querschnitte der im vorst. Ref. erwähnten Selbstionisationsresonanzlinien von Sr I gemessen u. mit einer Fano-Analyse die Indizes der Linienprofile u. Konst. der Selbstionisationslöschung abgeleitet.
R. Blank 26

0038 **Einfluß der Inhomogenität des Plasmas auf Form und Parameter der Konturen der Spektrallinien.** G. G. Il'in, V. I. Protasevič und I. S. Fišman. (Optika i Spektroskopija 24 (1968) 4, 624—27; russ.) — Aus der Analyse der experimentellen Daten, an den Linien des Zn I bei 4680, 4722 u. 4810 Å, u. der theoret. Berechnungen schließen Vf., daß infolge der radialen Änderung von Breite u. Verschiebung der Spektrallinien eine Asymmetrie vorgetäuscht werden kann. Ferner kann das Verhältnis zwischen Breite u. Verschiebung verfälscht werden.
M. Wiedemann 26

0039 **Mechanismus des Nachleuchtens in Luft.** M. McKenzie und B. A. Thrush. (Chem. Physics Letters [Amsterdam] 1 (1968) 13, 681—83; Dep. of Phys. Chem., Univ., Cambridge; engl.) — Untersucht wird das Nachleuchten der NO_2-Fluoreszenz im Druckbereich 10^{-2} bis 10^{-1} Torr in Ggw. von *Ar* sowie CO_2, CH_4, O_2, N_2O u. SF_6. Als Mechanismus wird eine Kombination von O u. NO u. ein Drei-Körper-Vorgang diskutiert.
W. Sobieski 26

0040 **Emissionsspektrum des Moleküls $SiBr^+$.** L. A. Kuznecova, N. E. Kuz'menko und Ju. Ja. Kuzjakov. (Optika i Spektroskopija 24 (1968) 5, 812—14; russ.) — Das Spektrum von $SiBr^+$ wurde durch Glimmentladung in $SiBr_4$ erhalten. Wellenlängen u. Wellenzahlen der Bandenkanten im Bereich 3400 bis 3700 Å sind zusammengestellt. Es wird eine Dissoziation zu $Si^+ + Br$ angenommen u. ein Ionisationspotential von SiBr von 7,3 eV erhalten.
M. Wiedemann 26

0041 **Elektronenabsorptionsspektren von $CoBr_2$ in Amiden als Lösungsmittel. 1. Mitt. Wasserfreie $CoBr_2$-Lösungen.** Adam Bartecki und Felicja Golińska. (Roczniki Chem. [Ann. Soc. chim. Polonorum] 42 (1968) 4, 575—84; Kat. Chem. Pierwiastków Rzadkich, Politechn. Wrocław; pol.) — Die spektroskop. Eig. von wasserfreien $CoBr_2$-Lsg. in L = *Formamid* (I), *Methylformamid* (II) oder *DMF* wurden bes. intensiv im Spektralbereich 5—22 kK, in dem Krist.-Feldübergänge verfolgt werden können, untersucht. Eine Gleichung zur exakteren Berechnung der Übergangsenergie u. Auflsg. zusammengesetzter Banden sowie die Best. der Anzahl der Bandenkomponenten auf graph. Wege werden vorgeschlagen. In I u. II überwiegen die tetragonalen Komplexe $[CoBr_2L_4]$. Die tetragonale Verzerrung wächst in der Reihenfolge W. — I — II. Der oktaedr. Dq-Parameter beträgt für den Hydratkomplex $[Co(H_2O)_6]^{2+}$ 955, für den II-Komplex 771 cm^{-1}, der Δ_e-Wert für I 8,2, für II 7,8 kK. — In DMF dürfte die tetraedr. Form zu ca. 30% vorliegen.
J. J. Pohl 26

0042 **Elektronenabsorptionsspektren von Aminosilanen.** Colin G. Pitt und Mary S. Fowler. (J. Amer. chem. Soc. 89 (1967) 25, 6792—93; Chem. and Life Sci. Labor., Res. Triangle Inst., Res. Triangle Park, N.C.; engl.) — Schrittweise Silylierung von Ammoniak führt zu einer progressiven hypsochromen Verschiebung des Absorptionsmax. im Elektronenspektrum nachst. Verb. (*me* = CH_3, *et* = C_2H_5, *ph* = C_6H_5): et_3SiNH_2, $(et_3Si)_2NH$, $(me_3Si)_2NH$, $(me_3Si)_3N$, $me_3SiNHCOme$, $(me_3Si)_2NCOme$, $phNH_2$, $phNHSime_3$, $phN(Sime_3)_2$, $me(me_2SiNH)_2Sime_3$, $me(me_2SiNH)_3Sime_3$, $(me_2SiNH)_3$, $(me_2SiNH)_4$, me_6Si_2, $n\text{-}me_7Si_3NH_2$, $(n\text{-}me_7Si_3)_2NH$. Dieser Effekt wird im Zusammenhang mit einer evtl. (p → d) π-Wechselwrkg. zwischen N u. Si diskutiert.
A. Blaschette 26

0043 **Molybdän(VI)-Hydroxylamin-Komplexe. 1. Mitt. Bisherige Literatur, Reaktionen von Molybdän mit Hydroxylamin und Bildung ternärer Komplexe.** E. Lassner. (J. less-common Metals [Lausanne] 15 (1968) 2, 143—50; Metallwerk Plansee Akt.-Ges., Versuchsanstalt, Reutte/Tirol; dt.) — Nach einer zusammenfassenden Literaturübersicht werden die Rk. von Mo(VI) mit NH_2OH (I) u. die damit verbundenen Erscheinungen wie pH-Wert-Abnahme u. Farbveränderung beschrieben. I wirkt offenbar als zweizähniger Ligand, die Komplexverb. Mo-I ist so stabil, daß sie die Fällung des Mo als Sulfid in saurer Lsg. verhindert. An Hand der UV-Absorptionsspektren wird gezeigt, daß je nach Mo(VI):I-Verhältnis mehrere Komplexe möglich sind. Die bei geringem I-Überschuß resultierenden Komplexe zeigen Polymerisationsneigung. Mo(VI) wird durch I nicht reduziert. In dem aus konz. Lsg. ausfallenden gelben, röntgenamorphen Nd. beträgt das Verhältnis Mo : I = 1 : 1. Mo(VI) kann offenbar sehr leicht in Ggw. von I mit anderen Chelatbildnern tern. Komplexe bilden.
P. Scharner 26

0044 **Molybdän(VI)-Hydroxylamin-Komplexe. 2. Mitt. Ternäre Komplexe von Molybdän(VI) mit Hydroxylamin und Chelonen sowie Vergleich mit binären Molybdän(V)- und Molybdän(VI)-Chelonaten.** E. Lassner, R. Püschel und H. Schedle. (J. less-common Metals [Lausanne] 15 (1968) 2, 151—64; dt.) — 1. vgl. vorst. Referat. — Spektrale Messungen im UV-, IR- u. sichtbaren Bereich sowie Sorptionsvers. an einem chelatbildenden Austauscherharz (Dowex A-1) u. maßanalyt. Unters. zeigen, daß der Komplex von Mo(VI) mit Hydroxylamin (Hy) mit ÄDTE, 1.2-Diaminocyclohexan-N.N.N'.N'-tetra- (DCTE) oder Nitrilotriessigsäure (NTE) tern. Komplexe bildet; quant. Bldg. erfolgt bei pH 2—5 nach ¼std. Sieden. Der tern. ÄDTE-Komplex enthält ÄDTE, Mo(VI) u. Hy im molaren Verhältnis 1 : 1 : 1. Die IR-Spektren zeigen, daß alle 4 Carboxyle des ÄDTE gleichartig an das Mo(VI) gebunden sind, woraus hervorgeht, daß durch das ÄDTE 6 Koordinationsstellen am Zentralatom besetzt sind. Die zusätzliche Besetzung zweier Koordinationstellen durch Hy bildet einen Beweis für eine Achterkoordination des Mo(VI) in wss. Lösung. — Mo(V) bildet in stark saurer Lsg. mit ÄDTE, DCTE u. NTE ebenfalls Chelonate. — Auf die Möglichkeit chelometr. Titrationen von Mo(VI) in Ggw. von Hy bei niedrigem pH wird hingewiesen, die Vorteile des Verf. werden aufgezeigt.
P. Scharner 26

0045 **Theoretische Berechnungen der Elektronenstrukturen einiger Tris-[α-diimin]-eisen(II)-Komplexe.** Tasuku Ito, Nobuyuki Tanaka, Ichiro Hanazaki und Saburo Nagakura. (Sci. Rep. Tôhoku Univ., Ser. I 50 (1967) 3, 168—85; Dep. of Chem., Fac. of Sci., Tôhoku Univ.; engl.) — Die Absorptionsspektren (10000 bis 50000 cm^{-1}) von $[FeL_3][BF_4]_2$ mit L = $R'N{=}CR{-}CR{=}NR'$ (R = *H*, R' = CH_3; R = R' = CH_3 u. R = CH_3, R' = $n\text{-}C_4H_9$) in wss. Lsg. u. des letzteren Liganden allein in A.-Lsg. wurden untersucht. Theoret. Betrachtungen zeigen, daß auf Grund von π-Bindungen ungewöhnlich stabile Fe(II)-Komplexe vorliegen. Eine starke Bande im sichtbaren Bereich wird der Ladungsübertragung von 3dπ-AO des Fe zum niedrigsten leeren π-MO des Liganden zugeschrieben. Theoret. u. experimentell wurde gefunden, daß der $\pi-\pi^*$-Übergang mit der niedrigsten Energie im α-Diimin parallel der N—N-Richtung des Mol. gerichtet ist u. daß Übergangsdipole in den 3 Liganden des Tris-[α-diimin]-Fe(II)-Ions mit dem Ergebnis von $A_1 \rightarrow A_2$- u. A_1—E-Übergängen im Metallkomplex mit D_3-Symmetrie in Wechselwrkg. stehen. A. Jaeschke 26

0046 **Molrefraktion einiger Organosilylamine.** G. R. Willey. (J. physic. Chem. **71** (1967) 13, 4294—98; Dep. of Chem., Univ. of Reading, Berks.; engl.) — Die Molrefraktionen (nach Lorenz-Lorentz) nachst. Verb. wurden bestimmt: (a) $(CH_3)_3SiNHR$ mit $R = CH_3$, C_2H_5, n-C_3H_7, iso-C_3H_7, n-C_4H_9, iso-C_4H_9, $sek.$-C_4H_9, $tert.$-C_4H_9, C_6H_5; (b) $(CH_3)_3SiNR_2$ mit $R = CH_3$, C_2H_5, n-C_3H_7, iso-C_3H_7, n-C_4H_9, iso-C_4H_9, $sek.$-C_4H_9, C_6H_5; (c) $[(CH_3)_3Si]_2NR$ mit $R = H$, CH_3, C_2H_5, n-C_3H_7, n-C_4H_9, iso-C_4H_9, C_6H_5. Der Mittelwert der Bindungsrefraktion R_{Si-N} ergibt sich für die homologen n-Alkylverb. zu (a) 2,57 ± 0,02, (b) 2,21 ± 0,02, (c) 2,05 ± 0,02. Die Ergebnisse werden im Hinblick auf eine evtl. (p→d)π-Wechselwrkg. zwischen N u. Si diskutiert. Ster. Faktoren scheinen einen wesentlichen Einfl. auf die Ladungsdelokalisierung zu haben. Der Mittelwert von R_{Si} ergibt sich für die homologen n-Alkylderiv. zu (a) 7,12 ± 0,02, (b) 6,79 ± 0,02, (c) 6,61 ± 0,02. A. Blaschette 28

0047 **Elektrische Polarisation mehrerer Moleküle, denen anomale Dipolmomente zugeschrieben wurden.** Ernest N. DiCarlo, Thomas P. Logan und Robert E. Stronski. (J. physic. Chem. **72** (1968) 5, 1517—23; Dep. of Chem., St. Joseph's Coll., Philadelphia, Pa.; engl.) — Messungen der stat. DK u. spezif. Vol. von Bzl.-Lsg. von $[Cr(acac)_3]$, $[Fe(acac)_3]$ (I), $[Co(acac)_3]$ u. $[Al \cdot (acac)_3]$ (Hacac = *Acetylaceton*) bei ca. 25—55°, *p-Dinitrobenzol* (II) bei 30—55° sowie *Tetramethylcyclobutandion-(1.3)* bei 25, 40 u. 55°. Die daraus ber. Molpolarisationen sind invariant gegenüber der Temp. u. stimmen mit früher ermittelten Dampfphasendaten gut überein (ausgenommen $[Co(acac)_3]$, da hiervon keine Dampfphasenwerte existieren) im Gegensatz zu anderen Autoren, die für I u. II eine Temp.-Abhängigkeit der Polarisation angeben. Auf Grund der Ergebnisse schließen Vf., daß keine der oben genannten Verb. eine aus der Existenz eines permanenten Dipolmoments resultierende Komponente der Orientierungspolarisation besitzt. R. Blank 28

0048 **IR-Spektrum von Ozon und Berechnung der Frequenzen seiner Grundschwingungen.** T. V. Jagodovskaja, L. I. Nekrasov und N. P. Klimušina. (Ž. fiz. Chim. **41** (1967) 4, 902—04; Moskva, gos. univ. im. M. V. Lomonosova; russ.) — Beschreibung u. Zuordnung der IR-Spektren von fl. u. gasf. Ozon; Berechnung seiner Grundschwingungen. Die Bande bei 1260 cm⁻¹ wird einer instabilen Verunreinigung $(O_2)_2$ zugeschrieben. Für O_3 wird eine optimale Struktur mit einem Valenzwinkel von 116° 49′ diskutiert. A. Blaschette 30

0049 **Lösungsmitteleffekt auf die symmetrische Deformationsschwingung des Ammoniaks.** Jacques Corset, Pham Van Huong und Jean Lascombe. (J. Chim. physique Physico-Chim. biol. **64** (1967) 11/12, 1707—13; Labor. de Spectrosc. IR, Dép. de Chim.-Phys., Fac. des Sci., Bordeaux; franz.) — Die symm. Deformationsschwingung ν_2 von NH_3 wurde in einer Reihe von Lsgm. untersucht. Sie tritt dabei im Vgl. zum Gasspektrum in jedem Fall bei höheren Wellenzahlen auf. In nichtpolaren Lsgm. (*n-Hexan, n-Heptan, 2.2.4-Trimethylpentan, n-Octan, n-Decan, Cyclohexan, Hexadecan*, CCl_4, C_2Cl_4) ist die Verschiebung zwar nur geringfügig, aber eine deutliche Funktion der Polarisierbarkeit des Lösungsmittels. In Protonenakzeptoren als Lsgm. [$(CH_3)_3N$, $(CH_3)_2O$, $(CH_3)_2CO$, *Py.*, CH_3CN, *Bzl.*, $C_2H_7NO_2$, C_3H_7J, C_3H_7Br, C_3H_7Cl] ist sie kaum stärker, obwohl Wasserstoffbrücken NH ··· B vorliegen. In Protonendonator-Lsgm. werden Komplexe des Typs X—N ··· NH_3 gebildet, die zu einer ausgeprägten Verschiebung Anlaß geben; dieser Effekt ist um so größer, je acider der Donator ist [CCl_3CCl_2H, CBr_3H, $CBrCl_2H$, *Chlf.*, C_4H_4NH, $(C_6H_5)_3 \cdot SiOH/CCl_4$, C_6H_5OH/CCl_4, $(C_2H_5)_3SiOH$, CH_3OH, H_2O, CH_2Cl_2, CH_2ClBr, CH_2Br_2, CH_2J_2]. Die Natur der Wechselwrkg. mit den verschiedenen Typen halogenierter Lsgm. wird diskutiert u. es wird eine Zuordnung für das IR-Spektrum von selbstassoziiertem NH_3 in N_2-Matrizen vorgeschlagen. Ferner wird die Form des Wechselwrkg.-Potentials zwischen NH_3 u. den Lsgm. analysiert. Für die nichtpolaren Solventien lassen sich Richtung u. Größenordnung der Frequenzverschiebung mit Hilfe des elektrostat. Modells nach Bell-Onsager interpretieren. A. Blaschette 30

0050 **Strahlung von NO im Spektrum des nahen IR von stoßerhitzter Luft.** Walter H. Wurster und Paul V. Marrone. (J. quantitative Spectroscopy radiative Transfer 7 (1967) 4, 591—604; Cornell Aeronautical Labor., Inc., Buffalo, N.Y.; engl.) — Vgl. C. **1968**, 14554. — Es wurden quant. Messungen des IR-Spektrums von stoßerhitzter Luft u. N_2 zwischen 0,9 u. 1,3 μm gemacht. Die Messungen für Luft wurden im Reflex-Stoß-Gebiet eines Stoßrohres, im Temp.-Bereich 6500 bis 7200 °K erhalten, die N_2-Daten nach einfallenden Stoßwellen bei Temp. von 4600—5700 °K u. im Reflex-Stoß-Gebiet bei 6800—7500 °K. Die Messungen unterstützen frühere Ergebnisse bez. der Zuordnung der Strahlung zu NO-Mol. u. zeigen, daß die beobachtete Anregungsenergie der Strahlung nicht übereinstimmt mit Energieniveaus von N_2. Die Daten werden angegeben u. es läßt sich daraus schließen, daß die NO-Hypothese mit dem experimentellen Befund übereinstimmt. K. Berg 30

0051 **IR-Spektren der Phosphorsulfide, ein Beispiel für die Anwendung von Silberchlorid als Einbettungsmittel.** E. Steger und H.-D. Blechschmidt. (Spectrochim. Acta [Oxford], Part. A **24** (1968) 1, 92—93; TU Dresden, Inst. für Spezielle Analyt. Chem.; dt.) — Die IR-Spektren von P_4S_3, P_4S_5, P_4S_7 u. P_4S_{10} wurden als KBr-, KJ- u. AgCl-Preßlinge sowie mit Ausnahme von P_4S_{10} auch gelöst in CS_2 zwischen 300 u. 1000 cm⁻¹ gemessen (Abb. u. Tabelle). Nur mit AgCl treten keine störenden Dispersionseffekte auf, weil offenbar eine Angleichung der Brechungsindizes erreicht wurde. A. Günther 30

0052 **Schwingungsspektren, Kraftkonstanten und Bindungseigenschaften des Tetrafluorochlorat(III)-anions ClF_4^- und des ClF_5.** K. O. Christe und W. Sawodny. (Z. anorg. allg. Chem. **357** (1968) 3, 125—33; Western Res. Center, Stauffer Chem. Co., Richmond, Calif.; engl.) — Das Raman-Spektrum des $RbClF_4$ wurde aufgenommen. Zusammen mit dem bereits bekannten IR-Spektrum läßt es sich unter der Annahme von D_{4h}-Symmetrie für ClF_4^- (I) zuordnen, wobei die beiden Deformationsschwingungen in den Rassen A_{2u} u. E_u höhere Frequenzlage haben als die Valenzschwingung in B_{2g}. Dies stützt einen Befund am ClF_5 (II), nach dem eine dreifache zufällige Entartung der entsprechenden Schwingungen angenommen worden war (C. **1966**, 26-0130). Für I u. II werden Kraftkonst. nach einem modifizierten Valenzkraftmodell ber.: I: f_{ClF} 2,625; II: f_{ClF} (Spitze) 3,513 u. f_{ClF} (Basis) 2,843 mdyn/Å. Für I u. den planaren Teil von II wird das Vorliegen von Dreizentren-Vierelektronen-p-σ-Bindungen angenommen. W. Sawodny 30

0053 **IR-Spektren und Kraftkonstanten von Molybdän- und Wolframhalogenverbindungen mit M_6X_8-Gruppen.** R. Mattes. (Z. anorg. allg. Chem. **357** (1968) 1/2, 30—42; Münster/Westf., Univ., Anorg.-Chem. Inst.; dt.) — Nachst. Verb., deren Strukturen bekannt sind (vgl. Schäfer et al., C. **1965**, **41**-0711), wurden IR-spektroskop. im Bereich von 33—450 cm⁻¹ untersucht: $(Mo_6Cl_8)X_4$ mit X = Cl, Br, J; $(Mo_6Br_8)Br_4$; $Cs_2(Mo_6 \cdot Cl_8)Cl_6$; $(W_6Cl_8)X_4$ mit X = Cl, Br; $(W_6Br_8)Br_4$. Mit Hilfe der Normalkoordinatenanalyse wurden die IR-Absorptionen, die tabellar. wiedergegeben sind, zugeordnet; die ber. Kraftkonst. (KK) werden mitgeteilt. Die Mo—Mo- bzw. W—W-KK beträgt 0,3 mdyn/Å. G. Gattow 30

0054 **Infrarotspektrum und Kraftkonstanten des Nitridorhenat(VII)-Ions.** B. Krebs und A. Müller. (J. inorg. nuclear Chem. **30** (1968) 2, 463—66; Anorg. Chem. Inst., Univ., Göttingen; engl.) — Messungen des IR-Spektrums im Bereich 4000—140 cm^{-1} von festem K_2ReO_3N u. Zuordnung aller Grundschwingungen des ReO_3N^{2-}-Ions, das im Krist. nahezu C_{3v}-Symmetrie hat, sowie Berechnung der Kraftkonst. mit einer Diagonal-F-Matrix. R. Blank 30

0055 **Schwingungsspektren einiger Chloroanionen.** T. Barrowcliffe, I. R. Beattie, P. Day und K. Livingston. (J. chem. Soc. [London], Sect. A **1967**, 1810—12; Inorg. Chem. Labor., Oxford; engl.) — Die IR-Spektren nach der Nujoltechnik (100—350 cm^{-1}) u. Raman-Spektren (100—500 cm^{-1}) (He—Ne-Laser) sind von den Chloroanionen folgender Verb. tabelliert: $[Co(NH_3)_6]Br_3$, $[Co(NH_3)_6][InCl_6]$ (I), $[Co(NH_3)_6][PbCl_6]$ (II), $[Co(NH_3)_6]\cdot[BiCl_6]$ (III), $[Co(NH_3)_6][SbCl_6]$ (IV), $[Co(NH_3)_6][TlCl_6]$ (V), $Cs_2[SbCl_6]$, $Cs_2[(Sb, Bi)Cl_6]$, $Cs_3[Bi.\ Cl_6]$, $K_2[Se\ Cl_6]$, $TeCl_6^{2-}$ u. $Cs_4[PbCl_6]$. IV u. II liegen in gemischten Ox.-Zuständen vor. Die Farben der Anionen werden deshalb CT-Übergängen zugeordnet. In V muß eine Spezies $[TlCl_5(H_2O)]^{2-}$ angenommen werden. Ein ähnliches Spektrum wie $TeCl_5^-$ hat auch das zusätzlich beschriebene $(NH_4)_2SbCl_5$. R. Blank 30

0056 **Spektroskopische Untersuchung von einigen Metalloxoionen-Komplexen.** John R. Wasson. (J. inorg. nuclear Chem. **30** (1968) 1, 171—74; Dep. of Chem., Ill. Inst. of Technol., Chicago, Ill.; engl.) — IR-Spektren (4000—250 cm^{-1}) von $Cs_3[VO(CN)_5]$, $[(C_2H_5)_4N]_3[VO\cdot(NCS)_5]$ u. $K_3[ReO_2(CN)_4]\cdot 2\ H_2O$ wurden aufgenommen u. Banden zugeordnet. Die Unters. von ν(CN) ergab, daß der Metall—CN—π-Bindung in $[VO(CN_5)]^{3-}$ wahrscheinlich mehr Bedeutung zukommt als in $[ReO_2(CN)_4]^{3-}$. IR-Nachw. bestätigt die Ggw. von N-gebundenem Thiocyanat in $[VO(NCS)_5]^{3-}$. Die Elektronenspektren von festen Anreibungen deuten an, daß der Übergang niedrigster Energie in symm. VO^{2+}- u. trans-ReO_2^+-Syst. ähnlich ist. E. Otto 30

0057 **Übergangsmetallperoxokomplexe.** 6. Mitt. **Schwingungsspektren und Struktur.** W. P. Griffith und T. D. Wickins. (J. chem. Soc. [London] Sect. A **1968**, 2, 397—400; Dep. of Chem., Imp. Coll., London; engl.) — 5. vgl. C. **1969**, 10-0066. — Die Hauptschwingungen der Raman- u. IR-Spektren einer Reihe von Übergangsmetallkomplexen mit Peroxidgruppen wurden zugeordnet u. die Ergebnisse zur Unterscheidung der verschiedenen Arten von Peroxokomplexen benutzt. Komplexe mit zweizähnigen Peroxidgruppen sind demnach: $M_2[MoO\cdot(O_2)Cl_4]$ mit M = Cs u. NH_4; $M_2[MoO(O_2)_2F_2]$ mit M = K u. NH_4; $K_2[MoO(O_2)F_4$; $M_2[WO(O_2)F_4]$ mit M = K u. NH_4; $M_2[Ü(O_2)F_5]$ mit M = K u. NH_4, Ü = Nb u. Ta; $(NH_4)_3[Ü(O_2)F_5]$ mit Ü = Ti u. Zr; $K_3[Ü(O_2)_4]$ mit Ü = Cr u. Ta; $Na_4[UO_2(O_2)_3]\cdot n\ H_2O$; $K_2[MoO_2(O_2)(C_2O_4)(H_2O)]$, $M_2[Mo_2O_3(O_2)_4(H_2O)_2]$ mit M = Na u. pyH; $M_2(W_2O_3(O_2)_4(H_2O)_2]$ mit M = K u. pyH; $K_4[V_2O_3(O_2)_4]$ u. $Cr(O_2)_2(NH_3)_3$. Der Komplex $Ir(O_2)Cl(CO)(PPh_3)_2$ mit Ph = C_2H_5 wurde nicht untersucht, weil die Schwingungen der Phosphingruppen die Zuordnung stören. Komplexe mit brückenbildenden Peroxidgruppen sind $[Co_2(O_2)(NH_3)_{10}](NO_3)_5$, $[Co_2(O_2)\cdot(NH_3)_{10}](SCN)_4$ u. $K_6[Co_2(O_2)(CN)_{10}]\cdot 6\ H_2O$; sie enthalten Co—O—O—Co-Bindungen, vermutlich in trans-Konfiguration. Der einzige bisher bestätigte Übergangsmetall–Hydrogenperoxid-Komplex ist das instabile $K_3\cdot[Co(CN)_5OOH]\cdot 2\ H_2O$; das IR-Spektrum von $NH_4\cdot[UO_2(OOH)(C_2O_4)]\cdot 3\ H_2O$ zeigt keine Banden der OOH-Gruppe; dieser Komplex scheint eher $(NH_4)_2\cdot[(UO_2)_2(O_2)(C_2O_4)_2]$ zu sein. Einige wenige Komplexe besitzen neben koordinierten Peroxidgruppen auch noch Kristall-H_2O_2, nämlich $(pyH)_2[Mo_2O_3(O_2)_4(H_2O)_2]\cdot 2\ H_2O_2$ u. $(pyH)_2[W_2O_3(O_2)_4(H_2O)_2]\cdot H_2O_2$.

Versuche: $(NH_4)_3[Zr(O_2)F_5]\cdot H_2O$, Lösen von frisch dargestelltem $ZrO_2\cdot aq$ in 40%ig. H_2F_2, Zugabe von 30%ig. H_2O_2, Zugabe von NH_4OH-Lsg. bei $< 0^0$, bis der pH-Wert 7 beträgt, u. Stehenlassen bei -5^0. G. Heller 30

0058 **cis-Dioxo- und Trioxokomplexe.** W. P. Griffith und T. D. Wickins. (J. chem. Soc. [London], Sect. A **1968**, 2, 400—04; engl.) — Vgl. vorst. Referat. — Raman- u. IR-Spektren wurden von d^0-Komplexen der Form $[MO_2X_4]^{n-}$ mit $M = Mo(VI)$, $W(VI)$ oder $V(V)$ u. $X = F$, Cl, oder $^1/_2\ C_2O_4$ aufgenommen; auf Grund der Banden bei 950, 900 u. 370 cm^{-1} wird für die beiden O-Liganden cis-Konfig. angenommen. $Cs_2[MoO_2Cl_4]$ wurde durch Lösen von Na_2MoO_4 in HCl, Sättigen der Lsg. mit HCl-Gas, Abfiltrieren von NaCl u. Fällen mit CsCl in HCl dargestellt, analog $Cs_2[WO_2Cl_4]$. Die Ergebnisse werden mit den Spektren für trans-Dioxokomplexe der Form $[Re^{V}O_2X_4]^{n-}$ mit $X = py$, $^1/_2\ en$ oder CN oder $[Os^{VI}O_2X_4]^{n-}$ mit $X = CN$, OH, Cl, Br oder $^1/_2\ C_2O_4$, wobei Banden bei 830 u. 300 cm^{-1} gefunden werden, verglichen, u. die Unterschiede auf Grund der beteiligten O—M-Bindung erklärt. Die Schwingungsspektren der Trioxokomplexe $MoO_3(dien)$ u. $[MoO_3F_3]^{3-}$ beweisen 1.2.3-(cis-) u. 1.2.6-Konfiguration. Einige polymere Oxofluoride $[MoO_2F_5]^{3-}$, $[MoO_2F_3]^{2-}$, $[MoO_3F_2]^{2-}$, $[Mo_2\cdot O_4F_7]^{3-}$, $[Mo_3O_6F_{11}]^{5-}$ u. $[Mo_4O_{13}F]^{3-}$ sind danach ebenfalls cis-Dioxokomplexe. G. Heller 30

0059 **Infrarot-Spektren von Metallcarbonylverbindungen.** 2. Mitt. **$C^{18}O$-Austauschuntersuchungen an cis-$Fe(CO)_4J_2$.** B. F. G. Johnson, J. Lewis, P. W. Robinson und J. R. Miller. (J. chem. Soc. [London], Sect. A **1968**, 5, 1043—48; William Ramsay and Ralph Forster Labor., Univ. Coll., London; engl.) — 1. vgl. ibid. **1968**, 522. — Der $C^{18}O$-Austausch mit der CO-Gruppe von cis-$Fe(CO)_4J_2$ wurde an Hand der zeitlichen Änderung des IR-Spektrums im Gebiet der ν-CO-Schwingung verfolgt. Auf der Grundlage dieser Ergebnisse u. Unters. an $Fe\cdot(^{13}CO)_4Br_2$ wurden die Kraftkonst. (Cotton-Kraihanzel-Parameter) u. damit die Frequenzen variiert, bis die ber. Frequenzen mit den an den $C^{18}O$-substituierten Mol. experimentell beobachteten übereinstimmten. Das Kombinationsspektrum von $Fe(CO)_4J_2$ wurde aufgenommen u. daraus auf die Bldg. des trans-Isomeren unter Einfl. von Licht geschlossen. A. Günther 30

0060 **Infrarotspektren von Dimangan- und Dirheniumhalogenidoktacarbonyl bei niedrigen Frequenzen.** Ugo Sartorelli, Venanzio Valenti und Franco Zingales. (Chim. e Ind. [Milano] **49** (1967) 7, 754—56; Milano, Univ., Ist. di Chim. gen. e inorg.; ital.) — Untersucht wurden im Frequenzbereich 700—50 cm^{-1} die IR-Absorptionsspektren von $Mn_2(CO)_8Cl_2$, $Mn_2(CO)_8Br_2$, $Mn_2(CO)_8J_2$, $Re_2(CO)_8Cl_2$, $Re_2(CO)_8Br_2$ u. $Re_2(CO)_8J_2$. Hauptzweck der Unters. war, wenigstens in halbquant. Weise, die Valenzschwingungen Metall—C, die Spreizschwingungen Metall—C—O sowie die Valenzschwingungen Metall—Halogen festzulegen. Die Beobachtungsergebnisse sind tabellar. angegeben u. werden ausführlich diskutiert. Die aus den Messungen erhaltenen angenäherten Kraftkonst. Metall–Halogen sind in einer Tabelle angegeben. C. Gottfried 30△

0061 **IR-Intensitäten der Carbonylvalenzschwingungen und Elektronenspektren substituierter Molybdäncarbonyle.** D. J. Darensbourg und Theodore L. Brown. (Inorg. Chem. [Washington] 7 (1968) 5, 959—66; Noyes Chem. Labor., Univ. of Ill., Urbana, Ill.; engl.) — Die IR-Intensitäten u. -Frequenzen der CO-Valenzschwingungen werden für nachst. Verb. mitgeteilt: $Mo(CO)_6$, $C_5H_{10}\cdot NHMo(CO)_5$ (I; $C_5H_{10}NH$ = Piperidin), $C_5H_5NMo(CO)_5$ (II), $(C_6H_5)_3PMo(CO)_5$, $(C_6H_5)_3AsMo(CO)_5$, $(C_6H_5)_3SbMo\cdot(CO)_5$, $(CH_3O)_3PMo(CO)_5$ (III), $(C_2H_5O)_3PMo(CO)_5$ (IV), $(C_6H_5O)_3PMo(CO)_5$, $Cl_3PMo(CO)_5$ (V), *trans*-$Mo(CO)_4\cdot[P(OCH_3)_3]_2$, *trans*-$Mo(CO)_4[P(OC_6H_5)_3]_2$, *cis*-$Mo(CO)_3\cdot[P(OCH_3)_3]_3$. Die Kopplung der beiden A_1-Schwingungen der monosubstituierten Komplexe hängt nicht signifikant davon ab, ob die M—C-Valenzkraftkonst. u. die mit ihr zusammenhängenden Wechselwrkg.-Konst. in die Schwingungsanalyse einbezogen werden oder nicht. Unter Verw. der L-Matrixelemente wird der Winkel Θ zwischen axialen u. radialen CO-Gruppen ber.; dabei wird angenommen, daß die Ableitungen der MCO-Gruppen-Dipolmomente für beide A_1-Schwingungen gleich sind. Diese Ableitungen wurden durch Annahme charakterist. Momente für die Schwingungen der Rassen A_1 u. E berechnet. Ferner werden die EA-Spektren vorst. Komplexe im sichtbaren u. im UV-Bereich mitgeteilt. Die Ergebnisse lassen erkennen, daß die Substitution von CO durch einen zu π-Bindungen befähigten Liganden nicht unbedingt zu einer Verstärkung der π-Bindungen zu den anderen CO-Gruppen führt. — Darst.: I, F. 79—80° (Zers.), durch 1std. Rk. von Piperidin mit über-

schüssigem $Mo(CO)_6$ in sd. Methylcyclohexan unter N_2, Umkristallisation aus Hexan bei $-80°$; **II**, F. 87–89° (Zers.), analog **I**; **III**, Kp.$_2$ 64–65°, aus $(CH_3O)_3P$ u. einem geringen $Mo(CO)_6$-Überschuß durch 5std. Rk. in sd. Methylcyclohexan unter N_2; **IV**, Kp.$_{0,2}$ 76–78°, analog **III**; **V**, F. ca. 30°, Kp.$_{0,2}$ 57–59°, durch 12std. Rk. von $Mo(CO)_6$ mit einem großen PCl_3-Überschuß in Methylcyclohexan bei 90° unter N_2. — **I** u. **II** zersetzen sich in Hexan mit meßbarer Geschw. unter Bldg. von $Mo(CO)_6$. Die Rk.-Geschw. ist erster Ordnung bez. des Aminkomplexes u. bei **II** etwas höher als bei **I**.
A. Blaschette 30

0062 **Lösungsmittel-Abhängigkeit der ν_{CO}-Wellenzahlen monosubstituierter Metallcarbonyle.** W. Strohmeier und F. J. Müller. (Z. Naturforsch. **23b** (1968) 4, 555; Würzburg, Univ., Inst. für phys. Chem.; dt.) — Vf. prüften an der kurzwelligsten ν_{CO}-Bande einer Reihe von monosubstituierten Übergangsmetallcarbonylen den Einfl. verschiedener Lsgm. u. Monosubstituenten. Während für jeden Komplextyp u. jedes Lsgm. die Abweichung vom CS_2-Wert variabel ist, ergibt sich innerhalb der Fehlergrenze von ± 2 cm^{-1} für folgende Monosubstituenten (D) stets die gleiche Abweichung: $(C_6H_{11})_3P$, $(C_2H_5)\cdot P(CH_3)_2$, $P[N(CH_2)_4O]_3$, $(iso\text{-}C_3H_7)_3P$, $(CH_3)_3P$, $(C_6H_5)_3P$, $(C_2H_5O)_3P$, $(C_6H_5O)_3P$, $(CH_3)_2PCl$, CH_3PCl_2, CH_3AsCl_2, $(C_6H_5)_2PCl$, $C_6H_5PCl_2$ u. $C_6H_{11}CN$. — Im einzelnen wurden die Lsgm. *Cyclohexan, n-Hexan,* CCl_4 u. *Bzl.* u. die Carbonyle $M(CO)_5D$ (M = *Cr, W, Mo*), $Fe(CO)_4D$, $C_5H_5V(CO)_3D$, $C_5H_5Mn(CO)_2D$, $(CO_2CH_3)_2C_6H_4Cr(CO)_2\cdot D$, $C_6H_6Cr(CO)_2D$, $1.3.5\text{-}(CH_3)_3\cdot C_6H_3Cr(CO)_2D$, $(CH_3)_6\cdot C_6Cr(CO)_2D$ u. $Ni(CO)_3D$ untersucht.
Hans Bürger 30

0063 **Infrarot-Spektren einiger Derivate des Dikobaltoktacarbonyls.** A. R. Manning. (J. chem. Soc. [London], Sect. A **1968**, 5, 1135–37; Dublin, Univ. Coll., Dep. of Chem.; engl.) — Vf. untersucht folgende Dikobaltoktacarbonylderiv. vom Typ $[LCo(CO)_3]_2$ im Bereich der CO- u. CoC-Valenz- u. CoCN-Deformationsschwingungen u. bestätigt die bereits früher angenommene D_{3d}- bzw. D_{3h}-Symmetrie der Komplexe (F. in Klammern): *Bis-[ligand]-dikobalthexacarbonyle* mit *Ligand* = *Triäthylphosphin* (182–184°), *Tri-n-butylphosphin* (109–111°), *Phenyldimethylphosphin* [155 (Zers.)], *Phenyldiäthylphosphin* (129–131°), *Triphenylphosphin* [130° (Zers.)], *Trimethoxyphosphin* [130° (Zers.)], *Triäthylarsin* [135° (Zers.)] u. *Triphenylarsin* [195° (Zers.)].
Hans Bürger 30

0064 **Raman- und Infrarotspektren der $^{10}BF_3$- und $^{11}BF_3$-Komplexe mit Dimethylsulfid und Isotopenaustausch dieses Komplexes mit BF_3.** G. M. Begun und A. A. Palko. (J. chem. Physics **47** (1967) 3, 967–70; Chem. Div., ORNL, Oak Ridge, Tenn.; engl.) — Zuordnung der IR- (4000–400 cm^{-1}) u. Raman-Daten (3400–100 cm^{-1}) von $BF_3\cdot S(CH_3)_2$ durch Vgl. mit dem analogen $BF_3\cdot$ *Dimethyläther*. Aus den Isotopendaten wurden die theoret. Gleichgew.-Konst. für den Austausch ber. u. mit Experimenten verglichen.
R. Blank 30

0065 **Infrarotspektren von festem und in einer Matrix isoliertem $(CH_3)_3N$, $(CD_3)_3N$ und $(SiH_3)_3N$.** Theodore D. Goldfarb und Bishun N. Khare. (J. chem. Physics **46** (1967) 9, 3379–84; Stony Brook, N.Y., State Univ. of New York at Stony Brook, Dep. of Chem.; engl.) — Vf untersuchen die IR-Spektren im Bereich von 4000 bis 70 cm^{-1} von festem u. in einer Ar-Matrix isoliertem $(CH_3)_3N$, $(CD_3)_3N$ u. $(SiH_3)_3N$. Die Beobachtung der asymm. Torsionsfrequenz im $(CD_3)_3N$ bei 208 cm^{-1} erlaubt eine Festlegung der Rotationsbarriere zu 4660 bis 4690 cal/Mol. Das Festkörperspektrum des Trisilylamins steht eher mit C_{3v}- als mit C_{3h}-Symmetrie im Einklang. Die Si_3N-aus-der-Ebene-Deformation wird mit den IR-Banden bei 434 (fest) bzw. 454 cm^{-1} (Matrix) belegt.
Hans Bürger 30

0066 **Infrarotuntersuchungen von Dimethylsilylamin und Methyldisilylamin mit der Technik der Matrix-Isolierung.** Theodore D. Goldfarb und Bishun N. Khare. (J. chem. Physics **46** (1967) 9, 3384–88; engl.) — Vgl. vorst. Referat. — Die IR-Spektren von $(CH_3)_2\cdot NSiH_3$ (**I**) u. $CH_3N(SiH_3)_2$ im Bereich von 600–4000 cm^{-1} werden an festen u. in einer Ar-Matrix bei verschiedenen Konz. eingebetteten Proben registriert (Tabellen, Abb.) u. teilweise zugeordnet. Bes. **I** zeigt beim Übergang in die feste Phase wesentliche Änderungen im Spektrum, die auf eine Assoziation über SiN–$d\pi p\pi$-Bindungen zurückgeführt werden. Zusammen mit veröffentlichten Gasspektren wird für **I** ein pyramidales Skelett, für das Disilylamin eine planare Anordnung $SiN(CH_3)Si$ gefolgert.
Hans Bürger 30

0067 **FIR-Spektren von einigen Uranylkomplexen.** F. A. Hart und J. E. Newbery. (J. inorg. nuclear Chem. **30** (1968) 1, 318–19; Dep. of Chem., Queen Mary-Coll., Mile End Road, London E. I.; engl.) — Vf. berichten kurz über FIR-Spektren von Nujol-Anreibungen der Komplex-Verb. $UO_2X_2L_2$ (L = Triphenylphosphinoxid oder Triphenylarsinoxid, X = Cl, Br, NO_3 oder NCS) im Bereich von 500–200 cm^{-1} u. weisen auf neue oder verbesserte Zuordnungen hin. Zu Vgl.-Zwecken wurden die bekannten Verb. $Cs_2[UO_2Br_4]$, $Cs_2[UO_2Cl_4]$ u. $Rb\cdot[UO_2(NO_3)_3]$ ebenfalls untersucht.
E. Otto 30

0068 **Infrarotspektren von anionischen Uranylkomplexen im Bereich 190—500 cm^{-1}.** V. M. Vdovenko, I. N. Ladygin und D. N. Suglobov. (Ž. neorg. Chim. **13** (1968) 1, 297–99; russ.) — Die IR-Spektren von $Li_2\cdot[UO_2Cl_4]$, $K_2[UO_2Cl_4]$, $Rb_2[UO_2Cl_4]$, $Cs_2[UO_2Cl_4]$, $(NH_4)_2\cdot[UO_2Cl_4]$, $[(CH_3)_4N]_2[UO_2Cl_4]$, $[(C_2H_5)_4N]_2[UO_2Cl_4]$, $[(i\text{-}C_4H_9)_4N]_2[UO_2Cl_4]$, $(R_3NH)_2[UO_2Cl_4]$, $(R_4N)_2[UO_2\cdot Cl_4]$, $(R_4N)_2(UO_2Cl_3Br]$, $(R_2N)_2[UO_2Cl_3J]$, $(R_4N)_2\cdot[UO_2Cl_3NO_3]$, $R_4N[UO_2Cl_3]$, $(R_4N)_2[UO_2Br_4]$, $R_4N[UO_2\cdot(ClO_4)_3]$, $R_3NH[UO_2(ClO_4)_3]$, $R_4N[UO_2(NO_3)_3]$, $R_3NH\cdot[UO_2(NO_3)_3]$, $R_4N[UO_2(CH_3COO)_3]$, $(NH_4)_4[UO_2(C_2O_4)_3]$, $(NH_4)_4[UO_2(CO_3)_3]$, $K_3[UO_2F_5]$ (R = Decyl) wurden im Bereich 190–500 cm^{-1} aufgenommen, die Zuordnung der Banden wird diskutiert.
J. J. Pohl 30

0069 **Schwingungsspektrum von Halogeniden und komplexen Halogeniden.** 4. Mitt. **Einige Tetrahalogenothallate und der Einfluß der d-Elektronenstruktur auf die Frequenzen von Hexachlorometallaten.** D. M. Adams und D. M. Morris. (J. chem. Soc. [London], Sect. A **1968**, 694–95; Dep. of Chem., Univ., Leicester; engl.) — 3. vgl. C. **1968**, 47-0067. — In den *He-Ne*-Laser-Raman-Spektren untersuchen Vf. die Absorptionsfrequenzen zwischen 300 u. 100 cm^{-1} von ν_3 u. ν_4 (tabelliert) einiger fester Hexachlorometallate: $[Co\text{-}(1.2\text{-}Diaminopropan)_3][MCl_6]$ mit $M = Cr, Mn, Fe$ u. In; $K_2[MnCl_6]$; $[Co(NH_3)_6]\cdot[MCl_6]$ mit $M = Fe, Ir$; $[N(C_2H_5)_4]_2[CeCl_6]$ u. $[(C_6H_5)_2J]_2\cdot[CeCl_6]$. Der Einfl. der d-Elektronenstruktur ergibt sich deutlich aus der Änderung von ν_3 in den jeweiligen Anionen. So erniedrigt die Besetzung der antibindenden Terme von z. B. $Fe(t_{2g}^3e_g^2)$ drast. die ν_3-Schwingung gegenüber Cr. Besonders hoch ist ν_3 im Jahn-Teller-gestörten Mn^{3+}. Weiterhin sind ν_1, ν_3 u. ν_4 aus IR- u. Raman-Daten zwischen 312 u. 56 cm^{-1} von folgenden *Tetrahalogenothallaten* tabelliert: $[(CH_3)_4N][TlX_4]$ mit $X = Cl, Br$; $[(C_2H_5)N][TlX_4]$ u. $[(C_6H_5)_4As][TlX_4]$ mit $X = Cl, Br, J$. Die Interpretation der Spektren legt eine tetraedr. Geometrie des Anions nahe.
R. Blank 30

0070 **Fernbereichs-Spin–Spin-Kopplung in Zinn(IV)-Kojatokomplexen und ihre IR-Spektren.** J. Otera, Y. Kawasaki und T. Tanaka. (Inorg. chim. Acta [Padova] **1** (1967) 2, 294–96; Osaka, Osaka Univ., Dep. of Appl. Chem.; engl.) — Diese Kopplung wurde in ***Bis-[kojato]-dihalogenozinn(IV)*** u. ***Bis-[kojato]-methylhalogenozinn(IV)*** beobachtet, zwischen Zinn u. dem 3-Proton. Demnach erfolgt die Kopplung mehr über die C–O-Doppel- als über die C–O-Einfachbindung. Die Größe der Kopplungskonst. fällt mit fallender Sn–O-Valenzschwingung. Diese ist hier ähnlich wie die in Tropolonato- u. Oxinatokomplexen, die ebenfalls 5gliedrige Chelatringe haben. ***Bis-[kojato]-dimethylzinn*** (**I**) scheint einen verzerrten Oktaeder mit trans-Konfig. zu bilden.

Versuche: ***Bis-[kojato]-dichlorozinn*** durch Mischen wss. Lsg. von $SnCl_4$ u. Kojisäure (1 : 2). ***Bis-[kojato]-dibromozinn*** wurde durch Rückflußkochen (30 Std.) von $SnBr_4$ u. Kojisäure in CH_3OH dargestellt. ***Bis-[kojato]-methylchlorozinn***: Methylzinnoxid (0,1 Mol) wurde in wss. HCl (0,03 Mol) gelöst u. 0,02 Mol Kojisäure zugegeben; ***Bis-[kojato]-methylbromozinn*** analog. **I**, zu einer wss. Lsg. von Dimethylzinndichlorid u. Kojisäure (1 : 2) wurden einige Tropfen NH_4OH gegeben. Alle Verb. wurden aus CH_3OH umkristallisiert. U. Goetze 30

0071 **Elektronenspinresonanz — Prinzip und einige Anwendungen in der Chemie.** Klaus Gustav. (Wiss. Z. Ernst-Moritz-Arndt-Univ. Greifswald, math.-naturwiss. R. **16** (1967) 3, 167—74; Inst. für Anorgan. Chem.; dt.) — Einleitender Überblick. H. Liepack 36

0072 **Bestimmung der Intensitäten von modulationsverbreiterten Lorentzschen Elektronenresonanzlinien.** A. J. Parker. (Chem. Physics Letters [Amsterdam] **2** (1968) 2, 74—75; Chem. Dep., Univ. of Manchester, Inst. of Sci. and Technol., Manchester, England; engl.) — Meth. zur Best. der Intensitäten aus der Kenntnis der Höhe der ersten Ableitungskurve, der Modulationsamplitude u. der unmodulierten Linienbreite. R. Blank 36

0073 **Magnetische Resonanz in optisch orientiertem ^3He.** V. G. Pokazan'ev, L. I. Jakub und G. V. Skrockij. (Izvest. vysšich učebnych Zavedenij [Gor'kij], Radiofiz. **11** (1968) 2, 239—43; Ural'skij politechn. inst.; russ., Auszug: engl.) — Diskussion über eine Beobachtungsmöglichkeit magnet. Übergänge in ortho- u. para-He. I. Zoll 36

0074 **Einfluß eines elektrischen Feldes auf die Elektronenresonanz des Stickstoffmonoxids: Intensität der beobachteten Übergänge.** Jean-Claude Chardon, Mohamed Ferhat und Jean-Gérard Théobald. (C. R. hebd. Séances Acad. Sci., Sér. A et B **266** (1968) 2, B 84—B 87; La Bouloie, Besançon, Doubs, Fac. des Sci., Labor. de Spectr. hertzienne; franz.) — Berechnung der Intensität des Elektronenresonanzsignals des NO in Abhängigkeit von der Stärke eines senkrecht zum Magnetfeld angelegten elektr. Feldes. Hans Bürger 36

0075 **Elektronenspinresonanz von Stickstoffdioxid in gefrorenen Lösungen.** B. H. J. Bielski, J. J. Freeman und J. M. Gebicki. (J. physic. Chem. **72** (1968) 5, 1721—25; Chem. Dep., Brookhaven Nat. Labor., Upton, N.Y.; engl.) — Das ESR-Spektrum von NO_2 in CH_3NO_2, $CHCl_3$, $CDCl_3$, H_2O, D_2O u. CCl_4 wurde bei Temp. zwischen —180° u. F. des Lsgm. untersucht. In allen Lsgm. wurde bei ca. —100° ein Triplett beobachtet, das beim Erwärmen in zahlreiche Linien aufspaltet. Zugleich nimmt die ^{14}N-Hyperfeinkopplungskonst. von 55 G auf 12 G ab. Das Viellinienspektrum wird durch Wechselwrkg. von NO_2 mit N_2O_4 erklärt. B. Stender 36

0076 **EPR-Untersuchungen an elektrolytisch erzeugtem SO_2^-.** K. P. Dinse und K. Möbius. (Z. Naturforsch. **23a** (1968) 5, 695—702; II. Phys. Inst., FU, Berlin; dt.) — Aus SO_2 in Dimethylformamid wurde elektrolyt. SO_2^- dargestellt (Leitsalze: Tetrapropylammoniumperchlorat oder Tetrabutylammoniumjodid) u. seine EPR im X-Band gemessen. Die Parameter des Spin-Hamilton-Operators sind $g = 2{,}005733 \pm 2$ ppm, $A(^{33}S) = (12{,}5 \pm 0{,}2)$ Oe. Nach der halbempir. LCAO-MO-Theorie von Walsh wurde die g-Verschiebung zu $\Delta g = (3{,}9 \pm 0{,}6) \cdot 10^{-3}$ ber., was mit dem experimentellen Wert gut übereinstimmt. Bei höheren SO_2-Konz. wurde ein weiteres EPR-Signal bei $g = 2{,}006291 \pm 5$ ppm beobachtet, das dem solvatisierten Radikal $(SO_2)_xSO_2^-$ zugeordnet wurde. Aus der Temp.-Abhängigkeit des Konz.-Verhältnisses der beiden Radikale wurden die Konst. der Rk. $SO_2^- + xSO_2 + W \overset{K}{\rightleftharpoons} (SO_2)_xSO_2^-$ zu $W = -6{,}9$ kcal/Mol, $x = 2$ u. $K(0^0) = 8{,}0 \cdot 10^{-5}$ Mol²/l² bestimmt. B. Stender 36

0077 **ESR-Spektroskopische Untersuchung von Natriumnitroxylat.** Jean-Claude Chardon. (Ann. sci. Univ. Besançon, Physique [3] (1967) **9**, 1—21; Labor. de Spectrosc. hertzienne; franz.) — Das aus $NaNO_2$ u. Na in fl. NH_3 erhältliche gelbe Na_2NO_2 wurde ESR-spektroskop. im Temp.-Bereich von —190 bis +20° untersucht. Die Dimerisierungsenthalpie für $2 \cdot NO_2^{2-} \rightarrow O_2NNO_2^{4-}$ ergibt sich zu 640 cal/Mol. Die Dissoziation in Radikale nimmt mit steigender Temp. zu. Die auf der Wechselwrkg. des N-Kerns mit dem einsamen Elektron beruhende Hyperfeinstruktur konnte durch Eindiffundieren von Na-Dampf in $NaNO_2$-Krist. registriert werden. Auf diese Weise ergibt sich für das ungepaarte Elektron ein MO vom Typ π_x^* der Symmetrie b_1. Es handelt sich allerdings nicht um ein reines π-Orbital (Konfig.-Wechselwrkg.). A. Blaschette 36

0078 **Beziehung zwischen der Natrium-Hyperfeinstrukturkonstanten und der Frequenz des Absorptionsmaximums im Sichtbaren von Natriumbenzophenon bei Änderungen der Umgebung.** P. S. Gill und E. Warhurst. (Trans. Faraday Soc. **64** (1968) 542, 293—97; Dep. of Chem., Univ., Manchester; engl.) — Die ESR-Spektren u. opt. Spektren (600—750 nm) von mit Na red. Benzophenon (I) wurden in *DMF*, *THF* u. *Dioxan* bei 20° u. in Dimethoxyäthan (DME) zwischen —60° u. +50° untersucht. Die Protonenkopplungskonst. von I in THF, DME u. Dioxan gehorchen der Beziehung $a_{meta} : a_{ortho} : a_{para} = 1 : 3 : 4$, während in DMF das Verhältnis 1 : 3,11 : 4,45 gefunden wurde. In allen Lsgm. außer DMF, wo auch bei Red. mit *Li* oder *K* vollständige Dissoziation eintritt, wurde eine Na-Hyperfeinstruktur beobachtet, deren Abhängigkeit von Lsgm. u. Temp. mit den entsprechenden Verschiebungen des Absorptionsmax. der opt. Spektren in Beziehung gesetzt wird. Für das Ionenpaar wird ein Modell entwickelt, in dem sich Na^+ über der Anionenebene in der Nähe des O- u. des benachbarten C-Atoms aufhält. B. Stender 36

0079 **Oxide und Oxoionen von Nichtmetallen.** 8. Mitt. **Elektronen–Spin–Resonanzuntersuchungen an einigen paramagnetischen Chloroxiden.** R. S. Eachus, P. R. Edwards, S. Subramanian und M. C. R. Symons. (J. chem. Soc. [London], Sect. A **1968**, **7**, 1704—11; Leicester, Univ., Dep. of Chem.; engl.) — 7. vgl. C. **1965**, 34-0249. — Die durch Bestrahlung von $KClO_3$ u. $KClO_4$ erzeugten paramagnet. Zentren werden mit Hilfe der ESR untersucht. In $KClO_3$ entstehen bei 295 °K durch γ-Bestrahlung O_3^-, ClO_2 u. wahrscheinlich $(ClO_2–Cl)^-$. Die Hauptwerte des g-Tensors von $(ClO_2–Cl)^-$ betragen: $g_{xx} = 2{,}0021$; $g_{yy} = 2{,}026$; $g_{zz} = 2{,}003$. Die Diagonalelemente des A-Tensors für die ^{35}Cl-Hyperfeinwechselwrkg. mit dem ClO_2-Fragment betragen $a_{xx} = 86{,}6$; $a_{yy} = -12$; $a_{zz} = -9$ u. mit dem Cl^--Fragment entsprechend 13,8; 1; 1. Bei der UV-Photolyse von ClO_2 in $KClO_4$ entstehen ClOO-Zentren, deren Diagonalwerte des g- u. A-Tensors nachst. Werte ergaben: 1,9983; 2,0017; 2,013; 5,3; 7,2; 14,9. B. I. 36△

0080 **ESR-Untersuchungen an stabilen Radikalen mit Aluminium–Stickstoff-Bindungen.** E. Ziegler, G. Fuchs und H. Lehmkuhl. (Z. anorg. allg. Chem. **355** (1967) 3/4, 145—51; Mülheim/Ruhr, MPI für Kohlenfosch.; dt.) — $AlCl_3$ bildet bei der elektrochem. oder chem. Red. (mit Alkalimetall oder metall. Al) in Py. eine radikal. Lsg., deren ESR-Spektrum durch die Kopplung des Elektronenspins mit zwei Al-, zwei N- u. zwei H-Kernen zu deuten ist. Vers. mit partiell deuterierten Pyridinen zeigen, daß es sich bei den H-Kernen um Protonen in 6-Stellung handeln muß. Die aus diesen Ergebnissen abgeleitete Struktur ist die eines *Bis-[N-dichloraluminium]-1.1'.2.2'-tetrahydro-4.4'-bipyridyls*, das an der Verknüpfungsstelle zweier Dihydropyridylreste in Radikale zu dissoziieren vermag. Gestützt wird diese Formulierung durch die Addition von $AlHCl_2$ an 4.4' Bipyridyl, bei der das gleiche Radikal entsteht. Zur Ergänzung der ESR-Kopplungskonst. wurden die „paramagnet. Kontaktverschiebungen" im NMR-Spektrum gemessen. A. Blaschette 36

0081 **Mechanismus der optischen Verluste bei der Emission von Europiumchelaten unter Bestrahlung.** G. A. Domračev, S. N. Kisel'nikova, V. L. Sorin und V. B. Caregradskij. (Optika i Spektroskopija **23** (1967) 2, 343—44; russ.) — Zur Erklärung des Fehlens von induzierter Emission in β-Diketonaten von Eu^{3+}, die Koordinationspolymere sind, wurden durch EPR-Chelate von Lanthaniden (La, Eu, Tb) mit Dibenzoylmethan, Benzoylaceton u. Thenoyltrifluoraceton bei ihrer Bestrahlung mit UV untersucht. Es wurde gefunden, daß bei Bestrahlung die La-β-Diketonate mit 4 Liganden u. die β-Diketonate mit 4 Liganden anderer Metalle kein EPR-Signal geben, ebenso wie auch Tris-[1.3-Diphenylpropandionato-(1.3)]-aluminium, -chrom u. -eisen. Im Gegensatz zu diesen Verb. geben die β-Diketonate von La mit drei Liganden ein EPR-Signal selbst ohne Bestrahlung. Die Lebensdauer der paramagnet. Teilchen von Tris-[1.3-Diphenylpropandionato-(1.3)]-La beträgt 1 bis 4 Minuten. Die Dissoziationsenergie ist 80—85 kcal/Mol u. die Aktivierungsenergie für das Verschwinden der paramagnet. Teilchen beträgt ca. 2 kcal/Mol. Aus der Tatsache, daß Chelate der Lanthaniden mit 4 Liganden u. die Chelate anderer Metalle mit drei Liganden kein EPR-Signal bei Bestrahlung geben, kann man schließen, daß die β-Diketonatliganden selbst, wie auch ihre Bindungen mit Metallen, keiner Photolyse mit Bldg. paramagnet. Teilchen unterworfen sind. Die EPR-Unters. geben also Aufschluß über die Möglichkeit einer induzierten Emission. H.-D. Schwartz 36

0082 **EPR-Untersuchung einiger komplexer Nb-Verbindungen.** I. F. Gajnullin, N. S. Garif'janov und B. I. M. Kozyrev. (Doklady Akad. Nauk SSSR **180** (1968) 4, 858—60; Kaz. fiz. chim. inst. AN SSSR; russ.) — Nb(IV)-Fluoride, -Chloride u. -Acetylacetonate wurden bei $\nu = 9320$ MHz, 77 u. 295 °K EPR-spektroskop. untersucht. Die Nb(IV)-Acetylacetonate wurden durch Red. einer HCl-Lsg. von $NbCl_5$ mit metall. Zn in Ggw. von Acetylaceton u. Extrahieren mit $CHCl_3$ erhalten. Neben der fünferkoordinierten Verb. $NbO(CH_3COCH_2COCH_3)_2$ entsteht in kleinen Mengen ein sechserkoordinierter Komplex mit W.-Mol. in der trans-Lage zur Nb=O-Bindung. Der Chloridkomplex hat in konz. HCl-Lsg. die Struktur $[NbOCl_4]^{2-}$. Der Fluoridkomplex hat eine axial. symm. Struktur wie z. B. $[NbOF_4]^{2-}$. J. J. Pohl 36

0083 **Breite der EPR-Linien in flüssigen Lösungen von Äthylenglykolkomplexen der geraden und ungeraden Chromisotopen.** N. S. Garif'janov, B. M. Kozyrev und V. N. Fedotov. (Doklady Akad. Nauk SSSR **178** (1968) 3, 808—10; Kazanskij fiz.-techn. inst. AN SSSR; russ.) — Das EPR-Spektrum von durch Red. von CrO_3-, $K_2Cr_2O_7$-, $(NH_4)_2CrO_4$-, K_2CrO_4-Lsg. in Äthylenglykol beim Erhitzen oder durch Lösen von K_3CrO_8 erhaltenen Cr(V)-Äthylenglykolkomplexen wurde bei 9320 MHz u. 77—320 °K untersucht. Die Komplexe dürften acht äquivalente Protonen enthalten u. die Struktur $[CrOA_2]^-$ ($H_2A = CH_2OHCH_2OH$) besitzen. J. J. Pohl 36

0084 **Spin–Molekülrotation-Wechselwirkung bei Cr(I)-„Sandwich"-Komplexen.** W. Karthe und W. Kleinwächter. (Ann. Physik [7] **21** (1968) 3/4, 137—43; Jena, Phys. Inst. der Friedrich-Schiller-Univ.; dt.) — Die Linienbreite der EPR-Spektren von $[Cr^IA_2][B(C_6H_5)_4]$ (A = *Bzl.*, *Diphenyl*, *Terphenyl*) in *Aceton* u. *Py.* variiert stark mit der Temp. u. der Zähigkeit der Lösungsmittel. Diese Variation läßt sich mit einer Wechselwrkg. zwischen Elektronenspin u. Mol.-Rotation deuten. H. Roschkowski 36

0085 **Natur der Ferndelokalisierung des ungepaarten Elektrons in EPR-Spektren von Kupferkomplexen.** V. F. Anufrienko, E. G. Ruchadze und A. P. Terent'ev. (Doklady Akad. Nauk SSSR **178** (1968) 5, 1073—76; Inst. kataliza SO AN SSSR; russ.) — Die EPR-Spektren von *Bis-[N-(organyl)-salicylidenaminato]-kupfer* mit (Organyl =) *H*, CH_3, C_4H_9, C_6H_5, $C_6H_5CH_2$ wurden in Lsg., Gläsern u. für polykrist. Proben aufgenommen. Die Natur der Delokalisierung des ungepaarten Elektrons am Wasserstoffatom der CH-Gruppe wird auf Grund der Berechnung des σ-Syst. mit der einfachen MO-LCAO-Meth. unter Berücksichtigung des Überlappungsgrades des Orbitals vom ungepaarten Elektron diskutiert. J. J. Pohl 36

0086 **EPR-Untersuchung der Bindung in Kupferkomplexen.** Virginia Chapin Swett und Emily Pitcher Dudek. (J. physic. Chem. **72** (1968) 4, 1244—48; Chem. Dep., Wellesley Coll., Wellesley, Mass.; engl.) — Die EPR-Spektren von Lsg. der Cu(II)-Komplexe *Bis-[acetylacetonato]-*, *Bis-[2-acetylcyclohexanonato]-*, *Bis-[2-acetyldimedonato]-*, *Bis-[salicylaldehydato]-*, *Bis-[o-hydroxyacetophenonato]-*, *Bis-[2-hydroxy-1-naphthaldehydato]-*, *Bis-[2-acetyl-1-naphtholato]-*, *Bis-[acetoacetanilidato]-*, *Bis-[N-phenyl-2-carbamoyldimedonato]-*, *Bis-[4-amino-3-pentenon-(2)-ato]-*, *Bis-[2-acetiminodimedonato]-*, *Bis-[N-methylsalicylaldiminato]-*, *Bis-[N-methyl-2-acetimino-1-naphtholato]-*, *Bis-[4-anilino-3-pentenon-(2)-ato]-*, *Bis-[N-phenyl-2-acetiminodimedonato]-*, *Bis-[N-phenylsalicylaldiminato]-*, *Bis-[N-phenyl-1-formimino-2-naphtholato]-*, *N.N'-Äthylen-bis-[acetylacetoniminato]-*, *N.N'-Äthylen-bis-(2-acetiminodimedoniminato]-*, *N.N'-Äthylen-bis-[salicylidenaminato]-* u. *N.N'-Äthylen-bis-[o-hydroxyacetophenoniminato]-kupfer(II)* in 20% Toluol + 80% $CHCl_3$ wurden bei 77 u. 300 °K untersucht. Der kovalente Anteil der in der Ebene liegenden σ- u. π-Bindungen wurde auf Grund der spektralen Daten ber., die $g_{\parallel}$-Werte zeigen, daß er in der Reihenfolge der Ligandenart wächst: β-Ketoamide < β-Ketoenolat < trans-zweizähnige Schiffsche Basen < cis-vierzähnige Schiffsche Basen. J. J. Pohl 36

0087 **Mössbauer-Effekt an Thulium-Verbindungen.** C. I. Wynter, C. H. Cheek, M. D. Taylor und J. J. Spijkerman. (Nature [London] **218** (1968) 5146, 1047; Agricult. and Techn. Coll., Howard Univ., N.C.; engl.) — Unters. des Mössbauer-Effekts an der 8,42-keV-Linie von ^{169}Tm in TmF_3 (I), $TmCl_3$ (II), Tm_2O_3 (III), *Tm-Benzoat*, *Tm-Oxinat*, *Tm-Acetylacetonat* · 3 H_2O (50 mC ErF_3-Strahlungsquelle, Meßtemp. 77 u. 298 °K, Tabelle: Quadrupolaufspaltungen, Isomerieverschiebungen bezogen auf die Tm-Linie der Quelle). Aus der Ähnlichkeit der Spektren von III u. der Tm-Chelate schließen Vf. auf eine ähnliche Anordnung der Chelat-Donatoratome um das Tm^{3+}-Ion wie die der O-Ionen in III (C-Typ der Seltenerdmetalloxide). Die Temp.-Abhängigkeit der Quadrupolaufspaltung hängt von der Art der Liganden ab. Die unterschiedliche Intensität der Quadrupollinien bei I deutet auf eine starke Anisotropie des Debye-Waller-Faktors hin u. die Größe der Isomerieverschiebungen von I u. II auf einen positiven Wert von $\Delta R/R$ (ΔR = Differenz der Kernradien von ^{169}Tm für den angeregten u. den Grundzustand). H.-U. Chun 37

0088 **Elektronen- und Mössbauer-Spektren einiger Fe(II)-Halogenidhydrate.** C. D. Burbridge und D. M. L. Goodgame. (J. chem. Soc. [London], Sect. A **1968**, 6, 1410 bis 1413; Inorg. Chem. Res. Labor., Imp. Coll. of Sci. and Techn., London; engl.) — Messung der Reflexionsspektren (4000—20000 cm^{-1}) polykrist. Proben von $FeBr_2 \cdot 6\,H_2O$ (I), $FeF_2 \cdot 4\,H_2O$ (II), $FeCl_2 \cdot 4\,H_2O$ (III), $FeCl_2 \cdot 4\,D_2O$ (IV), $FeBr_2 \cdot 4\,H_2O$ (V), $FeJ_2 \cdot 4\,H_2O$ (VI), $FeCl_2 \cdot 2\,H_2O$ (VII), $FeBr_2 \cdot 2\,H_2O$ (VIII), $FeCl_2 \cdot H_2O$ (IX), $FeBr_2 \cdot H_2O$ (X) (Tabelle der Bandenmax.) sowie der Quadrupolaufspaltungen u. Isomerieverschiebungen in den Mössbauer-Spektren von V, VII, VIII, IX. Die Übereinstimmung der Reflexionsspektren von I u. V zeigt, daß I trans-$[Fe \cdot (H_2O)_4Br_2]$-Einheiten u. nicht $[Fe(H_2O)_6]^{2+}$-Ionen enthält. Bei I u. den Tetrahydraten III—VI (Symmetrie D_{4h}) tritt eine Bandenaufspaltung auf, die den Übergängen $^5B_{2g} \rightarrow {}^5B_{1g}$ (kürzerwellige Bande bei 11000 cm^{-1}) u. $^5B_{2g} \rightarrow {}^5A_{1g}$ (längerwellige Bande, Verschiebung zu kleineren Energien in der Reihenfolge Cl-, Br-, J-Verb.) zugeordnet wird, während bei II (Symmetrie O_h) nur eine Bande bei 10150 cm^{-1} beobachtet wird. Im Falle der Di- u. Monohydrate VII—X ist auf Grund der ster. Anordnung die energet. Reihenfolge der beiden Übergänge umgekehrt. Darst. der Monohydrate IX u. X: Auflsg. von Fe-Feilspänen in 25%ig. wss. Halogenwasserstofflsg., Filtration unter N_2, Eindampfen der Lsg. im Vakuum bei 90° u. anschließende Vakuumtrocknung (3 Std.) bei 100°. H.-U. Chun 37

0089 **Mössbauer-Spektren einiger tetraedrischer Eisen(II)-Verbindungen.** P. R. Edwards, C. E. Johnson und R. J. P. Williams. (J. chem. Physics **47** (1967) 6, 2074 bis 2082; Solid State Phys. Div., AERE, Harwell; engl.) — Die ^{57}Fe-Mössbauer-Spektren folgender tetraedr. koordinierter Fe(II)-Verb. der allg. Formel R_2FeX_4 wurden im Temp.-Bereich von 4,2—350 °K gemessen: $[N(CH_3)_4]_2 \cdot FeCl_4$, $[N(C_2H_5)_4]_2FeCl_4$, *[N.N'-Dimethyl-4.4'-bipyridylium]*$FeCl_4$, $[N(C_2H_5)_4]_2FeBr_4$, {$\alpha.\alpha'$-*[Bis-(triphenylphosphonium)]-p-Xylol*}$Fe(NCSe)_4$ u. $[N(CH_3)_4]_2Fe(NCS)_4$. Danach steigt die Absorption um das Zehnfache beim Abkühlen von 300 auf 4,2 °K, was auf eine niedrige effektive Debye-Temp. des Fe(II) hinweist. Aus den isomeren Verschiebungen u. den Quadrupolaufspaltungen ergibt sich der Grad der Kovalenz in den Anionen u. die Abweichungen von der kub. Symmetrie, die in allen Verb. auftrat u. von den Kationen R u. Anionen X abhing. Bei den großen Kationen wird die Temp.-Abhängigkeit der Quadrupolaufspaltung durch eine stat. Störung gedeutet, die die d_{z^2}- u. $d_{x^2-y^2}$-Zustände aufspaltet. Messungen in einem Magnetfeld weisen auf einen negativen elektr. Feldgradienten hin, d. h. das Grundzustandsorbital ist d_{z^2}. Dies entspricht einer Kompression entlang der z-Achse als Störung. Mit der Aufspaltung dieses Orbitals stimmen ebenfalls magnet. Suszeptibilitätsmessungen überein, entsprechend einem Spin-Hamilton-Operator mit $D = +9{,}0\ cm^{-1}$, $g_{\parallel} = 2{,}05$ u. $g_{\perp} = 2{,}27$. Die Hyperfeinkomponente des magnet. Feldes senkrecht zur Störungsachse z ist -27 kGauß.

R. Blank 37

0090 **Mössbauer-Spektroskopie von organometallischen Verbindungen, Isomerie in $[(\pi\text{-}C_5H_5)Fe(CO)_2]_2SnCl_2$ und verwandten Molekülen.** Rolfe H. Herber und Yves Goscinny. (Inorg. Chem. [Washington] 7 (1968) 7, 1293–98; School of Chem., Rutgers, State Univ., New Brunswick, N.J.; engl.) — Aufnahme der ^{57}Fe- u. ^{119}Sn-Mössbauer-Spektren von $[(\pi\text{-}C_5H_5)Fe(CO)_2]_2$, $[(\pi\text{-}C_5H_5)Fe(CO)_2]_2SnCl_2$ (I), $(\pi\text{-}C_5H_5)Fe(CO)_2SnCl_3$ (II), $(\pi\text{-}C_5H_5)Fe(CO)_2Sn(C_6H_5)_3$, $[(\pi\text{-}C_5H_5)Fe(CO)_2]_2GeCl_2$ (III) (Strahlungsquellen: ^{57}Co in Pd, Ba $^{119}SnO_3$; Proben als Absorber in fester Form, als eingefrorene Lsg. in Methyltetrahydrofuran oder als verd. feste Lsg. in Polymethylmethacrylat) Meßtemp. 77,4 °K), tabellar. Angabe der Isomerieverschiebungen (Standard: Na-Nitroprussiat bzw. SnO_2 bei Raumtemp.) u. Quadrupolaufspaltungen sowie Wiedergabe der Spektren von I u. II in Diagrammen, jeweils für die reine feste Verb. sowie für die feste Lsg. in Polymethylmethacrylat. Die Unabhängigkeit der Mössbauer-Daten von der Art der Probenherst. zeigt, daß die aus Röntgenbeugungsdaten ermittelten, von anderen Sn- u. Fe-Verb. abweichenden Bindungslängen u. -winkel bei I u. III auf den Bindungsverhältnissen innerhalb der Mol. u. nicht auf den intermolekularen Kräften im festen Zustand beruhen. Die ^{119}Sn-Mössbauer- u. die IR-Daten (Angabe der Absorptionsmaxima im Bereich der CO-Valenzschwingung) von I zeigen das Vorliegen zweier Rotationsisomerer (Rotationsbarriere um die Metall–Metall-Bindung) in fester Lsg. an.

H.-U. Chun 37

0091 **Atrane. 9. Mitt. Struktur und einige physikalisch-chemische Eigenschaften von 1-Oxovanadatranen.** M. G. Voronkov, O. A. Osipov, V. A. Kogan, V. A. Četverikova und A. F. Lapsin'. (Chim. geterocikličeskich Soedinenij **1967**, 1, 35–38; Rostovskij-na-Donu gos. univ.; russ.) — 8. vgl. ibid. **1966**, 4, 511; 14. vgl. C. **1968**, 62-0034. — Die magnet. Suszeptibilität u. das Dipolmoment von (vgl. Abb.) *1-Oxovanadatran* (I), *1-Oxo-3-*

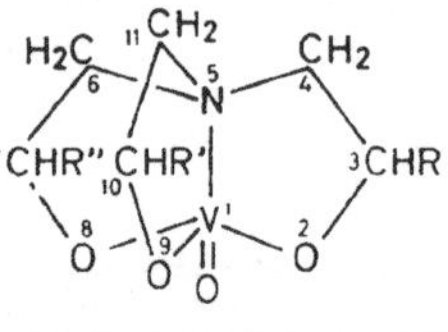

I R,R',R'' –H
II R',R'' –H, R –CH2Cl
III R,R',R'' –CH3

(chlormethyl)-vanadatran (II) u. *1-Oxo-3.7.10-(trimethyl)-vanadatran* (III) wurden bestimmt, die IR-Spektren wurden im Bereich 600–1700 cm^{-1} aufgenommen. Die erhaltenen Daten zeigen die Anwesenheit von transannularen Donator-Akzeptor-Bindungen V → N in I–III. Die spezif. magnet. Suszeptibilität beträgt für I +0,315, II +0,171, III +0,548, das Dipolmoment in $CHCl_3$ bei 25° für I μ_D = 10, 40–10,67, II 8,77–8,80, III 9,26 bis 9,28.

J. J. Pohl 38

0092 **Über die mittlere diamagnetische Suszeptibilität der quadratischen Cyanokomplexe des Palladiums.** Jean Simon. (Cull. Soc. roy. Sci. Liège **36** (1967) 9/10, 480 bis 484; Liège, Univ., Inst. de Cristallogr.; franz.) — Messung der diamagnet. Suszeptibilität der folgenden Verb. mit quadrat. $Pd(CN)_4$-Gruppen: $Rb_2Pd(CN)_4$, $Na_2Pd\cdot(CN)_4$, $(NH_4)_2Pd(CN)_4$, $Li_2Pd(CN)_4$, $K_2Pd(CN)_4$, $Sr_2\cdot Pd(CN)_4$, $BaPd(CN)_4$ u. $CaPd(CN)_4$. Die mit Hilfe der Faraday-Meth. durchgeführten Messungen ergaben für die diamagnet. Suszeptibilität für den Komplex $[Pd\cdot(CN)_4]^{2-}$ — $(86{,}9 \pm 0{,}5)\cdot 10^{-6}$. Mit Hilfe einer Kirkwoodschen halbexperimentellen Meth. (1931) wurde der Langevinsche Diamagnetismus der Komplexe ber. u. aus ihm der Van Vlecksche Paramagnetismus der Gruppe $[Pd(CN)_4]^{2-}$ zu $+40{,}1\cdot 10^{-6}$ hergeleitet.

C. Gottfried 38△

0093 **Phosphornitrid-Derivate. 13. Mitt. Fragmentierung von Phosphornitridchloriden.** C. E. Brion und N. L. Paddock. (J. chem. Soc. [London], Sect. A **1968**, 2, 388–92; Dep. of Chem., Univ. of British Columbia, Vancouver, Canada; engl.) — 12. vgl. C. **1965**, 45-0400. — Die cycl. Phosphornitridchloride der allg. Zus. $(NPCl_2)_n$ ($n = 3$–8) werden im Massenspektrometer in verschiedene offenkettige oder cycl. Bruchstücke gespalten. Die Spezies mit gerader Elektronenzahl sind gegenüber Radikalen bevorzugt. Die Stabilität der offenkettigen Bruchstücke nimmt mit steigender Kettenlänge ab. Die Phosphornitridchloride mit n = 6–8 werden bevorzugt in cycl. Bruchstücke zerlegt. Eine Besonderheit stellen die Ionen $[P_5N_5Cl_6]^+$, $[P_6N_7Cl_6]^+$, $[P_6N_7Cl_8]^+$, $[P_7N_8Cl_8]^+$ u. $[P_7N_8Cl_{10}]^+$ dar, da in ihnen die Zahl der N-Atome die Zahl der P-Atome überwiegt. Ihnen wird eine kondensierte Ringstruktur zugeschrieben.

M. Steidinger 42

0094 **Phosphornitrid-Derivate. 14. Mitt. Fragmentierung von Phosphornitridfluoriden.** C. E. Brion und N. L. Paddock. (J. chem. Soc. [London], Sect. A **1968**, 2, 392–97; engl.) — 13. vgl. vorst. Referat. — Phosphornitridfluoride der Formel $(NPF_2)_n$ ($n = 3$–16) werden im Massenspektrometer in cycl. u. lineare Bruchstücke gespalten. Bevorzugte Spaltprod. sind cycl. Ionen der allg. Zus. $[P_nN_nF_x]^+$. Die vielgliedrigen Ringe werden stets in kleine Ringe übergeführt. Neben den Spaltprod. der Zus. $[P_nN_nF_{2n}]^+$ u. $[P_nN_{n+2}F_{2n+2}]^+$ werden auch geringe Mengen des Typs $[P_nN_{n+2}F_{2n+6}]^+$ ($n = 4$–12) nachgewiesen.

M. Steidinger 42

0095 **Beitrag zur Untersuchung der Ion–Molekül-Reaktionen im Analysatorraum eines Massenspektrometers.** Alexandre Zvenigorosky. (C. R. hebd. Séances Acad. Sci., Sér. C **264** (1967) 16, 1340–43; Labor. de Phys. expérimentale, Toulouse; franz.) — Die Rk. von Argonionen der Energie 3000 eV [A^+(3000)] mit therm. Argonatomen [A(t)] zu Argonatomen der Energie 3000 eV [A(3000)] u. therm. Argonionen [A^+(t)] wird mit einer Bremspotentialmeth. massenspektrometr. untersucht.

L. Leonhardt 44

0096 **Ion–Molekül-Reaktionen in Gemischen mit D_2 oder CD_4.** A. G. Harrison und J. J. Myher. (J. chem. Physics **46** (1967) 8, 3276–77; Dep. of Chem. Univ. of Toronto 5, Ontario, Canada; engl.) — Es werden Korrekturen zu den in J. Chem. Phys. **43** (1965) 4201 u. 4206 angegebenen Geschw.-Konst. für die Rk. in X–CD_4- u. X–D_2-Mischungen (X = *CO*, CO_2, N_2, *Ar*) mitgeteilt.

H.-J. Höhle 44

0097 **Energieabhängigkeit von Ion–Molekül-Reaktionen mit negativen Ionen.** D. Vogt und H. Neuert. (Z. Physik **199** (1967) 1, 82–87; Inst. für Experimentalphys., Hamburg; dt.) — Für die Rk. prim. Ionen X^- mit H-enthaltenden Mol. YH werden Wrkg.-Querschnitte Q als Funktion der Energie von X^- für die Rk. $X^- + YH \rightarrow Y^- + XH$ experimentell bestimmt, u. zwar für OH^- u. NH_2^- als X^- mit $CH_3O\text{–}H$ (I), $CH_3CH_2\text{–}H$ (II), $CH_3S\text{–}H$ (III) u. $CH_3CH_2S\text{–}H$ (IV) als YH. Bei niedrigen Energien E der Ionen X^- nimmt Q mit steigendem E schnell ab ($< E^{-1/2}$), wie man es bei Ladungsübertragungsrk. im gleichen Energiebereich beobachtet. Bei sehr kleinen Energien ($E < 5$ eV) treten Q-Werte von ≈ 100 Å^2 auf. Bei der Rk. von SH^- mit I, II, III, IV u. der Rk. von SiH_3^- mit II werden keine negativen Sekundärionen der erwarteten Art beobachtet. Im Bereich kleiner Energien muß daher $Q < 10^{-19}\ cm^2$ u. bei höheren Energien $< 10^{-21}\ cm^2$ sein. Die Primärionen werden durch Elektronenstoß mit Elektronenresonanzeinfang erzeugt.

W. Pusch 44△

0098 **Rekombinationsgeschwindigkeiten gasförmiger Ionen.** 4. Mitt. George A. Fisk, Bruce H. Mahan und Eric K. Parks. (J. chem. Physics **47** (1967) 8, 2649 bis 2658; Dep. of Chem. and the Inorgan. Materials Res. Div., Lawrence Radiat. Labor., Univ. of Calif., Berkeley, Calif. engl.) — 3. vgl. C. **1967**, 13-0693. — Die Geschw. der bimol. u. termol. Neutralisationsrk. gasf. Ionen aus der Photolyse von *TlJ*, *TlBr*, *TlCl*, PbJ_2 u. $PbBr_2$ wurden

gemessen. Die abs. Werte der termol. Geschw.-Konst. entsprechen im allg. der Thomson-Theorie der Ionenrekombination, obwohl die experimentelle Temp.-Abhängigkeit der Geschw.-Konst. etwas größer als nach der Theorie ist. Die bimol. Geschw.-Konst. entsprechen den Kenntnissen über Energetik u. Masse der Systeme. Die Bldg. des Komplexes aus gasf. Ion u. neutralem Teilchen wurde massenspektrometr. untersucht.
H. Liepack 44

0099 **Absolute Messung von unelastischen Stoßquerschnitten für Zustände angeregter Schwingung.** E. W. Schlag, H. von Weyssenhoff und M. E. Starzak. (J. chem. Physics 47 (1967) 5, 1860–62; Dep. of Chem., Northwestern Univ., Evanston, Ill.; engl.) — Unelast. Stoßquerschnitte wurden durch Best. der abs. Stoßfrequenzen als Funktion der Schwingungsenergie für in Propylen dispergiertes *β-Naphthylamin* (I) ermittelt. Dazu wurde mit einem Phasenfluorimeter die Phasenverzögerung des Fluoreszenzsignals von I relativ zum einfallenden Signal eines intensitätsmodulierten Lichtstrahls im Bereich von 2500–3200 Å gemessen. Bei dem angenommenen Mechanismus ergab der Phasenwinkel die natürliche Strahlungslebensdauer, die 13 ns betrug. Es sind die ber. Stoßfrequenzen in Abhängigkeit von der Wellenlänge angegeben. Sie sind ungefähr eine Größenordnung niedriger als nach der kinet. Gastheorie vorhergesagt.
A. Becker 44

0100 **Relaxation von schwingungsangeregtem N_2 im Gemisch mit CO_2 und N_2O.** P. L. Rubin. (Canad. J. Chem. 45 (1967) 22, 2858–59; Inst. of Phys. P. N. Lebedev, Acad. of Sci., Moscow, USSR; engl.) — Für die Desaktivierung von N_2 im 1. angeregten Schwingungszustand in Ggw. von CO_2 oder N_2O werden zwei Relaxationszeiten abgeleitet. Die Stoßquerschnitte für diese Rk.-Schritte werden diskutiert. F. Langenbucher 44

0101 **Amplituden der elastischen Elektronenstreuung für neutrale Atome aus der Partialwellenmethode bei 10, 40, 70 und 100 kV für Z = 1 bis Z = 54.** H. L. Cox jun. und R. A. Bonham. (J. chem. Physics 47 (1967) 8, 2599 bis 2608; Chem. Dep., Ind. Univ., Bloomington, Ind.; engl.) H. Liepack 44

0102 **Einfluß der Doppelstreuung auf Wirkungsquerschnittmessungen bei großer Impulsübertragung.** G. E. Chamberlain, J. Arol Simpson, S. R. Mielczarek und C. E. Kuyatt. (J. chem. Physics 47 (1967) 10, 4266 bis 4267; NBS, Washington, D.C.; engl.) — Vf. zeigen am Beispiel der Elektronenstreuung an *He*, daß erhebliche Fehler durch Mehrfachstreuung bei Messungen des differentiellen Wrkg.-Querschnitts in einem stat. Gas bei solchen Drücken auftreten können, bei denen normalerweise nur Einfachstreuungen angenommen werden.
R. Blank 44

0103 **Einfluß von Partialwellen-Phasenverschiebungen höherer Ordnung bei der elastischen Streuung von Elektronen am Heliumatom.** S. N. Banerjee und N. C. Sil. (Indian J. Physics Proc. Indian Assoc. Cultivat. Sci. 41/50 (1967) 5, 358–61; Dep. of theor. Phys., Indian Assoc. for the Cultiv. of Sci., Calcutta-32, Jadavpur; engl.) — Für die elast. e^--He-Streuung im Energiebereich 13,6–54,5 eV wurden Phasenverschiebungen höherer Ordnungen ($l \geqq 3$) mit der Bornschen Näherung berechnet. Dazu wurden Phasenverschiebungen niedrigerer Ordnung ($l = 0, 1, 2$), die 1966 von La Bahn u. Callaway ber. wurden, benutzt. Durch Berücksichtigung der höheren Ordnungen erhält man für den totalen u. den differentiellen Wrkg.-Querschnitt Werte, die besser mit dem Experiment übereinstimmen. P. Meischner 44

0104 **Elastische Resonanz bei der Elektronen–Wasserstoff-Streuung.** S. N. Banerjee, R. Jha und N. C. Sil. (Indian J. Physics Proc. Indian Assoc. Cultivat. Sci. 41/50 (1967) 7, 482–85; Indian, Assoc. for the Cult. of Sci., Jadavpur, Calcutta, India; engl.) — Bei der Berechnung der Singulett-S-Wellenphasenverschiebung bei der elast. Streuung langsamer Elektronen durch atomaren Wasserstoff im Energiebereich unterhalb der Anregungsschwelle des zweiten Quantenterms (12,2 eV) erhalten Vf. eine Resonanz bei 9,55 eV in Übereinstimmung mit Experimenten verschiedener Autoren.
R. Blank 44

0105 **Elektronenstreuung an atomarem Wasserstoff in der Ochkur-Näherung.** R. Jha. (Indian J. Physics Proc. Indian Assoc. Cultivat. Sci. 41/50 (1967) 5, 373–77; Dep. of theoret. Phys., Indian Assoc. Cultiv. Sci., Calcutta, Jadavpur; engl.) — Die elast. (1s–1s)- u. inelast. (1s–2s, 1s–2P)-Streuung von Elektronen an atomarem Wasserstoff wurde in der Ochkur-Näherung behandelt. Die Übereinstimmung mit dem Experiment ist besser als bei Verw. der 1. Bornschen Näherung.
P. Meischner 44

0106 **Elektronenstreuung an Elektronen, die an Wasserstoff gebunden sind.** J. N. Das. (Indian J. Physics Proc. Indian Assoc. Cultivat. Sci. 41/50 (1967) 5, 332 bis 335; Center of Advanced Study in Appl. Math., Calcutta Univ., Calcutta; engl.) — Mit feldtheoret. Meth. wird der Wrkg.-Querschnitt der Anregung von Elektronen in H-Atomen durch Elektronenbeschuß berechnet. Für kleine Einfallsenergien ergibt sich die Bornsche Näherung. Für höhere Energien erhält man einen allg. relativist. Ausdruck. Für den Wrkg.-Querschnitt bei Hochenergieanregung ist die Näherung besser als die Bethesche Näherung. P. Meischner 44

0107 **Streuung langsamer Elektronen an Molekülen.** Kazuo Takayanagi. (Suppl. Progr. theoret. Physics [Kyoto] 1967, 40, 216–48; Inst. of Space and Aeronaut. Sci., Univ. of Tokyo, Komaba, Meguro-ku, Tokyo; engl.) — Theoret. Unters. der Elektronenstreuung an zweiatomigen Mol. im Σ-Zustand unter Berücksichtigung der elast. Streuung u. von Rotations- und Schwingungsübergängen für polare u. nichtpolare Moleküle. — 109 Literaturangaben. F. Lenz 44

0108 **Compton-Streuungsfaktoren für kugelsymmetrische freie Atome.** Don T. Cromer und Joseph B. Mann. (J. chem. Physics 47 (1967) 6, 1892–93; Univ. of Calif., Los Alamos Sci. Labor., Los Alamos, N.Mex.; engl.) — Berechnung der Faktoren der inkohärenten Streuung für alle freien kugelsymm. Atome (He, Li, Be, N, Ne, Na, Mg, P, Ar, K, Ca, Cr, Mn, Cu, Zn, As, Kr, Rb, Sr, Mo, Tc, Pd, Ag, Cd, Sb, Xe, Cs, Ba, Eu, Yb, Re, Au, Hg, Bi, Rn, Fr, Ra, Am, NO) aus numer. Hartree-Fock-SCF-Wellenfunktionen unter Verw. der vollständigen Waller-Hartree-Theorie mit allen Austauschtermen.
H. Liepack 44

0109 **Metastabile Moleküle im Stickstoff-Nachleuchten.** C. H. Dugan. (J. chem. Physics 47 (1967) 4, 1512–17; Smithsonian Astrophys. Obs. and Harvard Univ., Cambridge, Mass.; engl.) — Die elektron. metastabilen Mol. im Stickstoffnachleuchten wurden durch Nachw. in einem therm. geschwindigkeitsneutralen Strahl untersucht, der aus dem Leuchten abgesaugt wurde. Ihre Änderung als Funktion der Zeit im Nachleuchten wurde verglichen mit Änderungen des ersten positiven Syst. im Nachleuchtspektrum von N_2 u. des ersten negativen Syst. im Nachleuchtspektrum des N_2^+. Durch indirekte Beweisführung ergibt sich, daß der Prozeß N_2 ($A^3\Sigma_u^+$) + N $\rightarrow$ $N_2(X^1\Sigma)$ + N schnell ist. Lichtschwankung vom Ion her legt nahe, daß keine direkte Verb. zwischen der Konz. metastabiler Mol. u. der Produktion angeregter Ionen besteht. In einem Nachleuchten bei einem Druck von 7 Torr liefern 2 verschiedene Best.-Meth. der Konz. metastabiler Mol. sehr verschiedene Resultate: $4 \cdot 10^9\,cm^{-3}$ als untere u. $2 \cdot 10^{12}\,cm^{-3}$ als obere Grenze. Diese Werte werden diskutiert. G. Köhn 46

0110 **Mechanismus der Bildung der Moleküle He_2 im frühen Nachleuchten einer Impulsentladung.** Ju. G. Kozlov. (Optika i Spektroskopija 24 (1968) 1, 34–39; russ.) — Die Intensität der Emissions- wie Absorptionsspektren der He-Atome u. -Mol. wurde nach dem ersten, zweiten u. dritten Impuls des Entladungsstroms u. auch während des Durchgangs der Entladung bestimmt. Demnach ist der Prozeß $He(2^3S) + 2\,He \rightarrow He_2(2^3\Sigma_u^+) + He$ wahrscheinlich. Die Besetzung des Niveaus $2^3\Sigma_u^+$ erreichte das Max. 10–15 μs nach dem ersten Impuls u. fiel dann langsam ab. M. Wiedemann 46

0111 **Untersuchung der Konzentration der geladenen Teilchen und ihrer zeitlichen Änderung in einem Plasma von Entladungen mit hoher Impulszahl.** A. Petrakev, Tibor Vörös und K. Paszkalev. (Magyar kém. Folyóirat [Ung. Z. Chem.] **74** (1968) 1, 14—16; Sofia, Univ., Lehrst. für Phys., Bulgarien; ung.) — Die Zahl N der geladenen Teilchen pro cm^3 in einem Plasma von hoher Impulszahl wurde aus der Verbreiterung der H_β-Linie bei Atmosphärendruck bestimmt. Zur zeitlichen Auflösung des Spektrums diente eine mechan. Einrichtung. Die Halbwertsbreite der H_β-Linie wurde zu verschiedenen Zeitpunkten gemessen; N ändert sich in den ersten 120 μs des Impulses von 10^{16}—10^{17} cm^{-3} u. hat ein Max. bei ca. 40 μs nach dem Beginn der Entladung.
I. Náray-Szabó 46△

0112 **Temperatur- und Elektronendichtebestimmung in Edelgashochdruckplasmen.** Fritz Spiegelhalter. (Beitr. Plasmaphysik **8** (1968) 1, 1—19; Lichttechn. Inst. der Univ. Karlsruhe; dt.) — Für *Ar-*, *Kr-* u. *Xe*-Plasmen wird die Verbreiterung geeigneter Terme experimentell bestimmt, u. es wird untersucht, welche Verbreiterungsanteile den Störungen der Ionen, Elektronen u. Neutralteilchen zukommen. Die Profile der Stark-Effekt-empfindlichen Spektrallinien weichen von Dispersionsprofilen ab u. sind unsymmetrisch. Der Charakter der Unsymmetrie wird durch die Störungen der Ionen bestimmt, die bei den Betriebsbedingungen 7—19 atm u. 6—30 A Belastung in guter Näherung der statist. Theorie gehorchen, während sich die Störungen der Elektronen u. Neutralteilchen näherungsweise mit der Stoßdämpfungstheorie beschreiben lassen. Das beobachtete Linienprofil läßt sich als Faltung dreier Profile beschreiben. Die Übereinstimmung zwischen gemessenen u. theoret. Profilen ist sehr gut. Zur Temp.- u. Elektronendichtebest. wird aus der gesamten Halbwertsbreite der Linien der Anteil der Elektronenstoß- u. Van-der-Waals-Breite bestimmt. Durch Berechnung der Van der Waals-Breite, die nur wenig zur Linienverbreiterung beiträgt, ergibt sich die Elektronenstoßbreite, u. in Verb. mit der Saha-Gleichung erhält man die Temp.- u. Elektronendichtewerte.
H. Liepack 46

0113 **Minimalisierung des Fluktuationskoeffizienten der Ionisierung von Gasen, die in Spektrometern mit geladenen Teilchen benutzt werden.** Zdzisław Pawłowski. (Nukleonika [Warszawa] **12** (1967) 10, 913—25; Kat. Rad., Politechn., Warszawa; pol.) — Ziel der Arbeit war, ein Gasgemisch mit möglichst kleinem Fluktuationskoeff. mit Hilfe der Theorie von Fano u. Worobjew zu finden. Für die Vers. wurde eine Impuls-Ionisationskammer mit *Ar* als Hauptbestandteil in Mischungen mit *Toluol*, *n-Butylamin*, *Benzol*, *Aceton*, *Methanol*, *Butan*, *Acetylen* u. *Xenon* verwendet. Es wurden dabei niedrigere Koeff. gefunden als bei reinem Ar. Rolf Heyer 46

0114 **Einfluß von Natrium auf die Verweilzeit der Atome einiger Elemente im Gleichstrombogen.** P. P. Polatbekov und I. A. Žukov. (Vestnik Akad. Nauk Kaz. SSR **23** (1967) 5, 75—78; russ.) — Mittlere Verweilzeit u. Übergangsgeschw. der Atome *Be*, *Mg*, *Ca*, *Sr*, *Ba*, *Al*, *Pb* u. *Ti* im Bogen wurden ohne Na u. mit Zusätzen von 3 bzw. 10% Na bestimmt. Die Erhöhung der Verweilzeit führt zu einer Erhöhung der Konz. von Atomen u. Ionen im zentralen Bereich des Bogens u. damit zur Verstärkung der Intensität der Spektrallinien.
M. Wiedemann 46

0115 **Dendritische Ätzung von Legierungen durch spektrale Lichtquellen als Hauptgrund struktureller Einflüsse.** I. A. Grikit, E. G. Galuško und S. P. Černyšova. (Ž. prikl. Spektroskopii **7** (1967) 2, 158—62; russ.) — Der Angriff von Cu–Zn-Leg. durch elektr. Entladungen wird untersucht. Der selektive Eintritt der Elemente in die Entladung hängt mit Eigentümlichkeiten der dendrit. Seigerung der Leg. zusammen sowie mit der möglichen Bldg. neuer Phasen.
H. Roschkowski 46

A-3. Physik der Festkörper und Flüssigkeiten

0116 **Quantenchemie und Festkörpertheorie.** (Int. J. Quantum Chem., Sympos. **1S** (1967); Proc. of the Int. Symposium on Atomic, Mol., and Solid-State Theory.) — Energiebänder u. Fermi-Flächen (J. C. Slater; 523); Energiebänderstruktur von Diamant, kub. SiC, Si u. Ge (Frank Herman, Richard L. Kortum u. Charles D. Kuglin; 533); Variationsmeth. in der Berechnung von Energiebändern (Paul M. Marcus; 567); Interband-Impulsmatrixelemente u. eine k · p-Interpolationsmeth. in der Anwendung auf PbTe (G. W. Pratt jun. u. N. J. Parada; 589); Effektiver Hamilton-Operator für die opt. Eig. von Si u. Ge (G. Dresselhaus u. M. S. Dresselhaus; 595); Energiebänder in geordnetem β-Messing (Frank J. Arlinghaus; 605); Bänderstruktur von KCl nach der Meth. der Greenschen Funktion (Jiro Yamashita u. Seturo Asano; 611); Self-Consistent-Berechnung der Energiebänder in ferromagnet. Ni (John W. D. Connolly; 615); Spinwellendispersion u. Energiebänder in kub. flächenzentrierten Metallen (Anwendung auf Ni–Cu-Leg.) (Eric D. Thompson; 619); Bänderstruktur von antiferromagnet. Cr (Jiro Yamashita u. Seturo Asano; 627); Übergangsmetallatome in kub. Konfig. (Orbitalberechnungen für Mn, Fe, Co, Ni, Cu) (R. K. Nesbet; 633); Krist.-Feldaufspaltungen u. magnet. Phasenübergänge 1. Ordnung (R. E. Watson u. M. Blume; 645); Nachw. der Magnon–Elektron-Wechselwrkg. aus Transportmessungen (F. J. Blatt, D. J. Flood, V. Rowe u. P. A. Schroeder; 647); Spinwellenstabilität des ferromagnet. Zustandes für ein schmales s-Band (Laura M. Roth; 649); Magnet. Streuung von Neutronen durch Ferromagnetika des Modells wandernder Elektronen bei hohen Temp. (Bes. Berücksichtigung der Streuung in der 65% Fe–35% Ni-Leg.) (Takeo Izuyama u. Yasunari Kurihara; 651); Festkörperberechnungen in Uppsala (Jean-Louis Calais; 661); Virialtheorem für ein Syst. wechselwirkender Teilchen unter äußeren Kräften u. äußerem Zwang (Petros N. Argyres; 669); Integrierte u. integrale Hellmann-Feynman-Formeln. 2. Mitt. Konstruktion von „super-floating" Funktionen (Konstruktion von das Integraltheorem befriedigenden Funktionen) (A. C. Hurley; 677); Anwendung der Hypervirial-Beziehungen auf period. Potentiale (C. J. Bradley u. D. E. Hughes; 687); Computer-Programm zur Berechnung irreduzibler Darst. endlicher Gruppen (Stig Flodmark u. Esko Blokker; 703); In der NMR-Symmetriegruppe enthaltene Untergruppen (Josiane Serre; 713); London-Kräfte als Aspekt des Korrelationsproblems in mol. Festkörpern (Jan Linderberg; 719); Dynam. Verh. von unsauberen Mol.-Krist. (Raphael D. Levine; 727); Kollektive Anregung von Ferroelektrika mit H-Bindung (Sighart F. Fischer; 745); Konsistenz-Kriterium für die Cluster-Entw. der ferroelektr. freien Energie (Konvergenz-Unters. für die Reihenentw. für den KD_2PO_4-Hamilton-Operator) (S. Svetina, R. Blinc u. B. Žekš; 755); Dynam. Ionenladung von Krist. vom Zinkblendetyp (E. Burstein, M. H. Brodsky u. G. Lucovsky; 759); Verunreinigungsbandausläufer in entarteten Halbleitern (M. Lax u. B. I. Halperin; 767); Lokalisierte Defekte in Halbleitern (Joseph Callaway u. A. James Hughes; 769); Drei Gruppen von Supraleitern (B. T. Matthias; 773); Elektron–Phonon-Wechselwrkg. u. piezospektroskop. Verschiebungen scharfer Spektrallinien in Festkörpern (Theoret. Unters. mit Anwendung auf neutronenbestrahltes MgO) (John D. Stettler u. Romas A. Shatas; 775); Korrelationsprobleme in Festkörpern (J. C. Slater; 783); Einteilchenspektrum eines wechselwirkenden Elektronengases (L. Hedin, B. I. Lundqvist u. S. Lundqvist; 791); Paar-Korrelationsfunktionen u. Korrelationsenergien eines quantenmechan. Elektronengases (A. A. Broyles u. Tucson Dunn; 803); Eigenwertproblem in einer linear abhängigen Basis u. die Supersäkulargleichung (Per-Olov Löwdin; 811); Zweifache quantenmechan. Lichtstreuung u. Orientierungskorrelationen in Fl. (Yoh-Han Pao, H. L. Frisch u. R. Bersohn; 829); Phasenübergang fest–fl. (Ralph J. Harrison; 839); Reminiszenzen von 1933 bis 1935 (George E. Kimball; 845). H. Liepack 50

Struktur

0117 **Gitterkomplexe der Ebenengruppen.** Hans Burzlaff, Werner Fischer und Erwin Hellner. (Acta crystallogr. [Copenhagen], Sect. A **24** (1968) 1, 57—67;

Miner. Inst., Univ. Marburg/Lahn; dt.) — Strukturtheoret. Untersuchung. H. Roschkowski 51

0118 **Kreispackungsbedingungen in der Ebene.** Werner Fischer. (Acta crystallogr. [Copenhagen], Sect. A 24 (1968) 1, 67—81; dt.) — Vgl. vorst. Referat. — Strukturtheoret. Untersuchung. H. Roschkowski 51

0119 **Vektoralgebra und die Beziehungen zwischen Größen des wahren und reziproken Gitters.** R. J. Neustadt und F. W. Cagle jun. (Acta crystallogr. [Copenhagen], Sect. A 24 (1968) 1, 247—48; Dep. of Chem., Univ. of Utah, Salt Lake City, Ut.; engl.) H. Roschkowski 51

0120 **Vierdimensionale Bravais-Gitter.** A. M. Zamorzaev und B. V. Cekinovskij. (Kristallografija 13 (1968) 2, 211—14; Kišinevskij gos. univ.; russ.) — Die von Mackay et al. [Acta crystallogr. [Copenhagen] 16 (1963) 11] eingeführte Darst. vierdimensionaler Bravais-Gitter wird erweitert u. präzisiert. H. Roschkowski 51

0121 **Geometrische Interpretation der Punktsymmetrieelemente und Bravais-Gitter im vierdimensionalen Raum.** T. S. Kuncevič und N. V. Belov. (Acta crystallogr. [Copenhagen], Sect. A 24 (1968) 1, 42—51; Gor'kovskij Gos. Univ. im. Lobačevskogo, Gor'kij; russ.) H. Roschkowski 51

0122 **Beweis der Unmöglichkeit des Erreichens der maximalen Dichte für eine pgg-Ellipsenpackung.** Takeo Matsumoto. (Z. Kristallogr., Kristallgeometr., Kristallphysik, Kristallchem. 126 (1968) 1/3, 170—74; Dep. of Cristallogr., Univ. of Bern; engl.) — Es wird bewiesen, daß die pgg-Ellipsenpackung nie die maximale D. $\varrho = \pi/2\sqrt{3}$ erreichen kann. Diese D. wird nur erreicht, wenn entweder alle Ellipsen parallel gelagert sind (dann ist sie gleich der cmm-Packung) oder wenn alle Ellipsen zu Kreisen werden (dann ist sie gleich der dichtesten Kreispackung der Symm. p6m). M. Frenzel 51

0123 **Spezieller Fall zweidimensional fehlgeordneter Kristalle.** W. Bollmann. (Z. Kristallogr., Kristallgeometr., Kristallphysik, Kristallchem. 126 (1968) 1/3, 1—6; Battelle Inst. Advanced Stud. Center, Geneva; engl.) — Die Interpretation von bestimmten Elektronendiffraktogrammen deutet auf eine Krist.-Struktur, in welcher Reihen von Elementarzellen (als Elementarfibern bezeichnet) in der Längsrichtung gegeneinander statist. um eine halbe Gitterperiode versetzt sind. Die Ursache dieser Verschiebungen wird am Beispiel der Struktur des *Tobermorits* erläutert. M. Frenzel 51

0124 **Antisymmetrische OD-Strukturen.** Joachim Bohm. (Z. Kristallogr., Kristallgeometr., Kristallphysik, Kristallchem. 126 (1968) 1/3, 190—98; DAW zu Berlin, II. Phys. Techn. Inst., Berlin-Adlershof; dt.) — Auf Grund einer Verallgemeinerung des Begriffs der OD-Strukturen („order-disorder"-Strukturen) für Räume beliebiger Dimensionszahl können OD-Strukturen mit verallgemeinerten Symmetriebeziehungen, bes. Antisymmetrie, gebildet werden. Mit dem Auftreten solcher OD-Strukturen muß bei antiferroelektr. u. antiferromagnet. Krist. gerechnet werden. Als Beispiele für Stoffe, deren antiferroelektr. Phasen auf Grund ihrer Symmetrie OD-Strukturen bilden können, werden $NH_4H_2PO_4$, $Ag_2H_3JO_6$ u. $(NH_4)_2H_3JO_6$ (Hochtemp.-Form) genannt. M. Frenzel 51

0125 **Sauerstoff als Koordinationszentrum in Kristallstrukturen.** G. Bergerhoff und J. Paeslack. (Z. Kristallogr., Kristallgeometr., Kristallphysik, Kristallchem. 126 (1968) 1/3, 12—23; Anorg.-chem. Inst., Univ. Bonn; dt.) — Die Verwandtschaft von Gittertypen läßt sich eindrücklich darstellen, wenn man die Wernersche Koordinationslehre auf die Beschreibung von Krist.-Strukturen anwendet, wie dies bereits durch Pfeiffer geschehen ist. Führt man dies konsequent durch unter Beachtung eines sinnvollen stöchiometr. Verhältnisses von Zentralatom u. Liganden, so erhält man eine große Gruppe von Strukturen mit anion. Zentralatom. Am Beispiel des Sauerstoffs wird die systematisierende Wrkg. dieser Meth. mit zahlreichen Strukturtypen belegt. — 29 Literaturangaben. M. Frenzel 51

0126 **Kristallographische Analyse der Phasentransformationen in Metallen.** Wolfgang Pitsch. (Arch. Eisenhüttenwes. 38 (1967) 11, 853—64; MPI für Eisenforsch., Düsseldorf; dt.) — Behandelt werden Begriffsbldg. u. Aufgabenstellung einer kristallograph. Analyse, kristallograph. Theorie u. Analysen martensit. phasen- bzw. diffusionsgesteuerter Keimbldg.- u. Wachstumstransformationen (letztere am Beispiel einer *Ferrit*-Ausscheidung im Austenit einer Co–20 Gew.-% Fe-Leg.). Bei Kenntnis der Krist.-Gitter beider beteiligten Phasen lassen sich die kristallograph. Eig. der Transformation voraussagen. Ein Berechnungsverf. für die Hauptachsen u. das Orientierungsgebiet einer reinen Scherung wird mitgeteilt. — Ca. 61 Literaturangaben. M. Frenzel 51

0127 **Dynamische Theorie der Streuung in ungeordneten Legierungen.** V. B. Molodkin. (Fiz. Metallov Metallovedenie 25 (1968) 3, 410—19; Inst. metallofiz. AN USSR; russ.) — Entw. einer dynam. Theorie der Elektronenstreuung für ungeordnete Mehrstofflegierungen. Gleichungen für die Amplitude der diffus gestreuten Wellen werden erhalten. H. Roschkowski 51

0128 **Einfache Theorie der Verschiebung von Kationen in oktaedrischer Umgebung aus dem Zentrum.** Helen D. Megaw. (Acta crystallogr. [Copenhagen], Sect. B 24 (1968) 1, 149—53; Crystallogr. Labor., Cavendish Labor., Cambridge; engl.) — Entw. einer Theorie auf der Grundlage eines Bindungsdehnungskonzepts mit Anwendung auf krist. $KNbO_3$ u. $NaNbO_3$. H. Roschkowski 51

0129 **Die Laves-Strukturen $MgCu_2$, $MgZn_2$ und $MgNi_2$.** W. B. Pearson. (Acta crystallogr. [Copenhagen], Sect. B 24 (1968) 1, 7—9; Div. of Pure Phys., Nat. Res. Council, Ottawa; engl.) — Es wird theoret. gezeigt, daß die Bldg. von A–B- u. B–B-Kontakten die Energie liefern kann, die zur Kompression der A-Atome erforderlich ist u. AB_2-Phasen mit Radienverhältnissen bis zu 1,67 (Idealverhältnis 1,225) die Annahme der $MgCu_2$-Struktur gestattet. Bei Radienverhältnissen $< 1{,}225$ werden die B-Atome zur Bldg. von A–B- u. A–A-Kontakten ungenügend komprimiert. Wahrscheinlich existieren deshalb weniger Laves-Phasen mit Radienverhältnissen unterhalb als oberhalb des theoret. Werts. H. Roschkowski 51

0130 **Neutronenstreuung an Wasserstoffbindungen.** H. Stiller. (Ber. Bunsenges. physik. Chem. 72 (1968) 1, 94—97; Inst. für Festkörper- u. Neutronenphys., KFA Jülich; engl.) — Ein in einer H-Brücke innerhalb eines kondensierten Teilchensyst. gebundenes Proton wird mit einer zeitabhängigen Selbstkorrelationsfunktion beschrieben. Es wird dabei angenommen, daß die für die H-Bindungen charakterist. Protonenbewegungen nicht mit andern Bewegungen korreliert sind. Dagegen können zwischen verschiedenen H-Brücken Korrelationen bestehen. Die inkohärente Neutronenstreufunktion wird in harmon. Näherung berechnet. D. Hoene 51

0131 **Streuung langsamer Neutronen an Protonen in Wasserstoffbindungen im Modell einer doppelten Potentialmulde.** S. S. Stamenkovič. (Fiz. tverdogo Tela 10 (1968) 3, 861—66; Fiz.-techn. inst. im. Ioffe AN SSSR, Leningrad; russ.) — Berechnung der elast. u. unelast. Streuquerschnitte (Anwendung z. B. bei der Neutronenbeugungsunters. der Veränderung von H-Bindungen bei Phasenübergängen in ferroelektr. KH_2PO_4). K. Jaeger 51

0132 **Anomale inkohärente Streuung thermischer Neutronen bei Bildung stehender Neutronenwellen in nahezu idealen Kristallen von Kaliumdihydrogenphosphat (KDP).** D. Sippel und F. Eichhorn. (Acta crystallogr. [Copenhagen], Sect. A 24 (1968) 1, 237—39; DAW, Zentralinst. für Kernforsch., Rossendorf bei Dresden; dt.) — In nahezu perfekten KDP-Krist. werden stehende Wellen therm. Neutronen erzeugt, die eine anomal schwache oder stark inkohärente Streuung durch H-Kerne im (004)-Reflex verursachen. Der beobachtete Effekt wird mit der dynam. Interferenztheorie interpretiert u. berechnet. H. Roschkowski 51

0133 **Neutronenbeugung an piezoelektrisch schwingenden Resonatoren.** V. Petržílka. (Nature [London] 218 (1968) 5136, 80; Dep. of Nucl. Phys. Charles Univ., Prague, Czechoslovakia; engl.) — Unter der vereinfachenden Annahme, daß ein piezoelektr. Krist. longitudinale Schwingungen senkrecht zu den Gitterebenen ausführt, wird gezeigt, daß die mit den am Krist. gebeugten Neutronen verknüpfte de Broglie-Welle moduliert ist. Man kann auf diese Weise das Auftreten von Nebenbändern im Neutronen-Beugungsbild erklären. G. Richard 51

0134 **Vorschläge für die Verwendung von zusammengesetzten Monochromatorkristallen für Neutronenbeugungs- und Streumessungen.** H. Maier-Leibnitz. (Suomalaisen Tiedeakatemian Toimituksia [Ann. Acad. Sci. fenn.] Ser. A, VI 1967, 267, 1—17; Inst. Laue-Langevin, Grenoble; dt.) — Ein Monochromatorkrist., zusammengesetzt aus Lamellen, von denen jede gegenüber benachbarten etwa um den Mosaikwinkel η verkippt ist, wird vorgeschlagen. Die Dicke d der Lamellen in Richtung des austretenden Strahls soll so gewählt werden, daß für den durch die Mosaikbreite bestimmten Wellenzahlbereich eine gute Reflexion erreicht wird. Die Lamellen werden in geeigneter Weise schief zur Strahlrichtung gelegt. Lamellierte Krist.-Syst. können Vorteile haben bei der Beugung an Pulvern u. (in etwas anderer Ausführung) als echte Monochromatoren bei der unelast. Streuung bes. von Neutronen hoher Energie. Für die Beugung an kleinen Einkrist. werden zwei neue Meth. vorgeschlagen: eine Variation der Laue-Meth., bei der allle n-Ordnungen n(hkl) in verschiedenen Richtungen auftreten u. eine „fokussierende" Meth. für Einzelreflexe, bei der gleichzeitig die unelast. Streuung weitgehend unterdrückt wird. M. Frenzel 51

0135 **Durch Stapelfehler und partielle Versetzungen im Feldionenmikroskop erzeugte Kontraste.** D. A. Smith, M. A. Fortes, A. Kelly und B. Ralph. (Philos. Mag. [8] 17 (1968) 149, 1065—77; Dep. of Metallurg., Univ. of Cambridge; engl.) — Aus den geometr. Eig. der behandelten partiellen Versetzungen u. Stapelfehler, die die Oberfläche einer Feldionenspitze schneiden, wird auf die in den Feldionenbildern zu erwartenden Kontraste geschlossen. Die Verschiebungen, die die partiellen Versetzungen u. Stapelfehler erzeugen, führen zur Ausbldg. von Stufen u. Knicken an der Spitzenoberfläche. Es werden Parameter definiert, die die durch dissoziierte Versetzungen u. Stapelfehlerschleifen hervorgerufenen Kontraste beschreiben. Die theoret. Ergebnisse werden mit feldionenmkr. Unters. von *Ir* verglichen. W. Laqua 51

0136 **Kombination von Ellipsometrie, Beugung niederenergetischer Elektronen und Feldelektronen-Mikroskopie.** A. J. Melmed, H. P. Layer und J. Kruger. (Surface Sci. [Amsterdam] 9 (1968) 3, 476—83; Metallurgy Div., Inst. for Mater. Res., NBS, Washington, D. C.; engl.) — Es wird eine App. beschrieben, bei welcher mit derselben Probe ellipsometr. u. LEED-Unters. durchgeführt werden können. Außerdem kann eine Feldemissions-Spitze eingebaut werden, so daß das Bild auf dem Fluoreszenzschirm des LEED-Syst. beobachtet werden kann. Es wird über Resultate bei der Wechselwrkg. zwischen einer *W*(001)-Oberfläche u. O_2 berichtet. Die Feldemission reagiert am empfindlichsten auf Verunreinigungen der Oberfläche. G. Ertl 51

0137 **Streuung langsamer Elektronen an eindimensionalen Kristallmodellen.** J. Gerstner und P. H. Cutler. (Surface Sci. [Amsterdam] 9 (1968) 2, 198—216; Dep. of Phys., Pa. State Univ., University Park, Pa.; engl.) — Es wurde die elast. Streuung niederenerget. Elektronen an verschiedenen eindimensionalen Krist.-Modellen theoret. behandelt. Die Wechselwrkg. der Elektronen mit den Ionen des Krist. wurde mit δ-Potentialen an den Orten der Krist.-Punkte beschrieben. Es wurden Reflexonskoeff. als Funktion der einfallenden Elektronenenergie berechnet. Die resultierenden Kurven zeigen ausgeprägte Strukturierung. Mit experimentellen Daten an *W* (100) wurde eine grobe qual. Übereinstimmung gefunden. G. Ertl 51

0138 **Beugung niederenergetischer Elektronen an Kristallen.** J. L. Beeby. (J. Physics, C (Proc. physic. Soc.) [2] 1 (1968) 1, 82—87; Theoret. Phys. Div., Atomic Energy Res. Establ., Harwell, Didcot, Berks.; engl.) — Theoret. Unters. unter Verw. der Theorie der Mehrfachstreuung bei Berücksichtigung nur elast. Prozesse. Das Verf. beruht auf der Annahme, daß sich das Potential additiv aus den einander nicht überlappenden Potentialen der einzelnen Atome zusammensetzt. Die numer. Auswertung der Intensitätsverteilung im Beugungsbild für eine vorgegebene Modelloberfläche ist einfacher als nach früheren Theorien. F. Lenz 51

0139 **Mehrfachbeugungsursprung der Beugungsintensitäten niederenergetischer Elektronen.** A. Gervais, R. M. Stern und M. Menes. (Acta crystallogr. [Copenhagen], Sect. A 24 (1968) 1, 191—99; Dep. of Phys., Polytechn. Inst. of Brooklyn, Brooklyn, N.Y.; engl.) — Die Winkel- u. Spannungsabhängigkeit der gebeugten Intensität für Elektronen im Energiebereich 150—900 V an einer sauberen (100)-Oberfläche von W wird mit einem Einkrist.-Diffraktometer gemessen. Die Intensiätsverteilung wird eingehend theoret. interpretiert. H. Roschkowski 51

0140 **Bestimmung der Extinktionslänge mit dem Mehrstrahlfall der dynamischen Theorie. Vergleich mit experimentellen Resultaten, die bei Beschleunigungsspannungen zwischen 100 und 1200 kV erhalten wurden.** Phan Van Loc, René Ayroles und Annie Mazel. (J. Microscop. [Paris] 7 (1968) 1, 5—16; Toulouse, Labor. d'Opt. Electron. du CNRS; franz.) — Nach der dynam. Theorie von Bethe ist die Extinktionslänge t_0 eine lineare Funktion der Elektronengeschw. v. Experimente mit *MgO*-Krist. zeigen, daß t_0 einem Grenzwert zustrebt, wenn $\beta = v/c$ gegen 1 geht. Bei Berücksichtigung mehrerer Strahlen in der dynam. Theorie u. durch Best. der Fourier-Koeff. V_{200} vom MgO mittels der 2. Betheschen Näherung wird eine Kurve $t_0 = f(\beta)$ erhalten, die um weniger als 2% von den Meßwerten abweicht. P. Meischner 51

0141 **Beobachtung der Feinstruktur in der Umgebung des Nullstrahles bei der Elektronenbeugung.** R. P. Ferrier und R. T. Murray. (J. Physics, D (Brit. J. appl. Physics) [2] 1 (1968) 2, 207—09; Cavendish Labor., Univ. Cambridge; engl.) — Bei der hochauflösenden Feinbereichsbeugung im Elektronenmikroskop ist es möglich, die Feinstruktur des Nullstrahles bei der Beugung an polyedr. Kristalliten zu untersuchen. Die Vorteile dieser Meth. zur Best. von Fourier-Koeff. werden diskutiert. P. Meischner 51

0142 **„Vielfachstreuung bei Überstrukturen in der niederenergetischen Elektronenbeugung".** F. Jona, R. F. Lever und J. B. Gunn. (Surface Sci. [Amsterdam] 9 (1968) 3, 468—70; IBM Watson Res. Center, Yorktown Heights, N.Y.; engl.) — Vf. weisen durch Modellbetrachtung in Anlehnung an eine Arbeit von Bauer [ibid. 7 (1967) 351] auf eine mögliche Fehlinterpretation bei Problemen der Vielfachstreuung bei LEED-Unters. hin. R. Blank 51

0143 **Streuung langsamer Elektronen an statischen Gauß-Atompotentialen.** V. F. Dvorjankin und A. Ju. Mitjagin. (Kristallografija 13 (1968) 2, 221—24; Inst. radiotechn. i élektron. AN SSSR; russ.) — Die Streuung langsamer Elektronen in der S-Wellennäherung an atomaren Gauß-Potentialen wird theoret. untersucht. Die Potentiale wurden in Bornscher Näherung erhalten. H. Roschkowski 51

0144 **Indizierung von Elektronogrammen und Projizieren der Struktur bei beliebiger Kristallorientierung.** B. B. Zvjagin. (Kristallografija 13 (1968) 2, 325—26; Inst. geol. rudnych mestoroždenij, petrogr., miner. i geochim. AN SSSR; russ.) — Theoret. Untersuchung. H. Roschkowski 51

0145 **Scheinbare Veränderung der Strukturfaktoren für Elektronen mit der Beschleunigungsspannung. Beobachtung mit Hilfe von Kikuchidiagrammen.** Denjiro Watanabe, Ryozi Uyeda und Motokazu Kogiso.

(Acta crystallogr. [Copenhagen], Sect. A **24** (1968) 1, 249–50, 1 Tafel; Dep. of Phys., Nagoya Univ., Nagoya; engl.) — Die Intensität der Kikuchi-Linie der 220-Reflexion zweiter Ordnung bei der Elektronenbeugung an einem *Fe*-Einkrist. mit 20 Atom-% *Al* zeigt graduelle Veränderung mit der Beschleunigungsspannung der einfallenden Elektronen u. verschwindet bei ca. 340 kV infolge systemat. dynam. Wechselwrkg. in Verb. mit der relativist. Änderung der Elektronenmasse.
H. Roschkowski 51

0146 **Komplexe Atomstreuamplituden für die elastische Elektronenstreuung an Festkörperatomen.** H. Raith. (Acta crystallogr. [Copenhagen], Sect. A 24 (1968) 1, 85–93; I. Phys. Inst., TU, Berlin; dt.) — Die komplexen Atomstreuamplituden für festes *Li, Be, C, Na, Mg, Al, Ti, Cr, Fe, Co, Ni, Cu, Zn, Sr, Zr, Nb, Mo, Pd, Ag, Ba, Pt, Au, Pb* u. *U* für Elektronen von 40 u. 100 keV werden angegeben. Diskussion des Einfl. der verschiedenen Potentialfunktionen (Thomas-Fermi, Hartree), der interatomaren Abstände u. der Elektronenenergie auf die komplexen Atomstreuamplituden.
H. Roschkowski 51

0147 **Beitrag des elektrostatischen Potentials zu den LEED-Intensitäten an verzerrten Oberflächen von Alkalimetallhalogeniden.** A. A. Lucas. (Surface Sci. [Amsterdam] **11** (1968) 1, 19–24; Battelle Memorial Inst., Columbus, O.; engl.) — Unter der Annahme, daß an Alkalimetallhalogeniden Oberflächenverzerrungen u. damit lokale elektr. Felder auftreten, wurde für *NaCl, NaBr* u. *NaJ* der Beitrag zur Rückwärtsstreuung langsamer Elektronen ber., der ziemlich beträchtlich werden kann. G. Ertl 51

0148 **Thermisch-diffuse Elektronenstreuung in Arsen-, Antimon- und Wismutkristallen.** Erwin M. Hörl. (Optik **27** (1968) 2, 99–105; Inst. Metallurgie, Reaktorzentrum, Seibersdorf, Österreich; dt.) — Es sollten die Orte hoher Intensität der therm. diffusen Streuung (tdS) im k-Raum sowie ihre Abhängigkeit von den Phononenfrequenzen bestimmt werden. Dazu wurden die Intensitätsverteilungen der tdS auf Elektronenbeugungsbildern ausgemessen u. diese Daten mit der kinemat. Theorie der tdS von Röntgenstrahlen verglichen.
P. Meischner 51

0149 **Kristallstrukturuntersuchungen mit dem Mössbauer-Effekt.** G. S. Zhdanov und R. N. Kuz'min. (Acta crystallogr. [Copenhagen], Sect. B **24** (1968) 1, 10–12; Dep. of Phys., Moscow State Univ.; engl.) — Übersicht. — Ca. 40 Literaturangaben. H. Roschkowski 51

0150 **Methode zur Erzielung eines extrem parallelen Röntgenstrahls durch sukzessive asymmetrische Beugung und seine Anwendungen.** K. Kohra und S. Kikuta. (Acta crystallogr. [Copenhagen], Sect. A **24** (1968) 1, 200–05; Dep. of appl. Phys., Fac. of Engng., Univ. of Tokyo, Hongo, Bunkyo-ku, Tokyo; engl.) — Beschreibung eines Verf. zur Erzielung eines Röntgenstrahls einer Winkelbreite von minimal 0,01″ durch Wiederholung der asymm. 422-Reflexion von $CuK\alpha$ in einem Monochromatorsyst. aus 3 von einem Stück stammenden Si-Kristallen. Anwendung zur Aufnahme von rocking-Kurven an *Si*. H. Roschkowski 51

0151 **Fokussierende Monochromatoren für Einkristallverfahren.** H. Jagodzinski. (Acta crystallogr. [Copenhagen], Sect. B **24** (1968) 1, 19–23, 1 Tafel; Inst. für Kristallogr., Univ., München; dt.) — Es wird gezeigt, daß die Verw. von zylindr. gebogenen Monochromatoren u. Feinfokusröhren in spezieller Position mit einem kleinen Krist. beliebiger Form zu optimalen Intensitäten u. Auflösungsvermögen führt. Als Beispiel werden Drehaufnahmen von *Quarz* gegeben.
H. Roschkowski 51

0152 **Näherungen der dynamischen Theorie des Beugungskontrastes.** A. Howie und Z. S. Basinski. (Philos. Mag. [8] **17** (1968) 149, 1039–63; Nat. Res. Council, Ottawa; engl.) — Säulen- u. Zweistrahl-Näherung der dynam. Beugungskontrasttheorie werden krit. analysiert. Für Versetzungen, kugelsymm., kohärente Spannungsfelder u. magnet. Domänenwände werden Kontrastberechnungen durchgeführt. Die Ergebnisse werden auf der Basis einer Störungstheorie der Streuung diskutiert, die sich zur Best. kleiner, unbekannter Defekte als brauchbar erweist. W. Laqua 51

0153 **Dynamische Mehrstrahltheorie der Linie in der Mitte einer Kikuchi-Bande.** Yoshiro Kainuma und Motokazu Kogiso. (Acta crystallogr. [Copenhagen], Sect. A **24** (1968) 1, 81–84; Dep. of Gen. Educ., Nagoya Univ., Nagoya; engl.) — Die nicht indizierte, in der Mitte einer Kikuchi-Bande verlaufende Linie wird für den Fall der 200-Bande von *MgO* mit Hilfe einer früher [vgl. Kainuma, ibid. 8 (1955) 247] entwickelten Theorie der Kikuchi-Diagramme erklärt.
H. Roschkowski 51

0154 **Gültigkeit des Babinetschen Prinzips für die Fraunhofersche Beugung.** H. Lipson und K. Walkley. (Optica Acta [London] **15** (1968) 1, 83–91; Phys. Dep., Univ. of Manchester; engl.) — Diskussion der Gültigkeit des Babinetschen Prinzips (1837) u. seiner Anwendung bei opt. Transformationsmeth. zur Krist.-Strukturbestimmung. H. Roschkowski 51

0155 **Verallgemeinerte Bijvoet-Gleichung.** A. V. Kolpakov, R. N. Kuz'min und G. S. Ždanov. (Kristallografija **13** (1968) 2, 215–20; Mosk. gos. univ. im. Lomonosova; russ.) — Im Zusammenhang mit der Anwendung in Strukturunters. der anomalen Streuung wird in allg. Bijvoet-Gleichungen die Spektralverteilung der Linien der einfallenden und gestreuten Strahlung eingeführt. Die erhaltenen Ergebnisse werden auf eine Lorentz-Verteilung im Fall der anomalen Dispersion von Röntgenstrahlen, des Mössbauer-Effekts u. der Resonanzstrahlung von Neutronen angewendet.
H. Roschkowski 51

0156 **Möglichkeit von „Bijvoet-Differenzen“ bei den nicht zentrosymmetrischen Strukturen der Elemente.** K. S. Chandrase-Karan. (Acta crystallogr. [Copenhagen], Sect. A **24** (1968) 1, 248–49; Phys. Dep., Madurai Univ., Madurai-2, India; engl.) — Diskussion des Auftretens von Bijvoet-Differenzen in den Röntgenbeugungsreflexen nicht zentrosymm. Elementstrukturen (α-Mn, hexagonales Te u. Se) sowie der Möglichkeit, aus diesen Differenzen Schlüsse über Temp.-Faktoren zu ziehen. H. Roschkowski 51

0157 **Berechnung der Intensität der Zweiphononenstreuung von Röntgenstrahlen an zweiatomigen Kristallen.** V. I. Iveronova, A. P. Zvjagina und Parangtopo. (Kristallografija **13** (1968) 2, 322–23; Mosk. gos. univ. im. Lomonosova; russ.) — Theoret. Untersuchung.
H. Roschkowski 51

0158 **Phasenkorrektur, eine neue Methode zur Lösung partiell bekannter Strukturen.** W. Hoppe und J. Gassmann. (Acta crystallogr. [Copenhagen], Sect. B **24** (1968) 1, 97–107; Abt. für Röntgenstrukturforsch., MPI für Eiweiß- u. Lederforsch., München; engl.) — Mit Hilfe des beschriebenen Verf. wird die sukzessive Fourier-Synth. durch ein Verf. ersetzt, bei dem die beiden diskontinuierlichen Entscheidungen der Fourier-Meth. (Best. der Maxima u. Zuordnung des Gew. Null oder Eins) durch zwei genauere kontinuierliche Schritte ersetzt werden. Das Verf. ist automatisiert u. wird an einigen Teststrukturen demonstriert.
H. Roschkowski 51

0159 **Anwendung von Phasenbeziehungen auf komplexe Strukturen.** G. Germain und M. M. Woolfson. (Acta crystallogr. [Copenhagen], Sect. B **24** (1968) 1, 91–96; Labor. de Chim.-Phys., Univ., Louvain; engl.) — Verbesserung des Symboladditionsverf. nach Karle et al. (ibid. 18 (1965) 345] zur Phasenbest. für komplexe Strukturen. H. Roschkowski 51

0160 **Abhängigkeit der Genauigkeit der Parameterbestimmung nichtkubischer Zellen von den Indizes der Reflexe.** A. I. Zaslavskij. (Kristallografija **13** (1968) 2, 232–36; Inst. poluprov. AN SSSR; russ.) — Berechnungsformeln für die relative Parameterabweichung für Zellen der Raumgruppen 4/mmm, 6/mmm, $R\bar{3}m$ u. mmm als Funktion von $(hkl)_i$, ϑ_i u. $\Delta\vartheta_i$ der verwendeten Reflexe werden gegeben. Die Meth. wird an den Beispielen von $Bi_2Te_3(R\bar{3}m)$, β-Sn(4/mmm) u. Mg (6/mmm) illustriert. H. Roschkowski 51

0161 **Winkelabhängigkeit der Dämpfung von Röntgenstrahlen für Proben zylindrischer und sphärischer Form in einem sehr engen Strahl.** D. M. Mazo. (Kristallografija **13** (1968) 2, 237—40; russ.) H. Roschkowski 51

0162 **Berechnung einer Korrektur für die Röntgenstreuung durch die Wände einer zylindrischen Küvette.** P. M. Parčuk. (Zav. Labor. **34** (1968) 1, 59; Dnepropetrovskij metallurg. inst.; russ.) — Ableitung eines Korrekturfaktors für die Streuintensität der Wände einer Küvette, die die zu untersuchende Probe (Fl., Pulver) enthält. H. Roschkowski 51

0163 **Matrixmethoden bei Fourier-Summationen.** M. Davies und M. F. C. Ladd. (Z. Kristallogr., Kristallgeometr., Kristallphysik, Kristallchem. **126** (1968) 1/3. 210—13; Dep. of Math. and of Chem. Phys., Univ. of Surrey, London; engl.) — Die Anwendung der Matrixmeth. bei der Berechnung von Fourier-Synth. der Elektronendichte in Krist. mit Hilfe von Rechenanlagen wird beschrieben u. durch Beispiele für die ebene Gruppe p2 u. die Raumgruppe $P2_1/c$ belegt. M. Frenzel 51

0164 **Bewichtungsfunktion in der Strukturanalyse.** R. Srinivasan. (Z. Kristallogr., Kristallgeometr., Kristallphysik, Kristallchem. **126** (1968) 1/3, 175—81; Centre of Advanced Study in Phys., Univ. of Madras; engl.) — Es wird gezeigt, daß sich eine allg. von statist. Betrachtungen ausgehende Näherungsmeth. formulieren läßt, die für verschiedene Probleme der Strukturanalyse Gew.-Verteilungsschemata aufzustellen erlaubt. Diese Näherung führt direkt zur bekannten Meth. der Einführung einer Bewichtungsfunktion zur Verbesserung einer Fourier-Synth., wenn ein Teil der Struktur bekannt ist. Die Meth. wird auf die Best. der „besten" Patterson-Funktion zur Festlegung der Schweratom-Vektoren für isomorphe Krist. angewendet. Auf die mögliche Anwendung der Näherungsmeth. zur Behandlung der nichtbeobachtbaren Interferenzen wird hingewiesen. M. Frenzel 51

0165 **Einfluß des Abbruchs bei der Fourier-Analyse zweier Linien.** A. S. Kagan, V. M. Snovidov, A. N. Ivanov und Ja. S. Umanskij. (Kristallografija **13** (1968) 2, 326—27; NII istočnikov toka; russ.) — Theoret. wird gezeigt, daß der Abbruch der experimentellen Intensitätskurven in der Zweilinienmeth. auf die Genauigkeit der Feinstrukturbest. den gleichen Einfl. ausübt, wie es früher [vgl. Kukol', Fiz. tverdogo Tela **4** (1962) 3, 724] für die Fourier-Analyse einer Linie gezeigt wurde. H. Roschkowski 51

0166 **Durch bestimmte trikline Kristalle erzeugte monokline Beugungsdiagramme und die Beugungserhöhung der Symmetrie.** R. Sadanaga und Hiroshi Takeda. (Acta crystallogr. [Copenhagen], Sect. B **24** (1968) 1, 144—49; Miner. Inst., Fac. of Sci., Univ. of Tokyo, Hongo, Tokyo; engl.) — Von dem triklinen Glimmerpolytyp 10 Tc_3 wird ein monoklines Röntgenbeugungsbild erhalten. Es wird theoret. nachgewiesen, daß ein monoklines Beugungsbild dann entsteht, wenn eine trikline Struktur mit metr. monoklinem Gitter sich aus zwei Schichttypen zusammensetzt, wobei die Dicke der einen Schicht ein geradzahliges Vielfaches der anderen Schichtdicke ist u. wobei beide Schichten eine zweizählige Drehsymmetrie haben. Diese Erscheinung wird als „Beugungserhöhung der Symmetrie" definiert. H. Roschkowski 51

0167 **Verwendung der Ewaldschen Beugungskugel bei der Justierung von Kristallpaaren zur Erzeugung von Röntgen-Moiré-Streifen.** J. Brádler und A. R. Lang. (Acta crystallogr. [Copenhagen], Sect. A **24** (1968) 1, 246—47; 1 Tafel; H. H. Wills Phys. Labor., Univ. of Bristol; engl.) — Beschreibung des Verf. am Beispiel übereinandergelagerter *Si*-Plättchen. H. Roschkoswki 51

0168 **Quantitative Ermittlung der Substruktur von Einkristallen durch Laue-Aufnahmen hoher Auflösung.** B. M. Rovinskij und E. P. Kostjukova. (Kristallografija **13** (1968) 2, 302—06; russ.) — Beschreibung eines Verf. zur Auswertung von Laue-Aufnahmen zur Best. der Blockstruktur u. Fehlorientierungswinkel von Einkristallen. Als Beispiel werden Aufnahmen von *Korund* angeführt. H. Roschkowski 51

0169 **Schnellmethode zur Herstellung von Laue-Aufnahmen.** S. V. Civinskij, V. V. Prytkin und B. N. Aleksandrov. (Zav. Labor. **34** (1968) 1, 58—59; Fiz.-techn. inst. nizkich temp. AN USSR; russ.) — Beschreibung eines Verf. zur Herst. von Laue-Aufnahmen an einer App. mit Röntgenfluoreszenz-Leuchtschirm. H. Roschkowski 51

0170 **Numerische Technik für die Ausrichtung von Kristallen aus Laue-Aufnahmen.** F. F. Lange und H. A. McKinstry. (Trans. metallurg. Soc. AIME **242** (1968) 2, 341—42; Pittsburgh, Pa., Westinghouse Res. and Dev. Labor.; engl.) — Die Vektoranalysis für die Orientierung von Einkrist. durch Auswertung von Laue-Rückstrahl-Röntgendiagrammen wird angegeben. E. Schulte 51 △

0171 **Indizierung von Pulverdiagrammen tetragonaler und hexagonaler Substanzen.** J. Nedoma. (Z. Kristallogr., Kristallgeometr., Kristallphysik, Kristallchem. **126** (1968) 1/3, 23—28; Lehrstuhl für Anorg. Chem., Akad. für Bergbau u. Hüttenwesen, Krakau; dt.) — Einfaches Verf. zur Best. der angenäherten Werte der Gitterkonst. tetragonaler u. hexagonaler Substanzen aus Pulverdiagrammen auf photograph. Wege ohne vorherige Indizierung. M. Frenzel 51

0172 **Exakte Bestimmung der Strukturfaktorverhältnisse von α-Quarz.** K. Yamamoto, S. Homma und N. Kato. (Acta crystallogr. [Copenhagen], Sect. A **24** (1968) 1, 232—37; 2 Tafeln. Dep. of appl. Phys., Fac. of Engng., Nagoya Univ., Nagoya; engl.) — Unter Verw. der Röntgenpendellösungsstreifen in α-Quarz mit einem einfachen Dauphiné-Zwilling werden die Verhältnisse der Strukturfaktoren der Formen hk, l u. hk, $\bar{l}$ mit einer Genauigkeit von einigen Zehntel Prozent ermittelt. H. Roschkowski 51

0173 **Röntgenbeugungsuntersuchung von Lithiumchlorid bei 298 °K und 78 °K.** O. Inkinen und M. Järvinen. (Physik kondens. Materie 7 (1968) 5, 372—82; Dep. of Phys., Univ., Helsinki; engl.) — Die Strukturfaktoren von LiCl wurden bei 298 °K u. 78 °K aus den integrierten Bragg-Reflexionen an Pulverproben mit monochromat. CuKα-Strahlung bestimmt. Daraus wurden die Debye-Waller-Parameter B_{Li} u. B_{Cl} ber. u. mit den Parametern verglichen, die aus den Normalschwingungen von Karo et al. (C. **1968**, 18357) folgen. Die Mittelwerte, die bez. der Massen red. worden sind, stimmen gut überein. Die Differenzen zwischen B_{Li} u. B_{Cl} dagegen sind bes. bei 298 °K größer. Die sphär. u. asphär. Anteile der Elektronendichte wurden getrennt mit einer kub. harmon. Entw. analysiert. Eine bedeutende radiale Abweichung vom Hartree-Fock-Modell freier Ionen konnte nicht festgestellt werden. Es wurde nur eine schwache asphär. Komponente des Streufaktors des Cl-Ions gefunden. D. Hoene 51

0174 **Beitrag der thermisch diffusen Streustrahlung zur Intensität der Röntgeninterferenzen und die Elektronendichteverteilung im NaCl.** S. Göttlicher. (Acta crystallogr. [Copenhagen], Sect. B **24** (1968) 1, 122—29; Lehrst. für Strukturforsch., Eduard-Zintl-Inst., TH, Darmstadt; dt.) — Die Intensitäten der Röntgenreflexe von NaCl-Krist. wurden unter 2 verschiedenen Bedingungen gemessen, für die der Beitrag der therm. diffusen Streuung (TDS) aus den Elastizitätskonst. entsprechend der Theorie von Waller-Faxen ber. wird. Der TDS-Beitrag zu den Reflexintensitäten wird durch dreidimensionale numer. Integration über den reziproken Raum bestimmt. Aus den korr. Intensitäten werden die Strukturfaktoren, Atomformfaktoren, Temp.-Faktoren u. die Elektronendichte in der (x, y, 0)-Ebene der Elementarzelle berechnet. Für beide experimentellen Bedingungen werden nach der TDS-Korrektur die gleichen Ergebnisse erhalten. TDS beeinflußt nur die Debye-Waller-Faktoren, nicht aber die Valenzelektronenverteilung. H. Roschkowski 51

0175 **Anharmonische Beiträge zu den Debye-Waller-Faktoren von UO_2.** K. D. Rouse, B. T. M. Willis und A. W. Pryor. (Acta crystallogr. [Copenhagen], Sect. B

24 (1968) 1, 117—22; AERE, Harwell, Didcot, Berks.; engl.) — Die integrierten Neutronenbeugungsintensitäten von UO_2 mit kub. CaF_2-Struktur wurden bei 20° gemessen. Wenn die Strukturfaktoren unter der Annahme harmon. Temp.-Faktoren für die U- u. O-Atome ber. werden, so entstehen systemat. Differenzen zwischen den ber. u. gemessenen Intensitäten ungerade indizierter Reflexe, während für gerade indizierte Reflexe gute Übereinstimmung vorliegt. Die Differenz geht auf Anharmonizitätseinfl. auf die Temp.-Faktoren von O-Atomen in nicht zentrosymm. Punktlagen zurück. H. Roschkowski 51

0176 **Absolute Intensitäten von gebeugten Röntgenstrahlen bei anomaler Transmission durch nahezu perfekte Cu-Kristalle: Ein Vergleich zwischen Theorie und Experiment.** T. O. Baldwin, F. W. Young jun. und A. Merlini. (Physic. Rev. [2] **168** (1967) 3, 591—98; Solid State Div., ORNL, Oak Ridge, Tenn.; engl.) — Messungen für verschiedene Wellenlängen u. Reflexionen. Die Übereinstimmung mit der Theorie ist befriedigend, wenn die Debye-Temp. des Cu zu ca. 300 °K angenommen wird. Verschiedene Faktoren, die die experimentellen oder ber. Intensitäten beeinflussen können, werden analysiert: Gitterdefekte, Dickenmessung, Absorptionskoeff. u. anderes. Herbert Weber 51

0177 **Röntgenographische Korngrößenbestimmung an texturbehafteten grobkristallinen Stoffen.** Horst Ebel und Alfred Wagendristel. (Z. Naturforsch. **23a** (1968) 2, 337—38; Inst. für Angew. Phys., TH Wien; dt.) — Der Einfl. einer Vorzugsorientierung auf nach dem Interferenzpunktzählverf. bestimmte Korngrößenwerte wird theoret. untersucht u. ein modifiziertes Verf. unter Berücksichtigung des Textureinfl. vorgeschlagen. Hierzu ist die Aufnahme des Poldiagramms der zur Korngrößenbest. benutzten Netzebenenschar erforderlich, aus dem der Mittelwert der gebeugten Intensität entsprechend den regellos verteilten Kristallitlagen ermittelt wird. Nach diesem Verf. vorgenommene Korngrößenbest. an vorzugsorientierten Al-Proben ergeben bis zu 20%ig. Abweichungen gegenüber der bisherigen, die Vorzugsrichtung nicht berücksichtigenden Auswertung. M. Frenzel 51

0178 **Kritische Betrachungen zur röntgenographischen Kristallit-Größenbestimmung durch Interferenzpunktzählung.** A. Wagendristel, H. Ebel und K. Bartsch. (Z. Naturforsch. **23a** (1968) 4, 535—39; dt.) — Vgl. vorst. Referat. — Die systemat. u. statist. Fehler bei der Ermittlung der Kristallitvol. nach Stephen u. Barnes sowie nach Ebel u. eine vereinfachte Variante der erstgenannten Meth., welche im Gegensatz zu dieser nur eine Aufnahme erfordert, werden behandelt (Anwendungsbereiche). Zahl u. Schwärzung der Interferenzpunkte auf einem Debye-Scherrer-Kreis gestatten eine Best. des mittleren Kristallitvol. sowie der Halbwertsbreite der Vol.-Verteilung der kohärent streuenden Gitterbereiche in dem vom einfallenden Röntgenstrahlenbündel erfaßten Probenvolumen (Vgl. der Verf., Fehlerdiskussion). M. Frenzel 51

0179 **Methode zur Messung steiler Ordnungsgradienten in Legierungen.** Herbert Gleiter, Erhard Hornbogen und Günter Bäro. (Z. Metallkunde **59** (1968) 4, 265 bis 268; Inst. für Metallphys., Univ. Göttingen; dt.) — Eine Meth., mit der die Antiphasengrenzenenergie zwischen jeder der einzelnen Netzebenen einer ebenen geordneten Schicht gemessen werden kann, wird beschrieben. Auf diese Weise läßt sich die Ordnungseinstellung in dünnen Schichten u. der Verlauf der Ordnung am Rande von Ordnungsdomänen sehr genau verfolgen. Anwendungen des Verf. werden besprochen, u. seine Erweiterung auf beliebig geformte Ordnungsbereiche wird beschrieben. M. Frenzel 51

0180 **Bestimmung der Versetzungshäufigkeit in Kleinwinkelkorngrenzen und der Fehlorientierung der Kleinkörner mit Hilfe der Durchstrahlungselektronenmikroskopie.** Alena Orlová. (Českoslov. Časopis Fysiku, Sekce A 18 (1968) 1, 11—16a; Ústav vlastností kovů ČSAV, Brno; tschech.) — Zur Messung der Versetzungshäufigkeit in Kleinwinkelkorngrenzen, die durch ein regelmäßiges Versetzungsnetzwerk gebildet werden, wurde eine elektronenmkr. Meth. entwickelt. Die Meßgenauigkeit beträgt 10—15%, wenn die Foliendicke auf 20% genau bekannt ist. Die Meth. kann zur Best. der Versetzungsdichte bis zur Größenordnung von 10^6 cm^{-1} angewendet werden. Mit Hilfe der Theorie des Versetzungsnetzwerks kann der Winkel der Fehlorientierung der Kleinkörner der gemessenen Versetzungshäufigkeit zugeordnet werden u. die Fehlorientierung mit einer Genauigkeit von Min. bis Grad bestimmt werden. Beispiele werden für *Fe–3% Si* gegeben. R. Zimmer 51

0181 **Charakterisierung von amorphen Legierungsschichten.** B. G. Bagley, H. S. Chen und D. Turnbull. (Mater. Res. Bull. **3** (1968) 2, 159—68; Harvard Univ., Cambridge, Mass.; engl.) — Vf. diskutieren die Anwendung der Unters. von Röntgen- u. Elektronenbeugung sowie kalorimetr. u. viskosimetr. Messungen zur Charakterisierung von Mikrokristallit- oder kontinuierlichen Modellen für amorphe Leg.-Schichten. Die Deutung der Strukturen wird an $Au_{0,77}Ge_{0,136}Si_{0,094}$ sowie *Ni–P*-Leg. erläutert. Herbert Müller 51

0182 **Untersuchungen mit der Mikrosonde zum Einbau von Fremdatomen (Zn, Sn) in ein Wirtsgitter (GaAs).** H. Rehme. (Optik **27** (1968) 2, 113—18; Forsch.-Labor. der Siemens Akt.-Ges., München; dt.) — Unter günstigen Umständen können Unters. mit der Mikrosonde Aufschlüsse über den Einbau von Fremdatomen in ein Wirtsgitter geben. Dies wird am Beispiel von GaAs gezeigt. GaAs-Lumineszenzdioden, die mit Sn u. Zn legiert waren, besaßen eine p-leitende rekrist. Zone. Die Konz. wurden nahe am p–n-Übergang gemessen. Es wurde zusätzlich gefunden, daß Sn u. Zn Ga-Gitterplätze einnehmen. Aus der Anzahl der Zn- u. Sn-Atome pro cm^3 ergibt sich ein Überschuß an positiven Ladungsträgern von $p = 1,4 \cdot 10^{20}$ cm^{-3}. Aus elektr. Messungen ergab sich ein Wert von $1,1 \cdot 10^{20}$ cm^{-3}. P. Meischner 51

0183 **Heterogene Verunreinigungen und Mehrstrahlinterferometrie.** D. C. Johnston, A. F. Witt und H. C. Gatos. (J. electrochem. Soc. **115** (1968) 4, 438—39; Dep. of Metallurgy and Center for Mater. Sci. and Engng., MIT, Cambridge, Mass.; engl.) — An in ⟨111⟩-Richtung gezogenen *InSb*-Einkrist. mit Te-Geh. von $10^{17}/cm^3$ als Verunreinigung konnte der Zusammenhang zwischen mkr. Wachstumsgeschw. u. Verunreinigungsanhäufungen gezeigt werden. Gerade, parallele Interferenzen zeigen eine gleichmäßige Verteilung oder das Fehlen von Verunreinigungen an. Eine unterschiedliche Konz. der Verunreinigungen bewirkt eine Ablenkung der Interferenzen. An Interferenzbildern innerer u. äußerer Bezirke eines Krist. kann man die mkr. Wachstumsgeschw. an den dazugehörigen Verunreinigungsanhäufungen erkennen. Te-Verunreinigungen erniedrigen die Ätzgeschw. von InSb, so daß die Interferenzbilder einen quant. Zusammenhang zwischen Ätzgeschw. u. Verunreinigungen geben. R. Zimmer 51

0184 **Untersuchung des verformten Zustands von PbS durch harmonische Analyse der Interferenzlinienform.** I. V. Smuškov und V. F. Tkačenko. (Kristallografija **13** (1968) 2, 356—59; VNII monokrist., scintilljacionnych mater. i osobo čistych chim. veščestv.; russ.) — Auswertung der Röntgenbeugungs-Linienform von PbS-Krist. zur Best. des Verformungszustands durch harmon. Analyse u. Vgl. der Ergebnisse mit denen anderer Berechnungsverfahren. H. Roschkowski 51

0185 **Ursache des Auftretens von Ätzfiguren bei der Auflösung rotierender Scheiben.** V. N. Eremenko und Ja. V. Natanzon. (Ž. fiz. Chim. **42** (1968) 2, 398—400; Inst. problem materialovedenija AN USSR, Kiev; russ.) — Das Auftreten von Ätzfiguren auf in Lsg. rotierenden scheibenförmigen Proben wird an Hand von Literaturdaten auf Störungen der laminaren Strömung an den Proben zurückgeführt, die zu einem Übergangszustand zur Turbulenz führen. H. Roschkowski 51

0186 **Hellfeld-Mikroskopie von Beryllium.** V. K. Grotzky und F. J. Fraikor. (J. less-common Metals [Lausanne] **14** (1968) 2, 244—46; Dow Chem. Comp., Midland, Mich.; engl.) — Beschreibung einer schnellen u. einfachen elektrolyt. Poliermeth. für Be in *Äthylenglykol* mit 2 % *HCl* zur Sichtbarmachung der Substruktur von verformtem Be im Hellfeld. G. Zwingmann 51

0187 **„Bevorzugte Orientierungsparameter für pyrolytische Kohlenstoffe“.** Toshio Hirai. (J. appl. Physics 38 (1967) 2, 902—03; Res. Inst. for Iron, Steel and Other Metals, Tôhoku Univ., Katahiracho, Sendai, Japan; engl.) — Fischbach berichtete (vgl. C. **1967**, 24-0216) über bevorzugte Orientierungsparameter von deformierten u. hitzebehandelten pyrolyt. *C*-Proben. Vf. gibt einen Beitrag zur Nützlichkeit der Ableitungen von Fischbach bei der Unters. von *C*-Proben verschiedener Natur. E. Schulte 52△

0188 **Polymorphie in festem Quecksilber.** A. V. Grosse und L. F. Epstein. (J. inorg. nuclear Chem. **29** (1967) 3, 619—20; Res. Inst., Temple Univ., Philadelphia, Pan.; engl.) — Die Behauptung von Grosse [ibid. 27 (1965) 773], daß festes *Hg* keine Polymorphie zeige, wird widerrufen. Übersicht über die Unters. zur Phasenumwandlung des Hg bei 79 °K (rhomboedr. → tetragonal innenzentriert). A. Jaeschke 52

0189 **Epitaktische Kristallisation aus der Gasphase.** V. F. Dorfman und K. A. Bol'šakov. (Izvest. Akad. Nauk SSSR, Neorg. Mater. **4** (1968) 1, 8—16; Inst. ėlektronnych upravljajuščich mašin Mosk. inst. tonkoj chim. technol. im. Lomonosova; russ.) — Übersicht über Transportrk. zur Darst. epitakt. Schichten an Hand von 46 Literaturangaben. H. Roschkowski 54

0190 **Kinetik des Wachstums von Antiphasendomänen.** S. G. Cupschalk und N. Brown. (Acta metallurg. [Long Island City, N.Y.] **16** (1968) 5, 657—66; Dep. of Metallurg. Engng., Vanderbilt Univ. Nashville, Tenn.; engl.) — Die Antiphasengrenzenergie wird erneut berechnet. Es zeigt sich, daß diese Energie in der Überstruktur B2 isotroper ist als bisher angenommen wurde. Hohe Leerstellenkonz. an Antiphasengrenzen (APG) werden im Hinblick auf ihre Lagenenergie an den Grenzen im Vgl. zum vollkommen geordneten Krist. analysiert. Die Bewegung von APG in *β*-Messing wird unter Berücksichtigung der durch die Überstruktur der Atombewegung auferlegten geometr. Zwangskräfte analysiert. M. Frenzel 54

0191 **Kinetische Überlegungen zur Genese von Wachstumszwillingen.** Harald Carstens. (Amer. Mineralogist **53** (1968) 1/2, 342—44; Trondheim, Norway, Norges geol. undersøkelse; engl.) — Diskussion der Darlegungen von Donnelly [ibid. 52 (1967) 1-12] u. Hinweise auf die Ansichten anderer Vf. über die Kinetik der Zwillingsbldg., z. B. bei Ge- u. BeO-Kristallen. E. Schulte 54△

0192 **Kinetische Überlegungen zur Genese von Wachstumszwillingen.** Thomas W. Donnelly. (Amer. Mineralogist **53** (1968) 1/2, 344—46; Binghampton, N.Y., State Univ. of N.Y., Dep. of Geol.; engl.) — Vgl. vorst. Referat. — Diskussion der zur Berechnung der Kinetik von Wachstumszwillingsbldg. zu betrachtenden Faktoren. E. Schulte 54△

0193 **Analyse des gekoppelten Flusses der Keimbildung in kondensierten Phasen.** K. C. Russell. (Acta metallurg. [Long Island City, N.Y.] **16** (1968) 5, 761—69; Metallurg. Dep., Mass. Inst. of Technol., Cambridge, Mass.; engl.) — Behandlung der Ausscheidung in kondensierten Phasen. M. Frenzel 54

0194 **Temperatur der Grenzfläche einer kristallisierenden Schmelze.** J. A. Laird und C. G. Bergeron. (J. Amer. ceram. Soc. **51** (1968) 1, 60—61; Dep. of Ceram. Engng., Univ. of Ill., Urbana, Ill.; engl.) — Bestimmt wurde die Temp. der Grenzfläche zwischen einem *Pb-Diborat*-Krist. u. seiner Schmelze. Je nach Wachstumsgeschw. lag diese Temp. zwischen 7° (60 *μ*/min) u. 23° (117 *μ*/min) oberhalb der Temp. der Schmelze. W. Laqua 54

0195 **Wärmeübergang im Plasma bei der Kristallzüchtung nach Verneuil.** D. T. Williams und W. A. Smith. (J. Amer. ceram. Soc. **51** (1968) 1, 32—37; Dep. of Aerospace Engng., Univ. of Fla., Gainesville, Fla.; engl.) — Untersucht wird der Wärmeübergang zwischen einer Plasmafackel u. einer wachsenden Al_2O_3-Birne bei der Einkrist.-Züchtung nach Verneuil. Der Wärmeübergang vom Plasma zur Krist.-Birne wird durch Rekombination dissoziierter zweiatomiger Gase wie N_2 u. O_2, die dem Ar-Plasma zugefügt wurden, im Bereich der Birnenspitze wesentlich erhöht. Die Temp. der Birnenspitze hängt ab von deren Lage in der Plasmafackel, vom Abstand der Birne vom Al_2O_3-Geber, von der Al_2O_3-Eingabegeschw., von der Korngröße des vorgegebenen Al_2O_3-Pulvers, von der Strömungsgeschw. des das Al_2O_3 zuführenden Gases u. von der Generatorleistung. Die Temp. der Al_2O_3-Birne hängt auch krit. vom Wärmeverlust durch Strahlung in seitliche Richtungen zur Birnenachse ab. Es kann allg. geschlossen werden, daß zur Aufrechterhaltung der Krist.-Wachstumsgeschw. mit zunehmender Größe der Einkrist.-Birne die Generatorleistung oder die Zufuhr zweiatomiger Gase erhöht werden muß. W. Laqua 54

0196 **Untersuchung der Keimbildung chemisch gezüchteter epitaktischer Siliciumschichten unter Verwendung von Molekularstrahltechniken. 4. Mitt. Zusätzliche Bestätigung der Induktionsperiode und Keimbildungsmechanismus.** B. E. Watts, R. R. Bradley, B. A. Joyce und G. R. Booker. (Philos. Mag. [8] 17 (1968) 150, 1163—67; Cashwell, Towcester, Northants, Plessey Comp. Ltd., Allen Clark Res. Center.; engl.) — 3. vgl. C. **1968**, 16-0193. — Die Si-Schichten auf der (100)-Si-Unterlage wurden durch Pyrolyse von Silan präpariert. Für feste Wachstumsbedingungen wird eine Einleitungsperiode benötigt, bei der vorhandene SiO-Schichten entfernt werden. Erst dann bilden sich Wachstumszentren. Bei plötzlicher Änderung der Wachstumsbedingungen (Änderung der Substrattemp.) wird keine weitere Anlaufperiode benötigt. Die Oberfläche ist dann nämlich schon „sauber“, u. es bilden sich nur zusätzliche neue Wachstumskeime, die den geänderten Bedingungen genügen. P. Meischner 54

0197 **Struktureller Mechanismus der Zwillingsbildung auf {10$\bar{1}$2} in hexagonalen Metallen.** M. L. Kronberg. (Acta metallurg. [Long Island City, N.Y.] **16** (1968) 1, 29—34; Center for Cristallograph. Res., Roswell Park Memorial Inst., Buffalo, N.Y.; engl.) — Die strukturellen Veränderungen bei der Zwillingsbldg. auf {10$\bar{1}$2} in hexagonalen Metallen werden untersucht (bes. Atompositionen u. oktaedr. Hohlräume). Die Richtung atomarer Bewegungen wird durch Vektoren zwischen Atompositionen u. oktaedr. Zwischenräumen bestimmt. Die Bewegungen erfolgen über Sattelpunkte zwischen Nachbaratomen. Die Zwillingsebene ist verzerrt. M. Frenzel 54

0198 **Orientierungszusammenhänge bei der Rekristallisation von Einkristallen aus Zink und Cadmium.** Rudolf Klar und Kurt Lücke. (Z. Metallkunde **59** (1968) 3, 194—202; Inst. für Allg. Metallkde. u. Metallphys., TH Aachen; dt.) — Wachstumsauslesevers. bei der Rekristallisation schwach verformter Einkrist. aus Zn u. Cd werden nach der Meth. von Liebmann, Lücke u. Masing durchgeführt. Für die schnellstwachsenden Krist. ergeben sich relativ zur verformten Matrix zwei hochindizierte, jedoch stark ausgeprägte Vorzugsorientierungen (Streuungen bis zu 12°). Diese Orientierungsbeziehungen sind unabhängig von der Stabachsenorientierung u. für Zn u. Cd gleich. Die Wahrscheinlichkeit des Auftretens dieser Lagen sowie der Grad der Streuung werden quant. in einem dreidimensionalen Orientierungsraum diskutiert. M. Frenzel 54

0199 **Korngrenzenausscheidung in einer Al-Cu-Legierung.** D. Vaughan. (Acta metallurg. [Long Island City, N.Y.] **16** (1968) 4, 563—77; Central Electr. Res. Labor., Leatherhead, Surrey; engl.) — Mit Hilfe elektronenmkr. Durchstrahlungsaufnahmen wird die Korngrenzenausscheidung in Al-4 % Cu untersucht. Die Best. der kristallograph. Merkmale der Grenzen u. die Identifizierung der Ausscheidungen erfolgt mit Hilfe von Elektronenbeugung. Kleinwinkelgrenzen mit Fehlorientierungen $\leqq$ ca. 9° bilden im allg. die intermediäre Θ'-Phase in einer einzigen Orientierung. Die Bldg.-Frequenz nimmt mit zunehmendem Fehlorientierungswinkel ab. Grenzen mit einem Winkel $>$ 9° bilden im allg. die Gleichgew.-Phase Θ. Die Morphologie der Korngrenzen-

ausscheidung kann mit der Struktur u. den Wanderungseig. der Zwischenphasengrenzen erklärt werden.
M. Frenzel 54

0200 **Θ'-Ausscheidung in Aluminium–Kupfer–Cadmium-Legierungen.** B. Noble. (Acta metallurg. [Long Island City, N.Y.] **16** (1968) 3, 393—401; Dep. of Metallurg., Univ. of Nottingham; engl.) — Die Keimbldg. u. das Wachstum der Θ'-Phase Al–5,12% Cu–0,14% Cd wird mit Hilfe eines Dilatometers, des elektr. Widerstandes u. des Elektronenmikroskops untersucht. Die Keimbldg. soll durch Zusammenlagerung beweglicher Cu–Cd-Leerstellen-Cluster erfolgen (Aktivierungsenergie 0,5 eV). Die Wachstumseig. der Θ'-Phase lassen sich durch die Annahme, daß das Wachstum der Ausscheidungen durch die Wanderung der Cluster zu den Ausscheidungen hin bestimmt wird, erklären. Die Aktivierungsenergie für das Wachsen der Θ'-Ausscheidung variiert zwischen 0,7 eV zu Beginn u. 1,5 eV gegen Ende des Anlassens.
M. Frenzel 54

0201 **Rekristallisationskinetik einer Al-Legierung mit 4% Cu.** H. Keith Howard und James G. Morris. (Mater. Res. Bull. **3** (1968) 2, 107—15; Dep. of Metallurgic. Engng., Univ. of Ky., Lexington, Ky.; engl.) — Eine *Al–4% Cu-Leg.*, hergestellt aus 99,99% reinen Materialien, wurde bei 925 °F geglüht, in W. abgeschreckt u. bei 130 ° 0, 2, 10 u. 133 Tage gealtert, um die beginnenden strukturellen Zustände fester Lsg., G.P.I, G.P.II u. Θ' (nach Hardy) hervorzubringen. Die Proben wurden bei Zimmertemp. auf 80% herabgewalzt u. dann bei 550 °F, 600 °F u. 650 °F geglüht, um die isotherm. Rk.-Kurve zu erhalten. Eine Zusammenstellung der k-Werte u. Zeiten der Avrami-Beziehung (1939) bei 5% Rekrist. wird gegeben. Danach bestimmt die Anordnung der festen Lsg., d. h. die Wechselwrkg. zwischen Ausscheidungen u. Versetzungsstruktur, die Rekrist.-Kinetik. Messungen von Größe u. Anteil der Cu_2Al-Ausscheidungen ergeben eine komplizierte Wechselwrkg. auf Grund struktureller Instabilität während der plast. Verformung. Die Wechselwrkg. wird vereinfacht durch Senkung der Verformungstemp. weit unter Zimmertemp. oder in Leg., die bei Zimmertemp. keine durch Spannungen hervorgerufenen strukturellen Instabilitäten zeigen.
R. Zimmer 54

0202 **Korngrenzenwanderung bei der Rekristallisation in β-Zinneinkristallen, die durch Zug deformiert wurden.** Guy Bouquet und Bernard Dubois. (C. R. hebd. Séances Acad. Sci., Sér. C **266** (1968) 12, 887—89; Labor. Métall., École Nat. Supér. de Chim. de Paris, Paris, 5e; franz.) — Die Orientierungen der Rekrist.-Körner ergaben sich durch Drehung des Gitters des ursprünglichen Einkrist. bei der Zugbeanspruchung. Die Wanderungsgeschw. war abhängig vom Grad der Desorientierung zwischen Korn u. Gittermatrix. Die Wände einer zellartigen Unterstruktur bewirken eine Vergrößerung der Wanderungsgeschw. u. eine Erhöhung der zugehörigen Aktivierungsenergie. P. Meischner 54

0203 **Anwendung der Theorie der Teilchenvergrößerung: γ'-Ausscheidung in Ni–Al-Legierungen.** A. J. Ardell. (Acta metallurg. [Long Island City, N.Y.] **16** (1968) 4, 511—16; W. M. Keck Labor. of Engng. Mater., Calif. Inst. of Technol., Pasadena, Calif.; engl.) — Die Vergröberung der γ'-Ausscheidung in bin. Ni-Leg. mit 6,35 u. 6,50 Gew.-% Al wird durch Messung der ferromagnet. Curie-Temp. als Funktion der Anlaßzeit bei 625 u. 715° untersucht. Die Al-Konz. bei langen Anlaßzeiten hängt linear von $t^{-1/3}$ ab. Eine Analyse der Kinetik ergibt Werte für die Gleichgew.-Konz. c_e des Al bei einem γ'-Teilchen mit unendlicher Größe. Die c_e-Werte sind ca. 10% höher als Literaturwerte für die Löslichkeit bei den betreffenden Temperaturen. Die vorliegenden c_e-Werte sollen die kohärente Löslichkeit darstellen. Eine kürzlich vorgeschlagene Meth. zur Best. der Freien Grenzflächenenergie γ zwischen Teilchen u. Matrix u. der effektiven Diffusivität D_{eff} des gelösten Stoffes in der Matrix wird erörtert. Der γ-Wert beträgt ca. 14 erg/cm², D_{eff} ist um einen Faktor von ca. 2 größer als der extrapolierte Diffusionskoeff. von Al in Ni sowie etwa um den Faktor 2 größer als der Wert, den man durch Anwendung der irreversiblen Thermodynamik auf den Prozeß des Wachsens bei beschränktem Vol. u. des Nichtwachsens kohärenter Ausscheidungen während der Vergröberung erhält. M. Frenzel 54

0204 **Kinetik der Ausscheidung von Kupfer in Silicium nahe Raumtemperatur.** R. C. Dorward und J. S. Kirkaldy. (Philos. Mag. [8] **17** (1968) 149, 929—41; Dep. of Metallurg. and Mater. Sci., McMaster Univ., Hamilton, Ontario; engl.) — Die Ausscheidung von Cu in übersättigten Si–Cu-Einkrist.-Leg., die durch Einstellung des Lsg.-Gleichgew. bei 600—1000° u. anschließendes Abschrecken hergestellt wurden, wurde durch Messung der spezif. elektr. Leitfähigkeit zwischen 30 u. 70° verfolgt. Die Ausscheidungskinetik gehorcht einem t^n-Zeitgesetz mit $n = 0{,}687 \pm 0{,}043$; die Aktivierungsenergie beträgt $1{,}10 \pm 0{,}05$ eV. Es wird angenommen, daß die Ausscheidungsgeschw. nicht durch einen Diffusionsprozeß bestimmt wird. W. Laqua 54

0205 **Spannungen in epitaktischen Schichten.** V. S. Postnikov, V. M. Ievlev, V. K. Belonogov und I. V. Zolotuchin. (Fiz. tverdogo Tela **10** (1968) 3, 917—19; Voronežskij politechn. inst.; russ.) — Untersucht wurden *Ag-*, *Cu-* u. *Al*-Aufdampfschichten auf *Muskowit-* u. auf *NaCl*-Substraten. Beim Ablösen der Schichten trat bis zu Dicken von ca. 1000 Å ein Einrolleffekt auf, u. zwar für die auf Muskowit erhaltenen Schichten von unten nach oben, für die auf NaCl erhaltenen Schichten in umgekehrter Richtung. Für bei hoher Übersättigung erhaltene nichtepitakt. Schichten tritt dieser Effekt nicht auf. Die beobachteten Spannungen werden durch die Gitterkonst.-Differenzen ausgleichenden Versetzungen in der Aufwachsebene gedeutet.
K. Jaeger 54

0206 **Epitaktisches Wachstum von Al-, Ag- und Cu-Filmen auf NaCl-Kristallen.** V. S. Postnikov, V. M. Ievlev und I. V. Zolotuchin. (Kristallografija **13** (1968) 2, 371—72, 1 Tafel; russ.) — Vgl. vorst. Referat. — Die Struktur epitakt. auf NaCl durch Aufdampfen im Vakuum $>10^{-4}$ Torr erhaltener Al-, Ag- u. Cu-Filme wird elektronenmkr. untersucht. Die Orientierung der Metallfilme relativ zum Substrat wird ermittelt.
H. Roschkowski 54

0207 **Orientierte Keimbildung bei der Vakuumkondensation von Gold auf NaCl auf Grund eines Weitbereichseffektes.** Y. M. Gerasimov und G. I. Distler. (Naturwissenschaften **55** (1968) 3, 132; Inst. of Cristallograph., Acad. of Sci., USSR, Moscow; engl.) — Au oder C, dann Au werden auf synthet., bei 270° im Vakuum gespaltene NaCl-Einkrist. bei 270° aufgedampft. Die beobachteten unterschiedlichen Orientierungen werden auf verschiedene akt. Weitbereichszentren (Punktdefektansammlungen) der NaCl-Oberfläche zurückgeführt. Es wird geschlossen, daß weder die Mikrogeometrie der Oberfläche noch die Passung der Gitterkonst. von NaCl u. Au von entscheidender Bedeutung für das epitakt. Wachstum sind. M. Frenzel 54

0208 **Zwillingsbildung bei der Diffusion zwischen Einkristallschichten von Gold und Palladium.** J. W. Matthews. (Acta metallurg. [Long Island City, N.Y.] **16** (1968) 1, 35—40; Dep. of Phys., Univ. of the Witwatersrand, Johannesburg; engl.) — Einkrist. Au- u. Pd-Schichten in gegenseitigem Kontakt u. paralleler Orientierung werden aufgeheizt. Elektronenmkr. Aufnahmen dieser Krist. zeigen Körner, die während der Diffusion gebildet wurden. Die Differenz der Gitterkonst. der oberen u. unteren Schicht wird außerhalb der Körner durch Stufenversetzungen, innerhalb der Körner durch Gitterkrümmung ausgeglichen. Zwei Zwillingstypen sind mit diesen Körnern verbunden: Verformungszwillinge (Wachstum durch Wanderung von Zwillingsversetzungen) bzw. Zwillinge ähnlich denen, die bisweilen nach dem Anlassen kub.-flächenzentrierter Metalle beobachtet wurden.
M. Frenzel 54

0209 **Dendritische Kristallisation von Eis aus wäßrigen Lösungen.** Pradeep K. Rohatgi, Surendar M. Jain und Clyde M. Adams jun. (Ind. Engng. Chem. Fundamentals **7** (1968) 1, 72—79; Paul D. Merica Res. Labor., Int. Nickel Co., Sterling Forest, Suffern, N.Y.; engl.) — Untersucht wurde die Erstarrung wss. Lsg. von *NaCl*,

KCl, *LiCl* u. *HCl* unter den Bedingungen eines radialen (Erstarrung in Tropfenform) bzw. eines einachsigen Wärmeflusses. In allen Fällen bildeten sich dendrit. Eisaggregate, die aus parallelen Plättchen bestanden, zwischen denen Sole enthalten ist. Bei räumlich u. zeitlich konst. Erstarrungsgeschw. (radialer Wärmefluß) sind die Abstände zwischen den Eisplättchen der Quadratwurzel der Abkühlungsgeschw. proportional. Findet die Erstarrung unter einachsigem Wärmefluß bei konst. Kühltemp. der Lsg.-Oberfläche statt, nehmen die Dendritenabstände linear mit dem Abstand von der Oberfläche zu u. sind der Quadratwurzel der maximalen Abkühlungsgeschw. umgekehrt proportional. In bin. Lsg. nehmen die Dendritenabstände linear mit der Lsg.-Konz. zu; oberhalb einer krit. Konz. entwickeln die Dendrite Seitenzweige. Die Dendritenabstände nehmen bei Erstarrung bin. Lsg. gegebener Konz. u. Abkühlungsgeschw. linear mit der Diffusionsfähigkeit des Gelösten zu. In tern. u. quatern. Lsg. ändern sich die Dendritenabstände als Funktion der Konz. der Diffusionsfähigkeit aller gelösten Bestandteile. W. Laqua 54

0210 **Homogene Keimbildung von Natriumchloridlösungen.** Alberto F. Hidalgo und Clyde Orr jun. (Ind. Engng. Chem. Fundamentals 7 (1968) 1, 79—83; Ga. Inst. of Technol., Atlanta, Ga.; engl.) — Eine experimentelle Bestätigung der Theorie der homogenen Keimbldg. (d. h. Keimbldg. in Abwesenheit von Fremdkeimen) wird durch Unters. des Verh. eines aus Tröpfchen (0,01 — 0,1 μm $\varnothing$) einer übersättigten NaCl-Lsg. bestehenden Aerosols bei 25° erbracht. Unterschiedliche Übersättigungszustände der Tröpfchen wurden durch Vorgabe der Feuchtigkeit der Luft, mit der das Aerosol im Gleichgew. stand, erhalten. In Übereinstimmung mit der Theorie besteht zwischen der Zeit, die für die einzelnen Übersättigungszustände bis zur Keimbldg. vergeht, u. der Aktivität des NaCl in der Lsg. ein logarithm. Zusammenhang. Die freie Energie der Grenzfläche eines NaCl-Keims bei einer mittleren Lsg.-Konz. von 9,0 m wurde zu 12,9 erg/in^2 bestimmt. Die Gleichgew.-Oberflächenenergie eines krist. NaCl-Keims beträgt 100 erg/in^2. W. Laqua 54

0211 **Kaliummonoborat $KBO_2 \cdot 4/3\,H_2O$.** I. I. Zviedre, Ja. K. Ozol und A. F. Ievin'š. (Ž. neorg. Chim. 13 (1968) 9, 2613—14; Inst. neorg. chim. AN Latv. SSR; russ.) — $KBO_2 \cdot 4/3\,H_2O$ (I)-Krist. mit einer Länge von 3 mm wurden durch Lösen von 60 g KOH u. 30 g H_3BO_3 in 45 ml W., Kochen u. Kristallisation bei 60—70° erhalten. Die rhomb. Krist. haben a = 7,81, b = 8,80, c = 13,71 Å, Z = 12, D_R = 2,24 g/ml, D^{25}_{exp} 2,25 g/ml, D^5_{2h} — Pnna. I gibt bei 177—253° 1 Mol., bei 253—300° 1/3 Mol. W. ab. J. J. Pohl 54

0212 **Einfang von Lösung durch einen wachsenden Kristall.** A. V. Beljustin und S. S. Fridman. (Kristallografija 13 (1968) 2, 363—65; Gor'kovskij issl. fiz.-techn. inst.; russ.) — Durch Unters. an in Lsg. wachsenden Krist. von $MgSO_4 \cdot 7\,H_2O$, KH_2PO_4, Seignettesalz u. Alaun werden drei Grundtypen von Fl.-Einschlüssen charakterisiert u. ihr Bldg.-Mechanismus besprochen. H. Roschkowski 54

0213 **Züchtung von Zinkoxideinkristallen aus der Dampfphase.** E. M. Dodson und J. A. Savage. (J. Mater. Sci. 3 (1968) 1, 19—25; Royal Radar Establ., Malvern, Worcs., U.K.; engl.) — Gesintertes polykrist. ZnO im Röhrenofen wird zunächst mit H_2 red.; der entstandene Zn-Dampf wird dann wieder ox., um in der heißen Zone des Ofens ZnO-Einkrist. zu bilden. Neben den Krist.-Eig. wie elektr. Leitfähigkeit u. Driftbeweglichkeit wird der Einfl. von Temp. u. Strömungsgeschw. auf den gebildeten Krist.-Typ beschrieben. A. Jaeschke 54

0214 **Rekristallisation eines feinteiligen Zinkoxids im Elektronenstrahl.** R. Giovanoli. (Chimia [Aarau, Schweiz] 21 (1967) 1, 28—29; Inst. für anorg., analyt. u. phys. Chem., Univ. Bern; dt.) — Wie Elektronenbeugungsaufnahmen zeigen, rekrist. aus $4\,Zn(OH)_2 \cdot Zn(NO_3)_2 \cdot 2\,H_2O$ hergestelltes ZnO, wenn es mit Elektronen bestrahlt wird, im Gegensatz zu aus anderen Zn-Hydroxiden hergestelltem, früher untersuchtem ZnO, das bis zur Subl. seine Textur beibehält. Die c-Achse des rekrist. ZnO liegt parallel zur Richtung des Elektronenstrahls. A. Jaeschke 54

0215 **Akustische Mikrowellenumwandler aus Zinkoxidfilmen.** R. M. Malbon, D. J. Walsh und D. K. Winslow. (Appl. Physics Letters 10 (1967) 1, 9—10; Stanford Univ., Stanford, Calif.; engl.) — Durch Vakuumabscheidung, bei der zunächst Zn im Sauerstoffstrahl verdampft wird, werden bei —50° auf mit Au-Filmen versehenen Sapphirsubstraten ZnO-Filme von ca. 1 μm Dicke hergestellt. Sie eignen sich als Ultraschallumwandler mit großer Bandbreite bei Frequenzen oberhalb 1 GHz. A. Jaeschke 54

0216 **$MgAl_2O_4$-Fasern und -Plättchen.** R. J. Bratton und S. M. Ho. (J. Amer. ceram. Soc. 51 (1968) 1, 56—57; Res. Labor., Westinghouse Electr. Corp., Pittsburgh, Pa.; engl.) — Beim Sintern von Al_2O_3 in MgO-Tiegeln in Ggw. von C bei ca. 1800° konnte die Bldg. von $MgAl_2O_4$-Plättchen u. -Fasern auf dem Al_2O_3 beobachtet werden. In geringem Maße findet $MgAl_2O_4$-Wachstum unter gleichen Bedingungen auch auf einem Al_2O_3-reichen Mg–Al-Spinell, nicht aber auf einem stöchiometr. oder einem MgO-reichen Spinell statt. Die Fasern besaßen ⟨100⟩-, ⟨110⟩- u. ⟨111⟩-Wachstumsrichtungen, die Plättchen wuchsen nur in ⟨211⟩-Richtung. Das $MgAl_2O_4$-Wachstum wird auf einen Transport von Mg über die Gasphase zur Al_2O_3-Oberfläche zurückgeführt. W. Laqua 54

0217 **Topographieuntersuchung durch Röntgenbeugung an in der Schmelze gewachsenen Aluminium–Yttrium-Granatkristallen.** J. Basterfield, M. J. Prescott und B. Cockayne. (J. Mater. Sci. 3 (1968) 1, 33—40; Mullard Res. Labor., Redhill, Surrey; engl.) — In der Schmelze gewachsene $Y_3Al_5O_{12}$-Krist. haben einen opt. fehlerhaften Bezirk, der mit Facettenausbldg. an der Grenzfläche fest–fl. während des Wachstums verbunden ist. Die Krist. wurden vertikal gezogen. Ausgangsmaterial war Y_2O_3 u. Al_2O_3, z. T. mit Zusätzen von Nd^{3+} oder Cr^{3+}. Die Wachstumsachse lag in ⟨110⟩- oder ⟨111⟩-Richtung. Es wurden Schnitte senkrecht zur Wachstumsachse angefertigt u. elektrolyt. in H_3PO_4 bei 280° dünnpoliert. Zur Beugung wurde Ag-Kα-Strahlung verwendet. Alle Topographien waren Reflexionen vom Typ 402 oder 422. Im Krist.-Inneren wurden Wachstumsstreifen gefunden, die Facetten konnten der {211}- u. {110}-Ebene zugeordnet werden. Krist. höherer Güte konnten in der ⟨111⟩-Achse gewonnen werden. Die Streifung, hervorgerufen durch Temp.-Schwankungen in der Schmelze, konnte durch kurzes Glühen bei 1800° nicht beseitigt werden. Versetzungen in den äußeren Bezirken entstanden mitunter an Einschlüssen. R. Zimmer 54

0218 **Einfache Methode zur Züchtung von SnO_2-Kristallen in der Dampfphase.** H. Gruner. (Naturwissenschaften 55 (1968) 3, 132—33; Forsch.-Inst. für Aufbereitung der DAW, Freiberg; dt.) — Nadelförmige, dendrit. u. prismat. Krist. bis 30 mm Länge werden nach $SnO\,(g) + {}^1/_2\,O_2 \rightleftharpoons SnO_2\,(s)$ unter Verw. von Sn bei 1300° in nicht vollständig gegen O_2 abgeschlossenen Sinterkorundtiegeln erhalten. Die Krist. bestehen teilweise aus verzerrten tetragonalen Prismen u. besitzen starken Flächenglanz, die meisten sind parallel [001] gestreift, Skelettwachstum tritt häufig auf. Neben reinen SnO_2-Krist. werden auch mit Fe-, Mn-, Ti-, Si- oder Ca-dotierte gezüchtet. M. Frenzel 54

0219 **Epitaktische PbTe-Filme auf (100) von NaCl und (100) von KCl.** L. S. Palatnik und V. K. Sorokin. (Izvest. Akad. Nauk SSSR, Neorg. Mater. 4 (1968) 3, 337—41; Char'kovskij politechn. inst.; russ.) — An epitakt. PbTe-Filmen auf der (100)-Fläche von NaCl wird die opt. Extinktion in Abhängigkeit von der Substrattemp. beim Aufdampfen sowie der Kondens.-Geschw. u. -Dauer untersucht. Auftretende Extinktionsanomalien werden mit Koaleszenzerscheinungen in den Aufdampffilmen gedeutet. H. Roschkowski 54

0220 **Fällung von schwach löslichen Erdalkalimetall- und Bleisalzen. Keimbildung und Wachstumsordnung während der Induktionsperiode.** A. Packter. (J. chem. Soc. [London], Sect. A 1968, 4, 859—62; Chem. Dep., West Ham

Coll. of Technol., London; engl.) — Die Dauer der Induktionsperiode $\bar{t}$ bei der Fällung verschiedener Erdalkalimetall- u. Bleicarbonate, -phosphate, -sulfate, -chromate u. -molybdate aus wss. Lsg. bei 22° sinkt mit steigender Konz. nach $\bar{t} = const \cdot c^{-n}$ [s]. Die Geschw. der Keimbldg. wächst mit der Konz. nach $R_n = (k_n)_s c^p$. $(k_n)_s$ ist bei einem Übersättigungswert $s > 10$ von der Ionenkonz. unabhängig. p stellt die Ordnung der Keimbldg. dar. Die Wachstumsgeschw. der Krist. in der Induktionsperiode hängt von der Konz. nach $R_g/K' = k_g c^q$ ab. K' stellt eine spezif. Konst. u. q die Wachstumsordnung dar. Die Geschw.-Konst. k_g ist in der Induktionsperiode von der Übersättigung unabhängig. Die Konst. n ist aus den Ordnungen der Keimbldg. u. des Krist.-Wachstums gegeben nach $n = (p + 3q)/4$. Für die untersuchten Salze wurden folgende Ordnungen ermittelt: $CaCO_3$ n = 2,0; p = 4,2; q = 1,3; $SrCO_3$ 2,0; 4,2; 1,3; $BaCO_3$ 2,1; 4,3, 1,4; $PbCO_3$ 2,1; 4,4; 1,4; $Ca_3(PO_4)_2$ 2,5; 5,8; 1,5; $SrSO_4$ 1,7; 4,0; 0,9; $BaSO_4$ 1,6; 4,0; 0,8; $PbSO_4$ 2,7; 5,7; 1,7; $PbCrO_4$ 3,0; 6,0; 2,0; $BaCrO_4$ 3,0; 6,0; 2,0; $CaMoO_4$ 5,0; 8,0; 4,0; $SrMoO_4$ 5,1; 8,0; 4,1; $BaMoO_4$ 5,1; 8,0; 4,1; $PbMoO_4$ 5,0; 8,0; 4,0. D. Radeck 54

0221 **Züchtung von Cadmiummolybdat nach Czochralski.** L. H. Brixner. (Electrochem. Technol. **6** (1968) 1/2, 88—89; Pigments Dep. E. I. du Pont de Nemours & Co., Wilmington, Del.; engl.) — Durch Fällung aus wss. Lsg. hergestelltes $CdMoO_4$ (I), das kongruent bei 1175 ± 5° schmilzt, wird in einem Ir-Tiegel eingeschmolzen. Aus der Schmelze werden mit Geschw. von ≦ 0,5 in./Std. 4 in. lange u. 0,5 in. dicke Einkrist. gezogen. I krist. tetragonal mit a = 5,152 (Å) u. c = 11,185, besitzt eine Wärmeleitfähigkeit von 23,2 mWatt/cm · Grad, bei 1 MHz in a-Richtung $\varepsilon = 19,5$ u. in c-Richtung $\varepsilon = 17,3$ sowie einen Brechungsindex in a-Richtung von 2,25. Dotieren von I mit Nd(III) u. Nb(V) lieferte blau gefärbte Krist., die durch Erhitzen in O_2 nicht rückox. werden können u. als Wirtskrist. für Laseranwendungen nicht brauchbar sind. Herbert Müller 54

0222 **Charakteristische Eigenschaften von Niobaten mit „gefüllter", tetragonaler, wolframbronzenähnlicher Struktur.** L. G. Van Uitert, H. J. Levinstein, J. J. Rubin, C. D. Capio, E. F. Dearbon und W. A. Bonner. (Mater. Res. Bull. **3** (1968) 1, 47—58; Bell Telephone Labor., Inc., Murray Hill, N.J.; engl.) — Durch langsames Abkühlen der Schmelze oder nach der Czochralski-Meth. wurden aus Mischungen der entsprechenden Carbonate Einkrist. der folgenden Verb. gezüchtet: $Sr_2NaNb_5O_{15}$, $Ba_2NaNb_5O_{15}$, $K_3Li_2Nb_5O_{15}$, $Na_3Li_2Nb_5O_{15}$, $K_2NaLi_2Nb_5O_{15}$, Mischkrist. aus 80 Mol-% $Ba_2NaNb_5O_{15}$–20 Mol-% $Na_3Li_2Nb_5O_{15}$. Die für die Verwendbarkeit der Verb. in der Elektrooptik u. der nichtlinearen Optik charakterist. physikal. Größen wurden bestimmt. W. Laqua 54

0223 **An Oberflächenmikrostrukturen untersuchter Wachstumsmechanismus von Apophyllitkristallen.** M. S. Johsi und M. A. Ittyachen. (J. Crystal Growth [Amsterdam] **2** (1968) 1, 47—50; Vallabh Vidyanagar, India, Sardar Patel Univ., Phys. Dep.; engl.) — Es wird angenommen, daß Apophyllitkrist. hauptsächlich nach einem zweidimensionalen Keimbldg.-Prozeß wachsen. Das Hauptwachstum geschieht durch Ausbreiten u. Aufstapelung von hexagonalen Wachstumsschichten auf der „a"-(100)-Fläche. „p"-(111)-Flächen entwickeln sich in Form dreieckiger Wachstumstafeln durch unabhängiges Wachstum. Die Wachstumsgeschw. ist auf den „p"-Flächen größer als auf den „a"-Flächen. Gelegentlich werden auf den „a"-Flächen ellipt. Schichten beobachtet. Die Beobachtungen von zusätzlichen ovalen, hexagonalen u. rhombusförmigen natürlichen Ätzfiguren auf der „a"-Fläche u. dreieckigen natürlichen Ätzfiguren auf der „p"-Fläche stützen den vorgeschlagenen Wachstumsmechanismus. E. Schulte 54△

0224 **Atomare Ordnung in binären Phasen des Typs A 15.** E. C. van Reuth und R. M. Waterstrat. (Acta crystallogr. [Copenhagen], Sect. B **24** (1968) 2, 186—96; Naval Ship Res. and Dev. Center, Annapolis, Md.; engl.) — Röntgenograph. wird der Fernordnungsgrad in den A-15-Strukturen von $Cr_{79}Pt_{21}$, Cr_3Ir, $Cr_{72}Os_{28}$, Cr_3Rh, $Cr_{72}Ru_{28}$, V_3Au, V_3Pt, V_3Ir, V_3Pd, V_3Rh, Ti_3Au, Ti_3Pt, Ti_3Ir, Mo_4Pt, Mo_3Ir, Mo_3Os, Nb_3Au, Nb_3Pt, Nb_3Ir u. Nb_3Os bestimmt. Die Leg. wurden aus den Elementen erschmolzen u. verschieden angelassen. Eine Tendenz zu geringeren Ordnungsgraden wurde dann festgestellt, wenn die Elemente aus Gruppen des Periodensyst. entnommen wurden, die nahe der Mn-Gruppe sind. Ein Vgl. mit weiteren Metallstrukturtypen zeigt, daß die Stabilität der untersuchten Phasen aus einer gegenseitigen Abhängigkeit der Elektronenstruktur u. der Fähigkeit der Atome, sich entsprechend der geometr. Packungsbedingungen zu verformen, resultieren kann. H. Roschkowski 56

0225 **Linienintensität auf Röntgenogrammen von Graphitstrukturen.** A. V. Kurdjumov und A. N. Piljankevič. (Kristallografija **13** (1968) 2, 311—15; Inst. problem materialovedenija AN USSR; russ.) — Die Intensität aller möglichen Linien auf Röntgenogrammen von Pulverproben dreidimensional geordneten Graphits für CuK_α-Strahlung wird unter Berücksichtigung des Temp.-Faktors berechnet. Die Umverteilung der Intensitäten beim Übergang zu dreidimensional ungeordneten Strukturen wird erhalten. Experimentelle Beugungsintensitätskurven von Graphit verschiedenen Kristallinitätsgrads werden mit den theoret. Daten verglichen. H. Roschkowski 56

0226 **Stark dotierte Siliciumeinkristalle mit zellenförmiger Substruktur.** V. G. Fomin, M. G. Mil'vidskij, N. S. Beljackaja und V. V. Korčažkin. (Kristallografija **13** (1968) 1, 172—73, 1 Tafel; Gos. N.-J. i proektnyj inst. redkometall. prom.; russ.) — Untersucht werden Borrmann-Topographien von Si-Einkrist. mit Zellensubstruktur u. P- bzw. As-Dotierungskonz. von $7 \cdot 10^{19}$ bis $2 \cdot 10^{20}$ Atomen/cm³. Die Beimengungsverteilung in den Krist. wird besprochen. H. Roschkowski 56

0227 **Alterungsmechanismus einer Al–Mg–Si-Legierung.** T. V. Ščegoleva. (Fiz. Metallov Metallovedenie **25** (1968) 2, 246—54, 1 Tafel; Inst. fiz. metallov. AN SSSR; russ.) — Durch Auswertung der diffusen Röntgenstreuung u. Härtemessungen wird der Mechanismus der Alterung einer Al-Leg. mit 1,4% $MgSi_2$ (β-Phase) untersucht. Die Alterung verläuft danach kontinuierlich nach dem Schema: Bildung der β''-Phase–Umorientierung der β''-Phase (d. h. Umwandlung in die β'-Phase → Umwandlung in die β-Phase). Die β''-Phase krist. monoklin mit a = b = 6,16; c = 7,1 Å; β = 82°. H. Roschkowski 56

0228 **Untersuchung von Diskontinuitäten in Germaniumeinkristallen durch anomale Röntgentransmission.** E. H. Šejchet, V. A. Šeršel' und D. I. Levinzon. (Ukraïns'kyj fiz. Ž. **13** (1968) 2, 303—05; ukrain., Auszug: engl.) — Best. von Diskontinuitäten der *As*-Verteilung (1 bis $5 \cdot 10^{19}$ cm⁻³) in Ge-Einkrist. mittels anomaler Röntgentransmission u. Einsondenwiderstandsmessungen zeigten volle Übereinstimmung. K. Jaeger 56

0229 **Untersuchung der Korngrenzenstruktur in Wolfram mit dem Feldionenmikroskop.** R. I. Garber, Ž. I. Dranova und I. M. Michajlovskij. (Ž. ėksper. teoret. Fiz. **54** (1968) 3, 714—20;; Fiz.-techn. inst. AN Ukr. SSR; russ., Auszug: engl.) — Die Kornorientierung wird durch Gitterkoinzidenzpunkte beschrieben. Wenn die Korngrenze nicht einer dichtgepackten Fläche des Gitters entspricht, werden Stufenstrukturen beobachtet. K. Jaeger 56

0230 **Untersuchung einer Wolframlegierung mit 3 Atom-% Rhenium mit dem Feldionenmikroskop: Streifen-Kontrast-Effekte.** W. A. Soffa und K. L. Moazed. (J. less-common Metals [Lausanne] **14** (1968) 2, 211—16; Ohio State Univ., Columbus, O.; engl.) — Die Leg. *W* mit 3 Atom-% *Re* wurde in 4 verschiedenen Zuständen (gezogen, geglüht 1100°/1 Std./H_2, gezogen u. zykl. gebogen bei Raumtemp., geglüht u. zykl. gebogen) feldionenmkr. untersucht, um zu prüfen, ob die hierbei oft auftretenden Bildstreifungen mit den Vorbehandlungen des Materials zusammenhängen. Die Ergebnisse lassen vermuten, daß die Streifen Artefakte sind u. nicht mit Gitterdefekten, wie Stapelfehlern, zusammen-

hängen. Es wird gefolgert, daß die prim. Ursache für den Streifenkontrast die Asymmetrie der Spitze ist.
G. Zwingmann 56

0231 **Methodik zur Ermittlung der Versetzungsstruktur beim elektrolytischen Polieren.** I. D. Kedrin und V. G. Marinič. (Zav. Labor. 34 (1968) 2, 203—04; Dnepropetrovskij gos. univ.; russ.) — Beschreibung eines elektrolyt. Ätzverf. unter Verw. von HNO_3 für Proben aus Ni, Stahl, Al u. Al-Legierungen.
H. Roschkowski 56

0232 **Ausgedehnte Versetzungen und Stapelfehler auf (110)- und (001)-Flächen von α-Uran.** I. Saxl, J. Kočik und J. Otruba. (J. nuclear Mater. [Amsterdam] 25 (1968) 2, 172—78; Nuclear Res. Inst., Czechoslov. Acad. of Sci., Řež; engl.) — Stapelfehler, die durch Einfügen oder Entfernen einer Ebene oder durch partielles Gleiten entstanden sind, werden untersucht u. Bedingungen für Stabilität bez. weiterer Dissoziation für den Fall anisotroper u. isotroper Elastizität abgeleitet. Für ausgedehnte Versetzungen wird die Gleichgew.-Breite des Spaltes in Einheiten der Stapelfehlerenergie ber. [für Dissoziation von Versetzungen in (110) u. (001)]. Die höchste Stapelfehlerenergie, die die entsprechende Dissoziation ermöglicht, wird abgeschätzt u. die Temp.-Abhängigkeit der Gleichgew.-Breite des Spaltes berechnet.
M. Frenzel 56

0233 **Neue Struktur von eutektischem Eisen-Graphit.** Jean-Claude Ruth und Michel Turpin. (C. R. hebd. Séances Acad. Sci., Sér. C 266 (1968) 6, 354—56; Nancy, École Nat. Sup. de la Métallurg. et de l'Ind. des Mines de Nancy; franz.) — Bei gleichgerichteter Erstarrung von eutekt. Fe–C-Leg. wurde die Bldg. eines bisher nicht beobachteten orientierten Graphits beobachtet.
F. Vier 56

0234 **Versetzungen in Zementit.** A. Koréeda und K. Shimizu. (Philos. Mag. [8] 17 (1968) 149, 1083—86; Inst. of Sci. and Ind. Res., Osaka Univ., Sakai, Osaka; engl.) — Zementitplättchen, die aus einem 0,8% C enthaltenden Schwedenstahl nach Tempern bei 950° u. langsamem Abkühlen erhalten worden waren, wurden elektronenmkr. untersucht. Die Zementitplättchen enthalten Kleinwinkelkippkorngrenzen, die aus Stufenversetzungen in gleichen Abständen bestehen. Die Versetzungen besitzen einen [0b0]-Burgers-Vektor. Die Bldg. solcher Versetzungen wird auf die Existenz zweier Verschiebungsvektoren, die zur Bldg. von (010)-Wachstumsfehlern in aufeinanderfolgenden Ebenen führen, zurückgeführt.
W. Laqua 56

0235 **Untersuchung der Bainit-Umwandlung in Eisen–Chrom–Kohlenstoff-Legierungen mittels Durchstrahlung im Elektronenmikroskop.** G. R. Srinivasan und C. M. Wayman. (Acta metallurg. [Long Island City, N.Y.] 16 (1968) 5, 609—20; Dep. of Mining, Metallurg. and Petrol. Engng., Univ. of Ill., Urbana, Ill.; engl.) — Unters. an dünnen Folien von Fe–7,9 (Gew.-%) Cr–1,11 C u. Fe–3,32 Cr–0,66 C deuten auf zwei Carbidtypen; ein Carbid zeigt die gewöhnliche orthorhomb. Struktur von Zementit. Ein Schubmodell des stufenweisen seitlichen Wachstums der Bainitplatte wird erörtert.
M. Frenzel 56

0236 **Kristallographie der Bainit-Umwandlung.** 1. Mitt. G. R. Srinivasan und C. M. Wayman. (Acta metallurg. [Long Island City, N.Y.] 16 (1968) 5, 621—36; engl.) — Vgl. vorst. Referat. — Die Kristallographie der Bainitumwandlung in Fe–8% Cr–1,1% C wird untersucht. Messungen der Habitusebene durch Zwei-Oberflächen-Analyse u. die spezif. Varianten der Orientierungsbeziehungen werden erstmals für eine niedere Bainitumwandlung durchgeführt. Die Habitusebene ist nahe (254) im Austenit u. entspricht etwa ($\bar{1}$22) im bainit. Ferrit. Die Größe der Formverzerrung bei dieser Umwandlung wird gemessen. Die obigen Parameter der Bainitkristallographie sind verschieden von denen des in derselben Leg. gebildeten Martensits.
M. Frenzel 56

0237 **Dreidimensional periodisch modulierte Struktur in einer alternden Fe–Be-Legierung.** M. V. Džibuti und Ju. D. Tjapkin. (Kristallografija 13 (1968) 2, 307—10, 1 Tafel; CNIIČERMET; russ.) — Mit Hilfe der diffusen Röntgenstreuung von Mikroeinkrist. wird das Anfangsstadium des Zerfalls des übersätt. Mischkrist. einer Fe-Leg. mit 19,5 Atom-% Be untersucht. Es tritt eine period. Modulation der Ebenenabstände der Matrix auf, die beim Zerfall in allen drei Richtungen erscheint.
H. Roschkowski 56

0238 **Röntgenographische Messungen von Stapelfehlern in Kupfer–Antimon-Legierungen.** M. De und S. P. Sen Gupta. (Acta crystallogr. [Copenhagen], Sect. A 24 (1968) 2, 269—71; Dep. of Gen. Phys. and X-Rays, Indian Assoc. for Cultiv. of Sci., Calcutta; engl.) — Die Linienprofile von kaltgewalzten Cu-Leg. mit 1,05 bis 5,79 Atom-% Sb werden zählrohrdiffraktometr. aufgenommen. Die Verformungsfehler- (α) u. die Zwillingsfehlerwahrscheinlichkeit (β) wurden aus Messungen der Max.-Verschiebung bzw. Max.-Asymmetrie bestimmt. α ändert sich annähernd parabol. mit zunehmendem Sb-Geh., auch β steigt mit wachsendem Geh. an Sb.
H. Roschkowski 56

0239 **Durch ihre thermodynamischen Eigenschaften bedingte Besonderheiten der Alterung von Kupfer-Beryllium-Legierungen.** L. G. Gavrilenko, V. I. Malkin, B. M. Mogutnov und V. V. Pokidyšev. (Fiz. Metallov Metallovedenie 25 (1968) 3, 469—72; Inst. metallofiz. CNIIČERMET im. Bardina; russ.) — Durch EMK-Messungen an der Kette Be/NaCl + KCl + $BeCl_2$/Be–Cu bei 0—35 Atom-% Be werden die Aktivitäten u. partiellen freien Enthalpien u. Enthalpien der Komponenten ermittelt. Die Mischungswärmen von Cu–Be-Mischkrist. sind negativ. Aus diesem Grund bilden sich bei der Alterung von Cu-Be-Leg. keine Guinier-Preston-Zonen.
H. Roschkowski 56

0240 **Durch Abschrecken und Anlassen in Silber, schwefelhaltigem Silber, Kupfer und der Legierung $AuCu_3$ entstandene Stapelfehlertetraeder.** Michel Thomé, Marc Condat und Michel Fayard. (C. R. hebd. Séances Acad. Sci., Sér. C 266 (1968) 6, 360—62; Paris, Fac. des Sci.; franz.) — Bei der Beseitigung von durch Abschrecken gebildeten Leerstellen wurden unter verschiedenen Bedingungen in Ag u. S-haltigem Ag sowie in elektrolyt. hergestelltem Cu Stapelfehlertetraeder beobachtet. Diese Tetraeder wurden ebenfalls im ungeordneten Bereich der Leg. $AuCu_3$ festgestellt.
F. Vier 56

0241 **Elektronographische und elektronenmikroskopische Untersuchung von Siliciumdioxidfilmen.** É. G. Ažaža, Ju. P. Vol und I. G. Ksendzackij. (Kristallografija 13 (1968) 2, 366—67; Vsesojuznyj élektrotechn. inst.; russ.) — Untersucht werden SiO_2-Filme, die auf Si in feuchtem O_2 bei 1200° u. Atmosphärendruck erhalten werden u. eine Stärke von 300—2000 Å besitzen. Die Filme sind nach den Beugungsdaten inhomogen u. enthalten zweidimensionale Anordnungen aus Si–O-Tetraedern.
H. Roschkowski 56

0242 **Veränderung des Quarzes beim trockenen Mahlen.** U. Hofmann und A. Rothe. (Z. anorg. allg. Chem. 357 (1958) 4/6, 196—201; Heidelberg, Anorg.-Chem. Inst. Univ.; dt.) — In einer Porzellankugelmühle gemahlener *Quarz* wird mittels Röntgenstrahlen u. Elektronenbeugung auf amorphen Anteil (A) u. Gitterstörungen (B) untersucht. Die Berechnung von B erfolgt nach einer von Debye u. Waller angegebenen Gleichung. Amorphes SiO_2 u. gittergestörter Quarz bilden bei 1200° schneller Cristobalit als ungestörter Quarz. Die Ergebnisse stimmen mit den aus der Literatur bekannten gut überein.
H.-P. Hennig 56

0243 **Elektronenbeugung an Quarz.** H. J. Dudek und W. Schüz. (Z. Naturforsch. 23a (1968) 4, 533—34, 1. Tafel; Phys. Labor., Mosbach/Baden; dt.) — Elektronen–Feinbereichsbeugungs-Unters. an Quarzeinkrist.-Splittern werden beschrieben. Beobachtet wird eine ringförmige Anordnung von Reflexen. Die auftretenden verbotenen Reflexe werden diskutiert.
M. Frenzel 56

0244 **Dekoration von NaCl-Einkristallspaltflächen, die mit einer Schicht von amorphem Kohlenstoff bedeckt sind, durch Vakuumkondensation von PbS.** G. I. Distler, S. A. Kobzareva und Y. M. Gerasimov. (J. Crystal Growth [Amsterdam] 2 (1968) 1, 45—46; Moscow, Acad. of Sci.

of the USSR, Inst. of Crystallography; engl.) — NaCl-Einkrist.-Spaltflächen, die durch Spaltung bei 10^{-5} Torr erhalten u. vorher mit einer ca. 150 Å dicken Schicht von amorphem *C* bedeckt wurden, wurden durch Vakuumkondens. von *PbS* dekoriert. Die Dekoration der Spaltstufen wird wahrscheinlich durch Fernwrkg.-Effekte lokaler akt. Zentren bewirkt. E. Schulte 56△

0245 **Verteilung von Zwischengitterzink in Zinkoxid.** V. J. Norman. (Austral. J. Chem. 20 (1967) 1, 85—91; Australian Defence Sci. Service, Adelaide; engl.) — Eine Meth. wird beschrieben, nach der ZnO-Krist. bis zu verschiedenen Tiefen mit Säure (H_2SO_4- u. H_3PO_4-haltig) geätzt werden u. anschließend der Geh. an Überschußzink jeweils bestimmt wird (Diphenylcarbazid). Die Verteilung des Zwischengitterzinks hängt von der Spezies des chemisorbierten Sauerstoffs ab. Eine bemerkenswerte Konz. an Überschußzink wird im Oberflächenbereich nur dann beobachtet, wenn die reakt. Spezies des Sauerstoffs chemisorbiert ist. Die Änderung der Verteilung von Zwischengitterzink in beiden ZnO-Typen beim Erhitzen an der Luft wird untersucht u. diskutiert. A. Jaeschke 56

0246 **Fehlordnungserscheinung in Cadmiumjodidkristallen.** R. K. Jain und G. C. Trigunayat. (Z. Kristallogr., Kristallgeometr., Kristallphysik, Kristallchem. 126 (1968) 1/3, 153—62; Dep. of Phys. and Astrophys., Univ. of Delhi; engl.) — Infolge von Stapelfehlern, die sich während des Wachstums von CdJ_2-Krist. bilden, zeigen diese häufig Beugungsstreifen auf Röntgendiagrammen. Für zwanzig CdJ_2-Polytype wird der Fehlordnungsgrad α nach Jagodzinskis auf der Schwingungsentropie beruhenden Theorie der eindimensionalen Fehlordnung berechnet. Die Kurve der Häufigkeitsverteilung der Polytype zeigt zwei Maxima bei $\alpha \sim 0{,}06$ u. bei $\alpha \sim 0{,}28$. Die Ergebnisse entsprechen denen von Jagodzinski an SiC. Damit wird bestätigt, daß die Schwingungsentropie der ausschlaggebende Faktor für die Deutung der Polytypie ist. M. Frenzel 56

0247 **Elektronenmikroskopische Untersuchung getemperter CdS-Einkristalle.** V. S. Babinčuk und V. V. Serdjuk. (Fiz. tverdogo Tela 10 (1968) 2, 645—47; Odesskij gos. univ. im. Mečnikova; russ.) — Elektronenmkr. u. Photostrommessungen (470 nm) von an Luft u. bei $1 \cdot 10^{-4}$ Torr 4h bei 100—600° getemperten CdS-Einkrist.-Plättchen. Die experimentellen Daten werden durch Oberflächeneffekte (*$CdSO_4$*-Bldg.) gedeutet. K. Jaeger 56

0248 **Defektstruktur des Al_2O_3.** J. Novák und P. Coufová. (Collect. czechoslov. chem. Commun. 33 (1968) 3, 656—63; Phys. Inst., Tschechoslowak. Akad. der Wiss., Prag; engl.) — Der Einfl. von F als Verunreinigung in den Einkrist. von Korund u. von Korund mit Beimischungen von Ni, Co u. Cr auf die Defektstruktur bei der Wärmebehandlung im Temp.-Bereich von 900—1100° in H_2 u. D_2 wird IR-spektrophotometr. (Absorptions-, Transmissionsspektren) u. chem.-analyt. untersucht. Bedingungen für die Einführung von Hydroxid in die Krist. durch Austausch gegen F, für die Ausbldg. von H-Bindungen mit den Gitter-O-Atomen u. für die Bldg. von Defektionen im kation. Teil werden mitgeteilt. M. Frenzel 56

0249 **Lage von Cerbeimengungen im monoklinen Gitter von ZrO_2.** S. K. Filatov und V. A. Frank-Kameneckij. (Kristallografija 13 (1968) 1, 183—85; Leningradskij gos. univ.; russ.) — Mit Hilfe von Röntgenbeugungsdaten wird gezeigt. daß die ersten 5 Atom-% Ce^{3+} isomorph Zr^{4+} in der Baddeleyit-Struktur substituieren. Bei Einbau von weiterem Ce scheint sich der Einbaumechanismus zu verändern. H. Roschkowski 56

0250 **Präparation von PbTe und Untersuchung im Durchstrahlungselektronenmikroskop.** E. Levine und R. N. Tauber. (J. elctrochem. Soc. 115 (1968) 1, 107—08; Dep. of Mechan., Rutgers, The State Univ., New Brunswick, N.J.; engl.) — Zur Unters. von Fehlern u. Ausscheidungen in PbTe wurden Einkrist. nach der Bridgman-Meth. hergestellt. Nach dem Homogenisieren bei 775° wurden die Krist. bei 504° 25 Std. angelassen u. abgeschreckt. Dabei sollte es zur Ausscheidung von Pb kommen. Dünne Folien wurden durch mechan. u. Elektropolieren hergestellt. Der Elektrolyt bestand aus 20 g KOH in 45 ml W., 35 ml Glycerin, 20 ml A., poliert wurde bei 4—6 V u. 0,2 A/cm². PbTe war vor dem Polieren sehr spröde, die dünnen Folien ließen sich jedoch gut handhaben, ohne zu brechen. Die Versetzungsdichte war hoch. Es wurden entgegen früheren Vermutungen keine Pb-Ausscheidungen gefunden. Versetzungsreihen verteilten sich über die ganze Folie, einige waren gespalten. Unter dem Einfl. des Elektronenstrahls bewegten sie sich in {110}- sowie auch {100}-Ebenen. R. Zimmer 56

0251 **LEED-Untersuchung der (010)-Oberfläche von Vanadinpentoxid.** L. Fiermans und J. Vennik. (Surface Sci. [Amsterdam] 9 (1968) 2, 187—97; Labor. voor Kristallografie, Rijksuniv. Gent; engl.) — Die Struktur einer frisch in der Beugungskammer gespaltenen V_2O_5-Oberfläche entspricht der Struktur dieser Ebene im Krist.-Inneren. Einw. von *Luft*, *Ar*, *O_2*, *H_2* u. *CCl_4* bei Raumtemp. u. 10^{-6} Torr führt zu keiner Veränderung des Beugungsbildes. Dagegen tritt unter Einfl. des Elektronenstrahls ein teilweiser Verlust von Sauerstoff aus den obersten Atomlagen ein, was mit einer Strukturänderung zur (010)-Oberfläche von $V_{12}O_{26}$ verbunden ist. G. Ertl 56

0252 **Einfluß der kristallographischen Orientierung auf die Auflösung von Urandioxid in Salpetersäure.** M. Shabbir und R. G. Robins. (J. nuclear Mater. [Amsterdam] 25 (1968) 2, 236—37; School of Chem. Engng., Univ. of New South Wales, Kensington; engl.) — Bei [HNO_3] = 1—37 m erfolgt bevorzugter Angriff an Körnern mit [100] parallel zur Oberfläche, weniger an solchen mit [111]-Orientierung. M. Frenzel 56

0253 **Ätzfiguren an Apophyllit-Spaltflächen nach (001).** M. S. Joshi und M. A. Ittyachen. (Z. Kristallogr., Kristallgeometr., Kristallphysik, Kristallchem. 126 (1968) 1/3, 29—36; Phys. Dep., Sardar Patel Univ., Vallabh Vidyanagar, India; engl.) — Spaltflächen nach (001) an Apophylliten verschiedener Vork. werden' mit NH_4HF_2, HF, NaOH, KOH u. CH_3COOH geätzt. Die Ätzfiguren haben auf den beiden, durch Spaltung erhaltenen Gegenflächen die gleiche Lage u. Verteilung, sogar dann, wenn die beiden Flächen mit verschiedenen Lsg. geätzt werden. Die Unters. ergibt einen weiteren Beweis dafür, daß sich die Ätzfiguren an Versetzungen bilden. Ätzfigurenketten an Grenzen zwischen gegeneinander wenig geneigten Blöcken werden beobachtet u. gedeutet. M. Frenzel 56

0254 **Synthetische Thiomagnetit—Pyrit-Gemische.** E. Flaig, H. P. Boehm und B. Nuber. (Naturwissenschaften 54 (1967) 19, 515; Anorg.-Chem. Inst., Univ. Heidelberg; dt.) — Die Behandlung von α-FeO(OH), γ-FeO(OH) u. frisch gefälltem, amorphem Eisenoxidhydroxid in wss. Suspension bei pH 6 mit H_2S führt zur Umsetzung $4\,FeO(OH) + 6\,H_2S = Fe_3S_4 + FeS_2 + 8\,H_2O$. Mit Hilfe eines Debye-Scherrer-Diagramms läßt sich das Prod. leicht als ein Gemisch aus Thiomagnetit u. Pyrit identifizieren. Die erhaltenen Gitterkonst. (Fe_3S_4: a $9{,}878 \pm 0{,}004$ u. FeS_2: a $5{,}424 \pm 0{,}001$ Å) deuten auf gegenseitige Inklusion der einen Komponente im Gitter der anderen. A. Jaeschke 56

0255 **Eisenarme Polymorphe in der Pyrrhotin-Gruppe.** Mabel Corlett. (Z. Kristallogr., Kristallgeometr., Kristallphysik, Kristallchem. 126 (1968) 1/3, 124—34; Dep. of the Geophys. Sci., Univ. of Chicago, Chicago, Ill.; engl.) — Zwei auf der NiAs-Struktur beruhende Überstrukturen natürlich vorkommender eisenarmer Pyrrhotine werden bestätigt. Hochtemp.-Aufnahmen nach der Präzisionsmeth. zeigen, daß die Umwandlung von der 4C-Struktur zur NiAs-Struktur bei 225 ± 10° erfolgt u. keine Beziehung zur magnet. Umwandlung oberhalb 300° hat. Eine neue Überstruktur, ebenfalls auf der NiAs-Struktur basierend, wird durch Abschreckung erhalten. M. Frenzel 56

0256 **Lokalisierung von Wasserstoffatomen in kristallinen Ionenhydraten.** M. F. C. Ladd. (Z. Kristallogr., Kristallgeometr., Kristallphysik, Kristallchem. 126 (1968) 1/3, 147—52; Dep. of Chem. Phys., Univ. of Surrey, London; engl.) — Die Best. der Lage von H-Atomen in

Ionenhydraten wird durch Rechnungen auf der Grundlage der Gitterenergie diskutiert, Ergebnisse für $BaCl_2 \cdot 2\,H_2O$ u. $NaBr \cdot 2\,H_2O$ werden mitgeteilt.
M. Frenzel 58

0257 **Kristallstruktur und untere Phasenumwandlung von Deuteriumbromid.** E. Sándor und M. W. Johnson. (Nature [London] **217** (1968) 5128, 541—43; London, Univ. of London, Queen Mary Coll., Dep. of Phys.; engl.) — Es wurden Röntgen- u. Neutronenbeugungsunters. an Pulverpräp. von DBr durchgeführt. Festes DBr unterliegt zwei Phasenumwandlungen zweiter Ordnung, die über Bereiche von einigen Graden verlaufen. Die untere Umwandlung ist vollständig bei ca. 93,5 °K, die obere bei ca. 120,3 °K. Das Verh. ist stark verschieden von dem des HBr; festes HBr unterliegt drei Phasenumwandlungen zweiter Ordnung. Röntgenpulveraufnahmen bei 86, 92, 95, 107 u. 118 °K zeigen, daß die Br-Atome des DBr ein flächenzentriertes orthorhomb. Gitter über den Temp.-Bereich 86—118 °K bilden. Das Zellvol. steigt mit der Temp. im untersuchten Bereich an. Jedoch nehmen nur die a- u. b-Parameter zu, der c-Parameter nimmt ab. Die Struktur unterhalb der unteren Umwandlungstemp. ist geordnet u. isomorph mit der Tieftemp.-Phase von *DCl*. Zwischen den beiden Umwandlungstemp. ist die Struktur der „mittleren Phase" fehlgeordnet. Im unteren Umwandlungsbereich entsteht ein Mischkrist. aus der geordneten Tieftemp.-Phase u. der fehlgeordneten „mittleren Phase". Strukturdaten bei 84 °K: orthorhomb., $Bb2_1m$, a = 5,44 ± 0,02, b = 5,614 ± 0,005, c = 6,120 ± 0,005 Å; Z = 4; D—Br-Bindungslänge 1,38 ± 0,03 Å; Winkel Br—Br—Br in der Kette 91° 48′ ± 10′. Daten bei 107 °K: Raumgruppe Bbcm, a = 5,559 ± 0,005, b = 5,649 ± 0,005, c = 6,095 ± 0,005 Å; Z = 4; D—Br-Bindungslänge 1,38 ± 0,04 Å; Winkel Br—Br—Br 90° 56′ ± 4′. Die Verfeinerung ergab R_1 = 4,5% bei 84 °K u. R_1 = 6,1% bei 107 °K. Die Struktur der mittleren Phase ist in einer Abb. dargestellt.
E. Schulte 58△

0258 **Kristallstruktur von Ammoniumdiamidothiophosphat.** D. Mootz, W. Look und G. Sassmannshausen. (Z. anorg. allg. Chem. **358** (1968) 5/6, 282—95; Braunschweig, TH, Inst. für Anorg. Chem.; dt.) — $NH_4^+ [POS(NH_2)_2]^-$ (I), hergestellt nach dem Verf. von Falius (vgl. C. **1966**, 31-0562), krist. monoklin mit Z = 2 in $P2_1$: a = 8,115 ± 0,006, b = 6,459 ± 0,005, c = 5,483 ± 0,003 Å, β = 101,30 ± 0,06°; D_{R} 1,522, D_{exp} 1,51 g/cm³. Die Struktur von I wurde unter Verw. dreidimensionaler Röntgendaten nach den üblichen Verf. bestimmt u. nach der Meth. der kleinsten Quadrate sowie Differenzsynth. bis auf Zuverlässigkeitsfaktoren von R = 0,063 u. R′ = 0,091 verfeinert; die Parameter u. anisotropen Temp.-Faktoren sind tabelliert. Aus den kurzen Abständen P—S = 1,992, P—O = 1,519, P—N = 1,659 u. 1,679 Å wird auf $d_\pi - p_\pi$-Wechselwrkg. geschlossen. 7 der 8 H-Atome in I nehmen an H-Brücken teil, die die Kationen u. Anionen zu einem dreidimensionalen Netzwerk verknüpfen. G. Gattow 58

0259 **Synthese und Strukturtyp des Berylliumborates $Be_2BO_3(OH) \cdot H_2O$.** M. Schlatti. (Naturwissenschaften **54** (1967) 22, 578; Mineralog. Inst., Univ. Wien; dt.) — Die Titelverb. konnte hydrothermal bei 235° u. 35 atm aus $B(OH)_3$ u. $Be(OH)_2$ in NH_3-Lsg. synthetisiert werden. Sie krist. hexagonal mit a = 4,43 u. c = 5,34 Å in der Raumgruppe P321 — D_3^2, wie Pulveraufnahmen zeigten. Zwischen den OH u. H_2O liegen H-Brücken.
A. Jaeschke 58

0260 **Kristallstruktur von β-$KZnBr_3 \cdot 2\,H_2O$.** B. Brehler und R. Holinski. (Naturwissenschaften **54** (1967) 15/16, 441; Miner.-Kristallogr. Inst., TH Clausthal; dt.) — Die Titelverb. ist isotyp mit $KZnJ_3 \cdot 2\,H_2O$ u. krist. rhomb. mit a = 9,327, b = 13,067 u. c = 6,786 Å in der Raumgruppe $P2_12_12_1 - D_2^4$, Z = 4 (R = 7,8).
A. Jaeschke 58

0261 **Kristallstruktur eines achtzehnschichtigen Cadmiumjodid-Polytyps.** G. K. Chadha und G. C. Trigunayat. (Z. Kristallogr., Kristallgeometr., Kristallphysik, Kristallchem. **126** (1968) 1/3, 76—79; Dep. of Phys. and Astrophys., Univ. of Delhi; engl.) — Die Krist.-Struktur eines aus der Dampfphase gezüchteten achtzehnschichtigen Polytyps von CdJ_2 wird ermittelt. Der Krist. (Raumgruppe P3m1; a = b = 4,24, c = 61,51₅ Å, $(22)_4 11$) gehört zur $(22)_n 11$-Serie der CdJ_2-Polytype, aus der schon fünf Glieder bekannt sind.
M. Frenzel 58

0262 **Ternäre Quecksilberverbindungen.** 13. Mitt. **Quecksilberschwefelfluorid.** H. Puff, D. Heine und G. Lieck. (Naturwissenschaften **55** (1968) 6, 298; Anorg.-Chem. Inst. der Univ. Bonn; dt.) — 12. vgl. C. **1968**, 14-0713. — Durch Umsetzung von HgS mit Pyridiniumtetrafluoromercurat(II) im Überschuß konnte bei 260° im Vakuum die blaßgelbe, lichtempfindliche Verb. $Hg_3S_2F_2$ dargestellt werden, wobei die Zers.-Prod. C_5H_5N u. HF laufend abgepumpt werden mußten. Tempern im Vakuum bei 280—300° lieferte die Verb. in gut krist. Form. $Hg_3S_2F_2$ krist. kub. in $I2_13-T^5$ mit a = 8,14₀ Å, Z = 4, D_{R} = 8,68 u. D_{pyk} = 8,64 g/cm³. Folgende Punktlagen ergaben sich aus Pulver-Diffraktometeraufnahmen: 12 Hg in (12b): 0,32₃, 0, 1/4; 8 S in (8a): 0,28₃, 0,28₃, 0,28₃; 8 F in (8a): 0,04, 0,04, 0,04. Die Verb. bildet ein aus (Hg_3S)-Pyramiden bestehendes Kationenraumnetz mit isolierten Anionen. Das IR-Spektrum zeigt zwei Banden bei 298 u. 326 cm⁻¹, die Hg–S-Schwingungen zugeschrieben werden müssen. Eine isotype Verb. $Hg_3Se_2F_2$ konnte auf analogem Wege im Gemisch mit einer weiteren, wahrscheinlich rhomb. Modifikation erhalten werden; die Gitterkonst. beträgt a = 8,38₇ Å.
W. Laqua 58

0263 **Verfeinerung der Tl_2O_3-Struktur mittels Neutronenbeugung.** Penelope Papamantellos. (Z. Kristallogr., Kristallgeometr., Kristallphysik, Kristallchem. **126** (1968) 1/3, 143—46; Phys. Div., Nucl. Res. Center „Democritus", Athen; dt.) — Die Atomkoordinaten von Tl_2O_3 werden mit Hilfe von Neutronenbeugungsdaten neu bestimmt. Sie werden nach der Ausgleichsmeth. bis zum Endwert R = 0,090 für alle Interferenzen verfeinert. Der Tl—O-Abstand beträgt 2,13—2,47 Å; das Mittel aus drei verschiedenen Abständen (2,26 Å) stimmt mit dem des sechsfach koordinierten Tl überein.
M. Frenzel 58

0264 **Darstellung und Struktur von $EuSc_2O_4$.** Joachim Sieler, Johannes Kaiser und Heinz Holzapfel. (Z. Chem. **8** (1968) 4, 153—54; Leipzig, Univ., Inst. für Anorg. Chem.; dt.) — Hellgelbes $EuSc_2O_4$ (I) wurde durch Tempern (80 Std.) einer äquimol. Mischung von EuO u. Sc_2O_3 bei 1200° im Hochvakuum hergestellt. I krist. rhomb. in D_{2h}^{16}—Pnam mit a = 9,71, b = 11,34, c = 3,20 Å. I besitzt die Struktur von $CaFe_2O_4$ u. ist mit $CaSc_2O_4$ (II) u. $SrSc_2O_4$ isotyp. Die errechneten Röntgenintensitäten von I, die unter Zugrundelegung der für II gefundenen Atomparameter ber. wurden, stimmen befriedigend mit den gemessenen Werten überein.
G. Gattow 58

0265 **Kristallstruktur von synthetischem LaOOH.** S. Yamaguchi und T. Katsurai. (Naturwissenschaften **54** (1967) 19, 514; Inst. für Phys. u. Chem., 2-28 Hon-Komagome Bunkio, Tokio/Japan; dt.) — LaOOH wurde aus wss. $La(NO_3)_3$-Lsg. mit wss. NH_3 gefällt u. durch Erhitzen mit Mutterlauge bei 190° im Autoklaven rekristallisiert. Auf Grund von Elektronenbeugungsaufnahmen krist. LaOOH rhomb. mit a = 4,92, b = 11,3 u. c = 3,44 AE in der Raumgruppe D_{2h}^{16}—Pbnm (ca. 40°) u. gehört zum Diaspor-Typ. A. Jaeschke 58

0266 **Kristallstruktur von Ammoniumcer(IV)-nitrat.** T. A. Beineke und J. Delgaudio. (Inorg. Chem. [Washington] **7** (1968) 4, 715—21; Ames, Ia., Ia. State Univ., Dep. of Chem., Inst. for Atomic Res.; engl.) — $(NH_4)_2 \cdot [Ce(NO_3)_6]$ (I) krist. monoklin mit Z = 2 in der Raumgruppe $P2_1/n$: a = 13,061 ± 0,007, b = 6,842 ± 0,004, c = 8,183 ± 0,004 Å, β = 91,34 ± 0,02°; D_{R} 2,490; D_{exp} 2,49 g/cm³. Die Struktur von I wurde unter Verw. dreidimensionaler Röntgendaten nach den üblichen Verf. bestimmt u. nach der Meth. der kleinsten Quadrate bis auf einen Zuverlässigkeitsfaktor von R = 0,036 verfeinert; die Parameter u. anisotropen Temp.-Faktoren sind tabelliert. In I liegen isolierte NH_4^+-Kationen u. $[Ce(NO_3)_6]^{2-}$-Anionen (Symmetrie T_h) vor. Ce ist von 12 O-Atomen aus 6 NO_3^--Gruppen im Abstande von Ce—O = 2,488—2,530 Å umgeben (∢ OCeO = 50,9 bis

69,9°). Für die NO_3^--Gruppen gilt N—O = 1,225 bis 1,289 Å u. ∢ ONO = 113,9—125,6°.
G. Gattow 58

0267 **Einkristalle der ternären Germanide TiCuGe, ZrCuGe und HfCuGe.** J. Nickl und H. Sprenger. (Naturwissenschaften **54** (1967) 19, 515—16; Inst. für Anorg. Chem., Univ. München; dt.) — Aus Cu-haltigen Schmelzen erhaltene 1—3 mm lange Einkrist. besaßen die Gitterkonst. a = 7,250, b = 6,271, c = 3,804 (TiCuGe); 7,383, 6,547, 3,998 (ZrCuGe) u. 7,377, 6,479, 3,956 im rhomb. System (Raumgruppe jeweils D_{2h}^{16} = Pbnm). Eine Phase ThCuGe konnte im Syst. Th–Cu–Ge nicht gefunden werden. A. Jaeschke 58

0268 **Kristallstruktur von $Li_2(Si_{0,25}Ge_{0,75})_2O_5$.** H. Völlenkle, A. Wittmann und H. Nowotny. (Z. Kristallogr., Kristallgeometr., Kristallphysik, Kristallchem. **126** (1968) 1/3, 37—45; Inst. für Phys. Chem., Univ., Wien; dt.) — $Li_2(Si_{0,25}Ge_{0,75})_2O_5$ krist., Weissenberg-Aufnahmen u. der Verfeinerung mit Hilfe zweidimensionaler Fourier-Synth. zufolge, rhomb. in C_{2v}^{15}–Abm2 mit a = 5,99, b = 15,05, c = 4,94 Å, D_{exp} 3,30, D_{R} 3,27 g/cm³, Z = 4. Die Struktur erweist sich als neuer Typ einer Doppelkette mit einer Identitätsperiode von zwei Tetraedern (Zweierdoppelketten); sie ist verwandt mit der des Schichtsilicats $Li_2Si_2O_5$. Atomabstände u. -winkel werden mitgeteilt. M. Frenzel 58

0269 **Kristallstruktur von Li_4SiO_4 und Li_4GeO_4.** H. Völlenkle und A. Wittmann. (Naturwissenschaften **54** (1967) 15/16, 441; dt.) — Vgl. vorst. Referat. — Auf Grund von Einkrist.-Aufnahmen krist. die Orthoverb. Li_4SiO_4 monoklin mit a = 5,14, b = 6,10, c = 5,30 Å, β = 90,5° mit Z = 2, Raumgruppe $P2_1$, während Li_4GeO_4 entweder rhomb. mit a = 7,76, b = 6,05, c = 7,36 Å (Z = 4, Bmmb) oder monoklin mit a = 5,35, b = 6,05, c ≐ 5,35, β = 93,0° (Z = 2, $P2_1$) kristallisiert. Aus den tabellierten Atomlagen ergeben sich die mittleren Atomabstände: Ge—O 1,75 u. Li—O 1,99 Å. Ge u. Li weisen tetraedr. O-Umgebung auf, wobei zwischen den $[LiO_4]$-Tetraedern auch gemeinsame Kanten auftreten. Das Orthosilicat hat eine ähnliche Struktur. A. Jaeschke 58

0270 **Neubestimmung der Gitterkonstanten von Pb_xSn_{1-x} Te-Legierungen.** N. R. Short. (J. Physics, D (Brit. J. appl. Physics) [2] **1** (1968) 1, 129—30; Caswell, Towcester, Northants, Plessey Co. Ltd.; engl.) — Leg. des pseudobin. Syst. SnTe–PbTe wurden dargestellt u. die Gitterkonst. durch Röngtenpulverdiagramme bestimmt. Die graph. Darst. der Gitterkonst. gegen die PbTe-Konz. zeigt eine positive Abweichung von der Vegard-Regel. *PbTe*: Gitterkonst. 6,4603 (Å); $Pb_{0,85}Sn_{0,15}Te$: 6,4409; $Pb_{0,8}Sn_{0,2}Te$: 6,4343; $Pb_{0,75}Sn_{0,25}Te$: 6,4270; $Pb_{0,6} \cdot Sn_{0,4}Te$: 6,4078; $Pb_{0,5}Sn_{0,5}Te$: 6,3939; $Pb_{0,4}Sn_{0,6}Te$: 6,3777; $Pb_{0,3}Sn_{0,7}Te$: 6,3622; $Pb_{0,2}Sn_{0,8}Te$: 6,3457; $Pb_{0,1}Sn_{0,9}Te$: 6,3280; *SnTe*: 6,3093; $SnTe_{0,9}$: 6,3283; $Sn_{0,9}Te$: 6,3007. E. Schulte 58△

0271 **Kristallstruktur von Wismutselenid, Bi_4Se_3.** M. M. Stasova. (Izvest. Akad. Nauk SSSR, Neorg. Mater. **4** (1968) 1, 28—31; Inst. metallurg. im. Bajkova AN SSSR; russ.) — Bi_4Se_3 krist. nach Einkrist.-Röntgenbeugungsaufnahmen hexagonal mit a = 4,27, c = 40,0 Å in R$\bar{3}$m. In der Struktur befinden sich 6 $Bi_{(1)}$ in 6 (c): 00z mit z = 0,1445; 6 $Bi_{(2)}$ in 6 (c): 00z mit z = 0,2870; 6 $Se_{(1)}$ in 6 (c): 00z mit z = 0,417 u. 3 Se in 000. Die Struktur besteht demnach aus Fünfschichtpaketen $Se_{(1)}$–$Bi_{(2)}$–$Se_{(2)}$–$Bi_{(2)}$–$Se_{(1)}$. H. Roschkowski 58

0272 **Kristallstruktur von antiferromagnetischem Chrom.** F. H. Combley. (Acta crystallogr. [Copenhagen], Sect. B **24** (1968) 1, 142—44; Dep. of Phys., Sheffield, Univ.; engl.) — Eine Aufspaltung der Röntgenreflexe von polykrist. antiferromagnet. Cr, die auftreten sollte, wenn eine einzelne Domäne mit tetragonaler Symmetrie vorliegt, konnte bei Beugungsunters. ober- u. unterhalb des Néel-Punkts nicht nachgewiesen werden.
H. Roschkowski 58

0273 **System Li_2O–MoO_2; eine kubische Varietät des Mischkristalls der Grenzzusammensetzung Li_2MoO_3 und $Li_6Mo_2O_7$.** Jean-Maurice Réau, Claude Fouassier und Charles Gleitzer. (Bull. Soc. chim. France **1967**, 11, 4294—96; Bordeaux, Fac. des Sci., Labor. de chim. Minér. Struct.; franz.) — Vf. berichten, daß sie beim Erhitzen eines Gemisches von LiOH u. MoO_2 im Verhältnis n = Li_2O/MoO_2 = 0,4 das bereits gefundene monokline $Li_4Mo_5O_{12}$ erneut feststellen konnten: bei 1 < n < 1,5 wurde ein neuer α-Mischkrist. mit den Grenzzus. Li_2MoO_3 (I) u. $Li_6Mo_2O_7$ (II) gefunden. Röntgenaufnahmen ergaben kub. Symmetrie mit a = 8,30 ± 0,02 Å; D_{R} 4,89 u. Z = $Li_{64/3}Mo_{32/3}O_{32}$ für I u. a = 8,26 ± 0,02 Å; D_{R} 4,07 u. Z = $Li_{24}Mo_8O_{28}$ für II. In den Gittern liegen Schichten von O-Atomen senkrecht zu einer dreizähligen Achse, während die eingelagerten Metallschichten abwechselnd aus Li-Atomen oder Li- u. Mo-Atomen im Verhältnis 1 : 2 besetzt sind. Die Li- u. Mo-Atome sind statist. in den gemischten Schichten verteilt; die Li- u. Mo-Atome sind in dem Gitter von α-Li_2MoO_3 im Verhältnis 1 : 2, in dem Gitter von α-$Li_6Mo_2O_7$ im Verhältnis 1 : 1 verteilt. Der Übergang des geordneten in einen monoklinen β-Mischkrist. erfolgt bei ca. 700°; dieseUmwandlung ist nicht reversibel. C. Gottfried 58△

0274 **Isostrukturelle Sauerstoffverbindungen von Tellur und Antimon im Me_3XO_6-Typ.** G. Bayer. (Naturwissenschaften **55** (1968) 1, 33; Zürich, ETH, Inst. für Kristallogr. u. Petrogr.; engl.) — Aus den Oxiden (950—1100°) wurden nachst. isostrukturelle, rhomboedr. mit Z = 2 in der Raumgruppe R3 oder R$\bar{3}$ krist. Verb. vom Typ Me_3XO_6 hergestellt: Mg_3TeO_6 (a = 6,05 Å; α = 90° 50′), Mn_3TeO_6 (I; 6,24; 90° 40′), Mn_2CdTeO_6 (6,33$_2$; 90° 36′), $MnCd_2TeO_6$ (6,36$_7$; 90° 30′), Mg_2InSbO_6 (6,16; 90° 52′), Mn_2InSbO_6 (6,27; 90° 48′), Cd_2InSbO_6 (6,41$_5$; 90° 42′), $Mg_{2,5}Sn_{0.5}SbO_6$ (6,10$_4$; 91° 10′), $Mg_{2,5}Zr_{0,5}SbO_6$ (6,11$_3$; 91° 0′), Sc_3CrO_6 (6,12$_7$; 92° 03′); die Gitterkonst. für die hexagonale Aufstellung (Z = 6) werden ebenfalls angegeben. In I ist Mn^{2+} partiell durch Co^{2+}, Ni^{2+}, Cu^{2+} u. Cd^{2+} ersetzbar. Cd_3TeO_6 gehört vermutlich einem verzerrten Perowskit-Typ an. G. Gattow 58

0275 **Tetraedrische Metallgruppierungen in Fe_2B- und Mn_4B-Strukturen.** V. I. Matkovich und J. Economy. (Z. Kristallogr., Kristallgeometr., Kristallphysik, Kristallchem. **126** (1968) 1/3, 182—89; Res. and Dev. Div. Carborundum Comp., Niagara Falls, N.Y.; engl.) — Verb. des Fe_2B- u. Mn_4B-Typs werden als Gerüststrukturen aus dichtesten Packungen von M_4-Tetraedern mit zehn nächsten Nachbarn beschrieben. Der physikal. Sinn der Metalltetraeder wird diskutiert. Die Zuordnung von Radien zu den quasisphär. M_4-Gruppen läßt eine recht genaue Berechnung der Gitterkonst. zu. Packungsmodelle mit Zehner-Koordination werden untersucht.
M. Frenzel 58

0276 **Einfluß der Stereochemie auf die Bildung und Reaktionsfähigkeit von durch Phosphor überbrückten zweikernigen Metallcarbonylen. 4. Mitt. Reaktion von Di-μ-dimethylphosphido-bis-[tricarbonyleisen] mit Halogenen und die Struktur von Di-μ-dimethylphosphido-bis-[jodotricarbonyleisen].** Gwyneth R. Davies, R. H. B. Mais, P. G. Owston und D. T. Thompson. (J. chem. Soc. [London], Sect. A **1968**, 6, 1251—58; Runcorn, Imp. Chem. Ind. Ltd., Petrochem. and Polymer Labor.; engl.) — 3. vgl. C. **1969**, 1-0173. — Dargestellt werden die Verb. $Fe_2(CO)_6[P(CH_3)_2]_2X_2$ mit X = *Cl* (**I**), *Br* (**II**) u. *J* (**III**) durch langsames Eintropfen eines Moles einer Halogenlsg. in CCl_4 in eine Lsg. von Di-μ-dimethylphosphido-bis-[tricarbonyleisen] bei Zimmertemperatur. **I** mit F. 210—220° bildet orangefarbene Prismen u. hat (in Bzl.) das Dipolmoment 4,63. **II** bildet ebenfalls orangefarbene Prismen u. hat F. 210—220°. **III**, $C_{10}H_{12}Fe_2 \cdot O_6P_2J_2$, bildet rote Prismen, zersetzt sich bei 155° u. hat das Dipolmoment 2,39. Von allen 3 Verb. sind tabellar. die IR-Carbonylbanden (in Tetrachloräthylen) u. die NMR-Aufspaltungen angegeben. **III** hat monokline Symmetrie, a = 14,633 ± 0,005 (Å); b = 9,105 ± 0,003; c = 8,318 ± 0,002; β = 118,41 ± 0,01°; Raumgruppe ist $P2_1/a$; Z = 2; D_{exp} 2,228; D_{R} 2,233. Die durch Patterson- u. Differenzsynth. sowie die Meth. der kleinsten Quadrate erhaltenen Parameter sind tabellar. angegeben. Der Komplex hat eine zentrosymm. dioktaedr. Struktur mit den J-Atomen in trans-Stellung, die oberhalb u. unterhalb der ebenen Di-μ-phosphidobrücke liegen, die die Fe-Atome verbindet. Der Abstand Fe—Fe beträgt

3,59 Å, der Abstand P—P 2,88 Å. Es hat den Anschein, als ob die P-Atome einen Einfl. auf die trans-Carbonylgruppen ausüben, während die J-Atome nur einen ganz geringen oder keinen trans-Einfl. haben.
C. Gottfried 58△

0277 **Kristall- und Molekülstruktur von Bis-[tetracarbonylcobaltato]-quecksilber, Hg[Co(CO)$_4$]$_2$.** G. M. Sheldrick und R. N. F. Simpson. (J. chem. Soc. [London], Sect. A **1968**, 5, 1005—09; Cambridge, Univ. Chem. Labor.; engl.) — Die Krist.-Struktur von Hg[Co(CO)$_4$]$_2$ wurde mit Hilfe röntgenograph. Einkrist.-Meth. bestimmt. Die Krist. sind monoklin, $P2_1/a$, a = 12,586 ± 0,006, b = 16,437 ± 0,012, c = 6,620 ± 0,003 Å, β = 100,67 ± 0,04°; Z = 4; D_R 2,68 g/cm³. Das Mol. hat angenähert D_{3d}-Symmetrie, die Carbonylgruppen sind gegeneinander versetzt. Die Koordination um die Co-Atome ist nahezu trigonal-bipyramidenförmig, die äquatorialen Carbonylgruppen sind zu den Hg-Atomen hin gebogen. Die Bindungslängen Hg—Co betragen 2,50 Å. Strukturfaktoren, Atomparameter, interatomare Abstände u. Winkel sind tabellar. angegeben, die Struktur ist in Abb. dargestellt.
E. Schulte 58△

0278 **Kristallstruktur von NiU$_2$O$_6$ und CoU$_2$O$_6$.** S. Kemmler-Sack. (Z. anorg. allg. Chem. **358** (1968) 5/6, 226 bis 232; Tübingen, Univ., Labor. für anorg. u. analyt. Chem.; dt.) — NiU_2O_6 (I) u. CoU_2O_6 (II), hergestellt aus den Oxiden bei 400—900° unter Luftausschluß, krist. hexagonal mit Z = 3 in der Raumgruppe D_3^2—P321: a = 9,01$_5$ u. 9,09$_5$, c = 5,10$_3$ u. 4,99$_6$ Å; D_R 8,75$_0$ u. 8,79$_3$, D_{exp} 8,64 u. 8,55 g/cm³. I u. II gehören dem Na_2SiF_6 Typ an. Die für I ermittelten Parameter werden mitgeteilt; der Zuverlässigkeitsfaktor beträgt R = 0,13. Die Reflexionsspektren von I, II, NiO, CoO u. KUO_3 sind graph. wiedergegeben u. werden diskutiert.
G. Gattow 58

0279 **Strukturchemie von Verbindungen des Cobaltomenit-Typs.** O. J. Lieder und G. Gattow. (Naturwissenschaften **54** (1967) 15—16, 443; Inst. für Anorg. Chem. u. Kernchem., Univ. Mainz; dt.) — Nachst. M(II)-Selenitdihydrate wurden durch Umsetzung verd. wss. Lsg. von SeO_2 mit stöchiometr. Mengen entsprechender Carbonate hergestellt: $MSeO_3 \cdot 2\,H_2O$ mit M = *Co, Ni, Zn, Mg* u. *Mn*. Sie krist. auf Grund von Röntgenunters. alle monoklin mit a = 6,51 (± 0,01 Å), 6,46, 6,49, 6,49 u. 10,89; b = 8,82, 8,75, 8,78, 8,80 u. 6,55; c = 7,64, 7,55, 7,66, 7,62 u. 6,65; β = 81,4°, 81,0, 81,4 u. 76,3°; Raumgruppe jeweils $P2_1/n$ bis auf $MnSeO_3 \cdot 2\,H_2O$ ($P2_1/a$); Z = 4. Die D. werden ebenfalls angegeben.
A. Jaeschke 58

0280 **Substitution von zweiwertigen Metallen durch Kupfer in Titanaten vom Perowskittyp.** Alfred Deschanvres, Bernard Raveau und Françoise Tollemer. (Bull. Soc. chim. France **1967**, 11, 4077—78; Caen, Fac. des Sci., Labor. de Chim. Minér. Ind.; franz.) — Oxidgemische in den Verhältnissen TiO_2, x CuO, (1—x) MO mit 0 < x < 1 (M = Ca, Cd, Sr) wurden unter O_2 in Pt-Tiegeln auf 1000° erhitzt. Für M = Cd war eine Vorerhitzung auf 800° notwendig. Die Rk.-Zeiten lagen zwischen 24 Std. u. mehreren Tagen. Bei Verw. von CaO oder CdO wurden röntgenograph. 2 definierte Verb. der Zus. $Cu_{3/4}Ca_{1/4}TiO_3$ bzw. $Cu_{3/4}Cd_{3/4}TiO_3$ nachgewiesen. Die Pulveraufnahmen ergaben den Perowskittyp mit a = 7,393 ± 0,001 (Å) bzw. 7,399 ± 0,001. Bei Verw. von SrO wurde für alle Gemische (0 < x < 1) keine Phase gefunden, die mit den beiden obigen Verb. isotyp war. Bei Verw. eines kleinen Überschusses von TiO_2 wurde eine neue Phase der Zus. $Sr_{0,2}Cu_{0,8}Ti_{1,065}O_{3,13}$ mit a = 7,420 ± 0,001 Å nachgewiesen.
C. Gottfried 58△

0281 **Ternäre Phasen vom FeB- und CrB-Typ mit Yttrium, Lanthan und einigen Seltenerdmetallen.** A. Raman. (Inorg. Chem. [Washington] 7 (1968) 5, 973—76; Baton Rouge, La., La. State Univ., Dep. of Engng. Mechan.; engl.) — Gleichatomige Phasen von Seltenerdmetallen (SE) mit Strukturen, die dem CrB- oder FeB-Typ ähnlich sind, bilden vollständige Mischkrist.-Reihen, wenn die Nicht-SE-Komponente die gleiche ist. *GdNi* u. *ErSi* bilden keine kontinuierlichen Mischkrist.-Reihen, obgleich ihre Strukturen ähnlich sind. Die Strukturen von sechs tern. neuen Phasen wurden bestimmt. Die Änderung der kristallograph. Eig. der trigonalen Prismen der Phasen mit CrB-Strukturtypus werden analysiert. Gitterkonst. der neuen Phasen: Gd_4Ni_3Cu: (Strukturtyp) FeB II, (a) = 7,033 (Å), (b) = 4,230, (c) = 5,410; Gd_2NiCu: FeB II, 7,033, 4,412; 5,490; Gd_4AlSi_3: CrB I, 4,322; 10,66; 3,866; Er_2NiCu: CrB I, 4,225; 10,47; 3,851; Er_4NiCu_3: CrB I, 4,193; 10,35; 3,787; Er_4AlSi_3: CsCl, 3,388; —; —; Er_2AlSi: FeB II, 6,865; 4,307; 5,350; Er_4Al_3Si: FeB II, 6,910; 4,223; 5,395; Er_4Ni_3Si: CrB II, 3,735; 10,20; 4,082. Insgesamt werden Gitterkonst. von 47 Phasen zusammengestellt.
E. Schulte 58△

0282 **Darstellung und Kristallstruktur von KAgO und CsAgO.** H. Sabrowsky und R. Hoppe. (Z. anorg. allg. Chem. **358** (1968) 5/6, 241—56; Gießen, Univ., Inst. für Anorg. u. Analyt. Chem.; dt.) — Farbloses KAgO (I) bzw. gelbes CsAgO (II) wurden durch Umsetzung von Ag_2O mit K_2O bzw. Cs_2O bei 580° (8—10 Min.) bzw. 500° in Ar-Atmosphäre hergestellt. I u. II verfärben sich bei Lichteinw. an der Luft u. in H_2O tritt sofortige Zers. ein. Beim Erwärmen von I im O_2-Strom auf 170—180° entsteht prakt. ohne Änderung der Krist.-Struktur rotes $KAgO_x$ (III) mit x ≈ 1,4—1,6, das beim Erhitzen auf 600° im Vakuum wieder in I übergeht. Während I diamagnet. ist, besitzt III Paramagnetismus. I krist. tetragonal mit Z = 8 in der Raumgruppe S_4^2 — $I\bar{4}$: a = 9,91, c = 5,46 Å; D_R 4,04, D_{exp} 4,01 g/cm³. Die Struktur von I wurde nach den üblichen Meth. bestimmt u. bis auf Zuverlässigkeitsfaktoren von R_{hk0} = 0,08$_8$ u. R_{h0l} = 0,09$_5$ verfeinert; die Parameter u. isotropen Temp.-Faktoren sind tabelliert. In I liegen quadrat. [Ag_4O_4]-Gruppen vor; Ag ist von 2 O-Atomen im Abstand von 2,17 Å umgeben; ∢ OAgO = 174°. K hat gegenüber Sauerstoff die KZ 4 mit K—O = 2,64 (2x) u. 2,73 (2x) Å. Die [Ag_4O_4]-Gruppen sind mit den K derart verbunden, daß sich Kanäle (⌀ 2,5 Å) längs [001] ausbilden. Die Kanäle können vermutlich O_2 unter Bldg. von III aufnehmen. Die Bldg.-Enthalpie von I wurde zu ΔH^0_{298} = —45 kcal/Mol abgeschätzt u. die Gitterenergie zu 598 kcal/Mol berechnet. — II ist mit I isotyp: a = 10,2$_5$, c = 6,17 Å; D_R 5,26, D_{exp} 5,1 g/cm³.
G. Gattow 58

0283 **Kristallstruktur des 2:1-Komplexes von 1.3.5-Trithian mit Silbernitrat.** A. Domenicano, L. Scaramuzza, A. Vaciago, R. S. Ashworth und C. K. Prout. (J. chem. Soc. [London], Sect. A **1968**, 4, 866—69; Roma, Univ. degli Studi, Centro di Studio per la Struttur. Chim., Ist. di Chim. Farmaceut. e Tossicol.; engl.) — Mit Hilfe dreidimensionaler Röntgenmeth. wurde die Krist.-Struktur von $(C_3H_6S_3)_2AgNO_3$ bestimmt. Die Krist. sind orthorhomb., $Pca2_1$, a = 12,52, b = 9,11, c = 12,83 Å (je ± 0,01); Z = 4; D_R 2,026 g/cm³. Die Struktur besteht aus unendlichen Ketten von 1.3.5-Trithian-Mol. mit Sesselkonfig. u. tetraedr. koordinierten Ag-Atomen. Die Verfeinerung nach der Meth. der kleinsten Quadrate ergab R = 0,109. Strukturfaktoren, Atomkoordinaten, Bindungslängen u. -winkel sind tabellar. angegeben, die Struktur ist in Abb. dargestellt.
E. Schulte 58△

0284 **Kristall- und Molekülstruktur des Pyridinsolvats von 8-Hydroxychinolinato-8-hydroxychinolinsilber (I).** J. E. Fleming und H. Lynton. (Canad. J. Chem. **46** (1968) 4, 471—77; Victoria, British Columbia, Univ. of Victoria, Dep. of Chem.; engl.) — Die Krist. von $Ag(C_9H_6NO)(C_9H_6NOH) \cdot C_5H_5N$ sind monoklin., $P2_1/a$, a = 10,87 ± 0,01, b = 10,65 ± 0,01, c = 16,70 ± 0,01 Å, β = 92,6 ± 0,2°, Z = 4; D_{exp} 1,63, D_R 1,64 g/cm³. Die Struktur wurde mit Hilfe dreidimensionaler Röntgenmeth. bestimmt u. bis R = 0,116 verfeinert. Das Ag-Atom hat eine verzerrte tetraedr. Umgebung mit Bindungen zu den phenol. O-Atomen u. den Ring-N-Atomen beider 8-Hydroxychinolin-Moleküle. Benachbarte Mol. der Ag(I)-Verb. sind über eine H-Bindung zwischen zwei O-Atomen verbunden. Die Py.-Mol. werden im Gitter durch van der Waalssche Kräfte gebunden. Atomkoordinaten, Bindungslängen u. -winkel sind tabellar. angegeben, die Struktur ist in Abb. dargestellt.
E. Schulte 58△

0285 **Struktur der Phase Au$_{77}$Mg$_{23}$.** K. Burkhardt, K. Schubert, R. S. Toth und H. Sato. (Acta crystal-

logr. [Copenhagen], Sect. B 24 (1968) 1, 137—42, 2 Tafeln; MPI für Metallforsch., Stuttgart; dt.) — Die Struktur der Phase $Au_{77}Mg_{23}$ wurde durch Röntgen- u. Elektronenbeugung bestimmt; sie ist hexagonal, a = 14,927 ± 0,002; c = 9,441 ± 0,002 Å; $P6_3/mcm$. Die Struktur gehört zu einer Gruppe dicht gepackter Strukturen, die durch Antiphasengrenzen der Überstruktur u. eine bes. Stapelfolge der Substruktur moduliert werden.
H. Roschkowski 58

0286 **Stereochemie der Allylliganden in einigen Allylpalladiumkomplexen.** R. Mason und A. G. Wheeler. (Nature [London] 217 (1968) 5135, 1253—54; Dep. of Chem., Univ., Sheffield; engl.) — Die Konfig. der als Liganden in Pd-Komplexen auftretenden substituierten Allyle wird im Vgl. zur Konfig. im freien Zustand der organ. Verb. an Hand von Röntgenbeugungsdaten für *π-2-Methylallylpalladiumchlorid*, *π-1.1.3.3-Tetramethylallylpalladiumchlorid* u. *π-1.1.3.3-Tetramethylallyl-[triphenylphosphin]-palladiumchlorid* besprochen.
H. Roschkowski 58

0287 **Kristallstruktur von Alamosit, $PbSiO_3$.** M. L. Boucher und Donald R. Peacor. (Z. Kristallogr., Kristallgeometr., Kristallphysik, Kristallchem. 126 (1968) 1/3, 98—111; Dep. of Geol. and Miner., Univ. of Mich., Ann Arbor, Mich.; engl.) — Alamosit hat die Raumgruppe P2/n, red. Zelle mit a = 11,23, b = 7,08, c = 12,26 Å, β = 113°15′, Z = 12 (dreidimensionale Zählrohrmessungen), R = 11,1 %. Die Alamositstruktur ist aus Tetraederketten parallel [Ī01] aufgebaut, wobei die Translationsperiode in dieser Richtung zwölf Tetraeder umfaßt. Die drei Pb-Atome, die nicht durch Symmetrie verbunden sind, werden von drei oder vier O-Atomen umgeben; die drei nächsten O-Atome liegen stets auf der einen Seite vom Pb-Atom, was auf kovalente Bindung hinweist. Abwechselnd aufeinanderfolgende benachbarte Pb -u. O-Atome bilden Spiralen um [010], die annähernd die Symmetrie 3_1 haben. M. Frenzel 58

0288 **Kristallstruktur von Einschicht-Lizardit.** Ilija Krstanovic. (Z. Kristallogr., Kristallgeometr., Kristallphysik, Kristallchem. 126 (1968) 1/3, 163—69; Dep. of Geophys. Sci., Univ. of Chicago, Ill.; engl.) — Die gemessenen x- u. z-Parameter des Einschichtlizardits, $Mg_3Si_2O_5(OH)_4$ (a = 5,301 ± 0,003, b = 9,186 ± 0,006, c = 7,281 ± 0,005 Å, R = 26 %), von der Chromitlagerstätte von Raduša, Jugoslawien, weisen auf eine Störung der Basisschicht hin. Für die Lizarditkrist. von Raduša ist ihre Zus. aus Domänen charakteristisch. Die Schichten aneinanderschließender Domänen sind um 60 oder 180° um die Basisnormale gedreht; die Anzahl der Domänen jeder Orientierung ist von Krist. zu Krist. verschieden. M. Frenzel 58

0289 **Kristallstruktur des Norsethit, $BaMg(CO_3)_2$, im Vergleich zum Dolomit, $CaMg(CO_3)_2$.** F. Lippmann. (Naturwissenschaften 54 (1967) 19, 514; Mineralog. Inst., Univ. Tübingen; dt.) — Auf Grund von Pulveraufnahmen krist. Norsethit, wasserfrei aus wss. Lsg. bei 20° darstellbar, hexagonal mit a_0 = 5,017 u. c_0 = 16,77 Å (Z = 3) in der Raumgruppe R32 (R = 3,5 %). Im Vgl. zum Dolomit bleibt die 6fache Umgebung des Mg durch O erhalten, jedoch ist das Koordinationsoktaeder trapezoedr. verzerrt. Das Ba ist im Gegensatz zum oktaedr. koordinierten Ca im Dolomit von 12 O in Form eines trapezoedr. verzerrten ditrigonalen Prismas umgeben.
A. Jaeschke 58

0290 **Kristallstruktur von Sapphirin.** Paul B. Moore. (Carbon [Oxford] 6 (1968) 1, 81—82; Chicago, Univ., Dep. of Geophys. Sci.; engl.) — Eine Sapphirin-Probe von Fiskenaesset (Westgrönland) wurde zur dreidimensionalen Röntgenstrukturbest. benutzt. Mit Hilfe des „Pailred", einem automat. Diffraktometer, wurden 6000 unabhängige Reflexe beobachtet. Von diesen wurden 3600 von Null verschiedene u. 2000 „Kleinwinkel"-Reflexe zur Strukturbest. eingesetzt. Die Krist. sind monoklin, $P2_1/a$, a = 11,26, b = 14,46, c = 9,95 Å, β = 125° 20′. In der Zelle befinden sich 34 nichtäquivalente allg. Atome. Es tritt eine Subzelle mit c′ = c/2 auf. Die Verfeinerung nach der Meth. der kleinsten Quadrate ergab R_{hkl} = 11,5 % für alle 2000 „Kleinwinkel"-Reflexe. Die derzeitigen Atomkoordinaten sind tabellar. angegeben. Weitere Verfeinerungen werden noch durchgeführt.
E. Schulte 58△

0291 **Kristallstruktur von $LiAlSi_2O_6$-II („β-Spodumen").** Chi-Tang Li und Donald R. Peacor. (Z. Kristallogr., Kristallgeometr., Kristallphysik, Kristallchem. 126 (1968) 1/3, 46—65; Owens-Ill. Techn. Center, Toledo, O.; engl.) — Die Titelverb. (I; tetragonale Hochtemp.-Form) krist. in $P4_32_12$ (oder $P4_12_12$) mit a = 7,541 ± 0,001, c = 9,156 ± 0,002 Å; Z = 4, D_{exp} 2,365 u. D_R = 2,374 g/cm³; R = 6,2 % (Atomabstände, Bindungswinkel). Die Struktur beruht auf einem Alumosilicatgerüst, das isotyp mit Keatit ist. Si- u. Al-Atome sind ungeordnet verteilt; jedes Li-Atom ist von vier O-Atomen umgeben. Die Struktur wird beherrscht von miteinander verknüpften Fünferringen von (Si, Al)-Tetraedern. Alle Fünferringe liegen annähernd parallel (010) oder (100), wodurch Kanäle ähnlich denen der Zeolithe gebildet werden. Die Fähigkeit von I, Ionen auszutauschen, läßt sich durch die Ggw. der Kanäle erklären. Die vier Cu-Atome einer Zelle sind auf die Punkte eines 8zähligen Komplexes allgemeiner Lage verteilt. Eine Erklärung für die ungewöhnlich geringe Wärmeausdehnung von I wird gegeben.
M. Frenzel 58

0292 **Revidierte Kristallstruktur von dehydratisiertem Na-Zeolith A.** J. V. Smith und L. G. Dowell. (Z. Kristallogr., Kristallgeometr. Kristallphysik, Kristallchem. 126 (1968) 1/3, 135—42; Dep. of Geophys. Sci., Univ. of Chicago; engl.) — Die früher aus Diffraktionsdaten von Pulver bestimmte Struktur wird bestätigt. Auf Grund neuer Messungen, die an einem sehr kleinen Einkrist. durchgeführt wurden, ergeben sich jedoch einige Verbesserungen. Na(1) ist vom Zentrum eines Sechserringes von O-Atomen aus um 0,4 Å in den großen Zwischenraum hineinversetzt. Daraus resultiert eine Dreierkoordination mit drei O-Atomen im Abstand von 2,3 Å u. drei anderen im Abstand von 3,0 Å. Na(2) ist vom Zentrum eines Achterringes von O-Atomen prakt. innerhalb der Ringebene versetzt. Die Koordination ist mit O-Atomen im Abstand von 2,5, 2,9, 3,5, 4,1 u. 4,3 Å ungewöhnlich.
M. Frenzel 58

0293 **Charakterisierung der Entglasung eines eisenhaltigen Glases durch die elektrischen und magnetischen Eigenschaften.** Michael O'Horo und Robert Steinitz. (Mater. Res. Bull. 3 (1968) 2, 117—25; General Telephone and Electron. Labor. Inc., Bayside, New York, N.Y.; engl.) — Ein *Al-B*-Silicatglas der mol. Zus. 34 % SiO_2, 25 % B_2O_3, 8 % Al_2O_3, 21 % CaO, 12 % Fe_2O_3 wurde zwischen 680 u. 800° unterschiedlich lange behandelt, was eine teilweise Entglasung, d. h. die Ausbldg. einer krist. Spinellphase zur Folge hatte. Die krist. Spinellphase konnte im Elektronenmikroskop sichtbar u. durch Röntgenunters. als γ-Fe_2O_3 oder Fe_3O_4 identifiziert werden. Der Entglasungsgrad machte sich beim elektr. Widerstand, seiner Aktivierungsenergie u. den magnet. Eig. bemerkbar. H. Korn 60

Mechanische und thermische Eigenschaften

0294 **Einfaches Bindungsmodell für Schwingungen in kovalenten Kristallen.** R. M. Martin. (Chem. Physics Letters [Amsterdam] 2 (1968) 4, 268—70; James Franck Inst. and Dep. of Phys., Univ. of Chicago, Chicago, Ill.; engl.) — Die Erweiterung des Modells von Parr u. Borkman für zweiatomige Mol. auf kovalente Krist. ergibt Dispersionskurven in guter Übereinstimmung mit experimentellen Ergebnissen für *Diamant*.
H. Liepack 72

0295 **Quadrupolwechselwirkung in der linearen Kette von Orthowasserstoffmolekülen.** V. S. Jarunin. (Vestnik Leningradskogo Univ., Fiz., Chim. 23 (1968) 10 Ser. Nr. 2, 28—34; russ., Auszug: engl.) — Die Quadrupolwechselwrkg. in der krist. linearen Kette aus N o-H_2-Mol. im Grundrotationszustand wird theoret. analysiert.
H. Roschkowski 72

0296 **$Pca2_1$-Ordnungseinstellung in einem self-consistent-Modell für festen Orthowasserstoff.** W. M. Fairbairn und M. R. Steel. (J. Physics, A (Proc. physic. Soc.) [2] 1 (1968) 1, 34—39; Univ. of Lancester, Dep. of Phys.; engl.) — Eine self-consistent-Meth., die von Bell u.

Fairbairn (1967) beschrieben wurde, wurde zur Unters. der $Pca2_1$-Ordnungseinstellung in festem *o-Wasserstoff* benutzt. Es wird gezeigt, daß, wenn die Orientierungen der ortho-H_2-Mol. mit der $Pca2_1$-Struktur in Übereinstimmung sind, ein Zustand von sehr geringem Energieinhalt gebildet wird. Auf den Übergang zwischen dieser geordneten u. der ungeordneten Hochtemp.-Phase wird eine statist. Näherung nullter Ordnung angewandt. Es wurde gefunden, daß bei 3,6 °K eine Umwandlung zweiter Ordnung stattfindet. E. Schulte 72△

0297 **Grundzustand von festem Helium-4 und -3.** Jean-Pierre Hansen und Dominique Levesque. (Physic. Rev. [2] 165 (1968) 1, 293—99; Labor. de Phys. Théor. et Hautes Energies, Orsay, France; engl.) — Variationsberechnung der Kurve Grundzustandsenergie in Abhängigkeit von der D. für festes He-3 u. He-4 bei T = 0. Die Ergebnisse sind in guter Übereinstimmung mit dem Experiment. Der Phasenübergang fest–fl. erfolgt für He-3 u. He-4 bei D. nahe den experimentell ermittelten. H. Liepack 72

0298 **Theorie der Zustandsgleichung von Natrium.** S. D. Pavlov und V. F. Konusov. (Fiz. Metallov Metallovedenie 25 (1968) 4, 622—28; Sibir. fiz.-techn. inst. im. Kuznevoca; russ.) — Auf der Grundlage der Darst. der freien Gitterenergie in quasiharmon. Näherung wird eine Theorie der Zustandsgleichung von Na entwickelt. Mit Hilfe der Theorie werden spezif. Wärme, Grüneisen-Koeff., Wärmeausdehnungskoeff. u. Kompressibilitätskoeff. berechnet. H. Roschkowski 72

0299 **Gitterenergie von Zinkoxid.** Rudolf Hoppe. (Naturwissenschaften 54 (1967) 22, 587—88; Inst. für Anorg. u. Anal. Chem., Univ. Gießen; dt.) — Berechnung von Madelung-Faktoren u. -Energieanteilen zur Gitterenergie für verschiedene Strukturvarianten des ZnO (Zinkblende- u. Wurtzittyp). A. Jaeschke 72

0300 **Energie und Kinetik der Furchenbildung von [001]-Kippgrenzen in Nickeloxid.** D. W. Readey und R. E. Jech. (J. Amer. ceram. Soc. 51 (1968) 4, 201—08; Argonne Nat. Labor., Argonne, Ill.; engl.) — Die relative energiesymm. [001]-Kippgrenzen in NiO-Bikrist. wurde durch Messung des diedr. Winkels am Grund der Korngrenzenfurchen bestimmt. Bei 1535° in Luft nimmt die relative Korngrenzenenergie mit dem Kippwinkel zu; bei Kippwinkeln >20° bleibt sie verhältnismäßig konstant. Die beobachtete starke Temp.-Abhängigkeit der Korngrenzenenergie wird auf Ausscheidung von Punktdefekten an den Korngrenzen zurückgeführt. Die Bldg.-Kinetik der Korngrenzenfurchen wird durch die Vol.-Diffusion des Ni bestimmt; der O_2-Transport verläuft über die Gasphase. Die aus der Furchenbldg.-Kinetik bestimmten Selbstdiffusionskoeff. des Ni stimmen mit Literaturwerten, die aus Tracerdiffusionsmessungen in NiO erhalten wurden, überein. Abweichungen der Furchenprofile von der theoret. zu erwartenden Form lassen sich auf eine Änderung der freien Oberflächenenergie mit der Orientierung zurückführen. Der Fall, daß beim Massetransport in nichtstöchiometr. Festkörpern die schneller diffundierende Teilchensorte unter bestimmten Bedingungen geschwindigkeitsbestimmend sein kann, wird theoret. behandelt. W. Laqua 72

0301 **Energetik der diffusionslosen Phasenumwandlungen im System Gold–Cadmium.** B. Predel und W. Schwermann. (Naturwissenschaften 54 (1967) 18, 490; Inst. für Metallforsch., Univ. Münster/Westf.; dt.) — Mit einem Kleinkalorimeter wurden die Enthalpien für die Umwandlung der β_1-Phase (CsCl-Struktur) bei 47,5 Atom-% Cd u. ca. 60° in die β'-Phase (orthorhomb.) sowie bei 49 Atom-% Cd u. ca. 30° in die β''-Phase (verzerrte B2-Struktur) im Syst. Au–Cd bestimmt: $\Delta H = 69$ $(\beta_1-\beta')$- bzw. 98 cal/g-Atom $(\beta_1-\beta'')$. Die bei der Abkühlung resultierenden Phasen β' u. β'' weisen Zwillingsstruktur auf, wobei die zur Ausbldg. der Zwillingsgrenzen erforderliche Freie Energie sich zu ΔG = 1,05 bzw. 0,64 cal/g-Atom errechnet. Die Energie dieser Zwillingsgrenzen beträgt dann $\gamma = 90$ bzw. 40 erg/cm². A. Jaeschke 72

0302 **Einfluß von Ordnungs–Unordnungs-Phasenübergängen auf die Wahrscheinlichkeit des Mössbauer-Effekts in Mischkristallen.** L. B. Kvašnina und M. A. Krivoglaz. (Fiz. Metallov Metallovedenie 25 (1968) 4, 577—88; Inst. metallofiz. AN USSR; russ.) — Mit Hilfe einer quantenstatist. Störungstheorie wird der Einfl. der Ordnungseinstellung auf die Intensität der Mössbauer-Linien der Atome der Komponenten oder von Fremdatomen in Mischkrist. untersucht. Eingehend werden Mischkrist. mit β-Messinggitter wie *CuAu* u. $CuAu_3$ behandelt. H. Roschkowski 72

0303 **Einfluß der geometrischen Eigenschaften der Umgebung des Mössbauer-Kerns in Polykristallen auf die Winkelverteilung der Resonanzstreuung von γ-Quanten.** B. A. Komissarova und A. A. Sorokin. (Ž. ėksper. teoret. Fiz. 54 (1968) 2, 424—31; Inst. jadernaj fiz. Mosk. gos. univ.; russ., Auszug: engl.) — Theoret. Betrachtung der Winkelverteilung der Kernresonanzstreuung von γ-Quanten ohne Energieverluste durch Rückstoß für einzelne Komponenten eines aufgelösten Quadrupoldubletts unter Annahme einer beliebigen Symmetrie des elektr. Feldgradienten u. einer beliebigen Orientierung der Krist.-Achsen des Syst. in Hinblick auf die Hauptachsen des elektr. Feldgradienten. Die Winkelverteilung der Resonanzstreuung der ^{119}Sn 23,8-keV-γ-Quanten wird für eine der Komponenten des Quadrupoldubletts der Verb. $(C_4H_9)_2SnO$ mit Hilfe eines Resonanzdetektors gemessen. I. Zoll 72

0304 **Anwendung des Mössbauer-Effekts in ^{129}J als spektroskopisches Hilfsmittel für chemische Struktur- und Gitterdynamik-Untersuchungen.** M. Pasternak. (Sympos. Faraday Soc. Nr. 1 (1967) 119—33; Nuclear Phys. Dep., Soreq Nuclear Res. Center, Yarne, Israel; engl.) — Interpretation des Mössbauer-Effekts (ME) des 28-keV-Niveaus von ^{129}J u. der Analyse der chem. Struktur u. Gitterdynamik. Es wird die Berechnung von Größe u. Vorzeichen von e^2gQ des Parameters η u. die Isomerenverschiebung des Quadrupolaufspaltungsspektrums beschrieben. Anwendung des ME in ^{129}J zur Strukturbest. einiger Te-Verb. (TeO_2, $Te(NO_3)_4$, H_6TeO_6, Te_2O_5). Als Beispiel für eine magnet. J-Verb. werden die Spektren von CrJ_3 unterhalb u. oberhalb der Curie-Temp. analysiert. I. Zoll 72

0305 **Mössbauer-Spektroskopie von ^{61}Ni.** Jon J. Spijkerman. (Sympos. Faraday Soc. Nr. 1 (1967) 134—40; NBS, Washington, D.C.; engl.) — Der Mössbauer-Effekt von ^{61}Ni wird mit einer Einlinienquelle beobachtet. Von allen untersuchten Quellen gibt die $^{62}NiCr$(15%)-Quelle mit einem f-Faktor von 0,1 u. einer Linienbreite von 0,097 cm/s bei 80 °K die besten Ergebnisse. Die Quelle wird durch die 100-MeV-Bremsstrahlung aus der Rk. $^{62}Ni(\gamma, p)^{61}Co$ aktiviert. Untersuchte Verb.: Ni, *CuNi* (2%), CuNi (20%), *FeNi* (1,5%), NiF_2, $K_2[NiF_4]$, *NiO*, $(NH_4)_6[Ni^{IV}Mo_9O_{32}]$ (I). Bei I wurde eine Quadrupolaufspaltung des 5/2-Zustands beobachtet. Die chem. Verschiebung ist für Ni-Verb. klein. I. Zoll 72

0306 **Mössbauer-Effekt im System $Sr_{1-x}La_xFeO_3$.** P. K. Gallagher und J. B. MacChesney. (Sympos. Faraday Soc. Nr. 1 (1967) 40—50; Bell Telephone Labor., Inc. Murray Hill, N.J.; engl.) — Die Mössbauer-Spektren des Syst. $Sr_{1-x}La_xFeO_3$ mit x = 0,2; 0,4; 0,5; 0,6; 0,8; 1,0 zeigen ein einziges Absorptionsmax. für x = 0,2—0,6 u. intermediäre Isomerenverschiebung zwischen Fe(III) u. Fe(IV). Dies ergibt sich durch Elektronenaustausch, der im Vgl. zur Lebensdauer des angeregten Zustandes von ^{57}Fe sehr schnell ist. Bei 78 °K zeigen die Mössbauer-Spektren eine magnet. Hyperfeinaufspaltung. I. Zoll 72

0307 **Untersuchung der Asymmetrie der Quadrupolaufspaltungskomponenten der Mössbauer-Spektren von Siderit-Ein- und -Polykristallen.** V. I. Gol'danskij, E. F. Makarov, I. P. Suzdalev und I. A. Vinogradov. (Ž. ėksper. teoret. Fiz. 54 (1968) 1, 78—83; Inst. chim. fiz. AN SSSR; russ., Auszug: engl.) — Mössbauer-Spektren (77 u. 300 °K) von ^{57}Fe in $FeCO_3$-Einkrist. u. Polykristallen. Die Ergebnisse bestätigen die Anisotropie des Debye-Waller-Faktors. Der elektr. Feldgradient am Fe-Kern ist bei 300 °K positiv. Das mittlere Amplitudenquadrat des ^{57}Fe für Schwingungen parallel zur dreizähligen Hauptachse ist $2{,}0 \cdot 10^{-18}$, senkrecht dazu 4,5 ·

10^{-18} cm². Die abs. Wahrscheinlichkeit des Mössbauer-Effektes als Funktion des Winkels wird abgeschätzt.
K. Jaeger 72

0308 **Zustand der Eisenfremdatome in Silberhalogeniden.** A. N. Murin, B. G. Lur'e und P. P. Seregin. (Fiz. tverdogo Tela **10** (1968) 3, 923–25; Leningradskij gos. univ. im. Ždanova; russ.) — Mössbauer-Spektren (295–500 °K) lassen erkennen, daß Fe(10^{-3} bis 10^{-4} Mol-%) in *AgCl* als Fe^{3+} vorliegt. K. Jaeger 72

0309 **Durch Schubwellen erzeugter magnetoakustischer Effekt in Kalium.** T. G. Blaney. (Philos. Mag. [8] **17** (1968) 146, 405–24; Cavendish Labor., Cambridge; engl.) — Bei 4 °K wurden in Magnetfeldern senkrecht (bis 35 kG) u. parallel (bis 60 kG) zur Fortpflanzungsrichtung transversaler Schallwellen (50–90 MHz) in K-Einkrist. die magnetoakust. Effekte bestimmt. Die für senkrechtes Magnetfeld bei [110]-Orientierung des K erhaltenen Ergebnisse stimmen gut mit der Theorie freier Elektronen überein. Obwohl die für paralleles Magnetfeld bei [100]-Orientierung der Proben erhaltenen Werte relativ große Fehler besitzen, ergeben die Unters. keinen Hinweis darauf, daß für den Grundzustand des K das Modell der Spindichtewelle gilt. W. Laqua 76

0310 **Magnetoelastische Resonanzeigenschaften von Nickelschichten bei Frequenzen von 3 und 8 GHz.** E. M. Ganapol'skij, A. N. Černec, V. N. Balabanov und V. E. Popov. (Fiz. tverdogo Tela **10** (1968) 4, 1000–05; NII radiofiz. i élektron. AN USSR, Char'kov; russ.) — Messung der Hyperschallanregung (77 u. 293 °K) in Ggw. langsamer elektromagnet. Oberflächenwellen. Für senkrecht zueinander stehende konst. (H) u. hochfrequente (h) Magnetfelder wird bei 5–6 kOe ferromagnet. Resonanz, für H||h bei 1–2 kOe Bereichsresonanz beobachtet.
K. Jaeger 76

0311 **Stereographische Darstellung der Knoopschen Härteanisotropie.** M. Garfinkle und R. G. Garlick. (Trans. metallurg. Soc. AIME **242** (1968) 5, 809–14; Cleveland, O., NASA Lewis Res. Center; engl.) — Folgende Schlüsse wurden bei der Unters. der Härteanisotropie gezogen: Die Anisotropie der Knoop-Härte verschiedener kub. Materialien (Al, LiF, W, Nb, W-Leg. mit 3,2% Re) ist in erster Linie eine Funktion der kristallograph. Richtung der Knoop-Eindrücknadel; es ist daher möglich, die Härteanisotropie eines Krist. in einem stereograph. Standard-Dreieck darzustellen. Die Härteanisotropie von kub.-flächen- u. -raumzentrierten Metallen ist ähnlich, die größte Härte liegt in der ⟨100⟩-Richtung. Die Richtungen der geringsten Härte sind ⟨110⟩ für die kub.-raum- u. ⟨111⟩ für die kub.-flächenzentrierten Metallstrukturen. LiF, ein kub. Ionenkrist., hat aber seine geringste Härte in der ⟨100⟩-Richtung. Hexagonales Ti weist eine beträchtlich größere Anisotropie als jedes der kub. Metalle auf. Im Gegensatz zu den kub. Krist. liefert die Eindrückebene einen bemerkenswerten Beitrag zur Härteanisotropie. Die Härte entlang der c-Achse war beträchtlich geringer als die entlang der a-Achse oder jeder anderen Richtung in der Basisebene.
E. Schulte 78△

0312 **Zahlenvergleiche experimentell ermittelter elastischer Konstanten quasiisotroper Polykristallaggregate.** H. Wawra. (Technik **23** (1968) 5, 316–18; Freiberg, Sa.; dt.) — Durch ein geeignetes Experiment an Proben aus polykrist. *Cu* wird der Bereich von Beobachtungswerten, die als Quasiisotropiewerte von Elastizitätskonst. des Polykrist.-Haufwerks gelten, auf zuverlässige Beträge eingeengt. Gleichzeitig wird damit nachgewiesen, daß aus der Vielzahl angewendeter Rechenmeth. zur Ermittlung von elast. Konst. des Polykrist. aus den elast. Konst. des Einkrist. nur ein Bruchteil von diesen Meth. brauchbare Ergebnisse liefert. Es wird empfohlen, nur noch die Meth. von Kneer et al. (vgl. Wawra, ibid. **23** (1968) 2, 93) anzuwenden. F. Vier 78

0313 **Beziehung zwischen Oberflächen- und innerer Struktur bei Ermüdung mit niedriger Amplitude.** D. F. Watt, J. D. Embury und R. K. Ham. (Philos. Mag. [8] **17** (1968) 145, 199–203; Dep. of Metallurg., McMaster Univ., Hamilton, Ontario; engl.) — Untersucht wurde die Ermüdung von *Cu*-Einkrist., deren Orientierung einfaches Gleiten erlaubte, bei Schubspannungsamplituden von ± 0,00335. Ein Sättigungszustand, in dem die Verfestigung nicht weiter zunahm, wurde nach 2000 Zyklen bei einer Schubspannung von 2,68 kg/mm² erreicht. Eine opt. Unters. der elektropolierten Oberfläche ergab, daß die während eines halben Zyklus gebildeten Gleitlinien im Verlauf des entgegengesetzten zweiten Halbzyklus im Bereich des Sättigungszustandes wieder verschwinden. Dieser Prozeß erstreckt sich bis zu 300 µm unterhalb der Oberfläche der Cu-Einkristalle. Die Versetzungsstruktur besteht aus dichten Anordnungen von Versetzungsdipolen u. -Monopolen, die in Richtung der prim. Gleitebene gedehnt sind. W. Laqua 78

0314 **Einfluß verschiedener Faktoren auf das Diffusionsmaximum der inneren Reibung in Einlagerungsmischkristallen mit kubisch-flächenzentriertem Gitter.** V. D. Verner. (Fiz. Metallov Metallovedenie **25** (1968) 2, 350–56; Moskovskij inst. stali i splavov; russ.) — Eine Unters. der Abhängigkeit der Größe u. Form des Diffusionsmax. der inneren Reibung in Einlagerungsmischkrist. mit kub.-flächenzentriertem Gitter (Fe–Cr–C-Leg.) von der Zus. des Mischkrist., der Warmbehandlung, Bestrahlung, Korngröße u. Textur ergibt, daß die Entstehung des Max. mit der Bldg. von Einlagerungsatompaaren u. ihrer Umorientierung in einem Feld äußerer Spannungen zusammenhängt.
H. Hochstein 78

0315 **Einfluß von Temperatur und Spannung auf die Porenbildung beim Kriechen.** V. M. Rozenberg, A. V. Šalimova und T. S. Zvereva. (Fiz. Metallov Metallovedenie **25** (1968) 2, 326–32; Inst. metallovedenija i fiz. metallov CNIIČERMET im. I. P. Bardina; russ.) — Metallograph. Unters. der Bldg. u. des Wachstum von Poren auf den Korngrenzen während des Hochtemp.-Kriechens von *Cu*. Die Entw. des Kriechens wird von einer Zunahme des spezif. Materialvol. begleitet, die bereits beim ersten Kriechstadium in Erscheinung tritt. Bei gleicher Verformungsgröße ist der Zuwachs des spezif. Vol. um so größer, je geringer die angelegten Spannungen sind. Die mit dem Wachstum des spezif. Mol. verbundene Dehnung ist unbedeutend. Der Diffusionscharakter des Kornwachstums wird bestätigt. Die Wachstumsgeschw. der Poren hängt linear von der Spannung ab.
H. Hochstein 78

0316 **Einige Besonderheiten der Wechselmikroverformung polykristalliner Legierungen.** K. A. Solov'ev, L. M. Butkevič und M. B. Makogon. (Fiz. Metallov Metallovedenie **25** (1968) 1, 183–85; Sibir. fiziko-techn. inst. im. Kuznecoba pri Tomskom gosuniv.; russ.) — Unters. der Abhängigkeit einer Verdrehungsrestverformung γ_m^r, ber. für die äußere Schicht einer zylindr. Probe, von der Größe der Gleitspannungen in der äußeren Schicht τ_m. Die nach Abnahme der Belastung gemessene Restverformung muß wenigstens bei $\tau < 2\tau_t$ (τ_t = red. Reibungsspannung) hinsichtlich der Höhe mit der plast. Verformung bei der Verdrehung übereinstimmen. Bei Verw. von polykrist. Proben aus den Leg. Cu + 38% Zn u. Ni + 17% Cr wird eine Verformung bei 90 u. 293 °K durchgeführt, u. es werden Angaben über die Form der erhaltenen Hystereseschleifen u. über die erhaltenen Werte von τ_0^0 (reduzierte Aktivierungsspannung) u. τ_t bei diesen Temp. gemacht. Die Zerstörung der Linearität von $\gamma_r{}^m(\tau_m)$ bei höheren τ_m-Werten wird offenbar durch Auftreten einer zusätzlichen Verformung, bedingt durch die Spannungskonz. im Beginn der Versetzungsanhäufung, erklärt. H. Hochstein 78

0317 **Relaxation und Bildung von Spannungen in Kristallen bei thermischer Bearbeitung.** N. E. Voropaeva, B. A. Reznikov und Ju. I. Sirotin. (Kristallografija **13** (1968) 3, 487–92; Mosk. gos. univ. im. Lomonosova; russ.) — Mit Hilfe einer polarisationsopt. Meth. werden allg. Gesetzmäßigkeiten der nicht isothermen bzw. isothermen Relaxation innerer Spannungen in *LiF*-Krist. bei Wärmebehandlung sowie die Temp.-Abhängigkeit der Relaxationsperiode untersucht. Die Restspannungen als Funktion der therm. Behandlungsbedingungen werden berechnet. H. Roschkowski 78

0318 **Wasserstoffversprödung von Metallen.** H. C. Rogers. (Science [Washington] 159 (1968) 3819, 1057—64; Univ., Melbourne; engl.) — Vf. gibt einen Überblick über die verschiedenen Mechanismen, die zur Versprödung (Verminderung der Duktilität u. Festigkeit) von Metallen durch die Diffusion von atomarem Wasserstoff führen. E. Schulte 78△

0319 **Aushärtung in einer Mg-Legierung mit 9 Gewichtsprozent Al.** J. B. Clark. (Acta metallurg. [Long Island City, N.Y.] 16 (1968) 2, 141—52; Sci. Labor., Ford Motor Comp., Dearborn, Mich.; engl.) — Der Ausscheidungsprozeß u. die Aushärtung werden mit Hilfe elektronenmkr. Durchstrahlung untersucht. Die Leg. härtet durch Ausscheidung von Plättchen der $Mg_{17}Al_{12}$-Gleichgew.-Phase auf der Basisebene der Mg-Matrix. Es werden keine Hinweise auf die Bldg. von GP-Zonen oder ein Übergangsgitter $Mg_{17}Al_{12}$-Ausscheidung gefunden. Zellularausscheidung steht bei fast allen Alterungstemp. in Konkurrenz mit der allg. Ausscheidung. Im Lsg.-Falle sind Basisgleitung u. $\{10\bar{1}2\}$-Zwillinge die vorherrschenden Verformungsmechanismen. Die Ausscheidung induziert Quergleitung auf den prismat. Ebenen u. neigt zur Unterdrückung der $\{10\bar{1}2\}$-Zwillingsbildung. Die Leg. werden durch komplexe Versetzungsknäuel gehärtet, die durch Wechselwrkg. von Gleitversetzungen auf Prismen- u. Basisebene entstehen. Die $Mg_{17}Al_{12}$-Plättchen werden weder durch Gleitversetzungen noch durch $\{10\bar{1}2\}$-Zwillinge geschert. M. Frenzel 78

0320 **Elastizitätsmodul von β-Siliciumcarbid-Whiskern.** R. W. Bartlett. (J. Amer. ceram. Soc. 51 (1968) 2, 114—15; Ceram. Dep., Stanford Res. Inst., Menlo Park, Calif.; engl.) — Plättchenförmige (111)-Si-Carbidwhisker wurden aus C-gesätt. Si-Schmelzen erhalten. Sie besitzen (111)-Zwillingsebenen u. {111}-Stapelfehler parallel u. geneigt zur Plättchenoberfläche. Der mittlere Elastizitätsmodul beträgt $27{,}5 \cdot 10^6$ psi. Für B-dotierte Whisker wird ein etwas größerer Wert erhalten. W. Laqua 78

0321 **Zerfall von Ti–V-Martensit bei einem kontinuierlichen Erwärmen.** S. G. Fedotov, K. M. Konstantinov und E. P. Sinodova. (Fiz. Metallov Metallovedenie 25 (1968) 5, 860—65; Inst. metallurgii im. Bajkova; russ.) — Ti-Leg. mit bis zu 12% V erfahren beim Abschrecken aus dem β-Gebiet eine $\beta \rightarrow \alpha$-Umwandlung nach der martensit. Kinetik; solche Leg. besitzen das für Martensit kennzeichnende nadelförmige Feingefüge. Untersucht wird die Temp.-Abhängigkeit des Elastizitätsmoduls u. des spezif. elektr. Widerstandes der Ti–V-Leg. bei der martensit. Umwandlung. Dabei wird festgestellt, daß die Zunahme des Elastizitätsmoduls u. der Abfall des elektr. Widerstandes mit dem martensit. Gefüge durch eine Verringerung der Übersättigung des α-Ti beim Martensitzerfall bedingt sind. Nachgewiesen wird ein Zusammenhang zwischen der Temp. des Martensitzerfalls u. seiner Zusammensetzung. Der Martensitzerfall führt zu einer wesentlichen Verfestigung der Legierung. Der Charakter der Eig.-Veränderung während des Martensitzerfalls beim Erwärmen ist vom V-Geh. der Lsg. unabhängig. H. Hochstein 78

0322 **Thermisch aktivierte Verformung in verdünnten Zirkonium–Sauerstoff-Legierungen.** P. Das Gupta, V. S. Arunachalam. (J. Mater. Sci. 3 (1968) 3, 271—81; Metallurg. Div., Bhabha Atom. Res. Centre, Bombay; engl.) — Der Einfl. der Temp. u. Dehnungsgeschw. auf das Fließen u. die Fließspannung von Zr-Proben mit 0,09—2,5 Atom-% wurde bei Temp. von 77—700 °K untersucht. Die therm. Komponente der Fließspannung steigt mit steigendem Sauerstoffgeh. der Legierung. Zwei Aktivierungsstadien werden bei allen Leg. festgestellt. H. Roschkowski 78

0323 **Elastizitätskonstante von stark dotiertem n-Germanium bei Temperaturen von 300—550 °K.** V. M. Bejlin, Ju. Ch. Vekilov, A. E. Kadyşevič und O. M. Krasil'nikov. (Fiz. tverdogo Tela 10 (1968) 5, 1550—53; Mosk. inst. stali i splavov; russ.) — Best. von C_{11}, C_{12} u. C_{44} von undotiertem Ge (10^{14} cm^{-3}) u. von *Sb*-dotiertem Ge (10^{19} cm^{-3}) als Funktion der Temp. (300—550 °K). Die effektiven Massen (0,22 m_0 u. 0,28—0,32 m_0) u. die Verformungspotentiale werden für die Minimumrichtungen [111] u. [100] bestimmt. K. Jaeger 78

0324 **Einfluß von durch Oberflächenglättung entstandenen Defekten auf die Größe der Bruchspannung von Germaniumeinkristallen bei Temperaturen von 800 und 4,2 °K.** S. V. Civinskij, O. V. Kljavin und A. V. Stepanov. (Fiz. tverdogo Tela 10 (1968) 5, 1397—1401; Fiz.-techn. inst. im. Ioffe AN SSSR, Leningrad; russ.) — Draht- u. plättchenförmige Ge-Proben ([110]-Achse] zeigten in Abhängigkeit von der Tiefe (0,2—12 μm) der durch Oberflächenbearbeitung (Polieren, Ätzen) entstandenen Defekte Biegefestigkeiten von 7—102 kg/mm². K. Jaeger 78

0325 **Kommentar zu „Oberflächenspannung von festem Zinn" von Rice, Eppelsheimer und McNeill.** T. J. Whalen und S. M. Kaufman. (J. appl. Physics 38 (1967) 8, 3408—09; Ford Motor Comp., Dearborn, Mich.; engl.) — Vgl. J. Appl. Phys. 37 (1966), 4766. — Vf. zeigt, daß der von Rice et al. mitgeteilte Wert für die Oberflächenspannung von festem Sn statt bei 514 bei 654—685 erg/cm² liegen müßte. K. Jaeger 78

0326 **Aufgelöste kritische Scherspannung von Blei.** F. Weinberg. (Canad. J. Physics 45 (1967) 2 Part 3, 1189—1207; Phys. Metallurg. Div., Dep. of Mines and Techn. Surveys, Ottawa, Canada; engl.) — Unters. der aufgelösten krit. Scherspannung (S) von Pb als Funktion der Temp., des Reinheitsgrades, des Verdünnungsgrades u. der Orientierung. Im Temp.-Bereich von 4,2—600 °K (F.) nimmt die aufgelöste krit. S von 53 g/mm² auf ca. 10 g/mm² ab. Zwischen 100—300 °K entspricht die Temp.-Abhängigkeit der aufgelösten krit. S der des Schermoduls. Leg.-Zusätze wie 0,1% *Sn* u. 0,02 *Cu*-% verstärken die aufgelöste krit. S; bei Zusatz von 1,0% Sn nimmt S bei tiefer Temp. zu. Unter optimalen Bedingungen beträgt der mittlere Wert für die aufgelöste krit. S. von Pb bei 78 °K 34 g/mm². Dieser Wert ist im Vgl. zu dem des Cu anomal hoch. I. Zoll 78

0327 **Mechanische Eigenschaften einiger Tantallegierungen.** T. E. Mitchell und P. L. Raffo. (Canad. J. Physics 45 (1967) 2 Part 3, 1047—62; 1 Tafel; Dep. of Metallurg. and Center for Study Mater., Case Inst. of Technol., Cleveland, O.; engl.) — Die mechan. Eig. von Ta–Re-, Ta–Mo- u. Ta–W-Leg. (mit bis zu ca. 10 Atom-% der 2. Komponente) werden durch Druckdeformation der Einkrist. untersucht. Experimentelle Ergebnisse für Gleitlinien, Dehnungs–Spannungs-Kurven, Fließspannungen sowie Best. anisotroper Elastizitätskonstanten. An (110)-Ebenen wird Gleiten beobachtet. Verzwillingung tritt nicht auf. Die Leg. werden brüchig, wenn die Konz. des gelösten Elements zunimmt oder die Temp. abnimmt. Die Härtung wird analysiert. Ein Vgl. mit anderen kub.-raumzentrierten Leg. zeigt, daß die Härtungsgeschw. dem Atomgrößenunterschied in den meisten Leg.-Einkrist. direkt proportional ist. Unters. an Ta-Leg. mit 1,2; 2,1; 3,8; 7,5 u. 10,6 Atom-% Re, Ta-Leg. mit ca. 10 Atom-% Mo oder W. I. Zoll 78

0328 **Einfluß des Zustandes von Beimengungen auf die Verformungstextur von niedriglegiertem α-Uran.** V. E. Ivanov, V. F. Zelenskij, V. V. Kunčenko, N. M. Roenko, V. S. Krasnoruckij und V. P. Ašichmin. (Atom. Energ. 24 (1968) 1, 87—91; russ.) — Die Textur von verformtem α-U hängt von der Art der Verformung u. der Temp. ab. Mit Erhöhung des Abnahmegrades nimmt die Vollkommenheit der Textur zu. Bei Verformungstemp. unter 300° bildet sich eine einachsige Textur [010], oberhalb von 300° wird eine zusätzliche Komponente [110] u. im Temp.-Bereich von 500—600° eine Doppeltextur mit den Polen (010) u. (100) beobachtet. Die Abhängigkeit des Texturcharakters der Verformung von der Temp. wird durch die Ggw. einiger Syst. der Gleitung u. Zwillingsbldg. erklärt, die in verschiedenen Temp.-Bereichen realisiert werden. Legieren von U mit kleinen Mo-, Al- u. Cr-Zusätzen verbreitert das Temp.-Gebiet der Zwillingsbildung. Bei der Unters. des Einfl. einer Veränderung des Beimengungszustandes auf den Charakter der Textur verformter U-Stangen wird ein wesentlicher Einfl. solcher Zusätze, bes. von Si u. Al, auf die U-Beständigkeit gegen Kavitationsanschwellung fest-

gestellt. Die Gleitblockierung {110}⟨110⟩ durch Si u. Al u. die Erweiterung der Temp.-Bereichs der Zwillingsbldg. führen zur Unterdrückung der Anschwellung. Andererseits erschweren die feindispersen Einschlüsse, die wirksame Hindernisse für die Versetzungswanderung sind, eine Anhäufung gasförmiger Ausscheidungsprod. an den Korn- u. Blöckchengrenzen durch die Versetzungen.
H. Hochstein 78

0329 **Relaxation örtlicher Spannungen im Eisen.** V. I. Sarrak und V. N. Šubin. (Fiz. Metallov Metallovedenie 25 (1968) 3, 522—28; Inst. metallovedenija i fiz. metallov CNIIČERMET im. Bardina; russ.) — Die Relaxation von Spannungen, d. h. der Abfall der Belastung bei konst. Verformung, wird als Prüfmeth. zur Unters. der Abhängigkeit des Inhomogenitätsgrades der inneren Spannungen im Fe vom Gefügezustand des Materials u. von den Unters.-Bedingungen angewendet. Dabei wird festgestellt, daß der Ungleichmäßigkeitsgrad der inneren Spannungen durch die Versetzungsstruktur des Eisens bestimmt wird u. mit einer Erhöhung der Prüfgeschw. u. einer Erniedrigung der Unters.-Temp. zunimmt.
H. Hochstein 78

0330 **Innere Reibung bei der $\alpha \rightleftarrows \gamma$-Umwandlung des Eisens.** R. I. Garber, O. I. Dacko und Ž. F. Charitonova. (Fiz. Metallov Metallovedenie 25 (1968) 1, 179 bis 180; russ.) — Unters. der Energiestreuung bei der polymorphen $\alpha \rightleftarrows \gamma$-Umwandlung von Eisen mit erhöhter Reinheit. Bei der $\alpha \to \gamma$- oder $\gamma \to \alpha$-Umwandlung tritt zu allererst ein Max. der Absorption der elast. Energie auf, daß den Zwischenphasenverlusten entspricht. Ein zweiter Anstieg des Dekrementes ist offenbar durch Hystereseverluste an bei den Phasenumwandlungen entstehenden Versetzungen bedingt. (Vgl. nachst. Ref.).
H. Hochstein 78

0331 **Einfluß einer mehrmaligen $\alpha \rightleftarrows \gamma$-Umwandlung auf die innere Reibung von Eisen mit erhöhter Reinheit.** R. I. Garber, L. I. Dacko, I. G. Ivancov und Ž. F. Charitonova. (Fiz. Metallov Metallovedenie 25 (1968) 3, 538—41; Fiz.-techn. inst. AN USSR; russ.) — Vgl. vorst. Referat. — Bei mehrmaliger polymorpher Umwandlung von Fe, die zu einer Veränderung des Feingefüges u. zu einer plast. Verformung führt, nimmt der Wert der inneren Reibung im Temp.-Bereich des Überganges stark zu. Eine solche Erhöhung der unelast. Verluste kann sowohl mit einer Zunahme Fläche der Zwischenphasengrenzen, als auch mit einer Vervielfältigung der Versetzungen zusammenhängen.
H. Hochstein 78

0332 **Gleitsystem von α-Eisen-Einkristallen bei Zugbeanspruchung.** Albert Kochendörfer und Wolfgang Kayser. (Arch. Eisenhüttenwes. 39 (1968) 3, 233—41; Düsseldorf, MPI für Eisenforsch.; dt.) — Die Gleitrichtungen von α-Fe-Einkrist. mit rechteckigem Querschnitt werden mittels lichtopt. Orientierungsbest. u. auch durch während der Verformung belichtete Laue-Aufnahmen ermittelt. Die Gleitebenen wurden aus den Richtungen der Gleitspuren auf der Vorder- u. Seitenfläche der Krist. bestimmt. Durch abgeschiedene Cu-Nd. konnten Dehnungen schon ab 0,05% sichtbar gemacht werden. Die Zahl der betätigten Gleitsyst. ist in den verschiedenen Bereichen der Verfestigungskurve verschieden. Im Bereich I geht mit Ausnahme der eckorientierten Krist. fast reines Einfachgleiten nach dem Hauptgleitsyst. $[11\bar{1}]$ (101) vor sich, auch wenn in dem vorhergehenden Übergangsbereich 0, der für raumzentrierte Metalle auftritt, sich zwei Gleitsyst. betätigen. In den Bereichen II u. III werden offenbar neben dem Hauptgleitsyst. auch die Syst. mit der Hauptgleitrichtung u. den Gleitebenen (112) u. $(2\bar{1}1)$ tätig, jedoch so, daß der Gleitvorgang als einfaches Gleiten nach der Hauptgleitebene als resultierender Gleitebene beschrieben werden kann. Ein ausgeprägtes Überschießen in das benachbarte Orientierungsdreieck unter Beibehaltung des Hauptgleitsyst. tritt bei den Krist. auf. F. Vier 78

0333 **Verfestigungskurven von α-Eisen-Einkristallen bei Raumtemperatur und ihre Orientierungsabhängigkeit.** Albert Kochendörfer und Wolfgang Kayser. (Arch. Eisenhüttenwes. 39 (1968) 3, 243—48; dt.) — Vgl. vorst. Referat. — Eine Vorr. nach dem Prinzip von Polanyi, mit der Zugvers. bis zur Temp. von fl. He durchgeführt werden konnten, wurde angewandt. Die Dehnung von α-Fe-Einkrist. wurde mittels eines induktiven Weggebers an der Prüflänge der Probe, die Kraft an einem mit einem Dehnungsmeßstreifen beklebten Stahlring gemessen. Es können um den Faktor 10 steigende Vorschubgeschw. von $2{,}4 \cdot 10^{-5}$ bis 0,24 mm/Sek. verwendet werden. Bei den meisten Krist. ist die Dehnung ungleichmäßig über die Prüflänge verteilt. Die größte örtliche Dehnung, die sich als verhältnisgleich zu der gemessenen mittleren Dehnung erwiesen hat, wird als Dehnungsmaß der Fließkurven u. als Spannungsmaß die auf den kleinsten Querschnitt bezogene Kraft verwendet. Sie kommen den am wenigsten gestörten Krist.-Bereichen zu. Für die untersuchten 61 Einkrist., deren Orientierungen gleichmäßig über das Grunddreieck verteilt sind, konnte eine Orientierungsabhängigkeit der Schubspannung nicht festgestellt werden. Bei kleineren Werten als denen der besten Krist. ist jedoch die krit. Schubspannung für die mittelorientierten Krist. kleiner als für die eckorientierten. Die Verfestigungskurven weisen dieselben Bereiche I, II u. III u. dieselbe Orientierungsabhängigkeit auf wie die der flächenzentrierten Metalle, jedoch haben die mittleren Orientierungen ein etwas anderes Gebiet. Dazu kommt aber noch ein Übergangsgebiet 0 mit zu Anfang starkem Verfestigungsanstieg. Die gemessenen Verfestigungsanstiege in den Bereichen I u. II liegen unter der sonst im Schrifttum angegebenen, was auf den Unterschied zwischen der hier benutzten örtlich größten Dehnung u. der sonst verwendeten mittleren Dehnung zurückgeführt werden kann.
F. Vier 78

0334 **Elektronenmikroskopische Untersuchungen von Deformationszwillingen in α-Eisen-Einkristallen.** Youji Taneda, Kouzou Ojima und Tadayoshi Yamashita (Trans. Iron Steel Inst. Japan 7 (1967) 6, 265—70; Yokosuka, Defense Acad., Dep. of Math. and Phys.; engl.) — Dehnungscharakteristiken ($-196°$) von α-Fe-Einkrist. mit verschiedenen Orientierungen, werden mitgeteilt. Krist. mit ⟨011⟩- u. ⟨111⟩-Orientierung werden durch Gleitung nach Bldg. der Anfangszwillinge verformt. Die Versetzungsdichten, -typen u. -bldg. werden diskutiert.
E. Schulte 78△

0335 **Hochtemperaturkriechen einer Fe–Si-Legierung mit Zwillingsbildung.** I. A. Gindin, L. A. Čirkina und V. M. Ažaža. (Fiz. Metallov Metallovedenie 25 (1968) 1, 121—26; Fiziko-techn. inst. AN USSR; russ.) — Bestimmt wird die Abhängigkeit der Haltbarkeit beim Hochtemp. (600°)-Kriechen von Proben einer Fe-Leg. mit 2,9%Si vom Charakter der vorausgegangenen mechan. Zwillingsbildung. Untersucht werden dabei Proben zweier Typen: mit in der Oberflächenschicht blockierten Zwillingen sowie mit den ganzen Probenquerschnitt durchschneidenden Zwillingen. Im ersten Fall bildet sich eine feindisperse polygonisierte Schicht am Rand der blockierten Zwillingstrennschichten, was zur Erhöhung der Haltbarkeit dieser Proben im Vgl. zu denen der Ausgangsleg. führt. Im Falle der Quertrennschichten wird eine Rekristallisation auf ihrer Überschneidung festgestellt; hierbei ist die Haltbarkeit vergleichbar oder etwas geringer als die der Ausgangsproben. Die Bldg. einer Einschnürung wird immer an der Stelle der geringsten Zwillingsdichte festgestellt.
H. Hochstein 78

0336 **Elastizitätsmodul und ΔE-Effekt in Fe–Ni–Ti-Legierungen vom Invartyp.** A. M. Cejtlin und V. Ja. Zubov. (Izvest. vysšich učebnych Zavedenij [Moskva], černaja Metallurg. 11 (1968) 2, 110—14; Ural'skij politechn. inst.; russ.) — Der Einfl. des gesamten Abnahmegrades beim Ziehen auf den Elastizitätsmodul in Fe–Ni–Ti-Invarleg. mit 0,03(%) C, 0,4 Mn, 0,3 Si, 0,05 Al, 0,2 Cr, 0,2 Co, 0,02 S, 0,02 P, 30—47 Ni u. 2,2 Ti tritt in bedeutend größerem Grade nach der Rekristallisation als nach der Verformung in Erscheinung. Die Abhängigkeit der Wrkg. der plast. Verformung auf den Modul vom Ni-Geh. in der Leg. sowohl im Verformungs- als auch im rekrist. Zustand ist eine Folge der Veränderung der Größe des ΔE-Effektes. Die Erhöhung des Moduls bei der Rekristallisation stark verformter Leg. hängt mit dem Übergang der Doppeltextur ⟨111⟩ + ⟨100⟩ in die ⟨111⟩-Textur zusammen. H. Hochstein 78

0337 **Untersuchung der inneren Reibung der Legierungen auf Nickel–Chrom-Grundlage.** J. Tykva und H. Kulišová. (Mater. Sci. Engng. [Lausanne] 3 (1968) 2, 76–80; Staatl. Forsch.-Inst. für Werkstoffe, Prag; dt.) – Bei den Leg. Ni–Cr–Ti u. Ni–Cr–Al wurde bei niedrigen Temp. eine anomale Senkung des logarithm. Dampfungsdekrementes ähnlich dem sog. Köster-Effekt beobachtet. Zum Unterschied davon trat diese Senkung in Proben ohne vorhergehende plast. Verformung auf. Wahrscheinlich ist dies mit einer Neuanordnung der Versetzungen verbunden. Zwischen 200–500° kommt es zu einer weiteren Abweichung vom normalen Verlauf, die man der Bldg. des K-Zustands zuschreibt. Im Bereich von 650 bis 700° macht sich bei den genannten Leg. eine Anomalie bemerkbar, die mit der Gleitung an den Grenzflächen der Mosaikblöcke innerhalb der Körner verbunden ist. I. Zoll 78

0338 **Versetzungsstruktur von Kupfer nach Hochtemperatur-Kriechen.** K. K. Ziling. (Fiz. Metallov Metallovedenie 25 (1968) 3, 557–59; Inst. Gidrodinamiki SO AN SSSR; russ.) – Cu-Proben mit 99,997 % Reinheit wurden zunächst zur Erzielung von Krist. mit einer regelmäßigen geometr. Form 2 Std. bei 1050° geglüht u. darauf zwecks Feststellung der Abhängigkeit der Kriechgeschw. von der Spannung einer 110std. Glühung bei 1000 ± 3° u. Zugspannungen von 2–17 g/mm² unterworfen. Bei allen untersuchten Spannungen bleibt die Abhängigkeit der Kriechgeschw. von der Spannung linear. Ein enger Zusammenhang der Verformungsbedingungen mit der Versetzungsstruktur weist auf die überwiegende Bedeutung der Versetzungs- u. nicht der reinen Diffusionsmechanismen des Kriechens unter den Unters.-Bedingungen hin. Nur bei Spannungen von 12 bis 17 g/mm² werden selten Gleitlinien beobachtet. Für dünne Folien wird die Abweichung der nach dem Diffusionsmodell errechneten u. in vielen Verf. beobachteten Kriechgeschw. nicht durch das Vorhandensein von ergänzenden Blockgrenzen, sondern durch die Wrkg. der Versetzungsmechanismen des Kriechens bedingt. Die analoge, bei der Kriechunters. von Whiskern erhaltenen Folgerung wird damit bestätigt. H. Hochstein 78

0339 **Abhängigkeit des Bruchs von der Korngröße in durch Quecksilber versprödeten Kupfer–Aluminium-Legierungen.** F. W. J. Pargeter und M. B. Ives. (Canad. J. Physics 45 (1967) 2 Part 3, 1235–49, 1 Tafel; Dep. of Metallurg. and Metallurg. Engng., McMaster Univ., Hamilton, Ontario; engl.) – Polykrist. amalgamierte Cu–Al-Leg. (α-Phase) von wechselnder Zus. (reines Cu; 2; 4; 6; 8 Gew.-% Al) werden durch Zug deformiert. Mit zunehmender Versprödung durch Hg nimmt die Stapelfehlerenergie ab. Die Petch-Stroh-Relation wird nur für Leg. mit kleinen Stapelfehlerenergien erfüllt. Werte für die Bruchenergie variieren von ca. 48 erg/cm² bei reinem Cu bis ca. 470 erg/cm² für Cu-Leg. mit 8 Gew.-% Al. Diese Werte gelten nur für relativ kleine Korngrößen. I. Zoll 78

0340 **Anomale Spannungsrelaxation in ternären Cu–Si–Mn-Legierungen.** M. G. Gajdukov, V. A. Pavlov, É. N. Frizen und L. V. Smirnov. (Fiz. Metallov Metallovedenie 25 (1968) 2, 361–68; Inst. fiziki metallov AN SSSR; russ.) – Unters. der anomalen Spannungsrelaxation in Cu-reichen Cu–Si–Mn-Leg. verschiedener Zus. (1,56–4,34 % Si, 0,37–1,32 Mn, Rest Cu) bei 200 bis 400°. In den abgeschreckten u. verformten Leg. wird eine Zunahme dieses der wirksamen Spannungen festgestellt. Die Kinetik dieses Prozesses, aber auch der beobachtete maximale Spannungszuwachs hängen in starkem Grade sowohl von der Zus. der Leg., als auch vom Ausgangszustand u. der Unters.-Temp. ab. Die anomale Spannungsrelaxation in den Cu–Si–Mn-Leg. wird durch den Zerfall einer übersätt. festen Lsg. unter Bldg. von Ausscheidungen der Phase Mn_5–Si_3 bedingt. H. Hochstein 78

0341 **Bildung von Versetzungsstrukturen in Alkalimetallhalogenid-Kristallen bei plastischer Verformung.** S. N. Komnik. (Fiz. tverdogo Tela 10 (1968) 1, 159–67; Fiz.-techn. inst. nizkich temp. AN USSR, Char'kov; russ.) – Ätzunters. an „harten" u. „weichen" *KCl* u. *LiF*-Krist. (mit unterschiedlichem Beimengungsgeh.) zeigten für beide Typen die Bldg. gleicher Versetzungsstrukturen (vertikale Wände von Kantenversetzungen). K. Jaeger 78

0342 **Bestimmung der Spannungsenergie im Muskovit durch gleichzeitige Messung der Enthalpien und Gewichtsverluste.** William Lodding. (Trans. Soc. Mining Engr. 238 (1967) 1, 7–12; Bureau of Mineral Rev., Rutgers State Univ., New Brunswick, N.J.; engl.) – Muskovit wird sowohl naß als auch trocken für verschiedene Zeitabschnitte gemahlen. Die Effekte (physik. u. chem. Änderungen), hervorgerufen auf Grund des Mahlens, werden durch Thermoanalysen [DTA; TGA; Gasentw.-Analyse (GEA); Differentialthermogravimetrie (DTG)] untersucht. Die Spannungsenergie beträgt 6,3 kcal pro Mol für trocken, 0,6 kcal/Mol für 90 Min. naß gemahlene Proben. P. Schmidt 78

0343 **Anisotropie der Scherfestigkeit von Muskovit und deren Beeinflussung durch die Oberflächenbeschaffenheit.** M. S. Mecik und Ju. A. Kitaev. (Izvest. vysšich učebnych Zavedenij [Tomsk], Fiz. 11 (1968) 4 (71), 148–51; Irkutskij gos. univ. im. Ždanova; russ.) – Die Scherfestigkeit von Muskovit ist am minimalsten in Richtung der n_m-Achse u. im Winkel von 60° zu ihr; sie ist maximal parallel zur n_g-Achse u. im Winkel von 60° zu ihr. Der Zustand der Oberfläche beeinflußt sowohl die Anisotropie der Scherfestigkeit als auch diese selbst. Trocknen, Behandeln mit Bzl., Lagern über $CaCl_2$, Behandeln mit Trafo-Oel u. W. senken die Scherfestigkeit u. verringern die Anisotropie derselben. U. Strobel 78

0344 **Einfluß wäßriger Medien auf den hochfesten Zustand von Tafelgas.** L. G. Bajkova, V. A. Berštejn, F. F. Vitman, L. D. Volovec, G. S. Pugačev und V. P. Puch. (Fiz. tverdogo Tela 10 (1968) 5, 1315–21; Fiz.-techn. inst. im. Ioffe AN SSSR, Leningrad; russ.) – Geätzte Silikattafelgläser zeigten bei Zimmertemp. eine diskontinuierliche Abhängigkeit ihrer Festigkeit vom W.-Dampfpartialdruck (10^{-6} bis 10^2 Torr). Die Festigkeit nimmt mit zunehmender Feuchtigkeit ab u. kann durch Hydrophobisierung der Gläser erhöht werden. Wechselwrkg.-Mechanismen werden diskutiert. K. Jaeger 78

0345 **Beschreibung von Mikrostruktur und mechanischen Eigenschaften von heißgepreßtem Magnesiumaluminat bei Raumtemperatur durch quadratisch-multivariable Analyse.** Dong M. Chay, Hayne Palmour III und W. W. Kriegel. (J. Amer. ceram. Soc. 51 (1968) 1, 10–16; Dep. of Engng. Res. and Mineral Ind., N.C. State Univ. at Raleigh, Raleigh, N.C.; engl.) – Die untersuchten heißgepreßten, polykrist. $MgAl_2O_4$-Proben besaßen D. zwischen ca. 64 u. ca. 100 % der theoret. D. u. Korngrößen zwischen 4 u. 125 μm. Für die Biegefestigkeit wurden Werte zwischen 3500 u. 34000 psi, für die Druckfestigkeit zwischen 21700 u. 389000 psi u. für den Elastizitätsmodul zwischen $0{,}54 \cdot 10^7$ u. $3{,}7 \cdot 10^7$ psi erhalten. Durch Reihen $Y_n = b_0 + b_1X_1 + b_2X_1^2 + b_3X_2 + b_4X_2^2 + b_5X_3 + b_6X_3^2 + b_7X_1X_2 + b_8X_1X_3 + b_9X_2X_3$ lassen sich die Änderungen der genannten mechan. Eig., der Probendichte u. der mittleren Korngröße als Funktion der Temp. ($X_1 = 11{,}34\,[1723-T]/T$), der Zeit ($X_2 = 0{,}807\,\ln[t/40]$) u. des Druckes $X_3 = 1{,}68 \cdot 10^{-3}\,(P-2000)$ für die experimentellen Herst.-Bedingungen der Proben [1227–1750°, 5–320 Min., 1000–3000 psi) beschreiben. Die Konst. b_0–b_9 sind tabelliert. Aus diesen Reihen lassen sich empir. Beziehungen für den Zusammenhang von mechan. Eig. mit D. u. Korngröße der Proben aufstellen. Es existiert eine deutliche Abhängigkeit von der D. u. nur eine einzige Abhängigkeit von der Korngröße. W. Laqua 78

0346 **Aushärtung von Magnesiumoxid durch eindiffundiertes Eisen.** B. Ilschner und H. Schmidt. (Ber. dtsch. keram. Ges. 45 (1968) 8, 413–17; Inst. für Werkstoffwiss., Univ. Erlangen-Nürnberg; dt.) – An Oberflächen von MgO-Einkrist. werden Fe-angereicherte Schichten durch Eindiffundieren aus Fe_2O_3 erzeugt. In diesen Schichten konnte bei 600–800° Ausscheidung von feinverteiltem *Magnesiaferrit* mkr. nachgewiesen werden. Die dadurch bedingte Aushärtung als Funktion der Zeit wurde durch Mikrohärtemessungen bestimmt. An solchen Oberflächen nimmt mit zunehmenden Auslagerungstemp. der Abriebverlust ab. Der Diffusionskoeff. von Fe^{3+} in (Mg, Fe)O an Luft zwischen 1300 u. 1450° ist $D \approx 10^{-3} \exp(-47000/RT)$ cm²/s. I. Zoll 78

0347 **Experimentelle Beobachtung des Lichteinflusses auf die plastische Deformation von Cadmiumsulfid.** Ju. A. Osip'jan und I. B. Savčenko. (Ž. èksper. teoret. Fiz.—Pis'ma v Redakciju 7 (1968) 4, 130—33; Inst. fiz. tverdogo tela AN SSSR; russ.) — Bei 75 u. 200° wurde eine Erhöhung der Festigkeit im Augenblick der Belichtung (Projektionslampe, 500 W) im Gebiet der plast. Deformation beobachtet. Bei der Temp.-Erhöhung wird der Effekt geringer. Die Spektralabhängigkeit des Effekts wird dargestellt. V. Burjan 78△

0348 **Plastische Verformung von Kupfer(I)-oxid.** Gerard Vagnard und J. Washburn. (J. Amer. ceram. Soc. 51 (1968) 2, 88—94; Lawrence Radiat.-Labor. and Dep. of Mineral Technol., Coll. of Engng., Univ. of Calif., Berkeley, Calif.; engl.) — Durch Ox. von OFHC-Cu u. anschließendes Tempern bei 1110° hergestellte polykrist. Cu_2O-Platten (Korngröße: 1—3 mm) wurden unter Druck verformt. Bei Raumtemp. weist das Material keine duktilen Eig. auf. Mit steigender Temp. lassen sich die untersuchten Proben zunehmend plast. verformen (bis zu 12 % bei 600°). Die plast. Verformung kommt durch Wanderung von a⟨100⟩-Versetzungen auf {100}-Gleitebenen zustande. W. Laqua 78

0349 **Thermische Gitterausdehnung von Natriummetaperjodat, $NaJO_4$.** V. T. Deshpande, S. V. Suryanarayana und Ram Rao Pawar. (Acta crystallogr. [Copenhagen], Sect. A 24 (1968) 3, 398—99; Phys. Dep., Coll. of Sci., Osmania Univ., Hyderabad; engl.) — Röntgenograph. wurden die Ausdehnungskoeff. α_a u. α_c von $NaJO_4$ bei 20—120° zu $\alpha_a = 36{,}57 \cdot 10^{-6} +$ bis $4{,}89 \cdot 10^{-8}\,t + 14{,}19 \cdot 10^{-11}\,t^2$ u. $\alpha_c = 49{,}43 \cdot 10^{-6} + 18{,}42 \cdot 10^{-8}\,t$ bis $9{,}22 \cdot 10^{-11}\,t^2$ (Grad⁻¹) bestimmt. Vgl. der Daten mit früher KJO_4 erhaltenen Ergebnissen. H. Roschkowski 80

0350 **Thermische Ausdehnung von Strontiumsulfid, SrS, und Strontiumchlorid, $SrCl_2$.** A. A. Kahn und V. T. Deshpande. (Acta crystallogr. [Copenhagen], Sect. A 24 (1968) 3, 402; engl.) — Vgl. vorst. Referat. — Die Gitterkonst. von SrS u. $SrCl_2$ wurden im Temp.-Bereich 30 bis 273° bzw. 26—294° röntgenograph. exakt bestimmt. Die Wärmeausdehnungskoeff. betragen danach für SrS $\alpha_t = 9{,}26 \cdot 10^{-6} + 3{,}36 \cdot 10^{-8}\,t + 1{,}11 \cdot 10^{-12}\,t^2$ u. $SrCl_2$ $\alpha_t = 20{,}80 \cdot 10^{-6} + 11{,}29 \cdot 10^{-9}\,t + 46{,}60 \cdot 10^{-12}\,t^2$ (Grad⁻¹). H. Roschkowski 80

0351 **Röntgenographische Bestimmung der thermischen Ausdehnung von Zinkoxid.** Aijaz A. Khan. (Acta crystallogr. [Copenhagen], Sect. A 24 (1968) 3, 403; engl.) — Vgl. vorst. Referate. — Die Gitterparameter von ZnO wurden bei 27—619° exakt ermittelt. Die therm. Ausdehnungskoeff. betragen $\alpha_a = 6{,}05 \cdot 10^{-6} + 2{,}20 \cdot 10^{-9}\,t + 2{,}29 \cdot 10^{-12}\,t^2$ bzw. $\alpha_c = 3{,}53 \cdot 10^{-6} + 2{,}38 \cdot 10^{-9}\,t + 9{,}24 \cdot 10^{-14}\,t^2$ (Grad⁻¹). H. Roschkowski 80

0352 **Wärmeleitfähigkeit und Lorenz-Zahl von festem und flüssigem Gallium.** R. P. Jurčak und B. P. Smirnov. (Fiz. tverdogo Tela 10 (1968) 5, 1340—42; russ.) — Messung der Zunahme des elektr. Widerstandes der Probe durch Joule-Erwärmung bei konst. Strom (283—673 °K) u. Berechnung der Wärmeleitfähigkeit u. Lorenz-Zahl im untersuchten Temp.-Bereich. K. Jaeger 82

0353 **Wärmeleitung von Strontiumionen in Natriumchloridkristallen.** A. R. Allnatt und A. V. Chadwick. (Trans. Faraday Soc. 63 (1967) 536, 1929—42; Dep. of Chem., Univ., Manchester; engl.) — Die Wärmeleitung von Spuren an $SrCl_2$ wurde im Temp.-Bereich 600—750° in NaCl-Einkrist. [rein u. dotiert mit $(2-4) \cdot 10^{-4}$ (Molenbruch) $SrCl_2$] durch Messung des Soret-Effekts bestimmt. Der Mittelwert für den Wärmetransport eines Komplexes Sr–In-Kationenleerstelle betrug $-1{,}56 \pm 0{,}15$ eV u. veränderte sich kaum mit der Temperatur. A. Jaeschke 82

0354 **Wärmeleitfähigkeit von Antimonselenid.** V. I. Fedorov und V. I. Mačuev. (Fiz. Techn. Poluprovodnikov 2 (1968) 1, 130—31; Mosk. énerget. inst.; russ.) — Messungen von 600—1300 °K. Die monotone Temp.-Abhängigkeit des spezif. Wärmeleitfähigkeitskoeff. zeigt am F. (ca. 900 °K) keine Diskontinuität. K. Jaeger 82

0355 **Wärmeleitfähigkeitskoeffizient von Zinntellurid.** N. A. Erasova und V. I. Kajdanov. (Fiz. Techn. Poluprovodnikov 2 (1968) 1, 34—36; Leningradskij politechn. inst. im. Kalinina; russ.) — Messungen an p-SnTe ($3{,}4 \cdot 10^{19}$—$1{,}3 \cdot 10^{21}$ cm⁻³ bei 77° K) von 100 bis 450 °K. Eine Anomalie der elektron. Wärmeleitungskomponente wird einer Interbandstreuung zugeschrieben. K. Jaeger 82

0356 **Störungstheorie für verzögerte Greensche Temperaturfunktionen.** V. H. Koval'čuk. (Ukraïns'kyj fiz. Ž. 12 (1967) 12, 1960—70; Inst. fiz. AN URSR, Kyïv; ukrain., Auszug: engl.) — Reihenentw. für verzögerte Greensche Funktionen zur Best. von Atomversetzungen in einem Krist. aus der Gleichgew.-Lage. I. Zoll 84

0357 **Einige Konzentrationsverteilungen bei wiederholter Diffusion.** I. C. Szép. (Acta techn. Acad. Sci. hung. 58 (1967) 1/2, 17—28; Inst. Res. Inst. for Electronics, Budapest; engl.) — Lsg. der Diffusionsgleichung, auch bei out-Diffusion aus einem Körper, werden angegeben. Mit Hilfe der Analogie der Halbleiter werden negative Konz. den Akzeptoren u. positive den Donatoren zugeschrieben, die als unabhängige Teilnehmer der Teilchenströmung in derselben Richtung betrachtet werden. Damit können einfache Randbedingungen angenommen werden, die auch bei komplizierten Diffusionsvorgängen zu einfachen analyt. Ausdrücken führen. A. Jaeschke 84

0358 **Bestimmung der Diffusionskoeffizienten in polykristallinen Materialien mittels β-Strahler-Isotopen.** P. L. Gruzin, Ju. D. Žarov, S. V. Zemskij und I. K. Kupalova. (Zav. Labor. 34 (1968) 4, 445—48; CNIIČERMET im. Bardina; russ.) — Theoret. Ableitung einer Berechnungsmeth. der Koeff. der Vol.-Diffusion u. des Parameters der Grenzdiffusion in polykrist. Materialien beim Auftreten einer intensiveren Diffusion an den Korngrenzen als im Volumen der Körner. Die Diffusion an den Korngrenzen wird durch den Koeff. D_1 gekennzeichnet. Erörtert wird der Fall, bei dem eine weiche β-Strahlung angewendet wird. Die vorgeschlagenen Meth. wird zur Best. der Koeff. der Vol.-Diffusion u. der Parameter der Grenzdiffusion von ^{185}W in Stählen im ferrit. Temp.-Bereich (800—720° verwendet). H. Hochstein 84

0359 **Diffusion von Wasserstoff-Isotopen.** P. M. S. Jones. (Nature [London] 213 (1967) 5077, 689—90; Atomic Weapon Res. Establ., Aldermaston, Berks.; engl.) — Auf Grund von Literaturwerten für das Verhältnis der Diffusionskoeff. D_H/D_D bzw. D_H/D_T bei Diffusion in Polymeren u. Metallen stellt Vf. fest, daß in Pd u. Zr die Zwischengitterdiffusion von H-Atomen geschwindigkeitsbestimmend ist, in den Polymeren jedoch nicht. Einige Stähle nehmen eine Zwischenstellung ein. A. Jaeschke 84

0360 **Diffusion von Phosphor in Indiumarsenid.** K. A. Arseni. (Fiz. Techn. Poluprovodnikov 2 (1968) 3, 444—46; Inst. Poluprov. AN SSSR, Leningrad; russ.) — Diffusionsmessungen (650—900°) mit ^{32}P an n-InAs-Einkrist. ($D = 1{,}26 \cdot 10^2 \cdot \exp[-2{,}7 \pm 0{,}2/kT]$ cm²/s). K. Jaeger 84

0361 **Diffusion von Schwefel in Galliumarsenid durch Siliciumdioxidschichten.** V. A. Presnov, A. P. Mamontov und L. L. Širokov. (Fiz. Techn. Poluprovodnikov 2 (1968) 2, 253—54; russ.) — Unters. der Eig. von SiO_2-Schichten als Maskenmaterial auf p-GaAs-(111)-Oberflächen (900—980°). Gemessen wurden die Tiefe des p–n-Überganges unter der Maske als Funktion der Maskenstärke (≦ 0,4 µm) u. die Ausscheidung an der Halbleiter-Masken-Grenzfläche. Die Maskierungsqualität der SiO_2-Schichten hängt von der Schichtdicke sowie der Diffusions-

temp. u. -dauer ab u. wird durch das Verhältnis der Diffusionskoeff. des S in SiO_2 u. GaAs charakterisiert. Der an der Grenzfläche bestimmte Abscheidungskoeff. ist von der Diffusionstemp. unabhängig.
K. Jaeger 84

0362 **Zinkdiffusion in Galliumarsenid mit hoher Donatorenkonzentration.** G. K. Malyš. (Fiz. tverdogo Tela 10 (1968) 1, 310—12; Inst. poluprov. AN SSSR, Leningrad; russ.) — Messung der Diffusion (900°) von ^{65}Zn in n-GaAs als Funktion der Ladungsträgerkonz. ($8 \cdot 10^{16}$ u. $8 \cdot 10^{18}$ cm^{-3}). Das Verhältnis der Diffusionskoeff. ist in guter Übereinstimmung mit dem theoret. Wert 1,46. Die Ursachen dieser Konz.-Abhängigkeit werden diskutiert.
K. Jaeger 84

0363 **Diffusion in Al–Sb_2S_3-Schichten.** V. A. Repin, I. T. Aleksanjan und A. F. Oborotov. (Fiz. tverdogo Tela 10 (1968) 4, 1246—48; russ.) — Aus Messungen der Reflexion (436 nm; 110—350°) von Sb_2S_3–Al-Aufdampfschichten (500—2000 Å) werden der Diffusionskoeff. u. die Aktivierungsenergie von Al in den amorphen ($7,5 \cdot 10^{-9}$ cm^2/s u. 12,5 kcal/mol) u. kristallinen ($5,3 \cdot 10^{-10}$ u. 7,5) Sb_2S_3-Schichten bestimmt. K. Jaeger 84

0364 **Bildungs- und Wanderungsenergien von Leerstellen in Aluminium.** Jack Bass. (Philos. Mag. [8] 15 (1967) 136, 717—30; Dep. of Phys., Mich. State Univ., East Lansing, Mich.; engl.) — Der spezif. elektr. Widerstand von Al-Drähten (99,999% Al) wurde als Funktion der Abschrecktemp. (550—220°) bei 4 bis um den Faktor 200 verschiedenen Abschreckgeschw. gemessen. Die Ergebnisse entsprechen der Theorie von Flynn et al. [Philos. Mag. 11 (1965) 521], wonach der Verlust an Leerstellen während des Abschreckens auf die Wanderung einzelner Leerstellen zu bestimmten Senken zurückzuführen ist. Auf Grund von Literaturdaten u. Fehlerbetrachtungen der eigenen Messungen schlagen Vf. als beste Werte für die Bldg.- u. die Wanderungsenergie von Leerstellen in Al 0,73 ± 0,03 eV bzw. 0,75 ± 0,08 eV vor.
A. Jaeschke 84

0365 **Untersuchung der Oberflächenselbstdiffusion von Niob im starken elektrischen Feld mittels Feldemissionsprojektor.** G. A. Odišarija. (Fiz. tverdogo Tela 10 (1968) 5, 1425—32; Fiz.-techn. inst. im. Ioffe AN SSSR, Leningrad; russ.) — Feldelektronenmkr. Unters. einer Nb-Spitze. Die Aktivierungsenergie der Oberflächendiffusion beträgt in Ggw. des Feldes 2,14 ± 0,06 eV, ohne Feld 2,37 ± 0,09 eV. Der Koeff. der Oberflächenspannung bei 1400 °K ist 2400 dyn/cm.
K. Jaeger 84

0366 **Diffusionsprozeß im System Titan–Silber.** Hideaki Kawabe, Mitsunobu Kaneko und Gunji Shinoda. (Technol. Rep. Osaka Univ. 17 (1967) 769/800, 315 bis 320; Dep. of Precision Engng.; engl.) — Elektronensondenmikroanalyse (ESMA) zur Unters. der Diffusion im Syst. Ti/Ag. Aus den experimentellen Daten ergibt sich 1. ein Widerspruch im Wachstumsverh. der intermetall. TiAg-Phase zu dem von Reinbach et al. [Z. Metallk. 54 (1963) 314] beobachteten, 2. die 2. intermetall., von Worner et al. [J. Inst. Met. 82 (1953/54) 222] beschriebene Verb. Ti_3Ag existiert; sie ist aber sehr instabil u. sollte besser als Ti_2Ag-Phase bezeichnet werden. Vorschlag einer neuen Phasendiagrammbest.-Meth. mit Hilfe der ESMA. I. Zoll 84

0367 **Zener-Relaxation und leerstellenabhängige Atombeweglichkeit in Ag–Zn-Legierungen. 1. Mitt. Bildungs- und Wanderungsenergien von Leerstellen.** B. S. Berry und J. L. Orehotsky. (Acta metallurg. [Long Island City, N.Y.] 16 (1968) 5, 683—95; IBM Watson Res. Center, Yorktown Heights, N.Y.; engl.) — Die Zener-Relaxation in Ag- (24—33 Atom-%) Zn im therm. Gleichgew. u. nach Abschrecken von ≦ 200° wird untersucht (Temp.-Abhängigkeit der Relaxationsstärke, mittlere Relaxationszeit u. Breite des Relaxationsspektrums). Mit Hilfe einer neuen Meth. des „verzögerten Kriechens" für abgeschreckte Proben wird gezeigt, daß die Gleichgew.-Leerstellenkonz. u. Sprungfrequenz gut durch einfache exponentielle Funktionen der reziproken abs. Temp. darstellbar sind. M. Frenzel 84

0368 **Zener-Relaxation und leerstellenabhängige Atombeweglichkeit in Ag–Zn-Legierungen. 2. Mitt. Kinetik des Leerstellenausheilens.** B. S. Berry und J. L. Orehotsky. (Acta metallurg. [Long Island City, N.Y.] 16 (1968) 5, 697—711; engl.) — 1. vgl. vorst. Referat. — Ag–(24—33 Atom-%)Zn-Leg. werden zur Erzeugung einer anfänglichen Leerstellenkonz. von $5 \cdot 10^{-9}$ bis 10^{-11} von ≦ 200° auf Anlaßtemp. von ≧ 90° abgeschreckt. Die anschließende Abnahme der Leerstellenkonz. wird mittels Analyse von Zener-Relaxationsdaten nach einer Meth. des verzögerten Kriechens bestimmt. In hochreinen, gut ausgeheilten Proben erfolgt die Leerstellenabnahme inhomogen u. mit einer Kinetik, die einer einfachen Wanderung von Leerstellen zu festen Senken entspricht. In solchen Proben beträgt die mittlere Lebensdauer von Leerstellen bis zu $2 \cdot 10^{10}$ Sprünge. Schwache plast. Verformung oder weniger sorgfältige Vorbehandlung setzen die Lebensdauer um 2 Größenordnungen herab. Einfangen von Leerstellen an O u. Sn wird nicht gefunden; Bi bei einer Konz. von 10^{-4} modifiziert das Ausheilverf. stark, was auf starke Leerstellenbindung deutet. Die Bindungsenergie zwischen Leerstellen u. Fremdatom wird zu 0,3 eV abgeschätzt. Die Einfangstelle ist vermutlich ein Bi-Paar (kein Bi-Atom).
M. Frenzel 84

0369 **Messung der Diffusion von Gold in Kupfer durch die elastische Streuung von Deuteronen.** Satoru Kawasaki und Eiji Sakai. (J. nuclear Sci. Technol. [Tokyo] 4 (1967) 6, 273—77; Japan Atom. Energy Res. Inst., Tokaimura, Ibaraki-ken, Japan; engl.) — Es wird die Diffusion von Au in Cu bei 356—440° gemessen. Danach sind die gemessenen Diffusionskoeff. von Au in Cu etwas größer als die von Sippel [Phys. Rev. 115 (1959) 1441] bestimmten, die Aktivierungsenergie der Diffusion ist etwa gleich. R. Blank 84

0370 **Bildung fokussierter Stoßfolgen in bestrahlten Kristallen: Berechnung auf der Basis des Potentials des reziproken Quadrats.** J. B. Sanders und M. W. Thompson. (Philos. Mag. [8] 17 (1968) 145, 211—14; F.O.M.-Inst. voor Atoom- en Mol.-Fys., Amsterdam; engl.) — Berechnung von Stoßkaskaden mit einem Wechselwrkg.-Potential, das vom reziproken Quadrat des zwischenatomaren Abstands (r^{-2}) abhängt. Für die Voraussage des Energiespektrums abgestäubter Atome ergibt sich eine bessere Übereinstimmung mit den Experimenten als bei den Hartkugelmodellen.
Manfred Schenk 86

0371 **Rückstoßreichweiten von 0,22—5,2-MeV-Ionen in Vanadin, Eisen, Nickel, Zirkonium und Gold.** W. W. Bowman, F. M. Lanzafame, C. K. Cline, Yu-Wen Yu und Marshall Blann. (Physic. Rev. [2] 165 (1968) 2, 485—93; Dep. of Chem. and Nucl. Struct. Res. Labor., Univ. of Rochester, Rochester, N.Y.; engl.) — ^{51}V, ^{90}Zr u. ^{197}Au werden mit 10—80-MeV-^4He-Ionen, ^{58}Ni mit 2—21-MeV-Deuteronen u. ^{54}Fe mit 15—60-MeV-^6Li-Ionen beschossen. Die experimentellen Reichweiten ϱ u. ε werden bez. des Einfl. einer Teilchenverdampfung aus sich bewegenden Fragmenten u. einer Kernstreuung korrigiert. K. H. Härdtl 86

0372 **Relative Zerstäubungsausbeuten von dichtgepackten Richtungen in Nickel unter Beschuß von Ar^+-Ionen mit niedriger Energie.** J. F. Cuderman und James J. Brady. (Surface Sci. [Amsterdam] 10 (1968) 3, 410 bis 428; Oreg. State Univ., Corvallis, Oreg.; engl.) — Mit Radiotracer-Technik wurde die Zerstäubung von Ni-63 von einer durch Rekristallisation erzeugten (100)-Ni-Oberfläche untersucht. Dabei wurden Ar^+-Ionenströme der Größenordnung von 10^{-9} A mit Energien zwischen 25 u. 600 eV verwendet. Die relativen Zerstäubungsausbeuten von [110]-Richtungen wurden als Funktion der Ionenenergie für Einfallswinkel von 15 u. 75° gemessen u. mit theoret. Voraussagen verglichen.
G. Ertl 86

0373 **Einflüsse verschiedenern Dotierungsbehandlungen auf die Erzeugung von Schäden und Erholung von mit Deuteronen bestrahltem Aluminium.** K. Herschbach und J. J. Jackson. (Physic. Rev. [2] 158 (1967) 3, 661—70; Douglas Aircraft Comp., Inc., Santa Monica, Calif.; engl.) — Der Einfl. von Kaltbearbeitung, Leg.-

u./oder Strahlungsdotierung wurde untersucht. Die Proben wurden mit 20-MeV-Deuteronen bestrahlt. Die Ergebnisse können am besten durch Zwischengitterplatzwanderung in Stufe I erklärt werden.
H. Liepack 86

0374 **Durch Elektronenbeschuß von Festkörpern erzeugte Defekte.** Alain Cordier und André Degeilh. (J. Microscop. [Paris] 7 (1968) 4, 465—90, 2 Tafeln; Labor. d Opt. Électronique du CNRS, Toulouse; franz.) — Überblick. Herbert Weber 86

Optische Eigenschaften

0375 **Zur Plasmaresonanzemission im festen Körper.** E. Kretschmann und H. Raether. (Z. Naturforsch. **23a** (1968) 4, 615—17; Inst. für Angew. Phys., Univ., Hamburg; dt.) — Wird eine Festkörperoberfläche oder dünne Schicht mit Elektronen oder Licht bestrahlt, so kann eine Emission von Licht mit einem Intensitätsmax. bei der Plasmafrequenz ω_p stattfinden. Hierbei wird die strahlende Oberflächenmode (Wellenzahlvektor $k \approx 0$, Frequenz ω_p) angeregt. Vf. zeigen den Zusammenhang beider Erscheinungen der Plasmaresonanzemission, angeregt durch Elektronen sowie durch Licht, für *Ag* u. *K* als experimentelle Beispiele.
R. Blank 91

0376 **Mittlere freie Weglänge schneller Elektronen zur Plasmon-Anregung in einem Einkristall.** Akira Tonomura und Hiroshi Watanabe. (Jap. J. appl. Physics **6** (1967) 10, 1163—69; Central Res. Labor., Hitachi Ltd., Kokubunji, Tokyo; engl.) — Die mittlere freie Weglänge für Plasmon-Anregung durch Elektronen mit Energien zwischen 40 u. 100 keV in einem *Al*-Einkrist. wurde über die Analyse der Energiespektren bestimmt. Ringe gleicher Dicke durch (111)-Reflexion wurden zur Best. der Probendicke benutzt. Die mittlere freie Weglänge hängt geringfügig von der Krist.-Orientierung ab. Die Abhängigkeit von der Spannung bei Einhaltung der exakten Bragg-Bedingung stimmt qual. gut mit einer von Ferrell aufgestellten Theorie überein.
G. Ertl 91

0377 **Änderung der Brechungsindices von Flüssigkeiten und Gläsern im starken Feld eines Rubinlasers.** A. P. Veduta und B. P. Kirsanov. (Ž. éksper. teoret. Fiz. **54** (1968) 5, 1374—79; Fiz. inst. im. Lebedeva AN SSSR; russ., Auszug: engl.) — Die nichtlinearen Suszeptibilitätstensorkomponenten χ_3^{1111} u. χ_3^{1122} wurden durch Interferenzmeth. gemessen. Da die Meßergebnisse nicht mit dem nichtlinearen Orientierungsmechanismus übereinstimmen, wird ein anderer Mechanismus, wie etwa ein Elektronenmechanismus, für die Betrachtung des Phänomens herangezogen. Das wird durch theoret. Abschätzungen u. Experimente, bei denen DK-Werte der Medien unter der Wrkg. eines variierenden Feldes untersucht werden, bekräftigt. Folgende Substanzen wurden untersucht: *Aceton, Bzl., W., Glycerin, Quarzglas, o-Xylol, Nitrobenzol, Toluol, Chinolin, A., Rubin* u. *techn. Gläser*. E. Otto 92

0378 **Spektroskopische Untersuchung des dynamischen Orientierungszustandes zweiatomiger polarer Moleküle in flüssigen, nichtpolaren Lösungsmitteln.** D. Robert und L. Galatry. (Chem. Physics Letters [Amsterdam] 1 (1968) 11, 526—28; Groupe de Phys. Mol., Labor. de Spectroscopie Hertzienne, Fac. des Sci., Besançon, France; engl.) — Berechnung des Absorptionsprofils eines polaren zweiatomigen Mol. in einem nichtpolaren Lösungsmittel. Die Übereinstimmung mit Messungen an in fl. CCl_4 gelöstem *HCl* läßt schließen, daß der dynam. Zustand der Orientierung eines in einer Fl. gelösten einfachen Mol. weder durch eine gestörte Rotation noch durch eine Libration, sondern durch ein zwischen beiden Grenzfällen liegendes Verh. darzustellen ist.
H. Liepack 92

0379 **Verstärkung des Eigeneinfangs durch kooperative Erscheinungen: Anwendung auf flüssige Kristalle.** M. J. Freiser und R. J. Joenk. (Physics Letters [Amsterdam] A **24** (1967) 12, 683—84; IBM Watson Res. Center, Yorktown Heights, N.Y.; engl.) — Ein Modell eines Rotationsübergangs in einer dielektr. Fl. führt zu einer nichtlinearen Suszeptibilität, die proportional $(T - T_K)^{-1}$ ist (T_K = Ordnungstemp.). Für einige fl. Krist. in der isotropen Phase oberhalb T_K kann der intensitätsabhängige Teil des Brechungsindex um eine Größenordnung größer als bei CS_2 sein. H. Kelm 92

0380 **Optische Eigenschaften von flüssigen Metallen.** N. V. Smith. (Advances in Physics **16** (1967) 64, 629 bis 636; Cavendish Labor., Cambridge, U.K.; engl.) — Messungen der DK $\varepsilon_1 + i\varepsilon_2$ an fl. Hg, Cd, Pb u. Bi nach einer polarimetr. Meth. für einen Bereich von Wellenlängen im sichtbaren Bereich. Das Problem der Oberflächenbedingungen wurde bes. beachtet, u. die Endergebnisse werden als repräsentativ für die Grundmasse „bulk“ der Fl. angesehen. Die Werte für die Absorption $\omega\varepsilon_2$ sind höher als die aus der Drude-Theorie für freie Elektronen berechnete. Messungen der opt. Konst. an Hg–Bi-Leg. als Funktion der Zus. werden ebenfalls mitgeteilt. Herbert Weber 92

0381 **Anomale Reststrahlenstruktur aus leichter Oberflächenrauheit.** Dwight W. Berreman. (Physic. Rev. [2] **163** (1967) 3, 855—64; Bell Telephone Labor., Murray Hill, N.J.; engl.) — Numer. Berechnungen (lokale dielektr. Theorie) ergeben anomale Extramaxima u. -minima über den Reststrahlbanden von opt. isotropen Krist., die durch mikroskop. Rauheit in Form von Vertiefungen oder Erhöhungen auf einer flachen, dicken Probe erzeugt werden. Als Beispiel wird das Reflexionsvermögen von NaCl behandelt. Herbert Weber 92

0382 **Änderung des Reflexionsvermögens von Metallen mit der Einwirkungszeit eines Laserimpulses.** A. M. Bonč-Bruevič, Ja. A. Imas, G. S. Romanov, M. N. Libenson und L. N. Mal'cev. (Ž. techn. Fiz. **38** (1968) 5, 851—55; russ.) — An *Cu, Al, Duraluminium, Stahl* u. *Ag* wird gezeigt, daß sich das opt. Reflexionsvermögen bei Einw. eines Laserimpulses infolge der Oberflächenerhitzung stark verändert. H. Roschkowski 92

0383 **Reflexion von Halbleiterschichten aus Cu_2S im Infrarotbereich des Spektrums.** B. P. Kryžanovskij. (Optika i Spektroskopija **24** (1968) 2, 263—66; russ.) — Die Durchlässigkeit der Schichten im Bereich 0,35 bis 1,1 μ hing von der Dicke u. der stöchiometr. Zus. ab (Cu_2S_{1+x}). Im Bereich 2,5—25 μ zeigten die Schichten einen hohen Reflexionskoeff., der mit der Leitfähigkeit anstieg u. 70—80% erreichen konnte.
M. Wiedemann 92

0384 **Modulation der Lichtabsorption in Germanium an der Grenzfläche zu Elektrolyten.** P. P. Konorov und S. V. Ščegolichina. (Fiz. tverdogo Tela **9** (1967) 7, 2117—19; Leningradskij gos. univ. im. Ždanova; russ.) — In einer skizzierten Anordnung wird polarisiertes Licht auf eine in n-Na_2SO_4 befindliche Elektrode aus 30 Ohm·cm n-*Ge* eingestrahlt. Die Effektivität ε der Modulation wächst mit zunehmendem Polarisationsstrom schnell auf einen Sättigungswert, der bei Bestrahlung im Gebiet der Eigenabsorption stark zunimmt, wenn Ge als Anode geschaltet ist. Bei negativer Polung steigt ε weniger stark an. Die Effekte werden durch Extraktion von Minoritätsträgern aus dem Probenvolumen gedeutet.
Heinz Vogel 92

0385 **Einflüsse der Elektron–Gitter-Wechselwirkung auf die Magnetooptik freier Ladungsträger für Halbleiter.** P. G. Harper. (Proc. physic. Soc. 92 (1967) 577, 793 bis 799; I. I. Thomson Phys. Labor., Univ., Reading; engl.) — Durch das Modell von Johnson u. Larsen, welches auf der Ein-Phonon-Anregung magnet. Landau-Zustände beruht, konnte der Einfl. der Elektron–Gitter-Wechselwrkg. auf die magnetoopt. Eig. freier Ladungsträger in Halbleitern behandelt werden. Die große diskontinuierliche Verbreiterung, welche von Summers, Harper u. Smith in *InSb* bei Magnetfeldern H beobachtet wurde, die der longitudinalen opt. Gitterfrequenz $eH/mc = \omega_0$ entspricht, kann danach erklärt werden.
G. Richard 92

0386 **Temperaturabhängigkeit des magnetooptischen Parameters von Nickelfilmen.** I. S. Édel'man und N. I. Syrova. (Fiz. Metallov Metallovedenie **25** (1968) 4, 758—60; Inst. fiz. SO AN SSSR; russ.) — Der Faraday-Effekt von Ni-Filmen bei 6328 Å u. Temp. von 0 bis

400° wird gemessen. Die Veränderungen des Verlaufs der magnetoopt. Parameter u. des daneben bestimmten Brechungsindex u. Absorptionskoeff. gehen auf Oberflächenschichteinfl. zurück. H. Roschkowski 92

0387 **Beeinflussung der Frequenzen optischer Phononen durch elektrische Felder.** J. M. Worlock und P. A. Fleury. (Physic. Rev. Letters **19** (1967) 20, 1176—79; Bell Telephone Labor., Holmdel, N.J.; engl.) — In Experimenten über die feldinduzierte Raman-Streuung von kub. $SrTiO_3$ (Perowskitstruktur) wird eine deutliche Verschiebung u. Aufspaltung der Frequenzen weicher opt. Phononen beobachtet. Die Vers. wurden bei Temp. zwischen 8 u. 250 °K u. Feldstärken zwischen 0,2 u. 12 kV/cm durchgeführt. Die Resultate werden auf Grund des Devonshire-Modells der Ferroelektrizität sowie der Lyddane-Sachs-Teller-Beziehung interpretiert. F. Langenbucher 92

0388 **Übertragung der Elektronenanregungsenergie von Seltenerdmetallionen auf Wasserschwingungen.** R. E. Ballard. (Spectrochim. Acta [Oxford], Part A **24** (1968) 1, 65—71; School of Chem. Sci., Univ. of East Anglia, Norwich, Norfolk, England; engl.) — Unters. der strahlungslosen Übertragung von Anregungsenergie aus intermediären Zuständen von $EuCl_3$ u. $TbCl_3$ in wss. Lsg. durch Berechnung u. Messung der Übergangsmomente bez. ihrer Energieübertragungsmechanismen auf die Hydrathüllen von H_2O u. D_2O. R. Blank 94

0389 **Untersuchung von Ge-Oberflächen durch Totalreflexionsspektroskopie.** 1. Mitt. A. V. Ržanov und M. P. Sinjukov. (Fiz. Techn. Poluprovodnikov **2** (1968) 4, 504—13; Inst. fiz. poluprov. SO AN SSSR, Novosibirsk, russ.) — Totalreflexionsspektren (2—4 μm) unterschiedlich oberflächenbehandelter Ge-Proben. Eine bei 2,72 μm auftretende Bande wird als OH-Schwingung von adsorbierten W.-Mol. gedeutet. K. Jaeger 94

0390 **Untersuchung von Ge-Oberflächen durch Totalreflexionsspektren.** 2. Mitt. A. V. Ržanov und M. P. Sinjukov. (Fiz. Techn. Poluprovodnikov **2** (1968) 4, 514—18; russ.) — 1. vgl. vorst. Referat. — Unters. der Feldabhängigkeit des Totalreflexionspeaks bei 2,72 μm bestätigen seine Zuordnung zu adsorbierten W.-Molekülen. K. Jaeger 94

0391 **Ultraviolettreflexion von Nickel oberhalb und unterhalb des Curie-Punktes.** R. G. Jarovaja und L. I. Timčenko. (Fiz. tverdogo Tela **10** (1968) 4, 1237—39; Char'kovskij gos. univ. im. Gor'kogo; russ.) — Reflexionsspektren (255—480 nm) von Ni-Aufdampfschichten (Quarzsubstrat) zeigten eine nur sehr geringe Temp.-Abhängigkeit der Reflexionskoeff. im Bereich des Curie-Punktes (358°). K. Jaeger 94

0392 **Reflexionsspektren von AgCl, AgBr und AgJ bei tiefen Temperaturen im fernen Infrarot.** Armand Hadni, Jacques Claudel und Pierre Strimer. (Appl. Optics **7** (1968) 6, 1159—65; Univ. de Nancy, Nancy, France; engl.) — Messung der Reflexionsspektren von $AgCl$ (**I**), $AgBr$ (**II**) u. AgJ (**III**) zwischen 50 u. 250 cm^{-1} bei Raumtemp., der Temp. von fl. H_2 u. von fl. N_2. Nur bei **I** treten zwei Komponenten im Spektrum auf. Trotzdem werden für die Lorentz-Analyse bei tiefen Temp. zwei Schwingungen benötigt, wovon die stärkere ν_1 dem TO-Übergang bei Γ u. die um eine Größenordnung kleinere ν_2 der TA + TO-Bande für die *NaCl*-Struktur u. TA + LA-Bande für die *Zinkblende*- oder *Wurtzit*-Struktur entspricht. Die Abhängigkeit der Oszillatorenstärke u. Schwingungsdämpfung in Abhängigkeit von der Temp. zeigt noch eine starke Abnahme der Dämpfung zwischen der Temp. von fl. H_2 u. fl N_2. Brechungs- u. Absorptionsindizes im ganzen Spektralbereich bei den genannten Temp. zeigen starke Änderungen, bes. hohe Transparenz im sehr fernen IR bei der tiefsten Temperatur. Ebenso wurden die Real- u. Imaginäranteile der DK im gesamten Spektral- u. Temp.-Bereich berechnet. R. Blank 94

0393 **Profil der Exzitonenabsorption in Galliumphosphid.** V. K. Subašiev und G. A. Čalikjan. (Fiz. tverdogo Tela **10** (1968) 5, 1343—46; Inst. poluprov. AN SSSR, Leningrad; russ.) — Die Linie der direkten Exzitonenübergänge in *GaP* zeigt von 77—673 °K an der langwelligen Kante ein nichtsymm. Lorenz-Profil. Die Meßdaten lassen sich mit der Toyozava-Theorie beschreiben. K. Jaeger 94

0394 **Optische Absorption von Siliciummonoxid.** I. R. Rawlings. (J. Physics. D (Brit. J. appl. Physics) [2] **1** (1968) 6, 733—39; Standard Telecommun. Labor. Harlow, Essex; engl.) — Messung der Durchlässigkeitsspektren dicker *SiO*-Filme (0,5—6,0 μm) im sichtbaren Spektralbereich (400—850 nm). Die Absorptionskoeff. in diesem Bereich werden ber. u. ihre Änderungen mit der Wellenlänge durch ein sehr einfaches Modell der amorphen Struktur diskutiert. Danach kann die amorphe Struktur durch zwei in der Theorie auftretende Parameter charakterisiert werden. Außerdem lassen sich Informationen über ihre Zustandsdichtefunktionen durch Absorptionsmessungen bestimmen. R. Blank 94

0395 **Raman-Spektrum von Berylliumoxid.** Jean-Pierre Mon. (C. R. hebd. Séances Acad. Sci., Sér. A et B **266** (1968) 4, B. 244— B 246; Labor. de Rech. phys., Fac. des Sci. de Paris; franz.) — Das Raman-Spektrum von krist. BeO nach Anregung mit der 6328-Å-Strahlung eines He–Ne-Lasers wird an Hand von verschiedenen Krist.-Schnitten untersucht. Die Symmetrie der Grundschwingungen wird bestimmt. F. Langenbucher 94

0396 **Reflexionsspektren von Vanadin(IV)-oxid-Einkristallen bei der Phasenumwandlung Halbleiter–Metall.** V. G. Mokerov und A. V. Rakov. (Fiz. tverdogo Tela **10** (1968) 5, 1556—57; russ.) — Reflexionsspektren (1,4 bis 6,0 eV; 25—62°; Einfallwinkel ca. 8°) von VO_2-Einkristallen. Oberhalb 4,0 eV sind die Reflexionskoeff. temperaturunabhängig, unterhalb 4,0 eV zeigen sie zwischen 59 u. 62° eine Diskontinuität, die auf den Übergang Halbleiter–Metall zurückgeführt wird. Die Absorption wird Band–Band-Übergängen mit einem Bandabstand von ca. 0,3 eV zugeschrieben. Die Reflexionskoeff. sind von der spezif. Leitfähigkeit der Proben unabhängig. K. Jaeger 94

0397 **Nichtlineare Absorption in CdSe.** A. M. Bonč-Bruevič, T. K. Razumova und G. M. Rubanova. (Fiz. tverdogo Tela **10** (1968) 4, 1235—36; russ.) — Messung der Absorptionsspektren (695—725 nm) u. der Transmission als Funktion der Intensität ($\lesssim 5 \cdot 10^7$ W/cm^2) von CdSe-Aufdampfschichten mit Rubinlaserlicht. Die Ergebnisse werden mit den analogen Daten für „KS-19"-Gläser verglichen. K. Jaeger 94

0398 **Fundamentalabsorptionsspektren und optische Übergänge in InSe-Einkristallen.** M. Ju. Sachnovskij, V. B. Timofeev und A. S. Jakimova. (Fiz. Techn. Poluprovodnikov **2** (1968) 2, 199—205; Černovickij gos. univ.; russ.) — Absorptionsspektren (1—3 eV; 90—293 °K) von n-InSe. Analyse der direkten u. indirekten Übergänge u. der Feinstruktur der Spektren. Die Kopplungsenergien u. die effektiven Massen der Exzitonen werden berechnet. K. Jaeger 94

0399 **Einfluß der Umgebung auf die Absorptionsspektren von Plutonium(VI)-Ionen.** A. Ekstrom, M. S. Farrell und J. J. Lawrence. (J. inorg. nuclear Chem. **30** (1968) 2, 660—64; Dep. of Chem., Univ. of Wis., Madison, Wis.; engl.) — Die bei Lanthaniden beobachtete hohe Empfindlichkeit der Intensitäten (aber nicht der Lagen) der Absorptionsbanden auf den Lsgm.-Einfl. wird in den Absorptionsspektren (800—1000 nm) des Plutonium(VI)-Ions an folgenden, in verschiedenen organ. Lsgm. gemessenen Verb. bestätigt: $PuO_2(NO_3)_2 \cdot 6\,H_2O$ u. $PuO_2(ClO_4)_2 \cdot 6\,H_2O$ in HNO_3, *Dimethylsulfoxid*, *N.N'-Dimethylformamid*, *W.* u. *Äthanol*. Die Ursache sehen Vf. in der Fähigkeit gewisser Lsgm.-Mol., zur inneren Koordinationssphäre des Plutonyl-Ions durchzustoßen. R. Blank 94

0400 **Elektronenstrukturen von tetragonalen Nickel(II)-Komplexen.** David A. Rowley und Russell S. Drago. (Inorg. Chem. [Washington] **7** (1968) 4, 795—800; W. A. Noyes Labor., Univ. of Ill., Urbana, Ill.; engl.) — Die Elektronenspektren folgender Komplexe mit tetragonalem Ni(II) wurden untersucht: *Ni(S-dmeen)*$_2X_2$ (X = *Cl, Br, BF*$_4$ · *DMSO* u. *BF*$_4$ · *DMF*), *Ni(py)*$_4X_2$ (X = *Cl, Br, ClO*$_4$ u. *BF*$_4$), *Ni(py)*$_2X_2$ (X = *Cl* u. *Br*), *Ni(Tempa)Cl*$_2$ u. *Ni(az)*$_4$*Cl*$_2$ (vgl. Vers.-Teil). Die Spektren enthalten eine große Zahl von Banden, mit denen man Näherungen testen kann, die zur Berechnung der Krist.-Feldparameter D_s u. D_t herangezogen wurden. Die Ergebnisse zeigen, daß im Gegensatz zu den bisher benutzten Näherungen alle nicht diagonalen Matrixelemente u. alle Konfig.-Wechselwrkg. bei der Berechnung dieser Parameter berücksichtigt werden müssen. Demnach sind bedeutende Fehler bei Literaturwerten zu finden. Für tetragonale Ni(II)-Komplexe bleiben die D_q^z-Werte nicht von Komplex zu Komplex konst., wenn das Feld in der Ebene stärker wird, sondern sie werden kleiner. Dies wird mit einem induktiven Effekt des Liganden erklärt. Die Werte für den McClure-Parameter $\delta\pi$ werden auf Grund zweier alternativer Effekte gedeutet, nämlich der π-Elektronenabstoßung (π*- Antibindungseffekt) u. der Metall–Ligand-π-Bindung.

Versuche: *Ni(py)*$_2$*Br*$_2$, durch mehrmaliges Waschen von $Ni(py)_4Br_2$ mit Ae./Chlf. (1:1); *Ni(S-dmeen)X*$_2$ [S-dmeen = N.N'-Dimethyläthylendiamin (I), X =] *Cl*, durch 2std. Dehydratisieren von $Ni(H_2O)_6Cl_2$ in Dimethoxypropan (II) u. Methanol, Zugabe von I im Überschuß, 3std. Rühren, Abfiltrieren, Waschen mit abs. A. u. Ae. sowie 12std. Trocknen im Vakuum; *Br*, analog; *BF*$_4$ · *DMSO*, Dehydratisieren von $Ni(H_2O)_6(BF_4)_2$ mit II, Zugabe von I, darauf von DMSO (III), Fällen mit Ae., Lösen des Öls in abs. A., das wenig I, II u. III enthält. *BF*$_4$ · *DMF*, analog (Tempa = 5.7.7.12.14.14-Hexamethyl-1.4.8.11-tetrazacyclotetradecan; az = Azıridın).
G. Heller 94

0401 **Einzelmolekülursprung der grünen Absorptionsbande von festem Dimethylglyoximatonickel. Vergleichende Untersuchung der Lösungs- und Festkörperspektren von Nickel(II)-glyoximaten.** Basil G. Anex und F. Kevin Krist. (J. Amer. chem. Soc. **89** (1967) 24, 6114—25; Sterling Chem. Labor., Yale Univ., New Haven, Conn.; engl.) — An den 1:2-Komplexen von Ni(II) mit *Dimethylglyoxim, Methyläthylglyoxim* u. *Heptoxim* wurden polarisierte Einkrist.-Spektren sowie Spektren koll. Lsg. bei der Temp. des fl. N_2 bzw. echter Lsg. bei Zimmertemp. aufgenommen. Auf diese Weise gelang es erstmalig, die auffallenden spektralen Änderungen beim Übergang von gelöstem zu krist. Ni(II)-Glyoximat näher zu charakterisieren. Die bisher als „neue" Bande angesehene grüne Absorption im Festkörperspektrum hat ihren Ursprung im CT-Bereich des Mol.-Spektrums. Für diese u. andere Absorptionsbanden wird eine Zuordnung mit Hilfe eines vernünftigen Energieniveauschemas für planare Komplexe mit Intraligand-π-Bindungen getroffen. Auf diese Weise ergeben sich Einblicke in die Elektronenstruktur der isolierten Mol. u. der Krist. von Ni(II)-Glyoximkomplexen. A. Blaschette 94

0402 **Infrarottransmissionsspektrum und Gitterschwingungsanalyse einiger Perowskitfluoride.** Ichiro Nakagawa, Atsushi Tsuchida und Takehiko Shimanouchi. (J. chem. Physics **47** (1967) 3, 982—89; Dep. of Chem., Fac. of Sci., Tokyo Univ., Hongo, Tokyo; engl.) — IR-Spektren (700 bis 50 cm^{-1}) bei Raumtemp. u. der Temp. der fl. Luft von *KMF*$_3$ (I; *M = Ni, Mg, Zn*) u. *NaNiF*$_3$ (II). Die drei auftretenden Banden in I werden den f_{1u}-Gitterschwingungen zugeschrieben. Aus einer Normalkoordinatenanalyse wurden die Kraft-Konst. u. die Normalgitterschwingungen berechnet. II weist ein komplizierteres Spektrum als I auf, was auf leichte Abweichungen von der regulären kub. *Perowskit*-Struktur schließen läßt. Aus einer Analyse der entsprechenden *Rutile* wurden die ber. Kraftkonst. auf die Perowskite übertragen, die zu gleichen Zuordnungen der Gitterschwingungen wie oben führen.
R. Blank 94

0403 **Grundschwingungspolarisation der Photolumineszenz von Lösungen.** Aleksander Jabłoński. (Postępy Fizyki 18 (1967) 6, 663—72; Kat. Fiz. Doświad czalnej Uniw. M. Kopernika, Toruń; pol.) — Beziehungen für die Grundschwingungsemissionsanisotropie der Photolumineszenz auf Grund der Orientierung u. Anisotropie der elektron. Oszillatoren bez. Absorption u. Emission werden angegeben. Rolf Heyer 96

0404 **Lage der Lumineszenzzentren- und Haftstellenniveaus in SiC(6 H).** E. E. Bukke, L. A. Vunokurov, I. S. Gorban', A. F. Gumenjuk, Ju. M. Sulejmanov und M. V. Fok. (Fiz. Techn. Poluprovodnikov **2** (1968) **2**, 193—98; Fiz. inst. im. Lebedeva AN SSSR, Moskva; russ.) — Unters. der Anregung, Dämpfung u. therm. Bleichung der durch IR-Licht angeregten orangefarbenen Lumineszenz. Ein Schema der beobachteten Übergänge an n- u. p-α-SiC-Proben wird mitgeteilt.
K. Jaeger 96

0405 **Lumineszenz von Stickstoff–Aluminium-Komplexen in α-SiC(6 H).** Ju. S. Krasnov, T. G. Kmita, I. V. Ryžikov, V. I. Pavličenko, O. T. Sergeev und Ju. M. Sulejmanov. (Fiz. tverdogo Tela **10** (1968) **4**, **1140** bis **1146**; russ.) — Photo- u. Elektrolumineszenzspektren (400—800 nm; 300 u. 77 °K) hochohmiger p–n-Schichten als Funktion der Stromdichte (10^{-2} bis 10^3 A/cm²). Die Spektren werden durch die Existenz von N–Al-Donator-Akzeptorpaaren gedeutet. K. Jaeger 96

0406 **In Alkalimetallhalogenidphosphoren unter dem Einfluß oberflächenaktiver Beimengungen entstehende Defekte und ihre Rolle in der Rekombinationslumineszenz.** L. M. Šamovskij, A. A. Dunina, B. S. Gorobec und M. G. Larionov. (Izvest. Akad. Nauk SSSR, Ser. fiz. **32** (1968) 1, 20—23; russ.) — Für die Phosphore *NaCl: Ag, NaCl:Cu* u. *NaJ:Tl* wurden die durch die oberflächenakt. Cu^+-, Tl^+- u. Ag^+-Beimengungen verursachten Defekte untersucht. Die Intensität der Röntgen (bei 100 °K)- u. Thermolumineszenz (bei 77—300 °K)-Spektren wurden dazu gemessen. V. Burjan 96△

0407 **Anwendung der Thermolumineszenz von LiF zur Bestimmung hoher Dosen ionisierender Strahlung.** A. F. Ljušina und K. K. Švarc. (Izvest. Akad. Nauk Latv. SSR, Ser. fiz. techn. Nauk **1968**, **2**, 65—70; Inst. fiz. AN Latv. SSR; russ.) — Zur Messung von ionisierender Strahlung im Bereich 10—250 Mrad mit einer Genauigkeit von ±10% wurden LiF-Krist. benutzt. Die Meth. beruht auf der Best. der Abhängigkeit der Temp. des intensivsten Max. des Thermoausleuchtens von der Dosis. Bis 0,5 Mrad/s wurde keine Abhängigkeit von der Dosisleistung gefunden. M. Wiedemann 96

0408 **Thermolumineszenz γ-bestrahlter CaF_2:Dy- und CaF_2:Dy, Ce-Kristalle.** S. Ch. Batygov und V. V. Osiko. (Izvest. Akad. Nauk SSSR, Ser. fiz. **32** (1968) 1, 8—10; russ.) — CaF_2 wurde entweder mit Dy oder mit Dy–Ce aktiviert (0,01 Mol-% Ce, 0,1—0,7 Mol-% Dy). Die Kurven der Thermolumineszenz (Erwärmung bis 700 °K) wurden als eine Funktion des Geh. von Dy dargestellt.
V. Burjan 96△

0409 **Mechanismus der strahlenden Rekombination in Indiumarsenid-p–n-Übergängen.** N. P. Esina, N. V. Zotova und D. N. Nasledov. (Fiz. Techn. Poluprovodnikov 2 (1968) 3, 370—73; Fiz.-techn. inst. im. Ioffe AN SSSR, Leningrad; russ.) — Messung der Blauverschiebung des Rekombinationsmax. von InAs-p–n-Übergängen ($8 \cdot 10^{16}$—$9 \cdot 10^{18}$ cm^{-3}) als Funktion der Stromdichte am Übergang (≲ 20 kA/cm²). Die Ergebnisse lassen sich durch ein Modell beschreiben, bei dem erlaubte Zustände in die verbotene Zone hineinreichen. K. Jaeger 96

0410 **Einfluß von Silicium auf die Lumineszenz von Galliumphosphid.** V. Ja. Baseckij, N. A. Gorjunova, O. G. Peskov und G. F. Cholujanov. (Fiz. Techn. Poluprovodnikov 2 (1968) 1, 120—22; Leningradskij ėlektrotechn. inst. im. Ul'janova (Lenina); russ.) — Lumineszenzspektren (1,4—2,2 eV) von Si-dotierten ($5 \cdot 10^{-3}$ bis 1 Atom-%) n-GaP-Proben (80—300 °K). Die Lumineszenzintensität des 1,96-eV-Max. als Funktion der Si-Konz. durchläuft bei ca. $2 \cdot 10^{-1}$ Atom-% Si ein Maximum. Das Si-Akzeptorniveau liegt 0,26 eV über der Valenzbandkante. K. Jaeger 96

0411 **Lumineszenz von Ag_2O-Kristallen.** E. F. Gross und F. I. Krejngol'd. (Rev. roum. Physique 13 (1968) 1, 25—32; russ.) — In aus wss. Lsg. erhaltenen Ag_2O-Krist. wurden 4 Lumineszenzmax. beobachtet: 1,24; 1,1; 0,92 u. 0,75 eV. Die Temp.-Abhängigkeit (65—100 °K)

der Spektren u. die Anregungsspektren als Funktion der Anregungsintensität wurden gemessen. Die Daten werden mit Literaturdaten für Cu_2O verglichen.
K. Jaeger 96

0412 **Exzitonenlumineszenz in Cu_2O-Kristallen.** E. F. Gross und F. I. Krejngol'd. (Ž. èksper. teoret. Fiz. – Pis'ma v Redakciju 7 (1968) 8, 281–83; Leningrad, Gos. univ. im. Ždanova; russ.) – Bei 77 °K u. 4,2 °K wurden die Spektren der Exzitonenlumineszenz von Cu_2O gemessen. Das Spektrum wird dargestellt u. die Linien interpretiert. V. Burjan 96△

0413 **Spektrum von Exzitonenkomplexen in hexagonalen ZnS-Einkristallen.** E. F. Gross, L. G. Suslina und E. B. Šadrin. (Fiz. tverdogo Tela 10 (1968) 4, 1036–40; Fiz.-techn. inst. im. Ioffe AN SSSR, Leningrad; russ.) – Exzitonenspektren (3100–3300 Å) bei 4,2 °K. Die Zuordnung der Maxima zu vier verschiedenen Exzitonenkomplexen wird diskutiert. K. Jaeger 96

0414 **Einfluß des Bindemittels auf die Elektrolumineszenz-Leuchthelligkeit pulverförmiger ZnS-Phosphore.** V. E. Solodkin und É. K. Tal'viste. (Izvest. vysšich učebnych Zavedenij [Tomsk], Fiz. 11 (1968) 1 (68), 139 bis 143; Tartuskij gosuniv.; russ.) – Es wurde gezeigt, daß die Elektrolumineszenz von Schichten auf der Grundlage einiger Bindemittel (Polyvinylcyanäthyläther, Epoxid-, Formaldehydharze, Si-organ. Lacke) eine zusätzliche Helligkeit im Vgl. zu der Helligkeit hat, die der aus der Theorie der heterogenen Syst. ber. Feldstärke im Phosphor entspricht. Es wurde die Hypothese aufgestellt, daß die „Überhelligkeit" durch Ansammlung einer Ladung an der Oberfläche der Krist. des Phosphors im Anregungsprozeß verursacht wird. H.-D. Schwartz 96

0415 **Aktivierungsfreie Lumineszenz in Zn(S:Se).** S. Asano, K. Omori und T. Sumimoto. (Fiz. tverdogo Tela 10 (1968) 4, 1124–28; Okayama, Univ., Japan; russ.) – Lumineszenzspektren (300–700 nm; 80 u. 300 °K) von (1–x) ZnS · x ZnSe (kub.) werden aufgenommen. Mit zunehmendem x werden das SA-Max. (460 → 650 nm) u. das SAL-Max. (390 → 540 nm) rotverschoben. Die Max. werden anomalen Elektronenübergängen an Zn-Gitterplätzen zugeordnet. K. Jaeger 96

0416 **Kohärente Strahlung freier Exzitonen in CdSe.** L. N. Kurbatov, E. F. Gross, V. E. Maščenko, B. S. Razbirin, N. N. Močalkin und A. D. Britov. (Fiz. Techn. Poluprovodnikov 2 (1968) 2, 281–83; russ.) – Gemessen wurden bei 10 °K die Spektren (6750–7000 Å) der kohärenten Emission der Exziton–Phonon-Übergänge dünner, hexagonaler CdSe-Aufdampfschichten. Die Linienlage u. -halbwertsbreiten wurden als Funktion der Stromdichte bestimmt; die Generationsschwelle lag bei 1,5 bis 3 A/cm². K. Jaeger 96

0417 **Darstellung von CdTe-Lumineszenzdioden aus der Schmelze.** V. A. Čapnin. (Fiz. Techn. Poluprovodnikov 2 (1968) 2, 258–59; Fiz. inst. im. Lebedeva AN SSSR, Moskva; russ.) – Verf. zur Darst. von CdTe-Dioden auf p- u. n-Basis aus der Schmelze mit Dotierungen von *Al* bzw. ohne Dotierungszusatz. An den erhaltenen Dioden wurden die Strom–Spannungs-Kurven u. die Lumineszenzspektren (1,25–1,60 eV) gemessen (77 u. 300 °K). K. Jaeger 96

0418 **Lumineszenz und Exoemission der Sulphatphosphore nach der Bestrahlung mit ionisierender Strahlung.** A. R. Krasnaja und V. Ja. Jaskolko. (Izvest. Akad. Nauk SSSR, Ser. fiz. 32 (1968) 1, 44–46; russ.) – Nach der Bestrahlung mit ^{90}Sr wurde die thermostimulierte Emission von $CaSO_4$ (nicht aktiviert oder aktiviert mit Mn^{2+} u. Sm^{3+}) gemessen. $CaSO_4$ wurde mit gestörter Stöchiometrie (durch Fällen aus $CaCl_2$-Lsg. mit H_2SO_4-Unterschuß oder -Überschuß) hergestellt. Die Einfangszentren werden durch die Herstellungsmeth. des $CaSO_4$ bedingt. Der Unterschied zwischen den Zentren der thermostimulierten Lumineszenz u. der thermostimulierten Emission wurde bestätigt. V. Burjan 96△

0419 **NMR-Spektrum und Linienform wechselwirkender Zweispinsysteme in Kristallen.** O. P. Revokatov und U. Ajchov. (Vestnik Moskovskogo Univ., Ser. III 23 (1968) 1, 103–06; Kaf. mol. fiz.; russ.) – Theoret. quantenmechan. Untersuchung. H. Roschkowski 98

0420 **Kernmagnetische Resonanzsignale in Festkörpern mit zwei verschiedenen Spinsorten.** G. Siegle. (Z. Naturforsch. 23a (1968) 4, 556–62; I. Phys. Inst., Univ. Stuttgart; dt.) – Signale in Festkörpern mit zwei Spinsorten werden näherungsweise aus den Ergebnissen für Substanzen mit nur einer Spinsorte abgeleitet. Bei Phasendifferenzen von 0° u. 90° der Impulsmodulation unterscheidet sich die Form des Echos von der des Signals nach einem Einzelimpuls, die Summe der in beiden Fällen auftretenden Echos aber häufig nicht mehr. Bei konst. Impulsabstand sind die Echoamplituden stark von Probentemp. u. äußerem Magnetfeld abhängig, wenn sich Spin S während einer Larmor-Präzessionsperiode von Spin I häufig umorientiert. Die Rechnung wurde durch Messungen an polykrist. *DPPH* u. $Nd(NO_3)_3 \cdot 6\,H_2O$ bestätigt. B. Stender 98

0421 **Einfluß der kristallographischen magnetischen Anisotropie auf das Resonanzfeld in kubischen Einkristallen.** A. A. Manujlova, T. V. Kudrivceva und L. P. Bogdanova. (Kristallografija 13 (1968) 1, 100–03; russ.) – Ent. weiner graph. Lösung für die Gleichung der Resonanzfeldstärke als Funktion der Größe u. Orientierung des angelegten Felds bei der ferromagnet. Resonanz von Einkrist. mit schwacher Anisotropie. Die Ausgangsgleichung wird zur Berechnung der Verteilungsfunktion der effektiven Anisotropiefelder in Yttriumeisengranat verwandt. H. Roschkowski 98

0422 **Theorie der kernmagnetischen Resonanz von Ferromagnetika.** V. G. Bar'jachtar, S. V. Peletminskij und É. G. Petrov. (Fiz. tverdogo Tela 10 (1968) 3, 785 bis 793; Fiz.-techn. inst. AN SSSR, Char'kov; russ.) – Eine Gleichung für den Tensor der hochfrequenten „Kernsuszeptibilität" wird abgeleitet. Die Relaxationszeiten werden durch Korrelationsfunktionen beschrieben. K. Jaeger 98

0423 **Amplitudenmodulation von HF-Feldern in „Spin-Locking"-Experimenten.** M. Hanabusa. (Physics Letters [Amsterdam] 24A (1967) 5, 266–67; Fac. of Engng. Sci., Osaka Univ., Osaka, Japan; engl.) – Die sinusförmige Amplitudenmodulation von HF-Feldern induziert Übergänge $0\gamma H_1$; $^1/_2\,\gamma H_1$; γH_1 u. $2\,\gamma H_1$ in Spin-Locking-Experimenten an *NaCl*-Einkristallen. Eine tiefe Modulation durch quadrat. Wellenformen ergab ähnliche Ergebnisse in bezug auf die vielfachen Festkörper-Echophänomene. G. Richard 98

0424 **Molekülorbitaltheorie für Cu^{2+} mit tetraedrischer Koordination.** W. E. Hagston. (J. Physics, C (Proc. physic. Soc.) [2] 1 (1968) 3, 810–17; Dep. of Phys., Univ. of Hull, England; engl.) – Auf Grund der theoret. Berechnungen am Modell von Birman (Phys. Rev. 121 (1961) 144), in dem die IR-Emission von Cu-dotiertem *Zinksulfid* (I) einem inneren Übergang des Cu^{2+}-Ions zugeschrieben wird, kann die d–p-Konfig.-Mischung weder in I noch im entsprechenden *ZnO* für die Übergänge verantwortlich sein. Die Intensität muß von einer starken Wechselwrkg. zwischen dem Cu^{2+}-Ion u. dem Wirtsgitter abhängen, was zu einer deutlichen Red. des mittleren g-Faktors u. vermutlich einer kurzen Spin–Gitter-Relaxation führt. Dies scheinen auch die Gründe zu sein, warum das ESR-Signal von Cu^{2+} so schwer zu finden ist. R. Blank 98

0425 **Spinwellenspektren in Antiferromagnetika.** V. G. Bar'jachtar und V. A. Popov. (Fiz. tverdogo Tela 10 (1968) 3, 773–78; Char'kovskij gos. univ. im. Gor'kogo; russ.) – Es wird gezeigt, daß im Bereich kleiner Wellenvektoren die lineare Abhängigkeit der Spinwellenspektren einiger Antiferromagnetika vom Wellenvektor auf die Symmetrieeig. des Hamilton-Operators zurückgeführt werden kann. K. Jaeger 98

0426 **Magnetoelastische Instabilität bei homogener Präzession in Ferromagnetika.** R. G. Chlebopros und V. E. Šapiro. (Fiz. tverdogo Tela 10 (1968) 2, 620–24; Inst. fiz. SO AN SSSR, Krasnojarsk; russ.) – Theoret. Analyse der Schwelle der niederfrequenten magnetoelast. Instabilität im Bereich der ferromagnet. Resonanzfrequenz. Für *Y–Fe-Granat* werden Instabilitäten von ca. $2 \cdot 10^{-3}$ rad bestimmt. K. Jaeger 98

0427 **Spinwellenrelaxation im Ni–Zn-Ferritsystem.** M. Manzel. (Ann. Physik [7] **20** (1968) 7/8, 381–89; Jena, Inst. für Magnet. Werkstoffe der DAW; dt.) – Die direkte Anregung von Spinwellen durch longitudinales Pumpen wurde benutzt, um im Ni–Fe-Ferritsyst. $(NiO)_{1-y}(ZnO)_yFe_2O_3$ die ferromagnet. Relaxation zu untersuchen. Die gemessenen Gesamtverluste – dargestellt durch die äquivalente Spinwellenlinienbreite – können in einen wellenzahlabhängigen u. einen wellenzahlunabhängigen Anteil aufgeteilt werden. Beide Anteile wachsen mit dem ZnO-Geh. stark an. Zur Deutung dieses Verh. werden verschiedene in der Literatur angegebene Spinwellenrelaxationsprozesse diskutiert. E. Otto 98

0428 **Einfluß der Anisotropie auf die magnetostatischen Spektren von Ferritkugeln.** A. I. Pil'ščikov und N. S. Sedleckaja. (Fiz. tverdogo Tela **10** (1968) 5, 1298 bis 1304; Mosk. gos. univ. im. Lomonosova; russ.) – Best. des Anisotropieeffektes des Resonanzfeldes u. der 310- u. 3$\bar{1}$1-Präzession in *Mg–Mn–Ferrit*-Einkristallkugeln. Die Feldabhängigkeit der Präzessionsaufspaltung wird theoret. u. experimentell untersucht. K. Jaeger 98

0429 **Einfluß einer γ- und Neutronenbestrahlung auf die ferromagnetische Resonanz in Ferriten.** B. M. Lebed', U. A. Ulmanis, L. Ja. Mucha und V. I. Mosel'. (Izvest. Akad. Nauk Latv. SSR, Ser. fiz. techn. Nauk **1968**, 2, 13–21; Inst. fiz. AN Latv. SSR; russ., Auszug: engl.) – Resonanzmessungen (77–560 °K) bei 9200, 4920 u. 2590 MHz an Einkrist. von $Y_3Fe_{4,79}Ga_{0,21}O_{12}$, $Y_3Fe_{4,35} \cdot Ga_{0,65}O_{12}$, $Y_3Fe_{4,22}Al_{0,78}O_{12}$, $Y_3Fe_{4,07}Al_{0,93}O_{12}$, $Li_{0,5}Ga_{0,2} \cdot Fe_{2,3}O_4$, $Mg_{0,4}Mn_{0,8}Fe_{1,6}O_4$, $Bi_{0,5}Ca_{2,5}Fe_{3,75}V_{1,25}O_{12}$, $Ni \cdot Fe_2O_4$, $Li_{0,5}Fe_{2,5}O_4$, $Y_3Fe_5O_{12}$ u. an polykrist. Proben der Zus. $Mg_{0,98}Cr_{0,64}Fe_{1,32}Cu_{0,1}O_4$ u. $Bi_{0,2}Ca_{2,8}Fe_{3,6}V_{1,4}O_{12}$, die mit schnellen Neutronen ($\leqq 10^{19}$ cm^{-2}) bestrahlt worden waren. Die Abhängigkeit der Halbwertsbreite der Resonanzlinie von der Defektkonz. wird diskutiert u. ihre Übereinstimmung mit der Theorie der magnet. Relaxation in Ferrimagnetika untersucht. K. Jaeger 98

0430 **Kernmagnetische Resonanz in dünnen Kobaltschichten.** V. B. Ustinov, S. P. Repnikov, É. O. Saakov und V. A. Terjaev. (Fiz. tverdogo Tela **10** (1968) 5, 1589–91; russ.) – Best. der Abhängigkeit der Intensität des Echosignals u. des effektiven Anisotropiefeldes von Co-Schichten als Funktion der Schichtdicke (500 bis 1500 Å). Die Halbwertsbreite der Resonanzlinie (216 MHz) für 1000 Å Schichtdicke betrug 10–12 MHz, was nicht mit den Ergebnissen für massive Co-Proben übereinstimmt. Die Signalverstärkungskoeff. für 1000 Å Schichtdicke betrugen $\eta_1 = 8800$, $\eta_2 = 27000$ u. $\eta_3 = 11000$. Die Relaxationszeiten stimmen mit denen in massiven Proben überein ($T_2 = 25$ u. $T_1 = 180$ μs). K. Jaeger 98

0431 **NMR-Untersuchung der Austauschwechselwirkung in $RbNiF_3$.** G. A. Smolenskij, M. P. Petrov, V. V. Moskalev, V. S. L'vov, V. S. Kasperovič und E. V. Žirnova. (Fiz. tverdogo Tela **10** (1968) 5, 1305–14; Inst. poluprov. AN SSSR, Leningrad; russ.) – Unters. der ferromagnet. 90°- u. der antiferromagnet. 180°-Ni–F–Ni-Wechselwrkg. u. der gegeneinandergerichteten magnet. Untergitter im paramagnet. Bereich. Es wird gezeigt, daß die Ni-Ionen zwei nichtäquivalente Untergitter bilden. K. Jaeger 98

0432 **Temperaturabhängigkeit der Hyperfeinwechselwirkungskonstanten der F-Zentren in LiF (ENDOR-Untersuchung).** N. P. Baran, M. F. Dejgen, S. S. Iščenko, M. A. Ruban und V. V. Udod. (Fiz. tverdogo Tela **10** (1968) 4, 1250–51; Inst. poluprovodnikov AN USSR, Kiev; russ.) – Elektronen–Kern-Doppelresonanzmessungen von 20–570 °K für die Koordinationssphären III bis VIII (V konnte nicht vermessen werden). Die isotrope Hyperfeinwechselwrkg.-Konst. der Koordinationssphäre IV zeigt anomales Verh.: Abnahme um 24 % mit zunehmender Temp. (im untersuchten Bereich) u. negative Werte $\lesssim 500$ °K. K. Jaeger 98

0433 **Elektronen–Kern-Doppelresonanz der F-Zentren in KCl (Ferne Koordinationssphären).** S. S. Iščenko, N. P. Baran, M. F. Dejgen und M. A. Ruban. (Ž. èksper. teoret. Fiz. – Pis'ma v Redakciju 7 (1968) **4**, **122–26**; Inst. poluprovod. AN Ukr. SSR; russ.) – Nach der Meth. der Elektronen–Kern-Doppelresonanz wurde die Hyperfeinwechselwrkg. der F-Zentren mit den 500 bzw. 700 Kernen der 25. bzw. 49. Koordinationssphäre experimentell bei 20 °K untersucht. Die Konz. der F-Zentren war 10^{18} cm^{-3}, der Frequenzbereich 9290 MHz. V. Burjan 98 △

0434 **Dynamik der EPR, ENDOR und NMR von Zentren mit S = I = 1/2.** V. L. Gochman, V. Ja. Zevin und B. D. Šanina. (Fiz. tverdogo Tela **10** (1968) 2, 337–50; Kievskij politechn. inst.; russ.) – Theorie der Doppelresonanz unter Berücksichtigung der Hyperfeinwechselwirkung. K. Jaeger 98

0435 **Einfluß von Verunreinigungen auf die Spin–Gitter-Relaxation von Ammoniumchlorid.** D. E. Woessner und B. S. Snowden jun. (J. physic. Chem. 72 (1968) 4, 1139–43; Mobil Oil Corp., Field Res. Labor., Dallas, Tex.; engl.) – Mit einer NMR-Impulstechnik wurde das Verh. von NH_4Cl bei Zusatz von *RbCl* untersucht. Durch den Zusatz wird nur die geordnete krist. Phase unterhalb des λ-Übergangs beeinflußt. Mit steigender Rb-Konz. sinkt die Temp. des λ-Übergangs, die Reorientierungsgeschw. der NH_4^+-Ionen nimmt zu, die Temp. der minimalen Relaxationszeit T_1 nimmt ab. Zusatz von *W.* verkleinert T_1 in der ungeordneten Phase, hat aber keinen meßbaren Einfl. auf die Relaxation der geordneten Phase u. auf die Temp. des λ-Übergangs. B. Stender 98

0436 **Magnetische Kernresonanz von ^{127}J in NaJ-Kristallen.** Ju. A. Grinčenko, E. R. Dobrovinskaja und B. L. Timan. (Fiz. tverdogo Tela **10** (1968) 2, 434–38; VNII monokrist., Char'kov; russ.) – Messung der Abhängigkeit der Intensität der ^{127}J–NMR-Linie von der Versetzungskonz. (plast. Verformung). Die experimentellen Ergebnisse lassen sich durch die Änderung des elektr. Feldtensors am Kern beschreiben. K. Jaeger 98

0437 **NMR-Absorptionsspektren von Zirkonium- und Yttriumhydriden.** E. F. Chodosov und R. A. Andrievskij. (Kristallografija **13** (1968) 1, 80–82; russ.) – Die Temp.-Abhängigkeit der NMR-Spektren von $ZrH_{1,9}$, $ZrC_{0,32}H_{1,2}$, $ZrN_{0,47}H_{0,98}$ u. $YH_{1,96}$ im Bereich von –50 bis ca. 250° wird untersucht. In allen Spektren wird im Bereich der starren Gitter die Ggw. von 2 Linien festgestellt. In den tern. Verb. treten Umverteilungen der Intensitäten oberhalb des Temp.-Bereichs der starren Gitter (d. h. oberhalb etwa Raumtemp.) auf. Die Aktivierungsenergien der Diffusion von H in den Verb. werden ermittelt. H. Roschkowski 98

0438 **Analyse der NMR-Spektren von Paar-Pulvern nach der Methode der kleinsten Quadrate.** Bjørn Pedersen. (Acta chem. scand. 22 (1968) 2, 444–52; Sentralinst. for industriell forskning, Oslo, Norway; engl.) – Das theoret. ^1H-NMR-Spektrum eines Pulvers, in dem die resonanten Kerne äquivalente Paare bilden, wird nach der Meth. der kleinsten Quadrate einem experimentellen Spektrum angepaßt. Dabei hängt nach Pake (1948) das theoret. Spektrum nur von 2 Parametern (α: Innerpaarkopplung, β: Zwischenpaarkopplung) ab. Das Van Vlecksche 2. Moment zerfällt bei der Analyse in einen Innerpaaranteil $4\alpha^2/5$ u. einen Zwischenpaaranteil β^2. Die von Null verschiedene Modulationsamplitude H_M beeinflußt nur β^2, das mit $H_M^2/4$ wächst. Die Meth. wurde an $CaSO_4 \cdot 2\,H_2O$ u. $K_2C_2O_4 \cdot H_2O$ getestet, deren Parameter α u. β mit Literaturdaten aus Einkrist.-Messungen (α) u. Neutronenstreuexperimenten (β) gut übereinstimmen. B. Stender 98

0439 **Änderung der Wellenlänge der Strahlung eines parametrischen Lichtgenerators durch ein äußeres elektrisches Feld.** G. V. Krivoščekov, S. V. Kruglov, S. I. Marennikov und Ju. N. Polivanov. (Ž. èksper. teoret. Fiz. – Pis'ma v Redakciju 7 (1968) 3, 84–87; Inst. fiz. poluprov. SO AN SSSR; russ.) – Die elektroopt. Meth. besteht in einer Variation der Ausgangsfrequenz eines Nd-Glaslasers durch Änderung des Brechungsindex eines im Laserstrahl befindlichen KH_2PO_4-Krist. infolge Anlegung eines äußeren elektr. Felds E. Die Änderung der Wellenlänge in Abhängigkeit von E u. der Temp. wurde untersucht. M. Wiedemann 100

0440 **Fadenförmiger Laser-Mechanismus.** H. K. V. Lotsch. (Optik 27 (1968) 3, 133—51; Autonetics, Res. and Engng. Div. Anaheim, Calif.; engl.) — Zusammenfassende Darst. über das Emissionsverh. von Festkörperlasern vom Gesichtspunkt des fadenförmigen Laser-Mechanismus (filamentary laser mechanism) mit einem Fabry-Perot-Resonator. Ein neues *Rubin*-Laser-Experiment, in dem die Laserschwingung in einem Fabry-Perot-Resonator mit großer Fresnel-Zahl in mehrere Fäden gezwungen wird, wird in Einzelheiten beschrieben. Diese Fäden waren so eng angeordnet, daß die Oszillationen in benachbarten Fäden durch Beugung gekoppelt wurden, u. dadurch die Fäden ihre Lichtimpulse gleichzeitig emittierten. Das Emissionsbild zeigt weniger Impulse (spikes) in regelmäßigen Abständen als das eines vergleichbaren, gewöhnlichen Lasers. Die regelmäßig aufeinanderfolgenden Impulse haben höhere Amplituden, u. außerdem wird kein Licht in den Intervallen zwischen diesen Impulsen emittiert. In manchen Fällen konnten sogar Riesenimpulse gesehen werden. E. Otto 100

0441 **Einfluß der Farbzentren auf die Laserschwelle von Rubin.** Z. L. Morgenštern und V. B. Neustruev. (Izvest. Akad. Nauk SSSR, Ser. fiz. 32 (1968) 1, 6—7; russ.) — Bei 18° wurde die Abhängigkeit der Laserschwelle der Rubinproben von der durch eine Laserbestrahlung hervorgerufenen Färbung (Gesamtbestrahlung bis 400 kJoule) untersucht. Zuerst steigt die Abhängigkeitskurve fast linear u. dann kommt es zu einer Sättigung. V. Burjan 100△

0442 **Möglichkeit einer optischen Kühlung.** P. A. Arsen'ev, E. F. Kustov und L. I. Surogin. (Ž. prikl. Spektroskopii 8 (1968) 4, 610—11; russ.) — Theoret. Unters. der Möglichkeit einer „opt. Kühlung" von *Rubin*-Einkrist. durch Absorption der induzierten Strahlung eines äußeren Rubinlasers. Die Abhängigkeit der Abkühlungszeit für verschiedene Temp.-Intervalle u. für verschiedene angeführte Strahlungsmengen wird berechnet. H. Roschkowski 100

0443 **Laser mit zusammengesetztem aktivem Medium.** A. A. Kaminskij. (Ž. èksper. teoret. Fiz.—Pis'ma v Redakciju 7 (1968) 8, 260—62; Inst. kristallogr. AN SSSR; russ.) — Es wurden Laser mit zusammengesetztem akt. Medium auf Grundlage der einfachen Krist. $Y_3Al_5O_{12}$, CaF_2 u. SrF_2, LaF_3 u. CeF_3, $CaWO_4$ u. YVO_4 in Verb. mit $NaCaYF_6$ u. $NaCaCeF_6$, CaF_2–YF_3 u. 2 CaF_2–5 YF_3, CaF_2–CeF_3 u. 5 NaF–9 YF_3, BaF_2–LaF_3 u. SrF_2–LaF_3, LaF_3–SrF_2 u. $LaNa(MoO_4)_2$ sowie der *Gläser LGS* u. *KGSS* untersucht. Aktiviert wurde mit Nd^{3+}-Ionen. Diese Laser sind charakterisiert durch ihre niedrigen Anregungsschwellen, ihre schmalen Generatorlinien sowie ihre selektive Verstärkerfähigkeit im breiten Frequenzgebiet. Am Beispiel der einfachen Krist. $Y_3Al_5O_{12}$–Nd^{3+} in Verb. mit CaF_2–YF_3–Nd^{3+} u. dem Glas LGS-6 wurden die Parameter dieser Laser ermittelt. Ihre Lumineszensspektren bei 300 °K u. die Energieniveauschemata von Nd^{3+} im Granat u. im Glas sind angegeben. W. Müller-Litz 100

Elektrische Eigenschaften

0444 **Resonanzzustände von Übergangselementen in Metallen.** G. Boato. (Suppl. Nuovo Cimento [1] 5 (1967) 4, 1159—76; Ist. di Fis., Univ., Genova; ital.) — Von der Theorie von Friedel u. Anderson (vgl. Anderson, C. 1968, 1170) ausgehende Unters. für nichtmagnetisierte u. magnetisierte Resonanzzustände. Als Beispiele werden u. a. behandelt: Einfl. des Resonanzzustandes auf die Zustandsdichte des Leitungsbandes, Einfl. auf die Thermo-EMK (von Verunreinigungen in Al), Kondo-Effekt. Herbert Weber 111

0445 **Absolute Thermo-EMK in mehrwertigen flüssigen Metallen.** A. S. Marwaha. (Advances in Physics 16 (1967) 64, 617—27; Birkbeck College, London; engl.) — Messung der abs. Thermo-EMK der fl. Metalle Al, Bi, Cd, Ga, Hg, In, Pb, Sn, Tl u. Zn von ihren Schmelzpunkten bis zu ca. 750°. Die elektr. Widerstände u. die abs. Thermo-EMK dieser Metalle wurden ber. unter Benutzung der letzten verfügbaren Daten über Strukturfaktor u. Formfaktoren nach Harrison u. Animalu. Sie werden mit den experimentellen Werten verglichen. Herbert Weber 112

0446 **Thermoelektrische Eigenschaften von PbTe–Bi_2Te_3 und PbSe–Bi_2Se_3-Mischkristallen.** B. A. Efimova, G. F. Zacharjugina und L. A. Kolomoec. (Izvest. Akad. Nauk SSSR, Neorg. Mater. 4 (1968) 1, 32—38; Inst. poluprov. AN SSSR; russ.) — Die Mischkrist. entstehen aus den Elementen u. werden anschließend bei 600—800° in Ar getempert. Mikrostrukturunters. ergeben einphasige Lsg. von maximal 5 Mol-% Bi_2Te_3 in *PbTe*; die Löslichkeit von Bi_2Se_3 in *PbSe* beträgt ca. 20 Mol-%. In PbTe–BiTe u. PbSe–BiSe löst sich Bi durch Substitution von Pb u. durch Bldg. von Bi_2Te_3 bzw. Bi_2Se_3. Die mit zunehmender Bi-Konz. anwachsende Elektronenkonz. hängt ab von der Dissoziation des Bi_2Te_3 bzw. Bi_2Se_3, die durch Temp. u. Temperdauer bestimmt wird. Die Konz.-Abhängigkeit der Thermo-EMK bei 300 u. 600 °K zeigt, daß bei der Bldg. der Mischkrist. die effektive Elektronenmasse unverändert bleibt. Mit zunehmender Bi-Konz. wird die Elektronenbeweglichkeit kleiner; die Bi-Ionen haben großen Anteil an der Ladungsträgerstreuung. Die Veränderung der Gitter-Wärmeleitfähigkeit ist durch stärkere Phononenstreuung als bei isomorphen festen Lsg. bedingt. Die neutralen Komplexe Be_2Te_3 u. Bi_2Se_3 streuen Phononen stärker als Bi-Ionen. Heinz Vogel 112

0447 **Thermoelektrische Eigenschaften von Bi_2Te_3–PbTe-Legierungen.** K. S. V. L. Narasimhan. (Indian J. pure appl. Physics 5 (1967) 7, 261—65; Nat. Chem. Labor., Poona; engl.) — Elektr. u. therm. Leitfähigkeiten sowie Thermo-EMK wurden bei niedrigen Temp. untersucht. Löslichkeit besteht nur über begrenzte Bereiche (vollständige Löslichkeit bis zu 10 Mol-% Bi_2Te_3 auf der PbTe-reichen Seite u. 25 Mol-% PbTe auf der Bi_2Te_3-reichen Seite). Große Red. in der therm. Leitfähigkeit wird bei 82 °K beobachtet. Herbert Weber 112

0448 **Temperaturabhängigkeit der Austrittsarbeit von Silicium.** R. Bachmann. (Physik kondens. Materie 8 (1968) 1, 31—57; Labor. für Festkörperphys. der ETH, Zürich; dt.) — Die Temp.-Abhängigkeit der Austrittsarbeit von Si wurde zwischen Raumtemp. u. 1000 °K als temperaturabhängige Kontaktspannung zwischen der Si-Oberfläche u. einer metall. Bezugselektrode nach der Meth. von Kelvin im Ultrahochvakuum gemessen. Es wurden (111)-orientierte Oberflächen von p-Si, die im Vakuum therm. gereinigt wurden, sowie im Vakuum hergestellte Spaltflächen verschiedener Dotierung untersucht. Die Temp.-Koeff. stabiler Si-Oberflächen liegen zwischen 0 u. $+1 \cdot 10^{-4}$ eV/°K; weder Dotierung, noch der Übergang der elektr. Leitfähigkeit von der Störstellenleitung in die Eigenleitung haben einen wesentlichen Einfluß. Dies ist eine Folge der hohen Dichte von Oberflächenzuständen in der Nähe der Fermi-Energie. Frisch gespaltene Oberflächen sind nicht stabil, beim ersten Aufheizen wurde ein irreversibles Verhalten der Austrittsarbeit beobachtet. Die Temp.-Abhängigkeit der Elektronenaffinität u. der Einfl. adsorbierter Fremdschichten auf den Temp.-Verlauf der Austrittsarbeit wurden ebenfalls untersucht. D. Hoene 114

0449 **Änderung der Austrittsarbeit an Nickeloxid während der Chemisorption kleiner Sauerstoffmengen.** R. Chruściel, J. Dereń, J. Nowotny und J. Ziółkowski. (Bull. Acad. polon. Sci., Sér. Sci. chim. 16 (1968) 4, 215—18; Zakład katalizy I Fizykochemii Powierzchni, Kraków, PAN; engl.) — Die Änderung der Austrittsarbeit an NiO-Oberfkächen wurde als Funktion der Zeit für diskret vorgegebene O_2-Partialdrücke gemessen. Die erhaltenen Ergebnisse lassen auf Ionensorptionsprozesse an der NiO–O_2-Phasengrenze unter Ausbldg. einer negativen Aufladung der NiO-Oberfläche — hauptsächlich durch Entstehung von O^--Ionen — schließen. W. Laqua 114

0450 **Zusammenhang zwischen der Breite der verbotenen Zone von elementaren Halbleitern und ihren Atomisierungswärmen.** K. A. Šarifov. (Izvest. Akad. Nauk SSSR, Neorg. Mater. 3 (1967) 7, 1278—79; Inst. fiz. AN Az. SSR; russ.) — An den Beispielen *α-Sn, Sb, Te, Ge, Si, As, J, B, P, Se, S* u. *C* wird gezeigt, daß die Beziehung zwischen Bandbreite ΔE u. Atomisierungswärme $\Delta E = a_1 \Delta H_{at}$

+ b_1 (a_1, b_1 = empir. Konst.) auf unterschiedliche Elementhalbleiter anwendbar ist. Heinz Vogel 116

0451 **Photoelektrische Spektroskopie der Beimengungen in Halbleitern.** T. M. Lifšic, N. P. Lichtman und V. I. Sidorov. (Ž. èksper. teoret. Fiz. — Pis'ma v Redakciju 7 (1968) 3, 111—14; Inst. radiotechn. i elektron. AN SSSR; russ.) — Die Photoleitfähigkeit, die mit der phototherm. Ionisation der Beimengungen verbunden ist, wurde gemessen. Es lassen sich Schlüsse auf Menge u. Natur der Beimengungen ziehen. Untersucht wurden bei 8 u. 10 °K zwei *Ge*-Proben, in einer wurden Al, in der anderen B u. Al als nichtkompensierte Akzeptoren gefunden. M. Wiedemann 116

0452 **Abhängigkeit der Photoleitfähigkeit von Halbleitern von der Polarisation des einfallenden Lichtes.** Ju. V. Guljaev. (Ž. èksper. teoret. Fiz. — Pis'ma v Redakciju 7 (1968) 5, 171—73; Inst. radiotechn. i èlektron. AN SSSR; russ.) — Theorie der Abhängigkeit von Halbleiterphotosignalen vom Winkel zwischen dem am Halbleiter liegenden äußeren Feld u. dem Polarisationsvektor. K. Jaeger 116

0453 **Dielektrizitätskonstante von Halbleitern mit anisotropem Leitungsband.** N. V. Fomin. (Fiz. tverdogo Tela **10** (1968) 1, 179—82; Leningradskij politechn. inst. im. Kalinina; russ.) — Gleichung für die DK von Plasmen in Halbleitern mit ellipt. isoenerget. Oberflächen. Näherungslösungen für die dielektr. Eig. in Ggw. starker elektr. Felder. K. Jaeger 116

0454 **Unipolare raumladungsbegrenzte Ströme an Grenzflächen.** M.-A. Nicolet, V. Rodriguez und D. Stolfa. (Surface Sci. [Amsterdam] **10** (1968) 2, 146—64; Calif. Inst. of Technol., Pasadena, Calif.; engl.) — Es wird ein Modell zur Beschreibung der experimentellen Resultate, die bisher raumladungsbegrenzten Strömen mit Vol.-Haftstellen zugeschrieben wurden, aufgestellt. In dem neuen Modell werden Ladungsträger an der Grenzfläche des Emitters eingefangen. Die Raumladung der eingefangenen Ladungsträger bestimmt den Stromfluß. Es wird eine näherungsweise Berechnung für verschiedene Geometrien durchgeführt u. experimentelle Möglichkeiten zur Unterscheidung zwischen grenzflächenraumladungsbegrenzten Strömen u. raumladungsbegrenzten Strömen mit Haftstellen im Vol. diskutiert. G. Ertl 116

0455 **Besonderheiten bei der Anregung der Zyklotronresonanz durch die Änderung der statischen Leitfähigkeit.** E. M. Geršenzon, Ju. A. Gurvič, S. L. Orlova und N. G. Pticyna. (Fiz. tverdogo Tela **10** (1968) 1, 193 bis 201; Mosk. gos. ped. inst. im. Lenina; russ.) — Es wird gezeigt, daß sich bei dieser Anregungsmeth. das Vorzeichen des Resonanzsignals ändern kann. Ursachen u. Abhängigkeiten dieser Vorzeicheninversion werden diskutiert u. experimentell an *p-Ge* untersucht. K. Jaeger 116

0456 **Akustische Zyklotronresonanz von Antimon im schrägen Magnetfeld.** A. P. Koroljuk, L. Ja. Macakov, und V. L. Fal'ko. (Ž. èksper. teoret. Fiz. **54** (1968) 1, 3—15; Inst. radiofiz. i èlektron. AN Ukr. SSR; russ., Auszug: engl.) — Best. der effektiven Massen u. Driftgeschw. in Richtung des Magnetfeldes an den Grenzquerschnitten der Fermi-Oberfläche auf Grund der Doppler-Aufspaltung. Berechnung des Resonanzlinienprofils, der Oszillationsperioden, effektiven Massen u. Driftgeschw. auf Grund der anisotrop. quadrat. Abhängigkeit der Fermi-Oberfläche. Die theoret. u. experimentellen Werte stimmen qual. überein. K. Jaeger 116

0457 **Wirkung hoher einaxialer Drücke längs der kristallographischen Hauptachsen für Silicium und Germanium.** K. Bulthuis. (Philips Res. Rep. **23** (1968) 1, 25—47; Philips Res. Labor., Eindhoven, Netherlands; engl.) — Kleine kugelförmige Spitzen wurden auf Si- u. Ge-Dioden gepreßt. Die Druckabhängigkeit des Bandabstandes wurde aus der Änderung des Durchlaßstromes bei mechan. Beanspruchung in den drei kristallograph. Hauptachsen ermittelt. Die Ergebnisse stimmen gut mit Werten überein, die man aus der phänomenolog. Theorie der Deformationspotentiale erhält. Die Druckabhängigkeit des Bandabstandes für Kompression in ⟨111⟩-Richtungen für Si ist größer als bisher veröffentlichte Werte. P. Meischner 116

0458 **Temperaturabhängigkeit des Oberflächenpotentials von Si-(111)-Flächen mit einer Siliciumnitridschicht.** Haruo Yamagishi. (J. physic. Soc. Japan **23** (1967) 2, 470; Central Res. Labor. Toshiba Electric Co., Komukai, Kawasaki; engl.) — Die Temp.-Abhängigkeit wurde durch Messung der Oberflächensättigungsspannung an n- u. p-Si mit *Nd*- bzw. *Na*-Donatoren oder Akzeptoren u. (111)-Flächen, auf die durch Gasrk. zwischen SiH_4 u. NH_3 bei ca. 1100 °K eine 1500 Å dicke Si_3N_4-Schicht aufgewachsen war, ermittelt. Die Temp.-Abhängigkeit der Bandverbiegung (0,10—0,40 eV) zwischen 100 u. 600 °K ist angegeben. E. Otto 116

0459 **Absorption der Energie heißer Elektronen an Halbleiteroberflächen.** A. I. Klimovskaja und O. V. Snitko. (Ž. èksper. teoret. Fiz. — Pis'ma v Redakciju 7 (1968) 6, 194—98; Inst. poluprovod. AN Ukr. SSR; russ.) — Messung der Strom-Spannung-Kurven (300 u. 77 °K) von *n-Si*-Einkrist. als Funktion der Dicke der leitenden Oberflächenschicht. Bei Schichten $<1\ \mu m$ (300 °K) bzw. $<10\ \mu m$ (77 °K) werden der Ladungsträgerimpuls an akust. Vol-Phononen, die Energie im wesentlichen an der Oberfläche gestreut. K. Jaeger 116

0460 **Leitfähigkeit von Si-Kristallen in Abhängigkeit von der Versetzung.** W. Leskoschek. (Acta physica austriaca **26** (1967) 4, 357—61; Inst. für Experim.-Phys. Graz; dt.) — Vf. zeigt, daß die Leitfähigkeit von Si mit zunehmender Versetzungsdichte zunimmt. Es hat fast den Anschein, als ob die Versetzungen in dem untersuchten p-Material als Donatoren wirken. Bei den Vers. waren auf den Proben im Abstand von 2 mm zwei Ritzspuren angebracht. Innerhalb des Spannungshofes der beiden Ritzspuren wurden eine große Zahl von Versetzungsschleifen gebildet, die durch das Versetzungsmultiplikationsverf. (Biegeapp.) vervielfacht werden können. Herbert Weber 116

0461 **Ellipsometrische Untersuchungen von borreichen Schichten auf Silicium.** K. M. Busen, W. A. Fitz Gibbons und W. K. Tsang. (J. electrochem. Soc. **115** (1968) 3, 291—94; Res. u. Develop. Labor., Sprague Electric Comp., North Adams, Mass.; engl.) — Vf. zeigen, daß die Einw. von B_2H_6-Gas bei hohen Temp. (teils mit O_2 u. N_2 vermischt) auf Si-Substraten zu einer Oberflächenschicht führt, die aus einer Si-B-Phase besteht. Ihre Bldg. wird durch die B_2H_6-Konz. sowie die Temp. bestimmt. E. Otto 116

0462 **Amorphes Germanium und Silicium. (Struktur und Transportphänomene).** R. Grigorovici. (Mater. Res. Bull. **3** (1968) 1, 13—24; Inst. of Phys. of the Acad., Bucharest; engl.) — An Hand von Literaturdaten (38 Zitate) wird ein zusammenfassender Überblick über die folgenden Eig. von amorphem Ge u. Si gegeben: Nahbereichsordnung, elektr. Leitfähigkeit, Hall-Effekt, thermoelektr. Kraft, Heteroübergänge mit Ge- bzw. Si-Einkrist., Photoleitfähigkeit u. nichtohmsches Verh. in hohen elektr. Feldern. W. Laqua 116

0463 **Einfluß eines Magnetfeldes auf den Hall-Koeffizienten von Einkristallen des Systems Germanium–Silicium vom p-Leitungstyp, die bis 15 Atom-% Silicium enthalten.** S. I. Tairov, V. I. Tagirov und A. A. Kuliev. (Izvest. Akad. Nauk Azerbajdž. SSR, Ser. fiz.-techn. mat. Nauk **1967**, 1, 87—91; russ.) — Der Hall-Koeff. R u. dessen Temp.-Abhängigkeit werden zwischen 300 u. 77 °K an dem p-leitenden Syst. Ge–Si mit 4,5, 5,6, 7,8, 10,5 u. 15 Atom-% Si gemessen. Mit wachsender Magnetfeldstärke H bis auf 7000 Oe nimmt R ab. Die Löcherkonz. nimmt mit wachsender Si-Konz. c von $5{,}48 \cdot 10^{15}$ bei 4,4 Atom-% Si auf $6{,}70 \cdot 10^{14}\ cm^{-3}$ bei 15 Atom-% ab, die Löcherbeweglichkeit μ bei 300 °K erniedrigt sich unter gleichen Bedingungen von 1460 auf 800 $cm^2/V \cdot s$. Aus der Abnahme von $\Delta\varrho/\varrho \cdot H^2$ (Stromrichtung ∥ [111], H ⊥ [111]) mit wachsendem c zeigt sich, daß sich μ der leichten Löcher dem der schweren nähert. Heinz Vogel 116

0464 **Berechnung der Anregungsbedingungen von Rekombinationswellen in Germanium mit kompensierenden Störstellen.** O. V. Konstantinov, V. I. Perel' und G. V. Carenkov. (Fiz. tverdogo Tela **10** (1968) 3, 876—79; Fiz.-techn. inst. im. Joffe AN SSSR, Leningrad; russ.) — Berechnung des Existenzbereiches, des krit. Feldes u. der Frequenz von Rekombinationswellen in *Cu*- u. *Ni*-dotiertem Ge. Für Cu-dotierte Ge-Proben sind die Anregungsbedingungen bes. günstig.
K. Jaeger 116

0465 **Überlappungserscheinungen in den Raumladungszylindern und in den ringförmigen Bereichen niedriger Beweglichkeit rund um Versetzungen in n-leitendem Germanium.** F. Calzecchi, P. Gondi und S. Mantovani. (Nuovo Cimento, B [10] **58** (1968) 1, 203—09; Ist. di Fis. dell'Univ. Bologna, Gruppo Nazionale di Struttura della Materia del CNR, Bologna; engl.) — Vf. messen bei 77 °K den Hall-Effekt von n-leitendem Ge in Abhängigkeit von der Versetzungsdichte, die durch plast. Verformung bei 650° eingestellt wird. Die Kurven zeigen Unstetigkeiten, woraus auf den Durchmesser der Raumladungszylinder u. der Ringe niedriger Beweglichkeit rund um Versetzungen geschlossen wird.
K. H. Härdtl 116

0466 **Hall-Effekt in mit Silicium und den Seltenerdmetallen La, Nd und Pr dotiertem Germanium.** P. I. Baranskij, V. V. Bajdakov und D. I. Levinzon. (Izvest. Akad. Nauk SSSR, Neorg. Mater. **8** (1967) 7, 1259—62; Inst. poluprovodnikov AN USSR; russ.) — Dotiert man *Sb*-haltiges *Ge* mit 10^{-3} bis 10^{-1} Gew.-% des elektr. neutralen *Si*, dann ändert sich die Ladungsträgerbeweglichkeit μ bei 300 °K nicht. Bei 77 °K nimmt μ durch den Si-Zusatz ab. In n-Ge, das mit Sb/Si dotiert ist, nimmt bei Zimmertemp. das Verhältnis der Hall-Konst. R_H/R_0 mit wachsender Magnetfeldstärke H nach Durchlaufen eines schwach ausgeprägten Max. bei H = 3—4 kOe ab. Bei 77 °K durchlaufen die (R_H/R_0, H)-Kurven an der gleichen Stelle ein Minimum. Legieren des Ge mit *La*, *Nd* bzw. *Pr* erzeugt bei 77 °K eine Erniedrigung von μ gegenüber Sb-haltigem Ge.
Heinz Vogel 116

0467 **Oszillistor-Effekt in Ge.** J. M. Shannon und W. Fulop. (Int. J. Electrics [1] **23** (1967) 3, 267—81; Phys. Dep., Brunel Univ., London; engl.) — Elektron-Loch-Plasmen in Halbleitern, die parallelen elektr. u. magnet. Feldern (E_0 u. B_0) ausgesetzt sind, deren Prod. einen Schwellenwert $E_{t0}B_{t0}$ übersteigt, zeigen Oszillationen im longitudinalen Strom parallel zu diesen Feldern. Dieser Oszillistor-Effekt wird in n- u. p-Typ-Ge untersucht u. mit den Theorien verglichen.
Herbert Weber 116

0468 **Einfluß der Oberflächenrekombinationsgeschwindigkeit auf die Größe des Stroms in Sperrichtung in Germaniumdioden mit dünner Basis.** V. I. Gaman und V. M. Kalygina. (Izvest. vysšich učebnych Zavedenij [Tomsk], Fiz. **10** (1967) 5, 104—09; Sibir. fiz.-techn. inst. im. Kuznecova; russ.) — Die Dioden werden aus 10 Ohm · cm *n-Ge* u. In, Ga u. Sn-Pb bei 550° u. $2 \cdot 10^{-5}$ Torr hergestellt. Als Ätzmittel dient 30%ig. H_2O_2. Die von der Oberflächenbehandlung abhängige Oberflächenrekombinationsgeschw. S erhöht sich während des Herstellungsprozesses von 500 cm/s nach dem Ätzen auf 1000 cm/s nach dem wiederholten Trocknen im erhitzten Luftstrom. S der Diodenbasis entspricht dem Wert einer gleichartig behandelten Ge-Einkrist.-Scheibe. Der Strom in Sperrichtung ändert sich bei guter Übereinstimmung zwischen Theorie u. Experiment entsprechend der Änderung von S.
Heinz Vogel 116

0469 **Einige elektrophysikalische Eigenschaften von Seltenerdmetallhexaboriden.** G. V. Samsonov, L. A. Sorin, M. V. Vlasova und V. I. Ščerbina. (Doklady Akad. Nauk SSSR **178** (1968) 6, 1346—97; Inst. problem materialovedenija AN USSR; russ.) — Der elektr. Widerstand von SmB_6, GdB_6, CeB_6, NdB_6 u. LaB_6 im Bereich 77—300 °K wird gemessen. Alle Hexaboride mit Ausnahme von SmB_6, das Halbleiternatur besitzt, zeigen metall. Eigenschaften. In SmB_6 liegt wahrscheinlich Sm^{2+} vor, ebenso scheint nach EPR-Daten Eu in EuB_6 zweiwertig vorzuliegen. Das Verh. der Hexaboride wird in Zusammenhang mit den möglichen Elektronenkonfig. gedeutet.
H. Roschkowski 116

0470 **Bandstruktur und Streuungsmechanismus in Kobaltmonosilicid.** V. I. Kajdanov, L. S. Ljachina, V. A. Celiščev, B. K. Voronov, N. N. Trusova und L. D. Dudkin. (Fiz. Techn. Poluprovodnikov **1** (1967) 7, 1106—08; russ.) — An einkrist. $Co_{0,97}Ni_{0,03}Si$, $CoSi_{1,03}$, $Co_{1,03}Si$ u. $Co_{0,96}Fe_{0,04}Si$ werden bei 100—500 °K Temp.-Abhängigkeit von spezif. elektr. Leitfähigkeit, Hall-Konst., Thermo-EMK u. Konst. Q des Nernst-Ettingshausen-Effekts untersucht. Die Ergebnisse bestätigen den Halbmetallcharakter des CoSi; die Streuung an akust. Phononen überwiegt. Die Ähnlichkeit zu FeSi wird bestätigt.
Heinz Vogel 116

0471 **Berechnung der optischen Suszeptibilität zweiter Ordnung von III-V-Verbindungen mit Zinkblendestruktur.** Christos Flytzanis und Jacques Ducuing. (C. R. hebd. Séances Acad. Sci., Sér. A et B **266** (1968) 6, B 344—B 347; Labor. d'Opt. quantique, Inst. d'Optique, associé au CNRS, Orsay, Esonne; franz.) — Vf. ber. für die Halbleiter *InSb*, *InP*, *GaSb*, *GaAs*, *GaP*, *AlSb* u. *BP* unter Berücksichtigung des effektiven Feldes die opt. Suszeptibilität zweiter Ordnung $\chi^{(2)}$, die für Energien unterhalb der elektron. Übergänge u. oberhalb der Gitterschwingungsenergien die Erzeugung der zweiten Harmonischen beschreibt. Die erhaltenen Werte für den Millerschen Koeff. δ werden summar. diskutiert.
K. H. Härdtl 116

0472 **Photomagnetischer Effekt heißer Photoelektronen in quantisierenden Magnetfeldern.** Ju. A. Bykovskij, V. F. Elesin, V. I. Kaduškin, S. D. Lazarev, E. A. Protasov und G. A. Šepel'skij. (Ž. èksper. teoret. Fiz. — Pis'ma v Redakciju **7** (1968) 6, 202—03; Mosk. inženerno-fiz. inst.; russ.) — Messungen des photomagnet. Effektes (4,2 °K; 14,3 kOe; 0,5—2,8 μm) in n-*InSb* zeigten, daß die Vorzeichenumkehr des Effektes durch heiße Elektronen bedingt wird.
K. Jaeger 116

0473 **Kohärente Strahlung des Elektronen-Loch-Plasmas von Indiumantimonid bei Abwesenheit eines Magnetfelds.** A. P. Šotov, S. P. Grišečkina und R. A. Muminov. (Ž. èksper. teoret. Fiz. — Pis'ma v Redakciju **6** (1967) 10, 895—98; Mosk., fiz. inst. im. Lebedeva Akad. Nauk SSSR; russ.) — Bei 77 °K wurde der Einfl. der Probenform (rechtwinkliger oder quadrat. Querschnitt) auf die Pinchbldg. u. dadurch auf die Widerstandserhöhungsschwelle bei höheren Strömen für p-InSb (Lochkonz. $1{,}8 \cdot 10^{13}$ cm^{-3}) untersucht. An den VA-Charakteristiken wurde eine Widerstandserhöhung bei höheren Strömen für rechtwinklige Proben beobachtet. Die Rekombinationsstrahlung bei der elektr. Injektion der Ladungsträger ohne Magnetfeld wird untersucht. Das Spektrum wird gezeigt.
V. Burjan 116△

0474 **Volumendetektion in n-InSb bei der Temperatur des flüssigen Stickstoffs.** V. M. Afinogenov, A. M. Desjatkov, V. V. Migulin, V. A. Popov, V. I. Trifonov und N. G. Jaremenko. (Ž. èksper. teoret. Fiz. — Pis'ma v Redakciju **7** (1968) 5, 168—71; Inst. radiotechn. i èlektron. AN SSRS; russ.) — Bei 60—78 °K erzeugten mit ≧1 kHz modulierte Millimeter- u. Submillimeterwellen in n-InSb-Proben an den Kontakten eine Wechselspannung, die der Belichtung proportional war. Die Abhängigkeit des Effektes von Stärke u. Richtung äußerer elektr. u. magnet. Felder wird untersucht.
K. Jaeger 116

0475 **Rauschen in ZnO: Ein Oberflächenphänomen.** L. H. Anderson und K. M. Van Vliet. (Physica [Utrecht] **34** (1967) 3, 445—55; Dep. of Electr. Engng. Univ. of Minn., Minneapolis, Minn.; engl.) — Das Rauschen in undotierten u. *Li*-dotierten ZnO-Krist. wurde im Bereich 1 kHz—100 MHz gemessen; es ist vom Modulations-Typ. Eine Sauerstoffumgebung hatte starken Einfl. auf Größe u. Gestalt bei den Rausch-Spektren. Ein Vgl. der Rausch-Spektren u. der Photonachwrkg.-Kurven bei Anwendung von moduliertem Licht wurde durchgeführt. Die Ergebnisse werden auf Grund der Oberflächenbedingungen (Anreicherungs- oder Verarmungsschicht) u. von Überschuß-Zn, F- u. F'-Zentren interpretiert.
A. Jaeschke 116

0476 **Änderung der Eigenschaften von Zinkoxid durch Einführung von ein- und dreiwertigen Kationen.** François Bozon-Verduraz und Stanislas Jean Teichner. (J. Chim. physique Physico-Chim. biol. **64** (1967) 6, 1066—69; Inst. de Recherches sur la Catalyse du CNRS; franz.) — $Zn(OH)_2$ wurde mit wss. Lsg. von Li bzw. Ga behandelt u. dann entweder auf 400° oder auf 850° 12 Std. lang erhitzt. An den auf diese Weise entstandenen ZnO-Proben (Li_2O u. Ga_2O_3 bilden keine homogenen festen Lsg. mit ZnO) u. an reinem ZnO wurde die elektr. Leitfähigkeit gemessen. Demnach wird die Elektronenkonz. an der Oberfläche durch die Inkorporation von Heterokationen beträchtlich verändert. Aktivierungsenergien für die Leitfähigkeit zwischen 400 u. 150° werden angegeben. A. Jaeschke 116

0477 **Polykristalline Zinkoxid-Dielektrika.** R. A. Delaney und H. D. Kaiser. (J. electrochem. Soc. **114** (1967) 8, 833—42; IBM Components Div., East Fishkill Facility, Hopewell Junction, N.Y.; engl.) — Die elektr. Eig. (elektr. Leitfähigkeit in Abhängigkeit von der Stromfrequenz, Impedanz, DK) von mit 3% Bi_2O_3 bzw. mit $Cu(NO_3)_2$, $CuSnO_3$, $Cu(NO_3)_2 + TiO_2$, TiO_2, $BaTiO_3$, *Cu-Acetat* oder $CuTiO_3$ (jeweils 1,0 Mol-%) dotierten ZnO-Proben wurden gemessen. Die Substanzen wurden hinsichtlich ihrer elektrotechn. Anwendung als Halbleiter bzw. Halbisolator getestet. A. Jaeschke 116

0478 **Mechanismus der spektralen Sensibilisierung des inneren Photoeffekts durch Farbstoffe auf Zinkoxid.** Ju. D. Pimenov. (Doklady Akad. Nauk SSSR **176** (1967) 1, 135—38; russ.) — Der Farbstoff wurde an pulverförmigem ZnO chemisorbiert, in eine Kondensatorzelle eingebracht u. die Photoleitfähigkeit, die Photo-EMK sowie die Lichtabsorption im Sichtbaren in Abhängigkeit von der Wellenlänge gemessen. Folgende Farbstoffe wurden untersucht: *Mg-Phthalocyanin, Rhodamin 6 Ž, Rhodamin V 200.* Es wurde beobachtet: 1. ein Abfallen der Photo-EMK im Absorptionsbereich bei Adsorption des Farbstoffes; 2. ein Fehlen der Sensibilisierung des Photoeffekts durch den Farbstoff. — Um eine Begründung für diese Resultate zu finden, wurden zwei Klassen von Stoffen untersucht: A) *Tetracyanäthylen, p-Chloranil, p-Benzochinon, 1.3.5-Trinitrobenzol;* B) *Tetramethylphenylendiamin, N-Methyldiphenylamin, Ferrocen, 3.6-Diaminoacridin.* — Die Vakuumadsorption von Mol. der Klasse A führt zu einer Erhöhung der Photo-EMK (Entstehung von Akzeptorzentren), die der Klasse B zu ihrer Erniedrigung (Entstehung von Donatorzentren). Farbstoffe haben ein kleines Ionisationspotential, bilden daher Donatorzentren, u. somit wird das Ergebnis 1 verständlich. Das Resultat 2 erklärt sich dadurch, daß wegen der starken Bindung des Farbstoffs an den Adsorbenten die Lebensdauer des Donators im angeregten Zustand, die für die Energieübertragung maßgeblich ist, wesentlich erniedrigt ist. H.-D. Schwartz 116

0479 **Gleichrichterwirkung anodischer Oxidfilme des Titans.** Franz Huber. (J. electrochem. Soc. **115** (1968) 2 Part 1, 203—08; Radio Corp. of America, Somerville, N.J.; engl.) — Es werden experimentelle Unters. über die Gleichrichterwrkg. von zwischen zwei Metallelektroden befindlichen anod. TiO_2-Filmen beschrieben. Der Effekt wird als Folge eines p-n-Übergangs innerhalb des Oxidfilms gedeutet. Weiterhin wurde festgestellt, daß diese Übergänge Photospannungseffekte zeigen u. zum Aufbau von Feldeffektanordnungen benutzt werden können. In diesen Feldeffekttransistoren kann der elektr. Strom, der zwischen zwei nahe benachbarten, auf der Oxidoberfläche niedergeschlagenen Elektroden fließt, durch Anlegen einer Spannung an die Ti-Basiselektrode moduliert werden. Daraus wird gefolgert, daß eine leitende Oberflächenschicht an eine darunterliegende, isolierende grenzt. C. Herold 116

0480 **Analyse über die Hypothese des Stromanstiegs durch Injektion während der elektrischen Alterung von Titan enthaltenden Dielektrika.** S. N. Kojkov, A. N. Cikin und A. Šakirov. (Fiz. tverdogo Tela **9** (1967) 12, 3527—32; Leningradskij politechn. inst. im. Kalinina; russ.) — Es werden Gleichungen zur Best. der Höhe des Injektionsstroms in einem Dielektrikum mit Elektronenfallen angegeben. Bei der Alterung von $BaTiO_3$ u. kommerziellem TiO_2 der Marke T-80 resultiert der Stromanstieg aus einer durch Fallen eingefangenen Elektronen(Löcher)-Injektion. I. Zoll 116

0481 **Relaxationspolarisation in halbleitendem Bariumtitanat.** G. V. Bojs und N. A. Michajlova. (Fiz. tverdogo Tela **10** (1968) 2, 630—33; russ.) — Beobachtung der Ionenrelaxationspolarisation im paraelektr. Bereich, die durch Leerstellen im Ti-Untergitter bestimmt ist. Im ferroelektr. Bereich wird diese Relaxationspolarisation nicht beobachtet. K. Jaeger 116

0482 **Energieniveaus der Übergangsmetallionen (Fe^{3+}, Co^{2+}) in TiO_2.** Takeaki Iida und Hiroshi Nozaki. (J. chem. Soc. Japan, ind. Chem. Sect. [Kōgyō Kagaku Zasshi] **70** (1967) 10, 1624—27; Inst. of Indust. Sci. Univ. of Tokyo, Tokyo; jap., Auszug: engl.) — Aus den Anregungsspektren u. IR-Löschspektren der Photoleitfähigkeit werden die Energieniveaus von Fe^{3+} u. Co^{2+} in TiO_2 (Rutil) bestimmt. Die Ergebnisse aus Anregungs- u. IR-Löschspektren u. der Temp.-Löschung der Photoleitfähigkeit zeigen, daß im TiO_2-Krist. eine große Anzahl von durch Verschiebung des stöchiometr. Verhältnisses von Ti u. O_2 entstandenen Leerstellen existiert. I. Zoll 116

0483 **Elektronische Oberflächen- und Volumeneigenschaften von Lithium-dotiertem Nickeloxid.** J. Dereń, J. Nowotny und J. Ziółkowski. (Bull. Acad. polon. Sci., Sér. Sci. chim. **16** (1968) 1, 45—50; Dep. of Surface Phenomena, Inst. of Phys. Chem., Polish Acad. Sci., Krakow; engl.) — Das Fermi-Niveau im Vol. wurde aus Messungen der Thermokraft abgeleitet u. zeigt einen anomalen Verlauf als Funktion des Li-Gehalts. Die Austrittsarbeit, welche die relative Lage des Fermi-Niveaus an der Oberfläche angibt, weicht erheblich von den Vol.-Werten ab. Es wird versucht, die unterschiedlichen elektron. Eig. von Vol. u. Oberfläche mit der unterschiedlichen Defektstruktur zu erklären. G. Ertl 116

0484 **Elektrische Leitfähigkeit in den Systemen Nickel–Aluminiumoxid und Nickel–Chromoxid.** P. Mărgineanu, A. Olariu und E. Weissmann. (Acad. Republ. socialist. România, Inst. Fizică atomică **1967**, **IS-42**, 1—16; engl.) — Messungen über den gesamten Konz.-Bereich an Pulvern in den Syst. Ni–Al_2O_3 u. Ni–Cr_2O_3 in He-, H_2- u. O_2-Atmosphäre zwischen 20 u. 320°. Die Pulvermischungen wurden durch gemeinsames Fällen aus Lsg. der entsprechenden Nitrate u. anschließendes Glühen u. Reduzieren gewonnen. Bei Al_2O_3-Geh. über 50% wurde n-Halbleitung mit einer Aktivierungsenergie von $E = 1{,}55$ eV beobachtet, während unterhalb 40% p-Halbleitung mit $E = 0{,}1$ eV auftritt. Im Syst. Ni–Cr_2O_3 tritt oberhalb 30% Cr_2O_3 p-Halbleitung mit $E = 1{,}7$ eV auf, unterhalb 20% Cr_2O_3 wird p-Halbleitung mit $E = 0{,}1$ eV beobachtet. In beiden Syst. wird bei Ni-Geh. über 95% die Leitfähigkeit von reinem Ni-Pulver erreicht. R. Brunken 116

0485 **Steuerbare Widerstände aus Oxidhalbleitern.** Ju. D. Kobcev und V. N. Solomko. (Izvest. vysšich učebnych Zavedenij [Tomsk], Fiz. **10** (1967) 9 (64), 19—24; Kievskij politechn. inst.; russ.) — Gemische aus $CuO + CdO$ mit 5—16% V_2O_5 werden in Polyvinylalkohol oder Paraffin vermengt, nach dem Verpressen auf 790 ± 10° erhitzt u. anschließend programmiert abgekühlt. Die mit Metallpasten kontaktierten Elemente haben Widerstände ϱ zwischen 30 Ω u. 180 kΩ. Durch ein oder zwei angelegte Gleich- oder Wechselspannungsquerfelder kann ϱ bis maximal um den Faktor 10 verändert werden. Die Widerstände sind bis zu Spannungen von 50—70 V regelbar. Durch die temperaturstabilisierende Wrkg. des V_2O_5 sind die Widerstände bis zu Temp. von maximal 100° verwendbar, der Temp. Koeff. von ϱ beträgt in dem Einsatzgebiet $(7{,}6-9) \cdot 10^{-4}$ grad^{-1}. Heinz Vogel 116

0486 **Resonanzeigenschaften von p-PbS-Proben mit Punktkontakten.** I. A. Baev, B. G. Božilov und N. G. Panov. (Doklady bolgarskoj Akad. Nauk **20** (1967) 4, 269—72; Plovdiv, Bolgarija, Vyssij ped. inst., Kaf. fiz.; russ.) — Dünne Krist.-Blättchen von natürlichem *n-PbS*

werden durch Tempern bei 400° in S-Atmosphäre in p-PbS mit $\varrho = 0{,}01-0{,}07\ \Omega \cdot$ cm umgewandelt. Durch kurzzeitiges Tempern bei 500° an Luft entsteht eine ox. Oberfläche. Als Punktkontakte dienen W-Spitzen. An die Krist. werden Gleichspannungen von 4—13 V ($i_- = 0{,}2-0{,}4$ mA) angelegt. Bei Einw. einer äußeren Sinusspannung ($u_\approx = 1-3$ V) findet man bei ca. 23,5, 30,8, 35,5 u. 43,6 kHz Resonanzen, deren Amplituden mit wachsenden u_- u. $u_\approx$ größer werden. Es werden Beziehungen zwischen den Resonanzfrequenzen u. den Frequenzen der Eigenschwingungen in Betracht gezogen.
Heinz Vogel 116

0487 **Photoelektrische Eigenschaften von Einkristall-CdS–CdTe-Heteroübergängen.** A. A. Pavlenko, E. A. Muzalevskij und I. D. Konozenko. (Izvest. Akad. Nauk SSSR, Neorg. Mater. **3** (1967) 7, 1139—42; Inst. fiz. AN USSR; russ.) — Durch zweifache Rekristallisation entstehen einkrist. *CdS–CdTe*-pn-Übergänge; ϱ des Al-dotierten CdS beträgt 0,75 $\Omega \cdot$ cm, ϱ des P-dotierten CdTe beträgt $5 \cdot 10^3\ \Omega \cdot$ cm. Die spektrale Verteilung der Photo-EMK wird zwischen 600 u. 800 nm gemessen. Die Strom–Spannung-Charakteristiken können beschrieben werden durch die Gleichung $I = I_k - I_0 \cdot \exp[(q(U-IR)/AkT) - 1]$, wobei I_k = Kurzschlußstrom, I_0 = „effektiver" Sättigungsstrom, R = Widerstand. Im Dunklen beträgt A = 2,4, bei Belichtung gilt A = 1. Die Photo-EMK ist durch den Heteroübergang CdS–CdTe u. nicht durch den Homoübergang im CdTe bedingt.
Heinz Vogel 116

0488 **Einfluß des Charakters der chemischen Bindung auf die elektrische Leitfähigkeit glasförmiger Halbleiter.** Z. U. Borisova. (Ž. fiz. Chim. **41** (1967) 8, 1942—45; Leningradskij gos. univ.; russ.) — Elektr. Leitfähigkeit σ, deren Aktivierungsenergie ΔE u. Mikrohärte N werden vergleichend betrachtet von P_2Se_3, $PAsSe_3$, As_2Se_3, $As_{1,2}Sb_{0,8}Se_3$, $As_{1,9}Bi_{0,1}Se_3$, As_2S_3, $As_2S_{1,5}Se_{1,5}$, $As_2Se_{1,5} \cdot Te_{1,5}$, As_2SeTe_2, P_2Se_5, $PAsSe_5$, As_2Se_5, $AsSbSe_5$, $As_{1,9} \cdot Bi_{0,1}Se_5$, As_2S_5, $As_2S_{2,5}Se_{2,5}$, $Ge_nAs_mSe_0Te_p$, $Tl_{0,2}As_n \cdot Sb_mSe_0Te_p$ u. $Te_{0,6}As_nSb_mS_0Se_p$. Ersetzt man ein Element durch ein anderes Element mit höherer Ordnungszahl aus der gleichen Gruppe des Periodensyst., so erhöhen sich σ u. N, ΔE wird kleiner. Es kann durch Elementenaustausch eine lückenlose Reihe vom Halbleiter zum Dielektrikum gezielt hergestellt werden.
Heinz Vogel 116

0489 **Elektrische Leitfähigkeit von Einkristall-KCN.** Thomas A. Lothian und Theodore J. Neubert. (J. chem. Physics **47** (1967) 8, 3092—93; Dep. of Chem., Ill. Inst. of Technol., Chicago, Ill.; engl.) — Messungen an reinen u. Ba^{2+}-dotierten KCN-Einkristallen.
Herbert Weber 116

0490 **Druckabhängigkeit der elektrischen Leitfähigkeit von gepreßten Cassiteritpulvern.** S. C. Mitra und B. U. Okonji. (Indian J. Physics Proc. Indian Assoc. Cultivat. Sci. **41/50** (1967) 12, 919—24; Nsukka, Univ. of Nigeria; engl.) — Die Druckabhängigkeit der elektr. Leitfähigkeit von Cassiteritpulver wurde bei Raumtemp. u. Kompression bis zu 90 kg/cm² gemessen. Die Leitfähigkeit steigt mit dem Druck exponentiell nach der Gleichung $G = A \exp(Kp_m)$ an. Für die qual. Erklärung der Ergebnisse wurde ein Modell entwickelt, das auf elast. Eig. u. Oberflächen-Ladungsschichten der Körner basiert.
E. Schulte 116△

0491 **Beziehung zwischen Metalltheorie und Theorie des flüssigen Zustandes.** (Advances in Physics **16** (1967) 64; engl.) — Elektronentheorie der Metalle und Theorie des flüssigen Zustandes (J. E. Enderby und N. H. March; 691—702); Bindung und Ordnungseffekte kurzer Reichweite in der Theorie der Elektronenstruktur der Flüssigkeiten (N. H. Fletcher; 703—04); Beziehung zwischen Paarpotentialen und radialen Verteilungsfunktionen in flüssigen Metallen und Legierungen (M. Shimoji; 705 bis 716); Beziehung zwischen Struktur und Paarpotential für flüssige Metalle (P. Ascarelli, Ralph J. Harrison und Arthur Paskin; 717—29); Beziehungen zwischen Gitterdynamik von einfachen Metallen und Eigenschaften des flüssigen Zustandes (Benutzung des abgeleiteten Pseudopotentials zur Berechnung der Elektronenbandstruktur, der Zustandsdichte sowie der elektrischen Leitfähigkeit in geschmolzenem Na, K, Al und Pb) (T. Schneider und E. Stoll; 731—37); Ionisationspotentiale für Cluster von Na-Atomen (Die Messung der Ionisationspotentiale von Na_3 und Na_8 zu 3,9 V beziehungsweise 4,0 V zeigen, daß selbst die kleinsten Cluster sich dem Wert annähern, der für einen Metalltropfen der gleichen Größe erwartet wird) (E. J. Robbins, R. E. Leckenby und P. Willis; 739—48).
Herbert Weber 118

0492 **Elektronentransport-Eigenschaften von flüssigen Metallen: Reine Metalle.** (Advances in Physics **16** (1967) 64; engl.) — Elektronentransporteig. von reinen fl. Metallen (Überblick) (J. M. Ziman; 551—80); Pseudo-Atom-Phasenverschiebungen von fl. Metallen und Legierungen (Unters. zu verschiedenen Partialwellen-Phasenverschiebungen für Elektronen des Fermi-Niveaus mit Daten für einwertige Metalle) (Axel Meyer, C. W. Nestor jun. und W. H. Young; 581—90); Evidenz für die Unzuverlässigkeit der Born-Approximation für die Berechnung von Transportkoeff. von fl. Metallen (A. J. Greenfield und Nathan Wiser; 591—95); Möglichkeit der Prüfung der Born-Approximation in Metallen durch Röntenstrahlen-Messungen (P. D. Adams und N. W. Ashcroft; 597—600); Bemerkungen über die Möglichkeiten der Prüfung der Born-Approximationsformel durch Röntgenstrahlen-Messungen (A. J. Greenfield und Nathan Wiser; 601—03); Druckabhängigkeit des elektr. Widerstandes, der Thermo-EMK u. der Phononendispersion in fl. Hg (Berechnung der Größen als Funktion des abnehmenden Atomvolumens [unter Druck]) (A. O. E. Animalu; 605—15).
Herbert Weber 118

0493 **Theorie des Energiespektrums und der Eigenschaften von Metallen mit Beimengungen.** 4. Mitt. **Numerische Analyse.** V. E. Najš und O. B. Sokolov. (Fiz. Metallov Metallovedenie **25** (1968) 6, 1003—12; Inst. fiz. metallov AN SSSR; russ.) — 3. vgl. C. **1969**, 6-0393. — Numer. Analyse der Störung des Elektronensyst. eines Metalls durch Beimengungsatome.
H. Roschkowski 118

0494 **Hydrodynamische Effekte in Festkörpern bei tiefen Temperaturen.** R. N. Gurži. (Usp. fiz. Nauk **94** (1968) 4, 689—718; Fiz.-techn. inst. AN USSR, Char'kov; russ.) — Übersicht (kinet. Erscheinungen in Dielektrika wie Wärmeleitung, zweiter Schall u. in Metallen, bes. elektr. Leitfähigkeit). — 28 Literaturangaben.
H. Roschkowski 118

0495 **Widerstand von deformierten Kristallen.** Z. S. Basinski und S. Saimoto. (Canad. J. Physics **45** (1967) 2 Part 3, 1161—76, 1 Tafel; Div. of Pure Phys., Nat. Res. Council, Ottawa, Canada; engl.) — Die Änderung des elektr. Widerstandes mit der Deformation als Funktion des Reinheitsgrades u. der Orientierung wird an durch Zug u. Ermüdung verformten *Cu*-Einkrist. untersucht. Anfangs hängt der Widerstand stark vom Geh. an Verunreinigungen ab; er nimmt mit zunehmendem Reinheitsgrad ab. Im weiteren Verlauf wächst der Widerstand quadrat. mit der Spannung. Der durch Versetzungen erzeugte Widerstand scheint nicht stark anisotrop zu sein. Der Widerstand je Versetzungseinheit beträgt ca. $1 \cdot 10^{-19}\ \Omega \cdot$ cm.
I. Zoll 118

0496 **Lorenz-Zahl von reinem Pd bei tiefen Temperaturen.** J. T. Schriempf. (Physic. Rev. Letters **19** (1967) 19, 1131—33; U.S. Naval Res. Labor., Washington, D.C.; engl.) — Die idealen elektr. u. therm. Widerstände von reinem Pd wurden von 2,5—19 °K gemessen. Die Ergebnisse lieferten eine ideale Lorenz-Zahl (L_i) von $0{,}7 \cdot 10^{-8}\ V^2/Grad^2$, die unterhalb ca. 5 °K von der Temp. unabhängig ist. Ein Vgl. der Daten mit denen für Re u. Ni zeigt, daß die Tieftemp.-Werte von L_i Parameter sind, die für die individuellen Metalle charakterist. sind [$L_i = \varrho_i/(w_i T)$ mit ϱ_i u. w_i als ideale elektr. bzw. therm. Widerstände].
Herbert Weber 118

0497 **Anwendung von Messungen des elektrischen Widerstandes bei tiefer Temperatur zur Reinheitskontrolle. Aluminium.** G. Revel. (Mém. sci. Rev. Métallurgie **65** (1968) 2, 181—84; Centre d'Études de Chim. metallurg., Vitry-sur-Seine; franz.) — Vf. untersucht den Einfl. folgender Spuren-Verunreinigungen auf den elektr. Widerstand von Al bei 20,4 °K (Einfl.-Koeff. σ_i in $\mu\Omega \cdot$ cm · Atom-%): *Ag* 1,2; *As* 0,5; *Be* 0,4; *Bi* 1,3;

Ca 0,5; *Cr* 7–8,5; *Cd* 0,6; *Co* 3,7; *Cu* 0,75–0,8; *Fe* 6,7; *Ge* 0,8–1; *Ga* 0,1–0,2; *Li* 1; *Mg* 0,5; *Mn* 6,5–7; *Mo* 7,5; *Na* 2; *Ni* 1,5; *Pb* 1; *Sb* 0,9; *Sc* 5; *Si* 0,8; *Sn* 0,9; *Ti* 6; *V* 7; *W* 7,3; *Zn* 0,3 u. *Zr* 7. Der Widerstandsanteil ergibt sich dann zu $\Delta \varrho R = \Sigma n_i \cdot \sigma_i$ [n_i =Atombruch der Verunreinigung i; ϱ = R (20,4 °K)/R (293 °K).]
J. Pickardt 118

0498 **Thermomagnetische Effekte in Supraleitern.** P. R. Solomon und F. A. Otter jun. (Physic. Rev. [2] **164** (1967) 2, 608–18; United Aircraft Res. Labor., East Hartford, Conn.; engl.) — Messsung des Ettingshausen-u. des Nernst-Effektes in Abhängigkeit von Magnetfeld u. Temp. in *In* + 40 Atom-% *Pb* (2. Art) u. des Ettingshausen-Effektes in *Sn* + 0,05 Atom-% *In* (1. Art). Aus den Messungen wurde die transportierte Entropie pro cm der Flußlinie pro Flußquantum berechnet. Für beide Supraleiter stimmen die Messungen mit den Theorien bei tiefen Temp. überein, jedoch nicht in der Nähe von T_c. H. Liepack 120

0499 **Flußdurchdringung und Wechselstrom-Verluste in supraleitendem Niob.** R. M. Easson und P. Hlawiczka. (Brit. J. appl. Physics **18** (1967) 9, 1237–49; Dep. of Electr. Engng., Univ., Glasgow; engl.) — Vf. prüfen experimentell, wie weit das Bean-London-Modell auf Wechselstromverluste in Supraleitern 2. Art anwendbar ist. Die Magnetisierungsmessungen zeigen, daß der Einfl. der Probendicke nur gering ist. Es konnte nur eine sehr geringe Übereinstimmung mit den Modellvorstellungen erzielt werden. Zwar steigen die Werte der magnet. Größen mit der Amplitude des angelegten Feldes, dieser Anstieg ist jedoch wesentlich größer als theoret. vorhergesagt. F. Wendler 120

0500 **Supraleitfähigkeit einer der Einwirkung hohen Drucks unterworfenen Bi–Sn-Legierung.** E. G. Ponjatovskij und A. G. Rabin'kin. (Ž. èksper. teoret. Fiz.— Pi'sma v Redakciju **6** (1967) 1, 471–73; Filial Inst. chim. fiz. AN SSSR; russ.) — Die Versuchsproben der Leg. Bi-Sn (50 Atom-%) wurden aus den reinen Komponenten hergestellt, bei 75° einige Std. dem Druck von 25 katm ausgesetzt u. in fl. N_2 abgekühlt. Die Übergangstemp. in den supraleitenden Zustand T_c wurde an verschiedenartig getemperten Proben im Feld mit 37 Hz gemessen. Die unter Druck entstandene Phase besitzt T_c = 7,88 °K (bedeutend höher als bei reinem Sn). Die Phase ist bis –105° beständig u. zersetzt sich oberhalb dieser Temp. nur langsam (selbst bei 0°). J. Tůmová 120△

0501 **Messung der Elektronentunnelung an Filmen von Lanthan und Lanthan–Lutetium-Legierungen.** A. S. Edelstein. (Physic. Rev. [2] **164** (1967) 2, 510–17; IBM Watson Res. Center, Yorktown Heights, N.Y.; engl.) — Messungen der Elektronentunnelung an aufgedampften kub. flächenzentrierten La- u. hexagonalen La-Lu-Filmen. Das Verhältnis der Null-Temp.-Energielücke zur Temp., bei der die Energielücke verschwindet, variiert für reines La u. La–Lu-Leg. von 3,41 zu 3,58. Die Differenz hängt von der Herst. der Proben ab. Weiter wird gezeigt, daß die Kondo-Theorie in eine Einparameter-Theorie übergeht, wenn das f-Band nicht zu nah am Fermi-Niveau liegt. I. Zoll 120

0502 **Vorausgesagte Übergangstemperaturen sehr dünner Filme und Whisker von supraleitenden Halbleitern — Anwendung auf $SrTiO_3$.** D. M. Eagles. (Physic. Rev. [2] **164** (1967) 2, 489–97; Post Office Res., Station, London; engl.) — Mit Hilfe der BCS-Relation zwischen Übergangstemp. u. Energielücke u. mit einem einfachen Wechselwrkg.-Modell wird eine effektive Wechselwrkg.-Stärke als Funktion der Trägerkonz. in $SrTiO_3$ aus experimentellen Ergebnissen über die Konz.-Abhängigkeit der Übergangstemp. in $SrTiO_3$ abgeleitet. Übergangstemp. für Filme u. Whisker unterschiedlicher Dicke werden in Abhängigkeit von der Träger-Konz. vorausgesagt.
I. Zoll 120

Dielektrische und magnetische Eigenschaften

0503 **Durch Elektronenbestrahlung entstandene Raumladungseffekte in Isolatoren.** L. K. Monteith und J. R. Hauser. (J. appl. Physics **38** (1967) 13, 5355–65; Res. Triangle Inst., Res. Triangle Park, N.C.; engl.) — Vf. geben ein detailliertes Modell von Raumladungseffekten, die dadurch entstehen, daß die durch die Bestrahlung entstandenen Elektronen in Haftstellen eingefangen werden. Analyt. Lsg. werden für den Isolator *Polyäthylenterephthalat* erhalten. Ist die Energieverteilung der Haftstellen unterhalb des Leitungsniveaus gleichmäßig, so hängt die Geschw. des Ladungsaufbaus bzw. -abbaus in erster Linie vom Verhältnis der Materialrelaxationszeitkonst. $\varrho \cdot \varepsilon$ zur Ionisationsgeschw. der Elektronen aus den Haftstellen ab. Es wird Übereinstimmung zwischen Theorie u. Experiment erzielt, wenn dieses Verhältnis ca. 1 ist.
K. H. Härdtl 132

0504 **Reaktive Zerstäubung von Mangan und Titan.** P. J. Harrop, G. Oakley und D. S. Campbell. (Thin solid Films [Lausanne] **1** (1968) 6, 475–80; Plessey Comp. Ltd.; Caswell, Towcester, Northants, GB; engl.) — Mn u. Ti wurden gemeinsam in O_2 zerstäubt. Es bildeten sich *amorphe* Filme nur in einem engen Bereich der Zus. Ti–3 % Mn, wobei die DK bei 20 u. die Verluste bei einigen Prozent lagen. Bei anderen Zus. ergaben sich *krist.* Filme mit Verlusten bis zu 17 % u. einer DK bis zu 120. Diese Eig. zeigen, daß Mn–Ti–O für Filmkondensatoren mit hoher Kapazität ungeeignet sind.
H.-D. Schwartz 132

0505 **Dielektrische Eigenschaften von aufgedampften Indiumsulfidfilmen.** F. Argall. (Thin solid Films [Lausanne] **1** (1968) 6. 495–98; Chelsea Coll. of Sci. and Technol., Univ. of London; engl.) — 2000 Å dicke *Al*-Filme wurden auf Glas aufgedampft, darauf 5000 Å dicke In_2S_3-Filme u. schließlich darüber Al als Gegenelektrode. Für die In_2S_3-Filme wurde die V-A-Charakteristik gemessen. Der Verlustwinkel (tan δ) u. die Kapazität wurden in Abhängigkeit von der Frequenz bestimmt. Als Parameter verwendete man die Temp. der Filme. Die Peakfrequenz im Diagramm tan $\delta(\nu,T)$ ergab, als Funktion von 1/T aufgetragen, eine Gerade. Die Aktivierungsenergie für die Dispersion der Kapazität wurde zu 0,8 ± 0,1 eV ermittelt. H.-D. Schwartz 132

0506 **Durch eine HF-Glimmentladung aufgetragene Siliciumoxid und -nitridfilme.** R. C. Joyce, H. F. Sterling und J. H. Alexander. (Thin solid Films [Lausanne] **1** (1968) 6, 481–94; Standard Telecommun. Labor., Harlow, Essex, GB; engl.) — Durch Anwendung von Hochfrequenzenergie auf geeignete Gase ist es möglich, dünne Filme aus anorgan. Isoliermaterial über einen breiten Temp.-Bereich aufzutragen. Si-Oxide (Zus. nahe SiO oder Si_2O_3), die durch diese Technik aufgetragen wurden, zeigen eine DK zwischen 3,8 u. 10 je nach dem Verhältnis von SiH_4 u. N_2O im Entladungsgefäß. Die Messung der Zwischenschicht-Oberflächenzustände ergab $2 \cdot 10^{11}/cm^2$. Aus SiH_4 u. NH_3 hergestellte Si-Nitridfilme haben ausgezeichnete dielektr. Eigenschaften. Der Tangens des Verlustwinkels ist ≦ 0,0002. In MOS-Strukturen wurde die D. der Oberflächenzustände zu $1,8 \cdot 10^{11}/cm^2$ erhalten. Das chem. Rk.-Vermögen wurde durch Ätzen untersucht. Für Si-Oxidfilme wurde ferner der Brechungsindex in Abhängigkeit von der Zus. der Gasmischung u. für Si-Nitridfilme die DK bei 1 kHz u. das IR-Absorptionsspektrum bestimmt. H.-D. Schwartz 132

0507 **Untersuchung von kristallinen Pulvergemischen bei 10000 MHz und Verwendung des Gesetzes von Lichtenecker.** Gilbert Vicq, Gérard Delbos und Claude Demau. (C. R. hebd. Séances Acad. Sci., Sér. A et B **264** (1967) 17, B 1263–B 1266; Talence, Fac. des Sci. de Bordeaux, Labor. d'Optique ultrahertzienne; franz.) — Vf. berichten über Anwendung des Gesetzes von Lichtenecker (1924) $\log \varepsilon_m' = p \log \varepsilon_1' + (1 - p) \log \varepsilon_2'$ anläßlich von Messungen der DK von Pulvergemischen (p Verhältnis des Vol. des Pulvers zum Gesamtvol. der Probe, ε_m' DK des Gemisches, dessen Bestandteile die DK ε_1' u. ε_2' haben). Untersucht wurden die bin. Gemische *$BaTiO_3$–Araldit* u. *Bi_2O_3–Araldit*. Für p = 0 erhält man die DK des Bindemittels. Für p = 1 wurde nicht die DK des in dem Bindemittel pulverisierten Körpers, sondern ein etwas niedrigerer Wert gefunden. Zur Korrektur dieser Werte wurden die Gemische *NaCl–Araldit* u. *LiF–Araldit* untersucht, da die DK von NaCl u. LiF genau bekannt sind. Unter Berücksichtigung der D. wurden folgende ε'-Werte gefunden: NaCl 5,90; LiF 8,90; $BaTiO_3$ 630 u. Bi_2O_3 43. C. Gottfried 132△

0508 **Physikalische Eigenschaften elektrisch isolierender Materialien auf der Basis von Bor- und Siliciumnitrid.** T. V. Andreeva, V. K. Kazakov und A. A. Rogozinskaja. (Izvest. Akad. Nauk SSSR, Neorg. Mater. **4** (1968) 1, 54—57; Inst. problem materialovedenija AN USSR; russ.) — Gemische aus *BN* u. Si_3N_4 techn. Reinheit mit 20—80 Mol-% BN werden gepulvert, mit einer Lsg. von Kautschuk in Bzn. angeteigt, verpreßt u. bis auf 1600° erwärmt. Röntgenograph. kann keine Rk. zwischen den Komponenten nachgewiesen werden, die Proben sind inhomogene Dielektrika. Es werden Frequenzabhängigkeit von DK u. tg δ gemessen. Die Materialien sind als Hochtemp.-Isolatoren einsetzbar. Heinz Vogel 132

0509 **Elektrische Eigenschaften der Sitalle.** M. D. Maškovič und B. G. Varšal. (Izvest. Akad. Nauk SSSR, Neorg. Mater. **3** (1967) 9, 1668—72; russ.) — Von Sitallen der Syst. $MgO–CaO–Al_2O_3–SiO_2–TiO_2$, $MgO–Al_2O_3–SiO_2–TiO_2$, $Li_2O–Al_2O_3–SiO_2–TiO_2$ u. $Li_2O–K_2O–Al_2O_3–SiO_2$ werden untersucht bei 700—1300° Temp.-Abhängigkeit von tg δ bei 10^2—10^{10} Hz von bei 975—1250° getemperten Proben, Temp.-Abhängigkeit der Volumenleitfähigkeit u. Durchschlagsfestigkeit bei 20° in Abhängigkeit von der Kristallisationstemperatur. Bei alkalifreien Proben ist im HF-Bereich tg δ kleiner. Mit zunehmender Kristallinität nimmt tg δ ab. Bei alkalifreien Sitallen nimmt die Durchschlagsfestigkeit mit wachsender Kristallinität ab, alkalihaltige Proben zeigen entgegengesetztes Verhalten. Heinz Vogel 132

0510 **Temperaturverlauf der DK von Quarzscheiben mit der Schnittfläche yxl/85° 81′ unter Einwirkung von Neutronen- und γ-Bestrahlung.** S. V. Starodubcev und L. B. Čubarov. (Izvest. Akad. Nauk SSSR, Neorg. Mater. **3** (1967) 9, 1704—05; Inst. jadernoj fiz. AN Uzb. SSR; russ.) — Der *Quarz* wird durch ^{60}Co mit ca. 10^{10} r u. in einem Kernreaktor mit einem Neutronenfluß von $2 \cdot 10^{13}$ N/cm^2 · s mit integralen Dosen bis zu $8 \cdot 10^{18}$ N/cm^2 bestrahlt. Mit zunehmender Konz. der durch die Bestrahlung hervorgerufenen Defekte erhöht sich die Temp., bei der die DK anzusteigen beginnt. Heinz Vogel 132

0511 **Zeitabhängiges Ising-Modell mit weitreichender Wechselwirkung.** Kyozi Kawasaki und Tomoji Yamada. (Progr. theoret. Physics [Kyoto] **39** (1968) 1, 1—25; Dep. of Phys., Fac. of Sci., Kyushu Univ., Fukuoka, Japan; engl.) — Es wird der Vers. unternommen, eine möglichst große Zahl von Informationen über die dynam. Eig. eines stochast. Modells zu erhalten, das auf allg. Austauschphänomene erweitert wird. Dieses zeitabhängige Ising-Modell wird in Form einer Muttergleichung für die Verteilungsfunktion des ganzen Syst. ausgedrückt. Ein geschlossener Satz kinet. Gleichungen für die Clusterfunktionen der drei Spins (auch für größere Abweichungen vom Gleichgew.) wird erhalten. Aus den Betrachtungen können definitive Schlüsse bez. des Verh. der dynam. Suszeptibilität gezogen werden. In Übereinstimmung mit Ergebnissen einer Computersimulation ist der polydisperse Teil der Relaxation nahe T_C klein. Dagegen lassen sich die Ergebnisse nicht unmittelbar zu experimentellen Ergebnissen wie Messungen der dielektr. Dispersion in Ferroelektrika in Beziehung setzen. H. U. Borgstedt 136

0512 **Superaustausch-Wechselwirkungen und magnetische Strukturen.** Andrzej Oleś. (Postępy Fizyki **18** (1967) 4, 407—23; Inst. Techn. Jadrowej, Kraków; pol.) — Die Theorie des Superaustausches u. halbempir. Regeln für Spin-Wechselwrkg. Kation–Anion–Kation u. Kation–Kation werden diskutiert u. mit experimentellen Befunden an Spinellen verglichen. Rolf Heyer 136

0513 **Berücksichtigung von Störstellen in der Theorie des indirekten Austauschs.** F. I. Muftachova, A. N. Men' und G. A. Smolenskij. (Fiz. tverdogo Tela **10** (1968) 2, 399—403; Ural'skij gos. univ. im. Gor'kogo, Sverdlovsk; russ.) — Berechnung des effektiven Austauschintegrals für Übergangsmetall-Sauerstoffketten mit Störstellen. Die theoret. Ergebnisse werden durch Messungen der Curie-Temp. an *Y–V–Fe-Granaten* unterstützt. K. Jaeger 136

0514 **Eigenschaften von Antiferromagnetika mit relativ zu den Untergittern symmetrisch verteilten Störstellen.** S. V. Maleev und S. S. Stamenkovič. (Fiz. tverdogo Tela **10** (1968) 3, 754—58; Fiz.-techn. inst. im. Joffe AN SSSR, Leningrad; russ.) — Es wird theoret. gezeigt, daß die Verteilung magnet. Störstellenatome symm. zu den Untergittern Präzessionen ermöglicht, die nahezu denen der freien Atome gleich sind. Die Spinwellendämpfung an diesen Störstellen wird bestimmt. K. Jaeger 136

0515 **Fehler der berechneten molekularen Suszeptibilitäten in rhombischen Kristallen.** M. A. Lasheen und S. Tadros. (Acta crystallogr. [Copenhagen], Sect. A **24** (1968) 2, 287—88; Phys. Dep., Fac. of Sci., Alexandria Univ., UAR; engl.) — Theoret. Untersuchung. H. Roschkowski 136

0516 **Körnige Mössbauer-Absorber.** J. D. Bowman, E. Kankeleit, E. N. Kaufmann und B. Persson. (Nuclear Instruments Methods [Amsterdam] **50** (1967) 1, 13—21; Calif. Inst. of Technol., Pasadena, Calif.; engl.) — Vf. untersuchen die Form der Mössbauer-Spektren (^{57}*Fe*) von Absorbern, die aus einem Pulver bestehen, das statist. in einem Träger dispergiert ist. Eine allg. Berechnungsmeth. wird abgeleitet u. anschauliche Spezialfälle, welche die wesentlichen Abweichungen von den Spektren einheitlicher Absorber zeigen, werden diskutiert. J. Pickardt 136

0517 **Magnetische Struktur von Mn_2P.** M. Yessik. (Philos. Mag. [8] **17** (1968) 147, 623—32; Cavendish Labor., Cambridge, England; engl.) — Polykrist. u. einkrist. Mn_2P wurde bei Raumtemp. u. der fl. He-Temp. durch Neutronenbeugung untersucht. Mn_2P ist antiferromagnet. mit einer Néel-Temp. von 103 °K. Die von Rundqvist [vgl. Acta chem. Scand. **16** (1962) 992] mitgeteilte Krist.-Struktur konnte bestätigt werden. Folgende magnet. Struktur wurde bestimmt: Zwei der drei Mn_{II}-Atome auf 3 (g) mit $x_2 = 0{,}5943 \pm 0{,}0004$ besitzen ein magnet. Moment von $0{,}84 \pm 0{,}03$ BM; das dritte Mn_{II}-Atom besitzt kein magnet. Moment. Das magnet. Moment von zwei der drei Mn_I-Atome auf 3 (f) mit $x_1 = 0{,}2546 \pm 0{,}0004$ beträgt $0{,}01 \pm 0{,}04$ BM, während das dritte ebenfalls keines besitzt. Zur Deutung der Vers.-Ergebnisse wird angenommen, daß in der hexagonalen Elementarzelle, die als eine Überlagerung von drei orthorhomb. Zellen angesehen wird, drei Spind.-Wellen gleichzeitig existieren, deren Fortpflanzungsrichtung gleich den Vektoren a*, b* u. a*–b* des hexagonalen reziproken Gitters ist. Bei der Spind.-Welle handelt es sich um eine Modulation des Spins durch eine period. Funktion, die sich parallel [100] der orthorhomb. Zelle fortpflanzt u. die Periodizität des Gitters besitzt. Die Existenz von Spindomänen konnte nicht nachgewiesen werden. W. Laqua 136

0518 **Remanente Domänenstrukturen im großen Kobalt-Einkristall.** B. Wysłocki. (Prace Inst. hutniczych **19** (1967) 2, 99—108; Inst. Metalurg. Żelaza; pol.) — Die Pulverfiguren auf den hexagonalen Flächen von Co-Einkrist. wurden mit Hilfe dünner Plastikschichten fixiert. Es wurde festgestellt, daß die Art der Struktur von der Richtung des erzeugenden Magnetfeldes, unter Berücksichtigung der Krist.-Achsen, abhängt. Die sog. freie Domänenstruktur, die bei der Abkühlung eines Krist. unter die Curie-Temp. auftritt, besteht aus mehr oder weniger zufälligen Kombinationen von regulären Remanenzstrukturen. Rolf Heyer 136

0519 **Untersuchung des Barkhausen-Effekts während des Zerfalls von Nickelhydrid.** H. J. Bauer, E. Pfrenger und K. Stierstadt. (Z. Naturforsch. **22a** (1967) 4, 546—48; Sekt. Phys., Univ. München; dt.) — Die Größenverteilung von Barkhausen-Diskontinuitäten wurde entlang der Hysteresisschleife während der Zers. von nichtferromagnet. Nickelhydrid bei Zimmertemp. (Beschreibung der App.) gemessen. Demnach ist der Zers.-Vorgang der Ausfällung von Leg. vergleichbar. Während der Zers. bilden sich zunächst superparamagnet. Teil-

chen, die zu Monodomän- u. Multidomänenpartikeln wachsen u. endlich zu kompaktem Ni zusammenwachsen.
A. Jaeschke 136

0520 **Lokale Magnetisierung eines unvollständigen Ferromagneten.** H. P. van de Braak und W. J. Caspers. (Z. Physik **200** (1967) 3, 270—86; Solid States Phys. Labor., Univ. of Groningen, Niederlande; engl.) — Die lokale Magnetisierung in der Nähe einer nichtmagnet. Verunreinigung in einem Heisenberg-Ferromagneten wird bei verschiedenen Temp. unterhalb des Curie-Punktes berechnet. A. Jaeschke 136

0521 **Magnetisierung zylindrischer dünner Schichten von Kobalt und Permalloy unter der Einwirkung von zwei Magnetfeldern, einem kreisförmigen Wechselfeld und einem longitudinalen statischen Feld.** Şt. Procopiu, I. Viscrian, C. Naum und Gh. Călugăru. (Studii Cercetări Fizică [Bucureşti] **19** (1967) 10, 1049—53; Iaşi. Centr. de cerc. fiz.; rum.) — Nach der Meth. der gekreuzten Magnetfelder kann das Koerzitivfeld von Schichten in Richtung senkrecht zum Generator bestimmt werden; es ist gleich dem kreisförmigen Feld h_c, bei dem ein Vorzeichenwechsel der Induktions-EMK longitudinaler Felder geringer Stärke ($H_l \to 0$) eintritt. In der Richtung senkrecht zum Generator ist das Koerzitivfeld für Co- u. für Permalloyschichten sehr klein. Auf longitudinaler Unterlage mit Längsrissen abgeschiedene Co-Schichten haben in Richtung des Generators u. in Querrichtung kleinere Koerzitivfelder als solche auf umschriebener Unterlage mit Querspalten in den großen Kristalliten u. mit Oxidspuren an der Oberfläche, auch ihre maximale Permeabilität ist größer. Bei Permalloy ist das Koerzitivfeld in Querrichtung kleiner u. hängt nicht von der Behandlung der Unterlage ab; bei Schichten auf umschriebener Unterlage ist die maximale Permeabilität größer u. wird bei kleineren Feldern erreicht.
R. K. Müller 136△

0522 **Anisotropie der paramagnetischen Suszeptibilität von Zirkonium.** N. V. Volkenštejn, É. V. Galošina und N. I. Sčegolichina. (Fiz. Metallov Metallovedenie **25** (1968) 1, 180—83; Inst. fiz. metallov AN SSSR; russ.) — Die Anisotropie der paramagnet. Suszeptibilität eines Zr-Einkrist. ($\varrho_{298}/\varrho_{4,2} = 40$) in Abhängigkeit von der Temp. wird für verschiedene kristallograph. Richtungen bei 4,2 bis ca. 300 °K untersucht.
H. Roschkowski 136

0523 **Entwicklung der magnetischen Eigenschaften und der inneren Reibung von stark verformtem Nickel durch Wärmebehandlung.** B. Dubois und O. Dimitrov. (Mém. sci. Rev. Métallurgie **64** (1967) 7/8, 641—51; Vitry-sur-Seine, Centre d'Ét. de Chim. métallurg.; franz.) —Messungen der inneren Reibung u. Best. der magnet. Eig. parallel zu denen des elektr. Widerstandes wurden an stark verformten Ni-Drähten nach Wärmebehandlung bis 1200° durchgeführt. Während sich die magnet. Eig. bei Temp. unter der Rekristallisationstemp. nicht änderten, wurde in diesem Temp.-Gebiet eine beachtenswerte Abnahme der inneren Reibung beobachtet. Unter Heranziehung der elektr. Widerstandsmessungen kann der Abfall der inneren Reibung auf Verankerung von Versetzungen an Punktfehlern im Gitter zurückgeführt werden. Bei der Rekristallisation tritt eine starke Veränderung der magnet. Permeabilität u. Koerzitivkraft auf. Eine irreguläre Änderung der untersuchten Eig. tritt bei 500—900° auf. Das tritt bes. deutlich bei durch Zonenschmelzen gereinigtem Ni auf. Zwischen 900 u. 1200° bleiben die magnet. Eig. prakt. konstant. Dagegen steigt mit zunehmender Korngröße die innere Reibung stark an, bes. bei durch Zonenschmelzen gereinigtem Ni.
F. Vier 136

0524 **Paramagnetismus fester Lösungen von Germanium in Nickel.** Michel Baudry und Pierre Lecocq. (C. R. hebd. Séances Acad. Sci., Sér. C **266** (1968) 19, 1446—48; Labor. de Chim. min., Fac. d'Orsay, Essonne; franz.) — Ni–Ge-Leg. mit 0—11% Ge wurden durch Diffusion hergestellt. Die Kurve der paramagnet. Curie-Punkte in Abhängigkeit vom Ge-Geh. verläuft linear u. parallel zu der der ferromagnet. Curie-Punkte. Die Übergangstemp. T_t liegt für 3% Ge bei 1000 °K u. für 11% bei 700 °K; extrapoliert ergibt sich T_t für das reine Ni zu 1130 °K. Oberhalb T_t („hochtemperaturparamagnet. Bereich") ist das paramagnet. Moment des Ni konst., ca. 1,70 BM pro Ni-Atom, unterhalb T_t („tieftemperaturparamagnet. Bereich") ändert sich das Moment linear von 1,624 (0% Ge) auf 1,315 BM (11% Ge).
J. Pickardt 136

0525 **Quadrupolrelaxation und chemische Verschiebung in $A^{III}B^{V}$-Kristallen.** V. L. Bogdanov und V. V. Lemanov. (Fiz. tverdogo Tela **10** (1968) 1, 286—87; Inst. poluprovodnikov AN SSSR, Leningrad; russ.) — Messungen an ^{69}Ga, ^{71}Ga, ^{75}As, ^{115}In u. ^{121}Sb in *InSb*, *InAs*, *InP*, *GaSb*, *GaAs* u. *GaP* zeigen, daß mit zunehmender Relaxationszeit auch die chem. Verschiebung zunimmt u. daß mit stärker werdendem kovalentem Bindungsanteil die Relaxationszeit abnimmt. K. Jaeger 136

0526 **Magnetochemische Untersuchungen an ternären Lithium–Mangan–Arsen-Phasen.** R. Juza, H.-D. Trapp und H. Seidel. (Z. anorg. allg. Chem. **356** (1968) 5/6, 273—82; Inst. für Anorgan. Chem., Univ., Kiel; dt.) — Die magnet. Suszeptibilität von 5 Phasen des quasibin. Schnitts Li_3As–$Mn_3As_{1,85}$ wurde in Abhängigkeit der Zus. u. der Temp. im Bereich 80—1000 °K gemessen. Messungen wurden sowohl im Falle von thermodynam. stabilen als auch im Falle von abgeschreckten instabilen Phasen durchgeführt. Die kub. Hochtemp.-Phase ist paramagnet., die pseudokub. u. die tetragonale Phase mit $c/a > 1$ sind antiferromagnetisch. Im Bereich der tetragonalen Phase mit $c/a < 1$ wurde eine verstärkte antiferromagnet. Kopplung festgestellt, während im Bereich der orthorhomb. Phase Pauli-Paramagnetismus gefunden wurde. J. J. Pohl 136

0527 **Magnetochemische Untersuchung der Phase $Mg_{3-nx/2}Mn_x^nAs_2$.** R. Juza, H.-D. Trapp und H. Seidel. (Z. anorg. allg. Chem. **356** (1968) 5/6, 283—88; dt.) — Vgl. vorst. Referat. — Die magnet. Suszeptibilität des Mn in der tern. Phase $Mg_{3-nx/2}Mn_x^nAs_2$ ist nicht von der Addition von Mg auf den Oktaederlücken, sondern von der Substitution von Mn durch Mg auf den Tetraederlücken des As-Teilgitters abhängig. Die Best. von Θ auf Grund der Temp.-Abhängigkeit der Suszeptibilität kann nur bei kleinen Mn-Geh. durchgeführt werden. Bei hohen Mn-Geh. sind die Suszeptibilitäten bei tiefen Temp. höher als nach dem Curie-Weißschen Gesetz erwartet. J. J. Pohl 136

0528 **Magnetische Eigenschaften und Strukturen der Mangan-Carbidnitride und der Perowskite Mn_3GaC und Mn_3GaN.** Jean-Pierre Bouchaud. (Ann. Chimie [14] **3** (1968) 1, 81—105; franz.) — Untersucht werden die Carbidnitride $Mn_4N_xC_{1-x}$, die beiden genannten Perowskite u. die festen Lsg. $Mn_3GaC_{1-x}N_x$, $Mn_{3+x}Ga_{1-x}C$ u. $Mn_{4-x}Ga_xN$. Die Krist.-Strukturen werden röntgenograph. bestimmt u. die Temp.-Magnetisierungskurven (Ermittlung verschiedener Phasen), die Sättigungsmagnetisierung u. die Suszeptibilität gemessen. Die Mn-Carbidnitride u. das Nitrid sind ferrimagnetisch. Der Ferrimagnetismus wird durch die Ermittlung von Kompensationspunkten sichergestellt. Mn_3GaC zeigt eine antiferro-ferromagnet. Umwandlung bei 150 °K, die sehr empfindlich gegenüber Abweichungen von der Stöchiometrie ist. Mn_3GaN zeigt eine antiferro-paramagnet. Umwandlung 1. Ordnung bei 298 °K durch einen Suszeptibilitätssprung an. Bei den Lsg. $Mn_3GaC_{1-x}N_x$ werden 4 verschiedene Typen von magnet. Ordnung bei verschiedenen Temp. gefunden. Bei $Mn_{4-x}Ga_xN$ sind 3 verschiedene magnet. Bereiche vorhanden.
H. Fahlenbrach 136

0529 **Magnetische Eigenschaften gemischter Chromchalkogenidselenide.** V. N. Ikorskij, L. M. Doronina und S. S. Bacanov. (Ž. strukturnoj Chim. **9** (1968) 1, 143—44; Inst. teplofiz. SO AN SSSR, Novosibirsk; russ.) — Die paramagnet. Suszeptibilität von Cr_2Se_3, Cr_2Se_2S, $CrSe$ u. Cr_2Se_2Te bei ca. 75—350 °K wird gemessen. Die Curie-Temp. u. effektiven magnet. Momente betragen für Cr_2Se_3 142 (°K) bzw. 4,00 (BM); für Cr_2Se_2S 112; 4,07; CrSe 268; 4,90 u. Cr_2Se_2Te 237; 4,44.
H. Roschkowski 136

0530 **Magnetische Suszeptibilität einiger Rhenium(V)-Verbindungen.** V. I. Belova, Ja. K. Syrkin, Dipak

Kumar Čakrabarti und B. N. Ivanov-Ėmin. (Ž. strukturnoj Chim. **9** (1968) 1, 73—78; Inst. obščej i neorg. chim. im. Kurnakova AN SSSR; russ.) — Zwischen 80 u. 380 °K wird die magnet. Suszeptiblität von $Rb_2[ReOCl_5]$, $Cs_2[ReOCl_5]$, $(pyH)_2[ReOCl_5]$, $enH_2[ReO \cdot Cl_5]$, *o-phen*$H_2[ReOCl_5]$, $\alpha.\alpha'$-*dipy*$H_2[ReOCl_5]$, $\gamma.\gamma'$-*dipy*$H_2 \cdot [ReOCl_5]$, $Rb[ReOBr_5]$, $\alpha.\alpha$-*dipy*$H_2[ReOBr_5]$, *o-phen*$H_2 \cdot [ReOBr_5]$, $[ReO(\alpha.\alpha'$-*dipy*$)]Cl_3$, $[ReO(\gamma.\gamma'$-*dipy*$]Cl_3$, $[ReO \cdot$(*o-phen*)$]Cl_3$ u. $[ReO$(*o-phen*)$]Br_3$ gemessen. Die beobachteten effektiven magnet. Momente der Oxopentahalogenorhenate werden erklärt, wenn Austausch- oder Superaustauschwechselwrkg. für die festen Verb. angenommen wird. Die drei letztgenannten Verb. sind diamagnetisch. Für $[ReO(\gamma.\gamma'\text{-dipy})]Cl_3$ wird eine Brückenstruktur vermutet. H. Roschkowski 136

0531 **Bestimmung der Spinellstruktur aus der absoluten Magnetisierung fester Lösungen x · $Me_2TiO_4(1-x)MeFe_2 \cdot O_4$.** Claude Zeller, Joël Hubsch, Jean-Claude Reithier und Joseph Bolfa. (C. R. hebd. Séances Acad. Sci., Sér. A et B **265** (1967) 23, B 1335—B 1338; Labor. de Minéralogie et Cristallographie, Nancy; franz.) — Unter Verw. der Hypothese von Néel u. unter Benutzung von experimentellen Literaturdaten ber. Vf. die abs. Magnetisierung der folgenden festen Lsg. $x \cdot Mg_2TiO_4(1-x)MgFe_2O_4$, $x \cdot Fe_2TiO_4(1-x)FeFe_2O_4$, $x \cdot CoTiO_4(1-x)CoFe_2O_4$ u. $x \cdot NiTiO_4(1-x)NiFe_2O_4$. Die Kenntnis der Kurven der abs. Magnetisierung erlaubt die eindeutige Best. der Spinellstruktur der obigen festen Lsg. sowie die Best. der Anzahl der Fe^{3+}-, Mg^{2+}-, Fe^{2+}-, Co^{2+}-, Ni^{2+}- u. Ti^{4+}-Ionen auf den A-Plätzen der Spinelle als Funktion der molaren Konz. x.
C. Gottfried 136△

0532 **Magnetostatische Resonanzen in axial magnetisierten YIG-Stäben.** D. E. Lacklison und M. F. Lewis. (Physics Letters [Amsterdam] **25 A** (1967) 5, 365—66; General Electric Company Limited, Central Res. Labor., Hirst. Res. Labor., Wembley, England; engl.) — Die Resonanzen (Signalfrequenz = 2 GHz) an axial magnetisierten *YIG*-Stäben werden durch einen Parameter charakterisiert, der bei kurzen Stäben viel größer ist als der theoret. Wert bei einem unendlich langen Stab. Die Sommerfeld-Konst. beträgt für einen 5,7 mm langen Stab $5 \cdot 10^3$ Oe cm^{-2}. H. Kelm 136

0533 **Schallwellendämpfung infolge Magnon–Phonon-Wechselwirkung.** A. E. Lord jun. (Physik kondens. Materie 7 (1968) 3, 232—47; Metals Res. Labor., Brown Univ., Providence, R.I.; engl.) — Die quantenmechan. Berechnung der Schallabsorption in einem ferromagnet. Isolator infolge Wechselwrkg. der Phononen mit Magnonen wurde auf einen größeren, prakt. interessanteren Temp.-Bereich ausgedehnt. Die Abhängigkeit der Absorption vom angelegten Magnetfeld wurde ebenfalls abgeleitet. Beim *Yttrium–Eisen-Granat* als typ. Substanz dieser Art dürfte die betreffende Schallabsorption groß genug sein, um gut beobachtet werden zu können; ihre Abhängigkeit vom Magnetfeld sollte sie von anders bedingter Absorption unterscheiden. Der Einfl. der Lebensdauer der Magnonen u. ihrer Reformierung auf die Absorption werden kurz diskutiert. In stark magnetostriktiven Materialien, wie den *Seltenerdmetall–Eisen-Granaten*, könnte die Schallabsorption infolge Phonon–Magnon-Wechselwrkg. sogar dominieren, verglichen beispielsweise mit der Absorption infolge von Phonon–Phonon-Streuung. Hier könnte auch ein meßbarer Effekt der Phonon–Magnon-Wechselwrkg. auf die Wärmeleitfähigkeit auftreten. Es besteht die Möglichkeit, daß für die Streuung vor allem die Magnonen nahe dem Rand der Brillouin-Zone von Bedeutung sind. A. Blaschette 136

0534 **Abschätzung der minimalen Schaltzeit der Rechteckferrite.** E. Steinbeiss und G. Vogler. (Ann. Physik [7] **20** (1968) 7/8, 390—400; Inst. für Magnet. Werkstoffe der DAW zu Berlin, Jena; dt.) — Die Rechengeschw. moderner Computer wird entscheidend durch die Schaltzeit der Speicherelemente beeinflußt. Da die Speicher größtenteils mit Rechteckferriten bestückt sind, ist die minimale Schaltzeit der Rechteckferrite von Interesse. Es wird gezeigt, welche physikal. Größen in die Beziehung für die Schaltzeit eingehen u. wie sie beeinflußt werden können. Aus den Überlegungen u. Experimenten mit $Mn_{1,6}Fe_{1,4}O_4$ geht hervor, daß die Schaltzeit im wesentlichen durch Verminderung der mittleren Wandlaufstrecke verkleinert werden kann. Mittels einer Modellvorstellung wird die mittlere Wandlaufstrecke in Rechteckferriten ber. u. die minimale Schaltzeit abgeschätzt. — 54 Literaturangaben. E. Otto 136

0535 **Einfluß von Abweichungen in der Zusammensetzung auf die magnetischen Eigenschaften der Phasen Mn_3GaC_{1-x} und $Mn_5Si_3C_x$.** J.-P. Sénateur, J.-P. Bouchaud und R. Fruchart. (Bull. Soc. franç. Minéralog. Cristallogr. **90** (1967) 4, 537—43; Centre d'Études de Chim. métallurg., Vitry; franz.) — Unters. über den Einfl. der Abweichungen des *C*-Geh. in den Verb. Mn_5Si_3 u. Mn_3GaC auf die magnet. u. dilatometr. Eigenschaften. Durch Einlagerung von C in die oktaedr. Löcher von Mn_5Si_3 zeigt die Verb. bei Temp. < 152 °K ferromagnet. Eigenschaften. Der antiferro-ferromagnet. Übergang von Mn_3GaC_{1-x} bei 150 °K ist stark vom C-Geh. abhängig. Bei Zus. zwischen $Mn_3GaC_{0,98}$ u. $Mn_3GaC_{0,95}$ erscheint ein neuer magnet. Umwandlungstyp. Bei Zus. zwischen $Mn_3GaC_{0,95}$ u. $Mn_3GaC_{0,55}$ ist keine magnet. Umwandlung zu beobachten. I. Zoll 136

0536 **Magnetische Eigenschaften von stromlos abgeschiedenen Legierungen mit Kobalt als Grundmetall.** Fred Pearlstein und Robert F. Weightman. (Plating **54** (1967) 6, 714—16; Frankford Arsenal, Philadelphia, Pa.; engl.) — Auf Cu-Streifen werden aus einer stromlosen Lsg. von $CoSO_4$ durch Na_2WO_4, $KReO_4$, $NiSO_4$ (**I**) oder Phenylthioharnstoff (**II**) bei 95° Co-Leg. abgeschieden, die verschiedene magnet. Eig. aufweisen. Die Co–W-Leg. zeigen erhöhte Koerzitivkraft (A) bei unveränderter Remanenz (R), die Co–Re-Leg. ein hohes A : R-Verhältnis, die Co–Ni-Leg. bei geringem **I**-Zusatz erhöhte A u. R, bei hohem **I**-Zusatz niedrige A u. hohe R. Ein relativ geringes A : R-Verhältnis zeigen die aus Co-Leg. mit **II**-Zusatz gewonnenen Proben. W. Wesly 136

0537 **Zusammenhang zwischen den magnetischen Eigenschaften und dem Gefüge von Ticonal-Legierungen.** C. Bronner, J. Sauze, E. Planchard, J. M. Drapier, D. Coutsouradis und L. Habraken. (Kobalt **1967**, 36, 111—18; Saint-Martin d'Héres, Soc. d'Ét. et de Rech. Magnet.; dt.) — Zur Klärung der Zusammenhänge zwischen Gefüge u. magnet. Eig. wurden die Leg. Ticonal 600 mit 24(%) Co, 14 Ni, 8 Al u. 3 Cu, Rest Fe u. Ticonal 1500 mit 34 Co, 15 Ni, 7,5 Al, 4 Cu, 5 Ti, Rest Fe nach verschiedenen Wärme- u. Magnetfeldbehandlungen auf Gefüge im Durchstrahlungselektronenmikroskop u. auf ihre magnet. Eig. untersucht. Danach scheint die mit regulierter Geschw. vor sich gehende Abkühlung die chem. Diffusion zwischen der Grundmasse u. der Ausscheidungsphase zu begünstigen. Bei entsprechender Abkühlung im Magnetfeld ist das Wachstum der ferromagnet. Teilchen durch eine Vorzugsrichtung gekennzeichnet. Beide Vorgänge erhöhen die Koerzitivkraft der untersuchten Legierungen. Eine die Zusammenballung der Ausscheidungsteilchen herbeiführende zweifache Anlaßbehandlung begünstigt ebenfalls die Diffusion zwischen der α_1- u. der α_2-Phase, was zu einer weiteren Steigerung der Koerzitivkraft führt. Der Ti-Geh. von Ticonal 1500 verfeinert offenbar die ferromagnet. Ausscheidung, dabei liegt Ti in ungleicher Verteilung auf die α_1-Phase (reich an Fe u. Co) u. auf die α_2-Phase (reich an Ni, Al u. Ti) vor. Weiter ist bei Ticonal 1500 der Zerfall der α-Phase mit der Bldg. einer zusätzlichen kohärenten, kub.-flächenzentrierten Phase mit a = 5,72 Å verbunden, die verhältnismäßig viel Ti enthält. Die Feinheit der ferromagnet. α_1-Teilchen dürfte in erster Annäherung auf der Ggw. dieser Phase beruhen. Neben der modifizierten Zus. der α_1- u. α_2-Phase ist es auf die Feinheit der Ausscheidungen zurückzuführen, daß Ticonal 1500 eine höhere Koerzitivkraft als Ticonal 600 aufweist.
F. Vier 136

0538 **Untersuchung der magnetischen Phasen austenitischer Stähle.** Arpád Szombatfalvy und Pál Tárdy. (Kohászati Lapok [Ung. Z. Hüttenwes.] **100** (1967) 3, 126—29; Budapest, Vasipari Kutató Intézet; ung.) — Durch Vgl. der auf verschiedenen physikal. Prinzipien beruhenden Prüfmeth. für ferromagnet. Phasen (Ferrit oder Martensit) austenit. Cr–Ni-Stähle wurde festgestellt, daß deren Menge mit Hilfe der Unters. der ferromagnet. Eig. am zweckmäßigsten bestimmt werden kann. Zur Prüfung wurde ein geeignetes Gerät (sog. Magnetsonde) entwickelt. Die mit diesem ausgeführte Unters. kann durch die „magnet. Mikrographie" gut ergänzt werden. Beschreibung des Gerätes u. der Meßmeth.; Genauigkeit 0,5—1,0%. L. Zombory 136△

A–4. Thermodynamik, Mechanik der Gase und Flüssigkeiten, Gleichgewichte

0539 **Zustandsgleichung eines resonanzangeregten Gases.** Ju. A. Vdovin. (Ž. ėksper. teoret. Fiz. **54** (1968) 2, 445—55; Mosk. inž. fiz. inst.; russ., Auszug: engl.) — Unters. über den Einfl. der Resonanz-Dipol–Dipol-Wechselwrkg. auf die thermodynam. Eig. eines angeregten Gases. Es wird gezeigt, daß sich in einem bestimmten Dichte- u. Temp.-Bereich Quasimol. aus angeregten u. nicht angeregten Atomen bilden. I. Zoll 142

0540 **Numerische Bestimmung des chemischen Gleichgewichts und der Verteilung der Freien Energie.** W. B. White. (J. chem. Physics **46** (1967) 11, 4171—75; Stanford Res. Institute, Trier/Mosel; engl.) — Ein vereinfachtes Verf. zur numer. Best. der Gleichgew.-Zus. von komplexen Mischungen wird entwickelt. Ein Konzept zur Zuordnung der Freien Energie zu Atomen oder Elementarteilchen von Mol. oder zusammengesetzten Strukturen wird vorgeschlagen. Numer. Werte für die Freie Energie von H- u. O-Atomen in H_2O-Mol. bei 3500 °K werden angegeben. A. Jaeschke 142

0541 **Phasenumwandlung und Oberflächenspannung in der quasichemischen Näherung.** Jean-Yves Parlange. (J. chem. Physics **48** (1968) 1, 169—73; Dep. of Engng. and Appl. Sci., Yale Univ., New Haven, Conn.; engl.) — Die statist. Formulierung eines Phasenübergangs wird für ein dreidimensionales Ising-Modell mit Hilfe der Guggenheim-Näherung abgeleitet. Bei Annäherung der Temp. an den krit. Wert können die den Umwandlungsvorgang beschreibenden Differenzgleichungen durch leicht integrierbare Differentialgleichungen ersetzt werden. Die Ergebnisse werden mit dem Kontinuum-Modell von Cahn u. Hilliard [ibid. **28** (1958) 258] verglichen; ferner wird die von Widom [ibid. **43** (1965) 3892] vorgebrachte Kritik dieses Modells diskutiert. A. Blaschette 144

0542 **Störungsmethode starrer Kugeln zur theoretischen Berechnung der Transportkoeffizienten reiner Gase.** R. K. Joshi. (Chem. Physics Letters [Amsterdam] 1 (1968) 12, 575—78; Dep. of Phys., Rajasthan Univ., Jaipur, India; engl.) — Entw. einer Näherungsmeth. zur Berechnung der Transporteig. verd. Gase, wobei das zwischenmol. Potential als Störung über das der starren Kugeln angenommen wird. H. Liepack 146

0543 **Transportkoeffizienten in der Nähe des kritischen Punktes. Methode der Master-Gleichung.** Leo P. Kadanoff und Jack Swift. (Physic. Rev. [2] **165** (1968) 1, 310—22; Dep. of Phys. and Materials Res. Labor., Univ. of Ill., Urbana, Ill.; engl.) — Unters. zweier Modelle: 1. für Spindiffusion u. therm. Diffusion ohne Schallwellen; 2. für therm. Diffusion u. Schallwellen. H. Liepack 146

0544 **Siebente Virialkoeffizienten für starre Kugeln und starre Scheiben.** Francis H. Ree und William G. Hoover. (J. chem. Physics **46** (1967) 11, 4181—97; Lawrence Radiat. Labor., Univ. of Calif., Livermore, Calif.; engl.) — Die 7. Virialkoeff. B_7 werden als Summen modifizierter Sternintegrale anstatt der üblichen Mayer-Sternintegrale angegeben. A. Jaeschke 146

0545 **Thermodynamische Funktionen freier Protonen und Elektronen in einem Wasserstoffplasma.** O. Theimer und P. Kepple. (Physic. Rev. [2] **165** (1968) 1, 168—71; N.Mex. State Univ., Res. Center, University Park, N.Mex.; engl.) — Berechnung des elektrostat. Beitrags zur Inneren Energie der freien Träger eines H-Plasmas durch numer. Lsg. einer modifizierten Poisson-Boltzmann-Gleichung. H. Liepack 146

0546 **Wärmeleitfähigkeit von Gasgemischen in einem größeren Temperaturbereich.** 2. Mitt. P. Correia und K. Schäfer. (Ber. Bunsenges. physik. Chem. **72** (1968) 4, 507—14; Physikal.-Chem. Inst., Univ., Heidelberg; dt.) — 1. vgl. ibid. **72** (1968) 393. — Die theoret. Ausdrücke für die Wärmeleitfähigkeit von Gasgemischen (NH_3–Ar; NH_3–Ne; N_2–Ar; N_2O–Ar; H_2S–Ar; SO_2–Ar; CH_4–Ar; CH_3Cl–Ar; CH_3Cl–Ne; C_2H_6–Ar; C_2H_5Cl–Ar; C_3H_8–Ar; C_4H_{10}–Ar bei Temp. zwischen 276 °K u. 1396 °K) wurden durch die Lsg. der Stoßgleichung nach Wang-Chang-Uhlenbeck erhalten. Das Verhältnis der Diffusionskoeff. für die Schwingungs- u. Rotationsenergie der Mol. einerseits u. für die normale Diffusion im Gase andererseits scheint sich in Mischungen manchmal grundsätzlich von dem in reinen Gasen zu unterscheiden. Aus der Form der Kurve für die Wärmeleitfähigkeit als Funktion der Zus. ist es möglich, die Verhältnisse der Relaxationszeit für die Übertragung von Rotationsenergie in Translationsenergie bei Stößen zwischen gleichen Mol. (1—1) u. verschiedenen Mol. (1—2) zu bestimmen. Die Relaxationszeiten für Stöße (1—1) wurden sowohl aus den in der Literatur beschriebenen Ultraschallmessungen u. Stoßwellenexperimenten wie auch näherungsweise aus den eigenen Messungen der Wärmeleitfähigkeit von reinen Gasen entnommen. G. Malow 146

0547 **Assoziationswärme: Beziehungen zum Prinzip der „abzählbaren Bindungen" und zur Thermodynamik.** Jacques Duclaux. (C. R. hebd. Séances Acad. Sci., Sér. C **266** (1968) 15, 1121—22; École Prat. des Hautes Études, Paris; franz.) — An Hand von Daten für die Assoziation von Gasen (O_2, N_2, Ar, Ne, He, H_2, SF_6) wird eine Definition der Assoziationswärme mit Hilfe des von Vf. abgeleiteten Prinzips der „abzählbaren Bindungen" (liens dénombrables) getroffen. Die Verallgemeinerung des Ergebnisses deutet darauf hin, daß gewisse Beziehungen, die üblicherweise aus dem zweiten Hauptsatz der Thermodynamik hergeleitet werden, auch direkt erhältlich sind. A. Blaschette 146

0548 **„Molare Bewegungsmenge" für feste und gasförmige Substanzen.** L. A. Petrenko und Ju. A. Petrenko. (Ukrainskij chim. Ž. **34** (1968) 2, 150—52; russ.) — Die Abhängigkeit der sog. „molaren Bewegungsmenge" (Prod. aus Molgew. des Mediums u. Schallgeschw. v im Medium) vom Molgew. wurde für die Gase C_2H_4, N_2, O_2, H_2S, HCl, CO_2, N_2O, SO_2, Cl_2, HBr u. SiF_4 bei 0°, für die Dämpfe CH_3OH, $A.$, CH_3COCH_3, $CH_3CH_2CH_2OH$, $CH_3(CH_2)_3CH_3$, $CH_3CH_2CH(OH)CH_3$, $(C_2H_5)_2O$, C_6H_6, $CH_3CO_2CHCH_2$, $CH_3COOC_2H_5$, $C_2H_4Cl_2$ bei 134° u. für festes LiF, $LiCl$, $NaCl$, KCl, $LiBr$, $NaBr$, KBr, LiJ, KJ, Li, Na u. K bei 20° untersucht. Im gesamten untersuchten Molgew. (M)-Bereich wurde die lineare Abhängigkeit des Mv von M bestätigt. J. J. Pohl 146

0549 **Verteilungsfunktion in Oberflächenschichten.** 1. Mitt. **Asymptotische Theorie der Oberflächenschichten von Flüssigkeiten.** F. M. Kuni und A. I. Rusanov. (Ž. fiz. Chim. **42** (1968) 4, 849—56; Leningradskij gos. univ. im. Ždanova; russ.) — Die Verw. eines äußeren Hilfsfeldes, in dem die lokale D. der Fl. bis zur Grenzfläche in ihrer richtungsunabhängigen Größe konst. bleibt, u. die korrelativen Funktionen sich bei großen Abständen (h) von der Grenzfläche rasch, im Extremfall nach $1/h^6$, den richtungsunabhängigen Werten nähern, wird diskutiert. Das äußere Hilfsfeld ist bei großen Abständen von der Grenzfläche asymptotisch. J. J. Pohl 146

0550 **Verteilungsfunktion in Oberflächenschichten.** 2. Mitt. **Asymptotik der Einteilchen-Verteilungsfunktion in der Oberflächenschicht einer einfachen Flüssigkeit.** A. I. Rusanov und F. M. Kuni. (Ž. fiz. Chim. **42** (1968) 5, 1189—95; russ.) — 1. vgl. vorst. Referat. — Eine asymptot. Formel der lokalen D. in der Oberflächenschicht von einfachen Fl. wird abgeleitet. J. J. Pohl 146

0551 **Modell des wandernden Oszillators für Flüssigkeiten.** P. S. Damle, A. Sjölander und K. S. Singwi. (Physic. Rev. [2] **165** (1968) 1, 277—82; Inst. of Theoret. Phys., Göteborg, Sweden; engl.) — Diskussion des Sears-Modells u. Ableitung eines Ausdrucks für das

Frequenzspektrum der Geschw.-Autokorrelationsfunktion. Berechnung des Spektrums für fl. *Ar.*
H. Liepack 146

0552 **Sichtbarmachung von Ionen in unterkühlten Flüssigkeiten.** A. F. Pisarev. (Ž. èksper. teoret. Fiz. **54** (1968) 2, 463—68; Ob'edinennyj' inst. jadernych issl.; russ., Auszug: engl.) — Durch thermodynam. Analyse wird gezeigt, daß nichtpolare oder schwach polare Fl. u. Fl. mit isotroper elektr. Mol.-Polarisierbarkeit in unterkühltem Zustand an Ionen oder Ionenkomplexen krist. sollten. Berechnung für die Wahrscheinlichkeit einer Krist.-Bldg. an Ionen als Kerne in durch Stoß unterkühltem fl. *Ar.* I. Zoll 146

0553 **Bildung von Teilchentracks in binären flüssigen Lösungen bei kritischer Schichtbildung.** A. F. Pisarev und V. A. Birjukov. (Ž. èksper. teoret. Fiz. **54** (1968) 2, 469—76; russ., Auszug: engl.) — Vgl. vorst. Referat. — Es wird durch thermodynam. Berechnungen gezeigt, daß Fl. oder Festkörper mit großer DK, die in einer Fl. mit kleinerer DK gelöst werden, sich aus der Lsg. in einem Zustand der Übersättigung an Ionen oder Ionenkomplexen als Kerne niederschlagen. Meth. zur Überführung der Lsg. vom gesätt. zum übersätt. Zustand durch Druckänderung über der Lsg. oder, bei einer Lsg. mit niedriger krit. Temp. der Schichtbldg. durch Impulserhitzung, werden angegeben. Die Schichtbldg. einer Lsg. von CH_3OH in C_7H_{16} an Ionen wird berechnet.
I. Zoll 146

0554 **Statistische Mechanik idealer Fermionen in einer dünnen Schicht.** R. L. Dewar und N. E. Frankel. (Physic. Rev. [2] **165** (1968) 1, 283—87; School of Phys., Univ. of Melbourne, Parkville, Victoria, Australia; engl.) — Numer. u. analyt. Unters. des Einfl. des Größeneffektes auf die spezif. Wärme. Bei hinreichend dünnen Schichten wird die spezif. Wärme bei tiefen Temp. erniedrigt u. bei hohen Temp. vergrößert. Für sehr dünne Schichten entspricht das Verh. bei tiefen Temp. dem eines zweidimensionalen Gases u. bei hohen Temp. dem eines dreidimensionalen Boltzmann-Gases. Diskussion von Vers. an dünnen ^{3}He-Schichten.
H. Liepack 146

0555 **Modellmäßige Behandlung einer verdünnten Lösung von ^{3}He in flüssigem ^{4}He.** Tsuneo Nagata, Toshio Soda und Katsuro Sawada. (Progr. theoret. Physics [Kyoto] **38** (1967) 5, 1023—30; Dep. of Phys., Tokyo Univ. of Educ., Tokyo; engl.) — Es werden die elementaren Anregungen des zusammengesetzten Syst. einer verd. Lsg. von ^{3}He in fl. ^{4}He berechnet. In den Hamilton-Operator des Modells gehen bosonenartige Anregungen wie die Anregung von Phononen, Rotonen, nullter Schall u. Paar-Anregungen ein. Zur Diskussion der Stabilität des Syst. wird der nichtimagniäre Wert der Energie aufgesucht. Es wird die Bedingung für eine Phasentrennung abgeleitet. Als eine Anwendung wird die therm. Leitfähigkeit des Syst. für sehr tiefe Temp. ber., wobei die zusammengesetzten Anregungen durch kombinierte Phononen- u. Teilchen–Loch-Anregungen angenähert werden. Die Leitfähigkeit setzt sich aus einem Phononenanteil u. aus einem ^{3}He-Anteil zusammen, außerdem geht die ^{3}He-Konz. ein. P. Weiland 146

0556 **Experimentelle Eigenschaften von flüssigem ^{3}He in der Nähe des absoluten Nullpunktes.** J. C. Wheatley. (Physic. Rev. [2] **165** (1968) 1, 304—09; Dep. of Phys., Univ. of Calif., San Diego, La Jolla, Calif.; engl.) — Krit. Diskussion von Messungen der Spindiffusionskoeff., der therm. Leitfähigkeit u. der Viskosität von fl. ^{3}He bei sehr tiefen Temp. u. bei 0,28 u. 27,0 atm nach der Transporttheorie von Rice. Die Temp.-Abhängigkeit des Koeff. der therm. Leitfähigkeit ist qual. ähnlich der nach Rice. Weder Spindiffusions- noch Viskositätskoeff. aus Messungen der Ultraschalldämpfung sind genau genug bekannt, um die Rice-Theorie bei tiefen Temp. zu prüfen. Der anomal niedrige therm. Grenzwiderstand zwischen Ce–Mg-Nitrat u. reinem ^{3}He wird auf Spinschwankungen zurückgeführt.
H. Liepack 146

0557 **Theorie der Schallgeschwindigkeit in flüssigem Helium II unterhalb 0,6 °K.** T. Nishiyama. (Japan atomic Energy Res. Inst., Res. Rep. **1968,** 1157, 134 bis 137; Osaka Univ., Coll. gen. Educ.; jap., Auszug: engl.) — Um den Unterschied zwischen theoret. u. gemessenen Werten für die Temp.-Abhängigkeit der Schallgeschw. zu erklären, schlägt Vf. die Verw. der Greenschen Zweizeit-Funktion vor. Ferner wird der Zusammenhang zwischen dem Fluktuations–Dissipations-Theorem u. der kollektiven Darst. untersucht.
H.-S. Park 146

0558 **Kritische Geschwindigkeiten in He II.** B. T. Gejlikman. (Ž. èksper. teoret. Fiz.-Pis'ma v Redakciju 7 (1968) 4, 134—36; Mosk. fiz.-techn. inst.; russ.) — Es wird theoret. gezeigt, daß die Energie der normalen in der Wirbelachse entstehenden Komponente bei der Berechnung der krit. Geschw. des zweiten Schalls $v_1(\omega)$ berücksichtigt werden muß. V. Burjan 146△

0559 **Molvolumen, Koeffizient der thermischen Ausdehnung und verwandte Eigenschaften von flüssigem ^{4}He unter Druck.** David L. Elwell und Horst Meyer. (Physic. Rev. [2] **164** (1967) 1, 245—55; Dep. of Phys., Duke Univ., Durham, N.C.; engl.) — Aus Messungen der DK wurden die Molvol. von fl. ^{4}He entlang verschiedener Isobaren von 1,25 bis 4,2 °K u. von 0,5 bis 28 atm bestimmt. Tabellen für Molvol., therm. Ausdehnungskoeff. α_p, Entropie der Kompression u. der isobaren Änderung in der isotherm. Kompressibilität werden für diese Bereiche wiedergegeben. Weitere Eig. der Fl. in der Nähe des λ-Punktes werden berechnet.
Herbert Weber 146

0560 **Dichte und Viskosität von Stickoxidlösungen in 65—75 %iger Salpetersäure.** M. M. Karavaev und V. A. Žantalaj. (Ukrainskij chim. Ž. **34** (1968) 2, 214—16; Severodoneckij filial, GIAP; russ.) — Die D. von Stickoxidlsg. in HNO_3 wächst mit steigender Stickoxid- u. HNO_3-Konz. u. mit abnehmender Temperatur. Eine empir. Gleichung zur Berechnung der Lsg.-Dichte wird vorgeschlagen. Die Viskosität der untersuchten Gemische wächst mit sinkender Temp. u. ein wenig mit der abnehmenden Säurekonzentration. J. J. Pohl 146

0561 **Dichte von Lösungen des Systems Na_2O–K_2O–H_2O in einem breiten Temperatur- und Konzentrationsbereich.** V. P. Mašovec, V. V. Kuročkina, N. V. Penkina, L. V. Pučkov und M. K. Fedorov. (Ž. prikl. Chim. **41** (1968) 3, 643—46; Leningradskij technol. inst. im. Lensoveta; russ.) — Die D. von Na_2O–K_2O–H_2O-Lsg. wurde pyknometr. bei 25—90° u. mit der hydrostat. Meth. bei 100—300° bestimmt, die Werte sind für Na_2O/K_2O-Verhältniszahlen (Mol-%) zwischen 0,05 u. 20 tabelliert. J. J. Pohl 146

0562 **Änderungen im Anstieg der scheinbaren molalen Volumenkurven von Lithiumchlorid-Lösungen.** Fred Vaslow. (J. physic. Chem. **71** (1967) 13, 4585; Chem. Div., ORNL, Oak Ridge, Tenn.; engl.) — In Ergänzung zu den Ergebnissen einer früheren Arbeit [Vaslow, J. Phys. Chem. **70** (1966), 2286] wurden die Vers. mit LiCl bei 25° mit größerer Präzision wiederholt u. bestätigt.
G. Malow 146

0563 **Optische Bestimmung der thermischen Leitfähigkeit mit der Methode der ebenen Wärmequelle.** 2. Mitt. **Schmelzen von $LiNO_3$, $RbNO_3$ und $CsNO_3$.** Silas E. Gustafsson, Nils-Olov Halling und Rolf A. E. Kjellander. (Z. Naturforsch. **23a** (1968) 5, 682—86; Dep. of Phys., Chalmers Inst. of Technol., Göteborg, Sweden; engl.) — 1. vgl. C. **1968,** 47-0428. — Oberhalb der F. von $LiNO_3$, $RbNO_3$ u. $CsNO_3$ wurden therm. Leitfähigkeit u. Wärmeausbreitungsvermögen in folgenden Temp.-Bereichen bestimmt: 259,5—308,1°, 323,1—402,8° u. 413,7—476,3°. Eine Temp.-Abhängigkeit der therm. Leitfähigkeit konnte nicht beobachtet werden. Falls eine solche existiert, müßte sie kleiner als 10^{-3} Grad^{-1} sein. Als Ergebnis wurden für Wärmeausbreitungsvermögen (in mm²/s) u. therm. Leitfähigkeit (in J/m · s · Grad) folgende Werte erhalten: 0,1695 bis $21 \cdot 10^{-5}$ (t-254) u. $0{,}6379 - 0{,}1 \cdot 10^{-4}$ (t-254) für $LiNO_3$; $0{,}1180 + 0{,}1 \cdot 10^{-5}$ (t-316) u. $0{,}3610 - 1{,}1 \cdot 10^{-4}$ (t-316) für $RbNO_3$; $0{,}1169 + 9{,}0 \cdot 10^{-5}$ (t-414) u. $0{,}3369 + 1{,}0 \cdot 10^{-4}$ (t-414) für $CsNO_3$. Die experimentellen Ergebnisse werden mit nach vorhandenen Theorien ber. Werten verglichen. Am F. stimmen experimentelle u. theoret. Werte innerhalb 10% überein. W. Laqua 146

0564 **Ultraschallgeschwindigkeit in Silicatschmelzen und deren Kompressibilität.** V. V. Bajdov und L. L. Kunin. (Doklady Akad. Nauk SSSR 178 (1968) 2, 338–40; russ.) – In Silicatschmelzen der Syst. Li_2O–SiO_2, K_2O–SiO_2, CaO–SiO_2 u. in reinem SiO_2 wurde die Ausbreitungsgeschw. des Ultraschalls in reiner Heliumatmosphäre bei 1670–2238 °K gemessen u. daraus die entsprechende adiabat. Kompressibilität berechnet. Die erhaltenen Resultate erlauben, Aussage über die Wechselwrkg. in Silicatschmelzen u. deren Struktur zu machen. H. Korn 146

0565 **Viskosität von geschmolzenem BeF_2 und ihre Temperaturabhängigkeit.** Cornelius T. Moynihan und Stanley Cantor. (J. chem. Physics 48 (1968) 1, 115–19; Reactor Chem. Div., ORNL, Oak Ridge, Tenn.; engl.) – Die Viskosität von geschmolzenem BeF_2 wurde mit Zylinderviskosimetern im Bereich von 979° (η = 28,6 P) bis 574° (η = 2,24 · 10^6 P) gemessen. Im experimentell erfaßten Bereich des Scherdrucks verhält sich die BeF_2-Schmelze als Newtonsche Flüssigkeit. Wie die analoge Hochtemp.-Schmelze von SiO_2 zeigt BeF_2 in einem weiten Bereich eine log η/(1/T)-Abhängigkeit vom Arrhenius-Typ. Aus bekannten Molwärmen von BeF_2 u. SiO_2 sowie mit Hilfe der Adam-Gibbs-Theorie wird abgeleitet, daß das Arrhenius-Verh. der Viskosität dieser Fl. durch die Konfig.-Entropie gedeutet werden kann, welche oberhalb der Glasumwandlungstemp. prakt. konst. ist. A. Blaschette 146

0566 **Volumenänderungen beim Schmelzen und Erwärmen von Gallium- und Indiumtelluridschmelzen.** V. M. Glazov, S. N. Čiževskaja und S. B. Evgen'ev. (Izvest. Akad. Nauk SSSR, Neorg. Mater. 4 (1968) 5, 678–81; Mosk. inst. stali i splavov; russ.) – Die D. von Ga_2Te_3, In_2Te_3, $GaTe$ u. $InTe$ wurde im Bereich des Schmelzpunktes im festen u. fl. Zustand bestimmt. Die Kurven der Temp.-Abhängigkeit der D. von Ga_2Te_3 u. In_2Te_3-Schmelzen sind analog wie die des W. anomal u. zeigen eine Korrelation zu den Werten anderer physikal. Eigenschaften. Die Vol.-Änderung beim Schmelzen vom Typ Halbleiter–Halbleiter ist gerichtet, es treten Nachschmelzerscheinungen auf. Ga_2Te_3 hat F. 790°, $D._{fest}$ g/cm³ = 5,35, $D._{fl.}$ = 5,09, In_2Te_3 F. 667°, 5,77; 5,54; GaTe F. 824°; 5,32; 5,17; InTe F. 696°; 5,88; 5,65. J. J. Pohl 146

0567 **Selbstdiffusion in geschmolzenem Thallium(I)-chlorid. Eine Neubestimmung.** C.-A. Sjöblom und J. Andersson. (Z. Naturforsch. 23a (1968) 1, 197–98; Dep. of Phys., Chalmers Univ. of Technol., Gothenburg, Sweden; engl.) – Der mit Hilfe einer porösen Fritte gemessene Selbstdiffusionskoeff. des Tl^+-Ions in geschmolzenem TlCl folgt im Temp.-Bereich von 450 bis 556° der Arrhenius-Gleichung $D = 2{,}2 \cdot 10^{-3} \exp(-6000/RT)$, D [cm² · s⁻¹], R [cal · mol⁻¹], T [°K]. Die Standardabweichung der Aktivierungsenergie beträgt 1,4 kcal/mol u. der Fehler von D 10%. Das Ergebnis stimmt mit Literaturdaten, die mit der konventionellen Kapillartechnik gemessen wurden, überein. G. Malow 146

0568 **Analyse experimenteller Daten über Viskosität und Selbstdiffusion flüssiger Metalle und ihrer Beziehung zueinander auf Grund einer einfachen kinetischen Theorie der Flüssigkeiten.** A. V. Grosse. (Rev. int. hautes Températ. Réfractaires 4 (1967) 3, 171–82; Res. Inst., Temple Univ., Philadelphia, Pa.; engl.) A. Jaeschke 146

0569 **Formulierung der Selbstdiffusion flüssiger Metalle in Analogie zu dichten Gasen.** P. Ascarelli und Arthur Paskin. (Physic. Rev. [2] 165 (1968) 1, 222–24; Brookhaven Nat. Labor., Upton, N.Y.; engl.) – Ableitung einer Beziehung für den Koeff. der Selbstdiffusion, die exakt Größenordnung u. Temp.-Abhängigkeit im gesamten fl. Bereich bei Atmoshärendruck wiedergibt sowie einer Beziehung zwischen dem F. u. dem Koeff. der Selbstdiffusion. Vgl. für K, Na, In, Sn, Zn, Cu, Pb, Ag, Hg, Ar, Li, Ge zwischen ber. u. experimentellen Selbstdiffusionskoeff. am Schmelzpunkt. H. Liepack 146

0570 **Veränderung der Struktur von Schmelzen mit heterodesmischen Bindungen.** M. P. Bogdanovič, B. A. Baum und P. V. Gel'd. (Izvest. vysšich učebnych Zavedenij [Tomsk], Fiz. 11 (1968) 1 (68), 148–50; Ural'skoj politechn. inst.; russ.) – Theoret. Überlegungen u. experimentelle Best. des Temp.-Einfl. auf die kinemat. Viskosität fl. Ni-Leg. mit Si. Es zeigt sich dabei, daß die Viskositätsisothermen aller untersuchter fl. Ni–Si-Leg. mit Ausnahme von Ni u. Proben, die 1,0; 13,76 (Ni_3Si) u. 16,07 (Ni_5Si_2)% Si enthalten, durch die Ggw. eines Knickes gekennzeichnet werden. Die Knicke der Polythermen treten bei Überhitzungen der Schmelzen von 200–350° über F. auf. Der monotone Verlauf der Abhängigkeit lgν (ν = Koeff. der kinemat. Viskosität) von 1/T in den untersuchten Proben mit verhältnismäßig geringem Si-Geh. können trotz der heterodesm. Bindung durch eine verhältnismäßig hohe Gleichmäßigkeit der Struktur dieser Schmelzen u. durch das Fehlen (oder durch die sehr geringe Menge) von abgesonderten Mikrogruppierungen mit inneren gesätt. Bindungen erklärt werden. Hierauf weisen bes. ihre hohen Aktivierungsenergien in der Nähe der Schmelztemp. hin. H. Hochstein 146

0571 **Thermodiffusion von ^{60}Co und ^{63}Ni in flüssigen Metallschmelzen.** D. K. Belaščenko, P. L. Gruzin, V. Žuravska und Z. M. Kuleševskaja. (Izvest. vysšich učebnych Zavedenij [Moskva], černaja Metallurg. 11 (1968) 1, 5–8; Mosk. inst. stali i splavov; russ.) – Die Temp.-Abhängigkeit der Übertragungswärme Q_1 von ^{60}Co u. ^{63}Ni in fl. Pb, Bi, Sn, Cd, In, Tl u. Te wurde bei < 800° bestimmt. Der Mittelwert von Q_1 (kcal/Mol) beträgt für ^{63}Ni in Sn 1,38 ± 0,07, Bi 1,80 ± 0,09, Cd 1,39 ± 0,11, Pn 10,25 ± 2,2, In 2,32, Tl 1,13 ± 0,05, Te 4,17 ± 0,03, für ^{60}Co in Sn 1,96 ± 0,14, Bi 1,56 ± 0,22, Cd 1,23 ± 0,11, Pb 2,58 ± 0,25, In 1,82 ± 0,04, Tl 3,1 u. Te 5,75. J. J. Pohl 146

0572 **Gesetzmäßigkeiten der Änderung der spezifischen Wärme, des Volumens und der Emissionsfähigkeit von Metallen bei Unterkühlung der Phasen.** E. S. Filippov, N. A. Nedumov und A. M. Samarin. (Ž. fiz. Chim. 42 (1968) 3, 763–66; Inst. metallurgii im. Bajkova, AN SSSR, Moskva; russ.) – Die Eig. von Fe, Ni, Co, Pd, Bi, Ge, Sb u. einer Reihe von Leg. bei der Unterkühlung aus dem fl. Zustand u. bei polymorphen Umwandlungen wurden mit kontaktlosen Meth. untersucht. Eine Unterkühlung wurde für Fe beim Phasenübergang $\gamma \rightarrow \beta$ zwischen 910 u. 810° beobachtet (Reinheit 99,995%). Der Unterschied der physikal. Eig. von unterkühlten u. von nichtunterkühlten Metallschmelzen wird einer Abnahme der Translationsbeweglichkeit der Atome zugeschrieben. Eine Berücksichtigung der Abweichung der physikal. Eig. von den extrapolierten ist im Falle von unterkühlten Phasen bei der physikal.-chem. Analyse von Metallsyst. unerläßlich. J. J. Pohl 146

0573 **Bildungswärme von Seleniten.** N. M. Selivanova, Z. L. Leščinskaja und G. A. Selivanova. (Ž. neorg. Chim. 13 (1968) 9, 2351–55; Mosk. chim.-technol. inst. im. Mendeleeva; russ.) – Eine Gleichung zur Berechnung der Bldg.-Wärme ΔH^0_{298} von Seleniten mit Hilfe der Karapet'janc-Meth. auf Grund von Werten der entsprechenden Sulfite wird vorgeschlagen. Die Bldg.-Wärme folgender Selenite u. Sulfite wurde mit Hilfe dieser Beziehung ber.: Li_2SeO_3 (ΔH^0_{298}, kcal/Mol) –72,1, Na_2SeO_3 –97,1, $MgSeO_3$ –37,2, $SrSeO_3$ –72,6, Li_2SO_3 –66,2, Na_2SO_3 –90,4, $MgSO_3$ –26,2, $SrSO_3$ –67,3, $BaSeO_3$ –82,1, $PbSeO_3$ –42,0, $CdSeO_3$ –42,8, $BaSO_3$ –78,2, $PbSO_3$ –34,0, $CdSO_3$ –32,3. Die Lsg.-Wärmen krist. Selenite u. Sulfite in W. zeigen bei unendlicher Verd. im Mittel einen Unterschied von ± 1,8 kcal/Mol. Die Ox.-Wärme von Sulfiten zu Sulfaten ist größer als die von Seleniten zn Selenaten. Die Bldg.-Wärme von Seleniten aus festen Metalloxiden u. $SeO_{2\,Gas}$ ist größer als die Bldg.-Wärme der entsprechenden Sulfite. J. J. Pohl 150

0574 **Thermochemische Charakteristiken von La- und Lanthanidwolframaten.** V. E. Pljuščev und V. M. Amosov. (Ž. neorg. Chim. 13 (1968) 9, 2421–27; russ.) – Mit Hilfe von Vgl.-Berechnungen werden aus bekannten thermochem. Daten die Bldg.-Enthalpien ΔH^0_{298} u. die

Entropien S^0_{298} von $Ln_2(WO_4)_3$ (Ln = La–Lu) erhalten. Für c_p u. $\Delta G_T{}^0$ von $Ln_2(WO_4)_3$ werden mit Hilfe des gleichen Verf. Näherungsbeziehungen mit Gültigkeit im Temp.-Bereich 298 °K–F. in der Form c_p (bzw. $\Delta G_T{}^0$) = $a + b \cdot T + c \cdot T^n + \ldots$ abgeleitet, deren Koeff. angegeben werden. J. J. Pohl 150

0575 **Eigenschaften von Kupfer(II)-, Cadmium- und Kobalt(II)-hydroxid.** K. A. Buzdov und S. Š. Teševa. (Ž. neorg. Chim. **18** (1968) 9, 2343–46; Kabardino-Balkarskij gos. univ.; russ.) — Die Abhängigkeit des Dissoziationsdruckes der dargestellten Hydroxide u. der Gemische $Co(OH)_2$ + 5% CoO, $Cu(OH)_2$ + 5% CuO von der Temp. wurde thermograph. untersucht. Die Enthalpie u. Freie Enthalpie der therm. Entwässerung wurde nach der Nernst-Gleichung ber.: $\log K_{p298}$, atm ist für $Co(OH)_2$ −6,4908, ΔH_{298} (kcal/Mol) 19,66, ΔG_{298} (kcal/Mol) 8,85 $\log K_{p298}$ für $Cu(OH)_2$ −9,2109, ΔH_{298}, 23,36, ΔG_{298} 12,56 $\log K_{p298}$ für $Cd(OH)_2$ −16,7118, ΔH_{298} 33,57, ΔG_{298} 22,77, $\log K_{p298}$ für $Co(OH)_2$ + 5% CoO −9,9176, ΔH_{298} = 24,33, ΔG_{298} 13,52, $\log K_{p298}$ für $Cu(OH)_2$ + 5% CuO −13,9108, ΔH_{298} = 29,78; ΔG_{298} = 18,96. J. J. Pohl 150

0576 **Thermodynamische Charakteristiken von Kobalt(III)–Polybromid-Komplexen.** O. S. Konovalenko, A. V. Suvorov und N. I. Lobanov. (Ž. neorg. Chim. **18** (1968) 9, 2484–89; Inst. chim. AN Mold v SSR; russ.) — Die Dissoziation von Co(III)–Polybromid-Komplexen wurde opt.-tensimetr. untersucht, sie verläuft nach $ABr \cdot Br_{2fest} \rightleftharpoons ABr_{fest} + Br_{2Gas}$, A = Komplexkation. Die ber. thermodynam. Charakteristiken der reversiblen Dissoziation von krist. 1.2-$[Co(en)_2(NO_2)_2]Br \cdot Br_2$ betragen bei 90–120° $\Delta H^0_T = 17 \pm 1$ kcal, $\Delta S^0_T = 38 \pm 2$ Clausius. Die reversible Abspaltung von Br_2 von der trans-Form verläuft bei 90–140°, die Enthalpie ist ΔH^0_T = 19 kcal. Die Abspaltung von Br_2 verursacht im Falle aller Bromide unabhängig von der Kationenart eine Zunahme der Enthalpie um ca. 38 Clausius. Die trans-Komplexe sind therm. beständiger. J. J. Pohl 150

0577 **Bestimmung der Verbrennungswärme einiger Kobalt(III)-Komplexsalze.** A. Ganiev, S. Achrarov und Š. Š. Tuchtaev. (Ž. neorg. Chim. **18** (1968) 9, 2481–83; russ.) — Die Verbrennungswärme folgender Co(III)-Komplexe wurde bestimmt: $Na_3[Co(NO_2)_6]$ 331,6 (Joule/g), $K[Co(NH_3)_2(NO_2)_4]$ 1658,0 ± 25,1, *trans*-$[Co(NH_3)_3 \cdot (NO_2)_3]$ 2629,4 ± 12,56, *trans*-$[Co(NH_3)_4(NO_2)_2]NO_3$ 3165 ± 16,74, $[Co(NH_3)_3(NO_2)_2CNS]$ 5338,4 ± 6,28, $[Co(NH_3)_3(NO_2)_2Cl]$ 4469,6, $[Co(NH_3)_3(NO_2)_2OH]$ 3345,4, $[Co(NH_3)_3(NO_2)_2Br]$ 3060,6 ± 37,6, $[Co(NH_3)_3(NO_2)_2J]$ 8227,4, $[Co(NH_3)_3(NO_2)_2NO_2]$ 6229,4 ± 12,56, $[Co(NH_3)_3 \cdot (NO_2)_2NO_3] \cdot H_2O$ 2412,9, $[Co(NH_3)_4NO_2CNS]CNS$ 10711,6, $[Co(NH_3)_4NO_2Cl]Cl$ 6036,3, $[Co(NH_3)_4NO_2Br]Br$ 3786,3, $[Co(NH_3)_4NO_2J]J$ 3186,3, *trans*-$[Co(NH_3)_4 \cdot (NO_2)_2]NO_3$ 3169,5, $[Co(NH_3)_4NO_2NO_3]NO_3 \cdot H_2O$ 2712,7, $[CoenNH_3(NO_2)_3]$ 6889,7, $[Co(NH_3)_2py(NO_2)_3]$ 9998,5, $[Co(NH_3)_2\alpha\text{-}py(NO_2)_3]$ 11417,9, $[Co(NH_3)_2\beta\text{-}py \cdot (NO_2)_3]$ 11422,1, $[Co(py)_3(NO_2)_3]$ 26646,0, $[Co(NH_3)_3\beta\text{-}pic(NO_2)_2]Cl$ 12481,4, $[Co(NH_3)_3\beta\text{-}pic(NO_2)_2]NO_3$ 11166,7, $[Co(NH_3)_3\beta\text{-}pic(NO_2)_2]Br$ 10902,9, $[Co(NH_3)_3\beta\text{-}pic \cdot (NO_2)_2]J$ 9810,1. J. J. Pohl 150

0578 **Thermodynamik der Verdampfungsenthalpien von Mischungen. 1. Mitt. Berechnung aus den Verdampfungsenthalpien der reinen Komponenten.** E. Kauer und H.-J. Bittrich. (Z. physik. Chem. [Leipzig] **235** (1967) 3/4, 205–17; Inst. für phys. Chem., TH für Chem. „Carl Schorlemmer", Leuna-Merseburg; dt.) — Gleichungen werden angegeben, die die Berechnung der Verdampfungsenthalpien von Mischungen aus denen der reinen Komponenten, deren Molwärmen, den Mischungsenthalpien (Temp.- u. Konz.-Abhängigkeit) u. dem Flüssigkeits–Dampf-Gleichgew. gestatten. Ein Vgl. mit experimentellen Literaturdaten vom Syst. A./W. zeigt gute Übereinstimmung. A. Jaeschke 154

0579 **Thermodynamik der Verdampfungsenthalpien von Mischungen. 2. Mitt. Kombinations-Durchfluß-Kalorimeter zur gleichzeitigen Bestimmung der Verdampfungsenthalpie, Molwärme und des Flüssigkeits–Dampf-Gleichgewichtes von Mischungen.** E. Kauer, R. Kind, G. Bock und H.-J. Bittrich. (Z. physik. Chem. [Leipzig] **235** (1967) 3/4, 218–29; dt.) — 1. vgl. vorst. Referat. — Es wird eine App. beschrieben, die nebeneinander die Verdampfungsenthalpie u. die Molwärme reiner Stoffe u. fl. Mischungen als Funktion von Temp. u. Konz. sowie das Flüssigkeits–Dampf-Gleichgew. als Funktion des Druckes durch isotherme u. isoplethale Schnitte im T-x-Diagramm zu bestimmen gestattet. Die Substanz muß dabei im Temp.-Bereich 20–200° bei Drücken zwischen 50 u. 800 Torr sieden. Bei der Unters.-Temp. darf keine Mischungslücke existieren. Testvers. an Bzl. u. A./W. zeigen gute Übereinstimmung mit Literaturdaten. A. Jaeschke 154

0580 **Azeotropieregel und Klassifikation von Mehrstoffsystemen. 2. Mitt. Verlauf der Destillationslinien in der Nähe spezieller Punkte von Vierstoffsystemen.** L. A. Serafimov. (Ž. fiz. Chim. **42** (1968) 1, 248–52; Mosk. inst. tonko chim. technol. im. Lomonosova; russ.) — 1. vgl. C. **1968,** 41-0452. J. J. Pohl 154

0581 **Azeotropieregel und Klassifikation von Mehrstoffsystemen. 3. Mitt. Verteilung besonderer Punkte auf den Flüssigkeit–Dampf-Phasengleichgewichtsdiagrammen in Vierstoffsystemen.** L. A. Serafimov. (Ž. fiz. Chim. **42** (1968) 1, 252–56; russ.) — 2. vgl. vorst. Referat. — Einteilung der Fl.–Dampf-Phasengleichgew.-Diagramme von Vierstoffsyst. in Typen je nach der Verteilung der ausgezeichneten Punkte an der Tetraederoberfläche. J. J. Pohl 154

0582 **Vakuumdestillation von Legierungen. 2. Mitt. Einfache Kondensation einer binären Legierung.** B. I. Kidjarov. (Ž. fiz. Chim. **42** (1968) 1, 168–70; Inst. fiz. poluprovod. SO AN SSSR, Novosibirsk; russ.) — 1. vgl. C. **1967,** 21-0546. — Die Gleichung von Zinsmeister (C. **1966,** 6-2279), berücksichtigt die Kondens.-Bedingungen von Leg. bei der Vakuumdest. nicht. Es werden Gleichungen zur Berechnung der Zus. des Sublimats, des Rückstandes sowie der Dauer der Vakuumdest. bei einfacher Kondens. der Leg. vorgeschlagen. J. J. Pohl 154

0583 **Druck und Zusammensetzung des gesättigten Dampfes binärer Systeme mit chemischer Umsetzung der Komponenten in der Dampfphase. 9. Mitt. Systeme mit begrenzter gegenseitiger Löslichkeit der Komponenten in flüssiger Phase.** N. L. Jarym-Agaev, E. A. Kogan und V. V. Kožekina. (Ž. fiz. Chim. **42** (1968) 1, 61–64; Doneckij politechn. inst.; russ.) — 8. vgl. ibid. **40 (1966)** 2009; 7. vgl. C. **1968,** 5-0569. — Die Möglichkeit der Verw. einer thermodynam. Grundgleichung zur Beschreibung des Fl.–Dampf-Phasengleichgew. in bin. Syst. mit begrenzter gegenseitiger Löslichkeit wird gezeigt. Die Dimerisationskonst. der Ameisensäure beträgt in der Dampfphase bei 25° 0,505 $Torr^{-1}$ in guter Übereinstimmung mit Literaturdaten. Die Isotherme des Sättigungsdampfdruckes für das Syst. Ameisensäure–Bzl. wurde für 25° berechnet. J. J. Pohl 154

0584 **Offene Verdampfung homogener Mehrstofflösungen. 2. Mitt. Vierstoffsysteme.** V. T. Žarov. (Ž. fiz. Chim. **42** (1968) 1, 116–22; Leningradskij gos. univ. im. Ždanova; russ.) — Das Verhalten der Dest.-Linien in Vierstoffsyst. um die tern. u. quatern. azeotrop. Punkte wird diskutiert. Die möglichen Typen der ausgezeichneten Punkte in Syst. mit einer beliebigen Anzahl von Komponenten sowie die Bedingungen des Auftretens u. die Charakteristiken der einzelnen Typen werden besprochen. J. J. Pohl 154

0585 **Verdampfung homogener Mehrstofflösungen. 3. Mitt. Verhalten der Destillationslinien nahe speziellen Punkten.** V. T. Žarov. (Ž. fiz. Chim. **42** (1968) 2, 366 bis 372; Leningradskij gos. univ. im Ždanova; russ.) — 2. vgl. vorst. Referat. — Das Verhalten von Dest.-Linien von Vierstoffsyst. in der Umgebung der ausgezeichneten Punkte der entsprechenden Komponenten u. von bin. azeotropenPunkten wird diskutiert. J. J. Pohl 154

0586 **Interpolation der Eigenschaften von Lösungen als Funktion der Zusammensetzung. 4. Mitt. Thermodynamische Funktionen. Effektive Konzentrationen.** S. S. Nikol'skij. (Ž. fiz. Chim. **42** (1968) 1, 56–60; Gos. inst.

prikl. chim. Leningrad; russ.) — 3. vgl. C. **1967**, 7-0579. — Die Koeff. der Reihenentw. verschiedener thermodynam. Funktionen nach Potenzen der sich ändernden Zus. können in übliche thermodynam. Gleichungen bei Unabhängigkeit der sich ändernden Zus. vom Druck u. der Temp. eingesetzt werden. Da die Substitution der Molenbrüche in den Reihen der effektiven Konz. für jede individuelle Lösung empir. herangezogen wird, ist die Aufstellung von Gleichungen der Eig. von Mehrkomponentensyst. auf Grund von Gleichungen einfacherer Syst. unmöglich. J. J. Pohl 154

0587 **Löslichkeit von Chlor in geschmolzenem Bleichlorid.** Ju. M. Rjabuchin und L. S. Leonova. (Ž. neorg. Chim. **13** (1968) 9, 2621; russ.) — Löslichkeitsdaten von Cl_2 in geschmolzenem $PbCl_2$ bei 525—750° ergeben die Auflsg.-Arbeit W = (9620—1,76T ± 140) cal/Mol, nach Berücksichtigung des $PbCl_2$-Dampfdruckes W = (10230—2,47 T ± 140) cal/Mol. Der mittlere Leerstellenradius in den Schmelzen beträgt 1,37 ± 0,05 Å (Radius von Pb^{2+} nach Pauling 1,32 Å). J. J. Pohl 154

0588 **Saure Organophosphor-Extraktionsmittel.** 6. Mitt. **Extraktion von Calcium und Strontium durch Dioctylphosphorsäuren in verschiedenen Lösungsmitteln.** N. V. Šistková, Z. Kolařík, K. Bárta und H. Pánková. (J. inorg. nuclear Chem. **30** (1968) 6, 1595—1603; Řež/Prague, Nucl. Res. Inst. of Czech. Acad. of Sci.; engl.) — 5. vgl. C. **1969**, 1-0551. — Radiometr. Unters. der Solventextraktion von Ca(II) u. Sr(II) durch Di-n-octyl- u. Bis-[2-äthylhexyl]-phosphorsäure in n-Heptan, Cyclohexan, Butyläther, CCl_4 u. Toluol. Vf. diskutieren den Einfl. der Extraktionsmittelstruktur u. des Verd.-Mittels auf die Zus. der Ca(II)- u. Sr(II)-Komplexe in der organ. Phase u. auf die Effektivität der Extraktion. D. Ertel 154

0589 **Extraktion von Eisen aus salzsauren Lösungen mit Butylacetat.** 3. Mitt. **Lösungen von wasserfreiem $FeCl_3$ in Butylacetat.** C. Drăgulescu und R. Pomoje. (Rev. roum. Chim. **13** (1968) 2, 191—208; Fakultät für Ind.-Chem., TH Timişoara; dt.) — 2. vgl. C. **1968**, 3-0546. — Die Wrkg. von wasserfreier HCl ($2,4 \cdot 10^{-4}$ bis $4,8 \cdot 10^{-2}$m) auf die Auflsg. von wasserfreiem $FeCl_3$ ($1 \cdot 10^{-3}$m) in Butylacetat wurde spektralphotometr. (300—400 nm) untersucht. Die Lichtabsorptionskurven (LA) weisen 2 isosbest. Punkte (322 u. 353 nm), entsprechend dem Vorliegen von nur 2 Fe(III)-Cl-Verb., u. 3 Maxima (312 u. 362 nm für $[FeCl_4]^-$ (I) u. 340 nm für Fe_2Cl_6 (II) auf. II ist bei kleinerer, I bei höherer HCl-Konz. bevorzugt. Dem Verh. liegt die Rk. zugrunde: $Fe_2Cl_6 + 2\,Cl^- \rightleftharpoons 2\,FeCl_4^-$, mit $K = 4,5 \cdot 10^3$. Lsg. von wasserfreiem $FeCl_3$ in Butylacetat dissoziieren nach: II $\rightleftharpoons$ I + $FeCl_2^+$, $K = 3 \cdot 10^{-4}$, der molare Extinktionskoeff. von $FeCl_2^+$ wurde bestimmt. Die Extrakte enthalten ausschließlich I u. weichen infolge der Konz.-Wrkg. vom Lambert-Beerschen Gesetz ab. Die Ergebnisse ermöglichen es, für eine bekannte Fe-Konz. LA zu berechnen. G. Schatz 154

0590 **System $NaBr-TeBr_4-H_2O$ bei 25°.** G. M. Serebrennikova, B. D. Stepin, V. E. Pljuščev, L. M. Škol'nikova und I. M. Britan. (Ž. neorg. Chim. **13** (1968) 9, 2565—69; russ.) — Im Syst. entsteht nach Löslichkeitsunters. bei 25° eine inkongruent lösl. Verb. $[Na(H_2O)_2][TeBr_5] \cdot 2\,H_2O$ (I), d^{25} 2,91 ± 0,01 g/cm³ (Toluol), die kristallopt. u. röntgenograph. charakterisiert wurde. Die therm. Beständigkeit von I wurde mit der DTA-Meth. untersucht. Die Verb. gibt beim Erwärmen bis 40° zwei Mol. W. ab u. wird bei 60° vollständig entwässert unter gleichzeitiger Bldg. von NaBr u. $TeBr_4$. Bei 280° liegt neben NaBr TeO_2 vor. J. J. Pohl 154

0591 **Löslichkeit in den Systemen $KNO_2-NaNO_2-H_2O$ und $NaNO_2-H_2O-Na_2SO_4$.** E. F. Žuravlev und A. S. Kolesnikova. (Ž. neorg. Chim. **13** (1968) 9, 2593—96; russ.) — Im Syst. $KNO_2-NaNO_2-H_2O$ entstehen im untersuchten Bereich bei 0,25 u. 50° nur wasserfreie Salze. Im Syst. $NaNO_2-H_2O-Na_2SO_4$ tritt neben $NaNO_2$ u. Na_2SO_4 auch $Na_2SO_4 \cdot 10\,H_2O$ auf. J. J. Pohl 154

0592 **System $KCl-JCl_3-HCl-H_2O$ bei 25°.** A. A. Fakeev, Ju. V. Oboznenko und B. D. Stepin. (Ž. neorg. Chim. **13** (1968) 9, 2577—81; VNII chim. reaktivov i osobo čistych veščestv; russ.) — Die Löslichkeit im Syst. wurde bei 25° isotherm untersucht. Die Löslichkeitsisotherme hat Kristallisationszweige von KCl u. des kongruent lösl. $K[JCl_4] \cdot H_2O$ (I). Die Individualität von I wurde opt., chem.-analyt. u. röntgenograph. bestätigt. Die Löslichkeit von I in HCl wurde bei verschiedenen Konz. u. 25° bestimmt. J. J. Pohl 154

0593 **Gleichgewichtsverteilung einer Beimengung zwischen fester und flüssiger Phase.** 5. Mitt. **Anwendung der erzwungenen Umkristallisation zur Untersuchung des Systems $KCl-RbCl-H_2O$.** I. V. Melichov und D. G. Berdonosova. (Radiochimija **10** (1968) 2, 137—45; russ.) — 4. vgl. C. **1966**, 41-0168. — Zur Klärung der Verwendbarkeit der period. erzwungenen Umkristallisation zur Best. der Gleichgew.-Verteilung einer Komponente zwischen fl. u. fester Phase untersuchten Vf. die Sorption von ^{86}Rb u. ^{36}Cl durch einen Nd. von KCl unter den Bedingungen einer vielfach wiederholten Überführung eines Teils der gefällten Mikrokomponente in die fl. Phase. Die Ergebnisse wurden mit Resultaten der Sorption bei kontinuierlicher, erzwungener Umkristallisation, bei einer Ostwaldschen Reifung u. bei einer isothermen Aufhebung der Übersättigung einer Lsg. verglichen. Zur Unters. der Sorption nach der ersteren Meth. wurde eine aus 170 cm³ Lsg. u. 15—30 g KCl bestehende Suspension bei 26° u. Ω = 800 U/min gerührt. Alle 15 Min. wurden 30 cm³ Suspension entnommen; ein kleiner Teil der Probe wurde zur Best. des Geh. an ^{86}Rb, ^{36}Cl u. KCl in der fl. u. in der festen Phase verwendet. Der größere Teil der Probe wurde bis zur Lsg. des Nd. erwärmt, abgekühlt u. in die Suspension zurückgeführt. Nach 25 Probenahmen stellt sich ein Gleichgew. ein. Die Kristallisationskoeff. betragen: für $^{36}Cl-D_{Cl}$ = 1,00 ± 0,01 u. für $^{86}Rb-D_{Rb}$ = 0,129 ± 0,007. Ohne Probenahme (ausschließlich Rühren) vergrößert sich D_{Cl} mit der Rührdauer u. erreicht nach t = 11 h den Wert D_{Cl} = 0,4. Bei der kontinuierlichen, erzwungenen Umkristallisation wird bei einer regelmäßigen Zirkulation eines Teils der Suspension durch ein in sich geschlossenes Syst. an einer Stelle dieses Syst. erwärmt u. an einer weiteren Stelle wieder auf die Ausgangstemp. abgekühlt. Nach $t > 2 \cdot 10^4$ s stellt sich eine konst. Rb-Konz. im Nd. ein. Der dabei erreichte Kristallisationskoeff. beträgt D_{Rb} = 0,11 ± 0,01. Bei der Ostwaldschen Reifung (spontane Umkristallisation) wird ein akt. oder inakt. KCl-Nd. (Krist.-Abmessung ca. $5 \cdot 10^{-4}$ cm) in eine inakt. (von „oben") bzw. in eine akt. (von „unten") Lsg. eingebracht. Bei Erreichung des Gleichgew. nach spontaner Umkristallisation wurde ein Koeff. D_{Rb} = 0,13 ± 0,01, bei der isotherm. Aufhebung einer Übersättigung ein Koeff. von D_{Rb} = 0,21 ± 0,04 erreicht. Somit wurden bei der erstgenannten (Rückführungs-) Meth. u. bei der Reifung gleiche Ergebnisse erhalten. Der Koeff. D hängt von der Übersättigung der Lsg. u. der Masse des Nd. ab. Diese Faktoren beeinflussen die Kristallisationsgeschw. u. die Wahrscheinlichkeit des Zusammenstoßes von Krist. der Suspension. Die Meth. der isotherm. Aufhebung einer Übersättigung ist wenig geeignet, die Verteilung von Beimengungen im Syst. $KCl-RbCl-H_2O$ zu untersuchen. G. Ewald 154

0594 **System $Na_2SO_4-Rb_2SO_4-MgSO_4-H_2O$ bei 50°.** L. L. Kost' und V. G. Ševčuk. (Ž. neorg. Chim. **13** (1968) 9, 2604—07; Poltavskij inž.-stroitel'nyj inst. Kaf. chim.; russ.) — Die gegenseitige Löslichkeit von Salzen im tern. Syst. $Rb_2SO_4-MgSO_4-H_2O$ wurde bestimmt. Bei 50° zeigt die Löslichkeitskurve drei Kristallisationszweige der Salze: $RbSO_4 \cdot MgSO_4 \cdot 6\,H_2O$, $MgSO_4 \cdot 6\,H_2O$ u. Rb_2SO_4. Bei 50° ist das Syst. $Na_2SO_4-Rb_2SO_4-H_2O$ vom einfachen Typ, es krist. im Syst. die wasserfreien Salze Na_2SO_4 u. Rb_2SO_4. Im quatern. Syst. $Na_2SO_4-Rb_2SO_4-MgSO_4-H_2O$ wurden 5 Kristallisationsfelder festgestellt: das von $Rb_2SO_4 \cdot MgSO_4 \cdot 6\,H_2O$, Na_2SO_4, $Na_2SO_4 \cdot MgSO_4 \cdot 4\,H_2O$, $MgSO_4 \cdot 6\,H_2O$ u. Rb_2SO_4. $Rb_2SO_4 \cdot MgSO_4 \cdot 6\,H_2O$ hat den größten Kristallisationsbereich. J. J. Pohl 154

0595 **Einfluß der Wasserstoffionenkonzentration auf die Auflösungsgeschwindigkeit von Calcit in kohlensauren Salzlösungen.** G. I. Vorob'ev, G. A. Rykova und E. B.

Šternina. (Ž. neorg. Chim. **13** (1968) **9**, 2555–59; Inst. obšč. i neorg. chim. im. Kurnakova, AN SSSR; russ.) — Die Grundgleichung des Auflsg.-Prozesses ist $CaCO_3 + CO_2 + H_2O \rightleftharpoons Ca(HCO_3)_2$, das Gleichgew. stellt sich während 4–6 Wochen ein. Der Prozeß verläuft infolge der stufenweisen Abnahme der H^+-Ionenkonz. langsamer. Die Auflsg. von Calcit wird in der Anfangsperiode durch Ansäuern der Ausgangslsg. bis pH 4 beschleunigt. Die lösende Wrkg. der verschiedenen CO_2-haltigen Salzlsg. gegenüber $CaCO_3$ sinkt nach $K_2SO_4 > (NH_4)_2SO_4 > Na_2SO_4 > NaCl > H_2O$. Die Anfangsgeschw. der Auflsg. von $CaCO_3$ ändert sich nach 1 m $(NH_4)_2SO_4$ > 4m $(NH_4)_2 \cdot SO_4$ > 0,42m K_2SO_4 > 0,87m Na_2SO_4 > 1,90m NaCl > H_2O. J. J. Pohl 154

0596 **Grenzen der gegenseitigen Umwandlung von $CaSO_4 \cdot 2\,H_2O$ und γ-$CaSO_4$ in H_2SO_4-Lösungen.** A. B. Zdanovskij und G. A. Vlasov. (Ž. neorg. Chim. **13** (1968) 9, 2552–54; Leningradskij inž.-ėkonom. inst.; russ.) — Die Löslichkeit von $CaSO_4 \cdot 2\,H_2O$ u. γ-$CaSO_4$ in H_2SO_4-Lsg. wurde bei folgenden Temp. untersucht: 10° (15 bis 40% H_2SO_4), 25 (0–40%), 35° (5–20%), 42° (0–7,5%) u. 50° (0–40%). Auf Grund der Löslichkeitsdaten bei verschiedenen Temp. wurden die Grenzen des Überganges $CaSO_4 \cdot 2\,H_2O \rightleftharpoons \gamma$-$CaSO_4$ in H_2SO_4-Lsg. bestimmt. J. J. Pohl 154

0597 **Aus konzentrierten $CaCl_2$-Lösungen gefällte basische Zinkchloride.** V. B. Spivakovskij und L. P. Mojsa. (Ž. neorg. Chim. **13** (1968) 9, 2395–2402; Inst. metallofiz. AN Ukr. SSR; russ.) — Eine Meth. zur Unters. von bas. Salzen u. Metallhydroxiden, die aus konz. Lsg. indifferenter Elektrolyte gefällt wurden, wurde vorgeschlagen. Die Meth. erlaubt die Best. der Zus. u. der Aktivitätskoeff. der Lösung. Aus Zn^{2+}-Lsg. in konz. $CaCl_2$ fällt nach einer Std. $Zn(OH)_{1,5}Cl_{0,5}(H_2O)_{0,7}$ aus, Löslichkeitsprod. LP $2{,}34 \cdot 10^{-14}$. Nach vier Wochen liegt $Zn(OH)_{1,7}Cl_{0,3}(H_2O)_{0,5}$ mit LP $5{,}25 \cdot 10^{-16}$ vor. Die Zunahme der $CaCl_2$-Konz. von 1–5m führt zum Ansteigen des Fällungs-pH des Zn. J. J. Pohl 154

0598 **System KNO_2–$Cd(NO_2)_2$–H_2O bei 298,2 °K.** P. I. Procenko, E. M. Ivanova, P. S. Popov und V. N. Trufanov. (Ž. neorg. Chim. **13** (1968) 9, 2587–92; Rostovskij-na-Donu, gos. univ.; russ.) — Die spezif. elektr. Leitfähigkeit, Löslichkeit, Viskosität, D. u. der Brechungsindex der gesätt. Lsg. wurden im Syst. KNO_2–$Cd(NO_2)_2$–H_2O bei 298 °K bestimmt. Die Verb. $KNO_2 \cdot Cd(NO_2)_2$ (I), D. 3,171 kg/cm³, kub., N = 1,624 ± 0,002, u. $2\,KNO_2 \cdot Cd(NO_2)_2$ (II), F. 478 °K, D. 2,601, Ng = 1,476 ± 0,002, Np = 1,468 ± 0,002, wurden isoliert. Die IR-Absorptionsspektren von I u. II wurden im Bereich 650–2000 cm^{-1} aufgenommen. Die Struktur von I u. II wird diskutiert. J. J. Pohl 154

0599 **System ZrO_2–SO_3–H_2O bei 1000°.** D. L. Motov und M. P. Ritter. (Ž. neorg. Chim. **13** (1968) 9, 2597 bis 2603; Kol'skij filiala im. Kirova AN SSSR, Inst. chim. i technol. redkich elementov; russ.) — Die Unters. der Löslichkeit des Syst. ZrO_2–SO_3–H_2O bei 100° zeigt die Anwesenheit der Gleichgew.-Phasen: $3\,ZrO_2 \cdot 2\,SO_3 \cdot 12\,H_2O$, $4\,ZrO_2 \cdot 3\,SO_3 \cdot 15\,H_2O$, $Zr_2O(SO_4)_3 \cdot 5\,H_2O$, $Zr(SO_4)_2 \cdot 4\,H_2O$, $2\,Zr(SO_4)_2 \cdot 3\,H_2O$, $2\,Zr(SO_4)_2 \cdot H_2O$, $Zr(SO_4)_2$, $Zr(SO_4)_2 \cdot H_2O$. Die Kristallisationsbereiche der festen Phasen wurden bestimmt. Erstmalig wurden $Zr_2O \cdot (SO_4)_3 \cdot 5\,H_2O$, monoklin, Ng = 1,670 ± 0,002, Nm = 1,666, a = 13,13, b = 6,5, c = 15,13, opt. zweiachsig positiv, $2\,Zr(SO_4)_2 \cdot 3\,H_2O$, monoklin, opt. negativ, zweiachsig, Ng = 1,651, Nm = 1,1643?, Np = 1,612 u. $2\,Zr(SO_4)_2 \cdot H_2O$, wahrscheinlich triklin, isoliert. $Zr(SO_4)_2$ tritt in drei krist. Modifikationen auf, die eine trikline Modifikation hat, a = 8,6, b = 5,5, c = 10,7. Die festen Phasen wurden mikrophotograph. u. röntgenograph. charakterisiert. J. J. Pohl 154

0600 **Löslichkeit im System RbCl–$BiCl_3$–HCl–H_2O bei 25°.** I. V. Vlasova, S. B. Stepina, N. P. Sokolova und V. E. Pljuščev. (Ž. neorg. Chim. **13** (1968) 9, 2570–76; Mosk. gos. univ. im. Lomonosova; russ.) — Die Kristallisationsoberfläche im Syst. RbCl–$BiCl_3$–HCl–H_2O wurde im Bereich 0–15 Gew.-% HCl bei 25° konstruiert. Im Syst. krist. 2 Komplexverb. $3\,RbCl \cdot BiCl_3$, $D.^{25}$ 3,24 ± 0,005 g/cm³ (CCl_4) u. $7\,RbCl \cdot 3\,BiCl_3$, $D.^{25}$ 3,53 ± 0,005. Die Verb. wurden kristallopt., röntgenograph. u. pyknometr. charakterisiert. Die Löslichkeit der Verb. in Syst. RbCl–$BiCl_3$–HCl–H_2O ist größer als die der Verb. im Syst. KCl–$BiCl_3$–HCl–H_2O. Die Syst. können zur Trennung von Rb u. K herangezogen werden. J. J. Pohl 154

0601 **System NH_4ClO_4–$(NH_4)_2CrO_4$–H_2O bei 25 und 50°.** L. P. Černova, A. S. Karnauchov und U. A. Asanov. (Ž. neorg. Chim. **13** (1968) 9, 2582–86; Jaroslavskij gos. ped. inst., Kaf. neorg. chim.; russ.) — Die Löslichkeit im tern. Syst. sowie die Kristallisationsfelder von $NH_4ClO_4 \cdot (NH_4)_2CrO_4$ (I), D. 1,995 g/cm³, u. der Ausgangssalze wurden bei 25 u. 50° bestimmt. Die festen Phasen wurden thermograph. u. röntgenograph. charakterisiert. Die D.-, Viskositäts-, Brechungsindex-Isothermen der gesätt. Lsg. wurden bei 25 u. 50° ermittelt. Der euton. Punkt auf der NH_4ClO_4-Seite hat bei 25° die Zus. 3,78% $(NH_4)_2 \cdot CrO_4$, 17,14% NH_4ClO_4, auf der $(NH_4)_2CrO_4$-Seite enthält der euton. Punkt bei 25° 0,91%, bei 50° 1,31% NH_4ClO_4. J. J. Pohl 154

0602 **Löslichkeit von Kalium- und Manganchlorid in Wasser bei 25–75°.** O. I. Parilova und I. G. Družinin. (Ž. neorg. Chim. **13** (1968) 9, 2560–64; Mosk. oblastnoj ped. inst. im. Krupskoj; russ.) — Die Löslichkeitsisothermen des Syst. $MnCl_2$–KCl–H_2O bei 25, 50 u. 75° wurden festgestellt. Im Syst. wird bei 25–75° $MnCl_2 \cdot KCl \cdot 2\,H_2O$, bei 75° außerdem $MnCl_2 \cdot 2\,KCl \cdot 2\,H_2O$ u. $MnCl_2 \cdot 4\,KCl$ gebildet. J. J. Pohl 154

0603 **System CsCl–$CaCl_2$–$SrCl_2$.** V. M. Burlakova und G. A. Buchalova. (Ž. neorg. Chim. **13** (1968) 9, 2539 bis 2542; Rostovskij-na-Donu, inž. stroit. inst.; russ.) — Visuell-polytherme Unters. des Syst. Cs, Ca, Sr||Cl zeigen die Anwesenheit zweier kontinuierlicher Mischkrist.-Reihen der Chloride von Ca u. Sr u. ihrer Verb. mit CsCl. Die DTA-Unters. des Schnittes $CsCaCl_3$–$CsSrCl_3$ zeigt die Bldg. einer kontinuierlichen Mischkrist.-Reihe. Die D. von $CsCaCl_3$ u. $CsSrCl_3$-Mischkrist. wurde bestimmt, die Molvol. berechnet. Das Minimum der Trennkurve zwischen den Mischkrist.-Feldern liegt bei 604°, 7,5% CsCl, 60% $CaCl_2$ u. 32,5% $SrCl_2$. J. J. Pohl 154

0604 **Präzisierung des mittleren Teiles des Zustandsdiagramms des Systems Indium–Indiumtrichlorid.** P. I. Fedorov und N. S. Malova. (Ž. neorg. Chim. **13** (1968) 9, 2534–38; Mosk. inst. tonkoj chim. technol. im. Lomonosova; russ.) — Die thermograph. u. röntgenograph. Unters. bestätigen die Anwesenheit der kongruent schmelzenden Verb. In_2Cl_3, Ng = 1,718, Np = 1,700 u. die der inkongruent schmelzenden Verb. $InCl_2$, N = 1,726, u. In_4Cl_7, Ng = 1,738, Np = 1,664. In_2Cl_3 u. $InCl_2$ erleiden eine polymorphe Umwandlung. Die inkongruent schmelzende Verb. In_3Cl_4 schmilzt bei 265°. Die mögliche Struktur der In-Chloride wird diskutiert. J. J. Pohl 154

0605 **Massenspektrometrische Untersuchungen bei hohen Temperaturen.** 23. Mitt. **Gasgleichgewichte über geschmolzenem $NaSnF_3$ und $KSnF_3$.** J. W. Hastie, K. F. Zmbov und J. L. Margrave. (J. inorg. nuclear Chem. **30** (1968) 3, 729–36; Houston, Tex., Rice Univ., Dep. of Chem.; engl.) — 22. vgl. C. **1969**, 1-0529. — Unter Verw. einer Knudsen-Zelle (Material: Ni) wurde die Gasphase über fl. $NaSnF_3$ (I) bzw. $KSnF_3$ (II) zwischen 725 u. 770 °K bzw. 815 u. 895 °K massenspektrometr. untersucht; nachst. gasf. Spezies wurden beobachtet: NaF (III), SnF_2 (IV), I, Na_2SnF_4 (V), $NaSn_2F_5$ (VI), $(NaSnF_3)_2$ (?) bzw. KF, II, IV. Die unter Anwendung des 2. Hauptsatzes errechneten Enthalpien u. Entropien der Rk. betragen: $\Delta H_T{}^0 = 61 \pm 4$ kcal/Mol u. $\Delta S_T{}^0 = 19 \pm 3$ cal/Grad · Mol für I (g) ⇌ III (g) + IV (g) bei 746 °K; 130 ± 8 u. 53 ± 9 für V (g) ⇌ 2 III (g) + IV (g) bei 746 °K; 69 ± 4 u. 32 ± 5 für V (g) ⇌ III (g) + I (g) bei 746 °K; 36 ± 12 u. 43 ± 13 für VI (g) ⇌ IV (g) + I (g) bei 754 °K; 49 ± 8 u. 19 ± 3 für II (g) → KF (g) + IV (g) bei 855 °K. G. Gattow 154

0606 **Umsetzung von Tantal- und Niobpentachlorid mit Erdalkalimetall- und Galliumchlorid.** N. D. Čikanov. (Ž. neorg. Chim. **13** (1968) 9, 2616–18; Voronežskij gos. univ., Kaf. obšč. chim.; russ.) — Visuell-polytherme u. DTA-Unters. der Syst. $TaCl_5$–$BaCl_2$, $TaCl_5$–$SrCl_2$, $TaCl_5$–

$CaCl_2$, $NbCl_5$–$BaCl_2$, $NbCl_5$–$SrCl_2$, $NbCl_5$–$CaCl_2$, $TaCl_5$–$GaCl_3$ u. $NbCl_5$–$GaCl_3$ zeigen die Bldg. von inkongruent schmelzenden Verb. der Zus. 1 : 1 in allen Systemen. Peritektika liegen bei: *$CaTaCl_7$* 218°, *$SrTaCl_7$* 296°, *$BaTaCl_7$* 362°, *$CaNbCl_7$* 204°, *$SrNbCl_7$* 208°, *$BaNbCl_7$* 268°, *$GaNbCl_8$* 126°, *$GaTaCl_8$* 78°, $BaTaCl_7$ erleidet bei 292° eine polymorphe Umwandlung. Die therm. Beständigkeit wächst beim Übergang von Ca zu Ba. Die Salzpaare $GaNbCl_8$–$GaTaCl_8$, $CaTaCl_7$–$CaNbCl_7$, $SrTaCl_7$–$SrNbCl_7$, α-$BaTaCl_7$–$BaNbCl_7$, α-$BaTaCl_7$–$SrTaCl_7$ u. $BaNbCl_7$–$SrNbCl_7$ bilden Mischkristalle. J. J. Pohl 154

0607 **System aus Natrium- und Manganfluorid und -chlorid.** I. N. Beljaev und O. Ja. Revina. (Ž. neorg. Chim. 13 (1968) 9, 2542—46; Rostovskij-na-Donu, gos. univ., Kaf. obšč. i neorg. chim.; russ.) — Die Kristallisationsoberfläche des tern. reziproken Syst. Na, Mn || Cl, F wurde mit der DTA-Meth. untersucht. Das Syst. gehört zum adiagonalen, irreversiblen, reziproken Typ mit dem stabilen Schnitt NaCl–$NaMnF_3$. Bei einem Überschuß von $MnCl_2$ u. herabgesetzter Temp. stellt zunächst NaCl–MnF_2 u. dann 4 NaCl · $MnCl_2$–MnF_2 den stabilen Schnitt dar. Das Zustandsdiagramm des Syst. NaCl–$NaMnF_3$ u. $MnCl_2$–MnF_2 wurde konstruiert. Beide Syst. gehören zum einfachen eutekt. Typ, die Eutektika liegen bei 34 % NaCl u. 588° bzw. 37,5 % MnF_2 u. 520°. In Ggw. eines NaCl-Überschusses krist. $MnCl_2$, in Ggw. eines NaF- bzw. MnF_2-Überschusses $NaMnF_3$. Die Züchtungsbedingungen von Einkrist. werden diskutiert. Die nonvarianten Punkte werden angegeben. J. J. Pohl 154

0608 **Stabile Schnitte des Systems der Chloride von Al, Bi, Fe und Na.** B. G. Koršunov und N. I. Kaloev. (Ž. neorg. Chim. 13 (1968) 9, 2547—51; Mosk. inst. tonkoj chim. technol. im. Lomonosova; russ.) — Das Syst. $BiCl_3$–$FeCl_3$–$NaAlCl_4$ ist vom eutekt. Typ, der eutekt. Punkt liegt bei 22,3 (Mol-%) $LiCl_3$, 14,0 $FeCl_3$ u. 63,7 $NaAlCl_4$, F. 136°. Die Liquidusoberfläche hat Kristallisationsfelder der drei Komponentverbindungen. Das Syst. $BiCl_3$–$NaAlCl_4$–$NaFeCl_4$ enthält Felder von $BiCl_3$ u. der Mischkrist. von $NaAlCl_4$ u. $NaFeCl_4$. Das Schmelzdiagramm des Syst. $FeCl_3$–$NaAlCl_4$–$AlCl_3$–$BiCl_3$ ist vom eutekt. Typ, der eutekt. Punkt liegt bei 5,3 $FeCl_3$, 73,4 $NaAlCl_4$ u. 21,3 $AlCl_3$ · $BiCl_3$, F. 122°. $FeCl_3$ hat das größte Kristallisationsfeld, $AlCl_3$ · $BiCl_3$ erleidet bei 152° eine polymorphe Umwandlung. Das Syst. $NaAlCl_4$–$NaBiCl_4$–$NaFeCl_4$ enthält Kristallisationsfelder von Na · $BiCl_4$ u. von Mischkrist. des $NaAlCl_4$ u. $NaFeCl_4$. J. J. Pohl 154

0609 **Calcium-Alkalimetallsinterphosphate.** 2. Mitt. **System $Ca_3(PO_4)_2$–$CaKPO_4$-Isotemperaturprofile bei den Temperaturen 20, 1300 und 1500°.** Józef Kubicki. (Chem. stosowana, Ser. A 11 (1967) 3, 259—71; Kat. Technol. Nieorg., Politechn., Wrocław; pol.) — 1. vgl. C. **1968**, 9-0548. — Die Phasengleichgew. im Syst. $Ca_3(PO_4)_2$–$CaKPO_4$ wurden bei 20, 1300 u. 1500° untersucht. Beide Verb. bilden Mischkrist. bei hohen Temp., u. zwar bei 1500° im Bereich 0,35—0,55 Mol K_2O/Mol P_2O_5. Die Stabilität der Mischkrist. ist gering. Bei langsamer Abkühlung der Proben zerfallen sie in ihre Komponenten. Bei 20° besteht das Syst. aus einer Mischung der Komponenten. Bei der Löslichkeit von P_2O_5 in Ammoniumcitrat im obigen Syst. tritt in Abhängigkeit von der Abkühlungsgeschw. der Proben bei Mol-Verhältnissen von K_2O/P_2O_5 zwischen 0,1 u. 0,2 bzw. 0,1 u. 0,3 ein Minimum auf. Rolf Heyer 154

0610 **Mössbauer-Untersuchung des Auflösungsmechanismus von SnSe in geschmolzenen Salzen.** Ju. I. Rodionov, B. I. Rogozev, L. M. Križanskij und V. R. Klokman. (Ž. neorg. Chim. 13 (1968) 9, 2340—42; russ.) — Die Löslichkeit von CdTe in $CdCl_2$ beträgt bei 600° 25,0 (Mol-%), von CdTe in CdJ_2 bei 600° 30,0, von SnSe in $SnCl_2$ bei 600° 22,7, von SnTe in $SnCl_2$ bei 600° 2,3, von SnTe in SnJ_2 bei 600° 26,0, von PbSe in $PbCl_2$ bei 600° 12,8, von PbSe in PbJ_2 bei 600° 22,5, von PbTe in $PbCl_2$ bei 600° 3,1, von PbTe in PbJ_2 bei 600° 10,05, von Sb_2Se_3 in $SbCl_3$ bei 200° 0,28, von Sb_2Se_3 in SbJ_3 bei 200° 1,0, von Sb_2Te_3 in $SbCl_3$ bei 340° 1,8, von Sb_2Te_3 in SbJ_3 bei 340° 6,6. Der Auflsg.-Mechanismus wurde in den Syst. SnSe–$SnCl_2$ u. SnSe–$ZnCl_2$ durch Best. des Mössbauer-Effektes für ^{119}Sn bei 77 °K untersucht. Im ersten Syst. dürfte die Rk. 0,2 SnSe + 0,8 $SnCl_2$ ⇌ 0,4 $Se(SnCl)_2$ + 0,6 $SnCl_2$ stattfinden. Eine Verb.-Bldg. findet sowohl im Falle eines gemeinsamen Kations des Lsgm. u. der intermetall. Verb. als auch in Abwesenheit eines solchen statt. J. J. Pohl 154

0611 **ζ-Phase im System V–O.** S. I. Aljamovskij, E. N. Ščetnikov, P. V. Gel'd und G. P. Švejkin. (Ž. neorg. Chim. 13 (1968) 9, 2328—30; Inst. chim. Ural'skogo filiala AN SSSR; russ.) — $VO_{1,25}$, $VO_{1,27}$, $VO_{1,28}$, $VO_{1,35}$ u. $VO_{1,41}$ wurden aus elektrolyt. V u. V_2O_3 bei 1400° während $6^1/_2$ Std. in einer H_2-Atmosphäre erhalten u. röntgenograph. charakterisiert. Die Existenz der wahrscheinlich kub.-raumzentrierten ζ-Phase (stabil bei $VO_{1,20}$—$VO_{1,37}$) wird bestätigt. J. J. Pohl 154

0612 **System mNb_2O_5–nNa_2O.** 2. Mitt. **Bereich m/n > 1.** Yvette Bouillaud. (Bull. Soc. chim. France **1968**, 1, 112—17; Labor. de Cristallogr., Inst. de Magnetochim. CNRS, Bordeaux; franz.) — Thermograph., chem.-analyt. u. röntgenograph. Daten zeigen die Anwesenheit von Mischkrist. auf Na-Metaniobat-Basis mit Na_2O-Defizit der Zus. $Na_{0,900}NbO_{2,950}$. Die Phasen $NaNb_3O_8$, rhomb., a = 12,344 ± 0,004 Å, b = 37,121 ± 0,006, c = 3,950 ± 0,001 Å, $D_{\cdot R}$ 4,72, Z = 12, $D_{\cdot exp}$ 4,72 ± 0,09 u. $NaNb_{13}O_{33}$ monoklin, a = 22,388 ± 0,006, b = 3,857 ± 0,002, c = 15,412 ± 0,004 Å, β = 92,03 ± 0,10°, $D_{\cdot R}$ 4,40, Z = 4, $D_{\cdot exp}$ 4,48 ± 0,09 sowie eine H-Form von Nb_2O_5, monoklin, a = 21,08, b = 3,823, c = 19,33, β = 119° 48′ wurden charakterisiert. J. J. Pohl 154

0613 **Tantaloxidcarbid-Phasen.** L. B. Dubrovskaja, S. I. Aljamovskij, G. P. Švejkin und P. V. Gel'd. (Ž. neorg. Chim. 13 (1968) 9, 2331—39; Inst. chim. Ural'skogo filiala AN SSSR; russ.) — Zus. des tern. Syst. Ta–C–O wurden durch Erhitzen bei 1300, 1500, 1700 u. 1900° im Graphittiegel erhalten u. chem., röntgenograph. sowie densitometr. charakterisiert. Die β′-Oxidcarbidphase hat a = 3,098—3,104 Å, c = 4,935—4,937, die hexagonale Ta-Carbidphase a = 3,103—3,105, c = 4,936 Å. Die Konz.-Bereiche der Stabilität der Ta-, V- u. Nb-Oxidcarbidphasen bei ≦ 1700° werden verglichen. J. J. Pohl 154

0614 **Thermodynamik von Quecksilber-Lösungen.** 1. Mitt. **Bestimmung der Löslichkeit in verschiedenen Flüssigkeiten unter Anwendung von Leitisotopen.** James N. Spencer und Adolf F. Voigt. (J. physic. Chem. 72 (1968) 2, 464—70; Ames, Ia., Ia State Univ., Inst. for Atomic Res. and Dep. of Chem.; engl.) — Best. der Temp.-Abhängigkeit der Löslichkeit von Hg-Metall in *n-Hexan, n-Heptan, n-Octan, Isooctan, 2.2-Dimethylbutan, Cyclohexan, Methylcyclohexan, Cyclohexen, Bzl., Toluol, o-Xylol, Isopropylbenzol, t-Butylbenzol, Isopropyläther, n-Butyläther, Perfluordimethylcyclobutan* u. *Wasser*. Bei 25° liegen die Löslichkeiten in aromat. u. aliphat. KW-Stoffen u. in Äthern bei 10^{-6} Mol/l, diejenigen in W. u. Perfluordimethylcyclobutan bei 10^{-7} Mol/l. Diese Werte stimmen überein mit ber. Werten (Hildebrand-Scatchard-Gleichungen). Vf. ber. die entsprechenden partiellen Lsg.-Wärmen u. -Entropien; sie weichen von den idealen Werten ab. D. Ertel 154

0615 **Thermodynamik von Quecksilber-Lösungen.** 2. Mitt. **Theorie des freien Volumens.** James N. Spencer und Adolf F. Voigt. (J. physic. Chem. 72 (1968) 2, 471—74; engl.) — 1. vgl. vorst. Referat. — Aus den Löslichkeitsdaten (vgl. l. c.) ber. Vf. die entsprechenden Verdampfungswärmen u. -entropien; diese Werte entsprechen nicht der Regel von Barclay-Butler. Vf. führen dies auf eine Besonderheit im Kraftfeld eines einzelnen Quecksilberatoms zurück. Die Verdampfungsentropien von Hg aus KW-Stoffen u. Äthern unterscheiden sich nur durch wenige Entropieeinheiten, wogegen im Falle von H_2O als Lsgm. die Verdampfungsentropie ca. 20 Einheiten höher ist. Diesen anomalen Befund führen Vf. auf die Neigung der H_2O-Mol. zur Ausbldg. einer das gelöste Mol. umgebenden Strukturhülle zurück. D. Ertel 154

0616 **Löslichkeit von Metallen in flüssigem Natrium. 2. Mitt. System Natrium–Blei.** G. J. Lamprecht, L. Dicks und P. Crowther. (J. physic. Chem. **72** (1968) 5, 1439—41; Nat. Nuclear Res. Centre, Pelindaba, Pretoria; engl.) — 1. vgl. C. **1968,** 39-0493. — Die Löslichkeit von Pb in Na wird zwischen 100 u. 260° untersucht. Es gilt die Beziehung: y = 3,515—2639/T (y = Logarithmus des Molenbruches von Pb in Na). Lösungsenthalpie ΔH = 12,03 kcal/Mol, Lsg.-Entropie ΔS = 16,06 cal/Mol · Grad. Die Phase Na_4Pb, F. 374°, wird isoliert u. röntgenograph. untersucht, kub., a = 13,02 Å. Die bisher unbekannte Phase Na_5Pb, F. 390°, wird isoliert, hexagonal, a = 10,6 Å, c = 11,5 Å. Na_4Pb muß zwischen 120 u. 245° als metastabil angesehen werden u. ist nur eine Vorstufe der Bldg. von Na_5Pb. H. Tulhof 154

0617 **Bildungsbedingungen von V_3Ga im System Vanadin–Gallium.** N. P. Sažin, Ja. N. Kunakov, N. S. Vorob'eva und I. N. Točenova. (Ž. neorg. Chim. **13** (1968) 9, 2323—27; Naučno-issl. i proekt. inst., redkometall. prom.; russ.) — Die Bldg.-Bedingungen der supraleitfähigen Verb. V_3Ga wurden röntgenstrukturanalyt., metallograph. u. mikroröntgenograph. untersucht, wobei auch die Zwischenprod. in der Diffusionsschicht bei der Darst. mit der Diffusionsmeth. charakterisiert wurden. Die Lsg. wurden anod. synthetisiert. In den Diffusionsschichten, die beim Erhitzen der Proben bei 450 bis 1500° entstehen, wurden folgende Phasen festgestellt: α-Mischkrist. von Ga in V; β-Phase V_3Ga, γ-Phase V_6Ga_5; γ-Phase V_6Ga_7, ε-Phase V_2Ga_5, V_3Ga bildet sich im bin. Syst. in der Diffusionsschicht beim Erhitzen von 900 bis ca. 1300°. Die Bldg. von V_3Ga wird durch Begleitelemente wie Si, Al, O u. a. stark beeinflußt. Neue Phasen entstanden auch durch die Umsetzung der Probe mit Quarz bzw. Al_2O_3-Gefäßen, so auch die β''-Phase vom Cr_3Si-Typ mit a = 4,727 Å, welche bei 230° in die β'-Phase übergeht mit a = 4,124 Å. Allotrope Umwandlungen finden im Syst. bei ca. 1300° statt. Die krit. Temp. in Abhängigkeit von der Diffusionstemp. wurde bestimmt, der maximale T_{kr}-Wert von 14,1 °K tritt nach Erhitzen der Proben bei 900° auf. Die β'-Phase ist supraleitfähig mit T_{kr} = 11 °K. J. J. Pohl 154

0618 **Molekulare Wechselwirkungen und die Benesi-Hildebrand-Gleichung.** I. D. Kuntz jun., F. P. Gasparro, M. D. Johnston jun., und R. P. Taylor. (J. Amer. chem. Soc. **90** (1968) 18, 4778—81; Frick Chem. Labor., Princeton Univ., Princeton, N.J.; engl.) — Die thermodynam. u. spektroskop. Werte schwacher Komplexe können starke systemat. Fehler aufweisen, wenn sie nach der Benesi-Hildebrandt-Meth. bestimmt werden. Die entscheidende Größe ist dabei die Wahl einer geeigneten Konz.-Skala. Aus dem verfügbaren begrenzten Datenmaterial folgt, daß die Molarität eine bessere Konz.-Einheit als Molenbruch u. Molalität darstellt. H. Jehne 156

0619 **Komplexbildung von Scandium mit Homologen von Diantipyrylmethan.** I. S. Kalmykova und V. F. Solonovič. (Ž. neorg. Chim. **13** (1968) 9, 2411—14; Permskij politechn. inst.; russ.) — Der Komplexbldg.-Prozeß von Sc^{3+} mit R = Methyl-, Propyl- u. Hexyldiantipyrylmethan wurde bei pH 2 untersucht. Die Gleichgew.-Verschiebungsmeth. zeigt, daß die Zus. des gebildeten Komplexanions $[ScR_3]^{3+}$ ist. Die Extraktion von Sc u. a. Elementen mit $CHCl_3$-Lsg. von Diantypyrylmethanhomologen aus SCN^--haltigen wss. Lsg. wird untersucht. Die Extraktion von Sc verläuft spezifisch. Seltenerdmetalle, Al, Alkali- u. Erdalkalielemente werden aus SCN^--Lsg. nicht mitextrahiert. J. J. Pohl 156

0620 **Gemischte mehrkernige Citronensäurekomplexe von Neodym und einigen anderen Metallen.** R. S. Lauėr, V. T. Miščenko und N. S. Poluėktov. (Ž. neorg. Chim. **13** (1968) 9, 2415—20; Inst. obšč. i neorg. chim. AN Ukr. SSR; russ.) — Zn, Cd, Sn(II), Pb(II), Al, Sc, In(III), Fe(III), Sb(III), Bi(III), Ti(IV), Zr, Th u. U(VI) bilden mit Citronensäure gemischte mehrkernige Nd-haltige Komplexe. Die UV-spektroskop. bei 450—800 nm festgestellten Komponentenverhältnisse in den Komplexen sind: Al : Nd = 1 : 1 (pH 6,6) u. 3 : 2 (pH 9,5), Th : Nd = 1 : 1 (pH 9,0) u. Pb : Nd = 2 : 3 (pH 8,5). J. J. Pohl 156

0621 **Ionenaustauschuntersuchungen über Komplexbildung. 1. Mitt. System Thorium–Nitrat.** P. H. Tedesco, V. B. De Rumi und J. A. González Quintana. (J. inorg. nuclear Chem. **30** (1968) 4, 987—94; Fac. de Quim. y Farm., La Plata, Argentinia; engl.) — Bei μ = 2 m u. 25° werden die Stabilitätskonst. zu β_1 = 16,6 ± 1, β_2 = 34,0 ± 12 u. β_3 = 12,6 ± 8 unter Verw. des Austauschers Zeo-Karb 225 bestimmt. Bis zu $[NO_3^-]$ = 0,5 werden keine Neutralkomplexe gebildet. K.-J. Zwietasch 156

0622 **Polarographische Untersuchung der Komplexe von Metallionen mit zweibasigen Säuren.** 2. Mitt. **Komplexe von Blei mit Malon-, Bernstein-, Glutar- und Adipinsäure.** J. N. Gaur und M. M. Palrecha. (Talanta [London] **15** (1968) 7, 583—88; Chem. Labor., Univ. of Rajasthan, Jaipur, India; engl.) — 1. vgl. C. J. polarogr. Soc. **14** (1968) 1, 31. — Die Komplexe von Pb^{2+} mit Malon-, Bernstein-, Glutar- u. Adipinsäure wurden polarograph. untersucht u. die Gesamtstabilitätskonst. (β_i) ermittelt. Es wurde gefunden log β_1 = 2,60, 2,40, 2,48 bzw. 2,38; log β_2 = 3,62, 3,73, 3,45 bzw. 3,20 u. log β_3 = 4,32, 4,11, 3,90 bzw. 3,69. Da die Pb-Red. diffusionskontrolliert ist, kann Pb in Lsg. der obigen Säuren polarograph. bestimmt werden. W. Grimmich 156

0623 **Chemie des Protactiniums.** 6. Mitt. **Untersuchung des Pa(IV)-Sulfatokomplexes durch TTA-Extraktion.** Toshikazu Mitsuji. (Bull. chem. Soc. Japan **41** (1968) 1, 115—19; Tohoku Univ., Res. Inst. for Iron, Steel and Other Metals; engl.) — 4. vgl. C. **1969,** 10-1649. — Unters. des Verh. von Pa(IV) bei der TTA-Extraktion aus $HClO_4$, HCl u. H_2SO_4 (pH 0,4—1,1). In $HClO_4$ u. HCl liegt folgendes Gleichgew. vor: $Pa(OH)_2^{2+} + 4\,HT \rightleftharpoons PaT_4 + 2\,H_2O + 2\,H^+$. Die TTA-Extraktion aus H_2SO_4 erfolgt dagegen gemäß $Pa(SO_4)(OH)^+ + 4\,HT \rightleftharpoons PaT_4 + HSO_4^- + H_2O + 2\,H^+$. Der Pa(IV)-Sulfatokomplex bildet sich deshalb wie folgt: $Pa(OH)_2^{2+} + HSO_4^- \rightleftharpoons Pa(SO_4)\cdot(OH)^+ + H_2O$. Die Gleichgew.-Konst. letzterer Rk. besitzt bei μ = 0,50 und t = 10 ± 0,5° den Wert 320. D. Ertel 156

0624 **Untersuchung von Chromsulfatkomplexen mit Hilfe von Ioniten.** 2. Mitt. N. S. Fokina. (Izvest. vysšich učebnych Zavedenij [Kiew], Techn. leg. Prom. **1968,** 2, 89—93; Kaf. obšč. i analit. chim. KTILP-a; russ.) — Die Zugabe von 1—3 Mol Na_2SO_4 zu Lsg. der violetten Modifikation von Cr-Sulfat ruft, wie Ionenaustauschunters. zeigen, das Auftreten einer größeren Menge neutraler Cr-Komplexe nicht hervor. Beim Erwärmen der Lsg. während 1 Std., sowie auch bei Na_2SO_4-Zugaben färbt sich die Lsg. grün. Die gemeinsame Einw. des Erhitzens u. von Na_2SO_4 bewirkt das Auftreten neutraler Komplexe bis zu einem Geh. von 65%. Die Zugabe von 1 Mol Na_2SO_4 zum handelsüblichen Cr-Sulfatpräp. bewirkt einen Geh. an neutralen Komplexen von 56%, die von 3 Mol Na_2SO_4 einen Geh. von 65%. Ein Erwärmen von Lsg. nach Na_2SO_4-Zugabe ruft keine Zunahme des Geh. an neutralen Komplexen hervor. Die mögliche Zus. der einfachsten Formen der bei der Na_2SO_4-Zugabe entstehenden Komplexe wird diskutiert. J. J. Pohl 156

0625 **EPR-Untersuchung von sauerstoffhaltigen Mo(V)-Verbindungen.** I. N. Marov, Ju. N. Dubrov, V. K. Beljaeva und A. N. Ermakov. (Ž. neorg. Chim. **13** (1968) 9, 2445—57; Inst. geochim. i analit. chim. im. Vernadskogo AN SSSR; russ.) — Die Bldg. mehrkerniger Mo(V)-Komplexe in Phosphat-, Sulfat- u. Arsenatlsg. wurde EPR-spektroskop. verfolgt. Die Spektren der Mo(V)-Arsenat- u. -Phosphatkomplexe zeigen eine Hyperfeinstruktur, die durch die Wechselwrkg. des ungepaarten Elektrons von Mo(V) mit ^{31}P- u. ^{75}As-Kernen bedingt ist. In Lsg. von Schwefel-, Phosphor- u. Arsensäure liegt Mo(V) vorwiegend in zwei EPR-akt. Formen vor. Die eine der beiden ist der monomere Komplex $MoO\cdot(H_iAO_4)_5^{2-}$ (oder $MoO(H_iAO_4)_4H_2O^-$, A = As oder P, die andere ein dimerer Komplex der wahrscheinlichen Zus. $[MoO(H_iAO_4)_3]_2OH$. Ein Teil von Mo(V) kann in solchen Lsg. in nicht magnet. Formen auftreten. Der Stabilitätsbereich der verschiedenen Formen wurde festgestellt. Die Mo(V)-Arsenat u. -Phosphatkomplexe sind wesentlich beständiger als die Sulfatkomplexe. J. J. Pohl 156

0626 **Kalorimetrische Bestimmung der Zusammensetzung von Komplexen und ihrer Instabilitätskonstanten. 3. Mitt. Komplex in geschmolzenem Natriummolybdat und Molybdäntrioxid.** Abner Brenner und William H. Metzger jun. (J. electrochem. Soc. **115** (1968) 3, 258–61; NBS, Washington, D.C.; engl.) – 2. vgl. C. **1968,** 1-0574. – Die Meth. zur Best. der Zus. u. ihrer Instabilitätskonst. von Komplexen in Lsg., die auf der Messung des partiellen molalen Wärmeeffektes bei Zusatz einer kleinen Salzmenge zu einer Reihe von Mischungen des Zus.-Bereiches von 0–100% beruht, wurde auf das Schmelzsyst. Na_2MoO_4–MoO_3 bei 800° angewendet. In diesem Syst. wird ein Komplex $Na_2MoO_4 \cdot 2\,MoO_3$ gebildet. Die Instabilitätskonst. ist ca. 1 u. der Komplex ist zu 50–75% dissoziiert. G. Malow 156

0627 **Komplexbildung im System Eisen(III)–Adenosinnucleotide.** E. E. Kriss. (Ž. neorg. Chim. **13** (1968) 9, 2472–76; Inst. obšč. i neorg. chim. AN SSSR; russ.) – Die Komplexbldg. in den Syst. Fe(III)-Adenosinmonophosphat (I), Fe(III)-Adenosindiphosphat (II) u. Fe(III)-Adenosintriphosphat (III) wurde kinet. u. spektrophotometr. im Bereich 250–320 nm untersucht Die Bldg.-Konst. der Fe(III)-Verb. betragen bei pH 2,6 u. 25° für I ($\log K_1 =$) 4,2 ± 0,1, für II 5,2 ± 0,3 u. für III 5,4 ± 0,3. Die Stabilität der Verb. mit gleicher Zus. wächst nach I < II < III. II u. III bilden mit Fe Verb. der Zus. FeL (L = Ligand) u. Fe_nL, wobei n > 1. Die Struktur der gebildeten Verb. wird diskutiert. J. J. Pohl 156

0628 **Umsetzung von Kupferionen mit Nucleinsäurekomponenten.** E. E. Kriss und K. B. Jacimirskij. (Ž. neorg. Chim. **13** (1968) 9, 2370–76; russ.) – Vgl. vorst. Referat. – Die Gleichgew.-Konst. der Bldg. von 1 : 1-Komplexen von Cu^{2+}-Ionen mit folgenden Nucleinsäuren wurden bestimmt: *Adenin* 3,9 ± 0,7 · 10^4, *Cytosin* 9 ± 5 · 10, *Thymin* 6 ± 4 · 10, *Uracil* 1,4 ± 0,4 · 10^2, *Adenosin* 4,0 ± 0,5 · 10^2, *Guanosin* 7,0 ± 2 · 10^2, *Uridin* 4,3 ± 0,8 · 10^2, *d-Ribose* 6,1 ± 2 · 10, *Adenosinmonophosphorsäure* 2,2 ± 0,6 · 10^3 u. $NH_4H_2PO_4$ 2,1 ± 0,6 · 10. Alle genannten Substanzen, mit Ausnahme von d-Ribose bilden mit Cu-Ionen Verb., die durch Substitution von Ligandwasserstoff entstehen. Die d-Riboseverb. ist vom Solvattyp. Als Indikator bei der kinet. Best. von Adenin in reinen Lsg. u. im Gemisch mit anderen Nucleinsäurekomponenten kann die Ox. von Hydrochinon mit H_2O_2 unter Cu^{2+}-Katalyse in Ggw. von Py. verwendet werden. J. J. Pohl 156

0629 **Umsetzung von Nickel(II)-hydroxid mit Monoäthanolamin.** Ju. S. Dučinskij. (Ž. neorg. Chim. **13** (1968) 9, 2501–04; Kievskij technol. inst. piščevoj promyšl.; russ.) – $Ni(OH)_2$ bildet, wie spektrophotometr. bei 10000–30000 cm^{-1} gezeigt wurde, mit Monoäthanolamin eine Komplexverb. der Zus. Ni(II) : $NH_2C_2H_4 \cdot OH$ = 1 : 3. In stark alkal. Lsg. findet ein Übergang des Tris-[monoäthanolamin]-Komplexions zu einer Innerkomplexverb. statt, die spektroskop. charakterisiert wurde. Die Lage der Absorptionsbande wurde, von der Ligandenfeldtheorie ausgehend, diskutiert. J. J. Pohl 156

0630 **Komplexe von 2-Acetylpyridin mit Cu^{2+}, Ni^{2+} und Co^{2+}. 1. Mitt. Durch Komplexbildung induzierte Tautomerie.** B. Kirson. (Israel J. Chem. **6** (1968) 1, 1–8; Dep. of Inorg. and Analyt. Chem., The Hebrew Univ. of Jerusalem; engl.) – Vf. untersucht Komplexe aus Cu^{2+}, Ni^{2+} u. Co^{2+} u. 2-Acetylpyridin (I), die sich aus Cu-, Ni- oder Co-Salzen u. I in W. oder Alkohol bilden. Die Spektren u. Farben dieser Komplexe sind ident. u. unabhängig von den verwendeten Metallionen. I bildet mit Cu^{2+}, Ni^{2+} u. Co^{2+} 2 unterschiedliche Komplextypen, Komplexe mit elektr. Ladung, die rotviolett gefärbt sind, u. Komplexe ohne elektr. Ladung, die gelbrot gefärbt sind. Die Komplexbldg. unterstützt die Enolisierung von I. 3- u. 4-Acetylpyridin sowie 2-Benzoylpyridin bilden mit Cu^{2+}, Ni^{2+} u. Co^{2+} keine Komplexe. H.-J. Schönherr 156

0631 **Metallionenkomplexe von p-Toluolsulfonylaminosäuren. 2. Mitt. p-Tosyllysin und p-Tosylglutaminsäure.** Joseph Reyes und Herschel Frye. (Z. Naturforsch. **23b** (1968) 4, 429–30; Univ. of the Pacific, Stockton, Calif.; engl.) – 1. vgl. ibid. **23b** (1968) 5, 606. – Die Komplexe von *Cu(II)*, *Cd(II)*, *Pb(II)*, *Hg(II)*, *Zn(II)* u. *Mn(II)* mit den L-Isomeren der Titelverb. werden polarograph. untersucht. Die Dissoziationskonst., Koordinationszahlen u. Freien Bldg.-Energien werden bestimmt. K.-J. Zwietasch 156

0632 **Neue Komplexone. 11. Mitt. Komplexbildende Eigenschaften von β-Hydroxyäthyliminomonopropionsäure-α-monoessigsäure und N.N-Bis-[β-hydroxyäthyl]-α-alanin.** J. Majer und E. Riečanská. (Chem. Zvesti **22** (1968) 1, 15–24; Kat. anal. chim. Farm. fak. Univ. Komenského, Bratislava; slowak.) – 8. vgl. C. **1967, 27**-0599. – Es wurden die Titelverb. [I bzw. II] als neue Komplexbildner dargestellt u. ihre Säure–Base-Eig. sowie die Komplexbldg. mit Mg^{2+}, Ca^{2+}, Cd^{2+}, Co^{2+}, Zn^{2+}, Ni^{2+}, Pb^{2+} u. Cu^{2+} bei einem I bzw. II/Kation-Verhältnis von 1 : 1 u. 2 : 1 potentiometr. untersucht. Die Messungen wurden bei 20° in KNO_3-Lsg. einer Ionenstärke von 0,1 durchgeführt. Zur Unters. des Cu-Komplexes von I wurde die von Schwarzenbach vorgeschlagene Meth. der Gleichgew.-Verschiebung mit 2,2′, 2″-Triaminotriäthylamin verwendet. Die Stabilitätskonst. wurden mit Hilfe einer direkten algebraischen Meth. (für die 1 : 1-Komplexe) ber. u. auch durch eine modifizierte graph. Bjerrum-Meth. (bei den 1 : 1 sowie 2 : 1-Komplexen) festgestellt. Es wurde ferner der Einfl. der in bezug zum Carboxyl α-ständigen Methylgruppe verfolgt u. mit der entsprechenden Erscheinung bei den bereits früher beschriebenen Komplexbildnern verglichen, wie z. B. bei β-Hydroxyäthyliminodiessigsäure u. N.N-Bis-[β-hydroxyäthyl]-aminoessigsäure.

Versuche: *β-Hydroxyäthyliminomonopropionsäure-α-monoessigsäure* (**I**, $C_7H_{13}NO_5$): α-Brompropionsäure wird mit 1 Mol $NaHCO_3$ in wss. Lsg. neutralisiert, die Lsg. des Na-Salzes mit 1 Mol $NaHCO_3$ u. dann unter Kühlung mit 1 Mol 2-Aminoäthanol versetzt, das Gemisch allmählich auf 60° gebracht, bei dieser Temp. 4 Std. gerührt u. bei Raumtemp. über Nacht stehengelassen. Das Rk.-Gemisch wurde dann mit einer Lsg. von Na-Monochloracetat versetzt, 0,5 Mol Na_2CO_3 wurde zugegeben, 5 Std. bei 70° gerührt, nach Erkalten mit 20% Salzsäure auf pH 1,5 angesäuert u. unter vermindertem Druck zur Trockne eingedampft. Ausb. roh 50–60%. – *N.N-Bis-[β-hydroxyäthyl]-α-alanin* (**II**; $C_7H_{15}NO_4$): 1 Mol α-Brompropionsäure wird mit 1 Mol $NaHCO_3$ in wss. Lsg. neutralisiert, die Lsg. des Na-Salzes unter Kühlung sukzessiv mit 1 Mol Diäthanolamin u. 1 Mol $NaHCO_3$ versetzt, das Gemisch im sd. W.-Bad 4 Std. erwärmt, nach Abkühlung mit 20% Salzsäure auf pH 5 gebracht, unter vermindertem Druck zur Trockne eingedampft, der Rückstand mit 1000 ml sd. abs. A. aufgenommen u. nach Erkalten das Rohkristallisat abgetrennt. Weiße Schuppen, Ausb. 60–65%. J. Milka 156△

0633 **Spektrophotometrische Untersuchung der Komplexbildung von Rhodium(III) mit 4-[Pyridyl-(2)-azo]-resorcin.** A. I. Busev, V. M. Ivanov und V. G. Gresl'. (Ž. neorg. Chim. **13** (1968) 9, 2518–23; Mosk. gos. univ. im. Lomonosova; russ.) – Spektrophotometr. Unters. im Bereich 400–680 nm zeigen, daß im Syst. in Abhängigkeit vom Komponentenverhältnis u. dem pH-Wert mindestens vier Verb. entstehen, deren optimale Bldg.-Bedingungen bestimmt wurden. Die graph. bestimmte Gleichgew.-Konst. der Komplexbldg u. Stabilitätskonst. der Komplexe betragen beim Komponentenverhältnis Rh : Ligand = 10 : 1 4,58 · 10^{-2} bzw. 3,64 · 10^{-10}, bei 5 : 1 8,34 · 10^{-2} bzw. 6,63 · 10^{10} u. bei 1 : 10 –, 6,20 · 10^{22}. An der Komplexbldg. nehmen kation. Formen von Rh u. einfach geladene Ligandanionen teil. J. J. Pohl 156

A–5. Elektrochemie

0634 **Anwendung der Voltammetrie mit linearer Änderung des Potentials bei der Untersuchung elektrochemischer Mechanismen.** Jean-Michel Saveant. (Rev. Chim. minérale **5** (1968) 2, 477–500; Labor. de Chim. de l'École normale supérieur; franz.) – Übersicht u. Diskussion. D. Bretzinger 161

0635 **Statistische Theorie der Ionen–Dipol-Lösungen. 4. Mitt. Viskosität.** W. D. Kraeft. (Z. physik. Chem.

[Leipzig] **234** (1967) 3/4, 215—25; Inst. für theoret. Phys., Univ. Rostock; dt.) — 3. vgl. C. **1968, 34-0641.** — Lsg. von kugelförmigen Ionen u. Dipolmol. in einem kontinuierlichen Medium werden untersucht. Die bin. Verteilungsfunktion der Ionen–Dipol-Wechselwrkg. wird für ein strömendes Medium mit linearem Geschw.-Gefälle quer zur Strömung ermittelt u. daraus der Spannungstensor u. die Viskosität berechnet. Diese Theorie kann als eine Vorstufe einer Theorie des B-Koeff. von Ionenlsg. angesehen werden. W. Ebeling 162

0636 **Solvatation von Ionen. 13. Mitt. Lösungsmittelaktivitätskoeffizienten von Ionen in protischen und dipolar aprotischen Lösungsmitteln. Vergleich von extrathermodynamischen Annahmen.** A. J. Parker und R. Alexander. (J. Amer. chem. Soc. **90** (1968) 13, 3313 bis 3319; School of Chem., Univ. of Western Australia, Nedlands, Western Australia; engl.) — 12. vgl. C. **1969,** 7-0563. — Durch Vgl. von 16 von Vf. aufgestellten extrathermodynam. Annahmen wurden die Lsgm.-Aktivitätskoeff. log $^{M}\gamma^{S}_{Ag^+}$ für den Transport des Ag^+-Kations aus *Methanol* in andere Lsgm. bestimmt: H_2O (—0,8), *Formamid* (—3,7), *Dimethylformamid* (—5,1), *Dimethylacetamid* (—6,6), *Dimethylsulfoxid* (—8,2), *Acetonitril* (—6,3), *Hexamethylphosphoramid* (—10), *Nitromethan* (1.7), *Tetramethylensulfon* (—2), *N-Methyl-2-pyrrolidon* (—6,8) u. 80% *Dimethylsulfoxidmethanol* (—7,4). Tabellar. sind die Löslichkeiten als Lsgm.-Aktivitätskoeff. relativ zu *Methanol* für alle genannten Lsgm. von folgenden Verb. aufgeführt: $C(C_6H_5)_4$, $Sn(C_6H_5)_4$, $(C_6H_5)_4AsX$ (X = $B(C_6H_5)_4$, *Pikrat*, *J*, ClO_4, *SCN*), *KCl*, $K[B(C_6H_5)_4]$, $KClO_4$, *AgCl*, $Ag[B(C_6H_5)_4]$, *Ag-Pikrat*, *AgJ*, *AgSCN*, AgN_3, *AgBr*. Bei der Berechnung der Fl.-Zonenpotentiale zwischen $Ag/AgNO_3$-Halbzellen (verbunden durch eine Brücke mit gesättigter *Tetraäthylammoniumpikrat*-Lsg.) ist nach Ansicht der Vf. J_2—J_3^- die einfachste der akzeptablen extrathermodynam. Annahme bei der Anwendung auf neue Lsgm.-Systeme. R. Blank 162

0637 **Eigenschaften von Mischungen organischer Substanzen mit Wasser.** 7. Mitt. **Selbstdiffusionskoeffizienten von Na^+ in Äthylenglykol–Wasser- und Glycerin–Wasser-Mischungen bei 25°.** Arthur E. Marcinkowsky, Harold O. Phillips und Kurt A. Kraus. (J. physic. Chem. 72 (1968) 4, 1201—03; ORNL, Oak Ridge, Tenn.; engl.) — 5. vgl. C. **1967,** 19-0520. — Mit der radiometr. Frittenmeth. (Goldfritte 1,2 · 0,7 · 0,07 cm) wurden unter Verw. von ^{24}Na u. ^{22}Na die Selbstdiffusionskoeff. D_{Na} in verschiedenen Äthylenglykol–W. (I) u. Glycerin–W.-Mischungen (**II**), die 0,1 Mol NaCl/kg Lsgm. enthalten, bestimmt. D_{Na} wird mit zunehmendem Geh. an organ. Komponente kleiner. Im Syst. **I** fällt die D_{Na}-Kurve schneller als im Syst. **II**. Das Diffusionsviskositätsprod. $D\,\eta/\eta_0$ (η = Viskosität der Lsg., η_0 = Viskosität des W.) ist im Syst. **I** unabhängig von der Zus. des Lsgm.; dagegen fällt es in Mischungen von W. mit Methanol, A. bzw. 1-Propanol bei >40 Vol.-% u. nimmt im Syst. **II** zu. Die aus der NaCl-Grenzleitfähigkeit ber. Werte für $D\eta/\eta_0$ stimmen gut mit den experimentell ermittelten Werten überein. E. Bomke 162

0638 **Leitfähigkeit symmetrischer Elektrolyte in verdünnter Lösung.** 1. Mitt. Jean-Claude Justice. (J. Chim. physique Physico-Chim. biol. **65** (1968) 2, 353—67; Fac. des Sci. de Paris; franz.) — Es wird ein Überblick über die Theorien der Aktivitätskoeff. u. der Leitfähigkeit gegeben. Die Theorien von Fuoss-Onsager u. Pitts werden mit experimentellen Ergebnissen verglichen, bes. für Alkalimetallhalogenide in Dioxan–W. u. Tetrahydrofuran–Wasser. Für KCl-Lsg. in W. wird eine bis zu 0,043 m gültige Beziehung zwischen Leitfähigkeit u. Konz. angegeben. Die allg. beobachteten Abweichungen bei niedrigen DK-Werten werden theoret. behandelt, wobei verbesserte Übereinstimmung zwischen experimentellen u. theoret. Werten erzielt werden konnte.
C. Herold 164

0639 **Die alkalische Mangandioxidelektrode.** 2. Mitt. **Ladevorgang.** David Boden, C. J. Venuto, D. Wisler und R. B. Wylie. (J. electrochem. Soc. **115** (1968) 4, 333–38; Yardley, Pa., ESB Inc.; engl.) — **1.** vgl. C. **1968, 5-0614.** — Vf. untersuchten die Vorgänge bei der Entladung u. Ladung von MnO_2-Elektroden in 7 m KOH-Lsg. durch Röntgenunters. sowie durch Aufnahme von Lade- u. Entladekurven. Für die Messungen wurden Vers.-Elektroden verwendet, die nach dem l.c. beschriebenen Verf. hergestellt wurden. Es wurde gefunden, daß der Anfangsschritt der Entladung in einer Aufweitung des Krist.-Gitters besteht, wobei ein amorphes Rk.-Prod. entsteht, das keinem der bekannten Mn-Oxide zuordnet werden kann. Die Bldg. von MnOOH wird nicht beobachtet. In diesem 1. Stadium der Entladung ist die Elektrode wieder aufladbar. Die Lade–Entlade-Rk. läßt sich schemat. durch die Gleichung MnO_2 + n-H_2O + ne^- $\rightleftharpoons$ $MnO_{2-n}(OH)_n$ + nOH^- darstellen. Bei weiterer Red. wird das amorphe Rk.-Prod. in Mn_3O_4 übergeführt. Mn_3O_4 läßt sich durch einen Ladevorgang nicht in MnO_2 überführen u. verbleibt unverändert in der Elektrode. Bei völliger Entladung der Elektrode entsteht $Mn(OH)_2$. $Mn(OH)_2$ geht bei der Ladung in Mn_3O_4 über. Auftretende Hemmungen im Ablauf des Ladevorganges beruhen wahrscheinlich auf der Bldg. von Mn_3O_4-Filmen um den elektr. Kontaktdraht. E. Winkler 166

0640 **Messung des Elektrolytgradienten in einem arbeitenden Brennstoffelement.** M. L. Miller und H. J. Fornasar. (J. electrochem. Soc. **115** (1968) 4, 330—33; Stamford, Conn., American Cyanamid Co.; engl.) — Vf. führten Unters. an der Kette Hg, HgO, $KOH(C_1)||KOH(C_2)HgO$, Hg zur Best. von KOH-Konz. im Bereich C = 3,25—10,58 Mol/kg bei 27 u. 70° durch u. benutzten das gleiche Meßverf. unter Verw. von Mikroelektroden zur Ermittlung des Elektrolytgradienten in der Matrix von H_2/O_2-Brennstoffelementen. Die Messungen wurden in Abhängigkeit vom Verhältnis der Gasströme u. der Stromdichte durchgeführt. Dauervers. über 150—200 Std. mit Stromdichten von 55—150 mA/cm² ergaben, daß die Leistung der Zellen durch die Einführung der Meßelektroden nicht beeinflußt wird. Es wurde gefunden, daß der Anteil des von H_2 oder O_2 mitgeführten H_2O-Dampfes aus der Zelle eine Funktion des Verhältnisses von H_2/O_2 im Gesamtgasstrom ist. Das allg. Elektrolytprofil ist weitgehend unabhängig von diesen Verhältnissen. Die Stromdichte hat im Bereich 50—150 mA/cm² nur wenig Einfl. auf das Elektrolytprofil im Innern der Zelle. Ein stationärer Zustand in der Elektrolytverteilung wird erst nach 3—6 Std. Betriebsdauer erreicht. E. Winkler 166

0641 **Restspannungen in galvanischen Überzügen und Methoden zu ihrer Bestimmung.** M. M. Kobrin und V. P. Andreev. (Zav. Labor. **34** (1968) 3, 344—48; CNI stroit. konstrukcij; russ.) — Nach ausführlicher Diskussion zum Charakter u. zur Art mechan. Restspannungen in galvan. Überzügen werden drei verschiedene Näherungsverf. zur Konstruktion physikal. wahrscheinlicher Kennlinien der Restspannung beschrieben, die auf der Grundlage fiktiver Deformationskurven abgeleitet u. experimentell an der Eisenabscheidung auf zylindr. Stäben aus Stahl 45 untersucht wurden.
E. Bomke 168

0642 **Aktivierungsenergie der kathodischen Abscheidung der Alkalimetalle.** N. N. Tomašova, I. G. Kiseleva, I. I. Astachov und B. N. Kabanov. (Ėlektrochimija **4** (1968) 4, 471—75; Inst. ėlektrochimii AN SSSR, Moskva; russ.) — Es wird die Überspannung der Abscheidung von Alkalimetallen an festen Elektroden u. Hg gegenübergestellt. Bei festen Elektroden ist die Überspannung eine Funktion der Fehlstellen im Krist.-Gitter. Aus den Stromdichte–Spannungs-Kurven an Pb u. $NaPb_3$ in 1 n NaOH bei 10—70° wird die Aktivierungsenergie berechnet. Als Anode diente eine Pb–Na-Legierung. Je nach Anzahl der Fehlstellen variiert die Aktivierungsenergie zwischen 2,3 u. 7 kcal/Mol. Der niedrige Wert entspricht der Aktivierungsenergie der Bewegung der Fehlstellen. Die Rk.-Geschw. wird von der Diffusion des Na in das Innere des Pb bestimmt. Der Diffusionskoeff. des Na in Pb ist um eine Größenordnung größer als der Selbstdiffusionskoeff. des Pb.
J. Tutschku 168

0643 **Untersuchung der Kinetik der elektrolytischen Abscheidung von Seltenerdmetallhydroxid-Niederschlägen.** N. E. Brežneva, Ju. I. Kapšaninov und S. N. Ozi-

raner. (Atom. Énerg. **24** (1968) 5, 4612; russ.) — Die Abscheidung von Seltenerdmetallisotopen an einer Metallunterlage in Form einer dünnen, gleichmäßigen Hydroxidschicht mit hoher spezif. Radioaktivität u. minimaler Selbstabsorption von β-Teilchen wird diskutiert. Die Abscheidung an der Kathode erfolgt nach einer exponentiellen Abhängigkeit: $\alpha = 1 - e^{-kt}$.
J. J. Pohl 168

0644 **Einfluß von Fluoridionen auf die elektrolytische Abscheidung von Urandioxid aus geschmolzenen Salzen.** M. V. Smirnov, A. P. Korjušin und V. E. Komarov. (Atom. Énerg. 24 (1968) 4, 381—83; russ.) — Die in einer äquimolaren NaCl–KCl-Schmelze (1050 °K) bei 7 Gew.-% UO_2Cl_2 an der Pt-Elektrode aufgenommenen anod. u. kathod. Polarisationskurven werden mit Kurven verglichen, die in NaF-haltigen Schmelzen ([F] : [U] = 25) erhalten wurden, wobei bes. der Effekt des Zusatzes von festem UO_2 untersucht wird. In fluoridhaltigem Elektrolyten ist die Rk. des UO_2^{2+} mit festem UO_2 zum U_3O_8 stark gehemmt, so daß das bei der Elektrolyse an der Kathode abgeschiedene UO_2 der stöchiometr. Zus. näherkommt als das aus Chloridelektrolyten abgeschiedene.
E. Bomke 168

0645 **Elektrolyse von Wolfram(VI)-Lösungen mit einer Quecksilberkathode bei hohen Stromdichten.** 1. Mitt. **Natur der Wolfram–Eisen- und Eisenamalgame.** E. F. Speranskaja und D. B. Mambeeva. (Élektrochimija 4 (1968) 1, 33—38; Kazachskij gos. univ. im. Kirova, Alma-Ata; russ.) — Die Elektrolyse saurer u. alkal. Lsg. führt bei 0,2—0,5 A/cm² nicht zur Bldg. von W-Amalgam. Bei Zusatz von Fe(II) entsteht ein kompliziertes H_2-haltiges W–Fe-Amalgam. Bei anod. Ox. des Amalgams wird ein Teil der Komponenten ox. u. auf der Oberfläche H_2 entwickelt. Auch Fe-Amalgam enthält H_2. Die Blockierung der Oberfläche mit H_2-Blasen ist der Hauptgrund der „Passivität" der angeführten Amalgame. Die Röntgenstrukturanalyse zeigt weder W noch W–Fe-Verbindung. Im Nd., der sich bei der freiwilligen Zers. des Amalgams gebildet hat, wurden die Verb. Fe_2W u. Fe_7W_6 nachgewiesen.
H. Berge 168

0646 **Elektrochemische Abscheidung einer Rhenium–Wolfram-Legierung.** 1. Mitt. **Möglichkeit der Abscheidung einer Rhenium–Wolfram-Legierung aus wäßrigen Lösungen.** A. A. Nikitina, Z. M. Sominskaja und A. T. Vagramjan. (Élektrochimija **4** (1968) 1, 82—85; Gos. N.-I. i proekt. inst. redkometall. prom., Moskva; russ.) — Re u. W werden aus wss. Lsg. von Ammoniumperrhenat u. Natriumwolframat unter Zusatz von Ammoniumsulfat u. einigen organ. Stoffen (Trilon-B, Citronensäure, Ascorbinsäure) gemeinsam abgeschieden. Zur Abscheidung von Leg. mit 0,5—10,0% W wurde der NH_3-Citronensäureelektrolyt näher untersucht. Der Elektrolyt enthält: Re(VII), 7—70 g/l, W(VI), 2—32 g/l, $(NH_4)_2SO_4$, 100 g/l u. Citronensäure, 100 g/l bei einer kathod. Stromdichte von 100 A/dm² u. einer Elektrolysetemp. von 60—80°. Als Kathodenmetalle können Pt u. Ta, als Anode Pt verwendet werden. Im Gegensatz zu therm. gewonnenen Re–W-Leg. in Form von Stäben u. Platten kann mit der angeführten Meth. das für die Elektroindustrie wichtige pulverförmige Re mit geringem W-Geh. erhalten werden.
H. Berge 168

0647 **Elektrochemische Abscheidung einer Rhenium–Wolfram-Legierung.** 2. Mitt. **Mechanismus der gleichzeitigen Abscheidung von Rhenium und Wolfram.** A. A. Nikitina, Z. M. Sominskaja und A. T. Vagramjan. (Élektrochimija 4 (1968) 3, 302—04; russ.) — 1. vgl. vorst. Referat. — Bei verschiedenen Zus. des Elektrolyten (wechselnde Geh. an Re, W, $(NH_4)_2SO_4$ u. Citronensäure) wurden Strom–Potential-Kurven gemessen u. die Stromausb. bestimmt. Es wird angenommen, daß bei der kathod. Red. ein Ammonium–Citronensäure-Komplex eine Rolle spielt. Der Mechanismus wird bes. in Hinblick auf den Einfl. der Citronensäure diskutiert.
J. J. Heinrich 168

0648 **Verfahren zur Bestimmung der Festigkeit elektrolytischer Überzüge.** V. G. Dažin, V. G. Savin und Ju. D. Kon'kov. (Zav. Labor. **34** (1968), 348—49; Chabarovskij politechn. inst.; russ.) — 0,6 mm dicke Fe- u. Fe–Ni-Schichten wurden bei 80° u. verschiedenen Stromdichten auf speziell vorbereiteten, mit HNO_3 gebeizten Cu-Platten abgeschieden. Das Prüfverf. zur Best. der Festigkeit wurde so gewählt, daß Effekte, die durch Änderung der Eig. des Grundmetalls bedingt sind, das Meßergebnis nicht beeinflussen. Die Unters. des Einfl. des Elektrolyseverf., des Ni-Geh. im Überzug u. des Zementationsprozesses ergab, daß rauhe Elektrolysebedingungen die Festigkeit des abgeschiedenen Metalls verringern, jedoch Leg. u. Zementation in der Gasphase zur Erhöhung der Festigkeit führen.
E. Bomke 168

0649 **Einfluß von Butin-(2)-diol-(1.4) auf den Oberflächenzustand orientierter elektrolytischer Nickelabscheidungen.** Michel Froment, Georges Maurin und Jacques Thévenin. (C. R. hebd. Séances Acad. Sci., Sér. C **266** (1968) 15, 1125—28; Paris, Fac. des Sci.; franz.) — Durch Zusatz geringer Mengen Butin-(2)-diol-(1.4) (**I**) zu Wattscher Lsg. wurden glänzende Ni-Überzüge erhalten, wenn diese die Orientierung [211] u. [311] besaßen, während die Reflexionseig. von Abscheidungen der Orientierung [100] nur wenig modifiziert waren. Diese Erscheinung wird mit einer selektiven Adsorption von **I** an bestimmten Krist.-Flächen erklärt.
C. Herold 168

0650 **Elektrokristallisation von Kupfer bei hohen Stromdichten an einkristallinen Elektroden.** L. M. Kurvjakova und A. V. Pomosov. (Élektrochimija 4 (1968) 2, 182—86; Ural'skij politechn. inst. im. Kirova, Sverdlovsk; russ.) — Bei Stromdichten von 5—250 mA/cm² u. Verw. eines Elektrolyten der Zus. (Val/l) 0,12 $CuSO_4$ u. 5,0 H_2SO_4 hängen die Lage der Keime u. Struktur des Nd. an der Cu-Kathode vom Kornindex der Elektrode ab. Infolge Passivierung der Oberfläche ist an einer Al-Kathode die Struktur des Nd. von der Kornstruktur unabhängig u. wird durch die Elektrolysebedingungen bestimmt. Ein Vgl. der Nd. an Cu- u. Al-Einkrist. zeigt die Möglichkeit der Herst. von pulverförmigem Cu mit Al-Unterlage.
H. Berge 168

0651 **Einfluß organischer Substanzen auf die elektrolytische Kupferabscheidung.** 2. Mitt. **Sulfosäuren.** V. N. Lebedeva und M. Ja. Popereka. (Élektrochimija **4** (1968) 1, 79—81; Novosibirskij gos. ped. inst.; russ.) — 1. vgl. C. **1968**, 44-0523. — Vf. untersuchten das Verh. einer Reihe von Sulfonsäuren bei der elektrolyt. Cu-Abscheidung aus sulfathaltiger Lsg.: *β-Naphthalinsulfonsäure, 2-Aminonaphthalin-1-sulfonsäure, 2-Aminonaphthalin-4.8-disulfonsäure, 4.4-Diaminostilben-2.2-disulfonsäure, 2-Aminonaphthalin-6.8-disulfonsäure, 4-Nitroanilin-2-sulfonsäure, 2-Amino-5-naphthol-7-sulfonsäure, 1-Amino-8-naphthol-3.6-disulfonsäure, Sulfosalicylsäure* u. *3-Amino-5-sulfosalicylsäure*. Zur Unters. wurde die spektralphotometr. Meth. gewählt. Alle Verb. bilden bei pH 1 Kupferkomplexe. Die Zus. der Komplexe beträgt Cu : 2-Aminonaphthalin-4.8-disulfonsäure = 1 : 3; Sulfosalicylsäure u. 4-Nitroanilin-2-sulfonsäure bilden Verb., in denen auf 1 Cu-Ion eine größere Zahl (über 9) Liganden kommen. Die chem. Analyse zeigte, daß bei der Einführung aller Säuren im Nd. C auftritt, bei stickstoffhaltigen Säuren ebenfalls N. Der Geh. an S steigt in allen Fällen von ca. 0,02% (Lsg. ohne Zusatz) auf ca. 0,2—0,3% in Ggw. der Säuren.
H. Berge 168

0652 **Katalytische Wirkung von Anionen und organischen Verbindungen mit Thiogruppen bei der Elektroabscheidung von Metallen.** M. A. Loškarev, Ju. M. Loškarev, A. A. Kazarov und L. P. Snetkova. (Collect. czechoslov. chem. Commun. **33** (1968) 2, 486—95; Dnepropetrovskij chim.-technol. inst.; russ.) — Bei der elektrochem. Red. von Cu^{2+}, Bi^{3+}, Sn^{4+}, Cd^{2+}, Ni^{2+}, Zn^{2+} u. Mn^{2+} an Hg-, Amalgam- oder Festmetallelektroden aus Lsg. mit organ. Zusätzen (Tetrabutylammoniumsulfat, Benzoylpiperidin) wurde in Anwesenheit von Halogenid- oder CNS^--Ionen eine positive Verschiebung des Halbstufenpotentials beobachtet, die in verschiedenen Fällen die maximal mögliche Änderung des ψ_1-Potentials infolge Einbaus dieser Ionen in die Adsorptionsschicht überstieg. Dabei nahm die Wirksamkeit der Anionen in der Reihenfolge Cl^-, Br^-, J^-, CNS^- zu, u. eine Erhöhung ihrer Konz. führte zu einer Beschleunigung der Elektrodenreaktion. Bei der kathod. Red. von In^{3+} wie auch der anod. Ox.

von In wurde eine starke katalyt. Wrkg. der Halogenidionen, von CNS^- u. von organ. Thioverb. (*Thioharnstoff, Thiosemicarbazid, Trimethylthioharnstoff*) beobachtet, als deren Ursache eine Erleichterung des Ladungsdurchtritts in unmittelbarer Nähe der adsorbierten Teilchen des oberflächenakt. Stoffes angesehen wird. Es wird angenommen, daß die Aktivierungsenergie der Entladung auf Grund der Bldg. eines aktivierten Komplexes innerhalb der Doppelschicht erniedrigt wird. wobei die katalyt. wirkenden Teilchen die Rolle einer Heyrovskyschen Elektronenbrücke spielen. Es wird eine Gleichung angegeben, aus der verschiedene Typen kinet. Kurven folgen. C. Herold 168

0653 **Elektrolytische Silberabscheidung aus einigen komplexen Elektrolyten bei hohen Stromdichten.** G. A. Emel'janenko und G. G. Simulin. (Élektrochimija 4 (1968) 2, 187—90; Dnepropetrovskij gos. univ.; russ.) — Die Abscheidung von Ag bei hohen Stromdichten aus Elektrolyten der Zus. (Mol/l) Ag_2SO_4 0,013, NH_3 0,5, $(NH_4)_2SO_4$ 0,5 (I) bzw. $AgNO_3$ 0,025; NH_3 0,5; NH_4NO_3 0,5 bzw. AgCl 0,025; NH_3 0,5; NH_4Cl 0,5 bzw. AgBr 0,025; NaBr 4,5; oder AgJ 0,025; NaJ 4,0 sowie aus dem Elektrolyten I mit Zusätzen von Tetraisoamylammoniumsulfat, Tetrabutylammoniumsulfat, Benzoylpiperidin, Anilin, Trilon B u. Gelatine wird untersucht. Zur elektrolyt. Gewinnung eines hochdispersen Ag-Pulvers aus einer $(NH_4)_2SO_4$-Lsg. wird als Zusatz 0,5 mg Gelatine pro g Ag^+ vorgeschlagen, die mit $Na_2S_2O_3$ im Verhältnis Gelatine : $Na_2S_2O_3$ = 1 : 25 aktiviert wurde. H. Berge 168

0654 **Theorie der „potential step-linear scan electrolysis" einschließlich eines Vergleichs von elektrochemisch und durch klassische Methoden bestimmten Gleichgewichtskonstanten.** Joseph T. Lundquist jun. und Richard S. Nicholson. (J. electroanlayt. Chem. Interfacial Electrochem. [Lausanne] **16** (1968) 4, 445—56; East Lansing, Mich. State Univ.; engl.) — Die genannte Meth. wird für den Fall einer auf einen reversiblen Elektronendurchtritt folgenden chem. Rk. ohne Einführung vereinfachender Näherungen theoret. behandelt. Die erhaltenen Rechenergebnisse sind in graph. Darst. angegeben, aus denen homogene kinet. Parameter bestimmt werden können. Sie zeigen, daß diese Technik zur Unters. von Elektrodenprozessen u. zur Messung homogener Gleichgew.-Konst. geeignet ist. Als Anwendungsbeispiel wurde die Benzidinumlagerung von Hydrazobenzol u. m-Hydrazotoluol bestimmt, wobei im letzten Fall ein Vgl. mit der nach klass. Meth. bestimmten Geschw.-Konst. die Vertrauenswürdigkeit des Verf. erwies. C. Herold 170

0655 **Oberflächendiffusion und galvanostatische Übergänge.** 1. Mitt. S. K. Rangarajan. (J. electroanalyt. Chem. Interfacial Electrochem. [Lausanne] **16** (1968) 3, 485—92; Karaikudi, India, Central Electrochem. Res. Inst.; engl.) — Es wurden für den Fall der Oberflächendiffusion als geschwindigkeitsbestimmendem Schritt bei der galvanostat. Metallabscheidung oder -auflsg. theoret. Unters. angestellt. An Hand der erhaltenen Ergebnisse wird die von Bockris entwickelte Theorie krit. diskutiert, u. es werden geeignete Modifikationen vorgeschlagen. C. Herold 170

0656 **Kongruenz der Adsorptionsisotherme bezüglich des Elektrodenpotentials oder der Ladung und die Wahl einer unabhängigen elektrischen Variablen.** A. N. Frumkin, B. B. Damaskin und A. A. Survila. (J. electroanalyt. Chem. Interfacial Electrochem. [Lausanne] **16** (1968) 4, 493—503; Moscow, Acad. of Sci. of the USSR; engl.) — Es wird gezeigt, daß zwar bei Ermittlung der Adsorptionsisotherme einer gelösten Komponente an einer Elektrode unter streng thermodynam. Bedingungen die Wahl der elektr. Variablen ohne Einfl. ist, dagegen bei Einführung zusätzlicher Modellannahmen über die Kongruenz der Isotherme bez. des Elektrodenpotentials oder der Ladung nur Übereinstimmung erhalten wird, wenn die Doppelschichtkapazität im Grundelektrolyten gleich der Kapazität bei vollständiger Bedeckung der Elektrode mit adsorbierbarer Substanz ist. Wird durch die Adsorption die Kapazität erniedrigt, wie z. B. bei aliphat. KW-Stoffen an Hg, so sind die experimentellen Werte in besserer Übereinstimmung mit der Annahme der Kongruenz bez. des Elektrodenpotentials, wobei weiterhin dieses Modell ein plausibles physikal. Bild der Oberflächenschicht liefert. C. Herold 170

0657 **Berechnung der Abhängigkeit der elektrochemischen Reaktionsgeschwindigkeit vom Potential bei der Reduktion eines adsorbierten organischen Stoffes.** G. A. Tedoradze und R. A. Arakeljan. (Élektrochimija 4 (1968) 1, 62—65; Inst. élektrochim. AN SSSR, Moskva; russ.) — Beziehungen zur theoret. Berechnung der Potentialabhängigkeit der Geschw. von Elektrodenrk. werden krit. überprüft. Auf Grund der experimentellen Befunde der Red. von Diphenylammoniumionen in 1 n HCl-Lsg. an der Hg-Tropfelektrode wird festgestellt, daß neben der Änderung der Desorptionsenergie der reagierenden Stoffe auch eine Änderung der Desorptionsenergie des Prod. der irreversiblen elektrochem. Rk. berücksichtigt werden muß. E. Winkler 170

0658 **Optimierung der Eingangsparameter eines elektrochemischen Systems mit porösen Flüssigkeitselektroden, die unter den Bedingungen der erzwungenen Reagenszuführung bei reversiblen Reaktionen arbeiten.** I. G. Gurevič, V. S. Bagockij und Ju. F. Budeka. (Élektrochimija 4 (1968) 3, 321—26; Minsk, Inst. teplo-i massoobmena AN Beloruss. SSR; russ.) — Die Rechnungen wurden für folgende Fälle durchgeführt: 1. Optimierung der Eingangsparameter (Geschw. der Reagenszuführung, Reagens- u. Prod.-Konz. am Elektrodeneingang) bei vorgegebener Belastung der Elektrode 1 u. vorgegebenem i/i_{gr} zur Gewährleistung einer bestmöglichen Polarisationscharakteristik; 2. Optimierung dieser Parameter bei vorgegebenem i/i_{gr} mit dem Ziel der Belastungserhöhung bei bestmöglicher Polarisationscharakteristik; 3. Optimierung dieser Parameter bei gegebener Elektrodenbelastung mit dem Ziel der Erhöhung von i/i_{gr} bei bestmöglicher Polarisationscharakteristik. Es wurden jeweils die Abhängigkeit $\eta = f(i/i_{gr})$ u. die Intensitätsverteilung des Prozesses über die Dicke der Fl.-Schicht berechnet. C. Herold 170

0659 **Bestimmung der Doppelschichtkapazität einer Quecksilbertropfelektrode durch Registrierung der Elektrodenimpedanz und der Elektrokapillarkurve.** Chantal Cachet, Israël Epelboin, Sverre Grimmes und Jean-Claude Lestrade. (J. Chim. physique Physico-Chim. biol. **65** (1968) 2, 306—13; Paris, Phys. des Liquides et Electrochim., Groupe des Rech. du CNRS; franz.) — Es wird eine experimentelle Anordnung zur Registrierung der Impedanz einer tropfenden Hg-Elektrode im Frequenzbereich 20 Hz bis 30 kHz, der Elektrokapillarkurve u. der Polarisationskurve beschrieben. Dabei kann die Doppelschichtkapazität entweder aus den Impedanzwerten oder durch Bldg. der zweiten Ableitung der Elektrokapillarkurve erhalten werden. Das Verf. wurde auf 1 n KCl-Lsg. mit Zusätzen von n-Pentanol oder n-Propanol angewandt, wobei im letzten Fall eine Frequenzdispersion der Kapazität zu beobachten war. Es wird gezeigt, daß diese Erscheinung aus der Elektrokapillarkurve erklärt werden kann. C. Herold 170

0660 **Einfluß der Dissoziation des Depolarisators auf die Kennlinien der Strom–Spannungs-Messungen mit kontinuierlicher Potentialänderung.** B. P. Nesterov und N. V. Korovin. (Élektrochimija 4 (1968) 1, 89—92; Mosk. énerget. inst.; russ.) — Vf. untersuchten theoret. den Einfl. der Depolarisatordissoziation auf die Strom–Spannungs-Kennlinien bei potentiodynam. Messungen u. stellen fest, daß die betrachtete Unters.-Meth. mit Erfolg auch bei Stoffen angewandt werden kann, die bei der Adsorption dissoziieren, nur müssen bei der Interpretation der experimentellen Daten die Besonderheiten der Dissoziation berücksichtigt werden. Die anod. Ox. von N_2H_4 erfolgt nach Adsorption u. Dissoziation des adsorbierten Moleküls. Die Ergebnisse der angestellten Betrachtungen stimmen mit den experimentellen Daten der anod. Ox. von N_2H_4 an Ni überein. E. Winkler 170

0661 **Einfluß der Temperatur partiell eingetauchter Elektroden auf den Wert der Stromaufnahme bei der Ionisation von Wasserstoff und Sauerstoff.** V. A. Šepe-

lin, C. I. Zalkind und V. I. Veselovskij. (Élektrochimija 4 (1968) 1, 66—69; Fiz.-chim. inst. im. Karpova, Moskva; russ.) — Vf. untersuchten die Ox. von H_2 u. die Red. von O_2 an partiell eingetauchten Pt-Elektroden in 0,1 n H_2SO_4- bzw. KOH-Lösung. Die zylindr. Hohlelektroden werden von H_2O der Temp. 25—29,3° durchflossen. Die Elektroden tauchen mit dem unteren Ende in die Elektrolytlsg., die auf der konst. Temp. von 25° gehalten wird. Die O_2-Red. in 0,1 n H_2SO_4-Lsg. wird durch Erhöhung der Elektrodentemp. beschleunigt. Der Effekt ist bes. bei hohen Polarisationen stark. Bei 0,1 V führt die Temp.-Differenz von ca. 4° zu einer 3—3,5 fachen Erhöhung des Stromes. Werden Elektrode u. Lsg. auf eine um 4° höhere Temp. gebracht, beobachtet man eine nur unbedeutende Erhöhung der Geschw. des Elektrodenvorganges. In 0,1 n KOH-Lsg. wird bei der Red. von O_2 kein gleichartiger Effekt beobachtet, wohl aber für die Ox. von H_2. Bei der Ox. von H_2 in 0,1 n H_2SO_4-Lsg. wird bei Erhöhung der Elektrodentemp. sogar eine Verringerung des Stromes festgestellt. Auf die Möglichkeiten, die Effektivität von Elektroden für Brennstoffelemente mit diesem Prinzip zu erhöhen, wird hingewiesen.
E. Winkler 170

0662 **Abhängigkeit der Adsorption von Wasserstoff an der Rhodium-Elektrode vom pH-Wert in Pufferlösungen.** Ju. M. Tjurin und A. M. Kossaja. (Élektrochimija 4 (1968) 1, 103—07; Gor'kovskij politechn. inst. im. Ždanova; russ.) — Vf. untersuchten durch Aufnahme von Ladekurven bei 20° die pH-Abhängigkeit der H-Adsorption im Bereich pH 1—14 an mit Rh überzogenen Pt-Elektroden. Die Rh-Abscheidung erfolgte aus 2%ig. $RhCl_3$-Lsg. bei 60° mit einer Stromdichte von 5 mA/cm². In Lsg. mit pH $\leqq$ 6 erniedrigt sich das Ox.-Potential etwas mit steigendem pH-Wert, u. die Neigung der Kurven im Doppelschichtbereich bleibt gleich. In Lsg. mit pH $\geqq$ 7 verringert sich die Kurvenneigung im Doppelschichtbereich, die Ox. der Elektrode beginnt früher. In neutralen u. alkal. Lsg. adsorbiert die Elektrode im Doppelschichtbereich H u. O in um so höherem Grade, je höher der pH-Wert ist. Mit dem Anstieg des pH-Wertes vergrößert sich die Länge des H-Bereichs der Ladungskurven. Im Intervall pH 0,3—10,0 erhöht sich die H-Adsorption an Rh. Untersuchte Pufferlsg.: Bernsteinsäure–$Na_2B_4O_7$–KCl (pH 3,7—5,8); NaH_2PO_4–Na_2HPO_4–KCl (pH 5,9 bis 7,0); $Na_2B_4O_4$–KOH–KCl (pH 9,1—10,1); HCl–KCl (pH 0,77—2,9); KOH–KCl (pH 13—14); H_2SO_4–Na_2SO_4 (pH 0,55—4,0).
E. Winkler 170

0663 **Wasserstoffoxydation an einer passiven Platinelektrode.** Sigmund Schuldiner. (J. electrochem. Soc. **115** (1968) 4, 362—65; Washington, D.C., Naval Res. Labor.; engl.) — Es wurde nachgewiesen, daß die Abnahme der Ox.-Geschw. von H_2 an einer hochakt. Pt-Elektrode in 1 m H_2SO_4 unter potentiostat. Bedingungen im stationären Zustand u. bei anod. Potentialen oberhalb 0,7 V gegen die Normalwasserstoffelektrode nicht durch Bldg. von Oberflächenoxiden verursacht wird. Das passive Verh. der Pt-Elektrode wird — zumindest bei Potentialen zwischen 0,7 u. 1,2 V — der Adsorption von Anionen zugeschrieben. In Abhängigkeit vom Potential wie auch von der vorangegangenen Potentialfolge wird in diesem Gebiet die Passivität von der adsorbierten SO_4''-Menge, ihrer Adsorptionswärme u. der Ggw. von dermasorbiertem Sauerstoff beeinflußt. Es wurde festgestellt, daß in diesem Passivgebiet die H_2-Ox. rein elektrochem. ohne chem. Anteil über eine Sauerstoffzwischenverb. verläuft.
C. Herold 170

0664 **Elektrochemische Eigenschaften von Oxidschichten auf Titan bei hohen Anodenpotentialen.** E. G. Kuznecova, T. I. Borisova und V. I. Veselovskij. (Élektrochimija 4 (1968) 2, 167—75; Fiz.-chim. inst. im. Karpova; russ.) — Zur Unters. des elektrochem. Verh. des Syst. $Ti/TiO_2/H_2SO_4$-Lsg. im Bereich starker anod. Polarisation wurde eine photoelektrochem. Meth. in Verbindung mit Messungen der Elektrodenimpedanz u. Aufnahme potentiostat. Polarisationskurven angewandt. Es konnte gezeigt werden, daß das Vorhandensein einer Oxidschicht mit Halbleitercharakter auf der Elektrodenoberfläche u. die durch den adsorbierten Sauerstoff gebildete Energiebarriere an der Grenze Oxid/Elektrolyt die Struktur der elektr. Doppelschicht wie auch die Lokalisation des Hauptteils des Potentialsprungs innerhalb der Oxidschicht u. der Dipolzone der Doppelschicht bewirken. Die grundsätzlichen kinet. Gesetzmäßigkeiten der Ti-Ox. u. der H_2-Abscheidung im untersuchten Syst. werden ermittelt.
C. Herold 170

0665 **Elektrochemische Reduktion einer oxydierten Platinelektrode.** Jacques Guitton und Jean Laforest. (Bull. Soc. chim. France **1968**, 3, 859—60; Grenoble, École Nat. Supér. d'Électrochim. et d'Électrometallurg.; franz.) — Die Red.-Kinetik oberflächlicher Pt-Oxide in 1 n H_2SO_4 wurde durch Chronoamperometrie mit linearer Spannungsänderung, durch Chronopotentiometrie u. durch Chronopotentiometrie mit Stromumkehr untersucht. Dabei wurde festgestellt, daß diese Red. von einem Diffusionsprozeß kontrolliert wird, von dem angenommen wird, daß er sich über eine gewisse Dicke des Metalls erstreckt. Bei geeigneten Bedingungen war eine Überschneidung der Oxidred. u. der H-Bldg. vermeidbar. Durch vorsichtige kathod. Red. bei wiederholter elektrochem. Kontrolle des Ox.-Zustandes gelang reproduzierbar die Präparation einer von H u. O freien Pt-Elektrode.
C. Herold 170

0666 **Kinetik der anodischen Oxydation von Azidionen.** L. I. Krištalik und G. E. Titova. (Élektrochimija 4 (1968) 3, 285—89; Moskva, Inst. élektrochim. AN SSSR; russ.) — Die N_2-Abscheidung an einer Pt-Anode wurde an 10^{-1}, 10^{-2} u. 10^{-3}n NaN_3-Lsg. untersucht. Die aufgenommenen Polarisationskurven wiesen in halblogarithm. Darst. zwei lineare Zweige auf, wobei der bei niedrigen Stromdichten gemessene eine Neigung von 53 mV u. der bei hohen von 110 mV besaß. Nur der letztere ließ sich geringfügig durch inakt. Zusätze (KCl, Na_2SO_4) beeinflussen. Die Elektrodenkapazität entsprach etwa der Doppelschichtkapazität. Bei einer Überspannung von 4,67 V wurde eine Aktivierungsenergie von 46 kcal/Mol bestimmt. Die experimentellen Ergebnisse werden mit einer gehemmten, barrierenlosen, elektrochem. Desorption von Azidradikalen gedeutet, die bei nahezu monomol. Bedeckung der Oberfläche verläuft. Bei höheren Potentialen geht der barrierenlose Prozeß (α = 1) in einen gewöhnlichen (α = 1/2) über. Die Entladung der Azidionen verläuft nach der Summengleichung $N_3^- + e \rightarrow 3/2\ N_2$.
C. Herold 170

0667 **Charakter der katalytischen Reaktion, die bei der kathodischen Reduktion einiger anorganischer Oxo-Verbindungen an oxidbedeckter Platinoberfläche beobachtet wird.** Lothar Müller. (J. electroanalyt. Chem. Interfacial Electrochem. [Lausanne] **16** (1968) 4, 531—39; Berlin, Humboldt-Univ.; dt.) — Experimentelle Ergebnisse über den katalyt. Einfl. von Pt-Oberflächenoxiden bei der kathod. Red. von H_2O_2, HJO_3 u. ClO^- werden zusammenfassend diskutiert. Es wird gefolgert, daß die katalyt. Wrkg. in einer Sprengung oder Lockerung der in der elektrochem. Red. zu spaltenden X—OH-Bindung besteht. Weiterhin werden Unters.-Ergebnisse über die HNO_2- u. die NH_2OH-Red. mitgeteilt, die der dargelegten Ansicht über den Katalysemechanismus entsprechen.
C. Herold 170

0668 **Einfluß der Platin-Oberflächenoxide auf die Reduktion von ClO^- an der Platinelektrode.** L. Müller. (Élektrochimija 4 (1968) 2, 199—202; russ.) — Vgl. vorst. Referat. — Vf. untersuchte an einer glatten rotierenden Pt-Scheibenelektrode in 0,1 n KOH-Lsg. den Einfl. von Pt-Oxiden auf die Red. von ClO^--Ionen, deren Konz. in der Lsg. ca. 10^{-3} Mol/l betrug. Auf den Polarisationskurven werden im allg. zwei ausgeprägte Red.-Stufen erhalten. Unters. zur Lage u. Höhe dieser Stufen in Abhängigkeit von einer vorherigen anod. Ox. der Elektrodenoberfläche zeigen, daß Höhe u. Lage der ersten Stufe stark, der zweiten Stufe kaum verändert werden. Die Höhe der ersten Stufe sinkt mit steigendem Grad der Ox. u. damit steigendem Grad der Ox. der Oberfläche. Offenbar wird die 1. Stufe durch katalyt. Wrkg. der Pt-Oxide hervorgerufen. Sie könnte in einer Lsg. oder Schwächung der Cl—O-Bindung bestehen, wobei sich $Cl^{\cdot}$- u. O^--Radikale bilden, die mit geringerer Überspannung red. werden als die Ausgangsionen. Die zweite Stufe entspricht der elektrochem. Red. von ClO^--Ionen an der von Oxiden freien Pt-Elektrode. Geschwindigkeitsbestimmender Teilvorgang ist die Aufnahme des ersten Elektrons entsprechend der Beziehung $ClO^- + e \rightarrow Cl^- + O^-$. E. Winkler 170

0669 **Elektrolytische Oxydation von Chloraten.** K. C. Narasımham und H. V. K. Udupa. (Bull. Acad. polon. Sci., Sér. Sci. chim. **16** (1968) 3, 123–26; Central Electrochem. Res. Inst., Karaikudi; engl.) – Vf. untersuchten die anod. Ox. von *$KClO_3$* (**I**) u. *$NaClO_3$* (**II**) an Pt- bzw. PbO_2-Anoden (PbO_2 war auf Graphit abgeschieden). Als Elektrolyt diente eine an **I** gesätt. Lsg., der K_2CrO_4 (2,5 g/l) u./oder NaF (2 g/l) zugesetzt wurde. Für **I** wurde mit Pt (ca. 16–20 A/dm², 5–6 V) eine Stromausb. von bis zu 86% erreicht, mit PbO_2 maximal 18%. Auch für **II** ist eine Pt-Anode vorteilhafter als PbO_2, falls die Konz. 76,8 g/l beträgt; für eine Lsg. mit 594,6 g/l (gesätt. an **II**) erbringt PbO_2 eine Stromausb. von 78,2%. Rotierende Anode bedingte eine Verschlechterung, NaF eine Verbesserung der Ausb., desgleichen der Zusatz von $NaClO_4$ (ca. 600 g/l) bei niedriger Konz. an **II**. Der Zusatz von CrO_4^- ist bei Verw. einer PbO_2-Anode nachteilig. Das Ergebnis wird bez. der Adsorption von ClO_4^- diskutiert. G. Schatz 170

0670 **Wechselwirkungsmechanismus des Kohlenmonoxids mit der Rhodiumelektrode in Elektrolytlösungen.** G. L. Padjukova, A. B. Fasman und I. V. Chižnjak. (Élektrochimija **4** (1968) 2, 191–96; Alma-Ata, Kazachskij gos. univ. im. Kirova; russ.) – An entgasten Rh-Elektroden, die durch Rh-Abscheidung aus $(NH_4)_3[RhCl_6]$-Lsg. an Pt-Netz gewonnen worden waren, wurde in 1n H_2SO_4 nach Einleitung von CO die zeitliche Potentialänderung beobachtet. Bei Temp. zwischen 10 u. 50° zeigte sich nach Durchlaufen eines Max. eine Verschiebung nach negativen Werten, die nach ca. 5 Std. zum Stillstand kam. Weiterhin wurden Ladekurven nach verschiedenen Einw.-Zeiten des CO sowie nach siebenstd. CO-Einw. an Elektroden unterschiedlichen Ausgangspotentials gemessen. Die beobachtete Form der Ladekurven wird mit der Ox. von zwei verschiedenen Oberflächenverb. gedeutet. C. Herold 170

0671 **Untersuchung der elektrolytischen Mitfällung von Mikromengen Tellur mit Nickel durch radioaktive Indikatoren.** S. M. Kočergin, G. R. Pobedimskij und S. V. Krupın. (Élektrochimija **4** (1968) 2, 176–79; Kazan', UdSSR, Chim.-technol. inst. im. Kirova; russ.) – Die Unters. wurde an dem wss. Elektrolyten 200 (g/l) $NiSO_4 \cdot 7\,H_2O$, 80 $Na_2SO_4 \cdot 10\,H_2O$, 20 NaCl, 20 H_3BO_3 mit Zusätzen von mit ^{127m}Te markiertem Na_2TeO_3 ausgeführt. Der Te-Geh. im Ni-Nd. wurde in Abhängigkeit von der Stromdichte (1–10 A/dm²) im Temp.-Intervall 25–75°, von der Te-Konz. im Elektrolyten (1–300 mg/l) u. vom pH bestimmt. Aus den beobachteten Abhängigkeiten ergibt sich, daß die Geschw. der Te-Abscheidung durch die Diffusion bestimmt wird. C. Herold 170

0672 **Verfolgung der Elektrodenvorgänge in Kryolith-Schmelzen durch die Methode der E-τ-Kurven.** 2. Mitt. **Erklärung der Haltepunkte bei den Kurven.** C. Kubík und M. Malinovský. (Chem. Zvesti **22** (1968) 1, 34–41; Inst. anorgan. Chemie der Slowak. Akad. der Wiss., Bratislava; slowak.) – 1. vgl. C. **1969**, 4-0581. – Die vier Potentialhaltepunkte der in Schmelzen von Na_3AlF_6–Al_2O_3 bei 1000° mit Pt-Elektroden registrierten E-τ-Kurven werden verschiedenen Redoxvorgängen zugeschrieben. Der erste Punkt ist wahrscheinlich durch die Rk. $Na \rightarrow Na^+ + e$ verursacht, der zweite kann der Rk. $Al \rightarrow Al^{3+} + 3\,e$ entsprechen; beim dritten wird $Al \rightarrow Al^+ + e$, beim vierten $Al \rightarrow Al^{2+} + 2\,e$ angenommen. J. Milka 170 △

0673 **Kinetik der Elektrodenvorgänge an der Wismutamalgamelektrode.** 2. Mitt. **Bestimmung kinetischer Parameter durch nichtlineare Programmierung.** V. V. Gorodeckij, K. A. Mišenina, V. V. Losev, A. N. Grimberg und G. M. Ostrovskij. (Élektrochimija 4 (1968) 1, 46–53; Fiz.-chim. inst. im. Karpova, Moskva; russ.) – 1. vgl. C. **1968**, 33-0725. – Vf. beschreiben ein Verf. zur Ermittlung kinet. Parameter von Elektrodenrk. aus experimentellen stationären Strom–Potential-Kurven durch nichtlineare Programmierung an einer elektron. Rechenmaschine u. verwenden es zur Berechnung der wahren Durchtrittsfaktoren u. Austauschstromdichten von drei aufeinanderfolgenden 1-Elektronenvorgängen an der Bi-Amalgamelektrode. Es wurde gefunden, daß die experimentellen, für verschiedene Konz.-Verhältnisse des Bi im Amalgam u. in der Lsg. $[Bi(ClO_4)_3 + HClO_4]$ erhaltenen anod. u. kathod. Polarisationskurven gut durch die Annahme eines 3stufigen Elektrodenvorgangs beschrieben werden können. E. Winkler 170

0674 **Elektrodenprozesse im System Sulfhydryl–Disulfid.** 1. Mitt. **Cystin an einer Platinelektrode.** Jiří Pradáč und Jiří Koryta. (J. electroanalyt. Chem. Interfacial Electrochem. [Lausanne] **17** (1968) 1/2, 167–75; Inst. of Biophys., Fac. of Gen. Med., Charles Univ., Prague; engl.) – Die Unters. erfolgte bes. durch Best. von Strom–Spannungs-Kurven bei zykl. Polarisation einer Pt-Blechelektrode in 1n H_2SO_4 + $5 \cdot 10^{-3}$m Cystin (RSSR) durch Aufnahme der Strom–Zeit-Kurven bei konst. Potential u. Best. der adsorbierten Cystin-Menge mit dem radioakt. Indikator ^{35}S. Die Adsorptionsgeschw. ist klein. Die durch Chemisorption an der Elektrodenfläche fixierte Verb. ist wahrscheinlich das Radikal RS˙. Sie wird im Potentialbereich (PB) 0,7–1,45 V zu Cysteinsäure (RSO_3) u. wahrscheinlich z. T. zum adsorbierten Radikal $R\dot{S}O_2$ oxydiert. Diese Verb. wird bei 0,6–0 V reduziert. In 1n H_2SO_4 wird RSO_3^- im PB 0–1,6 V weder adsorbiert noch red., RSSR wird unter den gleichen Bedingungen nicht reduziert. G. Schatz 170

0675 **Elektrodenprozesse im System Sulfhydryl–Disulfid.** 2. Mitt. **Cystin an einer Goldelektrode.** Jiří Koryta und Jiří Pradáč. (J. electroanalyt. Chem. Interfacial Electrochem. [Lausanne] **17** (1968) 1/2, 177–83; engl.) – 1. vgl. vorst. Referat. – (Unters.-Meth. s. l. c.) In 1n H_2SO_4 wird Cystin (RSSR) weniger, aber rascher adsorbiert als an Pt. Das prim. Ox.-Prod. (0,85–1,6 V) ist RSO_3^-. Der Potentialbereich der Ox. ist nahezu der gleiche wie bei der Oxidschichtbildung. Für die Ox. von RSSR wird ein Mechanismus vorgeschlagen, der eine Beteiligung des Oberflächenoxids vorsieht. Im Gegensatz zur Pt-Elektrode wird bei Au RSSR bei 0,1 bis –0,1 V red., wahrscheinlich zu RSH. G. Schatz 170

0676 **Elektrodenprozesse im System Sulfhydryl–Disulfid.** 3. Mitt. **Cystein an Platin- und Goldelektroden.** Jiří Koryta und Jiří Pradáč. (J. electroanalyt. Chem. Interfacial Electrochem. [Lausanne] **17** (1968) 1/2, 185–89; engl.) – 2. vgl. vorst. Referat. – Cystein RSH wird an der Pt- u. an der Au-Elektrode zu RSSR oder RS˙ oxydiert. Die Stufe wird von der Elektrodenrk. u. der Diffusion bestimmt. An Gold liegt wahrscheinlich eine direkte Elektroox. nach $RSH_{ads} \rightleftharpoons RS^{\cdot}_{ads} + H^+ + e$ vor. Das durch anod. Ox. von RSH gebildete RSSR verhält sich ebenso wie l. c. beschrieben. G. Schatz 170

0677 **Einfluß der spezifischen Leitfähigkeit von Silicium auf den anodischen Auflösungsprozeß.** A. A. Konova. (Élektrochimija **4** (1968) 2, 190–91; Dubna, UdSSR, Obedinennyj inst. jadernych issl.; russ.) – An n-leitendem Si wurden in 2,5n wss. HF-Lsg. bei 20° u. Verdunkelung anod. Polarisationskurven aufgenommen. Dabei wurde eine lineare Abhängigkeit der Grenzstromdichte von der Wurzel aus dem spezif. Widerstand beobachtet. C. Herold 170

0678 **Einfluß einiger N-Cetyl-β-picoliniumsalze auf die Eisenkorrosion in schwefelsauren Lösungen.** O. Radovici und E. Roman. (Rev. roum. Chim. **13** (1968) 2, 135–38; Inst. of Phys. Chem., Bucharest; engl.) – Der Einfl. von $[C_{16}H_{33}NC_5H_4CH_3]^+X$, X = Cl, Br, J, auf die Korrosion von Fe wurde in 3%ig. H_2SO_4 nach der „potential sweep"-Meth. (100 mV/min) mittels Potentiostat untersucht. Das Verh. ist analog dem der Ionen $(R_4Y)^+$, Y = N, As, P, die nur die Rk. der Kathode beeinflussen u. eine Erhöhung der H_2-Überspannung bewirken. Die Inhibitorwrkg. steigt in der Reihe X = Cl, Br, J. G. Schatz 170

0679 **Nitrobenzoate von Aminen als Korrosionsinhibitoren für Eisen- und Buntmetalle.** 1. Mitt. **Einfluß von Aminonitrobenzoaten auf die Kinetik der Elektrodenprozesse an Stahl.** V. P. Persianceva, I. L. Rozenfel'd und N. M. Gavriš. (Ž. fiz. Chim. **42** (1968) 2,

502–06; Inst. fiz. chim. AN SSSR, Moskva; russ.) — Für Lsg. mit 30 mg/l NaCl u. 70 mg/l Na_2SO_4 wurde der Einfl. von Salzen (RH)X (R = *Hexamethylenimin, Piperidin, Dicyclohexylamin*; HX = *Benzoe-, o-Nitrobenzoe-, m-Nitrobenzoe-* u. *3.5-Dinitrobenzoesäure*) auf die Elektrodenrk. untersucht, die einen Korrosionsprozeß hervorrufen. Die Nitrobenzoate erhöhen die Geschw. der Kathodenrk. auf Stahl auf Kosten der Red. von NO_2 an der Kathode, während sie zum Unterschied von 1n Na_2SO_4-Lsg. die Ionisationsgeschw. der Metalle deutlich hemmen. Die Korrosionshemmung durch die Nitrobenzoate in verd. Elektrolyten ist durch ihren Einfl. auf die Geschw. der Anodenrk. bedingt. Dabei begünstigt eine Verringerung der Geschw. der Anodenrk. stark die Red.-Prozesse der Inhibitoren an der Kathode.
H. Berge 170

0680 **Nitrobenzoate von Aminen als Korrosionsinhibitoren für Eisen- und Buntmetalle.** 2. Mitt. **Einfluß von Aminonitrobenzoaten auf die Kinetik der Elektrodenreaktionen an Kupfer und Zink.** V. P. Persianceva, I. L. Rozenfel'd, N. M. Gavriš und B. L. Rejzin. (Ž. fiz. Chim. **42** (1968) 2, 506–09; russ.) — 1. vgl. vorst. Referat. — Vf. untersuchten den elektrochem. Mechanismus des Schutzes von Cu u. Zn durch die l. c. angegebenen Nitrobenzoate u. Elektrolyte. Die Passivierung von Zn wird durch die Red.-Ströme der Nitrogruppe bewirkt, die infolge anod. Polarisation das Potential des Zn positiv verschieben. Für das durch ein positiveres Potential charakterisierte Cu ist eine starke Hemmung der anod. Ionisation u. eine geringe Potentialverschiebung auf Grund der Red.-Rk. des Inhibitors zu bemerken. Im Kontakt mit negativeren Metallen, z. B. Fe u. Zn, kann die Beschleunigung der Kathodenrk. infolge Red. des Inhibitors auch einen starken Einfl. auf den Schutzprozeß des Cu ausüben. H. Berge 170

0681 **Vielphotonen-Photoemission aus Metallen in die Lösung.** L. I. Koršunov, V. A. Benderskij, V. I. Gol'danskij und Ja. M. Zolotovickij. (Ž. ėksper. teoret. Fiz. — Pis'ma v Redakciju **7** (1968) 2, 55–58; Inst. fiz. chim. Akad. nauk SSSR; russ.) — Mit einem Rubin- u. einem Nd-Laser wurde die Vielphotonen-Photoelektronenemission von einer Kalomel-Elektrode in die Lsg. von 0,1n $HClO_4$ untersucht. Es wurde die Abhängigkeit des Photostroms vom Potential der gesätt. Kalomelelektrode ermittelt. V. Burjan 170

0682 **Polarographische Untersuchungen der Kinetik von Elektrodenprozessen unter Beteiligung von Komplexionen an der stationären Quecksilberfilm-Elektrode.** A. G. Stromberg und L. N. Popova. (Ėlectrochimija **4** (1968) 1, 39–45; Tomskij politechn. inst. im. Kirova; russ.) — Vf. untersuchten an der Hg-Film-Elektrode, die aus einem elektrolyt., mit einer Hg-Schicht versehenen Ag-Draht bestand, polarograph. die Kinetik von Elektrodenvorgängen, an denen Ammin- bzw. Hydroxokomplexe des Zn u. Diphosphatokomplexe des Pb teilnehmen. Zur Ermittlung der anod. Peaks wurden Depolarisatorkonz. von $2-3 \cdot 10^{-5}$ Mol/l, für die kathod. Peaks von $1 \cdot 10^{-4}$ Mol/l verwendet. Die Messungen wurden mit einer Polarisationsgeschw. von $5 \cdot 10^{-3}$ V/s durchgeführt. In Übereinstimmung mit den durch andere Meth. erhaltenen Ergebnissen wurde gefunden, daß die Zus. der Ammin- u. Hydroxokomplexe des Zn, die am Anoden- bzw. Kathodenvorgang teilnehmen, verschieden ist. Die Zus. der Pb-Komplexe in Diphosphatlsg. ist für Anoden- u. Kathodenrk. gleich. In allen Fällen weisen die an der Elektrodenrk. teilnehmenden Komplexionen eine andere Zus. auf als die Komplexionen, die in der Lsg. vorherrschen, erstere enthalten weniger Liganden.
E. Winkler 172

0683 **Elektrochemische Reduktion von Ruthenium(IV) in Perchlor- und Schwefelsäurelösungen.** L. N. Lazarev und Ja. S. Chvorostin. (Ž. neorg. Chim. **13** (1968) 9, 2512–17; russ.) — Die Unters. der polarograph. Red. von Ru(IV) zu Ru(III) zeigt, daß diese in zwei Stufen abläuft. Während der Red. dürfte eine intermediäre Verb. mit der Ox.-Stufe von Ru = 3,5 entstehen. Die Ru-Atome dürften in den Dimeren durch ein Sauerstoffatom verbunden sein. Die Red. von Ru(IV) zu Ru(3,5) in der ersten Stufe u. von Ru(3,5) zu Ru(III) in der zweiten Stufe verläuft in $HClO_4$- u. H_2SO_4-Lsg. quasireversibel. Die Größe des Ladungsübertragungskoeff. ist in $HClO_4$-Lsg. bei der Ionenstärke 2,00 u. H^+-Konz. von 0,10–1,00 g-Ion/l bei 25° für beide Red.-Stufen $\alpha = 0,73 \pm 0,03$. Bei H_2SO_4-Konz. von 0,50 Mol/l u. 25° beträgt $\alpha = 0,72$ bzw. 0,69. J. J. Pohl 172

A–6. Kolloidchemie, Grenzflächen

0684 **Physikalische Untersuchung über das Fluktuationsphänomen.** Donatella Senatra. (Ricerca sci. **37** (1967) 11, 943–51; Centro Univ., per lo Studio dei Fenomeni Fluttuanti, Firenze; ital.) — In der Annahme, daß die Kontraktion der Oberfläche eines Koll. eine Änderung der DK hervorruft, wird durch Messung der elektr. Kapazität die Bldg. eines Koll. verfolgt. Die Koll.-Bldg. bei Verdünnung wss. konz. $BiCl_3$-Lsg. wird untersucht.
W. Holland 182

0685 **Elektrokapillarerscheinungen in Gegenwart schwach leitender Flüssigkeiten.** 2. Mitt. Emanuele Mor. (Rass. chim. **19** (1967) 6, 225–28; Genova, Univ. CNR, Centro Studio Corros. marine dei Met.; ital.) — 1. vgl. ibid. **19** (1967) 3. — Im Kapillarelektrometer von Lippmann wird die Änderung des Ausschlags des Hg-Meniskus mit der Potentialdifferenz bis 1000 V in Ggw. von schwach leitenden Fl. untersucht. Der Ausschlag erreicht bei CH_3OH u. abs. *A.* 12 mm in 22 bzw. 10 Min., in *HCOOH* 9,5 mm in 10 Min., in *Eisessig* (I) 2 mm in 15 Min. u. in dest. *W.* 20 mm in 5 Minuten. Bei Zusatz von 5% dest. W. zu abs. A. wird ein Ausschlag von 23 mm in 2 Min. erreicht. Bei Zusatz von 1–6% dest. W. zu I nimmt mit zunehmendem W.-Zusatz der Ausschlag zuerst zu (bei 3 u. 4% W. 9 mm in 15 bzw. 8 Min.), dann wieder ab (bei 6% W. 6 mm in 9 Min. bei 600 V, bei 800 V beginnende Elektrolyse). Bei Unters. des Einfl. der Dielektrizitätskonst. ε u. der elektr. Leitfähigkeit $\varkappa$ der Fl. zeigt sich, daß die Oberflächenspannung von Hg dem Prod. $\varepsilon \cdot \varkappa$ proportional ist. R. K. Müller 186

0686 **Isoelektrischer Punkt von Molybdänsäure.** B. I. Nabivanec. (Ž. neorg. Chim. **13** (1968) 3, 900–02; Inst. obšč. i neorg. chim. AN Ukr. SSR; russ.) — Der Einfl. der Mo-Konz. auf die Lage des isoelektr. Punktes von Molybdänsäure wurde mit den Meth. der Elektromigration in der Elektrodialyse untersucht. Bei $c_{Mo} < 2 \cdot 10^{-4}$m ist der pH-Wert des isoelektr. Punktes von der Mo-Konz. unabhängig. Bei höheren Konz. entstehen Isopolymolybdate, der pH-Wert des isoelektr. Punktes verschiebt sich in den stärker sauren Bereich. Die Mo-Isopropylsäuren sind stärker sauer als die monomere Molybdänsäure. Diese Eig. der Isopolysäuren spiegelt sich auch in der Abhängigkeit der Löslichkeit von hydratisiertem MoO_3 vom Säuregrad des Mediums wider. J. J. Pohl 186

0687 **Adsorptions–Koagulations-Reaktionen von hydrolysierten Zn(II)-Spezies an der Grenzfläche Zinkoxid–Wasser.** Thomas W. Healy und V. Ruth Jellett. (J. Colloid Interface Sci. **24** (1967) 1, 41–46; Dep. of Phys. Chem., Univ. of Melbourne, Victoria, Australia; engl.) — Koagulations- u. Elektrophoreseunters. wurden zur Best. der Oberflächeneig. von koll. ZnO in W. in Abhängigkeit vom pH u. von der Ionenstärke durchgeführt. Aufgelöste Zn(II)-Ionen von ZnO hydrolysieren u. readsorbieren dann. A. Jaeschke 188

0688 **Thermoadsorptionsüberführung.** G. G. Starobinec und A. A. Žuchovickij. (Doklady Akad. Nauk SSSR **178** (1968) 1, 145–47; Mosk. inst. stali i splavov; russ.) — Die Thermoadsorptionsüberführung eines Gemisches von zwei Gasen, das durch eine Adsorbentschicht mit Temp.-Gradient tritt, wird untersucht. Die Abhängigkeit der Übertragungswärme von Hexandämpfen von der Konz. im Gemisch mit N_2 bei 293 u. 371 °K wurde an zwei Aktivkohlesorten bestimmt. Bei gleichen Konz. ist die Übertragungswärme bei niedrigen

Temp. wesentlich höher u. beträgt bei niedrigen Konz. u. hohen Temp. > 10 kcal/Mol. J. J. Pohl 204

0689 **Übergang einer adsorbierten Substanz beim Abkühlen in die normale kristalline Phase.** G. I. Berezin. (Ž. fiz. Chim. 42 (1968) 2, 563—64; Inst. fiz. chim. AN SSSR, Moskva; russ.) — Theoret. Diskussion. Ein Übergang der adsorbierten Substanz in die krist. Phase, in Adsorbenten oder in ihren Poren bei der Abkühlung ruft eine Änderung der spezif. Wärme des Syst. hervor. J. J. Pohl 204

0690 **Adsorption von Methan an Kohlenstoff bei Temperaturen bis 121° und Drücken bis 650 atm.** T. Don Stacy, Eldred W. Hough und William D. McCain jun. (J. chem. Engng. Data 13 (1968) 1, 74—77; Coll. of Engng., Miss. State Univ., State College, Miss.; engl.) — Für das Syst. Methan–Spheron-6 wurden zwischen 37,8 u. 121° 6 Adsorptionsisothermen u. 9 Isobaren zwischen 68,0 u. 612,4 atm aufgenommen. G. Malow 204

0691 **Natur der sorbierten Schicht beim adsorptionschemischen Gleichgewicht von Methan am Nickel.** N. A. Gajdaj, S. L. Kiperman und M. V. Tichomirov. (Ž. fiz. Chim. 42 (1968) 2, 562—63; Inst. org. chim. im. Zelinskogo AN SSSR, Moskva; russ.) — Die Bldg. von Oberflächenverb. des Typs $CH_x[Ni]$, x = 1—3, nach CH_4 (Gas) + [Ni] ⇌ $CH_x[Ni]$ + (2—x/2) H_2 (Gas) beim adsorptionschem. Gleichgew. von CH_4 mit Ni ist nicht ausgeschlossen. Außerdem findet die Rk. CH_4 (Gas) + [Ni] ⇌ C[Ni] + 2 H_2 (Gas) statt. Vers. mit CD_4 wurden bei 320—420° u. 1,5—2,0 Torr im Zirkulationssyst. bei Bedingungen eines Einschichtüberzuges durchgeführt. Die Gleichgew.-Zus. des Gasgemisches war 28,8—42,5% CD_4 u. 71,2—57,5% D_2. Die massenspektroskop. u. Wärmeleitfähigkeitsanalyse der Gasphase zeigt, daß unter den Vers.-Bedingungen nur die Bldg. von C[Ni] ins Gew. fällt. Vers. bei ^{13}C-Markierung des Methans ergaben, daß die sorbierte Schicht, die aus späteren Methanportionen besteht, fester an die Katalysatoroberfläche gebunden ist als die Schicht aus den ersten Methanportionen. Analoges gilt auch für andere KW-Stoff-Metall-Systeme. J. J. Pohl 204

0692 **Beitrag spezifischer Umsetzungen zur Adsorptionswärme von Wasser, Methanol, Ammoniak und Methylamin am Zeolith NaX.** N. N. Avgul', A. V. Kiselev, L. Ja. Kurdjukova und M. V. Serdobov. (Ž. fiz. Chim. 42 (1968) 1, 188—92; Inst. fiz. chim. AN SSSR, Moskva; russ.) — Die Gesetzmäßigkeiten der spezif. Adsorption von CH_3OH, NH_3 u. CH_3NH_2 an der kationenbelegten Oberfläche von Zeolith NaX wurden untersucht, die Adsorptionswärmen wurden bestimmt. Der Beitrag der spezif. Umsetzung des Zeoliths mit OH- u. NH-Gruppen zur gesamten Adsorptionswärme wird diskutiert. Die Adsorptionswärme beträgt bei kleinem Sättigungsgrad der Kanäle bei 23° für Methanol u. Methylamin ca. 20 kcal/Mol, für Ammoniak ca. 18, bei wachsendem Sättigungsgrad 16 bzw. 13. Die Abhängigkeit der Adsorptionswärme im Anfangsstadium von der Polarisierbarkeit wurde gaschromatograph., isoster. bzw. kalorimetr. für C_2H_4, C_3H_8, CH_3OH, $(CH_3)_2CO$, CH_3NO_2, Ae., Bzl., C_5H_5N, $C_6H_5CH_3$, $C_6H_5C_2H_5$, $C_6H_5C_3H_7$ u. $C_6H_{13}OH$ bestimmt. J. J. Pohl 204

0693 **Adsorptionswärmen von Kohlendioxid auf dotiertem Zinkoxid.** O. Levy und M. Steinberg. (J. physic. Chem. 71 (1967) 4, 1156—58; Dep. of Inorg. and Anal. Chem., Hebrew Univ., Jerusalem, Israel; engl.) — Die Adsorptionswärmen für CO_2 an reinem ZnO, ZnO: *Li* (1 Mol-%) u. ZnO: *Ga* (1 Mol-%) lagen im Temp.-Bereich 280—365° bei ca. 28, 22 bzw. 32 kcal/Mol. A. Jaeschke 204

0694 **Adsorptionswärmen von Kohlendioxid auf Zinkoxid.** O. Levy und M. Steinberg. (J. Catalysis 7 (1967) 2, 159—62; engl.) — Vgl. vorst. Referat. — Die Chemisorptionswärme (ΔH) von CO_2 an sauerstoffarmem ZnO wurde gaschromatograph. bestimmt (550—630°), indem sie aus dem Temp.-Gang der Retentionszeit ber. wurde. ΔH steigt linear mit zunehmender Konz. an „freiem Zn" u. ist offenbar von der Konz. an freien Elektronen abhängig. A. Jaeschke 204

0695 **Wasserstoffbrücken bei der Adsorption von Alkoholen an Al_2O_3.** H. Knözinger, E. Ress und H. Bühl. (Naturwissenschaften 54 (1967) 19, 516; Phys.-Chem. Inst., Univ. München; dt.) — IR-Transmissionsmessungen wurden im Bereich 2500—4000 cm^{-1} an zwischen einer δ-Al_2O_3-Oberfläche u. den Alkoholen CH_3OH, C_2H_5OH, $(CH_3)_3COH$, $(CH_3)_2CHCH_2OH$, $C_6H_{11}OH$ u. $C_6H_5CH_2OH$ sich ausbildenden H-Brückensyst. durchgeführt. Diskussion der Ergebnisse. A. Jaeschke 204

0696 **Benetzbarkeit von an thermisch behandelten Metalloxidoberflächen adsorbierten n-Oktadecylamin-, n-Oktadecylalkohol- und n-Oktadecansäurefilmen.** W. D. Bascom. (J. Colloid Interface Sci. 26 (1968) 1, 89—94; Naval Res. Labor., Washington, D.C.; engl.) — Die Filme werden nach der Retraktionsmeth. auf *Fe*, *Ni*, *Cr*, *rostfreien Stahl* u. *Pt* aufgebracht u. die Randwinkel von W. als Funktion der Temp. (T) bestimmt, bei der die therm. Vorbehandlung (in He oder Luft) stattfand. Oktadecylaminfilme zeigen eine Abnahme der mol. Packung bis zu T = 200°, oberhalb 200° steigt die Packungsdichte wieder an. Aus wasserfreien Lsgm. bilden weder der Alkohol noch die Säure dichtgepackte Filme auf Fe oder Stahl. In Ggw. von W findet mit der Fettsäure eine tiefere Schichten ergreifende chem. Rk. statt. Das unterschiedliche Verh. der Metalle wird diskutiert. K. Strenge 204

0697 **IR-Spektren magnesiumhaltiger Polykieselsäurederivate.** M. F. Smirnova, A. P. Dušina und V. B. Aleskovskij. (Izvest. Akad. Nauk SSSR, Neorg. Mater. 4 (1968) 2, 253—57; russ.) — IR-Spektren zeigen, daß die Absorption des Mg durch Silicagel im ersten Stadium infolge des Ersatzes der Protonen der Silicagelhydroxylgruppen vor sich geht. Anschließend wird die Absorption des Mg von einer Zerstörung der Silicagelmakroanionen u. einer Bldg. lamellarer Magnesiumsilicate begleitet. Das Endprod. hat die Zus. $MgO \cdot SiO_2 \cdot nH_2O$ u. ähnelt stark Sepiolith, dem natürlichen Magnesiumhydrosilicat. H. Korn 204

0698 **Ionenaustauschuntersuchung des Einflusses der Anionenart auf die Hydratisomerie des Chroms.** V. A. Chalizova. (Ž. neorg. Chim. 13 (1968) 3, 894—95; Vsesojuznyj naučno-issl. inst. mineral'nogo syr'ja; russ.) — Die Zus. von Aquochromkomplexen ist bei pH 0,3 von der Anionenart (Cl^-, SO_4^{2-}, NO_3^-) abhängig. Der in HNO_3-Lsg. entstehende Hexaquochromkomplex wird durch den Kationiten KU-2 quant. sorbiert. Die Sorption kann sowohl zur Trennung des Cr von anderen Elementen als auch zur Identifizierung der Hexaquoformen herangezogen werden. Unterschiede der Sorbierbarkeit von Hexaquo- u. Tetraquokomplexen können zur Trennung der Aquo-Isomeren am Kationit KU-2 verwendet werden. J. J. Pohl 206

0699 **Sorptionseigenschaften von Mangandioxid.** G. V. Leont'eva und V. V. Vol'chin. (Izvest. Akad. Nauk SSSR, Neorg. Mater. 4 (1968) 5, 728—33; Permskij politechn. inst.; russ.) — Die Sorptionskapazität von MnO_2 in bezug auf Alkali- u. Erdalkalimetallionen wurde bei pH 6,2—12,7 u. Konz. der Ausgangslsg. von 0,010—3,0 n Me bei 293 ± 2 °K bestimmt. Die Alkalimetallionen werden durch Ionenaustausch in Form von Me^+, die Erdalkalimetalle in den Formen Me^{2+} u. $MeCl^+$ sorbiert. Bei hohen Konz. in den Lsg. wurde auch eine Sorption von $MeCl_2$ beobachtet. Die maximale Ionenaustauschkapazität von MnO_2 gegenüber allen untersuchten Ionen wurde bei 0,5 mg-Äqu/mg-Mol beobachtet, entsprechend der Beteiligung von einer funktionellen OH-Gruppe pro 2 Mol. MnO_2 im Mittel. Die Verteilungskoeff. bei μ = 0,02 betragen bei der Verw. von MnO_2 $K_{Na,Li}$ = 2,16, $K_{K,Na}$ 3,46, $K_{Rb,K}$ 1,43, $K_{Cs,Rb}$ 1,11, $K_{Rb,Na}$ 5,28, $K_{Ba,Rb}$ 5,88. Die Werte sind in den meisten Fällen größer als bei Verw. org. Ionite KU-1 u. KU-2. Die Selektivität von MnO_2 gegenüber Erdalkalimetallen ist genügend groß, auch die

Ionenpaare Li^+–Na^+, Na^+–K^+ u. K^+–Rb^+ können getrennt werden, Rb^+–Cs^+ jedoch nicht.
J. J. Pohl 206

0700 **Austausch von Kationen einwertiger Metalle an Zirkoniumphosphat.** V. F. Tikavyj und V. D. Komarov. (Izvest. Akad. Nauk Beloruss. SSR, Ser. chim. Nauk **1968**, 1, 41—45; Beloruss. gos. univ. im. Lenina; russ.) — Die Ionenaustauschgleichgew. H^+–Li^+, H^+–Na^+, H^+–K^+, H^+–Rb^+, H^+–Cs^+ u. H^+–Ag^+ wurden bei $\mu = 0{,}1$ an vier Zirkoniumphosphatproben verschiedener Zus. (P/Zr = 1,51, 1,63, 1,73 bzw. 1,95) mit der stat. Meth. untersucht. Die Spezifität der Proben gegenüber Alkalimetallkationen wird im wesentlichen durch deren Hydratationstyp bestimmt. Die Spezifität gegenüber den positiv hydratisierten Kationen Ag^+, Li^+ u. Na^+ ist klein, die gegenüber den negativ hydratisierten K^+, Rb^+ u. Cs^+ groß. Der Ionit mit P/Zr = 1,51 zeigt eine mit der Sättigung der Ionitphase mit K^+, Rb^+ oder Cs^+ abnehmende Spezifität gegenüber diesen Ionen, die zur Umkehr der Spezifität führt. Die anderen Proben haben eine hohe Spezifität gegenüber K^+, Rb^+ u. Cs^+, die von der Ionitzus. u. der Sättigung mit Metallionen wenig abhängt.
J. J. Pohl 206

0701 **Heteropolysalze als Elektronenaustauscher.** 2. Mitt. **Nitron-molybdatovanadatophosphat als Elektronenaustauscher.** Raluca Ripan und A. Şuteu. (Rev. roum. Chim. **13** (1968) 2, 179—84; Inst. de Chim. de l'Acad., Filiale de Cluj; franz.) — 1. vgl. C. **1968**, 35-0596. — Die Verw. von $(Nitron\,H)_5(PMo_{10}V_2O_{40})$ (I, aus $H_5P \cdot Mo_{10}V_2O_{40}$ u. einer essigsauren Nitronacetatlsg.) als Elektronenaustauscher (EA) wird untersucht. I ist als EA geeignet. Der Austausch erfolgt reversibel. Die dynam. Kapazität (K) der Red. u. Ox. von I gegenüber Fe^{3+} u. Fe^{2+}, K der Ox. gegenüber Ascorbinsäure (A), die der Red. gegenüber $K_2Cr_2O_7$ sowie die stat. der Ox. gegenüber Fe^{2+} u. A. werden bestimmt. I nimmt bei der Ox. 4 Elektronen 4 Mol. auf. Die stat. u. dynam. K von I werden mit der analogen Chininverb. (l.c.) verglichen.
G. Schatz 206

0702 **Taktoide Umordnung und Extinktion von Montmorillonitsuspensionen während der Na–Ca-Austauschreaktion.** N. Lahav und A. Banin. (J. Colloid Interface Sci. **26** (1968) 2, 238—40; Soil Sci. Dep., Fac. of Agriculture, Hebrew Univ., Jerusalem, Israel; engl.) — Die Lichtabsorption D von Montmorillonitsuspensionen (I) (250 mg/l) wird als Funktion des Na^+/Ca^{2+}-Verhältnisses gemessen. Mit zunehmendem Na-Geh. nimmt D ab. Die D = f([Na^+]/[Ca^{2+}])-Kurve wird durch den Abbau der Taktoide in Ca-I beim Austausch gegen Na erklärt. Wenn ca. 10% der austauschbaren Plätze durch Na ersetzt sind, beginnt der Abbau der Aggregate, der bei einem Na-Geh. von 60—70% abgeschlossen ist. Die Ergebnisse decken sich mit ähnlichen Befunden bei der Quellung der Tone sowie beim rheolog. Verh. u. bei der Ionenbeweglichkeit in I-Suspensionen.
K. Strenge 206

0703 **Hydrophilie von Vermiculit-Kationenaustauschern.** Ju. I. Tarasevič, V. E. Poljakov und F. D. Ovčarenko. (Ukrainskij chim. Ž. **34** (1968) 1, 104—06; Inst. obšč. i neorg. chim. AN USSR; russ.) — Die Wärmentw. Q bei der Benetzung von getrocknetem Vermiculit (I) mit W. stieg von 216 cal/g W. (Trocknung bei 120°) bis 254 cal/g W. (Trocknung bei 200°). Kationenaustauscher auf Basis von I ergaben unterschiedliche Q in Abhängigkeit vom Kation in folgender Reihenfolge: $Mg^{2+} > Co^{2+}, Ca^{2+}, Mn^{2+}, Zn^{2+} > Cr^{3+} > Li^+ > Cu^{2+} > Ba^{2+} > Na^+ > Rb^+ > NH_4^+$. Die Hydratationswärmen der Kationen betrugen nur einen kleinen Teil des gesamten Q, während der größere Teil auf Adsorptionszentren unterschiedlicher Affinität am I-Grundgerüst zurückgeführt wird.
H. Gümbel 206

0704 **Bestimmung der Leitfähigkeit von Ionenaustauschermembranen.** I. A. Tichomirov, V. T. Doronin und A. P. Vergun. (Elektrochimija **4** (1968) 3, 344 bis 345; Tomskij politechn. inst. im. Kirova; russ.) — Mit einer elektrodenlosen Meth. zur Best. der spezif. Leitfähigkeit $\varkappa$ wurde beobachtet, daß $\varkappa$ im Bereich 20 bis 20000 Hz nicht von der Frequenz abhängt u. für Membranen des Typs MK-40 in 0,01 n NaCl $2{,}13 \cdot 10^{-3}\ \Omega^{-1} \cdot cm^{-1}$ beträgt.
E. Bomke 206

0705 **Elektrische Leitfähigkeit von Ionenaustauschkolonnen mit gemischter Ionitschicht.** 1. Mitt. **Bereich verdünnter Gleichgewichtslösungen.** V. D. Grebenjuk, V. A. Makarova und N. P. Gnusin. (Ž. fiz. Chim. **42** (1968) 1, 155—57; Inst. fiz.-chim. osnov pererabotki miner. syr'ja SO AN SSSR, Novosibirsk; russ.) — Die elektr. Leitfähigkeit von Ionenaustauschkolonnen ändert sich bei Konz. der Gleichgew.-Lsg. von $< 0{,}1$ n in Abhängigkeit vom Kationit (K)- u. Anionit (A)-Geh. gleicher granulometr. Zus. nach Kurven, die bei K : A = 1 : 3 bzw. 3 : 1 je ein Minimum haben. Die Kurvenform wird durch symbat. Änderung des Sättigungskoeff. der Kolonne erklärt. Die Ursache dieser Änderung dürfte die Bldg. von Teilchenkonglomeraten mit den obigen beiden Zus. sein. Die Konglomerate entstehen infolge der Wechselwrkg. entgegengesetzt geladener bin. elektr. Schichten, die das Kationit u. das Anionit umgeben. Es wurden das Kationit KU-2 u. das Anionit AV-17 in ihren Na^+- u. Cl^--Formen sowie ihre Gemische in verschiedenen Vol.-Verhältnissen untersucht. Einen Sonderfall mit 10^6fach kleinerer elektr. Leitfähigkeit stellt das Vorliegen der H^+- u. OH^--Formen dar. Die Abhängigkeit des Sättigungskoeff. von der Zus. ist zwar gleich wie im Falle der Na^+- u. Cl^--Form, zwischen den Körnchen entsteht jedoch W. mit hohem spezif. Widerstand.
J. J. Pohl 206

0706 **Ionenaustauschdynamik in verdünnten Elektrolytlösungen bei großen Filterungsgeschwindigkeiten und hohen Temperaturen.** V. K. Širjaev, A. I. Kasperovič und N. V. Byčkov. (Ž. fiz. Chim. **42** (1968) 1, 183 bis 187; Fiz. chim. inst. im. Karpova; russ.) — Die Abhängigkeit der stationären Front der Vol.-Sorption von der Filterungsgeschw. hat im laminaren u. turbulenten Bereich einen verschiedenen Charakter. Der Wert der krit. Reynoldschen Zahl, bei dem die Ionitschicht aus dem laminaren in den turbulenten Bereich übergeht, beträgt 25. Eine analyt. Abhängigkeit der Breite der stationären Sorptionsfront von der Filterungsgeschw. u. von der Temp. wird angegeben. Die Abhängigkeit der Frontbreite von der Temp. ist durch die Änderung der Viskosität des W. mit der Temp. u. durch den Diffusionskoeff. des sorbierten Ions bedingt. Vers. (Sr^{2+}-Lsg., Kationit KU-2) wurden bei 130 ± 3, 100 ± 5 u. 80 ± 7° in einer bes. beschriebenen App. durchgeführt.
J. J. Pohl 206

0707 **Verteilungsgleichgewicht gleichwertiger Ionen an Ionenaustauschern.** Ja. M. Zagraj und A. M. Koganovskij. (Ukrainskij chim. Ž. **34** (1968) 1, 30—36; Inst. obšč. i neorg. chim. AN USSR; russ.) — Für den Bereich geringer Ionenstärken ($< 0{,}1$) wird theoret. gezeigt, daß bei der Verdrängung der Ionenart 1 durch die gleichwertige Ionenart 2 der Kehrwert $1/\lambda_2$ des Verteilungskoeff. zwischen Gel- u. wss. Phase eine lineare Funktion der Konz. des Ions 2 in der wss. Phase ist. Dies wird an Hand der Kationenaustauscher KU-2 u. Sulfokohle u. der Ionen H^+, Na^+, Mg^{2+}, Ca^{2+}, Zn^{2+}, Co^{2+} u. Cu^{2+} bestätigt. Aus der Lage der Geraden lassen sich Selektivitätskoeff. u. Sättigungskapazität berechnen.
H. Gümbel 206

0708 **Austauschgleichgewicht von Ca-, Mg- und Ni-Ionen an den Kationiten KU-2 und KU-1.** V. I. Gorškov und T. V. Rudakova. (Ž. neorg. Chim. **13** (1968) 9, 2608—09; Mosk. gos. univ. im. Lomonosova; russ.) — Die Austauschgleichgew. Ca^{2+}–Ni^{2+} u. Mg^{2+}–Ni^{2+} an KU-2 mit 7 u. 9% Divinylbenzol (I) u. an KU-1 wurden aus 0,5 n Chloridlsg. sowie in Ggw. eines NaCl-Überschusses untersucht. Die beste Trennwrkg. für Ca–Ni hat KU-2 mit 9% I, für Mg–Ni KU-1. NaCl übt prakt. keinen Einfl. auf die Trennwrkg. aus.
J. J. Pohl 206

0709 **Kinetik und Mechanismus der Desorption von Nd und Er am Kationit KU-2.** I. A. Legenčenko und V. I. Burdukevič. (Ukrainskij chim. Ž. **34** (1968) 4, 323 bis 330; Inst. obšč. i neorg. chim. AN Ukr. SSR, Labor. v Odesse; russ.) — Die Kinetik der Desorption von Nd u. Er mit Lsg. von $Na_2(NH_4)_2Y$ (H_4Y = AeDTE) bei pH 9 u. mit Na_4Y(pH 10,6) wurde untersucht. Die Desorption verläuft bei niedrigeren pH-Werten viel schneller als bei höheren, bei denen sich die Prozeßgeschw. mit der Temp. anomal ändert. Bei der Desorption in Na_4Y-Lsg. wurde eine positive Wrkg. der Rk.-Prod. auf die Prozeßgeschw. festgestellt. Ein möglicher Mechanismus der Vorgänge wird vorgeschlagen. J. J. Pohl 206

0710 **Chromatographische Trennung von Beryllium von Indium, Gallium und Zirkonium mit Hilfe der Salze einiger organischer Hydroxysäuren.** V. K. Zolotuchin und N. S. Lolomova. (Ukrainskij chim. Ž. **34** (1968) 1, 111–12; L'vovskij gos. univ.; russ.) – Die chromatograph. Trennung von Be u. In wurde mit Hilfe von 0,1 m Na-Salicylat (pH 7,8) von Ga durch Eluieren mit 0,1 m Na-Gluconat (pH 7,1–8,5) u. von Zr mit einer 0,1 m Na-Tartratlsg. (pH 6,6) nach Sorption der Ausgangslsg. an der Na^+-Form des Kationits KU-2 durchgeführt. J. J. Pohl 206

0711 **Sorption von Scandium mit Ionenaustauschharzen aus Gemischen einiger organischer und Mineralsäuren.** T. A. Beljavskaja, G. D. Brykina und I. P. Alimarin. (Ž. neorg. Chim. **13** (1968) 4, 1136–40; Mosk. gos. univ. im. Lomonosova; russ.) – Die Sorption von Sc durch den Kationit KU-2 wurde aus Gemischen von 1 n, 2 n, 4 n, 5 n u. 6 n HCl; 0,5 n, 1 n, 2 n, >2 n H_2SO_4 u. 1 n, sowie 2 n HNO_3 mit 0, 20, 40, 60 u. 80% HCOOH, CH_3COOH u. C_2H_5COOH sowie von 3 n HCl mit 20, 40 u. 60% CH_3OH u. C_3H_7OH, 4 n HCl mit 20, 30, 40 u. 50% CH_3OH u. C_3H_7OH u. 7 n HCl mit 20 u. 30% $CH_3 \cdot OH$ u. C_3H_7OH untersucht. Die Verteilungskoeff. von Sc bei der Sorption am Anionit AV-17 sind in 0,1 n u. 0,5 n H_2SO_4 in 0, 20, 40, 60, 80, 90 u. 95%ig. Aceton, CH_3OH oder C_3H_7OH, HCOOH, CH_3COOH u. $C_2H_5 \cdot COOH$ sowie 0,5 n HCl mit 0–20, 40, 60, 80, 90 u. 95% der obigen organ. Komponenten tabelliert. Die Sorption am Kationit erfolgt in wss.-organ. Lsg. nach einem Ionenaustauschmechanismus. Die Sorption am Anionit hat keinen Austauschcharakter u. verläuft nach einem Verteilungsmechanismus. Eine Ausnahme bildet die Sorption von Sc an wss.-organ. H_2SO_4-Lsg. bei $[H_2SO_4] < 0,5$ u. einem Geh. der organ. Komponente von <60%, hier findet Anionenaustausch statt. J. J. Pohl 206

0712 **Strahlungsbeständigkeit des Sulfokationiten KU-2 in Lithium-, Natrium- und Kaliumform.** O. R. Skorochod und I. B. Stankevič. (Ž. fiz. Chim. **42** (1968) 2, 516–18; Belorusskij gos. univ. im. Lenina, Minsk; russ.) – Die Fähigkeit des Sulfokationiten KU-2 in Li-, Na- u. K-Form, Kresol, Resorcin u. Phenol zu sorbieren, wird durch Bestrahlung mit ^{60}Co-γ-Strahlen infolge Spaltung von C–S- u. C–C-Bindungen erhöht. In der Salzform ist der Kationit strahlungsbeständiger als in der H-Form. J. Eliassaf 206

0713 **Selektivität des Anioniten ÉDÉ-10-P.** I. B. Janovič, I. F. Glejm und V. S. Soldatov. (Ž. fiz. Chim. **42** (1968) 2, 418–23; Inst. obščej i neorg. chim. AN BSSR, Minsk; russ.) – Die Kapazität des Anioniten ÉDÉ-10P in Hydroxylform ist für die untersuchten einwertigen Anionen (Cl^-, Br^-, J^-) gleich. Die Erhöhung der Konz. der Salzlsg. die mit dem Anioniten im Gleichgew. steht oder Zusatz von CH_3OH verursachen eine pH-Erhöhung der Lsg., wohl infolge Hydrolyse der RA-Form des Ioniten. Der Anionit weist eine von der Ionenstärke abhängige Selektivität des Austausches von Halogenionen gegen NO_3^- auf. J. Eliassaf 206

0714 **Einfluß der Entschwefelung auf die Selektivität von Sulfostyrol-Ioniten.** V. S. Soldatov, L. I. Cukurova und A. I. Pokrovskaja. (Ž. fiz. Chim. **42** (1968) 2, 428–37; russ.) – Vgl. vorst. Referat. – Die Selektivität des Austausches H^+-Na^+ u. H^+-K^+, aber nicht die von H^+-Ag^+, an Dowex-50Vx16 nimmt mit zunehmender Entschwefelung ab. Die Selektivität des Austausches H^+-Ag^+ am Harz KU-2x8 nimmt mit zunehmender Entschwefelung zu. Bei der Entschwefelung vom Ioniten KU-2x2 laufen Nebenprozesse ab, welche die Selektivität beeinflussen. J. Eliassaf 206

0715 **Membranpotentialdifferenzen mit dem Polyelektrolytkomplex Poly-(vinylbenzyltrimethylammonium)-polystyrolsulfonat.** S. J. Reid, J. Th. G. Overbeek, Wolf Vieth und S. M. Fleming. (J. Colloid Interface Sci. **26** (1968) 2, 222–29; Dep. of Chem. Engng., MIT, Cambridge, Mass.; engl.) – Durch Mischen der Lsg. eines Polyanions [Polystyrolsulfonat (**I**)] u. eines Polykations (Polyvinylbenzyltrimethylammonium **II**) in einem Lsgm. aus 60% W., 20% Aceton u. 20% NaBr, Ausgießen der Lsg. zu einem dünnen Film u. Auswaschen der nach dem Verdampfen des Acetons erhaltenen „Polysalz"-Membran erhält man je nach Mischungsverhältnis Kationen oder Anionenaustauschermembranen. An solchen Membranen werden die Konz.-Potentialdifferenzen für *KCl*, *$CaCl_2$* u. *NaBr* gemessen. Membranen aus stöchiometr. Mengen **I** u. **II** verhalten sich wie schwache Anionenaustauscher (0,06 n), wahrscheinlich werden einige der weniger voluminösen Sulfonatgruppen beim Gelatinierungsprozeß „begraben" u. damit unwirksam. Die unstöchiometr. Membranen (sowohl Anionen- als auch Kationenaustauscher) verhalten sich wie Austauschermembranen mit einer fixierten Ladung von ca. 3 n. K. Strenge 206

0716 **Einfluß des Koordinationssättigungsgrades von Cu(II) im komplexen Gegenion mit Äthylendiamin auf die Quellung und die Sorptionseigenschaften von Sulfopolystyrolionit.** O. R. Skorochod und M. M. Grigorovič. (Ž. fiz. Chim. **42** (1968) 1, 277–79; Beloruss. gos. univ. im. Lenina, Minsk; russ.) – Die Zunahme des Koordinationssättigungsgrades von Cu in den Ionen Cu^{2+}-$[Cu(en)]^{2+}$-$[Cu(en)_2]^{2+}$, die als Gegenionen am Kationit vorliegen, führt zu einer Abnahme der Quellung des Sulfokationits KU-2 in W., Aceton, Dioxan u. in bin. wss.-organ. Lösungen. Die Sorption von Anilin aus verd. wss. Lsg. am Kationit sinkt in der Reihenfolge der Beladung mit Cu^{2+}, $[Cu(en)]^{2+}$ u. $[Cu(en)_2]^{2+}$. J. J. Pohl 206

0717 **Selektive Sorption von Cs-Ionen an phosphorsauren und phosphorphenolischen Ioniten.** N. P. Šarapova, K. V. Čmutov und S. P. Koršunova. (Ž. fiz. Chim. **42** (1968) 1, 280–81; Inst. fiz.-chim. AN SSSR, Moskva; russ.) – Die Austauschisotherme Na^+-Cs^+ im alkal. Bereich bei der Ionenstärke 0,5 wurde am unveränderten u. methylierten Kationit RF bestimmt. Die Spezifität in bezug auf das Cs^+-Ion ändert sich in Abhängigkeit des Molenbruches des Austauschkations in der Harzphase. Wenn im Bzl.-Ring sich zwei Gruppen, wie –OH u. $-PO(OH)_2$ nahe zueinander befinden, so wächst die Sorption der Cs^+-Ionen infolge der Bldg. spezif. chem. Bindungen. J. J. Pohl 206

0718 **Einige gaschromatographische Elutionsgrößen für homogene flüssige Mehrstoffphasen.** S. A. Reznikov. (Ž. fiz. Chim. **42** (1968) 2, 522–25; Opytno-konstrukt. bjuro, Angarskij filial; russ.) – Für die gaschromatograph. Elutionsgrößen fl. Mehrstoffphasen werden mathemat. Ausdrücke abgeleitet. Abweichungen von der Additivität beruhen auf Ungleichheit der Mol.-Vol. der chromatographierten Stoffe. J. Eliassaf 208

0719 **Gleichung für die Höhe der effektiven theoretischen Böden und die poröse Struktur des Trägers.** V. E. Šefter und M. I. Dement'eva. (Ž. fiz. Chim. **42** (1968) 1, 193–97; Vsesojuznyj naučno-issl. inst. neftechim. processov, Leningrad; russ.) – Die Gleichungen von van Deemter, Žuchovickij, Jones u. Giddings für die Höhe der effektiven theoret. Böden werden auf Grund experimenteller Werte für Kolonnen mit verschiedenen Trägern analysiert. Gas–Fl.-chromatograph. Unters. der Träger INZ-600 u. eines homogen weitporigen Glases zeigen, daß die Verw. des Glases bei kleinen Geh. der unbeweglichen Phase die Wirksamkeit der chromatograph. Kolonne um das 1,5–2fache erhöht. Die Ggw. von kleinen Poren in der Trägerstruktur ruft einen zusätzlichen Widerstand des Massenaustausches in der Gasphase hervor u. spiegelt sich im Koeff. C' des Gliedes der turbulenten Diffusion wider. J. J. Pohl 208

0720 **Dünnschichtchromatographie anorganischer Ionen. 1. Mitt. Trennung der Kationen durch Komplexbildung.** A. Muchová und V. Jokl. (Chem. Zvesti **22** (1968) 1, 62–67; Katedra analytickej chém. Farmaceutickej fakulty Univ. Komenského, Bratislava; slowak.) – Komplexe von *Cr*, *Mn*, *Fe*, *Co*, *Cu*, *Zn*, *Ag*, *Cd*, *Hg*, *Pb*,

Ca, Mg, Bi, Sn u. *Sb* mit *Diäthyldithiocarbaminsäure, Diphenylthiocarbazon* bzw. *8-Hydroxychinolin* wurden auf einer Silicagelschicht durch organ. Lsgm. (Toluol, Bzl., $CHCl_3$, Ae., Äthylacetat, n-Amylalkohol, n-Butanol, Dioxan, Aceton, A.) getrennt. Vers.-Bedingungen, R_F-Werte werden angegeben u. Anwendungsbeispiele diskutiert. — 27 Literaturangaben. J. Řehák 208△

0721 **Theorie der elektrophoretischen Abscheidung.** William F. Pickard. (J. electrochem. Soc. **115** (1968) 4, 105C—108C; Saint Louis, Mo., Washington Univ.; engl.) — Ausgehend von der Definition elektrophoret. Vorgänge, wird die elektrophoret. Abscheidung als Dreistufenprozeß diskutiert: 1. Der Aufladungsphase, in der die abzuscheidenden Partikel eine elektrostat. Ladung erhalten; 2. der Transportphase, in der die geladenen Partikel in einer spezif. Weise bewegt werden; 3. der Sammlungsphase, in der die transportierten Partikel ihr Ziel erreichen u. entladen werden. Charakteristika der einzelnen Phasen werden dargelegt.
C. Herold 208

0722 **Elektrokinetisches Potential eines Diaphragmas, welches in elektroosmotischem Kontakt mit einem wäßrigen Elektrolyten steht.** M. S. Venkatachalapathy. (Bull. Acad. polon. Sci., Sér. Sci. chim. **16** (1968) 3, 127 bis 131; Cent. Electrochem. Res. Inst., Karaikudi-3, India; engl.) — Der Einfl. der Elektrolytkonz. (EK) (0,4 bis 0,0001 n $CuSO_4$) auf das elektrokinet. Potential (ζ) wurde für ein keram. (KD) u. ein Alundum (AD)-Diaphragma bestimmt. ζ_{AD} ist $>\zeta_{KD}$. ζ ist der EK umgekehrt proportional. Für EK 0,0001 bzw. 0,001 n ergab sich für ζ_{KD} —56,6 mV bzw. —28 für ζ_{AD} —71 bzw. —33.
G. Schatz 208

0723 **Gelbildung bei der elektrophoretischen Fällung von Suspensionen.** A. N. Lazarev, O. G. Us'jarov, I. S. Lavrov und I. F. Efremov. (Kolloidnyj Ž. **30** (1968) 1, 49—55; Leningradskij technol. inst. im. Lensoveta; russ.) — Die elektrophoret. Fällung von feingepulvertem (Ba, Sr, Ca)CO_3 u. Polyacrylnitril aus methanol. Suspensionen, z. T. unter Zusatz von Aceton oder LiCl, wurde untersucht. Die plast. Deformation der elektrophoret. Überzüge unter Einfl. der Schwerkraft nach Abschalten des Stromes wird der Anwesenheit schwacher Bindung zwischen den Teilchen zugeschrieben. Die Abhängigkeit der Nd.-Ausb. vom Potentialunterschied der Elektroden wurde bei verschiedenen Zus. der dispersen Medien bestimmt. Die elektrophoret. Nd. des Polyacrylnitrils u. des Carbonats stellen gelartige Syst. dar, die unter Einw. des elektr. Feldes aus Suspensionen infolge Fixierung der Teilchen in Potentialfallen entstehen. Die Abhängigkeit der Grenzscherspannung der Polyacrylnitrilsuspension von der Konz. der dispersen Phase vom Elektrolytgeh. u. von der Stärke des äußeren elektr. Feldes wird ermittelt. J. J. Pohl 208

0724 **Adsorptions- und elektrophoretische Untersuchungen von Polyacrylsäure an Calciumsulfat.** C. H. Nestler. (J. Colloid Interface Sci. **26** (1968) 1, 10—18; Dep. of Phys. Chem., Univ. of Sydney, Sydney, Australia; engl.) — Die Adsorption von Polyacrylsäure (M < 25000) an $CaSO_4 \cdot 2\,H_2O$ wird analyt. als Funktion des pH-Wertes bestimmt u. mit den elektrophoret. Eig. der entstandenen Nd. verglichen. Mit steigendem pH-Wert nimmt die Adsorption stark zu, so daß angenommen werden kann, das ein elektrostat. Wrkg.-Mechanismus für die Bindungen zwischen Polymer u. $CaSO_4$ maßgebend ist. Die Isothermen vom Langmuir-Typ werden eingehend diskutiert. Das Adsorptionsgleichgew. wurde innerhalb 10 Min. erreicht. K. Strenge 208

0725 **Elektrophoretische Untersuchung des Verhaltens monodisperser Polystyrollatices in Lösungen von Lanthan-, Neodym- und Thoriumnitrat.** R. H. Ottewill und J. N. Shaw. (J. Colloid Interface Sci. **26** (1968) 1, 110 bis 119; School of Chem., Univ. of Bristol, Bristol, England; engl.) — Die elektrophoret. Beweglichkeit kugelförmiger Polystyrolteilchen mit einer Carboxyloberfläche wird als Funktion des pH-Wertes u. der Elektrolytkonz. gemessen. Der Teilchengrößeeinfl. ist nur gering, wie Vers. mit Teilchengrößen von 600—4230 Å zeigen. Die Adsorption von La^{3+} oder Th^{4+} bewirkt eine Neutralisation u. anschließende Vorzeichenumkehr der Teilchenladung. Die Ergebnisse werden durch die Hydrolyseerscheinungen der Metallionen erklärt. K. Strenge 208

A-7. Kinetik, Katalyse

0726 **Generalisierte Diffusionstheorie der Reaktionsgeschwindigkeiten bei Ungleichgewicht.** James C. Keck. (J. chem. Physics **46** (1967) 11, 4211—13; MIT, Cambridge, Mass.; engl.) — Die Relaxation atomarer Syst. in Syst. aus inerten Atomen wird näherungsweise durch eine Diffusionsgleichung mit geeigneten Grenzbedingungen beschrieben. A. Jaeschke 211

0727 **Spektrochemische-elektrochemische Bestimmung kinetischer Daten unter Verwendung optisch transparenter Elektroden.** Jerzy W. Strojek, Theodore Kuwana und Stephen W. Feldberg. (J. Amer. chem. Soc. **90** (1968) 5, 1353—55; Dep. of Chem., Case Western Res. Univ., Cleveland, O.; engl.) — Die Kinetik schneller homogener Rk., die auf eine Ladungsübertragung folgen, kann spektroskop. unter Verw. opt. transparenter Elektroden bestimmt werden. Als Beispiel wird der Rk.-Mechanismus: $R \rightarrow S + e^-$, $S \rightarrow T + e^-$ u. $R + T \underset{k_b}{\overset{k_f}{\rightleftharpoons}} 2\,S$ behandelt. Die mit einem Computer für dieses Rk.-Schema ber. Kurven „normierte Absorption als Funktion des normierten RG-Parameters $k_f t C_R''$ werden graph. mitgeteilt (C_R = Konz. von R im Innern der Lsg.). Als experimentelle Beispiele werden die Elektroox. von *o-Tolidin* bei pH = 4,0 (Acetatpuffer) u. von *N.N'-Diphenyl-p-phenylendiamin* in Acetonitril untersucht. Die Ergebnisse werden tabellar. mitgeteilt.
W. Pusch 211△

0728 **Neue Technik zur Untersuchung der Geschwindigkeit von Gasentwicklungs-Reaktionen.** N. Marincic. (J. electrochem. Soc. **115** (1968) 4, 367—69; P.R., Mallory & Co., Labor. for Phys. Sci., Burlington, Mass.; engl.) — Das in einer Lsg. entwickelte Gas wird in einer eingetauchten Glasglocke gesammelt u. die Menge mit einer Waage als Änderung des Auftriebs bestimmt.
G. Ertl 211

0729 **Bestimmung von Aktivierungsenergien bei kinetischen Prozessen im festen Zustand.** H. N. Murty, D. L. Biederman und E. A. Heintz. (J. physic. Chem. **72** (1968) 2, 746—47; Res. Labor., Speer Carbon Div., Air Reduct. Comp., Niagara Falls, N.Y.; engl.) — Isotherme kinet. Änderungen einer Eig. können oft durch die empir. Gleichung $(P_t - P_0) = At^n = P$ beschrieben werden, wo P_t ein Parameter ist, dessen Änderung mit der Zeit t verfolgt wird. Die Aktivierungsenergie ergibt sich aus der Steigung von ln A über 1/T nur dann, wenn n = 1 ist. In anderen Fällen läßt sich die Aktivierungsenergie aus einer Auftragung von ln (Pt) über ln P, bzw. 1/n · ln A über 1/T bestimmen, vorausgesetzt daß n von der Temp. unabhängig ist. G. Ertl 211

0730 **Homogene Rekombinationsgeschwindigkeit von Wasserstoffatomen.** F. S. Larkin. (Canad. J. Chem. **46** (1968) 6, 1005—15; Dep. of Phys. Chem., Lensfield Road, Cambridge; engl.) — In einem an eine Entladungsapp. angeschlossenem Strömungsrohr wird bei Temp. von 190—350 °K die Geschw. der Konz.-Abnahme der H-Atome bestimmt, die der Gleichung $-d[H]/dt = k_s[H] + k_{2,M}\,[H]^2[M]$ gehordet, wobei k_s die RGK erster Ordnung darstellt u. der zweite Term die Rekombination nach einer Rk. unter Mitwrkg. eines dritten Partners $H + H + M = H_2 + M$ berücksichtigt. In Ggw. von Spuren H_2O oder O_2 hat die homogene Geschw.-Konst. $k_{2,M}$ eine leichte positive Aktivierungsenergie, eine Folge von Rk. zwischen Wasserstoff u. Verunreinigungen an Oberflächen. In H_2/*Ar*-Gemischen wird eine homogene RGK von $k_{2,M} = 4{,}6 \pm 0{,}5 \cdot 10^{15}\,cm^6\,Mol^{-2}\,s^{-1}$ bei 291 °K mit einem Temp.-Gang proportional $T^{-1/2}$ gemessen. H. U. Borgstedt 212

0731 **Dissoziationsenergie der Silicium–Silicium-Bindung im Hexamethyldisilan.** I. M. T. Davidson und I. L. Stephenson. (J. chem. Soc. [London], Sect. A **1968**, 2, 282—87; Dep. of Chem., Univ., Leicester; engl.) — Hexamethyldisilan wurde in einem stat. Syst. zwischen 523° u.

555° bei Anfangsdrücken von 0,2—0,8 Torr pyrolysiert. Die Zus. der Zers.-Prod. wurde bestimmt. Die Bldg.-Geschw. der Prod. verläuft nach der 1. Rk.-Ordnung mit $k\,[s^{-1}] = 10^{13,5\pm1,0} \cdot \exp - (67300 \pm 2200)/RT$. Die Aktivierungsenergie ist ident. mit der Dissoziationsenergie D (Me_3Si–$SiMe_3$). Das Ionisierungspotential des Trimethylsilylradikals wurde zu 7,1 eV berechnet. Nachst. Pyrolyseprod. wurden (je nach Bedingungen) identifiziert: $[(CH_3)_2SiCH_2]_n$, *1.1.3.3-Tetramethyl-1.3-disilacyclopenten-(4)*, $(CH_3)_3SiH$, $Si(CH_3)_4$, ein Trisilan der Zus. $(CH_3)_5Si_2 \cdot CH_2Si(CH_3)_3$ u. ein Tetrasilan der Zus. $(CH_3)_5Si_2CH_2Si_2 \cdot (CH_3)_5$. G. Malow 212

0732 **Einflüsse von Zusätzen auf die Brenngeschwindigkeit von Flammen und ihre mögliche Vorherbestimmung durch eine Mischungsregel.** V. S. Yumlu. (Combust. and Flame 12 (1968) 1, 14—18; Shell Res. Ltd., Thornton Res. Centre, P.O. Box 1, Chester; engl.) — Der Einfl. von zugesetztem N_2, O_2, *NO*, H_2, H_2S, C_2H_2, C_2H_4, *Bzl.*, C_3H_8 u. CH_4 auf die Verbrennungsgeschw. S_u u. die Flammentemp. eines *Propan–Luft*-Gemisches (Äquivalenzverhältnis = 1,043) wird experimentell untersucht. Mit der Mischungsregel von Spalding können die experimentell ermittelten Einfl. einigermaßen vorherbestimmt werden. Nur der Einfl. von H_2S wird nicht erfaßt, da es wahrscheinlich als Inhibitor auf die Rk. in der Flamme wirkt. W. Pusch 214△

0733 **Fortpflanzungsgeschwindigkeit von Sauerstoff–Methan-Flammen.** G. Ferraiolo und A. Reverberi. (Quaderni Ingegnere Chim. ital. 4 (1968) 2, 25—27; Ist. Chim., Fac. di Ing., Univ., Genova; ital.) — Beitrag zur Unters. der Ox.-Geschw. von CH_4 bei hoher Temp.; Berechnung der Fortpflanzungsgeschw. v nach verschiedenen Methoden. E. Otto 214

0734 **Doppelsondenmethode mit einer stufenförmigen Hochfrequenzstoßspannung.** Kunio Terao, Yukihiro Nishida und Tadashi Sato. (Jap. J. appl. Physics 6 (1967) 10, 1154—62; Yokohama Nat. Univ., Fac. of Engng. Yokohama, Japan; dt.) — Mit einer Doppelsonde werden die Elektronentemp. T_e, Ionen-D. u. Ionenmasse in turbulenten Flammen, die sich in stöchiometr. *Propan–Luft*-Gemischen in einem Plexiglaskanal ausbreiten, u. in Detonationen, die in *Propan–O_2*-Gemischen initiiert werden, gemessen. Bei den Detonationen werden zwei Detonationswellen beobachtet. Die erste breitet sich mit 2 km/s aus, u. die zweite, die durch Reflektion am Ende der Zündstrecke entsteht, läuft mit D_2 = 1,740 km/s hinter der ersten her. Hinter der ersten Detonationsfront steigt T_e auf über 10000 °K u. nimmt dann rasch ab. Hinter der zweiten Detonationsfront ist T_e > 10000 °K u. nimmt dann allmählich bis auf 5000 °K ab. Das entspricht ungefähr der Temp. des verbrannten Gases. Die Verbrennung hinter der 1. Detonationsfront wird durch die nachfolgende Expansionswelle unterbrochen u. kann daher erst hinter der 2. Detonationsfront vollständig ablaufen. W. Pusch 214△

0735 **Sonden zur Untersuchung von bei der Verbrennung auftretenden Elektronen–Ionen-Erscheinungen.** V. T. Plicyn, B. S. Fialkov und Ja. I. Magun. (Teplofiz. vysokich Temperatur 6 (1968) 2, 315—19; Kazachstanskij filial CNIIČERMET; russ.) — Die Konstruktion von Zweielektrodensonden zur Unters. von Verbrennungsprozessen fester Brennstoffe wird beschrieben. H. Roschkowski 214

0736 **Kinetik der Wärmeabgabe von Ammoniumperchlorat in Gegenwart von Katalysatoren und Brennstoffen.** S. H. Inami, W. A. Rosser jun. und H. Wise. (Combust. and Flame 12 (1968) 1, 41—44; Stanford Res. Inst., Menlo Park, Calif.; engl.) — Über die Geschw. des Temp.-Anstiegs dT/dt wird die adiabat. Zerfallsgeschw. von *Ammoniumperchlorat* (I) in Ggw. von *Kupferchromit*, Cr_2O_3, *CuO*, Fe_2O_3, *C* (Norit A), C auf Cu-Chromit u. C auf Cr_2O_3 als Katalysatoren u. eines *Polybutadien-Treibstoffs* experimentell bestimmt. Ebenso wird die Zerfallsgeschw. von I in Abhängigkeit vom Druck bis 200 lb./in² ermittelt. In Ggw. der Katalysatoren verschwindet die autokatalyt. Eig., die mit der Keimbldg. von I verknüpft ist. Die Kinetik der adiabat. Rk. befolgt ein Arrhenius-Gesetz für die Wärmeproduktion. Beim Brennstoff–I-Syst. treten meßbare Wärmeverluste bei Temp. unterhalb der Phasenübergangstemp. von I auf. Die Wärmeerzeugung pro Masseneinheit ist größer als bei reinem I. Die Geschw. des exothermen Zerfalls von reinem I ist unabhängig vom Druck. Die Beobachtungen deuten darauf hin, daß der Wärmeverlust durch homogene oder heterogene Rk. in der kondensierten Phase bestimmt wird. W. Pusch 214△

0737 **Explosionstemperaturen von Bleiazid-Kristallen in geschmolzenen Salzen.** H. C. Egghart. (Inorg. Chem. [Washington] 7 (1968) 6, 1224—26; Basic Res. Labor., US Army Mobility Equipm., Res. and Developm. Center, Fort Belvoir, Va.; engl.) — Die untere Explosionstemp. von Bleiazidkrist., die normalerweise unter 320° explodieren, liegt bei 500°, wenn sie in geschmolzene Alkalimetallhalogenide, u. bei 620°, wenn sie in geschmolzene Alkalimetallnitrate geworfen werden. Unterhalb dieser Temp. zersetzt sich Bleiazid langsam. Diese höheren Explosionstemp. werden durch das gute Wärmeleitvermögen der Salzschmelze erklärt, wodurch es zu keinen Überhitzungen der Krist. kommen kann. Außerdem bildet sich in Alkalimetallnitratschmelzen PbO, das im Gegensatz zu dem sonst gebildeten Pb die Zers. nicht katalysiert. W. Gauster 214

0738 **Explosionsverhalten von Bariumazid.** V. R. Pai Verneker und L. Avrami. (J. physic. Chem. 72 (1968) 3, 778—83; Explosives Labor., Picatinny Arsenal, Dover, N.J.; engl.) — Die Empfindlichkeit von $Ba(N_3)_2$ steigt mit steigender Oberfläche. Die bei der Herst. verwendeten Lsgm. (Aceton, Methanol, A.) beeinflussen sie ebenfalls. Alterung der Proben desensibilisiert diese zunächst, schließlich wird aber wieder die ursprüngliche Empfindlichkeit erreicht. Diese Empfindlichkeit wird außerdem durch Ba-Metall, bis zu Konz. von 0,1 Mol-%, das entweder gezielt zugegeben oder durch therm. Zers. gebildet wurde, gesteigert, ebenso durch Verunreinigungen wie Na^+ u. $[Fe(N_3)]^{3+}$. Durch verschiedene Herst.-Meth. können verschiedene Krist.-Strukturen erhalten werden. Unter den Prod. der explosiven Zers. wurden auch signifikante Mengen Bariumnitrid gefunden. W. Gauster 214

0739 **Detonationen in Nitroglycerin.** M. F. Zimmer. (Combust. and Flame 12 (1968) 1, 1—4; Res. and Dev. Dep., Naval Ordnance Stat., Indian Head, Md.; engl.) — Die Ausbreitung von Detonationen niedriger Geschw. (1—2 mm/μs) in *Nitroglycerin* (I) wird photograph. u. durch Aufzeichnung der an den Rohrwandungen reflektierten Mach-Wellen untersucht. Bei den Detonationen geringer Geschw. beobachtet man Querwellen, die mit der Rk.-Front der Detonation wechselwirken. Infolge von Grenzschichteffekten in Nähe der Rk.-Zone treten Machsche Wellen auf, durch die leuchtende Rk.-Zentren entstehen, die sich schraubenförmig bewegen. An Hand dieser Ergebnisse wird ein Modell für die Ausbreitung von Detonationen niedriger Geschw. in I entwickelt, das die Bldg. Machscher Wellen durch die Wechselwrkg. an der Wand reflektierter Wellen mit der einfallenden Welle einschließt. W. Pusch 214△

0740 **Ammonolyse von Nitrosylchlorosulfat.** Roger De Jaeger, Pierre Legrand, Emile Puskaric und Joseph Heubel. (Rev. Chim. minérale 5 (1968) 1, 161—75; Fac. des Sci. de Lille; franz.) — Der Mechanismus der Ammonolyse von $NO(ClSO)_3$ (I) im Temp.-Intervall von —33° bis Zimmertemp. in NH_3–N_2-Gemischen wurde untersucht. Die Rk.-Prod. wurden durch chem. Analyse, Röntgenaufnahme u. IR-Daten (NOCl) in den verschiedenen Phasen der Umsetzung bestimmt. Die Ergebnisse deuten auf nachst. Mechanismus der Ammonolyse: Bldg. von $NH_4(ClSO_3)$ (**II**) u. $NONH_2$ (**III**); Kondens. von **I** u. **II** unter Abgabe von NOCl u. unter schwachem NH_3-Partialdruck (p_{NH_3}) Bldg. von NH_4 (ClS_2O_6) (**IV**); bei hohem p_{NH_3} Ammonolyse von **II** unter Bldg. von $NH_4(SO_3)_2NH_2$ (**V**), **V** reagiert mit **I**, es entsteht **IV**. **III** zersetzt sich; aus **IV** + H_2O entstandenes $NH_4HS_2O_7$ wird durch NH_3 neutralisiertt; es kann aber auch **IV** auf NH_4NO_2 einwirken unter Bldg. von NOCl + $(NH_4)_2S_2O_7$. Die Ammonolyse unter höherem p_{NH_3} sprengt auch die S—O—S-Brücken des $(NH_4)_2S_2O_7$ u. liefert $(NH_4)_2SO_4$ + **V**. G. Schatz 216

0741 **Kinetik der Oxydation von Jodid mit Jodat.** Ju. V. Efremov. (Ž. neorg. Chim. **13** (1968) 1, 58–62; Mosk. chim.-technol. inst.; russ.) – Die Ox. von Jodid mit Jodat in schwefelsaurer Lsg. nach $5\,KJ + KJO_3 + 3\,H_2 \cdot SO_4 \rightarrow 3\,J_2 + 3\,K_2SO_4 + 3\,H_2O$ wurde bei 15–55° u. verschiedenen Konz. der Ausgangskomponenten untersucht. Die Rk. verläuft in zwei Stufen, deren Aktivierungsenergie 10,7 bzw. 7,4 kcal/Mol beträgt. J. J. Pohl 216

0742 **Koordinationsverbindungen von β-Picolin mit Bortrifluorid.** I. G. Ryss und S. L. Idel's. (Ž. neorg. Chim. **13** (1968) 1, 166–69; Dnepropetrovskij inst. inž. železnodorožnogo transporta; russ.) – Durch Umsetzung von BF_3 mit β-Picolin entsteht eine Verb. der Zus. 1 : 1, F. 54,7–54,9°, die in β-Picolin u. in Bzl. gut, in Ae. merklich u. in Methanol sehr gut lösl. ist. Sie wird durch Methanol solvolysiert, durch W. schlecht benetzt. Alkal.-wss. Lsg. des Komplexes erleiden eine irreversible Hydrolyse nach einer Rk., die auf den Komplex bezogen von erster, auf OH^- bezogen von nullter Ordnung ist. Die Abhängigkeit der Geschw.-Konst. (k; min^{-1}) von der Temp. wird durch die Gleichung $\log k = 13{,}2746 - (4581{,}51\,/T)$ beschrieben. Die Aktivierungsenergie u. -entropie der Hydrolyse des Komplexes betragen 20,96 kcal/Mol. bzw. –7,96 Clausius. J. J. Pohl 216

0743 **Mechanismus der Hydrolyse von Calciumphosphaten.** A. S. Michajlov. (Ž. neorg. Chim. **13** (1968) 9, 2356 bis 2359; russ.) – Die Bereiche des Auftretens von $CaH \cdot PO_4$, $Ca(PO_4)_2$ u. $Ca_5(PO_4)_3OH$ in den Koordinaten $[PO_4^{3-}]$-pH-Wert, bzw. Summenkonz. der Phosphat-Ionen-pH-Wert sowie die Parameter von gesätt. $CaHPO_4$- u. $Ca_3 \cdot (PO_4)_2$-Lsg. wurden bestimmt. Die Hydrolyse von Ca-Phosphaten verläuft infolge der Hydrolyse von HPO_4^{2-}- u. PO_4^{3-}-Ionen in den Lsg. im Bereich der Hydrolyse von $Ca_5(PO_4)_3OH$. Die Hydrolyse von $CaHPO_4$ u. $Ca_3(PO_4)_2$ verläuft nach dem Mechanismus: Auflsg. der Verb. in W., prakt. vollständige Dissoziation zu Ionen, Hydrolyse der Ionen PO_4^{3-} u. HPO_4^{2-}, Zunahme des pH der Lsg., Bldg. von $Ca_5(PO_4)_3OH$, Übersättigung, Ausfällung von $Ca_5 \cdot (PO_4)_3OH$ an der Oberfläche des sich lösenden Ca-Phosphats, Abnahme des pH-Werts der Lsg., Einstellung des Gleichgew.-Wertes. J. J. Pohl 216

0744 **Mechanismus der Reaktion von Mn(III) mit Wasserstoffperoxid.** C. F. Wells und D. Mays. (Inorg. nuclear Chem. Letters **4**, (1968) 1, 43–45; Dep. of Chem., Univ., Birmingham, England; engl.) – Die Rk. $2\,Mn(III) + H_2O_2 \rightarrow 2\,Mn(II) + O_2 + 2\,H^+$ verläuft schneller als die analoge Ox. von H_2O_2 durch Fe(III) oder Co(III). Sie wurde nach dem Stopped-flow-Verf. spektrophotometr. in $Mn(ClO_4)_2$-Medium ($\mu = 4{,}0$) bei 470 nm verfolgt. Die opt. Dichte nimmt im Augenblick des Mischens zu, dann nach einem Geschw.-Gesetz erster Ordnung mit $k_0 = 80\,s^{-1}$ bei 25° ab. Die Geschw. ist unabhängig von $[Mn(III)]/[H_2O_2]$ im Bereich 0,3–0,8 mit $[Mn(III)] = 10^{-4}$–$6 \cdot 10^{-4}$ m, ferner unabhängig von $[HClO_4]$ im Bereich 0,5 bis 3,7 m sowie von der Temperatur. Es wird ein Mechanismus diskutiert, der über den Peroxokomplex $MnHO_2^{2+}$· aq. (verantwortlich für die Zunahme der opt. Dichte), dessen Zerfall zu Mn(II) u. HO_2 (geschwindigkeitsbestimmend) u. Weiterrk. nach $Mn(III) + HO_2 \rightarrow Mn(II) + H^+ + O_2$ verläuft. A. Blaschette 216

0745 **Azidradikal: Reaktion von Mn(III) mit Stickstoffwasserstoffsäure.** C. F. Wells und D. Mays. (Inorg. nuclear Chem. Letters **4**, (1968) 1, 61–63; engl.) – Vgl. vorst. Referat. – Mn(III) bildet mit HN_3 in Perchloratmedium einen rosa Komplex, der unter N_2-Entw. zerfällt, wobei das stöchiometr. Rk.-Verhältnis $\Delta[Mn(III)]/\Delta[HN_3] = 1{,}0$ ist. Solche Mischungen starten die Polymerisation von Acrylnitril. Die Kinetik der Rk. wurde spektrophotometr. [Best. des Mn(III) nach Rk. mit Fe(II) zu Fe(III); 260 nm] bei $[HClO_4] = 0{,}3$–$1{,}5$ m u. $\mu = 4{,}0$ $[Mn(Cl \cdot O_4)_2]$ verfolgt. Bei Überschuß von HN_3 ($3{,}0 \cdot 10^{-4}$ bis $8{,}0 \cdot 10^{-4}$ m) ist die Geschw. erster Ordnung bez. [Mn(III)] u. die Geschw.-Konst. pseudoerster Ordnung ist proportional $[HN_3]^2$ bei konst. $[HClO_4]$. Die scheinbare Konst. dritter Ordnung nimmt mit $[HClO_4]$ zu. Bei Mn(III)-Überschuß wird keine Kinetik erster Ordnung erhalten. Es wird ein Mechanismus diskutiert, der über den Komplex $MnHN_3^{3+}$ u. dessen Weiterrk. nach $MnHN_3^{3+} + HN_3 \rightarrow Mn(II) + H_2N_6^+$ (geschwindigkeitsbestimmend) u. $Mn^{3+} + H_2N_6^+ \rightarrow Mn(II) + 3\,N_2 + 2\,H^+$ verläuft. Die Bindung im $H_2N_6^+$-Radikal erfolgt möglicherweise über eine Wasserstoffbrücke vom Typ N–H–N. A. Blaschette 216

0746 **Kinetische Untersuchung der Säurehydrolyse einiger Bromokobalt(III)-Komplexe.** V. D. Panasjuk und A. V. Archarov. (Ž. neorg. Chim. **13** (1968) 9, 2477–80; Kievskij gos. univ.; russ.) – Die Kinetik der Aquotisierungsrk. der geometr. Isomeren von $[Co(en)_2(CNS)Br]^+$ in Ggw. von A., Aceton u. Äthylenglykol im Falle des cis-Isomers u. von A., Glycerin u. Äthylenglykol im Falle der trans-Verb. wurde untersucht. Die Rk. können mit einer Gleichung erster Ordnung beschrieben werden. Die Größe des Frequenzfaktors, der Potentialbarriere, der Entropie u. der freien Aquotisierungsenergie wurde mit der Meth. der kleinsten Quadrate bestimmt. Die Aquotisierung der beiden Komplexsalze ist von der Ionenstärke im Bereich 0,005–0,015 unabhängig, sie verläuft vorwiegend nach einem S_N1-Mechanismus. J. J. Pohl 216

0747 **Untersuchungen von Elektronentransfergeschwindigkeiten einer Anzahl von Kobalt(II)–Kobalt(III)-Systemen.** Robert Farina und Ralph G. Wilkins. (Inorg. Chem. [Washington] **7**, (1968) 3, 514–18; Dep. of Chem., State Univ. of New York, Buffalo, N.Y.; engl.) – Die Geschw.-Konst. k_2(l/Mol · s) bei 0° u. Ionenstärke I = 0,05 sowie die thermodynam. Größen ΔH^* (kcal/Mol) u. ΔS^* (cal/Mol · Grad) betragen für die Ox. von $[Co(terpy)_2]^{2+}$ mit $[Co(bipy)_3]^{3+}$ 64; 8,4 u. –19; $[Co(phen)_3]^{3+}$ 280; 6,9 u. –21; $[Co(tmp)_3]^{3+}$ 68; 10,6 u. –12; cis-$[Co(bipy)_2 \cdot (H_2O)_2]^{3+}$ 13000; 4,2 u. –24; cis-$[Co(phen)_2(H_2O)_2]^{3+}$ 30000; 4,3 u. –22; $[Co(bipy)(H_2O)_4]^{3+}$ 680; 10,8 u. –6; $[Co(phen)(H_2O)_4]^{3+}$ 1400; 10,9 u. –4; $[Co(H_2O)_6]^{3+}$ (I = 1) 74000; 3,4 u. –23; $[Co(OH)]^{2+}$ (I = 0,027) 17000; 5,1 u. –20 sowie trans-$[Co(py)_4Cl_2]^+$ (I; I = 0,00016) 300000; 5,2 u. –14; $[Co(bipy)_3]^{2+}$ mit $[Co(terpy)_2]^{3+}$ (I = 0,05) 27; 8,7 u. –20; I (I = 0,00016) 11000; 5,2 u. –20; $[Co(phen)_3]^{2+}$ mit I (I = 0,00016) 9100; 8,4 u. –12 sowie $[Co(phen) \cdot (H_2O)_4]^{2+}$ mit $[Co(bipy)(H_2O)_4]^{3+}$ (I = 1,55) 0,06; 8,7 u. –30. Die Rk.-Geschw.-Konst. für die Redoxrk. zwischen $[Cr(bipy)_3]^{2+}$ u. $[Cr(terpy)_2]^{3+}$ übersteigt $3 \cdot 10^6$ l/Mol · s. Die Einfl. der Freien Energie der H_2O-Spezies, verglichen mit dem der OH^--Spezies, u. der Elektronenkonfig. auf die Geschw. dieser Rk. in der äußeren Koordinationssphäre können abgeschätzt werden. G. Heller 216

0748 **Katalyse von Ionenreaktionen durch Polyelektrolyte. Reaktion von $[Co(NH_3)_5Cl]^{2+}$ mit Hg^{2+} in polysulfonsauren Lösungen.** Barry Vogel und Herbert Morawetz. (J. Amer. chem. Soc. **90** (1968) 5, 1368–69; Polymer Res. Inst., Polytechn. Inst. of Brooklyn, Brooklyn, N.Y.; engl.) – Der Einfl. von *Polyvinylsulfonat* (I) u. *Polymethylacryloxyäthylsulfonat* (II) auf die durch Hg^{2+} katalysierte Aquotisierung von $[CoCl(NH_3)_5]^{2+}$ (III) wurde durch UV-Spektroskopie an hochverd. Lsg. ($5 \cdot 10^{-6}$ m III, $5 \cdot 10^{-5}$ m Hg^{2+}) bei 5° u. pH 3 ($HClO_4$) untersucht. In Abwesenheit von I oder II wird das Verschwinden von III durch die Geschw.-Konst. pseudoerster Ordnung von $2{,}38 \cdot 10^{-7}\,s^{-1}$ charakterisiert. In Ggw. von $5 \cdot 10^{-5}$ m II bzw. I wird diese Konst. um die Faktoren 24700 bzw. 176000 beschleunigt. Die Ggw. einfacher Salze verringert den Einfl. des Polyions, z. B. fällt in Ggw. von 0,01 m $NaClO_4$ der Beschleunigungsfaktor von I auf 58200. Die Werte dieser Faktoren in Ggw. dieser Konz. des Salzes zeigen, daß diese Rk.-Geschw. mit steigender Konz. des Polyions bis $1{,}5 \cdot 10^{-4}$ m steigen, dann aber scharf fallen; analoges wird mit Veränderung der Hg^{2+}-Konz. beobachtet. Diese Erscheinung wird mit Sättigung u. verringerter Wahrscheinlichkeit der Spaltung der Co–Cl-Bindung erklärt. G. Heller 216

0749 **Kinetik der Hydrolyse von $[AuCl_4]^-$ im alkalischen Medium.** V. P. Kazakov und M. V. Konovalova. (Ž. neorg. Chim. **13** (1968) 1, 66–70; Inst. teplofiz. SO AN SSSR, Novosibirsk; russ.) – Die spektrophotometr. bestimmte Abhängigkeit der Geschw. der alkal. Hydrolyse von $[AuCl_4]^-$ ($0{,}76 \cdot 10^{-4}$ bis $2{,}97 \cdot 10^{-4}$ m) von der Cl^--Konz. in der Lsg. deutet auf Bldg. von Komplexen mit KZ 4. Die Aktivierungsenergie der Rk. von $AuCl_4^-$ mit

OH^- ist, wie aus der Änderung der Rk.-Geschw. mit der Temp. ersichtlich ist, nahezu null. J. J. Pohl 216

0750 **Reduktionskinetik von $AuBr_4^-$ mit Ameisen- und Oxalsäure.** V. P. Kazakov und M. V. Konovalova. (Ž. neorg. Chim. **13** (1968) 9, 2377–83; russ.) – Vgl. vorst. Referat. – Die Red. von $AuBr_4^-$ mit Ameisen- u. Oxalsäure erfolgt durch die Umsetzung mit den Anionen $HC \cdot OO^-$, $HC_2O_4^-$ u. $C_2O_4^{2-}$. Bei kleinen pH-Werten u. niedrigen Temp. erfolgt die Red. mit Oxalsäure durch die Einw. von $HC_2O_4^-$-Ionen, mit wachsendem pH-Wert u. steigender Temp. wird die Rolle von $C_2O_4^{2-}$-Ionen stärker. Die Geschw.-Konst., Aktivierungsenergien u. -Entropien betragen im Falle von $HCOO^-$ bei 40° k = 10,1 ± 0,7 · 10^{-5} (l · Mol^{-1} · s^{-1}). E = 29 ± 2 (kcal), ΔS^* = 13 ± 6 (Clausius), für $HC_2O_4^-$ bei 20° k = 0,23 ± 0,05 · 10^{-3}, E = 13,7 ± 1,3, ΔS^* = –29 ± 0,9, für $C_2O_4^{2-}$ bei 20° k = 2,0 ± 0,3 · 10^{-2}, E = 33,7 ± 0,9 u. ΔS^* = 44 ± 4. Die Aktivierungsenergie der Red. von $AuBr_4^-$ ist vom pK der als Red.-Mittel verwendeten Säure abhängig. Anionen, die über Sauerstoffatome koordiniert sind, reagieren langsamer als solche, die über S-Atome koordiniert sind. J. J. Pohl 216

0751 **Reversible Reaktion von Hydroxoäthylendiamintetraacetatoruthenat(III) mit Sauerstoff.** N. A. Ezerskaja und T. P. Solovych. (Ž. neorg. Chim. **13** (1968) 1, 187 bis 191; Inst. obšč. i neorg. chim. im. Kurnakova AN SSSR; russ.) – Die spektrophotometr. Unters. der Rk.-Geschw. von $[RuYOH]^{2-}$ (H_4Y = AeDTE) in wss. Lsg. mit Sauerstoff bei 280–630 nm sowie Daten der Änderung des pH u. der mol. elektr. Leitfähigkeit zeigen die Komplexität der Mehrstufenreaktion. Ein möglicher Mechanismus der Hin- u. Rückrk. wird vorgeschlagen. Bei der O_2-Aufnahme bildet sich als Endprod. der Komplex $[YRu(O_2)OH \cdot RuY]$. J. J. Pohl 216

0752 **Homogene Hydrierung olefinischer Substrate unter Verwendung von Rhodiumkomplexen mit schwefelhaltigen Liganden.** B. R. James, F. T. T. Ng und G. L. Rempel. (Inorg. nuclear Chem. Letters **4**, (1968) 4, 197–99; Dep. of Chem., Univ. of B.C., Vancouver, B.C., Canada; engl.) – $[RhCl_3(Set_2)_3]$ (**I**; et = C_2H_5) vermag die Hydrierung von C_2H_4 u. dessen Deriv. bei Temp. unterhalb 50° u. 1 atm H_2 in N.N'-Dimethylacetamid als Lsgm. (nicht aber in Bzl.) homogen zu katalysieren. Das Substrat muß im Überschuß vorhanden sein. Die Kinetik der Rk. wurde mit *Maleinsäure* (**II**) als Substrat näher untersucht. Die Anfangsgeschw. nimmt kontinuierlich auf einen konst. Wert ab. In beiden Geschw.-Bereichen ist die kinet. Abhängigkeit erster Ordnung bez. [**I**] (0,2 · 10^{-2} bis 1,0 · 10^{-2} m) u. bez. $[H_2]$ (0,5 · 10^{-3} bis 2,5 · 10^{-3} m). Die Geschw. ist unabhängig von [**II**] (bis 0,1 m). Abscheidung von Rh-Metall beginnt, wenn das Konz.-Verhältnis **II** : Rh < **1** wird. In Abwesenheit von **II** wird **I** durch H_2 rasch zum Metall reduziert. Es wird nachst. Mechanismus diskutiert: Rh(III) + H_2 → Rh(I) + 2 H^+ (k_1), Rh(I) + **II** → 1:1-Komplex (schnell), Komplex + H_2 → *Bernsteinsäure* + Rh(I) (k_2). Die Werte von k_1 bzw. k_2 bei 80° betragen ca. 1,84 bzw. 0,32 l/Mol · s. Der erste Rk.-Schritt liefert offensichtlich Spezies des Typs $Rh^ICl_x(Set_2)_yL_z$ (L = Lsgm.-Mol.; x + y + z = 4). – Durch Rk. von H_2 mit $RhCl_3$-Lsg. in Ggw. von Pph_3 (ph = C_6H_5) kann die $Rh^ICl(Pph_3)_3$ Spezies in situ dargestellt werden. A. Blaschette 216

0753 **Nachweis eines Dismutationsgleichgewichtes des Osmium(VII).** Jean-Pierre Beaufils, Michel Hellin und Fernand Coussemant. (C. R. hebd. Séances Acad. Sci., Sér. C **266** (1968) 8, 496–99; Inst. Franç. du Petr. Rueil-Malmaison, Hauts-de-Seine; franz.) – Die sukzessive Ox. von Os(VI) mit ClO^- zu Os(VII) bzw. Os(VIII) wurde photometr. verfolgt. Danach liegt ein Dismutationsgleichgew. zwischen Os(VI), Os(VII) u. Os(VIII) vor, dessen Konst. durch Messung der einzelnen Extinktionskoeff. zu k = 0,13 ber. wurde. Die kinet. Unters. der Red. von **Os(VIII)** mit A. durch amperometr. Messung ergab, **daß die** RG im alkal. Medium nur von der Os(VIII)-Konz. **bestimmt** wird. Os(VII) ist durch A. nicht direkt reduzierbar. W. Ast 216

0754 **Charakteristiken der Reaktion eines Festkörpers mit sich ändernder Porosität.** L. N. Chitrin und E. S. Golovina. (Teplofiz. vysokich Temperatur **6** (1968) 1, 175–80; Energet. inst. im. Kržižanovskij; russ.) – Die Rk. eines porösen Stoffes mit einem Gas unter den Bedingungen der Änderung der inneren Rk.-Oberfläche u. des Diffusionskoeff. innerhalb des Stoffes wird theoret. untersucht. Am Beispiel der Rk. von C mit CO_2 wird experimentelles Material analysiert, um die Geschw.-Konst. dieser Rk. bei hohen Temp. zu ermitteln. H. Roschkowski 218

0755 **Messung der Änderung des Sauerstoffdruckes in Oxidpulvern durch Sauerstoffkonzentrationszellen.** Koichi Kashida, Kazuhiro Goto und Mayumi Someno. (Trans. metallurg. Soc. AIME **242** (1968) 1, 82–87; Dep. of Metallurg., Tokyo Inst. of Technol., Tokyo, Japan; engl.) – Mit einer galvan. Zelle, bestehend aus 2 Elektroden, die durch $ZrO_2 \cdot CaO$ als Elektrolyt getrennt waren, u. in der der Ladungstransport überwiegend durch O-Ionen erfolgte („O-Konz.-Zelle"), verfolgten Vf. die Änderung des O-Druckes in den Poren von Oxidpulvern (WO_3, CuO, Al_2O_3 u. Fe_2O_3) während der Reduktion. Daraus werden Rückschlüsse auf den Mikromechanismus der Red. von Oxiden durch heiße Gase bei erhöhter Temp. gezogen. Die während der Red. von WO_3 gebildeten Phasen werden als W_3O, WO, WO_2, $W_{18}O_{49}$ ($WO_{0,72}$) u. $W_{20} \cdot O_{58}$ ($WO_{2,90}$) identifiziert. A. Günther 218

0756 **Austauschreaktion von Sauerstoff mit Oxiden. Bestimmung der Austauschgeschwindigkeit mit einem Computer.** V. S. Muzykantov, P. Jírů, K. Klier und J. Nováková. (Collect. czechoslov. chem. Commun. **33** (1968) 3, 829–35; Prague, Czechoslov. Acad. of Sci., Inst. of Phys. Chem.; engl.) – Durch Best. der Zeitabhängigkeit der Konz. von $^{18}O^{16}O$, $^{18}O^{18}O$ u. $^{16}O^{16}O$ wurden die Austauschrk. von O_2 mit V_2O_5 (530°), WO_3 (750°) u. MgO (470–535°) untersucht. Die unter Anwendung von verschiedenen statist. Mechanismen nach einer Optimierungsmeth. ber. Austauschgeschw. werden mitgeteilt. G. Gattow 218

0757 **Oxydation von Aluminium-Filmen in Sauerstoffatmosphären mit niedrigem Druck.** C. T. Kirk jun. und E. E. Huber jun. (Surface Sci. [Amsterdam] **9** (1968) 2, 217–45; MIT, Lincoln Labor., Lexington, Mass.; engl.) – Die Kinetik der Ox. von Al-Filmen bei Raumtemp. u. O_2-Drücken zwischen 10^{-3} u. 10 Torr wurde durch gleichzeitige Messung der Sauerstoffaufnahme u. der Änderung der Austrittsarbeit verfolgt. Bei sukzessiver Erhöhung des O_2-Druckes ergibt sich ein druckabhängiges logarithm. Zeitgesetz. Bei plötzlicher Erniedrigung des O_2-Druckes bleibt die totale aufgenommene Sauerstoffmenge konst., während die Austrittsarbeit nach einem logarithm. Zeitgesetz abnimmt. Das gesamte Verh. kann mit einem Zweistufenmechanismus erklärt werden: Die erste Stufe besteht in der aktivierten Chemisorption von Sauerstoff auf der ox. Oberfläche. der zweite Schritt ist ein aktivierter Platzwechselprozeß zur Bldg. des Oxids. G. Ertl 218

0758 **Einfluß dünner Edelmetallschichten auf die Oxydation von Zirkonium.** A. Fiegna und P. Weisgerber. (J. electrochem. Soc. **115** (1968) 4, 369–71; Euratom-CCR, Ispra, Italy; engl.) – Edelmetallüberzüge auf Zr von 100–300 Å Dicke verhindern die Ox. des Zr durch O_2 oder W.-Dampf bei 450° nicht. Es tritt im Gegenteil eine katalyt. Beschleunigung der Ox. in W.-Dampf durch Pt u. Ag ein sowie in O_2 durch Pt. Vf. weisen darauf hin, daß durch diesen Effekt Fehler entstehen können bei Messung der elektr. Eig. von Oxiden, deren Oberflächen durch Aufdampfen von Edelmetallschichten leitend gemacht wurden. H. Tulhoff 218

0759 **Kinetik und Mechanismus der Oxydation von Zircaloy-2 bei 350–500°.** J. K. Dawson, G. Long, W. E. Seddon und J. F. White. (J. nuclear Mater. [Amsterdam] **25** (1968) 2, 179–200; AERE, Harwell, Didcot, Berks.; engl.) – Die Kinetik der Rk. von Zircaloy-2 mit O_2 u. Wasserdampf bei 20 < p < 200 Torr u. 350 < T < 500° wird untersucht (kontinuierliche Messungen des Fortschreitens der Ox. durch gravimetr. u. manometr. Meth., Änderung von Temp. u. Druck, Messung der spezif. Oberfläche in verschiedenen Stadien der Ox. u. mkr. Unters.). Die Kinetik kann in vier Gebiete des Gew.-Verlustes eingeteilt werden, fortschreitend von einer parabol.

über eine kub. zur linearen Abhängigkeit, wobei die Gew.-Verluste zwischen den einzelnen Bereichen von der Temp. abhängen. Ein Modell für den Ox.-Mechanismus wird abgeleitet; es erklärt die kub. Abhängigkeit, bes. die Rißbldg. entlang oder in der Nähe der Grenzfläche Oxid–Metall.
M. Frenzel 218

0760 **Oxydation von Legierungen des Systems Niob–Tantal bei 550–1050°.** I. I. Korobkov, V. V. Osipov und N. N. Zapleško. (Fiz. Metallov Metallovedenie 25 (1968) 1, 85–93; Mosk. inženerno-fiz. inst.; russ.) — Die Ox.-Kinetik von Nb-Leg. mit 1–97 (Atom-%) Ta sowie die Struktur u. Zus. der Oxidfilme u. dickerer Zunderschichten wird untersucht. Für Leg. mit bis zu 30 Ta zeigten sich in der durch kontinuierliche Wägung der Proben bestimmten Ox.-Geschw. Anomalien bei 600–700° bzw. 800–1000°, die sich in einer Verminderung der Ox.-Geschw. bei Temp.-Erhöhung ausdrücken. Bei den restlichen Leg. tritt nur die Tieftemp.-Anomalie auf. Mit steigendem Ta-Geh. der Leg. verschiebt sich der Beginn des anomalen Verh. zu höheren Temp., was mit der Auflsg. der Oxide Nb_2O_5 u. Ta_2O_5 in den Filmen zusammenhängt.
H. Roschkowski 218

0761 **Reaktion von Chrom mit Kohlendioxid bei höheren Temperaturen.** Lucien Cadiou, Jean Païdassi und Raymond Darras. (C. R. hebd. Séances Acad. Sci., Sér. C 266 (1968) 9, 576–79; Centre d'Études nucl. de Saclay, Dep. de Métallurg., Serv. de Chim. des Solides; franz.) — Bei 800–1400° reagiert Cr mit CO_2 von 1 atm gemäß $2\,Cr + 3\,CO_2 \rightarrow Cr_2O_3 + 3\,CO$. Die Aktivierungsenergien in den Temp.-Bereichen von 800–900° bzw. 900–1400° betragen 25,1 bzw. 44,5 kcal/Mol.
L. Leonhardt 218

0762 **Reaktion zwischen Chrom und Sauerstoff bei höheren Temperaturen.** Jean Païdassi, Lucien Cadiou und Laure Berry. (C. R. hebd. Séances Acad. Sci., Sér. C 266 (1968) 7, 413–16; franz.) — Vgl. vorst. Referat. — Die Ox. von Chrom bei 1 atm O_2 wurde zwischen 800 u. 1400° gravimetr. untersucht. Zwischen 800 u. 1000° beträgt die Aktivierungsenergie 29,2 kcal/Mol, zwischen 1000 u. 1400° 58,5 kcal/Mol. Der Mechanismus der Ox. wird diskutiert.
G. Ertl 218

0763 **Kinetik der Fluorierung von Urandioxid-Pellets durch Fluor.** M. Iwasaki. (J. nuclear Mater. [Amsterdam] 25 (1968) 2, 216–26; Nuclear Fiuel Chem. Labor., Japan Atomic Energy Res. Inst., Tokai-mura; engl.) — Die Fluorierung von UO_2 zu UF_6 wird bei 300–540° mit einer Thermowaage untersucht. Bei < 430° bilden sich dicke Zwischenschichten auf dem nicht umgesetzten Kern des Pellets. Fluor wird chemisorbiert. Bei > 430° ist die Schichtmenge allg. gering. Röntgenograph. wird hier unter stöchiometr. UO_2F_2 nachgewiesen.
M. Frenzel 218

0764 **Untersuchung der Oxydation und Verformung von Urannitrid mittels Elektronenmikroskopie.** M. J. Sole und C. M. van der Walt. (Acta metallurg. [Long Island City, N.Y.) 16 (1968) 4, 501–10; Atom. Energy Board, Pretoria; engl.) — Ox. u. Verformung von UN-Einkrist. werden mit Hilfe von elektronenmkr. Durchstrahlungs- u. Beugungsmeth. untersucht. Das anfängliche Ox.-Prod. ist epitakt. U_2N_{3+x}, das geordnete O-Atome enthalten kann. Bei fortschreitender Ox. bildet sich ein doppelter Schutzfilm von UO_2 u. U_2N_{3+x}. Zwischen den Phasen bestehen die Orientierungsbeziehungen $\{001\}(UO_2)\,||\,\{001\}(U_2N_{3+x})\,||\,\{001\}(UN)$ u. $\langle 100\rangle(UO_2)\,||\,\langle 100\rangle(U_2N_{3+x})\,||\,\langle 100\rangle(UN)$. Gleitspuren werden beobachtet. Sie zeigen, daß Primärgleitung in UN in $\{101\}\langle\bar{1}01\rangle$ erfolgt. Ferner existiert ein sek. Gleitsyst. $\{112\}\langle\bar{1}10\rangle$.
M. Frenzel 218

0765 **Gasphasen-Oxydation von Rhenium und einer Re-Legierung mit 8% Titan bei Sauerstoffdrücken von 1 bis 10 Torr im Temperaturbereich 800–1400°.** E. A. Gulbransen und F. A. Brassart. (J. less-common Metals [Lausanne] 14 (1968) 2, 217–24; Westinghouse Res. Labor., Pittsburgh Pa.; engl.) — Unters. bei dynam. Vers.-Bedingungen. Die kinet. Daten zeigen, daß bei Temp. < 1100° die Ox. chem. kontrolliert (mobile Adsorption) verläuft. Detaillierte Vers. über die Druckabhängigkeit der Rk. ergaben, daß noch weitere Faktoren für die Ox.-Geschw. ausschlaggebend sind. Bei Temp. > 1100° verläuft die Rk. diffusionskontrolliert.
D. Ertel 218

0766 **Kinetik der Oxydation von Eisen–Kohlenstoff-Legierungen.** Gérard Vagnard, Jack Manenc und Jacques Bénard. (C. R. hebd. Séances Acad. Sci., Sér. C 266 (1968) 13, 959–62; IRSID, Saint-Germain-en-Laye; franz.) — Es wurde eine metallograph. Unters.-Meth. angewandt, die mit den früher erhaltenen thermogravimetr. Messungen verglichen wurde. Die Ox.-Geschw. hängt nur bei der Ox. unter 850° von der C-Konz. ab. Aus den gefundenen Werten für die Ox.-Konst. wurde der Anreicherungskoeff. von C nach der selektiven Ox. des Fe sowie dessen lokale Konz. in den Oberflächenschichten des Metalles berechnet.
W. Gauster 218

0767 **Einfluß der Kristallorientierung während der Rostbildung auf der Oberfläche von Eisen.** J.-P. Kauffmann und J. Bardolle. (Mém. sci. Rev. Métallurgie 64 (1967) 5, 429–36; Orléans-la-Source, Fac. des Sci., Labor. de Chim. gén.; franz.) — Proben von *Armco*-Fe oder zonengeschmolzenem Fe wurden mechan. u. elektrolyt. poliert u. hierauf längere Zeit in H_2 erhitzt. Zur Rostbldg. wurden sie längere Zeit der Atmosphäre ausgesetzt. Die Richtung der Rostbldg. ändert sich von Probe zu Probe, sogar von Korn zu Korn. Mehr als 3 bevorzugte Orientierungsrichtungen wurden in keinem Fall beobachtet. Nach Röntgen- u. Elektronenbeugungsaufnahmen sind die Knötchen amorph. Die Zus. des Rostes entspricht $Fe_2O_3 \cdot H_2O$ oder FeOOH. Der Rost bildet sich bevorzugt in der Nähe der {100}-Ebenen, sehr langsam in der Nähe der Ebenen {111} u. bes. {110}, die prakt. unverändert bleiben.
C. Gottfried 218△

0768 **Thermischer Abbau von Magnesiumsulfatheptahydrat bei kontrolliertem Wasserdampfdruck. Zwischen 10^{-3} und 40 Torr beobachteter Mechanismus.** Michel Lallemant und Ginette Watelle-Marion. (C. R. hebd. Séances Acad. Sci., Sér. C 264 (1967) 25, 2030–33; Dijon, Fac. des Sci., Labor. de Chim. du 1. Cycle; franz.) — Der therm. Abbau von $MgSO_4 \cdot 7\,H_2O$ bei kontrolliertem W.-Dampfdruck u. stufenweiser oder linearer Temp.-Erhöhung (< 7°/Std.) wird röntgenograph., thermogravimetr. u. durch DTA verfolgt. Zwei verschiedene Dehydratisierungsmechanismen können beobachtet werden, der eine bis zu Drücken von 40 Torr, der andere oberhalb 50 Torr. Zwischen 10^{-3} u. 40 Torr werden mit steigender Temp. nacheinander die Hydratphasen mit 6, 4, 2 u. 1 H_2O durchlaufen, ehe man zum wasserfreien Prod. gelangt. Ein Temp.–Druck-Diagramm mit den Existenzbereichen der einzelnen Phasen ist angegeben.
F. Haenschke 218

0769 **Mechanismus der Oxydation von Magnetit zu γ-Fe_2O_3.** K. J. Gallagher, W. Feitknecht und U. Mannweiler. (Nature [London] 217 (1968) 5134, 1118 bis 1121; Dep. of Chem., Univ. Coll. of Swansea; engl.) — Röntgenbeugungs- u. kinet. Messungen zeigen, daß die Geschw. der Ox. von Magnetitkrist. zu γ-Fe_2O_3 durch Diffusion der Fe-Kationen kontrolliert wird. Das vorgeschlagene Modell für die Ox. beschreibt gut die Kinetik des Prozesses.
W. Gauster 218

0770 **Kinetik der Oxydation von Nickel und seinen Legierungen.** J. J. van den Broek und J. L. Meijering. (Acta metallurg. [Long Island City, N.Y.] 16 (1968) 3, 375–79; Metallurg. Labor., TU, Delft; engl.) — Die Ox. von Ni, Ni mit 0,5% Cu, Mn oder Cr u. mit 2,5% Cr in Luft wird untersucht. Abweichungen vom parabol. Gesetz in reinem Ni können Alterungseffekten in der Oxidschicht zugeschrieben werden bzw. bei > 950° der Bldg. einer zweiten Schicht unterhalb der ersten. Beide Ni–Cr-Leg. zeigen period. Variationen der Ox.-Geschw., vermutlich auf Grund von Spannungskonz. in den Oxidschichten.
M. Frenzel 218

0771 **Mechanismus der Oxydation von Nickel–Yttrium-Legierungen.** B. M. Vasjutyns'kyj, H. M. Kartmazov und A. V. Bobrovs'kyj. (Ukraïns'kyj fiz. Ž. 13 (1968) 3, 480–84; Fiz.-techn. inst. AN URSR, Charkiv; ukrain., Auszug: engl.) — Mikrostrukturunters. (mkr.) von Leg. mit 0,05–5,0 Atom-% Y. Deutung des Ox.-Mechanismus durch gleichzeitige Diffusion von Y^{3+} u. O^{2-} durch die Oxidschicht.
K. Jaeger 218

0772 **Metallographische Untersuchung der Oxydation von Ni_3Al–Ni_3Nb-Legierungen.** M. P. Arbuzov und V. G. Čuprina. (Izvest. vysšich učebnych Zavedenij [Tomsk], Fiz. **11** (1968) 1 (68) 22–27, 2 Tafeln; Inst. problem materialovedenija AN Ukr. SSR; russ.) — Vf. untersuchen die Mikrostruktur des Zunders, der aus einphasigen Leg. (feste Lsg. in Ni_3Al), zweiphasigen Leg. (feste Lsg. in Ni_3Al u. feste Lsg. in Ni_3Nb) des Syst. Ni_3Al–Ni_3Nb u. aus den reinen Verb. *Ni_3Nb* u. *Ni_3Al* durch Ox. bei 650, 800 u. 900° gebildet wird. Der Zunder besteht aus mehreren Schichten. Mit Hilfe der Röntgenphasenanalyse wurden die einzelnen Schichten untersucht. Die verschiedenen Oxide verteilen sich in den untersuchten Syst. wie folgt: in Ni_3Al nach Ox. bei 650°: NiO, γ-Al_2O_3 + NiO; bei 900°: NiO, NiO · Al_2O_3, γ-Al_2O_3 + *NiO*; in der einphasigen Leg.: bei 650°: NiO, γ-Al_2O_3 + α-Nb_2O_5 + NiO; bei 900°: NiO, NiO · Al_2O_3 + NiO · Nb_2O_5, γ-Al_2O_3 + β-Nb_2O_5 + NiO, Ni; in der zweiphasigen Leg.: bei 650°: NiO, α-Nb_2O_5 + γ-Al_2O_3 + NiO, α-Nb_2O_5 + Ni + (Ni_3Al), Ni + Ni_3Al; bei 900°: NiO, NiO · Nb_2O_5 + NiO · Al_2O_3 + NiO, NiO · Nb_2O_5 + Ni + NiO + (Ni_3Al), β-Nb_2O_5 + Ni + (Ni_3Al), Ni + Ni_3Al; in Ni_3Nb: bei 650°: NiO, α-Nb_2O_5 + NiO, α-Nb_2O_5 + Ni, Ni; bei 900°: NiO, NiO · Nb_2O_5 + NiO, NiO · Nb_2O_5 + Ni + NiO, Ni + β-Nb_2O_5, Ni. Vf. geben Möglichkeiten für den Mechanismus der Bldg. der verschiedenen Oxide an. W. Müller-Litz 218

0773 **Oxydation kugelförmiger Kupferteilchen in Luft.** Martti Hämäläinen und Ilkka Iivari. (Suomen Kemistilehti **41** (1968) 2, B 37–B 41; Dep. of Phys., Univ. of Turku, Turku, Finnland; engl.) — Cu-Pulver von 50 μ Durchschnittskorngröße werden bis zu 80 Std. durch Luft ox. bei 495, 520, 560 u. 600°. Die gebildeten CuO- u. Cu_2O-Mengen werden durch Intensitätsvgl. der Röntgenspektren gemessen. RGK u. Aktivierungsenergie werden neu bestimmt. H. Tulhoff 218

0774 **Oxydationsvorgang bei binären Sulfiden.** T. Ionescu, E. Pincovschi und I. Maxim. (Z. anorg. allg. Chem. **356** (1968) 3/4, 207–16; Bukarest, TH, „Gh. Gheorghiu Dej", Inst. für Atomphys. der Akad.; dt.) — Mit Hilfe thermogravimetr. u. thermovolumenometr. Meth. sowie mittels DTA wurden die Ox. von *Cu_2S*, *CuS*, *ZnS*, *FeS* u. *FeS_2* an der Luft im Temp.-Bereich von 25–1100° untersucht; die Diagramme sind graph. wiedergegeben. Als Primärschritt entsteht in allen Fällen das entsprechende Sulfat; im Unbeständigkeitsgebiet des Sulfats bildet sich das Oxid. — Vgl. nachst. Referat. G. Gattow 218

0775 **Oxydationsvorgang bei komplexen Sulfiden.** E. Pincovschi, I. Maxim und T. Ionescu. (Z. anorg. allg. Chem. **356** (1968) 3/4, 217–24; dt.) — Vgl. vorst. Referat. — Nach verschiedenen Meth. untersuchten Vf. die Ox. von verschiedenen Sulfid- (u. Sulfat-) Mischungen von Fe, Zn, Cu u. Pb zwischen 20 u. 1000° an der Luft. Während im Unbeständigkeitsgebiet der Sulfate der Ox.-Vorgang (OV) des Sulfids von der Ggw. anderer Sulfide nicht beeinflußt wird, ändert sich im Beständigkeitsgebiet der Sulfate sowohl der Verlauf als auch die Kinetik des OV. Über die Ox.-Mechanismen wird diskutiert. G. Gattow 218

0776 **Chemische Zersetzung von Magnesiumacetattetrahydrat.** Kazuo Manabe und Teruichiro Kubo. (J. chem. Soc. Japan, ind. Chem. Sect. [Kōgyō Kagaku Zasshi] **70** (1967) 1, 13–17; Tokyo Coll. of Photograph., Iiyama, Atsugi-shi, Kanagawa-ken; jap., Auszug: engl.) — Unters. mit Hilfe von DTA, TGA, Röntgen- u. chem. Analyse. Die Titelverb. verliert bei ca. 60° ihr gesamtes Krist.-W. u. ist dann bis 160° amorph. Die Krist. zum α-$Mg(CH_3COO)_2$ erfolgt zwischen 180 u. 220°. Dies ist großenteils therm. stabil bis 280°. Bei ca. 300° zersetzt es sich zu MgO über eine Zwischenverb. mit der Zus. 13 $Mg(CH_3COO)_2$ · 4 MgO. A. Jaeschke 218

0777 **Thermogravimetrische Untersuchungen des Ab- und Aufbaus von Kristallhydraten.** H.-G. Wiedemann und A. van Tets. (Naturwissenschaften **54** (1967) 15 bis 16, 442; Mettler, Forsch.-Labor., Greifensee/Schweiz; dt.) — Eine Thermowaage, deren Ofen mit einem Verdampfer kombiniert ist zur Herst. gesätt. Dampfatmosphären, wird angewandt (Arbeitsbereich 25 bis 1000°). Die Dehydratisierung von Ca-Oxalat beginnt in Luft bei ca. 110°, in H_2O-Dampfatmosphäre (95% gesätt.) bei 170°. Beim Abkühlen nimmt es wieder 1 H_2O auf. In D_2O-Atmosphäre entsteht beim Abkühlen CaC_2O_4 · D_2O. Die Aktivierungsenergie für die H_2O-Abgabe beträgt 12 u. für die D_2O-Abgabe 31 kcal. A. Jaeschke 218

0778 **Kationenwanderung in zwei Reaktionen im festen Zustand.** J. F. Duncan, K. J. D. Mackenzie und D. J. Stewart. (Sympos. Faraday Soc. Nr. **1** (1967) 103–18; Chem. Dep., Victoria Univ. of Wellington, New Zealand; engl.) — Die quant. Anwendung der Mössbauer-Spektroskopie zur Unters. der Rk.-Kinetik wird an folgenden Rk. gezeigt: 1. Mullit-Rk. bei 1100°: Al_2O_3 · 2 SiO_2 · 2 H_2O (Kaolinit) $\xrightarrow[650°]{550°}$ Al_2O_3 · 2 SiO_2 + 2 H_2O (Metakaolinit), 2 (Al_2O_3 · 2 SiO_2) $\xrightarrow{980°}$ $Si_3Al_4O_{12}$ + SiO_2 (Al–Si-Spinell), 3 ($Si_3Al_4O_{12}$) $\xrightarrow{1100°}$ 2 (3 Al_2O_3 · 2 SiO_2) + 5 SiO_2 (Mullit + Cristobalit). 2. Zinkferritspinellrk. bei 800°: ZnO + Fe_2O_3 = $ZnFe_2O_4$. Es werden die durch Kationen besetzten Gitterplätze während der verschiedenen Rk.-Zustände bestimmt sowie die Geschw., mit der sich die Mössbauer-Atome von einem zum anderen bewegen. In beiden Rk. sind die Kationen noch nach Bldg. des Sauerstoffgitters beweglich. Vgl. mit Röntgenuntersuchungen. I. Zoll 218

0779 **Reaktionsmechanismus der Bildung von Titanomagnetiten z Fe_3O_4 · (1—z) Fe_2TiO_4 durch Reduktion von Gemischen von Fe_2O_3 und TiO_2.** Jean-Claude Reithler und Joseph Bolfa. (C. R. hebd. Séances Acad. Sci., Sér. D **265** (1967) 17, 1157–59; Nancy, Labor. de Minér. et Cristallogr.; franz.) — Die Vers. wurden mit einer Thermowaage durchgeführt, wobei die Red. der Fe_2O_3–TiO_2-Gemische mit Hilfe eines H_2-Stromes durchgeführt wurde, der mit W.-Dampf gesätt. war. Untersucht wurden 5 verschiedene Gemische mit z = 0, 0,2, 0,4, 0,6 u. 0,8. Für alle Proben war das Endrk.-Prod. ein Ulvöspinell Fe_2TiO_4. Der Red.-Prozeß verläuft in 2 Stufen. Die erste Red.-Stufe, die ca. 20 Min. dauert, liefert eine feste Lsg. vom Typ x Fe_2O_3 · (1–x) $FeTiO_3$, d. h. eines *Ferriilmenits* mit x = 0,33. In der zweiten, ca. 2 Std. dauernden Rk. wird das gesamte Fe(III) zu Fe(II) unter Bldg. des *Ulvöspinells* reduziert. C. Gottfried 218 △

0780 **Untersuchungen der Photochemie von $H_2B_2O_3$.** F. A. Grimm und Richard F. Porter. (Inorg. Chem. [Washington] **7** (1968) 4, 706–09; Dep. of Chem., Cornell Univ., Ithaca, N.Y.; engl.) — Das UV-Spektrum von gasf. $H_2B_2O_3$ (I) zeigt kontinuierliche Absorption, die bei ca. 2500 Å beginnt u. zu kleineren Wellenlängen übergeht. I zersetzt sich photochem. in ca. 2–3 Tagen bei Raumtemp. zu festem B_2O_3 u. gasf. H_2 u. reagiert mit B_2H_6 zu Boroxin, $H_3B_3O_3$. Die Geschw. der photochem. Rk. sind viel höher als die für therm. Rk. beobachteten u. werden durch Hg-Photosensibilisierung beschleunigt. Der Mechanismus der Rk. von I mit B_2H_6 wurde mit Hilfe von selektiv dargestellten reinen isotop markierten Spezies von I (wie $H_2{}^{10}B_2{}^{16}O^{18}O_2$) untersucht. Die Rk. ist nicht eine einfache Einführung der BH-Gruppe in den $H_2B_2O_3$-Ring, sondern es erfolgt eine Spaltung des Ringes u. nachfolgend die Rk. mit B_2H_6; es wird ein Oberflächenmechanismus mit Zwischenprod. wie HBO angenommen. G. Heller 222

A–8. Darstellung und Reaktionen von Elementen und anorganischen Verbindungen

Nichtmetalle

0781 **Fluordiazoniumverbindungen.** A. V. Pankratov und N. I. Savenkova. (Ž. neorg. Chim. **13** (1968) 9, 2610–11; russ.) — *N_2FSbF_6* **(I)** wurde nach cis-N_2F_2 + SbF_5 ⇌ $N_2F^+SbF_6^-$ bei – 5 bis – 10° erhalten. Die weißen hygroskop. Krist. subl. bei 90°, I reagiert energ. mit W., KJ, Nitromethan, Nitrobenzol u. CCl_4. — N_2FBF_4 **(II)**, Zers. bei – 5° wurde nach cis-N_2F_2 + BF_3 ⇌ $N_2F^+BF_4^-$ bei – 5 bis – 10° dargestellt, stark aggressive, weiße Kristalle. Das IR-Spektrum von I bei 900–2600 cm^{-1} ist angegeben. J. J. Pohl 243

Metalle

0782 **Reaktion in den Systemen Alkali–Hydroxysäure.** M. E. Cimbler und S. M. Cimbler. (Ž. neorg. Chim. **13** (1968) 9, 2366–69; Ukr. inst. inž. vodnogo chozjaistva; russ.) — Die Umsetzung von alkohol. Saccharoselsg. mit NaOH führt zur Bldg. von $Na_8C_{12}H_{14}O_{11}$, die von Wein- u. Trihydroxyglutarsäure mit NaOH zu $Na_4C_4H_2O_6$ bzw. $Na_5C_5H_3O_7$. Die IR-Spektren der Na-Salze wurden im Bereich 700–1300 cm^{-1} aufgenommen, die Na-Atome substituieren Wasserstoffatome der Hydroxylgruppen von Trihydroxyglutar- u. Weinsäure. J. J. Pohl 274

0783 **Refraktometrische und röntgenographische Untersuchung von Natrium- und Kaliumperoxocarbonat.** V. I. Sokol, V. M. Bakulina, E. Ja. Filatov und T. P. Firsova. (Ž. neorg. Chim. **13** (1968) 9, 2347–50; Inst. obšč. i neorg. chim. im. Kirova, AN SSSR; russ.) — Die Brechungsindizes von $Na_2C_2O_6$ u. $K_2C_2O_6$ wurden nach der Immersionsmeth. bestimmt. Sie betragen für $Na_2C_2O_6$: Np = 1,410, Nm = 1,458, Ng = 1,516, für $K_2C_2O_6$ Np = 1,388, Nm = 1,436, Ng = 1,506. Die Molrefraktionen der Verb. wurden bestimmt, die Refraktion des Anions $C_2O_6^{2-}$ wurde berechnet. Die Werte für $C_2O_6^{2-}$ sind in beiden Verb. sehr ähnlich, das Anion dürfte einen ähnlichen räumlichen Aufbau u. ähnliche Bindungsverhältnisse haben. Die röntgenograph. Unters. von $Na_2 \cdot C_2O_6$ u. $K_2C_2O_6$ zeigt, daß sie pseudohexagonal krist., sie haben $a_{rhomboedr.}$ = 7,065 Å u. α = 105° 36′; D. 2,00 g/cm³ für $K_2C_2O_6$ bzw. $a_{rhomboedr}$ = 6,605 Å, α = 108° 00′, D. 2,06 g/cm³ für $Na_2C_2O_6$. J. J. Pohl 275

0784 **Thermische Dehydratisierung von $CaHPO_4 \cdot 2\,H_2O$.** V. V. Pečkovskij, L. N. Ščegrov, A. S. Šul'man, R. Ja. Mel'nikova und M. D. Močalina. (Ž. neorg. Chim. **13** (1968) 9, 2360–65; russ.) — Die Entwässerung von $CaHPO_4 \cdot 2\,H_2O$ (I) führt zur Erhöhung der Symmetrie der Kristalle. Ein Teil der HPO_4^{2-}-Ionen wandelt sich dabei in $P_2O_7^{4-}$-Ionen um. Bei der Entwässerung von I bei 300–430° entsteht ein Gemisch von wasserfreiem Ca-Phosphat u. -Diphosphat. Über 500° bildet sich γ-$Ca_2 \cdot P_2O_7$. Im Krist.-Gitter von γ-$Ca_2P_2O_7$ befinden sich Ca^{2+}-Ionen in zwei nicht äquivalenten Lagen mit ähnlicher Symmetrie. Bei > 800° entstehen α- u. β-Ca-Diphosphat, die IR- u. EPR-spektroskop. charakterisiert wurden. J. J. Pohl 283

0785 **Synthese und Untersuchung von Zinkhalogenid-Komplexverbindungen mit Phenylhydrazin und einigen seiner Derivate.** Le Mau Kuen und M. S. Novakovskij. (Ž. neorg. Chim. **13** (1968) 9, 2403–10; Char'kovskij gos. univ. im. Gor'kogo, Kaf. neorg. chim.; russ.) — Durch Versetzen einer alkohol. Zn-Halogenidlsg. mit der alkohol. Ligandlsg. wurden folgende Komplexverb. erhalten: $[Zn(C_6H_5NHNH_2)_2]F_2$ (Ausb. 90%) (Zers.-Temp.) > 50°, (D.$_4^{25}$ 1,84; $[Zn(C_6H_5NHNH_2)_2]Cl_2$ 98, 199–202°, 1,580, $[Zn(C_6H_5NHNH_2)_2]Br_2$ 87; 194–196°, 1,920, $[Zn(C_6H_5NHNH_2)_2]J_2$ 78; 176–177°, 2,112, $[Zn(C_6H_5NHNH_2)_5]J_2$ 55; > 83°, 1,53, $[Zn(o\text{-}Cl \cdot C_6H_4NHNH_2)_2]Cl_2$ 85; 193°, 1,690, $[Zn(o\text{-}ClC_6H_4NHNH_2)_2 \cdot Br_2$ 73; 190°, 1,947, $[Zn(o\text{-}ClC_6H_4NHNH_2)_2]J_2$ 48; 173–174°, 2,200, $[Zn(o\text{-}BrC_6H_4NHNH_2)_2]Cl_2$ 90; 190°, 2,010, $[Zn(o\text{-}BrC_6H_4NHNH_2)_2]Br_2$ 87; 188°; 2,241, $[Zn(o\text{-}BrC_6H_4NHNH_2)_2]J_2$ 73; 173–174°, 2,475, $[Zn \cdot (p\text{-}BrC_6H_4NHNH_2)_2]Cl_2$ 90; 184°; 2,137, $[Zn(p\text{-}BrC_6H_4 \cdot NHNH_2)_2]Br_2$ 83, 163°, 2,309, $[Zn(p\text{-}BrC_6H_4NHNH_2)_2]J_2$ 72, 150–151°, 2,584, $[Zn(o\text{-}CH_3OC_6H_4NHNH_2)_2]Cl_2$ 65; 177–178°, 1,680, $[Zn(o\text{-}CH_3OC_6H_4NHNH_2)_2]Br_2$ 55; 166–167°, 1,750, $[Zn(o\text{-}CH_3OC_6H_4NHNH_2)_2]J_2$ 51; 147 bis 148°, 1,92, $[Zn(m\text{-}CH_3OC_6H_4NHNH_2)_2]Cl_2$ 57°; 183–184°, 1,66, $[Zn(m\text{-}CH_3OC_6H_4NHNH_2)_2]Br_2$ 52; 180–181°, 1,97, $[Zn(m\text{-}CH_3OC_6H_4NHNH_2)_2]J_2$ 44; 149 bis 150°, 2,132, $[Zn(p\text{-}CH_3OC_6H_4NHNH_2)_2]Cl_2$ 92, 147 bis 148°, 1,70, $[Zn(p\text{-}CH_3OC_6H_4NHNH_2)_2]Br_2$ 86; 134 bis 135°, 1,937, $[Zn(p\text{-}CH_3OC_6H_4NHNH_2)_2]J_2$ 72; 130 bis 132°, 2,134, $[Zn(p\text{-}NO_2C_6H_4NHNH_2)_4]Cl_2 \cdot 5\,H_2O$ 89; 142°, 1,506, $[Zn(p\text{-}NO_2C_6H_4NHNH_2)_4]Br_2 \cdot 5\,H_2O$ 63; 138°, 1,659. Die Komplexe wurden mkr., magnet., thermograph. u. durch Best. der Löslichkeit in W. bei 10–40° (± 0,05°) untersucht. Angabe der Brechungsindizes. Die Verb. sind diamagnetisch. J. J. Pohl 288

0786 **Thermische Dissoziation des basischen Sulfats $K_2O \cdot 3\,Al_2O_3 \cdot 5\,SO_3 \cdot 9\,H_2O$.** A. K. Zapol'skij, V. S. Sažin, N. N. Zacharova und I. I. Fedoritenko. (Ž. neorg. Chim. **13** (1968) 1, 113–16; Inst. obšč. i neorg. chim. AN Ukrain SSR; russ.) — Mikrophotograph., röntgenograph. u. DTA-Daten zeigen, daß $K_2[Al_6(SO_4)_5 \cdot (OH)_{10}] \cdot 4\,H_2O$ bei 250–350° 4 Mol. W. abgibt. Bei 350 bis 500° treten die restlichen fünf W.-Mol. u. SO_3 aus, es entstehen $K_2SO_4 \cdot Al_2(SO_4)_3$ u. γ-Al_2O_3. Bei 600–750° zerfällt $K_2SO_4 \cdot Al_2(SO_4)_3$ unter Bldg. von K_2SO_4 u. Al_2O_3. Bei 600–750° entsteht γ-Al_2O_3, darüber α-Al_2O_3. J. J. Pohl 294

0787 **Möglichkeit der Erzeugung radioaktiver Isotope im Reaktor durch Protonenrückstoß.** V. I. Levin, A. B. Malinin, V. S. Novoselov, R. V. Petrina und L. V. Zav'jalova. (Atom. Énerg. **24** (1968) 3, 265–67; russ.) — Die Erzeugung von ^{88}Y u. ^{65}Zn mittels Rückstoßprotonen ergab Ausb. in der Größenordnung der berechneten. SrO (für ^{88}Y) u. CuO (für ^{65}Zn) wurden zur Lsg. von Polystyrol in Bzl. zugegeben, verdampft u. mit Neutronen bestrahlt. Zn wurde durch Extraktion mit Tributylphosphat abgetrennt. M. Wiedemann 300

0788 **Zusammensetzung und thermische Beständigkeit von Lanthanseleniten.** L. Ja. Markovskij und R. A. Safina. (Ž. prikl. Chim. **41** (1968) 4, 693–97; russ.) — $La_2(SeO_3)_3 \cdot H_2SeO_3$, $La_2(SeO_3)_3 \cdot H_2O$ u. $La_2O_3 \cdot 2\,SeO_2 \cdot x\,H_2O$ wurden in Abhängigkeit von den Fällungsbedingungen durch Versetzen von wss. H_2SeO_3-Lsg. oder Lsg. von Alkalimetallselenit mit 1–3m La-Acetat- oder -Chloridlsg. bei 20–60° bei dynam. oder stat. Bedingungen erhalten. Die weißen mikrokrist. Nd. wurden thermogravimetr. u. röntgenograph. untersucht. Die saure Verb. spaltet stufenweise SeO_2 ab, unter Bldg. von $La_2(SeO_3)_3 \cdot SeO_2$, neutralem Selenit u. einer Reihe intermediärer bas. Salze. Bei der therm. Zers. von $La_2O_3 \cdot 4\,SeO_2$ entsteht $La_2O_3 \cdot 1{,}5\,SeO_2$ bei 910 ± 10°, $La_2O_3 \cdot SeO_2$ bei 940° u. $La_2O_3 \cdot 0{,}5\,SeO_2$ bei 1030°. Bei 1150 bis 1200° liegt reines La_2O_3 vor. J. J. Pohl 301

0789 **Umsetzungsprodukte von Seltenerdmetalloxiden mit wäßrigen Ammoniumchloridlösungen.** D. I. Rjabčikov, N. S. Vagina und L. K. Fakina. (Ž. neorg. Chim. **13** (1968) 2, 370–73; Inst. geochim. i anal. chim. im. Vernadskogo AN SSSR; russ.) — Spektrophotometr., thermogravimetr., IR-spektroskop. u. chem.-analyt. Daten zeigen, daß bei der Umsetzung von Seltenerdmetalloxiden mit Ammoniumchlorid Komplexverb. des Typs $(NH_4)_3(MeCl_6) \cdot n\,NH_4Cl \cdot m\,H_2O$, Me = Seltenerdmetall, oder $MeCl_3 \cdot n\,NH_4Cl \cdot m\,H_2O$, entstehen. Nach thermograph. Daten sind die Verb. vom Pr, Eu u. Tb bis 185° beständig, bei höheren Temp. geben sie NH_4Cl ab. Ein endothermer Zers.-Effekt liegt bei 330°. $PrCl_3 \cdot 3\,NH_4Cl \cdot 4\,H_2O$ (I), $EuCl_3 \cdot 13\,NH_4Cl \cdot 5\,H_2O$ (II) u. $TbCl_3 \cdot 20\,NH_4Cl$ (III) wurden durch Erhitzen eines Gemisches von Seltenerdmetalloxid mit einem größeren NH_4Cl-Überschuß bei 98° während 2 Std. u. Fällen der Verb. durch Kristallisieren über H_2SO_4 oder Aussalzen mit A. dargestellt. Die Komplexbldg. wurde an Hand des Absorptionsmax. bei 444 nm verfolgt. Die IR-Spektren von I–III, sowie von $PrCl_3$, $TbCl_3$, $EuCl_3$ wurden bei 500–4000 cm^{-1} aufgenommen. J. J. Pohl 303

0790 **Umsetzungsprodukte von Seltenerdmetalloxiden mit Ammoniumsulfatlösung.** N. S. Vagina und L. K. Fakina. (Ž. neorg. Chim. **13** (1968) 2, 594–96; russ.) — Vgl. vorst. Referat. — $Nd_2(SO_4)_3 \cdot 7\,(NH_4)_2SO_4 \cdot 7\,H_2O$ (I) wurde durch zweistd. Rühren von Nd_2O_3 mit einem Überschuß von $(NH_4)_2SO_4$ bei 98° u. Aussalzen mit A. erhalten. I ist bis 250° beständig, nach Erhitzen bei 450° liegt $Nd_2(SO_4)_3$ (II), bei 850° $(NdO)_2SO_4$ vor. I u. II wurden röntgenograph. u. spektroskop. im Bereich 500 bis 1000 nm untersucht. Ein ähnliches Verh. der Syst. mit den weiteren Seltenerdmetalloxiden wird erwartet. J. J. Pohl 303

0791 **Neue Reihe ternärer Verbindungen der Seltenerdmetalle: Oxidselenide $L_4O_4Se_3$.** Parviz Khodadad, Jérôme Dugué und Claude Adolphe. (C. R. hebd. Séances Acad. Sci., Sér. C **265** (1967) 6, 379–81; Paris, CNRS, Labor. de Chim. min.; franz.) — Vf. berichten über die Darst. der Verb. $La_4O_4Se_3$ (I), $Ce_4O_4Se_3$ (II),

$Pr_4O_4Se_3$ (III), $Nd_4O_4Se_3$ (IV), $Sm_4O_4Se_3$ (V), $Gd_4O_4Se_3$ (VI), $Er_4O_4Se_3$ (VII) u. $Yb_4O_4Se_3$ (VIII) durch Erhitzen von Gemischen von 2 CeO_2 + Ce_2Se_3, 2 L_2O_3 + L_2S_3 + 1,5 Se u. 2 L_2O_2Se + Se. Die Verb.-Bldg. beginnt bei ca. 800°. Präzessionsaufnahmen an einem Einkrist. von I ergaben rhomb. Symmetrie mit a = $8{,}552_2$ (Å), b = 13,122 u. c = 4,101; mögliche Raumgruppen sind Ammm oder Amm2; Z = 2; $D_{\cdot exp}$ 6,19; $D_{\cdot R}$ 6,18. Pulveraufnahmen ergaben für die restlichen Verb. II (a) 8,50; (b) 13,00; (c) 4,03; ($D_{\cdot R}$) 6,42; ($D_{\cdot exp}$) 6,29; III: 8,49; 12,97; 4,02; 6,48; 6,42; IV: 8,44; 12,71; 3,96; 6,86; 6,76; V: 8,36; 12,62; 3,93; 7,22; 7,08; VI: 8,37; 12,64; 3,88; 7,50; 7,35; VII: 8,17; 12,36; 3,75; 8,48. –; VIII: 8,15; 12,33; 3,73; 8,78; –. Bei Behandeln der Verb. mit verd. HCl unter Luftabschluß bilden sich H_2Se u. elementares Se; das Metall geht in Lösung. Das Verhältnis H_2Se/Se beträgt 2. C. Gottfried 303△

0792 **Ursprung des Sauerstoffs in den Fluoriden der Seltenerdmetalle.** N. V. Baryšnikov, Ju. A. Karpov und T. V. Guščina. (Izvest. Akad. Nauk SSSR, Neorg. Mater. 4 (1968) 4, 532–36; Giredmet; russ.) — Zur Ermittlung der Ursachen der O_2-Verunreinigungen der durch Ausfällung aus Chlorid- u. Nitratlsg., Dehydratation u. Temp.-Einw. 600–700° gewonnenen Seltenerdmetallfluoride wurden die Abhängigkeit des O_2- u. W.-Geh. in YF_3 von der Temp., der Einfl. der Temp. auf den Ox.-Grad der Seltenerdmetallfluoride, die Abhängigkeit des Sorptionsgrades H_2O von der Temp. u. der Einfl. der Darst.-Meth. auf den O_2-Geh. untersucht. Dehydratation u. Temp.-Einw. von 500–600° führen zu keiner nennenswerten Umsetzung zwischen den Fluoriden u. dem Hydratwasser. Die Verunreinigung der Seltenerdmetallfluoride durch O_2 ist hauptsächlich bedingt durch Adsorption des O_2 der Luft durch pulverförmige Fluoride sowie durch die Anwesenheit von Nitrat- u. Chloridverunreinigungen, welche bei der Dehydratation u. bei der Temp.-Einw. O_2-haltige Verb. mit den Seltenerdmetallen bilden. B. Karos 303

0793 **Synthese von Fluoroseltenerdmetallkomplexen in methanolischen Lösungen.** V. N. Ivanov-Ėmin, V. A. Zajceva und A. I. Ežov. (Ž. neorg. Chim. 13 (1968) 9, 2428–31; Univ. družby narodov im. Lumumby; russ.) — $K_3[LaF_6]$, $K_3[SmF_6]$, $K_2[ErF_6]$, $K_3[YbF_6]$, $K_3[LuF_6]$, $Rb[LaF_4]$, $Rb[ErF_4]$, $Rb[YbF_4]$, $Cs[LaF_4]$, $Cs[SmF_4]$, $Cs[ErF_4]$ u. $Cs[YbF_4]$ wurden aus alkohol. MF u. 0,1 m alkohol. $LnCl_3$-Lsg. beim Verhältnis MF : $LnCl_3$ = 4 oder 6 synthetisiert. Die Verb. wurden röntgenograph. u. kristallopt. charakterisiert, die Brechungsindizes betragen: K_3ErF_6 (N'g =) 1,499, (N'p =) 1,466, K_3YbF_6 1,499, 1,462, K_3LuF_6 1,487, 1,466, $RbErF_4$ 1,490, 1,462, $RbYbF_4$ 1,481, 1,462, $CsErF_4$ 1,472, 1,442, $CsYbF_4$ 1,472, 1,448. J. J. Pohl 303

0794 **Binäre Sulfate von Europium, Gadolinium und Terbium mit Lithium.** V. I. Volk, L. L. Zajceva, V. S. Il'jašenko und L. V. Lipis. (Ž. neorg. Chim. 13 (1968) 9, 2432–41; russ.) — $LiEu(SO_4)_2$, $LiGd(SO_4)_2$ u. $LiTb \cdot (SO_4)_2$ wurden bei hohen Temp. durch Festphasenrk. synthetisiert. Röntgenograph. Analyse der Prod. des Erhitzens von Gemischen des Syst. $Li_2SO_4 \cdot H_2O$–$R_2 \cdot (SO_4)_3 \cdot 8\,H_2O$ (R = Eu^{3+}, Gd^{3+} u. Tb^{3+}) im Bereich des Komponentenverhältnisses $Li^+ : R^+$ = 0,25–20 zeigt, daß im Syst. nur eine Verb. mit komplizierter Kristallstruktur entsteht. Die bin. Sulfate sind isostrukturell. Die Elektronenabsorptionsspektren der bin. Sulfate wurden im Bereich 4000–6000 Å aufgenommen. Bei 590–600° tritt metastabiles $LiEu(SO_4)_2$ auf. Krist. Modifikationen der bin. Sulfate, die in einem breiten Temp.-Bereich beständig sind, bilden sich bei 650°. Die IR-Spektren der bin. Li-Seltenerdmetallsulfate wurden im Bereich 400 bis 1400 cm^{-1} aufgenommen. Die T_D-Symmetrie des Sulfations wird in der Krist.-Struktur der bin. Salze zerstört. Der Mechanismus der Bldg. der Sulfate wird diskutiert. J. J. Pohl 303

0795 **Zonenschmelzen von Stäben aus den Erdalkali- und Seltenerdmetallhexaboriden.** T. Niemyski, I. Pracka, J. Jun und J. Paderno. (J. less-common Metals [Lausanne] 15 (1968) 1, 97–99; Inst. of Electron. Technol. Pol. Acad. of Sci., Warsaw; engl.) — Hexaboridstäbe von 10–15 cm Länge u. 10–15 mm Dicke werden durch Zusammenschmelzen von Mischungen der Metalloxide mit Borpulver im Vakuum hergestellt. Durch nachfolgendes Zonenschmelzen in einer Argon–H_2-Atmosphäre werden sehr reine, homogene u. röntgenograph. nur aus einer Phase bestehende Stäbe erhalten. Das Verf. wird zur Darst. der Hexaboride von Ca, Sr, Ba, La, Ce, Pr, Nd, Sm u. Gd angewendet. H. Tulhoff 303

0796 **Neue Gruppe von Seltenerdmetallsilicaten. Melilithe und ihre Derivate.** N. A. Toropov, N. V. Margolis und A. A. Ismatov. (Doklady Akad. Nauk SSSR 179 (1968) 3, 610–13; Inst. chim. AN Uzb. SSR; russ.) — Melilithe der Zus. $X_2YZ_2O_7$, X = Ca, Na, K; Y = Mg, Fe^{2+}, Fe^{3+}, Al, Z = Si, Al, wurden untersucht. Die physikal. Eig. der Krist. der Reihe $Ca_2Al_2SiO_7$–$CaNdAl_3O_7$ wurden in Abhängigkeit von der Zus. ermittelt. Die Proben wurden durch Erhitzen bei 1500° während 4–16 Std. dargestellt u. durch Ätzen, chem., kristallopt. u. röntgenograph. untersucht. Die Komponenten bilden eine ununterbrochene Mischkrist.-Reihe. $Ca_2Al_2SiO_7$ krist. tetragonal, hat ein Molvol. von 90,260 cm^3. Das Molvol. von $CaNd \cdot Al_3O_7$ beträgt 93,527 cm^3, die einachsig negativen Krist. haben N_0 = 1,757 (± 0,002), Na = 1,753. J. J. Pohl 303

0797 **Grundlagen der Untersuchung silicatischer Systeme.** N. A. Toropov. (Epitoanyag [Baumaterial] 20 (1968) 6, 205–12; Leningrad, Inst. für Silicatchemie der Sowjet. Akad. der Wiss.; ung.) — Es werden in erster Linie komplexe Unters. an Seltenerdmetallsilicaten durchgeführt; diese sind Verb. mit Kationen mittlerer Größe. In allen untersuchten Syst. konnten die Monosilicate $Ln_2O_3 \cdot SiO_2$ (Ln = La bis Lu) nachgewiesen werden. Diese sind Orthosilicate, sie enthalten keine Si–O–Si-Bindungen, was IR-spektroskop. nachgewiesen werden kann. Innerhalb dieser Klasse sind drei kleinere Gruppen nachweisbar. Eine andere große Klasse ist die der Orthodisilikate, $Ln_2Si_2O_7$. Hier gibt es auch drei Gruppen, wie Lasarew durch IR-Spektren nachgewiesen hat. Diese Gruppen hängen mit der Koordinationszahl u. mit dem Si–O–Si-Winkel des Si_2O_7-Doppeltetraeders zusammen, der in der ersten Gruppe 120°, in der zweiten 120–150° ist u. in der dritten 180° erreichen kann; in letzterem Fall ist Isomorphie mit dem Thortveitit vorhanden. I. Náray-Szabó 303△

0798 **Sorptionsreinigung als Darstellungsmethode reiner Cer(IV)-Präparate.** N. S. Vagina und Fam Kchak Van. (Ž. neorg. Chim. 13 (1968) 6, 1600–02; Inst. geochim. i anal. chim. im. Vernadskogo, AN SSSR; russ.) — Die Reinigung von Ce(IV) von Pr u. Tm wurde bei ^{142}Pr- u. ^{170}Tm-Markierung untersucht. Als Sorbent wurde der Kationit KU-2 verwendet, der Einfl. des pH-Werts der Sulfat-Acetatlsg. auf die Sorption wurde bestimmt. Bei pH 1,5–3,5 wurde eine prakt. vollständige Sorption des Pr beobachtet. Durch wiederholte Reinigung von Ce-Gemischen mit Pr u. Tm wurden Ce-Präp. mit $6{,}6 \cdot 10^{-4}$% Pr u. $7{,}4 \cdot 10^{-4}$% Tm erhalten. J. J. Pohl 304

0799 **Calciumneodymaluminat, $CaNdAl_3O_7$.** N. A. Toropov und A. A. Ismatov. (Izvest. Akad. Nauk SSSR, Neorg. Mater. 4 (1968) 3, 463–64; Leningradskij technol. inst. im. Lensoveta; russ.) — $CaNdAl_3O_7$ (I) ist isotyp mit den Silicaten der Melilith-Gruppe. I ist tetragonal; a = 7,761 ± 0,002, c = 5,113 ± 0,002 Å, D. 4,034 g/cm^3, Z = 2. Die Brechungsindizes wurden zu 1,757 u. 1,753 bestimmt. I schmilzt kongruent bei 1745°. Die Darst. gelingt durch Festkörperrk. bei 1500° in 16 Stunden. U. Strobel 306

0800 **Bildungsreaktion von Neodymoxalat in wäßrigen Lösungen.** E. G. Davitašvili, M. E. Modebadze und N. G. Šelija. (Soobšč. Akad. Nauk Gruz. SSR 49 (1968) 2, 345–50; AN Gruz SSR, inst. fiz. i org. chim. im. Melikisvili, Tbilisi; russ.) — Bei der Umsetzung von $Nd(NO_3)_3$ mit $Li_2C_2O_4$ u. $Na_2C_2O_4$ bilden sich mit wachsender Menge des Alkalimetalloxalats nach $Nd_2(C_2O_4)_3 \cdot 10\,H_2O$ die Komplexverb. $Li[Nd(C_2O_4)_2] \cdot 5\,H_2O$ (I) u. $Na[Nd \cdot (C_2O_4)_2] \cdot 5\,H_2O$ (II). Beide Verb. sind im Überschuß des Alkalimetalloxalats extrem wenig löslich. Die thermograph. Unters. der Zers. von I zeigt ein endothermes Minimum bei 165° entsprechend der Abgabe von 4 Mol.

Wasser. Das letzte H_2O-Mol. wird bei 275° abgespalten, das Oxalat zersetzt sich bei 350—570°, die Bldg. von $LiNdO_2$ ist jedoch erst bei 1000° vollständig. Die endothermen Effekte von II liegen bei 165 u. ca. 200°, der exotherme Effekt bei 310—670°. J. J. Pohl 306

0801 **Dicarbide von Europium und anderen Seltenerdmetallen.** M. M. Matjušenko und O. P. Svynarenko. (Ukraïnskyj fiz. Ž. 13 (1968) 7, 1083—85; Fiz.-techn. inst. AN URSR, Charkiv; ukrain., Auszug: engl.) — EuC_2 bildet sich im Syst. Eu_2O_3–C bei 1800 °K. Es besitzt eine flächenzentrierte kub. Elementarzelle mit a = 0,5961±1nm. Das Vol. der Elementarzelle von EuC_2 wird mit dem bekannten Seltenerdmetallcarbide verglichen. I. Zoll 309

0802 **Bildung, Zusammensetzung und Eigenschaften von Gadoliniumcarbonaten.** N. V. Mzareulišvili und E. G. Davitašvili. (Soobšč. Akad. Nauk Gruz. SSR 49 (1968) 2, 351—56; AN Gruz. SSR, Inst. fiz. i org. chim. im. Melikisvili; russ.) — Die Umsetzung von Gd^{3+} mit $Na_2 \cdot CO_3$ wurde mit der Löslichkeitsmeth., durch Best. des pH-Werts, der elektr. Leitfähigkeit, des scheinbaren Nd.-Vol. u. thermogravimetr. untersucht. Im Syst. $Gd(NO_3)_3$–Na_2CO_3–H_2O entstehen die unlösl. Gd-Salze $Gd_2(CO_3)_3 \cdot 5\,H_2O$, $Na_5[Gd(CO_3)_4] \cdot 5\,H_2O$ u. $Na[Gd \cdot (CO_3)_2] \cdot 6\,H_2O$ neben der lösl. Komplexverb. $Na_3[Gd \cdot (CO_3)_3]$. Die unlösl. Salze wurden chem.-analyt. identifiziert. J. J. Pohl 310

0803 **Komplexe von Yttrium und Seltenerdmetallen mit Pyridin-N-oxid.** G. A. Pneumaticakis. (Chem. and Ind. **1968**, 24, 770; Chem. Dep., Athens Univ., Athens, Greece; engl.) — Alkohol. Lsg. von Nitraten der Seltenerdmetalle reagieren mit alkohol. Lsg. von Pyridin-N-oxid unter Bldg. von Tetrakis-[pyridin-N-oxid]-Komplexkationen, die als Nitrate, Perchlorate oder Tetraphenylborate isoliert werden können. Die Komplexe sind lösl. in organ. Lsgm. u. kristallisieren unverändert aus A. u. Aceton, von W. werden sie zersetzt. Sie haben eine hohe therm. Stabilität u. schmelzen ohne Zersetzung. Die Komplexe enthalten weder W. noch A. u. haben die Koordinationszahl 6. Diskussion der IR-Spektren der angegebenen Komplexe vgl. Original.

Versuche: Tetrakis-[pyridin-N-oxid]-mononitrato-...-tetraphenylborat: *-Y(III)-*, F. 173°, weiß; *-La(III)-*, F. 167°, weiß; *-Pr(III)-*, F. 174°, leuchtend grün; *-Nd(III)-*, F. 177°, rosenrot; *-Sm(III)-*, F. 178°, weiß; *-Eu(III)-*, F. 181°, weiß; *-Gd(III)-*, F. 179°, weiß; *-Tb(III)-*, F. 178°, weiß; *-Dy(III)-*, F. 179°, weiß; *-Ho(III)-*, F. 180°, gelbweiß; *-Er(III)-*, F. 177°, rosenrot; *-Tm(III)-*, F. 174°, weiß; *-Yb(III)-*, F. 173°, weiß; *-Lu(III)-*, F. 170°, weiß. H. J. Schönherr 317

0804 **Bestimmung der Konzentration von nichtstöchiometrischem Titan in höheren Oxiden mit der EPR-Methode.** M. P. Votinov und V. S. Klubnikin. (Ž. fiz. Chim. 42 (1968) 5, 1292—94; Leningradskij politechn. inst. im. Kalinina; russ.) — 24 TiO_x-Proben mit x = 1,51—2,00 wurden EPR-spektroskop. bei 77 °K untersucht. Bei größeren Red.-Graden, wenn die Ti^{3+}-Konz. hoch ist, ist die Möglichkeit der Aggregation unter Bldg. koll. Metallteilchen nicht auszuschließen. Die Integrierung der EPR-Spektren ergibt die Konz. des nichtstöchiometr. Titans, die Werte fallen mit chem. Daten im Bereich $TiO_{2,00}$–$TiO_{1,98}$ zusammen. J. J. Pohl 321

0805 **Titanhydroxid aus schwefelsauren Lösungen.** Ja. G. Goroščenko und L. I. Birjuk. (Ukrainskij chim. Ž. 34 (1968) 1, 54—58; Inst. obšč. i neorg. chim. AN Ukrain. SSR; russ.) — Frisch durch NaOH aus dem Syst. TiO_2–SO_3–Na_2O–H_2O gefälltes Ti-Hydroxid enthält pro Mol TiO_2 2—3 Mol H_2O, 0,01—0,1 Mol Na_2SO_4 u. 0,01 bis 0,08 Mol SO_3. Beim Stehen in Kontakt mit der fl. Phase nimmt der W.-Geh. der festen Phase bis 0,7—1,6 Mol ab, der Na_2SO_4- u. SO_3-Geh. ist von der Aufbewahrungszeit unabhängig. Ti-Hydroxidproben, die durch Hydrolyse aus schwefelsauren Lsg. erhalten u. längere Zeit aufbewahrt wurden, enthalten im wesentlichen TiO_2 mit Spuren SO_3 als Verunreinigung. J. J. Pohl 321

0806 **Bildungsmechanismus von Natriumtitanaten aus Natriumcarbonat und Titandioxid.** N. Š. Safiullin und È. K. Beljaev. (Izvest. Akad. Nauk SSSR, Neorg. Mater. 4 (1968) 4, 557—62; NII osnovnoj chim., Char'kov; russ.) — Die Rk. zwischen Na_2CO_3 u. TiO_2 (I) wird bei den molaren Verhältnissen 1 : 1, 4 : 5, 1 : 2, 1 : 3 u. 1 : 6 zwischen 625 u. 850° untersucht. Prim. wird immer $Na_2O \cdot 2\,TiO_2$ gebildet. Röntgenograph. wurden nachgewiesen: ab ca. 700° $4\,Na_2O \cdot 5\,TiO_2$, ab ca. 750° $Na_2O \cdot 3\,TiO_2$ (II), ab ca. 800° $Na_2O \cdot 6\,TiO_2$ (III) u. ab ca. 850° $Na_2O \cdot TiO_2$. II wird aus $Na_2O \cdot 2\,TiO_2$ u. I; III aus II u. I gebildet. U. Strobel 321

0807 **Reaktion zwischen Neodym- und Titanhydroxid.** E. S. Sarkisov, V. R. Berdnikov, Ju. M. Chožainov und G. P. Golovina. (Izvest. Akad. Nauk SSSR, Neorg. Mater 4 (1968) 5, 787—90; Mosk. inst. tonkoj chim. technol. im. Lomonosova; russ.) — Die Rk. zwischen $Nd(OH)_3$ u. $Ti(OH)_4$ wird thermograph., röntgenograph. u. chem. untersucht. Die Bldg. von $Nd_2Ti_2O_7$ (I) beginnt bei ca. 700°, wenn die Hydroxide gemeinsam ausgefällt wurden. Bei 1100° ist die Bldg. von I innerhalb einer Stunde vollständig. U. Strobel 321

0808 **Struktur der Verbindung $TlCl_3 \cdot 2\,(C_4H_9O)_3PO$.** L. K. Čučalin, B. I. Peščevickij, I. A. Kuzin, Z. A. Grankina und E. V. Dulepov. (Ž. strukturnoj Chim. 9 (1968) 2, 213—17; Inst. neorg. chim. SO AN SSSR; russ.) — $TlCl_3 \cdot 2\,(n\text{-}C_4H_9O)_3PO$ wurde durch Zugabe einer wss. $TlCl_3$-Lsg. zu dem Phosphinoxid in CCl_4 u. Aufarbeiten der organ. Phase hergestellt u. durch Best. der Leitfähigkeit in $C_{10}H_{22}$, CCl_4, Bzl., $(n\text{-}C_4H_9O)_3PO$ u. $C_6H_5NO_2$, Aufnahme der IR-Spektren, Best. des Dipolmoments u. der elektron. Absorptionsspektren untersucht. Die KZ von Tl(III) in der Verb. ist 5, das Dipolmoment beträgt 3,6 Debye, die Struktur ist wahrscheinlich die einer trigonalen Bipyramide. H. Roschkowski 321

0809 **Darstellung einiger Titanalkanoatchloride. Einwirkung von Nitrosylchlorid.** Jaques Amaudrut und Claude Devin. (C. R. hebd. Séances Acad. Sci., Sér. C **264** (1967) 26, 2156—59; Besançon, Fac. des Sci., Labor. de Chim. Gén.; franz.) — Durch Einw. der organ. Säuren auf überschüssiges $TiCl_4$ gemäß $TiCl_4$ + RCOOH → $TiCl_3(RCOO)$ + HCl bzw. $TiCl_4$ + 2 RCOOH → $TiCl_2 \cdot (RCOO)_2$ + 2 HCl wurden $TiCl_2(CH_3 \cdot COO)_2$ (I), $TiCl_2 \cdot (CH_3CH_2COO)_2$ (II), $TiCl_2[(CH_3)_2CH \cdot COO]_2$ (III), $Ti \cdot Cl_2[(CH_3)_3C \cdot COO]_2$ (IV); $TiCl_2(CH_2ClCOO)_2$ (V), $TiCl_2 \cdot (CHCl_2COO)_2$ (VI) u. $TiCl_2(CCl_3 \cdot COO)_2$ (VII), $TiCl_3 \cdot (CH_3 \cdot COO)$ (VIII), $TiCl_3(CH_3CH_2COO)$ (IX), $TiCl_3 \cdot (CH_3CH_2CH_2COO)$ (XI), $TiCl_3[(CH_3)_2CH \cdot COO]$ (XII) u. $TiCl_3[(CH_3)_3CCOO]$ (XIII) dargestellt. Bei —30° reagiert NOCl nicht mit den Dialkanoatdichloriden, jedoch mit den Monoalkanoattrichloriden unter Bldg. von $TiCl_3 \cdot (RCOO) \cdot NOCl$. Dargestellt wurden die folgenden Verb.: $TiCl_3(CH_3COO) \cdot NOCl$, $TiCl_3(CH_3CH_2COO) \cdot NOCl$, $Ti \cdot Cl_3(CH_3CH_2CH_2COO) \cdot NOCl$, $TiCl_3[(CH_3)_2CHCOO] \cdot NOCl$, $TiCl_3[(CH_3)_3C \cdot COO] \cdot NOCl$. C. Gottfried 321 △

0810 **Thermische Zersetzung von mit ^{14}C-markiertem Tetramethyltitan.** V. N. Latjaeva, A. P. Batalov, A. V. Malyševa und V. I. Kulemin. (Ž. obšč. Chim. 38(100) (1968) 2, 280—82; russ.) — Die radiometr. Unters. von mit ^{14}C-markiertem Tetramethyltitan in Ae. bei 0° zeigt, daß neben Methan auch wenig markiertes Äthan entsteht. Das schwarze pyrophore Prod. der therm. Zers. von $(CH_3)_4Ti$ enthält weder Äthyl- noch Hexylgruppen des Lsgm. u. stellt kein Ätheraddukt dar. EPR-Spektren zeigen die Abwesenheit von Ti(III), das Prod. ist in THF, Bzl. u. Ae. unlösl. u. dürfte eine polymere Struktur haben. J. J. Pohl 321

0811 **Aktivierungssinterung von Zirkoniumborid.** G. A. Meerson und A. E. Gorbunov. (Izvest. Akad. Nauk SSSR, Neorg. Mater. 4 (1968) 3, 320—24; Mosk. inst. stali i splavov; russ.) — Auf der Grundlage der chem. Aktivierungssinterung (Zugabe von ZrO_2 u. B zum ZrB_2-Pulver beim Sintern) werden nichtporöse Proben aus ZrB_2 erhalten. Der Mechanismus der Aktivierungssinterung wird diskutiert. H. Richter 322

0812 **Trennung von Zirkonium und Hafnium und die Darstellung von HfO_2 durch selektive Thiocyanatextraktion mit Äthylacetat.** I. V. Vinarov, È. Š. Gercenštejn, G. I. Byk und E. I. Kovaleva. (Ukrainskij chim. Ž. 34 (1968) 2, 153–55; Inst. obšč. i neorg. chim. AN Ukr. SSR, Labor. v Odesse; russ.) — Die Trennungskoeff. u. Faktoren bei der Extraktion von Zr- u. Hf-Thiocyanaten mit Äthylacetat aus reinen schwefelsauren Lsg. dieser Elemente u. ihrer äquimol. Gemische wurden bei 22–26° bestimmt. Die Trennung von techn. Zr- u. Hf-Gemischen wurde durch Lösen eines Hf-Hydroxid- oder -Sulfatkonzentrats in Schwefelsäure, Zugabe von NH_4SCN, Schütteln mit Äthylacetat u. Ansäuern mit HSCN getrennt. Zr u. Hf wurden aus der organ. Phase mit $(NH_4)_2SO_4$ reextrahiert. Zur Anreicherung der Hf-Konzentrate waren mehrere Arbeitsgänge nötig. Die optimalen Bedingungen sind: 2,5–3,0 n H_2SO_4, Σ_{Ox} = Summe der mit Ammoniak gefällten Oxide in der Ausgangslsg.: 75–85 g/l, NH_4SCN/Σ_{Ox}: 10–12 g/g, Äthylacetat/Σ_{Ox} 12–14 ml/g, Schütteldauer 2–10 Minuten. Die direkte Hf-Ausb. beträgt pro Arbeitsgang ca. 50%. Das Hf-Konzentrat ist nach dem ersten Arbeitsgang 90%ig. u. enthält nach dem zweiten u. nach Reinigung von Fe u. Ti u. a. <1% ZrO_2. J. J. Pohl 323

0813 **Reaktion von Thorium(IV)-halogeniden, -nitrat, -formiat und -isothiocyanat mit Harnstoff.** A. K. Molodkin, O. M. Ivanova, A. N. Kučumova und L. E. Kozina. (Ž. neorg. Chim. 12 (1967) 7, 1831–39; Inst. obšč. i neorg. chim. im. Kurnakova, Akad. nauk SSSR; russ.) — Eine Reihe von Anlagerungsverb. von Th(IV)-Salzen mit Harnstoff wird hergestellt, die Prod. werden durch Best. der elektr. Leitfähigkeiten, der IR-Spektren u. Brechungsindizes charakterisiert.

Versuche: *$ThCl_4 \cdot 8\,(NH_2)_2CO$* durch Lösen von $Th(NO_3)_4 \cdot 5\,H_2O$ in W., Versetzen mit einem Überschuß von Ammoniaklsg., Waschen des Nd. mit W. u. A., Zugabe von Methanol, Umsetzen mit gasf. HCl, Lösen des Nd., Versetzen mit Harnstoff im Verhältnis Th : Harnstoff = 1 : 8. *$ThCl_4 \cdot 6(NH_2)_2CO \cdot 2\,H_2O$* entsteht analog bei der Umsetzung im Verhältnis Th : Harnstoff = 1 : 6. *$ThBr_4 \cdot 8(NH_2)_2CO$* wurde durch die Umsetzung von methanol. $ThBr_4 \cdot 8\,H_2O$- u. Harnstofflsg. im Mol-Verhältnis Th : Harnstoff = 1 : 8 erhalten. *$ThBr_4 \cdot 6(NH_2)_2 \cdot CO \cdot 2\,H_2O$* kann entweder aus $ThBr_4 \cdot 8\,H_2O$ oder aus der vorigen Verb. durch Umsetzung mit methanol. Harnstofflsg. im Mol-Verhältnis 1 : 6 gewonnen werden. $ThBr_4 \cdot 4\,(NH_2)_2CO \cdot 4\,H_2O$ bildet sich beim Vermischen der methanol. Lsg. von $ThBr_4 \cdot 8\,H_2O$ u. Harnstoff, Erwärmen auf dem W.-Bad bei 60–80° bis zu beginnender Kristallisation, Aufbewahren im Vakuumexsikkator über P_2O_5 u. Umkrist. des Prod. aus abs. Methanol, Prismen. *$ThJ_4 \cdot 8\,(NH_2)_2CO$* entsteht bei der Umsetzung von methanol. ThJ_4- u. Harnstofflösungen. *$ThJ_4 \cdot 6\,(NH_2)_2CO \cdot 2\,H_2O$* wurde wie vorst. Verb. beim Mol-Verhältnis Th : $(NH_2)_2CO$ = 1 : 6 dargestellt. *$Th(NCS)_4 \cdot 4\,(NH_2)_2CO \cdot 4\,H_2O$* wurde in zwei Stufen synthetisiert. Zunächst wurde $Th(NO_3)_4 \cdot n\,H_2O$ mit NaSCN fein verrieben, dann mit A. extrahiert, die Extrakte im Exsikkator über P_2O_5 gehalten, von $NaNO_3$ abfiltriert, der Extrakt mit fein zerkleinertem Harnstoff im Verhältnis Th : $(NH_2)_2 \cdot CO$ = 1 : 4 versetzt. Das Prod. krist. im Exsikkator über P_2O_5. *$Th(NO_3)_4 \cdot 6\,(NH_2)_2CO \cdot 4\,H_2O$* entsteht beim Vermischen von $Th(NO_3)_4 \cdot 5\,H_2O$ in Methanol mit Harnstoff u. Erwärmen bei 60–80° bis zur Verdampfung des halben Volumens. *$Th(NO_3)_4 \cdot 6\,(NH_2)_2CO \cdot 2\,H_2O$* entsteht beim Umkristallisieren des Tetrahydrats aus abs. Methanol in Form länglicher Prismen. *$Th(HCOO)_4 \cdot 1{,}5\,(NH_2)_2CO$* wurde aus Th-Hydroxid durch Waschen mit Methanol u. Behandeln mit methanol. Lsg. von Ameisensäure erhalten. J. J. Pohl 324

0814 **Pyrochlore. 3. Mitt. Röntgenographische, Neutronenbeugungs-, IR- und dielektrische Untersuchung von Stannaten der allgemeinen Zusammensetzung $A_2Sn_2O_7$.** François Brisse und Osvald Knop. (Canad. J. Chem. 46 (1968) 6, 859–73; engl.) — 2. vgl. C. 1968, 19-0255. — Durch Festkörperrk. wurden aus Mischungen der entsprechenden Oxide folgende Verb. dargestellt: $A_2Sn_2O_7$ mit A = *La, Pr, Nd, Sm, Eu, Gd, Tb, Dy, Ho, Er, Tm, Yb, Lu, Y, Sc, Cr, In, Sb, Bi*; *$(Yb_{1-x}Sc_x)_2Sn_2O_7$, $Sc_4Sn_3 \cdot O_{12}$, Nd_2SnTiO_7, Ho_2SnTiO_7, $YHoTiSnO_7$, $Y_2(Sn_{1-x}Ti_x)_2 \cdot O_7$, $La_2(Sn_{1-x}Ti_x)_2O_7$, $(Y_{1-x}Bi_x)_2Sn_2O_7$* u. *$(Y_{1-x}In_x)_2Sn_2O_7$*. Für A = La bis Lu u. Y besitzen die Verb. kub. Pyrochlorstruktur; zwischen den Gitterparametern u. den Templeton-Dauben-Radien von A^{3+} besteht ein linearer Zusammenhang. Mit den für Sn^{4+} bzw. A^{3+} geltenden Ahrens-Radien ergibt sich die untere Grenze des Existenzbereiches kub. Pyrochlore zu $r(A^{3+})/r(Sn^{4+})$ = 1,19, während die obere Grenze mindestens bei 1,61 liegt. Eine Erweiterung des Existenzbereiches kub. Pyrochlore zum Ti hin gelang durch Darst. von $La_2Sn_2O_7$–$La_2Ti_2O_7$-Mischkrist. nur in engen Grenzen. $Bi_2Sn_2O_7$ besitzt keine kub. Pyrochlorstruktur. Die Krist.-Strukturen von $Y_2Sn_2O_7$, $Sm_2Sn_2O_7$ bzw. $La_2Sn_2O_7$ wurden verfeinert. Der O-Parameter nimmt mit der Größe von A^{3+} zu; in der gleichen Richtung nimmt die Deformation der SnO_6-Oktaeder ab. Aus der Unters. der IR-Spektren (4000–250 cm^{-1}) folgt, daß Y^{3+} weniger durch seine chem. Eig. als durch seine Größe 3–4-Pyrochlore bildet. DK-Messungen zwischen Raumtemp. u. 4,2 °K ergaben keinen Hinweis auf ferroelektr. Übergänge in $Pr_2Sn_2O_7$, $Er_2Sn_2O_7$ u. $Lu_2Sn_2O_7$. W. Laqua 327

0815 **Physikalisch-chemische Eigenschaften von Tetrachlorooxostannaten.** A. I. Morozov und I. S. Morozov. (Ž. neorg. Chim. 13 (1968) 4, 992–97; Inst. obšč. i neorg. chim. im. Kurnakova AN SSSR; russ.) — Verb. vom Typ Me_2SnCl_6, Me = K, Rb, Cs, NH_4, wurden durch Fällen aus salzsauren Lsg. nach Lösen von $SnCl_2$ u. MeCl im Verhältnis 1 : 2 erhalten. Me_2SnOCl_4 wurde durch Erwärmen in einem Ar- oder Cl_2-Strom nach $3\,Me_2SnCl_6 + Sb_2O_3 \rightleftharpoons 3\,Me_2SnOCl_4 + 2\,SbCl_3$ erhalten. Die Bldg. von *K_2SnOCl_4* (I) verläuft in einem Chlorstrom bei 405–435°, in einer Ar-Atmosphäre bei 507–510°. Die Syst. Me_2SnCl_6–Sb_2O_3 wurden in einer Ar-Atmosphäre mit der DTA-Meth. untersucht. I zersetzt sich bei 580 bis 607° unter Bldg. von SnO_2, $SnCl_4$ u. KCl. Die endotherme Zers. von *Cs_2SnOCl_4* (II) erfolgt bei 685–740°. I hat D. 2,928 g/cm³, *Rb_2SnOCl_4* (III) 3,55, *$(NH_4)_2SnOCl_4$* (IV) 2,864. I–IV sowie K_2SnCl_4 u. $(NH_4)_2SnCl_4$ wurden röntgenograph., II u. IV im Bereich 700–1600 cm^{-1} IR-spektroskop. untersucht. Der Dampfdruck von $SnCl_4$ über I ändert sich mit der Temp. nach $\log p = -(7500/T) + 11{,}42$, ($\Delta H_{Zers.}$, cal/Mol) 34313, ($\Delta S_{Zers.}$, cal/Mol · Grad) 39,08, für III $\log p = -(12600/T) + 15{,}23$, 57645, 56,51. J. J. Pohl 327

0816 **Reaktion von Phenyl-(trihalogenmethyl)-quecksilber mit Hexamethyldizinn, Dihalogencarben-Einlagerung in eine Metall–Metall-Bindung unter Bildung eines stabilen MCX_2M-Systems.** Dietmar Seyfert und Frank M. Armbrecht jun. (J. Amer. chem. Soc. 89 (1967) 11, 2790–91; Dep. of Chem., MIT, Cambridge, Mass.; engl.) — Unters. der Einführung einer CX_2-Gruppe in eine M–M-Bindung nach $C_6H_5HgCXClBr + (CH_3)_3Sn$–$Sn(CH_3)_3 \rightarrow (CH_3)_3SnCXClSn(CH_3)_3 + C_6H_5HgBr$ (X = Cl, Br). Es werden isoliert: *Bis-[trimethylstannyl]-dichlormethan* (I) $Kp._{0,0002}$ 48–50° (IR- u. NMR-Daten) u. *Bis-[trimethylstannyl]-bromchlormethan* (II), $Kp._{0,0002}$ 61° (IR- u. NMR-Daten). Die Ausb. betragen 53 bzw. 39%. Bei verlängerter Rk.-Zeit entsteht aus $C_6H_5HgCCl_2Br$ u. $[(CH_3)_3Sn]_2$ ebenfalls I, Ausb. 52%. Rk. beider Verb. mit Tetramethyläthylen führt bei 180 bzw. 190–200° zu den Trimethylzinnhalogeniden. Bei Rk. von II mit NaJ entsteht in 63%ig. Ausb. *Bis-[trimethylstannyl]-chlorjodmethan*, das an Luft instabil ist. H. Markert 327

0817 **Darstellung und thermische Stabilität von Triarylzinnitraten.** T. N. Srivastava und S. N. Bhattacharya. (Indian J. Chem. 4, 474–75, 1966; Lucknow, Lucknow Univ., Chem. Dep.; engl.) — Vf. berichten über die Darst. von *Tri-o-tolylzinnitrat* (I), *Tri-p-tolylzinnitrat* (II) u. *Tribenzylzinnitrat* (III) mit Hilfe von 2 verschiedenen Methoden. In der ersten Meth. wird eine Suspension von überschüssigem $AgNO_3$ in Bzl. mit in Bzl. gelöstem Triarylzinnjodid gerührt. Bei Verw. von o-Tolylzinnjodid als Ausgangsmaterial wird zur Beschleunigung der Rk. die Mischung unter Rückfluß erhitzt. Bei der Darst. von III wird nur schwach erwärmt, während bei der Darst. von II die Rk. zur Vermeidung von Zers. bei Zimmertemp. durchgeführt wird. Nach Abschluß der Rk. wird von den unlösl. Ag-Salzen abfiltriert u. I aus PAe., II u. III aus einem Gemisch von Bzl. u. Chlf. umkrist.; die F. sind für I 110°, für II 208° (Zers.) u. für III 161°.

Bei der zweiten Meth. werden in Chlf. oder CCl_4 suspendierte Bis-[triarylzinn]-oxide mit HNO_3 (1 : 1) neutralisiert. Das Gemisch wurde bei red. Druck fast bis zur Trockne eingedampft. Die stabilste Verb. ist I; sie zersetzt sich nur beim F. unter Entw. von Stickstoffoxiden. III ist bei gewöhnlicher Temp. stabil u. zersetzt sich nur beim Erwärmen in einem Lösungsmittel. II ist stabil nur bei -15^0, beim langsamen Erwärmen auf Zimmertemp. tritt Zers. unter Bldg. brauner Stickstoffoxiddämpfe ein. Von allen 3 Verb. wurden die IR-Absorptionsspektren untersucht; tabellar. sind die Frequenzen zwischen 2000 u. 700 cm^{-1} angegeben. Untersucht wurde die antibakterielle Aktivität der Verbindungen.
C. Gottfried 327△

0818 **Direkte Reaktion zwischen Halogennitrilen und Zinnfolie.** Sumio Matsuda, Shoichi Kikkawa und Takatoshi Hayashi. (Technol. Rep. Osaka Univ. 17 (1967) 748—68, 193—203; Dep. of Chem. Technol.; engl.) — Rk. zwischen Zinnfolie u. $JC_nH_{2n}CN$ in Ggw. von Mg u. Tetrahydrofuran bei 130^0 für $1^1/_2$ Std. führt zu Verb. der Zus. $J_2Sn(C_nH_{2n}CN)_2$ (I). Analoge Cl- u. Br-Verb. werden nach dieser Meth. nicht erhalten. Behandeln von I mit alkal. Lsg. bei Raumtemp. führt zu dem entsprechenden Oxid, die CN-Gruppe wird dabei nicht hydrolysiert. Behandeln der Oxide mit HCl oder HBr führt zu den entsprechenden Cl- oder Br-Analogen von I. Die CN-Gruppe in den Oxiden wird durch heiße alkal. Lsg. hydrolysiert. Aus elektr. Leitfähigkeitsmessungen von $Br_2Sn[CH_2 \cdot CH_2CN]_2$ bei 30^0 in wss. Lsg. ergibt sich prakt. keine Abdissoziation von Br. Einzelheiten über Molgew.-Best., chem. u. physikal. Eig. (F., Kp.) sowie IR-Spektren der aufgeführten Verb. vgl. Original.
Versuche: JCH_2CH_2CN aus β-Brompropionitril u. NaJ, $Kp._4$ 80—81^0, n_D^{20} 1,5474. — CH_3CHJCH_2CN analog, $Kp._8$ 72—74^0, n_D^{20} 1,5208. — $J(CH_2)_4CN$ aus δ-Chlorvaleronitril u. NaJ; $Kp._4$ 103—104^0, n_D^{20} 1,5249. — Zinnjodide: *Bis-[2-cyanäthyl]-*, F. 128—129^0; *Bis-[2-cyan-1-methyläthyl]-*, F. 82—89^0; *Bis-[ω-cyanpropyl]-*, F. 84,5—$85,5^0$; *Bis-[ω-cyan-n-butyl]-*, F. 74,5—76^0; Zinnoxide: *Bis-[2-cyanäthyl]-*, *Bis-[ω-cyanpropyl]-*; *Bis-[ω-cyan-n-butyl]-*; Zinnchloride: *Bis-[2-cyanäthyl]-*, F. 186—188^0; *Bis-[ω-carboxy-n-butyl]-*, F. 146—148^0; — Zinnbromide: *Bis-[2-cyanäthyl]-*, F. 186—188^0; *Bis-[ω-cyan-n-butyl]-*, F. 61—63^0. — *Bis-[ω-carboxy-n-butyl]-*, F. 134,5—$136,5^0$.
H. J. Schönherr 327

0819 **Komplexe von Salicylaldehydthiosemicarbazon mit Vanadin(III).** N. V. Gérbéléu. (Ž. neorg. Chim. 13 (1968) 9, 2467—71; Inst. chim. AN Mold. SSR; russ.) — Folgende Salicylaldehydthiosemicarbazon (H_2L)-Komplexe von V(III) wurden synthetisiert: $NH_4[VL_2] \cdot H_2O$ (I) aus H_2L u. VCl_3 in wss. NH_3-Lsg., dunkelbraune Oktaeder, ca. 65%, μ bei 293 °K 2,77 ± 0,02 BM; $[V(HL)L] \cdot H_2O$ (II) aus H_2L + NaOH in heißem W. u. VCl_3, dunkelbraune Prismen, ca. 60%. Die IR-Spektren von H_2L, $[V(HL)L] \cdot H_2O$ u. $[Co(HL)L] \cdot H_2O$ wurden im Bereich 700—1800 cm^{-1} verglichen. I u. II enthalten V(III), sie haben oktaedr. Struktur. Die H_2L-Reste nehmen drei Koordinationsplätze ein.
J. J. Pohl 330

0820 **Darstellung von Niobphosphat.** Ja. Rachmatulin und V. P. Gladyšev. (Ž. neorg. Chim. 13 (1968) 9, 2618—19; Inst. chim. nauk, AN Kaz. SSR; russ.) — $2\,Nb_2O_5 \cdot P_2O_5 \cdot 6\,H_2O$ entsteht beim Erwärmen von Lsg., die 0,01 m Nb u. 0,17—1,1 m Phosphorsäure enthalten. Nach Trocknen bei 105^0 liegt $2\,Nb_2O_5 \cdot P_2O_5 \cdot 4\,H_2O$ vor, nach Erhitzen bis 1000^0 $2\,Nb_2O_5 \cdot P_2O_5$.
J. J. Pohl 331

0821 **Synthese des Tantaloxidsulfats $Ta_2O_3(SO_4)_2 \cdot nH_2O$.** R. D. Maslennikova und A. S. Černjak. (Ž. neorg. Chim. 13 (1968) 3, 642—44; Irkutskij gos. naučno-issl. inst. redkich i cvetnych metallov; russ.) — $Ta_2O_3 \cdot (SO_4)_2 \cdot 4\,H_2O$ (I) wurde durch langsames Eindampfen von Ta(V)-Sulfatlsg. bei 300^0 bis zur Bldg. eines Nd., Filtrieren, Waschen mit trockenem Aceton u. Trocknen über $CaCl_2$ erhalten. $Ta_2O_3(SO_4)_2 \cdot 3\,H_2O$ entsteht, wenn obiger Nd., statt gewaschen mit Aceton bis 200^0 erwärmt, einen Tag bei dieser Temp. gehalten u. dann rasch abgekühlt wird. $Ta_2O_3(SO_4)_2 \cdot 5\,H_2O$ wurde aus der Ta(V)-Sulfatlsg. mit A. beim Vol.-Verhältnis A. : Lsg. = 2 : 1 gefällt. Die Lsg. wurde 7 Tage lang gerührt. Das erhaltene Ta-Oxidsulfat wurde röntgenograph., IR-spektroskop. im Bereich 400—1600 cm^{-1}, thermograph. u. mikrophotograph. charakterisiert. Bei der therm. Zers. entsteht bei 900^0 Ta_2O_5.
J. J. Pohl 332

0822 **Cyanatverbindungen und deren reaktives Verhalten. 6. Mitt. Solvatfreies Niob(V)- und Tantal(V)-thiocyanat.** H. Böhland und E. Zenker. (J. less-common Metals [Lausanne] 14 (1968) 4, 397—402; Inst. für anorg. Chem., Martin-Luther-Univ., Halle; dt.) — 5. vgl. C. **1968**, 25-0818. — $NbCl_5$ oder $[NbCl_5(CH_3CN)]$ u. Alkalimetallthiocyanat im Mol-Verhältnis 1 : 5 reagieren in CH_3CN zu $[Nb(NCS)_5(CH_3CN)] \cdot 2\,CH_3CN$ (I). Durch kontrollierten therm. Abbau von I bei 75—80^0 im Vakuum (0,3 Torr) entsteht $[Nb(NCS)_5(CH_3CN)] \cdot CH_3CN$ (II). II spaltet nach mehrstündiger Vakuumbehandlung (0,3 Torr) bei 80^0 CH_3CN ab u. geht in $[Nb(NCS)_5(CH_3 \cdot CN)]$ (III) über. III ist auch durch längere therm. Behandlung im Vakuum unmittelbar aus I zugänglich. Frisch dargestelltes III spaltet bei 110^0 im Vakuum CH_3CN ab u. geht in solvatfreies $[Nb(NCS)_5]_2$ (IV) über. I, II, III u. IV sind rotbraune, feinkrist. u. feuchtigkeitsempfindliche Verbindungen. Analog wird $[Ta(NCS)_5]_2$ (V) als rotbraune, feinkrist. u. feuchtigkeitsempfindliche Substanz aus $[Ta(NCS)_5(CH_3CN)]$ oder $[Ta(NCS)_5(CH_3 \cdot CN)] \cdot 2\,CH_3CN$ dargestellt. IV u. V werden durch ihr Absorptionsverh. im UV-, sichtbaren u. IR-Bereich sowie durch Leitfähigkeitsmessungen näher charakterisiert.
H.-J. Schönherr 332

0823 **Oxydation von festem Chrom(II)-sulfat durch Luftsauerstoff.** K. B. Kladnickaja, A. I. Zajac und D. P. Zosimovič. (Ukrainskij chim. Ž. 34 (1968) 1, 15—20; Inst. obšč. i neorg. chim. AN UkrainSSR; russ.) — Bei der Ox. von $CrSO_4 \cdot 5\,H_2O$ (I) in festem Zustand durch Luftsauerstoff entsteht $Cr(H_2O)_3(OH)SO_4 \cdot 1{,}33\,H_2O$ (II). Das Absorptionsspektrum von I ist bei 400—100 nm, das von II bei 900—1500 cm^{-1} abgebildet. Das thermograph. Verh. von festem I wurde bei 18—950^0 untersucht. Bei 60^0 entsteht das Trihydrat, bei 115^0 das Dihydrat, bei 140^0 $Cr(OH)SO_4 \cdot 1^1/_2\,H_2O$, bei 280^0 das Monohydrat u. bei 440^0 das wasserfreie Salz.
J. J. Pohl 335

0824 **Ammonium-„diuranate" und Urantrioxidhydrate.** N. V. Zubova, V. M. Makarov, V. D. Nikol'skij, P. N. Petrov, É. G. Teterin und N. T. Čebotarev. (Ž. neorg. Chim. 13 (1968) 2, 329—33; russ.) — Die Analyse der therm. Eig. von Urantrioxidhydrat u. Ammonium-„diuranat", die bei hydrothermalen Bedingungen bei 270^0 erhalten wurden, zeigt, daß sie besser als $UO_2(OH)_2$ bzw. $UO_2(OH)_2 \cdot x\,NH_3 \cdot y\,H_2O$ aufgefaßt werden können. Die Zus. $UO_3 \cdot 0{,}7\,H_2O \cdot 0{,}15\,NH_3$, $UO_3 \cdot 1{,}7\,H_2O \cdot 0{,}27\,NH_3$ u. $UO_3 \cdot 0{,}8\,H_2O$ wurden thermograph., röntgenograph. u. IR-spektroskop. im Bereich 400—3800 cm^{-1} verfolgt. $UO_3 \cdot 0{,}7\,H_2O \cdot 0{,}15\,NH_3$ gibt bei 100—450^0 W. u. NH_3 ab, es entsteht UO_3, das bei 475—500^0 eine stark exotherme Strukturumwandlung erleidet. Bei 575—625^0 findet unter Sauerstoffabgabe Übergang in U_3O_8 statt. Bei 800^0 liegt rhomb. U_3O_8 mit a = 6,688 ± 0,003, b = 11,935 ± 0,005 u. c = 4,140 ± 0,002 Å vor. $UO_3 \cdot 0{,}8\,H_2O$ hat a = 10,326 ± 0,003, b = 6,869 ± 0,002, c = 4,336 ± 0,002 Å. Ein stark endothermer Effekt liegt bei 430—465^0, wasserfreies UO_3 zersetzt sich bei 570—650^0.
J. J. Pohl 339

0825 **Synthese von $Mg_2[UO_2(CO_3)_3] \cdot 18\,H_2O$.** V. A. Čerkasov, B. P. Žagin und Z. D. Golandskaja. (Ž. neorg. Chim. 13 (1968) 4, 1205—06; russ.) — Künstlicher Bayleyit wurde nach $UO_2(NO_3)_2 + 3\,Mg(HCO_3)_2 \rightleftharpoons Mg_2[UO_2(CO_3)_3] + Mg(NO_3)_2 + 3\,CO_2 + 3\,H_2O$ dargestellt. Die gesätt. $Mg(HCO_3)_2$-Lsg. wurde durch Sättigen einer wss. MgO-Suspension mit CO_2 erhalten. Die Umwandlung von MgO in das Hydrogencarbonat wurde bei 20^0 während 6 Std. durchgeführt. Die grüngelben Krist. $Mg_2[UO_2(CO_3)_3] \cdot 18\,H_2O$ lumineszieren im UV-Licht, sind opt. zweiachsig negativ, Np = 1,455, Ng = 1,405; monoklin. Das Kristallisationswasser wird bei 50—200^0 in 2 Stufen endotherm abgegeben. Bei 300—500^0 entsteht unter Zers. des Carbonats endotherm eine amorphe Substanz, die bei 600—700^0 unter Bldg. von Mg-Uranat

kristallisiert. Nach thermogravimetr. Daten werden 10 W.-Mol. bereits unterhalb von 60° abgegeben.
J. J. Pohl 339

0826 **Zusammensetzung, Kristallstruktur und thermische Eigenschaften von Seltenerdmetalluranaten.** N. V. Zubova, V. M. Makarov, V. D. Nikol'skij, P. N. Petrov, Ė. G. Teterin und N. T. Čeborarev. (Ž. neorg. Chim. **13** (1968) 3, 842–46; russ.) – $Pr_2O_3 \cdot 4\,UO_3 \cdot 3{,}63\,H_2O$ u. $Nd_2O_3 \cdot 4\,UO_3 \cdot 3{,}4\,H_2O$ sind hexagonal u. mit $La_2O_3 \cdot 4\,UO_3 \cdot 4\,H_2O$ isostrukturell. Die gefundenen Gitterparameter sind a = 6,845 (± 0,003), 6,828 bzw. 6,878 Å u. c = 6,789, 6,716 bzw. 6,871 Å. Die Verb. zeigen bei 150–350° einen starken endothermen Effekt, sie zersetzen sich ab 500° unter Sauerstoffabgabe. $Sm_2O_3 \cdot 4\,UO_3$, $Y_2O_3 \cdot 4\,UO_3$ u. $Sc_2O_3 \cdot 4\,UO_3$ krist. hexagonal in Pseudo-AB_2-Typ mit a = 3,938; 3,945 bzw. 3,806 Å u. c = 4,164; 4,103 u. 4,055 Å. Sie zersetzen sich kontinuierlich bei 100–1000° u. enthalten nach der Darst. 0,92, 0,77 bzw. 0,1 Mol/Mol nicht strukturell gebundenes Wasser. Die Verb. $La_2O_3 \cdot 2\,UO_3 \cdot 2{,}6\,H_2O$, $Pr_2O_3 \cdot 2\,UO_3 \cdot 1{,}9\,H_2O$, $Nd_2O_3 \cdot 2\,UO_3 \cdot 1{,}65\,H_2O$ u. $Sm_2O_3 \cdot 2\,UO_3 \cdot 1{,}5\,H_2O$ sind ebenfalls isostrukturell. Therm. u. röntgenograph. Unters. zeigen, daß im Syst. Al_2O_3–UO_3–H_2O bei 270° keine chem. Wechselwrkg. stattfindet.
J. J. Pohl 339

0827 **Synthese und Untersuchung der Eigenschaften des Elements 102.** G. N. Flerov. (Atom. Ėnerg. **24** (1968) 1, 5–17; russ.) – Vf. gibt einen Überblick über die Arbeiten über die Isotopen des Elements 102 mit den Massenzahlen 251–256, ihre Synth., ihre Halbwertszeiten u. α-Strahlung, ferner den spontanen Zerfall der geradzahligen Isotopen sowie die Chemie des Elements.
M. Wiedemann 348

0828 **Chemie des Mangancarbonyls.** K. N. Anisimov, A. A. Ioganson und N. E. Kolobova. (Usp. Chim. **37** (1968) 3, 380–408; Inst. ėlementoorg. soedinenij AN SSSR, Moskva; russ.) – Übersicht über Rk. von $Mn_2 \cdot (CO)_{10}$ an Hand von 229 Literaturangaben.
H. Roschkowski 350

0829 **Darstellung, thermographische und röntgenographische Untersuchung von reinem Rheniumtribromid.** R. A. Dovljatšina, A. S. Kotel'nikova und V. G. Kuznecov. (Ž. neorg. Chim. **13** (1968) 5, 1272–78; Inst. obšč. i neorg. chim. im. Kurnakova AN SSSR; russ.) – Reines $ReBr_3$ kann mit 65%ig. Ausb. durch therm. Zers. des Bromierungsprod. von metall. Rhenium in einer geschlossenen Ampulle bei 500° u. 40 atm erhalten werden. Das Bromierungsprod. wurde röntgenograph. u. IR-spektroskop. im Bereich 400–4000 cm^{-1} untersucht. Reines $ReBr_3$ zeigt zwei endotherme Effekte bei 590 u. 620° u. subl. ohne Zers. bei 450–500°. Durch die therm. Zers. von $Ag_2[ReBr_6]$ konnte $ReBr_3$ mit 25–30%ig. Ausb. gewonnen werden u. wurde röntgenograph. identifiziert. Die IR-spektroskop. Daten zeigen die Abwesenheit von Sauerstoff.
J. J. Pohl 352

0830 **Aromatenkomplexe von Metallen. 105. Mitt. Cyclopentadienylrheniumdicarbonylnitrosyl-Kation.** Ernst Otto Fischer und Helmut Strametz. (Z. Naturforsch. **23b** (1968) 2, 278–79; Anorgan.-chem. Labor., TH München; dt.) – 104. vgl. C. **1968**, 58-0062. – Cyclopentadienyltricarbonylrhenium (**III**) reagiert mit $(NO) \cdot HSO_4$ in sd. CH_2Cl_2. Aus der wss. Lsg. des Rk.-Gemisches läßt sich mit $(NH_4)PF_6$ der gelbe Komplex *Cyclopentadienylnitrosyldicarbonylrheniumhexafluorophosphat* (**I**) erhalten. **I** u. Cyclopentadienyldicarbonylnitrosylchrom (**II**) werden mit einer isoelektron. Reihe neutraler u. kation. Komplexverb. IR-spektroskop. verglichen. Die chem. Verschiebungen der Cyclopentadienylprotonen der Komplexe **I**, **II** u. anderer Komplexe werden miteinander verglichen.

Versuche: *Cyclopentadienylnitrosyldicarbonylrheniumhexafluorophosphat*, $C_7H_5F_6NO_3PRe$, aus **III** in CH_2Cl_2 u. $(NO)HSO_4$, 2std. Rühren der Suspension unter Sieden, Einengen, Hydrolyse, Absaugen in eine $NH_4 \cdot PF_6$-Lsg. (→ gelber Nd.), Reinigung durch Lösen in Aceton u. Behandeln mit Aktivkohle, Ausfällen mit Ae.; 64% (Ausb.).
H. J. Schönherr 352

0831 **Synthese und einige Eigenschaften von Kobalttitanyloxalat.** I. N. Beljaev, S. R. Bondareva und N. D. Skibina. (Ž. neorg. Chim. **13** (1968) 9, 2620; Rostovskij-na-Donu, gos. univ.; russ.) – $CoTiO(C_2O_4)_2 \cdot H_2O$ (**I**) aus 0,1 n $K_2TiO(C_2O_4)_2 \cdot 2\,H_2O$ u. 0,1 n $CoCl_2 \cdot 6\,H_2O$ unter Rühren im stöchiometr. Verhältnis während 4–5 Std., hellrosa Mikrokristalle. **I** wird bei 90 bis 170° endotherm entwässert. $CoTiO(C_2O_4)_2$ zersetzt sich bei 218–280° u. 280–443° unter Bldg. von $CoTiO_3$, CO_2 u. CO, $CoTiO_3$ krist. exotherm bei 635°. **I** löst sich in W. bei 20° zu 0,125 Massen-%, bei 30° hydrolysiert es bereits.
J. J. Pohl 355

0832 **Umsetzung von metallischem Kobalt mit Monoäthanolamin.** V. N. Evreev und V. E. Petrun'kin. (Ž. neorg. Chim. **13** (1968) 9, 2496–500; Vsesojuznyj naučno-issl. inst. gigieny i toksikologii pesticidov, polymernych i plastičeskich mass.; russ.) – Folgende dreikernige Komplexverb. wurden dargestellt: $[Co_3(NH_2 \cdot C_2H_4O)_6]CO_3 \cdot 14\,H_2O$ (**I**), aus pulverförmigem Co u. 50%ig. wss. Monoäthanolaminlsg. unter Lufteinw. während 6–7 Wochen, $[Co_3(NH_2C_2H_4O)_6]J_2 \cdot 6\,H_2O$ (**II**), aus einer gesätt. **I**-Lsg. u. einer gesätt. KJ-Lsg., rote Krist., $[Co_3(NH_2C_2H_4O)_6]Cl_2 \cdot 8\,H_2O$ (**III**), durch tropfenweise Zugabe von 30 ml 0,2 n HCl zu **2,54 g I**, rote Krist., $[Co_3(NH_2C_2H_4O)_6][HgJ_4] \cdot H_2O$ (**IV**), durch tropfenweise Zugabe einer verd. $K_2[HgJ_4]$-Lsg. zu einer verd. wss. **III**-Lsg., hellrote Kristalle. Die Verb. enthalten Co(II) u. Co(III) im Verhältnis 1 : 2. Bei der Umsetzung von metall. Co mit Monoäthanolamin in Ggw. von O_2 können sich verschiedene ein-, zwei- u. dreikernige Innerkomplexverb. bilden. Die Absorptionsspektren der dreikernigen Verb. in Lsg. u. im festen Zustand wurden im Bereich 225–700 mμ aufgenommen. Die Verb. haben im festen Zustand u. in Lsg. die gleiche Struktur.
J. J. Pohl 355

0833 **Kobalt(III)-Komplexverbindungen mit Dimethylglyoxim und Selenosemicarbazonen.** A. V. Ablov, N. V. Gėrbėlėu und A. M. Romanov. (Ž. neorg. Chim. **13** (1968) 3, 787–91; Inst. chim. AN Mold. SSR; russ.) – Bis-[dimethylglyoximato]-Co(III)-Komplexe mit 1 oder 2 Mol. Selenosemicarbazon des Acetons, Cyclohexanons, Benzaldehyds, Vanillins u. Salicylaldehyds wurden dargestellt. In den erhaltenen Komplexen ist das gebundene im Unterschied zum freien Selenosemicarbazon gegen die Einw. von Säuren beständig.

Versuche: *Cyclohexanonselenosemicarbazon*, $C_7 \cdot H_{13}N_3Se$, F. 147–148°, wurde durch Versetzen einer kochenden wss. Lsg. von Acetonselenosemicarbazon mit einer äquivalenten Menge einer alkohol. Cyclohexanonlsg. u. Kochen auf dem W.-Bad während einigen Min. erhalten, farblose Blättchen, lösl. in A., Ammoniak, schlecht lösl. in W., unlösl. in Äther. *Vanillinselenosemicarbazon*, $C_9H_{11}N_3O_2Se$, F. 158°, wurde analog erhalten, leicht gelbliche Blättchen, Löslichkeit wie oben. *Chloro-bis-[dimethylglyoximato]-[benzylidenselenosemicarbazid]-kobalt* $\cdot\,H_2O$, aus 3,4 g trans-Chloro-bis-[dimethylglyoximato]-aquokobalt (**I**) u. einer heißen Lsg. von 2,25 g Benzaldehydselenosemicarbazon in 30 ml 96%ig. A., durch vorsichtiges Erwärmen auf dem W.-Bad, hellbraune Mikrokrist., 85%, gut lösl. in A., schlecht in W., unlösl. in Äther. *Bromo-bis-[dimethylglyoximato]-[benzylidenselenosemicarbazid]-kobalt*, analog, hellbraune Krist., 90%, Löslichkeit wie oben. *Bis-[dimethylglyoximato]-bis-[benzylidenselenosemicarbazid]-kobaltchlorid* $\cdot\,7\,H_2O$, aus 2,35 g Benzaldehydselenosemicarbazon u. 1,70 g **I** auf dem W.-Bad mit 30 ml A., rotbrauner Nd., 60%. *Bis-[dimethylglyoximato]-bis-[benzylidenselenosemicarbazid]-kobaltbromid* $\cdot\,4\,H_2O$, analog, 70%, braune, rechteckige Prismen. *Chloro-bis-[dimethylglyoximato]-[acetonselenosemicarbazon]-kobalt* $\cdot\,{}^1/_2\,H_2O$ aus 1,70 g Acetonselenosemicarbazon u. 3,40 g **I** in 40 ml A., Filtrieren nach 24 Std., 60%. *Bromo-bis-[dimethylglyoximato]-[acetonselenosemicarbazon]-kobalt* $\cdot\,{}^1/_2\,H_2O$, analog, 60%, hellbraun. *Bis-[dimethylglyoximato]-bis-[acetonselenosemicarbazon]-kobaltbromid* $\cdot\,H_2O$, analog beim Komponentenverhältnis 1 : 2, 60%, rotbraun, schwer lösl. in W. u. A., unlösl. in Äther. *Bis-[dimethylglyoximato]-bis-[vanillinselenosemicarbazon]-kobaltchlorid* $\cdot\,5\,H_2O$, aus der analogen benzaldehydhaltigen Verb., hellbraune, rechteckige Blättchen. *Bis-[dimethylglyoximato]-bis-[vanillinselenosemicarbazon]-kobaltbromid* · *7 H_2O*, rotbraune, rechteckige Krist., 50%. *Bromo-bis-[dimethylglyoximato]-[cyclohexanonselenosemicarbazon]-kobalt* · *1,5 H_2O*, dunkelbraune Krist., *Chloro-bis-[dimethylglyoximato]-[salicylidenselenosemicarbazid]-kobalt* · *4 H_2O*, aus 1,7 g I u. 1,2 g Salicylaldehydselenosemicarbazon in 10 ml A., hellbraune, rechteckige Blättchen, 90%, wenig lösl. in W., lösl. in Methanol, A. u. Aceton, unlösl. in Äther. Die mol. elektr. Leitfähigkeit in abs. Methanol beträgt bei 25° u. V = 1000 l/Mol 0,6 $\Omega^{-1} \cdot cm^2 \cdot Mol^{-1}$. *Bis-[dimethylglyoximato]-bis-[salicylidenselenosemicarbazid]-kobaltchlorid* · *5 H_2O*, aus 0,85 g I u. 1,21 g Salicylaldehydselenosemicarbazon in 10 ml A., hellbraun, 70%, Löslichkeit wie oben, elektr. Leitfähigkeit in abs. Methanol bei 25° u. V = 250 60,4; V = 500 61,9 u. V = 1000 65,3.

J. J. Pohl 355

0834 **Thermochemische Umwandlungen von Kobalt- und Nickelbromiden.** V. A. Rupčeva, S. A. Amirova und T. V. Romanova. (Ž. neorg. Chim. **13** (1968) 9, 2490 bis 2495; Permskij politechn. inst.; russ.) — Die Rk. beim Erwärmen von Co- u. Ni-Bromiden wurden in inerter, oxydierender u. reduzierender Atmosphäre untersucht. Die Entwässerung der Hydrate von Co- u. Ni-Bromiden verläuft in mehreren Stufen: *$CoBr_2$ · 6 H_2O* gibt bei 115° 2 Mol., bei 145° ein, bei 155° zwei u. bei 181° ein Mol. W. ab. *$NiBr_2$ · 3 H_2O* gibt bei 113° 1 Mol. u. bei 150° zwei Mol. W. ab. Die wasserfreien Co- u. Ni-Bromide werden durch Sauerstoff vollständig zu Co_3O_4 u. NiO oxydiert. $CoBr_2$ wird bei tieferen Temp. ox. als $NiBr_2$. Co- u. Ni-Bromide werden durch Wasserstoff zu Metallen red., die Red.-Temp. von $NiBr_2$ ist höher als die von $CoBr_2$. $CoBr_2$ u. $NiBr_2$ reagieren mit Wasserdampf bei Temp. über 600°, ΔH = 33000 cal/Mol, ΔG_{700} = −1431 cal/Mol, bzw. ΔH = 35000 cal/Mol, ΔG_{700} = −37070 cal/Mol.

J. J. Pohl 356

0835 **Komplexe mit p-Brom-N.N-dimethylanilin-N-oxid.** Carl J. Popp und Ronald O. Ragsdale. (Inorg. Chem. [Washington] **6** (1967) 11, 2123—24; Dep. of Chem., Univ. of Ut., Salt Lake City, Ut.; engl.) — Die Komplexverb. werden durch Zugabe von p-Bromdimethylanilin-N-oxid (L) in Aceton zu der Lsg. des betreffenden Metallsalzes in einer Mischung von Dimethoxypropan u. Aceton dargestellt: *$Ca(ClO_4)_2$ · 4 L*, F. 120—129° (Zers.); *$Zn(ClO_4)_2$ · 4 L*, F. 134—136° (Zers.); *$Mg(ClO_4)_2$ · 4 L · H_2O*, F. 109—111°; *$Ca(NO_3)_2$ · 4 L · H_2O*, F. 113—118°; *$Mg(NO_3)_2$ · 3 L · 2 H_2O*, F. 124—127° (Zers.); *$Pb(NO_3)_2$ · 3 L · H_2O*, F. 115—119°; *$Ni(NO_3)_2$ · 3 L · 2 H_2O*, F. 123—127°; *$ZnCl_2$ · 2 L*, F. 115—119°; *$NiCl_2$ · L · H_2O*, F. 96—99°. Die Ergebnisse von Leitfähigkeitsmessungen stehen im Einklang mit der Annahme von 2:1-Elektrolyten, mit Ausnahme von $ZnCl_2$ · 2 L, das ein Nichtelektrolyt ist. Die IR-Spektren der Verb. werden mitgeteilt u. diskutiert.

Manfred Schulze/Braunschweig 356

0836 **Komplexe von Alkyl- und Arylcyaniden.** 5. Mitt. **Tris-[2-cyanäthyl]-phosphin-Komplexe von Kobalt(II)- und Nickel(II)-halogeniden: die Natur der koordinierten Ligandenmoleküle.** R. A. Walton und R. Whyman. (J. chem. Soc. [London], Sect. A **1968**, 6, 1394—98; Dep. of Chem., Univ., Whiteknights Park, Reading, Berks.; engl.) — 4. vgl. C. **1967, 48**-0723. — $NiCl_2$ bzw. $NiBr_2$ reagieren mit Tris-[2-cyanäthyl]-phosphin (TCP) in Aceton zu roten, quadrat.-planaren α-1:2-Komplexen, die in die blauen paramagnet. β-Komplexe umgewandelt werden. Von $CoBr_2$ u. CoJ_2 werden mit Aceton bzw. Methylcyanid solvatisierte Komplexe beschrieben. Die magnet. u. spektralen Eig. der Komplexe sowie die Natur des koordinierten TCP u. seine Donatoreig. werden diskutiert.

Versuche: *3 $CoCl_2$ · 2 TCP* durch Zugabe von $CoCl_2$ · 6 H_2O zu geschmolzenem TCP, Kühlen, Extrahieren mit A. u. Aceton u. Waschen mit Ae. — *3 $CoBr_2$ · 2 TCP · (CH_3COCH_3)* **(I)**, durch Lösen von $CoBr_2$ · aq in Aceton u. Zugabe von Orthoameisensäureäthylester **(II)** u. TCP, Filtrieren, Waschen mit Aceton u. Ae. u. Trocknen im Vakuum. — *3 CoJ_2 · 2 TCP · (CH_3COCH_3)* analog **I**. — *3 $CoBr_2$ · 2 TCP · CH_3CN*, analog **I** unter Verw. von CH_3CN-**II** (5:1) als Lösungsmittel. — *α-$NiCl_2$ · 2 TCP* **(III)**, durch Rk. von $NiCl_2$ · 6 H_2O mit TCP in A.-Aceton-**II**, nach 30 Min. Einengen, Filtrieren u. Waschen mit A., A.-Aceton u. Ae. — *α-$NiBr_2$ · 2 TCP*, $C_{18}H_{24}Br_2N_6$ · NiP_2 analog **III**. — *β-$NiCl_2$ · 2 TCP* **(IV)** analog **III** unter 6std. Erhitzen am Rückfluß oder durch Erhitzen von **III** in A., Filtrieren, Waschen mit Aceton u. Ae. u. Trocknen im Vakuum. — *β-$NiBr_2$ · 2 TCP*, analog **IV**. — *$NiBr_2$ · TCP*, durch mehrstd. Erhitzen von $NiBr_2$ u. TCP in Aceton, Filtrieren, Waschen mit Aceton, A. u. Ae. — *$PtCJ_2$ · 2 TCP*, durch Versetzen einer wss. K_2PtCl_4-Lsg. mit TCP, Filtrieren, Waschen mit W., A., Aceton u. Äther.

K.-J. Zwietasch 356

0837 **Synthese, Elektronen- und IR-Spektren von Nikkel(II)-, Kupfer(II)-, Kobalt(II)- und Kobalt(III)-Chelaten mit dreizähnigen Schiffschen Basen.** V. V. Zelencov und K. M. Suvorova. (Ž. neorg. Chim. **13** (1968) 9, 2505 bis 2511; Mosk. fiz.-technol. inst.; russ.) — Die Herst. substituierter N-(2-Hydroxyäthyl)-salicylidenamine, ihrer Metallchelate sowie die Strukturen der in Ggw. von CH_3 · COOH gebildeten Komplexe werden beschrieben. IR- u. opt. Absorptionsspektren vgl. Original.

Versuche: *N-(2-Hydroxyäthyl)-salicylidenamin*, $C_9H_{11}NO_2$, Öl, (H_2L^1); *N-(2-Hydroxyäthyl)-4-methyl-*, $C_{10}H_{13}NO_2$, F. 77,2—77,6° (H_2L^2); *N-(2-Hydroxyäthyl)-5-chlor-*, $C_9H_{10}ClNO_2$, F. 63—63,8° (H_2L^3) u. *N-(2-Hydroxyäthyl)-5-bromsalicylidenamin*, $C_9H_{10}BrNO_2$, F. 97,5 bis 98,5° (H_2L^4), aus dem entsprechenden Salicylaldehyd in Bzl. u. äthanol. Äthanolaminlösung. — Durch Umsetzen äquimol. Mengen benzol. Lsg. der Schiffschen Basen mit methanol. Lsg. der Metallacetate wurden nachst. Komplexe (z. T. nach Umkristallisieren aus A.) erhalten: *[Ni · (HL^1)(CH_3COO)] · 2 CH_3OH · H_2O*, F. 218—222°; *[Ni · L^1] · 2/3 H_2O*, *[Ni(HL^2)(CH_3COO)]$_2$ · 3,5 H_2O*, Zers. bei 185° *[NiL^2] · H_2O*, *[NiL^3]$_2$ · CH_3COOH · C_2H_5OH · 4 H_2O*, F. 245°, *[NiL^3] · 2/3 H_2O*, *[Ni(HL^3)$_2$] · 0,5 CH_3OH*, F. 262° *[Ni(HL^4)$_2$] · H_2O*, F. 262—264°, *[CuL^2] · CH_3OH*, F. 241 bis 243°, *[Co^{III}(HL^1)L^1]*, F. 215—216°, *[Co^{III}(HL^2)L^2] · 1/2 CH_3OH*, F. 178—179°, *[Co^{III}(HL^3)L^3]*, F. 215—216°, *[Co^{III}(HL^4)L^4]*, F. 226—228°, *[Co^{II}(HL^4)$_2$] · 0,5 CH_3OH*.

J. J. Pohl 358

0838 **Neue Komplexe von Diphenylsulfonylhydrazid-Derivaten.** N. Teodorescu, Cătălina Demetrescu und C. Chiriță. (Rev. roum. Chim. **13** (1968) 3, 335—46; Analyt. Chem. and Org. Chem. Labor., Fac. of Pharm., Bucharest; engl.) — Stabile Komplexe vom Typ *[CuL_2]* mit *HL* = *4-X-Diphenylsulfon-4'-carbonsäurehydrazid* [*X* = *H* **(I)**, *Cl* **(II)**, *Br* **(III)**] wurden aus den entsprechenden Hydraziden u. $CuSO_4$ in DMF als mikrokrist. blaues **(I)** bzw. grünes **(II, III)** Pulver erhalten. Die F. betragen in vorst. Reihenfolge 232°, 229° bzw. 245°. Die Komplexe sind unlösl. in W., Methanol, A., Benzylalkohol, Dioxan, Ligroin u. Xylol, lösl. in Py., Propylenglykol u. Essigsäure. Es wird angenommen, daß die Komplexbldg. mit der durch Tautomerisierung gemäß $-C(O)-NH-NH_2 \rightleftharpoons -C(OH)=N-NH_2$ entstehenden Enolform der Liganden erfolgt, so daß die Komplexe zwei fünfgliedrige Chelatringe aufweisen. Diese Chelatbldg. wird im Zusammenhang mit der tuberkulostat. Wrkg. der Verb. HL diskutiert. IR- u. EA-Spektren stützen die vorgeschlagene Struktur. Es werden eine komplexometr. Meth. zur Best. der Hydrazide **I**—**III** u. eine schnelle gravimetr. Meth. zur Cu(II)-Best. mit Hilfe von **I** beschrieben.

A. Blaschette 358

0839 **Abweichungen der Verbindungen Ag_2Se und Ag_2Te von der Stöchiometrie.** A. N. Krestovnikov, N. M. Machmudova und V. M. Glazov. (Izvest. Akad. Nauk SSSR, Neorg. Mater. 4 (1968) 4, 615—17; Mosk. inst. stali i splavov; russ.) — Die Kristallisation von Ag_2Se- u. Ag_2Te-Proben aus der fl. Phase wurde verfolgt, die Proben wurden 200 Std. lang bei 10^{-3} Torr erhitzt. Die Vers. zeigen, daß die Verb. eine gesetzmäßige Abweichung von der stöchiometr. Zus. zeigen, die nicht durch die Kristallisationsbedingungen bedingt ist. Die Mikrostruktur u. Mikrohärte der Mischkrist. auf Ag_2Se- u. Ag_2Te-Basis wurden in Abhängigkeit von der Zus. der Leg. bestimmt.

J. J. Pohl 359

0840 **Synthese einiger Metallperchlorylamide.** V. Ja. Rosolovskij und I. V. Kolesnikov. (Ž. neorg. Chim. **13** (1968) 5, 1290—94; Inst. obšč. i neorg. chim. im. Kurnakova AN SSSR; russ.) — Bei der katalyt. Ammonolyse von Perchlorylfluorid entsteht ein Gemisch von NH_4HN · ClO_3 u. NH_4F, aus dem unter der Einw. von alkohol.

KOH-Lsg. K_2NClO_3 u. $KHNClO_3$ entstehen. Es wurden auch die isotopenmarkierten Verb. $K_2{}^{15}NClO_3$, $KH^{15}NCl \cdot O_3$, $KD^{14}NClO_3$ u. $KD^{15}NClO_3$ dargestellt. Bei der Behandlung der Ammonolyseprod. von $FClO_3$ mit $AgNO_3$-Lsg. bildet sich $AgHNClO_3$. Durch Austauschrk. in der fl. Phase wurden weiterhin die Perchlorylamide $Na_2NCl \cdot O_3$, $NaHNClO_3$, Ag_2NClO_3, $PbNClO_3$, $SrNClO_3$, $Sr(HN \cdot ClO_3)_2$ u. $BaNClO_3$ gewonnen. Eine Meth. zur chem. u. Spektralanalyse der Perchlorylamide ist beschrieben. J. J. Pohl 359

0841 **Pyridin-N-oxid-Komplexe des Silbers.** G. Schmauss und H. Specker. (Naturwissenschaften **54** (1967) 15/16, 442; Inst. für Anorg. Chem., Ruhr-Univ. Bochum; dt.) — Zur Darst. wurden Lsg. von $AgClO_4 \cdot H_2O$ u. dem jeweiligen N-Oxid (Mol-Verhältnis 1 : 4) in Aceton, CH_3OH oder A. bei 20° gemischt. Die Komplexe krist. langsam aus. Sie wurden u. a. elementaranalyt., durch die IR-Bande ν(N—O) bei 1200 cm^{-1} u. durch Leitfähigkeitsmessungen charakterisiert. Es handelt sich stets um 1.1-Elektrolyte. Nachst. Verb. wurden dargestellt u. untersucht: $[Ag(pyO)_2]ClO_4 \cdot (pyO)$, F. 122—123°; $[Ag \cdot (2\text{-}Pic)_2]ClO_4 \cdot (2\text{-}Pic)$, F. 158—159,5°; $[Ag(3\text{-}Pic)_2] \cdot ClO_4 \cdot (3\text{-}Pic)$, F. 170—171°; $[Ag(4\text{-}Pic)_2]ClO_4$, F. 194 bis 196°; $[Ag(2\text{-}\ddot{A}th)_2]ClO_4$, F. 150—151°; $[Ag(2\text{-}Prop)_2]ClO_4 \cdot (2\text{-}Prop)$, F. 106—107°; $[Ag(2\text{-}Isopent)H_2O]ClO_4$, F. 155 bis 156°; $[Ag(2.6\text{-}Lut)_2]ClO_4$, F. 147—148° (PyO = Pyridin-N-oxid, Pic = Picolin-N-oxid, Äth = Äthylpyridin-N-oxid, Prop = n-Propylpyridin-N-oxid, Isopent = 2-Isopentylpyridin-N-oxid, Lut = Lutidin). A. Jaeschke 359

0842 **Komplexverbindungen von Silber(I) und Gold(I) mit 6-Mercaptopurin.** A. A. Grinberg, N. A. Kustova und M. I. Gel'fman. (Ž. neorg. Chim. **13** (1968) 9, 2384—91; russ.) — Freies u. koordiniertes 6-Mercaptopurin (H_2R) kann durch Titrieren mit Kaliumbromat in salzsauren Lsg. quant. bestimmt werden. Die Umsetzung von $AgNO_3$ mit H_2R führt in Abhängigkeit vom Komponentenverhältnis zu den Komplexen $AgHR$, Ag_2R u. $Ag_3R(RH)$, in denen Ag den Wasserstoff der —SH- u. —NH-Gruppe von H_2R substituieren kann. Bei der Einw. eines H_2R-Überschusses auf $[AuCl_2]^-$ in HCl-Lsg. entsteht die Verb. $[Au(H_2R)HR \cdot xHCl]$. Beim längeren Auswaschen mit W. geht die Verb. in $[Au_2(HR)_2(H_2R)]$ über. Die Koordination von H_2R führt zu einer Verstärkung der sauren Eig. von Au(I)-Komplexen.

Versuche: *AgHR* entsteht beim Lösen von 200 ml $AgNO_3$ in 250 ml 1 n KNO_3 u. Versetzen der erwärmten Lsg. mit 300 mg H_2R, hellgelber, schlecht koagulierter Niederschlag. Ag_2R beim Lösen von 102 mg $AgNO_3$ in 180 ml 0,1 n KNO_3, Zugabe von 51 mg H_2R beim Erwärmen, gelber Niederschlag. $Ag_3R(RH)$ aus 34 g H_2R in 15,2 ml 0,0198 m KOH u. 51 mg $AgNO_3$ bei pH 10,2, gelber, schlecht koagulierter Niederschlag. $[Au(H_2R) \cdot (HR)HCl]$ aus 200 ml einer 4 n HCl-Lsg. von 0,0792 g Au u. 0,273 g H_2R in 1 m HCl bei 80°, gelbes Produkt. $[Au_2 \cdot (HR)_2(H_2R)]$ beim längeren Waschen des obigen Prod. mit heißem Wasser. J. J. Pohl 360

0843 **Intramolekulare Wasserstoffbindung in Alkylammoniumnitrosylpentahalogenoruthenaten.** K. I. Petrov, N. M. Sinicyn und M. V. Rubcov. (Ž. neorg. Chim. **13** (1968) 9, 2614—16; Mosk. inst. tonkoj chim. technol. im. Lomonosova; russ.) — Die Änderung der Energie der intramol. H-Bindung in $[(C_8H_{17})_3NH]_2[RuNO \cdot X_5]$, $[(C_6H_{13})_2NH_2]_2[RuNOX_5]$ u. $[(C_{12}H_{25})NH_3]_2[RuNO \cdot X_5]$, X = *Cl, Br, J*, wird in Abhängigkeit von der Struktur der Amine u. der Art der Innensphären-Acidoliganden IR-spektroskop. bei 1500—3100 cm^{-1} untersucht. Die Energie sinkt nach obiger Reihenfolge der Aminkomponenten, während die Art von X die Stabilität der H-Bindung prakt. nicht beeinflußt. Die Extrahierbarkeit der Verb. wächst beim Übergang von prim. zum sek. u. tert. Amin, also im gleichen Sinne wie die Stabilität der intramol. H-Bindung. J. J. Pohl 363

0844 **Quecksilberhalogenid–Kobalt- und –Rhodium-Verbindungen.** D. J. Cook, J. L. Dawes und R. D. W. Kemmitt. (J. chem. Soc. [London], Sect. A **1967**, 10, 1547—51; Dep. of Chem., Univ., Leicester; engl.) — Die Umsetzung von $HgCl_2$ u. $HgBr_2$ mit $Co(CO)_2(\pi\text{-}C_5H_5)$ (**I**) gibt die Komplexe *Dicarbonylcyclopentadienylkobaltquecksilberchlorid* $Co(CO)_2(\pi\text{-}C_5H_5) \cdot HgCl_2$ (**II**), $Co(CO)_2(\pi\text{-}C_5H_5) \cdot 2\,HgCl_2$ (**III**), *Dicarbonylcyclopentadienylkobaltquecksilberbromid* $Co(CO)_2(\pi\text{-}C_5H_5) \cdot HgBr_2$ (**IV**) u. $Co \cdot (CO)_2(\pi\text{-}C_5H_5) \cdot 2\,HgBr_2$ (**V**). Mit HgJ_2 wird nur langsam ein 1 : 1-Addukt $Co(CO)_2(\pi\text{-}C_5H_5) \cdot HgJ_2$ *Dicarbonylcyclopentadienylkobaltquecksilberjodid* (**VI**) erhalten. In den 1 : 1-Addukten verhält sich **I** wie eine Lewis-Base u. die Komplexe bestehen wahrscheinlich aus $Co(CO)_2(\pi\text{-}C_5H_5) \cdot HgX^+$- u. X^--Ionen. Beide sind über eine Quecksilberhalogenbrückenbindung miteinander verknüpft, ähnlich der Struktur der Addukte von $HgCl_2$ mit Tetrahydrothiophen $\cdot$ $HgCl_2$ (**VII**) u. Dialkylsulfid $\cdot$ $HgCl_2$. Die 1 : 2-Addukte sind schwache Additionskomplexe der 1 : 1-Komplexe mit $HgCl_2$. Ähnliche 1 : 1-Addukte werden von den Komplexen $Co(\pi\text{-}C_5H_5) \cdot$ [Cyclooctadien-(1.5)] (**VIII**); $Co(\pi\text{-}C_5H_5) \cdot$ (Norbornadien) (**IX**), $Rh(\pi\text{-}C_5H_5) \cdot$ [Cyclooctadien-(1.5)] (**X**) u. $Rh(\pi\text{-}C_5H_5) \cdot$ (Norbornadien) (**XI**) mit $HgCl_2$ u. $HgBr_2$ gebildet. In ihnen liegt eine Kobalt–Quecksilber- bzw. eine Rhodium–Quecksilber-Bindung vor. Unter Bildung von metall. Hg erfolgt eine schnelle Zers. der Komplexe in Dimethylsulfoxid. Leitfähigkeits-, IR- u. Röntgenbeugungsdaten der erhaltenen Verb. vgl. Original.

Versuche: *Cyclopentadienylnorbornadienkobalt* (**IX**) aus $Co(CO)_2(\pi\text{-}C_5H_5)$ u. Norbornadien in trockenem Xylol durch 12std. Rückflußkochen unter N_2, nach Aufarbeiten braune Krist., F. 60°. — *Cyclopentadienylnorbornadienrhodium* (**X**), F. 71—72°, nach Chatt et al. (ibid. **1957**, 4735). — $Co(CO)_2(\pi\text{-}C_5H_5) \cdot HgCl_2$ (**II**) aus $HgCl_2$ (1,5 g) in Methyläthylketon-Bzl. (1 : 2, 30 ml), durch Zugabe von $Co(CO)_2(\pi\text{-}C_5H_5)$ (1 g) im gleichen Lsgm., F. 86°. — $Co(CO)_2(\pi\text{-}C_5H_5) \cdot 2{,}4\text{—}2{,}7\,HgCl_2$ analog mit einem $HgCl_2$-Überschuß, F. 80° (Zers.). — $Co(CO)_2(\pi\text{-}C_5H_5) \cdot HgBr_2$, F. 95° (Zers.) u. $Co(CO)_2(\pi\text{-}C_5H_5) \cdot 2\,HgBr_2$, F. 90° (Zers.), analog. — $Co(CO)_2(\pi\text{-}C_5H_5) \cdot HgJ_2$ analog aus Aceton, F. 80° (Zers.). — $Co(cp)(nd) \cdot HgCl_2$(cp = *Cyclopentadienyl*, nd = *Norbornadien*) F. 100—102° (Zers.), aus **IX** u. $HgCl_2$ in Methyläthylketon–Bzl. (2 : 3); analog wurden erhalten $Co(cp)(nd) \cdot HgBr_2$, F. 90—92° (Zers.), $Rh(cp)(nd) \cdot HgCl_2$, F. 155° (Zers.), $Rh(cp)(nd) \cdot HgBr_2$, F. 172° (Zers.); $Rh(cp)(cd) \cdot HgCl_2$ [cd = *Cyclooctadien-(1.5)*], F. 159—160° (Zers.) u. $Rh(cp)(cd) \cdot HgBr_2$, F. 143 bis 144°. W. Heinemann 364

0845 **Reaktion von Natriumchlororhodat(III) mit Formamidinsulfinsäure.** I. V. Prokof'eva und A. E. Bukapova. (Ž. neorg. Chim. **13** (1968) 2, 522—25; Inst. obšč. i neorg. chim. im. Kurnakova AN SSSR; russ.) — Die Umsetzung von $Na_3[RhCl_6]$ (**I**) mit $(NH_2)_2CSO_2$ (**II**) wurde in Abhängigkeit von der Temp. u. der HCl-Konz. untersucht. Die EMK der Kette gesätt. Kalomelelektrodel Rk.-Lsg. Pt-Indikatorelektrode wurde bestimmt. **I** u. **II** treten bei 70° in 0,2 m HCl in eine Redoxwechselwirkung. Die Rk.-Geschw. wächst mit steigender Temp. u. mit der Abnahme des Säuregrades. Die Zus. der in der Lsg. gebildeten Verb. beträgt nach potentiometr., polarograph. u. spektrophotometr. (400—500 nm) Daten 1 : 1. Durch Eindampfen einer salzsauren **I**-Lsg. bis zur Trockne, Lösen des Rückstandes in verd. HCl u. Versetzen mit einem Überschuß von krist. **II** wurde eine feinkrist., diamagnet. 1 : 1-Verb. isoliert, die in W., A., Bzl., Aceton, Ae. u. in verd. Säuren prakt. unlösl., in Py. u. Ammoniak lösl. ist. Die Verb. gibt beim Kochen mit konz. HCl SO_2 ab u. führt zu $RhSO_3(NH_2)_2CSO_2 \cdot H_2O$ oder $RhHSO_3(NH_2)_2CSO_2 \cdot H_2O$. J. J. Pohl 364

0846 **Synthese einiger Palladium–Hydrazin-Verbindungen.** N. G. Ključnikov und F. I. Para. (Ž. neorg. Chim. **13** (1968) 3, 792—95; Mosk. ped. inst. im. Lenina; russ.) — $[PdCl_2(N_2H_5)_2]Cl_2 \cdot H_2O$ wurde durch Lösen von 0,5 g $PdCl_2$ in verd. HCl, Durchperlen während 30 bis 40 Min. mit Chlor u. Zugabe der gewonnenen Lsg. in kleinen Portionen zu 10 ml einer gesätt. Hydrazinhydrochloridlsg. erhalten, 85% (Ausb.), orangerote, quadrat. Kristalle. Die Rk. verläuft nach $2\,H_2[PdCl_6] + 5\,N_2H_4 \cdot 2\,HCl \rightleftharpoons 2\,[PdCl_2(N_2H_5)_2]Cl_2 + 14\,HCl + N_2$. $[Pd(N_2H_5) \cdot Cl_2(N_2H_4)]ClO_4$ (**I**) nach $2\,H_2[PdCl_6] + 5\,N_2H_4 \cdot 2\,HClO_4 \rightleftharpoons 2\,\mathbf{I} + 8\,HCl + 8\,HClO_4 + N_2$, orangefarbige, quadrat. Krist., 90%. $[PdCl_2(N_2H_5)_2]SO_4$ (**II**) nach $2\,H_2[Pd \cdot Cl_6] + 5\,N_2H_4 \cdot H_2SO_4 \rightleftharpoons 2\,\mathbf{II} + 8\,HCl + 3\,H_2SO_4 + N_2$ nach 2—3 Tagen, 65%. Die Hydrazingruppen dürften sich in cis-Lage befinden. $[Pd(N_2H_5)_2Cl_2](NO_3)_2$, analog, orangefarbene, quadrat. Blättchen, 95%. — $[Pd(N_2H_5)_2 \cdot Br_2]Br_2$ (III) nach $K_2[PdBr_4] + 2\,N_2H_4 \cdot 2\,HBr \rightleftharpoons$ III + 2 KBr + 2 HBr nach 6—7 Tagen, dunkelorangerote, hexagonale Blättchen, 75%. $[Pd(N_2H_5)Br_2(N_2H_4)]Cl$ (IV) nach $K_2[PdBr_4] + 2\,N_2H_4 \cdot 2\,HCl \rightleftharpoons$ IV + 2 KBr + 3 HCl nach einigen Tagen, 90%, orangerote, kleine quadrat. Blättchen. $[Pd(N_2H_5)Br_2(N_2H_4)]NO_3$, analog nach 3—4 Tagen, 80%, quadrat. Blättchen, $[Pd \cdot (N_2H_5)_2Br_2]SO_4$, analog, nach 3—4 Tagen, 85%, quadrat. Blättchen. $[Pd(N_2H_5)Br_2(N_2H_4)]ClO_4$, analog, orangerote Kristalle. $[Pd(N_2H_5)_2(NO_2)_2]Cl_2$ (V) nach $2\,K_2[Pd(NO_2)_4] + 7\,N_2H_4 \cdot 2\,HCl \rightleftharpoons 2\,V + 4\,KCl + 8\,H_2O + 6\,HCl + 5\,N_2$ nach einigen Tagen, 65%, quadrat. hellgelbe Blättchen. $[Pd(N_2H_5)_2(NO_2)_2]Br_2$, analog wie oben, 45%, gelbe Blättchen. $[Pd_2(\mu\text{-}N_2H_4)_2(SCN)_4]$ (VI) nach $2\,K_2[Pd(SCN)_4] + 2\,N_2H_4 \cdot 2\,HBr \rightleftharpoons$ VI + 4 KSCN + 4 HBr, nach 3 bis 4 Tagen, nadelförmige, orangefarbene Krist., 70%, in W. unlösl., in Methanol u. Aceton gut, in A. wenig löslich. Die mol. elektr. Leitfähigkeit bei 18° u. V = 500 l/Mol ist 12 $\Omega^{-1} \cdot cm^2$, die Substanz ist in abs. Methanol ein Nichtelektrolyt. J. J. Pohl 365

0847 **Polymorphe Umwandlungen des Palladiumchlorids.** I. I. Moiseev und A. A. Grigor'ev. (Doklady Akad. Nauk SSSR **178** (1968) 5, 1090—93; Inst. obšč. i neorg. chim. im. Kurnakova; russ.) — Die Natur der bei ca. 410° verlaufenden polymorphen Umwandlung von $PdCl_2$ wird durch Unters. der katalyt. Eig. der Modifikationen zu ermitteln versucht. Die Einw. von trockenem Hexen-1 auf eine bei 125—350° getrocknete $PdCl_2$-Suspension in Bzl. bei 50—60° führt zur Auflsg. des $PdCl_2$-Komplexes unter Bldg. des π-Komplexes $[(C_6H_{12})PdCl_2]_2$, eine Isomerisierung findet nicht statt. Zugaben von hydroxylhaltigen Lsgm. bewirken eine teilweise Red. des Pd-Salzes u. leiten die Isomerisierung des Alkens ein. Über 400° vorerhitztes $PdCl_2$ hat auch in Abwesenheit von Feuchtigkeit katalyt. Eigenschaften. Die durch $PdCl_2$ hervorgerufene Isomerisierung der Alkene wird in W. u. A. durch die Ox.-Mittel p-Benzochinon, $KMnO_4$, H_2O, $CuCl_2$, $K_2Cr_2O_7$ usw. inhibiert. Die eigentlichen Katalysatoren sind Komplexe von niederwertigem Pd, die bei der Red. des Pd-Salzes durch das Alken als intermediäre Phase beim Übergang zu metall. Pd entstehen. Aus den Unters.-Ergebnissen wird geschlossen, daß sich bei der Phasenumwandlung von $PdCl_2$ bei ca. 410° ein Prod. mit Pd—Pd-Bindungen bildet. J. J. Pohl 365

0848 **Darstellung und Verwendung von Gold-, Silber- und Palladiumderivaten einiger Thiole und Diorganodithiocarbaminsäuren.** Toshio Takiguchi, Minoru Abe, Katsutoshi Kurosaki, Eiichi Asada und Minoru Nakagome. (J. chem. Soc. Japan, ind. Chem. Sect. [Kōgyō Kagaku Zasshi] **70** (1967) 7, 1182—84; Dep. of Synth. Chem., Kiryu Coll. of Techn., Gunma Univ., Tenjincho, Kiryu-chi, Japan; jap., Auszug: engl.) — $Ag(CH_3)_2NCS_2$, $Ag(C_2H_5)_2NCS_2$, $Ag(C_4H_9)_2NCS_2$, $AgC_2H_5 \cdot (C_6H_5)NCS_2$, AgC_6H_4NSCS, AgC_6H_4NHNCS, $Pd[(C_4H_9)_2 \cdot NCS_2]_2$, $Au(C_6H_4NHNCS)_3$, $Au(C_6H_4NSCS)_3$, $Au(C_4H_9)_2 \cdot NCS_2$, $Au[(C_4H_9)_2NCS_2]_3$, $Au[(CH_3)_2NCS_2]_3$, $Au[(C_2H_5)_2 \cdot NCS_2]_3$ u. $Au[C_2H_5(C_6H_5)NCS_2]_3$ entstehen bei der Umsetzung von 2-Mercaptobenzothiazol, 2-Mercaptobenzimidazol u. Tetramethyl-, Tetraäthyl- oder Tetrabutylthiuramdisulfid oder auch von Ni- bzw. Zn-Diorganodithiocarbamat mit $AgNO_3$, $HAuCl_4$ u. $PdCl_2$ in quant. Ausbeute. Die Prod. stellen krist. Substanzen von hoher chem. Beständigkeit dar, die Dibutylderiv. sind in einigen organ. Lsgm. löslich. Bei der Pyrolyse der Prod. bei 600—700° an der Luft bleibt ein Metallfilm zurück. Die Verw. geeigneter Zusätze u. Lsgm. ermöglicht die Bldg. eines gut ausgebildeten Metallfilms an hitzebeständigen Materialien wie Keramik, Glas, Porzellan oder Glimmer. J. J. Pohl 365

0849 **Chelate von β-Diketonderivaten. 9. Mitt. Komplexverbindungen des Monothiodibenzoylmethans mit Platin- und Eisenmetallen.** E. Uhlemann und Ph. Thomas. (Z. Naturforsch. **23b** (1968) 2, 275—77; Inst. für Anorgan. Chemie, Karl-Marx-Univ., Leipzig; dt.) — 8. vgl. C. **1968,** 43-0703. — Monothiodibenzoylmethan (HA) reagiert mit $K_2[RuCl_6]$ bzw. $K_2[OsCl_6]$ sowohl zu Tetrakis-Chelaten der 4wertigen Metalle als auch zu Tris-Chelaten der 3wertigen Metalle. Mit $H_2[PtCl_6]$ entsteht stets das bekannte Chelat des Pt(II). Die Einhaltung der Rk.-Temp. (10—25°) ist bei einigen Chelaten von Wichtigkeit, weil es sonst zu Redox-Rk. mit Wertigkeitsänderungen des Zentralatoms u. Bldg. des Disulfids kommt. Bei der Darst. des Co(II)-Chelates bewirken geringe Mengen Halogenid Co(III)-Chelat-Bldg., die aber auch schon bei Raumtemp. abläuft. Die A—Fe(II)- u. —Mn(II)-Verb. konnten nur als Py.-Addukte isoliert werden.

Versuche: $[Ru^{IV}A_4]$, F. 80—84° (braun; CH_3OH/W.), aus 0,336 g $Na_2[RuCl_6]$ in W. u. 0,96 g HA in A. bei 20° unter Rühren; 0,6 g (Ausb.). — $[Os^{IV}A_4]$, F. 71° (Zers., schwarz, n-Heptan), analog vorst. Verb. aus $K_2[OsCl_6]$; 0,4 g. — $[Ru^{III}A_3]$, F. 220° (Zers., schwarz, n-Heptan), analog vorvorst. Verb., jedoch mit $NaOOCCH_3$-Puffer, Fällung aus sd. A.; 0,3 g. — $[Os^{III}A_3]$, F. 210° (Zers., schwarz; n-Butanol), analog vorst. Verbindung. — $[CoA_2]$, F. 238° (braun), aus 2,4 g HA in Piperidin/A., Zugabe von 1,4 g $Co(OOCH_3)_2 \cdot 4\,H_2O$ in W. (mit H_2SO_4 angesäuert) bei Temp. < 20°; 2,2 g. — $[VO(H_2O)A_2]$, F. 240° (Zers., grün; $CHCl_3$/PAe.), aus 1,45 g HA in $CH_3 \cdot OH$, Zugabe von Na-Acetat-Puffer u. bei Temp. < 20° 0,6 g $VOSO_4 \cdot 3\,H_2O$ in W.; 1,2 g. — $[FeA_3]$, F. 152—154° (schwarz; $CHCl_3$/PAe.), aus 1,35 g $FeCl_3 \cdot 6\,H_2O$ in W., Pufferung mit $NaOOCCH_3$, Zugabe zu einer Lsg. von 3,6 g HA in A. bei 18°; 2,4 g. — $[Fe^{II}A_2(py)_2]$, F. 110° (Zers., schwarzgrün; Py./W.), aus 1,96 g Mohrschem Salz in W. (mit H_2SO_4 angesäuert), Zugabe von 2,4 g HA in Py.; 1,9 g. — $[MnA_2(py)_2]$, F. 102—105° (dunkelgrün; Py./W.), analog vorst. Verb.; 2,3 g. H.-J. Schönherr 366

0850 **Iridiumbromide.** N. I. Kolbin und V. M. Samojlov. (Ž. neorg. Chim. **13** (1968) 3, 906—08; Leningradskij gos. univ. Kaf. neorg. chim.; russ.) — $IrBr_3$ wurde in einer geschlossenen Ampulle aus Ir u. Br_2 bei 8—9 atm u. 840 °K gewonnen, mikrokrist. Pulver, in W., Säuren u. organ. Lsgm. unlösl., das von W. schlecht benetzt wird. Die röntgenograph. Charakteristiken von $IrBr_3$ sind angegeben, $D._4^{20}$ = 6,45 g/cm³, magnet. Suszeptibilität bei 20° —0,2 · 10^{-6}, die Verb. ist diamagnetisch. Das IR-Spektrum zeigt eine Absorptionsbande bei 370 cm^{-1}. Die Verb. dissoziiert im Vakuum nach $IrBr_{3fest} \rightleftharpoons Ir + 3/2\,Br_2$ ab 440°. Der Dissoziationsdruck erreicht bei 846° 1 Atmosphäre, $\Delta H^0_{832°K}$ = 50,0 kcal/Mol. Ein röntgenamorphes Prod. mit dem Verhältnis Ir : Br = 1 : 2,85 hat eine spezif. magnet. Suszeptibilität von 0,4 · 10^{-6}, ist also paramagnetisch. Bei der Behandlung von $IrO_2 \cdot 2\,H_2O$ mit HBr u. nachträglicher Bromierung dürfte Ir_2OBr_6 entstehen. J. J. Pohl 367

0851 **Thermische Zersetzung von Iridiumtrijodid.** N. I. Kolbin und V. M. Samojlov. (Ž. neorg. Chim. **13** (1968) 4, 916—18; russ.) — Vgl. vorst. Referat. — IrJ_3 wurde durch Behandlung von Ir-Hydroxid mit HJ in Form eines schwarzbraunen Pulvers erhalten. IrJ_3 ist in W., Säuren, CCl_4, C_6H_6 u. a. unlösl., in Basen etwas löslich. In Bzl. u. CCl_4 hat IrJ_3 $D._4^{20}$ = 6,20 ± 0,02 g/cm³. Die therm. Dissoziation der Verb. wurde bei 585—723° mit stat. Meth. verfolgt. Die Dissoziationskonst. der Gleichung $IrJ_{3fest} \rightleftharpoons Ir + 3/2\,J_{2Gas}$ ändert sich nach log K_p (atm) = —(8975,0/T) + 12,42. Niedrigere Ir-Jodide bilden sich bei den Unters.-Bedingungen nicht. Der bestimmte Dissoziationsdruck ergibt für die Bldg.-Rk. von IrJ_3 aus metall. Ir u. gasförmigem J_2 $\Delta H^0_{298,15}$ = —183,2 · 10^3 ± 5,0 · 10^3 Joule/Mol, $\Delta S^0_{298,15}$ = —282,0 ± 9,0 Joule/Grad · Mol u. die Standardentropie für festes IrJ_3 $S^0_{298,15}$ = 145,0 Joule/Grad · Mol. J. J. Pohl 367

0852 **Acidopentamminiridium(III)-Verbindungen.** I. B. Baranovskij und A. V. Babaeva. (Ž. neorg. Chim. **13** (1968) 5, 1377—81; Inst. obšč. i neorg. chim. im. Kurnakova AN SSSR; russ.) — Die thermograph. u. IR-spektroskop. Eig. von Ir(III)-Komplexen an der Luft wurden untersucht.

Versuche: $[Ir(NH_3)_5(NCS)]Br_2$ entsteht beim Erwärmen einer konz. $[Ir(NH_3)_5(H_2O)]Br_3$-Lsg. mit einem dreifachen Überschuß einer konz. NH_4CNS-Lsg. während 3 Std. auf dem siedenden Wasserbad, weißer mikrokrist. Niederschlag. $[Ir(NH_3)_5SO_3]Br$ analog durch Zugabe eines 10%ig. Na-Sulfitüberschusses, farblose Blättchen, schlecht lösl. in kaltem Wasser. $Na[Ir(NH_3)_4(SO_3)_2]$ durch

Lösen von 0,5 g des Bromids in 4—5 ml W. u. Zutropfen von 0,5 g Na_2SO_3 während ca. 1 Std. beim Kochen, weißer krist. Nd., in W. gut löslich. *$[Ir(NH_3)_4SO_3(NCS)]$* analog bei der Verw. von KCNS, weiße Krist., in W. gut löslich. *$[Ir(NH_3)_4SO_3(NCS)] \cdot 2\ AgNO_3$* entsteht aus Lsg. der obigen Verb. beim Zugeben von $AgNO_3$, weißer mikrokrist. Nd., bei Zimmertemp. in W. kaum lösl., beim Erwärmen löslich. Die elektr. Leitfähigkeit der ersten vier Verb. in W. beträgt (μ_{1000}^{25}, $\Omega^{-1} \cdot cm^2$) 256, 98,8, 87,1, 3,9.
J. J. Pohl 367

0853 **Ir(III)-Verbindungen mit α-Aminoessigsäure.** K. A. Gladyševskaja, I. V. Prokof'eva und O. E. Zvjagincev. (Ž. neorg. Chim. **13** (1968) 5, 1370—76; Inst. obšč. i neorg. chim. im. Kurnakova AN SSSR; russ.) — Die Umsetzung von α-Aminoessigsäure (GlH) mit Ammoniumpentachloroaquoiridat in 1 n HCl führt zur Bldg. von *$(GlH_2)(NH_4)_2[IrCl_6] \cdot H_2O$*. Mit der Abnahme des Säuregrades der Lsg. (pH 5) wurde ein Eindringen des Glycins in die innere Sphäre des Komplexes unter Bldg. von *$(GlH_2)_2[Ir(GlH)Cl_5] \cdot 2\ H_2O$* beobachtet. In ca. neutralen Lsg. findet in Ggw. eines großen Glycinüberschusses u. bei längerem Erwärmen Glycinringschluß statt. Die entstehende Verb. ist *$[Ir(GlH)(Gl)_2Cl]$*, feine hellgelbe Nadeln, diamagnet., hat Ng = 1,694, Np = 1,594. Die Substanz ist in A. u. Aceton unlösl., in kaltem W. schlecht, in kochendem besser lösl. (ca. 0,1%). Bei 25 ± 0,1° beträgt die Löslichkeit in W. $2 \cdot 10^{-4}$, bei 50 ± 0,10 $4{,}4 \cdot 10^{-4}$ m. Das thermograph. Verh. der Verb. bei der Rk. mit HCl (unter Bldg. von *$(GlH_2)[Ir(GlH)_2Cl_4]$*), Ammoniak (unter Bldg. von *$NH_4[Ir(Gl)_2ClGl]$*), NaOH u. $AgNO_3$, ihr thermograph. Verh. u. die elektr. Leitfähigkeit wurden untersucht.
J. J. Pohl 367

0854 **Platin- und Palladium–Olefin-Komplexe.** Shigetoshi Takahashi und Nobue Hagihara. (J. chem. Soc. Japan, pure Chem. Sect. [Nippon Kagaku Zasshi] **88** (1967) 12, 1306—10; Inst. of Sci. and Ind. Res., Osaka Univ. Higashiasakayama-cho, Sakai-shi, Osaka, Japan; jap., Auszug: engl.) — Durch Austauschrk. von Tetrakis-[triphenylphosphin]-M-Komplexen (M = Pt oder Pd) mit den Olefinen Fumarsäuredimethylester (**I**), Maleinsäuredimethylester (**II**), Maleinsäureanhydrid (**III**), Citraconsäureanhydrid (**IV**), p-Chinon u. Naphthochinon-(1.4) wurden folgende Komplexe erhalten: *$[(C_6H_5)_3P]_2Pd \cdot$* **I** (Zers. bei) 174—176°, *$[(C_6H_5)_3P]_2Pt \cdot$* **I**, 181—183°, *$[(C_6H_5)_3P]_2Pd \cdot$* **II** 165°, *$[(C_6H_5)_3P]_2Pd \cdot$* **III** 180—213°, *$[(C_6H_5)_2PCH_2CH_2P(C_6H_5)_2]Pd \cdot$* **III** 207—210°, *$[(C_6H_5)_3P]_2Pt \cdot$* **III**, 221—225°, *$[(C_6H_5)_3P]_2Pd \cdot$* **IV**, 170—183°, *$[(C_6H_5)_3P]_2Pd \cdot$ p-Chinon*, 217—218°, *$[(C_6H_5)_3P]_2Pt \cdot$ p-Chinon*, 229—237°, *$[(C_6H_5)_3P]_2Pd \cdot$ Naphthochinon-(1.4)*, 220—224°. Die Stabilität der Komplexe wächst in der Reihenfolge der Liganden Diphenylacetylen < **I** < **III**. Die Komplexe wurden NMR- u. IR-spektroskop. charakterisiert.
J. J. Pohl 368

0855 **Dinitro - äthylendiamin - platin(IV) - Verbindungen.** N. N. Želigovskaja, I. I. Černjaev und N. P. Vasil'eva. (Ž. neorg. Chim. **13** (1968) 3, 822—26; Mosk. gos. univ. im. Lomonosova; russ.) — *$[Pt(en)(NO_2)_2Br_2]$* entsteht bei der Behandlung von $[Pt(en)(NO_2)_2]$ (**I**) mit 20—30 ml fl. Brom bei Zimmertemp., gelborangefarbige, rhomb. Kristalle. *$[Pt(en)(NO_2)_2(OH)(OOH)]$* aus ca. 1 g **I** beim Erwärmen mit 30%ig. H_2O_2 bis 80—90°, weißes, krist. Pulver. *$[Pt(en)(NO_2)_2(OH)_2]$* durch die Ox. von **I** mit 10%ig. H_2O_2, Umkrist. aus W. u. Trocknen bei 120°. *$[Pt(en)(NO_2)_2(NO_3)_2]$* durch Behandeln der vorigen Verb. mit einem Überschuß an konz. HNO_3, grüne glänzende Kristalle. *$[Pt(en)(NO_2)_2BrCl]$* bei der gemeinsamen Kristallisation von $[Pt(en)(NO_2)_2Br_2]$ u. $[Pt(en)(NO_2)_2Cl_2]$ in äquivalenten Mengen, gelbe Krist., unter dem Mikroskop Rhomben. *$[Pt(en)(NO_2)_2NO_2Br]$* entsteht bei der Umsetzung von $[Pt(en)(NO_2)_2NO_2(NO_3)]$ mit einem 10%ig. Überschuß an KBr, gelbgrüne Kristalle. Bei der analogen Umsetzung von KJ entsteht ein Gemisch von $[Pt(en)(NO_2)_2NO_2J]$ u. $[Pt(en)(NO_2)_2J_2]$. *$[Pt(en)(NO_2)_2Cl(NO_2)]$* entsteht bei der Umsetzung von $[Pt(en)(NO_2)_2Cl_2]$ mit $NaNO_2$, während bei der analogen Umsetzung der Br_2-Verb. *$[Pt(en)(NO_2)_2]$* isoliert wird. *$[Pt(en)(NO_2)_2J_2]$* entsteht beim Verreiben der letzten Verb. mit einer alkohol. Lsg. der theoret. Jodmenge. Bei der Rk. von $[Pt(en)(NO_2)_2Cl_2]$ mit $AgNO_3$ entstehen $[Pt(en)(NO_2)_2]$, $[Pt(en)(NO_2)_2Cl \cdot (OH)]$ u. $[Pt(en)(NO_2)_2Cl(NO_3)]$, bei der Rk. von $[Pt(en) \cdot (NO_2)_2Br_2]$ mit $AgNO_3$ $[Pt(en)(NO_2)_2Br(OH)]$ u. $[Pt(en) \cdot (NO_2)_2Br(NO_3)]$.
J. J. Pohl 368

0856 **Pentaminplatin(IV)-Verbindungen mit Äthanolamin und Ammoniak.** Ch. I. Gil'dengeršel. (Ž. neorg. Chim. **13** (1968) 3, 818—20; russ.) — *$[Pt(NH_3)_4Cl_2](NO_3)_2$* (**I**) entsteht bei der Behandlung von 4 g Peyronschem Salz mit 10—15 ml W. u. 30 ml konz. Ammoniak auf dem kochenden Wasserbad, Eindampfen bis zur Trockne, Aufnehmen mit 20 ml W., Ansäuern mit 20 ml konz. HNO_3 u. 10 ml W. u. Fällen, 70%. *$[Pt(NH_3)_3(CH_3NH_2) \cdot Cl_2](NO_3)_2$* (**II**) bildet sich aus 2 g $[Pt(CH_3NH_2)(NH_3)Cl(NH_3)Cl]$ beim Behandeln mit 30 ml konz. Ammoniaklsg. im sd. W.-Bad bis zum vollständigen Auflösen, Eindampfen bis zur Trockne, Aufnehmen mit 10 ml heißem W. u. Versetzen mit 5 ml W. u. 10 ml konz. HNO_3; 70%. *$[Pt \cdot (NH_3)_4(Ätm)Cl](NO_3)_3$* wurde durch Lösen von 6 g K_2HPO_4 in 20 ml W., Versetzen mit 20 ml Äthanolamin (Ätm), 20 ml W. u. 2 g **I** u. Vermischen während 6 Tagen dargestellt, ca. 1 g. Die mol. elektr. Leitfähigkeit beträgt bei einer Konz. von 10^{-3}m u. 25° 380 $\Omega^{-1} \cdot cm^2$, entsprechend der Dissoziation in 4 Ionen. $[Pt(NH_3)_4 \cdot (CH_3NH_2)Cl](NO_3)_3$ aus 1,5 g **I**, 4,5 g K_2HPO_4 in 15 ml W. u. 15 ml einer konz. Methylaminlösung. Der weiße Nd., 0,04 g, hat eine mol. elektr. Leitfähigkeit von 386 $\Omega^{-1} \cdot cm^2$. *$[Pt(NH_3)_3(CH_3NH_2)(NH_3)Cl](NO_3)_3$* aus 1 g **II**, 3 g K_2HPO_4 in 10 ml W. u. 10 ml konz. Ammoniaklsg., 0,65 g, mol. elektr. Leitfähigkeit 397 $\Omega^{-1} \cdot cm^2$. Die sauren Dissoziationskonst. der drei genannten Pentamine betragen $2{,}1 \cdot 10^{-8}$, $8{,}9 \cdot 10^{-9}$ u. $1{,}8 \cdot 10^{-8}$, die Neigung der Aminmol. zur Amidork. wächst in der Reihenfolge Ammoniak < Methylamin < Äthanolamin.
J. J. Pohl 368

0857 **Redox-Eigenschaften von Aminplatinkomplexen mit heterocyclischen Aminen.** S. C. Dchara, M. I. Gel'fman und Ju. N. Kukuškin. (Ž. neorg. Chim. **13** (1968) 9, 2530—33; russ.) — Die Redox-Potentiale in den Syst. $[Pt^{IV}L_4Cl_2]^{2+}$-$[Pt^{II}L_4]^{2+}$, wobei L = Py., α- u. β-Picolin u. α.α'-Dipyridyl, wurden bestimmt. Syst. mit tern. heterocycl. Aminen haben größere Redox-Potential werte als solche mit Ammoniak oder aliphat. Aminen.

Versuche: *$[Pt(\beta\text{-}pic)_4Cl_2]$* (**I**) aus 5 g $K_2[PtCl_4]$ in 50 ml W. u. 3 g β-Picolin in 10 ml W., hellgelbe Mikrokrist., leicht lösl. in W. u. A., 80—90%. *$[Pt(\beta\text{-}pic)_4] \cdot [PtCl_4]$* aus äquimol. Mengen von **I** u. $K_2[PtCl_4]$. *trans-$[Pt(\beta\text{-}pic)_4Cl_2] \cdot (NO_3)_2$* aus 2 g **I** in minimaler W.-Menge u. 10 ml konz. HNO_3 in 5 ml H_2O, gelber Nd., 70—80%. *$[Pt(\gamma\text{-}pic)_4][PtCl_4]$* rosa, in W. wenig lösl. Kristalle. *trans-$[Pt(\gamma\text{-}pic)_4Cl_2](NO_3)_2$*, hellgelbe Kristalle. *$[Pt(\alpha\text{-}pic)_4] \cdot [PtCl_4]$*, analog, *trans-$[Pt(dipy)_2Cl_2](NO_3)_2$*, aus 2 g $[Pt(dipy)Cl_2]$, 2 g α.α'-Dipyridyl u. konz. HNO_3 in 20 ml W., gelbe Krist., 60—70%. J. J Pohl 368

0858 **Cyclische Platin(II)-Monohistidinverbindungen.** L. M. Volstejn und L. D. Dikanskaja. (Ž. neorg. Chim. **13** (1968) 9, 2524—29; Novosibirskij gos. univ.; russ.) — *$[Pt(NH_3)_2L]Cl$* (**I**), HL = Histidin, entsteht beim Lösen von freiem HL in 1 n KOH u. Versetzen mit $[Pt(NH_3)_2 \cdot Cl_2]$, weißer krist. Nd., Löslichkeit in W. bei Zimmertemp. 3,5%. Mol. elektr. Leitfähigkeit von 0,002 bzw. 0,001 m wss. Lsg. bei 25° 112 bzw. 119 $\Omega^{-1} \cdot cm^2$. *$[Pt(NH_3)_2LH]Cl_2$* (**II**) aus **I** bei Zugabe von konz. HCl, weiße Mikrokrist., gut lösl. in W., weniger in konz. HCl, unlösl. in Ae. u. Aceton. *$[Pt(NH_3)_2L]_2[PtCl_4]$* aus einer beinahe konz. **I**-Lsg. beim Versetzen mit einem $K_2[PtCl_4]$-Überschuß, rosa mikrokrist., in W. sehr schlecht lösl., in A. u. Ae. unlöslich. $[Pt(NH_3)_2HL][PtCl_4]$ durch Lösen von **II** in einer minimalen Menge von 1 : 1 HCl u. Versetzen mit einem Überschuß einer K_2PtCl_4-Lsg., violetter Nd., eine 0,001 m Lsg. hat μ = 490 $\Omega^{-1} \cdot cm^2$, pH 3,15. In den synthet. Verb. stellt Histidin einen zweizähnigen Liganden dar, der mit Pt(II) durch Aminogruppen u. durch den tern. Stickstoff des Imidazolringes verbunden ist.
J. J. Pohl 368

0859 **Magnetische und spektroskopische Untersuchungen, einschließlich der Metall–Ligand-Schwingungen, von Thioharnstoffkomplexen einiger Salze zweiwertiger Metalle mit Oxoanionen.** C. D. Flint und M. Goodgame. (J.

chem. Soc. [London], Sect. A **1967**, 1718–21; Inorg. Chem. Res. Labor., Imp. Coll. of Sci. and Technol., London; engl.) — Die Darst. u. die IR-Spektren (400–130 cm^{-1}) der Verb. $M(tu)_2(CH_3CO_2)_2$ (tu = Thioharnstoff; M = Co, Zn, Cd), $M(tu)_3XO_4$ (M = Co, Zn; X = S, Se; M = Cd, X = S), $Ni(tu)_4XO_4 \cdot CH_3OH$ (X = S, Se), $M(tu)_3S_2O_3$ (M = Co, Zn, Cd), $M(tu)_3S_2O_3 \cdot H_2O$ (M = Co, Zn), $M(tu)_4(ClO_4)_2$ (M = Co, Zn, Cd) u. $M(tu)_4(NO_3)_2$ (M = Co, Zn, Cd) werden mitgeteilt. Elektronenspektren u. magnet. Daten werden von den Co- u. Ni-Verb. berichtet. In allen Komplexen scheint das Metallion eine tetraedr. Umgebung zu haben, ausgenommen die Ni-Komplexe, die planar sind, u. eine der drei krist. Formen von $Co(tu)_4(NO_3)_2$, bei der das Tetraeder stark verzerrt ist (tu = Thioharnstoff).
Manfred Schulze/Braunschweig 369

A–9. Geochemie

0860 **Eine neue Mineralart: Afghanit von Sar-e-Sang, Badakhshan, Afghanistan. Vergleich mit den Mineralien der Gruppe des Cancrinits.** P. Bariand, F. Cesbron und R. Giraud. (Bull. Soc. franç. Minéralog. Cristallogr. **91** (1968) 1, 34–42; Paris, Fac. des sci., Labor. de Minér.-Cristallogr.; franz.) — Es handelt sich bei dem Mineral um ein Na, Ca, K-Aluminiumsilicat, das auf Grund der chem. Analyse die Formel $(Na, Ca, K)_{12}(Si, Al)_{16}O_{34} \cdot (Cl, SO_4, CO_3)_4 \cdot 0{,}6\ H_2O$ hat. Das Mineral hat hexagonale Symmetrie mit a = 12,77 ± 0,03 (Å); c = 21,35 ± 0,04; mögliche Raumgruppen sind $P6_3/mmc$, $P6_3mc$ oder $P\bar{6}2c$; Z = 3; D_{exp} 2,55; D_R 2,65. Das Mineral ist gut spaltbar nach $(10\bar{1}0)$, hat eine Härte zwischen 5,5 u. 6, ist einachsig positiv mit n_ε = 1,529 ± 0,002 u. n_ω = 1,523 ± 0,002 in Na-Licht. Die chem. Analyse ist tabellar. angegeben. Verglichen wurden die Zelldimensionen des neuen Minerals mit denen von *Cancrinit, Wischnewit, Davyn* u. *Mikrosommit*. C. Gottfried 380△

0861 **Röntgenometrische Besonderheiten am Cooperit von Norilsk.** N. N. Žuravlev, A. D. Genkin und A. A. Stepanova. (Zap. vses. mineralog. Obšč. **97** (1968) 1, 85–88; Mosk. univ.; russ.) — Spezif. Besonderheit des Cooperits der Lagerstätte Norilsk der Zus. $(Pt_{0,78}Ni_{0,15} \cdot Pd_{0,07})S$ ist das Vorhandensein von Ni. Die röntgenograph. Angaben entsprechen den vom synthet. PtS, jedoch zeigt Cooperit infolge der Ni-Geh. ein geringeres Vol. der Elementarzelle. Cooperit u. Braggit werden als Verb. des Syst. Pt–Pd–Ni–S betrachtet. Liegen klare Pd–Ni-Geh. in den Mineralen vor, so ist die PtS-Struktur zu beobachten (siehe Cooperit), nehmen diese Geh. zu, so ergeben sich Abweichungen in der Struktur (s. Braggit). H. Kelch 380

0862 **Despujolsit, eine neue Mineralart.** C. Gaudefroy, M.-M. Granger, F. Permingeat und J. Protas. (Bull. Soc. franç. Minéralog. Cristallogr. **91** (1968) 1, 43–50; Rabat, Div. de la Géol. du Maroc; franz.) — Vf. untersuchten ein neues Mn-Mineral von Tachgagatt aus dem Antiatlas. Es tritt in Form fast durchsichtiger zitronengelber hexagonaler Prismen auf. Röntgenaufnahmen bestätigen die hexagonale Symmetrie; a = 8,56 ± 0,02 (Å); c = 10,76 ± 0,04; Z = 2; Raumgruppe ist $P\bar{6}2c$. Die chem. Zus. wurde halbquant. mit Hilfe der elektron. Mikrosonde, quant. durch eine Strukturbest. erhalten. Das Mineral hat die Zus. $Ca_3Mn^{4+}[(SO_4)_2/(OH)_6] \cdot 3\ H_2O$. Das Mineral ist opt. einachsig positiv mit n_ω = 1,656 u. n_ε = 1,682 ± 0,002. Die Strukturbest. lieferten die tabellar. angegebenen Atomkoordinaten. In dem Gitter liegen die Mn-Atome in einem Oktaeder, dessen Ecken wahrscheinlich mit OH-Ionen besetzt sind; die Ca-Atome liegen in einem Koordinationspolyeder, dessen Ecken mit 4 (OH)′-Gruppen besetzt sind, die 2 $[Mn \cdot (OH)_6]^{2-}$-Oktaedern angehören, ferner 4 H_2O-Mol. u. 2 O-Atomen, die zu den $(SO_4)^{2-}$-Tetraedern gehören. Das Mineral ist isomorph mit dem Schaurteit $Ca_3Ge^{4+} \cdot [(SO_4)_2/(OH)_6] \cdot 3\ H_2O$. C. Gottfried 380△

0863 **Falsche Bestimmung der photoelektrischen Eigenschaften von Galenit.** V. G. Prochorov. (Zap. vses. mineralog. Obšč. **97** (1968) 1, 116–17; Krasnojarskoe otd. Sibir. NII geol., geofiz. i mineral. syr'ja [SNIIGIMS]; russ.) — Vf. zeigt durch Unters. an Galenit, Pyrit, Chalkopyrit, Pyrrhotin, Molybdänit u. polierten Al- u. Cr-Oberflächen, daß der von Kudeli et al. (1965) beschriebene photoelektr. Effekt von Galenit in Wirklichkeit einen thermoelektr. Effekt darstellt u. daher die von Kudeli et al. auf die Genese des Minerals gezogenen Schlüsse nicht zutreffen. H. Kelch 380

0864 **Experimentelle Untersuchungen der Besonderheiten des isomorphen Einbaus der Seltenerdmetalle im Hydroxylapatit.** L. A. Sin'kova, V. I. Ivanov und L. V. Filippov. (Geochimija **1968**, 3, 304–14; Inst. geochim. i analit. chim. im. Vernadskogo AN SSSR, Moskva; russ., Auszug: engl.) — Die isomorphe TR-Aufnahmefähigkeit der synthet. Hydroxylapatite nimmt vom La zum Lu ab u. beträgt für La 6,9; Nd 7; Sm 3,1; Gd 3,0; Dy 2,4; Er 2,4; Lu 1,7 u. Y 2,9%. Die Gitterparameter vergrößern sich hierbei beim Einbau von La u. nehmen beim Einbau von Lu ab. Die Lichtbrechungswerte der Hydroxylapatite nehmen mit steigenden TR-Geh. zu. Beim Einbau größerer TR-Mengen ist eine Unterteilung der TR in isomorphe u. nichtisomorphe Formen zu beobachten, wobei im ersteren Fall die Cer-Gruppe, im zweiten Fall die Y-Gruppe überwiegt. H. Kelch 380

0865 **Beziehungen zwischen Zusammensetzung und Lichtbrechung rhombischer Pyroxene.** V. M. Šemjakin. (Zap. vses. mineralog. Obšč. **97** (1968) 1, 41–48; AN SSSR, Leningrad; russ.) — Das charakterist. Merkmal in der Zus. der rhomb. Pyroxene — die Fe-Geh. — wird mit Hilfe zweier vorgeschlagener Geraden in Abhängigkeit von den Lichtbrechungswerten ohne chem. Analyse bestimmt. H. Kelch 380

0866 **Infrarotuntersuchungen der Veränderung des H-gebundenen OH in synthetischem α-Quarz.** D. M. Dodd und D. B. Fraser. (Amer. Mineralogist **52** (1967) 1/2, 149–52; Murray Hill, N.J., Bell Telephone Labor., Inc.; engl.) — Vgl. C. **1966**, 6-0285. — An mehreren nach Y geschnittenen Quarzproben wurde bei ca. 300 °K der Absorptionskoeff. bei 3500 cm^{-1} (α_{3500}) bestimmt. Die Veränderungen von α_{3500} stehen nicht in Beziehung zu dem Geh. (G) des Impfkrist. an gebundenem OH. Dagegen scheint eine Beziehung zwischen G u. der Wachstumsgeschw. des synthet. Quarzes zu bestehen. Eine Zunahme der Wachstumsgeschw. bedingt eine Zunahme von α_{3500}. Ferner besteht eine Beziehung zwischen den α_{3500}-Änderungen, den auftretenden Streifungsgrenzen u. den Brechungsindexgradienten. C. Gottfried 380△

0867 **Rodalquilarit, Eisenchlorotellurit, eine neue Mineralart.** J. Sierra Lopez, G. Leal, R. Pierrot, Y. Laurent, J. Protas und Y. Dusausoy. (Bull. Soc. franç. Minéralog. Cristallogr. **91** (1968) 1, 28–33; Madrid, Empresa Nac. Adaro; franz.) — Das neue Mineral wurde zusammen mit Jarosit, Gold u. Ammonsit in der Au-haltigen Grube von Rodalquilar gefunden. Das Mineral tritt in sehr kleinen (< $^1/_{10}$ mm) Quarzgeoden auf, ist smaragdgrün, ist nicht pleochroit. u. stark doppelbrechend mit 2 V = 38° ± 5°. Röntgenaufnahmen ergaben trikline Symmetrie mit a = 8,89 (Å); b = 5,08; c = 6,63; α = 103° 10′; β = 107° 5′; γ = 77° 52′. Die in einer Tabelle angegebene Analyse führte zu der Formel $Fe_2^{III}(TeO_3)(TeO_3H)_3Cl \cdot 0{,}5\ H_2O$. Eine inzwischen durchgeführte Strukturanalyse führte zu der Formel $H_3Fe_2 \cdot (TeO_3)_4Cl$ mit D_R 5,14, gegenüber D_{exp} 5,10. Die Härte des Minerals liegt zwischen 2 u. 3. Die Kurve der DTA zeigte, daß ab 500° die Umwandlungen sehr komplex u. daher schwer deutbar sind. C. Gottfried 380△

0868 **Das neue Mineral Talnachit — die kubische Chalkopyrit-Abart.** I. A. Bud'ko und É. A. Kulagov. (Zap. vses. mineralog. Obšč. **97** (1968) 1, 63; russ.) — Aus den Cu–Ni-Erzen der Lagerstätte Norilsk wird die kub. ungeordnete Chalkopyrit-Hochtemp.-Form — *Talnachit*, benannt nach der Lagerstätte Talnach — beschrieben. Das Mineral krist. im Sphalerit-Strukturtyp mit a_0 = 5,280 Å. Die Zus. ist $CuFeS_{1,8}$. Bei 100° beginnt der Übergang in die tetragonale Phase, der bei 190° ab-

geschlossen ist. Talnachit findet sich in Assoziation mit *Cubanit, Pentlandit, Valleriit* u. *Magnetit*.
H. Kelch 380

0869 **Phosphatmineralien des Urans.** C. Drăgulescu und Nicoleta Vâlceanu. (Studii Cercetări Chim. [București] **16** (1968) 2, 67—103; Centrul de chim., Timișoara; rum.) — Übersicht. — 185 Literaturangaben.
H. Jehne 380

0870 **Hydrothermale Kristallisation von Basalt und Andesit unter hohem Druck.** Trevor H. Green und A. E. Ringwood. (Earth Planetary Sci. Letters [Amsterdam] **3** (1968) 5, 481—89; Dep. of Geophys. and Geochem., Australian Nat. Univ., Canberra; engl.) — Aluminiumreiche Quarz–Tholeiit- u. basalt. Andesitgläser werden bei 9—10 kbar (p_{H_2O} < $p_{Belastung}$) kristallisiert. Si-arme Klinopyroxene, Orthopyroxene u. Amphibole treten als liquidusnahe Phasen auf (> 1000°). Amphibole sind bei ≦ 960° dominierend. Ca-reiche Plagioklase sind in der Nähe der Solidusgebiete stabil. In den andesit. Zus. sind bei 940° Plagioklase u. Klinopyroxene vorherrschend. Bei tieferen Temp. kommen Orthopyroxene, Amphibole u. Granate hinzu. Aus elektronenstrahlmikroanalyt. Unters. erhaltene Kristallisationsgesetzmäßigkeiten werden auf natürliche Vorgänge übertragen. Tabellen.
M. Hähnert 382

B. Physikalische organische Chemie

B–1. Optische, elektrische und magnetische Eigenschaften, Spektren

0871 **Stimulierte Raman-Streuung in festem, geschmolzenem und gelöstem Naphthalin.** M. Maier, H. Stein und W. Kaiser. (Physics Letters [Amsterdam] **24A** (1967) 9, 473—74; Physik-Dep. der TH, München; engl.) — Die stimulierte Raman-Streuung in Naphthalin (I)-Einkrist. bei 80—450 °K sowie in einer I-Schmelze (F. 80,3°), außerdem in einer 20 Mol-%ig. I-Lsg. in CCl_4 wird mit einem Rubinlaser untersucht.
K.-H. Bielicki 402

0872 **Korrelationseffekt in den zeitabhängigen Konzentrationsschwankungen eines Isobuttersäure–Wasser-Systems in der Nähe seines kritischen Punktes.** B. Chu. (J. chem. Physics **47** (1967) 10, 3816—20; Chem. Dep., Univ. of Kan., Lawrence, Kan.; engl.) — Mit einem Laserhomodynspektrometer wird die quasielast. Rayleigh-Linienbreite in einer krit. bin. fl. Mischung aus Isobuttersäure u. W. (T_c = 26,12°) für Temp. T—T_c = 0,07—1,16° in Abhängigkeit vom Streuwinkel untersucht u. eine Abweichung von der Landau-Placzek-Theorie der K^2-Abhängigkeit der Halbwertsbreite der zentralen Rayleigh-Komponente beobachtet.
K.-H. Bielicki 402

0873 **Molekularer Ursprung der ORD des Benzilkristalls.** N. K. Chaudhuri und M. A. El-Sayed. (J. chem. Physics **47** (1967) 3, 1133—43; Los Angeles, Calif., Univ. of Calif., Dep. of Chem.; engl.) — Das Absorptionsspektrum u. dessen relative Polarisation sowie das ORD- u. CD-Spektrum dünner, senkrecht zur opt. Achse gewachsener Benzil-Einkrist. werden zwischen 3000 u. 7000 Å untersucht.
G. O. Jäger 404△

0874 **Rotationsdispersion von auf der Basis von N-Aminoanabasin synthetisierten Hydrazonen.** A. N. Kost, V. M. Potapov, R. S. Sagitullin und M. A. Jurovskaja. (Ž. obšč. Chim. **37 (99)** (1967) 1, 134—39; Mosk. gos. univ. im. Lomonosova; russ.) — Nachst. 2-[Pyridyl-(3)]-piperidine werden dargestellt u. ihre ORD gemessen: *1-[Methyläthylmethylenamino]-* ($Kp._{12}$ 172—177°; 72% (Ausb.)], *1-[Methyl-n-butylmethylenamino]-* ($Kp._{12}$ 150°; 53,5%), *1-[Methylisobutylmethylenamino]-* ($Kp._{20}$ 184 bis 190°; 44%), *1-[Methyl-tert.-butylmethylenamino]-* (F. 56 bis 58°; 48%), *1-[Methylphenylmethylenamino]-* (F. 44 bis 46°, $Kp._4$ 205—210°; 60%), *1-[Methyl-p-tolylmethylenamino]-* (F. 84—86°; 51,5%), *1-[Benzylphenylmethylen]-* (F. 102—103°; 78%), *1-Benzylydenamino-* (33%), *1-[p-Methoxybenzylidenamino]-* (F. 71—72°; 54%) u. *1-[p-Nitrobenzylidenamino]-* (F. 141—142°; 67%). Die ORD hängt weder von der Konstit. der Verb. noch den Lsgm. ab.
V. Burjan 404△

0875 **Hypochromieeffekt bei der Paarbildung von Purin- und Pyrimidinbasen.** W. B. Gratzer und C. W. F. McClare. (J. Amer. chem. Soc. **89** (1967) 16, 4224—25; London, King's Coll., Med. Res. Council, Biophys. Res. Unit.; engl.) — Untersucht werden Hypochromieeffekte bei den Uracil–Adenin-Paaren *1-Cyclohexyluracil/9-Äthyladenin* (I) u. *1-n-Octadecyluracil/9-n-Octadecyladenin* sowie die Einfl. von H-Brückenbindungen auf das Absorptionsspektrum (250—300 nm) von I.
G. O. Jäger 406△

0876 **Zweiphotonenanregung der Fluoreszenz durch psec-Lichtpulse.** J. A. Giordmaine, P. M. Rentzepis, S. L. Shapiro und W. K. Wecht. (Appl. Physics Letters **11** (1967) 7, 216—18; Murray Hill, N.J., Bell Telephone Labor.; engl.) — Es wird die Anregung der Zweiphotonenfluoreszenz durch stehende Wellen (5300 Å-Impulse) bei Lsg. von *1.2;5.6-Dibenzanthracen, Biphenyl, Naphthalin, 1.2-Benzanthracen* u. *Anthracen* sowie von (6943 Å) *9.10-Diphenyl-* u. *9.10-Dimethylanthracen* untersucht.
G. O. Jäger 408△

0877 **Messung der Fluoreszenzabklingzeiten im Nanosekundenbereich.** M. E. Mack. (J. appl. Physics **39** (1968) 5, 2483—85; United Aircraft Res. Labor., East Hartford, Conn.; engl.) — Untersucht wurden *Acridin Rot, Acridin Gelb, Fluorescein-Na, Rhodamin 6G, Acridon, Anthracen, Chloraluminiumphthalocyanin, Vanadylphthalocyanin* u. *Cryptocyanin*.
D. Schmitt 408

0878 **Löschung von elektronenangeregten Zuständen durch organische Radikale.** A. L. Bučačenko, M. S. Chlopljankina und S. N. Dobrjakov. (Optika i Spektroskopija **22** (1967) 4, 554—59; russ.) — Bei Zimmertemp. in verschiedenen Lsg. wird die Fluoreszenzlöschung der UV-angeregten Donatoren: *2.5-Diphenyloxazol, Anthracen, 1.2-Benzanthracen, 1.6-Diphenylhexatrien, 3.4-Benzpyren, 1.5-Diphenyl-3-biphenylylpyrazolin, Naphthacen, Fluorescein, Rhodamin 6G* u. *B* u. *Rubren* durch nachst. Akzeptoren: 2.2.6.6-Tetramethylpiperidone-(4): *unsubstituiert, -N-oxyl, N-Nitroso-; 2.2.6.6-Tetramethylpiperidin-N-oxyl, Tris-[2.2.6.6-tetramethylpiperidyl-(4)]-phosphit-tri-N-oxyl* u. *Tetrakis-[2.2.6.6-tetramethylpiperidyl-(4)-oxy]-silan-tetra-N-oxyl* untersucht.
V. Burjan 408△

0879 **Photolumineszenzreabsorption organischer Phosphore.** G. M. Lysenko und G. M. Kisljak. (Ž. prikl. Spektroskopii **7** (1967) 3, 395—99; russ.) — Die Überlagerung der Absorptions (AS)- u. Emissionsspektren u. die so verursachte Vergrößerung der Phosphoreszenzdauer wird an solchen Energiedonator (ED)–Energieakzeptor (EA)-Gemischen untersucht, bei denen das AS des EA mit dem Phosphoreszenzspektrum des ED übereinstimmt. Bei der Temp. des fl. O_2 werden in aliphat. Alkoholen nachst. ED: *Hydrochinon, Phenanthren, Anthranil-, p-Aminobenzoe-* u. *Sulfanilsäure; α-* u. *β-Naphthol* mit nachst. EA untersucht: *Fluorescein, Trypaflavin, Trypaflavin-Na* u. *Rivanol*.
V. Burjan 408△

0880 **Quintettzustand des Pyren-Exzimers.** J. B. Birks. (Physics Letters [Amsterdam] **24A** (1967) 9, 479—80; Dep. of Phys., Univ. of Baghdad, Baghdad, Iraq; engl.) — Durch Triplett–Triplett-Assoziation wird der Quintett-, der dissoziierte Triplett- u. der Singulett-Exzimerzustand von Pyren erzeugt u. analysiert.
K.-H. Bielicki 408

0881 **Polarisierte Fluoreszenz polycyclischer Kohlenwasserstoffe in wäßrigen DNA-Lösungen. Einfluß der Fließ-Orientierung.** B. Green und J. A. McCarter. (J. molecular Biol. **29** (1967) 3, 447—56; Cancer Res. Labor., Univ., of Western Ontario, London, Ontario, Canada; engl.) — Es wird die Intensität der polarisierten Fluoreszenz von *Benzo-[a]-pyren, Perylen, Benzo-[c]-phenanthren, Anthanthren* u. *Dibenz-[a.j]-acridin* in wss. DNA-Lsg. untersucht u. charakterist. Änderungen der Emission beobachtet, wenn die Lsg. einer Fließ-Orientierung unterworfen werden.
K.-H. Bielicki 408

0882 **Triplett-Ausbeute von Fluorbenzol durch Sensibilisierung der Isomerisierung von cis-Buten-(2).** David

Phillips. (J. physic. Chem. **71** (1967) 6, 1839–41; Dep. of Chem., Univ. of Tex., Austin, Tex.; engl.) — Der Einfl. von cis-Buten-(2) auf die Triplett-Ausb. von Fluorbenzol bei Anregung mit 2650, 2537 u. 2480 Å wurde untersucht. K.-H. Bielicki 408

0883 **Fluoreszenz und Triplettzustand von Hexafluorbenzol.** David Phillips. (J. chem. Physics **46** (1967) 12, 4679–89; Austin, Tex., Univ. of Tex., Dep. of Chem.; engl.) — Untersucht werden die abs. Fluoreszenzausb. der angeregten Titelverb. (I) in der Gasphase, der Einfl. von Temp. u. Fremdgasen auf die I-Fluoreszenz, deren Löschung durch Biacetyl (II) bzw. die Löschung der II-Phosphoreszenz durch I u. die durch I sensibilisierte Isomerisierung von cis-Buten-(2) bei 25°. Die Absorptions- u. Anregungsspektren von I sind angegeben. G. O. Jäger 408△

0884 **Stimulierte Brillouin-Streuung in nichtfokussierenden Flüssigkeiten.** J. Walder und C. L. Tang. (Physic. Rev. [2] **155** (1967) 2, 318–20; School of Electr. Engng., Cornell Univ., Ithaca, N.Y.; engl.) — Die stimulierte Brillouin-Streuung eines starken Rubinlaserstrahles in den nicht fokussierenden Fl. *n-Hexan, Methanol* u. *Tetrachlormethan* wurde untersucht. W. Laqua 408

0885 **Lumineszenzeigenschaften von Hexafluoraceton. 1. Mitt. Fluoreszenzlebensdauer und Fluoreszenzverstärkung in der Gasphase.** William R. Ware und Melvyn L. Dutton. (J. chem. Physics **47** (1967) 11, 4670–75; San Diego, Calif., State Coll., Dep. of Chem.; engl.) — Es wird die relative Quantenausb. u. die Fluoreszenzlebensdauer (3130 Å-Anregung) von Hexafluoraceton als Funktion von Druck u. Temp. ermittelt. G. O. Jäger 408△

0886 **Photoausstoß von Elektronen und verzögerte Lumineszenz von aromatischen Aminosäuren und Bestandteilen von Nucleinsäuren in erstarrten Lösungen.** Régis Guermonprez, Glaude Hélène und Marius Ptak. (J. Chim. physique Physico-Chim. biol. **64** (1967) 9, 1376–84; Centre de Biophys. mol., Orléans-la-Source; franz.) — Bei 77 °K erstarrte wss. Lsg. von *Purin, Tryptophan, Tyrosin* u. *Guanosin*, die zuvor mit UV-Licht bestrahlt wurden, zeigen eine verzögerte Lumineszenz. Die Kinetik u. spektroskop. Charakteristika dieser Lumineszenz, die Emission als Funktion der Intensität u. Dauer der prim. UV-Strahlung sowie die Möglichkeit sek. opt. oder therm. Anregung wurden untersucht. Die Diffusionsprozesse der freien Elektronen u. die Natur u. Verteilung von Fallen in der starren Matrix werden hinsichtlich der Struktur des umgebenden Lsgm. diskutiert. U. Radlbeck 408

0887 **Ultrahertzspektren und Korrelation in Flüssigkeiten.** Yves Leroy und Pierre Desplanques. (C. R. hebd. Séances Acad. Sci., Sér. A et B **265** (1967) 20, B 1111–14; Labor. de Radioélectr. et électron., Spectrométrie, des liquides, Lille-Distribution, Nord; franz.) — Vf. bestimmten aus dem Spektrum $\varepsilon''(\omega)$ zwischen 1 MHz u. 10000 GHz für *Trichloräthan* in Hexan u. für *Bromoform* die Korrelationsfunktion der Mol.-Rotation in der Flüssigkeit. J. Richter 410

0888 **Dipolmomente und Polarisierbarkeiten von vier Benzolderivaten in angeregten Zuständen aus den spektralen Lösungsmittelverschiebungen.** Takehiro Abe. (Bull. chem. Soc. Japan **40** (1967) 7, 1571–74; Coll. of Gen. Educ., Tohoku Univ., Kawauchi, Sendai; engl.) — Es werden *Nitrobenzol, Acetophenon, Anisol* u. *p-Chloracetophenon* untersucht. K.-H. Bielicki 410

0889 **Dipolmoment von 9.10-Diazaphenanthren im angeregten (n, π^*)-Singulett-Zustand.** Chie Mugiya und Hiroaki Baba. (Bull. chem. Soc. Japan **40** (1967) 9, 2201–02; Res. Inst. of Appl. Electr., Hokkaido Univ., Sapporo, Japan; engl.) K.-H. Bielicki 410

0890 **Dielektrizitätskonstante von Tetrachlorkohlenstoff und 1.1.1-Trichloräthan-Mischungen.** R. Van Loon, S. Fuks und A. Bellemans. (Bull. Soc. chim. belges **76** (1967) 3–4, 202–10; Univ. Libre de Bruxelles, Belgique; engl.) — Die stat. DK der reinen Verb. u. ihren Mischungen werden im Temp.-Bereich −20 u. +20° gemessen u. interpretiert. K.-H. Bielicki 410

0891 **Dipolmomente und Struktur einiger polycyclischer Derivate von Hexachlorcyclopentadien.** B. A. Arbuzov, A. N. Vereščagin und E. S. Batyeva. (Izvest. Akad. Nauk SSSR, Ser. chim. **1967**, 1, 10–16; Kazanskij, gos. univ. im. Ul'janova-Lenina; russ.) — Mit Hilfe der Diels-Alder-Synth. werden aus Hexachlorcyclopentadien u. den entsprechenden Norbornenen nachst. 1.2.3.4.10.10-Hexachlor-1.4.4a.5.6.7.8.8a-oktahydro-1.4;5.8-dimethanonaphthaline dargestellt u. durch Vgl. der experimentellen u. der ber. Dipolmomente (DP) ihre räumliche Struktur best.: *exo-endo-exo-6-Cyan-* [F. 174–175°; aus exo-5-Cyannorbornen; 32% (Ausb.)], *exo-endo-endo-6-Cyan-* (F. 140–142°; aus endo-5-Cyannorbornen; 28%), *exo-endo-trans-6.7-Dicyan-* (F. 247–248°; aus trans-5.6-Dicyannorbornen; 18%), *exo-exo-trans-6.7-Dibrom-* (F. 167°; aus trans-5.6-Dibromnorbornen; 41%), *exo-exo-cis-6.7-Dibrom-* (F. 194–196°; aus cis-5.6-Dibromnorbornen; 24%) sowie von *exo-exo-trans-* (F. 152°; aus trans-5.6-Dichlornorbornen; 36%) u. *exo-exo-cis-1.2.3.4.6.7.10.10-Oktachlor-1.4.4a.5.6.7.8.8a-oktahydro-1.4; 5.8-dimethanonaphthalin* (F. 183–184°, aus cis-5.6-Dichlornorbornen; 21%). Von *exo-endo-* (*Aldrin*) u. *endo-endo-1.2.3.4.10.10-Hexachlor-1.4.4a.5.8.8a-hexahydro-1.4; 5.8-dimethanonaphthalin* (*Isodrin*) sowie von *exo-endo-* (*Dieldrin*) u. *endo-endo-1.2.3.4.10.10-Hexachlor-6.7-epoxy-1.4.4a.5.6.7.8.8a-oktahydro-1.4; 5.8-dimethanonaphthalin* (Endrin) werden die DP bestimmt. V. Burjan 410△

0892 **Dielektrische Untersuchungen. 20. Mitt. Molekül-Relaxation einiger heterocyclischer Amine in verdünnter Lösung.** J. Crossley und S. Walker. (Canad. J. Chem. **46** (1968) 14, 2369–72; Univ. of Aston in Birmingham, England; engl.) — 19. vgl. ibid. **46** (1968) 12, 2181; 18. vgl. C. **1969**, 8-0938. — Tabelliert sind für nachst. Verb., Dipolmomente, DK, u. dielektrische Verluste: *Acridin, 4-Methylpyridin, Phthalazin, Chinolin* u. *Isochinolin.* D. Schmitt 410

0893 **Mikrowellen-Relaxation von Decylalkohol in Mischung mit unpolaren Flüssigkeiten.** G. Klages und N. Roth. (Z. Naturforsch. **23a** (1968) 1, 171–78; Phys. Inst., Abt. Mikrowellenphys., Univ. Mainz; dt.) — An *n-Decanol*, seinen konz. u. verd. Lsg. in n-Heptan, Bzl., Dekalin u. Weissöl wurde zwischen 20 u. 60° die komplexe DK bei 9,4, 19,5 u. 34,8 GHz gemessen. Zum Vgl. wurden die Absorptionskurven bei 20° von *n-Dodecylchlorid* ermittelt. A. Kiskéri Bocz 410

0894 **Intramolekulare Abschirmungseffekte auf chemische Verschiebungen bei der NMR. 2. Mitt. Anisotropie in der magnetischen Suszeptibilität der C—F- und C—Cl-Bindungen.** J. Homer und D. Callaghan. (J. chem. Soc. [London], Sect. A **1968**, 3, 518; Dep. Chem., Univ. Aston, Birmingham; engl.) — 1. vgl. C. **1968**, 47-0803. — Aus der ^{1}H-NMR-Verschiebung wird die Anisotropie der magnet. Suszeptibilität der C—F u. C—Cl-Bindungen abgeleitet. Untersucht wurden *Chloroform, δ-* u. *β-1.2.3.4-5.6-Hexachlorcyclohexan* u. *1H-Undecafluorbicyclo-*[2.2.1]-*heptan.* E. Gallei 412

0895 **Faraday-Effekte bei der paramagnetischen Elektronenresonanz im Gebiet der X-Bande. Diphenylpikrylhydrazyl.** Yves Servant. (C. R. hebd. Séances Acad. Sci., Sér. A et B **265** (1967) 1, B 60–B 62; Labor. d'Opt. ultra-hertzienne de la Fac. des Sci. Bordeaux, Talence, Gironde; franz.) G. Richard 412

0896 **Paramagnetismus von freien Carbazyl- und Hydrazyl-Radikalen.** W. Duffy jun. und D. L. Strandburg. (J. chem. Physics **46** (1967) 2, 456–64; Dep. of Phys., Univ. of Santa Clara, Santa Clara, Calif.; engl.) — Es werden die stat. magnet. Suszeptibilitäten von puderförmigen Proben folgender paramagnet. stabilen aromat. freien Radikale bei 1,4–300 °K gemessen: *N-Pikryl-9-aminocarbazyl, 2.2-Diphenyl-1-pikrylhydrazyl* [Krist.-Modifikation I (F = 106°) u. II (F = 137°)], *2-Phenyl-2-p-nitrophenyl-1-pikrylhydrazyl* u. *2.2-Bis-*[*p-nitrophenyl*]-*1-pikrylhydrazyl.* K. H. Bielicki 412

0897 **Untersuchung der spektralen Zusammensetzung des Lichtes nach der Methode der Photonenstöße.** Pierre Berge und Boris Volochine. (C. R. hebd. Séances

Acad. Sci., Sér. A et B **264** (1967) 16, B 1200—B 1203; SPSRM, CEN Saclay, Gif-sur-Yvette, Essonne; franz.) — Vf. untersuchten das spektrale Profil des in einem *Cyclohexan–Anilin*-Gemisch in der Nähe seiner Entmischungstemp. gestreuten Lichtes (He–Ne-Laser) an Hand des Spektrums der Fluktuationen des Photostromes u. verifizierten die Theorie von Forrester. J. Richter 415

0898 **Elektronenspektren von N-Heterocyclen. 1. Mitt. Indol und Azaindole.** Giorgio Favini und Aldo Gamba. (J. Chim. physique Physico-Chim. biol. **64** (1967) 10, 1443—49; Ist. di Chim. Fis., Univ. di Catania; franz.) — *Indol, 2-, 3-, 4-, 5-, 6-* u. *7-Azaindol* wurden nach der Pariser-Parr-Meth. unter Einführung der empir. bestimmten Durchdringungsintegrale untersucht. Energien u. Oszillatorstärken der beiden ersten π–π^*-Übergänge zeigten im allg. zufriedenstellende Übereinstimmung mit den experimentellen Ergebnissen. U. Radlbeck 415

0899 **System DARC. Einfluß der Umgebung auf die ν(C=O)-Frequenz in der Dampfphase von Alkylketonen.** Jacques-Émile Dubois und Alain Massat. (C. R. hebd. Séances Acad. Sci., Sér. A et B **265** (1967) 14, B 757—B 760; Labor. de Chim. organ. phys. de la Fac. des Sci., de Paris; franz.) — Vf. stellen für die Ketone *Aceton, Äthyl-, Propyl-, Butyl-, Hexyl-, Isobutyl-, Isopropyl-, sek.-Butyl-, tert.-Butyl-* u. *[Triäthylmethyl]-methylketon, Diäthylketon, [Diäthylmethyl]-, tert.-Butyl-* u. *[Triäthylmethyl)-äthylketon, Dipropylketon, Diisobutylketon, Diisopropylketon, tert.-Butylisobutylketon, tert.-Butylisopropylketon, [Triäthylmethyl]-propylketon, [Triäthylmethyl]-isopropylketon*, im Dampfzustand eine Topoinformationsbeziehung mit vier Parametern auf die die Abhängigkeit der ν(C=O)-Frequenz von der Struktur zeigt. U. Radlbeck 415

0900 **Banale Thermochromie der Singulett- und Triplettbande eines Chromophors. Anwendungen.** Claudine Géron, Jacques Rivasseau und Félix-Jean Taboury. (C. R. hebd. Séances Acad. Sci., Sér. A et B **264** (1967) 15, B 1100—B 1102; Labor. de Chim. V, Poitiers, Vienne; franz.) — Die kontinuierliche Struktur der UV-Absorptionsspektren von reinen organ. Fl., die in einem großen Variationsbereich des mol. Extinktionskoeff. untersucht wurden, erlaubt eine doppelte Analysenmeth.; sie kann auf T-Banden angewendet werden, wenn diese neben den S-Banden durch Wärmeeinfl. identifiziert werden konnten. U. Radlbeck 418

0901 **Emission aus durch Elektronenstoß angeregten organischen Flüssigkeiten.** J. G. Carter, L. G. Christophorou und M. E. M. Abu-Zeid. (J. chem. Physics **47** (1967) 10, 3879—84; Health Phys. Div., ORNL, Oak Ridge, Tenn.; engl.) — Es werden fl. *Bzl., Toluol* u. *2-Äthylnaphthalin* bei Zimmertemp. mit 4—36 keV-Elektronenstrahlen angeregt. Die Spektren der Szintillationsemission werden untersucht u. analysiert u. mit Photofluoreszenzspektren u. Spektren bei Röntgenstrahl-Anregung verglichen. J. Büttner 418

0902 **Einfluß hoher Drücke auf die Phosphoreszenz aromatischer Kohlenwasserstoffe.** B. A. Baldwin und H. W. Offen. (J. chem. Physics **46** (1967) 11, 4509—14; Chem. Dep., Univ. of Calif., Santa Barbara, Calif.; engl.) — Im Druckbereich 0—32 kbar werden bei 298 °K für in Polymethylmethacrylat dispergiertes *Triphenylen, Coronen, Fluoren, Diphenyl, D_{10}-Diphenyl, Phenanthren, D_{10}-Phenanthren, Naphthalin, D_8-Naphthalin* u. *Chrysen* die Phosphoreszenzspektren, -intensitäten u. -lebensdauern gemessen. K. H. Bielicki 418

0903 **Triplett–Triplett-Absorption von einigen aromatischen Kohlenwasserstoffen: Banden schwacher Intensität im Rot.** Guy Nouchi. (C. R. hebd. Séances Acad. Sci., Sér. A et B **264** (1967) 2, B 152—B 155; Labor. d'Opt.-mol. de la Fac. des Sci. de Bordeaux; franz.) — **Neue T*** ← T-Absorptionsbanden schwacher Intensität im Rot u. nahen IR von *Triphenylen, Chrysen, Phenanthren* (**I**), D_{10}-**I** u. *1.2-Benzanthracen* in Lsg. wurden beobachtet. Unter Anwendung der Klassifizierung von Platt werden diese Banden zugeordnet. Diese Banden konnten bei *Bzl., D_8-Naphthalin, D_{10}-Anthracen* u. *Naphthacen* nicht beobachtet werden. U. Radlbeck 418

0904 **Untersuchung der S–S-Übergänge von einigen aromat. Kristallen bei niedriger Temperatur.** Marcel Benarroche. (Ann. Physique [14] **2** (1967) **1**, 27—48; Labor. de Phys., P.C.B. 1, Fac. des Sci. de Marseille; franz.) — Die S–S-Spektren (Absorption u. Fluoreszenz) von *Bzl., D_6-Benzol, Hexamethylbenzol, Durol* (**I**), *2.6-Dimethylnaphthalin* u. *Fluoren* wurden bei 4,2 oder 20 °K aufgenommen. Mit Ausnahme von **I**, dessen erste Bande nur gering aufgelöst ist, zeigen die Verb. Spektren, deren erste Linien den Wasserstoffniveaus entsprechen. Zum Teil treten symm. Unterniveaus auf, die durch reine Elektronenübergänge bedingt sind. Die Absorptionsspektren der Krist. werden in einem magnet. Feld nicht wesentlich verändert, woraus Rückschlüsse auf die Größenordnung verschiedener Charakteristiken der möglicherweise auftretenden Wannier-Exzitonen gezogen werden können. Außerdem wurde die Photoelektrizität der zuvor mit Elektronen beschossenen Krist. bei tiefer Temp. untersucht. U. Radlbeck 418

0905 **Phosphoreszenzquasilinienspektren einiger aromatischer Kohlenwasserstoffe.** I. B. Livšic und R. I. Personov. (Ž. prikl. Spektroskopii **7** (1967) 3, 400—04; russ.) — Nach der Meth. von Špolskij (Usp. fiz. nauk **71**, 215, 1960) bei 77 °K werden in n-Paraffinen bzw. in Cyclohexan nachst. Verb. untersucht: *Naphthalin, Pyren, 3.4-Benz-* u. *3.4;6.7-Dibenzpyren* u. *1.12-Benzperylen*. Die Schwingungsfeinstruktur wird zugeordnet. Die Phosphoreszenzquasilinienspektren werden mit den Fluoreszenz- u. Raman-Spektren verglichen. V. Burjan 418△

0906 **Triplett–Triplett-Energieübertragung von Benzol und Toluol zu Diacetyl in flüssiger Phase.** I. A. Lisovskaja, M. D. Zacharova und I. G. Kaplan. (Optika i Spektroskopija **23** (1967) 4, 641—43; russ.) — Die Spektren der sensibilisierten Lumineszenz von Diacetyl wurden in Toluol u. in verdünnten Lsg. von Hexan mit Beimengungen von Toluol u. Bzl. gemessen. V. Burjan 418△

0907 **Fluoreszenz von Derivaten des 1.2-Benzanthracens in Gegenwart einiger aromatischer Amine.** L. D. Melikadze und I. L. Ėdilašvili. (Soobšč. Akad. Nauk Gruz. SSR **46** (1967) 2, 347—51; AN Gruz. SSR, Inst. fiz. i org. chimii im. Melikišvili; russ.) — Vf. untersuchen in benzol. Lsg. die Fluoreszenzspektren von nachst. gemischten Exzimeren in Abhängigkeit von der Aminkonz.: 1.2-Benzanthracene: *unsubstituiert, 10-Äthyl-* bzw. *9.10-Dimethyl-* mit *Tetramethyl-* bzw. *Tetraäthyldiaminophenylmethan*. V. Burjan 418△

0908 **Reflexionsspektren eines Anthracenkristalls und die Exzitonzonenstruktur.** S. V. Marisova. (Optika i Spektroskopija **22** (1967) 4, 566—71; russ.) V. Burjan 418△

0909 **Anwendung der Spektrographie mit zeitlicher Auflösung zur Untersuchung von photochromen Spiropyran-Arten mit sehr kurzer Lebensdauer.** Michel Mossé und Jean-Christian Métras. (J. Chim. physique Physico-Chim. biol. **64** (1967) 4, 691—94; Labor. sci., Comp. de Saint-Gobain, Antony; franz.) — Vf. untersuchten die Spektren im Sichtbaren von folgenden 3.3-Dimethylindolin-[2-spiro-2′]-2′H-chromenen nach Blitzphotolyse: *N-Methyl-6′-nitro-, N-Methyl-5-chlor-6′-nitro-, N-Methyl-5-methoxy-6′-nitro-, N.5-Dimethyl-6′-nitro-, N-Methyl-5-phenyl-6′-nitro-, N-Phenyl-6′-nitro-, N-Methyl-6′-nitro-8′-methoxy-, N-Phenyl-6′-nitro-8′-methoxy-, N-Methyl-6′-methoxycarbonyl-* u. *N-Methyl-7′-nitro-*. Die Nitroverb. zeigen eine Bande bei 450 mμ, deren Lebensdauer bei 20° in O_2-freiem Toluol ca. 500 μs beträgt u. einem Übergang zwischen Tripletts der farblosen Form zugeordnet wird. U. Radlbeck 418

0910 **Elektronen–Schwingungs-Absorptionsspektrum von Phenylbenzoxazolen.** G. V. Gobov und R. N. Nurmuchametov. (Ž. fiz. Chim. **41** (1967) 9, 2330—35; Čeljabinsk, gos. pedag. inst.; russ.) — Von nachst. Benzoxazolen: *2-Phenyl-, 2-Biphenylyl-* u. *2-Styryl-* sowie von *1.4-Bis-[benzoxazolyl-(2)]-benzol* u. *-äthylen* in Lsg. in festen n-Paraffinen bei 77 °K werden die Quasilinienspektren untersucht. Die Banden werden zugeordnet u. die Schwingungsfeinstruktur wird diskutiert. Die Gleichheit der Absorptions- u. Lumineszenzspektren der Benzoxazole u. der entsprechenden Aryläthylene weist auf isoelektron. Konfig. der π-Syst. beider Verb.-Klassen. V. Burjan 418△

0911 **Zum Verhalten 5-Ring-N-heterocyclischer Spiropyrane.** C. Schiele und G. Arnold. (Z. Naturforsch. **23b** (1968) 5, 628–37; AEG-Telefunken Forsch.-Inst. Ulm; dt.) — An Hand von IR- u. UV/VIS-Spektren wurde untersucht, ob die Photo-, Solvato- u. Thermochromie von *Spiro-[2H-1-benzopyran-2.2'-1'.3'.3'-trimethylindolin]*, *Spiro-[1.3.3-trimethylindolin-2.2'-(2'H)-phenanthreno-(2.1-b)-pyran]*, *Spiro-[1.3.3-trimethylindolin-2.3'-(3'H)-naphtho-(2.1-b)-pyran]*, *Spiro-[1.3.3-trimethylindolin-2.3'-(3'H)-phenanthreno-[3.4-b]-pyran]*, *Spiro-[1.-3.3-trimethylindolin-2.3'-(3'H)-anthraceno-(2.1-b)-pyran]*, *Spiro-6-methyl-[2H-1-benzopyran-2.2'-1'.3'.3'-trimethylindolin]* u. *Spiro-6-brom-* u. *Spiro-6-nitro-[2H-1-benzopyran-2.2'-1'.3'.3'-trimethylindolin]* auf chinoide oder ionoide Strukturen zurückzuführen ist. K. J. Lucas 418△

0912 **Magnetischer Dipolcharakter des 3500-Å-Systems von Formaldehyd.** John R. Lombardi, D. E. Freeman und William Klemperer. (J. chem. Physics **46** (1967) 7, 2746–49; Dep. of Chem., Harvard Univ., Cambridge, Mass.; engl.) — Die schwache O + $2\nu_6' \leftarrow$ O-Absorptionsbande der Verb. bei 3480 Å wird in einem elektrostat. Feld von 5 kV/cm untersucht. K.-H. Bielicki 418

0913 **Absorptionsspektren von freien Radikalen in Flammen.** P. F. Jessen und A. G. Gaydon. (Combust. and Flame **11** (1967) 1, 11–16; Dep. of Chem. Engng. and Chem. Technol., Imp. Coll., London; engl.) — Die Spektren von C_2-, *CH-* u. C_3-Radikalen in O_2-*Acetylen*-Flammen werden mit einer Mehrfachreflexionsapp. untersucht. J. J. Pohl 418

0914 **Abweichungen im Absorptionsspektrum von Benzolsulfochlorid.** Ju. I. Naumov und V. A. Izmail'skij. (Ž. fiz. Chim. **41** (1967) 9, 2347–50; Mosk. gos. pedag. inst. im. Lenina; russ.) — Es wird die Beziehung zwischen UV-Spektrum u. Konst. bzw. Elektronenkonfig. von *Bzl.*, *Benzolsulfonsäure*, deren *Na-Salz*, *Methylester*, *-amid*, *-fluorid* u. *-chlorid* sowie von *Methyl-* u. *Trifluormethylsulfon*, *Benzoesäure*, *Benzaldehyd* u. *Nitrobenzol*. V. Burjan 418△

0915 **Polarisation der langlebigen Lumineszenz einiger Farbstoffe in fester Lösung in Plexiglas.** Elisabeth Laffitte und Quitrie Teisseire. (C. R. hebd. Séances Acad. Sci., Sér. A et B **264** (1967) 10, B 790–B 793; Labor. d'Opt. mol., Fac. des Sci. de Bordeaux, Talence, Gironde; franz.) — Die Unters. der Emissionsspektren von *Fluorescein*, *Eosin*, *Rhodamin B*, *Acridin gelb*, *Acridin orange* u. *Acriflavin* ergab: Die Phosphoreszenz α ist weniger polarisiert als die Fluoreszenz. Die Emission T → S erscheint immer schon bei Zimmertemperatur. Bei niedrigen Temp., wo sie allein auftritt, steigt ihr Polarisationsgrad regelmäßig bis zu einem konst. Wert auf der Seite großer Wellenlängen. U. Radlbeck 418

0916 **Untersuchung der Oszillationen niedriger Frequenz von einer Reihe p-substituierter Benzolderivate durch Absorption im fernen IR. 1. Mitt. Spektren und Zuordnungen der beobachteten Frequenzen.** Philippe Pommez, Marie Lafaix, Pierre Delorme und Vincenzo Lorenzelli. (J. Chim. physique Physico-Chim. biol. **64** (1967) 10, 1450–60; Labor. de rech. Phys., Paris; franz.) — Die IR-Spektren von *p-Difluor-*, *p-Dichlor-*, *p-Dibrom-*, *p-Dijodid-*, *p-Fluorchlor-*, *p-Fluorbrom-*, *p-Fluorjod-*, *p-Chlorbrom-*, *p-Chlorjod-*, *p-Bromjod-*, *p-Dinitro-*, *p-Fluornitro-*, *p-Chlornitro-*, *p-Bromnitro-*, *p-Jodnitro-*, *p-Diaminobenzol*, *p-Fluortoluol*, *p-Fluor-*, *p-Chlor-*, *p-Brom-*, *p-Jod-* u. *p-Nitroanilin* wurden im Bereich 70–500 cm^{-1} untersucht. U. Radlbeck 420

0917 **Änderungen des Depolarisationsfaktors der totalsymmetrischen Raman-Linien in der Nähe der Resonanz.** Lucien Bernard und René Dupeyrat. (C. R. hebd. Séances Acad. Sci. Sér. A et B **265** (1967) 18, B 986 bis B 988; Labor. de Rech. opt., Fac. des Sci. de Reims, Reims; franz.) — Vf. untersuchten die Raman-Linien von fl. *Cyclohexan*, *Dioxan*, *Methylenchlorid* u. *Chloroform* sowie von *Schwefelkohlenstoff* in Cyclohexan unter Benutzung der Erregerlinie λ = 2537 Å. Der Depolarisationsfaktor der totalsymm. Raman-Linien nähert sich dem Grenzwert p = 0,5, wenn sich die Erregerfrequenz den Absorptionsfrequenzen der Substanz nähert. U. Radlbeck 420

0918 **IR-Emissionsspektrum von Acetylen.** Hélène Etchart, Yves Delaval und Jean Lecomte. (C. R. hebd. Séances Acad. Sci., Sér. A et B **265** (1967) 22, B 1238–B 1243; Dép. IR., Fac. des Sci., Paris; franz.) — Temp.-Erhöhung von C_2H_2 um einige 100 Grad bewirkte das Auftreten oder Verstärken von „heißen Banden" zwischen 4000 u. 4160 cm^{-1}. U. Radlbeck 420

0919 **Schwingungsuntersuchung von Biphenyl.** Bernadette Pasquier und Jeanne-Marie Lebas. (J. Chim. physique Physico-Chim. biol. **64** (1967) 5, 765–76; Labor. de Chim. Phys. du CNRS, Thiais; franz.) — Die IR-Spektren von gasf., gelöstem u. festem Biphenyl (**I**) sowie die Raman-Spektren von gelöstem u. festem **I** wurden aufgenommen u. neu zugeordnet. H. Radlbeck 420

0920 **IR-Absorptionsspektren von p-Dithian bei 15 °K: Grundschwingungen.** Jean-Pierre Marsault und Gérard Dumas. (C. R. hebd. Séances Acad. Sci., Sér. A et B **265** (1967) 22, B 1244–B 1246; Labor. de Phys., expér. mol., Fac. des Sci., Paris; franz.) U. Radlbeck 420

0921 **Breite der C–Br-Valenzschwingungsbande von einigen organischen Verbindungen im kondensierten Zustand.** Josette Vincent-Geisse und Dominique Plumejaud. (C. R. hebd. Séances Acad. Sci., Sér. A et B **264** (1967) 20, B 1404–B 1407; Labor. de Rech. phys., Dép. IR, Paris; franz.) — Die Halbswertsbreite der ν(C–Br)-Bande von *Brom-* u. *1.2-Dibromäthan* u. *Dibrommethan* als reine Fl. sowie in Lsg. wurde gemessen. Die Ergebnisse werden mit Hilfe der Theorie bin. Zusammenstöße erklärt. U. Radlbeck 420

0922 **IR-Absorptionsspektren von Äthylenimin bei niedriger Temperatur (90 und 10 °K).** Jacques Le Brumant und Daniel Maillard. (C. R. hebd. Séances Acad. Sci., Sér. A et B **265** (1967) 16, B 853–B 855; Labor. de Phys. expér. mol., Fac. des Sci., Paris; franz.) — In den Spektren der festen Phase erscheinen Dubletts u. Tripletts. Die ν(NH)-Frequenz 3235 (Fl.) ist nach 3152 cm^{-1} verschoben. U. Radlbeck 420

0923 **Einfluß der freien Orbitale des Sauerstoffs im IR-Absorptionsspektrum von Anisol.** Éliane Taillandier und Marc Taillandier. (C. R. hebd. Séances Acad. Sci., Sér. A et B **264** (1967) 15, B 1103–B 1106; Fac. des Sci., Dép. IR, Paris; franz.) — Die Komplexe von *Anisol*, *p-Chlor-*, *p-Brom-* u. *p-Methylanisol* mit BF_3 wurden IR-spektroskop. untersucht (Teilspektren). Die Effekte der Komplexbldg. auf die Banden des freien Donators wurden analysiert. Der Einfl. der freien Dubletts des Sauerstoffs auf die benachbarten CH-Oszillatoren wird präzisiert. U. Radlbeck 420

0924 **Schwingungsspektrum von Pyrrolidon-(2).** Madeleine Rey-Lafon, Marie-Thérèse Forel und Jean Lascombe. (J. Chim. physique Physico-Chim. biol. **64** (1967) 10, 1435–42; Labor. de Spectroscopie IR, Dép. de Chim. Phys., Fac. des Sci. de Bordeaux, Talence; franz.) — Die IR-Spektren (3500–250 cm^{-1}) von Pyrrolidon-(2) (**I**) u. $D_{(N)}$-*Pyrrolidon-(2)* (**Ia**) als Fl. u. im festen Zustand, von **I** in Lsg. u. als Dampf sowie die Raman-Spektren von fl. **I** u. **Ia** wurden gemessen u. interpretiert. U. Radlbeck 420

0925 **Spektroskopische Untersuchung von polaren Verbindungen mit Übergängen der Dielektrizitätskonstante in der kristallinen Phase.** René Guérin und Élie Gray. (C. R. hebd. Séances Acad. Sci., Sér. A et B **265** (1967) 16, B 845–B 848; Fac. des Sci., Poitiers, Vienne; franz.) — Die IR-Spektren von *Cyclohexanon* (auch Raman), *Campher*, *Cyclohexandion-(1.4)*, *Cyclopentanol* u. *Cyclohexanol* als Fl. u. in verschiedenen Krist.-Phasen wurden untersucht. Die Änderungen der ν(C=O)- bzw. ν(OH)-

Banden in Abhängigkeit von der Temp. erlauben Rückschlüsse auf die Mol.-Struktur der verschiedenen krist. Phasen. Bei der IR-Unters. der krist. Verb. in dünnen Schichten muß die Natur des Küvettenfensters berücksichtigt werden. U. Radlbeck 420

0926 **Untersuchung von Thioketonen durch IR-Spektroskopie im Bereich 1000—2000 cm^{-1}.** Claude Andrieu, Michel Demuynck und Yves Mollier. (C. R. hebd. Séances Acad. Sci., Sér. A et B **265** (1967) 2, B 127 bis B 129; Labor. de Chim. des composés thioorgan. D, Fac. des Sci. de Caen, Calvados; franz.) — *Propanthion* (I) in CS_2 sowie *3-Methylbutanthion* u. *2.4-Dimethylpentanthion-(3)* als Filme wurden IR-spektroskop. untersucht u. die intensiven Banden zwischen 1240 u. 1270 cm^{-1} der $\nu\cdot$(C=S)-Schwingung zugeordnet. U. Radlbeck 420

0927 **Untersuchung der Komplexe der Essigsäure mit Protonenakzeptoren durch Infrarot- und Raman-Spektroskopie.** Michel Haurie und Alexandre Novak. (J. Chim. physique Physico-Chim. biol. **64** (1967) 4, 679 bis 684; Labor. de Spectroscopie IR, Fac. des Sci. de Bordeaux; franz.) — Die IR- u. Raman-Spektren der Komplexe aus CH_3COOH (I), CH_3COOD u. CD_3COOH mit *Nitromethan, Ae., Acetonitril, Dioxan, Tetrahydrofuran, N.N-Dimethylacetamid, Dimethylsulfoxid* u. $(CD_3)_2SO$ wurden zwischen 4000 u. 400 cm^{-1} untersucht, bes. der Einfl. der H-Bindung OH...X auf die Banden der Carboxylgruppe. U. Radlbeck 420

0928 **IR- und Ramanspektrum von Vinylencarbonat.** Kenneth L. Dorris, James E. Boggs, Alfred Danti und Lawrence L. Altpeter jun. (J. chem. Physics **46** (1967) 3, 1191—93; Dep. of Chem., Univ. of Tex., Austin; Tex.; engl.) F. Langenbucher 420

0929 **Untersuchung von N.N-Dimethylglycin und einigen Derivaten im festen Zustand durch Infrarotspektroskopie.** Michel Cotrait und Alexandre Novak. (C. R. hebd. Séances Acad. Sci., Sér. A et B **264** (1967) 24, B 1659—B 1662; Dép. de Chim. phys., Fac. des Sci. de Bordeaux, Talence, Gironde; franz.) — Die IR-Spektren von $(CH_3)_2NH^+CH_2COO^-$, $(CH_3)_2ND^+CH_2COO^-$, $(CH_3)_2N\cdot CH_2COONa$ u. $[(CH_3)_2NH^+CH_2COOH]Cl^-$ im festen Zustand wurden aufgenommen u. teilweise zugeordnet. Der Einfl. der H-Bindung NH...O auf die Frequenz $\nu_a(COO^-)$ wird diskutiert. U. Radlbeck 420

0930 **Kopplung der Carbonylgruppen in den cyclischen Imiden und Anhydriden: Einfluß der Lösungsmittel auf die symmetrischen und antisymmetrischen Valenzschwingungsfrequenzen. Existenz und Verallgemeinerung einer Wechselbeziehung zwischen ihnen.** Christian Fayat. (C. R. hebd. Séances Acad. Sci., Sér. A et B **265** (1967) 20, B 1107—B 1110; Groupe de Rech. de Physicochim. struct., Fac. des Sci., Rennes, Ille-et-Vilaine; franz.) — An Hand der Unters. an *N-Phenylsuccinimid, N-Methyl-α-isopropylsuccinimid, α.α-Diphenyl-N-methylglutarimid, α.α-Diphenylglutarsäureanhydrid* u. *Bernsteinsäureanhydrid* in verschiedenen Lsgm. wird gezeigt, daß sich ν_1 u. ν_2 auf Grund ihrer ungleichen Empfindlichkeit gegenüber Lsgm. unterscheiden lassen. U. Radlbeck 420

0931 **Mikrowellenspektrum, Hinderungspotential der internen Rotation und Dipolmomente des Toluols.** H. D. Rudolph, H. Dreizler, A. Jaeschke und P. Wendling. (Z. Naturforsch. **22a** (1967) 6, 940—44; Physikal. Inst. der Univ. Freiburg/Br.; dt.) K.-H. Bielicki 422

0932 **Mikrowellenspektren von Methyljodid in den angeregten Schwingungszuständen. Fermi-Resonanz zwischen den Zuständen ν_5 und $\nu_3 + \nu_6$.** Yonezo Morino und Chiaki Hirose. (J. molecular Spectroscopy **22** (1967) 1, 99—104; Dep. of Chem., Fac. of Sci., Univ. of Tokyo, Bunkyo-ku, Tokio, Japan; engl.) K.-H. Bielicki 422

0933 **Mikrowellenspektrum, Quadrupol-Kopplungs-Konstante u. Dipolmoment von Nitroäthylen.** H. D. Hess, A. Bauder und Hs. H. Günthard. (J. molecular Spectroscopy **22** (1967) 2, 208—20; Phys. Chem. Lab. Zürich; engl.) — Untersucht wurde die Titelverb. u. deren [1-D]-Derivat. S. Lampenscherf 422

0934 **Kernquadrupolresonanz - Zeeman - Untersuchung von p-Chlorphenol.** G. E. Peterson und P. M. Bridenbaugh. (J. chem. Physics **46** (1967) 7, 2644—49; Bell Telephone Labor., Inc., Murray Hill, N.J.; engl.) K.-H. Bielicki 422

0935 **Mikrowellenspektrum von Allylalkohol.** A. Narasimha Murty und R. F. Curl jun. (J. chem. Physics **46** (1967) 11, 4176—80; Chem. Dep., Rice Univ. Houston, Tex.; engl.) — Es werden Allylalkohol (I) sowie $D_{(OH)}$-I u. ^{18}O-I untersucht. K.-H. Bielicki 422

0936 **Einige Regelmäßigkeiten in der Änderung der ^{35}Cl-NQR-Frequenzen und Reaktionsfähigkeit in der Reihe der Alkylhalogenide und der Säurechloride.** A. A. Nejmyševa, G. K. Semin, T. A. Babuškina und I. L. Knunjanc. (Doklady Akad. Nauk SSSR **173** (1967) 3, 585—88; russ.) — Übersichtsarbeit über nachst. Beziehungen zwischen ^{35}Cl-NQR-Frequenzen u. Konstit. bzw. Elektronenkonfig. von substituierten Chloralkanen, Carbonsäurechloriden (**CCl**), Formylchloriden (**FCl**), Monochlor- u. Dichlorphosphinoxiden, Sulfochloriden u. Chlorphosphinsulfiden; zwischen den ^{35}Cl-NQR-Frequenzen u. den Taftschen σ^*-Konst. bzw. den RG der Hydrolyse der **CCl** u. **FCl**; den IR-ν(C=O)-Banden u. den Hydrolysegeschw. der **CCl** u. **FCl**. Von einigen Difluorphosphinoxiden werden die chem. Verschiebungen der ^{31}P-NMR diskutiert. — 19 Literaturangaben. V. Burjan 422 △

0937 **^{13}C-NMR-Untersuchungen.** 9. Mitt. **Carbonyl-Kohlenstoff-Abschirmungen in einigen Cyclopropylketonen.** D. H. Marr und J. B. Stothers. (Canad. J. Chem. **45** (1967) 3, 225—31; Dep. of Chem., Univ. of Western Ontario, London, Ontario; engl.) — 8. vgl. ibid. **44** (1966) 2855; 6. vgl. C. **1967**, 18-0835. — Die ^{13}C-NMR-Spektren folgender Verb. (als Fl. oder in CS_2-Lsg.) werden untersucht: *Cyclohexanon* u. *2-* u. *3-Methyl-*, *2.3-* u. *3.5-Dimethyl-*, *2-Äthyl-*, *2-Äthyliden-*, *2-Isopropyl-* u. *2-Isopropylidencyclohexanon*, *Cyclohexen-(2)-on* u. *2-* u. *3-Methyl-*, *2.3-* u. *3.5-Dimethylcyclohexen-(2)-on*, *Cyclopentanon* u. *2-* u. *3-Methyl-*, *2.3-Dimethyl-*, *2-Äthyl-*, *2-Äthyliden-*, *2-Isopropyl-* u. *2-Isopropylidencyclopentanon*, *Cyclopenten-(2)-on* u. *2-* u. *3-Methyl-* u. *2.3-Dimethylcyclopenten-(2)-on*, *Bicyclo-[4.1.0]-heptanon-(2)* ($Kp._{18}$ 94,5°) u. *1-Methyl-* ($Kp._{12}$ 76—78°; *2.4-Dinitrophenylhydrazon* (**D**), F. 154—155°, *6-Methyl-* ($Kp._{18}$ 97°); *Semicarbazon* (**S**), F. 147,5—148,5°), *4.6-Dimethyl-* ($Kp._{18}$ 100—102°; **S**, F. 181—182°; *Carbinol*, $Kp._{22}$ 99—100°) u. *1.6-Dimethylbicyclo-[4.1.0]-heptanon-(2)*, ($Kp._{11}$ 84—86°; **D**, F. 170 bis 172°), *Bicyclo-[3.1.0]-hexanon-(2)* ($Kp._{12}$ 57—59°) u. *1-Methyl-* ($Kp._{10}$ 54—56°; **D**, F. 186—187°), *5-Methyl-* ($Kp._{11}$ 61—63°; **D**, F. 138—139°; *Carbinol*, $Kp._{11}$ 68 bis 70°) u. *1.5-Dimethylbicyclo-[3.1.0]-hexanon-(2)* ($Kp._{12}$ 69 bis 71°; **D**, F. 169—170°), *1-Methyl-* ($Kp._{11}$ 89—91°; **D**, F. 147—148°) u. *1.1-Dimethylspiro-[2.5]-octanon-(4)* ($Kp._{10}$ 85—87°), *1-Methyl-* ($Kp._{16}$ 71—73°; **D**, F. 166 bis 167°; *Carbinol*, $Kp._{20}$ 86—93°) u. *1.1-Dimethylspiro-[2.4]-heptanon-(4)* ($Kp._{11}$ 65—67°; *Carbinol*, $Kp._{10}$ 78 bis 79°), *Propionsäure* u. deren *Methylester*, *Buttersäure* u. deren *Methylester*, *Isobuttersäure* u. deren *Methylester*, *Acrylsäure* u. deren *Methylester*, *α-* u. *β-Methacrylsäure* u. deren *Methylester*, *Cyclopropancarbonsäure* u. deren *Methylester*, *Cyclobutancarbonsäure* u. deren *Methylester*, *Cyclopentan-* u. *Cyclohexancarbonsäure* u. deren *Methylester*, *Methyläthylketon*, *Methylpropylketon*, *Methylisopropylketon*, *Methylvinylketon*, *Methylpropen-(1)-ylketon*, *Methylisopropenylketon*, *Methylcyclopropylketon*, *Methylcyclobutylketon*, *Methylcyclopentylketon* u. *Methylcyclohexylketon*. W. Damerau 424 △

0938 **^{13}C-NMR-Untersuchungen.** 10. Mitt. **^{13}C-Spektren einiger substituierter Methylbenzoate.** K. S. Dhami und J. B. Stothers. (Canad. J. Chem. **45** (1967) 3, 233—38; engl.) — 9. vgl. vorst. Referat. — Die chem. Verschiebungen der ^{13}C-Atome von $COOCH_3$-Gruppe u. Ring folgender Verb. (als reine Fl. oder in $CHCl_3$) werden bestimmt: *2-*, *3-* u. *4-Methyl-*, *4-Methoxy-*, *4-Dimethylamino-*, *2-* u. *4-Nitro-*, *2.3-* u. *2.6-Dimethyl-*, *2.4.6-Trimethyl-*, *2.6-Diäthyl-*, *2-Chlor-*, *2-Brom-*, *2-Jod-*, *2.6-Di-*

chlor-, *2.4.6-Dibrom-* u. *2.4.6-Trinitrobenzoesäuremethylester*. W. Damerau 424△

0939 **Einfluß von Substituenten auf die geminalen Proton–Proton-Kopplungskonstanten.** Robert R. Fraser, Paul Hanbury und C. Reyer-Zamora. (Canad. J. Chem. **45** (1967) 21, 2481–87; Dep. of Chem., Univ. of Ottawa, Ottawa; engl.) — Durch Rk. von Dihydropyran mit den entsprechenden Benzylalkoholen werden die folgenden substituierten 2-Benzyloxytetrahydropyrane dargestellt: *p-Trifluormethyl-* ($Kp._{0,1}$ 74–76°; 80% Ausb.), *p-Nitro-* ($Kp._{0,1}$ 132–134°; 80%), *p-Chlor-* ($Kp._{0,15}$ 90–92°; 96%), *p-Fluor-* ($Kp._{0,05}$ 68–70°; 82%), *p-Methyl-* ($Kp._{1,1}$ 86–88°; 87%), *p-Methoxy-* ($Kp._{0,1}$ 96°; 82%), *m-Nitro-* ($Kp._{0,15}$ 122–124°; 70%), *m-Chlor-* ($Kp._{0,1}$ 88°; 83%), *m-Fluor-* ($Kp._{0,25}$ 82–84°; 82%), *m-Methoxy-* ($Kp._{0,75}$ 124–126°; 87%), *m-Methyl-* ($Kp._{0,25}$ 100–105°; 91%), *o-Nitro-* ($Kp._{0,2}$ 140°; 85%), *o-Methoxy-* ($Kp._{0,25}$ 110–112°; 93%), *o-Methyl-* ($Kp._{0,2}$ 84–86°; 90%), *p-Äthinyl-*, *o-*, *m-* u. *p-Amino* (durch Red. der entsprechenden Nitroverb.), *m-* u. *p-Cyano-* u. *2.6-Dimethyl-*. Außerdem werden dargestellt: *2-Neopentoxy-*, *2-Äthoxy-*, *2-[2.2.2-Trichloräthoxy]-*, *2-[2.2.2-Trifluoräthoxy]-* ($Kp._{750}$ 106°; 75%), *2-[2-Methylpropen-(2)-yloxy]-* ($Kp._{0,45}$ 32–34°; 52%) u. *2-Propargyloxytetrahydropropan* ($Kp._{0,3}$ 29°; 72%), *Benzylphenylsulfoxid*, *p-Nitro-* u. *p-Chlorbenzylphenylsulfoxid*. Die geminalen Kopplungskonst. zwischen den nichtäquivalenten CH_2-Protonen dieser Verb. werden bestimmt u. mit den Hammett-Konst. der Substituenten verglichen. W. Damerau 424△

0940 **Lineare Korrelation von aromatischen Substituenteneffekten mit geminalen Kopplungskonstanten.** Richard W. Franck und Joseph Auerbach. (Canad. J. Chem. **45** (1967) 21, 2489–91; Dep. of Chem., Fordham Univ., New York, N.Y.; engl.) — Vgl. vorst. Referat. — Folgende substituierte *Benzyltetrahydropyranyläther* werden dargestellt u. die geminalen Kopplungskonst. ihrer CH_2-Protonen mit den Hammett-Konst. der Substituenten verglichen: *Unsubstituiert* ($Kp._{20}$ 85°; 62% Ausb.), *p-Nitro-* ($Kp._{0,24}$ 140°; 98%), *m-Nitro-* ($Kp._{0,18}$ 131°; 87%), *p-Amino-* ($Kp._{0,14}$ 131°; 54%), *m-Amino-* ($Kp._{0,20}$ 130°; 100%), *p-Chlor-* ($Kp._{0,24}$ 102°; 88%), *m-Chlor-* ($Kp._{0,13}$ 100°; 99%), *p-Methoxy-* ($Kp._{0,24}$ 140°; 57%) u. *m-Methoxy-* ($Kp._{0,20}$ 107°; 97%). W. Damerau 424△

0941 **Methode zur Beobachtung chemischer Verschiebungen in Festkörpern.** J. S. Waugh und Lee M. Huber. (J. chem. Physics **47** (1967) 5, 1862–63; Dep. of Chem., MIT, Cambridge, Mass.; engl.) — Mit Hilfe einer modifizierten Spinecho-Messung ist es möglich, die Dipol–Dipol-Wechselwrkg. bei NMR-Unters. im Festkörper zu red. u. die chem. Verschiebungen zu bestimmen. Als Beispiel werden die ^1H-NMR-Signale von festem *Hexamethyläthan* bei Zimmertemp. angegeben. W. Damerau 424△

0942 **NMR-Untersuchungen an Butadienen-(1.3). 6. Mitt. Theoretische Behandlung der Kopplung durch π-Elektronen.** A. V. Cunliffe und R. K. Harris. (Molecular Physics **13** (1967) 3, 269–82; School of Chem., Sci., Univ. of East Anglia, Norwich; engl.) — 5. vgl. C. **1968**, 62-0024. — Die Theorie von Karplus [1960] über den Beitrag von π-Elektronen auf H–H-Kopplungskonst. J wird für konjugierte Syst. erweitert. Die abgeleitete Gleichung wird auf *s-trans-* u. *s-cis-Butadien-(1.3)* sowie auf *Cyclohexadien* angewendet; die ber. J werden mit den experimentellen Werten verglichen. W. Damerau 424△

0943 **Nichtäquivalenz von Isopropyl-CH_3 kernmagnetischen Resonanzsignalen.** T. S. Sorensen. (Canad. J. Chem. **45** (1967) 13, 1585–88; Calgary, Alberta, Univ. of Calgary, Dep. of Chem.; engl.) — Bei den ^1H-NMR-Spektren von *1.3-Dimethyl-*, *1.2.3-Trimethyl-*, *1-Äthyl-2.3-dimethyl-* u. *1-tert.-Butyl-2.3-dimethyl-4-isopropylcyclopenten-(2)-ol-(1)*, *3-Methyl-*, *2.3-* u. *2.4-Dimethyl-4-isopropylcyclopenten-(2)-on-(1)*, *2.5-Dimethyl-5-isopropylcyclopenten-(2)-on-(1)*, der O-protonierten Form von *3-Methyl-* u. *2.3-Dimethyl-4-isopropylcyclopenten-(2)-on-(1)* sowie den Kationen von *1.3-Dimethyl-*, *1.2.3-Trimethyl-*, *1-Äthyl-3-methyl-*, *1-Isopropyl-3-methyl-*, *1-Äthyl-2.3-dimethyl-*, *1-tert.-Butyl-2.3-dimethyl-*, *1.2.3.4-Tetramethyl-*, *1-Isopropyl-2.3.4-trimethyl-4-isopropylcyclopentenyl-(2)* wird Nichtäquivalenz der Isopropyl-CH_3 festgestellt. Dieser Effekt wird durch Bldg. von Konformeren interpretiert. Der Energieunterschied zwischen den Konformeren kann ber. werden. B. I. 424△

0944 **Kernmagnetische Resonanzuntersuchung der molekularen Bewegungen in Hexamethylbenzol.** P. S. Allen und A. Cowking. (J. chem. Physics **47** (1967) 11, 4286 bis 4289; Univ. of Nottingham, Dep. of Phys.; engl.) — Die mol. Bewegungen in der festen Verb. werden mit Hilfe der Spin–Gitter-Relaxationszeiten T_1 u. dem 2. Moment im Temp.-Bereich 2–450 °K untersucht. Aus der Temp.-Abhängigkeit von T_1 werden die Aktivierungsenergien u. Bewegungsgeschw. in den auftretenden 3 festen Phasen (2 Umwandlungspunkte) abgeschätzt u. diskutiert. B. I. 424△

0945 **Struktureffekte auf die NMR-Spektren von substituierten Styrolen. 2. Mitt. Trennung der Effekte.** Jacques-Émile Dubois und Jean-Pierre Doucet. (J. Chim. physique Physico-Chim. biol. **64** (1967) 7/8, 1145–52; Labor. de Chim. Organ. Phys. de la Fac. des Sci. de Paris; franz.) — Zwischen den chem. Verschiebungen der Vinylprotonen von *4-Methoxy-*, *3-* u. *4-Methyl-*, *3-* u. *4-Chlor-*, *3-* u. *4-Brom-*, *3-* u. *4-Nitrostyrol* u. *Styrol* u. den Substituentenkonst. von Hammett wurde eine lineare Beziehung festgestellt. Interpretation dieses Ergebnisses unter Berücksichtigung der verschiedenen, die Abschirmkonst. beeinflussenden Wechselwrkg.-Mechanismen. U. Radlbeck 424

0946 **Analyse des NMR-Spektrums von Pyridin.** S. Castellano, C. Sun und R. Kostelnik. (J. chem. Physics **46** (1967) 1, 327–30; Mellon Inst., Pittsburgh, Pa.; engl.) — Aus dem Spektrum der Verb. (reine Fl. u. in CCl_4) werden Kopplungskonst. u. chem. Verschiebungen bestimmt. W. Damerau 424△

0947 **^{13}C-NMR-Untersuchungen an 4-substituierten Pyridinen.** H. L. Retcofsky und R. A. Friedel. (J. physic. Chem. **71** (1967) 11, 3592–96; U.S. Dep. of the Interior, Bureau of Mines, Pittsburgh Coal Res. Center, Pittsburgh, Pa.; engl.) — Die ^{13}C-NMR-Spektren folgender Verb. werden analysiert: *4-Amino-*, *4-Brom-*, *4-Äthyl-*, *4-Isopropyl-*, *4-tert.-Butyl-*, *4-Vinyl-*, *4-Cyan-*, *4-Acetyl-* u. *4-Formylpyridin*. W. Damerau 424

0948 **Modelle zur Bestimmung der Spin–Spin-Kopplung des anomeren Protons von 2.3-Dialkoxytetrahydropyranen (cis- und trans-Tetrahydropyrano-[2.3:b]-1.4-dioxan).** F. Sweet und R. K. Brown. (Canad. J. Chem. **45** (1967) 9, 1007–11; Dep. Chem., Univ. Alberta, Edmonton; engl.) — Als Modelle werden verwendet u. dargestellt: *cis-* ($C_7H_{12}O_3$, $Kp._{20}$ 80°) u. *trans-Tetrahydropyrano-[2.3:b]-1.4-dioxan* (F. 64°) (**I**, **II**). Es werden die Kopplungskonst. $J_{1,6}$ u. die chem. Verschiebungen des H_1-Protons bestimmt. E. Gallei 424

0949 **NMR-spektroskopische Untersuchung der Struktur von Telomeren.** Teruzo Asahara und Cheng-Ching Wu. (J. chem. Soc. Japan, ind. Chem. Sect. [Kōgyō Kagaku Zasshi] **70** (1967) 7, 1197–201; Inst. of Ind. Sci., Univ. of Tokyo, Azabu-Shinryudo-cho, Minato-ku, Tokyo; jap., Auszug: engl.) — Die Struktur von Telomeren, die bei der Rk. von *Äthylen* mit CCl_4 oder $CHCl_3$ entstehen, wurde NMR-spektroskop. bei hoher Auflösung untersucht. Die Telomere haben die Struktur von α.α.α.ω-Tetrachloralkanen u. α.α.α-Trichloralkanen. Die induktiven Effekte der zwei Endsubstituentgruppen der α.α.α.ω-Tetrachloralkane wirken in bezug auf die chem. Verschiebung der Methylenprotone additiv. Die ^1H-NMR-Spektren sind angegeben für *1.1.1.3-Tetrachlorpropan*, *1.1.1.5-Tetrachlorpentan*, *1.1.1.7-Tetrachlorheptan*, *1.1.1.9-Tetrachlornonan*, *n-Propylchlorid*, *n-Pentylchlorid*; *1.1.1-Trichlorpentan*, *-hexan*, *-nonan* u. *-undecan*; *n-Pentan* u. *n-Nonan*. J. J. Pohl 424

0950 **Vorzeichen der Spin–Spin-Kopplungskonstanten zwischen Methylprotonen und Ring-Fluorkernen in Fluortoluolderivaten. Nachweis einer positiven Hyperfeinwechselwirkung in der C–F-Bindung.** D. J. Blears,

S. S. Danyluk und T. Schaefer. (J. chem. Physics 47 (1967) 12, 5037—42; Argonne, Ill., Argonne Nat. Labor.; engl.) — Die Vorzeichen der Spinkopplungskonst. J(CH_3–F) in *4-Chlor-2-fluor-5-nitro-*, *4-Fluor-2-jod-* u. *4-Amino-5-brom-3-fluortoluol* werden durch NMR-Doppelresonanz bestimmt. B. I. 424△

0951 **^{19}F-NMR und Gegenüberstellung der Gesetzmäßigkeiten der Änderungen der chemischen Verschiebungen von ^{19}F-NMR mit den ^{35}Cl- und ^{79}Br-NQR in Halogennitroalkanen.** G. K. Semin, A. V. Kessenich, L. V. Ochlobystina, A. A. Fajnzil'berg, N. N. Šapet'ko und L. A. Kurkovskaja. (Teoret. ėksper. Chim. 3 (1967) 2, 233—39, Inst. org. chimii AN SSSR; russ.) — Die chem. Verschiebungen δ von ^{19}F-NMR werden von nachst. Verb. gemessen: Nitromethane: *Fluortri-*, *Difluordi-*, *Monofluordi*-*, *Difluormono*-*; Monofluoräthane: *1.1-Dinitro*-*, *1-Nitro-*; 1-Fluor-n-butane: *1.1-Dinitro-*, *1.1.3.3-Tetranitro-*; *4-Fluor-4.4-dinitrobuten*. Von den mit * bezeichneten Verb. u. von *Chlordinitromethan* wird die δ von ^{1}H-NMR gemessen. Die δ ^{19}F-NMR wird mit den NQR-Frequenzen von Nitrohalogenmethanen u. -äthanen sowie Halogenmethanen verglichen. V. Burjan 424△

0952 **^{14}N-Verschiebungen in Nitroverbindungen.** C. F. Poranski jun. und W. B. Moniz. (J. physic. Chem. 71 (1967) 4, 1142—43; Naval Res. Labor., Washington, D.C.; engl.) — Von den nachst. Verb. werden die chem. ^{14}N-Verschiebungen δ aufgenommen u. eine Abhängigkeit von δ von der Art des Substituenten festgestellt: *Nitromethan*, *Nitroäthan*, *Nitropropan*, *2-Nitroäthanol*, *1-Chlor-1-nitropropan*, *1.1.1-Trinitroäthan*, *2.2.2-Trinitroäthanol* u. *Äthylnitrat*. W. Damerau 424△

0953 **Korrelationen mit chemischen Verschiebungen von Kresol + Base-Komplexen.** G. Socrates. (Trans. Faraday Soc. 64 (1968) 542, 287—92; London, West Ham Coll. of Technol.; engl.) — Die chem. Verschiebungen δ der OH-Resonanzen von 1:1-Komplexen aus *o-*, *m-* u. *p-Kresol* mit *Py.*; *2-*, *3-*, *4-Methyl-*, *2-*, *3-*, *4-Chlorpyridin*, *Triäthylamin*, *Ae.*, *Dioxan*, *Nitrobenzol*, *Acetonitril*, *THF*, *Aceton*, *Acetophenon*, *Cyclohexanon*, *Benzaldehyd*, *Acetamid*, *N.N-Dimethylacetamid*, *-benzamid*, *-benzylamin* u. *Äthylacetat* in CCl_4 werden für verschiedene Konz. bestimmt. Es ergeben sich lineare Korrelationen zwischen den δ u. den Dissoziationskonst. der organ. Basen. B. I. 424△

0954 **F—F-Spin–Spin-Kopplung in Perfluor-o-xylol.** J. Jonas. (J. chem. Physics 47 (1967) 12, 4884—88; Urbana, Ill., Univ. of Ill., Dep. of Chem. and Chem. Engng.; engl.) — Die NMR-Kopplungskonst. J(CF_3, F) in *Perfluor-o-* u. *-p-xylol* u. *Perfluortoluol* werden als Funktion der Temp. (242—377 °K) gemessen. B. I. 424△

0955 **Untersuchungen der J(^{13}CH)-Kopplungskonstanten zur Frage der Bindungsverhältnisse in Alkoxysilanen.** G. Engelhardt. (J. organometallic Chem. [Amsterdam] 8 (1967) 3, P 27—P 28; Berlin-Adlershof, DAW, Inst. für phys. Chem.; dt.) — Die Kopplungskonst. J(^{13}C—H) von $(CH_3)_4C$, $(CH_3)_4Si$, $(CH_3)_3COCH_3$, $(CH_3)_3SiOCH_3$, $(CH_3)_2C(OCH_3)_2$, $(CH_3)_2Si(OCH_3)_2$, $CH_3C(OCH_3)_3$, $CH_3 \cdot Si(OCH_3)_3$, $C(OCH_3)_4$ u. $Si(OCH_3)_4$ werden ^{1}H-NMR-spektroskop. bestimmt u. Rückschlüsse auf den s-Charakter der C—H- u. C—Si-Bindungsorbitale gezogen. B. I. 424△

0956 **^{19}F-NMR-Spektren von Methylfluorsilanen.** Stephen G. Frankiss. (J. physic. Chem. 71 (1967) 11, 3418 bis 21; William Ramsay and Ralph Forster Labor., Univ. Coll. London; engl.) — Die chem. Verschiebungen der F-Atome u. die ^{29}Si–^{28}Si-Isotopenverschiebungen sowie die H—F- u. Si—F-Kopplungskonst. von *Trifluormethyl-*, *Dimethyldifluor-*, *Methyldifluor-*, *Trimethylfluor-* u. *Dimethylfluorsilan* sowie von *1.1'-Dimethyl-1.1'-difluordisiloxan* werden bestimmt. W. Damerau 424△

0957 **Protonenresonanzspektren orientierter Moleküle: Acetylenverbindungen.** Gerhard Englert, Alfred Saupe und Jean-Paul Weber. (Z. Naturforsch. 23a (1968) 1, 152—70; Phys. Abt. der F. Hoffman-La Roche & Co., Basel; dt.) — Die ^{1}H-NMR-Spektren von *Acetylen*, *3-Chlor-* u. *3-Brompropin*, *1.4-Dichlorbutin-(2)*, *Propin*, *Pentadiin-(1.3)* u. *Hexadiin-(2.4)* wurden in der nemat. Phase von 4.4-Di-n-hexyloxyazoxybenzol untersucht u. analysiert. Die theoret. Berechnungen erfolgten nach Karplus. A. Kiskéri Bocz 424

0958 **Natürliche Cumarine. 6. Mitt. NMR-Spektren einiger Cumarin- und Cumarilsäurederivate.** E. A. Abu-Mustafa und M. B. E. Fayez. (Canad. J. Chem. 45 (1967) 3, 325—27; Nat. Res. Center, Dokki, Cairo; engl.) — 7. vgl. C. 1967, 55-0269. — Die chem. Verschiebungen u. die Kopplungskonst. folgender Verb. wurden untersucht *Psoralen*, *Xanthotoxin*, *Isopimpinellin*, *Imperatorin*, *Bergapten*, *6.7-Dihydroxanthotoxin*, *Marmesin*, *8-Methoxy-5.6-dihydrofurocumarilsäure*, *6-[β-Hydroxyisopropyl]-5.6-dihydrofurocumarilsäuremethylester* u. *6-Isopropylfurocumarilsäuremethylester*. W. Damerau 424△

0959 **Kernmagnetische Resonanzspektren von Alkylen-bis-amiden und Alkylen-bis-carbamaten.** Robert H. Barker, Sidney L. Vail und Gordon J. Boudreaux. (J. physic. Chem. 71 (1967) 7, 2228—33; New Orleans, La., Southern Regional Res. Labor.; engl.) — Die ^{1}H-NMR-Spektren von *Methylen-*, *Äthylen-*, *1.3-* u. *1.2-Propylen-bis-formamid*, *Methylen-*, *Äthylen-*, *1.2-* u. *1.3-Propylen-bis-acetamid*, *Methylen-* u. *Äthylen-bis-[methylcarbamat]*, *Methylen-*, *Äthylen-* u. *1.3-Propylen-bis-[äthylcarbamat]* werden als Funktion der Temp. u. des Lsgm. untersucht. B. I. 424△

0960 **Nachweis der protonenmagnetischen Resonanzabschirmung über die gesamte Amidebene.** T. H. Siddall III und W. E. Stewart. (J. molecular Spectroscopy 24 (1967) 3, 290—301; Aiken, S.C., E. I. du Pont de Nemours Co., Savannah River Labor.; engl.) — Die ^{1}H-NMR-Spektren von *p-Butyl-*, *p-Methyl-*, *2-Chlor-4-methyl-* u. *2-Chlor-5-methylformanilid*, *p-Butyl-*, *2-Brom-4-methyl-*, *2-Chlor-4-methyl-* u. *2-Chlor-5-methylacetanilid* u. *2-Chlor-4-methyltrimethylacetanilid* zeigen, daß die H in der Amidebene abgeschirmt werden. B. I. 424△

0961 **NMR-Untersuchung der ^{31}P- und ^{1}H-Kerne in Aminophosphoniumverbindungen.** S. R. Jain, Wallace S. Brey jun. und Harry H. Sisler. (Inorg. chem. [Washington] 6 (1967) 3, 515—18; Dep. of Chem., Univ. of Fla., Gainesville, Fla.; engl.) — Die ^{31}P- u. ^{1}H-NMR-Spektren sowie die IR-Spektren der mit * gek. Verb. werden von folgenden Aminophosphoniumchloriden (F. aus $CHCl_3$) untersucht: *Trimethyl-** (F. 214—215°), *Dimethylphenyl-** (F. 105—107°), *Methyldiphenyl-** (F. 181 bis 183°), *Bis-[dimethylamino]-phenyl-** (F. 145—146°), *Bis-[dimethylamino]-methyl-** (F. 106—108°), *Triphenyl-*, *Dimethylaminodiphenyl-*, *Tris-[dimethylamino]-*, *Dimethylaminodimethyl-* sowie *Diphenyldiamino-*, *Phenyltriamino-* u. *Dimethyldiaminophosphoniumchlorid*, *Methyldiphenyl-*, *Phenyldimethyl-*, *Dimethylaminodiphenyl-* u. *Bis-[dimethylamino]-phenylphosphin*. J. J. Pohl 424

0962 **Protonenresonanz von kristalliner α-D-Glucose.** B. J. Poppleton und C. K. Coogan. (Carbohydrate Res. [Amsterdam] 3 (1967) 4, 505—08; Div. of Forest Products, CSIRO, South Melbourne; engl.) W. Damerau 424△

0963 **Bestimmung von 2-substituierten 5-Norbornenen durch kernmagnetische Resonanzspektrometrie.** R. V. Moen und H. S. Makowski. (Analytic. Chem. 39 (1967) 14, 1860—62; Linden, N.J., Esso Res. and Engng. Co.; engl.) — Die ^{1}H-NMR-Spektren von *2-Cyan-*, *2-Chlor-*, *2-Chlormethyl-*, *2-Formyl-*, *2-Acetoxy-*, *2-Vinyl-*, *2-Propenyl-*, *2-α-Methylvinyl-*, *2-α-Methylpropenyl-*, *2-Carboxy-*, *2-Methoxycarbonyl-* u. *2-Acetylnorbornen-(5)* werden untersucht u. die Möglichkeit der Konform.-Analyse diskutiert. B. I. 424△

0964 **Lineare Dienone. NMR-spektroskopische Untersuchungen an linearen Dienon-Steroiden.** Kazue Kondo. (J. pharmac. Soc. Japan [Yakugakuzasshi] 87 (1967) 1, 5—9; Sendai; Tohoku Univ. School of Med. pharm. Inst.; jap., Auszug: engl.) — Vg. ibid. 85 (1965) 10, 28. — Die NMR-Spektren von nachst. $\Delta^{4,6}$-Pregnadien-3.20-dionen wurden untersucht: *17α-Acetoxy-*, *17α-Acetoxy-6-chlor-*, *17α-Acetoxy-6-fluor-*, *17α-Acetoxy-6-methyl-* u. *17α-Acetoxy-6-äthoxy-* sowie *17β-Hydroxy-6-methoxy-*, *17β-Hydroxy-17α-methyl-* u. *17β-Hydroxy-$\Delta^{4,6}$-androstadien-3-on*. Der Einfl. der Substituenten auf die Verschiebung

u. Kopplung der Protonensignale der olefin C=C-Bindungen u. der benachbarten CH_2-Gruppen wird diskutiert. W. Kupfer 424

0965 **Untersuchung der NMR-Spektren von N-Arylderivaten einiger Östratriene.** T. C. Chou und Hsi Hu Lin. (J. chem. Engng. Data **12** (1967) 1, 107—08; Dep. of Chem., St. Joseph's Coll., Philadelphia, Pa.; engl.) — Die chem. Verschiebungen von CH_3-, CH_3O-, NH_2- u. aromat. Protonen (in $CDCl_3$ u. z. T. in $CDCl_3$/DCl, gegen TMS) u. Kopplungskonst. folgender Verb. werden bestimmt: *2-Nitro-* (F. 172—175°) u. *4-Nitroöstron* (I; F. 272°), I-*3-methyläther* (F. 253—256°), I-*3-benzyläther* (F. 199—201°), *2-Aminoöstron-3-methyläther* (F. 171 bis 175°), *4-Aminoöstron-3-methyläther* (F. 188—191°) u. *4-Aminoöstron-3-benzyläther* (F. 223—226°). W. Damerau 424△

0966 **ESR-Untersuchung von Ionenpaar-Gleichgewichten.** Arthur Crowley, Noboru Hirota und Robert Kreilick. (J. chem. Physics **46** (1967) 12, 4815—22, Dep. Chem. Univ. Rochester, Rochester, N.Y.; engl.) — Die ESR-Spektren der *Na-Anthracen-* u. *Na-2.6-Di-tert.-butylnaphthalin-Anionen-Radikale* wurden in verschiedenen Lsgm. u. verschiedenen Temp. untersucht. Die Aufspaltung von Na^+ hängt vom Lsgm. u. Temp. ab. Die Konst. für das Gleichgew. zwischen zwei Ionenpaaren, die freie Enthalpie sowie die Geschw.-Konst. für Hin- u. Rückrk. u. die Aktivierungsenergie wurden bestimmt. Die Werte sind vom Lsgm. abhängig. K. Vacek 426

0967 **Solvatationsspektren.** 16. Mitt. **ESR-Untersuchung der Ionenpaarbildung.** M. C. R. Symons. (J. physic. Chem. **71** (1967) 1, 172—83; Dep. of Chem., Univ. of Leicester, Leicester; engl.) — 15. vgl. Trans. Faraday Soc. **62** (1966) 2321. — Übersicht über ESR-Unters. der Ionenpaarbldg. bei Red. von *Chinonen* u. *aromat. Nitroverb.* (einschließlich bisher nicht veröffentlichter Ergebnisse an *m-Dinitrobenzol*) mittels Li, Na, K, Rb u. Cs. W. Damerau 426△

0968 **Einfluß der Deuteriumsubstitution auf die ESR-Linienbreiten-Parameter.** W. F. Forbes und P. D. Sullivan. (J. chem. Physics **46** (1967) 6, 2445—46; Dep. of Chem., Univ. of Waterloo, Waterloo, Ontario, Canada; engl.) — Es wird der Einfl. der D-Substitution auf die ESR-Linienbreiten am *Durochinon-* u. *D_2-Durochinon-*Kationenradikal in konz. H_2SO_4 u. D_2SO_4 untersucht. K.-H. Bielicki 426

0969 **Hyperfeinaufspaltung durch K im ESR-Spektrum von Pyrenanionen in Tetrahydrofuran.** L. E. Lyons, June E. Moore und G. C. Morris. (Austral. J. Chem. **21** (1968) 5, 1337—41; St. Lucia, Queensland, Univ, Dep. of Phys., Chem.; engl.) G. O. Jäger 426△

0970 **ESR des positiven Ionenradikals von Benzol.** Melvin Keith Carter und Gershon Vincow. (J. chem. Physics **47** (1967) 1, 292—302; Dep. of Chem. Univ. Washington, Seattle, Wash.; engl.) — Die ESR-Spektren des einfach positiven Ionenradikals $C_6H_6^+$, das bei der Photoionisation von C_6H_6 in fester Matrix (H_2SO_4, H_3PO_4, H_3BO_3) hergestellt wird, wurden im Temp.-Bereich —110 bis —190° gemessen. Der Aufspaltungswert stimmt mit dem nach der von Colpa-Bolton semiempir. Gleichung ber. gut überein. Die Temp.-Abhängigkeit der Aufspaltung wird im Zusammenhang mit der zu erwartenden Fermi-Kontakt-Wechselwrkg. für die therm. verschieden besetzten Schwingungszustände diskutiert. K. Vacek 426

0971 **Experimentell bestimmte Hückel-Koeffizienten aromatischer Kohlenwasserstoffe.** O. F. Griffith III und Charles P. Poole jun. (J. chem. Physics **47** (1967) 11, 4528—34; Columbia, S.C., Univ. of S.C., Dep. of Phys.; engl.) — Ein detaillierter Vgl. verschiedener Theorien der Hyperfeinkopplungskonst. wird durchgeführt. Die Hückel-Koeff. werden experimentell für die Radikalionen von *Anthracen, Biphenyl, Biphenylen, Coronen, Dibenzo-[a,c]-triphenylen, Naphthacen, Naphthalin, Pentacen, Perylen, Phenanthren, Pyren, p-Terphenyl* u. *Tetraphenyläthylen* mit Hilfe der McConnell- u. Colpa-Bolton-Theorie bestimmt u. mit theoret. Werten verglichen. B. I. 426△

0972 **ESR-Spektren von Radikalanionen makrocyclischer aromatischer Verbindungen.** 2. Mitt. **Tribenzocyclododecahexaen und Tribenzocyclododecatrientriin.** H. Brunner, K. H. Hausser, M. Rasitscher und H. A. Staab. (Tetrahedron Letters [London] **1966,** 2775—79; Max-Planck-Inst. für Med. Forschung, Heidelberg; engl.) — 1. vgl. Z. Naturforschg. **19a** (1964) 816. — Es wurden die ESR-Spektren der Radikalanionen der makrocycl. aromat. Verb. *1:2.5:6.9:10-Tribenzocyclododeca-1.3.5.-7.9.11-hexaen* u. *1:2.5:6.9:10-Tribenzocyclododeca-1.5.9.-trien-3.7.11-triin* aufgenommen, ausgewertet u. die Kopplungskonst. u. Spindichten werden angegeben. K.-H. Bielicki 426

0973 **ESR des Ionenradikals und der radikalischen Ionenpaare von Acenaphthen.** A. M. Hermann, A. Rembaum und W. R. Carper. (J. physic. Chem. **71** (1967) 8, 2661—67; Jet Propulsion Labor., Calif., Inst. of Technol., Pasadena, Calif.; engl.) — ESR- u. opt. Unters. der Rk. von *Na* mit *Acenaphthen* in THF als Lsgm. zeigen, daß mit steigender Temp. (—70 bis +25°) die opt. Absorption u. die ESR-Signalintensität des Acenaphthen-Radikal-Anions abnehmen. Die Aufspaltung von Na^+ in den ESR-Spektren ist ein Beweis für die Bldg. von Ionenpaaren. Die Temp.-Abhängigkeit der Na^+-Aufspaltung erlaubt das Gleichgew. zwischen zwei Ionenpaaren thermodynam. zu charakterisieren. Die theoret. nach McLachlan-Meth. ber. Werte für die H-Aufspaltung stimmen mit den experimentellen Werten gut überein. K. Vacek 426

0974 **ESR positiver Ionenradikale des Hexamethyl- und Hexaäthylbenzols.** Melvin Keith Carter und Gershon Vincow. (J. chem. Physics **47** (1967) 1, 302—12; Dep. Chem. Univ. Wash., Seattle, Wash.; engl.) — Die einfach positiven Ionenradikale von Hexamethyl- (I) u. Hexaäthylbenzol (II) werden durch Ox. der entsprechenden KW-Stoffe mit rauchender H_2SO_4 erzeugt u. ihre ESR-Spektren gemessen. Erzeugt man Kationen von **I** durch Photoionisation in einer H_3BO_3-Matrix, so unterscheiden sich die gefundenen ESR-Werte nur wenig von den obigen, bei der Photoionisation von **II** in einer H_3BO_3-Matrix ist das ESR-Spektrum unlösbar. Die Werte für a_{CH_3} (I) u. a_{CH_2} (II) u. ihre Temp.-Abhängigkeit werden in Zusammenhang mit der gehinderten Rotation der Alkylprotonen diskutiert. K. Vacek 426

0975 **Der EPR-spektroskopische Nachweis eingefangener Elektronen und CO_2^- in γ-bestrahltem 3-Methylpentan.** M. Shirom, R. F. C. Claridge und J. E. Willard. (J. chem. Physics **47** (1967) 1, 286—91; Dep. Chem. Univ., Wisconsin, Madison, Wis.; engl.) — Die opt. u. therm. Eig. des Singuletts von eingefangenen Elektronen u. des Singuletts u. Dubletts von CO_2^- in den ESR-Spektren des bei 77 °K γ-bestrahlten glasförmigen 3-Methylpentans wurden untersucht. K. Vacek 426

0976 **ESR-Untersuchungen des Elektronenübergangs. trans-Stilben–Stilben-System.** Raymond Chang und Charles S. Johnson jun. (J. chem. Physics **46** (1967) 6, 2314—16; Dep. of Chem., Yale Univ., New Haven, Conn.; engl.) — In Dimethoxyäthan- u. THF-Lsg. werden die RGK u. Aktivierungsenergien des Elektronenübergangs zwischen dem radikal. Stilben-Anion u. trans-Stilben bestimmt. K. H. Bielicki 426

0977 **ESR-Spektren der Anionen-Radikale des Pyridins und verwandter Stickstoffheterocyclen.** Carolyn L. Talcott und Rollie J. Myers. (Molecular Physics **12** (1967) 6, 549—67; Inorg. Materials Res. Division, Univ. Calif. Berkeley, Calif.; engl.) — Die ESR-Spektren der elektrolytisch erzeugten Anionen-Radikale von *Py., γ-Picolin, 3.5-* u. *3.6-Lutidin, Pyrazin, Pyrimidin, Pyridin-N-oxid, γ-Picolin-N-oxid* u. *2.6-Lutidin-N-oxid* in fl. NH_3 wurden aufgenommen u. die Aufspaltungen tabelliert. Gute Übereinstimmung zwischen den gemessenen Kopplungskonst. u. McLachlan's theoretischen Werten wurde gefunden Die Kopplungskonst. für N-Oxide stimmen nur mit empirisch-geschätzten MO-Parametern überein. K. Vacek 426

0978 **ESR-Untersuchungen eingefangener Elektronen in γ-bestrahltem glasförmigem Triäthylamin.** Hideo Tsujikawa, Kenji Fueki und Zenichiro Kuri. (J. chem. Physics 47 (1967) 1, 256—60, Dep. Synthetic Chem., Fac. of Engng., Nagoya Univ., Chikusa-ku, Nagoya, Japan; engl.) K. Vacek 426

0979 **Die Änderungen der Linienbreite in ESR-Spektren der o-Dinitrobenzol-Radikale.** Julien Gendell. (J. chem. Physics 46 (1967) 10, 4152—54; Dep. Chem. Univ. Michigan, Ann Arbor, Mich.; engl.) — Zwei Zustände für das (o-Dinitrobenzol)$^-$-Na^+-Paar werden postuliert u. daraus die Hyperfeinstruktur des bei -49^0 gemessenen ESR-Spektrums erklärt. K. Vacek 426

0980 **Die ^{17}O-Aufspaltungskonstanten in ESR-Spektren der p-Semichinone mit ^{17}O.** M. Broze, Z. Luz und B. L. Silver. (J. chem. Physics 46 (1967) 12, 4891—4902; Isotope Dep., Weizmann Inst. of Sci., Rehovoth, Israel; engl.) — Die Aufspaltungskonst. a_0 für die 1.4-Benzosemichinone: *unsubstituiert, 2.5-Diphenyl-, 2.5-Dichlor-, 2.3.5.6-Tetrachlor-, 2.5-Dioxo-, 2.5-Dioxo-2.6-dichlor-* sowie für *1.4-Naphtho-* u. *9.10-Anthrasemichinon* wurden gemessen. Lsgm.-Effekte wurden beobachtet u. werden in Hinblick auf die Radikal-Lsgm.-Wechselwirkung der CO-Gruppe diskutiert. Die HMO- u. MSCF-Parameter α, β für O u. Cl wurden aus der H-Aufspaltung abgeleitet. K. Vacek 426

0981 **Organische und biologische spektrochemische Untersuchungen.** 24. Mitt. **Elektronenspinresonanzuntersuchungen des Hydrochinon-Kationradikals.** A. B. Barabas, W. F. Forbes und P. D. Sullivan. (Canad. J. Chem. 45 (1967) 3, 267—73; Dep. of Chem., Univ. of Waterloo, Waterloo, Ontario; engl.) — 23. vgl. ibid. 44 (1966) 1501. — Es wird das ESR-Spektrum des durch Rk. von Hydrochinon mit $AlCl_3$/Nitromethan entstehenden Kationenradikals zwischen -70 u. $+30^0$ untersucht u. bez. einer cis–trans-Isomerie interpretiert. Die Potentialschwelle der Rotation um die C—O-Bindung wird berechnet. K.-H. Bielicki 426

0982 **Elektronenspinresonanzuntersuchungen der Ionenpaarbildung in Semichinon–Alkalimetall-Systemen.** M. P. Khakhar, B. S. Prabhananda und M. R. Das. (J. Amer. chem. Soc. 89 (1967) 13, 3100—06; Tata Inst. of Fundamental Res., Bombay, India; engl.) — Die ESR-Spektren des durch Red. mit Li, Na u. K erhaltenen *p-Benzosemichinon-Anions* [bei -60 bis $+60^0$ in 1.2-Dimethoxyäthan (DME)], *Durosemichinon-Anion* (-80 bis $+80^0$; DME bzw. THF) u. *2.6-Dichlorsemichinon-Anion* (-75 bis $+25^0$; DME bzw. THF) werden bez. der starken Veränderungen der Spindichteverteilungen in den einzelnen Semichinonringen als Folge der Assoziation der Anionen mit den Alkalimetallkationen diskutiert. R. Blank 426

0983 **ESR des Ladungsübertragungstriplettzustandes des Durol–Tetracyanobenzol-Komplexes.** Hisaharu Hayashi, Saburo Nagakura und Suehiro Iwata. (Molecular Physics 13 (1967) 5, 489—90; Tokyo, Japan, Univ. of Tokyo, Inst. for Solid State Phys.; engl.) — Das ESR-Spektrum des bei 365 mμ angeregten Ladungsübertragungskomplexes aus *Durol* u. *1.2.4.5-Tetracyanobenzol* wird bei 77 ^{0}K untersucht u. diskutiert. B. I. 426$\triangle$

0984 **ESR-Spektren freier Radikale in bestrahlter Cyclohexancarbonsäure.** Philip M. K. Leung und John W. Hunt. (J. physic. Chem. 71 (1967) 10, 3177—86; Dep. Medical Biophysics, Univ. Toronto, Toronto, Ontario, Canada; engl.) — ESR-Spektren von Cyclohexancarbonsäure u. von α-deuterierter Säure, die bei 153 ^{0}K oder 4 ^{0}K direkt im ESR-Resonator bestrahlt wurden, wurden aufgenommen u. bez. der entstandenen Radikale diskutiert. K. Vaček 426

0985 **ESR der Konversion der freien Radikale in gammabestrahltem Dihydrothymin.** William Bernhard und Wallace Snipes. (J. chem. Physics 46 (1967) 7, 2848—49; Dep. of Biophys., Pa. State Univ., University Park, Pa.; engl.) — Bei γ-Bestrahlung von *5.6-Dihydrothymin* (I) entstehen durch H-Abspaltung das stabilere 5-Thymyl- ($\dot{C}_5$) u. das weniger stabile 6-Thymyl-Radikal ($\dot{C}_6$). Das $\dot{C}_6$-kann sich in das $\dot{C}_5$-Radikal umwandeln. Die entsprechende Änderung des ESR-Spektrums wird im Temp.-Bereich 90—130^0 untersucht. Aus den Konversionsgeschw.-Konst. wird die Aktivierungsenergie u. der Frequenzfaktor für die Radikalumwandlung bestimmt. K.-H. Bielicki 426

0986 **Massenspektrometrie bei strukturellen und stereochemischen Problemen.** 119. Mitt. **Wechselwirkung entfernter funktioneller Gruppen in der Massenspektrometrie.** Mark M. Green, D. S. Weinberg und Carl Djerassi. (J. Amer. chem. Soc. 88, 3883—84, 1966; Dep. of Chem., Stanford Univ., Stanford, Calif.; engl.) — 118. vgl. C. 1969, 12-0999; 148. vgl. C. 1968, 61-0108. — Es wird die in den Massenspektren von *4-Hydroxycyclohexanon* u. *4-Methoxycyclohexanon* auftretende elektronenstoßinduzierte Sauerstoffumlagerung untersucht. Durch Unters. deuterierter Analoga wird der wahrscheinlichste Fragmentationsmechanismus gefunden. Zum Vgl. dieses Prozesses mit anderen energet. vorteilhaften Umlagerungen, wie der McLafferty-Umlagerung von Ketonen, wird das Massenspektrum von *2-Äthyl-4-methoxycyclohexanon* untersucht. K.-H. Bielicki 428

0987 **Benzo[c]cinnolinderivate.** 4. Mitt. **Substituenteneffekte in den Massenspektren von substituierten Benzo[c]cinnolinen;** zugleich 24. Mitt. über **Elektronenstoßuntersuchungen.** J. H. Bowie, G. E. Lewis und J. A. Reiss. (Austral. J. Chem. 21 (1968) 5, 1233—45; Department of Organ. Chem., Univ. of Adelaide, Australien; engl.) — 3. vgl. ibid. 21 (1968) 1097 bzw. 23. vgl. C. 1968, 49/50-0772. — Die Massenspektren der Benzo[c]cinnoline: *unsubstituiert, 2-Methyl-, 4-Methyl-, 2-Chlor-, 4-Chlor-, 2-Amino-, 1-Dimethylamino-, 2-Dimethylamino-, 3-Dimethylamino-, 4-Dimethylamino-, 2-Diäthylamino-, 4-Diäthylamino-, 2-Methoxy-, 4-Methoxy-, 2-Äthoxy-, 4-Äthoxy-, 2-Carboxy-, 3-Carboxy-, 4-Carboxy-, 2-Methoxycarbonyl-, 3-Methoxycarbonyl-, 4-Methoxycarbonyl-, 2-Äthoxycarbonyl-, 4-Äthoxycarbonyl-, 4.7-Dimethyl-* u. *4.7-Dimethylbenzo[c]cinnolin-N-oxid* wurden erhalten. Die Massenspektren sind für analyt. Zwecke nützlich, da sie einen intensiven Molekülionenpeak zeigen u. die Fragmentierung im wesentlichen ohne Skelettumlagerungen verläuft. K.-H. Bielicki 428

0988 **Massenspektren von α-Diketonen.** 1. Mitt. **Nichtenolisierte α-Diketone;** zugleich 26. Mitt. über **Elektronenstoßuntersuchungen.** J. H. Bowie, R. G. Cooks, G. E. Gream und M. H. Laffer. (Austral. J. Chem. 21 (1968) 5, 1247—56; Dep. of Organ. Chem., Univ. of Adelaide, Australien; engl.) — 24. vgl. vorst. Referat. — Die von *Butan-2.3-dion, Octan-4.5-dion, 2.5-Dimethylhexan-3.4-dion, Decan-5.6-dion, 2.2.5.5-Tetramethylhexan-3.4-dion, Dodecan-6.7-dion, 2.2.5-Trimethylhexan-3.4-dion, Benzil, 1.2-Naphthochinon, 1.1.4.4-Tetramethylcyclopentan-2.3-dion, 1.1.4.4-Tetramethylcyclohexan-2.3-dion, 2.2.5.5-Tetramethyloxolan-3.4-dion, 1.1-Dimethylindan-2.3-dion, Campherchinon,* [2.4.6.2'.4'.6'-D_6]*-Benzil* u. [9-D_3]*-Campherchinon* erhaltenen Massenspektren u. die Fragmentierungsmechanismen werden untersucht. K.-H. Bielicki 428

0989 **Elektronenstoßuntersuchungen.** 28. Mitt. **Massenspektren von Sydnonen.** J. H. Bowie, R. A. Eade und J. C. Earl. (Austral. J. Chem. 21 (1968) 6, 1665—70; Dep. of Organ. Chem., Univ. of Adelaide, Australien; engl.) — 26. vgl. vorst. Referat. — Die Massenspektren von *3-Phenylsydnon, 3-Phenyl-4-methylsydnon, 3-Phenyl-4-chlorsydnon, 3-[p-Methoxyphenyl]-sydnon, 3-[p-Nitrophenyl]-sydnon, 3-[p-Carboxymethylphenyl]-sydnon, 3-Benzylsydnon, 3-[2-Naphthyl]-sydnon, 3-Cyclohexylsydnon* u. *3'.4'-Dihydrochinolino-[1'.2':3.4]-sydnon* werden angegeben. K.-H. Bielicki 428

0990 **Massenspektrometrische Untersuchung der Photoionisation.** 2. Mitt. **Massenspektren bei Verwendung der Resonanzlinien von Argon und Helium.** Itiro Omura und Hiroshi Doi. (Bull. chem. Soc. Japan 40 (1967) 5, 1090—94; Central Res. Labor., Hitachi Ltd., Kokubunji, Tokyo, Japan; engl.) — 1. vgl. C. 1969, 3-1794. — Die Massenspektren von *Propan, n-Butan, Propylen, Bzl.* u. *Isoamylacetat* bei Photoionisation der Verb. mit Resonanzlinien von Ar I (bei 1048 Å), He I (bei 584 Å) u. He II (bei 304 Å) werden untersucht u. mit Spektren verglichen, die bei Elektronenstoßanregung erhalten werden. J. Büttner 428

0991 **Massenspektrometrische Untersuchungen an Kondensationsprodukten von Aceton.** Hans Knof und Bernd Maiwald. (Z. Naturforsch. **23a** (1968) 2, 279–82; I. Inst. für Exp.-Phys., Univ. Hamburg; dt.) – Die positiv u. negativ geladenen Mol.-Komplexe oberhalb der Acetonmasse werden untersucht. J. Büttner 428

0992 **Chemische Ionisations-Massenspektrometrie.** 6. Mitt. **C_7H_8-Isomere, Toluol, Cycloheptatrien und Norbornadien.** F. H. Field. (J. Amer. chem. Soc. **89** (1967) 21, 5328–34; Esso Res. and Engng. Comp., Linden, N.J.; engl.) – 5. vgl. ibid. **89** (1967) 17, 4272. – Die Ionisations-Massenspektren obengenannter Verb. sowie von $D_{3(\alpha)}$-*Toluol* u. $D_{(7)}$-*Cycloheptatrien* werden untersucht. J. Büttner 428

0993 **Chemische Ionisations-Massenspektrometrie.** 7. Mitt. **Raktionen von Benzol-Ionen mit Benzol.** F. H. Field, Peter Hamlet und W. F. Libby. (J. Amer. chem. Soc. **89** (1967) 24, 6035–38; engl.) – 6. vgl. vorst. Referat. – Die Fragmentierungsmechanismen, auch bei Zusatz von Ne, Ar u. Xe werden untersucht. J. Büttner 428

0994 **Massenspektren einfacher exocyclischer und endocyclischer Olefine.** Thomas H. Kinstle und Ronald E. Stark. (J. org. Chemistry **32** (1967) 5, 1318–22; Ames, Ia., Ia. State Univ., Dep. of Chem.; engl.) – An Hand der Massenspektren von *1-Methylcyclohexen* (**I**), $D_{3(7.7.7)}$-**I**, $D_{3(2.6.6)}$-**I** u. $D_{2(4.4)}$-**I**, *Methylencyclohexan* (**II**), $D_{2(7.7)}$-**II** u. $D_{4(2.2.6.6)}$-**II** werden die Allyl-Isomerie, die D-Wanderung, das Gleichgew. zwischen endocycl. u. exocycl. Doppelbindungen u. die Fragmentierungsmechanismen untersucht. J. Büttner 428

0995 **Massenspektrometrische Daten von substituierten Acetylenen.** Roger E. Rondeau und Larry A. Harrah. (J. chem. Engng. Data **13** (1968) 1, 109–11; Air Force Mater. Lab., Wright-Patterson Air Force Base, O.; engl.) – Die Flugzeitmassenspektren folgender Alkine bei einer Stoßenergie von 30 eV werden untersucht: *Butin-(2) Pentin-(2), Hexin-(2)* u. *-(3), Octin-(2), -(3)* u. *-(4), Nonin (2), -(3)* u. *-(4), Decin-(2)* u. *-(3).* J. Büttner 428

0996 **Massenspektrometrie von einigen Polyphenylen.** E. J. Gallegos. (J. physic. Chem. **71** (1967) 6, 1647–51; Chevron Res. Comp., Richmond, Calif.; engl.) – Es werden *m-, p-* u. *o-Terphenyl, m-, p-* u. *o-Quaterphenyl, m-* u. *p-Quinquephenyl, p-Hexaphenyl* u. *m-Octaphenyl* untersucht. K.-H. Bielicki 428

0997 **Isotopeneffekte bei metastabilen Übergängen.** 2. Mitt. **$CH_3CD_2CH_3$ und $CD_3CH_2CD_3$.** Chava Lifshitz u. Moshe Shapiro. (J. chem. Physics **46** (1967) 12, 4912 bis 4920; Dep. of Phys. Chem., Hebrew Univ. of Jerusalem, Israel; engl.) – 1. vgl. ibid. **45** (1966) 4242. – Die metastabilen Übergänge in den Massenspektren der Verb. werden untersucht. J. Büttner 428

0998 **Wahrscheinliche Bildung von Kationen des Cyclobutadien-Typs bei der massenspektrometrischen Zersetzung von Pyridazinen und Tetrazinen.** Stephen J. Weininger und Edward R. Thornton. (J. Amer. chem. Soc. **89** (1967) 9, 2050–54; Philadelphia, Pa., Univ. of Pa., Dep. of Chem.; engl.) – Es werden *3.6-Dichlorpyridazin* [F. 69–70° (Hexan)], *s-Tetrazin* (Zers. bei 155–160°), *3.6-Dimethyl-s-tetrazin, 3.6-Dicyan-s-tetrazin* u. *3.6-Bis-[trifluormethyl]-s-tetrazin* [$C_4F_6N_4$, aus s-Tetrazindicarbonsäure-(3.6) u. SF_4 im Bombenrohr bei 75°] auf die Möglichkeit der Bldg. cyclobutadienförmiger Zwischenstufen bei der Ionisation durch Elektronenstoß untersucht. J. Büttner 428

0999 **Massenspektrometrie bei strukturellen und stereochemischen Problemen.** 118. Mitt. **Aliphatische Epoxide.** P. Brown, J. Kossanyi und Carl Djerassi. (Tetrahedron [London], Suppl. Nr. 8 (Part 1), 241–67, 1966; Dep. of Chem., Stanford Univ., Stanford, Calif.; engl.) – Es wurden die Massenspektren von 13 Epoxiden endständiger Alkene u. von 11 Epoxiden nichtendständiger Alkene beobachtet. Durch Kombination von hochauflösender Massenspektrometrie u. Deuteriummarkierung wurde eine Anzahl von Fragmentierungswegen nachgewiesen. Folgende Verb. wurden untersucht: *1.2-Epoxypentan, 1.2-Epoxyhexan, 1.2-Epoxyheptan, 1.2-Epoxy-5-methylhexan, 1.2-Epoxy-4-methylhexan, 1.2-Epoxy-3-methylhexan, 1.2-Epoxy-3.3-dimethylhexan, 1.2-Epoxy-4-methylpentan, 1.2-Epoxy-4.4-dimethylpentan, 1.2-Epoxy-5.5-dimethylhexan, 1.2-Epoxy-2.4-dimethylpentan, 1.2-Epoxy-2.3-dimethylpentan, 1.2-Epoxy-2-methylheptan, 2.3-Epoxy-4-methylpentan, 2.3-Epoxyheptan, 2.3-Epoxy-4.4-dimethylpentan, 2.3-Epoxy-2-methylpentan, 2.3-Epoxy-2.3-dimethylbutan, 2.3-Epoxy-2-methylhexan, 2.3-Epoxy-2.4-dimethylpentan, 3.4-Epoxyhexan, 3.4-Epoxyheptan, 3.4-Epoxy-5.5-dimethylhexan* u. *3.4-Epoxy-2.5-dimethylhexan, 3.3-Dimethylhexen, 5.5-Dimethylhexen,* $D_{2(3.4)}$-*Hexen-3,* $D_{2(5.5)}$ *Hexen-1* u. $D_{2(2.2)}$-*Hexen-1* wurden nach bekannten Verf. synthetisiert. – 119. vgl. C. **1969,** 12-0986. K.-H. Bielicki 428

1000 **Massenspektrometrische Untersuchung von Kohlenhydraten. Eine neue, durch Elektronenstoß induzierte Fragmentierungsreaktion – „h-rupture".** O. S. Chizhov, L. S. Golovkina und N. S. Wulfson. (Carbohydrate Research [Amsterdam] **6** (1968) 2, 138–42; Inst. for Chem. of Natural Prod., Acad. of Sci. of USSR, Moscow; engl.) – Bei folgenden Verb., die 1.3.6.8-Tetraoxabicyclo-[4.4.0]-decan-Ringsysteme enthalten: *1.3;2.4-Di-O-benzyliden-L-threit, 1.3;2.4-Di-O-benzyliden-xylit, 2.4;3.5-Di-O-benzyliden-D-mannit, 2.4;3.5-Di-O-benzyliden-D-sorbit, 1.3;2.4-Di-O-benzyliden-erythrit, 1.3;2.4-Di-O-benzylidenribit;* oder den Pyranosid-Ring enthalten: *2.3-Di-O-methyl-α-D-glucopyranosid, 2.3-Di-O-methyl-β-D-galactopyranosid, 2.3-Anhydro-α-D-allopyranosid, 2-O-Methyl-α-D-altropyranosid, α-D-Glucopyranosid* u. *β-D-Galactopyranosid* sowie *cis-* u. *trans-5-Hydroxy-2-phenyl-1.3-dioxan, cis-5-Deuteroxy-2-phenyl-1.3-dioxan, 5-Benzyloxy-2-phenyl-1.3-dioxan* u. *β-D-Glucopyranosylbenzol* konnte Bldg. von „Halbionen" bzw. „h-Ionen" beobachtet werden. K.-H. Bielicki 428

1001 **Massenspektrometrie von N-methylierten Peptidderivaten.** K. L. Agarwal, R. A. W. Johnstone, G. W. Kenner, D. S. Millington und R. C. Sheppard. (Nature [London] **219** (1968) 5153, 498–99; The Robert Robinson Labor., Univ of Liverpool; engl.) – An einem den Rest der Glutaminsäure enthaltenden Heptapeptidderivat *Ac-Glu-Glu-Ala-Glu-Ala-Tyr-Glu* (Ac = $CH_3 \cdot CO$) wird die massenspektrometr Peptidsequenzbest. gezeigt. K.-H. Bielicki 428

1002 **Massenspektrometrie und Stereochemie der pentacyclischen Oxindol-Alkaloide.** M. Shamma und K. F. Foley. (J. org. Chemistry **32** (1967) 12, 4141–43; Dep. of Chem., Pa. State Univ., University Park, Pa.; engl.) – Folgende Alkaloide werden untersucht: *Carapanaubin, Pteropodin, Isopteropodin, Rauniticin-allo-oxindol-A, Rauniticin-epiallo-oxindol-A* u. *-B, Rauvoxin, Rauvoxinin, Mitraphyllin, Isomitraphyllin, Formosanin* u. *Isoformosanin.* J. Büttner 428

1003 **Massenspektrometrische Untersuchungen von Chinolinalkaloiden.** 1. Mitt. **Einige 2-Alkyl-(Aryl)-4-chinolone.** J. Reisch, R. Pagnucco und N. Jantos. (Photochemistry **7** (1968) 6, 997–1003; Inst. of Pharm. Chem., Westfalian Wilhelms-University, Münster; engl.) – Es wurden die Massenspektren von *4-Chinolon* (*Kynurin*); *2-Methyl-, 2-n-Propyl-, 2-n-Hexyl-, 2-(4-Phenyl-n-butyl)-, 2-Phenyl-, 2-(2.3-Methylendioxyphenyl)-, 7-Methoxy-2-phenyl-* u. *2-Methoxycarbonyl-Kynurin* u. die Fragmentierungsschemata miteinander verglichen. K.-H. Bielicki 428

B–2. Strukturforschung

1004 **Untersuchung freier Elektronen von π-Molekülverbindungen.** J. C. A. Boeyens. (J. physic. Chem. **71** (1967) 9, 2969–74; Chem. Phys. Group of the Nat. Phys. and Chem. Res. Labor., Council for Sci. and Ind. Res., Pretoria, South Africa; engl.) – Es wird die Ladungsübertragung als Freier Elektronenmechanismus formuliert u. ein Modell zur Berechnung der Frequenzen der ersten zwei Absorptionsbanden von Ladungsübertragungskomplexen, bes. aus den Donatoren *Bzl., Naphthalin, Anthracen* u. *Tetracen* u. dem Akzeptor *Chloranil* angegeben. K.-H. Bielicki 432

1005 **Theoretische Untersuchung von stickstoffhaltigen Derivaten konjugierter alternierender Kohlenwasserstoffe.**

1. Mitt. **Halbempirische Bestimmung von Parametern.** G. Leroy, C. Aussems und F. Van Remoortere. (Bull. Soc. chim. belges **76** (1967) 11/12, 639–50; Univ. Cathol. de Louvain, Labor. de Chim. Quant., Kapeldreef, Egenhoven, Heverlee; franz.) — Charakterist. Parameter des N-Atoms in *Py.* wurden halbempir. mit der LCAO-MO-Meth. unter Berücksichtigung der Energie der 1. Singulett–Singulett-Übertragung u. von früher erhaltenen Ergebnissen für konjugierte KW-Stoffe bestimmt. J. J. Pohl 432

1006 **Untersuchung der Polarität der C—H-Bindung von Trihalogenomethanen durch IR-Spektroskopie.** Maurice Chalaye und Georges Lévi. (C. R. hebd. Séances Acad. Sci., Sér. A et B **265** (1967) 2, B 130—B 133; Labor. de Phys. expér. mol., Paris; franz.) — Die abs. Intensität A der ν (CH)-Absorption von *Trifluor-*, *Chlordifluor-*, *Dichlorfluor-*, *Trichlor-*, *Tribrom-* u. *Trijodmethan* wurde einerseits auf die Elektronegativität der Halogengruppe u. andererseits auf die Ladung σ des C-Atomes bezogen. U. Radlbeck 432

1007 **Molekülgeometrie und Elektronenstruktur von chlorsubstituierten trans- und cis-Stilben-Derivaten.** Giorgio Favini, Salvatore Trovato und Aldo Gamba. (Theoret. chim. Acta [Berlin] 7 (1967) 4, 305–312; Inst. of Phys. Chem., Univ. of Catania, Italy; engl.) — Es werden die geometr. Strukturen folgender Chlorstilbene mittels MO–LCAO-Berechnungen aus den UV-Absorptionsspektren in Lsg. bestimmt u. die Dipolmomente der Verb., deren Struktur kein Symmetriezentrum ausweist, berechnet: *trans-2-*, *trans-3-*, *trans-4-*, *trans-α-*, *cis-2-*, *cis-4-* u. *cis-α-Chlorstilben*, *trans-3.3'-*, *trans-4.4'-*, *trans-α.α'-* u. *cis-α.α'-Dichlorstilben.* K.-H. Bielicki 432

1008 **Wechselwirkung funktioneller Gruppen über π-Elektronensysteme. 8. Mitt. Die α.β-Difluorvinylengruppe als Überträger des Konjugationseffekts.** A. E. Luckij, E. M. Obuchova, S. A. Volčenok, L. M. Jagupol'skij und Ju. A. Fialkov. (Teoret. ėksper. Chim. **3** (1967) 2, 160–64; Charkovskij polytechn. inst.; russ.) — 7. vgl. Ž. fiz. Chim. **42** (1968) 8, 1871. — Von nachst. Verb. werden die Dipolmomente gemessen u. die Beziehung zwischen UV-Spektrum u. Konst. untersucht: Perfluorpropylene: *1-Phenyl-*, *1-[p-Aminophenyl]-*, *1-[p-Nitrophenyl]-*; α.β-Difluor-trans-stilbene: *unsubstituiert*, *p.p'-Dimethyl-*, *p.p'-Bis-[trifluormethyl]-*, *p.p'-Dibrom-*, *p.p'-Dimethoxy-* u. *p.p'-Dimethyl-*. V. Burjan 432△

1009 **Über die Struktur des $(C_4H_4O)^+$-Ions bei elektronenstoßinduzierter Fragmentierung von 2-Pyron.** Peter Brown und Mark M. Green. (J. org. Chemistry **32** (1967) 5, 1681–82; Stanford, Calif., Stanford Univ., Dep. of Chem.; engl.) — Entgegen früheren Arbeiten (Pirkle, ibid. **87** (1965) 3022) zeigen die Vf., daß bei elektronenstoßinduzierter Decarbonilierung von 2-Pyron das als Zwischenstufe auftretende $(C_4H_4O)^+$-Ion Furan-Struktur haben kann. J. Büttner 432

1010 **LCAO–SCF-Berechnungen der Energieniveaus der π-Elektronen von Dimethylglyoxim.** Mario Bossa und Giorgio Morpurgo. (Ricerca sci. **37** (1967) 12, 1131–36; Ist. di Chim. Gen. ed Inorg., Univ. di Roma; engl.) — Die Berechnungen wurden für das *cis-* u. *trans-Konformere* der Titelverb. (I) durchgeführt. Die experimentellen Spektren entsprechen trans-I. Ein Modell zur Erklärung der beiden höheren Übergänge des *Cu–I₂-Komplexes* wird vorgeschlagen. J. Richter 432

1011 **Elektronenstruktur von Lumazinen und Isoalloxazinen.** J. Lawrence Fox, Stephen P. Laberge, Kichisuke Nishimoto und Leslie S. Forster. (Biochim. biophysica Acta [Amsterdam] **136** (1967) 3, 544 bis 550; Dep. of Chem., Univ. of Ariz., Tucson, Ariz.; engl.) — Nach der SCF-Meth. werden Elektronenstrukturdaten von *Uracil*, zwei isomeren Formen von *Luminazin*, ox. u. red. *Isoalloxazin* angegeben. K. Maier 432

1012 **MO-Berechnung bevorzugter Konformationen von Acetylcholin, L-(+)-Muscarin und D-(−)-Muscaron.** Lemont B. Kier. (Molecular Pharmacol. 3 (1967) 5, 487–94; Battelle Mem. Inst., Biochem. Div., Columbus, O.; engl.) K. Maier 432

1013 **Stereochemische Untersuchungen organischer Verbindungen von Elementen der 5. Reihe des Periodensystems.** L. Horner. (Helv. chim. Acta **1967**, Sonderh. Alfred Werner, 93–116; II. Ordinariat, Organ.-chem. Inst. der Univ. Mainz; dt.) — Ein geschichtlicher Überblick. Ein Festvortrag zum 100. Geburtstag Alfred Werners. A. Kiskéri Bocz 434

1014 **Untersuchung der Rotationsisomeren von 1.3-Dichlorpropan durch Schwingungsspektren.** Shinnosuke Saëki und Harutoshi Takeo. (Rep. Government chem. ind. Res. Inst., Tokyo **62** (1967) 11, 405–410; Tokyo; Tokyo ind. Labor.; jap., Auszug: engl.) — Untersucht wurde die Titelverb. durch IR- u. Raman-Spektren. In Übereinstimmung mit früheren Arbeiten ist die gauche-gauche-Konform. die stabilste Form im festen Zustand. H.-S. Park 434

1015 **Intramolekulare Konformationsisomerie der Cyclohexanringe im kristallinen 2.3-Bis-[cis-4-chlor-1-methylcyclohexyl]-trans-buten-(2).** D. Mootz und E. Mootz. (Angew. Chem. **79** (1967) 9, 408; dt.; int. Edit.; engl.; Inst. für Mol. Biologie, Biochem. u. Biophys., Stöckheim). — Durch Röntgenstrukturunters. wird nachgewiesen, daß die beiden Cyclohexanringe in der Verb. [F. 97–98° (PAe.); triklin] in der Sesselform vorliegen. Aus den Elektronendichteverteilungen geht jedoch hervor, daß in einem Ring das Cl-Atom äquatorial u. die CH_3-Gruppe axial angeordnet sind, während die Verhältnisse im anderen Ring umgekehrt sind. G. O. Jäger 434△

1016 **Spektroskopische Untersuchung der Rotationsisomerie der 2-Halogenbutane in der Gasphase.** A. I. Karelin, Ju. A. Pentin und O. D. Ul'janova. (Ž. fiz. Chim. **41** (1967) 10, 2681–88; Mosk. gos. univ. im. Lomonosova, Chim. fakul.; russ.) — Es wurden die IR-Absorptionsspektren von *2-Chlor-* u. *2-Brombutan* gemessen u. daraus die Energiedifferenzen ihrer Rotationsisomeren u. deren Molenbrüche bestimmt. V. Burjan 434△

1017 **Bestimmung der Energiedifferenz der Konformationen des gasförmigen trans-1.2-Dibromcyclohexans nach der Methode der verdünnten Lösungen.** O. D. Ul'janova und Ju. A. Pentin. (Ž. fiz. Chim. **41** (1967) 10, 2675 bis 2680; Mosk. gos. univ. im. Lomonosova, Chim. fak.; russ.) — Die Energiedifferenz der Rotationsisomeren (R) der Titelverb. (F. −5°, $Kp._8$ 85–90°) wird IR-spektroskop. durch Messungen der verd. Lsg. in verschiedenen Lsg. bestimmt. Aus der Best. des Dipolmoments werden die Molenbrüche der R bestimmt. V. Burjan 434△

1018 **2.3-Diphenyl-1.4-dioxan-Isomere.** R. K. Summerbell, Bernadine S. Sokolski, J. Philip Bays, David J. Godfrey und Allen S. Hussey. (J. org. Chemistry **32** (1967) 4, 946–48; Dep. of Chem., Northwestern Univ., Evanston, Ill.; engl.) — Trans-2.3-Dichlor-1.4-dioxan (I) liefert bei der Rk. mit 4-Brom- (II) bzw. 4-Chlorphenylmagnesiumbromid neben polymeren Prod. (p-Halogen-p-polyphenyle?) *2.3-Bis-[4-bromphenyl]-* (**III**, F. 169–170°) bzw. *2.3-Bis-[4-chlorphenyl]-1.4-dioxan* (**IV**, F. 149,5–150°), die durch Einw. von Mg u. nachfolgende Rk. mit CO_2 in *racem. 2.3-Bis-[4-carboxyphenyl]-1.4-dioxan* (**V**, F. 305–306°) übergeführt werden. Durch Auftrennung des racem. **V** über die *Brucinsalze* in die opt. Antipoden können Vf. zeigen, daß dem in einer ähnlichen Rk.-Folge aus **III** bzw. **IV** dargestellten *2.3-Diphenyl-1.4-dioxan* die trans-Konfig. zukommt. Die Konstit. von **III** bzw. **IV** sind durch die Umwandlung in *4.4'-Dibrom-* bzw. *4.4'-Dichlorbenzil* bei der Einw. von Br_2 in sd. CCl_4 sichergestellt. G. O. Jäger 434△

1019 **Nucleoside. 41. Mitt. Konformation von 1.3.4-Tri-O-benzoyl-2-desoxy-2-fluor-β-D-ribose und 1.3.4-Tri-O-benzoyl-2-desoxy-α-(und β)-D-erythro-pentose.** R. J. Cushley, J. F. Codington und J. J. Fox. (Carbohydrate Res. [Amsterdam] **5** (1967) 1, 31–35; New York, N.Y., Sloan-Kettering Div. of Cornell Univ. Med. Coll., Inst. for Cancer Res.; engl.) — 40. vgl. ibid. **1** (1966) 455; 44. vgl. C. **1968**, 58-0109. — An Hand der H-NMR-Spektren werden die Konform. der Verb. festgelegt. B. I. 434△

1020 **Einfluß von elektrischen Feldern auf die Molekülorientierung in para-Azoxyanisol-Flüssigkristallen.** Roger P. Twitchell und E. F. Carr. (J. chem. Physics **46** (1967) 7, 2765–68; Dep. of Phys., Univ. of Me., Orono, Me.; engl.) K.-H. Bielicki 436

1021 **Radiolumineszenz und Kristallinität einer organischen Substanz.** V. G. Nikol'skij. (Doklady Akad. Nauk SSSR **176** (1967) 1, 132–34; Inst. chim. fiz. AN SSSR; russ.) — Von auf 77 °K abgekühlten u. dann mit Elektronen (1,6 MeV) bestrahlten Proben von *Toluol, Äthylbenzol, Tetralin, Vinylacetat* u. *1.1-Dicyclohexyldodecan* werden beim Erwärmen mit Hilfe der Thermolumineszenzspektren der Kristallisationsgrad u. die Homogenität der Verb. untersucht. V. Burjan 438△

1022 **Kristall- und Molekularstruktur von Cyclotetratriakontan** $[CH_2]_{34}$. H. F. Kay und B. A. Newman. (Acta crystallogr. [Copenhagen], Sect. B **24** (1968) 5, 615–24; Bristol, Univ., H. H. Wills Phys. Labor.; engl.) C. Gottfried 438△

1023 **Tetrachlorkohlenstoff. Plastische Eigenschaften.** Laird C. Towle. (Science [Washington] **159** (1968) 3815, 629–31; Washington, D.C., Naval Res. Labor.; engl.) — Die Schubfestigkeit von festem CCl_4 wird bei **187** bis **247** °K untersucht. Beim Phasenumwandlungspunkt (fest–fest 225 °K) tritt Diskontinuität auf, u. eine Hysteresis wird festgestellt. Mit fallender Temp. nimmt in beiden Phasen die Schubfestigkeit zu. B. I. 438△

1024 **Kristall- und Molekularstruktur von N.N.N'.N'-Tetramethyl-p-diaminobenzol-Chloranil, TMPD-Chloranil.** J. L. de Boer und Aafje Vos. (Acta crystallogr. [Copenhagen], Sect. B **24** (1968) 5, 720–25; Groningen, Rijksuniv., Labor. voor Strukturchem.; engl.) — Die Krist.-Strukturbest. ergibt, daß die Verb. hauptsächlich als Mol.-Komplex vorliegt. C. Gottfried 438△

1025 **Kristallstruktur des 2 : 1-Acetonitril–Brom-Molekülkomplexes.** K.-M. Marstokk und K. O. Strømme. (Acta crystallogr. [Copenhagen], Sect. B **24** (1968) 5, 713 bis 720; Oslo, Univ., Dep. of Chem.; engl.) — Die Krist.-Struktur wurde röntgenograph. bei —70° bestimmt. C. Gottfried 438△

1026 **Kristallstruktur von Tetracyanthiophen.** Virginia Rychnovsky und Doyle Britton. (Acta crystallogr. [Copenhagen], Sect. B **24** (1968) 5, 725–30; Minneapolis, Minn., Univ. of Minn., Dep. of Chem.; engl.) C. Gottfried 438△

1027 **Kristallstruktur von Dihydrofumarsäuredihydrat.** M. P. Gupta und N. P. Gupta. (Acta crystallogr. [Copenhagen], Sect. B **24** (1968) 5, 631–36; Ranchi, India, Ranchi Univ., Dep. of Phys.; engl.) C. Gottfried 438△

1028 **IR-Identifikation von Barbituraten hinsichtlich des Auftretens von Polymorphie.** R. J. Mesley und R. L. Clements. (J. Pharmacy Pharmacol. **20** (1968) 5, 341 bis 347; Labor. of Government chemist, Corwall House, London; engl.) — Diskutiert werden die Barbitone: *unsubstituiert, Amylo-, Buto-, Cyclo-, Methylpheno-, Neal-, Pento-, Pheno-, Quinal-, Thial-*; sowie *Methohexiton* u. *Thiopenton.* D. Schmitt 438

1029 **Polymorphie bei Lecithinen.** Vittorio Luzzati, T. Gulik-Krzywicki und A. Tardieu. (Nature [London] **218** (1968) 5146, 1031–34; Centre de Génétique Moléculaire, CNRS, Gif-sur-Yvette; engl.) — Vf. beschreiben die Struktur der Phasen aus Lecithin–W.-Syst. mit geringem W.-Geh. bei hohen Temperaturen. Einige Phasen gehören einer kürzlich an divalenten wasserfreien Kation-Seifen neu entdeckten Klasse von Strukturen an. Als Lecithine wurden *Ei-* u. *Dipalmitoyl-Lecithin* benutzt. U. Feist 438

1030 **Kristall- und Molekularstruktur von Bigeranyltetrahydrochlorid. Die trikline Modifikation.** Frode Mo und Harald Sørum. (Acta crystallogr. [Copenhagen], Sect. B **24** (1968) 5, 605–15; Trondheim, Techn. Univ. of Norway, Inst. of X-ray Crist.; engl.) — Vf. untersuchten die Struktur der stabilen triklinen Form von Bigeranyltetrahydrochlorid, (*2.6.11.15-Tetrachlor-2.6.11.15-tetramethylhexadecan*, $C_{20}H_{38}Cl_4$, F. 110°). C. Gottfried 438△

1031 **Elektronenspinresonanz von Radikalpaaren in röntgenbestrahlten Einkristallen des Clathrat-Komplexes von Hydrochinon mit Acetonitril.** Hiroji Ohigashi und Yukio Kurita. (Bull. chem. Soc. Japan **40** (1967) 3, 704, Basic Res. Labor., Toyo Rayon Co., Ltd., Tebiro, Kamakura-shi; engl.) — Es wird der paarweise Einfang von Phenoxyradikalen in röntgenbestrahlten Krist. des Clathrat-Komplexes von Hydrochinon mit Acetonitril bei 77 °K untersucht. Das ESR-Spektrum zeigt drei Dubletts, die gleichen Radikalpaaren mit unterschiedlicher Orientierung zugeschrieben werden. K. H. Bielicki 439

1032 **1-Methyl-2.3.4-trimethylencyclobutenidion.** D. Seebach und B. Graf. (Angew. Chem. **80** (1968) 13, 532 bis 533, dt.; int. Edit. 7 (1968) 7, 538–39; engl.) — *Li-1-Methyl-2.3.4-trimethylencyclobutenid* (**I**) (in Substanz mit 2 THF isoliert), *Li-1.3-Dimethyl-2.4-dimethylencyclobutenid* u. *Li-1-Äthyl-2.3.4-trimethylencyclobutenid* (**II**) wurden aus 1.2-Dimethyl-3.4-dimethylen- bzw. 1.2.3-Trimethyl-4-methylen- bzw. 1-Äthyl-2-methyl-3.4-dimethylencyclobuten mit Butyl-Li erhalten u. ihre NMR-Spektren hinsichtlich Struktur u. Rotationsbarriere der CH_2-Gruppen untersucht. Aus **II** wurde mit CH_3J *1.2-Diäthyl-3.4-dimethylencyclobuten* ($Kp._{25}$ 71–74°; 60% Ausb.) dargestellt. Aus **I** wurden folgende 2-Methyl-3.4-dimethylencyclobutene erhalten: *1-Trimethylsilylmethyl* ($Kp._{18}$ 90–92; 80%), *1-[γ-Hydroxypropyl]-* ($Kp._{0,1}$ 63 bis 64°; 40%), *1-[2-Methyl-2-hydroxypropyl-* ($Kp._{0,08}$ 50°; 20%) u. *1-Methylmercaptomethyl-* ($Kp._2$ 62–64°; 30%). Autorreferat 439△

B-4. Phasengleichgewichte, chemische Gleichgewichte und ihre Energetik

1033 **Dampf–Flüssigkeit-Gleichgewicht bei hohen Temperaturen. Fugazitätskoeffizienten der Dampfphase in nichtpolaren und Quanten-Gasgemischen.** P. L. Chueh und J. M. Prausnitz. (Ind. Engng. Chem., Fundamentals **6** (1967) 4, 492–98; Dep. of Chem. Engng., Univ. of Calif., Berkeley, Calif.; engl.) — Die nach der Redlich-Kwong-Gleichung ber. Fugazitätskoeff. der Dampfphase sind mit Vers.-Ergebnissen in ausgezeichneter Übereinstimmung, wenn die Redlichsche Mischungsregel mit einer Konst. der bin. Wechselwrkg. modifiziert wird. Die Konst. für 115 Syst. u. a. mit Beteiligung von KW-Stoffen, H_2, Ne u. He sind angegeben. Notwendige Quantenkorrekturen für die Gase wurden berücksichtigt. Die Berechnungen wurden mit Hilfe eines Computers ausgeführt u. können bei der Beurteilung von Fl.–Dampf-Gleichgew. bei hohen Drücken verwendet werden. J. J. Pohl 454

1034 **Ternäre wäßrige Systeme.** Alfred W. Francis. (Chem. Engng. Sci. **22** (1967) 4, 627–31; Mobil Oil Corp. Paulsboro, N.J.; engl.) — Die Diagramme der tern. wss. Syst. bei 25° (falls nicht anders angegeben): *W.–Acetaldehyd-1-Methylnaphthalin* (20°), *W.–Acetonitril–KSCN*, *W.–n-Propanol–CS$_2$*, *W.–Butylamin–Chlorbenzol*, W.–*CHCl$_2$COOH*–Chlorbenzol, 36%ig. *NH$_4$OH* oder 36%ig. NH_4NO_3–*CuCl–Äthanolamin*, W.–CuCl–Äthanolamin, W.–*Dioxan–Pentan*, W.–Dioxan–*Penten-(1)*, W.–*Ameisensäure–Äthylacetat*, W.–*HCl*–Äthylacetat, W.–*Isobuttersäure*–Äthylacetat (22°), W.–*Äthylencarbonat–Schmieröl*, W.–Äthylencarbonat–*Bzl.*, W.–*Äthylenoxid*–Bzl., 26%ig. *NaCl*–Äthylenoxid–Bzl. (17°), W.–Äthylenoxid–*Octan*, W.–*HBr–Brom*, W.–*Furfural-4-Methylpentanon-(2)*, 80%ig. *H$_2$SO$_4$–SO$_2$*–CS_2, W.–HBr–*Dibutyläther* (0°), W.–HBr–*Dioxan*, W.–HBr–*Ae.*, W.–*Isopropanol–Isopropylchlorid*, W.–HCl–*Harnstoff*, W.–HCl–Ae., W.–*Methoxyäthanol*–Harnstoff, W.–*Propionsäure-2-Methylbuten-(2)*, W.–*Py.*–Schmieröl, W.–*AgNO$_3$–Buten-(2)*, W.–$AgNO_3$–*Cu(NO$_3$)$_2$*, W.–$AgNO_3$–*Äthylen* (9°), W.–$AgNO_3$–*Styrol*, W.–$AgNO_3$–70% *C$_3$H$_6$* + 30% *Propan* oder *Hexan*, W. + 50% *Formamid*–Harnstoff–*Octan* oder *n-Hexadecan*, W.–50% *Phenol* + 50% *Kresol–Gasolin* (30°), W.–33% Phenol + 67% Kresol–Gasolin (30°), *Propen*–89%ig. $CCl_3 \cdot COOH$–Propan, W.–Phenol–Isobuttersäure (22°), W.–Phenol–CCl_3OCOH sind abgebildet. Die Affinität von $AgNO_3$ gegen Olefine geht in Ggw. von $Cu(NO_3)_2$ verloren. J. J. Pohl 454

1035 **Verdampfungsgleichgewichte binärer Systeme mit Dimethylsulfoxid als Mischkomponente.** K. Quitzsch, H. Ulbrecht und G. Geiseler. (Z. physikal. Chem. [Leipzig] **234** (1967) 1/2, 33—43; Physikal.-Chem. Inst. der Karl-Marx-Univ. Leipzig; dt.) — Unter stat. Bedingungen werden die Gesamtdampfdrücke der bin. fl. Syst. *Methanol/Dimethylsulfoxid* (I), *Dioxan*/I u. *Tetrachlormethan*/I in geschlossenem Molenbruchbereich bei 20 u. 40° gemessen u. über die numer. Integration der Duhem-Margules-Gleichung die Partialdampfdrücke, die Aktivitätskoeff. u. die molaren Gibbsschen Zusatzenthalpien ΔG^{E} ermittelt. Waldemar Köhler 454

1036 **Bestimmung der Fest–flüssig-Löslichkeit durch variable Heizgeschwindigkeiten.** E. L. Heric. (J. chem. Engng. Data **12** (1967) 1, 71—73; Dep. of Chem., Univ. of Georgia, Athens, Ga.; engl.) — Es wurden die Grenzsättigungstemp. von *m-Terphenyl, Biphenyl* u. *p-Terphenyl* in Bzl. bestimmt, indem die Sättigungstemp. bei verschiedenen Heizgeschw. gemessen wurden. B. Götschel 454

1037 **Phasengleichgewichte in Lösungen von flüssigem Schwefel. 2. Mitt. Experimentelle Untersuchungen in zehn Lösungsmitteln: Schwefelkohlenstoff, Tetrachlorkohlenstoff, Benzol, Toluol, o-Xylol, Naphthalin, Biphenyl, Triphenylmethan, cis-Dekalin und trans-Dekalin.** John A. Larkin, Jeffrey Katz und Robert L. Scott. (J. physic. Chem. **71** (1967) 2, 352—58; Los Angeles, Calif., Univ., Dep. of Chem.; engl.) — 1. vgl. C. **1965**, 28-0359. — Die Fl.–fl.-Phasendiagramme u. krit. Polymerisationslinien (aus Viskositätsmessungen) werden für Lsg. von S in den oben genannten Lsgm. bestimmt. In 6 Lsg. werden eine obere u. untere krit. Lsg.-Temp. gefunden: Bzl. (163°, 230°); Toluol (180°, 221°); o-Xylol (164°, 221°); Biphenyl (108°, 221°); Triphenylmethan (151°, 198°); cis-Dekalin (160°, 212°). B. I. 454△

1038 **Tau- und Blasenpunkte von simulierten Naturgasen.** Mario H. Gonzalez und Anthony L. Lee. (J. chem. Engng. Data **13** (1968) 2, 172—76; Inst. of Gas Technol., Chicago, Ill.; engl.) — Von 10 Proben simulierter Naturgase werden Tau- u. Blasenpunkte sowie die Dichten der gesätt. Phasen angegeben, um den Einfl. von He auf das Phasenverh. natürlicher Gase zu kennzeichnen. Die Gasmischungen bestanden aus N_2, *Methan, Äthan, Propan, n-Butan, n-Pentan, Hexan* u. *Heptan.* U. Feist 454

1039 **Dampfdrücke isotoper Methane. Nachweis der gehindertern Rotation.** J. Bigeleisen, C. B. Cragg und M. Jeevanandam. (J. chem. Physics **47** (1967) 11, 4335 bis 4346; Upton, Long Island, N.Y., Brookhaven Nat. Labor., Chem. Dep.; engl.) — Die Trennfaktoren fl.–gasf. von CH_3T u. $^{14}CH_4$ gegenüber $^{12}CH_4$ werden im Temp.-Bereich 90—120 °K durch Säulendest.-Technik bestimmt. u aus den Trennfaktoren die Verhältnisse der red. Zustandsfunktionen berechnet. Durch Vgl. der T^{-2}-Abhängigkeit dieser Verhältnisse von Mol. mit gleichem Mol.-Gew., aber verschiedenem Trägheitsmoment ergibt sich, daß die Rotation des CH_4 in festem u. fl. Zustand gehemmt ist. B. I. 454△

1040 **Solubilisierung von Kohlenwasserstoffen in wäßrigen Lösungen nichtionogener Tenside.** H. Saito und K. Shinoda. (J. Colloid Interface Sci. **24** (1967) 1, 10—15; Dep. of Chem., Yokohama Nat. Univ., Ookamachi, Minamiku, Yokohama; engl.) — Die Solubilisierung von *Cyclohexan, n-Heptan, Bzl., Äthylbenzol, m-Xylol* u. *Perchloräthylen* in wss. Lsg. von *Polyoxyäthylen-Alkylphenyläthern* wurde untersucht. Als Vers.-Parameter dienen die Temp., die Art u. Größe der Solubilisate sowie die Zahl der Äthoxygruppen bzw. die Länge der Alkylkette der Tenside. K. Strenge 454

1041 **Flüssigkeit–Flüssigkeit-Gleichgewicht in den Systemen Kohlenwasserstoffe–höhere Fettalkohole–Glykole.** 2. Mitt. M. V. Aleksandrova, T. G. Pavlenko, L. A. Serafimov und S. V. L'vov. (Izvest. vysšich učebnych Zavedenij [Ivanovo], Chim. i chim. Technol. **10** (1967) 5, 559—62; Mosk. inst. tonkoj chim. technol. im. Lomonosova; russ.) — 1. vgl. ibid. **10** (1967) 331. — Vf. untersuchen die gegenseitige Löslichkeit u. das Phasengleichgew. in nachst. Syst.: *n-Dodecylalkohol* (I)–*n-Decan* (II)–*Triäthylenglykol* (III); I–*n-Hexadecan* (IV)–III; *n-Hexadecylalkohol*–IV–III. Als Diagramm werden zum Vgl. die Verteilungskoeff. der genannten Syst. u. von *n-Octanol, n-Nonanol, n-Decanol* u. I in II-*Diäthylenglykol* angeführt. J. Eliassaf 454

1042 **Flüssigkeit–Dampf-Gleichgewicht des Systems Triäthylamin–Wasser.** Ranieri Cigna und Giuseppe Liuzzo. (Ann. Chimica **57** (1967) 1, 38—46; Roma; Univ., Ist. di Chim. appl. e ind.; ital.) U. Meisl 454

1043 **Kinetik und Mechanismus der Extraktion von 8-Hydroxychinolin aus wäßriger Lösung mit Chloroform.** V. A. Bodnja und I. P. Alimarin. (Vestnik Moskovskogo Univ., Ser. II **22** (1967) 1, 57—62; Kafedra analit. chimii; russ.) J. Eliassaf 454

1044 **Potentiometrische Untersuchungen der Solubilisierung in nichtionischen mizellaren Lösungen. 2. Mitt. Solubilisierung von Benzoesäure und der Hydroxybenzoesäuren und Lokalisation des gelösten Stoffes.** M. Donbrow, P. Molyneux und C. T. Thodes. (J. chem. Soc. [London], Sect. A **1967, 4,** 561—65; School of Pharm., Hebrew Univ. of Jerusalem; engl.) — 1. vgl. C. **1967,** 31-0860. — Die sorgfältigen Unters. über die Solubilisierung von *Benzoesäure* in wss. Lsg. verschiedener Polyoxyäthylenglykolmonoalkyläther wurden auf *o-, m-* u. *p-Hydroxobenzoesäure* in den gleichen Syst. ausgedehnt u. bez. des Lsg.-Mechanismus diskutiert. G. Praßler 454

1045 **Ternäre Systeme von Essigsäure, Aceton oder Anilin.** Alfred W. Francis. (Chem. Engng. Sci. **22** (1967) **4,** 707—10; Mobil Chem. Co. Metuchen, N.J.; engl.) — Die Syst. sind bei 25° untersucht worden, falls nicht anders angegeben: *W.–Essigsäure* (I)–*Acetanhydrid*, W.–I–*Octadecan, Decan* oder *Octan*, W.–I–*Harnstoff, Propylen*–70 %ig. I–*Propan*, Propylen–85,5 %ig. I–Propan, Acetanhydrid–I–CS_2, Acetanhydrid–I–*Cyclohexan*, Acetanhydrid–I–*Heptan*, *m-Kresol*–I–Heptan, *1-Methylnaphthalin*–I–*n-Tetradecan*, 1-Methylnaphthalin–I–*Paraffinöl, Py.*–I–*Hexan*, Harnstoff–I–*Bzl.*, W.–*Aceton* (II)–CS_2, W.–II–$CH_3C{\equiv}CH$, W.–II–$NaNO_3$ (42°), W.–II–Harnstoff, *Anilin* (III)–II–*Glycerin*, *Formamid*–II–*n-Hexadecan*, Glycerin–II–*n-Tetradecan* (50 u. 22°), Glycerin–II–n-Hexadecan, *Maleinsäureanhydrid*–II–Propan, 1-Methylnaphthalin–II–n-Tetradecan (0°), 1-Methylnaphthalin–II–n-Hexadecan, 1-Methylnaphthalin–II–Paraffinöl, *Salicylsäure*–II–*aromat. Öl*, Bzl.–II–Heptan, W.–III–Propan, 36 %ig. *HCl*–III–Propan, 36 %ig. HCl–III–Propylen, Bzl.–III–Heptan, *tert. Butylchlorid*–III–Heptan, *Äthan*–III–*Schmieröl*, Formamid–III–Propylen, 1-Methylnaphthalin–III–n-Tetradecan, *Perfluor-n-heptan*–III–Heptan, *Tetralin*–III–*Decalin*, *Thiophen*–III–*Hexan*, *Triptan*–III–Heptan oder *2.4-Dimethylpentan*, *Toluol*–III–Heptan, *Bernsteinsäurenitril*–III–*Toluol* u. *Xylol*–III–*Gasolin* (30°). J. J. Pohl 454

1046 **Osmotische Koeffizienten wäßriger Lösungen von Tri-n-alkylsulfoniumhalogeniden bei 25°.** Siegfried Lindenbaum. (J. physic. Chem. **72** (1968) 1, 212—15; Oak Ridge, Tenn., Oak Ridge Nat. Labor., Chem. Div.; engl.) — Die osmot. Koeff. wss. Lsg. von *Trimethyl-* u. *Tri-n-butylsulfoniumchlorid*, *-bromid*, *-jodid* u. *Tri-n-propylsulfoniumjodid* werden bestimmt u. mit Tetraalkylammoniumsalzen verglichen. Die Lsg.-Eig. der Kationen sowie Ionenpaar- u. Mizell-Bldg. werden diskutiert. B. I. 454△

1047 **Adsorption von Mischungen organischer Stoffe aus wäßriger Lösung an Aktivkohle.** A. M. Koganovskij und T. M. Levčenko. (Ukrainskij chim. Ž. **33** (1967) 7, 672—75; Inst. obščej i neorg. chimii AN USSR; russ.) — Die Adsorption nachst. Gemische: *m-Nitroanilin* mit *β-Naphthylamin, Phenol* mit *β-Naphthol* u. *Phthal-* mit *Maleinsäure* aus wss. Lsg. an KAD-Kohle unter dynam. Bedingungen wurde gemessen. J. Eliassaf 456

1048 **Abhängigkeit der Adsorption von n-Pentan durch Zeolith vom Typ NaX vom Gasdruck und der Temperatur.** L. G. Garkavenko, O. M. Džigit, A. V. Kiselev, K. N. Mikos und G. G. Muttik. (Ž. fiz. Chim. **41** (1967) 1, 244—51; Mosk. univ. im. Lomonosova, Chim. fak.; russ.) J. Eliassaf 456

1049 **Einfluß des Grades des Kationenaustausches in Zeolithen vom Typ Y auf die Adsorptionswärme von Benzol und Cyclohexan.** A. L. Kljačko-Gurvič, A. T. Chudiev, Ja. I. Isakov und A. M. Rubinštejn. (Izvest. Akad. Nauk SSSR, Ser. chim. **1967**, 6, 1355–58; Inst. org. chimii im. Zelinskogo AN SSSR; russ.) — Die Adsorptionswärmen der Titelverb. wurden bei 30° in Abhängigkeit vom Austauschgrad von Na^+ gegen Ca^{2+} gemessen. J. Eliassaf 456

1050 **Adsorptionswärme von Benzol und Hexan an Alumosilikatkatalysatoren.** A. A. Isirikjan, A. A. Spožakina, I. F. Moskovskaja und K. V. Topčieva. (Vestnik Moskovskogo Univ., Ser. II 22 (1967) 2, 9–13; Kafedra fiz. chimii; russ.) — Außerdem wird die Adsorptionsentropie aus der Adsorptionswärme berechnet. J. Eliassaf 456

1051 **Untersuchungen über die Beziehungen zwischen Temperatur und Grenzflächenspannung einiger 1-Alkene gegen Wasser.** Joseph J. Jasper und Judith Coloma Duncan. (J. chem. Engng. Data 12 (1967) 2, 257–59; Wayne State Univ., Detroit, Mich.; engl.) — Die Grenzflächenspannung von *Tridecen-(1)*, *Tetradecen-(1)*, *Pentadecen-(1)* u. *Hexadecen-(1)* gegen W. wird bei 25, 35, 45, 55 u. 65° bestimmt u. die gefundene Beziehung zwischen Grenzflächenspannung u. Temp. durch Gleichungen ausgedrückt. Die Entropie u. die latente Wärme des Grenzflächenbereichs steigen mit der Temperatur. — Tabellen. W. Wesly 456

1052 **Adsorptionswärme und -entropie von Kohlenwasserstoffen an verschiedenen Ionenaustauschformen synthetischer Fožasite (Zeolithe vom X-Typ).** A. M. Eremenko, A. N. Korol', M. A. Piontkovskaja und I. E. Nejmark. (Ukrainskij chim. Ž. **33** (1967) 5, 453–58; Inst. fiz. chimii im. Pisarževskogo AN Ukr. SSR; russ.) — Aus gaschromatograph. Daten werden die Adsorptionswärmen u. -entropien von Bzl., n-Hexan, Cyclohexan u. Methylcyclohexan an NaX-, NaCaX-, NaCoX-, NaCoX- u. NaNiX-Zeolithen ber. u. der Einfl. des Kationenaustauschs auf die Adsorption untersucht. J. Eliassaf 456

1053 **Untersuchung der Eigenschaften von Organosiliciumadsorbentien mit Hilfe der Gaschromatographie. Methylpolysiloxanadsorbens und seine Modifizierung.** A. N. Korol' und I. B. Slinjakova. (Ukrainskij chim. Ž. **33** (1967) 9, 892–97; Inst. fiz. chimii im. Pisarževskogo AN Ukr. SSR; russ.) — Vf. untersuchen die Adsorption von *Pentan*, *Bzl.*, *Dichloräthan*, *Aceton*, *Methyläthylketon*, *Butyraldehyd*, *Butyronitril* u. *Methanol* vor u. nach der Behandlung des Adsorbens mit *Trimethylchlorsilan*. J. Eliassaf 456

1054 **Sorption von Glycin an einem starken Anionen-Austauscherharz.** James L. Haynes. (Surface Sci. [Amsterdam] **10** (1968) 3, 327–31; Dep. of Biochem., Univ., St. Paul, Minn.; engl.) — Das Sorptionsverh. an dem Anionenaustauscher AG 1-X8 (Bio-Rad-Corp.) wird unter der Annahme der Existenz eines Donnan-Gleichgew. beschrieben, welches über den pK_2-Wert der Aminosäure definiert wird. G. Ertl 456

1055 **Spektrale Sensibilisierung und Desensibilisierung in der Photographie.** 5. Mitt. **Adsorption von 2.2'-Chinocyaninhalogeniden an verschiedenen Silberhalogeniden.** Tadaaki Tani, Shin-ichi Kikuchi und Katsuyuki Hayamizu. (J. chem. Soc. Japan, ind. Chem. Sect. [Kōgyō Kagaku Zasshi] **70** (1967) 8, 1288–94; Labor. of Ind. Electrochem. and Photochem., Inst. of Ind. Sci., Univ. of Tokyo, Roppongi, Minato-ku, Tokyo; jap., Auszug: engl.) — 4. vgl. ibid. **70** (1967) 817. — Die Daten der Adsorption von 2.2'-Chinocyaninjodid (I)-bromid u. -chlorid aus ihren wss. Lsg. an AgJ, AgBr u. AgCl ergeben Isothermen vom Langmuir-Typ mit Sättigung der Monoschicht unterhalb der Farbstoff-Gleichgew.-Konz. von 10^{-4} m mit Ausnahme der Adsorption von I an AgJ. Angegeben sind die IR-Spektren u. die Spektren im sichtbaren Bereich der adsorbierten Verb. u. die Adsorptionswärmen. J. J. Pohl 456

1056 **Ladungsübertragungsspektren und Halbleitereigenschaften von π-Donator–Tropylium-Komplexen.** S. N. Bhat und C. N. R. Rao. (J. chem. Physics **47** (1967) 5, 1863 bis 1864; Indian Inst. of Technol., Kanpur; engl.) — Untersucht werden die Komplexe mit *Perylen*, *Anthracen*, *Hexamethylbenzol*, *Phenanthren* u. *Naphthalin*. Gleichgew.-Parameter u. elektr. Leitfähigkeit der Komplexe vgl. Original. K. Jasche 458△

1057 **Untersuchung der H-Bindungen in den Produkten der Paraffinoxydation durch IR-Absorptionsspektren.** G. B. Meluzova. (Ž. fiz. Chim. **42** (1968) 7, 1577–83; Mosk. gos. univ. im. Lomonosova; russ.) — Es wird ein Prod. der techn. Paraffinox. u. seiner verseiften Fraktionen untersucht. Infolge intramol. H-Bindungen treten bei den Enolen der β-Diketone u. den ungesätt. β-Diolen sowie infolge intermol. H-Bindungen bei den Carbonsäuren quasiaromat. Ringstrukturen auf. I. Uhlig 458

1058 **Untersuchungen an Komplexen.** 11. Mitt. **Akzeptoreigenschaften einiger Perhalogenbenzole.** P. R. Hammond. (J. chem. Soc. [London], Sect. A **1968**, **1**, 145 bis 152; Michelson Labro., Nav. Weapons Center, China Lake, Calif.; engl.) — 13. vgl. C. **1969**, 11-1093. — Die Charakterisierung von Elektronakzeptormol. durch die Formel $C_vN_xO_yF_z$ wird besprochen. Die Spektren der Komplexe der Perhalogenbenzole *Hexafluor-*, *Pentafluorchlor-* u. *Trifluortrichlorbenzol* mit *N.N-Dimethylanilin*, *N.N.N'.N'-Tetramethylphenylendiamin* u. *Tetrakis-(dimethylamino)-äthylen* wurden gemessen. Die thermodynam. Funktionen der 1 : 1-Komplexe in Cyclohexan wurden aus spektroskop. Daten berechnet. J. Eliassaf 458

1059 **Hydrophobe Bindung (Solubilisierung) einiger Kohlenwasserstoffe unterschiedlicher Natur in wäßriger Lösung an einem biologisch aktivem Semikolloid-Natriumcholat.** Z. N. Markina, N. N. Cikurina und P. A. Rebinder. (Doklady Akad. Nauk SSSR **172** (1967) **6**, 1376–79; Mosk. gos. univ. im. Lomonosova; russ.) — Die Solubilisierung von *n-Dodekan* (I), *n-Tetradecan* (**II**), *Cyclohexan* (**III**) u. *Bzl.* aus wss. Lsg. bei 20° durch Na-Cholat wurde refraktometr. gemessen. J. Eliassaf 458

1060 **Beobachtung des Chelateffektes mit der zweizähnigen Lewissäure $F_2BCH_2CH_2BF_2$.** D. F. Shriver und M. J. Biallas. (J. Amer. chem. Soc. **89** (1967) 5, 1078–81; Evanston, Ill., Northwestern Univ., Dep. of Chem. and Materials Res. Center; engl.) — Vf. untersucht die Bldg. folgender Chelate: *1.2-Bis-[difluorboryl]-äthan* (**I**, $F_2BCH_2\cdot CH_2BF_2$), F. −31,2° mit *Triphenylmethyläther* (F. 239 bis 240°) → *1 : 1-Addukt* ($C_{40}H_{34}B_2F_4O$, F. 113–114°), mit *Methyltriphenylmethyläther* (F. 83–84°) → *1 : 1:-Addukt* (F. 72–73°), mit *Triphenylmethylcarbinol* → *1 : 1-Addukt* (F. 68–69°), mit *THF* → *2 : 1-Addukt* ($F_2BCH_2CH_2BF_2\cdot$ 2 THF, F. 71–73°), mit *Diphenylcyclopropenon* (F. 119°) → *2 : 1-Addukt* ($F_2BCH_2CH_2BF_2\cdot 2\,C_{15}H_{10}O$, F. 134°), mit *Pyridin-N-oxid* → $F_2BCH_2CH_2BF_2\cdot 2\,C_5H_5NO$; *1.2-Bis-[dichlorboryl]-äthan* (F. −28,5°), mit *Dimethyläther* → *2 : 1-Addukt* ($C_6H_{16}B_2Cl_4O_2$, F. ca. 63°), mit THF → $Cl_2BCH_2\cdot CH_2BCl_2\cdot 2$ THF (F. 81–82°). H. Pehlmann 458

1061 **Viskosimetrische Untersuchung der Struktur von Methylalkohol–Dioxan-Lösungen.** A. M. Škodin und N. K. Levickaja. (Ž. strukturnoj Chim. 8 (1967) **3**, **424** bis 428; Charkovskij gos. univ.; russ.) — D., dynam. (η) u. kinemat. Viskosität u. Aktivierungsenergie der η bei verschiedenen Mischungsverhältnissen zwischen 20 u. 40° wurden gemessen. Die Ergebnisse deuten auf eine intermol. Wechselwrkg. zwischen den Komponenten. J. Eliassaf 458

1062 **Spektrophotometrische Untersuchung der Dissoziation der Jodkomplexe von Selenacyclopentan und Selenacyclohexan.** J. D. McCullough und Astrid Brunner. (Inorg. Chem. [Washington] 6 (1967) 6, 1251–52; Univ. of Calif. at Los Angeles, Los Angeles, Calif.; engl.) — Die Reihenfolge der Jodkomplexe nach abnehmender Stabilität ist nach spektrophotometr. Daten Thiacyclopentan > Thiacyclohexan > Thiacyclobutan > Äthylensulfid. Von den analogen Se-Verb. entstehen *Selenacyclobutan* u. *-propan* stets polymer. Für den *Selenacyclopentan-* u. *-hexan-Jod-Komplex* sind angegeben die Dissoziationskonst., ΔG_c^0, ΔH_c^0 u. ΔS_c^0. J. J. Pohl 458

1063 **Ein neuer Elektronenakzeptor: 2-Dicyanomethylenindandion-(1.3).** Suprabhat Chatterjee. (Science [Washington] **157** (1967) 3786, 314—16; Air Force Cambridge Res. Labor., L. G. Hanscom Field, Bedford, Mass.; engl.) — Die Elektronenaffinität der Titelverb. (**I**) wurde aus dem polarograph. Halbwellenred.-Potential u. aus den optischen Spektren der Ladungsübertragungskomplexe mit Aromaten (*Hexamethylbenzol, Naphthalin, Anthracen, Phenanthren, 1.2-Benzanthracen, Pyren, 3.4-Benzpyren, Perylen* u. *Coronen*) in CH_2Cl_2 als Lsgm. ermittelt. Das ESR-Spektrum des Anionenradikals von **I**, das mittels Na in Dimethoxyäthan erzeugt wurde, ist angegeben. K. Vacek 458

1064 **NMR-Untersuchungen.** 10. Mitt. **Bestimmung der thermodynamischen Parameter der Eigenassoziation von tricyclischen aromatischen Aldehyden in Lösung.** Gurudata, R. E. Klinck und J. B. Stothers. (Canad. J. Chem. **45** (1967) 3, 213—19; Dep. of Chem., Univ. of Western Ontario, London, Ontario; engl.) — 9. vgl. ibid. **44** (1966) 1, 45; 11. vgl. C. **1968**, 44-0725. — Durch Best. der chem. Verschiebungen der Formylprotonen von *9-Anthraldehyd* (**I**) u. *9-Phenanthraldehyd* (**II**) (0,5—5 Mol-% in $CDCl_3$; —60 bis +90°) wird auf eine Eigenassoziation der Verb. geschlossen. Die ΔH- u. ΔS-Werte für diese Komplexbldg. werden berechnet. W. Damerau 458△

1065 **Pyridinkomplexe mit Carbonsäuren in inerten Lösungsmitteln.** 2. Mitt. **Säuren mit Dissoziationskonstanten zwischen 10^{-3} und 10^{-2}.** Annamaria Marinangeli und Rosa Simoni. (Ann. Chimica **57** (1967) 6, 770—76; Bologna, Ist. Chim. „Giacomo Ciancilian" dell'Univ.; ital.) — 1. vgl. ibid. **56** (1966) 798. — Mit Hilfe von DK-Messungen wurde die Komplexbldg. von Py. mit *o-Chlor-, 2-Chlor-5-nitrobenzoesäure* u. *Dichloressigsäure* in Bzl. untersucht. Die Gleichgew.-Konst. wurden für diese Syst. sowie für Py./*Phenol* u. Py./Benzoesäure berechnet. J.-S. Marcus 458

1066 **Dimerisationsgeschwindigkeiten substituierter Benzoesäuren.** Jørgen Rassing, Ole Østerberg und Thor A. Bak. (Acta chem. scand. **21** (1967) 6, 1443—48; Copenhagen, Denmark, Univ., H.C. Ørsted Inst.; engl.) — Mit Hilfe von Messungen der Ultraschallabsorption in Lsg. von *Benzoesäure, p-Fluorbenzoesäure, p-Chlorbenzoesäure, p-Methoxybenzoesäure* u. *p-Methylbenzoesäure* in Dimethylformamid nach der Impulsmeth. bei 25° werden im Bereich von 10—70 MHz Relaxationsfrequenzen bestimmt. Unter der Annahme, daß nur einfache Dimerisation auftritt, werden die RGK der Assoziation u. Dissoziation berechnet. H. U. Borgstedt 458

1067 **H-Brückenbindung und ν(C=O) der Carbonylgruppe von Phthalsäuren und ihren Estern.** A. E. Luckij und A. K. Kul'čickaja. (Ž. fiz. Chim. **41** (1967) 5, 983—88; Charkovskij politechn. inst. im. Lenina; russ.) — Von nachst. Säuren: *Benzoe-, Phthal-, Isophthal-* u. *Terephthal-* sowie von *Benzoesäuremethylester* u. nachst. Dimethylestern: *Phthalsäure-, Isophthalsäure-* u. *Terephthalsäure-* in Vaselinöl, im fl. Zustand, in CCl_4, $CHCl_3$ u. Dioxan wird IR-spektroskop. die intermol. H-Bindung untersucht. V. Burjan 458△

1068 **IR-spektrophotometrische Untersuchung des Systems Trichloressigsäure-Tri-n-butylamin in Tetrachlormethan.** Tadeusz Jasiński und Angnieszka Modro. (Roczniki Chem. [Ann. Soc. chim Polonorum] **41** (1967) 12, 2115—21; Dep. of Inorg. Chem., Normal School, Gdańsk; engl.) — Die Gleichgew.-Konst. für die Ionenpaarbldg. zwischen den Titelverb. wurden an Hand der IR-Absorption im Gebiet zwischen 1600 u. 1800 cm^{-1} bestimmt. F. Langenbucher 458

1069 **Protonenresonanzuntersuchung von Wasser als Wasserstoffdonator gegenüber N.N-Dimethylformamid und Dimethylsulfoxid.** S. F. Ting, S. M. Wang und N. C. Li. (Canad. J. Chem. **45** (1967) 4, 425—27; Dep. of Chem., Duquesne Univ., Pittsburgh, Pa.; engl.) — Es werden die chem. Verschiebungen der W.-Protonen im tern. Syst. W./DMF oder DMSO in Cyclohexan oder CCl_4 in Abhängigkeit von der DMF- bzw. DMSO-Konz. bestimmt u. die Gleichgew.-Konst. für die Assoziation W.–DMF bzw. W.–DMSO bei 19, 35 u. 53° sowie die ΔH u. die ΔS-Werte berechnet. W. Damerau 458△

1070 **Vergleich der viskosimetrisch bestimmten Hydratation von Glucose u. Tetrahydropyranyl-(2)-methanol zwischen 10 und 65°.** M. Ihnat, A. Szabo und D. A. I. Goring. (J. chem. Soc. [London], Sect. A **1968**, 7, 1500—03; Phys. Chem. Div., Pulp and Paper Res. Inst. of Canada, and Dep. of Chem., McGill Univ., Montreal, Quebec; engl.) K.-J. Lucas 458

1071 **Dissoziationskonstanten und Verteilungskoeffizienten von 5.7-Dihalogen- und 2-Methyl-8-hydroxychinolin.** A. I. Sevast'janov und N. P. Rudenko. (Vestnik Moskovskogo Univ., Ser. II **22** (1967) 1, 110—13; Laboratorija radiochimii NII jadernoj fiziki MGU; russ.) — Vf. bestimmen die pK_1- u. pK_2-Werte nachst. 8-Hydroxychinoline: *5.7-Dichlor-, 5.7-Dibrom-, 5.7-Dijod-* u. *2-Methyl-* sowie deren Verteilungskoeff. zwischen W. u. $CHCl_3$. J. Eliassaf 462

1072 **Dissoziations-Konstanten des Piperazinium-Ions und dazugehörige thermodynamische Größen zwischen 0 bis 50°.** Hannah B. Hetzer, R. A. Robinson und Roger G. Bates. (J. physic. Chem. **72** (1968) 6, 2081—86; Nat. Bur. of Stand., Wash., D.C.; engl.) — Die beiden thermodynam. Dissoziationskonst. wurden mit Hilfe von H–AgCl-Zellen bestimmt. ΔH^0, ΔS^0 u. ΔC^0 werden mit den Werten anderer Stickstoffverb. verglichen. K.-J. Lucas 462

1073 **Thermodynamik von Säure–Base-Gleichgewichten. m- und p-Hydroxybenzaldehyd.** Charles L. Liotta, Kenneth H. Leavell und Donald F. Smith jun. (J. physic. Chem. **71** (1967) 9, 3091—92; Ga. Inst. of Technol., Atlanta, Ga.; engl.) — Die Dissoziationskonst. der Verb. werden im Bereich 14,90—55,96° in wss. Lsg. bestimmt. Die Werte bei 25° stimmen mit Meßwerten von Robinson u. Kiang überein. Die ΔH^0-, ΔS^0 u. ΔC_p^0-Werte werden angegeben. G. Kirsten 462△

1074 **Acidität in nichtwäßrigen Lösungsmitteln.** 5. Mitt. **Aciditätsskala in Dimethylsulfoxid.** Calvin D. Ritchie und Ronald E. Uschold. (J. Amer. chem. Soc. **89** (1967) 11, 2752—73; State Univ. New York, Buffalo, N.Y.; engl.) — 4. vgl. C. **1969**, 8-1123. — Die pK-Werte von *9-Carbomethoxyfluoren, Malonitril, Acetylaceton, 9-Phenylfluoren, Inden, 4.5-Methylenphenanthren, Fluoren* u. *Triphenylmethan* werden in DMSO bei 25° potentiometr. ermittelt. Die Behauptung von E. C. Steiner u. J. D. Starkey [ibid. **87**, 382 (1965)], daß in DMSO für Substanzen von verschiedener Struktur keine einheitliche H_--Skala aufgestellt werden kann, wird durch die Meßresultate bestätigt. J. Eliassaf 462

1075 **Acidität schwacher Säuren in DMSO-Lösungen.** 3. Mitt. **Bemerkungen zur H_--Aciditätsskala.** Edwin C. Steiner und Joan D. Starkey. (J. Amer. chem. Soc. **89** (1967) 11, 2751—52; Edgar C. Britton Res. Labor., Dow Chem. Co., Midland, Mich.; engl.) — 2. vgl. C. **1965**, 33-0845. — Unter Benutzung des Indikators *1.1.3-Triphenylpropen* wurde ΔpK zwischen *Fluoren* u. *Diphenylmethan* zu 9,7 Einheiten bestimmt. — Für wss. u. alkohol. DMSO-Lsg. ist zur Festlegung der Aciditätsskala *Nitroanilin* am geeignetsten. J. Eliassaf 462

1076 **Berechnung des Substituenteneinflusses auf die Dissoziationskonstanten von Carbonsäuren.** A. N. Vereščagin und S. G. Vul'fson. (Izvest. Akad. Nauk SSSR, Ser. chim. **1967**, 6, 1231—35; Inst. org. i fiz. chimii im. Arbuzova AN SSSR; russ.) — Vf. leiten eine allg. Formel zur Berechnung der Dissoziationskonst. von substituierten Carbonsäuren ab, wobei alle elektrostat. Wechselwrkg. berücksichtigt werden. Als Beispiel werden die Unterschiede der pK-Werte zwischen *Benzoe-* u. *p-Toluyl-* sowie zwischen *Propion-* u. *Essigsäure* berechnet. J. Eliassaf 462

1077 **Säure-Dissoziationskonstanten und thermodynamische Charakteristika des Hydrogenphthalations in Gemischen aus Äthylenglykol und Wasser bei verschiedenen Temperaturen.** Surath Kumar Banerjee, Kiron Kumar Kundu und Mihir Nath Das. (J. chem. Soc. [London], Sect. A **1968**, 1, 139—41; Jadavpur Univ., Calcutta; engl.) — Die zweite Dissoziationskonst. von Phthalsäure in verschiedenen Äthylenglykol–W.-Gemischen (10, 30, 50, 70 u. 90 Gew.-% Glykol) wurde im

Temp.-Bereich von 5—45° durch EMK-Messungen bestimmt. Die ΔG^0-, ΔH^0-, ΔC_p^0- u. ΔS^0-Werte der zweiten Dissoziationsstufe von Phthalsäure in Glykol–W. bei 25° sind für alle genannten Glykolkonz. tabelliert.
J. J. Pohl 462

1078 **Potentiometrische Untersuchung des Flavin-Semichinon-Gleichgewichtes.** Roy D. Draper und Lloyd L. Ingraham. (Arch. Biochem. Biophysics **125** (1968) 3, 802—08; Dep. of Biochem. and Biophys., Univ. of Calif., Davis, Calif.; engl.) — Die pK-Werte von *Flavinmononucleotid* u. *Riboflavin* wurden bestimmt.
K.-J. Lucas 462

1079 **Bestimmung der Dissoziationskonstanten von N-Methylanabasin-α'-azo-α-naphthol.** T. B. Amirchanova, V. S. Podgornova und I. P. Šesterova. (Uzbekskij chim. Ž. **11** (1967) 2, 7—11; Taškentskij gosuniv. im. Lenina; russ.) — Vf. bestimmen die Dissoziationskonst. von *5-[N-Methylpiperidinyl-(2)]-2-[1-hydroxynaphthyl-(2)-azo]-pyridin.*
J. Eliassaf 462

1080 **Photometrische Analyse von Hydrazinspuren mit p-Dimethylaminobenzaldehyd. Chemisches Gleichgewicht.** Donald S. Gamble und I. Hoffman. (Canad. J. Chem. **45** (1967) 22, 2813—19; Analyt. Chem. Res. Service, Canada Agricult., Ottawa; engl.) — Das Gleichgew. zwischen Hydrazin, p-Dimethylaminobenzaldehyd u. p-Dimethylaminobenzaldazin wird spektrophotometr. untersucht. Angegeben sind Daten der Absorption u. molaren Extinktion (Chinon–Kation).
K. Jasche 463△

1081 **Untersuchung des Thiol-Disulfid-Austausches in flüssigen Thiokolen mittels turbidimetrischer Titration.** A. E. Tavrin, A. A. Guryleva, M. P. Dianov und B. Ja. Tejtel'baum. (Doklady Akad. Nauk SSSR **174** (1967) 1, 107—10; Inst. org. i fiz. chimii im. Arbuzova AN SSSR; russ.) — Ein 1 : 1-Gemisch von Thiokolen mit den Molgew. 5000 u. 900 auf der Basis von Dichlordiäthylformal wird nach 100std. Behandlung bei 70° aus Lsg. in Bzl. mit CH_3OH gefällt. Die Abnahme des mittleren Molgew. wird auf den im Titel genannten Austausch zurückgeführt.
J. Eliassaf 463

B–6. Kinetik, Katalyse

1082 **Substituenteneffekte bei unimolekularen Ionenzerfällen. 3. Mitt. Aufklärung von konkurrierenden alternativen Wegen zur Bildung von Teilionen.** Maurice M. Bursey und F. W. McLafferty. (J. Amer. chem. Soc. **88,** 4484—88, 1966; Dep. of Chem., Purdue Univ., Lafayette, Ind.; engl.) — 2. vgl. ibid. 88 (1966) 3, 529; 6. vgl. C. **1968,** 41-0886. — Substituenteneffekte können zum Nachweis der Existenz zweier Wege zur Bldg. eines Ions im Massenspektrum herangezogen werden. In den Massenspektren von substituierten *Benzophenonen* kann das $C_6H_5^+$-Ion entweder direkt aus dem Mol.-Ion oder über ein Benzoylzwischenion gebildet werden. Dieser Mechanismus wird durch Elimination des ersten Prozesses bei niedriger Spannung bestätigt. Ähnliche Unters. werden an den Massenspektren von substituierten *Butyrophenonen* für das $C_3H_7^+$-Ion u. von *m-* u. *p-tert.-Butylacetophenon* für das $C_2H_3^+$-Ion durchgeführt. Es wird gezeigt, daß eine Beziehung zwischen den Substituenteneffekten zur Bldg. der o. g. Ionen in den Massenspektren u. den Hammett-Konst. σ besteht.
K.-H. Bielicki 482

1083 **Reaktion von Cycloalkyldifluoraminen mit Säuren.** Kurt Baum. (J. org. Chemistry **32** (1967) 11, 3648 bis 3450; Azusa, Calif., Karman-Center, Aerojet-General Corp., Chem. Prod. Div.; engl.) — *Difluoraminocyclohexan,* $C_6H_{11}NF_2$, Kp.$_{11-13}$ 34°, *1-Difluoramino-1-methylcyclohexan,* $C_7H_{13}NF_2$, Kp.$_{14}$ 44°. *Difluoraminocyclopentan* reagieren mit H_2SO_4 unter Bldg. der N-Fluorimoniumionen des *N-Fluorazacycloheptan, N-Fluor-6-methylazacycloheptan* u. *N-Fluorazacyclohexan,* Verb., die durch Ringerweiterung unter F-Verlust entstehen. Die Rk. des *1.2-Bis-[difluoramino]-cyclohexan* mit Fluorsulfonsäure gibt das N-Fluorimoniumion des *N-Fluor-5-difluoraminoazacycloheptans.* Ferner wurde tert.-Butyldifluoramin (Kp. 54°) synthetisiert.
H. Pehlmann 482

1084 **Reaktion des H-Atoms im System H_2O + H_2SO_4 + $FeSO_4$. 5. Mitt. Wirkung des Lichtes auf Anlagerungsradikale.** N. M. Bažin. (Kinetika i Kataliz **8** (1967) 3, 532—37; Inst. chim. kinetiki i goreniya SO AN SSSR; russ.) — 4. vgl. C. **1968,** 38-1031. — Im Syst. W.–H_2SO_4–$FeSO_4$-Bzl. bzw. dessen Deriv. entstehen bei 77 °K Radikale vom Typ $C_6H^{\bullet}_7$. Vf. untersuchen mit Hilfe von EPR u. Elektronenabsorptionsspektren die Wrkg. von UV-Licht auf nachst. Radikale bei 90 bzw. 120 °K: Cyclohexadienyle: *unsubstituiert, D-, 1H-3-Sulfo-, 1H-4-Sulfo-, 1H-2.5-Dihydroxy-, 1H-3.4-Dihydroxy-, 1H-3-Hydroxy-4-methoxy-, 1H-2.5-Dimethoxy-* u. *1H-2.4.6-Trihydroxy-.*
J. Eliassaf 482

1085 **Wasserstoffabstraktion aus Benzol durch Methylradikale und Druckabhängigkeit der Rekombination der Methylradikale.** M. Krech und S. J. W. Price. (Canad. J. Chem. **45** (1967) 2, 157—59; Windsor, Ontario, Univ. of Windsor, Dep. of Chem.; engl.) — Vgl. ibid. **43** (1965) 1929. — Unter Verw. von Dimethylquecksilber u. Dimethylcadmium als Quellen zur Bldg. von Methylradikalen werden im Bereich von 471—527° über den Druckbereich von 0,3—16,2 cm für die Rk. (a) $CH_3 + C_6H_6 \rightarrow CH_4 + C_6H_5$ u. (b) $2\,CH_3 \rightarrow C_2H_6$ die relativen RG bestimmt u. die Aktivierungsparameter ermittelt.
G. O. Jäger 482△

1086 **Berechnung des Gleichgewichts und Geschwindigkeitskonstanten der Anlagerungsreaktion von einfachen Alkylradikalen an Alkene.** A. D. Stepuchovič, V. A. Ulickij und A. P. Šaraevskij. (Ž. fiz. Chim. **41** (1967) 10, 2701—07; Saratovskij gos. univ. im. Černiševskogo; russ.) — Vf. ber. die kinet. u. thermodynam. Daten sowie die Gleichgew.-Konst. nachst. Rk. bei 900°: *Methyl* (**I**) + *Äthylen* (**II**) ⇌ *n-Propyl*; **II** + *Äthyl* (**III**) ⇌ *n-Butyl*; **II** + *n-Propyl* (**IV**) ⇌ *n-Pentyl*; **I** + *Propylen* (**V**) ⇌ *sek.-Butyl*; **III** + **V** ⇌ *sek.-Pentyl*; **IV** + **V** ⇌ *sek.-Hexyl*; **I** + *Butyl* (**VI**) ⇌ *tert.-Pentyl*; **III** + **VI** ⇌ *tert.-Hexyl* (**VII**); **IV** + **VI** ⇌ *tert.-Heptyl* **I** + *Penten* (**VIII**) ⇌ **VII**; **III** + **VIII** ⇌ *tert.-Butyl*; **IV** + **VIII** ⇌ *tert.-Octyl.*
J. Eliassaf 482

1087 **Untersuchung der Reaktionen von C_2H_2 mit H- und O-Atomen mittels Elektronen–Spin-Resonanz.** K. Hoyermann, H. Gg. Wagner und J. Wolfrum. (Z. physik. Chem. [Frankfurt/M.] [N.F.] **55** (1967) 1/2, 72—78; Inst. für physikal. Chem., Univ. Bochum; dt.) — Die Anwendbarkeit der ESR zur Best. der Absolutkonz. u. der RG der Rk. von C_2H_2 mit H- u. O-Atomen in der Gasphase wird untersucht.
K.-H. Bielicki 482

1088 **Ion–Molekülreaktionen in gasförmigem Methylamin.** E. G. Jones und A. G. Harrison. (Canad. J. Chem. **45** (1967) 24, 3119—28; Dep. of Chem., Univ., Toronto, Ontario; engl.) — Die RGK der Rk. von Methylamin mit $CH_3NH_2^+$, $CH_2NH_2^+$, CH_3N^+ u. CH_2N^+ werden bestimmt, der Einfl. der Ionenenergie auf die Kinetik untersucht.
J. Jaehn 482

1089 **Reaktionen des CF_3-Radikals mit Methylchlorsilanen in der Gasphase.** W. J. Cheng und M. Szwarc. (J. physic. Chem. **72** (1968) 2, 494—97; Dep. of Chem., State Univ. Coll. of Forestry, Univ., Syracuse, N.Y.; engl.) — Die Kinetik der H-Abspaltung durch CF_3-Radikale von *Tetramethyl-, Trimethylchlor-, Dimethyldichlor-* u. *Methyltrichlorsilan* in der Gasphase bei 180° wird untersucht (Parameter vgl. Orig.) u. bez. der analogen Rk. von Neopentan, der Reaktivität der C—H-Bindung u. der Entschirmung der Methylprotonen diskutiert.
D. Nowak 482

1090 **Mechanismus von Hydrierungs–Dehydrierungs-Prozessen.** V. A. Tulupov. (Doklady Akad. Nauk SSSR **177** (1967) 2, 369—72; russ.) — Diskussionsartikel auf Grundlage der Balandinschen Katalysetheorie.
Wolfram Köhler 483

1091 **Katalytische Hydrierung von 1.3.3-Trimethylcyclopropen.** M. Ju. Lukina, O. A. Nesmejanova und T. Ju. Rudaševskaja. (Doklady Akad. Nauk SSSR **174** (1967) 5, 1101—04; Inst. org. chimii im. Zelinskogo, Akademii nauk SSSR; russ.) — Vf. untersuchen die Hydrierung der Titelverb. (**I,** Kp. 43,98°) u. von *1.1.2-Trimethylcyclopropan* (**II,** Kp. 52,6°) bei 200° an Pd. Während

II nicht, reagiert entstehen aus I: II mit 71,5% (Ausb.), 2.3-Dimethylbutan mit 13,5%. 2.2-Dimethylbutan mit 7,7% u. 2-Methylpentan mit 7,3%.
J. Eliassaf 483

1092 **Hydrierung von Hexen-(1) am Rh-Katalysator und Wanderung der Doppelbindung.** A. M. Sokol'skaja und K. K. Kuzembaev. (Izvest. vysšich učebnych Zavedenij [Ivanovo], Chim. i chim. Technol. **10** (1967) 5, 539—41; Kaz. gos. univ. im. Kirova; russ.) — Vf. untersuchen die RG der Hydrierung an $Rh/BaSO_4$ in CH_3OH ohne u. mit KOH bzw. HCl. Als Nebenrk. findet geringfügig eine Isomerisierung zu Hexen-(2) statt.
J. Eliassaf 483

1093 **Kinetik der Hydrierungsreaktion von Benzol an Ni-Katalysatoren in gradientlosem System.** N. E. Zlotina und S. L. Kiperman. (Kinetika i Kataliz 8 (1967) 2, 393—400; Inst. organ. chimii im. N.D. Zelinskogo AN SSSR; russ.) J. Eliassaf 483

1094 **Katalytische Eigenschaften von Terbiumoxid bei der Dehydrierung und Dehydratisierung von Alkoholen und der Dehydrierung von Tetralin.** A. A. Balandin, A. A. Tolstopjatova und V. A. Naumov. (Kinetika i Kataliz 8 (1967) 2, 383—86; Inst. org. chimii im. Zelinskogo AN SSSR; russ.) — Nachst. Verb. wurden untersucht: *A.*, *n-* u. *Isopropanol*, *n-* u. *tert.-Butanol* sowie Tetralin. Aus den Aktivierungsenergien werden die Bindungsenergien von H, C u. O für die Katalysatoroberfläche berechnet. J. Eliassaf 483

1095 **Untersuchung des Mechanismus der destruktiven Hydrierung von Anisol mit Hilfe markierter Atome.** I. V. Kalečic, B. V. Tržcinskaja, M. F. Polubenceva und V. G. Lipovič. (Izvest. vysšich učebnych Zavedenij [Ivanovo], Chim. i chim. Technol. **10** (1967) 5, 530—33; Inst. nefte-i uglechim. sinteza pri Irkutskom gos. univ. im Ždanova; russ.) — Vf. untersuchen die Titelrk. bei 485° u. 422 atm. H_2-Druck mit Hilfe von *[α-¹⁴C]-* u. *[Phenyl-¹⁴C]-Anisol.* J. Eliassaf 483

1096 **Oxydation einiger σ-Radikale.** J. M. Hay. (Combust. and Flame **11** (1967) 1, 83—85; Dep. of Chem., Univ. of Aberdeen; engl.) — Die relativ geringe Reaktivität von σ-Radikalen (Äthinyl, Vinyl, Formyl, Acetyl, Phenyl) gegenüber O_2 ist durch die Symmetrie der σ-Orbitale bedingt. Diese Erklärung ist auf die Rk. $H^{\cdot} + O_2 \rightarrow HO^{\cdot}_2$ nicht anwendbar. G. Bock 484

1097 **Beeinflussung von nachfolgenden Dimerisationsreaktionen bei der reversiblen Reduktion von Komplexen. Komplexierung des Tropyliumkations in schwefelsauren Lösungen.** A. M. Hopin und S. I. Zhdanov. (J. polarogr. Soc. **13** (1967) 1, 37—42; Inst. of Electrochem., Acad. Sci. USSR; engl.) — Die Komplexbldg.-Konst. wird angegeben, u. es wird auf die Ausbldg. eines komplexen $C_7H_7(SO_4)_2^{3-}$-Anions geschlossen. J. Malur 484

1098 **Untersuchung der Oxydation von n-Butenen und Methylacetylen an einigen Katalysatoren der „milden" Oxydation mittels Differentialkalorimetrie.** V. P. Latyšev und N. I. Popova. (Kinetika i Kataliz 8 (1967) 1, 73—78; Inst. nefte-i uglechim. sinteza pri Irkutskom gos. univ.; russ.) — Vf. untersuchen die Ox. eines Gemisches von Buten-(1) u. -(2) (85 bzw. 15%) u. von Methylacetylen am Cu- u. am Bi–Mo-Katalysator.
J. Eliassaf 484

1099 **Oxydation von Methylacetylen an heterogenen Katalysatoren in der Dampfphase.** Ju. A. Poltavčenko und N. I. Popova. (Kinetika i Kataliz 8 (1967) 2, 335—39; Inst. nefte- i uglechim. sinteza pri Irkutskom gos. univ.; russ.) — Vf. untersuchen die Ox. der Titelverb. in verschiedenen O_2/N_2-Gemischen an nachst. Katalysatoren: mit Hg-Salz behandeltes Cu_2O, *Ag*, MnO_2, MoO_3 (rein u. auf Al_2O_3), Bi_2O_3–Mo_nO_m (verschieden behandelt u. auf verschiedenen Trägern), V_2O_5, $Sn(VO_3)_2$ (rein u. auf Silit), *Fe-* u. *Cu-Vanadat.* Hauptprod. sind: Formaldehyd, Glyoxal, Methylglyoxal, Aceton, Propinal u. Acetaldehyd. J. Eliassaf 484

1100 **Mechanismus der katalysierten ionischen Oxydation von Benzol.** D. I. Metelica, E. T. Denisov und A. E. Semenčenko. (Ž. fiz. Chim. **41** (1967) 10, 2708 bis 2712; Inst. chim. fiziki, AN SSSR; Moskva; russ.) — Vf. untersuchen den Einfl. nachst. Faktoren auf die durch $CuSO_4$ katalysierte Ox. von Bzl. zu Phenol in W. bei 35 atm: der Ionenstärke von *NaCl*, *NaBr*, *NaF* u. *Na-Acetat*, der Zugaben von *Cyclohexan*, *Cyclohexanon*, *Cyclohexanol*, *Isopropanol*, *Cyclohexen* u. Cumol sowie den Einfl. der $NaSO_4$-Konz. auf die gleiche Rk. mit dem Katalysator $Cu(ClO_4)_2$. Ferner wird der Mechanismus der von Fe^{2+} bzw. Cu^{2+} katalysierten Rk. diskutiert.
J. Eliassaf 484

1101 **Oxydation von Cyclohexan: Aktivierung durch Aldehyde.** J. Rouchaud. (Bull. Soc. chim. belges **76** (1967) 7—8, 435—43; Labor. de Chim. Phys. Organ., Univ. Lovanium, Léopoldville; franz.) — Die Ox. von *Cyclohexan* (I) in fl. Phase bei 150° durch ein 1:1-Gemisch von O_2 u. N_2 unter einem Ausgangspartialdruck von 11 kg · cm^{-2} O_2 in Ggw. von Co-Naphthenat wird in Ggw. von Konz. bis zu 0,5 Mol/l Aldehyd (A) in der Reihenfolge: *m-Methoxybenzaldehyd*, *2.3-Dimethoxybenzaldehyd* > *Benzaldehyd*, *Acrolein* > *p-Methoxybenzaldehyd* > *Acetaldehyd* > *3.4-Dimethoxybenzaldehyd* > *Phthalaldehyd* bis zu einer bestimmten A-Konz. zunehmend beschleunigt. Ein Vgl. der Ox.-Geschw. von reinem I u. von I + A erlaubt eine angenäherte Abschätzung der spezif. RGK der verschiedenen Rk.-Stufen.
< U. Radlbeck 484

1102 **Oxydation von Alkylbenzolen. 3. Mitt. Lösungsmitteleffekt von niedrigen Carbonsäuren auf die Luftoxydation von p-Xylol in der flüssigen Phase.** Motoo Shigeyasu. (J. chem. Soc. Japan, ind. Chem. Sect. [Kōgyō Kagaku Zasshi] **70** (1967) 7, 1150—54; Res. Center of Maruzen Oil Co., Ltd., Shimotsu-cho, Kaiso-gun, Wakayama-ken; jap., Auszugs engl.) — 2. vgl. ibid. **68** (1965) 304. — Der Lsgm.-Effekt von *Essig-*, *Propion-* u. *n-Buttersäure* auf die Luftox. von p-Xylol wurde in der fl. Phase unter Verw. von Schwermetallkatalysatoren u. Bromverb. untersucht. J. J. Pohl 484

1103 **Oxydation von Alkylbenzolen. 5. Mitt. Verhalten von Metallsalzkatalysatoren bei der Oxydation von p-Xylol in der flüssigen Phase in Gegenwart von Leichtmetallsalzen und Bromverbindungen.** Motoo Shigeyasu. (J. chem. Soc. Japan, ind. Chem. Sect. [Kōgyō Kagaku Zasshi] **70** (1967) 7, 1259—61; jap., Auszug: engl.) — 3. vgl. vorst. Referat. — Das Verhalten von Co^{2+} u. Co^{3+} auf die Ox. von p-Xylol in der fl. Phase wird untersucht, außerdem die Aktivität von Co^{3+} in Ggw. von Bromverbindungen. J. J. Pohl 484

1104 **Kinetik schneller Reaktionen in Lösung. 3. Mitt. Photoreduktion von Anthracen-Derivaten.** Jiro Osugi, Sigeru Kusuhara und Satoshi Hirayama. (Rev. physic. Chem. Japan **37** (1967) 2, 94—104; Labor. of Phys. Chem., Dep. of Chem., Fac. of Sci., Kyoto Univ. Kyoto, Japan; engl.) — 2. vgl. C. **1968**, 37-1043. — UV- u. IR-spektrometr. wurde die Photored. von *9-Acetylanthracen* mit Stannan in Bzl. untersucht. Die Photored.-Rk. an der meso-Position wurde mittels Blitzlichtphotolyse an *9-Phenyl-*, *9-Methyl-*, *9-Chlor-*, *9-Acetyl-* u. *9-(α-Hydroxyäthyl)-anthracen* sowie *Anthracen* verfolgt. Der Substituenteneinfl. wird diskutiert. RGK, Quantenausb. u. Aktivierungsparameter sind angegeben.
K.-J. Lucas 484

1105 **Mechanismus der Oxydation von Isopropylbenzol an Cu-Phthalocyanin.** A. I. Min'kov, N. P. Kejer und V. F. Anufrienko. (Kinetika i Kataliz 8 (1967) 2, 387 bis 392; Inst. kataliza SO AN SSSR; russ.) — Zur Klärung der Erniedrigung der katalyt. Aktivität bei der Titelverb. untersuchen die Vf. röntgenograph., IR-spektroskop. u. in der Hauptsache EPR-spektroskop. Cu-Phthalocyanin u. *2.9.17.24-Tetrasulfophthalocyanin* vor u. nach der Rk. mit Cumol-α-hydroperoxid in verschiedenen Lsg. sowie zum Vgl. β-Cu-Phthalocyanin.
J. Eliassaf 484

1106 **Steigerung der Selektivität der Kontaktoxydation von Furfural zu Maleinanhydrid in der Dampfphase.** E. E. Paulane, V. A. Slavinskaja und M. V. Šimanskaja. (Izvest. Akad. Nauk Latv. SSR, Ser. chim. **1967**, 3, 272—77; Inst. org. sinteza AN Latv. SSR; russ., Auszug: engl.) — Vf. untersuchten den Einfl. von W.- bzw. CH_3OH-Zusätzen auf die Titelrk. bei Anwendung eines auf Korund aufgetragenen V-Katalysator u. die Temp.-Abhängigkeit der RGK. J. Eliassaf 484

1107 **Reaktion von Äthylbenzolhydroperoxid mit Thiophenol bei der Oxydation von Äthylbenzol.** G. V. Karpuchina, Z. K. Majzus und L. I. Matienko. (Ž. fiz. Chim. **41** (1967) 3, 733–34; Inst. chim. fiziki AN SSSR; russ.) — Mit Hilfe der Chemolumineszenz untersuchen die Vf. die Kinetik der Titelrk. bei verschiedenen Konz. von Thiophenol. Das Hydroperoxid entsteht bei der durch Azoisobuttersäuredinitril initiierten Ox. von Äthylbenzol. J. Eliassaf 484

1108 **Kinetik der Reaktion von Hydroperoxiden mit Aminen.** 6. Mitt. **Kinetik der Reaktion von Cumolperoxid mit Diäthylamin in wäßriger Lösung.** S. K. Grigorjan, Z. Z. Meliksetjan und N. M. Bejlerjan. (Armjanskij chim. Ž. **20** (1967) 5, 333–37; Erevanskij gos. univ., Kafedra fiz. chimii; russ.) J. Eliassaf 484

1109 **Reaktionsmechanismus der säurekatalysierten Autoxydation von Xanthen zum Xanthyliumion.** A. P. ter Borg, H. R. Gersman und A. F. Bickel. (Recueil Trav. chim. Pays-Bas **85**, 899–918, 1966; Koninklijke/Shell-Labor., Amsterdam; engl.) — Vgl. ibid. **81** (1962) 164. — Es wird die Kinetik der O_2-Ox. von *Xanthen* (**I**) zu *Xanthyliumperchlorat* u. H_2O_2 in $HClO_4/CH_3COOH$ bei 20° durch period. Best. der Abnahme des O_2-Drucks untersucht. Die bei der Rk. nach einer Induktionsperiode, die von der I-Konz. u. dem O_2-Druck abhängig ist u. durch Zusatz von H_2O_2 verkürzt wird, beobachtete maximale Anfangsgeschw. sinkt mit zunehmender Rk.-Zeit auf einen konst. Wert ab. Diese Selbstverzögerung ist auf die Bldg. von *2.2′-Dihydroxydiphenyläther* (F. 124,5 bis 125°), der als Nebenprod. aus dem Rk.-Gemisch isoliert werden kann, zurückzuführen. G. O. Jäger 484△

1110 **Oxydative Spaltung von Hydrochinonmonosulfatestern. Modellreaktion des Sulfattransfers.** S. W. Weidman, D. F. Mayers, O. R. Zaborsky und E. T. Kaiser. (J. Amer. chem. Soc. **89** (1967) 17, 4555–56; Dep. of Chem., Univ. of Mo. at St. Louis, Mo.; engl.) J. Eliassaf 484

1111 **Untersuchung der Stereochemie der Wittig-Reaktion.** L. V. Šubina, L. Ja. Malkes, V. N. Dmitrieva und V. D. Bezuglyj. (Ž. obšč. Chim. **37** (**99**) (1967) 2, 437–41; russ.) — Vf. untersuchen den Einfl. von Temp., Konz., Belichtung, Lsgm. u. der Natur des Anions am Phosphonium (Cl u. Br) auf den ster. Verlauf der Rk. von *α.α′-Bis-*[*triphenylphosphonio*]*-p-xyloldiid* mit *Benzaldehyd* zu *cis–trans-*, *trans.trans-* u. *cis.cis-1.4-Distyrylbenzol*. Die Rk. ist nicht stereospezifisch. Eine polarograph. Meth. zur Best. der Stereoisomeren wird angeführt. J. Eliassaf 486

1112 **Rolle der kollektiven Donator–Akzeptor-Wechselwirkungen bei schnellen molekularen Reaktionen bei niedrigen Temperaturen. Halogenierung von Olefinen.** V. A. Lišnevskij. (Doklady Akad. Nauk SSSR **172** (1967) 3, 641–44; VNII sintetičeskich volonok, g. Kalinin; russ.) — Vf. diskutieren die Literaturdaten der Chlorierung u. Bromierung von Olefinen bei 77 °K ohne oder in unpolaren Lsgm. u. legen am Beispiel von Äthylen einen Rk.-Mechanismus vor, u. zwar unter der Annahme von intermediären Ladungsübertragungskomplexen Olefin : Halogen = ∞ : ∞. J. Eliassaf 487

1113 **Untersuchung der Kinetik der Bromierung von Cyclohexen mit Hilfe der differentiellen Thermoanalyse.** Čen Ton-Cha, G. B. Sergeev und L. Ju. Kunskajte. (Vestnik Moskovskogo Univ., Ser. II **22** (1967) 2, 28–30; Kafedra chim. kinetiki; russ.) J. Eliassaf 487

1114 **Anwendung von Oxiden Seltener Erden bei der katalytischen Synthese. Darstellung von Estern an Sm_2O_3.** I. E. Sosnina, I. L. Parbuzina und A. A. Balandin. (Vestnik Moskovskogo Univ., Ser. II **22** (1967) 3, 54–58; Kafedra org. kataliza; russ.) — Vf. untersuchen die Bldg. von *Methyl-*, *Äthyl-*, *Propyl-*, *Butyl-*, *Pentyl-*, *Hexyl-*, *Heptyl-*, *Octyl-* u. *Nonylbutyrat* sowie von *Pentylformiat*, *-acetat*, *-propionat*, *-butyrat*, *-valerat* u. *-capronat* an Sm_2O_3 auf Quarz bzw. Asbest in Abhängigkeit von der Zubereitung des Katalysators, der Konstit. der Alkohole u. Säuren, der Temp. u. Rk.-Dauer. J. Eliassaf 488

1115 **Kinetische ^{13}C-Isotopeneffekte.** 3. Mitt. **Temperaturabhängigkeit von k_{12}/k_{13} der 1-Brom-1-phenyläthan-Alkoholyse.** Jan Bron und J. B. Stothers. (Canad. J. Chem. **46** (1968) 8, 1435–39; Dep. of Chem., Univ. of Western Ontario, London, Ontario; engl.) — 2. vgl. ibid. **40** (1962) 2007. — Methanolyse u. Äthanolyse im Bereich von 25–45° wurden untersucht. K.-J. Lucas 488

1116 **Struktur und Reaktionsfähigkeit der Nitrile. Alkalische Hydrolyse einiger α-substituierter Isobutylphenylacetonitrile.** Gh. Vasiliu, D. Săvoianu und F. Cocu. (Rev. Chim. [Bucureşti] **18** (1967) 3, 129–35; rum.) — Vgl. C. **1966**, 6-0879. — Die RGK u. Aktivierungsparameter der alkal. Hydrolyse folgender α-Isobutylphenylacetonitrile wurden bei **99,8°** u. **117°** bestimmt: *unsubstituiert*, *α-Äthyl-*, *α-n-Propyl-*, *α-n-Butyl-*, *α-n-Amyl-*, *α-Isopropyl-*, *α-sek.-Butyl-*, *α-Allyl-*, *α-Benzyl-*, *α-Phenyl-*. R. K. Müller 488△

1117 **Azlactone der Phenthiazin-Reihe.** 2. Mitt. **Äthanolyse von Azlactonen der Phenthiazin-Reihe.** V. Fărcăşan, I. Oprean und C. Bodea. (Rev. roum. Chim. **18** (1968) 5, 647–52; Inst. of Chem. of the Acad. of the Socialistic Republic of Romania, Cluj, str. Donath, engl.) — Die RG der Äthanolyse von *4-[10-Methylphenthiazin-(3)-*, *4-[Phenthiazin-(2)-*, *4-[10-Methylphenthiazin-(2)-* u. *4-[10-Methyl-5.5-dioxophenthiazin-(2)-methylen]-2-phenylazlacton* wurde bei 250–700 mμ spektrophotometr. bestimmt. IR- Daten u. RGK sind tabelliert. K.-J. Lucas 488

1118 **Reaktion des Methansulfinylchlorids mit Wasser.** Richard V. Norton, Gordon M. Beverly und Irwin B. Douglass. (J. org. Chemistry **32** (1967) 11, 3645–47; Orono, Me., Univ. of Me., Dep. of Chem.; engl.) — Methansulfinylchlorid (**I**) reagiert mit einer begrenzten Menge W. (3 : 1) oder D_2O-Menge unter Bldg. von *Methansulfonylchlorid* (**II**) u. *Methanthiosulfonsäuremethylester* (**III**), wobei ebenfalls *Methylsulfinylmethylsulfon* ($CH_3SOSO_2CH_3$) gebildet wird, das sofort mit unhydrolysiertem **I** reagiert. Bei größeren W.-Mengen (**I** : W = 0,33) sind die Endprod. **II** u. **III** u. geringe Mengen Methansulfonsäure. H. Pehlmann 488

1119 **Hydrolyse organischer Pyrophosphate.** 2. Mitt. **Kinetik der Hydrolyse von Pyrophos und Tetraäthylpyrophosphat.** V. E. Bel'skij, M. V. Efremova und Z. V. Lustina. (Izvest. Akad. Nauk SSSR, Ser. chim. **1967**, 6, 1238–40; Inst. org. i fiz. chimii im. Arbuzova, AN SSSR; russ.) — 1. vgl. C. **1969**, 9-1042. J. Eliassaf 488

1120 **O-Isotopenaustausch und Hydrolyse an Dialkylphosphonaten.** David Samuel und Brian L. Silver. (J. physic. Chem. **72** (1968) 5, 1809–10; Isotope Dep., Weizmann Inst. of Sci., Rehovoth, Israel; engl.) — *Di-n-propyl-*, *Diäthyl-* u. *Dimethylphosphonat* wurden in ^{18}O angereichertem H_2O in Ggw. von HCl oder NaOH untersucht. K.-J. Lucas 488

1121 **Kinetische Gesetzmäßigkeiten des D—H-Austausches. Mathematische Analyse der Kinetik des Isotopenaustausches mit Hilfe eines Elektronenrechners.** 1. Mitt. A. I. Trochimec, S. V. Markevič und V. V. Krukovskaja. (Izvest. Akad. Nauk Beloruss. SSR, Ser. chim. Nauk **1967**, 3, 68–74; Inst. fiz.-org. chimii AN Beloruss. SSR; russ.) — Eine Meth. zur Berechnung von sukzessiv ablaufenden H–D-Austauschrk. unter Berücksichtigung des thermodynam. Isotopieeffekts wird ausgearbeitet. J. Eliassaf 489

1122 **Kinetische Untersuchungen der bimolekularen nucleophilen Substitution.** 1. Mitt. **Geschwindigkeiten von S_N2-Reaktionen von Phenacylbromid mit Natriumphenolaten und Natriumcarboxylaten in 50%igem wäßrigem Aceton.** Kunio Okamoto, Hajime Kushiro, Issei Nitta und Haruo Shingu. (Bull. chem. Soc. Japan, **40** (1967) 9, 1900–04; Fac. of Engng., Kyoto Univ. Sakyo-ko, Kyoto; engl.) — Angegeben sind Geschw.-Konst., ΔH^* u. ΔS^* für die Rk. von Phenacylbromid mit den Na-Salzen der Phenole: *unsubstituiert*, *p-Nitro-*, *p-Methyl-* u. *p-Brom-*; der Benzoesäuren: *unsubstituiert*, *p-Nitro-*, *p-Chlor-* u. *p-Methyl-*; sowie die Na-Salze nachst. Säuren: *Chloressig-*, *Ameisen-*, *Essig-*, *Propion-*, *n-Butter-* u. *Capronsäure*. Tabelliert sind der Brønsted-Koeff. α, der Korrelationskoeff. r sowie die ρ-Werte nach Hammett für die untersuchten Syst. sowie für eine Reihe von in der Literatur angegebenen SN2-Reaktionen. J. Oguntke 489

1123 **Kinetische Untersuchungen der bimolekularen nucleophilen Substitution.** 2. Mitt. **Struktureffekte von Alkylhalogeniden auf die Geschwindigkeit von S_N2-Reaktionen. Erneute Untersuchung der linearen Beziehungen der Freien Energie zur strukturellen Variation der Alkylgruppen.** Kunio Okamoto, Issei Nitta, Tetsuo Imoto und Haruo Shingu. (Bull. chem. Soc. Japan **40** (1967) 8, 1905–08; engl.) – 1. vgl. vorst. Referat. – Die Unters. der linearen Beziehung der Freien Energie der S_N2-Rk. der Chloride, Bromide u. Jodide: *Methyl-*, *Äthyl-*, *n-Propyl-*, *n-Butyl-*, *Isopropyl-*, *Isobutyl-* u. *Neopentyl-* mit *Triäthylamin*, *Trimethylamin*, *Triisopropylamin*, *LiCl*, *LiBr*, *LiJ*, *KJ*, *NaJ*, *NaSCN*, $Na_2S_2O_3$, *Tri-n-butylphosphin*, *Chinuclidin*, *2-Methylpyridin*, *Dimethylanilin*, *Py.*; Na-Salze von *A.*, *Methanol*, *n-Propanol*, *Phenol*, *Thiophenol*, *Eugenol*, α- u. *β-Naphthol*, *1-Phenyl-3-thiourazol* unter Verw. der Beziehung log $(k/k_0) = r \cdot \alpha$ (r = Rk.-Konst., α = Strukturkonst. der Alkylgruppen) wird durchgeführt. Die ermittelten Korrelationskoeff. sind tabellar. wiedergegeben. Die Nichtanwendbarkeit der polaren u. ster. Substituentenkonst. nach Taft wird diskutiert. J. Oguntke 489

1124 **Kinetische Untersuchungen der bimolekularen nucleophilen Substitution.** 3. Mitt. **Geschwindigkeiten von S_N2- und E2-Reaktionen von ω-Chloralkylbenzolen mit Natriumacetat in 50%igem wäßrigen Aceton, Alternierungseffekte in gesättigten Kohlenstoffketten.** Kunio Okamoto, Teruo Kita und Haruo Shingu. (Bull. chem. Soc. Japan **40** (1967) 8, 1908–12; engl.) – 2. vgl. vorst. Referat. – Die Rk.-Geschw. (Tabelle) der Rk. von ω-Chloralkylbenzolen (**A**), *Benzylchlorid*, *ω-Chloräthyl-*, *-propyl-* u. *-butylbenzol* mit CH_3COONa in 50%ig. wss. Aceton wird im Bereich von 100–130° gemessen. Die Geschw.-Konst. für die S_N2- u. E2-Rk. wird bestimmt u. mit entsprechenden Daten für die n-Alkylchloride Methyl-, Äthyl-, Propyl- u. Butylchlorid bei 120° verglichen. Während die Geschw.-Sequenz der Verb. **A** für die S_N2-Daten einen Alternierungseffekt zeigt, der auf ster. Gegebenheiten zurückgeführt wird, ist dieser Effekt in den übrigen ermittelten Daten nicht zu beobachten. J. Oguntke 489

1125 **Kinetische Untersuchungen der bimolekularen nucleophilen Substitution.** 4. Mitt. **Geschwindigkeiten der S_N2- und E2-Reaktionen β-substituierter Äthylchloride mit Natriumacetat in wäßrigen Lösungen.** Kunio Okamoto, Teruo Kita, Kiyoshi Araki und Haruo Shingu. (Bull. chem. Soc. Japan **40** (1967) 8, 1913–16; engl.) – 3. vgl. vorst. Referat. – Die Rk.-Geschw. der S_N2- u. E2-Rk. der β-substituierten Verb. Äthylchlorid, n-Butylchlorid, 2-Methoxyäthylchlorid, 2-Phenoxyäthylchlorid u. 1.2-Dichloräthan mit CH_3COONa in wss. Lsg. bei 90–150° wird bestimmt (Tabellen der Geschw.-Konst. u. Aktivierungsparameter). Der von den Substituenten in den Reihen $H > C_2H_5 > CH_3O > Cl > C_6H_5O$ bzw. $H > CH_3O > C_2H_5 > C_6H_5O > Cl$ ausgeübte schwache Verzögerungseffekt auf die S_N2- bzw. E2-Rk. wird auf ster. Einfl. zurückgeführt. Vgl. mit Literaturdaten der Effekte anderer β-Substituenten. J. Oguntke 489

1126 **Kinetische Untersuchungen der bimolekularen nucleophilen Substitution.** 5. Mitt. **Geschwindigkeiten von S_N2- und E2-Reaktionen von 1.2-Dichloräthan mit verschiedenen Nucleophilen in wäßrigen Lösungen.** Kunio Okamoto, Hisayuki Matsuda, Hiroshi Kawasaki und Haruo Shingu. (Bull. chem. Soc. Japan **40** (1967) 8, 1917–20; engl.) – 4. vgl. vorst. Referat. – Die Rk.-Geschw. der S_N2- bzw. E2-Rk. von 1.2-Dichloräthan mit *NaOH*, *Na-Phenolat*, *Trimethylamin*, *Py.*, *Na-Acetat* in wss. Lsg. wird bei 110 u. 120° bestimmt. Die Konst. k_{S_N2} u. k_{E2} werden berechnet (Tabellen der Geschw.-Konst. u. Aktivierungsparameter). J. Oguntke 489

1127 **Kinetische Untersuchungen der bimolekularen nucleophilen Substitution.** 6. Mitt. **Geschwindigkeiten der Menschutkin-Reaktion von Methyljodid mit Methylaminen und Ammoniak in wäßrigen Lösungen.** Kunio Okamoto, Suguru Fukui und Haruo Shingu. (Bull. chem. Soc. Japan **40** (1967) 8, 1920–25; engl.) – 5. vgl. vorst. Referat. – Die Kinetik der Rk. von *Trimethylamin*, *Dimethylamin*, *Methylamin* u. *Ammoniak* mit *Methyljodid* in wss. Lsg. wird im Temp.-Bereich 0–40° untersucht. Die beobachteten Rk.-Geschw. folgen der Reihe $(CH_3)_3N > (CH_3)_2NH > CH_3NH_2 > NH_3$. Außerdem sind die Aktivierungsparameter für die untersuchten Rk. angegeben. J. Oguntke 489

1128 **Kinetik des H-Isotopenaustausches in Benzol bei Verwendung eines homogenen Pt-Katalysators.** R. J. Hodges und J. L. Garnett. (J. physic. Chem. **72** (1968) 5, 1673–82; Dep. of Phys. Chem., Univ. of New South Wales, Kensington, NSW, Australia; engl.) – Der homogene Austausch von *Bzl.*, *Biphenyl*, *Toluol*, *Chlor-*, *Brom-* u. *tert.-Butylbenzol* sowie *Trifluortoluol* u. *Naphthalin* mit *D* wurde in CH_3COOD/D_2O in Ggw. katalyt. Mengen H_2PtCl_6, Na_2PtCl_4 u. K_2PtCl_4 untersucht. K. J.-Lucas 489

1129 **Solvatation von Ionen.** 7. Mitt. **Solvatation von Übergangsstufen bei S_N2- und S_NAr-Reaktionen von Azid- und Thiocyanationen in Methanol und Dimethylformamid.** B. O. Coniglio, D. E. Giles, W. R. McDonald und A. J. Parker. (J. chem. Soc. [London], Sect. B **1966**, 152–60; Nedlands, Univ. of Western Australia, School of Chem., engl.) – 6. vgl. C. **1967**, 47-0561. – Die Kinetik der S_N2-Rk. von CH_3Cl, CH_3Br u. CH_3J mit N_3^- u. SCN^-, von *Butylchlorid*, *-bromid* u. *-jodid* mit *Py.* in CH_3OH u. DMF sowie der S_NAr-Rk. von N_3^- u. SCN^- mit *1-Chlor-*, *1-Brom-*, *1-Jod-2.4-dinitrobenzol*, von N_3^- u. $C_6H_5S^-$ mit 1-Fluor-, 1-Jod-4-nitrobenzol in $CH_3 \cdot OH$ u. DMF wird untersucht. I. B. 489

1130 **Zucker mit potentieller antiviraler Aktivität.** 1. Mitt. **Umwandlung von Hydroxyverbindungen in Nitrile.** D. Brett, I. M. Downie und J. B. Lee. (J. org. Chemistry **32** (1967) 3, 855–56; Loughborough, Leics., Univ. of Technol., Dep. of Organ. Chem.; engl.) – Vf. untersuchten die Umwandlung von *Butanol-(1)*, *Octanol-(2)*, *1.2-O-Isopropylidenglycerin* u. *Methyl-2.3.4-tri-O-acetyl-α-D-glucosid* zu *Valeronitril* (85%), *2-Methyloctanonitril* (70%), *2-Desoxy-3.4-O-isopropylidentetrononitril* bzw. *Methyl-2.3.4-tri-O-acetyl-6-desoxy-α-D-glucohepturononitril* ($C_{14}H_{19}NO_8$, F. 132–133°, 45% Ausb.) bei Behandlung einer Mischung des Alkohols, CCl_4 u. Triphenylphosphin mit DMSO u. NaCN unter Rückfluß. Analog wurden *Hexanol*, *Pentanol*, *Decanol* u. *Heptanol* in die Nitrile übergeführt. H. Pehlmann 489

1131 **Protonenbeweglichkeit der H-Atome der Methylengruppe des Tetraphenylmethylendiphosphindioxids.** V. N. Setkina, T. Ja. Medved' und M. I. Kabačnik. (Izvest. Akad. Nauk SSSR, Ser. chim. **1967**, 6, 1399; Inst. élementoorg. soedin. AN SSSR; russ.) – Vf. untersuchen mit Hilfe von ^{1}H-NMR die Kinetik des H–D-Austausches an Bis-[diphenylphosphinyl]-methan mit Hilfe von [N-D]-Anilin (58,1 Atom-%). J. Eliassaf 489

1132 **Reaktionen von 2.4.6-Trinitrobenzolsulfonsäure mit Aminosäuren, Peptiden und Proteinen.** R. B. Freedman und G. K. Radda. (Biochem. J. **108** (1968) 3, 383–91; Dep. of Biochem., Univ. of Oxford; engl.) – Spektrometr. wurde die Kinetik der Rk. mit *Glycin*, *Alanin*, *Phenylalanin*, *Tyrosin*, *DL-Phenylglycin*, *DL-p-Methyl-* u. *DL-p-Methoxyphenylglycin*, *DL-p-* u. *DL-m-Fluorphenylglycin*, *DL-m-Chlorphenylglycin*, *L-Lysin*, *ε-N-Acetyl-L-lysin*, *α-N-Acetyl-L-lysinamid*, *Glycinamid*, *Glycyl-L-tyrosin*, *Glycylglycyl-L-tyrosin*, *N-Acetyl-DL-cystein*, *Insulin*, *Ribonuclease A*, *α-Chimotrypsinogen A*, *Glutamatdehydrogenase* u. *Lysozym* untersucht. K.-J. Lucas 489

1133 **Mechanismus der Hydroformylierung.** V. Ju. Gankin und D. M. Rudkovskij. (Kinetika i Kataliz **8** (1967) 4, 908–11; „VNIINEFTECHIM"; russ.) – Der von Breslow u. Heck (Chem. and Ind. **1960**, 467) vorgeschlagene Mechanismus der Titelrk. wird ausgearbeitet u. mit kinet. Daten belegt. Die Konst. der Elementarstufen bei 110 u. 120° werden berechnet. J. Eliassaf 490

1134 **Mechanismen der Diels-Alder-Reaktion von Butadien.** Sidney W. Benson. (J. chem. Physics **46** (1967) 12, 4920–26; Stanford Res. Inst., Menlo Park, Calif.; engl.) — Die Kinetik sowie die Rk.-Wärme u. -Entropie bei 600 °K der Pyrolyse von *Cyclooctadien-(1.5)* (I) in Parallelrk. zu Butadien (II) u. zu 4-Vinylcyclohexen (III) werden untersucht u. lassen quant. auf ein Octadien-(2.6)-diyl-(1.8)-Biradikal als gemeinsame Vorstufe schließen. Die Kinetik entspricht außerdem entsprechenden Werten der Rückrk. von III zu II u. der Dimerisierung von II. Die Pyrolyse von *1.2-Divinylcyclobutan* in Lsg. zu I, II, III u. cis–trans-Isomerisierung verläuft nach dem gleichen Rk.-Schema. Anomalien der RGK der umgekehrten Diels-Alder-Pyrolyse von *Cyclohexen, 3-Methyl-* u. *4-Vinylcyclohexen* werden aufgeklärt.
G. Kirsten 490△

1135 **Katalytische Hydrodesalkylierung von Toluol. Bestimmung der optimalen Reaktionsbedingungen durch statistische Programmierung und Versuche.** Gh. Şerban, Gh. Panaitescu und I. Ghejan. (Studii Cercetări Chim. [Bucureşti] **15** (1967) 3, 223–32; Ploieşti, Inst. de cerc. „Petrochim"; rum.) — Unter Verw. eines Cr_2O_3-Katalysators auf Al_2O_3 wurden die optimalen Bedingungen der Rk. untersucht u. mit den Variablen Temp., Druck, Vol.-Geschw. u. Verhältnis H_2/Toluol mathemat. Modelle für die statist. Optimierung entwickelt.
R. K. Müller 490△

1136 **Kinetik der ionischen Polymerisation.** 14. Mitt. **Leitfähigkeiten und sichtbare Spektren von J_2/n-Butylvinyläther-Mischungen.** D. D. Eley, F. L. Isack und C. H. Rochester. (J. chem. Soc. [London], Sect. A **1968**, 7, 1651–58; Chem. Dep., Univ., Nottingham; engl.) — 13. vgl. ibid. **1968**, 4, 872. — Vf. untersuchten das Syst. J_2–n-Butylvinyläther in CCl_4, Ae. u. Äthylendichlorid. RGK wurden bestimmt. K.-J. Lucas 490

1137 **Allen-Chemie.** 6. Mitt. **Reaktion von Na-Mercaptiden mit Allen.** W. H. Mueller und K. Griesbaum. (J. org. Chemistry **32** (1967) 3, 856–58; Linden, N.J., Esso Res. and Engng. Co., Central Basic Res. Labor.; engl.) — 7. vgl. C. **1968**, 49/50-0966. — *Thiophenol, Methyl-* u. *Äthylmercaptan* reagieren mit Allen bzw. Propin zu *1.3-Bis-[phenylmercapto]-propan* ($C_9H_{10}S$, Kp.$_{20}$ 97–98°), *2.2-Bis-[methylmercapto]-propan* (C_4H_8S, Kp. 91°), bzw. *2.2-Bis-[äthylmercapto]-propan* ($C_5H_{10}S$, Kp. 113–114°). Die Rk. werden unter dem Gesichtspunkt einer anion. Addition untersucht. H. Pehlmann 490

1138 **Kinetik und Mechanismus der Synthese von Butin-(2)-diol-(1.4).** E. G. Gel'perina, O. N. Temkin, R. M. Flid und V. F. Svidčenko. (Kinetika i Kataliz **2** (1967) 2, 362–70; Mosk. inst. tonkoj chim. technol. im. Lomonosova; russ.) — Vf. untersuchen die Synth. am *Cu-Acetelid/SiO$_2$*-Katalysator bei 90° aus *Acetylen* u. *Formaldehyd.* J. Eliassaf 490

1139 **Katalytische Eigenschaften von Lu_2O_3 bei der Dehydrierung und Dehydratisierung von Alkoholen und der Dehydrierung von Tetralin.** T. N. Filatova, A. A. Tolstopjatova und A. A. Balandin. (Ž. fiz. Chim. **41** (1967) 1, 35–39; Mosk. gos. univ., Chim. fak.; russ.) — Nachst. Alkohole werden untersucht: *A., n-* u. *Isopropyl-, n-, tert.-* u. *Isobutyl-*. Die Aktivierungsenergien der Rk. u. die Bindungsenergien von C, H u. O an Lu_2O_3 werden bestimmt. J. Eliassaf 490

1140 **Begrenzungen der UV-Spektroskopie zur Untersuchung der reversiblen Hydratation von Carbonylverbindungen.** P. Greenzaid, Zvi Rappoport und David Samuel. (Trans. Faraday Soc. **63** (1967) 537, 2131–39; Rehovoth, Israel, Weizmann Inst. of Sci., Isotope Dep.; engl.) — Die UV-Meth. zur Best. der Gleichgew.-Konst. wird an folgenden Verb. überprüft: *Pivalinaldehyd, Diacetyl, Chlor-, 1.3-Dichlor-, Hexamethyl-, Methoxyaceton, Aceton, Pinakolon* u. *Acetaldehyd.* G. O. Jäger 490△

1141 **Reaktivität von Isocyanaten.** N. D. Ghatge, S. D. Yadav und A. C. Ranade. (J. appl. Polymer Sci. **12** (1968) 3, 447–53; Nat. Chem. Labor., Poona, India; engl.) — Die RG der Rk. von *4-Methoxy-2-pentadecyl-* u. *2-Methoxy-4-pentadecylphenylisocyanat* mit *2-Äthylhexanol* wurde IR-spektrometr. bestimmt.
K.-J. Lucas 490

1142 **NMR-Untersuchung der Hydratisierung von Brenztraubensäure.** V. S. Griffiths und G. Socrates. (Trans. Faraday Soc. **63** (1967) 531, 673–77; Battersea Coll. of Technol., London; engl.) — Das Konz.-Verhältnis von *Brenztraubensäure* zu seiner hydratisierten Form *2.2-Dihydroxypropansäure* wird untersucht u. die H^+-abhängige Geschw.-Konst. der Hydratisierung u. der Dehydratisierung bestimmt. W. Damerau 490△

1143 **Reaktionen von α-Oxiden.** 11. Mitt. **Kinetik der von Borfluorid und einigen Metallhalogeniden katalysierten Reaktion von Äthylenoxid mit Alkoholen.** V. M. Kozlov und N. N. Lebedev. (Kinetika i Kataliz 8 (1967) 1, 18–23; Mosk. chim.-technol. inst. im. Mendeleeva; russ.) — 10. vgl. C. **1968**, **37**-1035. — Vf. untersuchen die Rk. mit *Methylalkohol* in Ggw. von *BF$_3$-Diätherat* u. *HClO$_4$* in Nitrobenzol sowie von *Octylalkohol* in Ggw. von BF_3-Diätherat, *SbCl$_5$, SnCl$_4$, FeCl$_3$, TiCl$_4$*, $HClO_4$ u. *Toluolsulfonsäure.* Der Mechanismus wird diskutiert.
J. Eliassaf 490

1144 **Rolle des Mediums beim Mechanismus der Reaktion von Isocyanaten mit Alkoholen.** 2. Mitt. R. P. Tiger und S. G. Entelis. (Kinetika i Kataliz 8 (1967) 1, 54–59; Inst. chim. fiziki AN SSSR; russ.) — 1. vgl. C. **1968**, 12-0895. — Vf. untersuchen die Kinetik der Rk. *Methanol* (I) mit nachst. Phenylisocyanaten: *unsubstituiert* (II), *m-Methyl-, m-Chlor-, p-Chlor-, m-Nitro-, o-Methyl-* u. mit *2.4-Diisocyanatotoluol* (III) in Lsgm. mit verschiedener Polarität u. vergleichen die RGK der Rk. von I u. III mit ihren Lsg.-Wärmen in den verwandten Lsgm. sowie die RGK der Rk. von I mit II in verschiedenen Heptan–Dioxan-Gemischen mit den entsprechenden Lsg.-Wärmen. J. Eliassaf 490

1145 **Umwandlung acyclischer Kohlehydrate zu Tetrahydrofuranderivaten. Säurekatalysierte Dehydratisierung von Erythriten und Pentiten.** B. G. Hudson und Robert Barker. (J. org. Chemistry **32** (1967) 11, 3650–58; Iowa City, Ia., Univ. of Ia., Dep. of Chem.; engl.) — Die säurekatalysierte Dehydratisierung (Anhydridisierung) von *Butandiol-1.4, Butantriol-1.2.4, Erythrit, D-Threit, 2-O-Methylbutantriol-1.2.4, 2-Methylbutandiol-1.4, Pentandiol-1.4, DL-erythro-Pentantriol-1.2.4, DL-threo-Pentantriol-1.2.4, L-Pentantriol-1.2.5, Ribit, Xylit, D-Arabinit, 2-Desoxy-D-ribit* u. *1-Desoxy-D-arabinit* zu den entsprechenden Prod.: *THF, 3-Hydroxytetrahydrofuran, 1.4-Anhydroerythrit, 1.4-Anhydro-D-threit, 3-O-Methyl-3-hydroxytetrahydrofuran, 3-Methyltetrahydrofuran, 2-Methyltetrahydrofuran, DL-erythro-2-Methyl-4-hydroxytetrahydrofuran, DL-threo-2-Methyl-4-hydroxytetrahydrofuran, L-2-Hydroxymethyltetrahydrofuran, 1.4-Anhydro-DL-ribit, -DL-xylit, -D-arabinit, 1.4-Anhydro-L-* u. *-D-ribit, -L-* u. *-D-xylit, -D-* u. *-L-lyxit* u. *-D-arabinit, 1.4-Anhydro-2-desoxy-D-ribit* u. *-5-desoxy-D-lyxit* wird untersucht.
H. Pehlmann 490

1146 **Über Konkurrenzreaktionen unter Beteiligung zweier Aminogruppen.** 5. Mitt. **Diskussion der Mechanismen der mit ^{15}N untersuchten Kondensationen primärer aromatischer Amine.** P. Krumbiegel und H. Hübner. (Z. physik. Chem. [Leipzig] **236** (1967) 1/2, 49–58; Inst. für stabile Isotope Leipzig, Dt. Akad. der Wiss. zu Berlin; dt.) — 3. vgl. C. **1966**, 36-0791. — Übersicht über den Rk.-Weg des Amin-N bei der Aminkondensation. — 27 Literaturangaben. J. Eliassaf 491

1147 **Kinetik der Reaktion von Aminosäuren mit Phenylisothiocyanat.** M. E. van Rymenant. (Rev. franç. Études clin. biol. 12 (1967) 6, 580–81; Serv. de Méd. et d'Investigat. Clin. de l'Inst. Bordet, Univ. Libre de Bruxelles; franz.) — Die Kinetik der Kondens. wurde für folgende Aminosäuren bestimmt: *α-* u. *ε-Lysin, Prolin, α-, β-, γ-Aminobuttersäure, Asparagin-, Glutaminsäure, Oxyprolin, Histidin, Alanin, Leucin, Valin, Arginin, Glycin, Serin, Threonin, Phenylalanin, Leu–Gly–Gly.*
J.-S. Marcus 491

1148 **Isomerisierungsmechanismus von Cyclopropanen.** Robert J. Crawford und Thomas R. Lynch. (Canad. J. Chem. **46** (1968) 8, 1457–58; Dep. of Chem., Univ. of Alberta, Edmonton, Alberta; engl.) — Untersucht wurde die Rk. mit *trans-(−)-1.2-Diphenylcyclopropan*, dessen Razemisierungsgeschw. sich als größer als die trans–cis-Isomerisierung erweist. K.-J. Lucas 492

1149 **Katalytische Isomerisierung von Cyclenen an Aluminiumoxid. 2. Mitt. Isomerisierung von 1-Methylcyclohexen-(8) und 1-Äthylcyclopenten-(1).** A. A. Kubasov, I. V. Smirnova und K. V. Topčieva. (Kinetika i Kataliz 8 (1967) 2, 351–56; Mosk. gos. univ. im. Lomonosova, Chim. fak.; russ.) — 1. vgl. ibid. 8 (1967) 1, 146. J. Eliassaf 492

1150 **Relative Aktivität der Edelmetalle der VIII. Gruppe bei der Konformationsisomerisierung von Dialkylcycloparaffinen.** O. V. Bragin, Tao Lun-Sjan und A. L. Liberman. (Doklady Akad. Nauk SSSR 174 (1967) 5, 1087–90; Inst. org. chimii im. Zelinskogo, AN SSSR; russ.) — Vf. untersuchen die cis–trans- bzw. trans–cis-Umwandlung von *cis-* u. *trans-1.2-Dimethylcyclopentan, trans-1-Methyl-2-äthylcyclopentan* (Kp. 121,6°) u. *cis-* (Kp. 120,3°) u. *trans-1.3-Dimethylcyclohexan* an *Ru, Rh, Pd, Os, Ir* u. *Pt.* J. Eliassaf 492

1151 **Carbanionen.** 10. Mitt. **Bevorzugte Wanderung des p-Biphenylyls in 2-m-Biphenylyl-2.2-bis-[p-biphenylyl]-äthyllithium.** Erling Grovenstein jun. und Gary Wentworth. (J. Amer. chem. Soc. 89 (1967) 10, 2348 bis 2356; Atlanta, Ga., Ga. Inst. of Technol., School of Chem.; engl.) — 9. vgl. C. **1969**, 5-1076. — Rk. von *2-Chlor-1-m-biphenylyl-1.1-bis-[p-biphenylyl]-äthan* (I) in THF mit Li bei −65° liefert *2-m-Biphenylyl-2.2-bis-[p-biphenylyl]-äthyllithium*, das nach Carbonylierung *3-m-Biphenylyl-3.3-bis-[p-biphenylyl]-propionsäure* gibt. Rk. von I mit Li bei 0° ergibt nach Carbonylierung *2-m-Biphenylyl-2.3-bis-[p-biphenylyl]-propionsäure*. Rk. bei −65° u. Erwärmen auf 0° vor der Carbonylierung gibt vorst. Verb., 3-m-Biphenylyl-2.2-bis-[p-biphenylyl]-propionsäure wurde nicht gefunden. Die Umlagerung wird gedeutet.

Versuche: *2-Chlor-1-m-biphenyl-1.1-bis-[p-biphenyl]-äthan*, $C_{38}H_{29}Cl$, F. 223,2–224,3° (Methyläthylketon) aus Bis-[p-biphenylyl]-methan über *Brom-bis-[p-biphenylyl]-methan* u. *m-Biphenylyl-bis-[p-biphenylyl]-methan* ($C_{37}H_{28}$, F. 212–213,5°). — *3-m-Biphenylyl-3.3-bis-[p-biphenylyl]-propionsäure*, $C_{39}H_{30}O_2$, F. 226–228,1° (A.), aus *m-Biphenylyl-bis-[p-biphenylyl]-carbinol* [$C_{37}H_{28} \cdot O$, F. 231–233° (aus 3-Brombiphenyl)]. — *¹⁴C-3-m-Biphenylyl-2.2-bis-[p-biphenylyl]-propionsäure*, $C_{39}H_{30}O_2$, F. 203,5–204,5°, aus *¹⁴C₍₁₎-Bis-[p-biphenylyl]-äthannitril*, $C_{26}H_{19}N$, F. 185,8–187,2°, über *¹⁴C₍₁₎-Bis-[p-biphenylyl]-äthansäuremethylester* ($C_{27}H_{22}O_2$, F. 125–127°) u. mit 3-Bromäthylbiphenyl ($C_{13}H_{11}Br$, F. 56,5–58,0). — *¹⁴C₍₁₎-2-m-Biphenylyl-2.3-bis-[p-biphenylyl]-propionsäure*, $C_{39}H_{30} \cdot O_2$, F. 209,0–210,0° (A.), aus *3.4'-Diphenylbenzophenon* [$C_{25}H_{18}O$, F. 143,8–145,0° (aus 3-Biphenylcarbonsäure)] über *m-Biphenylyl-p-biphenylylmethan* ($C_{25}H_{20}$, F. 99,3 bis 100,4°), *Brom-m-biphenylyl-p-biphenylylmethan, ¹⁴C₍₁₎-m-Biphenylyl-p-biphenylyläthansäure* ($C_{26}H_{20}O_2$, F. 172 bis 174°) u. *¹⁴C₍₁₎-m-Biphenylyl-p-biphenylyläthansäuremethylester* ($C_{27}H_{22}O_2$, F. 89,5–90,5°). — *1.1.2.2-Tetrakis-[p-biphenylyl]-äthan*, $C_{50}H_{38}$, F. 275–279°. H. Pehlmann 492

1152 **Kinetik der diaminkatalysierten geometrischen Isomerisierung von Dimethylmaleat.** Giuseppe Cilento und Clarice Ferreira do Amaral. (J. Chim. physique Physico-Chim. biol. 64 (1967) 10, 1547–48; Dep. of Chem., Fac. de Filos., Ci. e Letras, Univ. de São Paulo, São Paulo; franz.) — Vf. bestimmten die kinet. Daten der Rk. in Ae. bzw. Dioxan in Ggw. der Katalysatoren *Piperidin* (I), *n-Butylamin* (II), *1.2-Diaminoäthan, 1.3-Diaminopropan, 1.5-Diaminopentan, 1.7-Diaminoheptan* u. *1.10-Diaminodecan*. In Ae. sind die RGK in Ggw. der Diamine bis zu 5mal größer als für II, u. die Rk.-Ordnung bez. des Amins ist immer 1, ausgenommen I. U. Radlbeck 492

1153 **Heterolytische Umlagerung der Perester.** 2. Mitt. **Einflüsse des Mediums und des Katalysators auf die Reaktivität von Cumolperbenzoat.** N. V. Jablokova, V. A. Jablokov und A. V. Badjanova. (Kinetika i Kataliz 8 (1967) 1, 49–53; Gor'kovskij gos. univ. im. Lobačevskogo; russ.) — Die Kinetik der Umlagerung wird in Abhängigkeit der DK der Lsgm. sowie in Abhängigkeit von nachst. Katalysatoren: *Propion-* bzw. *Essigsäure* (ohne Lsgm.) u. *Dichlor-, Trichlor-, Trifluoressigsäure, Toluolsulfonsäure* bzw. $AlCl_3$ in Bzl. untersucht. J. Eliassaf 492

1154 **Durch freie Radikale katalysierte Isomerisierung von Isocyaniden.** D. H. Shaw und H. O. Pritchard. (Canad. J. Chem. 45 (1967) 22, 2749–54; Centre for Res. in Exper. Space Sci., York Univ., Toronto, Ontario; engl.) — Untersucht wird die durch Methylradikale (therm. Zers. von Di-tert.-butylperoxid) katalysierte Isomerisierung von *Methyl-* (I) u. *Äthylisocyanid* in der Gasphase bei ca. 100°. Arrhenius-Parameter der Rk. von I sind angegeben. K. Jasche 492△

1155 **Baseninduzierte Umlagerung von α-Halogensulfonen.** Leo A. Paquette. (Accounts chem. Res. 1 (1968) 7, 209–16; Dep. of Chem., O. State Univ. Columbus, O.; engl.) — Vf. diskutiert die Kinetik der Umlagerung von α-Chlor-, α.α-Dichlor- u. α.α.α-Trichlorsulfonen zu den entsprechenden Alkenen. — 33 Literaturangaben. K.-J. Lucas 492

1156 **Isomerisierung von Maleinsäure mit V^{2+}-Ionen.** E. Vrachnou-Astra und D. Katakis. (J. Amer. chem. Soc. 89 (1967) 25, 6772–73; Nuclear Res. Center „Democritos", Aghia Paraskevi Attikis, Athens, Greece; engl.) — Polarograph. verfolgt wird die Isomerisierung zu Fumarsäure in $HClO_4$. J. Jaehn 492

1157 **Durch Übergangsmetallkomplexe katalysierte Valenzisomerisierung von Quadricyclen zu Norbornadien.** H. Hogeveen und H. C. Volger. (J. Amer. chem. Soc. 89 (1967) 10, 2486–87; Koninklijke/Shell-Labor., Shell Res. N.V., Amsterdam; engl.) — Die RG der Isomerisierung wird durch *Di-μ-Chlor-bis-[bicyclo-[2.2.1]-heptadien-(2.5)]-dirhodium, Di-μ-Chlortetrakis-(äthylen)-dirhodium, Di-Chlor-[cyclooctadien-(1.5)]-palladium, Di-μ-Chlor-bis-[π-methallyl]-dipalladium* u. *Dichlor-[bicyclo-[2.2.1]-heptadien-(2.5)]-platin* erheblich beschleunigt. Die Kinetik der Umlagerung wurde NMR-spektrometr. untersucht. K.-J. Lucas 492

1158 **Weitere Untersuchungen der Pyrolyse aromatischer KW-Stoffe mittels ESR.** I. C. Lewis und L. S. Singer. (Carbon [Oxford] 5 (1967) 4, 373–81; Union Carbide Corp., Carbon Prod. Div., Parma, O.; engl.) — *9.9'-Bifluoren, Δ^{9,9'}-Bifluorenyliden, 9.9'-Bianthryl, 9.10-Dibenzylanthracen, Periflanthen, 7.12-Dimethylbenzanthracen* u. *Naphtacen* wurden in m-Quinquiphenyl als inertes Lsgm. pyrolysiert u. die EPR-Spektren der Prod. aufgenommen. K. Vacek 493

1159 **Kinetik der Neopentylchlorid-Pyrolyse.** 1. Mitt. **Die molekulare Zersetzung.** J. S. Shapiro und E. S. Swinbourne. (Canad. J. Chem. 46 (1968) 8, 1341–49; Div. of Pure Chem., Nat. Res. Council of Canada, Ottawa; engl.) — Die Zers. wurde bei Temp. von 410–496° durchgeführt. Prod.-Ausb. u. Arrhenius-Parameter sind tabelliert. K.-J. Lucas 493

1160 **Kinetik der Neopentylchlorid-Pyrolyse.** 2. Mitt. **Die Radikalkettenzersetzung.** J. S. Shapiro und E. S. Swinbourne. (Canad. J. Chem. 46 (1968) 8, 1351–59; engl.) — 1. vgl. vorst. Referat. — Prod.-Ausb. u. Arrhenius-Parameter sind angegeben. K.-J. Lucas 493

1161 **Beiträge zur Chemie der Borazide.** 7. Mitt. **Darstellung und Eigenschaften von Diorganylboraziden.** Peter I. Paetzold, Peter P. Habereder und Robert Müllbauer. (J. organometallic Chem. [Amsterdam] 7 (1967) 1, 45–50; Inst. für Anorgan. Chemie, Univ., München; dt.) — 6. vgl. C. **1968**, 39-0638. — Es wurden dargestellt: Allyl-(aryl)-phenylborchloride (A; nach Mikhailov et al. [1959] aus Allyl-(aryl)-phenylborinsäure-n-butylester u. PCl_5): *Methyl-*, $Kp._{12}$ 54–56°; 42% (Ausb.). — *Butyl-*, $Kp._{2}$ 69–72°; 50%. — *Cyclohexyl-*, $Kp._{2}$ 80 bis 83°; 56%. — *o-Tolyl-*, $Kp._{0,1}$ 106–109°; 64%. — *p-Tolyl-*, $Kp._{0,1}$ 100–105°; 42%. — *p-Chlorphenyl-*, $Kp._{0,1}$ 105 bis 107°; 60%. — *m-Trifluormethylphenyl-*, $Kp._{0,1}$ 60–61°; 24%. — Diarylborchloride (B; aus den entsprechenden Diarylborinsäure-β-aminoäthylestern über die Tetraaryldiboroxide u. Chlorierung mit BCl_3 bei −80°): *Di-o-tolyl-*, $Kp._{0,1}$ 108–110°; 73%. — *Di-p-tolyl-*, F. 63–65°, $Kp._{0,1}$ 120–124°; 50%. — *Di-p-chlorphenyl-*, F. 84–86°,

Kp.$_{0,1}$ 140—141°; 45%. — *Di-p-methoxyphenyl-*, F. 80 bis 85°, Kp.$_{0,1}$ 150—160°; 48%. — *Dibutylborchlorid*, nach McCusker et al. [1957]. — Diallyl-(aryl)-borazide (aus **A** oder **B** in Bzl. durch Zugabe zu LiN_3): *Di-n-butyl-*, Kp.$_{0,0001}$ 30°; 53%. — *Methylphenyl-*, Kp.$_{0,0001}$ 50—55°; 52%. — *Butylphenyl-*, Kp.$_{0,0001}$ 79—80°; 59%. — *Cyclohexylphenyl-*, Kp.$_{0,0001}$ 80—82°; 71%. — *o-Tolylphenyl-*, Kp.$_{0,0001}$ 95—98°; 86%. — *p-Tolylphenyl-*, Kp.$_{0,0001}$ 105 bis 107°; 56%. — *p-Chlorphenylphenyl-*, Kp.$_{0,0001}$ 100 bis 104°; 53%. — *m-Trifluormethylphenylphenyl-*, Kp.$_{0,0001}$ 80—82°; 80%. — *α-Naphthylphenyl-*; 93%. — *Di-o-tolyl-*, Kp.$_{0,0001}$ 75—80°; 52%. — *Di-p-tolyl-*, Kp.$_{0,0001}$ 95—96°; 90%. — *Di-p-chlorphenyl-*, Kp.$_{0,0001}$ 100—105°; 92%. — *Di-p-methoxyphenyl-*, Kp.$_{0,0001}$ 120—125°; 74%. — Diarylborazid-Pyridinate (durch Erhitzen einer Suspension von **A** oder **B** u. NaN_3 in Py. auf 80°): *o-Tolylphenyl-*, F. 170—172°; 49%. — *p-Tolylphenyl-*, F. 126 bis 129°; 41%. — *p-Chlorphenylphenyl-*, F. 115—117°; 42%. — *Di-p-tolyl-*, F. 155—157°; 47%. — *Di-p-chlorphenyl-*, F. 130—132°; 76%. — *Di-p-methoxyphenyl-*, F. 159—161°; 40%. Die ν_{as} (N_3) der Azide sind angegeben.
H.-J. Schönherr 493

1162 **Beiträge zur Chemie der Borazide.** 8. Mitt. **Thermischer Zerfall von Diorganylboraziden.** Peter I. Paetzold, Peter P. Habereder und Robert Müllbauer. (J. organometallic Chem. [Amsterdam] **7** (1967) 1, 51—60; dt.) — 7. vgl. vorst. Referat. — Folgende Diorganylborazide wurden einer Thermolyse unterworfen: *Dibutyl-* (**I**), *Diphenyl-*, *Di-o-tolyl-*, *Di-p-tolyl-*, *Di-p-chlorphenyl-*, *Di-p-methoxyphenyl-*, *o-Tolylphenyl-*, *p-Tolylphenyl-*, *p-Chlorphenylphenyl-*, *m-Trifluormethylphenylphenyl-*, *α-Naphthylphenyl-*, *Methylphenyl-*, *Butylphenyl-*, *Cyclohexylphenyl-*. Außerdem wurden folgende Diarylborazid-Pyridinate zersetzt: *Di-p-tolyl-*, *Di-p-chlorphenyl-*, *Di-p-methoxyphenyl-*, *p-Tolylphenyl-*. **I** zerfiel außer in N_2 auch in Buten u. in ein Borazol der Zus. $Bu_xH_{6-x} \cdot B_3N_3$ (mit x in Abhängigkeit von der Zers.-Temp.). Diarylborazide lieferten bei der Thermolyse als Hauptprod. Tetraaryl-1.3.2.4-diazadiboretane (**A**; daneben in geringen Mengen Hexaarylborazole). Allylphenylborazide disproportionierten dagegen in Dialkyl- u. Diphenylborazid vor dem Zerfall. H.-J. Schönherr 493

1163 **Beiträge zur Chemie der Borazide.** 9. Mitt. **Wanderungstendenzen, Kinetik und Mechanismus der thermischen Diorganylborazid-Umlagerung.** Peter I. Paetzold und Peter P. Habereder. (J. organometallic Chem. [Amsterdam] **7** (1967) 1, 61—70; dt.) — 8. vgl. vorst. Referat. — Es wird eine Reihe aufgestellt für die Wanderungstendenz des Arylrests vom B- zum α-N-Atom beim therm. Zerfall von Arylphenylboraziden sowie für die Thermostabilität der Diorganylborazide **A**. Aus letzterer schließt Vf., daß die **A** unter Nachbargruppenhilfe nach einem Synchronmechanismus zerfallen.
H.-J. Schönherr 493

1164 **Zersetzung von Äthanoldampf an Al.** D. E. R. Bennett und R. A. Ross. (J. chem. Soc. [London], Sect. A **1968**, 7, 1524—29; Dep. of Chem., College of Technol., Belfast 1; engl.) — Die Dampfphasenzers. wurde zwischen 120—460° mit α- u. γ-Al vorgenommen. Untersucht wurden Temp.-Abhängigkeit von Prod.-Ausb. u. Katalysatoroberfläche sowie der Einfl. von Äthylen- u. W.-Zusatz. Die Aktivierungsparameter wurden bestimmt. K.-J. Lucas 493

1165 **Katalytische Umsetzung von p-n-Propylphenol am Alumosilicatkatalysator.** N. Pecev, Chr. Dimitrov und A. Taleva. (Doklady bolgarskoj Akad. Nauk **20** (1967) 5, 437—40; Chim. fak., Sofiaskii univ.; russ.) — Vf. untersuchen die Krackungsrk. der Titelverb. bei 300—400°.
J. Eliassaf 493

1166 **Tieftemperatur-Pyrolyse.** 2. Mitt. **Isotopen-Untersuchung der Pyrolyse des Phthalsäuremonoesters von trans-1.2-Dimethylcyclohexanol.** K. G. Rutherford und R. M. Ottenbrite. (Canad. J. Chem. **45** (1967) 7, 679—81; Univ. of Windsor, Windsor, Ontario; engl.) — 1. vgl. C. **1967**, 7-1033. — Aus der Prod.-Analyse der Pyrolyseprod. des mit ^{18}O markierten Esters folgt, daß beim therm. Abbau eines ster. gehinderten Esters Ionenpaare eine Rolle spielen. W. Wesly 493

1167 **Kinetik der thermischen Zersetzung von N.N-Dimethylnitramin in Gegenwart von Formaldehyd.** B. L. Korsunskij, F. I. Dubovickij und G. V. Sitonina. (Doklady Akad. Nauk SSSR **174** (1967) 5, 1126—28; Inst. chim. fiziki, AN SSSR; russ.) J. Eliassaf 493

1168 **Chemismus der thermischen Zersetzung des Addukts aus Maleinanhydrid und Lävulinsäure.** M. I. Archipov und A. S. Potapov. (Izvest. vysšich učebnych Zavedenij [Ivanovo], Chim. i chim. Technol. **10** (1967) 6, 693 bis 696; Ivanovskij chim.-technol. inst.; russ.)
J. Eliassaf 493

1169 **Zersetzung von Tetraalkylammonium-Salzen in Lösung.** 1. Mitt. **Phenylbenzylmethylallylammoniumjodid.** K. T. Leffek und F. H.-C. Tsao. (Canad. J. Chem. **46** (1968) 8, 1215—20; Dep. of Chem., Dalhousie Univ., Halifax, Nova Scotia; engl.) — Die Kinetik der Zers. der Titelverb. u. die von *Phenylbenzyl-[D_3-methylallyl]-ammoniumjodid* wurde untersucht. Aktivierungsparameter sind tabelliert. K.-J. Lucas 493

1170 **Isomerisierung von Humulon.** 3. Mitt. **Abbau von Isohumulon.** B. J. Clarke und R. P. Hildebrand. (J. Inst. Brewing **73** (1967) 3, 282—93; Melbourne, Australia, Carlton and United Breweries, Ltd.; engl.) — 1. vgl. ibid. **73** (1967) 1, 60. — Es wird der alkal. Abbau von *Humulon* [**I**, *2-Isovaleryl-3.4-dihydroxy-4.6-diisopenten-(2)-ylcyclohexen-(2)-dion-(1.5)*], *Isohumulon A_1* [**II**; *2-Isovaleryl-3.4-dihydroxy-4-isohexen-(3)-oyl-5-isopenten-(2)-ylcyclopenten-(2)-on*] u. *Photoisohumulon* (**III**; *Isohumulon A_2*) untersucht. Als Abbauprod. wird jeweils *Humulinsäure* [*2-Isovaleryl-3.4-dihydroxy-5-isopenten-(2)-ylcyclopenten-(2)-on*, F. 90,5—91° (Isooctan); 90—95% (Ausb.)] isoliert. Daneben werden mittels gaschromatograph. Meth. *$CH_3COO \cdot H$*, *Isobutyraldehyd*, *Isobuttersäure*, *Isovaleriansäure*, *3-Methylcyclopenten-(2)-on* (*2.4-Dinitrophenylhydrazon*, F. 181—182°), *γ.γ-Dimethyl-γ-butyrolacton*, *4-Methylpenten-(2)-* u. *-(3)-säure* neben bisher nicht identifizierten Verb. nachgewiesen. Die Bildungsweise der identifizierten Prod. wird diskutiert. G. O. Jäger 493△

1171 **Die Geschwindigkeit der Reaktion von aktivem N mit Perfluorbuten-(2).** N. Madhavan und W. E. Jones. (J. physic. Chem. **72** (1968) 5, 1812—14; Dep. of Chem., Dalhousie Univ., Halifax, Nova Scotia, Canada; engl.) — Die RG der unter Entflammen verlaufenden Rk. wurde mittels Diffusions-Flammen-Technik bestimmt. Zum Vgl. wurden die RGK der Rk. von aktivem N mit *Äthylen* u. *Propylen* gemessen. K.-J. Lucas 494

1172 **Kinetik der Reaktion von Methan mit CO_2 an der Ni-Oberfläche.** I. M. Bodrov und L. O. Apel'baum. (Kinetika i Kataliz 8 (1967) 2, 379—82; Fiz.-chim. inst. im. Karpova; russ.) — Vf. untersuchen die Rk. bei 800—900°. J. Eliassaf 494

1173 **Turbulenzeffekte bei der Explosionsfortpflanzung. Verdünntes Nitromethan.** H. Dean Mallory. (J. appl. Physics **38** (1967) 13, 5302—06; Propulsion Dev. Dep., Naval Weapons Center, China Lake, Calif.; engl.) — In der Wellenfront in reagierenden *Nitromethan* (**I**)–*Aceton*-Lsg. treten Druckunregelmäßigkeiten auf. Aus Hochgeschw.-Photographien folgt, daß sich die Unregelmäßigkeiten mit abnehmendem **I**-Geh. der Lsg. verstärken.
R. Blank 494

1174 **Cyclotrimerisierung von Butadien am Katalysatorsystem $C_6H_6 \cdot TiCl_2 \cdot Al_2Cl_6 + R_2AlR'$.** V. M. Achmedov und L. I. Zacharkin. (Kinetika i Kataliz 8 (1967) 2, 331—34; Inst. ėlementoorgan. soedin. AN SSSR; russ.) — Vf. untersuchen die Titelrk. an den Katalysatorsyst. mit: *Diäthylaluminiumchlorid*, *Triisobutyl-* u. *Triäthylaluminium*, *Diäthyl-* u. *Diisobutylaluminiumhydrid*.
J. Eliassaf 494

1175 **Olefinische Cyclisierungen.** 9. Mitt. **Das Butenylcyclohexenolsystem.** William S. Johnson und Kenn E. Harding. (J. org. Chemistry **32** (1967) 2, 478—79; Stanford, Calif., Stanford Univ., Dep. of Chem.; engl.) — 8. vgl. J. Amer. chem. Soc. **87** (1965) 22, 5148; 7. vgl. C. **1966**, 35-0933. — 4- u. 6-[Δ^3-Butenyl]-Δ^2-cyclohexenol cyclisieren sich in Ggw. von Ameisensäure bei Zimmertemp. zu einer Mischung von *cis.anti-* u. *cis.syn-Oktalol-(2)*. Hydrierung über Pt-Katalysator führt zu *cis.syn-*

Dekalol-(2). Analoge Rk. des 4-[Δ^3-Butenyl]-3-methyl-Δ^2-cyclohexanol führt zu *cis.syn-9-Methyloktalol-(2)* u. weitere Hydrierung zu *cis.syn-9-Methyldekalol-(2)*. Es werden die Konform. ermittelt. H. Pehlmann 494

1176 **Sterische Faktoren der Jodlactonisierung ungesättigter Carbonsäuren.** V. I. Staninec, E. A. Šilov und É. B. Korjak. (Doklady Akad. Nauk SSSR **172** (1967) 4, 874—77; Inst. organ. chimii AN SSSR; russ.) — Vf. untersuchen die Kinetik der Rk. der Na-Salze nachst. Säuren mit J_2: *cis-* u. *trans-Δ^4-Tetrahydrophthalsäure* zu 5-Jod-4-hydroxycyclohexan-cis- (F. 168°) bzw. 5-Jod-4-hydroxycyclohexan-trans-1.2-dicarbonsäure-(2→4)-γ-lacton (F. 198°), *endo-cis-Norbornen-5.6-dicarbonsäure* zu 4-Jod-3.6-methylen-5-hydroxycyclohexan-cis-1.2-dicarbonsäure-γ-lacton (F. 167°) bzw. -δ-lacton (F. 98°), *endo-trans-Norbornen-5.6-dicarbonsäure* zu 4-Jod-3.6-methylen-5-hydroxycyclohexan-trans-1.2-dicarbonsäure-γ-lacton (F. 245°). Mit exo-cis-Norbornen-5.6-dicarbonsäure tritt die Rk. nicht auf. J. Eliassaf 494

1177 **Katalytische Eigenschaften von geschwefeltem porösem SiO_2 bei Krackreaktionen.** Z. Dudzik. (Bull. Acad. polon. Sci., Sér. Sci. chim. **15** (1967) 12, 583—86; A. Michiewicz Univ. Poznań; engl.) — Untersucht wird die katalyt. Krackung von *2.3-Dimethylbutan* an SiO_2 (nach dessen Behandlung mit Na_2S_5 unter verschiedenen Bedingungen). K. Jasche 495△

1178 **Intramolekulare Katalyse in einem nichthydroxylischem Lösungsmittel und ihre Beziehung zu enzymatischen aktiven Zentren.** R. L. Snell, Wo-Kong Kwok und Young Kim. (J. Amer. chem. Soc. **89** (1967) 25, 6728—33; Johnson City, Tenn., East Tenn. State Univ., Chem. Dep.; engl.) — Vf. untersuchen potentiometr. im stat. Syst. die Kinetik der Aminierung von *Methylsalicylat* (**I**) durch *n-Butylamin* (**II**) in trockenem Dioxan ($\Delta H^{\neq}$- u. $\Delta S^{\neq}$-Werte). Infrarotspektroskop. wurden folgende Rk.-Prod. nachgewiesen: *N-n-Butylsalicylamid* (**III**) u. die Salze **II**—**III** u. **II**—**I**. Ruth Müller 495

1179 **Modifizierung des Raney-Nickel-Katalysators durch spezifische Kationenadsorption.** S. A. Musina, G. D. Zakumbaeva und D. V. Sokol'skij. (Ž. fiz. Chim. **41** (1967) 10, 2537—43; Inst. chim. nauk AN Kaz. SSR, Alma-Ata; russ.) — Durch spezifische Adsorption der Kationen von Me = Cd, Zn, Mn, Pb, Sn, Tl u. In entstehen gemischte Ni–Me-Zentren, die eine Veränderung der katalyt. Eig. bewirken. J. Eliassaf 495

1180 **Neue Daten auf dem Gebiet der stereospezifischen Katalyse.** E. I. Klabunovskij. (Ž. fiz. Chim. **41** (1967) 10, 2528—36; Inst. org. chim. im. N. D. Zelinskogo AN SSSR, Moskva; russ.) — Eine Literaturübersicht mit 38 Literaturangaben. J. Eliassaf 495

1181 **Anwendung der Taftschen Gleichung zur Auswahl homogener Katalysatoren für die Oxydation von Propylen zu Propylenglykol.** V. F. Odjakov und K. I. Matveev. (Kinetika i Kataliz 8 (1967) 2, 322—30; Inst. Kataliza SO AN SSSR; russ.) — Vf. untersuchen die Beziehung zwischen katalyt. Aktivität u. den Taftschen Substituenten-Konst. nachst. Katalysatoren: *Chlor-*, *Brom-*, *Dichlor-*, *Dibrom-*, *Trichlor-*, *Methoxy-* u. *Chlormethylessigsäure*. J. Eliassaf 495

1182 **Aktivität der Katalysatoren der Koordinationspolymerisierung.** G. A. Baranova, L. L. Stockaja und B. A. Krencel. (Kinetika i Kataliz 8 (1967) 1, 24—31; Inst. neftchim. sinteza im. Topzeva AN SSSR; russ.) — Vf. diskutieren die Wrkg. homogener katalyt. Syst. u. die stereospezif. Wrkg. der metallorg. Komplexe. J. Eliassaf 495

1183 **Rückstoß-T-Reaktionen in Methan–Wasserstoff-Gemischen: CH_4–D_2.** John W. Root und F. S. Rowland. (J. chem. Physics **46** (1967) 11, 4299—4305; Dep. of Chem., Univ. of Kan., Lawrence, Kan.; engl.) — Die Rk. von T^*-Atomen werden über den gesamten Molenbruchbereich der CH_4–D_2-Gemische untersucht u. mit der kinet. Theorie heißer Rk. quant. beschrieben. A. Pinkowski 496

1184 **Einfluß der Phase auf das chemische Verhalten von ^{132}Jod, das aus ^{132}Te im organischen Medium entsteht.** 3. Mitt. **Reines $(C_4H_9)_2{}^{132}Te$ und seine benzolische Lösung.** Yvan Llabador und J. P. Adloff. (Radiochim. Acta [Frankfurt/M.] 8 (1967) 1, 41—43; Dép. de Chim. Nucl., Centre de Rech. Nucl., Strasbourg; franz.) — 2. vgl. C. **1968**, 16 0733. — Vf. bestimmten Ausb. u. Verteilung von organ. gebundenem ^{132}J in Abhängigkeit von der Phase u. deuten den Effekt mit Hilfe des Selbstbestrahlungsmodells. J. J. Pohl 496

1185 **Heterogene Photosensibilisierung.** Peter A. Leermakers und F. Colin James. (J. org. Chemistry **32** (1967) 9, 2898—99; Dep. of Chem., Wesleyan Univ., Middletown, Conn.; engl.) — Polyvinylphenylketon wird als Photosensibilisator in den Syst. *Piperylen* (**I**), *Norbornadien* (**II**) u. *Myrcen* (**III**) verwendet. Bestrahlung von **I** induziert eine cis/trans-Isomerisierung, von **II** eine Valenzisomerisierung (→ *Quadricyclen*) u. von **III** gibt *5.5-Dimethyl-1-vinylbicyclo-[2.1.1]-hexan*. K. Jasche 498△

1186 **Bestimmung der Aktivierungsenergie der Abtrennung von H durch heiße und thermische Äthylradikale bei der Photolyse von HJ–C_2H_4-Gemischen.** B. G. Dzantiev und A. P. Švedčikov. (Doklady Akad. Nauk SSSR **175** (1967) 2, 389—91; Inst. chim. fizikii, AN SSSR; russ.) — Außerdem wird die Aktivierungsenergie in Abhängigkeit vom He-Geh. in den Gemischen untersucht. J. Eliassaf 498

1187 **Oxydation von Äthylen durch Photolyse von NO_2 bei 25°.** Sigmund Jaffe und James Keith. (J. chem. Physics **48** (1968) 6, 2805—09; Dep. of Chem., Calif. State College at Los Angeles, Los Angeles, Calif.; engl.) — Äthylen wurde mit Licht von 3660 Å in Ggw. von NO_2 bei 25° bestrahlt. Die Quantenausb. als Funktion von Äthylen-, NO_2- u. Gesamtdruck sowie die RGK wurden bestimmt. K.-J. Lucas 498

1188 **Rolle der Ionenzustände in photosensibilisierten Zweiquantenreaktionen aromatischer Verbindungen bei 77 °K.** B. N. Šelimov, V. G. Vinogradova, V. I. Mal'cev und N. V. Fok. (Doklady Akad. Nauk SSSR **172** (1967) 3, 655—58; Inst. chim. fiziki AN Mosk. gos. univ. M. V. Lomonosova; russ.) — Vf. untersuchen EPR-spektroskop. die Radikalbldg. in nachst. Syst.: *Phenanthren* in *A*. (mit u. ohne *HCl*, *n-Propyl-* (**I**), *Isopropyl-* (**II**), *Benzylchlorid* (**III**); *Toluol* (**IV**), CH_2Cl_2 bzw. CCl_4) u. in *3-Methylpentan* (**V**) (mit u. ohne *Aceton*, *n-Butylamin* bzw. *Triäthylamin*); *Naphthalin* in A. (mit u. ohne **I**—**IV**, CH_2Cl_2 bzw. CCl_4) u. in **V**. Radikale treten auf von A., **V**, den Chloriden, Aceton u. den Aminen. J. Eliassaf 498

1189 **Radiolyse von Cyclohexan in Gegenwart deuterierter Olefine. Die Beteiligung von Olefinen bei der H-Bildung.** M. G. Robinson und G. R. Freeman. (J. physic. Chem. 72 (1968) 5, 1780—82; Dep. of Chem., Univ. of Alberta, Edmonton, Canada; engl.) — Die Radiolyse wurde in Ggw. folgender deuterierter Olefine CH_3CDCD_2, CD_3CHCH_2, C_3D_6, $(CD_3)_2CCH_2$, $(CD_3)_2CCD_2$ u. $CH_3 \cdot (CH_2)_4CDCD_2$ ausgeführt. Die Ausb. wurden bestimmt. K.-J. Lucas 498

1190 **ESR-Untersuchung von bestrahltem Pyridin. Einfluß von Jod.** Kozo Tsuji, Hiroshi Yoshida und Koichiro Hayashi. (J. chem. Physics **46** (1967) 7, 2808—10; Dep. of Polymer Chem., Fac. of Engng., Kyoto Univ., Kyoto, Japan; engl.) — Bei γ-Bestrahlung von Py. bei —196° entsteht vorzugsweise ein Kationen-Radikal. Durch J-Zugabe wird der G-Wert für die Bldg. (über einen angeregten Zustand des Ladungsübertragungskomplexes zwischen Py. u. J) des Kationen-Radikals stark erhöht. K.-H. Bielicki 498

1191 **Bestrahlung von Dihydropyrimidinen.** Wallace Snipes und William Bernhard. (Radiat. Res. **33** (1968) 1, 162—73; Dep. of Biophys., The Pa. State Univ., Univ. Park., Pa.; engl.) — Die Umwandlung von *Dihydrouracil*, *Dihydrothymin* u. *Dihydro-6-methyluracil* in *Uracil*, *Thymin* bzw. *6-Methyluracil* durch γ-Bestrahlung wurde in wss. Lsg. u. im festen Zustand untersucht. Quantenausb., Ausb. in Abhängigkeit von der Strahlendosis sowie ESR-Spektren sind angegeben. K.-J. Lucas 498

1192 **Spektrophotometrische Identifizierung von γ-Radiolyse-Zwischenprodukten in einer neuen glasartigen**

Halogenmatrix. A. Grimison und G. A. Simpson. (J. physic. Chem. 72 (1968) 5, 1776—79; Puerto Rico Nuclear Center and Chem. and Phys. Dep., Univ. of Puerto Rico, Rio Piedras, Puerto Rico; engl.) — Die Absorptionsspektren (300—1000 Å), Dosierungsabhängigkeiten u. Art der Zwischenprod. aus der γ-Radiolyse von 50/50 Vol.-% Mischungen (M) von *Freon-11* (*CCl_3F*) u. *Freon-114B_2* (*CF_2BrCF_2Br*) bei 77 °K wurden untersucht. Bei im M eingebetteten Heterocyclen konnten für *Thiophen*, *Pyrrol* u. *Py.* ebenfalls Zwischenprod. festgestellt werden. K.-J. Lucas 498

1193 **Die Austauschreaktion von Pentafluorjodäthan mit Jod.** C. Grygorcewicz und G. S. Laurence. (J. physic. Chem. 72 (1968) 5, 1811—12; Dep. of Phys. Chem., Univ. of Adelaide, Adelaide, South Afrika; engl.) — Die Austauschrk. mit ^{131}J markiertem J_2 wurde bei 120—170° untersucht. RGK u. Aktivierungsparameter der therm. u. der photochem. Rk. wurden bestimmt. K.-J. Lucas 498

1194 **Kinetik photochemischer Zweiquantenreaktionen. System Carbazol-Äthylalkohol.** Z. A. Sinicyna und Ch. S. Bagdasar'jan. (Kinetika i Kataliz 8 (1967) 2, 283—87; Fiz.-chim. inst. im. Karpova; russ.) J. Eliassaf 498

1195 **Strahlungskatalysierte Umwandlung von Methanol in der Adsorptionsschicht an Proben von Silicagel mit unterschiedlicher spezifischer Oberfläche.** V. I. Vladimirova, M. M. Žabrova, B. M. Kadenaci, P. G. Krivenkova, I. E. Nejmark, V. M. Čertov und R. Ju. Šejnfajn. (Doklady Akad. Nauk SSSR 172 (1967) 3, 629—32; Inst. chim. fiziki AN SSSR; russ.) J. Eliassaf 498

1196 **Photolytische Bildung und kinetische ESR-Untersuchung der Cumolperoxiradikale.** J. J. Zwolenik. (J. physic. Chem. 71 (1967) 8, 2464—69; Chevron Research Comp., Richmond, Calif.; engl.) — Bei der Photolyse des reinen *Cumolhydroperoxids* im EPR-Resonator bei 296 °K entsteht ein Singulett, das einem $RO_2^\bullet$-Radikal zugeordnet wird. Die Photolyse des *Dicumolperoxids* lieferte kein ESR-Signal, obwohl eine Zers. nachgewiesen wurde. Nur bei der Photolyse bei 77 °K wurde im ESR-Spektrum ein $CH_3^\bullet$ registriert. Die Kinetik des Zerfalls von $RO_2^\bullet$ wird untersucht. K. Vacek 498

1197 **Besonderheiten der Radikalbildung bei der Radiolyse von Benzoylperoxid bei niedrigen Temperaturen.** I. I. Čcheidze, V. I. Trofimov und A. T. Korickij. (Kinetika i Kataliz 8 (1967) 2, 453—56; Inst. chim. fiziki AN SSSR; russ.) — Die Radiolyse der Titelverb. wird bei —160 bis —170° EPR- u. massenspektrograph. untersucht. J. Eliassaf 498

1198 **Mechanistische Konsequenzen gekrümmter Stern-Volmer-Kurven. Photolyse von Cyclobutanon.** R. J. Campbell, E. W. Schlag und B. W. Ristow. (J. Amer. chem. Soc. 89 (1967) 20, 5098—5102; Northwestern Univ., Evanston, Ill.; engl.) — K. Jasche 498△

1199 **Energieverteilung in Reaktionsprodukten. Photolyse von Cyclobutanon.** R. J. Campbell und E. W. Schlag. (J. Amer. chem. Soc. 89 (1967) 20, 5103—06, engl.) — Vgl. vorst. Referat. — K. Jasche 498△

1200 **Photodimerisation im Tropon-System.** Toshio Mukai, Takahiro Tezuka, Tsutomu Miyashi und Yutaka Akasaki. (Sci. Rep. Tôhoku Univ., Ser. I 50 (1967) 3, 186—202; Dep. of Chem., Fac. of Sci., Tôhoku Univ.; engl.) — Die Photolysenprod. der Bestrahlung von *Tropon* in verd. H_2SO_4, W. u. Ae. wurden mittels UV-, IR-, NMR- u. Massenspektren untersucht. K.-J. Lucas 498

1201 **Strahlungschlorierung von Phenylmethyldichlorsilan und Phenyltrichlorsilan.** M. T. Filippov, R. V. Džagacpanjan, G. V. Mocarev, V. R. Rozenberg und V. I. Zetkin. (Ž. obšč. Chim. 37 (99) (1967) 1, 267—71; russ.) — Vf. untersuchen die Chlorierung der Titelverb. ohne u. in Ggw. von Luft u. von *Benzyltrichlorsilan* bei ^{60}Co-γ-Bestrahlung u. vergleichen sie mit den Literaturdaten der Strahlungs- bzw. UV-Chlorierung der Titelverb. mit u. ohne Initiatoren bzw. Katalysatoren. Die Rk.-Prod. stehen mit einem Radikalmechanismus nicht im Einklang. J. Eliassaf 498

1202 **γ-Radiolyse geschützter Aminosäuren.** Roberto Badiello und Alberto Breccia. (Ricerca sci. 37 (1967) 4, 332—36; Inst. Chim., Univ. di Bologna, Centro Nazionale di Chim. delle Radiazioni e dei Radioelementi, Sezione III-Bologna; engl.) — Die Aminosäuren *Glycin*, *Alanin*, *Leucin*, *Aspartinsäure* u. *Phenylalanin*, die an der NH_2-Gruppe carbobenzoxyliert oder an der COOH-Gruppe mit Methanol bzw. A. verestert sind, wurden im Vakuum bestrahlt. Die ESR- u. IR-Spektren wurden aufgenommen u. die Prod. radiochromatograph. untersucht. Die Ergebnisse bestätigen den schützenden Einfluß der Substituenten an der COOH- u. der NH_2-Gruppe gegen die Einwirkung der Strahlung. K. Vacek 498

1203 **Radikalausbeuten und Radikalkinetik bei Phosphonsäureestern vom Typ des Trichlorphon nach Röntgenbestrahlung.** G. Lassmann, W. Damerau und Kh. Lohs. (Z. Naturforsch. 23b (1968) 6, 771—77; Inst. für Biophys. der Deutschen Akad. der Wiss. zu Berlin, Berlin-Buch; dt.) — Untersucht wurden [*1-Hydroxy-2.2.2-trichloräthan-(1)*]*-dimethylphosphonat*, *-diäthylphosphonat*, *-di-n-propylphosphonat*, *-di-isopropylphosphonat*, *-di-n-butylphosphonat*, *-di-[1'.1'.1'-trichlor-isopropyl]-phosphonat* u. *-di-[1'.3'-dichlor-isopropyl]-phosphonat* sowie *1-[N-Phenyl-carbamoyloxy]-2.2.2-trichloräthan-* u. *1-[N-Phenyl-carbamoyloxy]-2.2-dichloräthylen-dimethylphosphonat*. Dosiseffektkurven, Quantenausb., Sauerstoffeinfl. auf die Kinetik sowie ESR-Spektren sind angegeben. K.-J. Lucas 498

1204 **Photoreduktion von Jod in wäßriger Lösung mit Aminopolycarbonsäuren.** Jean Faure und Jacques Joussot-Dubien. (Bull. Soc. chim. France 1967, 8, 3064—67; Fac. des Sci. de Bordeaux, Talence; franz.) — Es wurden die Rk. mit *EDTA*, *Nitrilotriessigsäure*, *Iminodiessigsäure*, *Glycin* u. *Diäthylentriaminopentaessigsäure* bei Bestrahlung mit Blaulicht untersucht. J. S. Marcus 498

1205 **Pulsradiolyse von wäßrigem Fluorescein.** P. Cordier und L. I. Grossweiner. (J. physic. Chem. 72 (1968) 6, 2018—26; Dep. of Radiation Therapy, Michael Reese Hospital and Med. Center, Chicago, Ill.; engl.) — Übergangsspektren, Absorptionsspektren von farbigen Intermediären sowie RGK werden diskutiert. K.-J. Lucas 498

1206 **Photolytische Spaltung von Sulfonamidbindungen.** Leo D'Souza und Richard A. Day. (Science [Washington] 160 (1968) 3830, 882—83; Dep. of Chem., Univ. of Cincinnati, Cincinnati, O.; engl.) — Die Sulfonamidbindung von *p-Toluolsulfonylleucin*, *-histidin*, *-arginin*, *-cystin* u. *Methansulfonylleucin* wurde durch Bestrahlung mit Licht von 1800 u. 2537 Å gespalten. Die Aminosäureausb. wurden bestimmt. K.-J. Lucas 498

1207 **Strahlungsindizierte Oxydation von Peptiden in wäßrigen Lösungen.** Harriette L. Atkins, Winifred Bennett-Corniea und Warren M. Garrison. (J. physic. Chem. 71 (1967) 3, 772—74; Berkeley, Calif., Univ. of Calif., Lawrence Radiation Labor.; engl.) — Der Mechanismus der Radiolyse von Peptiden in wss. Lsg. in Ggw. von O_2 wird diskutiert. Aus *N-Acetylalanin* u. *N-Acetylglycin* entstehen dabei Brenztraubensäure bzw. Glyoxylsäure u. NH_3 in äquimol. Mengen. B. I. 498△

C. Präparative organische Chemie, Naturstoffe

1208 **Reaktionsmechanismen.** 1. Mitt. B. C. Challis. (Annu. Rep. Progr. Chem. 63 (1966, herausg. 1967) 277—307; Dep. of Chem., St. Salvator's Coll., St. Andrews, Fife; engl.) — Übersicht über saure Funktionen u. Molekularbasizität, über Deuteriumisotopeneffekte, über den Zusammenhang der linearen freien Energie, über elektrophile aromat. Substitution, über die nucleophile aromat. Substitution, über die homolyt. aromat. Substitution u. die aromat. Umlagerung. — 298 Literaturangaben. G. Westphal 510△

C-1. Acyclische Verbindungen

1209 **Stereochemie des primären Kohlenstoffs.** 15. Mitt. **Darstellung von optisch aktivem $D_{(1)}$-Äthanol durch asymmetrische Induktion und dessen absolute Konfiguration.** A. Streitwieser jun. und M. R. Granger. (J. org. Chemistry **32** (1967) 5, 1528—29; Dep. of Chem., Univ., Berkeley, Calif.; engl.) — 14. vgl. C. **1966, 47**-0708. — Red. von Acetaldehyd mit $D_{(2)}$-Isobornyloxy-MgBr gibt (—)-$D_{(1)}$-*Äthanol*, dessen S-Konfig. durch Umsetzung des p-Nitrobenzolsulfonsäureesters mit Acetessigsäuremethylester, nachfolgende Hydrolyse u. Red. zu R-(+)-$D_{(2)}$-*Pentan* nachgewiesen wird. Red. des Methansulfonats von R-(—)-Pentanol-(2) mit $LiAlD_4$ liefert *S*-(—)-$D_{(2)}$-*Pentan*.

Versuche: (—)-$D_{(1)}$-*Äthanol*, Kp. 77—79°, aus (+)-Campher u. $LiAlD_4$, Rk. des erhaltenen (—)-Deuterioisoborneols {$[\alpha]_D^{25}$ —25,8°} mit n-Butylbromid u. Mg in Bzl. u. 2tägige Umsetzung mit Acetaldehyd; 28% (Ausb.). *p-Nitrobenzolsulfonat* (I), F. 89—90° (Bzl./Hexan; 2 : 8), durch Rk. mit p-Nitrobenzolsulfonylchlorid; 79%. — (+)-$D_{(4)}$-*Pentanon-(2)*, aus 15,3 g I u. Acetessigsäuremethylester in Ggw. von Na-Methylat bei 60° u. nachfolgende Hydrolyse des erhaltenen Prod. (30,4 g) mit 5%ig. NaOH. — (+)-$D_{(2)}$-*Pentan*, aus vorst. Verb. u. amalgamiertem Zn in wss. HCl bei Siedetemp.; 50%. — *Methansulfonsäurepentyl-(2)-ester*, aus Pentanol-(2) u. Methansulfonylchlorid in CH_2Cl_2/Py.; 81%. — $D_{(2)}$-*Pentan*, aus vorst. Verb. u. $LiAlD_4$ in Diglyme bei 75°; 80%. K.-P. Hilgetag 610△

1210 **Stereochemie des primären Kohlenstoffs.** 16. Mitt. **Optisch aktives $D_{(1)}$-Butanol-(1) durch Hydroborierung.** A. Streitwieser jun., L. Verbit und R. Bittman. (J. org. Chemistry **32** (1967) 5, 1530—32; engl.) — 15. vgl. vorst. Referat. — Es wird $D_{(1)}$-*Butanol-(1)* durch partielle asymm. Hydroborierung von Diisopinocampheylboran u. $D_{(1)}$-cis-Buten-(1) dargestellt. Der Rk.-Mechanismus wird diskutiert.

Versuche: $D_{(1)}$-*Butin-(1)*, aus Butin-(1) u. Äthyl-MgBr in Diglyme u. Rk. mit D_2O; 68% (Ausb.). — $D_{(1)}$-*cis-Buten-(1)*, aus 2-Methylbuten-(2), BF_3-Ätherat u. $NaBH_4$ in Diglyme bei 0° u. Rk. mit vorst. Verb. bei —15°; 65%. — $D_{(1)}$-*Butanol-(1)*, aus α-Pinen u. $NaBH_4$ in Diglyme, Rk. mit BF_3-Ätherat bei 0°, Umsetzung mit vorst. Verb. u. nachfolgende Ox. mit 30%ig. H_2O_2 in 3n NaOH bei 30—50°; 70%. *Hydrogenphthalat*, F. 74 bis 75° (Cyclohexan/Bzl.); $[\alpha]_D^{22}$ 0,437° (c = 24; Aceton). K.-P. Hilgetag 610△

1211 **Stereochemie des primären Kohlenstoffs.** 17. Mitt. **Absolute Konfiguration von $D_{(1)}$-Butanol-(1).** A. Streitwieser jun., I. Schwager, L. Verbit und H. Rabitz. (J. org. Chemistry **32** (1967) 5, 1532—34; engl.) — 16. vgl. vorst. Referat. — (*S*)-(+)-$D_{(1)}$-*Butanol-(1)* wird durch stereochem. bekannte Rk. in (*R*)-(—)-$D_{(2)}$-*1-Brompentan* übergeführt.

Versuche: $D_{(1)}$-*Butanol* (I), aus Butyraldehyd u. deuteriertem Isoborneol [aus Campher u. $LiAlD_4$]; $[\alpha]_D^{24}$ +0,097°. *p-Nitrobenzolsulfonat* (II), F. 61—62°, (Benzol/Hexan), aus I u. p-Nitrobenzolsulfochlorid in CH_2Cl_2/Py. bei 0°; 50% (Ausb.). — $D_{(1)}$-*Butylmalonsäurediäthylester*, Kp.$_2$ 91—93°, aus Malonsäurediäthylester u. NaH in abs. THF u. Rk. mit II; 67%. — $D_{(\beta)}$-*Capronsäure*, Kp.$_{6-7}$ 97—98°, aus vorst. Verb. u. wss. KOH bei Siedetemp. u. Rk. mit wss. H_2SO_4 bei Siedetemp.; $[\alpha]_D^{28}$ —0,055°; 60%. — $D_{(2)}$-*1-Brompentan*, Kp. 126—127°, a) aus vorst. Verb., HgO u. Br_2 in CCl_4 bei Siedetemp.; $[\alpha]_D^{22}$ —0,452°; 47%; b) aus $D_{(2)}$-*Pentanol-(1)* u. PBr_3 unter Erwärmen; 62%. — $D_{(2)}$-*Penten-(1)*, aus Valeriansäuremethylester u. D-Methanol in Ggw. von Na bei Siedetemp., Rk. des erhaltenen *dideuterierten Esters* mit $LiAlH_4$ in Ae., Umsetzung des erhaltenen $D_{2(2)}$-*Pentanols-(1)* mit Acetylchlorid u. Py. u. Pyrolyse von 10 g des erhaltenen $D_{2(2)}$-*Pentyl-(1)-acetats* [Kp. 146—147°] bei 550°; 3 g. — $D_{(2)}$-*Pentan*, a) aus α-Pinen, $NaBH_4$ u. BF_3-Diglyme-Komplex in Diglyme bei 0°, Rk. mit vorst. Verb. bei 0° u. Rk. mit Eisessig (Meth. A); $[\alpha]_D^{21}$ —0,01°; b) aus Penten-(1), $LiAlD_4$ u. α-Pinen analog A. — $D_{(2)}$-*Pentanol-(1)*, analog vorst. Rk. mit 30%ig. H_2O_2; $[\alpha]_D$ —0,22°. K.-P. Hilgetag 610△

1212 **Reaktion polyhalogenierter Äther mit Bromfluoriden.** V. S. Juminov, L. N. Puškina uns S. V. Sokolov. (Ž. obšč. Chim. **37/99** (1967) 2, 375—80; Ural'skij polyt. inst. im. Kirova; russ.) — Folgende Verb. werden dargestellt (NMR-Spektren vgl. Orig.): [*2-Bromoctafluorisobutyl*]-*methyläther*, $C_5H_3BrF_8O$, Kp. 105°, durch Zugabe von Heptafluorisobutenylmethyläther zu BrF_3 u. Br_2 bei 0°, Stehen über Nacht bei Raumtemp. u. Gießen auf Eis; n_D^{20} 1,3300; 43% (Ausb.). — [*2-Bromoctafluorisobutyl*]-[*α-fluoräthyl*]-*äther*, $C_6H_4BrF_9O$, Kp. 121°, durch 6std. Erhitzen von Heptafluorisobutenyläthyläther mit BrF_3 u. Br_2 von 0° auf 60°; n_D^{20} 1,3310; 28%. — [*2H-Octafluorisobutyl*]-*fluormethyläther*, $C_5H_3F_9O$, Kp. 80 bis 81°, durch Zugabe von BrF_3 zu [2H-Octafluorisobutyl]-methyläther u. Gießen auf Eis; n_D^{20} 1,2800; 48%. — [*2H-Octafluorisobutyl*]-[*α-fluoräthyl*]-*äther*, $C_6H_5F_9O$, Kp. 90—91°, analog; n_D^{20} 1,2900; 74%. — [*2H-Octafluorisobutyl*]-*fluordichlormethyläther*, Kp. 101°, durch 8std. Erhitzen von [2H-Octafluorisobutyl]-trichlormethyläther u. JF_5 von Raumtemp. auf 100°, 2std. Erhitzen auf 100° u. Gießen auf Eis; n_D^{20} 1,3190; 71%. — [*2H-Octafluorisobutyl*]-[*1.2.2-trichlor-1.2-difluoräthyl*]-*äther* (I), $C_6HCl_3 \cdot F_{10}O$, Kp. 142°, a) durch Zugabe von BrF_3 zu [2H-Octafluorisobutyl]-perchloräthyläther u. Br_2 bei <10°, 5std. Stehen bei 10°, 5std. Stehen bei 20° u. Gießen auf Eis; n_D^{20} 1,3420; 57%; b) durch Zugabe von [2H-Octafluorisobutyl]-trichlorvinyläther zu PbO_2 u. wasserfreier HF, Gießen auf Eis, Neutralisieren u. Dest. mit Dampf; 54%. — *Gemisch von* [*2H-Octafluorisobutyl*]-[*1-fluortetrachloräthyl*]- u. -[*2-fluortetrachloräthyl*]-*äther*, $C_6HCl_4F_9O$, Kp. 168—170°, neben I nach a); n_D^{20} 1,3690; 6%. — [*2H-Octafluorisobutyl*]-[*1.1.2-trifluor-2.2-dichloräthyl*]-*äther*, $C_6HCl_2F_{11}O$, Kp. 119—120°, analog I nach a) mit überschüssigem BrF_3; n_D^{20} 1,3180; 58%. — *2H-Hexafluorisobuttersäureäthylester*, Kp. 101—102°, durch 2std. Kochen von I mit Zn-Staub u. A., Filtrieren, Gießen in W. u. Abtrennen der unteren Schicht; n_D^{20} 1,3150; 95%. H. Berger 610△

1213 **Reaktion von PCl_5 mit Äthylallylsulfid.** V. S. Civunin, V. V. Kormačev, L. N. Krutskij und G. Ch. Kamaj. (Ž. obšč. Chim. **37/99** (1967) 4, 903—04; russ.) — Bei Einw. von PCl_5 auf Äthylallylsulfid (I) bei —70 bis 80° erfolgt nur Chlorierung von I. I u. PCl_5 ergeben bei —70° [*2.3-Dichlorpropyl*]-*äthylsulfid*, $C_5H_{10}Cl_2S$, Kp.$_{17}$ 113 bis 116°; D_4^{20} 1,2699, n_D^{20} 1,5459; 88% (Ausb.). — Einw. von PCl_5 auf vorst. Verb. bei 80° führt zu [*1.2.3-Trichlorpropyl*]-*äthylsulfid* ($C_5H_9Cl_3S$, Kp.$_{15}$ 118—122°; D_4^{20} 1,3807, n_D^{20} 1,5501; 76%), das auch direkt aus I u. PCl_5 bei Raum- u. höheren Temp. in unreinem Zustand erhalten wird. H. Berger 640△

1214 **Verhältnis Enamin zu Aminal bei der Umsetzung des n-Butyraldehyds mit sekundären Aminen.** P. Wittig und R. Mayer. (Z. Chem. 7 (1967) 2, 57—58; VEB Leuna-Werke „Walter Ulbricht"; dt.) — n-Butyraldehyd (I) wird in Ggw. von K_2CO_3 mit cycl. u. offenkettigen aliphat. sek. Aminen im Mol-Verhältnis 1 : 2 u. 1 : 1 zur Rk. gebracht u. nach der Zers.-Dest. bei 120—140° die jeweilige Ausb. an entstandenem *Enamin* bestimmt, wobei bei der Einw. offenkettiger sek. Amine, wie Diäthylamin, Di-n-butylamin u. Diisobutylamin auf I direkt das entsprechende Enamin gebildet wird u. wobei weder ein Aminüberschuß noch eine Zers.-Dest. erforderlich sind. Die Ausb. liegen zwischen 60—70% der Theorie. Dagegen überwiegt bei cycl. Aminen die Tendenz zur Bldg. der entsprechenden *Aminale*.

Versuche: Butene-(1), durch Zugabe von 1 Mol I zu 1 Mol des entsprechenden sek. Amins u. wasserfreiem K_2CO_3 bei 0—5°, 4std. Rühren unter Luftabschluß bei Raumtemp., Filtrieren u. Dest.: *1-Diäthylamino-*, Kp.$_{11}$ 39°. — *1-Di-n-butylamino-*, Kp.$_{13}$ 98°. — *1-Diisobutylamino-*, Kp.$_{14}$ 85°. — *1-Pyrrolidino-*, Kp.$_{13}$ 58° (2 Mol Amin u. anschließende Zers.-Dest. bei Kp.$_{70-140}$ 120—140°). — *1-Piperidino-*, Kp.$_{13}$ 71°, analog vorst. Methode. — *1-Morpholino-*, Kp.$_{13}$ 74°, analog vorvorst. Methode. K.-P. Hilgetag 670△

1215 **Alkoholyse der Amidophosphite durch Propargylalkohol.** Ja. S. Arbisman, Ju. A. Kondrat'ev und S. Z. Ivin. (Ž. obšč. Chim. **37/99** (1967) 2, 509–10; russ.) — Amidophosphite reagieren mit Propargylalkohol bei 80–100° über *Propargylphosphite* u. *Propadienylphosphonate* zu *β-Dialkylamino-β-methylvinylphosphonaten*.
Versuche: *β-Dimethylamino-β-methylvinylphosphonsäurediäthylester*, $C_9H_{20}NO_3P$, Kp.$_2$ 122°; 67% (Ausb.). — *β-Diäthylamino-β-methylvinylphosphonsäurediisopropylester*, $C_{13}H_{28}NO_3P$, Kp.$_2$ 132–135°; 71%. C. Maniewski 980

1216 **Reaktion von o-Barenylmagnesiumbromid mit CCl_4.** V. I. Stanko und G. A. Anorova. (Ž. obšč. Chim. **37/99** (1967) 2, 507–08; Inst. biofiziki Ministerstva Zdravoochranenija SSSR; russ.) — Die Chlorierung von o-Barenyl-MgBr (**I**) verläuft sowohl am C-Atom als auch am B-Atom. In einer Bzl.- oder THF-Lsg. wirkt das entstehende Magnesiumhalogenid als Katalysator für Friedel-Crafts-Reaktionen. Die Bromierung von **I** in Bzl. ergibt *1-Brom-o-baren*.
Versuche: *C.B-Dichlor-o-baren*, $C_2H_{10}B_{10}Cl_2$, F. 174,5–175,5° bzw. F. 205–207°, aus **I** u. CCl_4 bzw. **I** u. Cl_2 in Bzl. oder THF. — *C-Methyl-C.B-dichlor-o-baren*, $C_3H_{12}B_{10}Cl_2$, F. 220–222°, aus C-Methyl-o-barenyl-MgBr (**II**) u. CCl_4 bzw. **II** u. Cl_2 in Bzl. oder THF. — *C-Chlor-B-dichlor-o-baren*, $C_2H_9B_{10}Cl_3$, F. 127–129° bzw. F. 145–149°, aus 12-Chlor-o-barenyl-MgBr (**III**) u. CCl_4 bzw. **III** u. Cl_2 in Benzol. — *1.2-Dichlor-o-baren*, $C_2H_{10}B_{10}Cl_2$, F. 231°, aus **I** u. Cl_2 in CCl_4. — *1-Brom-o-baren*, $C_2H_{11}B_{10}Br$, F. 177–180°, durch Bromierung von **I** in Benzol. C. Maniewski 980

1217 **Alkoxysilane.** 18. Mitt. **Alkalische Hydrolyse des Trimethyläthoxysilans und Trimethyläthoxymethans.** M. G. Voronkov und L. A. Žagata. (Ž. obšč. Chim. **37/99** (1967) 5, 1156–60; Inst. org. sint. AN Latv. SSR; russ.) — 17. vgl. C. **1969**, 2-1336. — Messungen von Brechungsindex, Dichte, Zähigkeit u. W.-Konz. während der durch Basen (KOH, KF, Piperidin) katalysierten Hydrolyse von Trimethyläthoxysilan (**I**) in Dioxan/W. zeigen, daß dabei neben der mit wesentlich größeren Geschw. verlaufenden Hydrolyse von **I** zu Trimethylsilanol (**II**) auch Kondens. von **II** u. von **I** mit **II** unter Bldg. von Hexamethyldisiloxan stattfinden. Vergleichende Vers. mit Trimethyläthoxymethan ergeben gleiche Hydrolysegeschw. wie für **I**, so daß in diesem Falle die Si–O–(C)- u. C–O–(C)-Bindung gleiche Hydrolysebeständigkeit aufweisen. H. Berger 980△

1218 **Synthese und Umwandlungen des Diazomethyl-[β-trimethylsilyl]-äthylketons.** G. A. Švechgejmer und A. P. Krjučkova. (Ž. obšč. Chim. **37/99** (1967) 5, 1160–63; Moskovskij inst. neftechim. i gaz. prom. im. Gubkina; russ.) — Folgende Verb. werden dargestellt: *Diazomethyl-[β-trimethylsilyläthyl]-keton* (**I**), aus β-Trimethylsilylpropionylchlorid u. Diazomethan; D.$_4^{20}$ 0,9439, n_D^{20} 1,4777; 95% (Ausb.). — *1-Chlor-4-trimethylsilylbutanon-(2)*, $C_7H_{15}ClOSi$, Kp.$_4$ 62–63°, durch Sättigen einer Lsg. von **I** in abs. Ae. mit HCl bei 6–10° u. Eindampfen; D.$_4^{20}$ 0,9859, n_D^{20} 1,4487; 40%. — *4-Trimethylsilylbutanon-(2)*, Kp.$_8$ 45–46°, durch Zugabe von 47%ig. HJ zu **I** in Chlf., 4std. Erhitzen auf 50°, Verdünnen mit W. u. Aufarbeiten der organ. Schicht; D.$_4^{20}$ 0,8330, n_D^{20}1,4230; 59,2%. — *1-Acetoxy-4-trimethylsilylbutanon-(2)*, $C_9H_{18}O_3Si$, Kp.$_9$ 107–108°, durch Zugabe von **I** zu Eisessig bei 50–60°, Kochen, Zugabe von K-Acetat u. Extrahieren mit Ae.; $n_D^{20,5}$ 1,4401; 80%. — *4-Trimethylsilylbutandiol-(1.2)*, Kp.$_{10}$ 121–122°, durch Red. vorst. Verb. mit Al-Isopropylat; D.$_4^{20}$ 0,9282, n_D^{20} 1,4512; 72%. — *γ-Trimethylsilylbuttersäure*, Kp.$_2$ 85°, durch Zugabe einer Lsg. von $Na_2S_2O_4$ u. Ag_2O in W. zu **I** in Dioxan, 8std. Erhitzen auf 100° u. Aufarbeiten; D.$_4^{20}$ 0,9098, n_D^{20} 1,4325; 66,3%. *Äthylester*, $C_9H_{20}O_2Si$, Kp.$_{10}$ 74–76°, durch Zugabe von Ag_2O in A. zu **I** in abs. A. bei 55–60° u. 3std. Erhitzen; D.$_4^{20}$ 0,8779, n_D^{20} 1,4239; 47,4%. *Allylester*, $C_{10}H_{20}O_2Si$, Kp.$_9$ 87–88°, analog; D.$_4^{20}$ 0,8957, n_D^{20} 1,4351; 53,5%. *Amid*, $C_7H_{17}NOSi$, F. 66,5–67° (Heptan,) durch Zugabe von NH_4OH u. 10%ig. wss. $AgNO_3$-Lsg. zu **I** in Dioxan bei 60–70°, 3std. Kochen u. Fällen mit W.; 76,5%. *N-Allylamid*, $C_{10}H_{21}NOSi$, Kp.$_4$ 114–116°, analog u. Extrahieren mit Ae.; D.$_4^{20}$ 0,9010, n_D^{20} 1,4615; 77,5%. *N.N-Diallylamid*, $C_{13}H_{25}\cdot NOSi$, $C_{13}H_{25}NOSi$, Kp.$_9$ 77–78°, analog; D.$_4^{20}$ 0,8985, n_D^{20} 1,4641; 82,5%. *N-[β-Hydroxyäthyl]-amid*, $C_9H_{21}\cdot NO_2Si$, Kp.$_4$ 148°, analog; D.$_4^{20}$ 0,9694, n_D^{20} 1,4692; 66%. H. Berger 980

1219 **Darstellung von Carbonsäure- und Phosphorsäureester über quaternäre Phosphoniumsalze.** Oyo Mitsunobu und Masaaki Yamada. (Bull. chem. Soc. Japan **40** (1967) 10, 2380–82; Labor. of Organ. Chem., Tokyo Inst. of Techn., Ookayama, Meguroku, Tokyo; engl.) — Bei der Umsetzung von n-Valeriansäure mit Allyldiäthylphosphit in Ggw. von Azodicarbonsäurediäthylester (**I**) entsteht *Valeriansäureallylester* u. *N-[Diäthylphosphoryl]-hydrazodicarbonsäurediäthylester* (**II**). In analoger Weise entsteht *Benzoesäureäthylester* durch Rk. von Triäthylphosphit u. **I** mit Benzoesäure. Die Rk. von Carbonsäuren mit Triphenylphosphin u. **I** in Ggw. entsprechender Alkohole führt zu den erwarteten *Carbonsäureestern*, *Triphenylphosphinoxid* u. *Hydrazodicarbonsäurediäthylester*. Der Rk.-Mechanismus wird diskutiert.
Versuche: *n-Valeriansäure*. *Allylester*, Kp.$_{13}$ 57–59°, durch Zugabe von Allyldiäthylphosphit in Ae. zu einer äther. Lsg. von n-Valeriansäure u. **I** bei Raumtemp. u. Stehen über Nacht; 71% (Ausb.); daneben 77% *N-[Diäthylphosphoryl]-hydrazodicarbonsäurediäthylester* (**II**, $C_{10}H_{21}N_2O_7P$, Kp.$_{0,1}$ 150–167°). *Äthylester*, Kp.$_{53}$ 73–74°, analog vorst. Ester mit Triäthylphosphit; 79%; daneben 92% **II**. *Isopropylester*, durch Umsetzen von n-Valeriansäure mit **I** u. Triphenylphosphin in Isopropanol/Ae.; 43%; daneben *Triphenylphosphinoxid* u. *Hydrazodicarbonsäurediäthylester*. — *Benzoesäure*. *Äthylester*, Kp.$_{12}$ 86–88°, a) analog vorst. Äthylester aus Benzoesäure; 95%; daneben 94% **II**; b) analog vorst. Isopropylester; 85%. *Allylester*, Kp.$_{12}$ 102–105°, analog vorst. Isopropylester; 85%. *Isopropylester*, Kp.$_{17}$ 103 bis 106°, analog vorst. Isopropylester; 90%. — *Anilinium-[phenyläthylphosphat]*, $C_{14}H_{18}NO_4P$, F. 97–99° (Essigsäureäthylester), durch Umsetzen von Triphenylphosphin mit Phenyldihydrogenphosphat in Ggw. von **I** u. A.; 45%; daneben *Anilinium-[phenylhydrogenphosphat]* (F. 170–184°; 30%). W. Hampel 980△

1220 **Neue Zwischenprodukte der Arbusov-Umlagerung.** A. I. Razumov, E. A. Krasil'nikova, A. M. Potapov und O. I. Korol'. (Ž. obšč. Chim. **37/99** (1967) **5**, 1171; Kazanskij chim.-technol. inst. im. Kirova; russ.) — Durch Anlagerung von Alkylhalogeniden an Äthyldithiophosphonigsäuredialkylester werden folgende Verb. $C_2H_5P(SR)_2 \cdot X$ erhalten: R = C_2H_5, X = CH_3Br, $C_7H_{18}BrPS_2$, F. 66–67°; 5% (Ausb.). — R = C_2H_5, X = CH_3J, $C_7H_{18}JPS_2$, F. 67–68°; 35%. — R = C_4H_9, X = CH_3J, $C_{11}H_{26}JPS_2$, F. 59–62°; 19%. — R = C_2H_5, X = $C_6H_5CH_2Br$, $C_{13}H_{22}BrPS_2$, F. 75–76°; 40%. — R = C_2H_5, X = $C_6H_5CH_2J$, $C_{13}H_{22}JP_2S$, F. 78–81°; 84%. — R = C_5H_{11}, X = CH_3J, $C_{13}H_{30}JPS_2$, F. 63–67°; 41%. — R = *iso*-C_5H_{11}, X = CH_3J, $C_{13}H_{30}\cdot JPS_2$, F. 72–76°; 12%. — R = $C_6H_5CH_2$, X = CH_3J, $C_{17}H_{22}JPS_2$, F. 142–147°; 5%. — R = C_3H_5, X = CH_3J, $C_9H_{18}JPS_2$, F. 82–88°; 8%. H. Berger 980△

1221 **Amide und Anhydride der Phosphorsäuren.** 13. Mitt. **Phosphorylierung von Mercaptanen.** E. K. Šlenkova und V. P. Evdakov. (Ž. obšč. Chim. **37/99** (1967) 4, 898 bis 901; Gos. naučno-issl. i proektn. inst. azotn. prom. i prod. org. sint.; russ.) — Folgende Verb. werden dargestellt: $(XO)_2P(S)SY$, durch Zugabe von 2 Mol Alkylmercaptan [YSH(A)] zu 1 Mol $(XO)_2POCOCH_3$ u. 1 Mol eines tert. Amins, 2std. Erhitzen auf 40–50° (oder 15–20std. Stehen bei Raumtemp.) u. Extrahieren mit Ae.: X = C_3H_7, Y = C_2H_5, $C_8H_{19}O_2PS_2$, Kp.$_1$ 78°; D.$_4^{20}$ 1,0679, n_D^{20} 1,4960; 65% (Ausb.). — X = C_3H_7, Y = C_4H_9, $C_{10}H_{23}O_2PS_2$, Kp.$_1$ 87–88°; D.$_4^{20}$ 1,0377, n_D^{20} 1,4920; 65%. — X = C_4H_9, Y = C_2H_5, $C_{10}H_{23}O_2\cdot PS_2$, Kp.$_1$ 91–92°; D.$_4^{20}$ 1,0368, n_D^{20} 1,4895; 79%. — X = Y = C_4H_9, $C_{12}H_{27}O_2PS_2$, Kp.$_{0,015}$ 73°; D.$_4^{20}$ 1,0152, n_D^{20} 1,4865; 60%. — X = C_4H_9, Y = *tert.*-C_4H_9, $C_{12}H_{27}\cdot O_2PS_2$, Kp.$_{0,0001}$ 58–60°; D.$_4^{20}$ 1,0081, n_D^{20} 1,4825; 55%. — $XOP(SY)_2$, durch Zugabe von 2 Mol A zu 1 Mol $XOP(OCOCH_3)N(C_2H_5)_2$, 10–20std. Stehen u. Extrahieren mit Ae.: X = Y = C_2H_5 (I), $C_6H_{15}OPS_2$, Kp.$_1$ 53—55°; D_4^{20} 1,0620, n_D^{20} 1,5318; 72%. — X = C_3H_7, Y = C_2H_5, $C_7H_{17}OPS_2$, Kp.$_1$ 80—82°; D_4^{20} 1,0478, n_D^{20} 1,5250; 56%. — X = C_3H_7, Y = C_4H_9, $C_{11}H_{25}OPS_2$, Kp.$_{0,01}$ 57—58°; D_4^{20} 0,9819, n_D^{20} 1,5100; 45%. — X = Y = C_4H_9, $C_{12}H_{27}OPS_2$, Kp.$_{0,008}$ 71—74°; D_4^{20} 0,9982, n_D^{20} 1,5071; 58%. — *Trithiophosphorsäure-O.S.S-triäthylester*, $C_6H_{15}OPS_3$, Kp.$_1$ 96°, durch 1std. Erhitzen von I mit S auf 90—100°; D_4^{20} 1,1528, n_D^{20} 1,5600; 66%. — *Thioessigsäure-S-butylester*, $C_6H_{12}OS$, Kp.$_{23}$ 64—65°, durch Zugabe von Triäthylamin u. Butylmercaptan zu Thiophosphorsäure-O.O-dibutyl-O-acetylester u. 20std. Stehen; D_4^{20} 0,9455, n_D^{20} 1,4585; 65%. — *Thiophosphorsäure-O.O-dibutylester*, Kp.$_{0,01}$ 75—77°, neben vorst. Verb. durch Verdünnen des Rückstandes mit W., Waschen mit Ae., Ansäuern u. Extrahieren mit Ae.; D_4^{20} 1,0664, n_D^{20} 1,4650; 53%. — 5. vgl. C. **1967**, 20-0998. H. Berger 980△

1222 **Trichlormethyldichlorphosphazoacyle und ihre Derivate.** V. A. Šokol, V. F. Gamaleja und G. I. Derkač. (Ž. obšč. Chim. **37**/99 (1967) 5, 1147—51; Inst. org. chim. AN Ukr. SSR; russ.) — Folgende Verb. werden dargestellt (IR-Daten vgl. Orig.): $RCON{=}P(CCl_3)Cl_2$ (**A**; im Orig. Trichlormethyldichlorphosphazoacyle), durch 20—90 Min. langes Erhitzen von [Trichlormethyl]-tetrachlorphosphoran mit $RCONH_2$ in abs. Bzl. auf 40—75° im Vakuum u. Eindampfen; Nadeln aus PAe. bzw. PAe./Bzl.: R = $CHCl_2$ (**I**), C_3HCl_7NOP, F. 64—67°; 89% (Ausb.). — R = CCl_3 (**II**), C_3Cl_8NOP, F. 67—70°; 75%. — R = CF_3, $C_3Cl_5F_3NOP$, F. 40—44°; 68%. — R = *p*-ClC_6H_4, $C_8H_4Cl_6NOP$, F. 82—84°; 84%. — R = *p*-$NO_2C_6H_4$, $C_8H_4Cl_5N_2O_3P$, F. 100—105°; hellgelb; 88%. — *Trichlormethylphosphonsäuredichlorid*, a) durch Erhitzen von **I** im Vakuum auf 175—180°; b) durch Erhitzen von **I** oder **II** auf 175—200° unter Dest. (→ Dichlor- bzw. Trichloracetonitril); 75 bzw. 52%. — $RCONHP(O)(CCl_3)Cl$ (**B**), a) durch Zugabe von abs. HCOOH zu **A** in abs. Bzl.; b) analog bei 1std. Erhitzen auf 70—80°; c) durch Zugabe von W. in Ae. zu **A** in abs. Bzl. bei 0°; Nadeln aus PAe. oder PAe./Bzl.: R = $CHCl_2$, $C_3H_2Cl_6NO_2P$, F. 147—148°; a) 15%. — R = CCl_3, $C_3HCl_7NO_2P$, F. 147—148°; a) 37 u. b) 35%. — R = CF_3, $C_3HCl_4F_3NO_2P$, F. 108—110°; a) 30%. — R = *p*-$NO_2C_6H_4$, $C_8H_5Cl_4N_2O_4P$, F. 133—134°; c) 49%. — $R^1CONHP(O)(CCl_3)OR^2$, a) durch Zugabe von **A** zu abs. R^2OH bei 0°, 10—12std. Stehen u. Eindampfen im Vakuum; b) durch Zugabe von **B** in abs. Bzl. zu R^2ONa in abs. R^2OH bei 0°, Stehen über Nacht, Filtrieren u. Eindampfen; Nadeln aus CH_3OH oder wss. CH_3OH: R^1 = $CHCl_2$, R^2 = C_2H_5, $C_5H_7Cl_5NO_3P$, F. 154—156°; a) 35%. — R^1 = $CHCl_2$, R^2 = *iso*-C_3H_7, $C_6H_9Cl_5NO_3P$, F. 100—102°; a) 23%. — R^1 = CCl_3, R^2 = CH_3, $C_4H_4Cl_6NO_3P$, F. 143—145°; b) 92%. — R^1 = *p*-ClC_6H_4, R^2 = CH_3, $C_9H_8Cl_4NO_3P$, F. 145—146°; a) 33%. — R^1 = *p*-ClC_6H_4, R^2 = C_2H_5, $C_{10}H_{10}Cl_4NO_3P$, F. 139—140°; a) 26%. — R^1 = *p*-$NO_2C_6H_5$, R^2 = CH_3, $C_9H_8Cl_3N_2O_5P$, F. 152—153°; a) 32 u. b) 57%. — R^1 = *p*-$NO_2C_6H_4$, R^2 = C_2H_5, $C_{10}H_{10}Cl_3N_2O_5P$, F. 146—147°; a) 24%. H. Berger 980△

C–2. Isocyclische Verbindungen

1223 **Organische Disulfide und verwandte Substanzen. 20. Mitt. Darstellung von symmetrischen Trisulfiden unter Anwendung von Mercaptosulfonaten.** John D. Buckman und L. Field. (J. org. Chemistry **32** (1967) 2, 454—57; Dep. of Chem., Vanderbilt Univ. Nashville, Tenn.; engl.) — 19. vgl. ibid. **31** (1966) 3555; 17. vgl. C. **1967**, 37-1543.

Versuche: *p-Toluolmercaptosulfonsäure-p-tolylester* (**I**), nach Field u. Parsons, J. org. Chemistry **30** (1965) 657. — *p-Toluolmercaptosulfonsäure-tert.-butylester* (**II**), nach Parsons et al. [J. org. Chemistry **30** (1965) 1923]. — *2-Aminoäthylmercaptosulfonsäure-2-aminoäthylester*, nach Field et al. [J. Amer. chem. Soc. **83** (1961) 4414]. — *S-[2-Acetamidoäthyl]-thiosulfat, Na-Salz, Hemihydrat* (**V**), $C_4H_8NNaO_4S_2 \cdot 0{,}5\,H_2O$, F. 88—89° (Methanol/Propanol; 1 : 2), aus $CuSO_4 \cdot 5\,H_2O$, 23,6 g N.N'-Diacetylcystamin, Na_2SO_3, NH_4OH u. W.; 15 g (Ausb.). — *Bis-S-[2-acetamidoäthyl]-disulfid*, F. 88—90°, aus 0,234 g vorst. Verb. u. 0,156 g 2-Acetamidoäthylmercaptan (**III**) in Methanol in Ggw. von 3 n NaOH; 0,216 g. — *2-Acetamidoäthylsulfonsäure-2-acetamidoäthylthioester* (**IV**), F. 95—96° (Butanol), aus **III** u. H_2O_2 in W. in Ggw. von KJ bei 100°; 57%. — Trisulfide: *p-Tolyl-*, $C_{14}H_{14}S_3$, F. 81—82° (Methanol), a) aus **I** u. K_2S in Methanol; 90%; b) aus p-Tolylmercaptan u. SCl_2 in CCl_4 bei Siedetemp.; 12%. — *Bis-[2-acetamidoäthyl]-*, $C_8H_{16}N_2O_2S_3$, F. 95—95,5° (Aceton, $CHCl_3/CCl_4$), a) aus **IV** u. K_2S in Methanol; 82%; b) analog mit KHS; 26%; c) aus **V** u. NaHS in einem Phosphat–Puffer-Gemisch; 14%. — *tert.-Butyl-*, $C_8H_{18}S_3$, Kp.$_{20}$ 108—110°, a) in 24std. Rk. aus **II** u. Na_2S in Ae./W.; 58%; b) analog in 72std. Rk.; 88%; daneben *tert.-Butyldisulfid* (**VII**; 94 : 6 = Verhältnis der gebildeten Prod.); c) in 3std. Rk. aus **II** u. K_2S (2 : 1) in Methanol; 88%; daneben *tert.-Butyltetrasulfid* (**VI**) (83 : 17); d) aus 2-Methylpropyl-(2)-sulfenylchlorid u. Na_2S in Pentan/W.; 88%; daneben *tert.-Butyldisulfid* (**VII**) u. **VI** (58 : 8 : 34); e) analog in Methanol; 67%; daneben **VI** u. **VII** (55 : 27 : 16). — IR- u. UV-Maxima vgl. Original. K.-P. Hilgetag 1090△

1224 **Neue Synthese von Monosulfonylharnstoffen.** B. R. Franko-Filipasic und R. Patarcity. (Chem. and Ind. **1967**, 1, 35; High Pressure Labor., Central Res. Dep., FMC Corporation, Princeton, N.J., USA; engl.) — Vf. beschreiben die Synth. von *Monosulfonylharnstoffen* durch 3std. Druckcarbonylierung von Sulfonamiden mit Aminen in Ggw. von K_2CO_3 bei 165°. Harnstoffe: *N-n-Butylsulfonyl-N'-n-propyl-*, F. 50—54°; 25% (Ausb.). — *N-[p-Chlorphenylsulfonyl]-N'-n-propyl-*, F. 124—126°; 46%. — *N-o-Tolylsulfonyl-N'-n-propyl-*, F. 156—158°; 49%. — *N-p-Tolylsulfonyl-N'-n-butyl-*, F. 124—126°; 66%. K.-P. Hilgetag 1090△

1225 **Synthese und Eigenschaften einiger Azomethinverbindungen.** N. I. Krikova, S. N. Ščerbak und I. A. Savič. (Chim. geterocikličeskich Soedinenij **1967**, 2, 321—25; Pjatigorskij farmac. inst.; russ.) — Durch Einw. von Aminen (**A**) auf Salicylaldehyd (**I**) werden entsprechende *Azomethine* erhalten; ihre sauren Dissoziationskonstanten betragen 10^{-7} bis 10^{-11}. UV-Spektren vgl. Original.

Versuche: Durch 30—60 Min. langes Kochen von **I** mit **A** in A. oder CH_3OH, Abkühlen u. Krist. des Nd. aus CH_3OH, A. oder Dioxan werden folgende Azomethine erhalten: *N^4-Salicylidensulfanilamid*, $C_{13}H_{12} \cdot N_2O_3S$, F. 208—209°; gelb; 60% (Ausb.). — *N^4-Salicyliden-N^1-acetylsulfanilamid, Mono-Na-Salz*, $C_{15}H_{13} \cdot NaN_2O_4S$, F. 228—230° (Zers.); gelb; 58%. — *[p-Salicylidenaminobenzolsulfonyl]-harnstoff*, $C_{14}H_{13}N_3O_4S$, F. 196°; gelb; 93%. — *N^4-Salicyliden-N^1-cyansulfanilamid*, $C_{14}H_{11}N_3O_3S$, F. 236—239°; gelb; 57%. — *N^4-Salicyliden-N^1-[4.6-dimethylpyrimidinyl-(2)]-sulfanilamid*, $C_{19}H_{18} \cdot N_4O_3S$, F. 167—170°; gelb; 73%. — *p-Salicylidenaminosalicylsäure, Na-Salz*, $C_{14}H_{10}NaNO_4$, F. 235° (Zers.); gelb; 90%. — *N.N'-Disalicyliden-o-tolidin*, $C_{28}H_{24}N_2O_2$, F. 199—200°; orange; 68%. — *3.9-Bis-[salicylidenamino]-7-äthoxyacridin*, $C_{29}H_{23}N_3O_3$, F. 230°; orange; 83%. H. Berger 1140△

1226 **Polyphosphatester als Synthesereagenz. 4. Mitt. Darstellung von Arylestern.** Yuichi Kanaoka, Kazutaka Tanizawa, Eisuke Sato, Osamu Yonemitsu und Yoshio Ban. (Chem. pharmac. Bull. [Tokyo] **15** (1967) 5, 593—95; Fac. of Pharm. Sci. Hokkaido, Univ., Sapporo; engl.) — 3. vgl. C. **1968**, 40-0930. — Vf. synthetisieren eine Reihe von *Arylestern* durch Umsetzung der entsprechenden Säuren mit Phenolen in Ggw. von Polyphosphatestern (**I**) unter milden Bedingungen. IR-Maxima s. Original.

Versuche: Arylester, a) durch $^1/_2$std. Kochen eines Gemisches aus der entsprechenden Säure, dem entsprechenden Phenol u. **I** in $CHCl_3$, Einengen im Vakuum, Zugabe von Eiswasser u. $NaHCO_3$, $^1/_2$std. Rühren u. Extrahieren mit $CHCl_3$ (Meth. **A**); b) analog durch 24std. Stehen bei Raumtemp. (Meth. **B**): *Benzoesäurephenylester*, F. 70—71°, a) nach **A**; aus A. Nadeln; 83%; b) nach **B**; 90%. — *Benzoesäure-p-nitrophenylester*, F. 140—142° (A.), a) nach **A**; 78%; b) nach **B**; 65%. — *Benzoesäurepentachlorphenylester*, F. 156—157°, nach **A**; aus A. Nadeln; 88%. — *Benzoesäurethiophenylester*, F. 56—57° (wss. Isopropanol), a) nach **A**; 91%; b) nach **B**;

80 %. — *Benzoesäure-p-nitrothiophenylester*, F. 118—120°, a) nach **A**; aus A. gelbes Pulver; 78 %; b) nach **B**; 73 %. — *Essigsäurephenylester*, Kp.$_5$ 50—53°, a) nach **A**; 80 %; b) nach **B**; 81 %. — *Essigsäure-p-nitrophenylester*, F. 76—78°, a) nach **A**; aus A. gelbe Prismen; 73 %; b) nach **B**; 69 %. — *Essigsäurepentachlorphenylester*, F. 144—145°, nach **A**; aus A. Nadeln; 89 %. — *Phenylessigsäure-p-nitrophenylester*, F. 62—63°, a) nach **A**; aus A. gelbe Nadeln; 78 %; b) nach **B**; 81 %. — *p-Nitrobenzoesäurephenylester*, F. 126—127°, nach **A**; aus A. gelbe Nadeln; 63 %. — *p-Nitrobenzoesäure-p-nitrophenylester*, F. 154 bis 157°, nach **A**; aus A. gelbe Nadeln; 46 %. — *m-Nitrobenzoesäurephenylester*, F. 95—96°, nach **A**; aus A. gelbe Prismen; 49 %. — *Salicylsäurephenylester*, F. 40—42°, nach **A**; aus wss. A. Prismen; 63 %. — *N-Phthaloyl-β-alanin-p-nitrophenylester*, $C_{17}H_{12}N_2O_6$, F. 203—205°, a) nach **A**; aus Essigester Prismen; 87 %; b) nach **B**; 87 %. — *N-Benzoyl-β-alanin-p-nitrophenylester*, $C_{16}H_{14}N_2O_5$, F. 158—159°, a) nach **A**; aus Bzl. gelbe Blättchen; 44 %; b) nach **B**; 76 %. — *N-Phthaloyl-β-alaninpentachlorphenylester*, $C_{17}H_8Cl_5NO_4$, F. 186—187°, nach **A**; aus Essigester Nadeln; 90 %. — *N-Phthaloyl-DL-alanin-p-nitrophenylester*, $C_{17}H_{12}N_2O_6$, F. 128—129°, a) nach **A**; aus A. Blättchen; 64 %; b) nach **B**; 16 %.

K.-P. Hilgetag 1210△

1227 **Stabile Rotationsisomere von Carbonsäureamiden.** Heinz A. Staab und Dieter Lauer. (Tetrahedron Letters [London] **1966, 4593**—98; Inst. für Organ. Chem. der Univ. Heidelberg; dt.) — Untersucht wurde die Behinderung der Drehbarkeit um die C—N-Bindung bei ster. gehinderten *Amiden* von *2.4.6-Tri-tert.-butylbenzoesäure.* IR- u. NMR-Spektren vgl. Original.

Versuche: *N.N-Dimethyl-2.4.6-tri-tert.-butylbenzamid*, F. 127—129°, aus 2.4.6-Tri-tert.-butylbenzoylchlorid (**I**; F. 151—155°) u. Dimethylamin; 71 % (Ausb.).

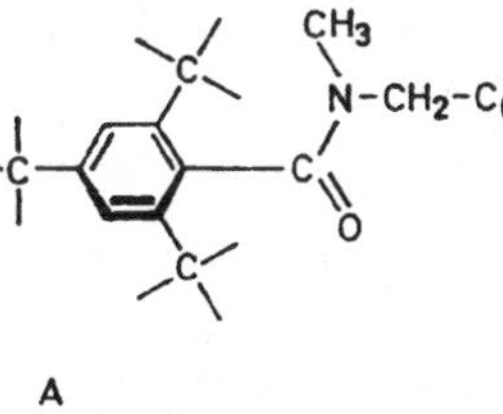

A

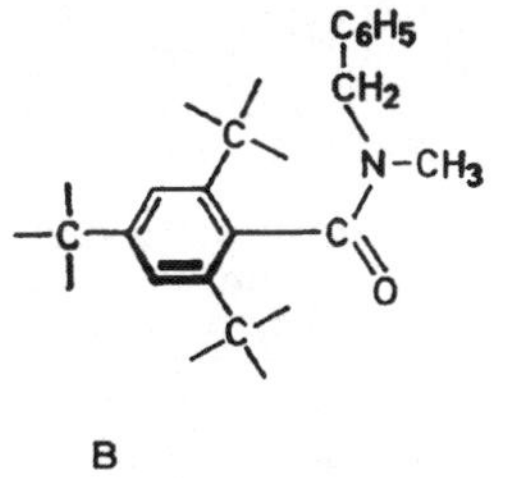

B

— *N-Methyl-N-benzyl-2.4.6-tri-tert.-butylbenzamid*, aus **I** u. Methylbenzylamin im Mol-Verhältnis 1 : 2 in THF. *Isomeres A*, F. 116—118°. *Isomeres B*, F. 152—154°.

G. Menz 1210

1228 **Asymmetrische Reaktionen. 22. Mitt. Die absolute Konfiguration der S-(—)-Isopropylphenylessigsäure.** Otakar Červinka und Ladislav Hub. (Z. Chem. 7 (1967) 11, 423—24; Inst. für organ. Chem., TH für Chem., Prag (CSSR); dt.) — 21. vgl. Collect. czechoslov. chem. Commun. **32** (1967) 4149. — Die durch asymm. Transformation erhaltene *S-(—)-Isopropylphenylessigsäure* [Kp.$_{0,1}$ 105°; $[\alpha]_D$ —28,7° (Methanol)] ergibt mit Diazomethan den *Äthylester* [Kp.$_{12}$ 110°; $[\alpha]_D$ —24° (Methanol)], der mittels $LiAlH_4$ zu *S-(—)-2-Phenyl-3-methylbutanol-(1)* [Kp.$_{16}$ 110°; $[\alpha]_D$ —2,4° (Methanol)] reduziert wurde. Durch Red. des daraus erhaltenen *p-Toluolsulfonates* (F. 75—80°) mit $LiAlH_4$ entsteht *S-(—)-2-Phenyl-3-butylbutan* [**I**, Kp.$_{68}$ 98°; $[\alpha]_D$ —9,1° (Methanol)]. R-(—)-Hydratopasäure [$(\alpha)_D$ —51°) wurde in das *Chlorid* (Kp.$_{20}$ 105—110°) übergeführt, aus dem durch Rk. mit Methyl-MgJ *R-(+)-2-Methyl-3-phenylbutanol-(2)* (Kp.$_{37}$ 128—130°; $[\alpha]_D$ +10,9°) entstand. Das durch Einw. von HBr erhaltene *2-Methyl-2-brom-3-phenylbutan* (Kp.$_{16}$ 122°; $[\alpha]_D$ +7,1°) ergab durch Hydrierung an $Pd/BaSO_4$ im bas. Medium **I**. Damit konnte die abs. Konfig. der S-(—)-Isopropylphenylessigsäure entgegen der Meinung von Halpern u. Westley (Chem. Commun. **1967,** 237) bestätigt werden. — 20. vgl. C. **1968,** 55-0162.

G. Westphal 1210△

1229 **Neue Synthese von p-Hydroxybenzoesäure.** Yutaka Yasuhara und Tatsuo Nogi. (Chem. and Ind. **1967,** 6, 229; Toyo Rayon Co. Ltd., Mishima, Japan; engl.) — K-Phenolat (**I**) reagiert in 3½std. Rk. mit K_2CO_3 u. CO im Druckautoklaven bei 240° zu *p-Hydroxybenzoesäure* [F. 208—212°; 97 % (Ausb.); daneben *Ameisensäure*], die auch durch Umsetzung von Na-Phenolat mit K_2CO_3 unter analogen Bedingungen erhalten wird.

K.-P. Hilgetag 1250△

1230 **Nucleophile Reaktionen von N-Phenyliminokohlensäurediäthylester.** Tamotsu Fujisawa und Teruaki Mukaiyama. (Bull. chem. Soc. Japan **40** (1967) 2, 337—39; Labor. of Organ. Chem., Tokyo Inst. of Techn., Ookayama, Meguro-ku, Tokyo; engl.) — Im Rahmen der Unters. über die Nucleophilität der Iminogruppe werden Rk. von N-Phenyliminokohlensäurediäthylester (**I**) mit Alkylhalogeniden, Säurechloriden, Lactonen u. Säureanhydriden durchgeführt. Dabei entstehen bei erhöhter Temp. die entsprechenden *Carbamate.* Die Umsetzung von **I** mit Äthylencarbonat oder Äthylensulfit liefert *3-Phenyloxazolidon-(2)* unter Entwicklung von CO_2 bzw. SO_2. Max. der IR-Spektren vgl. Original.

Versuche: *N-Phenyliminokohlensäurediäthylester* (**I**), nach Smith (1894) aus Phenylimidophosgen u. Na-Äthylat. — *N-Benzyl-N-phenylcarbaminsäureäthylester*, $C_{16}H_{17}NO_2$, Kp.$_{0,1}$ 120—122°, durch 1std. Erhitzen von **I** mit Benzylbromid auf 200°; 47 % (Ausb.). — *N-Benzoyl-N-phenylcarbaminsäureäthylester*, $C_{16}H_{15}NO_3$, F. 65—66° (A.), durch 8std. Erhitzen von **I** mit Benzoylchlorid auf 200°; 100 %. — *N-[β-Äthoxycarbonyläthyl]-N-phenylcarbaminsäureäthylester*, $C_{14}H_{19}NO_4$, Kp.$_{0,3}$ 120—122°, durch 16std. Erhitzen von **I** mit β-Propiolacton auf 135—140°; 57 %. — *N-Phenyliminokohlensäureglykolester*, nach Mukaiyama et al. [Bull. chem. Soc. Japan **85** (1962) 687] aus Phenylimidophosgen mit Na-Glykolat. — *N-Acetyl-N-phenylcarbaminsäure-[β-acetoxyäthyl]-ester*, $C_{13}H_{15}NO_5$, F. 45—46° (Ae.), Kp.$_{0,15}$ 120—130°, durch 5std. Kochen vorst. Verb. mit Essigsäureanhydrid; 20 %. — *3-Phenyloxazolidon-(2)*, $C_9H_9NO_2$, F. 119—120° (Ae.), Kp.$_{0,15}$ 120—130°, a) durch 10std. Erhitzen von **I** mit Äthylencarbonat auf 200°; 72 %; b) analog a) mit Äthylensulfit; 60 %.

G. Westphal 1280△

1231 **Reaktion von Amidhomologen. 19. Mitt. Thermische Reaktionen von Azomethinen mit Formiaten und Formamid.** Minoru Sekiya, Keiichi Ito, Akira Hara und Jiro Suzuki. (Chem. pharmac. Bull. [Tokyo] **15** (1967) 6, 802—15; Shizuoka Coll. of Pharm., Oshika, Shizuoka; engl.) — 18. vgl. ibid. **15** (1967) 6, 774. — Beim 40—360 Min. langen Erhitzen von Azomethinen mit Trimethylammoniumformiat (**I**, 5 HCOOH · 2 $N(CH_3)_3$, Kp.$_{18}$ 91—92°) u. NH_4-Formiat (**II**) auf 120—125° bzw. durch 10std. Erhitzen mit Formamid (**III**) auf 165—170° entstehen *Gemische aus prim., sek.* u. *tert.-Aminen*, die durch Dest. getrennt werden. Bei der Rk. von N-Benzylidenanilin (**IV**, F. 50—51°) mit **I** entsteht *N-Benzyl-N-phenylformamid* ($C_{14}H_{13}NO$, F. 48—49° (Ae./PAe.), Kp.$_{0,1}$ 138—142°), während aus N-Benzylidenbenzylamin (**V**, Kp.$_{15}$ 181—182°) ein Gemisch aus *Tribenzylamin* (**VII**, $C_{21}H_{21}N$, F. 90—92°), *N-Benzylformamid* (**VIII**, C_8H_9NO, F. 60° (Ae.), Kp.$_{0,2}$ 127—131°) u. *N.N-Dibenzylformamid* (**IX**, $C_{15}H_{15}NO$, F. 52°) erhalten wird. Die Umsetzung von N-Benzylidencyclohexylamin (**VI**, Kp.$_{22}$ 154 bis 155°) mit **I** führt zu *Cyclohexylamin* (**X**, Kp. 115 bis 131°), *N-Benzylcyclohexylamin* (**XIII**, Kp.$_{14}$ 147—149°. *Hydrochlorid*, $C_{13}H_{20}ClN$, F. 284—285°) u. *N-Cyclohexyldibenzylamin* (**XI**, $C_{20}H_{25}N$, F. 59—60°, Kp.$_3$ 161—166°; aus Bzn. Prismen). Die Identifizierung von **X** erfolgt als *N-Cyclohexyl-N-phenylthioharnstoff* ($C_{13}H_{18}N_2S$, F. 147 bis 148°). In analoger Rk. bildet sich aus **IV** mit **II** *N-Benzylanilin* (**XIV**. *Hydrochlorid*, $C_{13}H_{14}ClN$, F. 211—212°), *Anilin* (*Hydrochlorid* (**XV**), F. 194—197°) u. *Benzylamin* (*Hydrochlorid* (**XII**), $C_7H_{10}ClN$, F. 255—256°), während aus **II** u. **V** ein Gemisch aus **VII** (*Hydrochlorid*, F. 215—223°), **VIII** u. **IX** gewonnen wird. In gleicher Rk. entsteht aus **VI** mit **II** ein Gemisch aus **X**, **XII**, **XIII** u. **XI**. Die Umsetzungen von **III** mit **IV** liefern **XIV**, **XV** u. **XII**, daneben konnte *Amaron* (**XVI**, $C_{28}H_{20}N_2$, F. 244—246°; aus $CHCl_3$ Nadeln) u. *Lophin* (**XVII**, $C_{21}H_{16}N_2$, F. 275—277°; aus A. Nadeln) isoliert werden. Aus **V** mit **III** entsteht **VIII**, **IX**, **XVI** u. **XVII**. Bei einigen Rk. konnte auch *Cyaphenin*

($C_{21}H_{15}N_3$, F. 227–228°; aus $CHCl_3$ Nadeln) gewonnen werden. Die analog durchgeführte Umsetzung von **III** mit **VI** liefert ein Gemisch aus **X**, **XII**, **XIII**, **XVI** u. **XVII**. Die Umsetzung von **III** mit Hydrobenzamid (**XX**, F. 101–103°, aus Benzaldehyd mit 30%ig. NH_3), N-Benzyliden-α-formamidobenzylamin (**XVIII**, F. 123–124°, aus **XX** mit **III**) u. N.N'-Benzyliden-bis-formamid (**XIX**, F. 149–150° (Methanol), aus Benzaldehyd mit überschüssigem Formamid) führt zur Bldg. von **VIII** in Ausb. zwischen 27 u. 42%. Bei der Rk. von **XVIII** mit **III** in sd. Ligroin entstehen 14,6% **XIX** u. 12% **XX**, während die gleiche Rk. in Ggw. von wenig 98%ig. Ameisensäure 29% **XIX** u. 8,2% **XX** ergibt. — 12. vgl. C. **1968**, 15-1034.

W. Hampel 1310△

1232 **Reaktionen von Amidhomologen. 20. Mitt. Thermische Reaktion von N.N'-Benzyliden-bis-amiden mit Formiaten und Formamid.** Minoru Sekiya, Yukichi Harada und Kozo Tanaka. (Chem. pharmac. Bull. [Tokyo] **15** (1967) 6, 833–39; engl.) — 19. vgl. vorst. Referat. — Die 5–5½std. Rk. von Trimethylammoniumformiat (**I**, 5 HCOOH · 2 $N(CH_3)_3$] mit N.N'-Benzyliden-bis-formamid (**IV**, F. 149–150°), N.N'-Benzyliden-bis-acetamid (**V**, F. 256–257°) oder N.N'-Benzyliden-bis-propionamid (**VI**, F. 225–226°) bei 138–145° führt zu *Benzylalkohol* (**VII**), *N-Benzylformamid* (**VIII**, C_8H_9NO, F. 60° (Ae.), Kp.$_{2-3}$ 143–145°), *N.N'-Dibenzylformamid* (**IX**, $C_{15}H_{15}NO$, F. 51–52°) u. *Tribenzylamin* (**X**, *Hydrochlorid*, $C_{21}H_{22}ClN$, F. 226–227°), bzw. **VII**, **X** (F. 92°), **IX** u. *N-Benzylacetamid* sowie *N-Benzylpropionamid* ($C_{10}H_{13}NO$, F. 48–49°), **IX** u. **X**. Der Nachw. von **VII** erfolgt als *Benzyl-N-phenylcarbamat* ($C_{14}H_{13}NO_2$, F. 76 bis 78°). Die 2std. Umsetzung von **IV** mit NH_4-Formiat (**II**) bei 138–145° ergibt ein Gemisch aus **VIII**, **IX** u. **X**, während aus **V** mit **II** lediglich **VIII** u. **IX** erhalten werden. Die 5½std. Rk. von **VI** mit **II** bei 138–145° führt zu **VIII** u. **IX**. Formamid (**III**) reagiert in 10std. Rk. mit **IV** bei 165–170° zu **VIII**. Unter den gleichen Rk.-Bedingungen ist **VIII** auch Endprod. der Rk. von **V** u. **VI** mit **III**. Die Umwandlung von **IV**, **V** u. **VI** bei der Rk. mit **I** beträgt 90–93%, während die Umwandlung bei der Umsetzung mit **II** 78–87% beträgt. **III** erweist sich als reaktionsträger, so daß nur eine Umwandlung zwischen 42 u. 47% beobachtet werden konnte.

W. Hampel 1310△

1233 **Polyfluoraromatische Verbindungen mit cytotoxischen Gruppen.** F. I. Abezgauz und S. V. Sokolov. (Ž. obšč. Chim. **37/99** (1967) 4, 809–14; Ural'skij polytechn. inst. im. Kirova; russ.) — Die Rk. von Hexafluor- (**I**) u. 1.3.5-Trifluor-2.4.6-trichlorbenzol (**II**) mit Äthylenimin (**III**) sowie von **I** u. Chlorpentafluorbenzol (**IV**) mit Diäthanolamin (**V**) u. anderen Aminen werden untersucht.

Versuche: *N-Pentafluorphenyläthylenimin*, $C_8H_4F_5N$, Kp.$_5$ 58–59°, F. 41–42° (CH_3OH), durch 24std. Kochen von **I** mit **III** in abs. Bzl. u. Eindampfen der benzol. Schicht; 53% (Ausb.). — *Gemisch von Bis-[äthylenimino]-tetrafluorbenzolen*, $C_{10}H_8F_4N_2$, Kp.$_5$ 85 bis 86°, F. 63–64° (CH_3OH), neben vorst. Verb.; 20%. — *1.3-Bis-[äthylenimino]-2.4.6-trichlor-5-fluorbenzol*, $C_{10}H_8Cl_3FN_2$, F. 130–131° (CH_3OH), analog aus **II**; 57%. — *N.N-Bis-[β-hydroxyäthyl]-pentafluoranilin* (**VI**), $C_{10}H_{10}F_5NO_2$, Kp.$_5$ 145–147°, durch 24std. Erhitzen von **I** mit **V** in Dioxan im Bombenrohr auf 160–180°, Verdünnen mit W. u. Extrahieren mit Ae.; n_D^{20} 1,4825; 55%. — *Gemisch aus 60% **VI** u. 40% 4-[β-Hydroxyäthyl]-5.6.7.8-tetrafluor-3.4-dihydro-2H-1.4-benzoxazin*, Kp.$_5$ 143–145°, analog durch 24std. Kochen in Py.; 68%. — *N.N-Bis-[β-chloräthyl]-pentafluoranilin* (**VII**), $C_{10}H_8Cl_2F_5N$, Kp.$_5$ 113–115°, F. 45–46° (A.), a) durch Zugabe von **VI** zu $SOCl_2$ unter Eiskühlung, 2std. Kochen, Eindampfen im Vakuum, Lösen in PAe. u. Reinigen an Al_2O_3; 44%; b) analog durch 2std. Erhitzen mit $POCl_3$ auf dem W.-Bad, Zersetzen mit W. u. Extrahieren mit Bzl.; 42%. — *N.N-Dimethylpentafluoranilin*, $C_8H_6F_5N$, Kp. 160–162°, a) durch 24std. Kochen von **I** u. **V** in DMF, Zersetzen mit W. u. Extrahieren mit Ae.; n_D^{20} 1,4456; 58%; b) analog mit Anilin u. Aufarbeiten mit HCl; 23,5%. Daneben nach a): **VI**. — *N-Pentafluorphenylmorpholin* (**VIII**), $C_{10}H_8F_5NO$, Kp.$_5$ 98–100°, a) durch 4std. Kochen von **I** mit Morpholin in Dioxan, Verdünnen mit W. u. Extrahieren mit Ae.; n_D^{20} 1,4675; 80%; b) analog durch 6std. Kochen in DMF; 81%. — *N.N-Bis-[β-hydroxyäthyl]-2.3.5.6-tetrafluor-4-chloranilin* (**IX**), $C_{10}H_{10}ClF_4NO_2$, Kp.$_3$ 172–173°, analog durch 36std. Kochen von **IV** mit **V** in Dioxan; 48,5%. — *N.N-Bis-[β-chloräthyl]-2.3.5.6-tetrafluor-4-chloranilin*, $C_{10}H_8Cl_3F_4N$, F. 51–53° (CH_3OH), aus vorst. Verb. analog **VII**; 50%. — *N.N-Dimethyl-2.3.5.6-tetrafluor-4-chloranilin* (**X**), $C_8H_6ClF_4N$, Kp.$_3$ 77–79°, durch 6std. Kochen von **IV** mit **V** in DMF, Gießen in W. u. Extrahieren mit Ae.; 30%. Daneben: **IX**; 32%. — *N-[2.3.5.6-Tetrafluor-4-chlorphenyl]-morpholin*, $C_{10}H_8ClF_4NO$, Kp.$_1$ 103–105°, F. 62–63° (A.), analog **VIII**; 65%. — *N-[β-Hydroxyäthyl]-2.3.5.6-tetrafluor-4-chloranilin*, $C_8H_6ClF_4NO$, Kp.$_1$ 118–120°, F. 64–65° (Bzl./Hexan), analog **X** aus Äthanolamin; 56%. — *N-Methylpentafluoranilin*, $C_7H_4F_5N$, Kp.$_1$ 57–60°, durch 24std. Kochen von **I** mit **V** u. N-Methylacetamid, Verdünnen mit W. u. Extrahieren mit Ae.; 31,8%. — *N-Methyl-2.3.5.6-tetrafluor-4-chloranilin*, $C_7H_4ClF_4N$, Kp.$_2$ 67–70°, analog aus **IV** bei 6std. Kochen; 38%. Daneben: **IX**; 30%.

H. Berger 1320△

1234 **Synthese einiger Chlor- und Jodacetanilide.** John Samuel Adams jun. und George Franklin Deebel. (J. chem. Engng. Data **12** (1967) 4, 619–21; Monsanto Res. Corp., Boston Labor., Everett, Mass.; engl.) — Es wurden dargestellt: Acetanilide, aus den entsprechenden Chloracetaniliden u. Chlor- bzw. Dichloracetylchlorid: *2.2.3'.5'-Tetrachlor-*, F. 138–139°; 58% (Ausb.). — *2'-Chlor-5'-[trifluormethyl]-2-jod-*, F. 138°; 73%. — *2'-Chlor-5'-[trifluormethyl]-2-[2.4-dichlorphenoxy]-*, F. 200 bis 201°; 45%. — *2-Jod-3'-chlor-*, F. 89–89,5°; 49%. — *2-Jod-4'-brom-*, F. 179–180°; 71%. — *2-Jod-3'-brom-*, F. 99–99,5°; 63%. — *2-Jod-2'.5'-dichlor-*, F. 177–178°; 68%. — *2-Jod-4'-chlor-*, F. 180–180,5°; 30%. — *2-Chlor-p-[chloracetoxy]-*, F. 168–169°; 14%. — *2-Jod-[p-jodacetoxy]-*, F. 166–168°; 20%. — *2.2-Dichlor-4'-jod-*, F. 155–158°; 15%. — *N-[Chloracetyl]-m-anisidid*, F. 93 bis 94°; 45%. — *N-[Jodacetyl]-m-anisidid*, F. 94,5–96°; 42%. — *N-[Chloracetyl]-m-phenetidid*, F. 124–126°; 70%. — *N-[Jodacetyl]-p-phenetidid*, F. 138,5–141°; 46%. — *N-[Jodacetyl]-m-phenetidid*, F. 108–110°; 75%.

K.-P. Hilgetag 1340△

1235 **Bis-[2-chloralkyl]-amide des N-Acetylphenylalanins.** V. G. Nemec, G. G. Blinova und T. D. Žilinskaja. (Ž. obšč. Chim. **37/99** 4, 817–19; Leningradskij technol. inst. im. Lensoveta; russ.) — Das *N.N-Bis-[2-chlorpropyl]-amid* von *N-Acetylphenylalanin* (**I**) erleidet beim Aufbewahren allmählich Umlagerung zu dem Hydrochlorid des [1-(β-Chlorpropylamino)-propyl-(2)]-esters von **I**; das N.N-Bis-[2-chloräthyl]-amid von **I** ist wegen sofortiger, analoger Umlagerung nicht isolierbar.

Versuche: *N-Acetylphenylalanin* (**I**), *Chlorid*, $C_{11}H_{12}ClNO_2$, F. 103–104°, durch Zugabe von PCl_5 zu **I** in Acetylchlorid bei –13 bis –15° u. Einengen bei 0°; 64,7% (Ausb.). *N.N-Bis-[2-chlorpropyl]-amid*, $C_{17}H_{24}Cl_2N_2O_2$, durch Zugabe von Triäthylamin in abs. Bzl. zu vorst. Verb. u. Bis-[2-chlorpropyl]-aminhydrochlorid in abs. Bzl. unter Kühlung, 12std. Rühren bei 20°, Stehen über Nacht u. Eindampfen der benzol. Schicht; 91,9%.

H. Berger 1350△

1236 **Synthese einiger potentieller geschwulstverhindernder Präparate.** V. G. Nemec, V. I. Rabakova und E. G. Sočilin. (Ž. obšč. Chim. **37/99** (1967) 4, 814–17; russ.) — Analoga des m-Sarkolysins werden synthetisiert.

Versuche: *2-Fluor-5-nitrobenzylbromid*, $C_7H_5BrFNO_2$, F. 74–76° (A.), durch 2½std. Rk. von 2-Fluor-5-nitrotoluol mit Br_2 bei 150–155° unter Bestrahlung; 42% (Ausb.). — *[2-Fluor-5-nitrobenzyl]-acetamidomalonsäurediäthylester*, $C_{16}H_{19}FN_2O_7$, F. 142–144°, durch Zugabe von Acetamidomalonsäurediäthylester zu Na-Äthylat in A., Zugabe vorst. Verb. in abs. Bzl., 21std. Kochen, Filtrieren u. Eindampfen im Vakuum; 66%. — *[2-Fluor-5-aminobenzyl]-acetamidomalonsäurediäthylester* (**I**), $C_{16}H_{21}FN_2O_5$, F. 136–138°, durch 3std. Hydrieren vorst. Verb. in A. in Ggw. von Raney-Ni bei 65 atm u. 45 bis 50°; 70%. — *{2-Fluor-5-[bis-(β-hydroxyäthyl)-amino]-benzyl}-acetamidomalonsäurediäthylester*, $C_{20}H_{29}FN_2O_7$, F. 115–117°, durch Zugabe von Äthylenoxid zu **I** in 25%ig. Essigsäure bei 0–4°, 24std. Stehen bei Raumtemp., Neutralisieren mit 20%ig. Sodalsg. u. Extrahieren mit Bzl.; 70%. — *2-{2-Fluor-5-[bis-(β-chloräthyl)-amino]-phe-*

nyl}-DL-alanin (II), $C_{13}H_{17}Cl_2FN_2O_2$, F. ca. 150° (Zers.), durch Zugabe von $SOCl_2$ zu vorst. Verb. in abs. $C_2H_4Cl_2$ unter W.-Kühlung, 22std. Stehen bei Raumtemp., Eindampfen im Vakuum, 4std. Kochen mit 20%ig. HCl u. Neutralisieren mit $NaHCO_3$ sowie 10%ig. NH_4OH bei 0°; 90%. *Hydrochlorid,* $C_{13}H_{17}Cl_2FN_2O_2 \cdot HCl$, Zers. bei > 100° (A.), durch Erwärmen der Base mit äthanol. HCl. — *{2-Fluor-5-[bis-(β-hydroxypropyl)-amino]-benzyl}-acetamidomalonsäurediäthylester,* $C_{22}H_{33}FN_2O_7$, F. 88–90°, durch Zugabe von Propylenoxid zu I in 50%ig. Essigsäure bei 0°, 46std. Stehen bei Raumtemp., Neutralisieren mit 20%ig. Sodalsg., Extrahieren mit Chlf. u. Fällen mit Ae.; 52%. — *2-{2-Fluor-5-[bis-(β-chlorpropyl)-amino]-phenyl}-DL-alaninhydrochlorid,* $C_{15}H_{21}Cl_2FN_2O_2 \cdot HCl$, Zers. bei ca. 120°, analog II aus vorst. Verb. direkt durch Eindampfen der salzsauren Lsg.; 42%.

H. Berger 1350△

1237 **Synthese von Aryldichlorphosphinen.** F. M. Charrasova, Gil'm Kamaj, R. B. Sultanova und G. I. Matveeva. (Ž. obšč. Chim. **37/99** (1967) 4, 902–03; Kazanskij chim.-technol. inst. im. Kirova; russ.) — Die aus aromat. KW-Stoffen u. PCl_3 in Ggw. von $AlCl_3$ darstellbaren *Aryldichlorphosphine* werden vorteilhaft mit PCl_3 aus der Rk.-Masse extrahiert.

Versuche: Aryldichlorphosphine: *Phenyl-*, $Kp._{11}$ 99–100°, durch 3std. Kochen von PCl_3 mit Bzl. u. $AlCl_3$ unter CO_2, Zugabe von $POCl_3$ in der Hitze, Extrahieren mit PCl_3 u. Dest.; 80% (Ausb.). — Analog bei den angegebenen Rk.-Zeiten: *p-Chlorphenyl-*, $Kp._{15}$ 121–122°, 4 Std.; 55,5%. — *p-Bromphenyl-*, $Kp._{14}$ 140°, 17 Std.; 51,3%. — *p-Tolyl-*, $Kp._{22}$ 130°, analog durch 3std. Kochen, Zugabe von Py. unter W.-Kühlung u. weiter analog; 83%.

H. Berger 1380△

1238 **Direkte Synthese von Alkyl(Aryl)dichlor- und -dibromphosphinen.** N. K. Bliznjuk, Z. N. Kvaša und A. F. Kolomiec. (Ž. obšč. Chim. **37/99** (1967) 4, 890 bis 892; VNII fitopatol.; russ.) — Durch Einw. von weißem P u. PCl_3 bzw. PBr_3 auf Alkyl(Aryl)chloride bzw. -bromide werden *Alkyl(Aryl)dichlor-* bzw. *-dibromphosphine* erhalten; die Rk. kann durch J_2, Alkyl- oder Aryljodide, Br_2, Alkylbromide oder Halogenphosphine katalysiert werden.

Versuche: Alkyl(Aryl)dihalogenphosphine; *Benzyldichlor-*, $Kp._{15}$ 113–115°, durch 10std. Erhitzen von weißem P mit Benzylchlorid, PCl_3 u. wenig J_2 in einem Ni-Autoklaven auf 230–240° u. Dest. unter N_2; $D._4^{20}$ 1,2947; n_D^{20} 1,5870; 80% (Ausb.). — Analog unter den angegebenen Bedingungen: *Butyldichlor-*, $C_4H_9Cl_2P$, $Kp._{760}$ 156–159°, 5 Std. bei 290–320°; $D._4^{20}$ 1,1615; n_D^{20} 1,4870; 59,6%. — *Hexyldichlor-*, $C_6H_{13}Cl_2P$, $Kp._{25}$ 104–107°, 5 Std. bei 290–310°; $D._4^{20}$ 1,1066; n_D^{20} 1,4850; 58,2%. — *Nonyldichlor-*, $C_9H_{19}Cl_2P$, $Kp._{15}$ 135 bis 138°, 5 Std. bei 290–320°; $D._4^{20}$ 1,0364; n_D^{20} 1,4846; 54,3%. — *[p-Chlorbenzyl]-dichlor-*, $C_7H_6Cl_3P$, $Kp._{15}$ 143 bis 146°, 14 Std. bei 220–230°; $D._4^{20}$ 1,3904; n_D^{20} 1,5951; 68%. — *[2.5-Dimethylbenzyl]-dichlor-*, $C_9H_{11}Cl_2P$, $Kp._{20}$ 138–141, 11 Std. bei 220–230°; $D._4^{20}$ 1,2010; n_D^{20} 1,5690; 62%. — *Phenyldichlor-*, $C_6H_5Cl_2P$, $Kp._5$ 99–101°; $D._4^{20}$ 1,3342; n_D^{20} 1,5947; 54,6%. — *Phenyldibrom-*, $C_6H_5Br_2P$, $Kp._5$ 117–119°, 7 Std. bei 280–300°; $D._4^{20}$ 1,8772; 71%. — *[o-Tolyl]-dibrom-*, $C_7H_7Br_2P$, $Kp._1$ 99 bis 102°, 8 Std. bei 230–250°; $D._4^{20}$ 1,7954; 50,2%.

H. Berger 1380△

1239 **Äthylenoxid als HCl-Akzeptor bei der Synthese von Dialkylphosphiten und Monoalkylphosphoniten.** N. K. Bliznjuk, Z. N. Kvaša, P. S. Chochlov und A. F. Kolomiec. (Ž. obšč. Chim. **37/99** (1967) 4, 884–88; VNII fitopatolog.; russ.) — Durch Einw. von Alkoholen auf PCl_3 bzw. Dichlorphosphinen in Ggw. von Alkylenoxiden als HCl-Akzeptor werden *Dialkylphosphite* bzw. *Monoalkylphosphonite* erhalten.

Versuche: *Dinonylphosphit,* $Kp._{0,5}$ 175–176°, durch Zugabe von PCl_3 zu Nonanol u. Äthylenoxid (I) bei –40°, Erwärmen auf 10–15°, Evakuieren, 1std. Erhitzen mit W. auf 90–100° u. Eindampfen; n_D^{20} 1,4406; 99% (Ausb.). — Analog: *Dioctylphosphit,* $Kp._1$ 160 bis 162°, Rk. in Propan; n_D^{20} 1,4423; 99,8%. — *Bis-[β-phenoxyäthyl]-phosphit,* $C_{16}H_{19}O_5P$, $Kp._{1,5}$ 210–212°, mit Propylenoxid (II); $D._4^{20}$ 1,1951; n_D^{20} 1,5239; 99,6%. — *Bis-[β-(2.4-dichlorphenoxy)-äthyl]-phosphit* (III), durch Zugabe von PCl_3 zu 2-[2.4-Dichlorphenoxy]-äthanol u. I in Toluol bei –30°, Erwärmen auf 10–15°, Einengen im Vakuum, 2std. Erhitzen auf 90–100° bei 15–30 Torr, 1–2std. Erhitzen mit W. auf 100° u. Eindampfen; zähfl.; n_D^{20} 1,5795; 100%. — Analog: *Bis-[β-(2.4.5-trichlorphenoxy)-äthyl]-phosphit*; zähfl.; n_D^{20} 1,5922; 100%. — *Monoäthylphenylphosphonit,* $Kp._2$ 112–114°, durch Zugabe von Phenyldichlorphosphin zu A. u. I unter N_2 bei –35°, 1std. Stehen bei 5–10°, Entfernen von I mit N_2, Zugabe von W. bei 0–5° u. Eindampfen; n_D^{20} 1,5189; 93%. — *Monobutylphenylphosphonit,* $Kp._{2,5}$ 125 bis 126°, analog in Ggw. von II in Propan; n_D^{20} 1,5075; 94,5%. — *Mono-[β-(4-chlorphenoxy)-äthyl]-methylphosphonit,* $C_9H_{12}ClO_3P$, $Kp._1$ 173–175°, analog III aus β-[4-Chlorphenoxy]-äthanol, I u. Methyldichlorphosphin in Toluol; $D._4^{20}$ 1,3002; n_D^{20} 1,5396; 95,5%. — *Mono-[β-(2.4-dichlorphenoxy)-äthyl]-methylphosphonit,* $C_9H_{11}Cl_2O_3P$, $Kp._{0,5}$ 178–180°, analog in Ggw. von II; n_D^{20} 1,5559; 96%. — *Bis-[β-chloräthyl]-phosphit,* $Kp._{3,5}$ 133 bis 135°, a) durch Zugabe von PCl_3 zu Äthylenchlorhydrin (IV) u. I bei 0–5°, 5–6std. Erhitzen auf 70–80° u. Eindampfen im Vakuum; $D._4^{20}$ 1,4032; n_D^{20} 1,4702; ca. 100%; b) durch Zugabe von PCl_3 u. eines Gemisches aus I u. W. zu Dichloräthan (V) bei 0–5° u. weiter analog; 89%. — Mono-[β-chloräthyl]-alkyl(aryl)phosphonite: *-benzyl-*, $C_9H_{12}ClO_2P$, $Kp._2$ 165–168°, durch Zugabe von Benzyldichlorphosphin in V zu IV u. I in V bei 0–5°, 3–4std. Erhitzen auf 40–45° u. Eindampfen im Vakuum; $D._4^{20}$ 1,2425; n_D^{20} 1,5390; 100%. — Analog: *-butyl-*, $C_6H_{14}ClO_2P$, $Kp._2$ 114–116°; $D._4^{20}$ 1,1441; n_D^{20} 1,4612; 78%. — *-hexyl-*, $C_8H_{18}ClO_2P$, $Kp._2$ 131–132°; $D._4^{20}$ 1,0785; n_D^{20} 1,4597; 73%. — *-phenyl-*, $C_8H_{10}ClO_2P$, $Kp._{1,5}$ 149–151°; $D._4^{20}$ 1,2626; n_D^{20} 1,4512; 81%. — *-p-chlorbenzyl-*, $C_9H_{11}Cl_2O_2P$; $D._4^{20}$ 1,3485; n_D^{20} 1,5513; 100%. — *Dibutylphosphit,* $Kp._3$ 92–94°, durch Zugabe von PCl_3 zu Butanol bei 5–10°, 3–4std. Einleiten von trockener Luft unter allmählicher Erwärmung auf 20 bis 25°, Zugabe von I bei 0–5°, 3–6std. Stehen bei 20 bis 25° u. Eindampfen im Vakuum; n_D^{20} 1,4250; ca. 100%.

H. Berger 1380△

1240 **Äthylenoxid als HCl-Akzeptor bei der Synthese neutraler Phosphite und Phosphonite.** N. K. Bliznjuk, Z. N. Kvaša und A. F. Kolomiec. (Ž. obšč. Chim. **37/99** (1967) 4, 888–90; VNII fitopatolog.; russ.) — Durch Einw. von Alkoholen auf PCl_3 u. Aryl(alkyl)dichlorphosphine in Ggw. von Alkylenoxiden als HCl-Akzeptoren werden *Phosphorigsäuretriester* bzw. *Phosphonigsäurediester* erhalten.

Versuche (alle unter N_2): *Tributylphosphit,* $Kp._3$ 106–108°, durch Zugabe von PCl_3 zu Butanol u. Äthylenoxid (I) bei –50°, 2std. Erwärmen auf 15–20°, Einengen im Vakuum, allmähliches Einbringen von abs. Butanol mit einer Kapillare bei 70–90° u. 10–20 Torr u. Dest.; $D._4^{20}$ 0,9265; n_D^{20} 1,4308; 78% (Ausb.). — *Dibutylphenylphosphonit,* $C_{14}H_{23}O_2P$, $Kp._1$ 113–114°, analog mit Phenyldichlorphosphin in Propan; $D._4^{20}$ 1,0062; n_D^{20} 1,5010; 85%. — *Trioctylphosphit,* $C_{24}H_{51}O_3P$, durch Zugabe von PCl_3 zu abs. Octanol u. I bei 40°, 1–3std. Erwärmen auf 15–20°, Einengen im Vakuum, 1–3std. Erhitzen auf 90–110° im Vakuum u. Eindampfen im Vakuum; $D._4^{20}$ 0,8990; n_D^{20} 1,4508; 100%. — Analog: *Tris-[β-phenoxyäthyl]-phosphit,* $C_{24}H_{27}O_6P$, mit Propylenoxid (II) bei –30°; zähfl.; $D._4^{20}$ 1,1950; n_D^{20} 1,5565; 99%. — *Tris-[β-(2.4-dichlorphenoxy)-äthyl]-phosphit,* $C_{24}H_{21}Cl_6O_6P$, mit II; zähfl.; n_D^{20} 1,5795; 100%. — *Diheptylphenylphosphonit,* $C_{20}H_{35}O_2P$, mit I in Ae.; $D._4^{20}$ 0,9480; n_D^{20} 1,4900; 98,5%. — *Bis-[β-(4-chlorphenoxy)-äthyl]-methylphosphonit,* $C_{17}H_{19}Cl_2O_4P$, mit I in Ae.; zähfl.; $D._4^{20}$ 1,2899; n_D^{20} 1,5538; 100%. — *Bis-[β-(4-chlorphenoxy)-äthyl]-phenylphosphonit,* $C_{22}H_{21}Cl_2O_4P$, mit I in Ae.; zähfl.; $D._4^{20}$ 1,2985; n_D^{20} 1,5886; 100%.

H. Berger 1380△

1241 **Kondensation von Acetonylphosphonsäurediäthylester mit Benz- und Zimtaldehyden.** A. N. Pudovik, G. E. Jastrebova und V. I. Nikitina. (Ž. obšč. Chim. **37/99** (1967) 2, 510–11; Kazanskij gosudarstvennyj universitet; russ.) — Die Kondens. verläuft leicht unter Erwärmen mit Piperidin in Bzl. bei gleichzeitiger Abdest. des Bzl.-W.-Azeotrops.

Versuche: *1-Acetyl-2-phenylvinylphosphonsäurediäthylester*, $C_{14}H_{19}O_4P$, Kp.$_1$ 159—160°; 64,7% (Ausb.). — *1-Acetyl-4-phenylbutadien-(1.3)-phosphonsäurediäthylester*, $C_{16}H_{21}O_4P$, Kp.$_{0,4}$ 164—165°; 71,7%.

C. Maniewski 1780

1242 **Trimethylenmethan.** Philip S. Skell und Robert G. Doerr. (J. Amer. chem. Soc. **89** (1967) 18, 4688—92; Dep. of Chem., Pennsylvania. State Univ., University Park, Pa.; engl.) — *Trimethylenmethan* entsteht bei der Rk. von 2-Halogenmethyl-3-halogenpropen mit K-Dampf. Als Prod. dieser Rk. entstehen *1.4-Dimethylencyclohexan* (I), *p-Xylol* (II), *2-Methylpropen* (III), *Methylencyclopropan* (IV) u. *Butene*. Der Bldg.-Mechanismus wird diskutiert. Bei der Rk. von *2-Jodmethyl-3-jodpropen* (V) mit K/Na bei 228—235°, 232—236°, 247—167° bzw. 226 bis 232° (in Ggw. von viel Äthen) entstehen I (1,3, 11, 11,3 bzw. 14%), II (33,5, 22,3, 16 bzw. 14%), III (14, 13,3, 13 bzw. 13,5%), *Buten-(1)* (VI; 2,2, 2,7, 2,2 bzw. 4,3%), *trans-Buten-(2)* (VII; 8,1, 5,8, 4,4 bzw. 5,8%) u. *cis-Buten-(2)* (VIII; 5,3, 4,7, 3,5 bzw. 3,7%) u. IV (0, 0, 0,8 bzw. 0%). Die analoge Rk. von *2-Chlormethyl-3-chlorpropen* mit Na/K bei 237—243 bzw. 270° liefert *Methan* (0,5 bzw. 1,5%), *Äthan* (0,8 bzw. 3,4%), *Äthen* (0,9 bzw. 1,4%), I (5,9 bzw. 2,1%), II (3 bzw. 4,7%), III (9,7 bzw. 12,4%), IV (5,2 bzw. 0%), VI (5,2 bzw. 5,7%), VII (4,7 bzw. 8%), VIII (5,7 bzw. 5,9%) u. *Benzol* (0,5 bzw. 0%). Bei der Rk. von V mit Na/K in Ggw. von überschüssigem Dijodmethan bei 235—240° entstehen *2-Methylpropan* (0,3%), III (10,4%), *Butan* (1,2%), VI (7,2%), VII (8,6%), VIII (6,2%), *Butadien-(1.3)* (0,1%), *2-Methylbuten-(1)* (1,5%), *2-Methylbuten-(2)* (1,3%), *3-Methylbuten-(1)* (0,1%, *Methylencyclobutan* (1,4%), *1-Methylcyclobuten* (0,6%), *Pentan* (0,1%), *Penten-(1)* (0,1%), *trans-Penten-(2)* (0,2%), *Benzol* (0,5%), I (6,3%), II (10,4%) u. 6,8% nicht identifizierbarer Verbindungen. Bei der Pyrolyse von V bei 210° entstehen J_2 u. polymeres Material. Bei der gleichzeitigen Rk. von Allen mit Dibrommethan bei 200 bis 230° mit Na/K entsteht ein Gemisch aus I, II u. IV sowie VI u. *Propan/Propen*.

Versuche: *2-Chlormethyl-3-chlorpropen*, Kp.$_{50}$ 60°, durch Chlorierung von 272 g 2-Methyl-3-chlorpropen; 31%; daneben 30% *cis-* u. 9% *trans-2-Chlormethyl-1-chlorpropen* (IX) u. 30% *2-Methyl-1.2.3-trichlorpropan*. — *2-Jodmethyl-3-jodpropen* (V), F. 32—33° (Hexan), durch Umsetzen eines Gemisches vorst. Verb. u. IX mit KJ in Aceton; 65%; daneben *1-Chlor-2-jodmethylpropen* (Kp. 49 bis 52°; 73%). — *1.3-Dijod-2-methylpropan*, Kp.$_1$ 56 bis 57°, aus 1-Brom-3-chlor-2-methylpropan mit KJ in Aceton bei 100° unter Druck; 20%. — *1-Jod-3-chlor-2-methylpropan*, Kp.$_5$ 45—47°, a) durch Finkelstein-Austausch aus 1-Brom-3-chlor-2-methylpropan mit KJ/Aceton; 74%; b) in Butanon-(2).

W. Hampel 1810△

1243 **Reaktion von Cyclooctatetraenoxid mit Grignard-Reagenzien.** Tsutomu Matsuda und Masahiko Sugishita. (Bull. chem. Soc. Japan **40** (1967) 1, 174—77; Dep. of Organ. Synth., Fac. of Engineering, Kyushu Univ., Hakozaki, Fukuoka; engl.) — Rk. von Cyclooctatetraenoxid (I) mit Äthyl- (II), Phenyl- (III) bzw. tert.-Butyl-MgBr (IV) liefert *Cycloheptatrien-(2.4.6)-yl-(1)-äthyl-, -phenyl-* bzw. *-tert.-butylcarbinol*. Umsetzung von I mit katalyt. Mengen $MgBr_2$ gibt *Phenylacetaldehyd*. Dehydratisierung der synthetisierten Carbinole mit katalyt. Mengen p-Toluolsulfonsäure führt zu *trans-β-substituierten Styrolen*. UV-Maxima u. NMR-Daten vgl. Original.

Versuche: Carbinole: *Cycloheptatrien-(2.4.6)-yl-(1)-äthyl-* (VI), Kp.$_{18}$ 111,8—112,2°, a) durch Zugabe von I [aus Cyclooctatetraen durch Epoxydierung mit Monoperphthalsäure) in Ae. zu II, 1std. Kochen, Kühlen, Hydrolysieren mit gesätt. NH_4Cl-Lsg. u. Extrahieren mit Ae. (Meth. A); 83% (Ausb.; b) durch Zugabe von Dioxan zu II in Ae., 2std. Rühren bei Raumtemp., mehrstd. Stehen, Filtrieren, Zugabe von I in Ae. zum Filtrat, 1std. Kochen u. Hydrolysieren; 33%. — *Cycloheptyläthyl-* (V), Kp.$_{20}$ 113—113,8°, a) durch Hydrieren von 7 g vorst. Verb. in A. (Meth. C); 6,5 g; b) durch Hydrieren von 1-Formylcycloheptatrien-(2.4.6)-dimethylacetal [nach Cope et al. J. Amer. chem. Soc., **76** (1954) 1100], ½std. Rühren von 20,2 g des erhaltenen *Formylcycloheptandimethylacetals* [Kp.$_{9,5}$ 74—75,9°] mit 20%ig. wss. H_2SO_4 bei 60°, Extrahieren mit Ae., Umsetzung der äther. Lsg. mit 30%ig. $NaHSO_3$-Lsg., Filtrieren, Suspendieren des erhaltenen *Bisulfitaddukts* in Ae., Hydrolysieren mit 30%ig. K_2CO_3-Lsg., Einengen der äther. Phase u. Rk. des erhaltenen *Formylcycloheptans* [Kp.$_{13}$ 45°; 19 g. *Semicarbazon*, F. 155—155,5°] mit II (Meth. B); 78,5%. *α-Naphthylurethan*, $C_{21}H_{27}NO_2$, F. 77,5—78°. — *Cycloheptatrien-(2.4.6)-yl-(1)-phenyl-* (VIII), $C_{14}H_{14}O$, F. 83,5° (n-Hexan), aus 12 g I u. III in Ae. analog A; 10,2 g; daneben 1 g *trans-Stilben* [F. 124—124,5° (Methanol)]. — *Cycloheptylphenyl-*, Kp.$_{10}$ 149—149,5°, a) aus 1,5 g vorst. Verb. analog C; 1,2 g; b) analog B; 72,2%. *α-Naphthylurethan*, F. 51,3—52,2°. — *Cycloheptatrien-(2.4.6)-yl-(1)-tert.-butyl-*, Kp.$_7$ 97,5—99°, aus 10,5 g I u. IV in Ae. analog A; 3,5 g; daneben 0,5 g *β-tert.-Butylstyrol* [Kp.$_7$ 85—87°]. — *Cycloheptyl-tert.-butyl-*, Kp.$_{11,5}$ 100—101,5°; a) aus 0,5 g vorst. Verb. analog C; 0,4 g; b) analog B, 34,2%. *α-Naphthylurethan*, F. 301,5°. — *Phenylacetaldehyd*, Kp.$_{10}$ 60—62°, durch 1std. Kochen eines Gemisches aus I u. $MgBr_2$ in Ae. u. Einengen; 76%. — *n-Propylcycloheptan*, Kp.$_{21}$ 70,5°, durch Kochen von 6,5 g V mit J_2, Zugabe von Ae., Einengen, Hydrieren von 0,785 g der *Fraktion vom Kp.$_{19}$ 68,8—69,1°* (3,8 g) in A. in Ggw. von Raney-Ni, Zugabe von Ae. u. W. u. Einengen der äther. Phase; 0,5 g. — *Äthylcyclooctan*, Kp.$_{21}$ 71°, aus Cyclooctanon. — *trans-β-Äthylstyrol*, Kp.$_{21}$ 79—83°, durch Dest. eines Gemisches aus VI u. p-Toluolsulfonsäuredihydrat (VII) bei 180—190° u. Extrahieren mit Ae.; 78,5%. — *trans-Stilben*, F. 124—124,5°, durch 1std. Kochen von VIII mit VII in Bzl., Filtrieren u. Einengen; aus A. Nadeln; 37,5%.

K.-P. Hilgetag 1850△

1244 **Cyclische Polyolefine. 46. Mitt. Synthese von 1.2-Bis-[hydroxymethyl]-cyclooctatetraen und Cyclooctatetraen-1.2-dicarbonsäure.** Arthur C. Cope und Jay E. Meili. (J. Amer. chem. Soc. **89** (1967) 8, 1883—86; Dep. of Chem., Mass. Inst. of Technol., Cambridge, Mass.; engl.) — Es wird die *Titelverb.* durch Copolymerisation von Acetylen mit 1.4-Diacetoxybutin-(2) (I) bzw. mit Acetylendicarbonsäuredimethylester (II) dargestellt. Die Struktur der erhaltenen Prod. steht mit dem bekannten 1.2-Dimethylcyclooctan in Beziehung. Vers. zur Abtrennung von *$\Delta^{2.4.6.8}$-Cyclooctatetraen-1.2-dicarbonsäure* über das *Monochinin-* bzw. *Mono-d-α-methylphenäthylamin-(Dexedrin)-Salz* erwiesen sich als ungünstig.

Versuche (F. korr.): *1.4-Diacetoxybutin-(2)* (I), Kp.$_3$ 105—106°, F. 26—27,5°, aus 1.4-Dihydroxybutin-(2) u. Acetanhydrid in Bzl. bei Siedetemp.; 80% (Ausb.). — *1.2-Bis-[hydroxymethyl]-cyclooctatetraen*, Kp.$_{0,5}$ 100° (Badtemp.), a) aus I u. Acetylen bei 82—93° unter Druck u. Umsetzung mit Cyclooctatetraen; gelbes Öl; 22%; daneben *1.2-Bis-[hydroxymethyl]-benzol*, F. 62—64,2° (Bzl./n-Hexan); b) aus dem Dibenzoylderiv. u. verd. äthanol. NaOH bei Siedetemp.; 72%; c) aus dem Dimethylester nachst. Verb. mit $LiAlH_4$ in abs. Ae. bei Siedetemp.; 50%. *Dibenzoylderiv.*, $C_{24}H_{20}O_4$, F. 82—83,4° (A./W.), durch Rk. mit Benzoylchlorid in Py. bei Siedetemp.; 63%. — *$\Delta^{2.4.6.8}$-Cyclooctatetraen-1.2-dicarbonsäure*, $C_{10}H_8O_4$, F. 195—196° (Zers.; Acetonitril), a) aus II analog vorst. nach a); 10%; b) aus 0,15 g nachst. Chininsalzes u. 3 n äthanol. HCl; 12 mg; c) aus nachst. Dexedrinsalz u. methanol. HCl; 61%. *Dimethylester*, $C_{12}H_{12}O_4$, F. 108—109,2° (Ligroin), durch Rk. mit äther. Diazomethan; 80%. *Monochininsalz*, $C_{30}H_{32}N_2O_6$, F. 193,4° (Zers.; Aceton), durch Rk. mit Chininhydrat in 95%ig. A.; $[\alpha]_D^{27}$ +99,5° (c = 1; 95%ig. A.); 86%. *Dexedrinsalz*, $C_{19}H_{21}NO_4$, F. 156,8—158,6° (Zers.; A./Essigester), durch Rk. von Dexedrinsulfat mit 10%ig. NaOH u. Rk. mit der Dicarbonsäure in Ae.; $[\alpha]_D^{27}$ +4,7° (c = 1; 95%ig. A.); 91%. — *1.2-Dimethylcyclooctan*, Kp.$_{66}$ 98—99°, aus 1,19 g vorvorst. Verb. u. H_2 in Eisessig in Ggw. von PtO_2; 588 mg. — 45. vgl. ibid. **89** (1967) 16, 4024.

K.-P. Hilgetag 1850△

1245 **Synthese von 2-substituierten Cyclopentandionen-(1.3).** Takuichi Miki, Kentaro Hiraga, Tsunehiko Asako und Hirotomo Masuya. (Chem. pharmac. Bull. [Tokyo] **15** (1967) 5, 670—73; Chem. Res. Labor., Res. and Dev. Div., Takeda Chem. Ind., Ltd., Juso-Nishino-cho, Higashiyodogawa-ku, Osaka; engl.) — Vf. synthetisieren durch katalyt. Hydrierung von entsprechenden 2-[α-Äthoxyalkyliden]-cyclopenten-(4)-dionen-(1.3) (**I**) *2-Alkyl-* bzw. *2-Phenäthylcyclopentandione-(1.3)*. Die Verb. vom Typ **I** werden durch Kondens. von Cyclopenten-(4)-dionen-(1.3) mit Orthosäureäthylestern erhalten. IR-Maxima sowie UV- u. NMR-Spektren vgl. Original.

Versuche: Cyclopenten-(4)-dione-(1.3): *2-Äthoxymethylen-* (**III**), $C_8H_8O_3$, F. 80—81,5°, aus 5,4 g Orthoameisensäureäthylester u. 3 g Cyclopenten-(4)-dion-(1.3) (**II**) in Acetanhydrid in Ggw. von wasserfreiem $ZnCl_2$, durch 6std. Erwärmen auf 70—80°; aus Ae. gelbe Nadeln; 2,5 g (Ausb.). — *2-[α-Äthoxypropyliden]-* (**IV**), $C_{10}H_{12}O_3$, analog aus 2 g **II** u. 7,4 g Orthopropionsäureäthylester; gelbes Öl; 1,5 g. — *2-[α-Äthoxyphenäthyliden]-* (**V**), $C_{15}H_{14}O_3$, F. 115,5—116°, analog aus 2 g **II** u. 12 g Orthophenylessigsäureäthylester; aus Ae. gelbe Platten; 0,8 g. — Cyclopentandione-(1.3): *2-Methyl-*, $C_6H_8O_2$, F. 214°, durch Hydrieren von 0,4 g **III** in A. in Ggw. von 5%ig. Pd–Kohle; aus W. gelbe Nadeln; 0,28 g. — *2-Propyl-*, $C_8H_{10}O_2$, F. 176—177°, a) analog aus 1 g **IV**; aus W./A. (8 : 2) Schuppen; 0,7 g; b) analog aus 1 g **IV** u. H_2; 0,3 g; daneben 0,25 g *2-Propionylcyclopentandion-(1.3)* [$C_8H_{10}O_3$, F. 76—78°; aus Aceton Nadeln]. — *2-Phenäthyl-*, $C_{13}H_{14}O_2$, F. 197,5 bis 199°, analog aus 0,4 g **V**; aus W./A. (8 : 2) Nadeln, 0,1 g.
K.-P. Hilgetag 1970△

1246 **Die Synthese von Cyclohexanderivaten.** Tsuguo Tanaka. (Bull. chem. Soc. Japan **40** (1967) 1, 233—34; Fac. of Sci. and Techn., Saga Univ., Saga; engl.) — Dihydroresorcin wird durch Rk. mit Isobutanol u. p-Toluolsulfonsäure in *1-Isobutoxy-3-oxocyclohexen* [$C_{10}H_{16}O_2$, Kp.$_3$ 101—103°; 89% (Ausb.)] übergeführt, das durch Reformatsky-Rk. zu *1-Isobutoxy-3-[1'-(äthoxycarbonyl)-äthyliden]-cyclohexen* [$C_{15}H_{24}O_3$, Kp.$_3$ 99—101°; 50%] umgesetzt wird. Anschließende Hydrolyse mit HCl ergibt *1-[1'-(Äthoxycarbonyl)-äthyl]-cyclohexenon-(3)* [$C_{11}H_{16}O_3$, Kp.$_4$ 123—127°. *2.4-Dinitrophenylhydrazon*, $C_{17}H_{20}N_4O_6$, F. 121°]. Hydrierung vorst. Verb. in Ggw. von 5%ig. Pd-Kohle liefert *1-[1'-(Äthoxycarbonyl)-äthyl]-cyclohexanon-(3)* [$C_{11}H_{18}O_3$, Kp.$_{3,5}$ 111—112°; 82,5%. *Semicarbazon*, $C_{12}H_{21}N_3O_3$, F. 148°]. Anschließende Umsetzung mit HCN führt zu *1-Cyan-1-hydroxy-3-[1'-(äthoxycarbonyl)-äthyl]-cyclohexan*, das durch Rk. mit $SOCl_2$ in Py. bei Raumtemp. *1-Cyan-5-[1'-(äthoxycarbonyl)-äthyl]-cyclohexen* [$C_{12}H_{17}NO_2$, Kp.$_3$ 126,5—128,5°; 44,5%] umgesetzt wird. Dimethyldihydroresorcin wird in das entsprechende *Äthylenketal* [Kp.$_4$ 100—104°] übergeführt. Anschließende Rk. mit Ameisensäureäthylester u. Na-Methylat liefert *2.2-Dimethyl-4-[hydroxymethylen]-cyclohexandion-(1.3)*, *1-Monoäthylenketal* [$C_{11}H_{16}O_4$, Kp.$_4$ 106—110,5°; 24%. *Semicarbazon*, $C_{12}H_{19}N_3O_4$, F. 225°]. IR-Maxima u. NMR-Daten vgl. Original.
K.-P. Hilgetag 1970△

1247 **Hydrierung von Benzylphosphonsäure, Dibenzylphosphinsäure und Tribenzylphosphinoxid.** A. V. Kirsanov, L. P. Žuravleva, M. I. Z'ola, G. L. Butova und M. G. Sulejmanova. (Ž. obšč. Chim. **37/99** (1967) 2, 510; Inst. organičeskoj chim. Akad. Nauk Ukrainskoj SSR; russ.) — Die Hydrierung erfolgt im Rollautoklaven in 96%ig. A. bei 100° u. 100—120 at in Ggw. eines Pt-Katalysators (**I**), der nach Sint. org. prep., C6. **I**, 357 (1949) dargestellt wurde, in 4—6 Stunden. Die Hydrierung von Tribenzylphosphinoxid (**II**) gelang auch in Ggw. von Raney-Nickel.

Versuche: *[Cyclohexylmethyl]-phosphonsäure*, $C_7H_{15}O_3P$, F. 187—188° (Aceton), aus Benzylphosphonsäure u. **I**; 96% (Ausb.). — *Bis-[cyclohexylmethyl]-phosphinsäure*, $C_{14}H_{27}O_2P$, F. 100—101° (PAe.), aus Dibenzylphosphinsäure u. **I**; 93%. — *Tris-[cyclohexylmethyl]-phosphinoxid*, $C_{21}H_{39}OP$, F. 170—172° (PAe.), a) durch Rk. von Verb. **I** mit **II**; b) aus Verb. **II** u. Raney-Nickel.
C. Maniewski 2180

1248 **Organometalloid-Azide.** 4. Mitt. **Darstellung und Reaktion von N.N'-[p-Arylen-bis-(diphenylphosphoranylidin)]-bis-(P-phenylphosphonamidinaziden).** Roger A. Baldwin und Ming T. Cheng. (J. org. Chemistry **32** (1967) 8, 2636—39; American Potash u. Chem. Corp., Whittier Res. Labor., Whittier, Calif.; engl.) — 3. vgl. ibid. **32** (1967) 2172; 2. vgl. C. **1968**, 2-0683.

Versuche: *N.N'-[p-Phenylen-bis-(diphenylphosphoranylidin)]-bis-[P-(phenylphosphonamidazid)*, $C_{42}H_{34}N_8O_2P_4$, F. 144—146°, aus Phenylphosphonsäurediazid [**I**; aus Phenylphosphonsäuredichlorid u. NaN_3] u. p-Phenylen-bis-(diphenylphosphin) in Bzl./Py. bei Raumtemp.; 100% (Ausb.). — *N.N'-[p-Phenylen-bis-(diphenylphosphoranylidin)]-bis-(P-phenylphosphonamidsäure*, $C_{42}H_{36}N_2O_4P_4$, F. 248—251°, aus vorst. Verb. u. äthanol. NaOH bei Siedetemperatur. — *N.N''''-Bis-[triphenylphosphoranyliden]-N''.N'''-[p-phenylen-bis-(diphenylphosphoranylidin)]-bis-(P-phenylphosphonsäurediamid*, $C_{78}H_{64}N_4O_2P_6$, F. 101—103°, aus vorvorst. Verb. u. Triphenylphosphin in Py. bei Siedetemp.; 96%. — *N.N'-[4.4'-Biphenylen-bis-(diphenylphosphoranylidin)]-bis-(P-phenylphosphonamidazid)*, $C_{48}H_{38}N_8O_2P_4$, F. 215—217°, aus **I** u. 4.4'-Biphenylen-bis-[diphenylphosphin]; 90%. — *N.N'-[4.4'-Biphenylen-bis-(diphenylphosphoranylidin)]-bis-[P-phenylphosphonamidsäure]*, $C_{48}H_{40}N_2O_4P_4$, F. 230 bis 234°, aus vorst. Verb. u. äthanol. NaOH. — IR-Maxima vgl. Original.
K.-P. Hilgetag 2580

1249 **Reaktion von PCl_5 mit α-Acylaminen.** I. N. Žmurova und A. P. Martynjuk. (Ž. obšč. Chim. **37/99** (1967) 4, 896—98; Inst. org. chim. AN Ukr. SSR; russ.) — $[Cl_3P{-}N{=}PCl_3]^+PCl_6^-$ (**I**), $Cl_3P{=}N{-}P(O)Cl_2$ (**II**). Folgende Verb. werden erhalten: **I**, F. 290—294°, a) durch 4std. Erhitzen von α-Aminophenylmethansulfonsäure mit PCl_5 auf 140°, Abtrennen der fl. Prod. u. Eindampfen; 95% (Ausb.); b) durch 4½std. Erhitzen von α-Aminobenzylphosphonsäurediäthylester mit PCl_5 u. Chlorbenzol (Cl.-Bzl.) auf 130—140° u. weiter analog; 80%. — **II**, Kp.$_2$ 101—103°, F. 35°, aus **I** u. SO_2; 82%. — *N-[α-Dichlormethyl-β.β-dichlorvinyl]-imidophosphorsäuretrichlorid*, Kp.$_3$ 107—110°, analog aus [2-Aminopropyl-(2)]-phosphonsäurediäthylester; 47%. — *N-[1.1.1.2.3.3-Hexachlorpropyl-(2)]-imidophosphorsäuretrichlorid*, F. 45 bis 46°, aus vorst. Verb. u. Cl_2; 100%. — *N-[α-Chlor-α-chlorcarbonylbenzyl]-imidophosphorsäuretrichlorid*, $C_8H_5Cl_5NOP$, Kp.$_{0,085}$ 117—120°, durch 2std. Kochen von α-Aminophenylessigsäure mit PCl_5 u. Clorbenzol u. Eindampfen im Vakuum; D_4^{20} 1,5592, n_D^{20} 1,5813; 20%. — *N-Benzhydrylimidophosphorsäuretrichlorid*, $C_{13}H_{11}Cl_3NP$, Kp.$_{0,05}$ 110—115°, durch Kochen von Benzhydrylaminhydrochlorid mit PCl_5 u. Bzl. u. Eindampfen im Vakuum; D_4^{20} 1,3240, n_D^{20} 1,6000; 71%. — *Benzhydrylamidophosphorsäuredichlorid*, $C_{13}H_{12}Cl_2NOP$, F. 169—170° (Bzl./Hexan), durch Stehen vorst. Verb. u. HCOOH in Bzl.; 93%. — *Benzhydrylamidophosphorsäurediphenylester*, $C_{25}H_{22}NO_3P$, F. 132—133° (CCl_4), durch 6std. Kochen vorst. Verb. mit Na-Phenolat u. Bzl., Filtrieren u. Eindampfen; 80%.
H. Berger 2580△

1250 **Reaktionen von Methyl-β-naphthylsulfiden mit N-Halogensuccinimiden.** D. L. Tuleen und D. N. Buchanan. (J. org. Chemistry **32** (1967) 2, 495—97; Dep. of Chem., Vanderbilt Univ. Nashville, Tenn.; engl.)

Versuche: Sulfide: *Methylnaphthyl-(2)-*, F. 61—62° (Hexan), aus 2-Mercaptonaphthalin u. Dimethylsulfat; 90% (Ausb.). — *1-Bromnaphthyl-(2)-methyl-* (**I**), $C_{11}H_9BrS$, F. 79,5—80,5° (Hexan), aus vorst. Verb. u. N-Bromsuccinimid (**II**) in CCl_4 bei Siedetemp.; 83%. — *Chlormethylnaphthyl-(2)-*, aus vorvorst. Verb. u. N-Chlorsuccinimid in CCl_4 bei 20—25°. — *1-Bromnaphthyl-(2)-chlormethyl-*, analog vorst. Methode. — *Chlormethylnaphthyl-(2)-sulfon*, $C_{11}H_9ClO_2S$, F. 109,5—111° (A.), aus vorvorst. Verb. u. m-Chlorbenzoepersäure [analog Paquette, J. Amer. chem. Soc. **86** (1964) 4085]; 77%. — *1-Bromnaphthyl-(2)-chlormethylsulfon*, $C_{11}H_8BrClO_2S$, F. 129,5—130,5° (A.), aus vorvorst. Verb. analog vorst. Meth.; 78%. — *N-[1-Bromnaphthyl-(2)-mercapto]-succinimid*, $C_{14}H_{10}BrNO_2S$, F. 212—213° (Bzl.), aus **I** u. **II** in CCl_4 bei Siedetemp.; 46%.
K.-P. Hilgetag 2700△

1251 **Spaltung von Derivaten des 9-Phenyl-9.10-dihydroanthracens unter Bildung von Salzen des Anthraceniumions.** V. A. Koptjug, V. A. Bušmelev und T. N. Gerasimova. (Ž. obšč. Chim. **37/99** (1967) 1, 140—46; Novosibirskij inst. org. chim. Sibir. otd. AN SSSR; russ.) — Bei Einw. von $AlCl_3$ auf 9-Phenyl-9.10-dihydroanthracen (**I**) u. dessen 10.10 Dialkylderiv. (**B**) in Ggw. von HCl erfolgt Spaltung unter Bldg. von Bzl. u. A.

Versuche: *10.10-Diäthyl-9-Phenyl-9.10-dihydroanthrol-(9)*, $C_{24}H_{24}O$, F. 163,0—164,0° (PAe.), aus 10.10-Diäthylanthron (II) u. C_6H_5MgBr. — *10.10-Diäthyl-9-phenyl-9.10-dihydroanthracen*, $C_{24}H_{24}$, F. 138,5—139,5° (A.; Hexan), durch Zugabe von konz. H_2SO_4 zu vorst. Verb. in A.; 98% (Ausb.). — Analog: *10.10-Dimethyl-9-phenyl-9.10-dihydroanthrol-(9)-äthyläther*, $C_{24}H_{24}O$, F. 150,5—151,3° (A.), aus 10.10-Dimethylanthron u. $C_6H_5 \cdot MgBr$ u. Krist. aus A.; 80%. — *10.10-Dimethyl-9-phenyl-9.10-dihydroanthracen*, $C_{22}H_{20}$, F. 144,5—145,5° (A.), aus vorst. Verb. in A. u. konz. H_2SO_4; gelblich; 60%. —

A 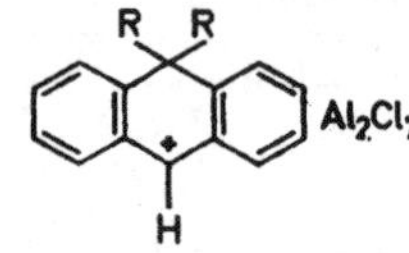

Verb. vom Typ **A** [R = *H*; R = CH_3; R = C_2H_5 (III)], durch Einleiten von trockenem HCl in ein Gemisch aus I bzw. B u. $AlCl_3$ in abs. Chlorbenzol u. Eindampfen im Vakuum; dunkelrot. — *10.10-Diäthyl-9.10-dihydroanthrol-(9)*, $C_{18}H_{20}O$, F. 58,5—59,5° (PAe.), a) durch 30 Min. langes Schütteln von II in A. mit 1%ig. Na-Amalgam, Verdünnen mit W. u. Extrahieren mit Ae.; 94%; b) durch Zugabe einer benzol. Lsg. von III zu 30%ig. wss. KOH u. Bzl. u. Eindampfen der benzol. Schicht; 54%. — *9.9-Diäthyl-9.10-dihydroanthracen*, F. 48,5—49,5° (CH_3OH), durch Zugabe einer benzol. Lsg. von III zu Isopropanol, 1std. Rühren, Filtrieren, Verdünnen mit W. u. Extrahieren mit Ae.; 96%. H. Berger 2800△

1252 **Aromatische Moleküle, die ihre Substituenten im Innern einer Lücke der π-Elektronenwolke orientieren. Synthese von trans-15.16-Diäthyldihydropyren.** V. Boekelheide und T. Miyasaka. (J. Amer. chem. Soc. 89 (1967) 4, 1709—14; Dep. of Chem., Univ. of Oreg., Eugene, Oreg.; engl.) — Die synthetisierte *Titelverb.* zeigt typ. aromat. Eigenschaften. UV-Maxima u. NMR-Daten vgl. Original.

Versuche: *4-Methoxy-2.6-bis-[methoxycarbonyl]-benzylbromid*, $C_{12}H_{13}BrO_5$, F. 71—74° (CH_2Cl_2/Methanol), aus 4-Methoxy-2.6-bis-[methoxycarbonyl]-toluol u. N-Bromsuccinimid in abs. CCl_4 bei Siedetemp. unter Bestrahlen; 97% (Ausb.). — *4-Methoxy-2.6-bis-[methoxycarbonyl]-benzylcyanid*, $C_{13}H_{13}NO_5$, F. 104—106° (Methanol), aus vorst. Verb. u. NaCN in DMS/W. bei 50—55°; 88%. — *N.N-Dimethyl-2-[4-methoxy-2.6-bis-(methoxycarbonyl)-phenyl]-äthylamin*, aus vorst. Verb. u. methanol. Dimethylamin in Ggw. von 10%ig. Pd–Kohle u. Hydrieren bei 55°; 61%. *Hydrochlorid*, $C_{15}H_{22}ClNO_5$, F. 130—133° (Methanol/Ae.). *Pikrat*, $C_{21}H_{24}N_4O_{12}$, F. 125—126,5° (Methanol). — *N.N-Dimethyl-2-[4-methoxy-2.6-bis-(hydroxymethyl)-phenyl]-äthylamin*, $C_{13}H_{21}NO_3$, F. 109—110° (Methanol/Ae.), aus vorst. Verb. u. $Li \cdot AlH_4$ in abs. Ae. bei Siedetemp.; 92%. — *N.N.N-Trimethyl-2-[4-methoxy-2.6-bis-(hydroxymethyl)-phenyl]-äthyl ammoniumjodid*, $C_{16}H_{24}JNO_3$, F. 270—273° (Zers.; Methanol), aus vorst. Verb. u. CH_3J in Methanol bei Siedetemp.; 98%. — *4-Methoxy-2.6-bis-[hydroxymethyl]-styrol*, $C_{11}H_{14}O_3$, F. 113—113,5° (Bzl.), aus vorst. Verb. u. *Dowex-2* (OH) in Methanol u. nachfolgendes Erhitzen auf Kp.$_{3}$ 130—140°; 88%. — *4-Äthyl-3.5-bis-[hydroxymethyl]-anisol*, $C_{11}H_{16}O_3$, F. 80—81° (Bzl.), aus vorst. Verb. u. H_2 in Methanol in Ggw. von PtO_2; 96%. — *4-Äthyl-3.5-bis-[brommethyl]-anisol*, $C_{11}H_{14}Br_2O$, F. 90—91° (CH_2Cl_2/Methanol), aus vorst. Verb. u. PBr_3 in abs. Bzl. bei 100°; 91%. — *4-Äthyl-3.5-bis-[jodmethyl]-anisol*, $C_{11} \cdot H_{14}J_2O$, F. 126—127° (Ae.), aus vorst. Verb. u. NaJ in Aceton bei Siedetemp.; 93%. — *8.16-Diäthyl-5,13-dimethoxy-[2.2]-metacyclophan*, $C_{22}H_{28}O_2$, F. 205—205,5° (Hexan), aus 30 g vorst. Verb., 2 g Tetraphenyläthan u. Na in THF; 13,1 g. — *2.7-Dioxo-4.5.9.10.15.16-hexahydrotrans-11.12-diäthylpyren*, $C_{20}H_{22}O_2$, F. 304—306° (Zers.; Methanol), a) aus vorst. Verb. u. $FeCl_3$ in abs. $CHCl_3$; 89%; b) aus vorst. Verb. u. CrO_3/H_2SO_4 in Aceton; 94%. — *trans-11.12-Diäthyldihydropyren-2.7-chinon*, $C_{20}H_{18}O_2$, F. 276—278° (Methanol), a) aus vorst. Verb. u. O_2 in sd. äthanol. KOH; 82%; b) aus vorst. Verb., N-Bromsuccinimid u. Azo-bis-isobutyronitril in CCl_4 bei Siedetemp.; 94%. — *2.7-Diacetoxy-trans-11.12-diäthyldihydropyren*, $C_{24}H_{24}O_2$, F. 164—166° (CH_2Cl_2/Methanol), aus vorst. Verb., Zn, Acetanhydrid u. Triäthylamin; 63%. — *trans-11.12-Diäthyl-2.7.15.16-tetrahydropyren*, $C_{20}H_{22}$, F. 162—165° (PAe.), aus vorvorst. Verb. u. $LiAlH_4$ in Ae. in Ggw. von $AlCl_3$ bei —80°; 57%. — *trans-11.12-Diäthyldihydropyren*, $C_{20}H_{20}$, F. 148—151° (CH_2Cl_2), aus vorst. Verb. an 20%ig. Pd–Kohle in Methanol/Ae. bei Raumtemp.; 61%. — *2-Nitro-trans-11.12-diäthyldihydropyren*, $C_{20}H_{19}NO_2$, F. 135—137° (PAe.), a) aus vorst. Verb. u. $Cu(NO_3)_2$, in Acetanhydrid; 53%; b) aus 50 mg vorst. Verb. in Cyclohexan bei Siedetemp. u. Rk. von 10 mg der erhaltenen *Verb. vom F. 130—135°* analog a); 7 mg. K.-P. Hilgetag 2910△

1253 **Vielkernige aromatische Kohlenwasserstoffe. 8. Mitt. Synthese von 6-Methyl-1.2-benzotetraphen.** R. N. Handa, K. S. Sharma und S. M. Mukherji. (J. Indian chem. Soc. 44 (1967) 5, 365—68; Dep. of Chem., Kurukshetra Univ., Kurukshetra; engl.) — Die Synth. von *6-Methyl-1.2-benzotetraphen* durch Colonge-Mukherji Cycloalkylierung/Cyclodehydrierung von Tetralin mit 2-Allyltetralon-(1) wird beschrieben.

Versuche: *2-[β-Tetralyl-(6')-propyl]-tetralon-(1)* (I), $C_{23}H_{26}O$, Kp.$_{3}$ 220—225°, durch Zugabe von 2-Allyltetralon-(1) zu Tetralin in Ggw. von $AlCl_3$ bei 0—5°, 5std. Stehen u. Zers. mit HCl; 66% (Ausb.). — *2-[β-Tetralyl-(6')-propyl]-tetralol-(1)*, $C_{23}H_{28}O$, Kp.$_{4}$ 217—220°, aus vorst. Verb. mit Al-Isopropylat in Isopropanol; 86%. — *6-Methyl-3.4.4a.5.6.8.9.10.11.12b-decahydro-1.2-benzotetraphen*, $C_{23}H_{26}$, Kp.$_{3}$ 215—217°, durch 3std. Stehen vorst. Verb. mit konz. H_2SO_4 bei 0° u. Verdünnen mit H_2O; 70%. — *6-Methyl-1.2-benzotetraphen*, $C_{23}H_{16}$, F. 83—84°, a) durch 5std. Erhitzen vorst. Verb. mit Pd/Kohle auf 320—340° unter CO_2 u. Extrahieren mit Ae.; aus PAe. gelbe Blättchen; 69%; b) durch Dehydrierung nachst. Verb. analog a); 70%. — *3.4.5.6.8.9.10.11-Octahydro-1.2-benzotetraphen*, Kp.$_{2}$ 205—207°, durch 3std. Erhitzen von I mit H_3PO_4/P_2O_5 auf 100°, 4std. Erhitzen auf 165°, Verdünnen mit H_2O, Extrahieren mit Ae., Eindampfen, 2std. Kochen mit Girard's-Reagenz-T in Essigsäure/abs. A., Zugabe von verd. NaOH u. Extrahieren mit Ae.; 75%. G. Westphal 2910△

1254 **Brücken–Ring-Verbindungen. 8. Mitt. 1-Halogenbicyclo-[2.2.2]-octane.** Zennosuke Suzuki und Kenichi Morita. (J. org. Chemistry 32 (1967) 1, 31—34; The Basic Res. Labor., Toyo Co., Ltd. Kamakura, Japan; engl.) — 7. vgl. Bull. chem. Soc. Japan 39 (1966) 1350; 4. vgl. C. 1967, 33-1072. — 1-Methoxybicyclo-[2.2.2]-octane (Ia) reagieren mit Acetylhalogeniden in Ggw. von $SnCl_2$ zu *1-Halogenbicyclo-[2.2.2]-octanen*. Analoge Umsetzung von 4-Methoxybicyclo-[2.2.2]-octanen liefert ein Gemisch aus *4-Acetoxybicyclo-[2.2.2]-octanonen-(2)* u. *4-(Chlorbicyclo-[2.2.2]-octanonen-(2)*. Die säurekatalysierte Umsetzung von **Ia** mit Acetanhydrid gibt *1-Acetoxybicyclo-[2.2.2]-octane*. IR-Maxima u. NMR-Daten vgl. Original.

Versuche: Bicyclo-[2.2.2]-octane: *1-Methoxy-4-methyl-* (I), Kp.$_{17}$ 81—82°, aus 4-Methoxybicyclo-[2.2.2]-octanon-(2) (IV), 80%ig. Hydrazinhydrat, Diäthylenglykol u. KOH bei Siedetemp. (Meth. C); 76% (Ausb.). — *Unsubstituiert* (II), Kp. 185—190°, analog C; 79%. — *2.4-Dimethyl-* (III), Kp.$_{12}$ 87—88°, analog C; 63%. — *1-Chlor-4-methyl-*, F. 76—77,5° (Methanol/W.), a) aus I, Acetylchlorid u. $SnCl_2$ (Meth. A); 82%; b) aus 0,5 g I u. $SOCl_2$ in Ggw. von $SnCl_2$; 0,4 g; c) aus 0,4 g I u. Benzolsulfonylchlorid in Ggw. von $SnCl_2$; 0,3 g. — *1-Chlor-*, F. 101,5—102,5° (Methanol/W.), aus II analog A; 88%. — *1-Chlor-2.4-dimethyl-*, aus III analog A; Öl; 90%. — *1-Chlor-2-acetoxy-*, Kp.$_{15}$ 115—120°; 80%. — *1-Brom-*, F. 63,5—64,5°, aus II u. Acetylbromid analog A; 65%. — *1-Jod-*, F. 27,5—28,5°, aus II u. Acetyljodid analog A; 62%. — *2-Acetoxy-4-methoxy-*, $C_{11}H_{18}O_3$, Kp.$_{18}$ 135—140°, aus IV u. $LiAlH_4$ in Ae. u. Acetylierung des erhaltenen *2-Hydroxy-4-methoxy-bicyclo-[2.2.2]-octans* [Kp.$_{1,5}$ 95—104°] mit Acetanhydrid/Py. bei Siedetemperatur. — *2-Oxo-4-chlor-*, F. 118—119° (PAe.), aus 3,1 g IV u. Acetylchlorid in Ggw. von $SnCl_2$ (Meth. B); 0,8 g; daneben durch Rk. der Mutterlauge mit Hydroxylaminhydrochlorid (V) in A. *nachst. Verbindung*. — *2-Oxo-4-acetoxy-, Oxim*, $C_{10}H_{15}NO_3$, F. 110—111°, aus IV u. Acetanhydrid in Ggw. von $SnCl_2$ bei Raumtemp. u.

Umsetzung mit V in Äthanol. — *1-Methyl-2-oxo-4-chlor-*, F. 59,5—60° (PAe.), aus 1-Methyl-IV analog B; daneben *1-Methyl-4-acetoxybicyclo-[2.2.2]-octanon-(2)*; b) aus 20 g 1-Methyl-4-hydroxybicyclo-[2.2.2]-octanon-(2) (VI) u. $SOCl_2$ bei Siedetemp.; 8 g. — *1.5-Dimethyl-2-oxo-4-chlor-*, Kp.$_{15}$ 119,5—120,5°, aus 5 g nachst. Verb. u. $SOCl_2$ analog vorst. Meth.; 2,7 g. — *1.5-Dimethyl-2-oxo-4-hydroxy-*, $C_{10}H_{16}O_2$, Kp.$_{0,9}$ 105—108°, aus 1.5-Dimethyl-IV u. Py., Hydrochlorid bei 200—220°. — *1-Acetoxy-4-methyl-*, $C_{11}H_{18}O_2$, Kp.$_{15}$ 100—102°, aus 0,5 g I u. Acetanhydrid in Ggw. von $SnCl_2$ bei Raumtemp.; 0,6 g. — *1-Hydroxy-4-methyl-*, F. 101—101,5° (PAe.), a) aus vorst. Verb. u. $LiAlH_4$ in Ae.; b) aus VI analog C; 4,5 g. — *Bis-[1-methyl-2-oxobicyclo-[2.2.2]-octyl-(4)]-sulfit*, $C_{18}H_{26}O_5S$, F. 146,5—147° (A.), aus 15,4 g VI u. $SOCl_2$ in Py. bei 0°; 14,2 g. K.-P. Hilgetag 2950△

1255 **Synthese und Reaktionen einiger Isochinuklidone.** J. W. Huffman, T. Kamiya und C. B. S. Rao. (J. org. Chemistry 32 (1967) 3, 700—703; Dep. of Chem. and Geology, Clemson Univ., Clemson, S.C.; engl.) — Es wird die Synth. von *3-Oxo-6-endo-hydroxy-2-azabicyclo-[2.2.2]-octan* (I) u. des entsprechenden *N-Benzyl-Derivats*, dessen *Tosyl-Derivat* mit Essigsäure/Na-Acetat zu einem Gemisch aus *2-Benzyl-3-oxo-6-endo-acetoxy-2-azabicyclo-[2.2.2]-octan* u. *2-Benzyl-3-oxo-7-endo-acetoxy-2-azabicyclo-[3.2.1]-octan* (IV) umgesetzt wird. IR-Maxima u. NMR-Daten vgl. Original.

Versuche: 2-Azabicyclo-[2.2.2]-octane: *3-Oxo-6-endo-hydroxy-* (I), $C_7H_{11}NO_2$, F. 246—247° (Methanol/Essigester), a) aus einem Gemisch (II) der cis- u. trans-Epoxide von Cyclohexen-(3)-carbonsäure-(1)-methylester u. methanol. NH_4OH bei Siedetemp. u. nachfolgendes Sublimieren bei 150—160°/1 mm Hg; 27% (Ausb.); b) analog in 24std. Rk. bei 110° u. 15std. Kochen in 10%ig. äthanol. NaOH; 19%. *N-Monobenzoylderiv.*, $C_{14}H_{15}NO_3$, F. 171—172°, aus 2,66 g I u. Benzoylchlorid in Py. bei Raumtemp.; 1,74 g; daneben 1,05 g *Dibenzoylderiv.* [$C_{21}H_{19}NO_4$, F. 174—175° (Methanol); auch aus 0,2 g des Monobenzoylderiv. u. Benzoylchlorid/Py.; 0,21 g. — *2-Benzyl-3-oxo-6-endo-hydroxy-* (III), $C_{14}H_{17}\cdot NO_2$, F. 97—99° (Bzl.), aus II u. Benzylamin in A. bei Siedetemp. u. Erhitzen bei 150—190°; 71%. — *2-Benzyl-3-oxo-7-endo-hydroxy-*, $C_{14}H_{17}NO_2$, F. 85—86° (Hexan), aus 0,2 g der entsprechenden Acetylverb. u. 10%ig. wss. NaOH bei Raumtemp.; 0,17 g. — *2-Benzyl-3.7-dioxo-*, $C_{14}H_{15}NO_2$, F. 73—74° (Hexan), aus vorst. Verb. u. Kiliani's-Reagenz in Aceton bei Raumtemp.; 66%. — *2-Benzyl-3.6-dioxo-*, $C_{14}H_{15}NO_2$, F. 98—99° (Essigester), a) aus III analog vorst. Meth.; 28%; b) aus III, Dicyclohexylcarbodiimid, Trifluoressigsäure, DMS, Py. u. Bzl. bei Raumtemp.; 60%. *2.4-Dinitrophenylhydrazon*, $C_{20}H_{19}\cdot N_5O_5$, F. 191—193° (Methanol/Essigester). — *2-Benzyl-3-oxo-6-endo-tosyloxy-*, $C_{21}H_{23}NO_4S$, F. 152—154° (Methanol), aus III u. p-Toluolsulfochlorid in Py. bei Raumtemp.; 86%. — *2-Benzyl-3-oxo-6-endo-acetoxy-*, $C_{16}H_{19}\cdot NO_3$, F. 124—125° (Hexan), a) aus III u. Acetanhydrid/Py.; b) aus 1 g vorst. Verb. u. Essigsäure/Na-Acetat bei Siedetemp.; 0,14 g; daneben 0,7 g *2-Benzyl-3-oxo-7-endo-acetoxy-2-azabicyclo-[3.2.1]-octan* [IV; $C_{16}H_{19}NO_3$, F. 92 bis 94° (Bzl./Hexan)] u. 0,27 g eines Gemisches beider Acetate; c) analog b) aus nachst. Verb.; daneben IV (33 : 67 = Verhältnis beider Verb.). — *2-Benzyl-3-oxo-7-endo-tosyloxy-2-azabicyclo-[3.2.1]-octan*, $C_{21}H_{23}NO_4S$, F. 124—125° (Methanol), a) aus 2-Benzyl-3-oxo-7-endo-hydroxy-2-azabicyclo-[3.2.1]-octan u. p-Toluolsulfochlorid in Py.; 85%; b) aus 0,7 g vorvorst. Verb. bei 170°; 0,4 g. K.-P. Hilgetag 2950△

1256 **Bicyclo-[3.3.1]-nonane.** 2. Mitt. **Synthese und Reaktionen von einfachen Derivaten.** John P. Schaefer, John C. Lark, Carl A. Flegal und Linda M. Honig. (J. org. Chemistry 32 (1967) 5, 1372—81; Dep. of Chem., Univ. of Ariz., Tucson, Ariz.; engl.) — 1. vgl. ibid., 30 (1965) 1337. — 2-N-Morpholinobicyclo-[3.3.1]-nonanon-(9) wird in *2-N-Morpholinobicyclo-[3.3.1]-nonan* übergeführt, das mit H_2O_2 das *N-Oxid* liefert. Nachfolgende Pyrolyse gibt *Bicyclo-[3.3.1]-nonen-(2)* (II), das durch Hydroborierung zu einem *2 : 3-Gemisch aus exo-Bicyclo-[3.3.1]-nonanol-(2)* u. -(3) (I) reagiert. I wird durch Ox. u. nachfolgende Red. in die *endo-Verb.* übergeführt. Ox. von II mit SeO_2 gibt *exo-Bicyclo-[3.3.1]-nonen-(3)-ol-(2)*, das mit MnO_2 weiter zu *Bicyclo-[3.3.1]-nonen-(3)-on-(2)* oxydiert wird. NMR-Daten vgl. Original.

Versuche: *2-N-Morpholinobicyclo-[3.3.1]-nonanon-(9)*, Kp.$_{2,8}$ 150—160°, aus 1-Morpholinocyclohexen u. Acrolein in Bzl. bei 0—5°; 75% (Ausb.). — *2-N-Morpholinobicyclo-[3.3.1]-nonan*, $C_{13}H_{23}NO$, Kp.$_3$ 120—123°, aus vorst. Verb., Diäthylenglykol, KOH u. 85%ig. Hydrazinhydrat bei Siedetemp.; 74%. — *Bicyclo-[3.3.1]-nonen-(2)* (II), F. 96,5—97°, aus vorst. Verb. u. 30%ig. H_2O_2 in A./Methanol bei 70—72° u. nachfolgende Hydrolyse bei 145°; 51%. — *Bicyclo-[3.3.1]-nonan*, F. 143—144°, aus vorst. Verb. durch Hydrieren an Pd–Kohle. — *exo-Bicyclo-[3.3.1]-nonanol-(2)* (I), F. 100—101°, aus vorst. Verb. u. $NaBH_4$ in Triglyme, Rk. mit BF_3-Ätherat u. Umsetzung mit 30%ig. H_2O_2; 61% (Gesamtausb.); daneben *endo-Verb.* [F. 176—177°; 3 : 2 = exo : endo]. — *Bicyclo-[3.3.1]-nonanon-(3)*, F. 170—176°, aus I u. CrO_3/H_2SO_4 in Aceton. — *endo-Bicyclo-[3.3.1]-nonanol-(3)*, $C_9H_{16}O$, F. 121,5—124° (Pentan; —80°), aus vorst. Verb. (aus 1 g I) u. $NaBH_4$ in Methanol; 0,413 g. — *exo-Bicyclo-[3.3.1]-nonen-(3)-ol-(2)* (III), $C_9H_{14}O$, F. 103—103,5°, aus II u. SeO_2 in Dioxan bei Siedetemp.; 48,6%. *p-Nitrobenzoylderiv.*, $C_{16}H_{17}NO_4$, F. 85—86°. — *Bicyclo-[3.3.1]-nonen-(3)-on-(2)* (VIII) $C_9H_{12}O$, F. 97,5—98,5°, aus vorst. Verb. u. MnO_2 in Pentan; 91,3%. *Semicarbazon*, $C_{10}H_{15}N_3O$, F. 167—168°. — *endo-Bicyclo-[3.3.1]-nonen-(3)-ol-(2)* (IX), $C_9H_{14}O$, F. 131,5—132,5°, aus vorst. Verb. u. $NaBH_4$; 94%. *p-Nitrobenzoylderiv.*, $C_{16}H_{17}NO_4$, F. 80 bis 80,5° (A./W.). — *exo-Bicyclo-[3.3.1]-nonanol-(2)* (VII), F. 175—177° (Pentan; —80°), aus III u. H_2 in Essigester an Adams-Katalysator. *p-Nitrobenzoylderiv.*, $C_{16}H_{19}\cdot NO_4$, F. 111,5—112,5° (A./W.). — *m-Äthoxycarbonylzimtsäureäthylester* (V), $C_{14}H_{16}O_4$, Kp.$_{0,8}$ 155—156°, aus m-Carboxytoluol nach Davies u. Perkins (1922), Bromieren des erhaltenen *Säurechlorids* (90—96%) in CCl_4, Rk. mit A., Hydrolyse des *Hexaminiumsalzes* der erhaltenen *Verb.* [Kp.$_4$ 140—145°; 58%] u. Umsetzung des erhaltenen *Isophthalsäureäthylesteraldehyds* mit Malonsäure u. Veresterung; 39%. — *m-Äthoxycarbonylbenzylmalonsäurediäthylester* (IV, $C_{17}H_{22}O_6$, Kp.$_4$ 195—198°, aus Malonsäurediäthylester, m-Äthoxycarbonylbenzylbromid u. Na-Äthylat bei Siedetemp.; 68%. — *m-Nitrozimtsäureäthylester*, F. 72—72,9° (A.), aus Malonsäuremonoäthylester u. m-Nitrobenzaldehyd; 82%. — *3-[3-Aminophenyl]-propionsäureäthylester*, $C_{11}H_{15}NO_2$, Kp.$_1$ 128 bis 130°, aus vorst. Verb. u. H_2 in abs. A. in Ggw. von 5%ig. Rh–Kohle; 99,5%. — *m-Cyanhydrozimtsäureäthylester*, $C_{12}H_{13}NO_2$, Kp.$_{1,5}$ 133—136°, aus vorst. Verb. u. $NaNO_2$ in konz. HCl bei 0°, Umsetzung des erhaltenen Diazoniumsalzes mit CuCN in Toluol bei 0—5°; 51,6%. — *m-Äthoxycarbonylhydrozimtsäureäthylester*, $C_{14}H_{18}O_4$, Kp.$_2$ 150 bis 155°, a) aus IV durch Verseifung u. Decarboxylierung u. nachfolgende Veresterung der erhaltenen *Dicarbonsäure* [F. 175—176°] in Ggw. von Säure; b) aus vorst. Verb. u. konz. H_2SO_4 in 95%ig. A. bei Siedetemp.; 77,8%. — *Bicyclo-[3.3.1]-nonanon-(2)*, F. 129—130°, a) aus V u. H_2 in Essigsäure in Ggw. von Adams-Katalysator, Verseifung des erhaltenen *3-[m-Äthoxycarbonylcyclohexyl]-propionsäureäthylesters* {VI; Kp.$_{1,5}$ 135°; 100%; auch analog aus vorst. Verb., Umsetzung der erhaltenen *3-[m-Carboxycyclohexyl]-propionsäure* [F. 112,5—113,5°; 100%] mit $Ba(OH)_2$ bei 175—200°}, Rk. mit Semicarbazid u. Zers. des erhaltenen *Semicarbazons* [F. 182—183°; 31%] mit 5%ig. H_3PO_4; 88%; b) aus vorst. Verb. u. H_2 in A. in Ggw. von 5%ig. Rh–Kohle, Umsetzung des erhaltenen VI mit K-tert.-Butylat in abs. Xylol bei Siedetemp. u. Rk. mit Eisessig/konz. HCl/W. (5 : 1,5 : 1,5) bei Siedetemp.; 34%; c) aus VII [bzw. der endo-Verb.] u. CrO_3/Py.; 50%; d) aus VIII u. H_2 in Eisessig in Ggw. von 10%ig. Pd–Kohle; 78%. — *endo-Bicyclo-[3.3.1]-nonanol-(2)*, $C_9H_{16}O$, F. 177—178°, a) aus vorst. Verb. u. $NaBH_4$ in Methanol; 90%; b) analog aus IX; 80%. *p-Nitrobenzoylderiv.*, $C_{16}H_{19}NO_4$, F. 100—101° (A./W.). K.-P. Hilgetag 2950△

C–3. Heterocyclische Verbindungen

1257 **Cyclisierung von Ylidenmalonitrilen.** 5. Mitt. **Bildung von substituierten γ-Lactonen.** E. Campaigne und R. L. Ellis. (J. org. Chemistry 32 (1967) 8, 2372—75;

Chem. Labor., Univ. Bloomington, Ind.; engl.) — Cyclisierung von α-Cyan-β-isopropylzimtsäurenitril (I) in Ggw. von Polyphosphorsäure (II) liefert *α-Aminocarbonyl-β-phenyl-γ-methyl-γ-valerolacton.* Nach dieser Meth. werden eine Reihe weiterer Ylidenmalonitrile zu *γ-Lactonen* cyclisiert. IR- u. UV-Maxima sowie NMR-Daten vgl. Original.

Versuche: Nitrile, aus der entsprechenden Carbonylverbindung, Malonitril, wasserfreiem NH_4-Acetat, Eisessig u. abs. Bzl. bei Siedetemp.: *α-Cyan-β-isopropylzimtsäure-* (I), F. 60—62°; 92% (Ausb.). — *α-Cyan-β-cyclohexylzimtsäure-*, F. 77—78°; 96%. — *α-Cyan-β-cyclopropylzimtsäure-*, $C_{13}H_{10}N_2$, F. 110—111°, aus α-Cyan-β-[3-chlorpropyl]-zimtsäurenitril; 61%. — *α-Cyan-β-[diisopropyl]-acrylsäure-*, Kp.$_{0,1}$ 60°; 54%. — *α-Cyan-β-methyl-β-isopropylacrylsäure-*, Kp.$_{0,15}$ 47—49°; 70%. — *α-Cyan-β-isopropylacrylsäure-*, Kp.$_{0,4}$ 38—41°; 78%. — *α-Cyan-β.β-pentamethylenacrylsäure-* (III), Kp.$_{0,8}$ 84 bis 86°; 92%. — *α-Cyan-β-methyl-β-[2-methylpropyl]-acrylsäure-*, Kp.$_{0,5}$ 54—56°; 93%. — *α-Cyan-β-[2-methylpropyl]-zimtsäure-*, F. 67,5—69°; 59%. — *1-[Dicyanmethylen]-2-methylcyclohexan* (IV), Kp.$_{0,1}$ 72—75°; 96%. — *1-[Dicyanmethylen]-indan*, F. 154—155°; 40%. — β-Phenyl-γ-methyl-γ-valerolactone: *α-Aminocarbonyl-*, $C_{13}H_{15}\cdot NO_3$, F. 172—173,5° (Essigester/Cyclohexan), aus I u. II bei 100°; 85%. — *α-Carboxy-*, $C_{13}H_{14}O_4$, F. 156—157° (Essigester), aus vorst. Verb. u. 10%ig. NaOH bei Raumtemp.; 85%. — *Unsubstituiert*, $C_{12}H_{14}O_2$, F. 91—92° (Bzl./Hexan; 1:1), a) aus vorst. Verb. bei 180—190°; 80%; b) aus I u. 20%ig. H_2SO_4 bei Siedetemp.; 91%. — *3-Phenyl-4-methylpentandiol-(1.4)*, $C_{12}H_{18}O_2$, F. 89—90° (Bzl.), aus vorst. Verb. u. $LiAlH_4$ in abs. Ae. bei Siedetemp.; 91%. — *2.2-Dimethyl-3-phenyltetrahydrofuran*, $C_{12}H_{16}O$, a) aus vorst. Verb. u. 10%ig. H_2SO_4 bei Siedetemp.; daneben *3-Phenyl-4-methylpenten-(3)-ol-(1)*, $C_{12}\cdot H_{16}O$ (3:1 = Mol-Verhältnis der Verb.); b) aus vorst. Verb. u. p-Toluolsulfonsäure in abs. Bzl. bei Siedetemp.; 88%. — α-Aminocarbonyl-γ-butyrolactone, aus den entsprechenden Nitrilen u. II bei 100°: *β-Phenyl-γ.γ-pentamethylen-*, F. 232—234°; 83%. — *β-Phenyl-γ.γ-dimethylen-*, $C_{13}H_{13}NO_3$, F. 179,5—181° (Essigester); 7%. — *β-Isopropyl-γ.γ-dimethyl-*, F. 139—141°; 61%. — *β.γ.γ-Trimethyl-*, F. 119—120°; 48%. — *γ.γ-Dimethyl-*, F. 134—136°; 27%. — *3-[Aminocarbonyl]-2-oxoperhydrobenzofuran*, F. 172—174°, aus III u. II bei 100°; 46%. — *3-[Aminocarbonyl]-2-oxo-7a-methylperhydrobenzofuran*, F. 115—117°, aus IV u. II bei 100°; 80%.

K.-P. Hilgetag 3061△

1258 **Zersetzung von acylierten Malonestern für die Darstellung von β-Oxoestern.** Akira Kaneda, Nobuhiro Itoh und Rokuro Sudo. (Bull. chem. Soc. Japan. **40** (1967) 1, 228—29; Tokyo Inst. of Techn., Labor. of Organ. Chem., Ookayama, Meguro-ku, Tokyo; engl.) — Butyrylmalonsäurediäthylester (I) wird durch Erhitzen in verd. Essigsäure unter Abspaltung von CO_2 in *β-Oxocapronsäureäthylester* übergeführt, während Butyrylmethyl- bzw. Butylmalonsäurediäthylester analog nicht in die entsprechenden β-Oxosäureester überführbar sind. Der Rk.-Mechanismus wird diskutiert.

Versuche: *Butylmalonsäurediäthylester*, Kp.$_{26}$ 135°, nach Adams u. Kamm, Org. Synth. Coll. Vol. I, (1948) 250. — *Butyrylmalonsäurediäthylester* (I), Kp.$_2$ 98°, nach H. Lund, Ber., **67** (1934) 935. — *Butyrylmethylmalonsäurediäthylester*, Kp.$_{0,5}$ 80°, aus Methylmalonsäurediäthylester u. Butyrylchlorid. — *α-Äthoxycarbonyl-γ-phenyltetronsäure*, F. 140°, nach Anschütz u. Böcker, Liebigs Ann. Chem. **368** (1909) 53. — *β-Oxocapronsäureäthylester*, $C_8H_{14}O_3$, Kp.$_5$ 50°, durch 3std. Kochen von I in n-Essigsäure u. Extrahieren mit Ae.; 77% (Ausb.). — *γ-Phenyltetronsäure*, $C_{10}H_8O_3$, F. 128° (W.), durch 10 Min. langes Kochen vorvorst. Verb. mit 3n Essigsäure u. Ansäuern mit HCl; 80%.

K.-P. Hilgetag 3061△

1259 **Furanderivate.** 2. Mitt. **Synthese einiger Brombenzofuranderivate.** V. S. Salvi und Suresh Sethna. (J. Indian chem. Soc. **44** (1967) 2, 135—39; Dep. of Chem., Fac. of Sci., M. S. Univ. of Baroda, Baroda; engl.) — 1. vgl. ibid. **43** (1966) 437. — Die Bromierungen von 3-Methyl-6-hydroxycumarilsäuremethylester (I) u. dessen Methyläther sowie von 3-Methyl-6.7-dimethoxycumarilsäuremethylester (II) werden untersucht. Die Bromierungen von I u. II werden auch mit N-Bromsuccinimid durchgeführt. Die Strukturen der Bromverb. werden durch Abbau zu Verb. mit bekannter Struktur ermittelt.

Versuche: *3-Methyl-6-hydroxycumarilsäuremethylester* (I), $C_{11}H_{10}O_4$, F. 194°, durch 4std. Kochen von 1 g 3-Methyl-6-methoxycumarilsäuremethylester mit $Al\cdot Cl_3$ in Bzl.; aus Essigsäure Nadeln; 0,4 g. — *3-Methyl-6-hydroxy-7-bromcumarilsäuremethylester*, $C_{11}H_9BrO_4$, F. 189° (verd. Essigsäure), durch 5std. Stehen von 2 g I mit Br_2 in Essigsäure; 2 g. *Freie Säure*, F. 252° (Essigsäure), aus dem Ester mit alkohol. NaOH. bei 100°. *Methyläther*, $C_{12}H_{11}BrO_4$, F. 195° (Essigsäure), durch 4std. Kochen mit Dimethylsulfat in Aceton in Ggw. von K_2CO_3. — *3-Methyl-6-methoxy-7-brombenzofuran*, $C_{10}H_9BrO_2$, F. 81°, aus 0,5 g vorst. Säure mit Cu in sd. Chinolin; aus verd. A. Nadeln; 0,2 g. — *5.7-Dibrom-3-methyl-6-hydroxycumarilsäure*, F. 268°, aus dem Methylester mit alkohol. NaOH. *Methylester*, $C_{11}H_8Br_2O_4$, F. 231°, aus 1 g I mit Br_2 in Essigsäure u. Stehen über Nacht; aus Essigsäure Nadeln; 1 g. *Methylestermethyläther* (IV), $C_{12}H_{10}Br_2O_4$, F. 142 bis 143° (Essigsäure), aus dem Ester mit Dimethylsulfat in Aceton in Ggw. von K_2CO_3. — *3-Methyl-6-methoxy-5-bromcumarilsäure*, F. 256° (Essigsäure), aus III mit alkohol. NaOH. *Methylester* (III), $C_{12}H_{11}BrO_4$, F. 158°, durch $^1/_2$std. Stehen von 1,1 g I mit Br_2 in Essigsäure; aus verd. Essigsäure Nadeln; 1 g. — *3-Methyl-5-brom-6-methoxybenzofuran*, $C_{10}H_9BrO_2$, F. 74° (A.), a) durch Schmelzen vorst. Säure; b) durch $^1/_2$std. Kochen nachst. Säure mit Essigsäureanhydrid. — *2-Acetyl-4-brom-5-methoxyphenoxyessigsäure*, $C_{11}H_{11}BrO_5$, F. 226—227° (A.), aus dem Äthylester mit alkohol. NaOH. *Äthylester*, $C_{13}H_{15}BrO_5$, F. 140—141° (A.), durch 6std. Kochen von 2-Acetyl-4-brom-5-methoxyphenol mit Bromessigsäureäthylester in Aceton in Ggw. von K_2CO_3. — *3-Brommethyl-5-brom-6-methoxycumarilsäuremethylester*, $C_{12}H_{10}Br_2O_4$, F. 219°, a) aus 1,1 g 3-Methyl-6-methoxycumarilsäuremethylester mit Br_2 in Essigsäure; aus Essigsäure Nadeln; 0,9 g; b) aus III mit N-Bromsuccinimid in sd. $CHCl_3$. — *3-Hydroxymethyl-5-brom-6-methoxycumarilsäure*, $C_{11}H_9BrO_5$, F. 226° (Essigsäure), durch 8std. Erhitzen vorst. Esters mit 10%ig. NaOH auf 100°. — *3-Brommethyl-5.7-dibrom-6-methoxycumarilsäuremethylester*, $C_{12}H_9Br_3O_4$, F. 168°, a) durch Stehen von 2 g 3-Methyl-6-methoxycumarilsäuremethylester mit Br_2 über Nacht; aus Essigsäure Nadeln; 0,9 g; b) durch 6std. Kochen von IV mit N-Bromsuccinimid in $CHCl_3$. — *3-Acetoxymethyl-5.7-dibrom-6-methoxycumarilsäuremethylester*, $C_{14}H_{12}Br_2O_6$, F. 154° (verd. Essigsäure), durch 1std. Kochen vorst. Verb. mit Essigsäureanhydrid in Ggw. von Na-Acetat. — *6.7-Dimethoxy-3-methylcumarilsäuremethylester* (II), $C_{13}H_{14}O_5$, F. 96° (verd. Essigsäure), aus der Säure mit Dimethylsulfat in sd. Aceton in Ggw. von K_2CO_3. — *3-Methyl-4-brom-6.7-dimethoxycumarilsäuremethylester*, $C_{13}H_{13}BrO_5$, F. 129—130°, a) aus 2,5 g II mit Br_2 in Essigsäure durch 2std. Stehen; aus Essigsäure Nadeln; 2,4 g; b) durch 6std. Kochen von II mit N-Bromsuccinimid in $CHCl_3$. *Freie Säure*, $C_{12}H_{11}\cdot BrO_5$, F. 239—240° (A.), aus dem Ester mit 10%ig. NaOH. — *4-Brom-6.7-dimethoxy-3-methylbenzofuran*, $C_{11}\cdot H_{11}BrO_3$, F. 59° (verd. A.), durch Schmelzen vorst. Säure. — *3-Brommethyl-4-brom-6.7-dimethoxycumarilsäuremethylester*, $C_{13}H_{12}Br_2O_5$, F. 138°, a) durch Umsetzen von 2,5 g II mit Br_2 in sd. Essigsäure; aus Essigsäure Nadeln; 1,2 g; b) durch 6std. Kochen vorvorst. Verb. mit N-Bromsuccinimid in $CHCl_3$. — *3-Morpholinomethyl-4-brom-6.7-dimethoxycumarilsäuremethylester*, $C_{17}\cdot H_{20}BrNO_6$, F. 128° (A.), durch 1std. Kochen vorst. Verb. mit Morpholin in Äthanol.

W. Hampel 3061△

1260 **Aminosäure- und Peptidderivate der Indolreihe.** 4. Mitt. **Synthese von N-Aminosäurederivaten des Indols und Indolins.** A. D. Nekljudov, L. A. Ščukina und N. N. Suvorov. (Ž. obšč. Chim. **37**/99 (1967) 4, 797 bis 800; Inst. chim. prir. soed. AN SSSR; russ.) — 3. vgl. Chim. prirodnych Soedinenij **3** (1967) 2, 108. — Es werden *N-Aminoacylindole* u. *-indoline* dargestellt.

Versuche: 1-Aminoacylindoline: *1-[N-Benzyloxycarbonylglycyl]-* (I), $C_{18}H_{18}N_2O_3$, F. 129—131° ($CH_3\cdot OH$), durch Zugabe von Chlorameisensäureisobutylester zu N-Benzyloxycarbonylglycin in abs. Toluol bei —10°,

Zugabe von Indolin in abs. Toluol u. Stehen über Nacht bei Raumtemp.; 62% (Ausb.). — Analog: *1-[N-Phthalylglycyl]-* (II), $C_{18}H_{14}N_2O_3$, F. 227—229° (DMF/W.); 60%. — *1-[N-Benzyloxycarbonyl-β-alanyl]-* (III), $C_{19}H_{20}N_2O_3$, F. 149—150° (A.); 54%. — *1-[N-Phthalyl-β-alanyl]-* (IV), $C_{19}H_{16}N_2O_3$, F. 188—189° (DMF/W.); 73%. — *1-[N-Benzyloxycarbonylsarkosyl]-* (V), $C_{19}H_{20}N_2O_3$, F. 95—96° (Äthylacetat/Hexan); 33%. — *1-Glycyl-, Tartrat* (VI), $C_{14}H_{18}N_2O_7$, F. 209—210° (wss. A.), a) durch 4—5std. Hydrieren von I in CH_3OH in Ggw. von 10%ig. Pd/C, Filtrieren, Einengen, Zugabe von Weinsäure (VII) u. Fällen mit Ae.; 88%; b) durch 1std. Kochen von II in abs. A. mit $N_2H_4 \cdot H_2O$, Filtrieren u. Aufarbeiten mit VII; 70%. — Analog: *1-[β-Alanyl]-, Tartrat*, $C_{15}H_{20}N_2O_8$, F. 174° (wss. A.), aus III nach a) bzw. IV nach b); b) 76%. — *1-Sarkosyl-, Tartrat*, $C_{15}H_{20}N_2O_7 \cdot 0{,}5\,H_2O$, F. 173° (85%ig. A.), aus V nach a); 62%. — *1-Glycyl-, Hydrobromid*, $C_{10}H_{13}BrN_2O$, F. 242—244° (A.), durch 1std. Stehen von I mit 20%ig. HBr in Eisessig; 82%. — *1-Sarkosyl-, Hydrobromid*, $C_{11}H_{15}BrN_2O$, F. 270° (Zers.; A.), analog aus V; 68%. — 1-Aminoacylindole: *1-[N-Benzyloxycarbonylglycyl]-* (VIII), $C_{18}H_{16}N_2O_3$, F. 117—119° (Ae./Hexan), a) durch Zugabe von Indol zu NaH in DMF bei —10° unter N_2, Zugabe von N-Benzoyloxycarbonylglycinchlorid, 2std. Rühren bei —10°, 3std. Rühren bei 0°, Gießen in W. u. Extrahieren mit Ae.; 15%; b) durch 72std. Kochen von I mit Chloranil in abs. Xylol u. Eindampfen; 10%. — Analog: *1-[N-Benzyloxycarbonyl-β-alanyl]-* (IX), $C_{19}H_{18}N_2O_3$, F. 94—95° (Ae./Hexan), nach a) bzw. aus III nach b); a) 5%; b) 35%. — *1-[N-Phthalylglycyl]-*, $C_{18}H_{12}N_2O_3$, F. 201—203° (Aceton); nach 25%. — *1-Glycyl-, Tartrat*, $C_{14}H_{16}N_2O_7$, F. 195—196° (A.), analog VI aus VIII; 46%. — *1-[β-Alanyl]-, Tartrat*, $C_{15}H_{20}N_2O_8$, F. 146—148° (wss. Aceton), analog aus IX; 40%. H. Berger 3081△

1261 **Synthese von Pyrrolo-[1.2:a]-imidazol- und Pyrrolo-[1.2:a]-benzimidazolderivaten.** P. M. Kočergin, A. A. Družinina und R. M. Palej. (Chim. geterocikličeskich Soedinenij **1966**, 149—50; Vses. naučno-issl. chim.-farm.

inst. im. Ordżonikidze, Moskva; russ.) — Durch Rk. von 1.2-Dialkylimidazolen mit α-Halogenketonen in Aceton oder Bzl. u. Erhitzen der dabei gebildeten quart. Salze mit wss. $NaHCO_3$-Lsg. werden folgende Verb. vom Typ A erhalten: R = CH_3, R¹ = R³ = *H*, R² = *p*-BrC_6H_4, $C_{13}H_{11}BrN_2$, F. 136° (Isopropanol). — R = C_2H_5, R¹ = *Cl*, R² = C_6H_5, R³ = *H*, $C_{14}H_{13}ClN_2$, F. 84—85° (A.). — R = C_2H_5, R¹ = *Cl*, R² = *p*-BrC_6H_4, R³ = *H*, $C_{14}H_{12} \cdot BrClN_2$, F. 149—150° (A.). — R = *n*-C_3H_7, R¹ = *Cl*, R² = *p*-BrC_6H_4, R³ = CH_3, $C_{16}H_{16}BrClN_2$, F. 99—100° (Isopropanol). — Analog mit 1.2-Dialkylbenzimidazolen: Verb. vom Typ B: R = *p*-BrC_6H_4, R¹ = CH_3, $C_{17}H_{13} \cdot BrN_2$, F. 155—156° (A.). — R = *m*-$O_2NC_6H_4$, R¹ = CH_3, $C_{17}H_{13}N_3O_2$, F. 170,5—171,5° (DMF). — R = *p*-$O_2 \cdot NC_6H_4$, R¹ = CH_3, $C_{17}H_{13}N_3O_2$, F. 180—182° (A./DMF). — R = C_6H_5, R¹ = C_2H_5, $C_{18}H_{16}N_2$, F. 119—120° (A.). — R = *p*-BrC_6H_4, R¹ = C_2H_5, $C_{18}H_{15}BrN_2$, F. 123—124° (A.). — R = *p*-$O_2NC_6H_4$, R¹ = C_2H_5, $C_{18}H_{15}N_3O_2$, F. 118 bis 121° (Aceton/PAe.). H. Berger 3122△

1262 **Synthese von Isoxalyl-(4)-boronsäuren. Ein neuer Weg zu Isoxazolonen-(4).** Augusto Cogoli und Paolo Grünanger. (J. organometallic Chem. [Amsterdam] **9** (1967) 1, 19—22; Istituto di Chimica Organ., Univ. Pavia; engl.) — Es werden dargestellt: *3.5-Dimethylisoxazolyl-(4)-boronsäure* (I), $C_5H_8BNO_3$, F. 122° (verd. Methanol), aus 30 g III mit Äthylbromid/Mg u. Rk. mit Borsäuretrimethylester; 8,5 g (Ausb.). *Diäthanolamin-cycl.-Ester*, $C_9H_{15}BN_2O_3$, F. 240°. — *3-Methyl-5-phenylisoxazolyl-(4)-boronsäure* (II), $C_{10}H_{10}BNO_3$, F. 124—125° (verd. Methanol), analog I aus 30 g IV; 5 g. *Diäthanolamin-cycl.-Ester*, $C_{14}H_{17}BN_2O_3$, F. 198—200°. — *3.5-Dimethylisoxazol*, durch Dampfdest. von 1 g I in Ggw. von wss. NaOH; 70 mg. — *3-Methyl-5-phenylisoxazol* (V), F. 64—65°, aus II analog vorst. Verb.; 76%. — *3.5-Dimethyl-4-jodisoxazol* (III), F. 51,5—53° (Methanol), durch Zugabe von J_2 zu 500 mg I in 14%ig. NaOH; 208 mg. — *3-Methyl-4-jod-5-phenylisoxazol* (IV), F. 65—66°, analog III aus II; 71%. — *3.5-Dimethylisoxazolyl-(4)-Hg-acetat*, $C_7H_9HgNO_3$, F. 179—180° (verd. A.), aus 0,1 g I mit Hg-Diacetat in verd. A.; 0,22 g. — *3-Methyl-5-phenylisoxazolyl-(4)-Hg-acetat*, $C_{12} \cdot H_{11}HgNO_3$, F. 167—168°, aus II mit Hg-Diacetat; 82%; b) aus V analog a); 100%. — *3.5-Dimethylisoxazolon-(4)*, F. 79° (W.), aus 1 g I mit 30%ig. H_2O_2; 0,37 g. — *3-Methyl-5-phenylisoxazolon-(4)*, $C_{10}H_9NO_2$, F. 96°, analog vorst. Verb. aus II; 46%. W. Hampel 3132△

1263 **Reaktion von Jodtrinitromethan mit ungesättigten siliciumorganischen Verbindungen.** V. A. Tartakovskij, G. A. Švechgejmer, N. I. Sobcova und S. S. Novikov. (Ž. obšč. Chim. **37/99** (1967) 5, 1163—65; russ.) — Zugabe von Trimethylvinylsilan zu Jodtrinitromethan in abs. CCl_4 bei —10°, 2std. Rühren bei —10°, Stehen über Nacht bei Raumtemp. u. Eindampfen ergibt *2-[β-Trimethylsilyl-β-jodäthoxy]-3.3-dinitro-5-trimethylsilylisoxazolidin*, $C_{11}H_{24}JN_3O_6Si_2$, F. 75—76° (A.); 92% (Ausb.). Analoge Rk. mit Trimethylallylsilan führt zu *2-Trimethylsiloxy-3.3-dinitro-5-trimethylsilylmethylisoxazolidin*, $C_{10} \cdot H_{23}N_3O_6Si_2$, F. 57—57,5° (A.); ≈100%. Der Rk.-Mechanismus wird diskutiert. H. Berger 3132△

1264 **Einige quartäre Ammoniumsalze der Thiazolreihe.** I. B. Lundina und I. Ja. Postovskij. (Chim. geterocikličeskich Soedinenij **1967**, 266—69; Ural'skij politechn. inst. im. Kirova, Sverdlovsk; russ.) — Durch Einw. cycl. Amine auf 2-Amino- (I), 2-Methyl- (II) u. 2-Phenyl-4-chlormethylthiazol (III) werden entsprechende *4-Alkylenaminomethylthiazole* erhalten, die mit CH_3J *4-[(Alkylen)-methylammoniomethyl]-thiazoljodide* ergeben.

Versuche: 2.4-disubstituierte Thiazole: *2-Amino-4-pyrrolidinomethyl-* (IV), $C_8H_{13}N_3S$, F. 149—151° (Aceton), durch 4std. Kochen von I-Hydrochlorid mit Pyrrolidin in A., Eindampfen im Vakuum, Zugabe von W., Ansäuern mit konz. HCl, Aufarbeiten mit A-Kohle u. Alkalisieren mit 30%ig. NaOH; 42% (Ausb.). *Methojodid*, $C_8H_{13}N_3S \cdot CH_3J$, F. 124—126° (abs. A.), durch 1—2std. Kochen mit CH_3J in abs. A. u. Abkühlen bzw. Eindampfen u. Aufarbeiten mit abs. Ae.; 91%. — Analog: *2-Amino-4-piperidinomethyl-* (V), $C_9H_{15}N_3S$, F. 159 bis 161° (A.); 68%. *Methojodid* (VI), $C_9H_{15}N_3S \cdot CH_3J$, F. 196—197° (abs. A.); 83%. — *2-Amino-4-hexamethylenaminomethyl-*, $C_{10}H_{17}N_3S$, F. 91—93° (PAe.); 50%. *Methojodid*, $C_{10}H_{17}N_3S \cdot CH_3J$, F. 144—146° (abs. A.); 86%. — *2-Amino-4-morpholinomethyl-*, $C_8H_{13}N_3OS$, F. 172—173° (A.); 74%. *Methojodid*, $C_8H_{13}N_3OS \cdot CH_3J$, F. 157—159° (abs. A.); 97%. — Analog aus II-Hydrochlorid: *2-Methyl-4-pyrrolidinomethyl-*, Kp.$_{18}$ 132—135°; 70%. *Pikrat*, $C_9H_{14}N_2S \cdot C_6H_3N_3O_7$, F. 103—105°. *Methojodid*, $C_9H_{14} \cdot N_2S \cdot CH_3J$, F. 114—117° (abs. A./abs. Ae.); 90%. — *2-Methyl-4-piperidinomethyl-*, Kp.$_{18}$ 140—143°; 67%. *Pikrat*, $C_{10}H_{16}N_2S \cdot C_6H_3N_3O_7$, F. 136—137°. *Methojodid*, $C_{10}H_{16}N_2S \cdot CH_3J$, F. 120—122° (abs. A./abs. Ae.); 80%. — *2-Methyl-4-hexamethylenaminomethyl-*, Kp.$_{38}$ 175 bis 177°; 65%. *Pikrat*, $C_{11}H_{18}N_2S \cdot C_6H_3N_3O_7$, F. 72—75°. *Methojodid*, $C_{11}H_{18}N_2S \cdot CH_3J$, F. 117—119° (Butanol); 84%. — *2-Methyl-4-morpholinomethyl-*, Kp.$_{12}$ 140—143°; 72%. *Pikrat*, $C_9H_{14}N_2OS \cdot C_6H_3N_3O_7$, F. 172—174°. *Methojodid*, $C_9H_{14}N_2OS \cdot CH_3J$, F. 111—114° (abs. A./abs. Ae.); 79%. — Analog aus III: *2-Phenyl-4-pyrrolidinomethyl-* (VII), Kp.$_{26}$ 210—214°; 57%. *Pikrat*, $C_{14}H_{16}N_2S \cdot C_6H_3N_3O_7$, F. 135—136°. *Methojodid*, $C_{14}H_{16}N_2S \cdot CH_3J$, F. 179—181° (abs. A.); 87%. — *2-Phenyl-4-piperidinomethyl-*, Kp.$_{32}$ 223—226°; 65%. *Pikrat*, $C_{15}H_{18}N_2S \cdot C_6H_3 \cdot N_3O_7$, F. 163—165°. *Methojodid*, $C_{15}H_{18}N_2S \cdot CH_3J$, F. 145—148° (abs. A.); 85%; b) durch 3std. Kochen von 2-Phenyl-4-jodmethylthiazol mit N-Methylpiperidin in abs. A.; Prismen; 76%. — *2-Phenyl-4-hexamethylenaminomethyl-*, Kp.$_{30}$ 240—245°; 68%. *Pikrat*, $C_{16}H_{20}N_2S \cdot C_6H_3N_3O_7$, F. 107—109°. *Methojodid*, $C_{16}H_{20}N_2S \cdot CH_3J$, F. 124—126° (abs. A.); 75%. — *2-Phenyl-4-morpholinomethyl-*, $C_{14}H_{16}N_2OS$, F. 60—62°; 79%. *Pikrat*, $C_{14}H_{16}N_2 \cdot OS \cdot C_6H_3N_3O_7$, F. 169—171°. *Methojodid*, $C_{14}H_{16}N_2OS \cdot CH_3J$, F. 185—186° (abs. A.); 77%. — *2-Acetylamino-4-piperidinomethyl-*, $C_{11}H_{17}N_3OS$, F. 118—120° (W.), durch 1std. Erhitzen von V mit Acetanhydrid auf dem W.-Bad, Zugabe von W. u. Neutralisieren mit gesätt. Na_2CO_3-Lsg.;

Nadeln; 66%. *Methojodid*, $C_{11}H_{17}N_3OS \cdot CH_3J$, F. 220 bis 222° (abs. A.), a) durch 2std. Kochen mit CH_3J in abs. A.; Prismen; 80%; b) durch 1std. Erhitzen von **VI** mit Acetanhydrid auf dem W.-Bad; 59%. — *N.N-Bis-{[2-aminothiazolyl-(4)]-methyl}-pyrrolidiniumchlorid*, $C_{12}H_{18}ClN_5S_2$, F. > 300° (A.), neben **IV** aus der alkal. Mutterlauge; Prismen; 20%. — *N.N-Bis-{[2-phenylthiazolyl-(4)]-methyl}-pyrrolidiniumchlorid*, $C_{24}H_{24}ClN_3S_2$, F. 178—180° bzw. *Hydrat*, F. 105—108° (W.), a) analog neben **VII**; Plättchen; b) durch 1$^1/_2$std. Kochen von **VII** mit **III** in abs. A., Eindampfen u. Aufarbeiten mit abs. Ae.; 70%. — *N-Methylpiperidin, Pikrat*, $C_6H_{13}N \cdot C_6H_3N_3O_7$, F. 223 bis 224° (A.), durch $^1/_2$std. Stehen von **VI** mit feuchtem Ag_2O in W., Filtrieren, Kochen, Dest. u. Aufarbeiten mit Pikrinsäure; 25%. Hartmut Berger 3142△

1265 **Chalkogenocarbonate. 26. Mitt. 2-Thioxo-1.3-thiazolidin-4.5-dion.** V. Hahnkamm und G. Gattow. (Angew. Chem. **79** (1967) 7, 313; dt.; int. Edit. **6** (1967) 4, 358; Inst. für Anorg. Chem. u. Kernchem., Univ. Mainz; engl.) — 25. vgl. ibid. **78** (1966) 334; int. Edit. **5** (1966) 316; 31. vgl. C. **1969**, 1-0146. — Bei der Umsetzung von Oxalylchlorid mit Dithiocarbaminsäure in Chlf. entsteht die *Titelverb.* (F. 119°; D_4^{25} 1,795; orangefarbene Nadeln) in 60%ig. Ausbeute. R. Becker 3142△

1266 **Synthese und Spektren monosubstituierter 5-Hydroxy-2-oxo-1.3-benzoxathiole.** Heinz Fiedler, Gotthard Klose und Manfred Scholz. (Z. Chem. **7** (1967) 11, 422—23; Inst. für Physiolog. Chem., Ernst-Moritz-Arndt-Univ., Greifswald; dt.) — Die Addition von $Na_2S_2O_3$ an Chlorbenzochinon-(1.4) führt zum *4-Chlor-5-hydroxy-2-oxo-1.3-benzoxathiol* (**II**). Dagegen wird aus 5-Hydroxy-2-oxo-1.3-benzoxathiol (**I**) mit SO_2Cl_2 das isomere *6-Chlor-5-hydroxy-2-oxo-1.3-benzoxathiol* (**III**) gebildet. Auch mit überschüssigem Br_2 in Eisessig kann in **II** bzw. **III** nur ein Bromatom eingeführt werden. Die Monobromierung von **I** zu *6-Brom-5-hydroxy-2-oxo-1.3-benzoxathiol* (**IV**) gelingt nur mit Br_2 in $CHCl_3$ oder Dioxan, während durch N-Bromsuccinimid in sd. $CHCl_3$ sofort zwei Bromatome eingeführt werden. Des weiteren ergibt **I** mit dem für Monosubstitution empfohlenen tert.-Butylhypochlorid stets *4.6-Dichlor-5-hydroxy-2-oxo-1.3-benzoxathiol*. Erstmalig konnte ein *7-Hydroxy-2-oxo-1.3-benzoxathiol* durch Rhodanierung von 4.5-Dichlorbrenzcatechin mit NaSCN/Br_2 oder in wesentlich schlechterer Ausb. mit $CuSO_4/NH_4$·SCN dargestellt werden. PMR-Spektren vgl. Original.

Versuche: 2-Oxo-5-hydroxy-1.3-benzoxathiole: *4-Chlor-* (**II**), $C_7H_3ClO_3S$, F. 166—166,5° (60%ig. A.), durch Zugabe von wss. $Na_2S_2O_3$-Lsg. zu Chlorbenzochinon-(1.4) in Eisessig bei 5°, Absaugen, Umsetzen mit wss. KCN-Lsg., 1std. Stehen, Absaugen u. 10 Min. langes Kochen mit 1 n HCl in A.; 32—39%. — *4-Chlor-6-brom-*, $C_7H_2BrClO_3S$, F. 170° (70%ig. A.), a) aus **II** mit Br_2 in Essigsäure; 88%; b) aus **IV** mit SO_2Cl_2 in Essigsäure; 51%. — *6-Chlor-* (**III**), $C_7H_3ClO_3S$, F. 165,5—166° (Bzn./Bzl.), aus **I** mit SO_2Cl_2 in Essigsäure; 65—71%. — *4-Brom-6-chlor-*, $C_7H_2BrClO_3S$, F. 157—157,5° (70%ig. A.), aus **III** mit Br_2 in Essigsäure; 84%. — *6-Brom-* (**IV**), $C_7 \cdot H_3BrO_3S$, F. 155—157° (Bzl.), a) aus **I** mit Br_2 in $CHCl_3$; 45%; b) aus **I** mit Br_2 in Dioxan; 31—37%. — *6-Nitro-*, $C_7H_3NO_5S$, F. 192,5° (A.), durch 5 Min. langes Erwärmen von **I** mit 15%ig. HNO_3 auf 55°; 49%. — *6-Chlor-5-hydroxy-2-thioxo-1.3-benzoxathiol*, $C_7H_3ClO_2S_2$, F. 199° (70%ig. A.), aus **III** mit $CSCl_2$ in NaOH; 73%. — *4.5-Dichlor-7-hydroxy-2-oxo-1.3-benzoxathiol*, $C_7H_2Cl_2O_3S$, F. 193 bis 194° (40%ig. A.), durch Zugabe von Br_2/Essigsäure zu 4.5-Dichlorbrenzcatechin u. NaSCN in Essigsäure, 1std. Stehen, Verdünnen mit H_2O u. Aufkochen; 28 bis 32%. G. Westphal 3142△

1267 **2-Substituierte 7-Oxo-4.5.6.7-tetrahydrobenzothiazole.** Gerhard Lehmann, Bernhard Lücke, Hans Schick und Günter Hilgetag. (Z. Chem. **7** (1967) **11**, 422; Inst. für Organ. Chem., DAW zu Berlin, Berlin-Adlershof; dt.) — *2-Substituierte 7-Oxo-4.5.6.7-tetrahydrobenzthiazole* werden durch Kondens. von 2-Bromcyclohexandion-(1.3) (**I**) mit entsprechenden Thiocarbonamiden in Py. oder A. dargestellt. Die Herst. von **I** konnte vereinfacht werden.

Versuche: *2-Bromcyclohexandion-(1.3)* (**I**), $C_6H_7 \cdot BrO_2$, F. 185° (W.), durch Zugabe von Br_2 in $CHCl_3$ zu rohem Dihydroresorcin in $CHCl_3$ bei 5° u. 2std. Stehen bei 20°; 63—68° (Ausb.). — 7-Oxo-4.5.6.7-tetrahydrobenzothiazole: *2-Amino-*, $C_7H_8N_2OS$, F. 280 bis 282° (A.), durch 3std. Kochen von **I** mit Thioharnstoff in A.; 50%. *Hydrobromid*, $C_7H_9BrN_2OS$, F. 211—212°. — *2-[α-Naphthylamino]-*, $C_{17}H_{24}N_2OS$, F. 193—194° (A.), durch 1,75std. Kochen von **I** mit α-Naphthylthioharnstoff; 35%. — *2-Methylamino-* (**II**), $C_8H_{10}N_2OS$, F. 180 bis 182° (Methanol), durch 72std. Stehen von **I** mit dem entsprechenden Thiocarbonamid in Py.; 40%. — *2-Dibenzylamino-*, $C_{21}H_{20}N_2OS$, F. 135° (Methanol), durch 48std. Stehen analog **II**; 45%. — *2-Methyl-*, C_8H_9NOS, Kp.$_{0,2}$ 85—87°, durch 3std. Erwärmen auf 50° analog **II**; 40%. — *2-Phenyl-*, $C_{13}H_{11}NOS$, F. 121—123° (Methanol), durch 3std. Erwärmen auf 50° analog **II**; 50%. — *2-[p-Methoxyphenyl]-*, $C_{14}H_{13}NO_2S$, F. 113—114° (Methanol), durch 30std. Erwärmen auf 75° analog **II**; 40%. — *2-Äthoxy-*, $C_9H_{11}NO_2S$, Kp.$_{0,3}$ 112—115°, durch 6std. Erwärmen auf 60° analog **II**; 25%. G. Westphal 3142△

1268 **Synthesen in der 2-Mercaptobenzthiazolreihe. 5. Mitt. Thiazolidino-[2.3:b]-benzthiazoline.** E. A. Kuznecova, S. V. Žuravlev und T. N. Stepanova. (Chim. geterocikličeskich Soedinenij **1967**, 2, 261—65; Inst. farmakol. i chimioterap. AMN SSSR, Moskva; russ.) — 7. vgl. C. **1968**, 62-0576. — 6-Substituierte *2-[β-Chloralkylmercapto]-benzthiazole* (aus den entsprechenden 2-Mercaptoverb.) ergeben bei Ox. mit H_2O_2 entsprechende *Sulfoxide* bzw. *Sulfone*, beim Erhitzen in Nitrobenzol (**I**) **A**. Rk. von **A** mit $NaBH_4$ führt zu **B**.

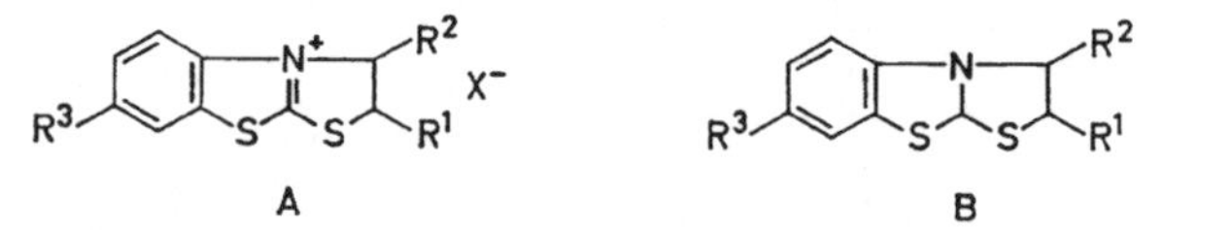

A B

Versuche: (Pro. = Propanol) substituierte Benzthiazole: *2-Mercapto-6-dimethylsulfamoyl-* (**II**), $C_9H_{10}N_2O_2S_3$, F. 233—234,5° (DMF), durch Zugabe von 2-Mercaptobenzthiazol zu $ClSO_3H$ bei 0°, langsames Gießen auf Eis, Filtrieren, 2std. Kochen mit 20%ig. wss. Dimethylaminlsg., Verdünnen mit W. u. Ansäuern mit Essigsäure; 76% (Ausb.). — *2-Mercapto-6-benzamido-* (**III**), $C_{14}H_{10}N_2OS_2$, F. 247—248° (Pro.), durch Zugabe von Benzoylchlorid in Dioxan zu 2-Mercapto-6-aminobenzthiazol u. Py. in Dioxan, 4std. Kochen u. Gießen in 8%ig. HCl; 72%. — *2-[β-Chloräthylmercapto]-6-nitro-* (**IV**), $C_9 \cdot H_7ClN_2O_2S_2$, F. 97—98° (A.), durch Zugabe von 1-Brom-2-chloräthan in A. zu 2-Mercapto-6-nitrobenzthiazol in 1,6%ig. NaOH bei 60°, 5—6std. Stehen bei 60° u. Zugabe von W.; 72%. — *2-[β-Chloräthylmercapto]-6-dimethylsulfamoyl-*, (**V**), $C_{11}H_{13}ClN_2O_2S_3$, F. 132—133° (A.), analog aus **II** in 2%ig. NaOH; 55%. — *2-[β-Chloräthylmercapto]-6-benzamido-* (**VI**), $C_{16}H_{13}ClN_2OS_2$, F. ~ 130° (Pro.) u. 267—268°, analog aus **III** in 1,5%ig. NaOH; 93%. — *2-[β-Chloräthylmercapto]-6-chlor-* (**VII**), analog aus 2-Mercapto-6-chlorbenzthiazol in 1,3%ig. NaOH; 71% (roh). — *[β-Chloräthyl]-[6-chlorbenzthiazolyl-(2)]-sulfoxid*, $C_9H_7Cl_2 \cdot NOS_2$, F. 113—114° (wss. Pro.), durch 1$^1/_2$std. Erhitzen von **VII** mit Eisessig u. 26%ig. H_2O_2 auf 50° u. Gießen in W.; 50%. — *[6-Chlorbenzthiazolyl-(2)]-vinylsulfoxid*, $C_9H_6ClNOS_2$, F. 107—108° (A.), durch Lösen vorst. Verb. in Chlf., Leiten durch eine Kolonne mit Al_2O_3 u. Eindampfen; 57%. — *[β-Chloräthyl]-[6-chlorbenzthiazolyl-(2)]-sulfon*, $C_9H_7Cl_2NO_2S_2$, F. 114—115° (wss. Pro.), durch 3std. Erhitzen von **VII** mit Eisessig u. 28%ig. H_2O_2 auf 70° u. Gießen in W.; 38%. — *[β-Chloräthyl]-[6-dimethylsulfamoylbenzthiazolyl-(2)]-sulfon*, $C_{11}H_{13}ClN_2O_4S_3$, F. 149 bis 150° (Pro.), analog aus **V** bei 55—65°; 70%. — *[β-Chloräthyl]-[6-benzamidobenzthiazolyl-(2)]-sulfon*, $C_{16}H_{13} \cdot ClN_2O_3S_2$, F. 188—189° (Pro.), analog aus **VI**; 92%. — Verb. vom Typ **A**: $R^1 = R^2 = H$, $R^3 = X = Cl$, $C_9H_7 \cdot Cl_2NS_2$, F. 262—262,5° (wss. A.), durch 3—4std. Erhitzen von **VII** in **I** auf 140° u. Abkühlen; 63,3%. — Analog: $R^1 = R^2 = H$, $R^3 = NO_2$, $X = Cl$, durch 8—10std. Erhitzen von **IV** in **I** auf 120—140°; 80% (roh). — $R^1 = R^2 = H$, $R^3 = SO_2N(CH_3)_2$, $X = Cl$, $C_{11}H_{13}ClN_2O_2S_3$, F. 165 bis 167° (CH_3OH/Ae.), durch 2—3std. Erhitzen von **V** in **I** auf 110—130°; 50%. — $R^1 = R^2 = H$, $R^3 = NHCOC_6 \cdot$

H_5, X = *Cl*, $C_{16}H_{13}ClN_2OS_2$, F. 277—278° (A.), durch 10std. Erhitzen von VI in I auf 120—140°; 76%. — Verb. vom Typ B: $R^1 = R^2 = R^3 = H$, $C_9H_9NS_2$, F. 88—89° (A.), durch Zugabe von $NaBH_4$ in W. zu A ($R^1 = R^2 = R^3$ = H, X = Cl) in W., 1std. Rühren, 30 Min. langes Erhitzen auf 40°, Abkühlen, Lösen des Öls in konz. HCl, Verdünnen mit W., Extrahieren mit Chlf. u. Alkalisieren der wss. Lsg. mit $NaHCO_3$; 42%. — $R^1 = CH_3$, $R^2 = R^3 = H$, $C_{10}H_{11}NS_2$, F. 71,5—72,5° (A.), analog; 40%. — $R^1 = R^3 = H$, $R^2 = CH_3$, $C_{10}H_{11}NS_2$, F. 107—108° (A.), analog aus A ($R^1 = R^3$ = H, $R^2 = CH_3$, X = Br), 30 Min. langes Erhitzen auf 40° u. Abkühlen; 90%. — Analog: $R^1 = R^2 = H$, $R^3 = Cl$, $C_9H_8ClNS_2$, F. 106—106,5° (wss. A.); 85%. — $R^1 = R^2 = H$, $R^3 = NO_2$, $C_9H_8N_2O_2S_2$, F. 114—115° (abs. A.); 84,5%. — $R^1 = R^2$ = H, $R^3 = SO_2 \cdot N(CH_3)_2$, $C_{11}H_{14}N_2O_2S_3$, F. 190—191° (Bzl./Chlf.); 91%. — $R^1 = R^2 = H$, $R^3 = NHCOC_6H_5$, $C_{16}H_{14}N_2OS_2$, F. 171 bis 173° (wss. A.); 66%. Hartmut Berger 3142△

1269 **Synthese und Struktur isomerer Benzobisthiazole.** A. I. Kiprianov und F. A. Michajlenko. (Chim. geterociklіčeskich Soedinenij **1967**, 2, 270—76; Inst. org. chim. AN Ukr. SSR, Kiev; russ.) — Die bisher in einigen Arbeiten angegebenen Verb. A erweisen sich auf Grund von Dipolmomenten als Verb. vom Typ B (X = CH_3, NH_2 bzw. SH).

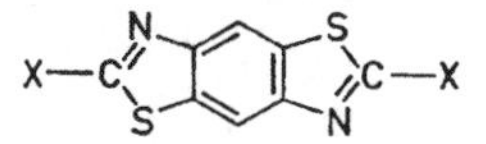
A

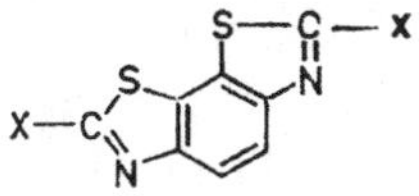
B

I
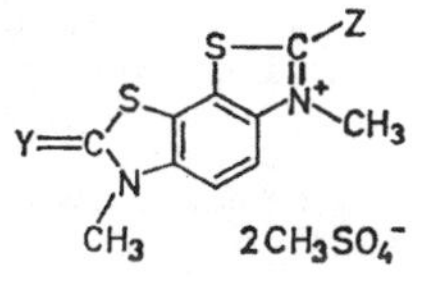

II
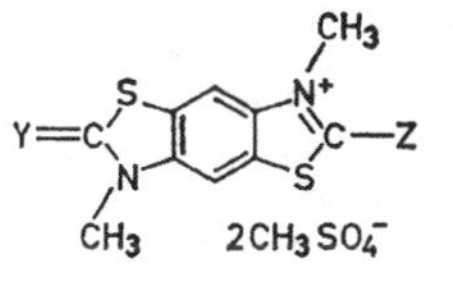

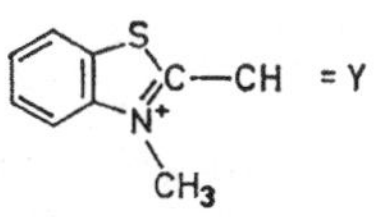

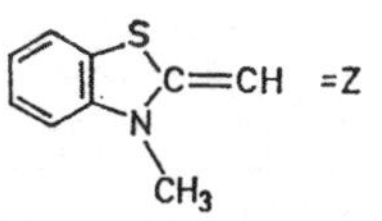

Versuche: *2-Methyl-6-acetylamino-7-acetylmercaptobenzthiazol*, $C_{12}H_{12}N_2O_2S_2$, F. 189° (Bzl.), durch Zugabe von B (X = NH_2) zu einer Schmelze aus NaOH, KOH u. Na_2S bei 210—220°, 15 Min. langes Erhitzen auf 220°, Lösen in W., Zugabe von Acetanhydrid, 20 Min. langes Kochen u. Extrahieren mit Chloroform. — B (X = CH_3), F. 121° (A.) bzw. F. 101° (Bzl.), a) analog vorst. Verb., Eindampfen der Chlf.-Schicht, Kochen mit 50%ig. H_2SO_4 u. Fällen mit NH_3; 39% (Ausb.); b) durch Zugabe von 2-Methyl-6-amino-7-thiocyanatobenzthiazol zu Na_2S in W. bei 60—70°, Filtrieren, Zugabe von Acetanhydrid, 3std. Erhitzen auf 100° u. Neutralisieren mit NH_3; 75%. *Dimethomethylsulfat* (**III**), durch 20 Min. langes Erhitzen mit Dimethylsulfat; 77%. — A (X = CH_3), $C_{10}H_8N_2S_2$, F. 227° (Bzl.), durch Diazotieren von 2-Methyl-5-amino-6-nitrobenzthiazol in verd. HCl (1 : 1) mit wss. $NaNO_2$-Lsg. bei —3 bis —5°, Zugabe zu Na_2S_2-Lsg. bei gleichzeitiger Zugabe von konz. Lauge, 3std. Stehen bei 0°, Erwärmen auf 70°, Trocknen des Nd., Lösen in Essigsäure, Zugabe von Zn-Staub u. konz. HCl unter Kochen, Zugabe von Acetanhydrid u. Bzl., 3std. Kochen, Einengen, Alkalisieren mit NaOH u. Extrahieren des Nd. mit Chlf.; Nadeln; 5,8%. *Dimethomethylsulfat* (**IV**), $C_{14} \cdot H_{20}N_2O_8S_4$, F. 270° (Zers.; wss. A.); Nadeln. — B (X = SCH_3), F. 154° (Bzl./A.), durch 6std. Erhitzen von p-Phenylendiamin mit CS_2 u. S im Autoklaven auf 240°, Extrahieren mit 5%ig. NaOH, Fällen mit Essigsäure, Lösen in 10%ig. NaOH, Erhitzen auf 40°, Zugabe von Dimethylsulfat, Extrahieren des Nd. mit Bzl. u. Chromatographieren an Al_2O_3; Nadeln; 40%. — **I**, $C_{30}H_{30}N_4O_8S_6$, F. 320° (Zers.; A./HCOOH), a) durch 8std. Erhitzen vorst. Verb. mit Dimethylsulfat auf 160° u. Kochen des erhaltenen Salzes mit 2-Methylbenzthiazolmethomethylsulfat u. Py.; gelbbraun; 62%; b) durch 10 Min. langes Erhitzen von **III** mit 2-Methylmercaptobenzthiazolmethomethylsulfat, Acetanhydrid u. Triäthylamin. — **II**, $C_{30}H_{30}N_4O_8 \cdot S_6$, F. > 360°, analog vorst. Verb. nach b) aus **IV**; rotbraun; 49%. Hartmut Berger 3142△

1270 **Synthese von β-Chloräthylaminoderivaten in der 1.3.4-Thiadiazolreihe.** A. A. Curkan und A. M. Chaleckij. (Chim. geterociklіčeskich Soedinenij **1967**, 2, 285 bis 288; Leningradskij chimiko-farmac. inst.; russ.) — Durch Einw. von Äthylenoxid (I) sowie p-[Bis-(β-chloräthyl)-amino]-phenylacetylchlorid (II) auf 2-Amino-5-aryl-(styryl)-1.3.4-thiadiazole werden *2-[β-Hydroxyäthylamino]-* (A) bzw. *2-{p-[Bis-(β-chloräthyl]-amino]-phenylacetylamino}-5-aryl-(styryl)-1.3.4-thiadiazole* erhalten; Einw. von $SOCl_2$ auf A führt zu den entsprechenden *2-[β-Chloräthylamino]-Verbindungen.*

Versuche: 1.3.4-Thiadiazole, *2-[β-Hydroxyäthylamino]-5-phenyl-*, $C_{10}H_{11}N_3OS$, F. 111—113° (Chlf.), durch 48std. Stehen von 2-Amino-5-phenyl-1.3.4-thiadiazol (**III**) mit **I**, 12%ig. Essigsäure u. CH_3OH, Filtrieren, Eindampfen u. Alkalisieren mit 5%ig. NaOH auf pH 9; Nadeln; 84% (Ausb.). *Hydrochlorid*, $C_{10}H_{11}N_3OS \cdot HCl$, F. 186,5—187,5° (abs. A.), durch Einleiten von HCl in eine Lsg. vorst. Verb. in A./Ae.; Nadeln; 60%. — *2-[β-Chloräthylamino]-5-phenyl-, Hydrochlorid*, $C_{10}H_{10}ClN_3S \cdot HCl$, F. 206—208° (abs. A.), durch 3std. Erhitzen vorst. Hydrochlorids in Chlf. mit $SOCl_2$, Eindampfen im Vakuum, Lösen in abs. A. u. Fällen mit Ae.; gelblich; 53%. — *2-{p-[Bis-(β-chloräthyl)-amino]-phenylacetylamino}-5-phenyl-*, $C_{20}H_{20}Cl_2N_4OS$, F. 199—201° (Eisessig), durch 4std. Erhitzen von **II** mit **III** in abs. Bzl., Filtrieren, Kochen des Nd. mit 5%ig. HCl u. Filtrieren; 80%. — Analog: *2-[β-Hydroxyäthylamino]-5-[p-nitrophenyl]-*, $C_{10}H_{10}N_4O_3S$, F. 148—149° (abs. A.); 83%. *Hydrochlorid*, $C_{10}H_{10}N_4O_3S \cdot HCl$, F. 188,5—190° (abs. A.); 58%. — *2-[β-Hydroxyäthylamino]-5-styryl-*, $C_{12}H_{13}N_3OS$, F. 125—127° (Toluol); 80%. *Hydrochlorid*, $C_{12}H_{13}N_3OS \cdot HCl$, F. 225—227° (abs. A.); 63%. — *2-[β-Hydroxyäthylamino]-5-[p-methoxyphenyl]-*, $C_{11}H_{13}N_3O_2S$, F. 130—132° (abs. A.); 88%. *Hydrochlorid*, $C_{11}H_{13}N_3O_2S \cdot HCl$, F. 170,5—172,5° (abs. A.); 67%. — *2-[β-Chloräthylamino]-5-[p-nitrophenyl]-, Hydrochlorid*, $C_{10}H_9ClN_4O_2S \cdot HCl$, F. 211—213° (Zers.; abs. A.); 50%. — *2-[β-Chloräthylamino]-5-styryl-, Hydrochlorid*, $C_{12}H_{12}ClN_3S \cdot HCl$, F. 199—201° (Zers.; abs. A.); 48%. — *2-[β-Chloräthylamino]-5-[p-methoxyphenyl]-, Hydrochlorid*, $C_{11}H_{12}ClN_3OS \cdot HCl$, F. 192—194° (abs. A.); 57%. — *2-{p-[Bis-(β-chloräthyl)-amino]-phenylacetylamino}-5-[p-nitrophenyl]-*, $C_{20}H_{19}Cl_2N_5O_3S$, F. 213—213,5° (Eisessig); 81%. — *2-{p-[Bis-(β-chloräthyl)-amino]-phenylacetylamino}-5-styryl-*, $C_{22}H_{22}Cl_2N_4OS$, F. 230—231° (Eisessig); 85%. — *2-{p-[Bis-(β-chloräthyl)-amino]-phenylacetylamino}-5-[p-methoxyphenyl]-*, $C_{21}H_{22}Cl_2N_4O_2S$, F. 198—199° (Zers.; Eisessig); 80%. Hartmut Berger 3173△

1271 **Konformationsbestimmung von 3-Jodflavanonen.** Ludwig Reichel und Fritz Gerd Weber. (Z. Chem. 7 (1967) 11, 424; Inst. für Chem., Landw.-Gärtn. Fak., Humboldt-Univ., Berlin; dt.) — Durch IR- u. NMR-Spektralanalyse konnte über äquatoriale oder axiale Konform. der *Jodflavanone* Klarheit gewonnen werden. Spektralmax. vgl. Original.

Versuche: Flavanone: *3a-Jod-6-methoxy-*, F. 122—123° (Zers.), aus 6-Methoxyflavanon mit JCl in Eisessig. — *3a-Jod-6.4′-dimethoxy-*, F. 134,5—135° (Zers.), aus 6.4′-Dimethoxyflavanon mit JCl in Dioxan bzw. in Ae. in Ggw. von Dioxan. — *3a-Jod-6-äthoxy-*, F. 153° (Zers.), aus 6-Äthoxyflavanon mit JCl in Ae. in Ggw. von Dioxan. — *3a-Jod-7-methoxy-*, F. 138,5—139° (Zers.), aus 7-Methoxyflavanon analog vorst. Verbindung. — *3e-Jod-7-methoxy-*, F. 154—155° (Zers.), neben vorst. Verbindung. — *3a-Jod-6-chlor-3′.4′-methylendioxy-*, F. 167,5 bis 168° (Zers.), a) aus 6-Chlor-3′.4′-methylendioxyflavanon mit JCl in Eisessig; b) aus 2′-Hydroxy-5′-chlor-3.4-methylendioxychalkon analog a). — *3a-Jod-6-brom-3′.4′-dimethoxy-*, F. 168—168,5° (Zers.), a) aus 2′-Hydroxy-5′-brom-3.4-dimethoxychalkon mit JCl in Eisessig; b) analog a) aus 6-Brom-3′.4′-dimethoxyflavanon. — *3a-Jod-6-brom-3′.4′-methylendioxy-*, F. 169—169,5° (Zers.), a) aus 2′-Hydroxy-5′-brom-3.4-methylendioxychalkon mit JCl in Eisessig; b) analog a) aus 6-Brom-3′.4′-methylendioxyflavanon. — *3e-Jod-3'.4'-dimethoxy-*, F. 172—173° (Zers.), nach Reichel u. Weber (Z. Chem. **6** (1966), 316). — *3a-Jod-3'.4'-dimethoxy-*, neben vorst. Verbindung. — *α-Jod-2'-hydroxy-4'.6'.3.4-tetramethoxychalkon*, F. 193—195° (Zers.), aus 2'-Hydroxy-4'.6'.3.4-tetramethoxachalkon mit JCl in Eisessig. — Gemisch aus *cis-* u. *trans-α-Jod-2'-hydroxy-4'-methoxychalkon*, F. 150—151,5° u. 159—160° (Zers.), aus 2'-Hydroxy-4'-methoxychalkon mit JCl in Eisessig. G. Westphal 3211△

1272 **Untersuchungen über Chromone und Flavone.** 7. Mitt. **Synthese einiger 8'.8'''-, 6.6''- und 6'.6''-Biflavonyle.** K. P. Mathai, B. Kanakalakshmi und Suresh Sethna. (J. Indian chem. Soc. **44** (1967) 2, 148—52; Chem. of Dep., Fac. of Sci., M. S. Univ. of Baroda, Baroda; engl.) — 6. vgl. ibid. **42** (1965) 435. — Die durch Kondens. von 2.2'- u. 4.4'-Dimethoxy-3.3'-diformylbiphenyl mit 2-Hydroxy-4-methoxyacetophenon, von 2.2'.6.6'- u. 2.2'.4.4'-Tetramethoxy-5.5'-diformylbiphenyl mit 2-Hydroxyacetophenon u. von 4.4'-Dihydroxy-3.3'-diacetylbiphenyl mit Anisaldehyd erhaltenen *Bichalkonylderiv.* werden in die entsprechenden *Biflavonylderiv.* umgewandelt. Einige dieser Verb. konnten auch durch Ullmann-Rk. aus den entsprechenden Jodflavonen erhalten werden. Einige der Chalkone u. Bichalkonyle werden zu *Flavanonen* bzw. *Biflavanonylen* isomerisiert.

Versuche: *2'.2'''-Dihydroxy-6.6''.4'.4'''-tetramethoxy-3.3''-bichalkonyl*, $C_{34}H_{30}O_8$, F. 223° (Nitrobenzol), durch 24—48std. Stehen des entsprechenden Hydroxyketons mit dem entsprechenden Aldehyd in alkhol. KOH u. Ansäuern mit HCl; 55% (Ausb.). *Diacetylderiv.*, $C_{38}H_{34}O_{10}$, F. 182° (Essigsäure), durch 2std. Kochen mit Essigsäureanhydrid in Ggw. von Na-Acetat. — *2'.2'''-Dihydroxy-4.4'.4''.4'''-tetramethoxy-3.3''-bichalkonyl*, $C_{34}H_{30}O_8$, F. 271° (Nitrobenzol), analog vorst. Verb.; 60%. *Diacetylderiv.*, $C_{38}H_{34}O_{10}$, F. 160° (Essigsäure). — *2'-Hydroxy-2.4'-dimethoxy-5-jodchalkon*, $C_{17}H_{15}JO_4$, F. 134° (A./Aceton); 65%. *Acetylderiv.*, $C_{19}H_{17}JO_5$, F. 142° (Essigsäure). — *2'-Hydroxy-4.4'-dimethoxy-3-jodchalkon*, $C_{17}H_{15}JO_4$, F. 163° (A./Aceton); 62%. *Acetylderiv.*, $C_{19}H_{17}JO_5$, F. 131° (Essigsäure). — *2'.2'''-Dihydroxy-2.2''.4.4''-tetramethoxy-3.3''-bichalkonyl*, $C_{30}H_{30}O_8$, F. 235° (Bzl.); 71%. *Diacetylderiv.*, $C_{38}H_{34}O_{10}$, F. 155° (Essigsäure). — *2'.2'''-Dihydroxy-4.4''.6.6''-tetramethoxy-3.3''-bichalkonyl*, $C_{30}H_{30}O_8$, F. 255° (Xylol); 53%. *Diacetylderiv.*, $C_{38}H_{34}O_{10}$, F. 212° (Essigsäure). — *6'.6'''-Dihydroxy-4.4''-dimethoxy-3'.3'''-bichalkonyl*, $C_{32}H_{26}O_6$, F. 224° (Nitrobenzol); 48%. *Diacetylderiv.*, $C_{36}H_{30}O_8$, F. 170° (Essigsäure). — *7.2'-Dimethoxy-5'-jodflavanon*, $C_{17}H_{15}JO_4$, F. 150° (Bzl.), durch 30std. Kochen entsprechender Chalkone oder Bichalkonylverb. mit konz. HCl in A., Eindampfen u. Verdünnen mit Wasser. — *7.4'-Dimethoxy-3'-jodflavanon*, $C_{17}H_{15}JO_4$, F. 143° (A.), analog vorst. Verbindung. — *4'.4'''.6'.6'''-Tetramethoxy-3'.3'''-biflavanonyl*, $C_{34}H_{30}O_8$, F. 270° (Xylol). — *4'.4'''-Dimethoxy-6.6''-biflavanonyl*, $C_{32}H_{26}O_6$, F. 250° (Bzl.). — *6'.6'''.7.7''-Tetramethoxy-3'.3'''-biflavonyl*, $C_{34}H_{27}O_8$, F. 317° (Nitrobenzol), durch 15std. Erhitzen der entsprechenden Chalkone oder Bichalkonylverb. mit SeO_2 in Amylalkohol auf 140—150°. — *4'.4'''.7.7''-Tetramethoxy-3'.3'''-biflavonyl*, $C_{34}H_{26}O_8$, F. 305° (Nitrobenzol), analog vorst. Verbindung. — *7.2'-Dimethoxy-5'-jodflavon*, $C_{17}H_{13}JO_4$, F. 210° (Bzl.). — *7.4'-Dimethoxy-3'-jodflavon*, $C_{17}H_{13}JO_4$, F. 217° (Toluol). — *2'.2'''.4'.4'''-Tetramethoxy-3'.3'''-biflavonyl*, $C_{34}H_{26}O_8$, F. 215° (Bzl./PAe.). — *4'.4'''.6'.6'''-Tetramethoxy-3'.3'''-biflavonyl*, $C_{34}H_{26}O_8$, F. 328° (Nitrobenzol). — *4'.4'''-Dimethoxy-6'.6''-biflavonyl*, $C_{32}H_{28}O_6$, F. 318° (Nitrobenzol). W. Hampel 3211△

1273 **Photoinduzierte Reaktionen.** 5. Mitt. **Die photochemische Reaktion von Pummerers Keton.** Teruo Matsuura und Katsuyuki Ogura. (Bull. chem. Soc. Japan **40** (1967) 4, 945—50; Dep. of Synth. Chem., Fac. of Engng., Kyoto Univ., Sakyo-ku, Kyoto; engl.) — 4. vgl. J. Amer. chem. Soc. **88** (1966) 2602. — Bei der Bestrahlung von Pummerers Keton (I) in Methanol entsteht in guter Ausb. das *1:1-Addukt* **II**. Bei der Bestrahlung von **I** in iso-Propylalkohol entsteht das analoge *Addukt* **III** u. ein *Photoketon* **IV**, ein Isomeres von **I**. **IV** entsteht auch bei der Bestrahlung von **I** in tert.-Butanol,

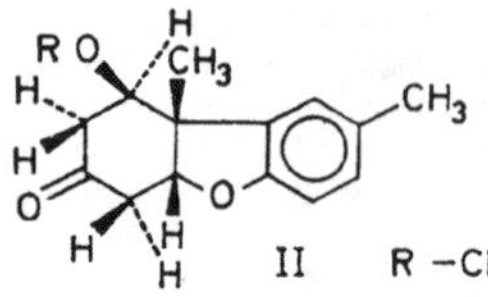

II R −CH3
III R: −CH(CH3)2

IV
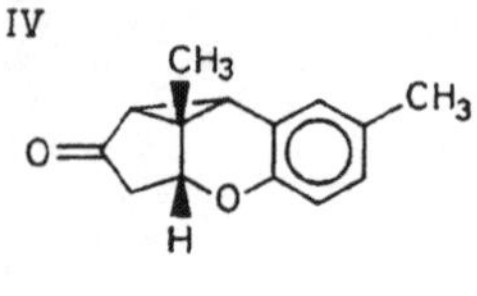

V
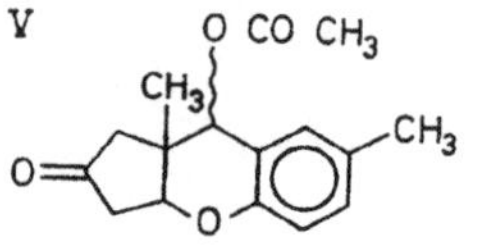

VI
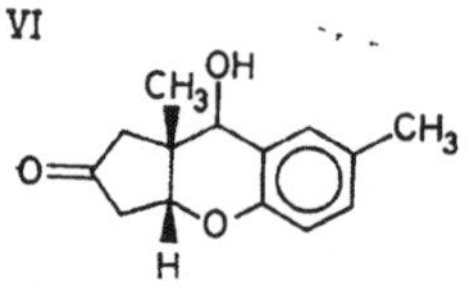

Dioxan oder Benzol. Der Mechanismus der Rk. wird sehr ausführlich, u. a. auf Grund von NMR-Daten diskutiert.

Versuche: *1:1-Addukt von Pummerers Keton u. Methanol* (**II**), $C_{15}H_{18}O_3$, F. 106—107° (Methanol), bei der Bestrahlung von Pummerers Keton (**I**) in Methanol; gibt mit Na-Methylat in Ae. bei Raumtemp. in 57%ig. Ausb. **I**; farblose Nadeln; 66,3% (Ausb.). Semicarbazon, $C_{16}H_{21}N_3O_3$, F. 206—207° (Aceton); Nadeln. — *2.5'-Dihydroxy-2'.5'-dimethylbiphenyl*, F. 157—158°, aus **II** durch Rk. mit Essigsäure/HBr bei Raumtemp.; fahlgelbe Plättchen; 78%. — *Photoketon* **IV**, $C_{14}H_{14}O_2$, F. 86,5—87,5° (Methanol), a) bei der Bestrahlung von **I** in iso-Propanol; farblose Plättchen; 22,4%; daneben *1:1-Addukt von* **I** *u. iso-Propanol* [(**III**), $C_{17}H_{22}O_3$, F. 109,5 bis 110,5° (Methanol); farblose Nadeln; 37%]; b) bei der Bestrahlung von **I** in Dioxan; 26%; c) bei der Bestrahlung von **I** in Bzl.; 72%; d) bei der Bestrahlung von 535 mg **I** in Bzl. in Ggw. von Benzhydrol; 225 mg (Ausb.) im Gemisch mit **I**; daneben 33 mg *Benzopinakol* [F. 179 bis 181° (Bzl.); Plättchen]; e) bei der Bestrahlung von **I** in tert.-Butanol; 43%. *Semicarbazon*, $C_{15}H_{17}N_3O_2$, F. 220 bis 223° (Methanol/A./W.); farblose Kristalle. — Acetoxyketon **V**, F. 132—135° (Methanol), bei der Rk. von **IV** mit Essigsäure/HBr bei Raumtemp.; 34%; daneben das *Hydroxyketon* **VI** ($C_{14}H_{16}O_3$, F. 101—101,5° (CCl_4); geht mit Essigsäureanhydrid in Py. in **V** über; 42%). — 2. vgl. C. **1968**, 36-1059. R. Becker 3211△

1274 **Absolute Konfiguration des Aflatoxins.** Sylvia Brechbühler, G. Büchi und George Milne. (J. org. Chemistry **32** (1967) 8, 2641—42; Dep. of Chem., Mass. Inst. of Technol., Cambridge, Mass.; engl.) — Vf. bestimmen die abs. Konfig. von *Aflatoxin B_1* (**I**) durch Umsetzung mit 1.2-Dimercaptoäthan zu *Verb.* **II**, die durch

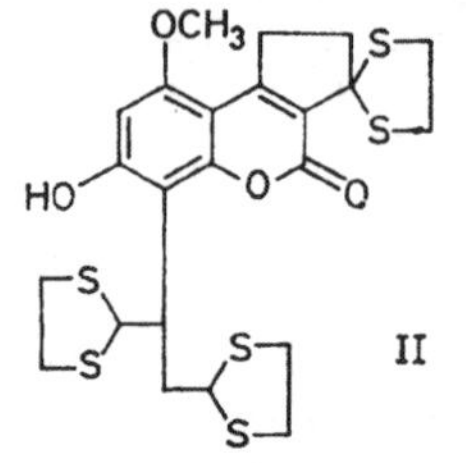

II

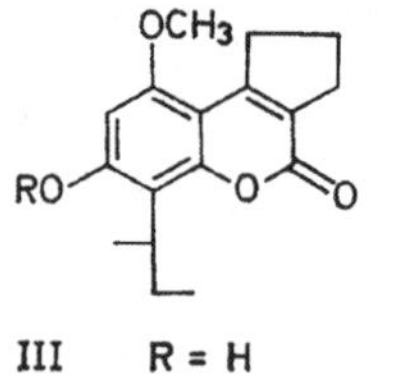

III R = H
IV R = CH3CO

Desulfurisierung in das *Phenol* **III** übergeführt wird. **III** wird zum *Acetat* (**IV**) umgesetzt, das durch Ozonolyse u. Ox. mit H_2O_2 zu *Glutarsäure* u. *2-Methylbutansäure* von bekannter Konfig. aufgespalten wird. IR- u. UV-Maxima vgl. Original.

Versuche: *Verb.* **II**, $C_{23}H_{26}O_4S_6$, F. 169—170° (Zers.), aus **I**, 1.2-Dimercaptoäthan, $ZnCl_2$ u. Na_2SO_4 bei 25°; $[\alpha]_D^{25}$ + 278° (c = 1,02; $CHCl_3$); 60% (Ausb.). — *Phenol* **III**, $C_{17}H_{20}O_4$, F. 277—278° (Methanol/$CHCl_3$), aus **II** u. Raney-Ni in 95%ig. A. bei Raumtemperatur. *Acetylverb.* (**IV**), $C_{19}H_{22}O_5$, F. 144—145° ($CHCl_3$/Hexan), aus **III** u. Acetanhydrid/Py. bei Raumtemp.; $[\alpha]_D^{25}$ + 3,1° (c = 2,77; $CHCl_3$); 84%. — (+)-(*S*)-*2-Methylbutansäure*, a) aus **IV** u. O_3 in CH_2Cl_2 bei 15° u. nachfolgende Rk. mit H_2O_2 in äthanol. NaOH; $[\alpha]_D^{25}$ + 19,2°; 17%; daneben 16% *Glutarsäure* [F. 92—93°]; b) aus **III** u. 4n CrO_3 in W.; 90%; daneben 5% *Essigsäure* u. 5%

Propionsäure. Amid. F. 109—110° (Bzl./Ae./A.; 5 : 5 : 1), aus der Säure u. Oxalylchlorid bei 45° u. Umsetzung mit NH_3; $[\alpha]_D^{25}$ + 14,2° (c = 0,244; $CHCl_3$).

K.-P. Hilgetag 3211△

1275 **Synthetische Furocumarine.** 8. Mitt. **Pechmann-Kondensation von 2-Alkylhydrochinonen.** Kurt D. Kaufman, Robert C. Kelly und David C. Eaton. (J. org. Chemistry **32** (1967) 2, 504—06; Dep. of Chem., Kalamazoo Coll., Kalamazoo, Mich.; engl.) — 7. vgl. C. **1968,** 35-1095.

Versuche (F. korr.): *2-n-Propylhydrochinon,* F. 88—90°, aus 2-Allylhydrochinon u. H_2 in Essigester in Ggw. von 5%ig. Pd-Kohle; 93% (Ausb.). Cumarine: *4-Methyl-6-hydroxy-7-n-propyl-,* $C_{13}H_{14}O_3$, F. 180—183° (Xylol), aus vorst. Verb. u. konz. H_2SO_4 in Acetessigsäureäthylester; 83%. — *4.7-Dimethyl-6-hydroxy-* (**I**), F. 207—208° (95%ig. A.), aus 2-Methylhydrochinon analog vorst. Meth.; 100%. — *4.7-Dimethyl-6-methoxy-* (**II**), $C_{12}H_{12}O_3$, F. 165,5—166° (Bzl.), aus vorst. Verb. u. CH_3J in Aceton in Ggw. von K_2CO_3 bei Siedetemp.; 83%. — *4.7-Dimethyl-6-methoxy-8-allyl-,* $C_{15}H_{16}O_3$, F. 80—81° (Ligroin), aus 2-Allyloxy-β.4-dimethyl-5-methoxyzimtsäure u. Diäthylanilin unter N_2 bei Siedetemp.; 41%. — *4.7-Dimethyl-6-allyloxy-,* $C_{14}H_{14}O_3$, F. 151,5 bis 153° (Methanol), aus **I**, Allylbromid, wasserfreiem K_2CO_3 u. Aceton bei Siedetemp.; 59%. — *4.7-Dimethyl-5-allyl-6-hydroxy-* (**III**), $C_{14}H_{14}O_3$, F. 171—173° (95%ig. A.), aus vorst. Verb. u. Diäthylanilin bei Siedetemp.; 93%. — *4.7-Dimethyl-5-[2'.3'-dibrompropyl]-6-acetoxy-* (**IV**), C_{16} · $H_{16}Br_2O_4$, F. 167,5—169,5° (Eisessig), aus nachst. Verb. u. Br_2 in $CHCl_3$; 81%. — *4.7-Dimethyl-5-allyl-6-acetoxy-,* $C_{16}H_{16}O_4$, F. 160—162° (95%ig. A.), aus vorvorst. Verb. u. Acetanhydrid/Py.; 96%. — *2-Allyloxy-β.4-dimethyl-5-methoxyzimtsäure,* $C_{15}H_{18}O_4$, F. 89,5—90° (W.), aus **II** u. 20%ig. wss. äthanol. NaOH bei Siedetemp., Umsetzung mit Allylbromid bei Siedetemp. u. Rk. mit wss. äthanol. KOH bei Siedetemp.; 24%. — *7-Oxo-4.9-dimethyl-2-hydroxy-2.3-dihydro-7H-furo-[3.2:f]-benzopyran,* $C_{13}H_{12}$ · O_4, F. 240—242° (95%ig. A.), aus **III** u. O_3 in Essigester u. nachfolgende Hydrierung in Ggw. von 5%ig. Pd-Kohle; 58%. — *7-Oxo-4.9-dimethyl-7H-furo-[3.2:f]-benzopyran,* $C_{13}H_{10}O_3$, F. 216,5—217° (95%ig. A.), aus vorst. Verb. u. 85%ig. Phosphorigsäure bei 100°; 95%. — *7-Oxo-2.4.9-trimethyl-7H-furo-[3.2:f]-benzopyran,* $C_{14}H_{12}O_3$, F. 218 bis 220° (95%ig. A.), aus **IV** u. Na-Äthylat bei Siedetemp.; 61%. — NMR-Daten u. UV-Maxima s. Original.

K.-P. Hilgetag 3211△

1276 **Darstellung von Brenzcatechinderivaten tertiärer aromatischer Basen.** Bodo Lipke. (Z. Chem. 7 (1967) 11, 425; Inst. für Chem., Landw.-Gärtn. Fak., Humboldt-Univ. zu Berlin; dt.) — *Brenzcatechinverb.* des α-Picolins, Chinolins u. Isochinolins werden unter Verw. von JCl bzw. Phenyljodosochlorid in Ggw. von wenig J_2 dargestellt. Die Rk. verläuft wahrscheinlich über die Bldg. eines „naszierenden" Chinons. Die Verb. geben mit $FeCl_3$ die Rk. des Brenzcatechins (**I**); durch Alkalizusatz färben sie sich rot. Betaine konnten nicht isoliert werden.

Versuche: *N-[o-Dihydroxyphenyl]-α-picoliniumchlorid* (**II**), $C_{12}H_{12}ClNO_2$, F. 240—241° (A./Ae.), durch 1std. Zugabe von Phenyljodosochlorid zu α-Picolin u. **I** in A. in Ggw. von wenig J_2 u. 12std. Stehen bei 0 bis —5°; 35% (Ausb.). — *N-[o-Dihydroxyphenyl]-α-picoliniumjodid,* $C_{12}H_{12}JNO_2$, F. 290° (Zers.), analog **I** unter Verw. von J_2; 15%. — *N-[o-Dihydroxyphenyl]-α-picoliniumperchlorat,* $C_{12}H_{12}ClNO_6$, F. 278—281° (W.), aus **II** mit 70%ig. $HClO_4$. — *N-[o-Dihydroxyphenyl]-chinoliniumchloridmonohydrat,* $C_{15}H_{12}ClNO_2 \cdot H_2O$, F. 275 bis 277° (A./Ae.), analog **II**; 14%. — *N-[o-Dihydroxyphenyl]-chinoliniumperchlorat,* $C_{15}H_{12}ClNO_6$, F. 232—235°, aus vorst. Verb. mit 70%ig. $HClO_4$. — *N-[o-Dihydroxyphenyl]-chinoliniumjodid,* $C_{15}H_{12}JNO_2$, F. 266—271°, aus vorvorst. Verb. mit NaJ. — *N-[o-Dihydroxyphenyl]-isochinoliniumbromid,* $C_{15}H_{12}BrNO_2$, F. 293—296°, analog **II** unter Verw. von Br_2; 21%. — *N-[o-Dihydroxyphenyl]-isochinoliniumjodid,* $C_{15}H_{12}JNO_2$, F. 268—270° (W.), aus vorst. Verb. mit NaJ. — *N-[o-Dihydroxyphenyl]-isochinoliniumperchlorat,* $C_{15}H_{12}ClNO_6$, F. 261—266° (W.), aus vorvorst. Verb. mit 70%ig. $HClO_4$.

G. Westphal 3231△

1277 **Ketene.** 12. Mitt. **Struktur von Keten–Enamin-Cycloaddukten.** James C. Martin, Paul G. Gott und H. U. Hostettler. (J. org. Chemistry **32** (1967) 5, 1654 bis 1655; Res. Labor., Tenn. Eastman Co., Divis. of Eastman Kodak Co., Kingsport, Tenn.; engl.) — 11. vgl. ibid. **32** (1967) 215; 10. vgl. C. **1969,** 7-1287.

Versuche: *3-Dimethylamino-5-hydroxy-2.2.4.4.6-pentamethyl-Δ⁵-heptensäure-δ-lacton* (**I**), nach Hasek u. Martin [J. org. Chemistry 28 (1963) 1468]. — *5-Hydroxy-2.2.4.4.6-pentamethyl-3-piperidino-Δ⁵-heptensäure-δ-lacton,* nach Hasek l. c. — *5-Dimethylamino-2.2.4.4.6.6-hexamethylcyclohexandion-(1.3),* $C_{14}H_{25}NO_2$, F. 78—79° (Hexan), aus **I** u. Na-Methylat in Toluol bei Siedetemp.; 80% (Ausb.). — *2.2.4.4.6.6-Hexamethyl-5-piperidinocyclohexandion-(1.3),* $C_{17}H_{29}NO_2$, F. 118—118,5° (Hexan), aus vorvorst. Verb. analog vorst. Meth.; 88%. — *3-Dimethylamino-5-hydroxy-2.2.4.4.6-pentamethylheptansäure-δ-lacton,* $C_{14}H_{27}NO_2$, F. 54—56° (Hexan), aus 30 g **I** u. H_2 in Cyclohexan in Ggw. von 5%ig. Pd/Al_2O_3 bei 130° im Autoklaven; 17,2 g. — *2.2.4.4.6.6-Hexamethyl-5-piperidinocyclohexandiol-(1.3),* F. 213—214° (Toluol), aus 15 g vorvorst. Verb. u. $LiAlH_4$ in THF bei Siedetemp.; 12,6 g. IR-Maxima u. NMR-Daten vgl. Original.

K.-P. Hilgetag 3231△

1278 **Synthesen von N-{β-[Pyridyl-(4)]-vinyl}-indolin und verwandten Verbindungen.** Yoshimori Omote, Kung-Tu Kuo, Naoaki Fukada, Mutsumi Matsuo und Noboru Sugiyma. (Bull. chem. Soc. Japan **40** (1967) 1, 234—35; Dep. of Chem., Tokyo Kyoiku Univ., Otsuka, Bunkyo-ku, Tokyo; engl.)

Versuche: Aniline: *N-Methyl-N-{β-[pyridyl-(4)]-vinyl}-,* $C_{14}H_{14}N_2$, Kp.$_4$ 161°, durch 1std. Rühren eines Gemisches aus 14 g γ-Picolin, 6,8 g N-Methylformanilid u. NaH in A., Kühlen, Zugabe von Essigsäure u. W. u. Extrahieren mit Ae. (Meth. **A**); 0,8 g (Ausb.). — *N-Äthyl-N-{β-[pyridyl-(4)]-vinyl}-,* $C_{15}H_{16}N_2$, Kp.$_5$ 168°, analog **A**; 8,1%. — *N-Methyl-N-styryl-,* $C_{15}H_{15}N$, Kp.$_2$ 170°, durch Zugabe von N-Methylanilin zu 2,4 g Phenylacetaldehyd in Bzl. u. 2std. Kochen unter Abspaltung von W.; 3,2 g. — *N-Äthyl-N-styryl-,* $C_{16}H_{17}N$, Kp.$_3$ 194°, analog vorst.; 82%. — *N-Styrylindolin,* $C_{16}H_{15}N$, F. 81° (Methanol), aus 1,2 g Indolin analog vorvorst. Meth.; 1,76 g. — *N-{β-[Pyridyl-(4)]-vinyl}-indolin,* $C_{15}H_{14}N_2$, Kp.$_{10^{-3}}$ 130°, aus 0,74 g N-Formylindolin analog **A**; 0,1 g. — IR- u. UV-Maxima sowie NMR-Daten vgl. Original.

K.-P. Hilgetag 3231△

1279 **Umlagerung tertiärer Aminoxide.** 18. Mitt. **Reaktion von 4-substituierten Pyridin-N-oxiden mit p-Nitrobenzolsulfenylchlorid und p-Nitrobenzolsulfinylchlorid.** Shigeru Oae und Katuyata Ikura. (Bull. chem. Soc. Japan **40** (1967) 6 1420—25; Dep. of Appl. Chem. Fac. of Engng. Osaka City Univ. Sugimoto-cho Sumiyoshi-ku Osaka; engl.) — 17. vgl. C. **1969,** 4-1311. — Dargestellt wurden: *Verb.* **I**, F. 223—225°, durch Rk. von 1,5 g 4-Nitropyridin-N-oxid mit 2 g p-Nitrobenzolsulfenylchlo-

I

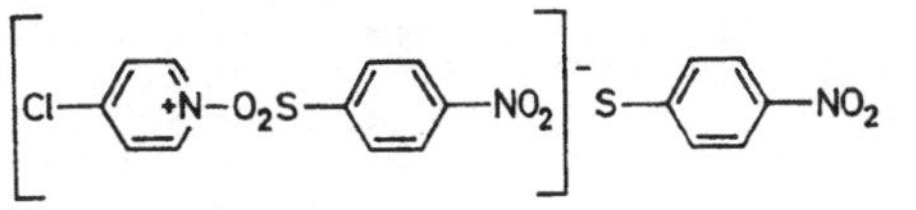

IV

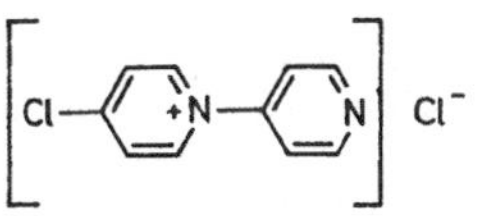

V

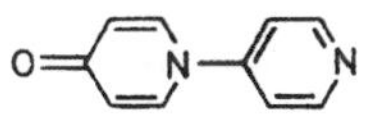

VII

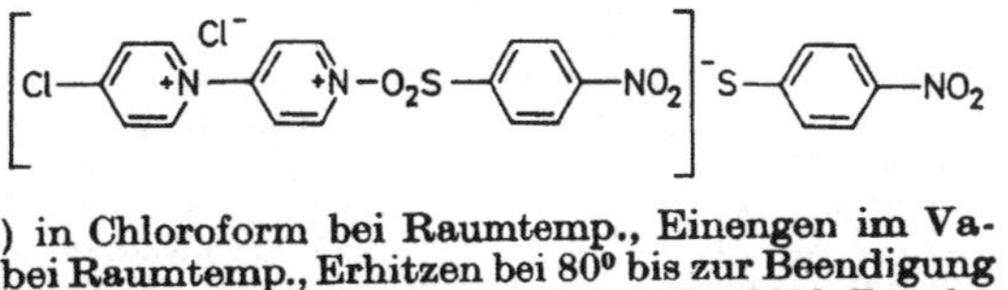

rid (**II**) in Chloroform bei Raumtemp., Einengen im Vakuum bei Raumtemp., Erhitzen bei 80° bis zur Beendigung der NO_2-Entw., 5std. Erwärmen bei 180—200°, Zugabe von W., Extrahieren mit Chloroform u. Filtrieren; 2,1 g (Ausb.); daneben aus der Chloroformlsg. 0,3 g *p.p'-Dinitrodiphenyldisulfid* (III); daneben aus der wss. Lsg. durch Neutralisieren mit Na_2CO_3 u. Extrahieren mit Chloroform 0,4 g *Verb.* IV u. 0,5 g *Na-p-Nitrobenzolsulfonat.* — *Verb.* V, F. 177—178°, durch Hydrolyse von 2 g I mit 40%ig. H_2SO_4; 0,5 g; daneben 0,3 g III u. 0,4 g *p-Nitrobenzolsulfonsäure* (VI). — *Verb.* VII, aus 1,5 g 4-Chlorpyridin-N-oxid u. 2 g II in Chloroform u. Aufarbeiten der gebildeten *Verb.* VIII analog I; 0,4 g (gibt durch Hy-

VIII 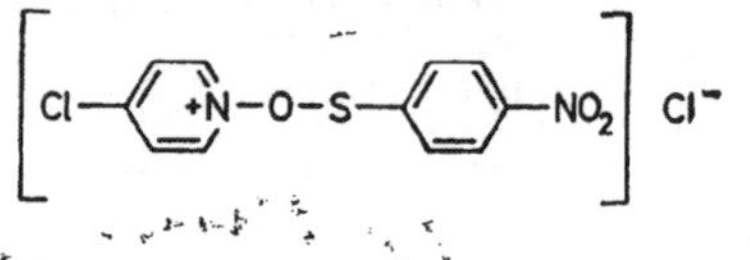

X 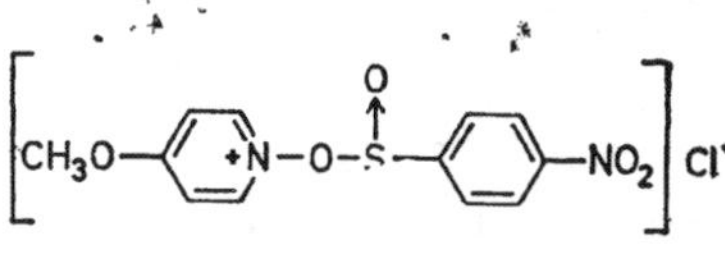

XIII 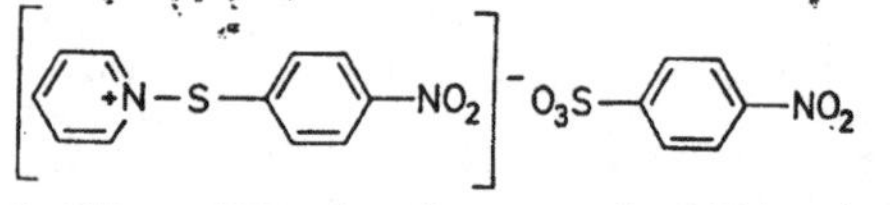

drolyse V, VI u. III); daneben aus der Chloroformlsg. 0,6 g III, 0,02 g IV u. 0,09 g eines *Gemisches* aus III u. *p-Nitrobenzolthiosulfonsäure-p-nitrophenylester* (IX); daneben aus der wss. Lsg. 0,8 g V u. 0,85 g VI. — *1-[p-Nitrobenzolsulfinyl]-4-chlorpyridiniumperchlorat,* $C_{11}H_8Cl_2N_2 \cdot O_7S$, F. 250—253°, aus VIII in A. u. 69%ig. $HClO_4$. — *Verb.* X, F. 183—185°, aus 1,5 g 4-Methoxypyridin-N-oxid u. 2,4 g p-Nitrobenzolsulfinylchlorid (XII) in Chloroform bei Raumtemp. u. 10std. Kochen; 1,4 g (0,5 g der Verb. geben durch 5std. Erhitzen auf 200° 0,07 g III, 0,07 g *4-Methoxypyridin* (XI) u. 0,18 g VI); daneben nach Waschen der Chloroformlsg. mit W. aus der organ. Phase 1,3 g IX; daneben aus der wss. Lsg. 0,6 g XI u. 0,8 g VI. — *Verb.* XIII, $C_{11}H_{13}N_3O_7S_2$, F. 151—152° (A.), durch Rk. von VII mit XII in Chloroform bei Raumtemp., Eindampfen u. Rk. mit Py. in Benzol.

R. Gnauck 3231△

1280 **Neues Umlagerungsprodukt in den 6.7-Benzomorphan-Reihen.** Robert T. Parfitt, Mikio Takeda und Hiroshi Kugita. (J. org. Chemistry **32** (1967) 2, 419—22; National Inst. of Health, Bethesda, Md.; engl.) — Umlagerung von 5'-Methoxy-2.5.9-trimethyl-9-hydroxy-6.7-benzomorphan in Ggw. von $SOCl_2$ führt zur Bldg. von *2.4a.4b-Trimethyl-6-methoxy-1.2.2a.4b-tetrahydro-1H-indeno-[2.1:c]-pyridin.* Der Mechanismus der Umlagerung wird diskutiert. IR- u. UV-Maxima sowie NMR- u. massenspektrograph. Daten vgl. Original.

Versuche: *2.4a.4b-Trimethyl-6-methoxy-2.4a.4b.9-tetrahydro-1H-indeno-[2.1:c]-pyridin, Hydrochlorid, Monohydrat,* $C_{16}H_{22}ClNO \cdot H_2O$, F. 163—165° (Zers.; Aceton/A./Ae.), analog Kugita u. Takeda, Chem. pharmac. Bull. (Tokyo) **12** (1964) 1163. — *2.4a.4b-Trimethyl-6-methoxy-2.3.4.4a.4b.9-hexahydro-1H-indeno-[2.1:c]-pyridin, Hydrochlorid,* $C_{16}H_{24}ClNO$, F. 233—234° (Zers.; Aceton/Methanol/Ae.), aus vorst. Verb. u. H_2 in A. in Ggw. von PtO_2; 82% (Ausb.). *Methojodid,* $C_{17}H_{26}JNO$, F. 273—275° (Zers.; Methanol), aus der Base u. CH_3J in Aceton; 95%. — *2-Dimethylaminomethyl-3-vinyl-5-methoxy-2.3-dimethylindan,* Kp.$_{0,8}$ 100—104°, aus vorst. Methojodid u. AgO in W. bei Siedetemp.; 94%. *Hydrochlorid,* $C_{17}H_{26}ClNO$, F. 203—204° (Zers.; Aceton/A./Ae.). — *2-[Dimethylaminomethyl]-3-äthyl-5-methoxy-2.3-dimethylindan* (I), *Hydrochlorid,* F. 232—233° (Zers.; Aceton/A./Ae.), aus vorst. Hydrochlorid u. H_2 in A. in Ggw. von PtO_2; 98%. *Methojodid,* $C_{18}H_{30}JNO$, F. 271—273° (Zers.; Methanol). — *Verb. vom Kp. 100—130°,* aus 130 mg I in Ggw. von 10%ig. Pd–Kohle bei 305—310°; 60 mg. — *2.4a.4b-Trimethyl-2.4a.4b.9-tetrahydro-1H-indeno-[2.1-c]-pyridin, Perchlorat,* $C_{15}H_{20}ClNO_4$, F. 184—185° (Aceton/Ae.), analog Parfitt et al. [J. org. Chemistry **31** (1966) 903]. — *1.4.4a-Trimethyl-6-methoxy-1.2.4a.9a-tetrahydro-9H-indeno-[2.1:b]-pyridin, Perchlorat,* $C_{16}H_{22}ClNO_5$, F. 221—222° (Zers.; Aceton/Essigester), aus 5'-Methoxy-2.5.9-trimethyl-9-acetoxy-6.7-benzomorphan, Perchlorat bei 184°.

K.-P. Hilgetag 3231△

1281 **Synthese und Eigenschaften einiger Azoverbindungen.** N. I. Krikova und G. M. Pisičenko. (Chim. geterociklіčeskich Soedinenij **1967**, 2, 317—20; Pjatigorskij farmac. inst.; russ.) — Es werden *N-substituierte [p-Sulfamoylbenzolazo]-hydroxychinoline* u. *-phenole* dargestellt u. ihre Absorptionsspektren angegeben. Die Dissoziationskonst. der schwachen Säuren betragen 10^{-7} bis 10^{-9}.

Versuche: 5-[N-substituiert-p-Sulfamoylbenzolazo]-8-hydroxychinoline (aus W. oder A. krist.): *N-Acetyl-*, $C_{17}H_{14}N_4O_4S$, F. 221—222°, durch Zugabe von $NaNO_2$ in W. zu dem Na-Salz von N[1]-Acetylsulfanilamid in konz. HCl bei 0—10°, Zugabe einer kalten Lsg. von NaOH u. 8-Hydroxychinolin in W., 1std. Stehen unter Alkalisieren auf pH 9—10 u. Ansäuern mit HCl; orange; 85% (Ausb.). — Analog: *Unsubstituiert,* $C_{15}H_{12}N_4O_3S$, F. 239—241° (Zers.); kirschrot; 85,1%. — *N-Cyan-*, $C_{16}H_{11}N_5O_3S$, F. 154°; rot; 88,3%. — *N-Carbamoyl-*, $C_{16}H_{13}N_5O_4S$, F. 145°; kirschrot; 74,7%. — *N-Guanyl-*, $C_{16}H_{14}N_6O_3S$, F. 204—207°; dunkelkirschrot; 84,4%. — *N-[Thiazolyl-(2)]-*, $C_{18}H_{13}N_5O_3S_2$, F. 232 bis 233° (Zers.); ziegelrot; 92%. — *N-[5-Äthyl-1.3.4-thiadiazolyl-(2)]-*, $C_{19}H_{16}N_6O_3S_2$, F. 235—237°; orangegelb; 81,8%. — *N-[4.6-Dimethylpyrimidinyl-(2)]-*, $C_{21}H_{18}N_6 \cdot O_3S$, F. 143°; hellrot; 75,6%. — *6-[p-Sulfamoylbenzolazo]-7-jod-8-hydroxychinolin-5-sulfonsäure,* $C_{15}H_{11}JN_4O_6S_2$, F. 136°; rotbraun; 65,6%. — *4-{p-[Thiazolyl-(2)-sulfamoyl]-benzolazo}-1.3-dihydroxybenzol,* $C_{15}H_{12}N_4O_4S_2$, F. 197°; orange; 88,3%. — *4-{p-[Thiazolyl-(2)-sulfamoyl]-benzolazo}-1.2.3-trihydroxybenzol,* $C_{15}H_{12}N_4O_5S_2$, F. 122° (Zers.); dunkelbraun; 64,6%.

Hartmut Berger 3231△

1282 **Dreigliedrige Ringsysteme mit zwei Heteroatomen. 3. Mitt. Isomerisierung von 1aH-Oxazirino-[2.3:a]-chinolin-1a-nitril und dessen substituierten Derivaten zu den entsprechenden 3-Hydroxychinolin-Derivaten.** Chikara Kaneko und Sachiko Yamada. (Chem. pharmac. Bull. [Tokyo] **15** (1967) 5, 663—69; Res. Inst. for Med. Eng., Tokyo, Med. and Dental Univ.; engl.) — 2. vgl. Rept. Res. Inst. Dental Materials, Tokyo Med.-Dental-Univ. 2 (9) (1966) 804. — Vf. wandeln eine Reihe von durch Bestrahlen entsprechender 2-Cyanchinolin-1-oxide erhaltener *Oxazirane* nach verschiedenen Meth. in die entsprechenden *3-Hydroxychinoline* um. Der Rk.-Mechanismus wird diskutiert. IR- u. UV-Maxima sowie NMR-Daten vgl. Original. — 5. vgl. C. **1968**, 1-0973.

Versuche: *2-Cyan-3-hydroxy-4-methylchinolin,* $C_{11}H_8N_2O$, F. > 300° (Zers.), a) durch 3std. Rühren von 1 g 4-Methyl-2-cyan-chinolin-1.2-epoxid (I) in Trifluoressigsäure; aus Methanol Nadeln; 0,89 g (Ausb.); b) durch Zugabe von Br_2 zu 500 mg I in CH_2Cl_2; 280 mg; c) durch 24std. Rk. von 500 mg I mit Acetylchlorid; 390 mg. — *2-Aminocarbonyl-3-hydroxylepidin,* $C_{11}H_{10}N_2O_2$, F. 212 bis 215°, a) durch Zugabe von 30%ig. H_2O_2 zu einer Lsg. aus 1 g vorst. Verb. in 5%ig. wss. methanol. NaOH; aus Aceton gelbe Nadeln (Meth. A); 810 mg; b) durch Zugabe von 1 g BCl_3 zu 500 mg vorst. Verb. in Bzl., 3std. Stehen bei Raumtemp., Zugabe von W. u. Einengen im Vakuum; 410 mg; c) analog b) aus 500 mg I; 340 mg. — *2-Carboxy-3-hydroxylepidin,* $C_{11}H_9NO_3$, F. 215 bis 215,5° (Zers.), a) durch 5std. Kochen von 400 mg vorvorst. Verb. in 10%ig. wss. methanol. K_2CO_3, Einengen im Vakuum u. Ansäuern mit 20%ig. wss. Essigsäure; aus DMF gelbe Nadeln; 310 mg; b) analog aus 300 mg vorst. Verb.; 250 mg. — *3-Hydroxylepidin,* $C_{10}H_9NO$, F. 201,5—202,5°, durch Erhitzen von 100 mg vorst. Verb. auf 220° unter Abspaltung von CO_2; aus Aceton Prismen; 50 mg. — *2-Cyan-3-hydroxychinolin,* $C_{10}H_6N_2O$, F. ca. 300° (Zers.), a) durch 2std. Rühren von 1 g 2-Cyanchinolin-1.2-epoxid (II) in Trifluoressigsäure bei Raumtemp., Filtrieren u. Einengen; aus Methanol Nadeln; 80 mg; daneben 530 mg *Verb.* $C_{20}H_{12}N_4O_2$, F. 169—171° (Aceton); b) aus 500 mg II u. Acetylchlorid; 305 mg. — *2-Aminocarbonyl-3-hydroxychinolin,* $C_{10}H_8 \cdot N_2O_2$, F. 215—216°, aus 500 mg vorst. Verb. analog A; aus Aceton gelbe Nadeln; 420 mg. — *3-Hydroxychinaldin-*

säure, $C_{10}H_7NO_3$, F. 200° (Zers.), a) aus 500 mg vorst. Verb. u. 10%ig. wss. methanol. K_2CO_3 bei Siedetemp.; aus Aceton gelbe Nadeln; 410 mg; b) analog aus 300 g vorvorst. Verb.; 205 mg. — *3-Hydroxychinolin*, C_9H_7NO, F. 198—199°, aus 100 mg vorst. Verb. bei 220°; aus Aceton gelbe Nadeln; 65 mg. — *3-Hydroxy-4-chlorchinaldonitril*, $C_{10}H_5ClN_2O$, F. 230° (Zers.), durch 24std. Rk. von 4-Chlor-2-cyanchinolin-1.2-epoxid mit Acetylchlorid; aus Methanol Nadeln; 50 mg; daneben durch Einengen der Mutterlauge, Zugabe von 10%ig. wss. K_2CO_3 u. Extrahieren mit Ae. 80 mg *3-Chlorindol* [$C_8H_6 \cdot ClN$, F. 94—95° (Hexan)]. — *3-Hydroxy-4-methoxychinaldonitril*, F. 205—208° (Methanol), durch Bestrahlen einer Lsg. von 1 g 2-Cyan-4-methoxychinolin-1-oxid in CH_2Cl_2, Einengen im Vakuum; 800 mg; daneben 90 mg *4-Methoxychinaldonitril* [F. 125—126°]. — *Skatol*, F. 95° (Hexan), durch Zugabe von 1 g I in Ae. zu 10%ig. wss. H_2SO_4; 810 mg. K.-P. Hilgetag 3231△

1283 **Untersuchungen in der Indol-Reihe.** 1. Mitt. **Synthese von optisch aktiven Indol-Derivaten.** Shun-ichi Yamada und Takehisa Kunieda. (Chem. pharmac. Bull. [Tokyo] **15** (1967) 4, 499—503; engl.) — Es werden *R*-(+)- u. *S*-(—)-*1.2.3.4.6.7.12.12b-Octahydroindolo-[2.3:a]-chinolizin* sowie *R*-(+)- u. *S*-(—)-*5.7.8.13.13b.14-Hexahydrobenz-[g]-indolo-[2.3:a]-chinolizin* durch Anwendung der Fischerschen Indolsynthese auf opt. akt. Octahydro-2H-chinolizinon-(1) bzw. 1.3.4.6.11.11a-Hexahydro-2H-benzo-[b]-chinolizinon-(1) dargestellt. IR- u. UV-Maxima vgl. Original.

Versuche: *R-(—)-Octahydrochinolizinon-(1)*, $Kp._3$ 78°, durch Zugabe von 2,7 g d-3-Bromcampher-8-sulfonsäure (**III**) zu 13,2 g der dl-Verb. in Aceton, 2tägiges Stehen bei Raumtemp., Filtrieren, Lösen von 3,5 g des erhaltenen *Salzes* [F. 190—193°; aus Aceton/A. Prismen; $[\alpha]_D^{20}$ + 61,2° (c = 2; W.); 14,5 g (Ausb.)] in W., Alkalisieren mit wss. K_2CO_3 u. Extrahieren mit Bzl.; $[\alpha]_D^{28}$ —31,2° (c = 3; A.); 0,9 g; daneben aus der Mutterlauge *enantiomere Verb.* [**I**; $Kp._4$ 81°; $[\alpha]_D^{21}$ +17,7° (c = 1,5; A.)]. — *R-(+)-1.2.3.4.6.7.12.12b-Octahydroindolo-[2.3 : a]-chinolizin*, $C_{15}H_{18}N_2$, F. 146—149°, durch 1std. Kochen eines Gemisches aus 0,9 g vorst. Verb. u. 0,69 g Phenylhydrazin in A., Einengen, Lösen der erhaltenen *Verb. vom F. 116—121°* in warmem A., Sättigen mit HCl, $^1/_2$std. Rk. bei Raumtemp., 3std. Kochen, Einengen im Vakuum, Zugabe von W., Filtrieren, Alkalisieren mit K_2CO_3 u. Extrahieren mit Bzl.; aus Hexan Nadeln; $[\alpha]_D^{30}$ +73° (c = 0,44; A.); 0,48 g; daneben 310 mg *rac. Octahydroindolo-[2.3:a]-chinolizinhydrochlorid*; [**II**; F. 307—308°; gelbe Prismen]. *S-(—)-Enantiomeres*, F. 140—143°, analog aus 1 g **I**; Prismen; $[\alpha]_D^{26}$ —62,3° (c = 1,06; A.); 0,2 g; daneben 0,4 g **II**. *Pikrat*, $C_{21}H_{21} \cdot N_5O_7$, F. 225—226,5°; aus A. gelbe Nadeln. — *R-(+)-1.3.4.6.11.11a-Hexahydro-2H-benzo-[b]-chinolizinon-(1)*, F. 60—64°, durch Zugabe von 6,4 g **III** zu 4 g der dl-Verb. in Aceton, mehrstd. Stehen bei Raumtemp., Filtrieren, Suspendieren des erhaltenen *Salzes* [F. 188—190° (Zers.); aus A. Prismen; $[\alpha]_D$ +84,2° (c = 0,04; W.); 2,2 g] in W., Alkalisieren mit wss. K_2CO_3 u. Extrahieren mit Bzl.; $[\alpha]_D^{28}$ +88,4° (c = 0,6; A.); aus A. Nadeln; 0,8 g; daneben *S-(—)-Enantiomeres* {$[\alpha]_D^{30}$ —43° (c = 1)}. — *R-(+)-5.7.8.13.13b.14-Hexahydrobenz-[g]-indolo-[2.3:a]-chinolizin*, $C_{19}H_{18}N_2$, F. 159—161°, durch 1std. Kochen von 0,8 g vorst. Verb. u. 0,45 g Phenylhydrazin in A., Einengen im Vakuum, Lösen der erhaltenen *Verb. vom F. 107—115°* in A., Einleiten von HCl unter Eiskühlung, 20 Min. lange Rk. bei Raumtemp., $1^1/_2$std. Kochen, Einengen, Zugabe von W., Filtrieren, Alkalisieren mit K_2CO_3 u. Extrahieren mit Bzl.; aus Bzl./Hexan gelbe Prismen; $[\alpha]_D^{31}$ 1303,4° (c = 0,36; Py.); 0,1 g; daneben 0,1 g *rac. 5.7.8.13.13b.14-Hexahydrobenz-[g]-indolo-[2.3:a]-chinolizin, Hydrochlorid* [**IV**; F. 285—287°; aus A./Ae. gelbe Prismen; $[\alpha]_D^{15}$ +15,5° (c = 0,2; A.)]. *Hydrochlorid*, $[\alpha]_D$ +195°. *S-(—)-Enantiomeres*, F. 163—165°, analog aus 1,6 g vorst. S-(—)-Enantiomeren; aus Bzl./Hexan gelbe Prismen; $[\alpha]_D^{30}$ —312° (c = 0,38; Py.); 0,15 g; daneben 450 mg **IV**. K.-P. Hilgetag 3231△

1284 **Naphthyridin-Chemie.** 7. Mitt. **Synthesen und Spektraldaten einiger Benzo-[f]-[1.7]-naphthyridine.** William W. Paudler und Thomas J. Kress. (J. org. Chemistry **32** (1967) 8, 2616—20; Dep. of Chem., Univ., Athens, O.; engl.) — **9.** vgl. C. **1968**, 62-0608.

Versuche: 1.7-Naphthyridine: *1-Hydroxy-2-carboxy-benzo-[f]-*, F. 277—278°, aus 1-Hydroxy-2-äthoxycarbonylbenzo-[f]-[1.7]-naphthyridin u. 50%ig. H_2SO_4 bei Siedetemp.; 99% (Ausb.). — *1-Hydroxybenzo-[f]-*, $C_{12}H_8N_2O$, F. 304—306°, aus vorst. Verb. durch Erhitzen; 68%. — *1-Chlorbenzo-[f]-*, $C_{12}H_7ClN_2$, F. 116 bis 117°, aus vorst. Verb. u. $POCl_3$ bei 100°; 75%. — *Benzo-[f]-*, F. 114°, a) aus vorst. Verb. u. 2,5%ig. methanol. KOH u. Rk. mit H_2 in Ggw. von $Pd(OH)_2/CaCO_3$ in 2,5%ig. methanol. KOH; 97%; b) analog Shimizu (1944); 10%. — *3-Methyl-1-chlorbenzo-[f]-*, $C_{13}H_9ClN_2$, F. 141—142°, aus 3-Methyl-1-hydroxybenzo-[f]-1.7-naphthyridin u. $POCl_3$ bei 100°; 53%. — *3-Methylbenzo-[f]-*, $C_{13}H_{10}N_2$, F. 101—102°, aus vorst. Verb. analog vorvorst. Meth.; 78%. — UV-Spektren sowie NMR-Daten vgl. Original. K.-P. Hilgetag 3231△

1285 **Synthese von Imidazo-[4.5:c]- und vic.-Triazolo-[4.5:c]-pyridazinen.** Hirotaka Murakami und Raymond N. Castle. (J. heterocyclic Chem. **4** (1967) 4, 555—63; Dep. of Chem., Univ. of N.Mex., Albuquerque, N.Mex.; engl.) — *Imidazo-[4.5:c]-pyridazin* wird durch Rk. von 3.4-Diaminopyridazin (**I**) mit HCOOH oder aus 6- (**XIX**) bzw. 7-Chlorimidazo-[4.5:c]-pyridazin (**II**) u. Pd–Kohle in äthanol. Alkali dargestellt. **II** gibt mit P_2S_5/Py. *3.4-Diamino-5-mercaptopyridazin.* **I** bildet mit Acetanhydrid *3.4-Diacetylaminopyridazin*, das mit BrCN zu *2-Aminoimidazo-[4.5:c]-pyridazinhydrochlorid* reagiert. Aus **I** u. CS_2 in Alkali entsteht *2-Mercaptoimidazo-[4.5:c]-pyridazin* (**III**), das auch aus 2-Mercapto-7-chlorimidazo-[4.5:c]-pyridazin (**XX**) u. Pd–Kohle in äthanol. Alkali erhalten wird. **III** gibt mit CH_3J in Alkali *2-Methylmercaptoimidazo-[4.5:c]-pyridazin.* Aus 3.4-Diamino-6-chlorpyridazin (**IV**) u. CS_2 in Alkali wird *6-Chlor-2-mercaptoimidazo-[4.5:c]-pyridazin* dargestellt, das mit CH_3J in Alkali *2-Methylmercapto-6-chlorimidazo-[4.5:c]-pyridazin* liefert. Aus 3.4.6-Trichlorpyridazin (**V**) u. CH_3NH_2 wird *3.6-Dichlor-4-methylaminopyridazin* erhalten, das mit N_2H_4 *6-Chlor-4-methylamino-3-hydrazinopyridazin* (**VI**) bildet. **VI** reagiert mit wss. $CuSO_4$-Lsg. zu *3-Chlor-5-methylaminopyridazin.* Mit Raney-Ni gibt **VI** *4-Methylamino-6-chlor-3-aminopyridazin* (**IX**), das mit Orthoameisensäureträthylester (**VII**) zu *1-Methyl-6-chlorimidazo-[4.5:c]-pyridazin* (**VIII**) cyclisiert wird. **VIII** liefert mit Pd–Kohle in äthanol. Alkali *1-Methylimidazo-[4.5:c]-pyridazin.* Aus **IX** entsteht analog *4-Methylamino-3-aminopyridazin* (**X**). **X** wird so auch aus **VIII** dargestellt. **X** reagiert mit CS_2 in Alkali zu *1-Methyl-2-mercaptoimidazo-[4.5:c]-pyridazin.* **IX** geht analog in *1-Methyl-2-mercapto-6-chlorimidazo-[4.5:c]-pyridazin* über, das mit CH_3J in Alkali zu *1-Methyl-2-methylmercapto-6-chlorimidazo-[4.5:c]-pyridazin* reagiert. 4-Amino-3.6-dichlorpyridazin (**XI**) u. N-Methylhydrazin (**XII**) geben *4-Amino-3-[1-methylhydrazino]-6-chlorpyridazin* (**XIII**). **XIII** wird zum Strukturbeweis mit Raney-Ni in *4-Amino-6-chlor-3-methylaminopyridazin* (**XIV**) umgewandelt, das auch aus **XI** u. CH_3NH_2 dargestellt wird. **XIV** gibt bei der Cyclisierung mit **VII** *6-Chlor-3-methylimidazo-[4.5:c]-pyridazin* (**XV**), das bei der katalyt. Entchlorierung an Pd–Kohle in Alkali *3-Methylimidazo-[4.5:c]-pyridazin* bildet. **XIV** bzw. **XV** geben analog *4-Amino-3-methylaminopyridazin* (**XVI**). Aus **XVI** u. CS_2 in Alkali entsteht *2-Mercapto-3-methylimidazo-[4.5:c]-pyridazin.* Analog wird aus **XIV** *2-Mercapto-3-methyl-6-chlorimidazo-[4.5:c]-pyridazin* erhalten, das mit CH_3J in Alkali zu *2-Methylmercapto-3-methyl-6-chlorimidazo-[4.5:c]-pyridazin* methyliert wird. Cyclisierung von 3.4.5-Triaminopyridazin (**XVII**) mit CS_2 in Alkali führt zu *2-Mercapto-7-aminoimidazo-[4.5:c]-pyridazin*, das zum Strukturbeweis mit Raney-Ni in abs. A. in *7-Aminoimidazo-[4.5:c]-pyridazin* umgewandelt wird. Aus 7-Chlor-1.2.3-triazolo-[4.5:c]-pyridazin (**XVIII**) u. CH_3NH_2, Dimethylamin, Morpholin, Piperidin bzw. Benzylamin werden die entsprechenden *7-Aminoderiv.* erhalten.

Versuche: Imidazo-[4.5: c]-pyridazine: *7-Chlor-* (**II**), F. 191° (Zers.) vgl. C. **1966**, 15-0983. — *6-Chlor-* (**XIX**), F. 254—255° (Zers.), vgl. C. **1967**, 44-1078. — *Unsubstituiert*, $C_5H_4N_4$, F. 225—226° (Zers.;

abs. A.), a) durch Hydrieren von **II** an Pd-Kohle in A. in Ggw. von NaOH bei Normaldruck; 36% (Ausb.); b) aus **I** u. sd. HCOOH; 68%; c) durch Hydrieren von **XIX** an 5%ig. Pd-Kohle in 95%ig. A. bei Normaldruck u. Raumtemp.; 68%. — *2-Amino-, Hydrochloridhydrat,* $C_5H_5N_5 \cdot H_2O \cdot HCl$, F. 173–174° (95%ig. A.), aus **I** u. BrCN in W. bei Raumtemp.; 69%. — *2-Mercapto-* (**III**), $C_5H_4N_4S$, F. 360° (A.), a) durch Hydrieren von **XX** an 5%ig. Pd-Kohle in A. in Ggw. von NaOH; 65%; b) aus **I**, CS_2 u. NaOH in heißem abs. Py.; 53%. — *2-Methylmercapto-*, $C_6H_6N_4S$, F. 212–213° (W.), aus **III** u. CH_3J in 1 n KOH bei Raumtemp.; 41%. — *2-Mercapto-6-chlor-*, $C_5H_3ClN_4S$, F. 245–246° (Zers.; 80–85%ig. A.), aus **IV**, CS_2 u. NaOH in heißem Py.; 30%. — *2-Methylmercapto-6-chlor-*, $C_6H_5ClN_4S$, F. 262° (Zers.; abs. A.), aus vorst. Verb. u. CH_3J in 1 n KOH; 40%. — *1-Methyl-6-chlor-* (**VIII**), $C_6H_5ClN_4$, F. 182–183° (W.), aus **IX** u. sd. **VII**; 82%. — *1-Methyl-*, $C_6H_6N_4 \cdot HCl$, F. 252–253° (abs. A.), durch Hydrieren von **VIII** an 5%ig. Pd-Kohle in abs. A.; 60%. — *1-Methyl-2-mercapto-*, $C_6H_6N_4S$, F. 308° (Zers.; abs. A.), aus **X**, CS_2 u. NaOH in heißem Py.; 38%. — Analog: *1-Methyl-2-mercapto-6-chlor-*, $C_6H_5Cl \cdot N_4S$, F. 245–246° (Zers.; abs. A.), aus **IX**; 70%. — *1-Methyl-2-methylmercapto-6-chlor-*, $C_7H_7ClN_4S$, F. 217 bis 218° (A.), aus vorst. Verb. u. CH_3J in 1 n KOH bei Raumtemp.; 43%. — *3-Methyl-6-chlor-2-mercapto-*, $C_6H_5Cl \cdot N_4S$, F. 295° (Zers.; W.), aus **XIV**, CS_2 u. NaOH in Py.; 60%. — *6-Chlor-2-methylmercapto-3-methyl-*, $C_7H_7ClN_4S$, F. 175–176° (A.), aus vorst. Verb. u. CH_3J in 1 n KOH; 60%. — *3-Methyl-6-chlor-* (**XV**), $C_6H_5ClN_4$, F. 193–194° (W.), aus **XIV** u. sd. **VII**; 75%. — *3-Methyl-*, $C_6H_6N_4$, F. 170–176° (Isopropanol), durch Hydrieren von **XV** an 5%ig. Pd-Kohle in 95%ig. A. in Ggw. von NaOH bei Raumtemp. u. Normaldruck; 43%. — *2-Mercapto-3-methyl-*, $C_6H_6N_4S$, F. 319° (Zers.; abs. A.), aus **XVI**, CS_2 u. NaOH in Py.; 50%. — Analog: *7-Amino-2-mercapto-, Hydrochlorid*, $C_5H_5N_5S \cdot 1,5\ HCl$, F. 310–311° (Zers.), aus **XVII**; 62%. — *7-Amino-*, F. 336–338° (Zers.; Aceton), aus vorst. Verb. u. Raney-Ni in heißem abs. A.; 29%. — Pyridazine: *3.4-Diamino-5-mercapto-*, $C_4H_6 \cdot N_4S$, F. 300° (Zers.; W.), aus **II** u. P_2S_5 in sd. abs. Py.; 17%. — *3.4-Diacetylamino-*, $C_8H_{10}N_4O_2$, F. 228–229° (Aceton), aus **I** u. Acetanhydrid bei Raumtemp.; 42%. — *4-Methylamino-3.6-dichlor-*, $C_5H_5Cl_2N_3$, F. 146–147° (W.), aus **V** u. CH_3NH_2 in abs. A. bei 85–95°; 43%. — *4-Methylamino-6-chlor-3-hydrazino-* (**VI**), $C_5H_8ClN_5$, F. 217–218° (W.), aus vorst. Verb. u. heißem 95%ig. N_2H_4; 65%. — *3-Chlor-5-methylamino-*, $C_5H_6ClN_3$, F. 172–173° (Zers.; W.), aus **VI** u. $CuSO_4$ in heißem W.; 69%. — *4-Methylamino-6-chlor-3-amino-* (**IX**), $C_5H_6ClN_4$, F. 201 bis 202° (W.), durch Hydrieren von **VI** an Raney-Ni in abs. A.; 67%. — *4-Methylamino-3-amino-* (**X**), $C_5H_8N_4$, F. 277–278° (Zers.; W.), a) durch Hydrieren von **IX** an 10%ig. Pd-Kohle in 95%ig. A. in Ggw. von NaOH; 42%; b) analog a) aus **VIII**; 58%. — *4-Amino-6-chlor-3-[1-methylhydrazino]-* (**XIII**), $C_5H_8ClN_5$, F. 163–164° (W.), aus **XI** u. **XII**; 40%. — *4-Amino-6-chlor-3-methylamino-* (**XIV**), $C_5H_7ClN_4$, F. 241–242° (W.), a) aus **XI** u. 40%ig. wss. CH_3NH_2-Lsg. bei 110–120°; 55%; b) durch Hydrieren von **XIII** an Raney-Ni in abs. A. bei Raumtemp. u. Normaldruck; 33%. — *3-Methylamino-4-amino-* (**XVI**), *Dihydrat*, $C_5H_8N_4 \cdot 2\ H_2O$, F. 222–223° (Zers.; W.), a) durch Hydrieren von **XIV** an 5%ig. Pd-Kohle in 95%ig. A. in Ggw. von NaOH bei Normaldruck u. Raumtemp.; 72%; b) analog a) aus **XV** an 10%ig. Pd-Kohle; 42%. — 1.2.3-Triazolo-[4.5:c]-pyridazine: *7-Methylamino-*, $C_5H_6N_6$, F. 310–311° (Zers.; W.), aus **XVIII** u. CH_3NH_2 in abs. A. bei 140–150°; 51%. — Analog: *7-Dimethylamino-*, $C_6H_8N_6$, F. 321–322° (Zers.); 42%. — *7-Morpholino-*, $C_8H_{10}N_6O$, F. 342–343° (Zers.; W.); 33%. — *7-Piperidino-*, $C_9H_{12}N_6$, F. 324–325° (Zers.; W.); 34%. — *7-Benzylamino-*, $C_{11}H_{10}N_6$, F. 274–275° (W.); 65%. Hans Köhne/Berlin 3272△

1286 **1.4-Disubstituierte Pyridazino-[4.5:d]-pyridazine.** Linneaus C. Dorman. (J. heterocyclic Chem. **4** (1967) 4, 491–99; Dow Chemical Co., Midland, Mich.; engl.) — Pyridazin-4.5-dicarbonsäure gibt mit N_2H_4 in Triäthylenglykol *1.4-Dihydroxypyridazino-[4.5:d]-pyridazin* (**I**). Die OH-Gruppen in **I** lassen sich nicht durch Cl-Atome ersetzen. **I** bildet mit P_2S_5 in Py. einen *1:1-Komplex* von *Py.* mit *1.4-Dimercaptopyridazino-[4.5:d]-pyridazin*, der mit CH_3J in wss. K_2CO_3-Lsg. *1.4-Bis-[methylmercapto]-pyridazino-[4.5:d]-pyridazin* (**II**) gibt. Aus **II** u. N_2H_4 in CH_3CN bei 70–80° entsteht *1-Hydrazino-4-methylmercaptopyridazino-[4.5:d]-pyridazin* (**III**). Aus **II** u. Dimethylamin wird analog *1-Dimethylamino-4-methylmercaptopyridazino-[4.5:d]-pyridazin* (**VIII**) dargestellt. NH_3 bzw. Piperidin geben diese Rk. nicht. Aus **III** u. 5-Nitrofurfurol (**IV**) bzw. Acetylaceton (**V**) werden *5-Nitrofurfurol-[4-methylmercaptopyridazino-[4.5:d]-pyridazinyl-(1)]-hydrazon* bzw. *1-[3.5-Dimethylpyrazolyl-(1)]-4-methylmercaptopyridazino-[4.5:d]-pyridazin* erhalten. Mit CH_3OH in Ggw. von Piperidin gibt **II** *1-Methoxy-4-methylmercaptopyridazino-[4.5:d]-pyridazin* (**X**). Mit dem Na-Salz von 2-Dimethylaminoäthanol (**VI**) reagiert **II** zu *1-[2-Dimethylaminoäthoxy]-4-methylmercapto-* (**VII**) u. *1.4-Bis-[2-dimethylaminoäthoxy]-pyridazino-[4.5:d]-pyridazin.* **VII** liefert mit CH_3J in Aceton *[2-(4-Methylmercaptopyridazino-[4.5:d]-pyridazinyl-(1)-oxy)-äthyl]-trimethylammoniumjodid.* **VIII** reagiert mit CH_3ONa in CH_3OH bei 57° zu *1-Dimethylamino-4-methoxypyridazino-[4.5:d]-pyridazin* (**IX**). **VII** gibt mit CH_3ONa in sd. CH_3OH in Ggw. von ca. 1 Val DMSO *1-[2-Dimethylaminoäthylamino]-4-methoxypyridazino-[4.5:d]-pyridazin.* Aus **II** u. u. Dimethylamin in CH_3OH bei 55° entsteht ein *Gemisch* von **VIII** u. **IX**. Mit Piperidin wird aus **VIII** analog ebenfalls ein *Gemisch* von **VIII** u. **IX** erhalten. Ein 9:1-Gemisch von **X** mit 1.4-Dimethoxypyridazino-[4.5:d]-pyridazin (**XI**) geht beim Erhitzen mit Dimethylamin in CH_3OH in ein *Gemisch* mit 56% **VIII**, 6% **IX**, 17% **X** 21% **XI** über. Aus **II** bzw. **X** u. Alkoholaten werden *1.4-Dialkoxypyridazino-[4.5:d]-pyridazine* erhalten. **X** gibt mit dem Na-Salz von **VI** *1.4-Bis-[2-dimethylaminoäthoxy]-* u. *1-[2-Dimethylaminoäthoxy]-4-hydroxypyridazino-[4.5:d]-pyridazin.*

Versuche: *Pyridazin-4.5-dicarbonsäure*, aus Phthalazin u. $KMnO_4$. — Pyridazino-[4.5:d]-pyridazine: *1.4-Dihydroxy-* (**I**), $C_6H_4N_4O_2$, F. >315° (verd. NH_4OH/5 n HCl), aus vorst. Verb. u. 64%ig. N_2H_4-Lsg. in Triäthylenglykol bei 150–164°; 87% (Ausb.). — *1.4-Dimercapto-, 1:1-Komplexe mit Py.*, $C_6H_4N_4S_2 \cdot C_5H_5N$, Zers. bei 180° (DMF), aus 168 g **I** u. P_2S_5 in Py. bei 98 bis 101° unter CO_2-Gas; 181,7 g. — *1.4-Bis-[methylmercapto]-* (**II**), $C_8H_8N_4S_2$, F. 192–193,5° (1.2-Dimethoxyäthan), aus vorst. Verb., K_2CO_3 u. CH_3J in W.; 38%. — *1-Hydroxy-4-methylmercapto-*, $C_7H_6N_4OS$, F. 249–250°, aus **II** u. sd. 1 n H_2SO_4; 71%. — *1-Dimethylamino-4-methylmercapto-* (**VIII**), $C_9H_{11}N_5S$, F. 161–162° (A./Kohle), aus **II** u. Dimethylamin in CH_3CN bei 65–70°; 48%. — *1-[2-Dimethylaminoäthylamino]-4-methylmercapto-*, $C_{11}H_{16} \cdot N_6S$, F. 140–141,5° (CH_2Cl_2/Ae.), aus **II** u. N.N-Dimethyläthylendiamin bei 90–95°; 75%. — *1-Hydrazino-4-methylmercapto-* (**III**), *Hydrobromidhydrat*, $C_7H_9BrN_6S \cdot H_2O$, F. 201–202° (Zers.; W./Isopropanol), aus **II** u. 95%ig. N_2H_4 bei 75–81° [→ 64% **III** (Zers. ab 168°)] u. Rk. mit 48%ig. HBr in Isopropanol. — *1-[3.5-Dimethylpyrazolyl-(1)]-4-methylmercapto-*, $C_{12}H_{12}N_6S$, F. 226 bis 227° (abs. A.), aus **III** u. **V**; 82%. — *1-[2-Dimethylaminoäthoxy]-4-methylmercapto-* (**VII**), *Hydrobromid*, $C_{11}H_{16}Br \cdot N_5OS$, F. 218–218,5° (Zers.; verd. A.), aus **VI**, NaH u. 12 g **II** bei Raumtemp. [→ 3,95 g **VII**, F. 67–77° (Cyclohexan)] u. Rk. mit 0,24 n HBr in Isopropanol; 31%; daneben 28% *1.4-Bis-[2-dimethylaminoäthoxy]-pyridazino-[4.5:d]-pyridazin* [*Dihydrobromid*, $C_{14}H_{24}Br_2N_6O_2$, F. 248,5–250° (Zers.; verd. A.)/Kohle)]. — *1-Methoxy-4-methylmercapto-* (**X**), $C_8H_8N_4OS$, F. 156–157° (CH_3OH), aus **II** u. CH_3OH in Ggw. von Piperidin bei 57°; 75%. — *1-Dimethylamino-4-methoxy-* (**IX**), $C_9H_{11}N_5O$, F. 125 bis 126,5° (Isopropanol), aus 2,2 g **VIII** u. CH_3ONa in CH_3OH bei 57°; 1,9 g. — *1-[2-Dimethylaminoäthylamino]-4-methoxy-*, $C_{11}H_{16}N_6O$, F. 140,5–142° (CH_2Cl_2/Kohle/Cyclohexan), aus **VII**, CH_3ONa u. DMSO in sd. CH_3OH unter N_2; 80%. — *1-[2-Dimethylaminoäthoxy]-4-dimethylamino-*, $C_{12}H_{18}N_6O$, F. 85–86° (Cyclohexan), aus **VI**, NaH u. **VIII**; 59%. — *1-[2-Dimethylaminoäthoxy]-4-hydroxy-*, $C_{10}H_{13}N_5O_2$, F. 168,5–169,5° (Bzl.), aus **VI**, NaH u. **X**; 19%; daneben ca. 35% *1.4-Bis-[2-dimethylaminoäthoxy]-pyridazino-[4.5:d]-pyridazin.* — *5-Nitrofurfurol-[4-methylmercaptopyridazino-[4.5:d]-pyridazinyl-(1)]-hydrazon,*

$C_{12}H_9N_7O_3S$, F. 246–246,5° (Zers.; DMF), aus 8 g **III** u. **IV** in A.; 7,6 g. — *[2-(4-Methylmercaptopyridazino-[4.5:d]-pyridazinyl-(1)-oxy)-äthyl]-trimethylammoniumjodid-methanolat*, $C_{12}H_{18}JN_5O \cdot {}^1/_2\,CH_3OH$, F. 236–236,5° ($CH_3OH$), aus **VII** u. CH_3J in Aceton; 95%.

Hans Köhne/Berlin 3272△

1287 **Synthese einiger Analoger einer möglichen Zwischenverbindung in der Thymidylatsynthetasereaktion.** Daniel V. Santi. (J. heterocyclic Chem. **4** (1967) 4, 475–81; Dep. of Chem., Univ. of Calif. at Santa Barbara, Santa Barbara, Calif.; engl.) — 5-Chlormethyluracil (**I**) gibt mit Anilin, N-Methylanilin, p-Anisidin, p-Aminoacetophenon bzw. p-Aminobenzoesäureäthylester (**II**) in Aceton bzw. Diglyme *5-Anilinomethyl-*, *5-N-Methylanilinomethyl-* (**V**), *5-[4-Methoxycyanilinomethyl]-* (**III**), *5-[4-Acetylanilinomethyl]-* (**VI**) bzw. *5-[4-Äthoxycarbonylanilinomethyl]-uracil*. **III** wird in 62%ig. Ausb. auch aus 5-Hydroxymethyluracil (**IV**) u. p-Anisidin in wss. Lsg. bei 70° erhalten. Analog gibt **IV** mit den Hydrochloriden von N-Methylanilin, p-Aminoacetophenon bzw. p-Aminobenzoesäure **V**, **VI** bzw. *5-[4-Carboxyanilinomethyl]-uracil*. **VI** entsteht in 46%ig. Ausb. auch aus **IV** u. p-Aminoacetophenon in 0,5 n NaOH bei 70°. Das Na-Salz von 2-Amino-4-hydroxy-5-[3-p-carboxyanilinopropyl]-6-methylpyrimidin (**VII**) reagiert mit **I** in wss. Lsg. zu *5-N-[3-(2-Amino-4-hydroxy-6-methylpyrimidyl-(5)]-propyl]-p-carboxyanilinomethyluracil* (**VIII**), das bei Hydrolyse mit heißer 0,5 n NaOH **VII** u. eine *nicht identifizierte Verb.* liefert. Aus 2-Amino-4-hydroxy-5-[3-p-äthoxycarbonylanilinopropyl]-6-methylpyrimidin u. **I** wird *5-N-[3-(2-Amino-4-hydroxy-6-methylpyrimidyl-(5)]-propyl]-p-äthoxycarbonylanilinomethyluracil* dargestellt, das bei der milden alkal. Hydrolyse **VIII** bildet. Aus N-Tosyl-p-aminobenzoesäuresäureäthylester (**IX**), NaH u. CH_3J wird *N-Methyl-N-tosyl-p-aminobenzoesäureäthylester* erhalten, der zu *N-Methyl-N-tosyl-p-aminobenzoesäure* (**X**) verseift wird. **X** wird in *N-Methyl-N-tosyl-p-aminobenzoylchlorid* umgewandelt, das mit L-Glutaminsäurediäthylesterhydrochlorid (**XI**) zu *N-[p-N-Methyl-N-tosylaminobenzoyl]-L-glutaminsäurediäthylester* (**XII**) reagiert. **XII** gibt mit 30%ig. HBr in Eisessig *N-[p-N-Methylaminobenzoyl]-L-glutaminsäurediäthylester* (**XIV**), das mit **I** u. Triäthylamin in wss. Dioxan *N-[p-N-Methyl-N-thyminylaminobenzoyl]-L-glutaminsäurediäthylester* (**XIII**) bildet. **XIII** wird von NaOH in wss. CH_3OH bei Raumtemp. zu *N-[p-N-Methyl-N-thyminylaminobenzoyl]-L-glutaminsäure* hydrolysiert. 5-Äthoxymethyl-2′-desoxyuridin (**XV**) gibt mit p-Chlorbenzoylchlorid (**XVI**) *5-Äthoxymethyl-2′-desoxy-3′.5′-di-O-p-chlorbenzoyluridin*, das durch Rk. mit HBr-Gas in $CHCl_3$ *5-Brommethyl-2′-desoxy-3′.5′-di-O-p-chlorbenzoyluridin* (**XVII**) liefert. **XVII** bildet mit **XIV** in Ggw. von Triäthylamin *N-[p-N-Methyl-N-(1-(2-desoxy-3.5-di-O-p-chlorbenzoyl-β-D-ribofuranosyl)-thyminyl)-aminobenzoyl]-D-glutaminsäurediäthylester*, der mit CH_3ONa *N-[p-N-Methyl-N-(1-(2-desoxy-β-D-ribofuranosyl)-thyminyl)-aminobenzoyl]-glutaminsäuredimethylester* gibt. Der Dimethylester wird mit 1 n methanol. NaOH zur freien Säure hydrolysiert.

Versuche (F. <230° korr.): *5-Anilinomethyluracil*, $C_{11}H_{11}N_3O_2$, F. 245–246° (Zers.; 2-Methoxyäthanol), aus **I** u. 10 Val Anilin in Aceton bei Raumtemp.; 70% (Ausb.). — Analog: *5-N-Methylanilinomethyluracil* (**V**), $C_{12}H_{13}N_3O_2$, F. 240–242° (Zers.); 61,5%. — *5-[4-Methoxyanilinomethyluracil* (**III**), $C_{12}H_{13}N_3O_3$, F. 255 bis 257° (Zers.), aus **I** u. 2 Val p-Anisidin in Diglyme bei Raumtemp.; 87,7%. — *5-[4-Äthoxycarbonylanilinomethyl]-uracil*, $C_{14}H_{15}N_3O_4$, F. 249–251° (Zers.), aus **I** u. 2 Val **II** in Diglyme bei Raumtemp.; 61,1%. — Analog: *5-[4-Acetylanilinomethyl]-uracil* (**VI**), $C_{13}H_{13}N_3O_3$, F. 251 bis 253° (Zers.; 25%ig. wss. CH_3COOH); 42,3%. — *5-[4-Carboxyanilinomethyl]-uracil*, $C_{12}H_{11}N_3O_4$, F. >275°, aus **IV** u. 2 Val p-Aminobenzoesäure in 0,5 n HCl bei 70°; 71,3%. — *5-N-[3-(2-Amino-4-hydroxy-6-methylpyrimidyl-(5)-propyl]-p-carboxyanilinomethyluracil* (**VIII**), $C_{20}\cdot H_{22}N_6O_5$, F. >300°, aus **VII** u. **I** in 0,1 n NaOH bei Raumtemp.; 47,9%. — *p-N-Methyl-N-tosylaminobenzoesäureäthylester*, $C_{17}H_{19}NO_4S$, F. 88–90° (A.), aus **IX** u. NaH in DMF bei 0° u. Rk. mit CH_3J bei Raumtemp.; 92,5%. — *p-N-Methyl-N-tosylaminobenzoesäure* (**X**), $C_{15}\cdot H_{15}NO_4S$, F. 190–191° (A.), aus vorst. Verb. u. 2 n NaOH in sd. A.; 98,5%. — *p-N-Methyl-N-tosylaminobenzoylchlorid*, F. 122–123° (Bzl./PAe.), aus **X** u. $SOCl_2$ in sd. Bzl.; 97,5%. — *N-[p-N-Methylaminobenzoyl]-L-glutaminsäurediäthylester* (**XIV**), F. 90–91° (Essigester/PAe.), aus vorst. Verb., **XI** u. 8 Val $KHCO_3$ in CH_2Cl_2/W. bei Raumtemp. (→ >100% **XII**) u. Rk. mit 30%ig. HBr in Eisessig in Ggw. von Phenol bei Raumtemp. 59,2%. — *N-[p-N-Methyl-N-thyminylaminobenzoyl]-L-glutaminsäure, Ba-Salzhydrat*, $C_{18}H_{18}BaN_4O_7 \cdot H_2O$, F. >200°, aus **XIII** u. 1 n NaOH in CH_3OH bei Raumtemp. u. Rk. mit Ba-Acetat in 50%ig. wss. CH_3OH; 49,5%. *Diäthylester* (**XIII**), $C_{22}H_{28}N_4O_7$, F. 130–132°, aus **XIV**, **I** u. Triäthylamin in 90%ig. wss. Dioxan; 65%. — *5-Äthoxymethyl-2′-desoxy-3′.5′-di-O-p-chlorbenzoyluridin*, $C_{26}H_{24}Cl_2N_2O_8$, F. 169–170° (Toluol), aus **XV** u. **XVI** in Py.; 78,6%. — *N-[p-N-Methyl-N-(1-(2-desoxy-3.5-di-O-p-chlorbenzoyl-β-D-ribofuranosyl)-thyminyl)-aminobenzoyl]-D-glutaminsäurediäthylester*, $C_{41}H_{42}Cl_2N_4O_{12}$, F. 151–152° (Essigester/Kohle), aus vorst. Verb. u. HBr-Gas in $CHCl_3$ (→ 100% **XVII**) u. Rk. mit **XIV** u. Triäthylamin in THF bei Raumtemp.; 41%. — *N-[p-N-Methyl-N-(1-(2-desoxy-β-D-ribofuranosyl)-thyminyl)-aminobenzoyl]-glutaminsäure, Ba-Salz*, $C_{23}H_{26}BaN_4O_{10}$, F. >250°, aus dem Dimethylester u. 1 n NaOH in CH_3OH bei Raumtemp. u. Rk. mit Ba-Acetat in 50%ig. wss. CH_3OH; 50%. *Dimethylester*, $C_{25}H_{32}N_4O_{10}$, F. 181–183° (Zers.), aus vorst. Verb. u. 0,02 n CH_3ONa-Lsg. bei Raumtemp.; 91%.

Hans Köhne/Berlin 3272△

1288 **5-substituierte Pyrimidine.** 2. Mitt. **Synthese von 2-Amino-4-hydroxy-6-methyl-5-[2-hydroxy-3-amino-propyl]-pyrimidinen.** A. M. Triggle und D. J. Triggle. (J. med. Chem. **10** (1967) 2, 285; Theoretical Biol. Unit, School of Pharmacy, State Univ. of N.Y. at Buffalo, Bufallo, N.Y.; engl.) — 1. vgl. J. pharmac. Sci. **54** (1965) 795. — Dargestellt wurden: *N-[2-Hydroxy-3-chlorpropyl]-anilin*, $C_9H_{12}ClNO$, F. –10°, durch Rk. von Anilin mit 1-Chlor-2.3-epoxypropan (**I**). — *2-Amino-4-hydroxy-6-methyl-5-[2-hydroxy-3-anilinopropyl]-pyrimidin*, $C_{14}H_{18}\cdot N_4O_2$, F. 174–175° (A.), durch Zugabe vorst. Verb. in A. zu Na-Äthylat bei 0°, 1std. Rühren, Zugabe zu Acetessigsäureäthylester bei 0°, 12std. Rk. bei Raumtemp., Zugabe zu Guanidin in A., 24std. Rk. bei Raumtemp., 12std. Kochen, Einengen im Vakuum, Zugabe von 10%ig. HCl, Extrahieren mit Ae. u. Alkalisieren der wss. Lsg. mit 5%ig. NH_3 (Meth. **A**); 18,5% (Ausb.). — *N-[2-Hydroxyäthyl]-N-[2-hydroxy-3-chlorpropyl]-anilin*, $C_{11}\cdot H_{16}ClNO_2$, F. 59,5–60°, aus N-[2-Hydroxyäthyl]-anilin mit **I**; aus Bzl. Blättchen; 80%. — *2-Amino-4-hydroxy-6-methyl-5-{2-hydroxy-3-[N-(2-hydroxyäthyl)-anilino]-propyl}-pyrimidin*, $C_{16}H_{22}N_4O_3$, F. 144–146° (W.), nach **A** aus vorst. Verb.; 21%. — *N-[2-Hydroxyäthyl]-N-[2-hydroxy-3-chlorpropyl]-p-aminobenzoesäureäthylester*, $C_{14}H_{20}\cdot ClNO_4$, F. 85° (Bzl.), aus N-[2-Hydroxyäthyl]-p-aminobenzoesäureäthylester u. **I**; 58%. — *N-[2-Hydroxyäthyl]-N-{2-hydroxy-3-[2-amino-4-hydroxy-6-methylpyrimidyl-(5)]-propyl}-p-aminobenzoesäureäthylester, Monohydrat*, $C_{19}H_{26}N_4O_5 \cdot H_2O$, F. 186–187° (wss. A.), nach **A** aus vorst. Verb.; 18%. — *N-{2-Hydroxy-3-[2-amino-4-hydroxy-6-methylpyrimidyl-(5)]-propyl}-phthalimid, Monohydrat*, $C_{16}H_{16}N_4O_4 \cdot H_2O$, F. 173–175° (W.), nach **A**; ca. 100%. — UV-Maxima s. Original.

R. Gnauck 3272△

1289 **Synthese von 3.9-Dimethylxanthin.** N. Ja. Vel'kina, E. S. Čaman und Mochammed Ėbed. (Ž. obšč. Chim. **37/99** (1967) 2, 508–09; Vsesojuznyj naučno-issledovatel'skij chimiko-farmacevtičeskij inst. im. S. Ordžonikidze i. Inst. biologičeskoj i. medicinskoj chimii Akad. medicinskich Nauk SSSR; russ.) — Ausgehend von 3-Methylxanthin (**I**) u. Benzylchlorid (**II**) wurde über *1.7-Dibenzyl-3-methylxanthin*, *[1.7-Dibenzyl-3.9-dimethylxanthinium]-methylsulfat* u. *1-Benzyl-3.9-dimethylxanthin 3.9-Dimethylxanthin* dargestellt. Die Rk.-Prod. wurden UV-spektroskop. untersucht.

Versuche: *1.7-Dibenzyl-3-methylxanthin*, $C_{20}\cdot H_{18}N_4O_2$, F. 105,5–107,5° (abs. A.), durch Rk. von **I** mit **II** in Methyläthylketon; 86% (Ausb.). — *[1.7-Dibenzyl-3.9-dimethylxanthinium]-methylsulfat*, $C_{22}H_{24}N_4O_6S$, F. 198–200°, durch 4std. Erwärmen vorst. Verb. mit Dimethylsulfat; 100%. — *1-Benzyl-3.9-dimethylxanthin*,

$C_{14}H_{14}N_4O_2$, F. 219—221°, in Ggw. eines Pd/C-Katalysators durch Hydrierung vorst. Verb. u. Abspaltung einer Benzylgruppe. — *3.9-Dimethylxanthin*, $C_7H_8N_4O_2$, F. 320—321°, durch Einw. von Na in fl. NH_3 auf vorst. Verbindung. C. Maniewski 3272

1290 **Darstellung, Struktur und Reaktionen einiger „Malonyl-α-aminopyrimidine".** Elizabeth A. Ingalls und Frank D. Popp. (J. heterocyclic Chem. 4 (1967) 4, 523—26; Dep. of Chem., Clarkson Coll. of Technol., Potsdam, N.Y.; engl.) — 2-Amino- (**I**), 2-Amino-3-methyl- (**XI**), 2-Amino-4-methyl- u. 2-Amino-5-methylpyridin reagieren mit Malonsäurediäthylester (**II**) zu *Anhydro-2-hydroxy-4-oxo-4H-pyrido-[1.2:a]-pyrimidinium-1-hydroxiden.* Daneben werden z. T. entsprechende *Malonsäuremonoäthylestermono-N-pyridyl-(2)-amide* (**A**) u. *-bis-[N-pyridyl-(2)-amide]* (**B**) isoliert. 5-Chlor- bzw. 5-Brom-2-aminopyridin geben nur **A** u. **B**. 5-Nitro-2-aminopyridin reagiert mit **II** zu *Malonsäuremonoäthylestermono-N-5-nitropyridyl-(2)-amid.* 4.6-Dimethyl-2-aminopyridin gibt mit **II** ein entsprechendes **A** u. **B**. 2-Aminochinolin u. **II** liefern nur *Malonsäuresäuremonoäthylestermono-N-chinolyl-(2)-amid.* Aus 2-Amino-6-methylpyridin u. **II** entsteht analog *Malonsäuremonoäthylestermono-N-6-methylpyridyl-(2)-amid,* das sich nicht cyclisieren läßt. 3-Nitro-2-aminopyridin gibt keine Rk. mit **II**. Aus 2-Aminomethylpyridin u. **II** werden nur das entsprechende **A** u. **B** erhalten. 7- (**III**), 8- (**IV**) bzw. 9-Methylanhydro-2-hydroxy-4-oxo-4H-pyrido-[1.2:a]-pyrimidinium-1-hydroxid (**V**) geben mit sd. $POCl_3$ *7-, 8-* bzw. *9-Methyl-2-chlor-4H-pyrido-[1.2:a]-pyrimidinon-(4),* aus denen mit CH_3ONa in sd. CH_3OH *7-, 8-* bzw. *9-Methyl-2-methoxy-4H-pyrido-[1.2:a]-pyrimidinon-(4)* dargestellt werden. **III** bzw. **IV** bilden mit CH_3ONa u. CH_3J in sd. CH_3OH *1.7-* bzw. *1.8-Dimethylanhydro-2-hydroxy-4-oxo-4H-pyrido-[1.2:a]-pyrimidinium-1-hydroxid.* **V** läßt sich nicht methylieren. Anhydro-2-hydroxy-4-oxo-4H-pyrido-[1.2:a]-pyrimidinium-1-hydroxid (**VI**) geht bei der Vilsmeier-Haack-Rk. in *2-Chlor-3-formyl-4H-pyrido-[1.2:a]-pyrimidinon-(4)* (**VII**) über, das zum Strukturbeweis zu **I** hydrolysiert wird. Mit $COCl_2$ reagiert **VI** zu einem *Gemisch* von *Anhydro-3-formyl-2-hydroxy-4-oxo-4H-pyrido-[1.2:a]-pyrimidinium-1-hydroxid* (**IX**) u. wenig **VII**. Durch Vilsmeier-Haack-Rk. wird aus **V** *2-Chlor-3-formyl-9-methyl-4-oxo-4H-pyrido-[1.2:a]-pyrimidin* erhalten. 2-Methoxy-4H-pyrido-[1.2:a]-pyrimidinon-(4) (**VIII**) gibt analog **VII**. Bei tieferen Temp. entsteht dagegen *2-Methoxy-3-formyl-4H-pyrido-[1.2:a]-pyrimidinon-(4).* **IX** bildet mit N.N-Dimethylhydrazin (**X**) u. CH_3J *2-Hydroxy-4-oxo-3-N.N-dimethylhydrazonomethyl-4H-pyrido-[1.2:a]-pyrimidinmethojodid,* das sich mit Basen nicht in Anhydro-2-hydroxy-3-cyan-4-oxo-4H-pyrido-[1.2:a]-pyrimidinium-1-hydroxid umwandeln läßt. **VII** bildet mit N_2H_4 *1.4-Dihydro-4-oxopyrazolo-[3.4:d]-pyrido-[1.2:a]-pyrimidin.*

Versuche (F. korr.): *Anhydro-2-hydroxy-9-methyl-4-oxo-4H-pyrido-[1.2:a]-pyrimidinium-1-hydroxid* (**V**), F. 287—291° (A.), aus **XI** u. 1,5 Val **II** bei 200°; 96% (Ausb.). — Analog: *Anhydro-2-hydroxy-8-methyl-4-oxo-4H-pyrido-[1.2:a]-pyrimidinium-1-hydroxid* (**IV**), F. 251 bis 253° (A./Essigester); 94%. — *Malonsäuremonoäthylester, Mono-N-6-methylpyridyl-(2)-amid,* F. 88—90° (A.); 58%. *Mono-N-4.6-dimethylpyridyl-(2)-amid,* F. 133—135°; 21%; daneben 79% *Malonsäure-bis-[N-4.6-dimethylpyridyl-(2)-amid]* [F. 224—226° (A.)]. *Mono-N-5-nitropyridyl-(2)-amid,* F. 125—126° (A.); 53%. *Mono-N-chinolyl-(2)-amid,* F. 150—152° (A.); 61%. — *Malonsäure, Bis-[N-5-chlorpyridyl-(2)-amid],* F. 247—250° (A.); 11%. *Bis-[N-5-brompyridyl-(2)-amid],* F. 245—246°; 3%. *Bis-[pyridyl-(2)-methylamid],* $C_{15}H_{16}N_4O_2$, F. 94—95,5° ($CHCl_3$); 26%; daneben 20% *Malonsäuremonoäthylestermono-N-pyridyl-(2)-methylamid* [*Pikrat,* $C_{17}H_{17}N_5O_{10}$, F. 141—143° (A.)]. — 4H-Pyrido-[1.2:a]-pyrimidinone-(4): *2-Chlor-7-methyl-,* F. 197—198° (A.), aus **III** u. sd. $POCl_3$; 74%. — Analog: *2-Chlor-8-methyl-,* F. 201—203° (A.); 75%. — *2-Chlor-9-methyl-,* F. 124—125° (A.); 84%. — *2-Methoxy-9-methyl-,* F. 138—139° (A.), a) aus vorst. Verb. u. $CH_3 \cdot ONa$ in sd. CH_3OH; 62%; b) aus **V** u. CH_2N_2; 65%. — Analog nach a): *2-Methoxy-7-methyl-,* F. 150 bis 151° (A.); 93%. — *2-Methoxy-8-methyl-,* F. 123—125° (A.); 93%. — *2-Chlor-3-formyl-* (**VII**), $C_9H_5ClN_2O_2$, F. 223—225° (A.), aus **VI** u. $POCl_3$ in DMF bei ca. 100°; 39%. — Analog: *2-Chlor-3-formyl-9-methyl-,* $C_{10}H_7ClN_2O_2$, F. 185,5—186,5° (A.); 100%. *Semicarbazon,* $C_{11}H_{10}ClN_5O_2$, F. 210—212°. *Thiosemicarbazon,* $C_{11}H_{10}ClN_5OS$, F. 232 bis 234°. — *2-Methoxy-3-formyl-,* $C_{10}H_8N_2O_3$, F. 178—179° (A.), aus **VIII** u. $POCl_3$ in DMF bei 45°; 65%. — *2-Morpholino-,* $C_{12}H_{13}N_3O$, F. 187° (A.), aus 2-Chlor-4-oxo-4H-pyrido-[1.2:a]-pyrimidin (**XII**) u. Morpholin in sd. A.; 100%. — *2-Benzylidenhydrazino-,* $C_{15}H_{12}N_4O$, F. 264—266° (A.), aus **XII** u. N_2H_4 in sd. A. u. Rk. mit 1 Val Benzaldehyd in sd. A.; 80%. — *1.7-Dimethylanhydro-2-hydroxy-4-oxo-4H-pyrido-[1.2:a]-pyrimidinium-1-hydroxid* $C_{10}H_{10}N_2O_2$, F. 187—190° (A./Essigester), aus **III**, 1 Val $NaOCH_3$ u. CH_3J in sd. CH_3OH; 96%. — Analog: *1.8-Dimethylanhydro-2-hydroxy-4-oxo-4H-pyrido-[1.2:a]-pyrimidinium-1-hydroxid,* F. 253—255° (A.); 53%. — *Anhydro-2-hydroxy-3-formyl-4-oxo-4H-pyrido-[1.2:a]-pyrimidinium-1-hydroxid* (**IX**), $C_9H_6N_2O_3$, F. 268—270° (A.), aus **VI** u. $COCl_2$ in $DMF/CHCl_3$ bei ca. 100°; 23%; daneben 8,3% **VII**. — *2-Hydroxy-4-oxo-3-N.N-dimethylhydrazonomethyl-4H-pyrido-[1.2:a]-pyrimidinmethojodid,* $C_{12}H_{15} \cdot JN_4O_2$, F. 206,5—208,5° (A.), aus **IX** u. **X** in sd. Bzl. u. Rk. mit CH_3J bei Raumtemp.; 21%. — *1.4-Dihydro-4-oxopyrazolo-[3.4:d]-pyrido-[1.2:a]-pyrimidin,* $C_9H_6N_4O$, F. 320—321° (A.), aus **VII** u. 1 Val N_2H_4 in sd. A.; 82%. Hans Köhne/Berlin 3272△

1291 **Struktur des Uracil-Photodimeren.** G. M. Blackburn und R. J. H. Davies. (Tetrahedron Letters [London] **1966**, 4471—75; Sheffield, Univ., Dep. of Chem.; engl.) — Das Uracil-Photodimere (**I**) gibt beim Methylieren

I

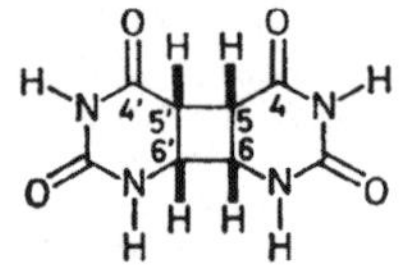

in 1n Alkali das *3.3'-Dimethylderiv.* [**II**; 65% (Ausb.)], das bei der Photolyse nur *3-Methyluracil* liefert. Durch Decarboxylieren von Uracil-5-carbonsäure in D_3PO_4 wird *$^2H_{(5)}$-Uracil* (**III**) dargestellt, bei dem die Stellung des D-Atoms durch Methylieren zum *1.3-Dimethyl-$^2H_{(5)}$-uracil* u. dessen massenspektrometr. Unters. bewiesen wird. Die Dimerisation u. Methylierung von **III** liefert *3.3'-Dimethyl-$^2H_{(5.5')}$-uracildimer,* dessen NMR-spektroskop. Vgl. mit **II** die cis-syn-Struktur von **I** stützt. F. Heller 3272

1292 **Reduktion von 4-Benzoylpiperazinon-(2) mit Natriumborhydrid in Triäthylamin.** Kuniyoshi Masuzawa, Morimichi Kitagawa und Hiroaki Uchida. (Bull. chem. Soc. Japan **40** (1967) 1, 244; Kyorin Chem. Labor., Ukima, Kitaku, Tokyo; engl.) — 20std. Red. von 4-Benzoylpiperazinon-(2) mit $NaBH_4$ in Py. [analog Yamada et al., Chem. pharmac. Bull. [Tokyo] **13** (1965) **394** liefert *4-Benzylpiperazinon-(2)* [F. 155—156°; 43,3% (Ausb.); daneben 27,9% *1-Benzylpiperazin* Kp.$_2$ 120° (*Pikrat,* F. 271—273°)], während in Triäthylamin an Stelle von Py. *1-Benzoylpiperazin* [F. 64—65°; 54,1%. *Benzoylderiv.,* F. 190—192°] erhalten wird. Analoge Red. von 4-[2-Chlorbenzoyl]-piperazinon-(2) in Py. liefert *4-[2-Chlorbenzyl]-piperazinon-(2)* [F. 95—97°; 22,5%; daneben 16% *1-[2-Chlorbenzyl]-piperazin* (*Pikrat,* F. 250 bis 251°)], während in Triäthylamin *1-[2-Chlorbenzoyl]-piperazin* [36,8%. *Benzoylderiv.,* F. 214—216°] gebildet wird. IR-Maxima vgl. Original. K.-P. Hilgetag 3272△

1293 **Lactame.** 8. Mitt. **3-Äthoxy-3.4-dehydromorpholin und seine Kondensation mit Aminocyanacetamid und Hydrazin.** R. G. Gluškov und O. Ju. Magidson. (Chim. geterocikličeskich Soedinenij **1966**, 192—96; Vses. naučno-issl. chim.-farm. inst. im. Ordžonikidze, Moskva; russ.) — 11. vgl. C. **1968**, 64-0754. — Die Verb. **I**, **II** u. **A** werden

I II A

synthetisiert; gegenüber den entsprechenden Tetramethylenverb. (statt O–CH_2) ist ihre biolog. Aktivität wesentlich geringer.

Versuche: *3-Äthoxy-3.4-dehydromorpholin* (**III**), $Kp._{22}$ 70–72°, durch Zugabe von Morpholon-(3) in Chlf. zu Triäthyloxoniumtetrafluoroborat in Chlf. bei 10°, 5std. Rühren, Abkühlen auf –3°, Zugabe von 50%ig. K_2CO_3-Lsg. bis pH 8 bei 5° u. Extrahieren mit Chlf.; n_D^{24} 1,4488; 91% (Ausb.). – **I**, $C_7H_{10}N_4O_2$, F. 289–291° (W./A.), durch Zugabe einer 20%ig. äthanol. HCl-Lsg. zu α-Amino-α-cyanacetamid u. **III** in abs. A. unter Eiskühlung, 45 Min. langes Kochen u. Abkühlen; 84,9%. *Hydrochlorid*, $C_7H_{10}N_4O_2 \cdot HCl$, F. ≈ 320° (Zers.; 10%ig. CH_3OH), aus **I** u. HCl in verd. Äthanol; Prismen. – Verb. vom Typ **A**: R = *OH*, $C_8H_8N_4O_2$, F. > 360° (W.), durch 3½std. Kochen von **I** mit Orthoameisensäureäthylester u. Acetanhydrid, Eindampfen im Vakuum, 30 Min. langes Erhitzen mit W. auf 100°, Eindampfen, Erhitzen mit wss. Aceton u. Abkühlen; Nadeln; 88,2%. – R = *Cl*, $C_8H_7ClN_4O$, F. 307–309° (W.), durch 6std. Kochen vorst. Verb. mit $POCl_3$, Eindampfen im Vakuum, Aufarbeiten mit Eis u. gesätt. Sodalsg. u. Extrahieren mit Chlf.; 55%. – R = NH_2, $C_8H_9N_5O$, F. > 360° (W.), durch 6std. Erhitzen vorst. Verb. mit 20%ig. NH_4OH u. A. im Autoklaven auf 160°, Eindampfen im Vakuum, Verreiben mit W. u. Abkühlen; Prismen; 84%. – R = $NH(CH_2)_2OH$, $C_{10}H_{13}N_5O_2$, F. 169–170° (A.), durch 1½std. Kochen vorvorst. Verb. mit Monoäthanolamin u. Äthylcellosolve, Einengen im Vakuum u. Abkühlen; Nadeln; 90%. – R = *SH*, $C_8H_8N_4OS$, F > 360° (W.), durch 1std. Kochen von **A** (R = Cl) mit Thioharnstoff in abs. A. u. Abkühlen; Nadeln; ≈ 100%. – R = *H*, $C_8H_8N_4O$, F. 180–182° (Äthylacetat/Ae.), durch 1std. Kochen vorst. Verb. in NH_4OH mit Raney-Ni, Filtrieren, Einengen im Vakuum u. Abkühlen; Prismen; 77,4%. – **II**, $C_8H_6N_4O$, F. 121–123° (Ae.), durch Zugabe von **III** zu 85%ig. $N_2H_4 \cdot H_2O$, 1std. Rühren, Zugabe von wss. $NaNO_2$-Lsg. bei –5°, Zugabe von 20%ig. H_2SO_4 bei –5°, 12std. Stehen, Filtrieren u. Extrahieren mit Chlf.; 66,6%. H. Berger 3282△

1294 **Amidoalkylierung von Sulfazon.** V. P. Borovik und V. P. Mamaev. (Chim. geterocikličeskich Soedinenij **1967**, 2, 277–80; Inst. org. chim. Sibir. otd. AN SSSR; Novosibirsk; russ.) – Die Amidoalkylierung von Sulfazon (**I**) mit [Diacetamidomethyl]-benzol (**II**) u. [Diureidomethyl]-benzol (**III**) wird untersucht.

Versuche: *2-[α-Acetamidobenzyl]-sulfazon* (**IV**), $C_{17}H_{16}N_2O_4S$, F. 161–163° (Dioxan), durch Lösen von **I** in Eisessig (Eg.) bei 120°, Zugabe von **II**, 2std. Erhitzen auf 120°, Eindampfen im Vakuum, Versetzen mit Ae. u. Aufarbeiten mit Chlf.; 41,5% (Ausb.). 1std. Hydrolyse mit 20%ig. HCl bei 100° → **I**; 64%. – *2-Benzylidensulfazon*, $C_{15}H_{11}NO_3S$, F. ≈ 180° (Eg.), a) neben **IV** aus der Chlf.-Lsg.; 27%; b) durch 6std. Erhitzen von **I** mit **II** u. Acetanhydrid auf 140°, Eindampfen im Vakuum u. Versetzen mit Ae.; 69%; c) durch Zugabe von Benzaldehyd u. Triäthylamin zu **I** in Eg. u. 6std. Erhitzen auf 125° unter Dest. von Essigsäure; 54,3%. – *2-[α-Äthoxybenzyl]-sulfazon*, $C_{17}H_{17}NO_4S$, F. 161–163° (A.), durch Lösen vorst. Verb. in heißem A. u. 1std. Stehen mit wenig 10%ig. NaOH; 64%. – *2-[α-Methoxybenzyl]-sulfazon*, $C_{16}H_{15}NO_4S$, F. 143–145° (CH_3OH), analog; 63%. – *2-[α-Ureidobenzyl]-sulfazon*, $C_{16}H_{15}N_3O_4S$, F. 153–154° (CH_3OH), a) durch 1std. Kochen von **I** mit **III** in abs. A. u. wenig HCl, Stehen, Filtrieren (→ vorvorst. Verb.) u. Eindampfen im Vakuum; 21,8%; b) durch 2std. Erhitzen von **I** mit **III** u. Eg. auf 125°, Eindampfen im Vakuum, Versetzen mit CH_3OH u. mehrtägiges Stehen; 41,5%. H. Berger 3292△

1295 **Heterocyclische Untersuchungen. 24. Mitt. Bildung und Reaktionen des 1.6-Diazabicyclo-[3.2.0]-hepten-(3)-on-(2)-Systems.** John M. Eby und James A. Moore. (J. org. Chemistry **32** (1967) 5, 1346–53; Dep. of Chem., Univ., Newark, Del.; engl.) – Therm. Isomerisierung von 2-Benzoyl-4-phenyl-5-methyl-1.2-diazabicyclo-[3.2.0]-hepten-(3)-on-(6) (**II**) führt zu *3-Methyl-4-phenyl-6-benzoyl-1.6-diazabicyclo-[3.2.0]-hepten-(3)-on-(2)* (**I**), das mit Alkoholen oder W. in *1-Alkoxymethyl-5-benzamido-Δ³-pyrrolinone-(2)* übergeführt wird. Die Struktur der vorst. Verb. wird durch Umwandlung in *1-Alkoxymethylmaleinimid* u. die entsprechenden *Δ³-Pyrrolinone-(2)* bewiesen. Isomerisierung von **I** mit einer schwachen Base führt zu *1.7-Diphenyl-2-methyl-5H.8aH-pyrrolo-[1.2:c]-1.3.5-oxadiazinon-(3)* (**VIII**). IR-Maxima u. NMR-Daten vgl. Original. – 23. vgl. C. **1969**, 6-1048.

Versuche: *3-Methyl-4-phenyl-6-benzoyl-1.6-diazabicyclo-[3.2.0]-hepten-(3)-on-(2)* (**I**), $C_{19}H_{16}N_2O_2$, F. 149 bis 151° (Essigester), aus **II** in Bzl. bei Siedetemp.; 77% (Ausb.). – 3-Methyl-4-phenyl-5-benzamido-Δ³-pyrrolinone-(2): *1-[Methoxymethyl]-* (**III**), $C_{20}H_{20}N_2O_3$, F. 157,5–158,5° (Methanol), a) aus **I** u. methanol. HCl; 95%; b) aus **I** u. Methanol bei Siedetemp.; 88%; c) aus 1-[Hydroxymethyl]-(**IV**) oder 1-[1-Acetoxymethyl]-(**V**) oder 1-[Äthoxymethyl]-3-methyl-4-phenyl-5-benzamido-Δ³-pyrrolinon-(2) u. methanol. H_2SO_4 bei Siedetemp.; 70 bis 90%. – *1-[Äthoxymethyl]-*, $C_{21}H_{22}N_2O_3$, F. 178–179° (A.), aus **I** u. äthanol. HCl; 95%. – *1-[Acetoxymethyl]-* (**V**), $C_{21}H_{20}N_2O_4$, F. 158–162°, a) aus **I** u. Eisessig bei 100°; 77%; b) aus **VIII** u. Eisessig bei Siedetemp.; 14%; daneben gelbes Öl. – *1-[Hydroxymethyl]-* (**IV**), $C_{19}H_{18}N_2 \cdot O_3$, F. 187–190°, 238–240° (Essigester), a) aus **I** u. HCl in Dioxan/W.; 92%; b) aus **I** u. HCl in THF; 76%; c) aus **III** oder vorst. Verb. u. sd. wss. Essigsäure; 60 bis 70%. – *1-Formyl-* (**VI**), $C_{19}H_{16}N_2O_3$, F. 198,5–199,5° (A.), aus **IV** u. CrO_3 in Essigsäure; 84%. – *Unsubstituiert* (**VII**), $C_{18}H_{16}N_2O_2$, F. 242–243° (A.), a) aus **VI** u. 6n methanol. H_2SO_4 bei Siedetemp.; 74%; b) aus **III** u. Eisessig in der Wärme; 11%; daneben 50% **V**; c) aus 500 mg **III** mit CrO_3 u. 50%ig. Essigsäure; 98 mg; daneben 95 mg *3-Methyl-4-phenylmaleinimid*. – *1-[Methoxymethyl]-5-methoxy-*, $C_{21}H_{22}N_2O_4$, F. 148–149° (Bzl./Heptan), aus **III** u. methanol. KOH; 41%. – *1-Methyl-*, $C_{19}H_{18}N_2O_2$, F. 248–249° (Methanol), aus **I** u. H_2 in Methanol in Ggw. von Raney-Ni; 63%. – *3-Methyl-4-phenylmaleinimid*, F. 176–177° (Methanol), a) aus 50 mg **VI** u. CrO_3 in 50%ig. Essigsäure bei 100°; 32 mg; b) aus vorvorst. Verb. u. 50%ig. wss. Essigsäure; daneben *nachst. Verb.* u. *1-[Hydroxymethyl]-3-methyl-4-phenylmaleinimid* [*3:4:1* = Verhältnis der Verb.]; c) aus 100 mg **VIII** u. CrO_3 in 50%ig. Essigsäure bei 100°; 35 mg. – *1-[Methoxymethyl]-3-methyl-4-phenylmaleinimid*, $C_{13}H_{13}NO_3$, F. 83,5 bis 84,5° (Heptan), a) aus **III** u. 5%ig. methanol. KOH bei Raumtemp.; 46%; daneben *Benzamid* [F. 127–128°]; b) aus vorst. Verb. u. 37%ig. Formalin bei Raumtemp., Rk. des erhaltenen *1-[Hydroxymethyl]-3-methyl-4-phenylmaleinimids* [$C_{12}H_{11}NO_3$, F. 124–125° (CCl_4); 82%] mit 48%ig. HBr/konz. H_2SO_4 bei 50–60° u. Umsetzung des erhaltenen *1-[Brommethyl]-3-methyl-4-phenylmaleinimids* [F. 130–132°; 72%] mit Methanol bei Siedetemp.; 41%. – *Bis-[2-oxo-3-methyl-4-phenyl-5-benzamido-Δ³-pyrrolinyl-(1)-methyl]-äther*, $C_{38}H_{34}N_4O_5$, F. 297° (Zers.; $CHCl_3$), a) aus **III** u. Trichloressigsäure in $CHCl_3$ bei Raumtemp.; 73%; b) aus 100 mg **IV** bei 230°; 67 mg; daneben 9 mg **VII**. – *3-Methyl-4-cyclohexyl-5-benzamidopyrrolidon-(2)*, $C_{18}H_{24}N_2O_2$, F. 258,5–259° (Methanol), a) aus **VII** u. H_2 in Methanol in Ggw. von PtO_2; 64%; b) aus 1-[Hydroxymethyl]-3-methyl-4-cyclohexyl-5-benzamidopyrrolidon u. CrO_3 in 75%ig. Essigsäure bei 100°; 71%. – *1-[Methoxymethyl]-3-methyl-4-cyclohexyl-5-benzamidopyrrolidon-(2)*, $C_{20}H_{28}N_2O_3$, F. 119–120° (Ae.), aus **III** u. H_2 in Methanol in Ggw. von PtO_2; 62%. – *1-[Hydroxymethyl]-3-methyl-4-cyclohexyl-5-benzamidopyrrolidon-(2)*, $C_{19}H_{26}N_2O_3$, F. 164°, 250–251° (A.), aus **IV** analog vorst. Meth.; 92%. – *3-Methyl-4-phenyl-Δ³-pyrrolinon-(2)*, F. 155–158°, aus **VII** u. Li in fl. NH_3; 8%. – *1.7-Diphenyl-2-methyl-5H.8aH-pyrrolo-[1.2:c]-1.3.5-oxadiazinon-(3)* (**VIII**), $C_{19}H_{16}N_2O_2$, F. 222–223° (Zers.; Methanol), a) aus **I** u. 10%ig. wss. methanol. $NaHCO_3$ bei 75°; 25%; b) aus **I** u. 10%ig. wss. methanol. Na-Acetat; 63%; daneben gelbes Öl. – *1-Nitroso-3-methyl-4-phenyl-Δ³-pyrrolinon-(2)*, $C_{11}H_{10}N_2O_2$, F. 164–164,5° (A.), aus 111 mg vorvorst. Verb. u. $NaNO_2$ in wss. KOH bei 0° u. Rk. mit 40%ig. H_2SO_4; 93 mg. – *2-Methyl-3-cyan-3-phenylpropionsäureäthylester*, $Kp._{0,35}$ 104–120°, aus 11,7 g Phenylacetonitril u. Na-Amid in Bzl. bei Siedetemp. u. Rk. mit 2-Brompropionsäureäthylester bei Siedetemp.; 34%; daneben 693 mg *nachst. Verbindung*. – *2-Oxo-3-methyl-4-phenyl-5-[α-cyanbenzyliden]-pyrrolidin*, $C_{19}H_{16}N_2O$, F. 194–195° (A.), aus Phenylacetonitril u. Na-Amid in Bzl. bei Siedetemp. u. Rk. mit vorst. Verb. bei Siedetemp.; 44%. — *2-Methyl-3-cyan-3-phenylpropionsäureamid*, $C_{11}H_{12}N_2O$, F. 131—132° (Ae.), aus 2 g vorvorst. Verb. u. 20%ig. äthanol. KOH bei 100°, Umsetzung von 1,4 g der erhaltenen *2-Methyl-3-cyan-3-phenylpropionsäure* (1,9 g) mit Oxalylchlorid in Ae. bei Siedetemp. u. nachfolgende Rk. mit konz. NH_4OH; 313 mg. — *3-Methyl-4-phenylsuccinimid*, F. 107—108° (Ae.), a) aus vorvorst. Verb. u. CrO_3 in Eisessig bei 100°; 51%; b) aus 50 mg vorst. Verb. u. 1,5n wss. äthanol. NaOH bei 0° u. Rk. mit Benzoylchlorid; 41 mg. — *Verb. vom F.* $>300°$, aus 100 mg vorst. Verb. u. HCl in $CHCl_3$ bei 0° u. Rk. mit Benzoylchlorid in Py.; 18 mg.

K.-P. Hilgetag 3323△

1296 **Heterocyclische Untersuchungen.** 26. Mitt. **Alkylierung von 5-Methyl-6-phenyl-2.3-dihydro-4H-1.2-diazepinon-(4).** William J. Theuer und James A. Moore. (J. org. Chemistry **32** (1967) 5, 1602—03; Dep. of Chem., Univ. of Del., Newark, Del.; engl.) — 25. vgl. C. **1968,** 11-1304.

Versuche: 5-Methyl-6-phenyl-4H-1.2-diazepinone-(4): *2-Methyl-2.3-dihydro-*, F. 72—73°, aus 200 mg 5-Methyl-6-phenyl-4H-2.3-dihydro-1.2-diazepinon-(4) (**I**) u. Dimethylsulfat in Ggw. von K-tert.-Butylat in tert.-Butanol; 96 mg (Ausb.). — *1-Methyl-2.3-dihydro-, Betain*, F. 92—94° (Zers.), aus 2 g **I** u. äther. Diazomethan in CH_2Cl_2 in Ggw. von BF_3-Ätherat; 1,05 g. — *2.3-Dihydro-2-[β-cyanäthyl]-* (**II**), $C_{15}H_{15}N_3O$, F. 120—121° (Ae.), aus 200 mg **I** u. Acrylonitril in 10%ig. KOH bei 0°; 253 mg. — *2.3-Dihydro-2-[β-carboxyäthyl]-*, $C_{15}H_{16}N_2O_3$, F. 133—134° (Ae.), aus 500 mg **I** u. Acrylsäuremethylester in 10%ig. wss. KOH bei Raumtemp.; 225 mg. — *2-Benzoyl-2.3-dihydro-*, F. 147—148°, aus 200 mg **I** u. Benzoylchlorid in 10%ig. KOH bei 20°; 150 mg. — *2-[β-Carboxyäthylamino]-3-hydroxy-4-methyl-5-phenylpyridin*, $C_{15}H_{16}N_2O_3$, F. 155—156° (A.), a) aus 100 mg **II** u. 5%ig. wss. NaOH bei 90°; 62 mg; b) analog aus 154 mg vorvorst. Verb.; 130 mg. — IR-Maxima vgl. Original.

K.-P. Hilgetag 3370△

1297 **Chinazoline und 1.4-Benzodiazepine.** 34. Mitt. **4.1.5-Benzoxadiazocinone-(2), ein neues Ringsystem.** A. Stempel, I. Douvan, E. Reeder und L. H. Sternbach. (J. org. Chemistry **32** (1967) 8, 2417—25; Chem. Res. Dep., Hoffman-La-Roche Inc., Nutley, N.J.; engl.) — 33. vgl. J. Amer. chem. Soc. **89** (1967) 332. — o-Halogenacetamidobenzophenon-syn-oxime reagieren in alkal. Medium unter intramolekularer O-Alkylierung zu *4.1.5-Benzoxadiazocinonen-(2)*, die mit Alkali zu *3-Hydroxy-1.4-benzodiazepinonen-(2)* umgelagert werden. Das *4.1.5-Benzoxadiazocinon-(2)*-Ringsystem wird nach verschiedenen Meth. synthetisiert. IR-Maxima u. NMR-Daten vgl. Original. — 27. vgl. C. **1968,** 48-1200.

Versuche: Benzophenon-syn-oxime: *2-Amino-4′-hydroxy-5-chlor-*, $C_{13}H_{11}ClN_2O_2$, F. 151—153° (Essigester/Hexan), aus 2-Amino-4′-hydroxy-5-chlorbenzophenon, Hydroxylamin–Hydrochlorid, Py. u. A. bei Siedetemp.; 70% (Ausb.). — *2-[Chloracetamido]-* (**II**), F. 136—137° (CH_2Cl_2/Hexan); 83%. — *2-[N-Methylchloracetamido]-5-chlor-*, F. 171—178° (CH_2Cl_2/Hexan); 63%. *2-[Chloracetamido]-5-nitro-*, F. 199—200° (THF/Hexan); 53%. — *2-[Chloracetamido]-5-[trifluormethyl]-*, F. 174 bis 176° (Bzl.); 72%. — *2-[α-Brompropionylamino]-5-chlor-* (**IX**), F. 145—146° (Bzl.); 83%. — *2-[Bromacetamido]-5-chlor-*, F. 148—149° (Ae./Hexan); 80%. — *2-[Jodacetamido]-5-chlor-*, F. 146—148° (CH_2Cl_2/Hexan); 81%. — *2-[Tosylacetamido]-5-chlor-*, F. 159—160° (Bzl.); 80%. — *2-[Mesylacetamido]-5-chlor-*, F. 136—138° (CH_2Cl_2/Hexan); 79%. — *2-[Chloracetamido]-4′-hydroxy-5-chlor-* (**I**), F. 169 bis 170° (Zers.; Acetonitril); 79%. — *2-[Methoxyacetamido]-5-chlor-*, F. 155—157° (Bzl.); 15%. — *2-[Pyridyl-(2)-hydroximinomethyl]-4-brom-1-[chloracetylamino]-benzol* (**IV**), F. 166—168° (A.); 65%. — 1.3-Dihydro-3-hydroxy-2H-1.4-benzodiazepinone-(2): *5-[4-Hydroxyphenyl]-7-chlor-*, $C_{15}H_{11}ClN_2O_3$, F. 178—179° (wss. Dioxan), aus **I** u. 2n NaOH in Dioxan; 67%. — *5-Phenyl-*, $C_{15}H_{12}N_2O_2$, F. 194—195° (Zers.; A.), analog aus **II**; 44%. — *5-Phenyl-7-chlor-*, F. 198—200° (Zers.; A.), a) aus 20 g 2-[Chloracetamido]-5-chlor-benzophenonoxym (**III**) u. äthanol. 2n NaOH bei Raumtemp. u. Rk. des erhaltenen *Na-Salzes* [F. 200—220° (Zers.); 7,6 g] mit äthanol. 3n HCl; 3,75 g; b) aus 1 g 6-Phenyl-8-chlor-1.3-dihydro-2H-4.1.5-benzoxadiazocinon-(2) u. 2,79n Na-Methylat bei Raumtemp.; 0,315 g; c) aus 20 g **I** u. n-NaOH in Dioxan bei Raumtemp.; 2,4 g; daneben 7,1 g *2.12-Dichlor-10.20-diphenyl-5.7.15.17-tetrahydro-6H.16H-dibenzo-[dl]-1.9.2.6.10.14-dioxatetraazacyclohexadecindion-(6.16)* [**VIII**; $C_{20}H_{22}Cl_2N_4O_4$, F. 318—319° (Zers.; Dioxan)]. — *5-[Pyridyl-(2)]-7-brom-*, $C_{14}H_{10}BrN_3O_2$, F. 200—201° (Zers.; Acetonitril), a) aus 21 g **IV** u. 2,79n Na-Methylat in Dioxan bei Raumtemp.; 1,4 g; daneben 5,9 g *6-[Pyridyl-(2)]-8-brom-1.3-dihydro-2H-4.1.5-benzoxadiazocinon-(2)* [(**V**), F. 229—231° (THF/Hexan)], 1,8 g *5-[Pyridyl-(2)]-7-brom-1.3-dihydro-2H-1.4-benzodiazepinon-(2)-oxid-(4)* [**VII**; F. 253—254° (THF/Hexan)] u. 1,6 g *Verb. vom F. 322—323°*; b) aus 3 g **V** u. 2n NaOH in Dioxan; 1,05 g; daneben 50 mg *5-[Pyridyl-(2)]-7-brom-4.5-dihydro-1H-1.4-benzodiazepindion-(2.3)* [**VI**, $C_{14}H_{10}BrN_3O_2$, F. 269—272° (DMF)]; c) aus 1,25 g 3-Acetoxy-7-brom-1.3-dihydro-5-[pyridyl-(2)]-2H-1.4-benzodiazepinon-(2) u. 2n äthanol. NaOH bei 50°; 300 mg; daneben 300 mg **VI**. — *3-Acetoxy-7-brom-1.3-dihydro-5-[pyridyl-(2)]-2H-1.4-benzodiazepinon-(2)*, $C_{16}H_{12}BrN_3O_3$, F. 237—238° (Zers.; THF, Hexan); aus 8,8 g **VII** u. Acetanhydrid bei Siedetemp.; 5,2 g; daneben 2 g *1-Acetyl-3-acetoxy-5-[pyridyl-(2)]-7-brom-1.3-dihydro-2H-1.4-benzodiazepinon-(2)* [$C_{18}H_{14}BrN_3O_4$, F. 190—191° (Zers.; Bzl./Hexan)]. — 1.3-Dihydro-2H-4.1.5-benzoxadiazocinone-(2): *6-Phenyl-8-chlor-*, F. 197—199° (Bzl.), a) aus 5 g **III** u. 2n NaOH in Dioxan bei Raumtemp.; 0,9 g; daneben 0,65 g einer *Verb. vom F. 165—166°* u. 0,7 g einer *Verb. vom F. 122—135°*; b) aus 12,5 g 2-Aminoxy-2′-benzoyl-4′-chloracetanilid u. Py., Hydrochlorid in Py. bei Siedetemp.; 4 g; daneben 0,8 g einer *Verb. vom F. 256 bis 257°* (Essigester); c) aus 25 g 2-Amino-5-chlorbenzophenon-O-[carboxymethyl]-oxim u. Dicyclohexylcarbodiimid in THF bei —5°; 3 g; daneben 13,4 g *Dicyclohexylharnstoff* [F. 220—231°]; d) aus 5 g 2-Amino-5-chlorbenzophenon-O-[äthoxycarbonylmethyl]-oxim u. p-Toluolsulfonsäure — Monohydrat in Xylol bei Siedetemp.; 0,1 g; daneben 0,2 g **VIII**. — *6-Phenyl-*, F. 236—238° (Bzl.); 34%. — *1-Methyl-6-phenyl-8-chlor-*, F. 130—132° (Hexan), aus 2 g vorvorst. Verb. u. NaH in DMF u. Rk. mit Methyljodid; 250 mg. — *6-Phenyl-8-nitro-*, F. 253—255° (CH_2Cl_2/Hexan); 4%. — *6-Phenyl-8-[trifluormethyl]-*, F. 212—214° (CH_2Cl_2/Hexan); 9%. — *3-Methyl-6-phenyl-8-chlor-* (**XI**), F. 170—172° (CH_2Cl_2/Hexan), aus **IX** u. 2n NaOH in Dioxan; 51%. — *6-Methyl-*, F. 216—217° (Bzl.); 30%. — Benzophenone: *2-[(Phthalimidoxy)-acetamido]-5-chlor-*, F. 183—185° (Essigester), aus 2-[Bromacetamido]-5-chlorbenzophenon u. N-Hydroxyphthalimid in Triäthylamin/THF bei Siedetemp.; 82%. — *2-[Aminoxyacetamido]-5-chlor-*, F. 85—87° (Bzl., Hexan), aus vorst. Verb. u. Hydrazinhydrat in $CHCl_3$ bei Raumtemp.; 97%; b) aus 7,25 g nachst. Verb. u. 20%ig. HBr in Eisessig bei Raumtemp.; 2,9 g. — *2-[Carbobenzoxyaminoxyacetamido]-5-chlor-*, F. 115—116° (Bzl., Hexan), aus 2-Amino-5-chlorbenzophenon, Carbobenzoxyaminoxyessigsäure u. Dicyclohexylcarbodiimid in CH_2Cl_2 bei Raumtemp.; 38%. — *2-[Phthalimidooxyacetamido]-*, F. 174 bis 176° (Bzl.); 83%. — *2-[N-Methylphthalimidoxyacetamido]-5-chlor-*, F. 164—166° (Essigester); 85%. — *2-[Phthalimidoxyacetamido]-5-nitro-*, F. 203—204° (Essigester); 52%. — *2-[Aminoxyacetamido]-5-nitro-*, F. 141—143° (Bzl., Hexan); 95%. — *2-[Phthalimidoxyacetamido]-5-[trifluormethyl]-*, F. 191—193° (Essigester); 73%. — *2-[Aminoxyacetamido]-5-[trifluormethyl]-*, F. 79—81° (Hexan); 95%. — *2-[α-Phthalimidoxypropionylamido]-5-chlor-*, F. 183 bis 186° (Essigester); 35%. — *2-[α-(Aminoxy)-propionylamido]-5-chlor-*, F. 104—106° (A.); 82%. — *2-[Pyridyl-(2)-carbonyl]-4-brom-1-[phthalimidoxymethylcarbonylamino]-benzol*, F. 199—201° (Bzl.); 77%. — *2-[Phthalimidoxyacetamido]-acetophenon*, F. 185—186° (CH_2Cl_2/Hexan); 78%. — *2-[Aminoxyacetamido]-acetophenon*, F. 105—106° (CH_2Cl_2/Hexan); 62%. — *N-[2-Amino-5-chlordiphenylmethylen]-aminoxyessigsäure*, $C_{15}H_{13}ClN_2O_3$, F. 164 bis 166° (wss. A.), aus 2-Amino-5-chlorbenzophenon-syn-oxim (**X**) u. Na-Methylat u. Rk. mit Bromessigsäure bei Siedetemp.; 43%. *Äthylester*, $C_{17}H_{17}ClN_2O_3$, F. 82—84° (Cyclohexan), aus 24,7 g **X** u. Bromessigsäureäthylester analog vorst. Meth.; 13 g. — *2-Acetyl-4-phenyl-6-chlorchinazolin*, $C_{16}H_{11}ClN_2O$, F. 131—132° (Hexan), aus 5 g **XI** u. 2,79 n Na-Methylat bei Raumtemp.; 2,5 g. —

2-Carboxy-4-phenyl-6-chlorchinazolin, F. 213–214° (CH_2Cl_2/Hexan), aus 2,8 g vorst. Verb. u. NaOCl in 10%ig. NaOH bei 100°; 1 g. K.-P. Hilgetag 3380△

C–4. Naturstoffe

1298 **Bildung von partiell trimethylsilylierten Kohlenhydratderivaten. Trimethylsilyl-tris-O-trimethylsilyl-D-glucopyranoside und Tetrakis-O-trimethylsilyl-D-glucose.** Sung Man Kim, Ronald Bentley und C. C. Sweeley. (Carbohydrate Res. [Amsterdam] **5** (1967) 4, 373–85; Dep. of Biochem. and Nutrition, Univ. of Pittsburgh, Pittsburgh, Pa.; engl.) — Bei der Umsetzung von Gemischen des α- u. β-Anomeren von Benzyl-D-glucopyranosid u. von 2-, 3-, 4- u. 6-O-Benzyl-D-glucose mit Hexamethyl-disilazan werden *Tetrakis-O-trimethylsilylderiv.* der Benzylglukoside u. die *Tris-O-methylsilyläther* der Trimethylsilylglukoside als Anomerengemische erhalten. Bei der Hydrierung von Trimethylsilyl-2-, -3-, -4- u. -6-O-benzyl-tris-O-trimethylsilylglukosiden entstehen die *α- u. β-Anomeren* von *Trimethylsilyl-3.4.6-, -2.4.6-, -2.3.6- u. -2.3.4-tris-O-trimethylsilylglucosid*. Die Anomeren werden durch Gaschromatographie getrennt. Die Hydrierung von Benzyl-tetrakis-O-trimethylsilyl-α.β-D-glucopyranosid führt im wesentlichen zu einem Gemisch aus *Trimethylsilyltetrakis-O-trimethylsilyl-α-* u. *-β-D-glucose*. Die direkte Trimethylsilylierung von α- u. β-D-Glucose mit geeigneten Mengen von Trimethylsilyldonatoren (Hexamethyldisilazan oder N-[Trimethylsilyl]-acetamid) gibt ein Gemisch partiell trimethylsilylierter Derivate. Die Auftrennung des Gemisches erfolgt durch Gaschromatographie, wobei als Hauptbestandteile *Trimethylsilyltetrakis-O-trimethylsilyl-D-glucosid*, *Trimethylsilyl-2.3.6-* u. *-2.4.6-tris-O-trimethylsilyl-D-glucosid* erhalten werden. Die relativen Retentionszeiten von Trimethylsilyl-2.3.4.6-tetrakis-O-trimethylsilyl-β-D-glucosid, Benzyl-2.3.4.6-tetrakis-O-trimethylsilyl-α- u. -β-D-glucosid, Trimethylsilyl-2-O-benzyl-3.4.6-tris-O-trimethylsilyl-α- u. -β-D-glucosid, Trimethylsilyl-3-O-benzyl-2.4.6-tris-O-trimethylsilyl-α- u. β-D-glucosid, Trimethylsilyl-4-O-benzyl-2.3.6-tris-O-trimethylsilyl-α- u. -β-D-glucosid sowie von Trimethylsilyl-6-O-benzyl-2.3.4-tris-O-trimethylsilyl-α- u. -β-D-glucosid werden angegeben.

Versuche: *Gemisch aus Trimethylsilyltetrakis-O-trimethylsilyl-α-* u. *-β-D-glucosid*, a) durch Zugabe von D-Glucose zu einem Gemisch aus Hexamethyldisilazan u. Chlortrimethylsilan in Py. bei 70° u. 5std. Schütteln; b) durch Hydrierung von 1-O-Benzyltetrakis-O-trimethylsilyl-α- u. -β-D-glucosid oder von entsprechenden Trimethylsilyl-mono-O-benzyl-tris-O-trimethylsilyl-D-glucopyranosiden an Pd/Kohle in Essigsäureäthylester. — *6-O-Benzyl-D-glucose*, durch Zugabe von DMF u. Benzylbromid zu 3.5-O-Benzyliden-1.2-O-isopropyliden-D-glucofuranose, Zugabe von Ag_2O, Stehen über Nacht, Eindampfen des Filtrates, 1std. Kochen mit 2 n H_2SO_4 in Methanol, Einengen u. 4std. Kochen. Trimethylsilyl-6-O-benzyl-2.3.4-tris-O-trimethylsilyl-D-glucosid (Anomerengemisch), $Kp._{0,03}$ 156°, analog vorvorst. Verb. nach a); 80% (Ausb.). — *N-[3.4.6-Tris-O-acetyl-D-glucopyranosyl]-piperidin*, a) F. 149° (abs. A.), aus Penta-O-acetyl-α-D-glucopyranose mit Piperidin; 42%; b) F. 130°, analog a) aus Penta-O-acetyl-β-D-glucopyranose; $[\alpha]_D^{23}$ +31,7° (c = 2; $CHCl_3$). — *N-[3.4.6-Tris-O-acetyl-2-O-trimethylsilyl-D-glucopyranosyl]-piperidin*, aus vorst. Verb. mit Hexamethyldisilazan. G. Westphal 3400△

1299 **Stickstoffenthaltende Kohlenhydratderivate.** 17. Mitt. **Methyl-4.6-O-benzyliden-2.3-didesoxy-2.3-diphenylazo-α-D-mannosid.** B. E. Davison, R. D. Guthrie und D. Murphy. (Carbohydrate Res. [Amsterdam] **5** (1967) 4, 449–52; Chem. Labor., Univ. of Sussex, Brighton; engl.) — 15. vgl. C. **1969**, 1-1355. — *Methyl-4.6-O-benzyliden-2.3-didesoxy-2.3-diphenylazo-α-D-mannosid* (**II**) entsteht in 2 bis 3%ig. Ausb. bei der Rk. von $JO_3^{\ominus}$-ox. Methyl-4.6-O-benzyliden-α-D-glucosid (**I**) mit wss. Phenylhydrazin bzw. in 63%ig. Ausb. bei der Umsetzung mit Phenylhydrazin in DMF. Basen lagern **II** zum entsprechenden *Bis-[phenylhydrazon]* um, aus dem die entsprechende *Diulose* durch Umsetzen mit Benzaldehyd in 70%ig. A. in Ggw. von Essigsäure nicht erhalten werden konnte. Methyl-4.6-O-benzyliden-3-desoxy-3-phenylazo-α-D-glucosid reagiert nicht beim 8std. Stehen mit Phenylhydrazin in DMF.

Versuche: *Methyl-4.6-O-benzyliden-3-desoxy-3-phenylazo-α-D-glucosid*, F. 186–189° (Isopropanol), durch Zugabe von Phenylhydrazinhydrochlorid zu **I** in H_2O in Ggw. von Na-Acetat u. DMF bei 60° u. 4std. Stehen bei Raumtemp.; 40% (Ausb.). — *Methyl-4.6-O-benzyliden-2.3-didesoxy-2.3-diphenylazo-α-D-mannosid* (**II**), $C_{26}H_{26}N_4O_4$, F. 187–189°, a) aus den Mutterlaugen vorst. Verb.; $[\alpha]_D^{27}$ −423° (c = 0,8; $CHCl_3$); aus Methanol gelbe Nadeln; 2,5%; b) durch 60std. Stehen von **I** mit Phenylhydrazin in DMF u. Verdünnen mit H_2O; 63%. — *Methyl-4.6-O-benzyliden-2.3-diamino-2.3-didesoxy-α-D-mannopyranosid*, durch 15std. Hydrieren von **II** in abs. A./Cyclohexan an Raney-Ni bei 85°/85 at; 84%. — *Methyl-4.6-O-benzyliden-2.3-diacetylamino-2.3-didesoxy-α-D-mannosid*, F. 310° (Zers.; W.), durch Acetylierung vorst. Verb.; $[\alpha]_D^{26}$ −35,9° (c = 0,78; $CHCl_3$). — *Methyl-4.6-O-benzyliden-α-D-erythro-2.3-hexodiulose-bis-[phenylhydrazon]*, F. 210° (Zers.; verd. Methanol), durch 10 Min. langes Kochen von **II** mit 1 n methanol. Na-Methylatlsg.; $[\alpha]_D^{26}$ −557° (c = 1,07; $CHCl_3$); 87% (die Reinigung der Substanzen erfolgt durch Dünnschichtchromatographie an Kieselgel). G. Westphal 3400△

1300 **Stickstoffenthaltende Kohlenhydratderivate.** 18. Mitt. **Methyl-4.6-O-benzyliden-3-desoxy-3-methylazo-α-D-glucosid.** E. O. Bishop, R. D. Guthrie und J. E. Lewis. (Carbohydrate Res. [Amsterdam] **5** (1967) 4, 477–78; Chem. Labor., Univ. of Sussex, Brighton; engl.) — 17. vgl. vorst. Referat. — Die Synth. der Titelverb. wird beschrieben. NMR-Max. vgl. Original.

Versuche: *Methyl-4.6-O-benzyliden-3-desoxy-3-methylazo-α-D-glucosid*, $C_{15}H_{20}N_2O_5$, F. 154–157° (A./PAe.), durch Zugabe von Methylhydrazinsulfat in wss. Na-Acetatlsg. zu einer wss. Lsg. von 10 g perjodatox. Methyl-4.6-O-benzyliden-α-D-glucosid in H_2^+ in Ggw. von DMF bei 80°, 5–6std. Stehen u. Extrahieren mit $CHCl_3$; $[\alpha]_D$ +51° (c = 1; $CHCl_3$); 2,2 g (Ausb.). — *Methyl-2-O-acetyl-4.6-O-benzyliden-3-desoxy-3-methylazo-α-D-glucosid*, $C_{17}H_{22}N_2O_6$, F. 125–127° (A./PAe.), durch Stehen vorst. Verb. mit Essigsäureanhydrid/Py. über Nacht bei Raumtemp.; $[\alpha]_D$ +51° (c = 1,5; $CHCl_3$). — *Methyl-3-acetylamino-4.6-O-benzyliden-3-desoxy-α-D-glucosid*, F. 283–286° (Zers.), durch Hydrieren vorvorst. Verb. in A. an Raney-Ni bei 70°/70 at, Eindampfen u. 5 Min. langes Acetylieren mit Essigsäureanhydrid/Py.; 25%. G. Westphal 3400△

1301 **Cyclische Acetale und Ketale von Monosacchariden.** 3. Mitt. **Kupfersulfatkatalysierte Acetonisierung von L-Sorbose.** J. R. Patil und J. L. Bose. (Indian J. Chem. **5** (1967) 12, 598–603; Nation. Chem. Labor., Poona; engl.) — Die $CuSO_4$-katalysierte Acetonisierung von L-Sorbose liefert ein Gemisch aus zwei cycl. Monoketalen u. dreicycl. Diketalen dieses Zuckers, die durch präparative Dünnschichtchromatographie getrennt werden. Als neues Monoketal konnte *1.2-O-Isopropyliden-α-L-sorbofuranose* (**I**) isoliert werden. Zur Strukturaufklärung von **I** wird eine Synth. durch partielle Hydrolyse von *1.2;4.6-Di-O-isopropyliden-α-L-sorbofuranose* (**II**) mit verd. H_2SO_4 bei Raumtemp. beschrieben. Perjodatox. der Monoketale werden beschrieben. Die Umsetzungen von **II** u. 2.3;4.6-Di-O-isopropyliden-α-L-sorbofuranose mit Aceton in Ggw. von wasserfreiem $CuSO_4$ waren erfolglos. Meth. der Dünnschichtchromatographie u. der Gaschromatographie vgl. Original. — 2. vgl. C. **1969**, 4-0939.

Versuche: *2.3;4.6-Di-O-isopropyliden-α-L-sorbofuranose*, $C_{12}H_{20}O_6$, F. 77–78°, durch 7tägiges Stehen von 10 g L-Sorbose mit $CuSO_4$ in abs. Aceton bei 28°; $[\alpha]_D^{27}$ −18,2° (c = 1,56; Aceton); aus PAe. Nadeln; 2,474 g (Ausb.). — *1.2;4.6-Di-O-isopropyliden-α-L-sorbofuranose* (**II**), $C_{12}H_{20}O_6$, F. 78–79°, neben vorst. Verb.; $[\alpha]_D^{30,5}$ −36,7° (c = 5,35; Aceton); aus PAe. prismat. Nadeln; 1,13 g. — *Verb.* $C_{12}H_{20}O_6$, F. 165°, neben **II**; $[\alpha]_D^{31}$ +45,15° (c = 3,79; Aceton); 0,14 g. — *Verb. vom F. 99 bis 103°*, neben **II**; aus PAe. Nadeln; 0,09 g. — *1.2-O-Isopropyliden-α-L-sorbofuranose* (**I**), $C_9H_{16}O_6$, F. 91–92°, a) neben **II**; $[\alpha]_D^{30}$ −75,29° (c = 0,52; Aceton); aus PAe.

Nadeln; 11 mg; b) durch 2std. Stehen von 0,11 g **II** mit 0,01n H_2SO_4; 0,075 g. G. Westphal 3400△

1302 **Chemische Konstitution von Agar-Agar.** 24. Mitt. **Isolierung eines neuen Disaccharides, das Umwandlungsprodukt des Säurehydrolysates.** Choji Araki und Kiyoshi Arai. (Bull. chem. Soc. Japan **40** (1967) **5**, 1452—56; Dep. of Chem., Fac. of Ind., Arts, Kyoto Techn. Univ., Matsugasaki, Kyoto; engl.) — 23. vgl. C. **1968, 38**-1536. — Dargestellt wurden: *Isoagarobiose* (**I**), a) durch 20std. Hydrolyse von Agar-Agar mit 1 n H_2SO_4, Chromatographie an Kohle–Celite u. Eluieren mit 2,5%ig. A.; 1,5% (Ausb.); b) durch 20std. Rk. von 10 g Agarobiosedimethylacetal (F. 165—166°) mit 1n H_2SO_4 bei 100°, Filtrieren, Neutralisieren mit $BaCO_3$, Filtrieren, Passieren von Amberlite IR-120 u. Amberlite IR-45 u. Aufarbeiten; $[\alpha]_D$ +39,5° (W.); 0,15 g. *Phenylosazon*, $C_{24}H_{30}N_4O_8$, F. 215 bis 216°, mit Phenylhydrazin in 50%ig. Essigsäure bei 80°; gelbe Krist.; $[\alpha]_D^{31}$ —76,5° (17 Min.) → —70,1° [24 Std.; Py./Methanol (1 : 1)]; 0,25 g → 0,05 g. — *Hexa-O-acetyl-α-isoagarobiose*, $C_{24}H_{32}O_{16}$, F. 196—197° (94%ig. A.), aus **I** u. Acetanhydrid in Py. bei Raumtemp. in 48 Std. u. Gießen auf Eis; $[\alpha]_D^{15}$ +97,9° (Chloroform). — *3.6-Anhydro-L-galaktosedimethylacetal* (**II**), durch 50std. Kochen von 1 g **I** mit 2,5%ig. methanol. HCl, Neutralisieren mit Ag_2CO_3, Filtrieren, Eindampfen (Meth. **A**), Lösen in Aceton/Methanol (1 : 1), Filtrieren, Chromtographie an Cellulose u. Eluieren mit Butanol/W. (6 : 1) $[\alpha]_D^{26}$ —28,6° (W.); 0,44 g {0,2 g geben durch Hydrolyse mit 0,05n Oxalsäure 0,15 g *3.6-Anhydro-L-galaktose* [$[\alpha]_D^{26}$ —11,5° (W.)], aus der das entsprechende *Osazon* (F. 217—218° [gelb]; $[\alpha]_D^{26}$ —55,5° [Py./Methanol (2 : 3)]) erhalten wird}; daneben *Methyl-α-D-galaktopyranosidmonohydrat*, F. 107—108° (Methanol/Aceton); $[\alpha]_D^{26}$ +176,8° (W.); 0,27 g. — *Isoagarobiitol*, durch 2std. Red. von 1,25 g **I** mit $NaBH_4$ in W., Neutralisieren mit verd. Essigsäure, Passieren von Amberlite IR-120 u. Amberlite IR-4 B u. Einengen; $[\alpha]_D^{30}$ —11,7° (W). [0,77 g geben durch Methanolyse mit 3%ig. methanol; HCl 0,25 g **II** u. 0,15 g *Dulcitol*, F. 184° (Methanol) $[\alpha]_D^{31}$ ± 0° (W.)]. — *Methylpenta-O-methyl-β-isoagarobiosid*, $C_{18}H_{32}O_{10}$, F. 90—91° (Ae./PAe.), durch 8std. Zutropfen von Dimethylsulfat (**III**) u. 32%ig. KOH zu 2,5 g **I** in W. bei 0° unter Rühren, mehrstd. Stehen, 13std. Zugabe von KOH u. **III** bei 24—25° unter Rühren, 10std. Rk., Extraktion mit Chloroform, Eindampfen u. Methylieren mit CH_3J/Ag_2O; $[\alpha]_D^{7}$ —25,2° (Chloroform); 0,8 g. — *2.4.5-Tri-O-methyl-3.6-anhydro-L-galaktosedimethylacetal*, $Kp._{0,024}$ 85—86°, aus 2,9 g vorst. Verb. nach **A**, Extrahieren mit Chloroform u. frakt. Dest.; n_D^{25} 1,4438; $[\alpha]_D^{17}$ —24,3° (W.); 0,88 g {0,5 g geben durch 2std. Hydrolyse mit 0,02n H_2SO_4 bei 98° *2.4.5-Tri-O-methyl-3.6-anhydro-L-galaktose* [n_D^{25} 1,4621; $[\alpha]_D^{20}$ —19,4° (W.)], aus der durch Ox. mit Bromwasser u. folgender Rk. mit 4%ig. methanol. HCl *2.4.5-Tri-O-methyl-3.6-anhydro-L-galaktonsäuremethylester* [$C_{10}H_{18}O_6$; n_D^{25} 1,4481; $[\alpha]_D^{8}$ —52,2° (W.); 0,3 g → 0,25 g] erhalten wird}; daneben *2.3-Di-O-methyl-D-galaktose* (**IV**), $C_8H_{16}O_6$, durch Hydrolyse der Fraktion vom $Kp._{0,025-0,03}$ 136—143° mit 1n H_2SO_4; n_D^{25} 1,4844 $[\alpha]_D^{11}$ +61,5° (9 Min.) → +82,2° (24 Std.; W.); 0,35 g. — *2.3-Di-O-methyl-N-phenyl-D-galaktosylamin*, $C_{14}H_{21}NO_5$, F. 129° (Aceton/PAe.), aus 0,11 g **IV**; $[\alpha]_D^{15}$ —30,2° (13 Min.) → +12,8° (96 Std.; A.); 0,06 g. — *2.3-Di-O-methylgalaktarsäurediamid*, $C_8H_{16} \cdot N_2O_6$, F. 226—227° (W.), aus **IV** nach Luckett u. Smith [1940]. — R_F-Werte s. Original. R. Gnauck 3400△

1303 **Kondensation von Phosphoranen mit 1.2-O-Cyclohexyliden-3-O-benzyl-α-D-xylopentadialdo-1.4-furanose.** Ju. A. Ždanov, Ju. E. Alekseev und G. N. Dorofeenko. (Ž. obšč. Chim. **37/99** (1967) **1**, 98—101; Rostov-skij-na-Donu gos. univ.; russ.) — Durch Einw. von $(C_6H_5)_3P{=}CHCOR$ (**B**) auf **I** werden *Verb. vom Typ* **A** erhalten.

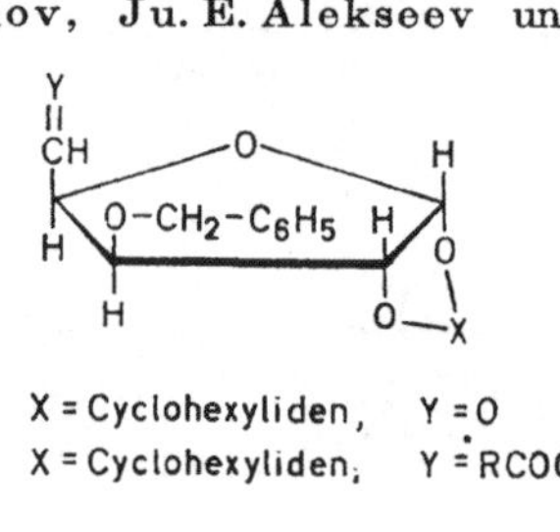

I X = Cyclohexyliden, Y = O
A X = Cyclohexyliden, Y = RCOCH

Versuche: *1.2;5.6-Di-O-cyclohexyliden-3-O-benzyl-α-D-glucofuranose*, $C_{25}H_{34}O_6$, durch 10std. Kochen von 1.2;5.6-Di-O-cyclohexyliden-α-D-glucofuranose mit Benzylchlorid, Bzl. u. NaOH, Verdünnen mit W., Extrahieren mit Chlf., Eindampfen, 1std. Erhitzen auf 170 bis 180° bei 10—15 Torr, analoge Behandlung des Rückstandes u. Eindampfen; sirupartig; $[\alpha]_D^{20}$ —18° (c = 10; Chlf.); 97,7% (Ausb.). — *5.6-O-Cyclohexyliden-3-O-benzyl-D-glucofuranose*, $C_{19}H_{26}O_6$, durch 3std. Erhitzen von 61 g vorst. Verb. mit Essigsäure, W. u. $Na_2S_2O_5$ auf 100°, Abkühlen, Filtrieren, Verdünnen mit W., Neutralisieren mit wss. NH_3, Extrahieren mit Chlf., Eindampfen, 1std. Erhitzen auf 170—180° bei 10—15 Torr u. Chromatographieren an Al_2O_3; sirupartig; $[\alpha]_D^{16}$ —10,6° (c = 6; A.); 7,5 g. — Daneben: *1.2-O-Cyclohexyliden-3-O-benzyl-α-D-glucofuranose*, $C_{19}H_{26}O_6$; sirupartig; $[\alpha]_D^{20}$ —37° (c = 9,8; Chlf.); 30,8 g. — **I**, durch Ox. vorst. Verb. mit Pb-Tetraacetat; 85%. *2.4-Dinitrophenylhydrazon*, $C_{24}H_{26} \cdot N_4O_8$, F. 186—188°; gelbe Nadeln. — Verb. vom Typ **A**, aus **I** u. **B**; sirupartig: R = C_6H_5, $C_{26}H_{28}O_5$; $[\alpha]_D^{16}$ —25°, (c = 13; Chlf.); 58%. — R = p-$NO_2C_6H_4$, $C_{26}H_{27}NO_7$; gelb; 99%. — R = p-$CH_3OC_6H_4$, $C_{27}H_{30}O_6$; $[\alpha]_D^{20}$ —25° (c = 9,8; Chlf.); 94,5%. — R = 3.4-$(CH_3O)_2C_6H_3$, $C_{28}H_{32}O_7$; $[\alpha]_D^{20}$ —15° (c = 9,4; Chlf.); 91%. — R = *H*, $C_{20}H_{24}O_5$; $[\alpha]_D$ —38° (c = 2,7; Chlf.); 68%. H. Berger 3450△

1304 **Purin-Nucleoside der β-D-Lyxofuranose.** Elmer J. Reist, Dianne F. Calkins und Leon Goodman. (J. org. Chemistry **32** (1967) **1**, 169—73; Life Sci. Res., Stanford Res. Inst., Manlo Park, Calif.; engl.) — Die Umsetzung eines Gemisches (**IV**) aus 6-Benzamido-9-[3.5-di-O-benzoyl-2-O-methylsulfonyl-β-D-xylofuranosyl]-9H-purin u. dessen 1- oder 6-N-Benzoylderiv. mit NaF in DMF liefert unter intramol. Austausch des Sulfonsäureesters durch einen benachbarten trans-O-Benzoylrest nach anschließender Desacylierung *9-[β-D-Lyxofuranosyl]-* (**I**) sowie *9-[β-D-Xylofuranosyl]-* (**II**) u. *9-[β-D-Arabinofuranosyl]-adenin* (**III**). Bei Anwendung von Na-Benzoat oder Na-Acetat in DMF erhöht sich der Anteil von **II** u. **III**. Die Umsetzung von **I** mit Aceton in Äthansulfonsäure oder Benzaldehyd in Ggw. von $ZnCl_2$ liefert ein *Gemisch* der entsprechenden *3'.5'-O-* bzw. *2'.3'-O-Acetale*, wobei die Bldg. der letzteren Verb. überwiegt. Die gebildeten Acetale werden durch NMR-Spektroskopie bzw. durch ihr unterschiedliches Verh. am Ionenaustauscherharz unterschieden. UV-Maxima sowie NMR-Daten u. R_F-Werte vgl. Original.

Versuche (F. korr.): *9-[β-D-Lyxofuranosyl]-adenin* (**I**), *0,6 Hydrat*, $C_{10}H_{13}N_5O_4 \cdot 0,6\ H_2O$, aus 1,96 g 9-[2-O-Methylsulfonyl-β-D-xylofuranosyl]-adenin u. Benzoylchlorid in Py. bei 0° u. Umsetzung des erhaltenen *Gemisches* (**IV**) [$C_{36,2}H_{29}N_5O_{9,6}S$, F. 97—107° (abs. A.); 3 g (Ausb.)] mit NaF in DMF bei 140°; 578 mg; daneben *Gemisch aus 9-[β-D-Xylofuranosyl]-adenin* (**II**) u. *9-[β-D-Arabinofuranosyl]-adenin* (**III**). — *9-[2.3.5-Tri-O-acetyl-β-D-lyxofuranosyl]-hypoxanthin*, $C_{16}H_{18}N_4O_8$, F. 210,5 bis 212°, aus **I** u. $NaNO_2$ in Eisessig bei Raumtemp. u. Rk. des erhaltenen *9-[β-D-Lyxofuranosyl]-hypoxanthins* (100%) mit Acetanhydrid/Py. bei Raumtemp.; $[\alpha]_D^{22}$ —53° (c = 0,51; $CHCl_3$); 70%. — *6-Mercapto-9-[2.3.5-tri-O-acetyl-β-D-lyxofuranosyl]-9H-purin, 0,25 Hydrat*, $C_{16}H_{18} \cdot N_4O_7S \cdot 0,25\ H_2O$, F. 206—207,5° (A.), aus vorst. Verb. u. P_2S_5 in abs. Py.; $[\alpha]_D$ —63° (c = 0,53; $CHCl_3$); 54%. — *6-Mercapto-9-[β-D-lyxofuranosyl]-9H-purin*, $C_{10}H_{12} \cdot N_4O_4S$, F. 218—221° (Zers.), aus vorst. Verb. u. Na-Methylat in Methanol; 90%. — *9-[3.5-O-Isopropyliden-β-D-lyxofuranosyl]-adenin, 0,75 Hydrat*, $C_{13}H_{17}N_5O_4 \cdot 0,75\ H_2O$, F. 233,5—234°, aus **I** u. abs. Aceton in Äthansulfonsäure bei Raumtemp.; $[\alpha]_D^{23,5}$ —55° (c = 0,5; Py.); 20%; daneben 52% *9-[2.3-O-Isopropyliden-β-D-lysofuranosyl]-adenin* (**V**), $C_{13}H_{17}N_5O_4$, F. 267,5—268,5° (Methanol); $[\alpha]_D^{21}$ +17,8° (c = 0,52; Py.). — *9-[3.5-O-Benzyliden-β-D-lyxofuranosyl]-adenin, 0,75 Hydrat*, $C_{17}H_{17}N_5O_4 \cdot 0,75\ H_2O$, F. 251,5—253° (A.), aus **I** u. Benzaldehyd in Ggw. von $ZnCl_2$; $[\alpha]_D^{24,5}$ —86° (c = 0,51; Py.); 13%; daneben 18% *9-[2.3-O-Benzyliden-β-D-lyxofuranosyl]-*

adenin, 0,75 Hydrat, $C_{17}H_{17}N_5O_4 \cdot 0{,}75\ H_2O$, F. 219–222° (abs. A.); $[\alpha]_D^{24,5}$ +118° (c = 0,5; Py.). – *9-[2.3-O-Isopropyliden-5-O-methylsulfonyl-β-D-lyxofuranosyl]-adenin*, $C_{14}H_{19}N_5O_6S$, F. 185,5–187,5°, aus V u. Methansulfonylchlorid in Py. bei 0°; $[\alpha]_D^{24}$ +24° (c = 0,5; Py.); 72%.
K.-P. Hilgetag 3450△

1305 **Nucleotid-Chemie. 5. Mitt. Anwendung von Chlorameisensäure-p-nitrophenylester bei der Blockierung von Hydroxylgruppen in Nucleosiden.** Robert L. Letsinger und Kelvin K. Ogilvie. (J. org. Chemistry **82** (1967) 2, 296–300; Dep. of Chem., Northwestern Univ., Evanston, Ill.; engl.) – 4. vgl. J. Amer. chem. Soc. 88 (1966) 5319; 3. vgl. C. **1968,** 19-1192. – Chlorameisensäure-p-nitrophenylester (I) reagiert mit Hydroxylgruppen in Nucleosiden bzw. Nucleosidderiv. unter Bldg. von am O geschützten Verb., wobei Verb. mit isolierten Hydroxylgruppen *Kohlensäure-p-nitrophenylester* geben, während bei Verb. mit benachbarten Hydroxylgruppen *cycl. Carbonate* entstehen. Die synthetisierten Verb. zeigen sich gegenüber den bei Phosphorylierungen angewendeten Rk.-Bedingungen stabil. IR-Maxima sowie R_F-Werte vgl. Original.

Versuche: *5'-O-Trityl-3'-O-[p-nitrophenoxycarbonyl]-thymidin*, $C_{36}H_{31}N_3O_9$, F. 116,5–117,5° (Bzl.), aus dem Bzl.-Addukt von 5'-O-Tritylthymidin u. I in Py. bei Raumtemp.; 89% (Ausb.). – *3'-O-[p-Nitrophenoxycarbonyl]-thymidin*, $C_{17}H_{17}N_3O_9$, F. 97,5–98,5°, aus vorst. Verb. u. 80%ig. Essigsäure bei Siedetemp.; 99%. – *Thymidin-5'-phosphat*, aus vorst. Verb. u. Pyridinium-β-cyanäthylphosphat u. Rk. mit N.N-Dicyclohexylcarbodiimid in Py. bei Raumtemp.; daneben *Dicyclohexylharnstoff* u. *p-Nitrophenol* (III). – *5'-O-[p-Nitrophenoxycarbonyl]-thymidin*, $C_{17}H_{17}N_3O_9$, F. 95–96°, aus Thymidin u. I in Py. bei Raumtemp.; 33%. – *Thymidin-3'-phosphat*, a) aus vorst. Verb. u. β-Cyanäthylphosphat analog vorvorst. Meth.; daneben **III**; b) aus Dichlorphosphorsäure-p-nitrophenylester u. vorst. Verb. in Dioxan/Py. bei Raumtemp.; daneben **III**. – Thymidin, aus vorvorst. Verb. u. Imidazol in Dioxan/W. bei Raumtemp.; daneben **III**. – *Uridin-2'.3'-carbonat* (II), $C_{10}H_{10}N_2O_7$, F. 120–125° (Zers.), aus Uridin u. I in Py. bei Raumtemp.; 72%. – *5'-O-Trityluridin-2'.3'-carbonat*, $C_{29}H_{24}N_2O_7$, F. 134,5–135,5° (Bzl.), aus **II** u. Triphenylmethylchlorid in Py.; 68%. – *Dibenzoyluridin-2'.3'-carbonat*, $C_{24}H_{18}N_2O_9$, F. 208–209°, aus **II** u. Benzoylchlorid in Py.; 71%. – *5'-O-Trityluridin*, F. 109° (Bzl.), a) aus vorvorst. Verb. u. 0,5m NaOH in 50%ig. wss. Dioxan; 83%; b) aus **II** u. Py./W. bei Siedetemperatur. – *N-Benzoyladenosin-2'.3'-carbonat*, $C_{18}H_{15}N_5O_6$, F. 164–165,5°. aus N-Benzoyladenosin u. I in Py.; 50%. – *N-Benzoyl-5'-O-trityladenosin-2'.3'-carbonat*, $C_{37}H_{29}N_5O_6$, F. 134–134,5°, aus vorst. Verb. u. Triphenylmethylchlorid in Py. bei Raumtemp.; 73%.
K.-P. Hilgetag 3450△

1306 **Struktur des Herbains – eines neuen 16.17-Dihydroheteroyohimban-Alkaloids aus Vinca herbacea W.K.** I. Ognyanov, B. Pyuskyulev und G. Spiteller. (Mh. Chem. **97,** 857–62, 1966; Inst. für Organ. Chem. der Bulgar. Akad. der Wiss., Sofia; dt.) – Mit Hilfe von Massen- u. NMR-Spektren wurde die für Herbain (I) vermutete Struktur bestätigt. Ferner wurde Identität der von Zabolotnaja u. Bukreeva (Ž. obšč. Chim. **33** (1963) 3780) aus moldauischer *Vinca herbacea* isolierten Alkaloide *Vincaherbin* mit I u. *Vincaherbinin*, $C_{23}H_{30}N_2 \cdot O_5$, mit Herbacein (II) festgestellt.

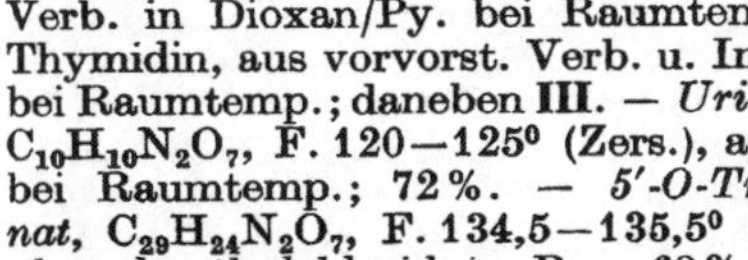

I R = -H
II R = -O-CH3

Versuche: *Herbain* (*11-Methoxy-18-oxa-19-methylyohimban-16-carbonsäuremethylester*) (I), $C_{22}H_{28}N_2O_4$, F. 126–128° (Zers.), isoliert aus 54 kg bulgar. *Vinca herbacea*; $[\alpha]_D^{26}$ –218° (Py., c = 1,52); 180 mg (Ausb.).
W. Brendel 3500△

1307 **Macralstonin.** T. Kishi, M. Hesse, W. Vetter, C. W. Gemenden, W. I. Taylor und H. Schmid. (Helv. chim. Acta **49,** 946–64, 1966; Org.-chem. Inst. der Univ. Zürich; dt.) – Das aus der Rinde von *Alstonia macrophylla Wall.* isolierte „dimere" Indolalkaloid *Macralstonin* (I) gibt bei Spaltung mit verd. HCl *Macrolin*

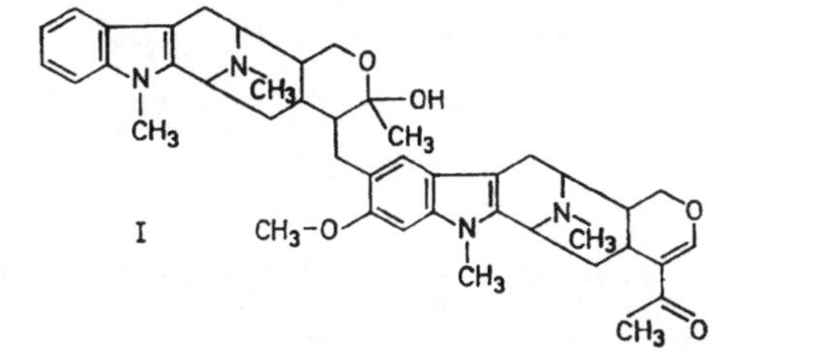

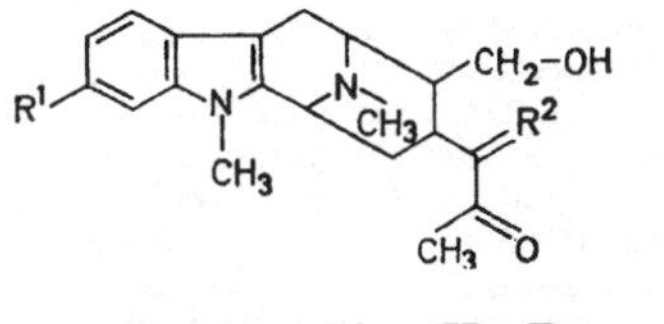

II R¹ = H; R² = CH2
V R¹ = O-CH3; R² = H2
VI R¹ = H; R² = H2

(II) u. *Alstophyllin* (III). Daraus u. auf Grund der UV-, IR- u. NMR- u. Massenspektren wird für I die Struktur abgeleitet.

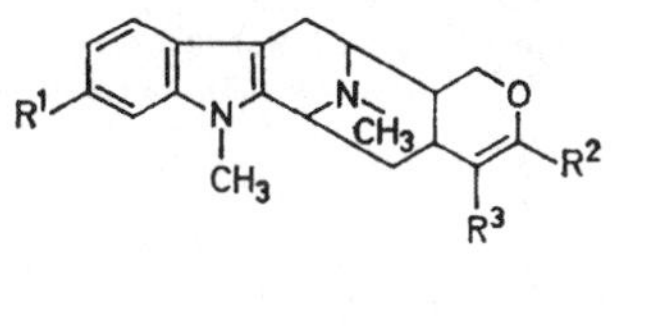

III R¹ = O-CH3; R² = H
R³ = CO-CH3
VII R¹, R³ = H; R² = CH3

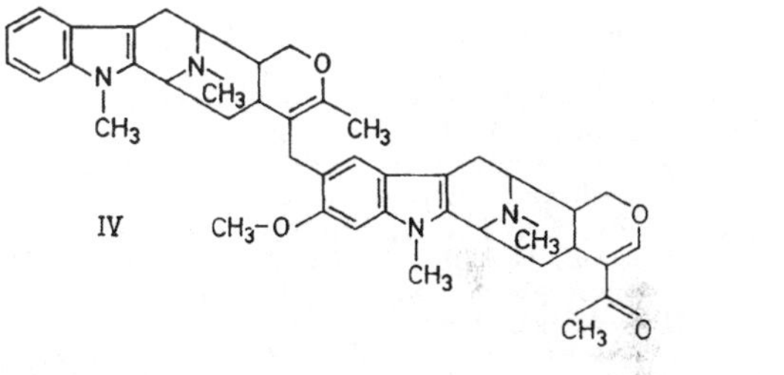

Versuche: *Macralstonin* (I), $C_{43}H_{52}N_4O_5$, F. 279–280° (Zers.; Dichlormethan/A.), aus 15 kg gemahlener Rinde von *Alstonia macrophylla*; $[\alpha]_D$ + 22 ± 2° (c = 2,0; Chlf.); 1,04 g (Ausb.). *O-Acetylderiv.*, F. 215 bis 222° (Zers.; Methanol/Ae.), aus 50 mg I u. Acetanhydrid/Py.; 39 mg. *O-Methylderiv.*, F. 202–207° (Aceton/Ae.), aus 58 mg I u. methanol. HCl; 32,5 mg. *Anhydroderiv.* (IV), a) durch Dest. bei 300–350°/10^{-3} Torr von 99 mg I; 36,9 mg; b) aus I u. HCl in $CHCl_3$. – *Villalstonin, Oxalat*, Zers. 235–240°, neben I nach Zugabe von Oxalsäure; 13,58 g. – *Macralstonidin*, F. 290–300° (Zers.), neben I; 630 mg. – *Alstophyllin* (III), $C_{22}H_{26}N_2O_3$, F. 161–163° (Dichlormethan/Hexan), a) neben I; 406 mg; b) aus 307 mg I u. 70%ig. $HClO_4$; 57,4 mg; c) aus I u. verd. HCl; $[\alpha]_D$ –154 ± 5° (c = 0,31). – Verb. **V**, F. 146–153° (Methanol/Hexan), neben **III** nach c). – *Keton* **VI**, $C_{20}H_{26}N_2O_2$, F. 168–172° (Ae./Hexan), a) neben **III** nach c); $[\alpha]_D^{25}$ –27 ± 7° (c = 0,28). *O-Acetylderiv.*, $C_{22}H_{28}N_2O_3$, aus **VI** u. Py./Acetanhydrid. *Anhydroderiv.* **VII**, a) durch Dest. von **V** bei 230°/10^{-3} Torr. – *Macrolin* (II), neben **III** nach c). W. Meise 3500

1308 **Struktur des Alkaloides Pleiomutin: Massenspektrometrische Analyse und Partialsynthese.** M. Hesse, F. Bodmer und H. Schmid. (Helv. chim. Acta **49,** 964 bis 974; 1966; Org.-chem. Inst. der Univ. Zürich; dt.) – Für das aus *Pleiocarpa mutica Benth.* isolierte „dimere" Indolalkaloid *Pleiomutin* [I; $C_{41}H_{50}N_4O_2$, amorph, $[\alpha]_D^{22}$ –97° (Chlf.)] wird auf Grund des Massenspektrums, seiner Hydrolyse zu *Pleiocarpinin* (II) u. seiner Partialsynth. aus II u. Eburnamin die Konst. I abgeleitet.

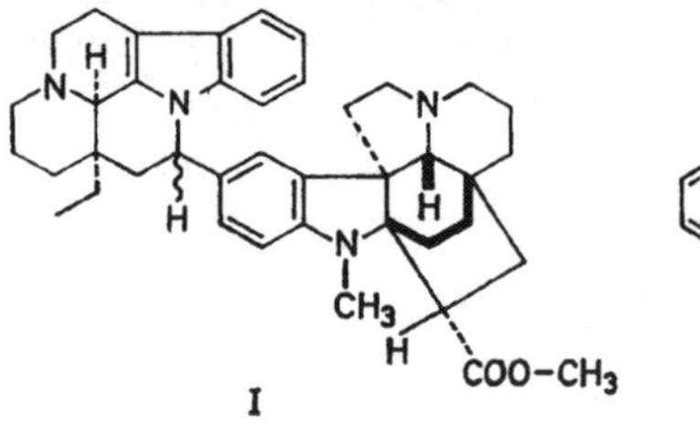

I

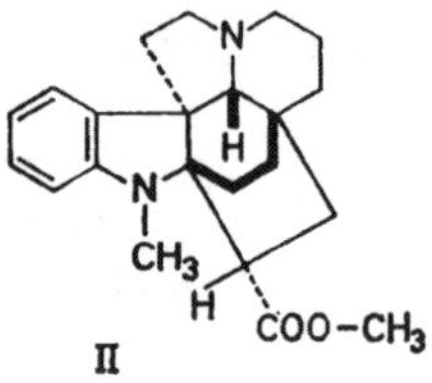

II

W. Meise 3500

1309 **Synthese von Thebain und Northebain aus Codeinondimethylketal.** Henry Rapoport, Calvin H. Lovell, Helen R. Reist und Mitchum E. Warren jun. (J. Amer. chem. Soc. **89** (1967) 8, 1942–47; Dep. of Chem. and the Lawrence Radiation Labor., Univ. of Calif., Berkeley, Calif.; engl.) — Addition von Orthoameisensäuretrimethylester (I) an Codeinon (II) führt zu *8-Methoxy-Δ⁶-dihydrothebain*. Umsetzung von Methylhypobromid mit Δ⁶-Dihydrothebain gibt *7-Bromdihydrocodeinondimethylketal*, das durch Dehydrobromierung in *Codeinondimethylketal* übergeführt wird. Säurekatalysierte Eliminierung von Methanol gibt *Thebain*. Analog wird aus Norcodeinondimethylketal *Northebain* synthetisiert. Es wird eine Meth. zur Abtrennung von keton.-, α,β-ungesätt. keton.- u. nicht keton. Alkaloidverb. durch Überführung in *Bisulfitaddukte* beschrieben. UV-Maxima vgl. Original.

Versuche (F. korr.): *8-Methoxy-Δ⁶-dihydrothebain* (III), $C_{20}H_{25}NO_4$, F. 190–191° (Hexan), aus I u. II in Methanol/konz. H_2SO_4 bei 70°; $[\alpha]_D^{25}$ –133° (c = 1; A.); 32 % (Ausb.). *Methojodid, Monohydrat*, $C_{21}H_{28}JNO_4 \cdot H_2O$, F. 212–213° (A.); $[\alpha]_D^{25}$ –86° (c = 1; A.). — *8-Methoxy-Δ⁶-dihydrothebainmethin*, $C_{21}H_{27}NO_4$, F. 124–125° (Hexan), aus vorst. Methojodid u. 30 %ig. wss. KOH bei Siedetemp.; $[\alpha]_D^{25}$ –119° (c = 1; A.); 84 %. — *N-Cyan-8-methoxy-Δ⁶-dihydronorthebain*, $C_{20}H_{22}N_2O_4$, F. 228–231° (A.), aus III u. BrCN in $CHCl_3$ bei Siedetemp.; $[\alpha]_D^{25}$ –185° (c = 1; Py.); 90 %. — *8-Methoxydihydrocodeinon*, $C_{19}H_{23}NO_4$, F. 195–197° [Propanol-(2)], aus III u. n KH · SO_4 bei Raumtemp.; 20 %; daneben 24 % II. — *7-Hydroxy-8-methoxydihydrocodeinon*, $C_{19}H_{23}NO_5$, aus III u. OsO_4 in Py./Bzl. bei Raumtemp. u. Rk. mit Na_2SO_3 in Methanol/Bzl./W.; 95 %. *Oxim*, $C_{19}H_{24}N_2O_5$, F. 251–253° (Zers.; abs. A.), aus dem Keton u. Hydroxylamin-Hydrochlorid in A. bei Siedetemp.; $[\alpha]_D^{25}$ –204° (c = 1; Py.). — *7-Bromdihydrocodeinondimethylketal*, $C_{20}H_{26}BrNO_4$, F. 116–117° (Hexan), aus Δ⁶-Dihydrothebain u. N-Bromacetamid in Methanol bei 15°; $[\alpha]_D^{25}$ –170° (c = 1; A.); 62 %. — *Codeinondimethylketal* (V), $C_{20}H_{25}NO_4$, F. 138–139° (50 %ig. Bzl./Hexan), aus vorst. Verb. u. K-tert.-Amylat bei Siedetemp.; $[\alpha]_D^{25}$ –233° (c = 1; A.); 80 %. *Methojodid* (IV), $C_{21}H_{28}JNO_4$, F. 193–195° (Zers.), durch Rk. mit CH_3J in Essigester. — *Codeinon* (II), aus vorst. Verb. u. 3 n Essigsäure bei Raumtemperatur. — *Dihydrocodeinondimethylketal*, $C_{20}H_{27}NO_4$, F. 122–123° (Hexan), a) aus 343 mg vorvorst. Verb. u. H_2 in abs. A. in Ggw. von 5 %ig. Pd–Kohle; $[\alpha]_D^{25}$ –151° (c = 1; A.); 286 mg; b) aus 2 g Dihydrocodeinon u. 193 ml I in Methanol bei Siedetemp. u. Rk. mit konz. H_2SO_4 bei Siedetemp.; 2,2 g. — *Codeindimethylketalmethin*, $C_{21}H_{27}NO_4$, F. 71–72°, aus IV u. 30 %ig. wss. KOH bei Siedetemp.; $[\alpha]_D^{25}$ –328° (c = 1; A.); 88 %. — *Neopinondimethylketalmethin*, $C_{21}H_{27}NO_4$, Kp.$_{0,1}$ 125°, aus vorst. Verb. u. wss. äthanol. KOH bei Siedetemp.; $[\alpha]_D^{25}$ +301° (c = 1; A.); 89 %. — *Thebain*, F. 192–194° (Methanol), a) aus V u. p-Toluolsulfonsäure in CH_2Cl_2/Bzl.; b) aus V u. PO · Cl_3 in Py./Toluol bei 90°; 82 %. — *N-Cyannorthebain*, $C_{19} \cdot H_{18}N_2O_3$, F. 223–224° (abs. A.); aus V u. BrCN in $CHCl_3$ bei Siedetemp.; $[\alpha]_D^{25}$ –212° (c = 1; Py.); 75 %. — *N-Cyannorcodeinondimethylketal*, $C_{20}H_{22}N_2O_4$, F. 163–164°, aus V analog vorst. Meth. in Ggw. von K_2CO_3; 65 %. — *Norcodeinondimethylketal*, $C_{19}H_{23}NO_4$, F. 117–118°, aus vorst. Verb. u. $LiAlH_4$ in THF bei Siedetemp.; 75 %. — *Northebain*, F. 158–159° (Methanol), aus vorst. Verb. u. $POCl_3$ in Py./Toluol bei 80°; 63 %.

K.-P. Hilgetag 3500△

1310 **Terpenoide.** 24. Mitt. **Synthese von Δ-Terpineol.** O. P. Vig, J. P. Salota, und S. D. Sharma. (J. Indian chem. Soc. **44** (1967) 5, 388–90; Dep. of Chem., Panjab Univ., Chandigarh; engl.) — 23. vgl. ibid. **43** (1966), 27. — Die Synth. von *Δ-Terpineol*, ausgehend von 1-Methylen-4-[1.1-äthylendioxyäthyl]-cyclohexan, wird beschrieben. Max. IR- u. NMR-Spektren vgl. Original. — 27. vgl. C. **1969**, 1-1375.

Versuche: *4-[1.1-Äthylendioxyäthyl]-cyclohexanon* nach Vig et. al. (J. Indian chem. Soc. 42 (1965), 581). — *1-Methylen-4-[1.1-äthylendioxyäthyl]-cyclohexan*, $C_{11}H_{18}O_2$, Kp.$_8$ 110°, durch Umsetzen von Methyltriphenylphosphoniumjodid mit NaH in DMS, ½std. Erwärmen des gebildeten Methylenphosphorans mit vorst. Verb. bei 50° u. Stehen über Nacht bei Raumtemp.; n_D^{30} 1,4530; 84 % (Ausb.). — *1-Methylen-4-acetylcyclohexan*, $C_9H_{14}O$, Kp.$_7$ 90°, durch 2std. Stehen vorst. Verb. mit p-Toluolsulfonsäure in verd. Aceton bei Raumtemp.; n_D^{29} 1,4660; 80 %. *2.4-Dinitrophenylhydrazon*, $C_{15}H_{18}N_4O_4$, F. 151–152°; aus A. gelbe Nadeln. *Semicarbazon*, $C_{10}H_{17}N_3O$, F. 158–160° (verd. A.). — *1-Methylen-4-[1-hydroxy-1-methyläthyl]-cyclohexan* (*Δ-Terpineol*), $C_{10}H_{18}O$, Kp.$_{10}$ 100°, durch Zugabe vorst. Verb. in abs. Ae. zu Methyl-MgJ, Stehen über Nacht bei Raumtemp. u. 1std. Kochen; 69 %. G. Westphal 3600△

1311 **Verbindungen mit cytotoxischen Gruppen auf der Basis von α-Pinen.** I. A. Poplavskaja, A. D. Dembickij und M. I. Gorjaev. (Ž. obšč. Chim. **37/99** (1967) 4, 805–09; Inst. chim. nauk AN Kaz. SSR Alma-Ata; russ.) — Folgende Verb. werden dargestellt: *β-Pinyl-(3)-amin*, Kp.$_{12}$ 87–88°, durch Red. von 3-Hydroxyimino-β-pinen (I) mit Zn in Essigsäure; n_D^{20} 1,5037; 43,7 % (Ausb.). *Hydrochlorid*, F. 229–230°. — *N.N-Bis-[2-hydroxyäthyl]-β-pinyl-(3)-amin* (II), $C_{14}H_{25}NO_2$, Kp.$_1$ 168–170°, F. 88–89°, durch 2 Tage langes Stehen vorst. Verb. mit Äthylenoxid u. 90 %ig. A. u. Eindampfen im Vakuum; 83,2 %. *Hydrochlorid*, $C_{14}H_{26}ClNO_2$, F. 152–154° (Aceton). — *N.N-Bis-[2-chloräthyl]-β-pinyl-(3)-aminhydrochlorid* (III), $C_{14}H_{24}Cl_3 \cdot N$, F. 155–156° (A.), durch Sättigen einer Lsg. von II in Chlf. mit trockenem HCl, 1std. Kochen mit $SOCl_2$ u. Eindampfen im Vakuum; 66,5 %. — *Pinocamphylamin* (IV), Kp.$_{9,5}$ 82°, durch Red. von I mit Na in Butanol; 56 %. *Hydrochlorid*, F. 340° (Zers.). — *N.N-Bis-[2-hydroxyäthyl]-pinocamphylamin*, Kp.$_1$ 166,5°, analog II; n_D^{20} 1,5055; 85,4 %. *Hydrochlorid*, $C_{14}H_{28}ClNO_2$, F. 132–134° (A./Ae.). — *N.N-Bis-[2-chloräthyl]-pinocamphylaminhydrochlorid*, $C_{14}H_{26}Cl_3N$, F. 142–144° (A./Ae.), analog III; 57,7 %. — *N-{Bis-[äthylenimino]-phosphinyl}-pinocamphylamin*, $C_{14} \cdot H_{26}N_3OP$, F. 123–124° (CCl_4/PAe.), durch Zugabe von IV in abs. Ae. zu $POCl_3$ in abs. Ae. bei 0–5°, Rühren bei Raumtemp., Zugabe der äther. Lsg. zu Äthylenimin u. Triäthylamin in abs. Ae., 1std. Rühren unter Kühlung, 2std. Rühren bei Raumtemp. u. Eindampfen der äther. Lsg.; 20,8 %. — *α-Pinyl-(3)-amin*, Kp.$_{13}$ 87°, durch Zugabe von I in abs. Ae. zu $LiAlH_4$ in abs. Ae., 2std. Kochen, Zersetzen mit W. u. Alkali u. Aufarbeiten der äther. Lsg.; n_D^{20} 1,4948; 54,7 %. *Hydrochlorid*, $C_{10}H_{18}ClN$, F. 124° (A./Ae.). — *Dihydrocamphylamin*, Kp.$_{12}$ 81–82°, durch Zugabe von Na zu einer sd. Lsg. von Campholenaldehydoxim in Butanol; n_D^{20} 1,4815; 40,5 %. *Hydrochlorid*, $C_{10}H_{22}ClN$, F. 235–236° (A./Ae.). — *N.N-Bis-[2-hydroxyäthyl]-dihydrocamphylamin*, Kp.$_1$ 164–165°, analog II; n_D^{20} 1,4929; 80 %. *Hydrochlorid*; ölig. — *N.N-Bis-[2-chloräthyl]-dihydrocamphylaminhydrochlorid*, $C_{14}H_{28}Cl_3N$, F. 95–96° (Bzl.), durch 1std. Kochen vorst. Verb. mit $SOCl_2$ in Chlf., Eindampfen, Lösen in W., Alkalisieren, Extrahieren mit Bzl. u. Fällen mit Ae.; 49,4 %. Hartmut Berger 3600△

1312 **Struktur von Cyperolon.** Hiroshi Hikino, Keitaro Aota, Yukio Maebayashi und Tsunematsu Takemoto. (Chem. pharmac. Bull. [Tokyo] **14**, (12), 1439–41; 1966; Tohoku Univ., School of Med., Pharmaceut. Inst.; engl.) — Für den aus den Knollen von japan. *Cyperus rotundus* Linné isolierten Sesquiterpenalkohol *Cyperolon* (*Hydrat*, $C_{15}H_{24}O_2 \cdot H_2O$, F. 41–42°; $[\alpha]_D$ +31° [Chlf.]) wird auf chem. u. spektroskop. Wege die Struktur I ermittelt. I bildet bei der Hydrierung *Verb.* II ($C_{15}H_{26}O_2$; $[\alpha]_D$ +24,7° [Chlf.]). I u. II werden von CrO_3 zu den *Diketonen* $C_{15}H_{22}O_2$ (III, $[\alpha]_D$ +38,7° [Chlf.]) bzw. $C_{15}H_{24}O_2$ (IV, $[\alpha]_D$ +48,5° [Chlf.]) oxydiert. Bei der Red. von I mit $LiAlH_4$ erhält man das *Diol* $C_{15}H_{26}O_2$ (F. 112

bis 112,5°, $[\alpha]_D$ +72,4° [Chlf.]). **IV** wird von Alkali zu *Verb.* **V** ($C_{13}H_{22}O$) entacetyliert. 14-Noreudesmanon-(4) wird zur *3-Benzylidenverb.* ($C_{21}H_{28}O$, F. 88—88,5°) umgesetzt u.

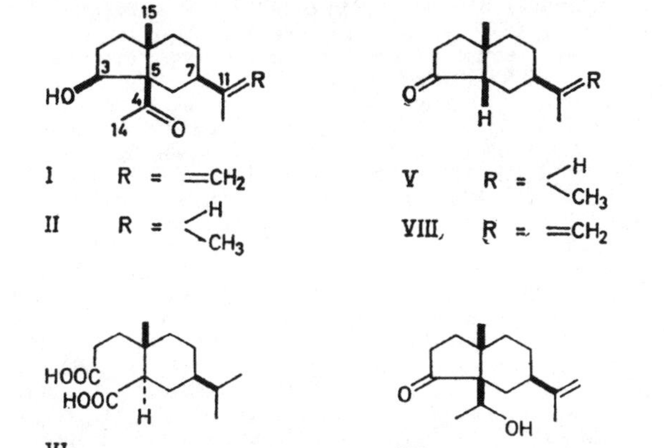

VI VII

diese durch Ozonolyse u. Ox. mit H_2O_2 zu *Verb.* **VI** aufgespalten, die sich zu **V** cyclisieren läßt. Durch partielle Red. von **III** mit $LiAlH_4$ erhält man *Verb.* **VII**, die in *Verb.* **VIII** ($C_{13}H_{20}O$, F. 40,5°) umgewandelt wird. — IR-, NMR- u. ORD-Maxima sind angegeben. G. Fischer 3600△

1313 **Sesquiterpenoide. 4. Mitt. Struktur und absolute Konfiguration von Cyperotundon.** Hiroshi Hikino, Keitaro Aota und Tsunematsu Takemoto. (Chem. pharmac. Bull. [Tokyo] **14**, 8, 890—96, 1966; Tohoku Univ. School of Med., Pharmaceut. Inst.; engl.) — 3. vgl. ibid. **14** (1966), 735. — Für *Cyperotundon* (**I**), den Inhaltstoff von *Cyperus rotundus* Linné, wurden Struktur u. Konfig. wie folgt bewiesen: Aus den Spektren ergibt sich die Ggw. eines 3-substituierten 2-Methylcyclopenten-(2)-on-Syst. mit einer dem CO benachbarten CH_2-Gruppe. Das Gerüst ergibt sich durch Umwandlung in das auch aus Patschulialkohol erhaltene *Isopatschulan* (**VI**). Die abs. Konfig. wird für die $C_{(11)}$-Brücke aus der ORD des Ketons **X** u. für die $C_{(10)}$-Methylgruppe aus den NMR-Spektren abgeleitet. — UV-, IR-, NMR- u. ORD-Maxima sind angegeben; 11. vgl. C. **1967**, **59**-0450.

Versuche: *Cyperotundon* (**I**), $C_{15}H_{22}O$, F. 46 bis 47,5°, aus den getrockneten Wurzelstöcken von *Cyperus rotundus* Linné; $[\alpha]_D$ +40,4° (c = 3,2; Chlf.); 0,6% (Ausb.) *2.4-Dinitrophenylhydrazon*, $C_{21}H_{26}N_4O_4$, F. 224—225° (Essigester). — *α-Cyperonsemicarbazon*, F. 209—210° (A.), neben **I** bei der Aufarbeitung mit Semicarbazidacetat. —

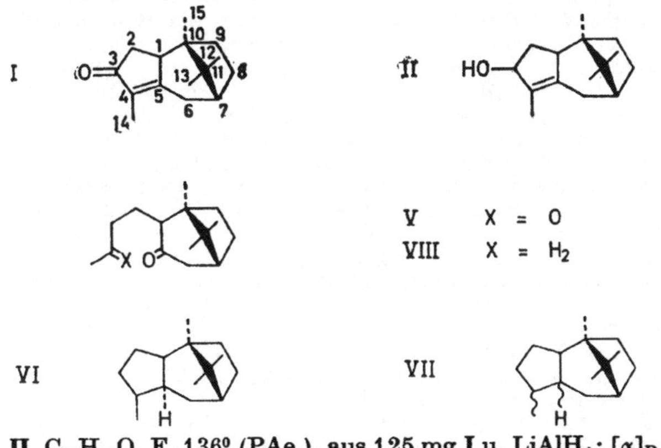

II, $C_{15}H_{24}O$, F. 136° (PAe.), aus 125 mg **I** u. $LiAlH_4$; $[\alpha]_D$ —37,7° (c = 4,8; Chlf.); 120 mg. *Acetat*, $C_{17}H_{26}O_2$, $[\alpha]_D$ —28,3° (c = 3,6; Chlf.). — *4.5-Dihydrocyperotundon* (**III**), $C_{15}H_{24}O$, F. 83—84° (PAe.), durch Hydrieren von 244 mg **I**; $[\alpha]_D$ —9,9° (c = 5,4; Chlf.); 243 mg. *Trideuteroverb.*, F. 77—80° (PAe.), aus Na in D_2O/Dioxan (1 : 1) u. **III**. — *Desoxocyperotundon* [**IV**, Gemisch aus Δ^4-*Isopatschulen* (*Cyperen*) u. Δ^3-*Isopatschulen* im Verhältnis 3 : 2], $C_{15}H_{24}$, durch Wolff-Kishner-Red. von 250 mg **I**; $[\alpha]_D$ —22,2° (c = 4,5; Chlf.); 242 mg. — *Verb.* **V**, $C_{15}H_{24}O_2$, F. 77,5 bis 78,5° (PAe.), durch Ozonisieren von 272 mg **IV**; $[\alpha]_D$ +39,8° (c = 3,6; Chlf.); 54 mg. — *Isopatschulan* **VI**, $C_{15} \cdot H_{26}$, a) im Gemisch mit wenig **VII** durch Hydrieren von 185 mg **IV**; 107 mg; b) durch Hydrieren von 236 mg **IX** (s. unten); $[\alpha]_D$ —49,2° (c = 5,9; Chlf.); 220 mg. — *Isopatschulan* **VII**, $C_{15}H_{26}$, durch Wolff-Kishner-Red. von **II**; $[\alpha]_D$ —89,9° (c = 4,6; Chlf.). — *Verb.* **VIII**, $C_{15}H_{26}O$, durch Wolff-Kishner-Red. von 102 mg **V**; $[\alpha]_D$ +15,8° (c = 4; Chlf.); 90 mg. — *α-(oder γ)-Patschulen* (**IX**), $C_{15}H_{24}$, aus 320 mg Patschulialkohol u. $POCl_3$ in Py.; $[\alpha]_D$ —53,7° (c = 6,4; Chlf.); 303 mg. G. Fischer 3600△

1314 **Isolierung und Struktur von Echinodol, einem Triterpenacetat.** F. Thomas Bond, Dwight S. Fullerton, Leo A. Sciuchetti und Philip Catalfomo. (J. Amer. chem. Soc. **88**, 3882—83, 1966; Corvallis, Oreg., Oreg. State Univ., Dep. of Chem.; engl.) — Durch Extrahieren von *Echinodontium tinctorium* Ellis et Ev. (Polyporaceae) mit PAe. wird ein aus 10 Komponenten bestehendes Gemisch erhalten u. daraus durch Chromatographie an Al_2O_3 die Hauptverb., *Echinodol* (**Ia**) isoliert. Die Konstit. als

Ia

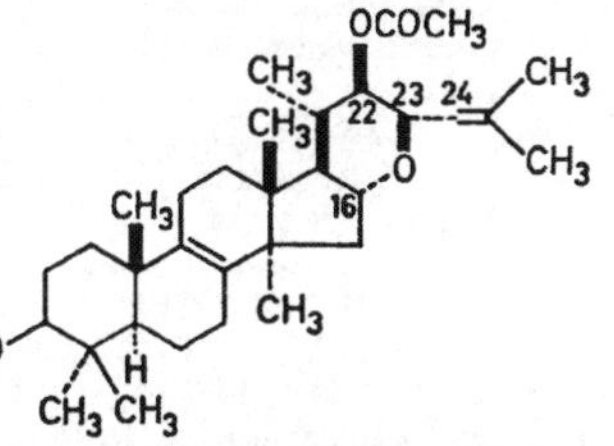

22β-Acetoxy-16α.23β-epoxy-23βH-$\Delta^{8.24}$-lanostadien-3β-ol wird durch Rk., Abbau zu *$\Delta^{8.24}$-Lanostadien*, die UV-, IR- u. bes. die NMR-Spektren ermittelt. Die Konfig. wird mit Ausnahme von $C_{(16)}$ durch Analogieschlüsse abgeleitet.

Versuche: *16α.23β-Epoxy-23βH-$\Delta^{8.24}$-lanostadien-3β.22β-diol* (**I**), $C_{30}H_{48}O_3$, F. 228—229°, aus **Ia** durch Verseifen oder durch Rk. mit $LiAlH_4$; $[\alpha]_D^{25}$ +47°. *22-Acetat* (**Ia**; *Echinodol*), $C_{32}H_{50}O_4$, F. 236—238°; $[\alpha]_D^{25}$ +48°; gibt bei der Ozonolyse *Aceton* [isoliert als *2.4-Dinitrophenylhydrazon*; 46% (Ausb.)]. *Diacetat* (**Ib**), $C_{34}H_{52} \cdot O_5$, F. 270—271°; $[\alpha]_D^{25}$ +51°. — *16α.23β-Epoxy-23βH-Δ^8-lanosten-3β.22β-diol, 22-Acetat*, $C_{32}H_{52}O_4$, F. 186—187°, durch Hydrierung von **Ia**. *Diacetat*, $C_{34}H_{54}O_5$, F. 178—180° — *3β.22β-Diacetoxy-16α.23β-epoxy-23βH-lanostan-7.11-dion*, F. 179—182°, aus vorst. Diacetat u. CrO_3 in Eisessig. — *3-Oxo-16α.23β-epoxy-23βH-$\Delta^{8.24}$-lanostadien-22β-ol*, $C_{30}H_{46}O_3$, F. 186—187°, durch Verseifen des Acetats. *Acetat*, $C_{32}H_{48}O_4$, F. 227—229°, aus **I** u. CrO_3 in verd. H_2SO_4 u. Aceton. — *16α.23-Epoxy-$\Delta^{8.22.24}$-lanostatrien-3-on*, $C_{30}H_{44}O_2$, F. 189—190°, aus vorst. Verb. u. $POCl_3$ in Py., bei Raumtemperatur. — *16α-Hydroxy-$\Delta^{8.24}$-lanostadien-3.23-dion*, $C_{30}H_{46}O_3$, F. 185—188°, aus vorst. Verb. u. 6 n H_2SO_4 in THF. — *$\Delta^{8.24}$-Lanostadien-3.16.23-trion*, aus vorst. Verb. u. CrO_3 in Aceton; Öl. — *$\Delta^{8.24}$-Lanostadien*, F. 80,5—81°, durch Red. vorst. Verb. nach Wolff-Kishner u. Chromatographie an $AgNO_3$/SiO_2. — *16α.23β-Epoxy-23βH-$\Delta^{8.24}$-lanostadien-3.22-dion*, $C_{30}H_{44}O_3$, F. 168—171°, aus **I** u. CrO_3.

F. Heller 3600

1315 **Darstellung von Steroid-Diosphenolen. 2. Mitt. Synthese von 2.16α.17β- und 2.16β.17β-Trihydroxy-4.4-dimethyl-$\Delta^{1.5}$-androstadien-3-onen.** Kenyu Shibata, Joji Yamada und Hiromu Mori. (Chem. pharmac. Bull. [Tokyo] **15** (1967) 2, 186—93; Res. Labor., Teikoku Hormone Mfg. Co., Ltd., 1604 Shimosakunobe, Kawasaki; engl.) — Vf. synthetisieren *2.16β.17β-Trihydroxy-4.4-dimethyl-$\Delta^{1.5}$-androstadien-3-on* in einem 4stufigen Verf. aus 2.16β.17β-Trihydroxy-Δ^5-androsten-16.17-acetonid. Das entsprechende *16α-Isomere* wird in einem 8stufigen Verf. aus 2.17β-Dihydroxy-4.4-dimethyl-$\Delta^{1.5}$-androstadien-3-on erhalten. IR- u. UV-Maxima sowie NMR-Daten vgl. Original.

Versuche: *16β.17β-Dihydroxy-Δ^4-androsten-3-on-16.17-acetonid*, $C_{22}H_{32}O_3$, F. 187—188,5°, durch Erhitzen eines Gemisches aus 500 mg 3β.16β.17β-Trihydroxy-Δ^5-androsten-16.17-acetonid u. 2,5 ml Cyclohexanon in Bzl. unter Abspaltung von W., Zugabe von Al-Isopropylat in Bzl., 2½std. Dest., Kühlen, Zugabe einer gesätt. wss. Rochelle-Salzlsg., Abdest. des Lsgm. durch W.-

Dampfdest. u. Extrahieren mit Ae.; aus Methanol Nadeln; $[\alpha]_D^{19}$ +124° (c = 1; $CHCl_3$); 350 mg (Ausb.). — *16β.17β-Dihydroxy-4.4-dimethyl-Δ^5-androsten-3-on-16.17-acetonid* (I), $C_{24}H_{36}O_3$, F. 183—186° (Methanol), durch Zugabe von K-tert.-Butylat in tert.-Butanol zu 500 mg vorst. Verb. unter Rühren u. N_2, Zutropfen von CH_3J_2bei Raumtemp., 2std. Rühren, mehrstd. Stehen, Gießen in W. u. Extrahieren mit Ae.; $[\alpha]_D^{19}$ +26° (c = 1; $CHCl_3$); 300 mg. *Acetonfreie Verb.* (II), $C_{21}H_{32}O_3$, F. 205—208°, durch 1/2std. Kochen eines Gemisches aus 300 mg I u. 85%ig. H_3PO_4 in A., Gießen in W. u. Extrahieren mit Ae. (Meth. A); aus Methanol Prismen; $[\alpha]_D^{19}$ −7° (c = 1; $CHCl_3$); 250 mg. — 4.4-Dimethyl-$\Delta^{1.5}$-androstadiene: *2.16β.17β-Trihydroxy-3-oxo-, 16.17-Acetonid*, $C_{24}H_{34}O_4$, F. 172—173°, durch 2std. Rühren einer Lsg. aus 2,4 g I u. K-tert.-Butylat in tert.-Butanol unter O_2, Gießen in W., Ansäuern mit 10%ig. HCl u. Extrahieren mit Ae. (Meth. B); aus Methanol Platten; $[\alpha]_D^{24}$ +86° (c = 1; $CHCl_3$); 1,5 g. — *2.16β.17β-Trihydroxy-3-oxo-, Methanolsolvat*, $C_{21}H_{30}O_4 \cdot CH_3OH$, F. 158—161°, a) durch Hydrolyse von 1 g vorst. Verb. analog A; aus Methanol Platten; $[\alpha]_D^{23}$ +46° (c = 1; $CHCl_3$); 0,8 g; b) aus 200 mg II analog B; 62 mg. — *17β-Hydroxy-2-methoxy-3-oxo-* (IV), $C_{22}H_{32}O_3$, F. 230—235°, a) durch Zutropfen von 20%ig. KOH zu einer Lsg. von 2,9 g nachst. Verb. u. Dimethylsulfat in Methanol unter Rühren, 1/2std. Rühren, Gießen in W. u. Ansäuern mit 10%ig. HCl; aus Methanol Prismen; $[\alpha]_D^{11}$ +42° (c = 1; $CHCl_3$); 2,5 g; b) durch 14std. Rühren eines Gemisches aus 150 mg 3β.17β-Dihydroxy-2-methoxy-4.4-dimethyl-$\Delta^{1.5}$-androstadien, Al-Isopropylat, Aceton u. Bzl. bei Raumtemp., Zugabe von 2 n H_2SO_4 u. Extrahieren mit Ae.; 98 mg. — *2.17β-Dihydroxy-3-oxo-*, F. 162—165° (Methanol), a) durch 8std. Kochen von 110 mg IV mit konz. HCl in Dioxan, Kühlen, Gießen in W. u. Extrahieren mit Ae.; 33 mg; b) aus 80 mg 3β.17β-Dihydroxy-4.4-dimethyl-Δ^5-androsten-2-on (III) analog B; 18 mg; c) durch 1/2std. Rühren einer Lsg. aus 120 mg III u. 20%ig. äthanol. KOH unter O_2; Gießen in W., Ansäuern mit 10%ig. HCl u. Extrahieren mit Ae.; 36 mg; d) analog aus 100 mg 3β.17β-Diacetoxy-4.4-dimethyl-Δ^5-androsten-2-on; 52 mg. — *2-Methoxy-3-oxo-17β-acetoxy-*, $C_{24}H_{34}O_4$, F. 158—160°, a) durch Acetylieren von IV mit Acetanhydrid/Py.; aus Methanol Nadeln; $[\alpha]_D^{14}$ +22° (c = 1; $CHCl_3$); b) durch Zugabe von $NaBH_4$ zu 172 mg VII in Methanol, 3/4std. Rühren bei 0°, Zugabe von Essigsäure, Gießen in W., Filtrieren u. Rk. mit Acetanhydrid/Py.; 84 mg; daneben 48 mg *2-Methoxy-3β.17β-diacetoxy-4.4-dimethyl-$\Delta^{1.5}$-androstadien*; c) durch 16std. Rühren eines Gemisches aus 120 mg III u. MnO_2 in $CHCl_3$ bei Raumtemp., mehrstd. Stehen, Filtrieren, Einengen u. nachfolgende Acetylierung; 69 mg. — *2-Methoxy-3.17-dioxo-* (VII), $C_{22}H_{30}O_3$, F. 203—205°, durch Zutropfen von 8 n CrO_3 in H_2SO_4 zu 7 g IV in Aceton unter Rühren u. Gießen in W.; aus Methanol Prismen; $[\alpha]_D^{11}$ +92° (c = 1; $CHCl_3$). — *2-Methoxy-3β.-17β-diacetoxy-*, $C_{26}H_{38}O_5$, F. 152—155°, a) durch 1std. Rühren eines Gemisches aus 1 g IV u. $NaBH_4$ in Methanol bei Raumtemp., Gießen in W., Filtrieren u. Acetylieren des erhaltenen *2-Methoxy-3β.17β-dihydroxy-4.4-dimethyl-$\Delta^{1.5}$-androstadiens* [VIII, F. 140—144° (Methanol); 700 mg] mit Acetanhydrid/Py.; $[\alpha]_D^{11}$ −11° (c = 1; $CHCl_3$); b) analog aus 1 g VII; 580 mg. — *2-Methoxy-3.17-dioxo-16α-acetoxy-*, $C_{24}H_{32}O_5$, F. 172—174°, a) durch Zugabe von 1,84 g Monoperphthalsäure zu V in Ae., mehrstd. Stehen bei 0°, Filtrieren, Einengen, Lösen des erhaltenen *Epoxids* [F. 169—174°] in Essigsäure, Zugabe von 60%ig. $HClO_4$ in Essigsäure, 1/2std. Stehen bei Raumtemp., Einengen u. Acetylieren; aus Methanol Platten; $[\alpha]_D^{11}$ +52° (c = 0,9; $CHCl_3$); 600 mg; b) durch Zugabe von Benzoepersäure zu 2 g V in Bzl., 15std. Stehen bei 0°, Einengen u. Acetylieren; 950 mg. — *2-Methoxy-3-oxo-16α.17β-diacetoxy-*, F. 135—140° (Methanol), a) durch 1/2std. Rühren eines Gemisches aus 146 mg vorst. Verb. u. $NaBH_4$ in Methanol bei 0°, Zugabe von Essigsäure, Gießen in W., Filtrieren u. Acetylieren; 32 mg; daneben 40 mg *2-Methoxy-3β.16α.17β-triacetoxy-4.4-dimethyl-$\Delta^{1.5}$-androstadien* [VI; F. 179—182° (Methanol)]; b) durch Ox. nachst. Verb. mit MnO_2 u. Acetylieren. — *2-Methoxy-3β.16α.17β-trihydroxy-*, durch 1std. Rühren eines Gemisches aus vorvorst. Verb. u. $NaBH_4$ in Methanol bei Raumtemp., Gießen in W. u. Extrahieren mit Ae.; Öl. — *2.16α.17β-Trihydroxy-3-oxo-, Methanolsolvat*, $C_{21}H_{30}O_4 \cdot CH_3OH$, F. 193—195°, a) aus 100 mg nachst. Verb. analog B; aus Ae./Methanol Platten; $[\alpha]_D^{14}$ +32° (c = 0,96; $CHCl_3$); 12 mg; b) durch 20 Min. langes Rühren eines Gemisches aus 200 mg des Triacetats nachst. Verb. u. 20%ig. äthanol. KOH unter O_2, Gießen in W., Ansäuern mit 10%ig. HCl u. Extrahieren mit Ae./CH_2Cl_2; 125 mg. — *3β.16α.17β-Trihydroxy-2-oxo-4.4-dimethyl-Δ^5-androsten*, F. 216—219° (Aceton), durch 3std. Kochen von 150 mg VI mit 16%ig. methanol. HCl u. Gießen in W.; 70 mg. *3β.16α.17β-Tri-O-acetylderiv.*, $C_{27}H_{38}O_7$, F. 216 bis 218°, durch Rk. mit Acetanhydrid/Py.; $[\alpha]_D^{14}$ −28° (c = 0,9; $CHCl_3$). — *2-Oxo-3β.17β-diacetoxy-4.4-dimethyl-Δ^5-androsten*, $C_{25}H_{36}O_5$, F. 203—205°, durch 3std. Kochen von 500 mg VIII mit 16%ig. methanol. HCl, Gießen in W., Filtrieren u. Acetylieren des erhaltenen *2-Oxo-3β.17β-dihydroxy-4.4-dimethyl-Δ^5-androstens* [F. 185—188° (Aceton); 300 mg] mit Acetanhydrid/Py.; Prismen; $[\alpha]_D^{11}$ −26° (c = 1,01; $CHCl_3$). — *2-Methoxy-3-oxo-17-acetoxy-4.4-dimethyl-$\Delta^{1.5.16}$-androstatrien* (V), $C_{24}H_{32}O_4$, F. 129—131° (Methanol), durch Zugabe von Isopropenylacetat/H_2SO_4 zu 10 g VII in Isopropenylacetat, Einengen; Kühlen, verd. mit Bzl., Einengen, Lösen in Bzl., Chromatographieren an Florisil u. Eluieren mit Bzl.; $[\alpha]_D^{11}$ +47° (c = 1; $CHCl_3$); 6,8 g.

K.-P. Hilgetag 3700△

1316 **Synthese von 3β-Acetoxy-17β-[L-arginyl-L-arginyl-L-prolylamino]-5α-androstan.** George R. Pettit, Robert L. Smith und H. Klinger. (J. med. Chem. **10** (1967) 2, 145—48; Dep. of Chem., Univ. of Me., Orono, Me.; engl.) — Dargestellt wurden (Z = Benzyloxycarbonyl): *N^G-Nitro-L-arginin*, $C_6H_{13}N_5O_4$, F. 252° (Zers.; W.), durch Nitrierung von L-Arginin mit rauchender HNO_3/rauchender H_2SO_4; $[\alpha]_D$ + 24,2° (2 n HCl); 72% (Ausb.). *N^α-Z-Deriv.* (I), $C_{14}H_{19}N_5O_6$, F, 135—136°; aus A./W. Nadeln; $[\alpha]_D$ −2,2°; 23%. — *3β-Hydroxy-17β-[N^α-Z-N^G-nitro-L-arginyl-L-prolylamino]-5α-androstan* (II), $C_{38}H_{57}N_7O_7$, F. 141,5—148° [Methanol/W. (2 : 1)], durch Zugabe von Woodwards Reagenz K zu I in Acetonitril u. Triäthylamin bei 0°, mehrstd. Rk. bei 0°, Zugabe von 3β-Hydroxy-17β-L-prolylamino-5α-androstan, mehrstd. Rk. bei Raumtemp., Einengen im Vakuum, Extrahieren mit Chloroform u. Aufarbeiten (Meth. A); $[\alpha]_D$ −49,5° (Chloroform); 52%. — *3β-Acetoxy-17-oxo-5α-androstan*, F. 106—106,5°, durch mehrstd. Rk. von 3β-Hydroxy-17-oxo-5α-androstan mit 2 n HBr/Eisessig bei Raumtemp. u. danach bei 50°; aus Hexan Nadeln; 52%. — *3β-Acetoxy-17β-[N^α-Z-L-prolylamino]-5α-androstan*, $C_{34}H_{48}N_2O_5$, F. 166—169°, durch mehrstd. Rk. von 3β-Hydroxy-17β-[N^α-Z-L-prolylamino]-5α-androstan mit Acetanhydrid in Py. bei Raumtemp.; aus Methanol/W. (5 : 1) Nadeln; $[\alpha]_D$ −69,7° (Chloroform); 80%. — *3β-Acetoxy-17β-L-prolylamino-5α-androstan* (III), $C_{26}H_{42}N_2O_3$, F. 210—213° (Zers.; Essigsäureäthylester), a) durch Rk. vorst. Verb. mit 2 n HBr/Eisessig bei Raumtemp., Einengen auf 1/2 Vol., Zugabe von abs. Ae., Filtrieren, Lösen in Chloroform u. Rk. mit 5%ig. $NaHCO_3$ (Meth. B); 89%; b) durch Hydrieren von 8 g vorst. Verb. in Methanol an Pd (aus 1 g $PdCl_2$), Filtrieren, Eindampfen im Vakuum, Lösen in Chloroform u. Rk. mit 10%ig. $NaHCO_3$; $[\alpha]_D$ − 63,6° (Methanol); 3,8 g. *Solvat mit Chloroform*, F. 242°; aus Chloroform/Hexan (1 : 1) Nadeln; $[\alpha]_D$ −65,0° (Chloroform). *Hydrochlorid*, F. 272—279° (Zers.); aus Essigsäureäthylester/Methanol Nadeln [*Hemimethanolat*, $C_{26}H_{43}ClN_2O_3 \cdot 1/2\ CH_3OH$, F. 270° (Zers.); aus Methanol/Ae. (1 : 10) Nadeln]. — *3β-Acetoxy-17β-[N^α-Z-N^G-nitro-L-arginyl-L-prolylamino]-5α-androstan*, $C_{40}H_{59}N_7O_8$, F. 129—136°, a) durch 20std. Rühren von 0,6 g II mit Acetanhydrid in Py. bei Raumtemp., Gießen auf Eis u. Aufarbeiten; 0,59 g; b) nach A aus 0,35 g I u. 0,43 g III; 0,64 g; c) analog b) in 70 Std.; aus Methanol/W. (2 : 1) Nadeln; $[\alpha]_D$ −42,8° (Chloroform); 52%. — *3β-Acetoxy-17β-[N^G-nitro-L-arginyl-L-prolylamino]-5α-androstan*, nach B aus 3,1 g vorst. Verb.; 0,5 g. *Hydrochlorid*, $C_{32}H_{54}ClN_7O_6$, F. 193—194° (Methanol/Ae.); $[\alpha]_D$ − 65,1° (Methanol). — *3β-Acetoxy-17β-[N^α-Z-N^G-nitro-L-arginyl-N^G-nitro-L-arginyl-L-prolylamino]-5α-androstan*, $C_{46}H_{70}N_{12}O_{11}$, F. 147—149°, nach A aus 0,06 g I u. 0,1 g vorst. Verb. in DMF; aus Methanol/W. (2 : 1) Blättchen; $[\alpha]_D$ −62,8°

(Methanol); 72%. — *3β-Acetoxy-17β-[L-arginyl-L-arginyl-1-prolylamino]-5α-androstan, Triacetat*, $C_{44}H_{78}N_{10}O_{11}$, F. 154°, durch mehrstd. Hydrieren vorst. Verb. in Methanol/Eisessig (9 : 1) an Pd bei Raumtemp. u. Aufarbeiten; $[\alpha]_D$ —58,3° (Methanol); 54%. — IR- u. KMR-Maxima sowie R_F-Werte s. Original. R. Gnauck 3700△

1317 **Umwandlungen der Fusidinsäure. 3. Mitt. 17-Oxa-4α.8.14-trimethyl-D-homo-18-norandrostane.** Gerald W. Krakower, H. Ann van Dine, Patrick A. Diassi und Imre Bacso. (J. org. Chemistry **32** (1967) 1, 184—91; The Squibb Inst. for Med. Res., New Brunswick, N.J.; engl.) — 2. vgl. Tetrahedron [London] **22** (1966) 3459. — Ozonolyse von Fusidinsäurederiv. führt zur Bldg. einer Reihe von *17-Oxa-D-homo-18-norandrostanen*, die durch Red. mit $NaBH_4$ desacetoxyliert werden. IR-Maxima u. NMR-Daten vgl. Original.

Versuche: *16β-Acetoxy-3.11-dioxo-Δ17.20.24-fusidadien-21-säure* (III), $C_{31}H_{44}O_6$, F. 211—212° (Aceton/Hexan), aus 10 g Fusidinsäure (I) u. CrO_3/H_2SO_4 in Aceton bei Raumtemp.; 6,72 g (Ausb.). *Methylester* (II), $C_{32}H_{46}O_6$, F. 127—129° (Methanol/W.), a) aus 423 mg Säure u. äther. Diazomethan; 439 mg; b) aus 10 g I-Na-Salz u. CH_3J in Methanol bei Siedetemp. u. Rk. des erhaltenen *Fusidinsäuremethylesters* [6,39 g] mit CrO_3/H_2SO_4 in Aceton; 5,6 g. — *3α.16β-Diacetoxy-11α-hydroxy-Δ17.20-fusiden-21-säuremethylester*, $C_{34}H_{54}O_7$, F. 142—145° (Aceton/Hexan), aus 2,5 g 3-Acetylfusidinsäuremethylester u. H_2 in 95%ig. A. in Ggw. von 5%ig. Pd-Kohle bei Raumtemp.; 1,86 g. — *3α.16β-Diacetoxy-11-oxo-Δ17.20-fusiden-21-säuremethylester*, $C_{34}H_{52}O_7$, F. 122 bis 126° (Aceton/Hexan), aus 1,722 g vorst. Verb. u. CrO_3/H_2SO_4 in Aceton bei Raumtemp.; 1,211 g. — 17-Oxa-D-homo-18-nor-5α.8α.9β.13α.14β-androstane: *3α.16β-Diacetoxy-4α.8.14-trimethyl-11.17a-dioxo-* (V), $C_{25}H_{36}O_7$, F. 218—219° (Methanol), a) aus 5,72 g vorst. Verb. u. O_3 in Essigsäure bei 10°; 2,35 g; b) aus 5,92 g vorst. Verb. u. O_3 in Py. bei —70° u. Rk. mit Zn-Staub in Eisessig; 261 mg; daneben 1,074 g *3α-Acetoxy-4α.8α.14β-trimethyl-11.17-dioxo-18-norandrostan* [F. 185 bis 186°]. — *16β-Acetoxy-4α.8.14-trimethyl-3.11.17a-trioxo-* (VI), $C_{23}H_{32}O_6$, F. 255—257° (Methanol), a) aus 10,1 g II u. O_3 in Essigsäure bei 5—10°; 3,09 g; b) analog aus 10,86 g III; 2,64 g; daneben 947 mg *16β-Acetoxy-4α.8α.14β-trimethyl-3.11.17-trioxo-18-norandrostan* [IV; F. 195 bis 200°]. — *16β-Acetoxy-4aα.8.14-trimethyl-4-oxa-A-homo-3.17a-dioxo-*, $C_{23}H_{34}O_7$, F. 229—231° (Methanol), aus 194 mg IV u. 345 mg m-Chlorperbenzoesäure in Methylenchlorid bei Raumtemp. unter Lichtausschluß; 122 mg. — *3α-Acetoxy-11α-hydroxy-4α.8.14-trimethyl-17a-oxo-* (VII), $C_{23}H_{36}O_5$, F. 209—212° (Methanol), aus 250 mg V u. $NaBH_4$ in A. bei Raumtemp.; 84 mg. — *3α-Acetoxy-4α.8.14-trimethyl-11.17a-dioxo-*, $C_{23}H_{34}O_5$, F. 214—215° (Methanol), aus 48 mg vorst. Verb. u. CrO_3/H_2SO_4 in Aceton; 20 mg. — *3β.11α-Dihydroxy-4α.8.14-trimethyl-17a-oxo-*, $C_{21}H_{34}O_4$, F. 283—284° (Methanol), aus 2 g VI u. $NaBH_4$ in A. bei Raumtemp.; 1,761 g. — *3β-Acetoxy-11α-hydroxy-4α.8.14-trimethyl-17a-oxo-* (XI), $C_{23}H_{36}O_5$, F. 197—198° (Methanol), aus 300 mg vorst. Verb. u. Acetanhydrid/Py. bei Raumtemp.; 176 mg. — *4α.8.14-Trimethyl-3.11.17a-trioxo-*, $C_{21}H_{30}O_4$, F. 255—257° (Methylenchlorid/Methanol), a) aus 6,95 g vorvorst. Verb. u. CrO_3/H_2SO_4 in Aceton; 4,19 g; b) aus 81 mg VII u. 5%ig. äthanol. KOH bei Raumtemp. u. Rk. von 46 mg des erhaltenen *3α.11α.Hydroxy-4α.8.14-trimethyl-17-oxa-D-homo-18-nor-17a-oxo-5α.8α.9β.13α.14β-androstans* [73 mg, F. 237—240°] mit CrO_3/H_2SO_4; 42 mg. — 4α.8.14-Trimethyl-17-oxa-D-homo-18-nor-5α.8α.13α.14β-androstane: *3α-Hydroxy-11.17a-dioxo-*, $C_{21}H_{32}O_4$, F. 266—269° (Methanol), aus 200 mg 3α-Acetoxy-4α.8.14-trimethyl-11.17a-dioxo-17-oxa-D-homo-18-nor-5α.8α.9β.13α.14β-androstan u. 5%ig. äthanol. KOH bei Raumtemp.; 44 mg. *3α-Acetylderiv.*, $C_{23}H_{34}O_5$, F. 200—201° (Methanol), durch Rk. mit Acetanhydrid/Pyridin. — *3.11.17a-Trioxo-*, $C_{21}H_{30}O_4$, F. 220—222° (Methanol), aus 342 mg vorvorst. Verb. u. 5%ig. äthanol. KOH bei Siedetemp.; 210 mg. — *3β-Hydroxy-11.17a-dioxo-* (VIII), $C_{21}H_{32}O_4$, F. 255—257° (Methanol), aus 100 mg vorst. Verb. u. $NaBH_4$ in 2,5%ig. äthanol. KOH bei Raumtemp.; 46 mg. *3β-Acetylderiv.* (X), $C_{23}H_{34}O_5$, F. 287—290° (Methanol), aus 51 mg VIII u. Acetanhydrid/Py.; 55 mg. — *3β.17aα-Dihydroxy-11-oxo-* (IX), $C_{21}H_{34}O_4$, F. 246—248° (Aceton/Hexan), aus vorvorst. Verb. u. $NaBH_4$ in abs. A. bei Raumtemp., daneben durch Rk. der Mutterlauge mit Acetanhydrid/Py. 34 mg X. *3β.17aα-Diacetylderiv.*, $C_{25}H_{38}O_6$, F. 208—209° (Methanol), aus 155 mg IX u. Acetanhydrid/Py.; 54 mg. — 4α.8.14-Trimethyl-17-oxa-D-homo-18-nor-5α.8α.13α.-14β-Δ9.11-androstene: *3β-Acetoxy-17a-oxo-* (XII), $C_{23}H_{34}O_4$, F. 255—256° (Methanol), aus 50 mg XI u. $SOCl_2$ in Py. bei —20°; 22 mg. — *3β-Hydroxy-17a-oxo-*, F. 231 bis 232° (Methanol), aus 50 mg vorst. Verb. u. 5%ig. äthanol. KOH; 23 mg. — *3β.17aα-Dihydroxy-*, $C_{21}H_{34}O_3$, F. 238—242° (Methanol), aus 500 mg XII u. $NaBH_4$ in Dioxan/W. bei Raumtemp.; 166 mg; daneben *3β-Acetoxy-17aα-hydroxy-4a.8.14-trimethyl-17-oxa-D-homo-18-nor-5α.8α.13α.14β-Δ9.11-androsten* [$C_{23}H_{36}O_4$, F. 190—192°]. *3β.17aα-Diacetylderiv.*, $C_{25}H_{38}O_5$, F. 98—99° (Methanol), aus 100 mg XII u. $NaBH_4$ in Dioxan u. nachfolgende Rk. mit Acetanhydrid/Py.; 73 mg.

K.-P. Hilgetag 3700△

1318 **Steroide. 7. Mitt. Derivate von in 16-Stellung substituierten 17β-Hydroxyandrostano-[2.3 : c]-furazanen.** Katsujiro Ueno und Genkichi Ohta. (Chem. pharmac. Bull. [Tokyo] **15** (1967) 4, 518—22; Central Res. Labor., Daiichi Seiyaku Co., Ltd., Minamifunabori-cho, Edogawa-ku, Tokyo; engl.) — 6. vgl. ibid. **14** (1966) 285; 4. vgl. C. **1967**, 11-1159.

Versuche: Androstano-[2.3 : c]-furazane: *16-Methylen-17-oxo-* (I), $C_{20}H_{26}N_2O_2$, F. 204—206° (Aceton/Methanol), durch 10std. Erhitzen eines Gemisches aus 17-Oxoandrostano-[2.3 : c]-furazan (V), Dimethylamin-Hydrochlorid, 37%ig. Formaldehyd-Lsg. u. Essigsäure auf 100°, Einengen im Vakuum, Zugabe von verd. HCl u. Extrahieren mit Bzl.; $[\alpha]_D$ +75,7° (c = 1,03; $CHCl_3$); 83,5% (Ausb.); daneben durch Zugabe von äthanol. HCl *16α-[Dimethylaminomethyl]-17-oxoandrostano-[2.3 : c]-furazan, Hydrochlorid, Hemimethanolsolvat, Hemihydrat*, $C_{22}H_{33}N_3O_2 \cdot HCl \cdot {}^1/_2\,CH_3OH \cdot {}^1/_2\,H_2O$, F. 197—198° (Aceton/Methanol.) — *16-Methylen-17β-hydroxy-*, $C_{20}H_{28}N_2O_2$, F. 244—247° (Aceton), durch Zugabe von $NaBH_4$ in W. zu 1 g I in THF/Methanol, mehrstd. Stehen bei Raumtemp., Einengen im Vakuum u. Ansäuern mit Essigsäure; $[\alpha]_D$ —24,6° (c = 0,66; THF); 0,88 g. — *16β-Methyl-17-oxo-*, $C_{20}H_{28}N_2O_2$, F. 205,5—208° (Aceton/Methanol), durch Hydrieren von 0,65 g I in THF an 20%ig. Pd-Kohle bei Raumtemp., Filtrieren u. Einengen; $[\alpha]_D$ +126,5° (c = 1,25; $CHCl_3$); 0,54 g. — *16β-Methyl-17β-hydroxy-*, $C_{20}H_{30}N_2O_2$, F. 261—263° (Aceton), a) aus 1,58 g vorst. Verb. analog vorvorst. Meth.; $[\alpha]_D$ +52,3° (c = 0,67; THF); 1,3 g; b) durch Hydrieren von 0,27 g vorvorst. Verb. in THF an 20%ig. Pd-Kohle; 50 mg; daneben 110 mg vorst. Verb.; c) durch 8std. Kochen eines Gemisches aus 0,1 g vorvorst. Verb. u. 20%ig. Pd-Kohle in THF, Filtrieren u. Einengen; 20 mg; daneben 40 mg Gemisch aus I u. vorst. Verb.; d) durch 40std. Stehen eines Gemisches aus 0,28 g vorvorst. Verb. u. 35%ig. HCl in THF bei Raumtemp., Einengen im Vakuum, Zugabe von W. u. Extrahieren mit Bzl.; 50 mg; daneben 140 mg Gemisch aus vorst. Verb. u. I. — *16α.17α-Epoxy-17β-acetoxy-*, $C_{21}H_{28}N_2O_4$, F. 175—176° (Aceton/Methanol), durch Zugabe einer 0,2-m-Lsg. von Benzoepersäure in Bzl. zu 7,1 g 17β-Acetoxy-Δ16-androsteno-[2.3 : c]-furazan, 26std. Stehen bei Raumtemp. u. Einengen; $[\alpha]_D$ +76,7° (c = 1,17; $CHCl_3$); 5,3 g. — *16α-Acetoxy-17-oxo-* (II), $C_{21}H_{28}N_2O_4$, F. 202—204° (Methanol), durch Zugabe von 70%ig. $HClO_4$ zu 5,8 g vorst. Verb. in Essigsäure, 3std. Stehen bei Raumtemp., Zugabe von Ae. u. Einengen; $[\alpha]_D$ +108,2° (c = 1,34; $CHCl_3$); 5,2 g. — *16-Oxo-17β-hydroxy-*, $C_{19}H_{26}N_2O_3$, F. 232—236° (Aceton), durch 1std. Kochen von 2,6 g II mit 4%ig. methanol. KOH, Einengen im Vakuum u. Zugabe von W.; $[\alpha]_D$ —91,7° (c = 1,04; $CHCl_3$); 1,75 g. *Acetylderiv.*, $C_{21}H_{28}N_2O_4$, F. 210—212° (Aceton/Methanol), durch Rk. mit Acetanhydrid/Py.; $[\alpha]_D$ —82,3° (c = 1,28; $CHCl_3$). — *16β.17β-Dihydroxy-, 1/3 Hydrat*, $C_{19}H_{28}N_2O_3 \cdot {}^1/_3\,H_2O$, F. 188—190°/199 bis 200°, durch 5std. Rk. von 0,86 g vorst. Verb. mit $NaBH_4$ bei Raumtemp.; $[\alpha]_D$ +55,9° (c = 1,1; Dioxan); 0,72 g. *Acetylderiv.*, $C_{23}H_{32}N_2O_5$, F. 206—207° (Methanol);

$[\alpha]_D$ + 51,5° (c = 1,02; $CHCl_3$). — *16β.17β-Isopropylidendioxy-* (**III**), $C_{22}H_{32}N_2O_3$, F. 206—208,5° (Aceton/Methanol), durch Zutropfen von 70%ig. $HClO_4$ zu 0,15 g vorst. Verb. in Aceton, Zugabe von W. u. Extrahieren mit Ae.; $[\alpha]_D$ + 77,3° (c = 1,34; $CHCl_3$); 0,13 g. — *16α.-17β-Dihydroxy-*, $C_{19}H_{28}N_2O_3$, F. 222—224° (Aceton), durch 1¾std. Rk. von **II** mit $NaBH_4$ in Methanol/W. unter Eiskühlung, ½std. Kochen, Einengen im Vakuum, Zugabe von W., Neutralisieren mit Essigsäure, Filtrieren, Lösen in Aceton, Zutropfen von 70%ig. $HClO_4$, 2std. Rk. bei Raumtemp., Einengen im Vakuum, Zugabe von W. u. Filtrieren; $[\alpha]_D$ + 41,4° (c = 1,53; Dioxan); 66,4%; daneben 18,4% *16α.17α-Isopropylidendioxyandrostano-[2.3 : c]-furazan* {**IV**; $C_{22}H_{32}N_2O_3$, F. 196—198° (Aceton/Methanol); $[\alpha]_D$ + 46,4° (c = 0,93; $CHCl_3$)}. *Diacetylderiv.*, $C_{23}H_{32}N_2O_5$, F. 137—138°/165—166,5° (Methanol), a) aus **III** durch Acetylieren; $[\alpha]_D$ — 25° (c = 1,08); b) analog aus nachst. Verbindung. — *16α-Acetoxy-17β-hydroxy-*, $C_{21}H_{30}N_2O_4$, F. 214—217° (Aceton), durch Red. von 1 g **II** mit $NaBH_4$ in THF/Methanol (65 : 35), Neutralisieren mit Essigsäure, Einengen im Vakuum, Zugabe von W., Filtrieren, Erwärmen mit Bzl. u. Filtrieren; $[\alpha]_D$ + 1,83° (c = 1,23; $CHCl_3$); 0,3 g. — *16α.17α-Dihydroxy-*, $C_{19}H_{28}N_2O_3$, F. 232—234° (Aceton), durch 1¼std. Kochen von 0,33 g **IV** mit verd. Essigsäure, Einengen im Vakuum, Zugabe von W. u. Filtrieren; $[\alpha]_D$ + 19,8° (c = 1,51; Dioxan); 0,24 g. *Diacetylderiv.*, $C_{23}H_{32}N_2O_5$, F. 189,5—190,5° (Aceton); $[\alpha]_D$ + 19,8° (c = 1,15; $CHCl_3$). — *17-Acetoxy-Δ^16^-androsteno-[2.3 : c]-furazan*, $C_{21}H_{28}N_2O_3$, F. 162—163,5° (Aceton), durch 4½std. Erhitzen eines Gemisches aus 2 g **V** u. H_2SO_4 in Isopropenylacetat auf 100—125° unter Dest., Einengen des Destillats u. Extrahieren mit Ae.; $[\alpha]_D$ + 67,6° (c = 1,2; $CHCl_3$); 1,52 g. — IR- u. UV-Maxima vgl. Original.

K.-P. Hilgetag 3700△

1319 **Steroide.** 8. Mitt. **Synthese von Steroid-[2.3: c]-furazanen der Pregnanreihe.** Katsujiro Ueno, Kazunaga Obata und Masao Shimizu. (Chem. pharmac. Bull. [Tokyo] **15** (1967) 4, 523—27; engl.) — 7. vgl. vorst. Referat.

Versuche: *2-[Hydroxyimino]-5α-pregnan-3.20-dion, 20-Äthylenketal*, $C_{23}H_{35}NO_4$, F. 254—263° (Zers.; $CHCl_3$/Methanol), durch Zugabe von K-tert.-Butylat zu 1 g 5α-Pregnan-3.20-dion-20-äthylenketal (**I**) u. tert.-Butanol, Zugabe von tert.-Butylnitrit in tert.-Butanol unter Rühren, 2¼std. Rühren, Gießen in W. u. Extrahieren mit Ae.; $[\alpha]_D$ + 65,6° (c = 1,09; Py.); 0,315 g (Ausb.). — *2.3-Dihydroxyimino-5α-pregnan-20-on, 20-Äthylenketal*, $C_{23}H_{36}N_2O_4$, F. 240—241° (Zers.; Methanol), a) durch 1std. Kochen eines Gemischs aus 0,195 g vorst. Verb., Hydroxylamin, Methanol, Na-Acetat u. Py., Einengen u. Zugabe von W.; $[\alpha]_D$ + 66,2° (c = 0,55; Py.); 0,11 g; b) durch Zugabe von K-tert.-Butylat zu 1 g **I** in tert.-Butanol, 1std. Rühren unter O_2, Neutralisieren mit 20%ig. Essigsäure, Zugabe von Hydroxylamin, Na-Acetat u. Methanol, 1std. Kochen, Einengen u. Zugabe von W.; 1,02 g. — *20-Oxo-5α-pregnano-[2.3 : c]-furazan, 20-Äthylenketal*, $C_{23}H_{34}N_2O_3$, F. 202—205,5° (Aceton/Methanol), durch ¼std. Erhitzen eines Gemischs aus 0,18 g vorst. Verb., KOH u. Äthylenglykol auf 180—190° u. Zugabe von W.; $[\alpha]_D$ + 62,5° (c = 0,87; $CHCl_3$); 0,105 g. — *20-Oxo-5α-pregnano-[2.3 : c]-furazan*, $C_{21}H_{30}N_2O_2$, F. 205,5—208,5° (Aceton), durch ½std. Erhitzen eines Gemischs aus 0,5 g vorst. Verb. u. 80%ig. Essigsäure auf 100°, Einengen u. Zugabe von W.; $[\alpha]_D$ + 138,3° (c = 1,19; $CHCl_3$); 0,375 g. — *2-[Hydroxyimino]-20β-hydroxy-Δ^4^-pregnen-3-on*, $C_{21}H_{31}NO_3$, F. 213 bis 214° (Zers.; Essigester), durch Zugabe von $NaNO_2$ zu 2-[Hydroxymethylen]-20β-hydroxy-Δ^4^-pregnen-3-on im Methanol, Zugabe von Essigsäure unter Kühlen, 1std. Rühren bei Raumtemp. u. Zugabe von W.; $[\alpha]_D$ + 79° (c = 0,86; Py.); 35,6%. — *2.3-Dihydroxyimino-Δ^4^-pregnen-20β-ol*, $C_{21}H_{32}N_2O_3$, F. 244—245° (Zers.; Methanol), durch ½std. Kochen eines Gemischs aus 0,3 g vorst. Verb., Hydroxylamin-Hydrochlorid, Methanol u. Py. in W. u. Zugabe von W.; $[\alpha]_D$ + 108,6° (c = 0,9; Py.); 0,29 g. — *20β-Hydroxy-Δ^4^-pregneno-[2.3 : c]-furazan*, $C_{21}H_{30}N_2O_2$, F. 192—193,5° (Methanol), durch Rk. von 2,75 g vorst. Verb. mit KOH in Äthylenglykol; $[\alpha]_D$ + 145,6° (c = 0,88; $CHCl_3$); 1,38 g. — *20-Oxo-Δ^4^-pregneno-[2.3 : c]-furazan*, $C_{21}H_{28}N_2O_2$, F. 152—153° (Methanol), durch Zugabe von 8 n CrO_3/H_2SO_4 zu 1,58 g vorst. Verb. unter Eiskühlung u. Zugabe von W.; $[\alpha]_D$ + 256,4° (c = 1; $CHCl_3$); 0,9 g. — *2-[Hydroxyimino]-17α.20; 20.21-bis-methylendioxy-11β-hydroxy-Δ^4^-pregnen-3-on, Hemihydrat*, $C_{23}H_{31}NO_7 \cdot 1/2\,H_2O$, F. 227—228° (Zers.; Ae./Essigester), durch Zugabe von 4,9 g 2-[Hydroxymethylen]-17α.20; 20.21-bis-methylendioxy-11β-hydroxy-Δ^4^-pregnen-3-on in $CHCl_3$ zu verd. Essigsäure unter Eiskühlung, Zugabe von wss. $NaNO_2$, 1¼std. Rühren, Zugabe von W. u. Extrahieren mit $CHCl_3$; $[\alpha]_D$ — 6,1° (c = 1,06; Py.); 4,8 g. — *2.3-Dihydroxyimino-17α.20; 20.21-bis-methylendioxy-Δ^4^-pregnen-11β-ol*, $C_{23}H_{32}N_2O_7$, F. 264—265° (Zers.; Methanol), durch Rk. von 0,38 g vorst. Verb. mit Hydroxylamin-Hydrochlorid; $[\alpha]_D$ + 58,8° (c = 1,09; Py.); 0,31 g. — *11β-Hydroxy-17α.20; 20.21-bis-methylendioxy-Δ^4^-pregneno-[2.3 : c]-furazan-N-oxid*, $C_{23}H_{30}N_2O_7$, F. 226,5 bis 227,5° (Zers.), durch Zugabe von NaOCl zu 0,38 g vorst. Verb. in 6%ig. methanol. NaOH unter Eiskühlung, Zugabe von W. u. Filtrieren; aus Aceton/Essigester gelbe Prismen; $[\alpha]_D$ + 33,4° (c = 0,98; $CHCl_3$); 0,22 g. — *11β-Hydroxy-17α.20; 20.21-bis-methylendioxy-Δ^4^-pregneno-[2.3 : c]-furazan*, $C_{23}H_{30}N_2O_6$, F. 232—233,5° (Aceton/Methanol), durch 1½std. Erhitzen einer Suspension von 0,98 g vorst. Verb. in Triäthylphosphit unter N_2 auf 140 bis 150°, Zugabe von 10%ig. H_2SO_4, Filtrieren, Lösen in 2%ig. methanol. KOH, ¾std. Kochen u. Zugabe von W.; $[\alpha]_D$ + 57,3° (c = 0,94; $CHCl_3$); 0,58 g. — *20-Oxo-11β.-17α.21-trihydroxy-Δ^4^-pregneno-[2.3 : c]-furazan*, $C_{21}H_{28} \cdot N_2O_5$, F. 200—202° (Hexan/Essigester), durch ½std. Erhitzen von 1,01 g vorst. Verb. in wss. 60%ig. Ameisensäure bei 100° unter Schütteln, Einengen im Vakuum, Filtrieren, Lösen der erhaltenen Verb. [0,87 g] in Methanol, Zutropfen von Na-Methylat unter N_2 bei Raumtemp., 12 Min. langes Rühren, Neutralisieren mit Essigsäure u. Einengen im Vakuum; $[\alpha]_D$ + 194,2° (c = 1,24; A.); 0,45 g. — IR- u. UV-Maxima vgl. Original.

K.-P. Hilgetag 3700△

1320 **Steroide.** 7. Mitt. **Synthese und Reaktionen einiger α,β-ungesättigter α′-Hydroxyimino-3-oxosteroide.** M. P. Cava, E. J. Glamkowski und Q. A. Ahmed. (J. org. Chemistry **32** (1967) 8, 2644—47; Evans Chem. Labor., State Univ., Columbus, Ohio; engl.) — 6. vgl. ibid. **31**, 2755 (1966); 8. vgl. C. **1968**, 64-0858.

Versuche: *4-Hydroxyimino-Δ^1^-cholesten-3-on*, $C_{27}H_{43}NO_2$, F. 174—175° (Zers./Ae./Hexan), aus Δ^1^-Cholesten-3-on u. K-tert.-Butylat in tert.-Butanol, Rk. mit n-Butylnitrit bei Raumtemp. u. Umsetzung des erhaltenen *K-Salzes* mit verd. HCl (Meth. **A**); $[\alpha]_D^{27}$ + 50° (c = 0,52; $CHCl_3$); 32% (Ausb.). — Δ^4.6^-Cholestadiene: *3-Oxo-*, F. 82—82,5° (Methanol), aus Δ^5^-Cholesten-3-on, Chloranil u. tert.-Butanol bei Siedetemp.; (Meth. **B**); 50%. — *2-Hydroxyimino-3-oxo-* (**I**), $C_{27}H_{41}NO_2$, F. 235 bis 237° (Zers.; A.), a) aus vorst. Verb. analog **A**; $[\alpha]_D^{29}$ — 36,8° (c = 1,06; $CHCl_3$); 61%; b) aus nachst. Verb. u. konz. HCl in Aceton bei Raumtemp.; 87%. — *2-Acetoxyimino-3-oxo-*, $C_{29}H_{43}NO_3$, F. 118—119° (Ae./PAe.), aus vorst. Verb. u. Acetanhydrid/Py. bei Raumtemp.; 49%. — *2-Diazo-3-oxo-*, $C_{27}H_{40}N_2O$, F. 105—106° (Ae./Hexan), aus vorvorst. Verb., 5 n NaOH u. konz. NH_4OH in THF u. Rk. mit NaOCl in Bzl. (Meth. **C**); $[\alpha]_D^{30}$ — 108° (c = 1; $CHCl_3$); 50%. — *2-Hydroxyimino-3-oxo-17β-hydroxy-Δ^4.6^-androstadien*, $C_{19}H_{25}NO_3$, F. 241—242° (Zers.; Aceton), aus Testosteron analog **B** u. Umsetzung des erhaltenen *17β-Hydroxy-Δ^4.6^-androstadien-3-ons* (F. 205—206°; 48%) analog **A**; $[\alpha]_D^{29}$ + 8,3° (c = 0,78; $CHCl_3$); 69%. — *2-Acetoxyimino-3-oxo-17β-acetoxy-Δ^4.6^-androstadien*, $C_{23}H_{29}NO_5$, F. 185—187° (Zers.; Bzl./Ae.), aus vorst. Verb. u. Acetanhydrid/Py. bei Raumtemperatur. — *2-Diazo-3-oxo-17β-hydroxy-Δ^4.6^-androstadien*, $C_{19}H_{24}N_2O_2$, F. 165° (Zers.), aus vorvorst. Verb. analog **C**; $[\alpha]_D^{30}$ — 77° (c = 1; $CHCl_3$). — *2-Hydroxyiminokoprostan-3-on*, $C_{27}H_{45}NO_2$, F. 192° (THF/Methanol), aus **I** u. H_2 in abs. THF in Ggw. von 5%ig. Pd-Kohle; $[\alpha]_D^{25}$ + 2,5° (c = 1,26; THF); 35%; daneben *2-Hydroxyiminocholestan-3-on*, F. 273° (THF/Methanol); $[\alpha]_D^{26}$ + 50,7° (c = 0,41; THF). — IR- u. UV-Maxima vgl. Original.

K.-P. Hilgetag 3700△

1321 **Synthese von Ecdyson. 1. Mitt. Neue Synthese von 2β.3β-Dihydroxysteroiden.** Hiromu Mori, Kenyu Shibata, Kiyoshi Tsuneda und Masanobu Sawai. (Chem. pharmac. Bull. [Tokyo] **15** (1967) 4, 460–65; Res. Labor., Teikoku Hormone Mfg. Co., Ltd., Shimosakunobe, Kawasaki-shi; engl.) — Es wird eine neue Synth. der *Titelverb.* aus entsprechenden 3-Oxoverb. durch Autox. zu einem Enolgemisch der 2.3-Dioxoverb. u. Red. mit $NaBH_4$ beschrieben.

Versuche: *4.4-Dimethyl-Δ^5-androsten-2β.3β.17β-triol* (I), $C_{21}H_{34}O_3$, F. 268–270°, a) durch 1std. Kochen von 5 g 2.17β-Dihydroxy-4.4-dimethyl-$\Delta^{1.5}$-androstadien-3-on u. $NaBH_4$ in Methanol, Zugabe von Essigsäure u. W. u. Filtrieren; aus Methanol Nadeln; $[\alpha]_D^{27}$ −53° (c = 0,98; Dioxan); 4,55 g (Ausb.); b) durch 2½std. Kochen nachst. Acetonids mit 2%ig. HCl in Dioxan, Gießen in W. u. Extrahieren mit Ae.; c) durch Red. von 3β.17β-Dihydroxy-4.4-dimethyl-Δ^5-androsten-2-on mit $NaBH_4$. *2.3-Acetonid*, $C_{24}H_{38}O_3$, F. 179–181°, durch Zugabe von HCl in Aceton zu 1 g I in Aceton, mehrstd. Stehen bei Raumtemp., Gießen in 5%ig. Na_2CO_3 u. Extrahieren mit Ae.; aus Aceton Prismen; $[\alpha]_D^{27}$ −48° (c = 0,86; $CHCl_3$); 0,957 g. — *5α-Cholestan-2α.3β-diol* (II), F. 210 bis 212° (Methanol), durch Zugabe von 7 g 5α-Cholestan-3-on zu K-tert.-Butylat, ½std. Rühren bei 19° unter O_2, Gießen in W., Ansäuern mit 10%ig. HCl, Extrahieren mit Ae., Dekantieren, Lösen in W., Ansäuern mit 10%ig. HCl, Extrahieren mit Ae., Einengen, ½std. Rühren des Rückstands mit $NaBH_4$ in Methanol bei 5°, 2std. Kochen, Zugabe von Essigsäure u. W., Extrahieren mit Ae., Einengen, Suspendieren in Aceton, Zugabe von aceton. HCl, mehrst. Stehen bei Raumtemp. u. Filtrieren; $[\alpha]_D^{18}$ +40° (c = 1; $CHCl_3$); 461 mg; daneben durch Einengen, Adsorbieren an Florisil u. Eluieren mit n-Hexan/Essigester (9 : 1) 2,34 g *5α-Cholestan-2β.3β-diol, Acetonid* [III; F. 110–113°; $[\alpha]_D^{18}$ +47° (c = 1,01; $CHCl_3$)], durch weiteres Eluieren mit n-Hexan–Essigester (1 : 1) 203 mg *5α-Cholestan-2β.3α-diol* [F. 202–206° (Methanol); $[\alpha]_D^{18}$ +34° (c = 1,05; $CHCl_3$). *Diacetat*, F. 133–135° (Aceton/Methanol); $[\alpha]_D^{18}$ +57° (c = 1,13; $CHCl_3$); 296 mg]. *Diacetat*, F. 108–110°, durch Acetylieren von 100 mg II mit Acetanhydrid/Py. bei Raumtemp.; $[\alpha]_D^{18}$ −30° (c = 1,03; $CHCl_3$); 89 mg. — *5α-Cholestan-2β.3β-diol* (IV) F. 170–174° (Methanol), durch 4std. Kochen von 1 g III in 2%ig. HCl/Dioxan, Gießen in W. u. Extrahieren mit Ae.; $[\alpha]_D^{18}$ +40° (c = 1; $CHCl_3$); 0,7 g. *Diacetat*, F. 118–119° (Aceton/Methanol), durch 2std. Kochen von 0,2 g IV mit Acetanhydrid, Gießen in W. u. Extrahieren mit Ae.; $[\alpha]_D^{18}$ +37° (c = 0,98; $CHCl_3$); 0,19 g. — *2-Hydroxy-Δ^1-5α-cholesten-3-on*, aus dem aus 5α-Cholestan-3-on erhaltenen Enolgemisch [nach Stiller u. Rosenhelm, J. chem. Soc. [London] **1938**, 353]; daneben *3-Hydroxy-Δ^3-5α-cholestenon-(2)* (V). — *cis-5α-Cholestan-2α.3α-diol*, a) durch ½std. Rühren von 100,4 mg vorst. Verb. u. $NaBH_4$ in Methanol bei 0°, kurzes Kochen, Zugabe von Essigsäure, 1std. Rühren, Gießen in W., Extrahieren mit Ae., Einengen, Suspendieren in Aceton, Zugabe von 5%ig. Phosphormolybdänsäure in Aceton, ¼std. Stehen bei Raumtemp., Gießen in 5%ig. NH_4OH u. Extrahieren mit Ae.; 56 mg; daneben 36,1 mg *trans-Isomeres*; b) analog aus 101,8 mg V; 94,9 mg; daneben 12,6 mg *trans-Isomeres*.

K.-P. Hilgetag 3700△

1322 **Synthese von Ecdyson. 2. Mitt. Synthese und Stereochemie von 2β.3β-Dihydroxycholestan-6-onen und deren Derivaten.** Hiromu Mori, Kiyoshi Tsuneda, Kenyu Shibata und Masanobu Sawai. (Chem. pharmac. Bull. [Tokyo] **15** (1967) 4, 466–73; engl.) — 1. vgl. vorst. Referat.

Versuche: 5α-Cholestane: *3-Oxo-6β-hydroxy-*, F. 181–183° (Aceton/n-Hexan), durch 7std. Rühren von 92,6 g 5α-Cholestan-3.6-dion-3-mono-o-aminoanil [aus 86 g 5α-Cholestan-3.6-dion nach Marker u. Rohrmann (1939)] u. $NaBH_4$ in A. bei Raumtemp., mehrstd. Stehen, Zugabe von Essigsäure u. 6 n HCl, 1std. Kochen, Einengen im Vakuum u. Zugabe von W.; 44 g (Ausb.). — *2β.3β.6β-Trihydroxy-, 2.3-Acetonid* (I), $C_{30}H_{52}O_3$, F. 217 bis 222°, a) durch Zugabe von 8,8 g vorst. Verb. zu K-tert.-Butylat, ¼std. Rühren unter O_2, Gießen in W., Ansäuern mit 10%ig. HCl, Extrahieren mit Ae., Einengen, Suspendieren in Methanol, ½std. Rühren mit $NaBH_4$ bei Raumtemp., ½std. Kochen, Zugabe von Essigsäure, Gießen in W., Extrahieren mit n-Butanol, Einengen im Vakuum, Zugabe von Aceton u. Phosphormolybdänsäure (IV), 4std. Rühren bei Raumtemp., Zugabe von 30%ig. NH_4OH, Gießen in W. u. Extrahieren mit Ae. (Meth. A); aus Aceton Nadeln; $[\alpha]_D^{26}$ +37° (c = 1,09; $CHCl_3$); 3,25 g; b) durch 10 Min. langes Rühren eines Gemischs aus 2β.3β-Dihydroxy-5α-cholestan-6-on-2.3-acetonid, $NaBH_4$ u. Methanol bei 40°, Einengen, Gießen in W. u. Extrahieren mit Äther. — *3β-Hydroxy-6-oxo-, Äthylenketal*, $C_{29}H_{50}O_3$, F. 107–109°, durch 5std. Erhitzen von 5,9 g 3β-Hydroxy-5α-cholestan-6-on, Bzl., Äthylenglykol u. p-Toluolsulfonsäure unter Abtrennung von W., Kühlen, Zugabe von $NaHCO_3$ u. W. u. Einengen der organ. Phase; $[\alpha]_D^{18}$ +27° (c = 0,91; $CHCl_3$); aus A. Nadeln; 4,9 g. — *3.6-Dioxo-, 6-Äthylenketal*, $C_{29}H_{48}O_3$, F. 114 bis 115,5°, a) durch Zugabe von Al-Isopropylat in Toluol zu 2 g vorst. Verb. in Cyclohexan/Toluol bei Siedetemp., 5std. Kochen, Zugabe von Rochelle-Salz, W.-Dampf-Dest. u. Extrahieren des Rückstands mit Ae.; aus Aceton/Methanol/Py. Prismen; $[\alpha]_D^{18}$ +26° (c = 1,03; $CHCl_3$); 1,02 g; b) durch Zugabe von 8 n CrO_3-Lsg. zu 20 g vorst. Verb. in Aceton bei 0–5° unter Rühren, Gießen in Eis/W. u. Extrahieren mit Ae.; 12,2 g. — *2β.3β-Dihydroxy-6-oxo-, 2.3-Acetonid* (III), $C_{30}H_{50}O_3$, F. 168–170°, a) aus 2,65 g I analog vorst. Meth. b); $[\alpha]_D^{26}$ +14° (c = 0,97; $CHCl_3$); aus Aceton Nadeln; 2,3 g; b) durch ½std. Stehen von II u. 5%ig. IV in Aceton bei Raumtemp., Zugabe von 30%ig. NH_4OH u. W. u. Extrahieren mit Ae.; c) durch ½std. Stehen eines Gemischs aus II u. HCl in Aceton bei Raumtemp. u. Gießen in 5%ig. Na_2CO_3; d) analog c) aus 2β.3β-Dihydroxy-5β-cholestan-6-on; e) analog c) aus 2β.3β-Dihydroxy-5β-cholestan-6-on-2.3-acetonid; f) aus 10 g vorst. Verb. analog A; 4,45 g. — *2β.3β-Dihydroxy-6-oxo-* (II), $C_{27}H_{46}O_3$, F. 204–207°, durch 1std. Kochen von 2,1 g vorst. Verb. in äthanol. H_3PO_4, Gießen in W. u. Extrahieren mit Ae.; aus Aceton Nadeln; $[\alpha]_D^{26}$ −1° (c = 0,92; $CHCl_3$); 1,75 g. — *2β.3β.6β-Trihydroxy-*, $C_{27}H_{48}O_3$, F. 213–219°, a) aus 152 mg I analog vorst. Meth.; aus Methanol Blättchen; $[\alpha]_D^{26}$ +23° (c = 0,98; Dioxan); 108 mg; b) durch 20 Min. langes Kochen von II mit $NaBH_4$ in Methanol, Zugabe von Essigsäure, Gießen in W. u. Extrahieren mit Äther. — *2β.3β-Diacetoxy-6-oxo-*, $C_{31}H_{50}O_5$, F. 186–188°, durch 2std. Kochen von 186 mg II mit Acetanhydrid, Zugabe von W. u. Extrahieren mit Ae.; $[\alpha]_D^{27}$ +7° (c = 0,77; $CHCl_3$); aus Aceton/Methanol Nadeln; 178 mg. — *2β.3β-Diacetoxy-*, F. 121–123°, durch 24std. Stehen von 321 mg vorst. Verb., Essigsäure, 1.2-Dimercaptoäthan u. BF_3-Ätherat bei Raumtemp., Zugabe von Ae., Einengen, 12std. Kochen des Rückstands mit Raney-Ni in A., Zugabe von n-Hexan, Filtrieren u. Eindampfen; aus Aceton/Methanol Nadeln; 192 mg. — 5β-Cholestane: *2β.3β-Dihydroxy-6-oxo-, Acetonid*, $C_{30}H_{50}O_3$, F. 145–147°, a) durch 1std. Kochen von 1,5 g II in 10%ig. äthanol. HCl, Gießen in W., Extrahieren mit Ae.; Einengen, Zugabe von IV in Aceton, ¼std. Stehen bei Raumtemp., Zugabe von 30%ig. NH_4OH u. W. u. Extrahieren mit Ae.; aus Aceton Nadeln; $[\alpha]_D^{27}$ −36° (c = 1,11; $CHCl_3$); 0,61 g; daneben 0,63 g III; b) durch Zugabe von 5%ig. IV in Aceton zu nachst. Verb., ½std. Stehen bei Raumtemp., Zugabe von 30%ig. NH_4OH u. W. u. Extrahieren mit Äther. — *2β.3β-Dihydroxy-6-oxo-*, $C_{27}H_{46}O_3$, F. 177–179°, durch 1std. Kochen von 614 mg vorst. Verb. in äthanol. H_3PO_4, Gießen in W. u. Extrahieren mit Ae.; aus Aceton Nadeln; $[\alpha]_D^{27}$ −59° (c = 0,83; $CHCl_3$); 440 mg. — *2β.3β-Diacetoxy-6-oxo-*, $C_{31}H_{50}O_5$, F. 142–144°, durch 2std. Kochen von 82 mg vorst. Verb. mit Acetanhydrid, Gießen in W. u. Extrahieren mit Ae.; $[\alpha]_D^{19}$ −50° (c = 0,54; $CHCl_3$); aus Aceton/Methanol Nadeln; 72 mg. K.-P. Hilgetag 3700△

1323 **Steroide. 27. Mitt. Modifizierung der 14α-Methylgruppe in 4.4.14α-Trimethylsteroiden.** C. W. Shoppee, N. W. Hughes und R. E. Lack. (J. chem. Soc. [London], Sect. C **1966**, 2359–65; Dep. of Organ. Chem., Univ. of Sydney; engl.) — 26. vgl. J. chem. Soc. [London] **1965**, 2489. — O-Acetyllanosterin wird über *3β-Acetoxy-5α-lanostan-7.11-dion* in *3β-Acetoxy-7α-hydroxy-5α-lanostan-*

11-on (I) umgewandelt, welches durch Barton-Rk. des *Salpetrigsäureesters* u. nachfolgende Dehydratisierung *3β-Acetoxy-11-oxo-Δ^8-5α-lanosten-32-säurenitril* ergibt. Letzteres widersteht einer Hydrolyse zur entsprechenden Säure. Pb-Tetraacetat u. Jod überführen I in *3β-Acetoxy-11-oxo-7α-hydroxy-5α-lanostan-32-säurelacton* u. *3β-Acetoxy-11-oxo-7α-32-epoxy-5α-lanostan.* Die Ätherspaltung der letzten mit Py.-Hydrochlorid ergibt durch Umlagerung *3β-Acetoxy-4.4-dimethyl-Δ^8-5α-cholesten-11-on* zusammen mit *3β.32-Diacetoxy-11-oxo-Δ^7-5α-lanosten,* welche hydrolysiert u. ox. werden u. *4.4-Dimethyl-Δ^8-5α-cholesten-3.11-dion* als Hauptprod. ergeben. NMR-, IR- u. UV-Spektren sowie Diskussion des Rk.-Mechanismus der Umlagerung s. Original. — 29. vgl. C. **1968,** 60-0774.

Versuche: *O-Acetyllanosterin,* F. 112—114° (Methanol), aus Lanosterin u. Essigsäureanhydrid; 93% (Ausb.). — *3β-Acetoxy-Δ^8-5α-lanosten,* F. 116—118°, aus 70 g vorst. Verb. durch Hydrierung an Adams-Katalysator; 60 g. — *3β-Acetoxy-Δ^8-5α-lanosten-7.11-dion* (II), F. 155—157°, aus 10 g vorst. Verb. u. CrO_3; 6 g. — *3β-Acetoxy-5α-lanostan-7.11-dion,* F. 223—224° (Hexan), aus vorst. Verb. u. Zn/Eisessig; 65%. — *3β-Acetoxy-7β-hydroxy-5α-lanostan-11-on,* $C_{32}H_{54}O_4$, F. 224—226°, a) aus vorst. Verb. u. $NaBH_4$ neben I; 82%; b) neben I nach b). — *3β-Acetoxy-7α-hydroxy-5α-lanostan-11-on* (I), $C_{32}H_{54}O_4$, F. 270—271°, a) neben vorst. Verb. nach a); 18%; b) aus 9,5 g vorvorst. Verb. durch Hydrierung an PtO_2 in Ggw. von 70%ig. $HClO_4$; $[\alpha]_D$ +40° (c = 1,1; Chlf.); 5 g; c) aus II wie unter b). — *3β-Acetoxy-11β-hydroxy-5α-lanostan-7-on,* $C_{32}H_{54}O_4$, F. 235—237°, neben I nach b); 6%. — *3β-Acetoxy-11-oxo-5α-lanostan-7α-ylnitrit,* $C_{32}H_{53}NO_5$, F. 184—185°, aus I u. NOCl. — *3β-Acetoxy-7α-hydroxy-32-hydroximino-5α-lanostan-11-on* (III), $C_{32}H_{53}NO_5$, F. 123—124° u. 196—198°, aus vorst. Verb. durch Photolyse in Toluol neben anderen undefinierten Prod.; $[\alpha]_D$ + 9° (c = 1,0; Chlf.); 30—70%. — *3β-Acetoxy-11-oxo-32-hydroximino-Δ^7-5α-lanosten-sulfit,* aus 50 mg III u. $SOCl_2$/Py. neben nachst. Verb.; 12 mg. — *3β-Acetoxy-11-oxo-32-hydroximino-Δ^8-5α-lanostensulfit,* neben vorst. Verb.; 6 mg. — *3β-Hydroxy-11-oxo-32-hydroximino-Δ^8-5α-lanostensulfit,* aus vor- u. vorvorst. Verb. u. KOH in Methanol. — *3β-Acetoxy-11-oxo-7α-mesyloxy-5α-lanostan-32-säurenitril,* aus III u. Methansulfonylchlorid in Pyridin. — *3β-Acetoxy-11-oxo-Δ^8-5α-lanosten-32-säurenitril* u. *3β-Acetoxy-11-oxo-Δ^7-5α-lanosten-32-säurenitril,* aus vorst. Verb. u. Collidin. — *3β-Hydroxy-11-oxo-Δ^7-5α-lanosten-32-säurenitril,* aus dem Gemisch vor- u. vorvorst. Verb. u. KOH in Äthylenglykol. — *3β-Hydroxy-11-oxo-Δ^8-5α-lanosten-32-säurenitril,* aus vorst. Verb. u. 10n HCl in Methanol. — *3β-Acetoxy-11-oxo-7α.32-epoxy-5α-lanostan,* $C_{32}H_{52}O_4$, F. 173—174° (W./Aceton), a) aus 2 g I, Pb-Tetraacetat, $CaCO_3$ u. J_2 unter Lichteinw.; $[\alpha]_D$ + 46° (c = 1,0; Chlf.); 800 mg; b) aus 2 g I, Pb-Tetraacetat, $CaCO_3$ u. 20%ig. wss. KJ nach Bagli [J. org. Chemistry 28 (1963) 1207] 800 mg; c) analog b) ohne Belichtung. — *3β-Acetoxy-11-oxo-7α-hydroxy-5α-lanostan-32-säurelacton,* $C_{32}H_{50}O_5$, F. 277—278° (W./Aceton), a) analog vorst. Verb. bei anderen Mengenverhältnissen; b) aus 200 mg des nachst. Gemisches u. Jones-Reagenz in Aceton; 200 mg. — *Gemisch* von *3β-Acetoxy-11-oxo-7α.32-epoxy-32α-hydroxy-5α-lanostan* u. *3β-Acetoxy-11-oxo-7α.32-epoxy-32β-hydroxy-5α-lanostan,* $C_{32}H_{52}O_5$, F. 190—191°, a) aus III, $NaNO_2$ u. Eisessig im Verhältnis 1 : 1,5, neben nachst. Verb.; b) aus dem Acetylderiv. u. 1%ig. methanol. KOH. *O-Acetylderiv.,* neben dem Gemisch nach a). — *3β.7α-Dihydroxy-11-oxo-5α-lanostan-32-säure,* Doppel-F. 250° u. 287—289°; a) aus 150 mg vorvorst. Verb. u. KOH in Methanol/W.; 4 mg; b) analog a) in Äthylenglykol; 15%. — *3β-Hydroxy-4.4-dimethyl-Δ^8-5α-cholesten-11-on,* $C_{29}H_{48}O_2$, F. 119—122° (Ae.), aus 450 mg des Gemisches von Diacetylderiv. nachst. Verb., des Acetylderiv. u. KOH in Methanol/W.; 135 mg. — *3β.32-Dihydroxy-11-oxo-Δ^7-5α-lanosten,* $C_{30}H_{50}O_3$, F. 196—198°, neben vorst. Verb.; 101 mg. — *4.4-Dimethyl-Δ^8-5α-cholesten-3.11-dion,* F. 8°, a) aus dem Gemisch von vorst. u. vorvorst. Verb. durch Jones-Ox. neben dem *14α-Formyl-* u. *14α-Carboxylderiv.* (beide nur massenspektroskop. nachgewiesen); b) wie a) durch Oppenhauer-Ox.; c) wie a) mit CrO_3/Py.; d) durch Ox. mit CrO_3 in W./Chlf./Essigsäure. *Dinitrophenylhydrazon,* F. 114°. — *Verb.* IV, F. 160°, aus vorst. Verb. durch weitere Ox. mit CrO_3 in wss. Essigsäure; *Methylester,* $C_{30}H_{46}O_6$, F. 226—229°, aus der Säure u. Diazomethan. M. Naumann 3700△

IV

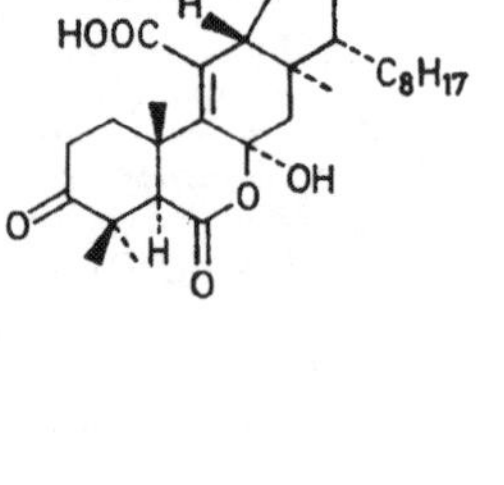

1324 **Synthese und Umwandlungen eines aus Pseudodiosgenin erhaltenen heptacyclischen Triazolins.** Frederick C. Uhle. (J. org. Chemistry **32** (1967) 5, 1596 bis 1601; Dep. of Pharm., Harvard Med. School, Boston, Mass.; engl.) — Vf. synthetisiert durch Umsetzung von 27-[p-Toluolsulfonyloxy]-pseudodiosgenin (II) mit KN_3 in DMF u. nachfolgende 1.3-dipolare Cycloaddition an die Enoläther—Olfin-Bindung des Rings E ein *Triazolin-*Derivat. Protonierung des Triazolins in Methanol führt unter Abspaltung von N_2 zur Bldg. eines *sek.-Aminomethylketals* (I). Eine Reihe von Umwandlungsprod. von I werden beschrieben. IR-Maxima u. NMR-Daten vgl. Original.

Versuche: Δ^5-Furostene: *3β-Hydroxy-20.N-azo-22(27)-imino-25α-* (III), $C_{27}H_{41}N_3O_2$, F. 224—230° (CH_2Cl_2/Aceton), aus II u. KN_3 in DMF bei 100°; $[\alpha]_D$ — 87° (c = 1; $CHCl_3$); 85% (Ausb.). — *3β-Acetoxy-20.N-azo-22(27)-imino-25α-,* $C_{29}H_{43}N_3O_3$, F. 214—222° (CH_2Cl_2/Methanol), aus vorst. Verb. u. Acetanhydrid/Py. bei 25°; $[\alpha]_D$ — 92° (c = 1; $CHCl_3$); 85%. — *3β-Acetoxy-20(27)-imino-22β-methoxy-25α-, Hydrochlorid,* F. 220—230°, aus vorst. Verb. u. 6n wss. methanol. HCl bei 0°; 96%. *Freie Base,* $C_{30}H_{47}NO_4$, F. 154—162° (Aceton), aus dem Hydrochlorid u. wss. äthanol. KOH; $[\alpha]_D$ — 35° (c = 1; $CHCl_3$); 79%. — *3β-Hydroxy-20(27)-imino-22β-methoxy-25α-, Hydrochlorid,* $C_{28}H_{46}ClNO_3$, F. 265—275° (Methanol), aus III u. 6n wss. methanol. HCl; $[\alpha]_D$ — 21° (c = 1; $CHCl_3$); 92%. *Freie Base* (VI), $C_{28}H_{45}NO_3$, F. 210+215° (CH_2Cl_2/Aceton), a) aus dem Hydrochlorid u. wss. methanol. KOH; b) aus III u. p-Toluolsulfonsäure-Hydrat (V), in Methanol bei Siedetemp.; $[\alpha]_D$ — 31° (c = 1; $CHCl_3$); 84%; c) analog b) aus IV; 59%. — *3β-Hydroxy-20(27)-imino-22β-äthoxy-25α-,* $C_{29}H_{47}NO_3$, F. 170—176° (CH_2Cl_2/Aceton), a) aus III u. V in A. bei Siedetemp.; $[\alpha]_D$ — 46° (c = 1; $CHCl_3$); 71%; b) analog aus IV; 63%. — *3β.22β-Dihydroxy-20(27)-imino-25α-* (IV), $C_{27}H_{43}NO_3$, F. 190—198° (Methanol), a) aus III u. 6n wss. äthanol. HCl u. Rk. des erhaltenen *Hydrochlorids* [F. 258—268°; 98%] mit wss. äthanol. KOH bei 0°; $[\alpha]_D$ — 93° (c = 1; $CHCl_3$); 73%; b) aus 44 mg VI, V u. A. bei Siedetemp.; 22 mg. — *3β-Acetoxy-20(27)-acetylimino-22β-hydroxy-25α-,* F. 164 bis 174° (Methanol), aus 43 mg IV, Acetanhydrid u. Py. bei 0°; 10 mg; daneben 7 mg nachst. Verbindung. — *3β-Acetoxy-20(27)-acetylimino-22β-methoxy-25α-* (VII), $C_{32}H_{49}NO_5$, F. 249—253° (CH_2Cl_2/Methanol), a) aus VI u. Acetanhydrid/Py.; $[\alpha]_D$ + 47° (c = 1; $CHCl_3$); 80%; b) aus 11 mg 3β-Acetoxy-20(27)-acetylimino-$\Delta^{5.22}$-25α-furostadien u. V in Methanol bei 25°; 9 mg. — *3β-Hydroxy-20(27)-acetylimino-22β-methoxy-25α-,* $C_{30}H_{47}NO_4$, F. 254—259° (CH_2Cl_2/Aceton), aus VII u. wss. äthanol. KOH bei Siedetemp.; $[\alpha]_D$ + 52° (c = 1; $CHCl_3$); 73%. — *3β-Acetoxy-20(27)-acetylimino-25α-$\Delta^{5.22}$-furostadien,* $C_{31}H_{45}NO_4$, F. 212—222° (CH_2Cl_2/Methanol), a) aus VII u. Acetanhydrid bei Siedetemp.; $[\alpha]_D$ — 147° (c = 1; $CHCl_3$); 80%; b) aus VII u. p-Toluolsulfonylchlorid in Py. bei Siedetemp.; 53%; c) aus VII u. Eisessig. — *3βHydroxy-20(27)-acetylimino-25α-$\Delta^{5.22}$-furostadien,* $C_{29}H_{43}NO_3$ F. 269—273° (CH_2Cl_2/Aceton), aus vorst. Verb. u. wss. äthanol. KOH bei Siedetemp.; $[\alpha]_D$ — 150° (c = 1; $CHCl_3$); 73%. — *1-Acetyl-2-[3′β.16′β-dihydroxy-$\Delta^{5'}$-androstenyl-(17′β)]-2.6-dimethyl-3-oxohexahydroazepin,* $C_{29}H_{45}NO_4$, F. 220—230° (Aceton), a) aus VII u. V in Methanol bei Siedetemp.; $[\alpha]_D$ — 64° (c = 1; $CHCl_3$); 75%; b) aus 20 mg vorst. Verb. u. V in Methanol; 7 mg. — *1-Acetyl-2-[3′β.16′β-diacetoxy-$\Delta^{5'}$-androstenyl-(17′β)]-2.6-dimethyl-3-oxohexahydroazepin,* $C_{33}H_{49}NO_6$, F. 219—221° (CH_2Cl_2/Methanol), aus vorst. Verb. u. Acetanhydrid bei Siedetemp.; 60%. — *1-Acetyl-2-[3′β.16′β-dihydroxy-Δ^{5}-*

androstenyl-(17'β)]-2.6-dimethyl-3-hydroxyhexahydroazepin $C_{29}H_{47}NO_4$, F. 222—232° (Aceton,) aus vorvorst. Verb. u. $NaBH_4$ in Isopropanol bei 25°; 25%. — *Verb. vom F. 271—272°* (CH_2Cl_2/Aceton), a) aus **VII** u. K_2CO_3 in Ameisensäure bei Siedetemp. u. Rk. mit wss. KOH bei Siedetemp.; 21% (b) aus **VII** u. **V** in A. bei Siedetemp.; 7%; daneben 22% **IV**. K.-P. Hilgetag 3700△

1325 **Das Juvenilhormon.** 5. Mitt. **Synthese des racemischen Juvenilhormons.** Karl Heinz Dahm, Barry M. Trost und Herbert Röller. (J. Amer. chem. Soc. **89** (1967) 20, 5292—94; Dep. of Zoology and Chem., Univ. of Wisconsin, Madison, Wis.; engl.) — Vgl. Angew. Chem. **79** (1967) 190. — Die Struktur des aus *Hyalophora cecropia* isolierten *trans.trans-cis-10.11-Epoxy-7-äthyl-3.11-dimethyltridekadien-(2.6)-säuremethylesters* (**I**) konnte durch Synth. des Racemates bestätigt werden. Der durch Umsetzen von Na-Trimethylphosphonoacetat mit Butanon-(2) u. nachfolgende Trennung durch Gaschromatographie erhaltene *cis-3-Methylpenten-(2)-säuremethylester* wird mit $LiAlH_4$ zum *Alkohol* red., aus dem durch Rk. mit PBr_3 in Ggw. von Py. *cis-1-Brom-3-methylpenten-(2)* entsteht. Die Rk. dieses Bromides mit 3-Oxopentansäureäthylester (aus Cyanessigsäureäthylester) liefert nach Verseifung u. Decarboxylierung *cis-7-Methylnonen-(6)-on-(3)*. Durch Umsetzen mit Na-Trimethylphosphonoacetat entsteht ein cis.cis/trans-cis-Gemisch von *3-Äthyl-7-methylnonadien-(2.6)-säuremethylester*, aus dem die trans-cis-Form durch Chromatographie an SiO_2 erhalten werden kann. Die Umsetzung mit $LiAlH_4$ zum Alkohol, Rk. mit PBr_3 zum Bromid u. Kondens. mit 3-Oxobutansäureäthylester liefert *6.10-Diäthylundekadien-(5.9)-on-(2)*, aus dem *trans.trans-cis-3.11-Dimethyl-7-äthyltridekatrien-(2.6.10)-säuremethylester* erhalten wird. Die Umsetzung dieses Esters mit m-Chlorbenzopersäure liefert neben *rac.*-**I** ein Gemisch aus *3.11-Dimethyl-6.7-epoxy-7-äthyltridekadien-(2.10)-säuremethylester* u. dessen *10.11-Epoxyisomeren*. NMR-Signale vgl. Original. W. Hampel 3750△

1326 **Festphasenmethode zur Synthese von Depsipeptiden.** E. P. Semkin, A. P. Smirnova und L. A. Ščukina (Ž. obšč. Chim. **37/99** (1967) 5, 1169—70; Inst. chim. prir. soed. AN SSSR; russ.) — Bindung der C-terminalen N-Z-Aminosäure (Z = Benzyloxycarbonyl) an ein chlormethyliertes Harz, Abspaltung des Z-Restes, Peptidverknüpfung mit einer weiteren N-Z-Aminosäure nach der Dicyclohexylcarbodiimidmeth. u. Abspaltung des Z-Restes mit 10%ig. HCl/Eisessig ist eine auch zur Darst. von Depsipeptiden geeignete Meth.; in letzterem Falle wird die ungeschützte Hydroxycarbonsäure an das Harz gebunden u. mit einem aus einer N-Z-Aminosäure u. Benzolsulfochlorid erhaltenen gemischten Anhydrid zum Depsipeptid umgesetzt. Das nach obiger Meth. aufgebaute Depsipeptid wird mit Trifluoressigsäure/HBr abgespalten. So wird in 43%ig. Ausb. *Asn-(NO₂)Arg-Val-Tyr-Val-(Bzl.)His-Pro-PhLac* [(NO_2)Arg = N^{ω}-Nitroarginin, (Bzl.)His = N^1-Benzylhistidin, PhLac = L-Phenylmilchsäure] erhalten [F. 182—188° (CH_3OH/abs. Äthylacetat)], das durch Hydrieren in CH_3OH/Essigsäure an Pd *Asn-Arg-Val-Tyr-Val-His-Pro-PhLac* [F. 188—190°; $[\alpha]_D^{20}$ —36,5° (c = 1; DMF)] ergibt. H. Berger 3800△

1327 **Coferment A.** 1. Mitt. **Synthese von (+)D-Pantethin.** E. S. Ždanovič, V. M. Kopelevič und N. A. Preobraženskij. (Ž. obšč. Chim. **37/99** (1967) 2, 361 bis 363; Vsesoj. naučno-issl. vitam. inst.; russ.) — Die Synth. des *Pantethins* aus Pantothensäure (**I**) wird beschrieben.

Versuche: *Pantethin*, $C_{22}H_{42}N_4O_8S_2$, a) durch Zugabe von Triäthylamin u. 7,6%ig. Oxalsäurelsg. zu dem Ca-Salz von **I** in W., Filtrieren, Eindampfen im Vakuum, Lösen in DMF, Zugabe von Chlorameisensäureäthylester bei —5 bis —10°, ½std. Rühren bei —5°, Zugabe von Cystamin in CH_3OH, 1std. Stehen bei 20°, Filtrieren, Eindampfen, Lösen in CH_3OH, Zugabe von Aceton u. Chromatographieren an Al_2O_3; $[\alpha]_D^{22}$ +15,9° (c = 3; W.); 41,8% (Ausb.); b) analog unter Reinigung am Kationen- u. Anionenaustauscher; 43,6%. — *S-Benzoylpanthetein*, $C_{18}H_{26}N_2O_5S$, F. 116—117° (Äthylacetat), durch Zugabe von Na zu einer Lsg. vorst. Verb. in fl. NH_3 bis zur bleibenden Blaufärbung, Eindunsten, Lösen in W., Ansäuren auf pH 8, Zugabe von Benzoylchlorid u. Extrahieren mit Äthylacetat. H. Berger 3850△

1328 **Biosynthesen in der Cobalaminreihe.** 8. Mitt. **Isolierung von Cyanocobalamin-5'-phosphat.** P. Renz. (Angew. Chem. **79** (1967) 7, 311—12; dt.; int. Edit. **6** (1967) 4, 368—69; engl.; Inst. für Biochem. u. Biotechnol., TH, Stuttgart.) — 7. vgl. vgl. C. **1966, 36-1345**. — Nach Inkubation eines rohen Extrakts von Propionibacterium shermanii mit Cobinamid u. 5.6-Dimethylbenzimidazol in Ggw. von Tris/HCl-Puffer über 10 Std. bei 37° werden bei der Aufarbeitung in Ggw. von KCN neben 75% *Cyanocobinamid* u. 15% *Cyanocobalamin* 15% der *Titelverb.* erhalten. R. Becker 3850△

1329 **Struktur des Antibiotikums C-73X.** Adorjan Aszalos, Herman Hoberecht und Allen I. Cohen. (J. med. Chem. **10** (1967) 2, 281—84; Squibb Inst. for Med. Res., New Brunswick, N.J.; engl.) — Das aus der Kultur *Streptomyces griseus SC 3675* durch Extraktion mit Hexan u. Butanol u. chromatograph. Aufarbeitung neben dem Antibiotikum *C-73* isolierte Antibiotikum *C-73X* erwies sich auf Grund angegebener IR-, UV-, KMR- u. Massenspektraldaten als *α-Hydroxy-β-[2-hydroxy-3.5-dimethylphenacyl]-glutarsäureimid* [$C_{15}H_{17}NO_5$, F. 200° (Methanol). *Di-O-acetylderiv.*, $C_{19}H_{21}NO_7$, F. 149° (Ae./Hexan); 200 mg → 150 mg]. — R_F-Werte s. Original. R. Gnauck 3900△

1330 **Peptidantibiotika.** 8. Mitt. **Synthese von Gly⁴·⁴'-gramicidin S.** Reiko Nagata, Michinori Waki, Michio Kondo, Haruhiko Aoyagi, Tetsuo Kato, Satoru Makisumi und Nobuo Izumiya. (Bull. chem. Soc. Japan **40** (1967) 4, 963—67; Labor. of Biochem., Fac. of Sci., Kyushu Univ., Hakozaki, Fukuoka; engl.) — Dargestellt wurden [Z = Benzyloxycarbonyl; Z(OMe) = p-Methoxybenzyloxycarbonyl]: *Z-Leu-Gly*, F. 116—118° [Essigsäureäthylester (EE)/PAe.], durch Hydrolyse von Z-Leu-Gly-Benzylester in Methanol mit 1n NaOH bei Raumtemp., Einengen im Vakuum, Zugabe von W., Ansäuern mit n-HCl u. Extrahieren mit EE; $[\alpha]_D^{23}$ —14,0° (EE); 69% (Ausb.). — *Z-Leu-Gly-Pro-Äthylester*, durch Zugabe von Chlorameisensäureisobutylester zu vorst. Verb. in THF/Triäthylamin bei —5°, ¼std. Rk., Zugabe von Prolinäthylester-p-toluolsulfonat u. Triäthylamin in Chloroform, mehrstd. Rk. bei Raumtemp. u. Einengen im Vakuum; 74%. — *Leu-Gly-Pro-Äthylester-hydrochlorid*, durch Hydrieren vorst. Verb. an Pd in 0,35n methanol. HCl, Filtrieren u. Eindampfen im Vakuum; 99%. — *Z(OMe)-Val-(δ-Z)Orn-Leu-Gly-Pro-Äthylester*, $C_{42}H_{60}N_6O_{11}$, F. 150—152° (Dioxan/Ae./PAe.), durch Zugabe von wss. $NaNO_2$ u. n-HCl zu Z(OMe)-Val-(δ-Z)Orn-Hydrazid in Eisessig unter Rühren bei 0°, Zugabe von W., Filtrieren, Trocknen, Zugabe zu vorst. Verb. in DMF/Triäthylamin, mehrtägiges Rühren bei 0°, Einengen im Vakuum (Meth. A), Zugabe von W. u. Filtrieren; $[\alpha]_D^{22}$ —48,6° (Eisessig); 80%. — *Z(OMe)-Val-(δ-Z)Orn-Leu-Gly-Pro-Hydrazid, Hemihydrat* (I), $C_{40}H_{58}N_8O_{10}\cdot ½\,H_2O$, F. 165—167°, durch Zugabe von Hydrazinhydrat zu vorst. Verb. in DMF u. mehrtägige Rk. bei 30°, Einengen im Vakuum u. Zugabe von W.; $[\alpha]_D^{25}$ —52,4° (Essigsäure); 94%. — *Z(OMe)-Val-(δ-Z)Orn-Leu-Gly-Pro* (II), $C_{40}H_{56}N_6O_{11}$, F. 144—147° (Methanol/Ae./PAe.), durch Zugabe von n-NaOH zu vorvorst. Verb. in Methanol/Dioxan, 24std. Stehen bei Raumtemp., Zugabe von Citronensäure unter Kühlung, Einengen im Vakuum u. Zugabe von W.; $[\alpha]_D^{22}$ —37,1° (Essigsäure); 67%. — *Val-(δ-Z)Orn-Leu-Gly-Pro, Hydrochloriddihydrat*, $C_{31}H_{49}ClN_6O_8\cdot 2\,H_2O$, F. 160—162° durch Zugabe von 3,8n HCl in Dioxan zu vorst. Verb. in Dioxan, mehrstd. Rk. bei Raumtemp. u. Einengen im Vakuum; $[\alpha]_D^{25}$ —41,3° (Essigsäure); 96%. — *Z(OMe)-Val-(δ-Z)Orn-Leu-Gly-Pro-Val-(δ-Z)Orn-Leu-Gly-Pro, Dihydrat*, $C_{71}H_{102}N_{12}O_{18}\cdot 2\,H_2O$, F. 223—225° (Methanol/PAe.), nach **A** aus **I** u. vorst. Verb.; $[\alpha]_D^{25}$ —76,7° (Essigsäure; 45%. — *Cyclo[-Val-(δ-Z)Orn-Leu-Gly-Pro-Val-(δ-Z)Orn-Leu-Gly-Pro-], Monohydrat*, $C_{62}H_{92}\cdot N_{12}O_{14}\cdot H_2O$, F. 159—161° (Methanol/Ae./PAe.), a) durch Zugabe von Bis-[p-nitrophenyl]-sulfit zu vorst. Verb. in Py., 24std. Rk. bei Raumtemp., Einengen, Zugabe von PAe., Waschen mit Ae./PAe. (1 : 1), Filtrieren, Zugabe

von Anisol u. Trifluoressigsäure bei 0°, Einengen im Vakuum bei 0°, Behandeln mit Ae., Filtrieren, mehrstd. Zutropfen zu Py. bei 55—60°, mehrstd. Rühren bei 55—60°, Einengen, Lösen in Methanol/W., Filtrieren, Passieren des Filtrates von Dowex 1 (OH^--Form) u. danach von Dowex 50 (H^+-Form) u. Eindampfen im Vakuum; 43%; b) analog a) aus **II**; $[\alpha]_D^{24}$ —193° (Essigsäure); 18%. *Cyclo[-Val-Orn-Leu-Gly-Pro-Val-Orn-Leu-Gly-Pro]* (*Gly*$^{4,4'}$*-gramicidin S*), *Dihydrochloridhexahydrat*, $C_{46}H_{82}Cl_2N_{12}O_{10} \cdot 6\,H_2O$, F. 239—240°, durch Hydrieren vorst. Verb. in 0,55n methanol. HCl an Pd; $[\alpha]_D^{24}$ — 203° (A.); 94%. — Vorst. Verb. besitzt gegenüber Bacillus subtilis eine schwache antibakterielle Aktivität. Auf Escherichia coli, Proteus vulgaris, Staphylococcus aureus bzw. Micobacterium avium übt sie einen analogen Einfl. jedoch nicht aus. R_F-Werte s. Original. — 3. vgl. C. **1967**, 43-1040.
R. Gnauck 3900△

1331 **Synthese von Cyperolon.** Hiroshi Hikino, Norio Suzuki und Tsunematsu Takemoto. (Chem. pharmac. Bull. [Tokyo] **14**, 1441—43, 1966; engl.) — Vf. synthetisieren *Cyperolon* (**I**) unter Anwendung einer Variante der Pinakol-Pinakolon-Umlagerung. (+)-α-Cyperon wird mit $LiAlH_4$ zu *Δ*^{4,11}*-Eudesmadien-3β-ol* ($[\alpha]_D$ + 10,9° [Chlf.]; 100% Ausb.) red., das bei der Epoxydierung mit 1 Mol Perbenzoesäure als einziges Monoepoxid *4β.5β-Epoxy-Δ*^{11}*-eudesmen-3β-ol* (**II**; 59%), daneben das *Di-Epoxid* **III**, liefert. Einw. von BF_3 in Bzl.

III

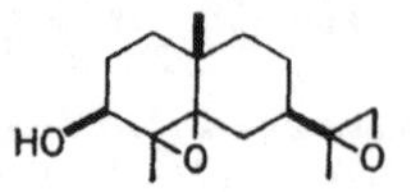

auf **II** liefert neben anderen Prod. als einziges Ketol *Δ*^{11}*-Eudesmen-3-on-5β-ol* (F. 138—139°). **II** wird mit CrO_3-Py. zu *4β.5β-Epoxy-Δ*^{11}*-eudesmen-(3)-on* (*88%*) ox., das durch Behandeln mit BF_3 25% *Δ*^{11}*-Cyperen-3.4-dion* mit β-Stellung der Acetylgruppe liefert. Durch Red. mit $LiAlH_4$ erhält man 34% *Δ*^{11}*-Cyperen-3β.4-diol* (**IV**) (F. 112—112,5°) sowie das $C_{(3)}$*-Epimere* (F. 110—111°). Bei partieller Acetylierung ergibt **IV** neben dem *Diacetat* 49% *3β-Acetoxy-Δ*^{11}*-cyperen-(4)-ol*, das mit CrO_3 zu 88% *3β-Acetoxy-Δ*^{11}*-cyperen-(4)-on* ($[\alpha]_D$ +62,1° (Chlf.]). ox. wird. Aus diesem läßt sich durch Verseifen mit 1 Val NaOH in A. 91% **I** (*Hydrat*, F. 40—41°) trotz dessen Alkaliempfindlichkeit darstellen. — IR-, NMR- u. ORD-Maxima sind angegeben. G. Fischer 3950△

D. Makromolekulare Chemie

1332 **Theoretische Depolymerisationskinetik.** 2. Mitt. **Einfluß der Molekulargewichtsverteilung auf den endgruppeninitiierten Polymerabbau.** Richard H. Boyd und Tung-Po Lin. (J. chem. Physics **45**, 773—77, 1966; Logan, Utah State Univ. and Northridge, Calif., San Fernando Valley State Coll.; engl.) — 1. vgl. C. **1960**, 5829. — Vf. leiten aus den Geschw.-Gleichungen die folgende Beziehung ab u. behandelt mit ihrer Hilfe den Polymerabbau in Syst. mit willkürlicher Ausgangsmolekulargewichtsverteilung. $dM_i/dt = dM_0/dt - i/\gamma \cdot (k_E M_{i-1} + dM_{i-1}/dt)$. M_i = i-tes Moment nach der Beziehung $M_i = \sum_{n=2}^{\infty} n^i P_n$, ($1/\gamma$ = mittlere „Reißverschlußlänge" nach $1/\gamma = k_P/(k_T\bar{R})$. P_n = Zahl der Polymermol. mit dem Polymerisationsgrad n, $\bar{R}$ = Gesamtradikalkonz.) k_E, k_P u. k_T sind die Geschw.-Konst. für Start (am Kettenende), Abbau u. Abbruch. Unter der Annahme, daß die Molgew.-Verteilung während der Rk. durch Schulz-Zimm-Verteilungen mit zeitlich veränderlichen Parametern wiedergegeben werden kann, genügen drei Simultan-Differentialgleichungen der obigen Art zur Beschreibung des Abbauverhaltens. Für diesen Fall ber. der Autor mit Hilfe eines Digitalrechners (für 9 verschiedene Ausgangsverteilungen u. je 9 Anfangsverhältnisse von Zahlenmittel des Polymerisationsgrades x zu „Reißverschlußlänge") die Breite der Verteilung, das Probengew. u. x als Funktion der red. Zeit $k_E t$. Die Ergebnisse sind die folgenden: 1. Für jede Ausgangsverteilung nähert sich die Molgew.-Verteilung mit dem Umsatz einer „wahrscheinlichsten" Verteilung, u. zwar um so rascher, je größer $x^0\gamma^0$ ist. ($x^0\gamma^0$ = Anfangsverhältnis von x zur mittleren „Reißverschlußlänge"). 2. Die Geschw. der Gew.-Abnahme bei gleichem $k_E t$ ist für Polymere mit breiter Ausgangsverteilung kleiner als für solche mit enger. 3. Für $x^0\gamma^0 \to 0$ bleibt x während des Abbaus konst., ebenso bei „wahrscheinlichster" Ausgangsverteilung. Bei endlichen $x^0\gamma^0$-Werten nimmt x mit dem Umsatz zu, wenn die Ausgangsverteilung breiter war als die „wahrscheinlichste" u. ab, wenn diese enger war. B. A. Wolf 4002

1333 **Theoretische Depolymerisationskinetik.** 3. Mitt. **Einfluß der Molekulargewichtsverteilung auf den durch statistische Kettenspaltung eingeleiteten Polymerabbau.** Richard H. Boyd und Tung-Po Lin. (J. chem. Physics **45**, 778—81, 1966; engl.) — 2. vgl. vorst. Referat. — Vf. leiten aus den Geschw.-Gleichungen für den im Titel angegebenen Fall die folgende Beziehung ab: $dM_i/dt = k_s([2/i + 1] - 1)\,M_{i+1} + dM_0/dt - k_s M_1 - i/\gamma \cdot (k_s M_i + dM_{i-1}/dt)$. k_s = Geschw.-Konst. des statist. erfolgenden Starts; wegen der Bedeutung der anderen Symbole u. der Berechnung der Breite der Verteilung, des Probengew. u. des Zahlenmittelwerts des Polymerisationsgrades x in Abhängigkeit von der red. Zeit $y^0 k_s t$ vgl. vorst. Referat; y^0 ist ein Maß für die Breite der Verteilung u. den Absolutwert von x zur Zeit null. Die Ergebnisse sind die folgenden: 1. Für jede Ausgangsverteilung nähert sich die Molgew.-Verteilung mit dem Umsatz einer „wahrscheinlichsten", u. zwar um so rascher, je größer $x^0\gamma^0$. 2. Die Geschw. der Gew.-Abnahme bei gleichem $x^0 k_s t$ ist für Polymere mit breiter Ausgangsverteilung größer als für solche mit enger, wobei die Unterschiede mit fallendem $x^0\gamma^0$ zunehmen. 3. x nimmt ($x^0\gamma^0 \neq 0$) unabhängig von der Ausgangsverteilung mit dem Umsatz ab, u. zwar bei breiter Verteilung schneller als bei enger. Der Einfl. der Polydispersität nimmt mit abnehmendem $x^0\gamma^0$ zu. B. A. Wolf 4002

1334 **Berechnung der Monomerzusammensetzung und Wahrscheinlichkeitsprodukte vorgegebener Terpolymersysteme.** George E. Ham und R. D. A. Lipman. (J. macromolecular Sci., Chem. **A 1** (1967) 6, 1005—10; Geigy Res., Ardsley, N.Y.; engl.) — Theoret. Arbeit, in der für ternäre Monomergemische ein Rechenprogramm zur Dosierung der Monomeren zwecks Darst. von Copolymeren vorgegebener Zus. entwickelt wird. Die Rechenmeth. wird auf mehrere Monomerkombinationen (Styrol, Acrylonitril, Methacrylonitril, Methylacrylat, Methylmethacrylat, Vinylacetat, Vinylchlorid u. Vinylidenchlorid) angewandt (Berechnung der Wahrscheinlichkeit der Zus. der Copolymeren aus äquimol. Mengen dieser Monomeren). Die Ergebnisse zeigen, daß zwischen den Monomeren z. T. starke Wechselwrkg. auftreten können u. daß die e-Werte der Monomeren stärker als deren Q-Werte zur Geltung kommen. O. Fuchs 4004△

1335 **Lichtstreuung von nicht-Gaußschen Makromolekülen.** Gary Ver Strate und Carl von Frankenberg. (J. Polymer Sci., Part A-2 **5** (1967) 6, 1313—16; Univ. of Delaware, Newark, Del.; engl.) — Theoret. Arbeit, in der Gleichungen für die Lichtstreuung von makromol. Stoffen mit einer nicht-Gaußschen Kettenlängenverteilung abgeleitet werden. Die Ergebnisse (Winkeldissymmetrie des Streulichtes) sind formelmäßig u. graph. dargestellt. O. Fuchs 4006△

1336 **Optischer Schmelzpunkt von Polymeren.** W. Banks, A. Sharpels und G. Thomson. (Europ. Polymer J. **2**, 309—15, 1966; Musselburgh, Midlothian, Schottland, A. D. Little Res. Inst.; engl.) — Es wird eine Meth. zur F.-Best. bei *Polymeren* mittels opt. Mikroskopie vorgeschlagen. Die erhaltenen Werte sind ident. mit dem dilatometr. erhaltenen F. aber in charakterist. Weise höher als die Temp., bei denen die Doppelbrechung verschwindet u. die bisher für die opt. F.-Best. verwendet wurden. J. Heim 4007

1337 **Radikalbildungsgeschwindigkeit in Emulsionssystemen und ihre Bedeutung für die Polymerisationskinetik.** J. W. Breitenbach und K. Kuchner. (Mh. Chem. **97**, 662—78, 1966; Inst. phys. Chemie, Univ. Wien; dt.) — Es wird die Kinetik der Emulsionspolymerisation von *Styrol* mit α.α'-Azo-bis-[isobutyramidiniumchlorid] u. α.α'-Azo-bis-[α-methylbutyronitril-γ-Na-sulfonat] untersucht. Der Zerfall des Starters wurde durch den entstehenden N_2 kontrolliert, u. die Zerfallsgeschw. bei 50, 60, 70 u. 80° bei gleicher Konz. gemessen u. die Konz. bei einer bestimmten Temp. von $0,8 \cdot 10^{-4}$ bis $7 \cdot 10^{-4}$ variiert. Die Rk. war 1. Ordnung. Bei kationenakt. Startern wurden auch kationenakt. Emulgatoren verwendet u. umgekehrt bei anionenakt. Substanzen. Als Emulgatoren dienten Cetyltrimethylammoniumchlorid, Na-Laurylsulfat, Dodecylbenzolnatriumsulfonat, K- u. Na-Palmitat. Radikalbldg.-Geschw., Polymerisationsgeschw. u. Viskositätszahl der Polymeren wurden gemessen. Die untersuchten kationen- u. anionenakt. Syst. zeichnen sich durch eine von den verschiedenen Zusätzen prakt. unabhängige Radikalbldg.-Geschw. aus. Die Polymerisation verläuft außer bei sehr hohen Emulgatorkonz., ohne anfängliche Geschw.-Zunahme, d. h. der stationäre Verlauf stellt sich schon nach sehr kurzer Zeit ein. Die Zerfallsgeschw. des Starters in den Emulsionssyst. ist prakt. mit der in homogener Phase identisch. Nach der Arrhenius-Gl. wurden die Geschw.-Konst. u. die Aktivierungsenergie für die Zerfallsrk. bestimmt u. mit anderen Azoverb. verglichen. Die Abhängigkeit der Polymerisationsgeschw. von Starter- u. Emulgatorkonz. entspricht quant. der Theorie von Smith u. Ewart. Die Radikalausb. für die Emulsionspolymerisation wird aus der Polymerisationsgeschw. u. dem mittleren Polymerisationsgrad bestimmt u. beträgt 60%. Zur Vermeidung der Kettenübertragung wurde als Verzögerer Tetramethyl-p-benzochinon u. 2-Methyl-5-isopropyl-p-benzochinon zugesetzt. Ein Vgl. mit der durch Kaliumpersulfat gestarteten Emulsionspolymerisation wird durchgeführt. J. Tutschku 4010

1338 **Kinetische Aspekte der Copolymerisation von Tetrahydrofuran und Propylenoxid.** 1. Mitt. L. P. Blanchard, J. Singh und M. D. Baijal. (Canad. J. Chem. **44**, 2679—89, 1966; Quebec, Univ. Laval; engl.) — Die Copolymerisationsvers. wurden bei 0° u. 1 atm in *Äthylenchlorid* (Lsgm. u. innerer Standard für die analyt. Zwecke) mit *Bortrifluorid-Diäthylätherat* u. verschiedenen Kokatalysatoren [*Butandiol-(1.2)*, *-(1.3)*, *-(1.4)*] durchgeführt. Die Monomerkonz. bestimmten die Vf. gaschromatograph.; zur Ermittlung der Mol.-Struktur der Copolymeren benutzten sie: IR-Spektroskopie, Dampfdruckosmometrie, Hydroxylendgruppenanalyse u. chem. Red. der Doppelbindungen. Homopolymerisation von *Tetrahydrofuran* (**I**) wurde nicht beobachtet, die Homopolymerisation von *Propylenoxid* (**II**) hingegen verläuft rasch. Bei der Copolymerisation ist die Verbrauchsgeschw. von **I** unabhängig von der Konz. von **I** u. direkt proportional der Konz. von **II**. Unter ähnlichen Bedingungen ist die Geschw. der Abnahme von **II** proportional dem Quadrat der Konz. von **II** u. verkehrt proportional der Konz. von **I**. Die Copolymerisationsparameter von **I** variieren in Abhängigkeit vom verwendeten Kokatalysator zwischen 0,1 u. 0,6; die von **II** zwischen 1,3 u. 1,8. Die Molgew. der Polymeren liegen im Bereich von 460 bis 740 (Dampfdurckosmometer) bzw. 520 bis 1660 (Endgruppenanalyse). IR-spektroskop. Unters. bestätigten das Vorhandensein von Hydroxylgruppen u. Ätherbindungen. Endständige Doppelbindungen wurden nicht gefunden. B. A. Wolf 4020

1339 **Verbrennungs- und Polymerisationswärme von β-Propiolacton.** Birgitta Börjesson, Yoshiaki Nakase und Stig Sunner. (Acta chem. scand. **20**, 803—10, 1966; Lund, Univ. of Lund; engl.) — Für *β-Propiolacton* wurden aus Verbrennungs- u. Verdampfungsvers. erhalten (25°): Hf° (liq.) = $-78,85 \pm 0,20$ u. Hf°(g) = $-67,61 \pm 0,20$ kcal/Mol. Die Streckenergie wurde durch Vgl. mit dem Alkylalkanoat zu ca. 25 kcal/Mol ermittelt. Die Polymerisationswärme beträgt (25°) H = $-19,2 \pm 0,9$ kcal/Mol Monomereinheit. J. Heim 4020

1340 **Kinetik der spontanen und der gestarteten radikalischen Polymerisation von o-Chlorstyrol.** O. F. Olaj. (Mh. Chem. **97**, 1437—47, 1966; Inst. für phys. Chem. der Univ. Wien; dt.) — Vf. stellt experimentell fest, daß sich die Startgeschw. bei der Azo-bis-isobutyronitril-gestarteten o-Chlorstyrol-Polymerisation (30°) nicht additiv zusammensetzen aus der „rein therm." Startgeschw. u. der durch den Starterzusatz hervorgerufenen. Der untersuchte Bereich der Bruttopolymerisationsgeschw. reichte von der therm. Geschw. ($0,18 \cdot 10^{-5}$ Mol $\cdot$ $l^{-1} \cdot s^{-1}$) bis zu ca. $3 \cdot 10^{-5}$. Mit steigender Starterkonz. wird der therm. Beitrag herabgesetzt; die mittleren effektiven Kettenlängen durchlaufen dabei ein Maximum. Dieser Sachverhalt wird kinet. diskutiert u. auf eine Übertragungsrk. der Radikalketten mit dem nach Mayo für die spontane Radikalbldg. verantwortlichen Diels-Alder-Zwischenprod. aus zwei Monomermol. zurückgeführt. B. A. Wolf 4040

1341 **Vinylsubstituierte Polysilane.** Hideki Sakurai, Kenji Tominaga und Makoto Kumada. (Bull. chem. Soc. Japan **39**, 1279—82, 1966; Fac. of Engng. Kyoto Univ., Sakyo-ku, Kyoto; engl.) — *1-Vinylheptamethyltrisilan* (**I**), *2-Vinylheptamethyltrisilan* (**II**) u. *Vinylpentamethyldisilan* (**III**) werden nach Grignard aus den entsprechenden Chlorsilanen hergestellt u. mittels UV-, KMR- u. IR-Spektroskopie untersucht. Mit Styrol u. Acrylonitril wird radikal. copolymerisiert u. das Monomeren–Reaktivitäts-Verhältnis von **III** u. **II** bestimmt. Für die Bldg. des radikal. Zwischenzustandes bei der Copolymerisation ist die Stabilisierung des dem Si-Atom benachbarten einsamen Elektrons nicht von Bedeutung.

Versuche: **III**, Kp. 131—132°; n_D^{20} 1,4497 aus Vinylmagnesiumchlorid (**IV**) u. Chlorpentamethyldisilan in Tetrahydrofuran; Hydrolyse in NH_4Cl-Lsg. u. anschließende frakt. Dest.; 80% (Ausb.). — **I**, $Kp._{16}$ 79°; n_D^{20} 1,4741, aus **IV** u. 1-Chlorheptamethyltrisilan in Tetrahydrofuran u. Hydrolyse in NH_4Cl-Lsg. u. anschließende Dest.; 59%. — **II**, $Kp._{17}$ 75°; n_D^{20} 1,4761, aus **IV** u. 2-Chlorheptamethyltrisilan in Tetrahydrofuran u. Weiterverarbeitung wie vorstehend; 61%. Hellmut Reuther 4050

1342 **Bestimmung der Aminosäuresequenz in Oligopeptiden durch Massenspektroskopie.** 5. Mitt. **Struktur des „Val⁶-Peptidolipins NA", ein neues Peptidolipid aus Norcardia asteroides.** M. Guinand, M. J. Vacheron, G. Michel, B. C. Das und E. Lederer. (Tetrahedron [London], Suppl. Nr. **7**, 271—76, 1966; Villeurbanne/Rhône, Fac. des Scien. de Lyon; franz.) — Das aus *N. asteroides* isolierte *Peptidolipin NA* zeigte bei der Gegenstromverteilung [Hexan/Tetrachlorkohlenstoff/Methanol/W. (2,2/4,0/3,8/0,3)] 2 Peaks. Die zweite Substanz wies an Hand der DSC noch Beimischungen von 2 weiteren Verb. auf. Chem. u. massenspektroskop. Analyse wiesen den zweiten Hauptbestandteil des Extraktes von N. asteroides als *Heptapeptid* ($C_{52}H_{93}N_7O_{11}$, F. 221—223°, $[\alpha]_D = +70°$ (Chlf.)) mit folgender Struktur aus:

D(—)-3-Hydroxyeikosansäure-L–Thr^1–L–Val^2–D–Ala^3

L-Thr^7——L-Val^6——D-allo-Ileu^5——L-Pro^4.

Val^6-Peptidolipin NA enthält in Position 6 L-Val an Stelle von L-Ala in Peptidolipin NA. Eine genaue Interpretation des Massenspektrums wird angegeben. K. Winnefeld 4080

E. Biologische, physiologische und medizinische Chemie

1343 **Synthese von 3.5.7-Triketosäuren und -estern und ihre Cyclisierung zu Resorcin- und Phloroglucinderivaten. Modelle der Biosynthese von phenolischen Verbindungen.** Thomas M. Harris und Robert L. Carney. (J. Amer. chem. Soc. **89** (1967) 25, 6734—41; Dep. of Chem., Vanderbilt Univ., Nashville, Tenn.; engl.) — Durch Carboxylierung von Triketon-K-Salzen erhaltene 3.5.7-Triketosäuren werden bei pH 5 zu β-Resorcylsäuren cyclisiert. In gleicher Weise lassen sich die Methylester bei pH 8,5 cyclisieren. Rk. mit 2n KOH führt zu Acylphloroglucinen. Cinnamoylphloroglucin erleidet beim Erhitzen Ringschluß zu Pinocembrin. Die Ergebnisse werden im Hinblick auf die biolog. Synth. von Phenolen diskutiert.

Versuche: *8-Phenyloctantrion-(2.4.6)* (I), F. 23°, durch Zugabe von 6-Phenylhexandion-(2.4) zu $LiNH_2$ in fl. NH_3, schnelle Zugabe von Essigsäureäthylester u. 5std. Stehen; 19% (Ausb.). *Bisenamin* mit Pyrrolidin, F. 139,5—141,5°. — *Undekandion-(2.4)*, $Kp._{0,15}$ 79°, aus Acetylaceton (II)-Na-Salz u. n-Hexylbromid in fl. NH_3; 69%. — *Tridekantrion-(2.4.6)* (III), $C_{13}H_{22}O_3$, F. 27°, $Kp._{0,25}$ 114°, a) aus vorst. Verb. über das Li-Salz mit Essigester; 17%. b) aus II u. Octansäuremethylester mit $LiNH_2$ in fl. NH_3; 41%. — *Undekantrion-(2.4.6)* (IV), $C_{11}H_{18}O_3$, F. 0°, aus II u. Hexansäuremethylester; 38%. — *Nonantrion-(2.4.6)* (V), $C_9H_{14}O_3$, $Kp._{0,15}$ 59 bis 81°, aus II u. Buttersäureäthylester; 42%. — *7-Phenyl-3.5.7-trioxoheptansäure* (VI), F. 101—102° (Zers.; Chlf./Hexan), durch Zugabe von Ae. u. 6-Phenylhexatrion-(2.4.6) zu $NaNH_2$ in fl. NH_3, Verdampfen des NH_3 u. Carboxylierung; 46%. *Methylester* (VII), $C_{14}H_{14}O_5$, F. 73—76° (Ae./Hexan), mit CH_2N_2; 83%. — *9-Phenyl-3.5.7-trioxononen-(8)-säure*, $C_{15}H_{14}O_5$, F. 125—126° (Zers.; Chlf.), analog aus 8-Phenylocten-(7)-trion-(2.4.6); 52%. *Methylester* (VIII), $C_{16}H_{16}O_5$, F. 88—90° (Ae./Hexan); 63%. — *9-Phenyl-3.5.7-trioxononansäure*, durch Carboxylierung von I in Ggw. von KNH_2 in Tetrahydrofuran; 57%. — *3.5.7-Trioxotetradekansäure*, $C_{14}H_{22}O_5$, F. 83 bis 84° (Hexan), aus III; 30%. — *3.5.7-Trioxododekansäure*, $C_{12}H_{18}O_5$, F. 80—81° (Chlf./Hexan), aus IV; 16%. — *3.5.7-Trioxodekansäure*, aus V; < 5%. — *3.5.7-Trioxooctansäure*, aus Heptantrion-(2.4.6); < 5%. — 2.4-Dihydroxybenzoesäuren: *6-Phenyl-* (IX), $C_{13}H_{10}O_4$, F. 157—158° (Zers.; Ae./Hexan), durch 1—2tägiges Stehen von VI in A. mit Na-Acetat-Puffer bei 0°; 86%. *Methylester*, $C_{14}H_{12}O_4$, F. 120—121° (Chlf./Hexan), a) aus VII in K-Phosphat-Puffer; 92%. b) aus IX mit Diazomethan. — *6-Styryl-*, F. 164—165° (A./W.); 88%. *Methylester*, $C_{16}H_{14}O_4$, F. 160—161° (Chlf.), a) mit Diazomethan. b) aus VIII in Tris-(hydroxymethyl)-aminomethan-HCl-Puffer; 69%. — *6-Phenäthyl-*, $C_{15}H_{14}O_4$, F. 154—156° (Zers.; Bzl./Hexan); 19%. — *6-n-Heptyl-* (X), F. 142—144° (Bzl.); 95%. — *6-Amyl-*, F. 142,5 bis 143°; 97%. — *6-Propyl-*, F. 180—181° (Zers.; Bzl./Hexan); 1,6%. — *6-Methyl-*, F. 173,5—175°; 0,2%. — Resorcine: *5-Phenyl-*, F. 156—157°, durch 1std. Erhitzen von IX auf 130°. — *5-Styryl-*, F. 152—155°, bei 180°. *Diacetat*, F. 98—99° (A.). — *5-Phenäthyl-*, bei 160 bis 190°/0,5 Torr; 89%. — *2.4-Dibrom-5-phenäthyl-*, F. 144—146°, durch Bromierung vorst. Verbindung. — *5-Heptyl-*, F. 53—55°, durch Dest. von X bei 130°/0,3 Torr. *Monohydrat*, F. 55—57°. — Phloroglucine: *Benzoyl-*, F. 165—166° (Chlf.), durch 19std. Stehen von VII mit 2n NaOH bei —5°; 47% (neben VIII). — *Cinnamoyl-*, F. 169—171°; 82%. — *5.7-Dihydroxyflavanon*, F. 201 bis 202° (Methanol/W.), durch Erhitzen vorst. Verb. auf 190°.

W. Holland 4100

1344 **Fraktionierung der bestrahlten und durch Propylgallat geschützten Desoxyribonucleinsäure an Cellulose.** N. V. Nikolaeva, L. P. Semenova und K. E. Kruglјakova. (Doklady Akad. Nauk SSSR **169**, 1203—05, 1966; russ.) — Bei der Fraktionierung der nativen *DNS* an ECTEOLA-Cellulose beträgt der Anteil der niedrigpolymeren Fraktionen 1 u. 2 (Fr. 1 bzw. 2) 23,0 bzw. 0,0%, der Anteil der hochpolymeren Fr. 3 u. Fr. 4 66,5 bzw. 10,5%. Nach der Bestrahlung der DNS mit 40000 r beträgt der Geh. an Fr. 1 u. Fr. 2 93,0 bzw. 7,0%; Fr. 3 u. Fr. 4 verschwinden völlig. Erfolgt die gleiche Bestrahlung in Ggw. von *Propylgallat* (I; Inhibitor der Freiradikalrk.), so beträgt der Anteil der Fr. 1, 2, 3 u. 4 45,5; 20,4; 23,2; 10,9%. Bei Bestrahlung mit 20000 r in Ggw. von I sind es 46,0; 14,5; 28,1; 11,4%. Bei gleicher Bestrahlung der DNS ohne I beträgt der Anteil der Fr. 1, 2, 3 u. 4 40,5; 34,4; 21,4; 3,8% gegenüber 42,3; 0,0; 9,2; 18,5% ohne Bestrahlung. I ist demnach in einem weiten Dosisbereich ein wirksamer Inhibitor der Freiradikalreaktionen. Die hierbei zu beobachtenden Prozesse der Depolymerisation, Denaturierung, Knäuelbldg. u. die Veränderungen der tert. Struktur der DNS-Mol. werden diskutiert.

O. Lebtag 4150△

1345 **Geometrie von karzinogenen polycyclischen aromatischen Kohlenwasserstoffen.** Charles B. Huggins, John Pataki und Ronald G. Harvey. (Proc. nat. Acad. Sci., USA 58 (1967) 6, 2253—60; Ben May Labor. for Cancer Res., Univ. of Chicago; engl.) — *Benz[a]pyren* (I), *3-Methylcholanthren* (II), *Benz[a]anthracen* (III) u. dessen Deriv. *7.12-Dimethyl-* (IV), *7-Äthyl-12-methyl-* (V), *1-, 2-, 3-, 4-, 5-, 6-, 7-, 8-, 9-, 10-, 11-* u. *12-Methyl-*, *7-Methoxy-*, *7-* u. *12-Äthyl-*, *7-n-Butyl-*, *7-Propyl-12-methyl-*, *7-n-Butyl-12-methyl-*, *7-Methoxy-12-methyl-*, *7-Äthoxy-12-methyl-*, *7-Methoxymethyl-12-methyl-*, *7-Methyl-12-äthyl-*, *7.12-Dimethoxy-* u. *7.12.-Diäthoxy-* wurden in Ratten auf ihre karzinogene Wrkg. sowie ihren Einfl. auf die *Menadionreduktase* (VI)-Aktivität untersucht. Von den untersuchten Verb. erhöhen außer I, II u. III auch sämtliche monomethylierten III-Deriv. sowie IV u. V die VI-Aktivität, während Einführung einer größeren Alkylgruppe in III dessen Enzyminduktion verringert. Besonders starke karzinogene Wrkg. besitzen die III-Deriv., wenn die Methylierung in 6-, 7-, 8- oder 12-Stellung bzw. in 7.12-Stellung erfolgt. — Vgl. der karzinogenen u. VI-aktivierenden Wrkg. mit der Dicke der Mol. an Hand dreidimensionaler Modelle zeigt, daß nur solche Mol. karzinogen wirken, deren obere (1-, 11- oder 12-Stellung) oder untere (6-, 7- oder 8-Stellung) Oberfläche eine Höhe von 4 Å nicht übersteigt.

W. Damerau 4160△

1346 **Irreversible Enzym-Inhibitoren. 111. Mitt. Aus 4.6-Diamino-1.2-dihydro-1-phenyl-symm.-triazinen erhaltene, auf das aktive Zentrum gerichtete irreversible Inhibitoren der Dihydrofolsäurereduktase.** 5. Mitt. (1, 2). B. R. Baker und Morris A. Johnson. (J. heterocyclic Chem. 4 (1967) 4, 507—510; Dep. of Chem., Univ. of Calif.; engl.) — Die Kondens. von 5-[p-Nitrophenyl]-pentanon-(2) mit Phenylbiguanidhydrochlorid (III) führt zu *1-Phenyl-2-methyl-2-[p-nitrophenylpropyl]-1.2-dihydro-symm.-triazin*. Nachfolgende Red. der Nitro- zur Aminogruppe u. anschließende Bromacetylierung gibt *1-Phenyl-2-[p-bromacetamidophenylpropyl]-4.6-diamino-1.2-dihydro-2-methyl-symm.-triazinhydrochlorid* (I), den irreversiblen Inhibitor der Dihydrofolsäurereduktase. Analog werden die o-, m- u. p-Isomeren von 5-[Nitrophenoxy]-pentanon-(2) in die entsprechenden *1-Phenyl-2-[Bromacetamidophenoxypropyl]-1.2-dihydro-symm.-triazine* übergeführt. Tests ergaben, daß lediglich I als irreversibler Inhibitor wirksam ist, die anderen Verb. hemmen nur reversibel. IR- u. UV-Maxima vgl. Original.

Versuche: *p-Acetamidophenoxyaceton*, $C_{11}H_{13}NO_3$, F. 162—164° (A.), durch Hydrieren eines Gemisches aus p-Nitrophenoxyaceton in Eisessig/Acetanhydrid in Ggw. von PtO_2, Filtrieren u. Einengen im Vakuum; 72% (Ausb.). — *5-[p-Nitrophenoxy]-pentanon-(2)*, $C_{11}H_{13}NO_4$, F. 63—64° (PAe.), durch ½std. Kochen eines Gemisches aus p-Nitrophenolat, Natrium, 5-Chlorpentanon-(2) u. NaJ in DMF, Zugabe von W., Extrahieren mit Ae. u. Einengen im Vakuum; 12%. *m-Isomeres*, $C_{11}H_{13}NO_4$, F. 46—48°; 7%. *o-Isomeres* (II); 25%. *[2.4-Dinitrophenylhydrazon*, $C_{17}H_{17}N_5O_7$, F. 113—114°. — 1-Phenyl-2-methyl-4.6-diamino-1.2-dihydro-symm.-triazine, Hydrochloride: *2-[o-Nitrophenoxypropyl]-* (IV), F. 189—191° (A.), durch 11tägiges Rühren eines Gemisches aus II, III, Orthoameisensäuretriäthylester, Methanol u. 12n wss. HCl u. Einengen im Vakuum (Meth. A); 87%. — *2-[m-Nitrophenoxypropyl]-*, F. 184 bis 186° (A.), analog A; 14%. — *2-[p-Nitrophenoxypropyl]-*, F. 166—168° (A.), analog A; 46%. — *2-[p-(Bromacetaminophenoxy)-propyl]-*, F. 122—124° (Zers.; wss. A.), durch Hydrieren von IV in A. in Ggw. von PtO_2, Filtrieren, Einengen, Lösen in DMF, Zugabe von Bromacetanhydrid, 20 Min. langes Rühren bei 0° u. Einengen (Meth. B); 21%. — *2-[p-(Bromacetaminophenyl)-propyl]-*, F. >150° (Zers.; wss. A.), analog B; 56%. — *2-[p-Nitrophenylpropyl]-*, F. 181—185° (A.), analog A; 51%. — *2-[m-(Bromacetaminophenoxy)-propyl]-*, F. 139—142° (A.), analog A; 33%. — *2-[p-(Bromacetaminophenoxy)-propyl]-*, F. >150° (Zers.; wss. DMF); analog B; 4%.

K.-P. Hilgetag 4210△

1347 **Synthese von Aldoximanalogen von Arecolin als Reaktivatoren für durch Organophosphorverbindungen gehemmte Cholinesterase.** J. N. Wells, J. N. Davisson, I. Boime, D. R. Haubrich und G. K. W. Yim. (J. pharmac. Sci. **56** (1967) 9, 1190—92; Med. Chem. and Pharmacol. Labor., School of Pharmacy and Pharm. Sci., Purdue Univ., Lafayette; engl.) — Bei geringerer Toxizität sind Aldoxime des 1-Methyl-1.2.5.6-tetrahydropyridin-3- u. -4-aldehyds (**I**) weniger als Reaktivator wirksam als die entsprechenden quart. Pyridinaldoxime (**II**). Sie zeigen nur $^1/_{60}$ der Muskarinwrkg. des Arecolins. **I** werden statt durch Kondens. aus CH_2O, Acetaldehyd u. Methylamin besser durch Red. mit $NaBH_4$ aus **II** dargestellt.

Versuche: *1-Methyl-1.2.5.6-tetrahydropyridin-4-aldoxim*, F. 156—158°, durch Red. von Pyridin-4-aldoxim-methojodid mit $NaBH_4$ in Methanol bei 25—30°; 50% (Ausb.). *Hydrochlorid*, $C_7H_{12}N_2O \cdot HCl$, F. 241—242° (A.). — *1-Methyl-1.2.5.6-tetrahydropyridin-3-aldoxim*; 59%. *Hydrochlorid*, $C_7H_{12}N_2O \cdot HCl$, F. 261,5—262° (A.). *Methojodid*, F. 181—182°. — *1.3-Bis-[4-formyl-1.2.5.6-tetrahydropyridyl]-propandioxim, Hydrochlorid*, $C_{15}H_{24} \cdot N_4O_2 \cdot HCl$, F. 246—247° (Zers.; A.); 77%.
W. Holland 4230

1348 **Nachweis des Coenzyms Q_{10} in den Mitochondrien und Geweben der Ratte mit Hilfe der paramagnetischen Elektronenresonanz.** V. M. Čumakov und A. E. Kalmanson. (Doklady Akad. Nauk SSSR **170**, 714—17, 1966; russ.) — Mit Hilfe der Spektren der paramagnet. Elektronenresonanz wird in den Geweben u. Mitochondrien der Ratte die Ggw. von *Coenzym Q_{10}* (**I**) nachgewiesen. Das für **I** charakterist. Spektrum beruht auf der Rk. zwischen ungepaartem Elektron u. den Methyl- u. Methylenprotonen. Die Konz. der freien Radikale ist in den Mitochondrien viel höher als in den Geweben von Leber u. Milz. Durch Rk. der freien Radikale mit Luft-O_2 verschwinden diese sehr rasch. Aus dem Vgl. mit den Spektren von *p-Benzochinon* geht hervor, daß die *Semichinonradikale* von **I** einen wesentlichen Teil des Gesamtgeh. an freien Radikalen in biolog. Objekten ausmachen. Werden aus dem Ausgangsgewebe die Lipide u. **I** extrahiert, so nimmt der Geh. an freien Radikalen stark ab. Das Vorhandensein eines Restsignals erklärt sich aus der Ggw. von Semichinonradikalen nichtlipider Natur u. der unvollständigen Entfernung des **I**. Die Ergebnisse bestätigen die wichtige Rolle des **I** bei der Elektronenübertragung während der oxydierenden Phosphorylierung.
O. Lebtag 4270△

1349 **Irreversible Enzymhemmer.** 100. Mitt. **Hemmer für Thymidinphosphorylase.** 8. Mitt. **6-(p-Bromacetylaminobenzyl)-uracil, ein auf aktive Stellen gerichteter irreversibler Hemmer.** B. R. Baker und Mitsutaka Kawazu. (J. pharmac. Sci. **56** (1967) 9, 1086—92; engl.) — 99. u. 7. vgl. nachst. Referat. — Von *6-Benzyl-, 6-[p-Bromacetylamino]-benzyl-* (**I**), *6-[m-Bromacetylamino]-benzyl-* (**II**) u. *6-[3-Nitro-4-fluorbenzyl]-uracil* hemmt nur **I** Thymidinphosphorylase.

Versuche: Uracile: *6-[p-Bromacetylamino]-benzyl-* (**I**), F. 251—252° (wss. Dimethylformamid), durch Zutropfen von Bromessigsäureanhydrid zu 6-p-Aminobenzyluracil (**III**) in Dimethylformamid unter Eiskühlung u. 4std. Rühren bei Raumtemp.; 50% (Ausb.). — *5-Brom-6-[p-Bromacetylaminobenzyl]-*, F. 252—253°; 43%. — *6-[m-Bromacetylaminobenzyl]-*, F. 269—271° (Zers.; 90%ig. A.); 22%. — *6-m-Nitrobenzyl-*, F. 288 bis 291° (Zers.), durch Rk. nachst. Verb. in Dimethylformamid u. 12n HCl mit $NaNO_2$ unter Eiskühlung u. Zutropfen von 10%ig. Hypophosphorsäure; 21%. — *6-[4-Amino-3-nitrobenzyl]-*, F. 298—300° (Zers.; Dimethylformamid), durch 18std. Kochen nachst. Verb. mit 3n HCl; 79%. — *6-[4-Acetylamino-3-nitrobenzyl]-*, F. 311—313° (Zers.; A./Dimethylsulfoxid), durch Nitrierung nachst. Verb.; 71%. — *6-[4-Acetylaminobenzyl]-* (**IV**), F. 297—300° (wss. Dimethylformamid); 49%. — *6-p-Fluorbenzyl-*, F. 274—276° (Zers.; A.), durch Rk. von **III** mit $NaNO_2$ in Ggw. von HBF_4 bei 3—5° u. Erhitzen des Diazoniumsalzes auf 150°; 23%. — *6-p-Chlorbenzyl-*, F. 257—259° (Zers.; A.), aus dem Diazoniumsalz von **III** mit Cu_2Cl_2; 34%. — *6-[3-Nitro-4-fluorbenzyl]-*, F. 280—281° (wss. Dimethylformamid); 22%. — *5-Brom-6-[3-Nitro-4-aminobenzyl]-*, F. > 330° (A./Dimethylformamid); 88%. — *5-Brom-6-[p-acetylaminobenzyl]-*, F. > 360° (wss. Dimethylformamid), durch Bromierung von **IV** in CH_3COOH; 54%. — *5-Brom-6-[3-Nitro-4-acetylaminobenzyl]-*, F. 257—258°; 68%.
W. Holland 4270

1350 **Irreversible Enzymhemmer.** 99. Mitt. **Hemmer der Thymidinphosphorylase.** 7. Mitt. **Hydrophobe Bindung mit Kohlenwasserstoffsubstituenten an saure Uracile.** B. R. Baker, Mitsutaka Kawazu und J. D. McClure. (J. pharmac. Sci. **56** (1967) 9, 1081—86; engl.) — 98. vgl. nachst. Ref.; 6. vgl. J. med. Chem. **10**, (1967) 316. — Der Austausch der Methylgruppe in 6-Methyluracil (**I**) gegen die Trifluormethyl- oder Methylsulfonylgruppe steigert die Bindungsstärke an Thymidinphosphorylase infolge der gesteigerten Acidität des Uracils. Weniger steigernd wirkt die zusätzliche 5-Phenylazogruppe in **I**. Die besten Ergebnisse zeigen *6-Amyl-5-phenylazo-* u. *6-Trifluormethyl-5-[4-phenylbutyl]-uracil*.

Versuche: *α-Phenylazo-γ-phenylacetessigsäureäthylester* (**II**), $C_{18}H_{18}N_2O_3$, F. 58—59° (wss. A.), aus Benzoldiazoniumchlorid (**III**) u. Phenylacetessigsäureäthylester; 87% (Ausb.). — *2-Amino-4-hydroxy-5-[p-chlorphenyl]-6-trifluormethylpyrimidin*, F. 326—328° (50%ig. CH_3COOH), durch Zugabe von $NaNO_2$ zu 2.4-Diamino-6-trifluormethyl-5-p-chlorphenylpyrimidin (**IV**), in $CH_3 \cdot COOH$ unter Eiskühlung u. 18std. Stehen bei Raumtemp.; 52%. — 6-Trifluormethyl-2-thiouracile: *5-Amyl-* (**V**), F. 168—169° (wss. A.), durch 18std. Kochen von α-Amyl-γ.γ.γ-trifluoracetessigsäureisopropylester, Thioharnstoff (**VI**) u. $NaOCH_3$ in tert.-Butanol; 49%. — *5-Benzyl-*, F. 205—206°; 25%. — *5-Phenäthyl-*, F. 204—205°; 10%. — *5-[3-Phenylpropyl]-*, F. 147—149°; 6%. — 6-Trifluormethyluracile: *5-p-Chlorphenyl-*, F. 250 bis 251° (wss. A.), aus **IV** mit $NaNO_2$ bei 50°; 34%. — *5-Amyl-*, F. 157—158° (wss. A.), durch 5std. Kochen von **V** mit wss. Chloressigsäure, dann 5 Std. mit 10%ig. HCl; 80%. — *5-Benzyl-*, F. 207—208°; 40%. — *5-Phenäthyl-*, F. 233—234°; 47%. — *5-[3-Phenylpropyl]-*, F. 148—149°; 53%. — *5-[4-Phenylbutyl]-*, F. 123—124°; 76%. — 5-Phenylazo-2-thiouracile: *6-Benzyl-*, (**VII**), F. 189 bis 190° (A.), durch 18std. Kochen von **II**, **VI** u. $NaOCH_3$ in Methanol; 60%. — *6-Amyl-*, F. 169—170°; 96%. — 5-Phenylazouracile: *6-Methyl-*, F. 256—257° (wss. Dioxan), aus **I** u. **III** in alkal. Medium; 48%. — *6-Phenyl-*, F. 230—233° (Essigester); 31%. — *6-Benzyl-*, F. 221—223°, a) wie vorst.; 63%. b) durch Zutropfen von H_2O_2 zu **VII** in wss. NaOH; 58%. — *6-Amyl-*, F. 148—149°; 52%.
W. Holland 4270

1351 **Irreversible Enzymhemmer.** 98. Mitt. **Hydrophobe Wechselwirkung von Succinoadenylat-Kinosynthetase und 9-substituierten Adeninen.** B. R. Baker und Edward H. Erickson. (J. pharmac. Sci. **56** (1967) 9, 1075—81; Dep. of Chem., Univ. of Calif., Santa Barbara; engl.) — Aus einer Reihe 9-substituierter Adenine werden *9-n-Butyl-* u. *9-Benzyladenin* 10mal besser an das Enzymkomplex gebunden als 9-Methyladenin. 9-n-Butyl- u. 9-Benzyl-6- mercaptopurin besitzen diese Eig. nicht. Die vermutliche Rk.-Weise mit dem Enzym wird diskutiert.

Versuche: *4-[9H-Adenyl-(9)]-butylphosphat*, $C_9 \cdot H_{14}N_5O_4P$, F. 244—245° (0,1 n HCl), durch 18std. Erwärmen von 9-[4-Hydroxybutyl]-adenin mit P_2O_5 u. H_3PO_4 auf 66—73°, Zugabe von W., 30 Min. langes Erhitzen auf dem W.-Bad, Fällen der H_3PO_4 mit $Ba(OH)_2$, Einengen u. Freisetzen mit 0,1 n HCl; 14% (Ausb.). — Adenine: *9-Isoamyl-*, $C_{10}H_{15}N_5$, F. 140—142° (A.), durch 17std. Kochen von 2.4-Dichlor-5-aminopyrimidin mit Isoamylamin in Ggw. von Triäthylamin in n-Butanol, Eindampfen, 18std. Stehen mit Orthoameisensäureäthylester bei Raumtemp., Eindampfen, Aufnehmen in A., Sättigen mit NH_3 bei 0° u. 18std. Erhitzen in der Bombe auf 90°; 33%. — *9-[3-Phenylpropyl]-*, $C_{14}H_{15}N_5$, F. 184 bis 186°; 24%. — *9-[4-Phenylbutyl]-*, $C_{15}H_{17}N_5$, F. 183—185°; 33%. — *9-Phenäthyl-*, F. 183—186°, a) wie vorst.; 15%. b) durch Alkylierung von Adenin in Dimethylformamid; 36%. Purine: *6-Chlor-9-[3-phthalimidopropyl]-*, $C_{16}H_{12} \cdot$

ClN_5O_2, F. 185—188° (A.), durch 17std. Rühren von 6-Chlorpurin, N-[3-Brompropyl]-phthalimid u. K_2CO_3 in Dimethylsulfoxid u. Verdünnen mit W.; 41%. — *6-Mercapto-9-[3-phthalimidopropyl]-*, $C_{16}H_{13}N_5O_2S$, F. 310 bis 315° (Methoxyäthanol), durch 12std. Kochen vorst. Verb. mit Thioharnstoff in A.; 53%. — *6-Mercapto-9-[3-aminopropyl]-, HCl*, $C_8H_{11}N_5S \cdot HCl \cdot H_2O$, F. 274 bis 276° (Aceton/W.), durch 20 Min. langes Kochen vorst. Verb. mit Hydrazinhydrat in Methoxyäthanol, Verdünnen mit Essigester, 2std. Stehen bei 5°, Filtrieren u. 20 Min. langes Rühren mit 1 n HCl bei 80°; 86%. — *6-Mercapto-9-[3-dichloracetylaminopropyl]-*, $C_{10}H_{11}Cl_2N_5 \cdot OS$, F. 203—205° (Aceton/W.), durch Acylierung vorst. Verb. in Dimethylformamid; 21%.

W. Holland 4270

1352 **Analoga der Cofermente des Kohlenhydratstoffwechsels. 6. Mitt. Synthese von Thyminribosiddiphosphatglucose und 2'-Desoxyuridindiphosphatglucose.** N. K. Kočetkov, E. I. Budovskij, V. N. Šibaev und G. I. Eliseeva. (Izvest. Akad. Nauk SSSR Ser. chim. **1966**, 1779—85; inst. chimii prirodnych soedin. AN SSSR; russ.) — Die Synth. von *Thyminribosiddiphosphatglucose* (**I**) u. *2'-Desoxyuridindiphosphatglucose* (**II**) erfolgte durch Überführung des entsprechenden Nucleosid-5'-phosphats in das Nucleosid-5'-phosphomorpholid, das anschließend mit Glucose-1-phosphat kondensiert wurde. Die Verb. wurden auf papierchromatograph. u. elektrophoret. Einheitlichkeit geprüft; ihre UV-Maxima sind angegeben.

Versuche: *5'-Diäthylaminomethyluridin* (**III**), $C_{14}H_{23}N_3O_6$, F. 172—175°, wurde durch Kondens. von *Uridin* mit 10fachem Überschuß *Diäthylamin* u. 7fachem an *Formaldehyd* erhalten (Ausb.: 42%). Hydrierung von **III** mittels PtO_2 ergibt *Thyminribosid* (**IV**; Ausb.: 38%; Methanol–Aceton). Durch Rk. von **IV** mit *Di-(p-Nitrophenyl)-phosphat* in abs. Aceton in Ggw. von *2.2-Diäthoxypropan* erfolgt Bldg. von *2'.3'-O-Isopropylidenthyminribosid* (**V**; 78% Ausb., Aceton –Cyclohexan). Das Rk.-Prod. aus **V** mit wasserfreiem *2-Cyanoäthylphosphat* in abs. Py. in Ggw. von *Dicyclohexylcarbodiimid* (**VI**) liefert nach ammoniakal. u. anschließender saurer Hydrolyse *Thyminribosid-5'-phosphat* (**VII**) (66% Ausb.). In *tert.*-Butanol reagiert **VII** mit *Morpholin* in Ggw. von **VI** unter Bldg. von *Thyminribosid-5'-phosphomorpholid* (**VIII**; 68% Ausb., Methanol–Ae.). **I** erhält man durch Kondens. des Salzes von **VIII** mit Trioctylammoniumsalz des *α,D-Glucose-1-phosphats* (**IX**) in abs. Pyridin. *2'-Desoxyuridin-5'-phosphomorpholid* (**X**) wurde aus *2'-Desoxyuridin-5'-phosphat* analog wie **VIII** synthetisiert (Ausb.: 70%). Das Salz von **X** kondensiert mit **IX** analog obiger Rk. zu **II** (Molgew. 620; Base:Glucose = 1 : 0,94).

K. H. Köhler 4270

1353 **Bildung von Glutaminsäure aus Essigsäure durch Corynebacterium acetophilum nov. sp.** Tokuya Harada, Kozi Seto und Yoshikatsu Murooka. (Hakko-Kogaku Zasshi [J. Ferment. Technol.] **46** (1968) 3, 169—76; Inst. of Scientific and Industrial Res., Osaka Univ.; engl.) — Vf. isolieren aus Boden einen neuen Stamm, der als *Corynebacterium acetophilum* bezeichnet wird. Der Stamm bildet *Glutaminsäure* aus Essigsäure, in geringerem Maße auch aus Bernsteinsäure, Citronensäure u. Glucose. Penicillin fördert diese Bildung. Aus A. u. Propanol werden D-Äthylhomoserin u. D-Propylhomoserin gebildet.

W. Hiller 4320

1354 **Biosynthese des Tryptophans in Saccharomyces cerevisiae. 1. Mitt. Nachweis von bekannten und unbekannten Akkumulaten bei verschiedenartig blockierten Tryptophanmutanten.** Franz Lingens und Werner Goebel. (Biochim. biophysica Acta [Amsterdam] **148** (1967) 1, 60—69; Chem. Inst., Univ., Tübingen; dt.) — Durch Wachstumsteste u. Unters. der Akkumulate konnte eine Unterteilung der Mutanten (Mt.) vorgenommen werden. — Mt. der Gruppe 1 wuchsen wahlweise mit *Anthranilsäure* (**I**), *Indol* (**II**) oder *Tryptophan* (**III**). Die Akkumulationsprod. wurden mit $HCl/CH_3COOC_2H_5$ oder Ae. extrahiert u. durch Papier- oder Dünnschichtchromatographie getrennt. Aus ihren R_F-Werten u. UV-Spektren konnten Chorisminsäure, p-Hydroxy- u. Phenylbrenztraubensäure, 2-Phenyläthanol, p-Hydroxy- u. (in geringer Menge) p-Aminobenzoesäure identifiziert werden. Die Identität der IR-Spektren mit der (aus p-Hydroxyphenylessigsäure durch Red. mit $LiAlH_4$) synthetisierten Vgl.-Substanz (F. 91—92°) bewies das Vork. des *2-p-Hydroxyphenyläthanols* als Akkumulat. — Mt. der Gruppen 2 u. 3 wuchsen wahlweise mit **II** oder **III** bzw. nur mit **III**. Von den Akkumulaten wurde **I** aus den R_F- u. UV-spektroskop. Werten u. 1-N-[o-Carboxyphenylamino]-1-desoxy-D-ribulose an übereinstimmenden Eig. mit der synthet. Verb. erkannt. Diese konnte damit erstmals als Zwischenprod. der **III**-Synth. in Hefe nachgewiesen werden.

S. Bräuniger 4320

1355 **Biosynthese des Tryptophans in Saccharomyces cerevisiae.** 2. Mitt. **Konstitution unbekannter Akkumulate bei Tryptophan-Mutanten.** Franz Lingens und Werner Goebel. (Biochim. biophysica Acta [Amsterdam] **148** (1967) 1, 70—83; dt.) — 1. vgl. vorst. Referat. — Zwei nicht identifizierte Indolverb. (vgl. vorst. Ref.) wurden als *2-Oxo-3-indolyl-(3)-propanol-(1)* (**I**) u. *3.3-Diindolyl-(3)-propandiol-(1.2)* (**II**) erkannt. — UV- u. IR-Spektren von **I** sowie Rk. mit Sprühreagenzien ergaben erste Hinweise auf die Struktur. Durch $NaJO_4$-Ox. entstanden Indol-3-carbaldehyd u. Indolyl-(3)-essigsäure. Red. mit $LiAlH_4$ lieferte nur 3-Indolyl-(3)-propandiol-(1.2), führte also zu keiner C—C-Spaltung. — Die Gesamtanalyse von **II** zeigte ein N/O-Verhältnis 1 : 1 u. die positive Perjodat/Benzidinrk. mindestens 2 cis-Hydroxylgruppen an. Aus diesen u. anderen Hinweisen wurde auf die Struktur geschlossen. Als Vgl.-Substanz synthetisierte man **II** aus **2** Mol Indol u. 1 Mol Glycerinaldehyddiäthylacetal u. stellte Übereinstimmung in allen Kriterien fest. — Bei Unters. über die Herkunft von **I** u. **II** wurde deren Bldg. aus *3-Indolyl-(3)-glycerin* (**III**) bei pH 1,5 festgestellt. Ein Enzymrohextrakt (aus einer Tryptophanmutante mit dem genet. Block vor dem Indol) wandelt **III**-1-phosphat in **I**-1-phosphat u. **II**-1-phosphat um. — Zwei weitere unbekannte Verb. erwiesen sich als Anthranilsäurederiv. ohne freie Carboxylgruppe. Chem. Umsetzungen u. spektroskop. Daten führen zu möglichen Strukturangaben.

S. Bräuniger 4320

1356 **Beziehung zwischen Struktur und antibakterieller Wirkung von Arylthioamiden. 2.** Mitt. **Antibakterielle Wirkung, UV- und IR-, saure Hydrolyse von Aryl- und Arylvinylenthioamiden.** G. Pappalardo, B. Tornetta, P. Condorelli und A. Bernardini. (Farmaco [Pavia], Ediz. sci. **22** (1967) 10, 808—20; Ist. di Chim. Farmaceut. e Tossicol., Univ., Catania; ital.) — 1. vgl. ibid. **21** (1966) 740. — Beim Vgl. der tuberkulostat. Wrkg. von Aryl-, Hetaryl-, Arylvinylen- u. Hetarylvinylenthioamiden sind die vinylogen Verb. wirksamer mit Ausnahme der Pyridinverbindungen. Thiomorpholide sind nur wenig oder gar nicht wirksam. Zwischen der Übergangsenergie π–π^* der C=S-Bindung (aus den Wellenlängen der UV-Maxima) u. der bakteriostat. Wrkg. besteht ein Zusammenhang, nicht aber zwischen der Wrkg. u. der Hydrolysenkinetik. Untersucht werden die Verb. $R-CS-NH_2$, $R-CH=CH-CS-NH_2$ u. $R-CH=CH-CS-NC_4H_8O$ mit R = Furyl-(2)-, Thionyl-(2)-, Phenyl, o-, m- u. p-Chlorphenyl, p-Methoxyphenyl, p-Acetylaminophenyl, α-, β- u. γ-Pyridyl sowie α- u. β-Naphthyl.

W. Holland 4330

1357 **N-Sulfonylbenzoisothiazolinone-(3).** G. Pagani, L. Amoretti und A. Baruffini. (Farmaco [Pavia], Ediz. sci. **22** (1967) 10, 801—07; Ist. di Chim. Farmaceut. e Tossicol, Univ. Pavia; ital.) — Eine Reihe N-Phenylsulfonylbenzoisothiazolinone-(3) wird dargestellt u. auf antifungale Wrkg. geprüft. Die Verb. sind gegen *Candida albicans* u. *Trichophyton mentagrophytes* in vitro unwirksam. Das wird durch mangelnde Tautomeriefähigkeit der vorliegenden Verb. im Gegensatz zu den N-Acylverb. erklärt.

Versuche: N-Phenylsulfonylbenzoisothiazolinone-(3): a) durch Zutropfen des entsprechenden Benzolsulfochlorids (**I**) in Bzl. zu einer Suspension von Benzoisothiazolinon-(3) (**II**)-Na in Bzl. unter Feuchtigkeitsausschluß, 2std. Kochen, Eindampfen u. Aufnehmen in Wasser. b) durch Einleiten von Cl_2 in eine Suspension von 2.2'-Dicarboxydiphenyldisulfid in CCl_4, Zutropfen des entsprechenden Benzolsulfonamids in Py. u. Verdünnen mit W. u. verd. HCl. c) durch Zutropfen von **I** in Py. zu

II in Py., 48std. Stehen u. Verdünnen mit W. u. Eis. — *Unsubstituiert*, $C_{13}H_9NO_3S_2$, F. 223—225° (A.). — *4'-Chlor-*, $C_{13}H_8ClNO_3S_2$, F. 88—90° (A.). — *4'-Methyl-*, $C_{14} \cdot H_{11}NO_3S_2$, F. 206—208° ($CH_3COOH$). — *2'-Nitro-*, $C_{13} \cdot H_8N_2O_5S_2$, F. 129—130° (A.). — *3'-Nitro-*, $C_{13}H_8N_2O_5S_2$, F. 112—113° (A.). — *4'-Nitro-*, $C_{13}H_8N_2O_5S_2$, F. 168—170° (A.). — *4'-Methoxy-*, $C_{14}H_{11}NO_4S_2$, F. 183—186° (A.). — *2'.4'-Dichlor-*, $C_{13}H_7Cl_2NO_3S_2$, F. 123—124° (A.). — *3'.4'-Dichlor-*, $C_{13}H_7Cl_2NO_3S_2$, F. 194—196° (A.). — *N-Chinolinyl-(8)-sulfonylbenzoisothiazolinon-(3)*, $C_{16}H_{10}N_2O_3S_2$, F. 153—154° (A.). W. Holland 4330

1358 **Synthese von Glucosamin durch Extrakte von Actinomyces streptomycini.** V. A. Severina, L. E. Mogilevčik und S. V. Gorskaja. (Antibiotiki **11**, 36—39, 1966; Moskva, n.-i. inst. antibiotikov; russ.) — Der Extrakt nach der Zerstörung des Myzels von *Actinomyces streptomycini* durch *Lysozym* zeigt in vitro die Fähigkeit, *Glucosamin* (I) zu bilden. Er enthält Substrate, die als Donatoren von $N-NH_2$-Gruppen auftreten, die bei der Dialyse zu 80—90% entfernt werden. Ggw. von *Harnstoff* oder *Ammoniak* als Donatoren der Aminogruppen erhöht die Synth. von **I** um 100—300% gegenüber der Ggw. von *Glutamin*. In Ggw. von Harnstoff erfolgt die **I**-Synth. wesentlich langsamer als in Ggw. von Ammoniak. Dies beruht vermutlich darauf, daß durch die im Fermentpräp. vorliegende Urease der Harnstoff unter Bldg. von Ammoniak zersetzt wird. Ob das Glutamin direkt an der **I**-Synth. beteiligt ist, bleibt ungeklärt. O. Lebtag 4340△

1359 **Polysaccharide von Panax ginseng.** Ju. S. Ovodov und T. F. Solov'eva. (Chim. prirodnych Soedinenij **2**, 299—303; Vladivostok, inst. biologičeskí aktivnych veščestv AN SSSR; russ.) — Aus den Wurzeln von *Panax ginseng C. A. Mey* wurde eine *Polysaccharid* (**I**)-Fraktion isoliert u. untersucht, die nahezu 40% des Wurzelgew. ausmacht. Als Säurehydrolysat von **I** wurden *Galakturonsäure, Glucose, Galaktose* u. *Arabinose* nachgewiesen. **I** wird durch die Speichelamylase z. T. gespaltet, was auf die Ggw. eines Glucans vom Stärketyp schließen läßt. Es wurden ferner *Pektine* nachgewiesen. Rainer-Schmidt 4420

1360 **Naturwachse.** 10. Mitt. **Zusammensetzung der sauerstoffhaltigen Anteile der Kutikularwachse aus Früchten und Blättern von Apfel- und Birnbäumen.** V. Wollrab, M. Streibl und F. Šorm. (Collect. czechoslov. chem. Commun. **33** (1968) 7, 2257—65; Inst. für organ. Chemie und Biochem., Tschechoslowak. Akad. der Wiss., Prag; dt.) — Die freien gesätt. Monocarbonsäuren aus Früchten zeigen ein Hauptmax. bei C_{19} u. C_{20} u. ein Nebenmax. bei C_{28}. Die gleichen Säuren in den Blättern zeigen ein Hauptmax. bei C_{16} u. ein Nebenmax. bei C_{22} u. C_{24}. Die freien prim. Alkohole haben ein Max. bei C_{26}, die estergebundenen bei C_{22}. Der Anteil an freien u. ungesätt. Säuren ist gering. W. Hiller 4420

1361 **Organische Schwefelverbindungen aus Camelina sativa L.** Irena Zyczyńska. (Roczniki Chem. [Ann. Soc. chim. Polonorum] **42** (1968) 6, 1155—56; Kat. Chem. Organ., Akad. Med., Poznań; pol.) — Aus der neutralen Fraktion des Methanolextraktes der Samen von *C. sativa* isoliert Vf. 2 Schwefel u. Stickstoff enthaltende Verb.: *Verb. I*, F. 71—72°, $[\alpha]_D^{18}$ —60°; *Verb. II*, F. 84,5—85° $[\alpha]_D^{16}$ —50°. W. Hiller 4420

1362 **Anethol und Fenchon in sich entwickelnden Früchten von Foeniculum vulgare Mill.** T. J. Betts. (J. Pharmacy Pharmacol. **20** (1968) 6, 469—72; Dep. of Pharmacognosy, School of Pharm., Univ. of London; engl.) — In *Foeniculum vulgare* steigt in Früchten der *Anethol*-Geh. bis auf 22 mg/100 Früchte an. Fenchon findet sich in den bitteren Varietäten bis 10 mg u. in den süßen Varietäten bis zu 2 mg/100 Früchte. W. Hiller 4420

1363 **Ostruthol aus Xanthogallum purpuraseens.** G. K. Nikonov, Z. A. Manaeva und G. Ju. Pek. (Chim. prirodnych Soedinenij **2**, 360—61, 1966; n.-i. inst. lekarstvennych rastenij; russ.) — Aus der Mutterlsg. der Gewinnung von *Xanthogallin* (**I**) werden durch Chromatographie an Al_2O_3 u. Extraktion mit Bzl. zusätzliche Mengen (0,82%) **I** u. ein Lacton gewonnen, dem auf Grund des NMR-Spektrums die Struktur eines Angelikasäureesters von Hydroxypeucedaninhydrats zugeschrieben werden kann. Es ist ident. mit *Ostruthol*, $C_{21}H_{22}O_7$, F. 141—143°. Die Ausb. an Ostruthol beträgt 0,11%. O. Lebtag 4420△

1364 **Ketocarotinoidester in Acetabularia mediterranea Lam.** Hans Kleinig und Kurt Egger. (Phytochemistry **6** (1967) 4, 611—19; Heidelberg, Univ., Botan. Inst.; dt.) — Durch Chromatographie der Carotinoide aus *A. mediterranea* an SiO_2 werden neben *β-Carotin, Chlorophyllen* u. freien *Xanthophyllen* 9 *Ketocarotinoidester* gefunden: 2% *Hydroxyechinenonester*, 2% *Adonixanthindiester*, 5% eines gelben *Ketocarotinoids* (**I**), 12% *cis-* (**II**) u. 34% *trans-Astaxanthindiester* (**III**), 5% *cis-* u. 14% *trans-Adonirubindiester*, 6% *cis-* u. 20% *trans-Astaxanthinmonoester*. Die Konstit. der Verb. wird durch Unters. der UV-Spektren, z. T. nach Red. mit $NaBH_4$, Verseifung zu den bekannten Stammverb., Veräthern der Red.-Prod. mit alkohol. HCl u. Vgl. mit Ketocarotinoidestern aus den Blüten von *Adonis annua* ermittelt. Die Natur der Fettsäurekomponenten wird nicht festgestellt, aus dem chromatograph. Verh. jedoch auf andere Fettsäuren als in den aus Adonisblüten isolierten Estern geschlossen. Die UV-Spektren von **I**, **II** u. **III** sowie ihrer Red.-Prod. sind angegeben. F. Heller 4420

1365 **Spergulagenin A, ein neuartiges Triterpen aus Mollugo spergula.** Parul Chakrabarti. (J. Indian chem. Soc. **44** (1967) 3, 242—45; Calcutta, Bose Inst., Dep. of Chem.; engl.) — Die früher (C. **1966**, 16-0997) für Spergulagenin A (**I**) angegebene Zus. $C_{30}H_{50}O_4$ wird durch das Massenspektrum bestätigt. Die Rk. sowie die UV-, IR-, KMR- u. Massenspektren sichern für **I** die Anwesenheit einer Acetylgruppe u. von 3 äquatorialen sek. OH-Gruppen; wahrscheinlich liegt ein neuartiges pentacycl. C_{30}-Triterpenoid mit normalem A/B-Fragment vor. Das **I**-Triacetat zeigt positiven Cotton-Effekt. — *Spergulagenin A* (**I**), reagiert nicht mit $NaJO_4$. *Triacetat* (**Ia**), F. 236—238°, aus **I** u. Acetanhydrid/Py. bei 0°; $[\alpha]_D^{33}$ +58° (Chlf.). **Ia**-*Oxim* (**Ib**), $C_{36}H_{57}NO_7$, F. 213—215° (Zers.; CH_3OH), aus **Ia**, $NH_2OH \cdot HCl$ u. Py. auf dem Dampfbad. **I**-*Tribenzoat*, F. 317—319°, reagiert nicht mit CrO_3 in Eisessig bei Raumtemperatur. — *Tetrol*, $C_{30} \cdot H_{52}O_4$, F. 335—340° (Zers.; A.), durch Rk. von **I** mit KBH_4 in A. bei Raumtemp. u. Gießen auf Eis. — *Verb.* $C_{30}H_{42}O_3$, F. 296—300° (Zers.), durch 1std. Kochen der durch Ox. von **I** mit CrO_3 gebildeten Verb. $C_{30}H_{44}O_4$ (vgl. l.c.) mit 5%ig. Alkohol. KOH. — *Desoxospergulagenin A*, $C_{30}H_{52}O_3$, F. 246—248° (W./CH_3OH), durch Red. von **Ia** nach Huang-Minlon. *Triacetat*, $C_{36}H_{58}O_6$, F. 245—247°. F. Heller 4420

1366 **Isolierung von Polyisoprenolen aus dem neutralen Extrakt von Pistacia terebinthus.** 2. Mitt. Ch. Tabacik-Wlotzka und P. Pistre. (Phytochemistry **6** (1967) 4, 597—603; Montpellier, France, École Nat. Super. de Chim.; franz.) — Aus dem PAe.-Extrakt der Blätter u. kleinen Zweige von *P. Terebinthus* werden durch Chromatographie (Chr.) der Neutralstoffe an Al_2O_3 *aliphat. Kohlenwasserstoffe, gesätt. aliphat. Ester, Triterpenoid-* u. *Steroidester, Lupeol, β-Sitosterin Xanthophyll*, ein Gemisch nicht identifizierter Hydroxyverb. sowie ein Gemisch von *Polyisoprenolen* (**I**; „*Pistaciaprenol*") mit **55**, **60** u. **65** C-Atomen isoliert. **I** ist ebenso wie das *Acetatgemisch* (**Ia**; $C_{62}H_{100}O_2$) durch Chr. nicht trennbar. Beim Hydrieren von **Ia** an PtO_2 in Dioxan entsteht ein Gemisch von *Kohlenwasserstoffen* (**II**; $C_{60}H_{122}$) u. ein Gemisch *gesätt. Acetate* (**III**; $C_{62}H_{124}O_2$), deren 3 Komponenten ebenso wie bei **I** u. **Ia** durch die Massenspektren festgestellt werden. Die KMR-Spektren von **Ia**, **II** u. **III** sind angegeben. F. Heller 4420

1367 **Shikonin aus Lithospermum officinale.** N. V. Tareeva, A. S. Romanova, A. I. Ban'kovskij und P. N. Kival'čič. (Chim. prirodnych Soedinenij **2**, 359 bis 360, 1966; n.-i. inst. lekarstvennych i aromatičeskich rastenij; russ.) — Durch Extraktion der Wurzeln von *Lithospermum officinale* mit PAe. wurde nach Eindampfen der Extrakte im Vakuum ein roter, harziger Stoff erhalten, der sich in alkal. Lsg. mit blauer Farbe löst. Nach Extraktion der alkal. Lsg. u. anschließendem Ansäuern

auf pH 6 wurde ein krist. Rückstand erhalten: $C_{16}H_{16}O_5$, F. 143—146° (aus Bzl.). UV- u. IR-Spektren im Original.
Rainer Schmidt 4420

1368 **Synthese von 6-O-Palmitoyl-β-D-glucosyl-β-sitosterin.** Toshiko Kiribuchi, Norio Yasumatsu und Saburo Funahashi. (Agric. biol. Chem. [Tokyo] **31** (1967) 10, 1244—47; Dep. of Agricult. Chem., Fac. of Agricult., Univ., Tokyo; engl.) — Durch Vgl. mit den opt. Daten von acylierten Sterylglucosiden wird für solche aus Sojabohnenöl die β-Konfig. angenommen.

Versuche: *β-Sitosteryl-β-D-glucosid*, $C_{35}H_{60}O_6$, F. 270° (Zers.), durch 8std. Schütteln von 18 g β-Sitosterin mit 18 g Acetobromglucose, Ag_2O u. Na_2SO_4 u. kurzes Stehen mit KOH in A., $[\alpha]_D^{20}$ —40°; 680 mg (Ausb.). — *6-O-Palmitoyl-β-D-glucosyl-β-sitosterin*, F. 158—159°, aus vorst. Verb. mit Palmitoylchlorid u. Reinigung an Al_2O_3; 250 mg. W. Holland 4420

1369 **Camellia sasanqua Thunb.** 1. Mitt. **Isolierung und Struktur von Sasanquin, einem neuen Glykosid aus Camellia sasanqua.** Tetsuya Yamada, Hiroo Aoki, Teiichi Tamura und Yutaka Sakamoto. (Agric. biol. Chem. [Tokyo] **31** (1967) 1, 85—91; Aichi, Nagoya, Nagoya Univ., Fac. of Agric.; engl.) — Aus den Blättern von *Camellia sasanqua* wird ein krist. Glykosid, *Sasanquin* (**I**) isoliert u. seine Konstit. als *6-O-[β-D-Xylopyranosyl]-β-D-glucopyranosyleugenol* durch Hydrolyse von **I** u. des *Hexamethyläthers* (**Ia**) ermittelt. — UV- u. IR-Spektrum von **I** sind angegeben.

Versuche: *Sasanquin* (**I**), $C_{21}H_{30}O_{11}$, F. 197—198°, durch Extrahieren von im März gepflückten jungen Blättern nach Trocknen bei 60° mit CH_3OH (zur weiteren Trennung s. Original); $[\alpha]_D^{25}$ —81,5° (c = 4; W.); 1—3% (Ausb.). *Hexaacetat*, $C_{33}H_{42}O_{18}$, F. 134°, durch Stehen von **I** u. Acetanhydrid/Py. bei Raumtemp. für 2 Tage u. Gießen in W.; aus Ae. Nadeln. *Hexamethyläther* (**Ia**), $C_{27}H_{42}O_{11}$, F. 96,5—97°, aus **I** u. Dimethylsulfat in verd. NaOH bei 70° u. weiteres Methylieren mit CH_3J u. Ag_2O; aus Hexan Nadeln. — *Eugenol* (**II**), durch Hydrolyse von 2 g **I** mit 1 n HCl bei 100°, Extrahieren mit Chlf. u. Chromatographie (Chr.); 703 mg. *Acetat*, $C_{12}H_{14}O_3$, Öl. *3.5-Dinitrobenzoat*, F. 131,5°, aus A. blaßgelbe Nadeln. — *Glucosotriazol*, F. 195°, durch saure Hydrolyse von **I**, Extrahieren von **II**, Rk. der wss. Lsg. mit Phenylhydrazin u. Ox. der Phenylosazone mit $CuSO_4$; aus W. Nadeln. — *D-Xylosephenylosazon*, F. 158°, durch Ox. des aus **I** erhaltenen Zuckergemisches mit D-Glucoseoxidase u. Rk. mit Phenylhydrazin; aus W./CH_3OH gelb. — *2.3.4-Tri-O-methyl-D-xylose*, $C_8H_{16}O_5$, F. 91°, durch saure Hydrolyse von 263 mg **Ia** u. Chr. der Zuckeräther an SiO_2; aus Bzl./Hexan Platten; 18 mg. — *2.3.4-Tri-O-methyl-D-glucose*, neben vorst. Verb.; Öl; 13 mg. *1.6-Bis-p-nitrobenzoylderiv.*, $C_{23}H_{24}N_2O_{12}$, F. 140—142° (Chlf./CH_3OH). — *Heptaacetyl-β-primverose*, $C_{25}H_{34}O_{17}$, F. 211°, durch enzymat. Spaltung von 500 mg **I** mit Preßsaft aus Blättern von *C. Sasanqua*, Zentrifugieren, Eindampfen des Überstands, Acetylieren u. Chr.; $[\alpha]_D^{23}$ —18° (c = 1,25; Chlf.); aus Chlf./A. Prismen; 65 mg. F. Heller 4420

1370 **Vorkommen von Oleanolsäureacetat und Ellagsäure in Melianthus comosis Vahl.** L. A. P. Anderson. (J. South African chem. Inst. **21** (1968) 1, 91—92; Soils Res. Inst., Private Bag 79, Pretoria; engl.) — Da Verabreichung von 80 g *M. comosis* bei Schafen Tod verursacht, werden die Inhaltsstoffe untersucht. In der Wurzelrinde findet Vf. *Oleanolsäureacetat*, $C_{32}H_{50}O_4$, F. 268—270°, $[\alpha]_D$ +71,7° (c = 0,8%) [*Oleanolsäuremethylesteracetat*, $C_{33}H_{52}O_4$, F. 221—223°, $[\alpha]_D$ +70,4° (c = 0,8%), *Oleansäure*, $C_{30}H_{48}O_3$, F. 302—305°, $[\alpha]_D$ +80,5° (c = 0,84%)] u. *Ellagsäure*, $C_{14}H_6O_8$, F. >360° [*Tetraacetat*, $C_{22}H_{14}O_{12}$, F. 341—343°; *4.4'-Diacetat*, $C_{18}H_{10}O_{10}$, F. 233°; *Ellagorobin*, $C_{42}H_{30}O_8$, F. 226—227°]. W. Hiller 4420

1371 **Chemie von Cotyledon wallichii Harv. (Kandelaarbos).** 2. Mitt. **Isolierung eines Bufadienolids.** G. F. van Rooyen und M. J. Pieterse. (J. South African chem. Inst. **21** (1968) 1, 89—90; Navorsingsinst. vir Grond, Dep. van Landbouw-Tegniese Dienste, Pretoria; niederl.) — Vf. isolieren aus *C. wallichii* den Giftstoff, der „Krimpsiebte" verursacht. Er wird identifiziert als ein Bufadienolid, $C_{31}H_{42}O_{10}$, F. 284—286°, $[\alpha]_D^{22}$ —4,2° ($CHCl_3$-CH_3OH, 1 : 1). W. Hiller 4420

1372 **Alkaloide von Senecio francheti, Trachelanthus hissoricus und Trachelanthus korolkovii.** S. T. Akramov, F. Kijamitdinova und S. Ju. Junusov. (Chim. prirodnych Soedinenij **3** (1967) 5, 351; inst. chimii rastitel'nych veščestv AN UzSSR; russ.) — Aus der Ae.-Fraktion der Alkaloide der oberird. Teile von *Senecio francheti* wird aus der Fraktion pH 7—8 eine krist. Substanz vom F. 124—125° isoliert, die sich in ihren Eig. von den bisher bekannten Alkaloiden unterscheidet. Sie wird als *Franchetin* bezeichnet. Durch Extraktion der Blätter von *Trachelanthus hissoricus Lipsky* mit Methanol u. Behandlung mit Chlf. werden 7,7% Gesamtalkaloide erhalten. Aus dem Chlf.-Anteil werden *Trachelanthin* u. N-Ox. von *Viridiflorin* isoliert. Aus der red. Fraktion werden Viridiflorin u. *Trachelanthamin* erhalten. Aus *Trachelanthus korolkovii* (*Lipsky*) werden Trachelanthamin u. Trachelanthin gewonnen. O. Lebtag 4420△

1373 **Photochemische Reaktion der Chlorophylle mit Thioharnstoff und Sauerstoff.** A. A. Krasnovskij und I. M. Sapožnikova. (Doklady Akad. Nauk SSSR **169**, 695—98, 1966; Moskva, inst. biochimii AN SSSR; russ.) — In den Lsg. von *Chlorophyll a* bzw. *b* (**Ia** bzw. **Ib**), *Phäophytin a* bzw. *b* (**IIa** bzw. **IIb**), *Protochlorophyll* (**III**), *Bakterioviridin* (**IV**) u. *Bakteriochlorophyll* (**V**) erfolgt in Ggw. von *Thioharnstoff* (**VI**) u. O_2 bei roter oder grüner Belichtung Bldg. von stabilen Photoprod., deren Absorptionsmaxima im Vgl. zu den Ausgangsprod. nach dem Langwellengebiet verschoben sind. Diese Photoprod. entstehen wahrscheinlich durch Rk. der prim. Photoox.-Prod. mit **VI**. Die Geschw. ihrer Photoox. ist ungefähr gleich der Rk.-Geschw. der Ausgangsverbindungen. Bei **Ia**, **Ib**, **IIa**, **IIb**, **III** u. **IV** wird die Rk.-Geschw. durch die Ggw. von **VI** gesteigert. Verb., welche die Photoox. von **I** durch O_2 hemmen, blockieren die Photork. des **I** mit **VI**. Bei Rotbelichtung der Photoprod. erfolgt destruktive Oxydation. Ohne Ggw. von O_2 bleibt die Photork. des **I** mit **VI** aus. Eine prim. Photork. ist demnach ausgeschlossen. Die Photork. wird in Lsgm. beobachtet, welche die Ox. begünstigen (A., nicht jedoch Py.). Die Beschleunigung der Photork. in Ggw. von **VI** beruht auf der Ggw. halbisolierter Doppelbindungen. Vf. nehmen an, daß das „prim. "Peroxid bei der Rk. des angeregten Triplettmol. des Pigments mit der „geöffneten" halbisolierten Doppelbindung u. der anschließenden Anlagerungsrk. des **VI** oder der Sulfinsäure entsteht. In Ggw. von **VI** entstehen aus **V** Photoox.-Prod., aus denen in Ggw. von *Ascorbinsäure* wieder **V** entsteht. Ggw. von **VI** führt in der Dunkelheit zur partiellen Regenerierung des photooxydierten **V**. O. Lebtag 4460△

1374 **Verstärkung der Chemilumineszenz der Ölsäure durch die flüchtigen Fraktionen einiger Phytoncidbildner.** A. Ch. Tambiev und A. S. Agaverdiev. (Biofizika **11**, 175—77, 1966; Moskva, univ. im. M. V. Lomonosova; russ.) — Zwecks Klärung des Wrkg.-Mechanismus der Phytoncide wird der Einfl. der flüchtigen Fraktionen von *Knoblauch* (Kn.), *Zwiebel* (Zw.), *Rettich* (R.) u. *Tannennadeln* auf die Chemilumineszenz der *Ölsäure* (**I**) untersucht u. festgestellt, daß in allen Fällen die Lumineszenz von **I** verstärkt wird, am meisten durch Kn., am wenigsten durch die R.-Fraktionen. Ggw. von *Benzylmercaptan* schützt **I** gegen die Wrkg. der Kn.-Fraktionen, so daß noch nach 7 Tagen keine Lumineszenz auftritt. Dämpfe von *Pyridin* (**II**) verstärken die **I**-Lumineszenz erheblich. Bei gleichzeitiger Ggw. von **II** u. Kn.-Fraktion werden deren Wrkg. auf die Lumineszenz summiert; der Eintritt des Max. wird beschleunigt. Die **II**-Wrkg. wird durch die Ggw. der Zw.-Fraktionen abgeschwächt. *Anilindämpfe* verstärken die **I**-Lumineszenz erheblich. Ihre Wrkg. wird durch die Zw.-Fraktionen vermindert. Die Ergebnisse lassen sich damit erklären, daß durch die Biosubstrate die Ox. von **I** verstärkt wird oder daß die flüchtigen Fraktionen natürliche Antioxydanzien enthalten, welche mit den Peroxidradikalen von **I** reagieren.
O. Lebtag 4490△

1375 **Zusammenhang zwischen der chemischen Struktur einiger Imidoester und Imide der Phosphorsäure und ihrer Toxizität.** I. D. Neklesova, P. I. Alimov, M. A. Kudrina und I. S. Iraidova. (Chim. v sel'skom Choz. **4**, 422—26, 1966; Kazan', inst. organičeskoj i fizičeskoj chimii im. A. E. Arbuzova AN SSSR; russ.) — Die Labor.-Prüfung der insektiziden u. phytonziden Eig. sowie der Toxizität der *Acylimido-O-alkyl-O'-(2.2-dichlorvinyl)-phosphate* (I), *Phosphorsäureamidoester* (II), *Phosphorsäuremischester* (III), *Diäthylphosphorsäuremethylenamide* (IV) u. der *O-Äthyl-O'-arylthiophosphorsäure-N-(α-hydroxy-β-trichloräthyl)-amide* (V) ergab, daß bei Substitution der OC_2H_5-Gruppe am P durch die OCH_3-Gruppe die Toxizität von I u. II gegenüber den Warmblütlern abnimmt. Verlängerung der KW-Stoffkette beim P-Atom von I u. II vermindert die Toxizität gegenüber Warmblütlern u. Wirbellosen. Ggw. einer Diäthylamidogruppe vermindert die Toxizität im Vgl. zum Dimethylamid. Bei III führt der Ersatz der O-2.2-Dichlorvinylgruppe durch eine O-Chlorallylgruppe zur starken Verminderung der insektiziden Eigenschaften. Bei *O.O'-Diäthyl-O'-(2.2-dichlorvinyl)-phosphat* führt die Substitution der beiden OC_2H_5-Gruppen durch je eine $N(CH)_2$-Gruppe zur starken Herabsetzung der Toxizität gegenüber Warmblütlern. Die Verb. der Gruppe IV besitzen keine insektiziden Eigenschaften. Die V-Verb. zeigen eine hohe Kontaktaktivität, wenn der Phenylrest o-Cl oder o- u. p-Cl enthält. Enthält der Phenylrest 3 Cl-Atome, so ist die physiolog. Aktivität gering. O. Lebtag 4490△

1376 **Hemmwirkung auf die Hill-Reaktion und Phytotoxizität von mit 3.4-Dichloraniliden verwandten Verbindungen.** G. Pagani, A. Baruffini, P. Borgna und F. Gialdi. (Farmaco [Pavia], Ediz. sci. **22** (1967) 12, 1019—36; Ist. di Chim. Farmaceut. e Tossicol., Univ., Pavia; ital.) — Zahlreiche 3.4-Dichlorphenylamide, -sulfonamide, -hydrazide, -carbonate, 3.4-Dichlorphenylalkylcarbonamide u. ähnliche Verb. werden dargestellt u. auf die Hemmung der Hill-Rk. u. auf phytotox. Wrkg. geprüft. Einige Anilide, Benzamide, Phenylacetamide u. Mandelamide sind phytotox. im Post-emergence-Test wirksam. Im enzymat. Test sind die Verb. unwirksam.

Versuche: 3.4-Dichloraniline: *N-Äthyl-*, $C_8H_9Cl_2N$, $Kp._{0,2}$ 103—105°, durch Red. von 3.4-Dichloracetanilid mit $LiAlH_4$. — *N-Acetyl-N-äthyl-*, $C_{10}H_{11}Cl_2NO$, F. 71—72° (Hexan), aus vorst. Verb. u. Essigsäureanhydrid (I). — *N-Propionyl-N-äthyl-*, $C_{11}H_{13}Cl_2NO$, F. 75 bis 76° (Hexan). — *N-Butyryl-N-äthyl-*, $C_{12}H_{15}Cl_2NO$, $Kp._{0,1}$ 115—116°. — *N-Methansulfonyl-*, $C_7H_7Cl_2NO_2S$, F. 138—139° (A.). — *N-Äthansulfonyl-*, $C_8H_9Cl_2NO_2S$, F. 113—114° (A.). — *N-Propansulfonyl-*, $C_9H_{11}Cl_2NO_2S$, F. 118—120° (A.). — 3.4-Dichlorphenylhydrazide: *Acetyl-*, $C_8H_8Cl_2N_2O$, F. 177—179° (A.), aus 3.4-Dichlorphenylhydrazin u. I. — *Propionyl-*, $C_9H_{10}Cl_2N_2O$, F. 149 bis 150° (A.). — *Butyryl-*, $C_{10}H_{12}Cl_2N_2O$, F. 120—121° (A.). — 3.4-Dichlorbenzylamide: *Acetyl-*, F. 95 bis 97° (A.), aus 3.4-Dichlorbenzylamin u. I. — *Propionyl-* $C_{10}H_{11}Cl_2NO$, F. 76—77° (A.). — *Butyryl-*, $C_{11}H_{13}Cl_2NO$, F. 43—44° (A.). — 3.4-Dichlorphenole: *O-Acetyl-*, $C_8H_6Cl_2O_2$, $Kp._{0,5}$ 85—86°, aus 3.4-Dichlorphenol (II) in Py. mit I. — *O-Propionyl-*, $C_9H_8Cl_2O_2$, $Kp._{0,1}$ 106—107°. — *O-Butyryl-*, $C_{10}H_{10}Cl_2O_2$, $Kp._{0,3}$ 89—91°. — *O-Äthyl-*, $C_8H_8Cl_2O$, $Kp._{0,2}$ 64—65°, durch 3—4std. Kochen von II mit Äthylhalogenid u. Na-Äthylat. — *O-Propyl-*, $C_9H_{10}Cl_2O$, $Kp._1$ 102—103°. — *O-Butyl-*, $C_{10}H_{12}Cl_2O$, $Kp._{0,5}$ 93 bis 94°. — N-[3.4-Dichlorbenzyliden]-alkylamine: aus Dichlorbenzaldehyd u. Alkylamin *Methyl-*, $C_8H_7Cl_2N$, $Kp._{0,4}$ 79—81°. — *Äthyl-*, $C_9H_9Cl_2N$, $Kp._{0,6}$ 96—97°. — *Propyl-*, $C_{10}H_{11}Cl_2N$, $Kp._{0,5}$ 101—102°. — 3.4-Dichlorbenzamide: *N-Methyl-*, F. 130—131°, durch Stehen von 3.4-Dichlorbenzoylchlorid bei Raumtemp. mit Methylamin (III). — *N-Äthyl-*, $C_9H_9Cl_2NO$, F. 97—98° (A.). — *N-Propyl-*, $C_{10}H_{11}Cl_2NO$, F. 74—75° (A.). — 3.4-Dichlorbenzolsulfonamide: *N-Methyl-*, $C_7H_7Cl_2NO_2S$, F. 89—90° (A.). — *N-Äthyl-*, $C_8H_9Cl_2NO_2S$, F. 81—82° (A.). — *N-Propyl-*, $C_9H_{11}Cl_2NO_2S$, F. 75—76° (A.). — 3.4-Dichlorphenylacetamide: *N-Methyl-*, $C_9H_9Cl_2NO$, F. 108—110° (Essigester/PAe.). — *N-Äthyl-*, $C_{10}H_{11}Cl_2NO$, F. 99—100° (PAe.). — *N-Propyl-*, $C_{11}H_{13}Cl_2NO$, F. 72—73° (PAe.). — *3.4-Dichlormandelsäure*, F. 113—116° (Xylol), durch alkal. Verseifung des Esters. *Äthylester*, F. 88—90°, aus 3.4-Dichlorbenzaldehyd über das Cyanhydrin u. den Iminoäther. *Acetonderiv.*, durch Zutropfen von konz. H_2SO_4 zur Säure in Aceton bei —5° u. Gießen in eine eiskalte Lsg. von Na_2CO_3. *N-Methylamid*, $C_9H_9Cl_2NO_2$, F. 121—122° (Essigester/PAe.), durch 10—12std. Stehen vorst. Verb. mit III in A. bei Raumtemp., Gießen in W. u. Ansäuern. *N-Äthylamid*, $C_{10}H_{11}Cl_2NO_2$, F. 71—72° (Essigester/PAe.). *N-Propylamid*, $C_{11}H_{13}Cl_2NO_2$, F. 75—76° (A.). W. Holland 4490

1377 **Malonanilsäuren und Derivate.** A. Baruffini, P. Borgna und G. Pagani. (Farmaco [Pavia], Ediz. sci. **22** (1967) 10, 769—80; Ist. di Chim. Farmaceut. e Tossicol., Univ., Pavia; ital.) — Zahlreiche, im Phenylkern substituierte Malonanilsäuren sowie deren Ester, Amide u. Nitrile werden dargestellt u. auf 50%ig. Hemmung der Hill-Rk. u. auf phytotox. Wrkg. untersucht. Nur im Post-emergence-Test sind einige der Verb. phytotox., z. T. selektiv wirksam.

Versuche: Malonanilsäuren: *3-Chlor-*, $C_9H_8ClNO_3$, F. 127° (Essigester/PAe.). *Äthylester* (I), $C_{11}H_{12}ClNO_3$, F. 74° (Bzl./PAe.), durch 1std. Kochen von 1 Mol 3-Chloranilin (II) mit Malonsäurediäthylester. *Nitril*, $C_9H_7ClN_2O$, F. 139° (Bzl.), analog mit Cyanessigsäureäthylester. *N-n-Butylamid*, $C_{13}H_{17}ClN_2O_2$, F. 114° (PAe.), durch 45 Min. langes Kochen von I mit n-Butylamin in Wasser. *3-Chloranilid*, $C_{15}H_{12}Cl_2N_2O_2$, F. 160° (Essigester), analog I mit 2 Mol. II. — *4-Chlor-*, $C_9H_8ClNO_3$, F. 168° (Zers.; W.). *Äthylester*, $C_{11}H_{12}ClNO_3$, F. 97° (80%ig. A.). *Nitril*, $C_9H_7ClN_2O$, F. 204° (Bzl.). *Amid*, $C_9H_9ClN_2O_2$, F. 145° (80%ig. A.). *N-n-Butylamid*, $C_{13}H_{17}ClN_2O_2$, F. 190° (A.). *4-Chloranilid*, $C_{15}H_{12}Cl_2N_2O_2$, F. 261° (Zers.; A.). — *3-Trifluormethyl-*, $C_{10}H_8F_3NO_3$, F. 104° (Ae./PAe.). *Äthylester*, $C_{12}H_{12}F_3NO_3$, F. 71° (PAe.). *Nitril*, $C_{10}H_7F_3N_2O$, F. 139° (Bzl./PAe.). (*3-Trifluormethylanilid*)-, $C_{17}H_{12}F_6N_2O_2$, F. 158° (Ae./PAe.). *3-Äthoxy-*, $C_{11}H_{13}NO_4$, F. 110° (Essigester/PAe.). *Äthylester*, $C_{13}H_{17}NO_4$, F. 64° (80%ig. A.). *Nitril*, $C_{11}H_{12}N_2O_2$, F. 151° (Bzl./PAe.). *N-n-Butylamid*, $C_{15}H_{22}N_2O_3$, F. 84° (PAe.). *3-Äthoxyanilid*, $C_{19}H_{22}N_2O_4$, F. 158° (Essigester). — *2.4-Dichlor-*, $C_9H_7Cl_2NO_3$, F. 164° (Zers.; Essigester/PAe.). *Äthylester*, $C_{11}H_{11}Cl_2NO_3$, F. 81° (A.). *Nitril*, $C_9H_6Cl_2N_2O$, F. 140° (Chlf.). *Amid*, $C_9H_8Cl_2N_2O_2$, F. 157° (Essigester/PAe.). *N-n-Butylamid*, $C_{13}H_{16}Cl_2N_2O_2$, F. 113° (PAe.). *2.4-Dichloranilid*, $C_{15}H_{10}Cl_4N_2O_2$, F. 214° ($CH_3 \cdot COOH$). — *3.4-Dichlor-*, $C_9H_7Cl_2NO_3$, F. 131° (Essigester/PAe.). *Äthylester*, $C_{11}H_{11}Cl_2NO_3$, F. 80° (80%ig. A.). *Nitril*, $C_9H_6Cl_2N_2O$, F. 166° (Bzl./PAe.). *Amid*, $C_9H_8Cl_2N_2O_2$, F. 176° (Essigester). *N-n-Butylamid*, $C_{13}H_{16}Cl_2N_2O_2$, F. 156° (Bzl./PAe.). *3.4-Dichloranilid*, $C_{15}H_{10}Cl_4N_2O_2$, F. 229° (A.). W. Holland 4495

1378 **Biologische Aktivität der Analoga der Doisynolsäure.** T. I. Barkova, I. S. Levina, N. V. Sanžak, I. B. Sorokina, Ju. A. Titov, A. A. Achrem und G. L. Ždanov. (Doklady Akad. Nauk SSSR **166**, **996** bis 998, 1966; institut organičeskoj chimii AN SSSR; russ.) — Durch Öffnen des Ringes B von *Östradiol* werden Analoga der *Doisynolsäure* (I) erhalten, deren Erprobung an Ratten u. Mäusen zeigt, daß die östrogene Aktivität mit fortschreitender Ox. des Mol. abnimmt u. schließlich völlig verschwindet. Parallel dazu verändert sich auch die Antigeschwulstwrkg. der Präp., wobei jedoch keine strenge Proportionalität zwischen östrogener u. Antigeschwulst-Aktivität zu beobachten ist. Die Synth. der I-Analoga erfolgt durch Dienkondens., die nicht näher beschrieben wird (Veröffentlichung wird angekündigt). O. Lebtag 4560△

1379 **Synthese und Identifizierung des Epinephrin-Stoffwechselprodukts 4-Hydroxy-3-methoxy-DL-mandelsäure.** I. Goodman, A. P. Olenczak, J. W. Scherrer und R. B. Hiatt. (Biochim. biophysica Acta [Amsterdam] **156** (1968) 2, 364—67; New York, N.Y., Columbia Univ., Coll. of Physicians and Surgeons; engl.) — Die Titelverb. kommt als patholog. Stoffwechselprod. der Nebenniere bei Phäochromozytom im Patientenharn vor. Vf. beschreiben die Synth. von *4-Hydroxy-3-methoxy-DL-mandelsäure* (I) aus 2-Methoxyphenol (II) u. Glyoxylsäure in alkal. Lsg. sowie die Darst. der von I abgeleiteten Azofarbstoffe. Aus UV- u. IR-spektroskop. Unters. geht hervor, daß die aus I u. II erhaltenen Farbstoffe ident. sind u. bei ihrer Bldg. eine Oxyessigsäuregruppe aus I abgespalten wird. Daraus ergeben sich Schwierigkeiten bei der Identifizierung u. quant. Best. von I u. anderen phenol. Verb. in biolog. Material.

Versuche: *4-Hydroxy-3-methoxy-DL-mandelsäure* (I), $C_9H_{10}O_5$, F. 134—135° (Acetonitril); 28% (Ausb.). — *4-Hydroxy-3-methoxy-4'-nitroazobenzol*, $C_{13}H_{11}N_3O_4 \cdot H_2O$, F. 158—160° (orangefarbenes Prod.), durch Kondens. von I oder II mit diazotiertem p-Nitranilin in alkal. Lsg.; 60%. *4-Hydroxy-3-methoxyazobenzol-4'-sulfonsäure*, $C_{19} \cdot H_{24}N_3O_5S \cdot H_2O$, F. 218—220° (goldgelbe Krist.), durch Kondens. von diazotierter Sulfanilsäure mit I oder II in alkal. Lsg. (in Ggw. von Cyclohexylamin); 48%.
P. Fahrnlaender 4561

1380 **Vollständige Aminosäuresequenz des Bence-Jones-Proteins New (λ-Typ). Untergruppen im variablen Teil bei Immunoglobulin-L-Ketten vom λ-Typ.** Bernd Langer, Marlene Steinmetz-Kayne und Norbert Hilschmann. (Hoppe-Seyler's Z. physiol. Chem. **349** (1968) 7, 945—51; Göttingen, Max-Planck-Inst. für exp. Med.; dt.) — Durch $(NH_4)_2SO_4$-Fällung aus Harn gewonnenes u. durch Craig-Verteilung sowie Säulenchromatographie an DEAE- u. CM-Cellulose gereinigtes *Bence-Jones-Protein New* (I) besteht aus 216 Aminosäureresten (Molgew. 22752), deren Sequenz an trypt. Peptiden des carboxymethylierten oder aminoäthylierten Proteins ermittelt wurde. Die Verknüpfung ergab sich aus chymotrypt. oder pept. Brückenpeptiden. Ein Vgl. mit anderen λ-Typen von Bence-Jones-Proteinen zeigte, daß mindestens 4 Gruppen auf Grund der Sequenzhomologie ihres variablen Anteils unterscheidbar sind. Die Homologien sind vermutlich das Ergebnis eines Evolutionsprozesses.
K. Maier 4575

1381 **Myosin—Azoquecksilber-Komplexe.** Philip W. Mattocks jun., Genevieve B. Keswani und Robert M. Dowben. (Biochemistry [Washington] **6** (1967) 12, 3751—56; Mass. Inst. of Technol., Cambridge, Mass.; engl. — Der pK_a-Wert von 3 mg Additionsprod. (zwischen 0,1 Mol *4-[p-Hydroxybenzolazo]-phenylmercuriacetat*/10^5 g Myosin [I]) pro ml 0,1 m KCl beträgt 9,16. Nach Denaturierung in 8m Harnstoff oder 5m Guanidin ist der Wert bedeutend niedriger u. ähnlich dem von an *β-Mercaptoäthylamin* gebundenem Azoquecksilber. Die pK_a-Werte sind von der Konz. u. einer Reihe von Kationen u. Anionen abhängig, sowie von der gesamten Salzkonzentration. Eine Rk. von 10^5 g I mit 0,3 Mol *p-Mercuribenzoat* (II) ändert die pK_a-Werte nicht, obwohl diese Menge die Adenosintriphosphatase-Aktivität stimuliert; höhere Mengen II verschieben den pK_a-Wert.
O. Sellemond 4597

1382 **Herstellung von ^{131}J-Rose Bengal für Leberfunktionsuntersuchungen.** C. N. Desai und M. Hegesippe. (Int. J. appl. Radiat. Isotopes **19** (1968) 2, 153 bis 155; Centr. Saclay, Bôite Postale No. 2, 91-Gif-sur-Yvette, France; engl.) — Zur Herst. von ^{131}J-Rose Bengal (Tetrachlor-(P)-tetrajod-R-fluorescein) wird der inakt. Farbstoff durch Chromatographie gereinigt, danach wird der Farbstoff in einem Puffer mit freiem ^{131}J u. etwas H_2O_2 inkubiert, mit HCl gefällt u. gereinigt.
W. Hiller 4597

1383 **Eine neue ^{68}Ga-Verbindung zur Nierenuntersuchung.** Leopoldo J. Anghileri. (Int. J. appl. Radiat. Isotopes **19** (1968) 4, 421—22; Deutsches Krebsforschungszentrum, Inst. für Nuclearmed., Heidelberg; engl.) — Das hergestellte ^{68}Ga-Polymetaphosphat-Mg-Polymetaphosphat wird bevorzugt in der Niere gespeichert. Zur Herst. des Präp. wird KH_2PO_4 durch Behandeln bei 900° in Polymetaphosphat umgewandelt. ^{68}Ga-EDTA wird in das Hydroxid umgebildet durch Cofällung mit $Mg(OH)_2$. Dieser Nd. wird gelöst durch Polymetaphosphorsäure (aus K-Polymetaphosphat u. Dowex-50 W, H^+-Form) u. der pH-Wert mit Bicarbonat eingestellt. Die Lsg. wird sterilisiert durch ein Milliporfilter u. wird so verwendet. Das Präp. eignet sich gut wegen seiner sehr kurzen Halbwertszeit.
W. Hiller 4597

1384 **Potentielle Strahlenschutz-Agenzien.** 5. Mitt. **Synthesewege zu 2-Aryl-2-mercaptoäthylaminen.** Beng-Thong Ho und Walter C. McCarthy. (J. pharmac. Sci. **56** (1967) 5, 648; Coll. of Pharm., Univ. of Wash., Seattle, Wash.; engl.) — IR-Maxima u. NMR-Daten vgl. Original. Folgende Verb. wurden dargestellt: *β-Acetylmercaptohydrocinnamoylchlorid*, F. 81—82,8° (Ligroin), durch Rk. von *β*-Acetylmercaptohydrozimtsäure mit $SOCl_2$ u. Einengen; 99% (Ausb.). — *2-Mercapto-2-phenyläthylamin, Hydrochlorid*, F. 161—162,5° (Isopropanol), durch 21 std. Kochen eines Gemisches aus 4,85 g vorst. Verb. u. NaN_3 in abs. Bzl. unter N_2, Kühlen, Filtrieren, 6 std. Kochen des Filtrats mit konz. HCl u. Einengen der wss. Phase; 7%; daneben durch Einengen der Bzl.-Phase 0,56 g *β-Mercaptohydrozimtsäure* [F. 111,5 bis 112,5° (Bzl./PAe.)]. — *N.O-Diacetyl-N-[β-(3.4-diacetoxyphenyl)-α.β-bis-(acetylmercapto)-äthyl]-hydroxylamin*, $C_{10} \cdot H_8NO_4S_2$, F. 172—172,5° (95%ig. A.), durch Lösen von 265 g 3.4-Diacetoxy-*β*-nitrostyrol in Thiolessigsäure unter Erwärmen, Kühlen, Zutropfen von Tri-n-butylamin, mehrstd. Stehen bei Raumtemp. u. Filtrieren; 26 mg. — *3-Acetoxy-β-nitrostyrol*, $C_{10}H_9NO_4$, F. 83,5—84,5° (95%ig. A.), durch Zugabe von 10%ig. wss. NaOH zu einem Gemisch aus m-Acetoxybenzaldehyd u. Nitromethan in 95%ig. A. bei 5°, Zugabe von wss. Essigsäure, 10 Min. langes Kochen des erhaltenen Öls mit Acetanhydrid/Na-Acetat, Kühlen u. Gießen in W.; 51%. — *N.O-Diacetyl-N-[β-(3-acetoxyphenyl)-α.β.bis-(acetylmercapto)-äthylhydroxylamin*, $C_{10}H_9NO_3S_2$, F. 110—111° (A.), aus 0,193g vorst. Verb. analog vorvorst. Meth. 75 mg.
K.-P. Hilgetag 4601 △

1385 **Synthese von N-Methyl-N-propin-(2)-ylbenzylamin und seiner o-Brom- nud o-Chlorderivate.** I. B. Simon, V. P. Vvedenskij und I. S. Čekman. (Med. Prom. SSSR **20,** (1966) 1, 8—11; Kiev, med. inst.; russ.) — — Um den Einfl. der Halogenatome in o-Stellung des aromat. Ringes von *Pargylin* [I; *N-Methyl-N-propin-(2)-ylbenzylamin*] zu ermitteln, werden I sowie das o-Br- bzw. o-Cl-Deriv. (II bzw. III) synthetisiert u. an Ratten, Katzen u. Mäusen erprobt. Eine 50%ig. Inhibierung der mitochondrialen *Monoaminoxydase* der Rattenleber wird mit 3,5 · 10^{-7} I, 1,5 · 10^{-6} II, 1,5 · 10^{-8} III erzielt. Bei Katzen bewirken I, II u. III in der Dosis 32, 19,2, 9,5 mg/kg Senkung des Blutdruckes. Die therapeut. Wrkg. von III ist insgesamt stärker als von I u. II.
O. Lebtag 4607 △

1386 **Acetylenverbindungen mit möglichem pharmakologischem Wert.** 9. Mitt. **N-[4-Dialkylaminobutin-(2)-yl]-substituierte Carbonsäure- und Sulfonsäureamide.** Richard Dahlbom, Bo Karlén Åke Lindquist, Robert George und Donald J. Jenden. (Acta pharmac. suecica **4** (1967) 4, 247—52; Dep. of Chem., Kungl. Farmaceut. Inst., Stockholm; engl.) — 7. vgl. C. **1967,** 31-1613. — Die im Vers.-Teil genannten Verb. werden auf mydriat. Wrkg., auf die Blockade der motor. Wrkg. von Oxotremorin (I) u. auf Acetylcholinantagonismus am isolierten Meerschweinchendarm geprüft. II zeigt die beste Wrkg. bei genügendem Abstand von der DL. III zeigt ähnliche, aber schwächere Wrkg. als I.

Versuche: Butine-(2): *4-Butyrylamino-1-diäthylamino-, Hydrochlorid (HCl)*, $C_{12}H_{22}N_2O \cdot HCl$, F. 91,5 bis 93° (A./Ae.), durch Schütteln von Butyrylchlorid mit einer Suspension von 4-Diäthylaminobutin-(2)-ylamin-HCl in 5n NaOH, Ae.-Extraktion u. Reinigung an Al_2O_3; 33%. — *4-Butyrylamino-1-pyrrolidino-* (III), $C_{12}H_{20}N_2O$, $Kp._{.1}$ 165°; 58%. — *4-Butyrylamino-1-piperidino-, Oxalat*, $C_{13}H_{22}N_2O \cdot C_2H_2O$, F. 141,5—143° (A./Ae.); 49%. — *4-Benzoylamino-1-diäthylamino-, HCl*, $C_{15}H_{20}N_2O \cdot HCl$, F. 125—126° (A./Ae.); 67%. — *4-Benzoylamino-1-pyrrolidino-*, $C_{15}H_{18}N_2O$, F. 79,5—80° (Isopropyläther); 55%. — *4-Benzoylamino-1-piperidino-*, $C_{16}H_{20}N_2O$, F. 56,5—58° (PAe.); 18%. — *4-[1-Phenylcyclohexyl]-carbonylamino-1-diäthylamino-, HCl* (II), $C_{21}H_{30}N_2O \cdot HCl \cdot H_2O$, F. 113,5—115° (A./Ae.); 41%. — *4-[1-Phenylcyclohexyl]-carbonylamino-1-pyrrolidino-, HCl*, $C_{21}H_{28}N_2O \cdot HCl \cdot H_2O$, F. 173—174° (A./Ae.); 53%. — *4-[1-Phenylcyclohexyl]-carbonylamino-1-piperidino-, HCl*, $C_{22}H_{30}N_2O \cdot HCl \cdot H_2O$, F. 203—205° (A./Ae.); 45%. — *4-Phenylsulfonylamino-1-diäthylamino-*, $C_{14}H_{20}N_2O_2S$, F. 104—105° (A./W.); 47%. — *4-Phenylsulfonylamino-1-pyrrolidino-, HCl*, $C_{14}H_{18}N_2O_2S \cdot HCl$, F. 183—184° (Zers.; A./Ae.); 47%. — *4-Phenylsulfonylamino-1-piperidino-, HCl*, $C_{15}H_{20} \cdot N_2O_2S \cdot HCl$, F. 190—198° (Zers.; A./Ae.); 40%.
W. Holland 4607

1387 **Synthese und pharmakologische Untersuchung einer Reihe Derivate des 3.4.5-Trimethoxyzimtsäureamids und Analoga.** G. Cerbai, L. Turbanti, P. Bianchini,

G. Bramanti und N. Tellini. (Boll. chim. farmac. **106** (1967) 12, 837–54; Labor. Guidotti e C. S.p.A., Direzione Ric., Pisa; ital.) — Im Hinblick auf die sedative Wrkg. von N-[3.4.5-Trimethoxycinnamoyl]-morpholin werden in der Säurekomponente oder im Heterocyclus veränderte Deriv. dargestellt. Sedative Wrkg. zeigen bes. **I, II** u. **III**, sowohl in der Senkung der spontanen Aktivität als auch in der Hemmung der Amphetaminwirkung. **I** u. **IV** besitzen antiphlogist. Wrkg., **III** ist in der „Bluening Rk." gegen Callicrein wirksam. **IV** zeigt Wrkg. gegen Histamin-Bronchiospasmen, **III** ist hypotensiv wirksam.
Versuche: *2-N-[2-Hydroxyäthyl]-aminohexanol* (**V**), $C_8H_{19}NO_2$, Kp.$_{0,1}$ 114–115°, durch Zutropfen von 7,48 g Äthylenoxid in A. zu 20 g 2-Aminohexanol in A. bei 0°, 24std. Stehen bei Raumtemp. u. 1std. Kochen; 17,8 g (Ausb.). — *2-N-[2-Hydroxyäthyl]-aminopentanol* (**VI**), $C_7H_{17}NO_2$, Kp.$_{0,7-0,8}$ 119–122°, analog aus 2-Aminopentanol. — Morpholine: *3-n-Butyl-*, Kp. 198°, durch 6std. Erhitzen von 10 g **V** mit konz. H_2SO_4 auf 150–160°; 3,9 g. *Hydrochlorid*, $C_8H_{18}ClNO$, F. 133° (A.). — *3-n-Propyl-*, Kp. 158°, analog aus 9,6 g **VI**; 4 g. *Hydrochlorid*, $C_7H_{16}ClNO$, F. 179° (A.). — 3.4.5-Trimethoxyzimtsäure: *4-Oxopiperidid*, $C_{17}H_{21}NO_5$, F. 134–136° (A.), durch 2std. Kochen von 3-Carbäthoxypiperidon-(4)-HCl in 6n HCl, Einengen, Zugabe von K_2CO_3, Chlf. u. 3.4.5-Trimethoxycinnamoylchlorid, 2std. Rühren u. 4std. Kochen. *p-Nitrophenylhydrazon*, $C_{23}H_{26}N_4O_6$, F. 195 bis 197° (A.). — *2-Methylmorpholid* (**I**), $C_{17}H_{23}NO_5$, F. 121 bis 122° (Bzl./PAe./A./W.). — *2-Äthylmorpholid* (**II**), $C_{18}H_{25}NO_5$, F. 105–107° (PAe.). — *3-Äthylmorpholid* (**III**), $C_{18}H_{25}NO_5$, F. 124–125° (Isopropanol). — *3-n-Propylmorpholid*, $C_{19}H_{27}NO_5$, F. 92–93° (Ae./PAe.). — *3-n-Butylmorpholid*, $C_{20}H_{29}NO_5$, F. 37–38° (Ae./PAe.). — *2.6-Dimethylmorpholid* (**IV**), $C_{18}H_{25}NO_5$, F. 118–119° (A./W.). — *N-[2-Hydroxyäthyl]-N-[2-hydroxypropyl]-amid* $C_{17}H_{25}NO_6$, F. 115–116° (Bzl./PAe.). — *Benzomorpholid*, $C_{20}H_{21}NO_5$, F. 178–179° (A.). — *Thiomorpholid*, $C_{16}H_{21}\cdot NO_4S$, F. 134–135° (A./W.). — *Tetrahydro-1.3-oxazid*, $C_{16}H_{21}NO_5$, F. 108–109° (W.). — 3.4.5-Trimethoxyphenylessigsäure: *Morpholid*, $C_{15}H_{21}NO_5$, Kp.$_{0,1}$ 207 bis 209°. — *Piperidid*, $C_{15}H_{21}NO_4$, F. 64–65° (PAe.). — 3-Methoxy-4-hydroxyzimtsäure: *Morpholid*, $C_{14}\cdot H_{17}NO_4$, F. 172–174° (Isopropanol). — *2-Methylmorpholid*, $C_{15}H_{19}NO_4$, F. 98–91° (Isopropanol). — *2-Äthylmorpholid*, $C_{16}H_{21}NO_4$, F. 64–66° (Ae./PAe.). — *3-Äthylmorpholid*, $C_{16}H_{21}NO_4$, F. 79–81° (Ae./PAe.). — 3.5-Dimethoxy-4-hydroxyzimtsäure: *Morpholid*, $C_{15}H_{19}\cdot NO_5$, F. 201–202° (Isopropanol), durch Verseifung von **VII**; 40%. — *2-Methylmorpholid*, $C_{16}H_{21}NO_5$, F. 155° (Isopropanol). — 3-Methoxy-4-acetoxyzimtsäure: *Morpholid*, $C_{16}H_{19}NO_5$, F. 78–79° (PAe.). — *2-Methylmorpholid*, $C_{17}H_{21}NO_5$, F. 67–69° (PAe.). — *2-Äthylmorpholid*, $C_{18}H_{23}NO_5$, F. 58–60° (Bzl./PAe.). — *3-Äthylmorpholid*, $C_{18}H_{23}NO_5$, F. 52–54° (Bzl./PAe.). — 3.5-Dimethoxy-4-acetoxyzimtsäure: *Morpholid* (**VII**), $C_{17}H_{21}NO_6$, F. 158–159° (PAe.), durch Zutropfen von Morpholin zu Acetylsinapinsäurechlorid u. Triäthylamin in Bzl. unter Kühlung, 15std. Rühren bei Raumtemp. u. 3–4std. Kochen; 60%. — *2-Methylmorpholid*, $C_{18}H_{23}NO_6$, F. 146° (Bzl./PAe.). W. Holland 4607

1388 **β-Dicarbonylverbindungen.** 25. Mitt. **Synthese einiger einfacher Analoga des Griseofulvins.** V. I. Gunar, L. F. Ovečkina, O. I. Zava'jalov und G. N. Peršin und S. N. Milovanova. (Izvest. Akad. Nauk SSSR, Ser. chim. **1966**, 2167–71; Moskva, inst. organičeskoj chimii im. N. D. Zelinskogo AN SSSR; russ.) — 24. vgl. ibid. **1964**, 1827. — Durch Kondens. der Mannich-Ketone mit *Dihydroresorcin* (**I**), Red. der erhaltenen Triketone mit $NaBH_4$ u. anschließende Cyclisierung werden die Cl- bzw. Br-Deriv. von Tetrahydrochromanon erhalten. Die Synth. der bicycl. Ketone erfolgt durch Kondensation der Benzoesäureester mit den Enoläthern von **I** in Ae. in Ggw. von Na. Hergestellt werden folgende Verb.: *2-(p-Bromphenyl)-* bzw. *2-(p-Chlorphenyl)-5-keto-5.6.7.8-tetrahydrochroman, p-Bromphenyl-* bzw. *p-Chlorphenyl-β-dimethylaminoäthylketon, 2-(p-Brombenzoyläthyl)-* bzw. *4-Benzoyldihydroresorcin, 3-Methoxy-6-m-* bzw. *3-Methoxy-6-p-methoxybenzoylcyclohexenon-(2)*. Alle hergestellten Analoga von *Griseofulvin* zeigen eine tuberkulostat. u. fungistat. Aktivität. Am stärksten wirksam sind die Cl- u. Br-Deriv. von Tetrahydrochroman. O. Lebtag 4607△

1389 **Pharmakologie der Abkömmlinge von 1.2'-[2.2-Bis-(dioxolanyl)]-äthan und 1.2-[2.2'-Bis-(dioxanyl)]-äthan.** J. Atare und A. Kimenis. (Izvest. Akad. Nauk Latv. SSR **1966**, **4**, 125–31; Riga, inst. organičeskogo sinteza AN Latv. SSR; russ.) — An weißen Mäusen wurde die pharmakolog. Wrkg. der nachst. Verb. untersucht: *1.2-[2.2'-Bis-(1.3-dioxolanyl)]-äthan* (**I**), *-Bis-(4-methyl-1.3-dioxolanyl)-äthan* (**II**), *-Bis-(2-methyl-1.3-dioxolanyl)-äthan* (**III**), *-Bis-(4-chlormethyl-...)-* bzw. *-Bis-(4-hydroxymethyl-1.3-dioxolanyl)-äthan* (**IV** bzw. **V**), *-Bis-(4-phenoxymethyl ...)-* bzw. *-Bis-(4-toluyloxy-1.3-dioxolanyl)-äthan* (**VI** bzw. **VII**), *1.2-[2.2'-Bis-(4-methylen-1.3-dioxolanyl)]-äthan* (**VIII**), *1.2-[2.2'-Bis-(1.3-dioxanyl)-äthan* (**IX**) u. *1.2-[2.2'-Bis-(5-nitro-5-methyl-1.3-dioxanyl)]-äthan* (**X**). Mit Ausnahme von **V, VI, VII** u. **X** vermindern die untersuchten Verb. die motor. Aktivität. In hohen Dosen vermindern sie den Tonus der Skelettmuskeln u. stören die Koordination der Bewegungen. Sie sind jedoch weniger wirksam als *Meprobamat* u. *Glyketal* (**XI**). Die Wrkg. auf das Zentralnervensyst. ist bei **I** schwächer als bei **II** u. **IV**. Bei **I, II, III, VIII** u. **IX** ist die Breite der pharmakolog. Wrkg. größer als bei **XI**. Die Körpertemp. der Maus wird durch **I–X** gesenkt. Im Unterschied zu **I** beeinflußt **IX** die Ausarbeitung der bedingten Reflexe prakt. nicht. O. Lebtag 4627△

1390 **Morpholinoalkylderivate der schlafwirkenden Nichtbarbiturate.** 1. Mitt. **α-Phenyl-α-äthylglutarimid und 3.3-Diäthyl-2.4-dioxotetrahydropyridin.** D. Dalev, I. Gaganzov und V. Mutafčieva. (Farmacija [Sofija] **16** (1966) 6, 22–25,; Sofija, VMI; bulg.) — Zwecks Klärung der Beziehungen zwischen der chem. Struktur u. der pharmakolog. Wrkg. werden die nachst. Präp. hergestellt: *α-Phenyl-α-äthyl-N-β-morpholinoäthylglutarimidhydrochlorid* (**I**), F. 224–226°, Ausb. ca. 50%; **I** ist leicht lösl. in W., Chlf., etwas weniger in A. u. Methanol, wenig lösl. in Aceton, prakt. unlösl. in Ae., Bzl. u. Toluol; *3.3-Diäthyl-2.4-dioxo-N-β-morpholinoäthyltetrahydropyridinhydrochlorid* (**II**), F. 244–245°, Ausb. 50%, leicht lösl. in W., Chlf., A. u. Methanol, prakt. unlösl. in Ae., Bzl. u. Toluol; *α-Phenyl-α-äthyl-N-β-morpholinoäthylglutarimidmethojodid* (**III**), F. 185,5–187,5°, Ausb. 95%, leicht lösl. in W. u. Äthanol; *3.3-Diäthyl-2.4-dioxo-N-β-morpholinoäthyltetrahydropyridinmethojodid* (**IV**), F. 222,5° (Zers.), Ausb. 95%, leicht lösl. in W. u. Äthanol. **I, II, III** u. **IV** zeigen in vorläufigen Vers. starke hypotensive u. spasmolyt. Wirkung. Bes. stark u. anhaltend ist die hypotensive Wrkg. bei **III**. O. Lebtag 4627△

1391 **Pharmakologische Untersuchung einiger Abkömmlinge der zweiwertigen Carbonsäuren mit curareähnlicher Wirkung.** G. A. Mednikjan und G. G. Gevorkjan. (Biol. Ž. Armenii **19** (1966) 11, 36–39,; inst. tonkoj organičeskoj chimii AN Arm. SSR; russ.) — An Katzen u. Kaninchen werden die nachstehenden Verb. untersucht: *Bernsteinsäure-bis-[β-pyrrolidyläthylester]-dimethojodid* (**I**), *Glutarsäure-bis-[β-pyrrolidyläthylester]-dimethojodid* (**II**) bzw. *-diäthojodid* (**III**), *Adipinsäure-bis-[β-pyrrolidyläthylester]-dimethojodid* (**IV**) bzw. *-diäthojodid* (**V**), *Pimelinsäure-bis-[β-pyrrolidyläthylester]-dimethojodid* (**VI**) bzw. *-diäthojodid* (**VII**), *Korksäure-bis-[β-pyrrolidyläthylester]-dimethojodid* (**VIII**), *Azelainsäure-bis-[β-pyrrolidyläthylester]-dimethojodid* (**IX**) bzw. *-diäthojodid* (**X**), *Sebacinsäure-bis-[β-pyrrolidyläthylester]-dimethojodid* (**XI**) bzw. *-diäthojodid* (**XII**), *Bernsteinsäure-bis-[β-piperidyläthylester]-dimethojodid* (**XIII**) bzw. *-diäthojodid* (**XIV**), *Glutarsäure-bis-[β-piperidyläthylester]-diäthojodid* (**XV**), *Adipinsäure-bis-[β-piperidyläthylester]-dimethojodid* (**XVI**) bzw. *-diäthojodid* (**XVII**), *Korksäure-bis-[β-piperidyläthylester]-dimethojodid* (**XVIII**). Alle untersuchten Verb. zeigen eine curareähnliche Wrkg., die von der Zus. abhängig ist. Die Verb. **I–XII** sind wesentlich wirksamer als **XIII–XVIII**. Die Dimethojodide (**I, II, IV, VI, VIII, IX, XI, XIII, XVI, XVIII**) sind aktiver als die Diäthojodide (**III, V, VII, X, XII, XIV, XV, XVII**). Die stärkste curareähnliche Wrkg. zeigt **IV**, dessen Wrkg. bei einer Dosierung von 0,05–0,1 mg/kg 30 Sek. anhält, ohne daß Atmung u. Blutdruck beeinflußt werden. Danach folgt **I**. O. Lebtag 4628△

F. Pharmazeutische Chemie

1392 **Analysen gemischter antipyretischer Zubereitungen. 7. Mitt. Verhalten von Sulpyrin in wäßriger Lösung und der Mechanismus der jodometrischen Titration.** Kunio Kawamura und Yoriko Negoro. (J. pharmac. Soc. Japan [Yakugakuzasshi] 88 (1968) 5, 554—61; Osaka, Plant, Takeda Chemical Ind. Ltd., Osaka; jap., Auszug: engl.) — Obgleich *Sulpyrin* (I) in stark saurer Lsg. quant. iodometr. bestimmt werden kann, wird beim Stehen in wss. Lsg. eine Abnahme des Titrationswertes beobachtet. Die Abnahme der I-Konz. in 1 n HCl, 0,1 n HCl, bei pH 3, in wss. Lsg. u. bei pH 10 (Temp. 25°) nach $^1/_2$, 1, 2, 4, 6, 23 u. 46 Std. wird durch jodometr. Titration u. mit der $BaSO_4$-Meth. verfolgt. Die I-Spaltung verläuft in saurer Lsg. schneller als in alkal. oder neutraler Lösung. NMR-Spektren von I in D_2O u. D_2SO_4 weisen auf eine Dissoziation von I in *4-[Methylamino]-antipyrin* (II) u. *Hydroxymethansulfonat-Na* (III) hin, das nicht mit Jod reagiert (in Zusammenhang damit wird gefunden, daß zwar N-, aber nicht O-Methansulfonsäure mit Jod reagiert). Dissoziations- u. Bldg.-Geschw.-Konst. dieser Rk. I $\underset{k_2}{\overset{k_1}{\rightleftharpoons}}$ II + III werden ber. zu k_1 = 2,30 · 10^{-1} h^{-1} (wss. Lsg.) u. k_1 = 1,11 · 10^{-1} h^{-1} (1 n HCl) sowie k_2 = 1,19 · 10^2 m^{-1} · h^{-1} (wss. Lsg.) u. k_2 = 6,35 · 10^{-1} m^{-1} · h^{-1} (1 n HCl). pH-Abhängigkeit der Dissoziationsgeschw. ist gering, die Bldg.-Geschw. jedoch beträchtlich. Aus den NMR-Spektren von I in D_2SO_4 u. in der Lsg., die nach Rk. von I mit Jod erhalten wird, folgt, daß $NaHSO_3$, CH_2O u./oder *4-[N-Hydroxymethyl-N-methyl]-aminoantipyrin* (IV) nicht in D_2SO_4, aber sofort nach Zusatz von Jod gebildet werden. Als Rk.-Mechanismus wird daher eine quant. Ox. von I durch Jod unter Bldg. von H_2SO_4, HJ u. IV, das schnell in II u. CH_2O dissoziiert, angenommen. D. Pankow 4846

1393 **Qualitative und quantitative Prüfverfahren für Prilocainhydrochlorid.** Edward F. Salim und Bertil Örtenblad. (J. pharmac. Sci. 56 (1967) 12, 1645—46; Washington, D.C., American Pharmac. Assoc. Found., Drug Standards Labor.; engl.) — Als Monographievorschlag für die USP werden für *Prilocain · HCl* (I; *2-n-propylamino-propion-o-toluidid · HCl*, $C_{13}H_{20}N_2O$ · HCl) physikal. Eig., Identitätsrk. (IR-Spektrum, Cl^--Nachw., Farbrk.), Reinheitsprüfungen (Trocknungsverlust < 0,3 %, Sulfatasche < 0,1 %, Sulfat, Schwermetalle) u. Geh.-Best. (argentometr. Cl^--Best. nach Mohr; nichtwss. Titration von I in Eisessig mit 0,1 n Perchlorsäure nach Zusatz von Hg(II)-Acetat u. Krist.-Violett als Indikator) beschrieben sowie die Unters. einer I-Injektionslösung. F. Schwarz 4846

1394 **Bestimmung von Salicylsäure und Benzoesäure.** John D. Weber. (J. Assoc. off. analyt. Chemists 50 (1967) 3, 666—69; Food and Drug Adm., Washington, D.C.; engl.) — Die Trennung von *Salicylsäure* (I) u. *Benzoesäure* (II) in pharmazeut. Zubereitungen geschieht chromatograph. über 2 verschiedene Säulen (Celite/H_3PO_4–$FeCl_3$–Harnstoff-Säule für I u. Celite-$NaHCO_3$-Säule für II). I u. II werden getrennt eluiert u. photometr. quant. bei 306 nm (I) u. 275 nm (II) ausgewertet. Für I- u. II-Gemische in fl. Phase wurden Erfassungswerte von 101,9 ± 3,3 % für II u. 100,5 ± 1,8 % für I ermittelt. E. Boye 4846

1395 **Trennung und spektrophotometrische Bestimmung von Acetylcarbromal und Bromisovalum.** James M. Look. (J. Assoc. off. analyt. Chemists 50 (1967) 3, 664—66; San Francisco, Calif., Food and Drug Adm.; engl.) — Die Trennung geschieht durch Verteilungschromatographie auf einer Celite–HCl(2 + 1)-Säule. *Acetylcarbromal* (I) wird mit Heptan–CCl_4 (1 : 1) u. *Bromisovalum* (II) mit $CHCl_3$ eluiert. Der Trockenrückstand von I u. II wird in CCl_4 bzw. $CHCl_3$ gelöst u. durch IR-Spektrophotometrie quant. ausgewertet. In handelsüblichen Tabletten mit 130 mg I u. 250 mg II je Tablette wurden 126—133 mg I u. 255—263 mg II gefunden. E. Boye 4846

1396 **Bestimmung von Methimazol durch Infrarotspektrophotometrie.** Alma L. Hayden und Wilson L. Brannon. (J. Assoc. off. analyt. Chemists 50 (1967) 3, 674—75; Food and Drug Adm., Washington, D.C.; engl.) — *Methimazol* (I) wird säulenchromatograph. auf Celite 545 abgetrennt u. aus der Säule mit $CHCl_3$ eluiert. Die Best. geschieht IR-spektrophotometrisch. Bei handelsüblichen Tabletten wurden 94,2—99 % der vorhandenen Menge I gefunden. E. Boye 4846

1397 **Kolorimetrische Bestimmung von Phenazon nach der Methode von Deysson.** R. Bontemps, J. Parmentier und M. Diessé. (J. Pharmac. Belgique [N.S.] 23/50 (1968) 3/4, 222—32; Bruxelles, Serv. de Contrôle des Médicaments de l'Assoc. Pharmac. Belge; franz.). — Vf. präzisieren auf Grund umfangreicher statist. Berechnungen die Bedingungen (pH-Wert, Reagenzmenge, Rk.-Zeit u. -Temp.) für die kolorimetr. Best. von *Phenazon* mit p-Dimethylaminobenzaldehyd. Hartmut Heller 4846

1398 **Bestimmung einiger Phenothiazinverbindungen durch Fluoreszenzlöschung.** Kosta Nikolić und Leposava Sablić. (Tehnika [Beograd] 22 (1967) 4, 693—94; Beograd, Univ., Farm. fak.; serbokroat.) — Zur quant. Best. von Phenothiazinen kann die Löschung der Fluoreszenz angewendet werden. Dabei besteht bei *Phenothiazin* im Konz.-Bereich von 0,06—1,2 mg/ml, *Diparcol* (I; 0,12—0,84), *Phenergan* (II; 0,12—0,96), *Parsidol* (III, 0,12—1,20) u. *Largactyl* (0,12—2,00) eine lineare Abhängigkeit zwischen der Fluoreszenzlöschung u. der Konz. (Stern-Volmer-Gleichung). Für *Multergan* sowie I—III, im Bereich von 0,20—2,00 mg/ml, gelangt die korrigierte Stern-Volmer-Gleichung zur Anwendung (parabol. Abhängigkeit). H. Cnobloch 4846

1399 **Methode zum Nachweis von Alkaloiden durch Chromatographie auf imprägniertem Papier.** I. Turkovic. (J. Pharmac. Belgique [N.S.] 23/50 (1968) 5/6, 283—94; Kinshasa/Congo, Univ. Lovanium, Inst. de Pharmac.; franz.) — Alkaloide (I) in Pflanzenauszügen lassen sich schnell papierchromatograph. nachweisen, wenn das Papier vorher mit einem Gemisch der wss. Lsg. von $NiSO_4$ u. $NaNO_2$ (10 bzw. 18 g in jeweils 100 ml) imprägniert u. mit dem Laufmittel Xylol-Methyläthylketon gearbeitet wird. Die Detektion erfolgt mit einem modifizierten Dragendorff-Reagens. I erscheinen als braune, blaue, violette oder zitronengelbe Flecke. Die Anwendung der Meth. auf die Auszüge von *Strychnos*- u. *Solanaceen*-Arten sowie *Gloriosa simplex* wird gezeigt. Sie ist auch anwendbar zur Identifizierung von Alkaloiden in pharmazeut. Zubereitungen. Hartmut Heller 4846

1400 **Bestimmung von Trypsin, Chymotrypsin und Elastase in Pankreatin.** A. Lauwers und R. Ruyssen. (J. Pharmac. Belgique [N.S.] 23/50 (1968) 5/6, 295—306; Gent, Univ., Pharmac. Inst.; engl.) — Der Anteil der Beeinflussung bei der Best. von *Trypsin* (I) mit N-Benzoyl-L-argininäthylester (BAEE) oder Tosyl-L-argininmethylester, von *Chymotrypsin* (II) mit N-Acetyl-L-tyrosinäthylester oder N-Benzoyl-L-tyrosinäthylester u. von *Elastase* (III) mit Elastin als Substraten durch die jeweils anderen beiden Enzyme wird unter Benutzung des FIP-Verf. ermittelt. Einzig die I-Best. mit BAEE erfordert eine Korrektur um 0,5 %. Die Substrate sind zur Best. von I, II bzw. III in Pankreatin gut geeignet. Hartmut Heller 4847

1401 **Tetracycline. 1. Mitt. Trennung und Untersuchung durch Dünnschichtchromatographie.** Peter P. Ascione, John B. Zagar und George P. Chrekian. (J. pharmac. Sci. 56 (1967) 11, 1393—95; Pearl River, N.Y., American Cyanamid Co.; engl.) — *Desmethylchlortetracyclin*, *Tetracyclin* u. *Chlortetracyclin* werden auf säuregewaschener Kieselgur (imprägniert mit einer Pufferlsg. aus 0,1 m Na_2H_2-Äthylendiamintetraacetat (I)

vom pH 7, Glycerin u. Polyäthylenglykol 400) als Adsorbens mit Äthylacetat (gesätt. mit 0,1 m I-Lsg. vom pH 7) entwickelt u. quant. getrennt.
F. Schwarz 4848

1402 **Tetracycline. 2. Mitt. Trennung und Bestimmung durch Säulenchromatographie.** Peter P. Ascione, John B. Zagar und George P. Chrekian. (J. pharmac. Sci. **56** (1967) **11**, **1396**–1400; engl.) — *Desmethylchlortetracyclin* (**I**), *Tetracyclin* (**II**) u. *Chlortetracyclin* (**III**) werden durch Verteilungschromatographie auf säuregewaschener Kieselgur (imprägniert mit 0,1 m Na_2H_2-Äthylendiamintetraacetatlsg. vom pH 6 u. pH 7, Glycerin u. Polyäthylenglykol 400) u. Elution mit Bzl.–$CHCl_3$–n-Butanol-Gemischen voneinander getrennt. Die quant. Best. erfolgt spektrophotometr. bei 372 nm (**I**), 366 nm (**II**) u. 377 nm (**III**) in alkal. Methanollösung.
F. Schwarz 4848

1403 **Quantitative Bestimmung von Olivomycin I in Olivomycinpräparaten.** V. N. Borisova und M. G. Bražnikova. (Antibiotiki **13** (1968) **3**, **205**–08; Moskva, inst. po izyskaniju novych antibiotikov AMN SSSR; russ.) — Die chromatograph. Best. des Geh. an *Olivomycin I* (**A**) in Olivomycin-Komplexen beruht darauf, daß **A** bei der Dünnschichtchromatographie an Silicagel den höchsten R_F-Wert aufweist. Die so gefundenen **A**-Werte stimmen mit den Ergebnissen der Gegenstromverteilung gut überein. Die Meth. eignet sich bes. für die laufende Kontrolle des **A**-Geh. während der Isolierung u. Reinigung von Olivomycin-Präparaten. O. Lebtag 4848△

1404 **Anwendung der Dünnschichtchromatographie und der Spektrophotometrie bei der Analyse eines Gemisches von Amyleinhydrochlorid, Naphazolinnitrat und Methylenblau.** A. Puech, G. Kister und J. Chanal. (J. Pharmac. Belgique [N.S.] **23/50** (1968) 3/4, 184–96; Montpellier, Labor. National de la Santé Publ.; franz.) — *Amyleinhydrochlorid* (**I**), *Naphazolinnitrat* (**II**) u. *Methylenblau* (**III**) lassen sich dünnschichtchromatograph. an Kieselgel H (Merck) mit A.–NH_3 (4:1) trennen. **III** ergibt dabei keinen einheitlichen Fleck. Der Nachw. von **I** u. **II** erfolgt mit Dragendorff-Reagens. Zur quant. Best. wird die Spektrophotometrie bei 232 u. 270 nm (**I**), 218 u. 245 nm (**II**) sowie 658 nm (**III**) herangezogen. Die Vgl.-Lsg. sollen jeweils theoret. Mengen der anderen beiden Komponenten enthalten. Hartmut Heller 4850

1405 **Chlorkohlenwasserstoffe in Arzneimitteln: Chlorbutanol.** Arthur W. Davidson. (J. Assoc. off. analyt. Chemists **50** (1967) 3, 669–73; San Francisco, Calif., Food and Drug Adm.; engl.) — *Chlorbutanol* (**I**; Bakterizid) kann säulenchromatograph. durch Elution mit CS_2 abgetrennt u. anschließend durch IR-Spektrophotometrie bestimmt werden. Die Best. kann auch mittels Gas–Fl.-Chromatographie erfolgen. Bei Lsg., die 0,5% **I** enthalten, wurden IR-spektrophotometr. 0,428 bis 0,493 % u. durch Gas–Fl.-Chromatographie 0,402–0,481 % **I** ermittelt. E. Boye 4852

1406 Soc. Farmaceutici Italia, Mailand, Italien, **L(–)-Erythro-α.β-dihydroxybutyraldehyd,** Öl, $[\alpha]_D^{25}$ –11° (c = 2% in W.), erhält man durch milde Ox. von L(+)-Rhamnose, bes. mit Pb(IV)-Acetat in wss. Essigsäure bei 10–25°. *2.4-Dinitrophenylhydrazon,* F. 163 bis 165°. — *Heilmittel gegen Tumore.* (**Brit. P. 1 056 948** vom 6/12. 1965, ausg. 1/2. 1967. It. Prior. 10/12. 1964.) — 4 S. A. Jahn 4846

1407 Ciba Ltd., Schweiz, **Thiocarbonsäureester** der allg. Formel $ArCR^1R^2C_6H_3RR^3R^4$ (Ar = ggf. substituiertes Phenyl oder Naphthyl, R^1 u. R^2 = Alkyl, R^3 u. R^4 = H, Alkyl oder Halogen, R = veräthertes Hydroxy-, Mercapto-, Halogen- oder Aminocarbonylmercapto, -thiocarbonyloxy oder -thiocarbonylmercapto) erhält man durch Rk. der entsprechenden Phenole oder Thiophenole in Form ihrer Salze mit einem Dihalogenthiocarbonat, bes. Thiophosgen oder CS_2. — Aus 4-[α.α-Dimethylbenzyl]-phenol erhält man durch Rk. mit Thiophosgen *O-[4-(α.α-Dimethylbenzyl)-phenyl]-chlorthioformiat,* Kp.$_{0,2}$ 145–170°, ähnlich: *O-[4-(4'-Chlor-α.α-dimethylbenzyl)-phenyl]-chlorthioformiat* u. *O-[4-(4-Methyl-α.α-dimethylbenzyl)-phenyl]-chlorthioformiat.* — Zwischenprod. für *Pharmazeutika.* (**Brit. P. 1 080 797** vom 24/5. 1965, ausg. 23/8. 1967. U. S. Prior. 12/6. 1964 u. 8/3. 1965.) — 4 S. R. Bollinger 4846

1408 Egyesült Gyógyszer és Tapszergyár (Erfinder: László Vargha, Endrekasztreiner, József Borsi und Boris Dumbovich), Budapest, Ungarn, **Herstellung von Benzoesäureamiden der allg.** Formel **I**

I 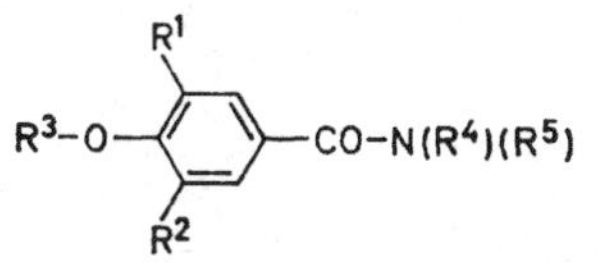

(R^1, R^2 = CH_3O, Cl, Br oder J; R^3 = aliphat. C_{2-5}-KW-Stoffrest, Cyclohexen-(2)-yl- oder $(CH_2)_{2-5}$-O-Alkylgruppe; R^4, R^5 = H, aliphat. C_{1-4}-KW-Stoff-, Benzyl- oder $(CH_2)_{2-5}$-O-Alkylrest oder $N(R^4)(R^5)$ = heterocycl. Rest oder R^4 = H, R^5 = CONH–R^6 oder $CH_2CON(R^5)\cdot(R^6)$; R^6 = aliphat. C_{1-4}-KW-Stoffrest) durch Rk. von Verb. der allg. Formel $R^1C_6H_2(OH)(R^2)$–COX [X = OH, O-Alkyl- oder $N(R^4)(R^5)$-Gruppe] mit einem akt. Ester einer Verb. der Formel R^3OH u. Umsetzen des Prod. mit $HN(R^4)(R^5)$. — Man kocht 7 g 3.5-Dimethoxy-4-äthoxybenzoylchlorid u. 6 ml Morpholin in $CHCl_3$: 5,8 g *3.5-Dimethoxy-4-äthoxybenzoesäuremorpholid,* F. 88–90°. — Analog folgende 3.5-Dimethoxybenzamide: *4-Allyloxy-*, F. 162–164°. — *4-n-Butoxy-*, F. 143–145°. — *4-Isobutoxy-*, F. 156–158°. — *4-[Cyclohexen-(2')-yl-oxy]-*, F. 161–163°. — *4-[2'-Methoxyäthoxy]-*, F. 125–126°. — 3-Methoxybenzamide: *4-Allyloxy-5-chlor-*, F. 130 bis 131°. — *4-n-Butoxy-5-chlor-*, F. 122–124°. — *4-Allyloxy-5-brom-*, F. 133–135°. — *4-n-Butoxy-5-brom-*, F. 130 bis 132°. — 3.5-Dibrombenzamide: *4-Allyloxy-*, F. 142°. — *4-n-Butoxy*, F. 138–140°. — 3.5-Dimethoxy-4-allyloxybenzoesäure-Verb.: *Methylamid,* F. 122 bis 124°. — *1.2.3.4-Tetrahydrochinolid,* F. 83–84°. — *2-Methoxyäthylamid,* F. 96–98°. — 3.5-Dimethoxy-4-isobutoxybenzoesäure-Verb.: *Diäthylamid,* Öl. — *Morpholid,* F. 76–78°. — *2-Methylmorpholid,* Öl. — *3.5-Dimethoxy-4-sek.-butoxybenzoesäuremorpholid,* Öl. — N-[3.5-Dimethoxy-4-allyloxybenzoyl]-Verb.: *Glycindiäthylamid,* F. 109–111°. — *N'-n-Butylharnstoff,* F. 83–85°. — *Heilmittel* mit *hypnotiver* u. *anticonvulsiver Wirkung.* — Vgl. Ung. P. 151 528; C. **1966, 49**-2667. (**Oe. P. 246 729** vom 2/3. 1964, ausg. 10/5. 1966. Ung. Prior. 21/3. 1963.) — 7 S. K.-D. Stolp 4846

1409 Imperial Chemical Industries Ltd., London, Großbritannien (Erfinder: Derrick Michael O'Mant), **Herstellung von Diarylharnstoffderivaten.** Zu D. P. [DDR] 40 588; C. **1966**, 30-1654 ist nachzutragen: N-[2-Carboxyphenyl]-harnstoffe: *N'-[2.4-dibromphenyl]-*, F. 199°. — *N'-[2-brom-4-chlorphenyl]-*, F. 187–188°. — *N'-[4-brom-2-chlorphenyl]-*, F. 194–195°. — *N'-[4-chlor-2-jodphenyl]-*, F. 204–205°. — *N'-[2.4-dibrom-5-methylphenyl]-*, F. 207–211°. — N-[2.4-Dibromphenyl]-harnstoffe: *N'-[2-methoxycarbonylphenyl]-*, F. 204 bis 206°. — *N'-[2-butoxycarbonylphenyl]-*, F. 143–145°. — *N'-[2-allyloxycarbonylphenyl]-*, F. 157–159°. — *N'-[2-(p-methoxyphenoxycarbonyl)-phenyl]-*, F. 167–168°. — *N'-[2-(2.4-dichlorphenoxycarbonyl)-phenyl]-*, F. 168–170°. — *N-[2-Benzyloxycarbonylphenyl]-N'-[4-brom-2-chlorphenyl]-harnstoff,* F. 178°. — Beispiele für therapeut. Präparate. — Mittel gegen *Allergie* u. *Entzündungen.* (**Brit. P. 1 055 619** vom 30/11. 1964, ausg. 18/1. 1967.) — 7 S.
H. Ascherl 4846

1410 Warner-Lambert Pharmaceutical Co., Morris Plains, N.J., USA, **Herstellung von Aryloxyaminen** der allg. Formel **I** (R^1 u. R^2 = niedermol. Alkyl oder zusammen mit dem N-Atom ein Heterocyclus; R^{3-5} bedeuten gleich oder verschieden: H, niedermol. Alkyl oder Alkoxy; Z = O oder S; n = 2–3) erfolgt durch

Rk. eines o-substituierten Aryloxyamins mit einem Benzylhalogenid. Die Ausgangsverb. erhält man durch Rk. von o-Hydroxybenzaldehyd mit einem Amino-

I 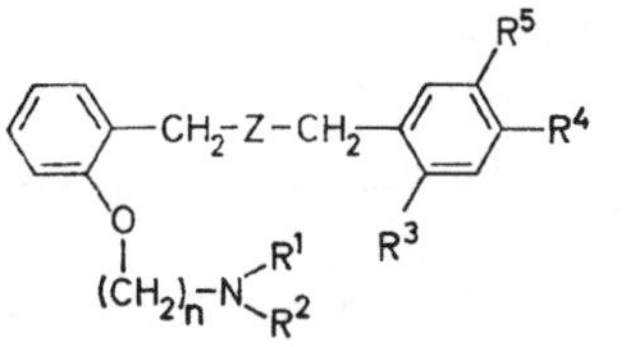

chloralkan u. Red. des Aldehyds zum Alkohol. — Beispiel: Durch Rk. von o-Hydroxybenzaldehyd mit N.N-Diäthyl-β-chloräthylamin-, Hydrochlorid, erhält man den o-[β-Diäthylaminoäthoxy]-benzaldehyd, Kp.$_{0,2}$ 123°. Durch Hydrierung dieser Verb. in Ggw. von Raney-Ni erhält man den o-[β-Diäthylaminoäthoxy]-benzylalkohol, Kp.$_{0,1}$ 121—122°, Hydrochlorid, F. 123—124°. Analog: o-[β-Piperidinoäthoxy]-benzaldehyd, Kp.$_{0,01}$ 123°, → o-[β-Piperidinoäthoxy]-benzylalkohol, F. 85—86°; o-[γ-Dimethylaminopropoxy]-benzaldehyd, Kp.$_{0,01}$ 98—100°, → o-[γ-Dimethylaminopropoxy]-benzylalkohol, Kp.$_{0,01}$ 108°, Hydrochlorid, F. 131°. Durch Rk. von o-[β-Piperidinoäthoxy]-benzylalkohol mit Benzylchlorid in Ggw. von $NaNH_2$ erhält man *Benzyl-o-[β-piperidinoäthoxy]-benzyläther, Hydrochlorid,* F. 172—173°. Analog: *p-Chlorbenzyl-o-[β-piperidinoäthoxy]-benzyläther, Hydrochlorid,* F. 140—141°; *p-Chlorbenzyl-o-[β-dimethylaminoäthoxy]-benzyläther, Hydrochlorid,* F. 167—169°; *o-Chlorbenzyl-o-[β-dimethylaminoäthoxy]-benzyläther, Hydrochlorid,* F. 131—132°; *o-Methylbenzyl-o-[β-diäthylaminoäthoxy]-benzyläther, Hydrochlorid,* F. 135°; *o-Methoxybenzyl-o-[β-diäthylaminoäthoxy]-benzyläther, Hydrochlorid,* F. 149—150°; *p-Methoxybenzyl-o-[β-diäthylaminoäthoxy]-benzyläther, Hydrochlorid,* F. 133,5°; *o-[β-Diäthylaminoäthoxy]-benzyl-3.4-methylendioxybenzyläther, Hydrochlorid,* F. 116—117°; *o-[β-Diäthylaminoäthoxy]-benzyl-2.4-dimethylbenzyläther, Oxalat,* F. 115,5—116,5°; *o-[β-Diäthylaminoäthoxy]-benzyl-3.4-dimethylbenzyläther, Oxalat,* F. 110—111°; *o-[β-Diäthylaminoäthoxy]-benzyl-2.5-dimethylbenzyläther, Hydrochlorid,* F. 154—155°; *2.4-Dichlorbenzyl-o-[β-diäthylaminoäthoxy]-benzyläther, Hydrochlorid,* F. 130,5—131°; *o-[γ-Dimethylaminopropoxy]-benzyl-3.4-methylendioxybenzyläther, Hydrochlorid,* F. 105 bis 106°; *Benzyl-o-[β-diäthylaminoäthoxy]-benzylsulfid,* Kp.$_{0,5}$ 192—204°, *Oxalat,* F. 89—90°; *o-Chlorbenzyl-o-[β-diäthylaminoäthoxy]-benzylsulfid,* Kp.$_{0,3}$ 196—198°, *Oxalat,* F. 114,5—115°. — *Antispasmodika.* (**Brit. P. 1 057 969** vom 17/12. 1965, ausg. 8/2. 1967. U. S. Prior. 23/12. 1964.) — 11 S. R. Bauereis 4846

1411 Aziende Chimiche Riunite Angelini Francesco, Rom, Italien, **Substituierte Anthranilsäureamide** der allg. Formel o-$NHR^1-C_6H_3(R)-CO-NH-(CH_2)_n-N(R^2)_2$ (R = H, Cl oder OCH_3, bes. in 4- oder 5-Stellung; $R^1 = CH_3$, Butyl, Benzyl, p-Chlorbenzyl, p-Methoxybenzyl, Phenyl oder p-Chlorphenyl; $R^2 = CH_3$ oder C_2H_5; n = 2 oder 3) u. deren Salze erhält man durch Rk. eines Dialkylaminoalkylamins der Formel $NH_2-(CH_2)_n-N-(R^2)_2$ mit einem Isatosäureanhydrid der Formel **I**, bes. in einem Lsgm. (W.) bei **60—110°**. —

I 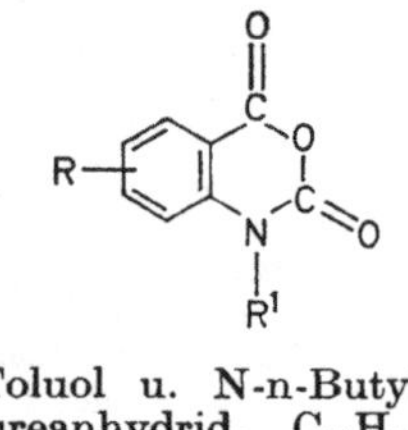

Aus $COCl_2$ in Toluol u. N-n-Butylanthranilsäure → N-n-Butylisatosäureanhydrid, $C_{12}H_{13}NO_3$ (**II**), F. 74° [Hexan (**IV**)]; 89% (Ausb.). Aus **II** u. 3-Dimethylamino-1-propylamin (**III**) in W. bei 100° → Öl, *N-[2-n-Butylaminobenzoyl]*-**dmpa** (**dmpa** = *N-[γ-dimethylamino-propyl]-amin*), Kp.$_{0,2}$ 180°; 70%; *Maleat,* $C_{16}H_{27}N_3O \cdot C_4H_4O_4$, F. 85°; *Hydrochlorid,* F. 113°; *Phosphat,* F. 148°; analog *N-[2-n-Butylamino-4-chlorbenzoyl]*-**dmpa**, $C_{16}H_{26}ClN_3O$, F. 47° (**IV**), → *Hydrochlorid,* F. 143°; *N-[2-Benzylaminobenzoyl]*-**dmpa**, [F. 65° (**IV**)], → *Maleat,* $C_{19}H_{25}N_3O \cdot C_4H_4O_4$, F. 106°; *N-[5-Chlor-2-methylaminobenzoyl]*-**dmpa**, $C_{13}H_{20}ClN_3O$, F. 92° (**IV**), → *Hydrochlorid,* F. 198°, aus **III** u. *N-Methyl-5-chlorisatosäureanhydrid,* $C_9H_6ClNO_3$, F. 201° (Bzl.; Zers.); *N-[2-p-Methoxybenzylaminobenzoyl]*-**dmpa**, F. 83° (**IV**), → *Maleat,* $C_{20}H_{27}N_3O_2 \cdot C_4H_4O_4$, F. 127° (abs. A.); *N-[2-p-Chlorbenzylaminobenzoyl]*-**dmpa**, F. 86° (**IV**) → *Maleat,* $C_{19}H_{24}ClN_3O \cdot C_4H_4O_4$, F. 117° (A.); *N-[2-n-Butylamino-5-methoxybenzoyl]*-**dmpa**, $C_{17}H_{29}N_3O_2$, Kp.$_{0,2}$ 180°, → *Phosphat,* F. 164°, **aus III** u. *N-n-Butyl-5-methoxyisatosäureanhydrid,* $C_{13}H_{15}NO_4$, F. 121°; *N-[2-Phenylaminobenzoyl]*-**dmpa**, $C_{18}H_{23}N_3O$, Kp.$_{0,1}$ 190°; A-*N-[β-dimethylaminoäthyl]-amin* [A = *N-(2-Benzylaminobenzoyl)*-], F. 75° (**IV**), → *Maleat,* $C_{18}H_{23}N_3O \cdot C_4H_4O_4$, F. 136° (A.); A-*N-[$\beta$-diäthylaminoäthyl]-amin,* → *Maleat,* $C_{20}H_{27}N_3O \cdot C_4H_4O_4$, F. 93° (abs. A.). — *Therapeutika* (gegen Schmerz, Entzündungen u. Geschwüre). (**Brit. P. 1 057 667** vom 17/6. 1965, ausg. 8/2. 1967. It. Prior. 7/11. 1964.) — 5 S. Georg Vogel 4846

1412 Uralsky Politeknichesky Institute im. S. M. Kirova, Sverdlovsk, UdSSR (Erfinder: Vasily Nickolaevich Koniukhov, Zoia Vasil'evna Pushkareva, Iulia Addl'fovna Ostrovskaya, Alexandra Ippolitovna Adamovich, Ella Motelevna Poznanskaya, Elizabeta Vacil'evna Glagoleva, Zinaida Tarasovna Putkina und Sofia Abramovna Shneur), **Herstellung von Sarcolysin,** dad. gek., daß man Anilin mit Äthylenoxid 12 Std. bei 15—20° zu Bis-[β-oxäthyl]-anilin, dieses mit $POCl_3$ in Bzl. auf dem W.-Bad zu Bis-[β-chloräthyl]-anilin, dieses bei 35—40° mit Dimethylformamid u. $POCl_3$ zu p-Bis-[β-chloräthyl]-aminobenzaldehyd, diesen auf dem W.-Bad mit Hippursäure in Essigsäureanhydrid zu einem Azlacton umsetzt, letzteres mit Zn-Staub u. HCl red., das Rk.-Prod. mit HCl 5 Std. kocht u. das Prod. aus A. kristallisiert; 22% (Ausb.) (auf Anilin bezogen). — *Therapeutikum.* — Mengenbeispiel, Rk.-Schema mit Strukturformeln. (**Brit. P. 1 064 972** vom 3/3. 1964, ausg. 12/4. 1967.) — 4 S. Georg Vogel 4846

1413 Imperial Chemical Industries Ltd., London, Großbritannien (Erfinder: John Selwyn Morley), **Tripeptidamide** der allg. Formel $A-(CH_2)_m-CH(NH_2)-CO-NH-CH(CH_2-COOH)-CO-NH-CH(CH_2-C_6H_5)-CO-NH-R^1$ (A = H, Alkylthio- oder Aralkylthiorest, jedoch nicht Methylthiorest, falls m = 2 u. R^1 = H; m = 1—4; R^1 = H, Alkyl oder Aryl) u. deren Salze erhält man durch Rk. einer Verb. der allg. Formel $A-(CH_2)_m-CH(NH-X)-COOH$ mit einem α-H-Asp-Phe-NH_2-Deriv. der allg. Formel $R^2OOC-CH_2-CH(NH_2)-CO-NH-CH(CH_2-C_6H_5)CO-NH-R^1$ (R^2 = H oder ein durch milde Säuren zu H umwandelbarer Rest) oder dessen Salzen, Abspaltung der Schutzgruppe X u. ggf. des Restes R^2. — Nachst. sind N-Benzyloxycarbonyl mit Z, N-tert.-Butoxycarbonyl mit Boc, Benzyl mit Bzl, L-Äthionyl mit Äth, L-Norleucyl mit Nle, L-Norvalyl mit Nva, L-α-Aminobutyryl mit Abu u. L-Homocysteinyl mit Hcys abgekürzt. — Aus H-Asp-Phe-NH_2 u. Z-Nle-2.4.5-trichlorphenylester in Dimethylformamid in Ggw. von $(C_2H_5)_3N$ durch 18std. Rühren bei 0—5° → Z-Nle-Asp-Phe-NH_2, F. 240—241° (Essigsäure (**I**); Zers.); daraus mit H_2 in Ggw. von Pd/Kohle → *H-Nle-Asp-Phe-NH_2-Acetat,* F. 231—232° (wss. Aceton, Nadeln); gleiches Prod. auch über Z-Nle-(β-Bzl) · Asp-Phe-NH_2, F. 191—192° (2-Äthoxyäthanol/A.); analog aus H-Asp-Phe-NH_2 → Z-Nva-Asp-Phe-NH_2, F. 241—242° (**I**; Zers.) → *H-Nva-Asp-Phe-NH_2-Acetat,* F. 224—226°. — Z-Abu-Asp-Phe-NH_2, F. 231—233° (Zers.) → *H-Abu-Asp-Phe-NH_2-Acetat,* F. 205—206°. — Z-Ala-Asp-Phe-NH_2, F. 223—225°, → *H-Ala-Asp-Phe-NH_2-Acetat,* F. 220—221°. — Boc-Äth-Asp-Phe-NH_2, F. 209—210° (Methanol; Zers.), → *H-Äth-Asp-Phe-NH_2 · HCl.* — Boc-(S-Bzl)Hcys-Asp-Phe-NH_2, F. 181 bis 182° (A.; Zers.), → *S-Bzl-Hcys-Asp-Phe-NH_2 · HCl,* F. 160° (Zers.) $\xrightarrow{NH_4OH}$ *S-Bzl-Hcys-Asp-Phe-NH_2,* F. 209° (Zers.). — Boc-Met-Asp-Phe-Anilid, F. 182—183,5° (A./PAe.; Zers.), → *H-Met-Asp-Phe-Anilid · HCl,* F. 195 bis 198° (nach Sinterung). — Boc-Met-Asp-Phe-NH-CH_3, F. 181—184°, $\xrightarrow{HCl}$ *H-Met-Asp-Phe-NH-CH_3 · HCl,*

F. 200–202°. – Zwischenprod. für *Therapeutika*. (**Brit. P. 1 068 727** vom 12/4. 1965, ausg. 30/3. 1967.) – 6 S.

Georg Vogel 4846

1414 Imperial Chemical Industries Ltd., London, Großbritannien (Erfinder: John Selwyn Morley), **Peptide** der allg. Formel A–$(CH_2)_m{}^1$–CH(Z–X)–CONH–CH[$(CH_2)_m{}^2$–E]–N(R^1)–R^2 (A = ggf. ein- oder mehrfach durch C_{1-6}-Alkyl substituierter β-Indolylrest; X = H oder Acetylrest, falls Z = NH, bzw. X = H, falls Z eine einfache Bindung darstellt; m^1 = 0–3; m^2 = 1–4; E = H, Alkylthio- oder Aralkylthiorest; R^1 u. R^2 = H, NH_2, Alkyl oder Aryl, bzw. beide mit dem N-Atom zusammen Teile eines heterocycl. Ringes, wobei E jedoch nicht den Methylthiorest bedeutet, falls Z = NH, m^1 = 1, m^2 = 2, R^1 u. R^2 = H u. A = substituierter Rest) u. deren *Salze* erhält man a) durch Rk. einer Verb. der allg. Formel A–$(CH_2)_m{}^1$–CH(Z–X)–CO–Q (Q = ein mit der CO-Gruppe eine aktivierte Säuregruppe bildender Rest) oder deren geschützten Deriv. mit einem Tripeptid der allg. Formel NH_2–CH[$(CH_2)_m{}^2$–E]–CONH–CH(CH_2–COOH)–CONH–CH(CH_2–C_6H_5)–CO–N(R^1)–R^2 u. ggf. Abspaltung von Schutzgruppen, oder b), falls Z = NH, durch Acylierung eines Tetrapeptids der allg. Formel A–$(CH_2)_m{}^1$–CH(NH_2)–CONH–CH[$(CH_2)_m{}^2$–E]–CONH–CH(CH_2–COOH)–CH(CH_2–C_6H_5)–CO–N(R^1)–R^2 (A substituiert) oder deren Salzen mit einer Verb. X–Q oder deren geschützten Deriv. u. ggf. Abspaltung von Schutzgruppen oder c) durch Rk. einer Verb. der allg. Formel A(substituiert)–$(CH_2)_m{}^1$–CH(Z–X)–CONH–CH[$(CH_2)_m{}^2$–E]–CO–Q oder deren geschützten Deriv. mit einer Verb. der allg. Formel NH_2–CH(CH_2–COOH)–CONH–CH(CH_2–C_6H_5)–CO–N(R^1)–R^2 oder deren Salzen, u. zwar in wss. Milieu bei pH 9 bei Verw. eines Säurehalogenids als Ausgangsstoff bzw. in Ggw. eines Lsgm. bei 0–10° bei Verw. eines akt. Esters oder ohne Lsgm. bei Verw. einer freien Base im Überschuß oder d) durch Rk. eines Esters der allg. Formel A–$(CH_2)_m{}^1$–CH(Z–X)–CONH–CH[$(CH_2)_m{}^2$–E]–CONH–CH(CH_2–COOH)–CONH–CH(CH_2–C_6H_5)–COOR^3 (R^3 = Alkyl oder Aralkyl) oder deren geschützten Deriv. mit einer Aminoverb. der allg. Formel R^1–NH–R^2 in Ggw. eines Lsgm., zuletzt in der Hitze, u. ggf. Abspaltung von Schutzgruppen. Nachst. sind Norleucyl mit Nle, β-Alanyl mit βAla, α-Aminobutyryl mit Abu, Äthionyl mit Äth, Indolyl-(3) mit Ind, N-Benzyloxycarbonyl mit Z, -2.4.5-trichlorphenylester mit OTcp, N-tert.-Butyloxycarbonyl mit Boc u. N-Acetyl mit Ac abgekürzt. – Aus H-Nle-Asp-Phe-NH_2-Acetat in W. (+ Dimethylformamid u. Triäthylamin) u. Boc-Trp-OTcp durch 2tägiges Rühren bei 0–5°, dann eintägig bei 20–22° u. Eingießen des Gemisches in Eiswasser/HCl/Essigsäure (I) → *Boc-Trp-Nle-Asp-Phe-NH_2* (II), F. 217 bis 218° (Zers.) → *Trifluoracetat*, F. 205–206° (Zers.). – Aus II mit HCl in I → *H-Trp-Nle-Asp-Phe-NH_2 · HCl*, F. 235° (Zers.), daraus mit Ac-βAla-OTcp → *Ac-βAla-Trp-Nle-Asp-Phe-NH_2*, F. 240–242° (Zers.); analog *Z-Gly-Trp-Nle-Asp-Phe-NH_2*, F. 228–230°; *Boc-βAla-Trp-Nle-Asp-Phe-NH_2*, F. 217–219° (Zers.); *Z-Trp-norvalyl-Asp-Phe-NH_2*, F. 216–218° (Zers.); *Z-Trp-Abu-Asp-Phe-NH_2*, F. 244–245° (Zers.); *Z-Trp-βAla-Asp-Phe-NH_2*, F. 244–245° (Zers.); *Boc-Trp-Äth-Asp-Phe-NH_2*, F. 215–216° (A.; Zers.) → *H-Trp-Äth-Asp-Phe-NH_2 · HCl*, F. 233–235° (Zers.) bzw. *Z-Trp-Äth-Asp-Phe-NH_2*, F. 244–245° (Zers.); *Z-Gly-Trp-Äth-Asp-Phe-NH_2*, F. 223–225° (Zers.; Methanol); *Boc-4-methyl-Trp-Met-Asp-Phe-NH_2* u. die entsprechende *D-Tryptophylverb.* (Gemisch), F. 214–219° (wss. A.; Zers. bei 163–194°), aus Boc-4-methyl-DL-Trp-OTcp, F. 146–147° (A./W.); analog Gemisch aus der entsprechenden *5-Methyl-Trp-Verb.* u. *5-Methyl-D-Trp-Verb.*, F. 184–187° (Zers. bei 175–178°), aus Boc-5-methyl-DL-Trp-OTcp, F. 178–179° (Essigester/PAe.); Gemisch aus der entsprechenden *6-Methyl-Trp-* u. *6-Methyl-D-Trp-Verb.*, F. 224–228° (Dunkelfärbung bei 180°; *Ind-(Ac)Met-Asp-Phe-NH_2*, F. 218–220° (A.), aus Ind-Ac-OTcp, F. 150–151° (A.); *N-[3-Indolyl-(3)-propionyl]-Met-Asp-Phe-NH_2*, F. 207–209°, aus 3-Indolyl-(3)-propionyl-OTcp, F. 107–108°; *N-[4-Indolyl-(3)-butyryl]-Met-Asp-Phe-NH_2*, F. 216–218°, aus 4-Indolyl-(3)-butyryl-OTcp, F. 81–82°; *Z-Trp-(S-benzyl)-homocysteinyl-Asp-Phe-NH_2*, F. 227–228° (Zers.); *Boc-Trp-Met-Asp-Phe-NH-NH_2*, F. 176–178° (Zers.); *Boc-Trp-Met-Asp-Phe-anilid*, F. 210–213° (A.; Zers.), aus H-Asp-Phe-anilid, F. 215–217°; *Boc-Trp-Met-Asp-Phe-NH-CH_3*, F. 207–209° (A.), aus H-Asp-Phe-NH-CH_3, F. 201–202,5° (Zers.); *Boc-Trp-Met-Asp-Phe-piperidid* (R_F 0,9), aus H-Asp-Phe-piperidid, F. >125°; *Boc-βAla-Trp-Nle-Asp-Phe-NH_2*, F. 217–219° [2-Äthoxyäthanol (III); Zers.], aus Boc-βAla-Trp-Nle-NH-NH_2, F. 235–236° (Zers.); *Z-Trp-Nle-Asp-Phe-NH_2*, F. 231–232° (wss. III; Zers.), aus Z-Trp-Nle-NH-NH_2, F. 221–222° (A.); *Boc-Trp-Met-Asp-Phe-NH-CH_3*, F. 207–209° (A.). – *Injizierbare Mittel gegen Magen- der Duodenalulcera* bzw. *paralyt. Ileus*. (**Brit. P. 1 068 728** vom 12/4. 1965, ausg. 30/3. 1967.) – 18 S.

Georg Vogel 4846

1415 Soc. Farmaceutici Italia, Mailand, Italien, **Neue Hexapeptide** der allg. Formel R-Lys-Phe-Ile(oder Tyr)-Gly-Leu-Met(oder Äth)-NH_2 (R = ein die ε-Aminogruppe des L-Lysylrestes blockierender Acylrest a) einer gesätt. oder ungesätt., ggf. phenylsubstituierten aliphat. C_{3-10}-Säure oder b) einer gesätt. cycloaliphat. C_{6-10}-Säure, deren Ring mindestens fünfgliedrig ist, oder c) der Benzoe-, Methoxybenzoe-, Polymethoxybenzoesäure, oder d) der Nicotin- oder Isonicotinsäure, wobei die phenol. OH-Gruppe des L-Tyrosylrestes ggf. geschützt ist; Boc = tert.-Butoxycarbonyl; N-ε-Caproyl = Cap) erhält man nach üblichen Kondens.-Methoden. – Aus $N^α$-Boc-L-lysin u. Caproylchlorid → $N^α$-Boc(Cap)-L-lysin, F. 82–84° (PAe./Ae.), $[α]_D^{23}$ 14,4° [1 % in Dimethylformamid (I)]; daraus nach der Cyclohexylcarbodiimidmeth. → *p-Nitrophenylester*, F. 119–121° (PAe./Aceton), $[α]_D^{22}$ –26,8° (1,2 %, I); daraus mit H-Phe-Ile-Gly-Leu-Met-NH_2 → Hexapeptidverb., $N^α$-Boc(Cap) Lys-Phe-Ile-Gly-Leu-Met-NH_2, F. 258–259° (Zers.; CH_3OH), $[α]_D^{22}$ 28,7° (1,1 %, I); daraus durch Rk. mit HCl in Eisessig u. Ionenaustausch mit „Amberlite IRA-410" → *Cap-Lys-Phe-Ile-Gly-Leu-Met-NH_2*, F. 221 bis 224°, $[α]_D^{23}$ +16,5° (1 % in 95%ig. Essigsäure = II); analog *Cap-Lys-Phe-Tyr-Gly-Leu-Met-NH_2*, F. 180° (Zers.), $[α]_D$ 10° (?; der Referent) (1 %, II) *Cap-Lys-Phe-Tyr-Gly-Leu-Äth-NH_2* (*Äth = L-Äthionyl*), F. 175° (Zers.), $[α]_D^{21}$ –10° (1 %, II); *$N^ε$-Butyryl-Lys-Phe-Ile-Gly-Leu-Met-NH_2*, F. 240° (Zers.), $[α]_D^{23}$ –18,4° (1 %, II); *$N^ε$-Valeryl-Lys-Phe-Ile-Gly-Leu-Met-NH_2*, F. 250° (Zers.), $[α]_D^{21}$ –17,1° (1 %, II); *$N^ε$-Cinnamoyl-Lys-Phe-Ile-Gly-Leu-Met-NH_2*, F. 222° (Zers.), $[α]_D^{21}$ –14,5° (0,9 %, II); *$N^ε$-Cyclopentylpropionyl-Lys-Phe-Ile-Gly-Leu-Met-NH_2*, F. 248–250° (Zers.), $[α]_D^{21}$ –15,3° (1 %, II); *$N^ε$-Benzoyl-Lys-Phe-Ile-Gly-Leu-Met-NH_2*, F. 250° (Zers.), $[α]_D^{21}$ –17,3° (1 %, II); *$N^ε$-Nicotinoyl-Lys-Phe-Ile-Gly-Leu-Met-NH_2*, 219 bis 220° (Zers.), $[α]_D^{23}$ –16° (1 %, II). *Blutdrucksenkende Mittel* (s.c., i.m., intraarteriell) mit längerer Wirkung. – Tabelle (Vgl. mit Eledoisin). (**Brit. P. 1 073 865** vom 28/2. 1966, ausg. 28/6. 1967. It. Prior. 3/3. 1965.) – 5 S.

Georg Vogel 4846

1416 Smith, Kline & French Laboratories, Philadelphia, Pa., USA, **Pentacycloalkan-amine** der Formeln I, II u. III (ein A = $[alk]_n NRR^1$, das andere A = H;

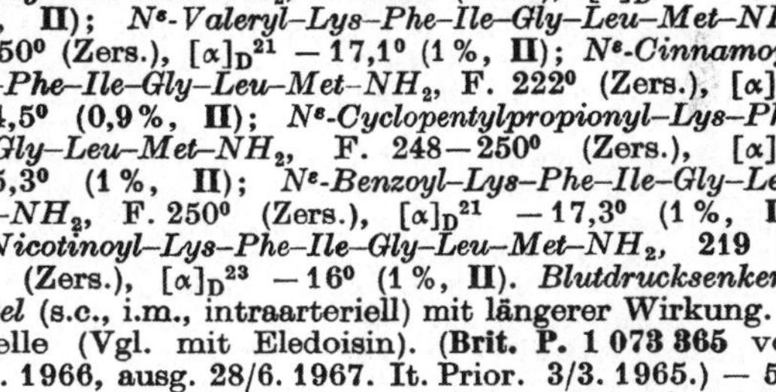

I II III

ein B = $[alk]_n NRR^1$, das andere B = H; alk = –CH_2– oder –CHR^2– oder –C(CH_3)(CH_3)–; n = 0 oder 1; R = H, Alkyl; R^1 = H, Alkyl, Acyl, oder, wenn n = 0, H, Carbamoyl, Guanyl, COOR^3; R^2 = Alkyl mit 1–4 C-Atomen; R^3 = Alkyl, Aralkyl) oder pharmazeut. anwendbare Salze erhält man z. B. nach folgendem Verfahren: Aus Pentacyclo-[4.2.0.$0^{2.5}0^{3.8}0^{4.7}$]-octan-1-carbonsäure u. $SOCl_2$ bei Raumtemp. das *Säurechlorid*, das mit NaN_3 in Aceton in das *Azid* übergeführt wird;

daraus durch Kochen in Bzl. das *Isocyanat*, das mit konz. HCl in Tetrahydrofuran hydrolysiert wird → *1-Amino-pentacyclo-*[$4.2.0.0^{2.5}0^{3.8}.0^{4.7}$]*-octan*; *Hydrochlorid*; aus 2-Cyclopentanon u. Br_2 in CCl_4 in Ggw. von Triäthylamin → *2-Bromcyclopentanon*, $Kp._{0,5}$ 60—65°, F. 39—39,5°; hieraus mit N-Bromsuccinimid in CCl_4 in Ggw. von Azo-bis-isobutylnitril → *2.4-Dibrom-2-cyclopentanon*, das mit Cyclopentadien in Ae. in Ggw. von Triäthylamin → *2-Brom-3a.4.7.7a-tetrahydro-4.7-methanoinden-1-on* ergibt, F. 56—57°; hieraus durch Bestrahlung mit Hg-Dampflampe in Äthylacetat → *3-Brompentacyclo-*[$6.2.0.0^{2.6}.0^{3.10}.0^{5.9}$]*-decan-4-on*, F. 39—40°, das mit NaOH unter Rückfluß hydrolysiert wird → *Pentacyclo-*[$5.2.0.0^{2.5}.0^{3.9}.0^{4.8}$]*-nonan-3-carbonsäure*, F. 92—93°; aus der Säure → *3-Amino-pentacyclo-*[$5.2.0.0^{2.5}.0^{3.9}.0^{4.8}$]*-nonan*, F. des *Hydrochlorids* 188—189° (Zers.); ferner folgende Deriv.: *4-Amino-pentacyclo-*, F. des *Hydrochlorids* 175—178°, u. *6-Amino-pentacyclo-Verb.*; *3-Aminopentacyclo-*[$6.2.0.0^{2.6}.0^{3.10}.0^{5.9}$]*-decan*, F. des *Hydrochlorids* 300—302° (Zers.) u. die entsprechenden *Deriv.*, *1-Aminopentacyclo-*, F. des *Hydrochlorids* 310—314° (Zers.), *4-Aminopentacyclo-*, F. des *Hydrochlorids* > 300°; *1-Aminopentacyclo-*[$4.2.0.0^{2.5}.0^{3.8}.0^{1.7}$]*-octan*; *3-Aminomethylpentacyclo-*[$5.2.0.0^{2.5}.0^{3.9}.0^{4.8}$]*-nonan*, F. des *Hydrochlorids* > 300°; weitere Beispiele. — *Antivirus-Aktivität*, bes. gegen *Influenzaviren*. (**Brit. P. 1 068 655** vom 23/3. 1966, ausg. 10/5. 1967. U. S. Prior. 24/3. 1965 u. 6/1. 1966.) — 15 S. H. Roos 4846

1417 Marpha Soc. d'Étude et d'Éxploitation de Marques, Paris, Frankreich (Erfinder: Jean Maurice Gazave), **Pinan-1-yl-phenole**, die ggf. durch CH_3 substituiert sein können, erhält man durch Rk. von Camphen mit den entsprechenden Phenolen in Ggw. eines Friedel-Crafts-Katalysators. — Aus 3.4-Dimethylphenol erhält man durch Rk. mit Camphen in Ggw. von $SnCl_4$ bei 70—80° *2-*[*Pinan-1-yl*]*-3.4-dimethylphenol*, $Kp._{200}$ 203—223°, F. 85—86°; ähnlich *4-*[*Pinan-1-yl*]*-2.6-dimethylphenol*, $Kp._{200}$ 190—205°, F. 70—72°, *2-*[*Pinan-1-yl*]*-4-methylphenol*, *2-*[*Pinan-1-yl*]*-3.5-dimethylphenol* u. *2-*[*Pinan-1-yl*]*-4.6-dimethylphenol*. — *Heilmittel*. (**Brit. P. 1 062 252** vom 28/11. 1962, ausg. 22/3. 1967.) — 6 S. R. Bollinger 4846

1418 Imperial Chemical Industries Ltd., London, Großbritannien (Erfinder: Peter Anthony Bond und Ralph Howe), **Naphthalinderivate**, die in β-Stellung durch die Gruppe $-CHOH-CH_2-NHR'$ (R' = H, Alkyl, Hydroxyalkyl, Cycloalkyl, Alkenyl, Aralkyl) substituiert sind u. deren anderer Ring eine Hydroxy- oder Acyloxygruppe trägt, erhält man durch Rk. einer Naphthalinverb. mit der Gruppe $-A-CH_2NH_2$ (A = CO, oder CHOH) mit einer Carbonylverb. unter reduzierenden Bedingungen oder durch Red. eines Naphthylglyoxals in Ggw. eines Amins oder durch Red. einer Naphthalinverb. mit der Gruppe $-COCH_2X$ (X = Halogen) in Ggw. eines Amins oder durch Rk. eines Äthylenoxids mit einem Amin. — Beispiel: Durch Chlorierung von 7-Acetoxy-2-naphthoesäure mit PCl_5 erhält man das 7-Acetoxy-2-naphthoylchlorid, F. 125—126°. Durch Rk. dieser Verb. mit Diazomethan erhält man das 7-Acetoxy-2-diazoacetylnaphthalin, F. 127—128°. Durch Red. dieser Verb. mit H_2 in Ggw. von Aceton u. Adams' Katalysator erhält man das *1-*[*7-Acetoxy-2-naphthyl*]*-2-isopropylaminoäthanol, Hydrochlorid*, F. 212°. Durch Verseifung dieser Verb. mit NaOH erhält man das *1-*[*7-Hydroxy-2-naphthyl*]*-2-isopropylaminoäthanol*, F. 165°. Analog wurden erhalten: 6-Acetoxy-2-naphthylglyoxal, F. 94—95°, → *1-*[*6-Hydroxy-2-naphthyl*]*-2-isopropylaminoäthanol*, F. 170 bis 171°; 7-Acetoxy-2-bromacetylnaphthalin, F. 95—96°, → *7-Acetoxy-2-naphthylglyoxal*, Hydrat, F. 89—90°, → *1-*[*7-Hydroxy-2-naphthyl*]*-2-tert.-butylaminoäthanol*, F. 151 bis 152°; *2-Cyclopentylamino-1-*[*7-hydroxy-2-naphthyl*]*-äthanol*, F. 162°; *1-*[*7-Acetoxy-2-naphthyl*]*-2-*[*1-methyloctylamino*]*-äthanol, Hydrochlorid*, F. 161—162°. — *β-Adrenerg. Blocker*. (**Brit. P. 1 059 968** vom 20/1. 1964, ausg. 22/2. 1967.) — 8 S. R. Bauereis 4846

1419 Imperial Chemical Industries Ltd., London, Großbritannien (Erfinder: Ralph Howe und Balbir Singh Rao), **Naphthalin-Derivate** erhält man nach folgendem Beispiel: Durch Rk. von 2-Hydroxy-1-methyl-2-phenyläthylamin mit 2-Naphthylglyoxal, Hydrat, erhält man das *2-*[*2-Hydroxy-1-methyl-2-phenyläthyl*]*-amino-1-*[*2-naphthyl*]*-äthanol, Hydrochlorid*, F. 195—196°. — Analog erhält man das *2-*[*2-Hydroxy-1.1.-dimethyl-2-phenyläthyl*]*-amino-1-*[*2-naphthyl*]*-äthanol, Hydrochlorid*, F. 204—205°. — *Kardiaka*. (**Brit. P. 1 069 411** vom 13/4. **1964, ausg. 17/5. 1967. Zusatz zu Brit. P. 1 005 025; C. 1967, 33-1827.**) — 4 S. R. Bauereis 4846

1420 Scherico Ltd., Luzern, Schweiz (Erfinder: Frank J. Villani, West Caldwell, N.J., USA), **Herstellung von Antidepressiva.** Zu U. S. P. 3 188 347; C. **1967**, 25-1616 ist nachzutragen: Aus p-Bromdimethylanilin mit 10.11-Dihydro-5H-dibenzo-(a.d)-cyclohepten-5-on in Ggw. von Li in Ae. → *5-Hydroxy-5-(p-dimethylamino-phenyl)-10.11-dihydro-5H-dibenzo-(a.d)-cyclohepten*, daraus durch Hydrierung u. chromatograph. Trennung → *trans-5-(4'-Dimethylaminocyclohexyl)-10.11-dihydro-5H-dibenzo-(a.d)-cyclohepten*, F. 97—100°, dessen *Hydrochlorid*, F. 272—274°, das *cis-Isomere*, F. 100—101°, dessen *Hydrochlorid*, F. 272—273°; ferner noch beschrieben die Herst. von *5-(4'-Dimethylaminocyclohexyliden)-10.11-dihydrodibenzo(a.d)cyclohepten*, $Kp._{1,5}$ 203—207°. (**Schwz. P. 437 268** vom 6/12. 1962, ausg. 30/11. 1967. U. S. Prior. 18/12. 1961.) — 6 S. R. Bollinger 4846

1421 Merck & Co., Inc., Rahway, N.J., USA, **Dibenzocycloheptenverbindungen** erhält man nach folgenden Beispielen: Durch Rk. von trans-3α.12β-Dihydro-2.2-dimethyl-8-[3-dimethylaminopropyliden]-8H-dibenzo-[3.4:6.7]-cyclohepta-[1.2-d]-1.3-dioxol mit BrCN erhält man das *trans-8-*[*3-(N-Cyano-N-methylamino)-propyliden*]*-3α.12β-dihydro-2.2-dimethyl-8H-dibenzo-*[*3.4:6.7*]*-cyclohepta-(1.2-d)-1.3-dioxol* mit 78 % Ausbeute. Durch alkal. Hydrolyse erhält man daraus das *trans-3α.12β-Dihydro-2.2-dimethyl-8-*[*3-methylaminopropyliden*]*-8H-dibenzo-*[*3.4:6.7*]*-cyclohepta-*[*1.2-d*]*-1.3-dioxol, Hydrogenoxalat*, F. 224°, *-p-Toluolsulfonat*, F. 148—150° (Brit. P. 1 074 084). Durch Rk. von cis-10.11-Diacetoxy-10.11-dihydro-5-[3-dimethylaminopropyliden]-5H-dibenzo[a.d]-cyclohepten mit Chlorameisensäureäthylester erhält man das *cis-5-*[*3-(N-Carbäthoxy-N-methylamino)-propyliden*]*-10.11-diacetoxy-10.11-dihydro-5H-dibenzo-*[*a.d*]*-cyclohepten* als Öl mit 87 % Ausbeute. Durch alkal. Hydrolyse des Urethans erhält man das *cis-10.11-Dihydro-10.11-dihydroxy-5-*[*3-methylaminopropyliden*]*-5H-dibenzo-*[*a.d*]*-cyclohepten*, F. 143—145°. — Zwischenprod. für *Antidepressiva*. (**Brit. PP. 1 074 084** u. **1 074 085** vom 9/7. 1964, ausg. 28/6. 1967. U. S. Prior. 22/7. 1963.) — 4 S. — 6 S.
R. Bauereis 4846

1422 E. I. du Pont de Nemours & Co., Wilmington, Del., USA (Erfinder: Jack Austin Snyder), **4-Phenyl- und 4-substituierte Phenylbicyclo-(2.2.2)-octanamine** erhält man aus 4-Hydroxy-1-phenylbicyclo-(2.2.2)-octan-2-on durch Überführung in das Octanol nach Wolff-Kishner u. Ersatz der OH-Gruppe durch die Acetamino-Gruppe nach Ritter. Die Substituenten in dem Benzolkern können durch Nitrierung, Red. zum Amin u. anschließende Diazotierung eingeführt werden. — Aus 4-Hydroxy-1-phenylbicyclo-(2.2.2)-octan-2-on erhält man durch Rk. mit Hydrazin das *Hydrazon*, F. 208,4—211°, daraus durch Rk. mit Hydrazinhydrat u. KOH in Diäthylenglykol bei 140° das *1-Octanol*, F. 122,8—123,8°, daraus durch Rk. mit Acetonitril u. konz. H_2SO_4 *1-Acetamido-4-phenylbicyclo-(2.2.2)-octan*, F. 231,5—233°, daraus durch Verseifung u. anschließende Rk. mit HCl *4-Phenylbicyclo-(2.2.2)-octan-1-aminhydrochlorid*, F. > 300°, $C_{14}H_{20}ClN$, ähnlich folgende *R-4-Phenylbicyclo-(2.2.2)-octan-1-aminhydrochloride*: *R = N-Äthyl-*, $C_{16}H_{24}ClN$, F. > 300°, *N-Methyl-*, $C_{15}H_{22}ClN$, *N-Allyl-*, $C_{17}H_{24}ClN$, F. 281—284°, *N.N-Dimethyl-*, $C_{16}H_{24}ClN \cdot 1/2\ H_2O$, F. 239 bis 240,5°, *N-Butyl-*, $C_{18}H_{25}ClN$, F. 245,5—246,5° u. *N-Äthyl-N-methyl-*, $C_{17}H_{26}ClN$, F. 217,5—219°, ferner ist noch beschrieben die Herst. von: *1-Formamido-4-phenylbicyclo-(2.2.2)-octan*, $C_{15}H_{19}NO$, F. 172,5—173,5°, *1-*[*Methansulfonyloxy*]*-4-phenylbicyclo-(2.2.2)-octan*, $C_{15} \cdot H_{20}O_3S$, F. 133—134,5°, *N-*[*4-Phenylbicyclo-(2.2.2)-octyl-1*]*-pyrrolidinhydrochlorid*, $C_{18}H_{26}ClN$, F. 220—226°, *1-Acetamido-4-*[*p-nitrophenyl*]*-bicyclo-(2.2.2)-octan*, $C_{16} \cdot H_{20}N_2O_3$, F. 235—236,5°, *4-*[*p-Nitrophenyl*]*-bicyclo-(2.2.2)-octan-1-aminhydrochlorid*, F. 328—330°, *1-Acetamido-4-*[*p-aminophenyl*]*-bicyclo-(2.2.2)-octan*, $C_{16}H_{22}N_2O$, F. 191,5 bis 192,5°, *4-[p-Aminophenyl]-bicyclo-(2.2.2)-octan-1-amin-dihydrochlorid*, $C_{14}H_{20}N_2 \cdot 2\,HCl$, F. 420° (Zers.), *4-[p-Hydroxyphenyl]-bicyclo-(2.2.2)-octan-1-aminhydrochlorid*, $C_{14}H_{19}NO \cdot HCl$, weitere *1-Acetamino-4-R-phenylbicyclo-(2.2.2)-octane*: **R** = *p-chlor-*, F. 230—233°, *p-brom-*, $C_{16}H_{20}BrNO$, F. 242—244°, *p-cyan-*, $C_{17}H_{20}N_2O$, F. 267 bis 269°, *p-fluor-*, $C_{16}H_{20}FNO$, F. 189—191° u. *p-äthyl-*, F. 156 bis 157° sowie *4-[R-Phenyl]-bicyclo-(2.2.2)-octan-1-aminhydrochloride*: R = *p-Chlor-*, F. 324—325°, *p-Brom-*, $C_{14}H_{18}BrN \cdot HCl$, F. 325° (Zers.), *p-Fluor-*, $C_{14}H_{18}FN \cdot HCl$, F. 335° (Zers.) u. *p-Äthyl-*, $C_{16}H_{23}N \cdot HCl \cdot {}^{1}/_{4}\,HO$, F. 355—359° (Zers.). Ferner ist noch beschrieben die Herst. von *4-p-Äthoxycarbonylphenylbicyclo-(2.2.2)-octan-1-aminhydrochlorid*, $C_{15}H_{19}NO_2 \cdot HCl$, *4-Phenylbicyclo-(2.2.2)-octan-1-carbonsäure*, $C_{15}H_{18}O_2$, F. 282—284° u. *4-[2.4-Dinitrophenyl]-bicyclo-(2.2.2)-octan-1-carbonsäure*, $C_{15}H_{16}N_2O_6$, F. 242,5—245°. — *Heilmittel*. (**Brit. P. 1 086 530** vom 13/5. 1965, ausg. 11/10. 1967.) — 17 S.

R. Bollinger 4846

1423 A/B Hässle Apotekare Paul Nordströms Fabriker, Schweden (Erfinder: Arne Olof Brandström und Stig Åke Ingemar Carlsson), **Herstellung von Benzofuranen** der allg. Formel **A** (R = niederer Alkyl-, ggf. substituierter Phenyl-, niederer Alkoxyrest, F, Br oder CF_3; R^1 u. R^2 = H, niedere Alkyl- oder Alkoxygruppe, F, Cl oder Br oder bei R^1 = H R^2 auch = O_2N-, H_2N-, HO-, niedere Acyloxy- oder Dialkyl- oder Diacylaminogruppe; A = Alkylenrest mit ≤4 C-Atomen;

A

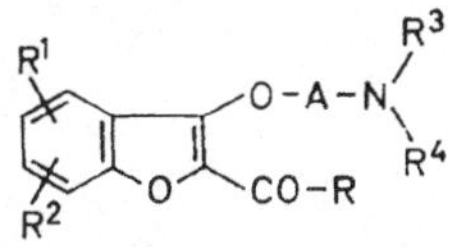

R^3 = niederer Alkylrest; R^4 = H oder wie R^3 oder $R^3 \cdot (R^4)N$- = Pyrrolidino-, Piperidino-, Hexamethylenimino-, Morpholino-, Dialkylmorpholino-, Piperazino-, Alkylpiperazino- oder Tetrahydropyridinogruppe) durch Rk. von entsprechenden Benzofuranen mit 3ständiger XO-Gruppe mit Verb. Y—A—N(R^3)R^4 (X u. Y = Atome oder Atomgruppen, die unter Ätherbldg. reagieren können) in geeigneten Lsgm. u. in Ggw. bas. Kondens.-Mittel. — α-Chloracetophenone: *2-[p-Methoxybenzoyloxy]-5-chlor-* (**I**), F. 120° (Bzl./Ligroin), aus 170 (g) 2-Hydroxy-5-methyl-α-chloracetophenon u. 156 p-Methoxybenzoylchlorid durch 4std. Erhitzen auf 160°; 188 g (Ausb.). — Analog: *2-Benzoyloxy-5-methyl-*, F. 92°. — *2-Benzoyloxy-5-methoxy-*, F. 97°. — *2-Benzoyloxy-4-methoxy-*, F. 105°. — *2-[m-Methoxybenzoyloxy]-5-methyl-*, F. 104°. — *2-[p-Methoxybenzoyloxy]-5-methyl-*, F. 120°. — *2-[p-Äthoxybenzoyloxy]-3-methyl-*, F. 104°. — *2-[p-Äthoxybenzoyloxy]-4.5-dimethyl-*, F. 145°. — *2-[p-Äthoxybenzoyloxy]-5-methoxy-*, F. 125°. — *2-[p-Propoxybenzoyloxy]-5-methyl-*, F. 103°. — *2-[p-Butoxybenzoyloxy]-5-methyl-*, F. 143°. — *2-[m.p-Methylendioxybenzoyloxy]-5-methyl-*, F. 134°. — *2-Isobutyroxy-4-methoxy-* (**III**), F. 64° (Ligroin), aus 91 2-Hydroxy-4-methoxy-α-chloracetophenon u. 135 ml Isobuttersäureanhydrid in Ggw. von $HClO_4$ durch 1½std. Rühren bei normaler Temp.; 82 g. — Analog: *2-Acetyloxy-4-methoxy-*, F. 103°. — *2-Propionyloxy-5-methyl-*, F. 70°. — *2-Acetyloxy-5-methoxy-*, F. 80°. — *2-Isopropylcarbonyloxy-4-methoxy-*, F. 64°. — 3-Hydroxybenzofurane: *2-[p-Methoxybenzoyl]-5-methyl-*, F. 145° (Essigsäure), aus 188 **I** in 1880 ml abs. Dioxan (**II**) durch Versetzen mit 40 NaH, 3std. Rühren bei normaler Temp. u. Gießen in 600 ml 2n H_2SO_4; 112 g. — Analog: *2-Benzoyl-5-methyl-*, F. 114°. — *2-Benzoyl-5-methoxy-*, F. 128°. — *2-Benzoyl-6-methoxy-*, F. 95°. — *2-[m-Methoxybenzoyl]-5-methyl-*, F. 103°. — *2-[p-Methoxybenzoyl]-5-methyl-*, F. 145°. — *2-[p-Äthoxybenzoyl]-7-methyl-*, F. 127°. — *2-[p-Äthoxybenzoyl]-5.6-dimethyl-*, F. 147°. — *2-[p-Äthoxybenzoyl]-5-methoxy-*, F. 96°. — *2-[p-Propoxybenzoyl]-5-methyl-*, F. 123°. — *2-[p-Butoxybenzoyl]-5-methyl-*, F. 133°. — *2-[m.p-Methylendioxybenzoyl]-5-methyl-*, F. 146°. — *2-Isobutyryl-6-methoxy-*, F. 63—64° (A.), aus 82 **III** in 1000 ml **II** u. 17,2 NaH bei 50—60°; 50 g. — Analog: *2-Acetyl-5-methoxy-*, F. 106°. — *2-Acetyl-6-methoxy-*, F. 104°. — *2-Propionyl-5-methyl-*, F. 98°. — *2-Propionyl-6-methoxy-*, F. 224°. — *2-Isopropylcarbonyl-6-methoxy-*, F. 64°. — Acetophenone: *2-Benzoyloxy-5-methyl-* (**VII**), F. 64 bis 66° (abs. A.), aus 37,5 2-Hydroxy-5-methylacetophenon u. 36,6 Benzoylchlorid in 100 ml Py. durch 15 Min. langes Kochen auf dem W.-Bad u. Gießen in 750 ml 2n HCl; 45,5 g. — Analog: *2-Benzoyloxy-*, F. 92°. — *2-Benzoyloxy-4-methyl-*, Kp.$_{0,025}$ 150—165°. — *2-Benzoyloxy-4.5-dimethyl-*, F. 76°. — *2-Benzoyloxy-3.5-dimethyl-*, F. 98°. — *2-Benzoyloxy-5-chlor-*, F. 71°. — *2-Benzoyloxy-5-brom-*, F. 56°. — *2-Benzoyloxy-4-methyl-5-chlor-*, F. 98°. — *2-[p-Methylbenzoyloxy]-*, F. 100°. — *2-[p-Methylbenzoyloxy]-5-methyl-*, F. 90°. — *2-[p-Fluorbenzoyloxy]-5-methyl-*, F. 105°. — *2-[m-Chlorbenzoyloxy]-*, F. 80°. — *2-[p-Chlorbenzoyloxy]-5-methyl-*, F. 95°. — *2-[p-Äthoxybenzoyloxy]-*, F. 90°. — *2-[p-Äthoxybenzoyloxy]-6-methyl-*, F. 125°. — *2-[p-Äthoxybenzoyloxy]-5-methyl-*, F. 115°. — *2-[p-Äthoxybenzoyloxy]-4-methyl-*, F. 112°. — *2-[p-Äthoxybenzoyloxy]-3.5-dimethyl-*, F. 103°. — *2-[p-Äthoxybenzoyloxy]-3.4.5-trimethyl-*, F. 104°. — *2-[p-Äthoxybenzoyloxy]-5-äthyl-*, F. 75°. — *2-[p-Äthoxybenzoyloxy]-5-n-propyl-*, F. 76°. — *2-[p-Äthoxybenzoyloxy]-5-fluor-*, F. 92°. — *2-[p-Äthoxybenzoyloxy]-5-chlor-*, F. 89°. — *2-[p-Äthoxybenzoyloxy]-4-chlor-*, F. 95°. — *2-[p-Äthoxybenzoyloxy]-5-brom-*, F. 105°. — *2-[p-Äthoxybenzoyloxy]-4.6-dimethyl-5-chlor-*, F. 88°. — *2-[p-Äthoxybenzoyloxy]-5.6-benzo-*, F. 133°. — *2-[p-Äthoxybenzoyloxy]-4.5-benzo-*, F. 119°. — *2-[p-Äthoxybenzoyloxy]-3.4-benzo-*, F. 196°. — *2-[p-Äthoxybenzoyloxy]-6-methoxy-*, F. 90°. — *2-[p-Äthoxybenzoyloxy]-5-äthoxy-*, F. 109°. — *2-[p-Äthoxybenzoyloxy]-5-nitro-*, F. 109°. — *2-[p-Äthoxybenzoyloxy]-5-benzoyl-*, F. 113°. — *2-[m-Trifluormethylbenzoyloxy]-5-methyl-*, F. 72°. — α-Bromacetophenone: *2-Benzoyloxy-5-methyl-* (**IV**), F. 88—90° (PAe.), aus 43,3 **VII** u. 28,5 Br_2 in 600 ml Ae. in Ggw. von Benzoylperoxid unter Bestrahlen (30 Min.); 49,6 g. — Analog: *2-[p-Methylbenzoyloxy]-5-methyl-*, F. 91°. — *2-[p-Fluorbenzoyloxy]-5-methyl-*, F. 92°. — *2-[p-Chlorbenzoyloxy]-5-methyl-*, F. 110°. — *2-[p-Äthoxybenzoyloxy]-6-methyl-*, F. 102°. — *2-[p-Äthoxybenzoyloxy]-5-methyl-*, F. 130°. — *2-[p-Äthoxybenzoyloxy]-3.5-dimethyl-*, F. 103°. — *2-[p-Äthoxybenzoyloxy]-3.4.5-trimethyl-*, F. 126°. — *2-[p-Äthoxybenzoyloxy]-5-äthyl-*, F. 90°. — *2-[p-Äthoxybenzoyloxy]-5-n-propyl-*, F. 82°. — *2-[p-Äthoxybenzoyloxy]-5-fluor-*, F. 110°. — *2-[p-Äthoxybenzoyloxy]-5-chlor-*, F. 99°. — *2-[p-Äthoxybenzoyloxy]-4-chlor-*, F. 124°. — *2-[p-Äthoxybenzoyloxy]-5-brom-*, F. 100°. — *2-[p-Äthoxybenzoyloxy]-4.6-dimethyl-5-chlor-*, F. 110°. — *2-[p-Äthoxybenzoyloxy]-5.6-benzo-*, F. 140°. — *2-[p-Äthoxybenzoyloxy]-4.5-benzo-*, F. 155°. — *2-[p-Äthoxybenzoyloxy]-3.4-benzo-*, F. 131°. — *2-[p-Äthoxybenzoyloxy]-6-methoxy-*, F. 109°. — *2-[p-Äthoxybenzoyloxy]-5-nitro-*, F. 140°. — *2-[p-Äthoxybenzoyloxy]-5-benzoyl-*, F. 103°. — *2-[m-Trifluormethylbenzoyloxy]-5-methyl-*, F. 109°. — 3-Hydroxybenzofurane: *5-Methyl-2-benzoyl-*, F. 111—113° (abs. A.), aus 49,3 **IV** u. 6,8 Na in 500 ml Isopropanol in der Hitze durch 5—10 Min. langes Rühren u. Versetzen mit 150 ml 2,5n HCl; 24,8 g. — Analog: *2-[p-Methylbenzoyl]-5-methyl-*, F. 118°. — *2-[p-Fluorbenzoyl]-5-methyl-*, F. 140°. — *2-[p-Chlorbenzoyl]-5-methyl-*, F. 144°. — *2-[p-Äthoxybenzoyl]-4-methyl-*, F. 135°. — *2-[p-Äthoxybenzoyl]-5-methyl-*, F. 140°. — *2-[p-Äthoxybenzoyl]-5.7-dimethyl-*, F. 172°. — *2-[p-Äthoxybenzoyl]-5.6.7-trimethyl-*, F. 164°. — *2-[p-Äthoxybenzoyl]-5-äthyl-*, F. 132°. — *2-[p-Äthoxybenzoyl]-5-n-propyl-*, F. 124°. — *2-[p-Äthoxybenzoyl]-5-fluor-*, F. 146°. — *2-[p-Äthoxybenzoyl]-5-chlor-*, F. 144°. — *2-[p-Äthoxybenzoyl]-6-chlor-*, F. 149°. — *2-[p-Äthoxybenzoyl]-5-brom-*, F. 150°. — *2-[p-Äthoxybenzoyl]-4.6-dimethyl-5-chlor-*, F. 164°. — *2-[p-Äthoxybenzoyl]-4.5-benzo-*, F. 170°. — *2-[p-Äthoxybenzoyl]-5.6-benzo-*, F. 164°. — *2-[p-Äthoxybenzoyl]-6.7-benzo-*, F. 176°. — *2-[p-Äthoxybenzoyl]-4-methoxy-*, F. 150°. — *2-[p-Äthoxybenzoyl]-5-äthoxy-*, F. 147°. — *2-[p-Äthoxybenzoyl]-5-nitro-*, F. 164°. — *2-[p-Äthoxybenzoyl]-5-benzoyl-*, F. 159°. — *2-[m-Trifluormethylbenzoyl]-5-methyl-*, F. 114°. — 2'-Hydroxy-1.3-diphenylpropandione-(1.3): *Unsubstituiert* (**V**), F. 118° (A.), aus 163 o-Benzoyloxyacetophenon in 2000 ml Py. durch 1std. Kochen mit 113 K_2CO_3 u. Ansäuern mit verd. Essigsäure; 102 g. — Analog: *4'-Methyl-*, F. 87°. — *4'.5'-Dimethyl-*, F. 116°. — *3'.5'-Dimethyl-*, F. 85°. — *5'-Chlor-*, F. 110°. — *5'-Brom-*,

F. 120°. — *4'-Methyl-5'-chlor-*, F. 127°. — *4''-Methyl-*, F. 110°. — *3''-Chlor-*, F. 115°. — *4''-Äthoxy-*, F. 109°. — *4'-Methyl-4''-äthoxy-*, — 3-Hydroxybenzofurane: *2-Benzoyl-*, F. 81° (A.), aus 102 V in 1000 ml CCl_4 durch Versetzen mit 128 K_2CO_3, Abkühlen auf 0°, Zugabe von 69 Br_2 in 100 ml CCl_4, 1std. Kochen, Suspendieren der festen Phase in W. u. Ansäuern mit 2n wss. HCl; 60 g. — Analog: *2-Benzoyl-6-methyl-*, F. 83°. — *2-Benzoyl-5.6-dimethyl-*, F. 99°. — *2-Benzoyl-5.7-dimethyl-*, F. 100°. — *2-Benzoyl-5-chlor-*, F. 130°. — *2-Benzoyl-5-brom-*, F. 142°. — *2-[p-Methylbenzoyl]-*, F. 108°. — *2-[m-Chlorbenzoyl]-*, F. 102°. — *2-[p-Äthoxybenzoyl]-*, F. 121°. — *2-[p-Äthoxybenzoyl]-6-methyl-*, F. 148°. — Benzofuranhydrochloride: *2-[p-Methoxybenzoyl]-3-[β-pyrrolidinoäthoxy]-5-methyl-*, F. 184—187° (A.), aus 20 2-[p-Methoxybenzoyl]-3-hydroxy-5-methylbenzofuran in 200 ml Aceton u. 15 N-[β-Chloräthyl]-pyrrolidinhydrochlorid in Ggw. von 29 K_2CO_3 durch 24std. Kochen; 21 g. — Analog *2-Benzoyl-3-[β-(1.2.5.6-tetrahydropyridino)-äthoxy]-*, F. 163 bis 166° (A.), aus 11,9 2-Benzoyl-3-hydroxybenzofuran u. 2 N-[β-Chloräthyl]-1.2.5.6-tetrahydropyridinhydrochlorid; 8 g. — *2-Isobutyryl-3-[β-morpholinoäthoxy]-*, F. 176—178° (A.), aus 25 2-Isobutyryl-3-hydroxy-6-methoxybenzofuran u. 26 N-[β-Chloräthyl]-morpholinhydrochlorid; 20 g. — *2-[p-Äthoxybenzoyl]-3-[β-pyrrolidinoäthoxy]-5-methyl-*, F. 190° (abs. A. + Aceton), aus 11,9 2-[p-Äthoxybenzoyl]-3-hydroxy-5-methylbenzofuran (**VI**) u. 5,1 β-Pyrrolidinoäthanol; 0,6 g. — *2-[p-Äthoxybenzoyl]-1-[β-diäthylaminoäthoxy]-5-methyl-*, F. 164° (Aceton), aus 11,9 **VI** u. β-Diäthylaminoäthylbromidhydrobromid; 13,1 g. — *2-[p-Äthoxybenzoyl]-3-[β-N-methylbenzylaminoäthoxy]-5-methyl-*, F. 140—150° (Essigsäureester), aus 29,6 **VI** u. 24,2 N-Methyl-β-benzylaminoäthylchloridhydrochlorid; 25,3 g. — *2-[p-Äthoxybenzoyl]-3-[β-methylaminoäthoxy]-5-methyl-*, F. 183—190° (A.), aus 4 vorst. Verb. in 70 ml A. durch Hydrieren in Ggw. von Pd/C; 1,8 g. — *2-[p-Äthoxybenzoyl]-3-[β-pyrrolidinoäthoxy]-5-amino-*, F. 165—185° (Aceton), aus 5 der entsprechenden 5-Nitroverb. durch Hydrieren; 3,2 g. — *2-[p-Äthoxybenzoyl]-3-[β-pyrrolidinoäthoxy]-5-acetamido-*, F. 185 bis 200° (Aceton), aus 1,8 vorst. Verb. u. 20 ml Acetanhydrid durch Eindampfen, Lösen in W., Alkalisieren u. Extraktion mit Ae.; 1,5 g. — *2-[p-Äthoxybenzoyl]-3-[β-pyrrolidinoäthoxy]-6-[p-äthoxybenzoyloxy]-*, F. 160—166° (Isopropanol), aus 22,3 *2-[p-Äthoxybenzoyl]-3-hydroxy-6-[p-äthoxybenzoyloxy]-benzofuran* (F. 174°, aus Methyläthylketon) u. 9 Pyrrolidinoäthylchloridhydrochlorid; 10,9 g. — *2-[p-Äthoxybenzoyl]-3-[β-pyrrolidinoäthoxy]-6-hydroxy-*, F. 200—214° (A.), aus 8,3 vorst. Verb. u. 4 KOH in 95%ig. A. durch 1std. Kochen; 3,5 g. — *2-[p-Äthoxybenzoyl]-3-[β-pyrrolidinoäthoxy]-6-acetoxy-*, F. 116—124° (Isopropanol), aus 1,5 vorst. Verb. durch Isolieren der freien Base, Lösen in 25 ml Aceton, Versetzen mit 0,28 Acetylchlorid u. 1std. Kochen; 1,4 g. — *2-[p-Äthoxybenzoyl]-3-[β-piperazinoäthoxy]-5-methyl-*, F. 160—170° (A.), aus 10 2-[p-Äthoxybenzoyl]-3-[β-N-benzylpiperazinoäthoxy]-5-methylbenzofuranhydrochlorid durch Hydrieren; 6,7 g. — *2-Benzoyl-3-[β-diäthylaminoäthoxy]-5-methyl-*, F. 174—176°. — *2-Benzoyl-3-[β-morpholinoäthoxy]-5-methyl-*, F. 187—190°. — *2-Benzoyl-3-[γ-diäthylaminopropoxy]-5-methyl-*, F. 156—158°. — *2-[m-Methoxybenzoyl]-3-[β-morpholinoäthoxy]-5-methyl-*, F. 147 bis 151°. — *2-[p-Äthoxybenzoyl]-3-[β-morpholinoäthoxy]-5-methyl-*, F. 188—190°. — *2-[m-Methoxybenzoyl]-3-[β-diäthylaminoäthoxy]-5-methyl-*, F. 138—140°. — *2-[p-Äthoxybenzoyl]-3-[β-morpholinoäthoxy]-5-methyl-*, F. 183 bis 188°. — *2-[p-Äthoxybenzoyl]-3-[β-piperidinoäthoxy]-5-methyl-*, F. 187—190°. — *2-[m.p-Methylendioxybenzoyl]-3-[β-morpholinoäthoxy]-5-methyl-*, F. 167—170°. — *2-Benzoyl-3-[β-(1.2.5.6-tetrahydropyridino)-äthoxy]-5-methoxy-*, F. 186—190°. — *2-[p-Äthoxybenzoyl]-3-[β-(3.5-dimethylmorpholino)-äthoxy]-5-methyl-*, F. 173—180°. — *2-[p-Äthoxybenzoyl]-3-[β-(1.2.5.6-tetrahydropyridino)-äthoxy]-5-methyl-*, F. 194—196°. — *2-[p-Methoxybenzoyl]-3-[β-(1.2.5.6-tetrahydropyridino)-äthoxy]-5-methyl-*, F. 182 bis 186°. — *2-Benzoyl-3-[β-(1.2.5.6-tetrahydropyridino)-äthoxy]-6-methoxy-*, F. 90—110°. — *2-Benzoyl-3-[β-piperidinoäthoxy]-5-methoxy-*, F. 190—193°. — *2-Benzoyl-3-[β-piperidinoäthoxy]-6-methoxy-*, F. 161—164°. — *2-Benzoyl-3-[β-morpholinoäthoxy]-5-methoxy-*, F. 196—200°. — *2-[p-Äthoxybenzoyl]-3-[β-pyrrolidinoäthoxy]-5-methyl-*, F. 190—194°. — *2-[p-Äthoxybenzoyl]-3-[β-pyrrolidinoäthoxy]-7-methyl-*, F. 190—197°. — *2-[p-Äthoxybenzoyl]-3-[β-pyrrolidinoäthoxy]-6-methoxy-*, F. 112—114°. — *2-[p-Äthoxybenzoyl]-3-[β-pyrrolidinoäthoxy]-5-methoxy-*, F. 154 bis 160°. — *2-[p-Äthoxybenzoyl]-3-[γ-pyrrolidinopropoxy]-5-methyl-*, F. 100—110°. — *2-[p-Äthoxybenzoyl]-3-[β-pyrrolidinoisopropoxy]-5-methyl-*, F. 166—168°. — *2-[p-Äthoxybenzoyl]-3-[β-pyrrolidinoäthoxy]-5.6-dimethyl-*, F. 172—178°. — *2-[p-n-Propoxybenzoyl]-3-[β-pyrrolidinoäthoxy]-5-methyl-*, F. 174—176°. — *2-[p-n-Butoxybenzoyl]-3-[β-pyrrolidinoäthoxy]-5-methyl-*, F. 176—177°. — *2-[p-Äthoxybenzoyl]-3-[β-pyrrolidinoäthoxy]-4.6-dimethyl-5.7-dichlor-*, F. 204—208°. — *2-[p-Äthoxybenzoyl]-3-[α.β-dimethyl-β-(1.2.5.6-tetrahydropyridino)-äthoxy]-5-methyl-*, F. 115—120°. — *2-[p-Äthoxybenzoyl]-3-[β-(1.2.5.6-tetrahydropyridino)-äthoxy]-*, F. 200—202°. — *2-[p-Methylbenzoyl]-3-[β-(1.2.5.6-tetrahydropyridino)-äthoxy]-*, F. 196 bis 202°. — *2-[m-Chlorbenzoyl]-3-[β-(1.2.5.6-tetrahydropyridino)-äthoxy]-*, F. 139—142°. — *2-Benzoyl-3-[β-(1.2.5.6-tetrahydropyridino)-äthoxy]-5-brom-*, F. 158 bis 160°. — *2-Benzoyl-3-[β-pyrrolidinoäthoxy]-*, F. 152—154°. — *2-Benzoyl-3-[β-pyrrolidinoäthoxy]-5-methyl-*, F. 170 bis 173°. — *2-[p-Äthoxybenzoyl]-3-[β-pyrrolidinoäthoxy]-*, F. 202—204°. — *2-Benzoyl-3-[β-(1.2.5.6-tetrahydropyridino)-äthoxy]-5-chlor-*, F. 176—179°. — *2-Benzoyl-3-[β-(1.2.5.6-tetrahydropyridino)-äthoxy]-5.6-dimethyl-*, F. 162—165°. — *2-Benzoyl-3-[β-(1.2.5.6-tetrahydropyridino)-äthoxy]-6-methyl-*, F. 165—168°. — *2-Benzoyl-3-[β-(1.2.5.6-tetrahydropyridino)-äthoxy]-5.7-dimethyl-*, F. 206—211°. — *2-Benzoyl-3-[β-(1.2.5.6-tetrahydropyridino)-äthoxy]-5-chlor-6-methyl-*, F. 186—188°. — *2-Propionyl-3-[β-piperidinoäthoxy]-6-methoxy-*, F. 159—163°. — *2-Propionyl-3-[β-morpholinoäthoxy]-6-methoxy-*, F. 140—145°. — *2-Propionyl-3-[β-dimethylaminoäthoxy]-6-methoxy-*, F. 207—210°. — *2-Acetyl-3-[β-dimethylaminoäthoxy]-6-methoxy-*, F. 197 bis 198°. — *2-Acetyl-3-[β-diäthylaminoäthoxy]-6-methoxy-*, F. 180—184°. — *2-Acetyl-3-[γ-dimethylaminopropoxy]-6-methoxy-*, F. 217—220°. — *2-Propionyl-3-[β-morpholinoäthoxy]-*, F. 164—168°. — *2-Propionyl-3-[β-pyrrolidinoäthoxy]-*, F. 150—151°. — *2-Propionyl-3-[β-piperidinoäthoxy]-5-methoxy-*, F. 210—212°. — *2-Propionyl-3-[β-morpholinoäthoxy]-5-methyl-*, F. 190—193°. — *2-Propionyl-3-[β-piperidinoäthoxy]-5-methyl-*, F. 188—190°. — *2-Acetyl-3-[β-piperidinoäthoxy]-5-methoxy-*, F. 200—203°. — *2-[p-Äthoxybenzoyl]-3-[β-pyrrolidinoäthoxy]-5.6-benzo-*, F. 184—188°. — *2-[p-Äthoxybenzoyl]-3-[β-pyrrolidinoäthoxy]-4-methyl-*, F. 164—170°. — *2-[p-Äthoxybenzoyl]-3-[β-pyrrolidinoäthoxy]-4-methoxy-*, F. 178—182°. — *2-[p-Äthoxybenzoyl]-3-[β-pyrrolidinoäthoxy]-6.7-benzo-*, F. 216 bis 223°. — *2-[p-Äthoxybenzoyl]-3-[β-(N-methyl-N-β-phenyläthyl)-äthoxy)-5-methyl-*, F. 158—160°. — *2-[p-Äthoxybenzoyl]-3-[β-pyrrolidinoäthoxy]-5-chlor-*, F. 206 bis 212°. — *2-[p-Äthoxybenzoyl]-3-[β-dimethylaminoäthoxy]-5-methyl-*, F. 168—172°. — *2-[p-Äthoxybenzoyl]-3-[β-pyrrolidinoäthoxy]-5-brom-*, F. 194—200°. — *2-[p-Äthoxybenzoyl]-3-[β-pyrrolidinoäthoxy]-6-chlor-*, F. 168—170°. — *2-[p-Äthoxybenzoyl]-3-[β-pyrrolidinoäthoxy]-5-nitro-*, F. 200—210°. — *2-[m.p-Methylendioxybenzoyl]-3-[β-pyrrolidinoäthoxy]-5-methyl-*, F. 170—172°. — *2-[p-Chlorbenzoyl]-3-[β-pyrrolidinoäthoxy]-5-methyl-*, F. 200—205°. — *2-[p-Äthoxybenzoyl]-3-[β-pyrrolidinoäthoxy]-4.5-benzo-*, F. 186—190°. — *2-[p-Äthoxybenzoyl]-3-[β-pyrrolidinoäthoxy]-5.7-dimethyl-*, F. 184—188°. — *2-[p-Äthoxybenzoyl]-3-[β-pyrrolidinoäthoxy]-5-äthoxy-*, F. 172—174°. — *2-[p-Äthoxybenzoyl]-3-[β-pyrrolidinoäthoxy]-6-methyl-*, F. 188 bis 192°. — *2-[p-Äthoxybenzoyl]-3-[β-pyrrolidinoäthoxy]-5-n-propyl-*, F. 152—154°. — *2-[p-Äthoxybenzoyl]-3-[β-pyrrolidinoäthoxy]-4.6-dimethyl-5-chlor-*, F. 190—192°. — *2-[p-Äthoxybenzoyl]-3-[β-pyrrolidinoäthoxy]-5.6.7-trimethyl-*, F. 170—173°. — *2-[p-Fluorbenzoyl]-3-[β-pyrrolidinoäthoxy]-5-methyl-*, F. 188—190°. — *2-[p-Äthoxyphenylvinylcarbonyl]-3-[β-pyrrolidinoäthoxy]-5-methyl-*, F. 196—200°. — *2-[p-Äthoxybenzoyl]-3-[β-pyrrolidinoäthoxy]-5-benzoyl-*, F. 191—193°. — *2-[p-Äthoxybenzoyl]-3-[β-pyrrolidinoäthoxy]-5-fluor-*, F. 220—223°. — *2-[p-Äthoxybenzoyl]-3-[β-pyrrolidinoäthoxy]-5-äthyl-*, F. 155—159°. — *2-[p-Methylbenzoyl]-3-[β-pyrrolidinoäthoxy]-5-methyl-*, F. 188—190°. — *2-[p-Äthoxybenzoyl]-3-[β-dimethylaminoäthoxy]-5-methyl-*, F. 164—167°. — *2-[m-Trifluormethyl-*

benzoyl]-3-[β-pyrrolidinoäthoxy]-5-methyl-, F. 136—144°. — *2-[p-Äthoxybenzoyl]-3-[β-pyrrolidinoäthoxy]-5-amino-*, F. 165—185°. — *2-[p-Äthoxybenzoyl]-3-[β-pyrrolidinoäthoxy]-5-acetamido-*, F. 185—200°. — *2-[p-Äthoxybenzoyl]-3-[p-methylpiperazinopropoxy]-5-methyl-*, F. 195 bis 204°. — *2-[p-Äthoxybenzoyl]-3-[β-pyrrolidinoäthoxy]-6-[p-äthoxybenzoyloxy]-*, F. 160—166°. — *2-[p-Äthoxybenzoyl]-3-[β-N-benzylpiperazinoäthoxy]-5-methyl-*, F. 218 bis 225°. — *2-[p-Äthoxybenzoyl]-3-[β-pyrrolidinoäthoxy]-6-hydroxy-*, F. 200—214°. — *2-[p-Äthoxybenzoyl]-3-[β-piperazinoäthoxy]-5-methyl-*, F. 160—170°. — *2-[p-Äthoxybenzoyl]-3-[β-methylaminoäthoxy]-5-methyl-*, F. 183—190°. — *2-[p-Äthoxybenzoyl]-3-[β-hexamethyleniminoäthoxy]-5-methyl-*, F. 180—190°. — *2-[p-Äthoxybenzoyl]-3-[β-N-benzyl-N-methylaminoäthoxy]-5-methyl-*, F. 140—150°. — *2-[p-Äthoxybenzoyl]-3-[β-pyrrolidinoäthoxy]-6-acetyloxy-*, F. 116—124°. — *Heilmittel*. (**F. P. 1 415 355** vom 2/12. 1964, ausg. 14/1. 1966. Schwed. Prior. 2/12. 1963.) — 16 S.
G. Colsmann 4846

1424 Imperial Chemical Industries Ltd., London, Großbritannien (Erfinder: Derrick Michael O'Mant), **Thiophen-Derivate** erhält man durch Rk. eines Aldehyds mit einem 3-Acyl-2.5-dihydro-4-hydroxy-2-oxothiophen. Durch Rk. von 3-Acetyl-2.5-dihydro-4-hydroxy-2-oxothiophen mit 4-Dimethylaminobenzaldehyd erhält man das *3-Acetyl-5-[4-dimethylaminobenzyliden]-2.5-dihydro-4-hydroxy-2-oxothiophen*, F. 206—208°. Analog wurden folgende 3-Acetyl-2.5-dihydro-4-hydroxy-2-oxothiophene (I) u. 3-Benzoyl-2.5-dihydro-4-hydroxy-2-oxothiophene (II) erhalten: *5-Benzyliden-***I**, F. 151—152°; *5-[4-Methoxybenzyliden]-***I**, F. 192—193°; *5-[4-Nitrobenzyliden]-***I**, F. 182—184°; *5-[2-Chlorbenzyliden]-***I**, F. 155—157°; *5-[2.4-Dichlorbenzyliden]-***I**, F. 192—194°; *5-[3.4-Dichlorbenzyliden]-***I**, F. 179—181°; *5-[4-Chlorbenzyliden]-***I**, F. 169 bis 171°; *5-[4-Brombenzyliden]-***I**, F. 180—182°; *5-[2-Brombenzyliden]-***I**, F. 152—154°; *5-[4-Fluorbenzyliden]-***I**, F. 181—183°; *5-[Pentafluorbenzyliden]-***I**, F. 157—159°; *5-[2-Chlor-5-nitrobenzyliden]-***I**, F. 148—154°; **II**, F. 75 bis 77° → *5-[4-Dimethylaminobenzyliden]-***II**, F. 192—193°; *5-Benzyliden-***II**, F. 146—149°; *5-[4-Methoxybenzyliden]-***II**, F. 162—163°; *5-[4-Nitrobenzyliden]-***II**, F. 260—262°; *5-[2-Chlorbenzyliden]-***II**, F. 168—171°; 5-*[2.4-Dichlorbenzyliden]-***II**, F. 231—233°; 3-n-Butyryl-2.5-dihydro-4-hydroxy-2-oxothiophen, F. 71—72°, → *3-n-Butyryl-5-[2.4-dichlorbenzyliden]-2.5-dihydro-4-hydroxy-2-oxothiophen*, F. 158—160°. — *Antiallergika, Antiphlogistika*. (**Brit. P. 1 058 243** vom 12/6. 1963, ausg. 8/2. 1967.) — 4 S.
R. Bauereis 4846

1425 Eisai K. K., Tokio, Japan, **1-Phenyl-3.6-endomethylen-Δ^4-tetrahydrophthalimidderivate** erhält man durch Rk. von 3.6-Endomethylen-Δ^4-tetrahydrophthalsäureanhydrid mit einem substituierten Anilin oder durch Rk. eines N-Phenyl-maleimids mit Cyclopentadien. — Beispiel: Durch Rk. von 3.6-Endomethylen-Δ^4-tetrahydrophthalsäureanhydrid mit o-Chloranilin erhält man das *1-[o-Chlorphenyl]-3.6-endomethylen-Δ^4-tetrahydrophthalimid*, F. 124—125°. Analog das *1-[p-Äthoxyphenyl]-3.6-endomethylen-Δ^4-tetrahydrophthalimid*, F. 124—125°. — *Antipyretika, Analgetika*. (**Brit. P. 1 056 908** vom 6/12. 1965, ausg. 1/2. 1967. Jap. Prior. 4/12., 4/12., 4/12. u. 4/12. 1964.) — 5 S.
R. Bauereis 4846

1426 Soc. Farmaceutici Italia, Mailand, Italien, **Pyrrolderivate** erhält man nach folgendem Beispiel: Rk. von p-Aminobenzonitril mit 1-Methyl-4-nitropyrrol-2-carbonsäurechlorid, Hydrochlorid → *p-[1-Methyl-4-nitropyrrol-2-carbonamido]-benzonitril*, F. > 330°. Hydrierung dieser Verb. in Ggw. von Pd/C u. Rk. des Prod. mit 1-Methyl-4-nitropyrrol-2-carbonsäurechlorid → *p-[1-Methyl-4-(1-methyl-4-nitropyrrol-2-carbonamido)-pyrrol-2-carbonamido]-benzonitril*, Zers. > 285°. Durch Hydrierung dieser Verb. in Ggw. von Pd/C u. Rk. des Prod. mit 1-Methyl-4-nitropyrrol-2-carbonsäurechlorid → *p-{1-Methyl-4-[1-methyl-4-(1-methyl-4-nitropyrrol-2-carbonamido)-pyrrol-2-carbonamido]-pyrrol-2-carbonamido}-benzonitril*, F. 198—201°. Hydrolyse des Nitrils mit HCl in CH_3OH → *p-{1-Methyl-4-[4-methyl-4-(1-methyl-4-nitropyrrol-2-carboxamido)-pyrrol-2-carboxamido]-pyrrol-2-carboxamido}-benzamidin, Hydrochlorid*, F. 230—234°. Hydrierung dieser Verb. in Ggw. von PtO_2 u. Rk. des Prod. mit dem gemischten Anhydrid von Ameisen- u. Essigsäure → *p-{1-Methyl-4-[1-methyl-4-(1-methyl-4-formylaminopyrrol-2-carbonamido)-pyrrol-2-carbonamido]-pyrrol-2-carbonamido}-benzamidin, Hydrochlorid*, F. 232°. Analog: *1-Methyl-4-nitropyrrol-2-carbonamidoacetonitril*, F. 188—190°, → *1-Methyl-4-[1-methyl-4-nitropyrrol-2-carbonamido]-pyrrol-2-carbonamidoacetonitril*, F. 276—280°, → *1-Methyl-4-[1-methyl-4-nitropyrrol-2-carbonamido]-pyrrol-2-carboxamidoacetamidin, Hydrochlorid*, F. 270° (Zers.), → *1-Methyl-4-[1-methyl-4-(1-methyl-4-formylaminopyrrol-2-carbonamido]-pyrrol-2-carbonamidoacetamidin, Hydrochlorid*, F. 198—200°; *β-{{1-Methyl-4-{1-methyl-4-[1-methyl-4-(1-methyl-4-nitropyrrol-carbonamido)-pyrrol-2-carbonamido]-pyrrol-2-carbonamido}-pyrrol-2-carbonamido}}-propionitril*, F. 240°, → *β-{{1-Methyl-4-{1-methyl-4-[1-methyl-4-(1-methyl-4-nitropyrrol-2-carbonamido)-pyrrol-2-carbonamido]-pyrrol-2-carbonamido}-pyrrol-2-carbonamido}}-propionamidin, Hydrochlorid*, F. 220—225°; → *β-{{1-Methyl-4-{1-methyl-4-[1-methyl-4-(1-methyl-4-formylaminopyrrol-2-carbonamido)-pyrrol-2-carbonamido]-pyrrol-2-carbonamido}-pyrrol-2-carbonamido}}-propionamidin, Hydrochlorid*, F. 213—217°; *γ-[1-Methyl-4-nitropyrrol-2-carbonamido]-butyronitril*, F. 165—166°, → *γ-[1-Methyl-4-(1-methyl-4-nitropyrrol-2-carbonamido)-pyrrol-2-carbonamido]-butyronitril*, F. 202—204°, → *γ-{1-Methyl-4-[1-methyl-4-(1-methyl-4-nitropyrrol-2-carbonamido)-pyrrol-2-carbonamido]-pyrrol-2-carbonamido}-butyronitril*, F. 242 bis 246°, → *γ-{1-Methyl-4-[1-methyl-4-(1-methyl-4-nitropyrrol-2-carbonamido)-pyrrol-2-carbonamido]-pyrrol-2-carbonamido}-butyramidin, Hydrochlorid*, F. 195—197°, → *γ-{1-Methyl-4-[1-methyl-4-(1-methyl-4-formylaminopyrrol-2-carbonamido)-pyrrol-2-carbonamido]-pyrrol-2-carbonamido}-butyramidin, Hydrochlorid*, F. 205—210°. — *Anthelminthika, Mittel gegen Viren, Protozoen*. (**Brit. P. 1 061 639** vom 8/7. 1965, ausg. 15/3. 1967. It. Prior. 14/7. 1964. **Zusatz zu Brit. P. 1 009 797; C. 1968, 11-2586.**) — 8 S.
R. Bauereis 4846

1427 Merck & Co., Inc., Rahway, N.J., USA, **Indolylamide** erhält man durch Acylierung eines Alkalimetallsalzes eines 3-Indolylacetamids mit einem Säurehalogenid oder einem p-Nitrophenylester einer Säure oder durch Rk. eines [1-Acyl-3-indolyl]-essigsäurehalogenids mit einem prim. oder sek. Amin. — Beispiel: Durch Rk. des Na-Salzes von α-[2-Methyl-5-methoxy-3-indolyl]-acetamid mit Benzoylchlorid erhält man das *α-[1-Benzoyl-2-methyl-5-methoxy-3-indolyl]-acetamid*, F. 219—220°. Durch Umsetzung von α-[1-p-Chlorbenzoyl-2-methyl-5-methoxy-3-indolyl]-essigsäure mit Chlorameisensäureisobutylester u. anschließend mit Morpholin erhält man das *α-[1-p-Chlorbenzoyl-2-methyl-5-methoxy-3-indolyl]-acetmorpholid*, F. 162—163,5°. Analog wurden erhalten: (α-[1-p-Chlorbenzoyl-2-methyl-5-methoxy-3-indolyl] = **I**) *N.N-Dimethyl-***I***-acetamid*, F. 179,5—180,5°; *N-β-Hydroxyäthyl-***I***-acetamid*, F. 137—138°; *N-Benzyl-***I***-acetamid*; *N-β-N'.N'-Diäthylaminoäthyl-***I***-acetamid*, F. 110—111,5°; *N-Carbobenzyloxymethyl-***I***-acetamid*, F. 133—134,5°; *N-Carboxymethyl-***I***-acetamid*, F. 152,5—154°; *α-[1-p-Chlorbenzoyl-2-methyl-5-fluor-3-indolyl]-acetmorpholid*, F. 168—170°. — *Antiphlogistika, Analgetika*. (**Brit. P. 1 058 984** vom 20/4. 1964, ausg. 15/2. 1967. U. S. Prior. 30/4. 1963.) — 21 S.
R. Bauereis 4846

1428 Smith, Kline & French Laboratories, Philadelphia, Pa., USA, **[2-Amino-1-hydroxyäthyl]-thianaphthene** der allg. Formel I (X = H, Cl; R = Isopropyl, tert.

I 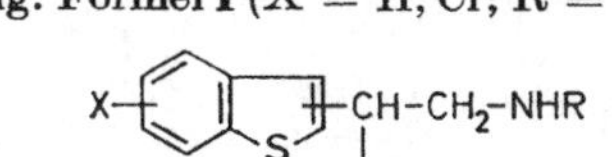

Butyl, Cyclopropyl) erhält man durch Rk. von Thianaphthaldehyd mit Trimethylsulfoxoniumjodid in Ggw. einer starken Base u. Rk. des entstandenen Thianaphthenyläthylenoxids mit einem Amin. — Beispiel: Durch Rk. von 2-Thianaphthaldehyd mit Dimethylsulfoxid in Ggw. von NaH erhält man das [2-Thianaphthenyl]-äthylenoxid, $Kp._{0,3}$ 107—113°, F. 50—58°. Durch Rk. dieser Verb. mit Isopropylamin erhält man *2-[2-Isopropylamino-1-hydroxyäthyl]-thianaphthen, Hydrochlorid*, F. 217—219°. Analog: *2-[2-Cyclopropylamino-1-hydroxyäthyl]-thianaphthen, Hydrochlorid*, F. 160—170°; *2-[2-tert.-Butylamino-1-hydroxy-*

äthyl]-thianaphthen, Hydrochlorid, F. 211—212,5°. — Mittel gegen *Angina pectoris* u. *Herzarrhythmien.* (**Brit. P. 1 058 468** vom 15/12. 1964, ausg. 8/2. 1967. U. S. Prior. 7/1. 1964.) — 4 S. R. Bauereis 4846

1429 Spofa, Sdružení Podniků pro Zdravotnickou Výrobu, Prag, ČSSR, **3.5-Dioxopyrazolidin-Derivate,** die in der 4-Stellung durch einen Rest der allg. Formel (R^1 =

$$R^1-CO-CH(R^2)-CH_2-$$

Alkyl mit 2—4 C-Atomen oder ggf. durch Cl oder OH substituiertes Phenyl, R^2 = H; R^2 u. R^1 zusammen auch ein alicycl. oder heterocycl. Ring) u. in der 1- u. 2-Stellung durch C_6H_5 substituiert sind, erhält man durch Rk. von 1.2-Diphenyl-3.5-dioxopyrazolidin mit einer Verb. der allg. Formel $[ANR^3R^4R^5]^-X^+$ (R^3 u. R^4 = Alkyl mit 1 bis 4 C-Atomen, die zusammen mit dem N ggf. einen heterocycl. Ring bilden, R^5 = Alkyl mit 1—4 C-Atomen, X =

Anion einer anorgan. Säure, A = $R^1-CO-CH(R^2)-CH_2-$) in Ggw. eines Alkalialkoholats. — Aus Dimethylaminopropiophenonhydrochlorid in wasserfreiem CH_3OH u. Ggw. von Na mit 1.2-Diphenyl-3.5-dioxopyrazolidin als Na-Salz → *1.2-Diphenyl-3.5-dioxo-4-(3-oxo-3-phenylpropyl)-pyrazolidin,* F. 172—173°, ähnlich: *1.2-Diphenyl-3.5-dioxo-4-R-pyrazolidine,* R = *(2-oxocyclohexylmethyl)-*, F. 142—143°, *-antipyrylmethyl-*, F. 173°, *[3-oxo-3-(o-hydroxyphenyl)-propyl]-*, F. 152—153°, *(3-oxo-n-butyl]-*, F. 120° u. *[3-(4'-chlorphenyl)-3-oxopropyl]-*, F. 136—137°. — *Heilmittel mit entzündungshemmender u. schmerzstillender Wirkung.* (**Brit. P. 1 054 862** vom 19/12. 1963, ausg. 11/1. 1967. Tschech. Prior. 19/12. 1962.) — 4 S. R. Bollinger 4846

1430 Chemische Fabrik Schweizerhall (Erfinder: Herbert Mühle), Basel, Schweiz, **4-Aminoantipyrinderivate** erhält man durch Rk. einer Verb. der allg. Formel $R-NH-R^1$ (R = Antipyrinrest; R^1 = H, Alkyl) mit einem ω-Halogenpropionsäurechlorid u. Rk. der entstehenden Verb. der allg. Formel $R-N(R^1)-CO-CH_2-CH_2-X$ (X = Cl, Br) mit einem gesätt. oder ungesätt. substituierten oder unsubstituierten heterocycl., einem aromat. oder araliphat. Amin, bzw. durch Rk. einer Verb. der allg. Formel $R-NH-R^1$ mit einem Propionsäurederiv. der allg. Formel $HOOC-CH_2-CH_2-R$ (R = ggf. durch Alkyl substituiertes Alkylenimin mit 4—7 Ringgliedern, Morpholin, Alkylmorpholin) in Ggw. eines W. abspaltenden Mittels. — Aus 4-Aminoantipyrin erhält man durch Rk. mit β-Brompropionsäurechlorid in Ggw. von Triäthylamin in Bzl. des *4-β-Brompropionylaminoantipyrin,* F. 178—180°; Ausb. 78%, daraus durch Rk. mit Piperidin → *4-(β-Piperidinopropionylamino)-antipyrin,* F. 149—150°. — Ähnlich: *4-[β-(4-Methylpiperidino)-propionylamino]-antipyrin,* F. 163°. — *4-[β-(4-Phenylpiperidino)-propionylamino]-antipyrin,* F. 170—172°; *Hydrochlorid,* F. 263—266°. — *4-[β-(4-Phenyl-1.2.3.6-tetrahydropyridyl)-propionylamino]-antipyrin,* F. 165 bis 167°; *Salicylat,* F. 142°. — Ferner Antipyrinverb. der allg. Formel $R-N(R^1)-CO-CH_2-CH_2-R_2$: R^1 = *H*, R_2 = *Pyrrolidino*, $C_{18}H_{24}N_4O_2$, F. 160°. — *H, α-Methylpiperidino,* $C_{20}H_{28}N_4O_2$, F. 126°. — *H, Morpholino,* $C_{18}H_{24}N_4O_3$, F. 175°. — *H, Hexamethylenimino,* $C_{20}H_{28}N_4O_2$, F. 148°. — *H, C_6H_5NH,* $C_{20}H_{22}N_4O_2$, F. 164°. — *$-CH(CH_3)_2$, Piperidino,* $C_{22}H_{32}N_4O_2$, F. 122°. — *$-CH(CH_3)_2$, γ-Methylpiperidino,* $C_{23}H_{34}N_4O_2$, F. 130°. — *H, γ-Äthylpiperidino,* $C_{21}H_{30}N_4O_2$, F. 161°; *Salicylat,* $C_{28}H_{36}N_4O_5$, F. 100°. — *H, γ-n-Propylpiperidino,* $C_{22}H_{32}N_4O_2$, F. 145°; *Salicylat,* $C_{29}H_{38}N_4O_5$, F. 130°. — *H, γ-Isopropylpiperidino,* $C_{22}H_{32}N_4O_2$, F. 170°. — *CH_3, γ-Äthylpiperidino,* $C_{22}H_{32}N_4O_2$, F. 170°. — *CH_3, γ-Isopropylpiperidino,* $C_{23}H_{34}N_4O_2$, F. 83°. — *CH_3, Piperidino,* $C_{20}H_{28}N_4O_2$, F. 82°; *Salicylat,* $C_{26}H_{34}N_4O_5$, F. 92°. — *Analgetika, Antipyretika; entzündungshemmende Mittel.* (**Schwz. P. 435 297** vom 3/12. 1963, ausg. 31/10. 1967. **Brit. PP. 1 056 474** u. **1 056 475** vom 3/12. 1964, ausg. 25/1. 1967. Schwz. Prior. 3/12. 1963.) — 3 S. — 6 S. — 5 S. R. Bollinger 4846

1431 American Cyanamid Co., Wayne, N.J., USA. **7-Methyl-pyrrolo-[2.3-g]-indazolderivate** der allg. Formel II erhält man durch Rk. von 4-Oxo-5-hydroxymethylentetrahydroindolen mit Hydrazinen (R = H, niederer

II 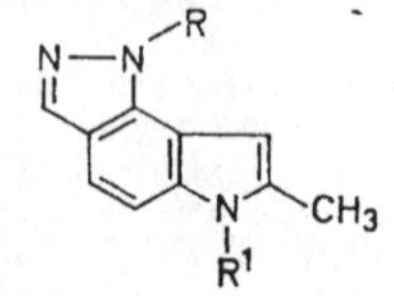

Alkyl- oder einkerniger Arylrest; R^1 = H oder einkerniger Aralkylrest mit 1—6 C-Atomen im Alkyl) u. Dehydrierung der Tetrahydroverb. u. ggf. Desaralkylierung der 1.6-Dihydroderivate. — Es wurden erhalten: (I = 7-Methylpyrrolo-[2.3-g]-indazol) *6-Benzyl-1.4.5.6-tetrahydro-I,* F. 97—104° (CH_3OH). — *6-Benzyl-1.6-dihydro-I,* F. 186—188° (Aceton–Hexan). — *1.6-Dihydro-I,* F. 213 bis 215° (Aceton–Hexan). — *6-Benzyl-1.4.5.6-tetrahydro-1-methyl-I,* F. 95—97°. — *6-Benzyl-1.6-dihydro-1-methyl-I,* F. 114—116° (CH_2Cl_2–PAe.). — *1-Methyl-1.6-dihydro-I,* F. 209—214° (Aceton–Hexan). — *6-Benzyl-1.4.5.6-tetrahydro-1-phenyl-I,* F. 155—157° (Ae.). — *1-Phenyl-6-benzyl-1.6-dihydro-I,* F. 152—154° (CH_3OH). — *1-Phenyl-1.6-dihydro-I,* F. 215—218° (Aceton–Hexan). — *Analget. Mittel.* (**Brit. P. 1 065 183** vom 12/1. 1966, ausg. 12/4. 1967. U. S. Prior. 24/2. 1965.) — 8 S. A. Jahn 4846

1432 Chemische Fabriek „Chemvis", Joure, Niederlande, **N-[5-Nitro-2-furfuryliden]-3-amino-2-oxazolidon** erhält man durch Umwandlung von β-Hydroxyäthylcarbazinat, dessen NH_2-Gruppe ggf. geschützt ist (durch Rk. mit aliphat. oder aromat. Aldehyden oder Ketonen) in β-Chloräthylcarbazinat ($SOCl_2$), Ringschluß zum 3-Amino-2-oxazolidon (I) im alkal. Medium u. Rk. von I mit 5-Nitro-2-furfuraldehyd. — *Heilmittel.* (**Brit. P. 1 058 824** vom 23/8. 1963, ausg. 15/2. 1967.) — 2 S. A. Jahn 4846

1433 Ciba Akt.-Ges., Basel (Erfinder: Erwin Friedrich Jenny, Riehen, und Karl Schenker, Binningen), Schweiz, **1-[Äthylaminomethyl]-5-methoxybenzocyclobuten** erhält man durch Red. der CO-Gruppe in einem 5-Methoxybenzocyclobuten, das in der 1-Stellung durch einen der Reste $-C(=O)NHC_2H_5$, $-CH_2NHC(=O)CH_3$ oder $-C(=O)NHC(=O)CH_3$ substituiert ist. — Aus 1-[Acetylaminomethyl]-5-methoxybenzocyclobuten erhält man durch Red. mit $LiAlH_4$ in Tetrahydrofuran *1-[Äthylaminomethyl]-5-methoxybenzocyclobuten, Hydrochlorid,* F. 169—171°. — *Heilmittel.* (**Schwz. P. 454 130** vom 28/12. 1965, ausg. 14/6. 1968. **Zusatz zu Schwz. P. 437 267; C. 1969, 10-1335.**) — 3 S. R. Bollinger 4846

1434 Sandoz Akt.-Ges., Basel, Schweiz, **Herstellung von Thienobenzothiopyranderivaten** der allg. Formel I

I 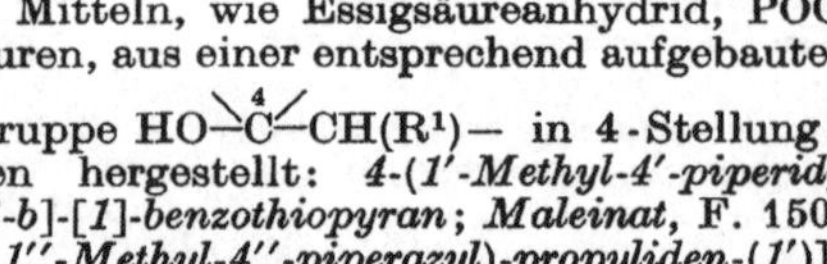

(R^1, R^2, R^3 = H, CH_3); R^4, R^5 = Alkyl mit 1—4 C-Atomen oder zusammen eine ggf. durch Alkylimino oder ein O-Atom unterbrochenes Alkylen; wenn R^5 = Alkyl, kann R^4 auch zusammen mit R^1, R^2 oder R^3 ein unverzweigtes Alkylen mit 2—4 C-Atomen bilden; R^6 = H, Cl, Alkoxy, Alkylmercapto mit 1—4 C-Atomen). Man spaltet durch trockenes Erhitzen oder durch Erwärmung mit wasserentziehenden Mitteln, wie Essigsäureanhydrid, $POCl_3$ oder Mineralsäuren, aus einer entsprechend aufgebauten Verb. mit der Gruppe $HO-C^4-CH(R^1)-$ in 4-Stellung W. ab. Es werden hergestellt: *4-(1'-Methyl-4'-piperidyliden)-thieno-[2.3-b]-[1]-benzothiopyran; Maleinat,* F. 150—152°. — *4-[3'-(1''-Methyl-4''-piperazyl)-propyliden-(1')]-thieno-[2.3-b]-[1]-benzothiopyran; Dimaleinat,* F. 180—182° (Zers.). — *6-Methoxy-4-[3'-dimethylamino-2'-methylpropyliden-(1')]-thieno-[2.3-b]-[1]-benzothiopyran; Maleinat,* F. 149—151°. — *6-Methylmercapto-4-[3'-dimethylaminopropyliden-(1')]-thieno-[2.3-b]-[1]-benzothiopyran; Fumarat,* F. 135—137°. — *6-Methylmercapto-4-[2'-(N-methyl-2''-piperidyl)-äthyliden-(1')]-thieno-[2.3-b]-[1]-benzothiopyran; Maleinat des α-Isomeren,* F. 146—148°; *Hemifumarat des*

β-Isomeren, F. 173—175°. — *4-[2'-(N-Methyl-2''-piperidyl)-äthyliden-(1')-thieno-[2.3-b]-[1]-benzothiopyran*; *Fumarat*, F. 130—132°; Sintern ab 125°. — *4-[3'-Dimethylaminopropyliden-(1')]-thieno-[2.3-b]-[1]-benzothiopyran*; *Tartrat*, F. 135° (Zers., Sintern ab 110°). — *6-Chlor-4-[3'-dimethylaminopropyliden-(1')]-thieno-[2.3-b]-[1]-benzothiopyran*; *Maleinat*, F. 114—116°. — *6-Chlor-4-(1'-methyl-4'-piperidyliden)-thieno-[2.3-b]-[1]-benzothiopyran*; *Maleinat*, F. 200—202°. — *Pharmazeutika*. — Vgl. F. P. [Méd.] 1 948; C. **1967**, 23-1755 u. Schwz. P. 405 354. (**Niederl. P. 121 955** vom 25/4. 1962, ausg. 15/3. 1967. Schwz. Prior. 26/4., 14/7. 1961 u. 26/2. 1962.) — 6 S.
F. Böhm 4846

1435 Imperial Chemical Industries Ltd., London, Großbritannien (Erfinder: Ralph Howe), **Herstellung von Chromanyl- und 2.3-Dihydrobenzofuranylderivaten** der allg. Formel **I** (R^1 = H, ggf. durch Hydroxy, Alkoxy,

I 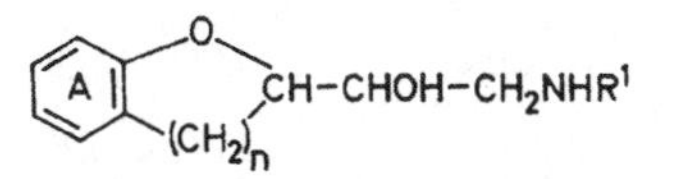

substituiertes Aryl oder Aryloxy substituiertes Alkyl mit mindestens 2 C-Atomen; n = 1 oder 2; A kann durch Halogen substituiert sein) durch Rk. einer entsprechenden Epoxyverb. oder eines Esters mit einem Amin oder durch Red. einer 1.2-Dicarbonylverb. in Ggw. eines Amins u. ggf. Halogenierung der Rk.-Produkte. — Beispiel: Durch Rk. von 2-Chlor-1-[2-chromanyl]-äthanol mit tert. Butylamin erhält man das *1-[2-Chromanyl]-2-tert.-butylaminoäthanol*, F. 108—109°, *Hydrochlorid*, F. 248—249°, *Isomere Form*, F. 112—113°, *Hydrochlorid*, F. 193—194°. Analog wurden folgende 2-Chromanyl- (**II**) u. 2.3-Dihydrobenzofuran-2-yl-(**III**)-Verb. erhalten: *1-II-2-isopropylaminoäthanol, Hydrochlorid*, F. 171—173°; *1-II-2-tert.-butylaminoäthylacetat, Hydrochlorid*, F. 218—220°; Clohracetyl-2.3-dihydrobenzofuran, F. 56,5—57,5°, → *1-1-[6-Brom-II]-2-tert.-butylaminoäthanol*; *1-II-2-[1.1-dimethyl-2-hydroxyäthylamino]-äthanol*, F. 146—147°; *1-II-2-[3-methoxypropylamino]-äthanol, Hydrochlorid*, F. 129—130°; *1-II-2-[2-hydroxy-1-methyl-2-phenylamino]-äthanol, Hydrogenoxalat*, F. 185—187°; *2-Amino-1-II-äthanol, Hydrochlorid*, F. 226—228°; *1-II-2-isopropylaminoäthanol, Hydrochlorid*, F. 175—176°; 2-Chloracetyl-2.3-dihydrobenzofuran, F. 56,5—67,5°, → *1-III-2-isopropylaminoäthanol*, F. 116—118°, *isomere Form*, F. 85—86,5°; *2-[3-(p-Chlorphenyl)-1.1-dimethylpropylamino]-1-II-äthanol, Hydrochlorid, Hemihydrat*, F. 153—155°; *1-II-2-[1.1-dimethyl-2-phenoxyäthylamino]-äthanol, Hydrochlorid, Hemihydrat*, F. 116—117°; *1-II-2-[1-methyl-3-phenylpropylamino]-äthanol, Hydrochlorid*, F. 192—194°. — *β-Adrenerg. Blocker*, Mittel gegen *Angina pectoris* u. *Herzarrhythmien, blutdrucksenkende Mittel*. (**Brit. P. 1 054 655** vom 24/1. 1964, ausg. 11/1. 1967.) — 12 S. R. Bauereis 4846

1436 C. F. Boehringer & Soehne G. m. b. H., Mannheim, **Basisch substituierte Xanthen-9-ol-9-carbonsäureester** erhält man nach folgendem Beispiel: Durch Rk. von Xanthen-9-ol-9-carbonsäure mit N-2-Chloräthylpiperidin erhält man das *Xanthen-9-ol-9-carbonsäure-[2-(N-piperidino)-äthyl]-ester, Hydrochlorid*, F. 197—198°. Analog wurden folgende Xanthen-9-ol-9-carbonsäureester (**I**) erhalten: **I**-*[3-(N-piperidino)-propyl]-ester*, F. 124—126°; **I**-*[2-(N-norgranatanyl]-äthyl]-ester, Hydrochlorid*, F. 230 bis 231°, *Maleat*, F. 112°, *Hydrobromid*, F. 224—225°; **I**-*[2-(4-methoxy-piperidino)-äthyl]-ester, Hydrochlorid*, F. 196 bis 197° (Zers.); **I**-*[2-(4-methylpiperidino)-äthyl]-ester*, F. 124—126°; **I**-*[2-(N-nortropanyl)-äthyl]-ester, Hydrochlorid*, F. 225—227°. — *Anticholinergika*. (**Brit. P. 1 057 219** vom 9/12. 1965, ausg. 1/2. 1967. D. Prior. 10/12. 1964.) — 4 S. R. Bauereis 4846

1437 Laboratoire Roger Bellon, Neuilly-sur-Seine, Frankreich (Erfinder: Marcel Pesson), **Phenylcyclohexylacetonitrilderivate** erhält man nach folgendem Beispiel: Durch Kondens. des K-Salzes von α-Phenyl-α-cyclohexylacetonitril mit 1-Äthyl-3-chlorpiperidin erhält man ein *Gemisch* von *α-Phenyl-α-cyclohexyl-β-[N-äthyl-2-pyrrolidyl]-propionitril* u. *α-[N-Äthyl-3-piperidyl]-α-cyclohexylphenylacetonitril*, $Kp._{0,06}$ 157—160°, Durch Rk. von 2-Pyrrolaldehyd mit Äthylsulfat erhält man den N-Äthylpyrrolaldehyd, $Kp._{6}$ 59—60°. Durch Rk. dieser Verb. mit Benzylcyanid → α-Phenyl-β-[2-N-äthylpyrryl]-acrylonitril, F. 86°. Durch Hydrierung dieser Verb. in Ggw. von Pd/C → α-Phenyl-β-[2-N-äthylpyrryl]-propionitril, $Kp._{0,1}$ 135—137°. Durch Verseifung dieser Verb. mit alkohol. KOH → α-Phenyl-β-[2-N-äthylpyrryl]-propionsäure, F. 86°. Durch Rk. dieser Verb. mit Chlorameisensäureäthylester u. NH_3 → α-Phenyl-β-[2-N-äthylpyrryl]-propionamid, F. 82°, Durch Hydrierung dieser Verb. in Ggw. von Pt → α-Phenyl-β-[N-äthyl-2-pyrrolidyl]-propionamid, F. 114°. Durch W.-Abspaltung aus dieser Verb. mit p-Toluolsulfonylchlorid in Py. → α-Phenyl-β-[N-äthyl-2-pyrrolidyl]-propionitril, $Kp._{0,05}$ 108 bis 109°. Durch Rk. des K-Salzes dieser Verb. mit Cyclohexylbromid → *α-Cyclohexyl-α-phenyl-β-[N-äthyl-2-pyrrolidyl]-propionitril*, $Kp._{0,07}$ 158—163°. Analog wurden erhalten: α-Phenyl-α-[3-pyridyl]-acetamidäthobromid, F. 162°, → α-Phenyl-α-[N-äthyl-3-piperidyl]-acetamid, F. 150—151°, → α-Phenyl-α-[N-äthyl-3-piperidyl]-acetonitril, $Kp._{0,07}$ 116—117°, → *α-Phenyl-α-cyclohexyl-[N-äthyl-3-piperidyl]-acetonitril*, $Kp._{0,04}$ 145—151°. — *Antitussiva*. (**Brit. P. 1 057 145** vom 16/8. 1963, ausg. 1/2. 1967.) — 9 S.
R. Bauereis 4846

1438 Dr. Karl Thomae G. m. b. H., Biberach/Riß, **Aminoketone** der allg. Formel Ar—CHR^1—CO—M—NR^2R^3 (Ar = ggf. durch Alkyl substituierter heterocycl. aromat. Ring; R^1 = H, Alkoxycarbonyl, CN, Acyl, Alkyl, Aryl; R^2 = H, Alkyl, Hydroxyalkyl, Cycloalkyl, Aryl, Aralkyl, Acyl, halogensubstituiertes Acyl, Alkarylsulfonyl, Tetrahydroazepinyl; R^3 = H, Alkyl, Alkaryl; R^2 u. R^3 = zwei Acylgruppen einer Dicarbonsäure oder zusammen mit dem N-Atom ein gesätt. heterocycl. Ring; M = zweiwertiger Rest) u. deren entsprechende cycl. Verb. erhält man nach folgendem Beispiel: Durch Rk. von ε-Caprolactim-O-methyläther mit α-Picolin in Ggw. von $NaNH_2$ erhält man das *7-[2-Pyridylmethyl]-3.4.5.6-tetrahydro-2H-azepin*, $Kp._{0,92}$ 135°, Ausb. 87,4%. Durch Behandlung dieser Verb. mit alkohol. HCl erhält man das *7-Amino-1-[2-pyridyl]-2-heptanon*, F. 172°, Ausb. 91,3%. Analog wurden folgende 3.4.5.6-Tetrahydro-2H-azepine (**I**), Heptanone (**II**) u. Hexahydroazepine (**III**) erhalten: α-Methylcaprolactim-O-methyläther, $Kp._{10}$ 72,5°; β-Methylcaprolactim-O-methyläther, $Kp._{55}$ 96°; γ-Methylcaprolactim-O-methyläther, $Kp._{12}$ 78°; δ-Methylcaprolactim-O-methyläther, $Kp._{10}$ 72°; ε-Methylcaprolactim-O-methyläther, $Kp._{25}$ 75°; β-Methyl-δ.δ-dimethylcaprolactim-O-methyläther, $Kp._{12}$ 78—85; Önantholactim-O-äthyläther, $Kp._{12}$ 84—86°; Laurolactim-O-äthyläther, $Kp._{0,03}$ 93°; *7-[2-Pyridylmethyl]-I*, $Kp._{0,032}$ 105—122°, F. 46—48°, Ausb. 78,5%; *7-[2-Pyridylmethylen]-1-benzyl-III*, $Kp._{0,02}$ 175—192°, F. 60—63°, 65,6%, → *7-Benzylamino-1-[2-pyridyl]-2-II, Hydrochlorid*, F. 166—168°, 65,5%; *7-[2-Pyridylmethyl]-I*, $Kp._{0,03}$ 115—124°; *7-[2-Pyridylmethylen]-1-methyl-III*, $Kp._{0,03}$ 105—110°, 57,7%, → *7-Methylamino-1-[2-pyridyl]-2-II, Hydrochlorid*, F. 135 bis 138°, 93,2%; *7-Dimethylamino-1-[2-pyridyl]-2-II*, $Kp._{0,2}$ 120°, 34,5%; *7-[1-(2-Pyridyl)-äthyliden]-III*, $Kp._{0,075}$ 117 bis 125°, 40,3%; *8-Methylamino-2-[2-pyridyl]-3-octanon*, $Kp._{0,01}$ 140—160°; *8-Dimethylamino-2-[2-pyridyl]-3-octanon*, $Kp._{0,05}$ 150—175°, 12,4%; *7-[2-pyridylbenzyliden]-III*, F. 81—82°, 40,7%; *7-Phthalamido-1-[2-pyridyl]-2-II*, F. 50—52°, 60%; *7-Dibenzylamino-1-[2-pyridyl]-2-II*, $Kp._{0,02}$ 210—230°, 60,8%; *7-N-Benzyl-N-methylamino-1-[2-pyridyl]-2-II*, $Kp._{0,02}$ 166—172°; *7-Morpholino-1-[2-pyridyl]-2-II*, $Kp._{0,03}$ 162—168°, 55,7%; *7-N-Cyclohexyl-N-methyl-1-[2-pyridyl]-2-II*, $Kp._{0,04}$ 180—185°, 24%; *7-N-β-Hydroxyäthyl-N-methyl-1-[2-pyridyl]-2-II*, $Kp._{0,07}$ 179 bis 182°, 35,7%; *7-[(2-Pyridyl)-acetylmethyliden]-III*, F. 90°, 38,5%; *7-[(2-Pyridyl)-äthoxycarbonylmethyliden]-III*, $Kp._{0,01}$ 148°, 61%; *7-[2-Pyridylcyanmethyliden]-III*, F. 107,5—108,5°, 34,4%; *7-[2-Pyridylmethyliden]-1-[I-yl-(7)]-III*, F. 97—97,5°, 60%; *7-[2-Pyridylmethyliden]-1-[2-methyl-I-yl-(7)]-2-methyl-III*, $Kp._{0,02}$ 122—165°, 25,7%; *7-[2-Pyridylmethyliden]-1-[5-methyl-I-yl-(7)]-III*, $Kp._{0,03}$ 170 bis 180°, 8,4%; *7-[4-Methylpyridyl-(2)-methyliden]-III*, F.

63,5—65°, 77,6%, → *7-Amino-1-[4-methylpyridyl-(2)]-2-*II, *Hydrochlorid*, F. 157—159°, 37,5%; *7-[4.6-Dimethylpyridyl-(2)-methyliden]*-III, Kp.$_{0,02}$ 120—122°, 26,8%; *7-[6-Methylpyridyl-(2)-methyliden]*-III, Kp.$_{0,01}$ 110—115°, 36,4%; *1-Methyl-7-[6-methylpyridyl-(2)-methyliden]*-III, Kp.$_{0,023}$ 147°, 17,7%; *7-[6-Phenylpyridyl-(2)-methyliden]*-III, F. 94—95°, 26,7%, → *1-Amino-7-[6-phenylpyridyl-(2)]-2*-II, *Hydrochlorid*, F. 183—185°, 82,3%; *7-[2-Chinolylmethyliden]*-III, F. 129—130°, 75,3%; *7-[4-Pyridylmethyliden]*-III, F. 93°, 83,8%; *7-[2.4-Dimethylpyrimidinyl-(6)-methyliden]*-III, Kp.$_{0,03}$ 160°, 4,5%; *7-[2-Pyridylmethyliden]-2-methyl*-III, Kp.$_{0,01}$ 152—185°, 37,8%; *7-[2-Pyridylmethyliden]-3-methyl*-III, *Hydrochlorid*, F. 180°, 85,6°, → *7-Amino-1-[2-pyridyl]-4-methyl*-II, *Hydrochlorid*, F. 110—130°, 8,5%; *7-[2-Pyridylmethyliden]-4-methyl*-III, *Hydrochlorid*, F. 210°, 90%; *7-[2-Pyridylmethyliden]-5-methyl*-III, *Hydrochlorid*, F. 215—220°, 75,7%; *7-[2-Pyridylmethyliden]-6-methyl*-III, *Hydrochlorid*, F. 189°, 40,4%; *7-Amino-4.6-dimethyl-1-[2-pyridyl]-2-octanon*, *Hydrochlorid*, F. 194—195°, 45,8%; *8-[2-Pyridylmethyliden]-1-azacyclooctan*, Kp.$_{0,01}$ 92—95°, 41,5%, → *8-Amino-1-[2-pyridyl-2-octanon*, *Hydrochlorid*, F. 151—154°, 70%; *13-[2-Pyridylmethyliden]-1-azacyclotridecan*, F. 72—73°, 38,8%, → *13-Amino-1-[2-pyridyl]-2-tridecanon*, *Hydrochlorid*, F. 153°; *7-Acetylamino-1-[2-pyridyl]-2-heptanon*, F. 62°, 92,6%; *7-Trifluoracetylamino-1-[2-pyridyl]-2-heptanon*, F. 75°, 13,3%; *7-Propionylamino-1-[2-pyridyl]-2-heptanon*, Kp.$_{0,02}$ 185°, 86,2%; *7-[Phenylacetylamino]-1-[2-pyridyl]-2-heptanon*, F. 58°, 17,3%; *7-Dimethylamino-1-phenyl-1-[2-pyridyl]-2-heptanon*, Kp.$_{0,08}$ 150 bis 164°, 35,5%; *1-Phenyl-7-[2-pyridylmethyliden]*-III, F. 69—71°; *7-Benzoylamino-[2-pyridyl]-2-heptanon*, F. 45 bis 46°, 25%; *7-Amino-1-[2-pyridyl]-5-thia-2-heptanon*, F. 89—90°; *7-[5-Methylpyridyl-(2)-methyliden]*-III, F. 87 bis 88,5°, 47%, → *7-Amino-1-[5-methylpyridyl-(2)]-2*-II, *Hydrochlorid*, F. 162—163°; *7-Benzoylamino-1-[2-chinolyl]-2*-II, F. 81—82°, 11%; *7-Amino-1-[4-chinolyl]-2*-II, *Hydrochlorid*, F. 189—190°; *7-[(3-Pyridyl)-cyanomethyliden]*-III, F. 159,5—160,5°, 18%; *7-[5-Methylpyrazinyl-(2)-methyliden]*-III, F. 77—81°, 15%; *7-N-Benzoyl-N-methylamino-1-[2-pyridyl]-2*-II, Kp.$_{0,015}$ 228—232°, 41%; *7-Dimethylamino-1-[2-chinolyl]-2*-II, Kp.$_{0,03}$ 170°, 65%; *13-Benzoylamino-1-[2-pyridyl]-2-tridecanon*, F. 87,5°, 74%; *7-[p-Toluolsulfonamido]-1-[2-pyridyl]-2*-II, F. 50—52°, 33%; *7-[N-p-toluolsulfon-N-methylamido]-1-[2-pyridyl]-2*-II, F. 65—67°, 62%; *p-[Pyridylaceto]-benzyldimethylamin*, F. 54,5—55,5°, 82,4%; *3-[p-(Pyridylaceto)-phenoxy]-propyldimethylamin*, 63,5%. — *Blutdrucksenkende Mittel, Lokalanästhetika, Antipyretika.* (**Brit. P. 1 068 698** vom 18/8. 1965, ausg. 10/5. 1967. D. Prior. 18/8. 1964.) — 18 S.
R. Bauereis 4846

1439 I. R. Geigy Akt.-Ges. (Erfinder: Rudolf Denss und Alex Meisels), Basel, Schweiz, **Piperidine** der allg. Formel I (R^1 = H, Alkyl mit 1—3 C-Atomen; R^2 = H,

I

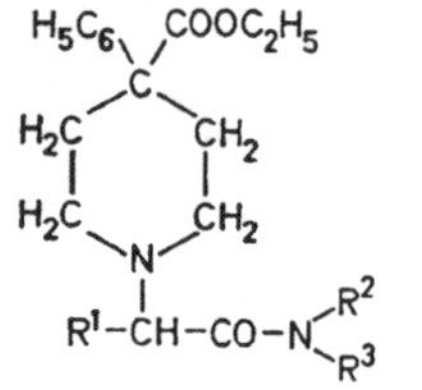

ggf. durch niedrigmol. Alkyl, Alkoxy, Dialkylamino substituierter cycloaliphat. Rest, ggf. zusätzlich durch Halogen, $-NO_2$ oder $-NH-CO-CH_3$ substituierter aromat., araliphat. oder heterocycl. Rest; R^3 = H, niedrigmol. Alkyl, Alkenyl; R^2 u. R^3 können auch direkt oder über O oder eine niedrigmol. Alkyliminogruppe miteinander verbunden sein) erhält man durch Rk. der entsprechenden Carbonsäurederiv. (Halogenide, Alkylester, Kohlensäurehalbester, Anhydride mit Essigsäure) mit Aminen der allg. Formel $H-N(R^2)-R^3$. — 1-Carboxymethyl-4-phenyl-4-äthoxycarbonylpiperidin, F. 153 bis 154°, gibt mit $SOCl_2$ über das Säurechlorid u. Anilin in Ggw. von Py. bei 0—5° → *1-Phenylcarbamoylmethyl-4-phenyl-4-äthoxycarbonylpiperidin*, F. 97—98°; *Hydrochlorid* (II), F. 170—171. — Analog folgende 4-Phenyl-4-äthoxycarbonylpiperidine: *1-(α-Phenylcarbamoyl)-äthyl-*, Kp.$_{0,05}$ 192—197°, *Hydrobromid* (III), F. 195 bis 196°. — *1-(N-Methyl-N-phenylcarbamoyl)-methyl-*, Kp.$_{0,04}$ 183—189°; III, F. 197—198°. — *1-(N-Äthyl-N-phenylcarbamoyl)-methyl-*, Kp.$_{0,005}$ 172—177°; *Diphosphat*, F. 116—119°. — *1-[α-(N-Phenyl-N-methylcarbamoyl)-äthyl]-*, F. 81—82°; III, F. 138—140°. — *1-[α-(3'-Methylphenylcarbamoyl)-äthyl]-*, Kp.$_{0,03}$ 196—200°; II, F. 184—188°. — *1-(4'-Methylphenylcarbamoyl)-methyl-*, F. 91—92°; II, F. 225—230°. — *1-(3'-Methylphenylcarbamoyl)-methyl-*, F. 73—73,5°; II, F. 182—188°. — *1-(2'-Methylphenylcarbamoyl)-methyl-*, F. 109—110°; II, F. 95—98°. — *1-(2'.5'-Dimethylphenylcarbamoyl)-methyl-*, F. 101—102°; II, F. 154—157°. — *1-(2'.3'-Dimethylphenylcarbamoyl)-methyl-*, F. 104—105°; II, F. 115—119°. — *1-(2'.6'-Dimethylphenylcarbamoyl)-methyl-*, F. 112—113°; II, F. 110—113°. — *1-(2'.4'.6'-Trimethylphenylcarbamoyl)-methyl-*, F. 133—134°; II, F. 129—134°. — *1-(3'-Methoxyphenylcarbamoyl)-methyl-*, F. 68—71°; II, F. 165—168°. — *1-(2'-Methoxyphenylcarbamoyl)-methyl-*, F. 108—109°; *Maleat*, F. 118—119°. — *1-(4'-Methoxyphenylcarbamoyl)-methyl-*, F. 77—78°; II, F. 200—205°. — *1-(2'-Chlorphenylcarbamoyl)-methyl-*, F. 100—101°; *Maleat*, F. 157 bis 158°. — *1-(4'-Chlorphenylcarbamoyl)-methyl-*, F. 78 bis 79°; II, F. 200—206°. — *1-(4'-Nitrophenylcarbamoyl)-methyl-*, F. 128—129°; II, F. 236—240°. — *1-(4'-Acetylaminophenylcarbamoyl)-methyl-*, F. 136—137°; II, F. 191—192°. — *1-(4'-Dimethylaminophenylcarbamoyl)-methyl-*, F. 109—110°; *Di*-II, F. 142—145°. — *1-(α-Benzylcarbamoyl)-äthyl-*, Kp.$_{0,01}$ 175—180°; II, F. 184—185°. — *1-Benzylcarbamoylmethyl-*, F. 68,5—69,5°; II, F. 156 bis 157°. — *1-(β-Phenäthylcarbamoyl)-methyl-*, F. 58—59°; *Phosphat*, F. 148—149°. — *1-Cyclohexylcarbamoylmethyl-*, F. 98—99°; II, F. 133—134°. — *1-[N-{-2'-Methylpyridyl-(6')}-carbamoylmethyl]-*, F. 129—130°; *Di*-II, F. 203—204°. — *1-[N-{4'-Methylpyridyl-(6')}-carbamoylmethyl]-*, F. 123,5 bis 124,5°; Di-II, F. 210—213°. — *1-[N-Benzthiazolyl-(2')-carbamoylmethyl]-*, F. 149—151°; II, F. 234—235°. — *1-[N-Furfuryl-(2')-carbamoylmethyl]-*, F. 83—84°; *Maleat*, F. 155—160°. — *1-Pyrrolidinyl-(1')-carbonylmethyl-*, F. 79—80°; III, F. 159—160°. — *1-Piperidinocarbonylmethyl-*, F. 112—114°; III, F. 141—142°. — *1-Morpholinocarbonylmethyl-*, F. 96—97°; III, F. 190—191°. — *1-[4'-Methylpiperazinyl-(1')]-carbonylmethyl-*, F. 75—76°; III, F. 274 bis 275°. — Wenig giftig, *zentral dämpfend, antitussiv, analget.* u. *spasmolyt. wirkende Arzneimittel.* (**Schwz. P. 438 801** vom 3/12. 1964, ausg. 15/12. 1967.) — 4 S.
A. Ullrich 4846

1440 A/B Bofors, Bofors, Schweden, **Herstellung von Nicotinsäureestern** durch Rk. von Nicotinsäure oder eines funktionellen Deriv. davon mit einem mehrwertigen Alkohol der allg. Formel $OH-CH_2-CR^1R^2-CH_2-OH$ (R^1 u. R^2 zusammen = O, R^1 = CH_3, C_2H_5; R^2 = Hydroxymethyl oder funktionelles Deriv. davon). — Durch Rk. von Na-Nicotinat mit 1.3-Dichloraceton erhält man das *1.3-Dihydroacetondinicotinat*, F. 174,5—175° mit 75% (Ausb.). Analog: *Trimethylolltrinicotinat*, F. 80—81°; 68%; *1.1.1-Trimethyloläthyltrinicotinat*, F. 94—95°; 73%. — *Gefäßerweiternde Mittel.* (**Brit. P. 1 080 128** vom 17/6. 1966, ausg. 23/8. 1967. Schwed. Prior. 22/6. 1965.) — 3 S.
R. Bauereis 4846

1441 Laboratoire d'Analyses et de Recherches Biologiques Mauvernay-Centre Européen de Recherches Mauvernay (C. E. R. M.) (Erfinder: Roland Yves Mauvernay), Riom, Puy-de-Dôme, Frankreich, **Gefäßerweiternde Mittel.** Man verestert ein in o-Stellung durch Methoxy oder Äthoxy u. in p-Stellung ggf. durch tert.-Butyl oder tert.-Amyl substituiertes Phenol mit Nicotinsäure. — Beispiel: Durch Veresterung von tert.-Amylguaiacol mit Nicotinoylchlorid erhält man *2-Methoxy-4-tert.-amylphenolnicotinat*, Kp.$_{14}$ 242—244°, F. 95°. — Analog wurden *2-Methoxy-4-tert.-butylphenolnicotinat*, Kp.$_{14}$ 228°, u. *2-Äthoxyphenolnicotinat*, Kp.$_{13}$ 208°, erhalten. (**Schwz. P. 427 796** vom 27/5. 1964, ausg. 14/7. 1967. F. Prior. 25/6. 1963.) — 2 S.
R. Bauereis 4846

1442 F. Hoffmann-La Roche & Co. Akt.-Ges., Basel, Schweiz (Erfinder: Martha Mabel Creighton, Willy Leimgruber, Nutley, und Wilhelm Wenner, Upper Montclair, N.J., USA), **Isochinolinverbindungen** der allg. Formel **I** bzw. **II** (R^1 u. R^2 = H, Niederalkyl,

I 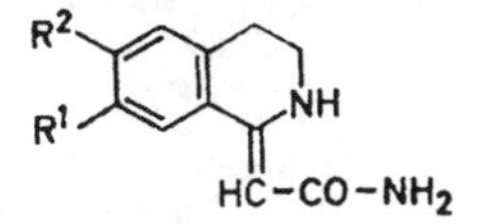 II 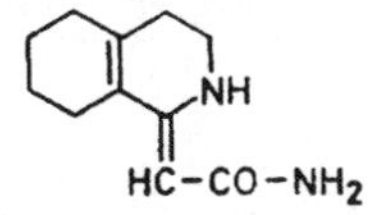

Niederalkoxy oder beide zusammen Niederalkylendioxy) erhält man durch Cyclisieren u. Hydratisieren von ggf. kernsubstituiertem N-[β-Phenäthyl]-cyanacetamid oder von N-[2-(1-Cyclohexen-1-yl)-äthyl]-2-cyanacetamid in beliebiger Reihenfolge. Gleichzeitige Hydrolyse u. Cyclisierung gelingt bes. durch Erhitzen mit Polyphosphorsäure. — *N-[β-Phenäthyl]-cyan*-**III** (**III** = *Acetamid*) → *3.4-Dihydro-$\Delta^{1(2H),\alpha}$-isochinolin*-**III**, F. 106,5—107,5; *Hydrochlorid*, F. 187—191° (Zers.); *Hydrobromid*, F. 186 bis 187° (Zers.). — *3.4-Dihydro-6.7-dimethoxy-$\Delta^{1(2H),\alpha}$-isochinolin*-**III**, F. 163—164° (Zers.); *Hydrochlorid*, F. 203° (Zers.). — *N-[2-(1-Cyclohexen-1-yl)-äthyl]-2-cyan*-**III**, F. 69°, → *3.4.5.6.7.8-Hexahydro-$\Delta^{1(2H),\alpha}$-isochinolinacetonitril*, F. 120,5—121,5°, → *3.4.5.6.7.8-Hexahydro-$\Delta^{1(2H),\alpha}$-isochinolin*-**III**, F. 146—147°; *Hydrochlorid*, F. 153,5 bis 155° (Zers.). — *Gegen Viren wirksame Heilmittel*, z. B. gegen *Coxsackie A-23-*, *Vaccina-*, *Encephalomyocarditis-* u. *Herpes-Viren*. (**Schwz. P. 437 288** vom 7/2. 1964, ausg. 30/11. 1967.) — 4 S. O. Schön 4846

1443 Pfizer Ltd., Sandwich, Kent, Großbritannien (Erfinder: David Roy Gildersleve und Michael Shilton Tute), **1-Phenoxymethyl-3.4-dihydroisochinoline** der allg. Formel **I** (R^1, R^2 u. R^3 = H oder CH_3;

I 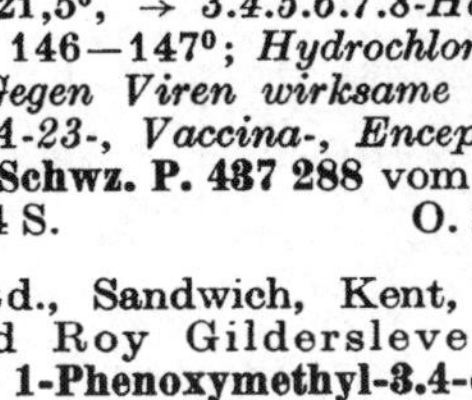

X = H, C_{1-5}-Alkyl, C_{1-5}-Alkoxy oder Halogen) erhält man aus einem Säureamid der allg. Formel $X-C_6H_4-O-CH[R^3]-CO-NH-CH[R^2]-CH[R^1]-C_6H_5$ durch Cyclodehydratisieren mittels P_2O_5, Polyphosphorsäure, PCl_5, $AlCl_3$, $ZnCl_2$, $POCl_3$, $POBr_3$ oder $SOCl_2$. Man kann auch ein Phenoxyacetonitril der allg. Formel $X-C_6H_4-O-CH[R^3]-CN$ in Ggw. von $SnCl_4$ mit einem Phenyläthylchlorid (oder -bromid) der allg. Formel $C_6H_5-CH[R^1]-CH[R^2]-Cl(Br)$ umsetzen. — Beispiele: p-Chlorphenoxyacetylchlorid + β-Phenyläthylamin → 48% *N-[p-Chlorphenoxyacetyl]-β-phenyläthylamin*, $C_{16}H_{16}\cdot ClNO_2$, F. 90—91°, — P_2O_5 (in Toluol bei ca. 80°) → 62% *1-[p-Chlorphenoxymethyl]-3.4-dihydroisochinolin, Hydrochlorid*, $C_{16}H_{15}Cl_2NO$, F. 205—207°. — Analog erhält man nachst. 3.4-Dihydroisochinolinhydrochloride: *1-[p-Methoxyphenoxymethyl]-*, $C_{17}H_{18}ClNO_2$, F. 187°. — *1-Phenoxymethyl-*, $C_{16}H_{16}ClNO$, F. 210—212°. — *1-[p-Tolyloxymethyl]-*, $C_{17}H_{18}ClNO$, F. 188—189°. — *1-[1'-Phenoxyäthyl]-*, $C_{17}H_{18}ClNO$, F. 160—162°. — *1-Phenoxymethyl-3-methyl-*, $C_{17}H_{18}ClNO$, F. 159—161°. — *1-Phenoxymethyl-4-methyl-*, $C_{17}H_{18}ClNO$, F. 207—208°. — *1-[m-Tolyloxymethyl]-*, $C_{17}H_{18}ClNO$, F. 186—188°. — *1-[m-Chlorphenoxymethyl]-*, $C_{16}H_{15}Cl_2NO$, F. 192—193°. — *1-[o-Fluorphenoxymethyl]-*, $C_{16}H_{15}ClFNO\cdot H_2O$, F. 147 bis 149°. — *1-[m-Fluorphenoxymethyl]-*, $C_{16}H_{15}ClFNO\cdot H_2O$, F. 190—195°. — *1-[p-Fluorphenoxymethyl]-*, $C_{16}H_{15}\cdot ClFNO$, F. 201—203°. — *1-[p-Bromphenoxymethyl]-*, $C_{16}H_{15}BrClNO$, F. 207°. — *1-[1'-(p-Chlorphenoxy)-äthyl]-*, $C_{17}H_{17}Cl_2NO\cdot H_2O$, F. 85°. — *1-[p-tert.-Butylphenoxymethyl]-*, $C_{20}H_{24}ClNO$, F. 213—215°. — *1-[p-Butoxyphenoxymethyl]-*, $C_{20}H_{24}ClNO_2$, F. 172—173°. — Gegen *Grippeviren* wirksame *Heilmittel*. (**Brit. P. 1 077 089** vom 18/12. 1964, ausg. 26/7. 1967.) — 4 S. O. Schön 4846

1444 Roche Products Ltd., Welwyn Garden City, Hertfordshire, Großbritannien (Erfinder: John Mervin Osbond und Graham Alwyn Fothergill), **Tetrahydroisochinoline** der allg. Formel **I** (R = H oder Nieder-

I 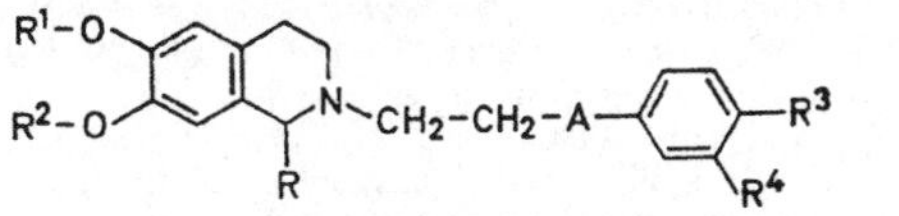

alkyl; R^1 u. R^2 = Niederalkyl oder beide zusammen CH_2; R^3 u. R^4 = Niederalkyl oder beide zusammen Tris- oder Tetramethylen oder Butadien-[1.3]-ylen-[1.4]; A = CO oder CH[OH]) werden durch Mannich-Rk. der am N unsubstituierten Isochinoline mit CH_2O u. einem entsprechend substituierten Acetophenon erhalten, worauf das erhaltene Keton ggf. zum Alkohol red. wird. — Beispiele (Hydrochlorid = Hy): Man kocht ein Gemisch aus 22,5 (g) 3.4-Dimethylacetophenon, 36,6 1-Methyl-6.7-dimethoxy-1.2.3.4-tetrahydroisochinolin-, 6,75 Paraformaldehyd 1 ml konz. HCl u. 75 ml A. 24 Std. → 38,2 *1-Methyl-2-[3-(3.4-dimethylphenyl)-3-ketopropyl]-6.7-dimethoxy-1.2.3.4-tetrahydroisochinolin-Hy*, F. 182—183°, + $Li[AlH_4]$ → *1-Methyl-2-[3-(3.4-dimethylphenyl)-3-hydroxypropyl]-6.7-dimethoxy-1.2.3.4-tetrahydroisochinolin-Hy*, F. 99°. — Analog nachst. 1.2.3.4-Tetrahydroisochinoline: *1-Methyl-2-[3-(3.4-dimethylphenyl)-3-ketopropyl]-6.7-methylendioxy-*; *Hy*, gelb, F. 134°, → *1-Methyl-2-[3-(3.4-dimethylphenyl)-3-hydroxypropyl]-6.7-methylendioxy-*, *Hy*, F. 165°. — *2-[3-(3.4-Dimethylphenyl)-3-ketopropyl]-6.7-dimethoxy-*, *Hy*, F. 225°. — *1-Methyl-2-{3-[indanyl-(5)]-3-ketopropyl}-6.7-dimethoxy-*, *Hy*, F. 189 bis 191°, → *1-Methyl-2-{3-[indanyl-(5)]-3-hydroxypropyl}-6.7-dimethoxy-*, *Hydrojodid*, gelb, F. 95—98°; *Hy*, F. 108 bis 110° (Zers.). — *1-Methyl-2-{3-[5.6.7.8-tetrahydronaphthyl-(2)]-3-ketopropyl}-6.7-dimethoxy-*, *Hy*, F. 171 bis 172°, → *1-Methyl-2-{3-[5.6.7.8-tetrahydronaphthyl-(2)]-3-hydroxypropyl}-6.7-dimethoxy-*, *Hy*, F. 108—110°. — *1-Methyl-2-{3-[naphthyl-(2)]-3-ketopropyl}-6.7-dimethoxy-*, *Hy*, F. 187°, → *1-Methyl-2-{3-[naphthyl-(2)]-3-hydroxypropyl}-6.7-dimethoxy-*; *Oxalat*, F. 103°. — *2-[3-(3.4-Dimethylphenyl)-3-ketopropyl]-6.7-methylendioxy-*, *Hy*, F. 212°, → *2-[3-(3.4-Dimethylphenyl)-3-hydroxypropyl]-6.7-methylendioxy-*, *Hy*, F. 199°. — *Analgetika* u. *Hustenstiller*. (**Brit. P. 1 079 520** vom 19/7. 1965, ausg. 16/8. 1967.) — 6 S. O. Schön 4846

1445 Imperial Chemical Industries Ltd., London, Großbritannien (Erfinder: Ralph Howe und Bernard Joseph McLoughlin), **[3-Amino-2-hydroxypropoxy]-heterocyclen-Derivate** der allg. Formel **I** (R^1 = H, Alkyl;

I 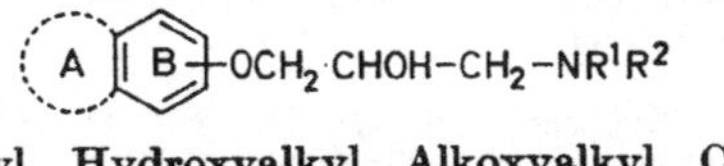

R^2 = Alkyl, Hydroxyalkyl, Alkoxyalkyl, Cycloalkyl, Alkenyl, ggf. durch Alkyl oder Alkoxy substituiertes Aralkyl; Ring B = ggf. ein- oder mehrfach substituiert durch Halogen; A = 5—8gliedriger Heterozyklus mit ein oder zwei O- oder N-Atomen, ggf. durch Alkyl, Oxo, Hydroxy oder —CH=CH—CH=CH— substituiert). — Durch Rk. von 5-[3-Chlor-2-hydroxypropyl]-1.4-benzodioxan mit Isopropylamin erhält man z. B. *5-[2-Hydroxy-3-isopropylaminopropoxy]-1.4-benzodioxan*, F. 104—105°. Analog: *5-[2-Hydroxy-3-isopropylaminopropoxy]-1.3-benzodioxol*, F. 76—77°; 1.2-Dihydro-6-methoxy-1.4-dimethyl-2-oxochinolin, F. 129—130°, → 1.2-Dihydro-6-hydroxy-1.4-dimethyl-2-oxochinolin, F. 285—286° (Zers.), → 6-[3-Chlor-2-hydroxypropoxy]-1.2-dihydro-1.4-dimethyl-2-oxochinolin, F. 129—130°, u. F. 140—141°, → *1.2-Dihydro-6-[2-hydroxy-3-isopropylaminopropoxy]-1.4-dimethyl-2-oxochinolin*, F. 104—105°; *5-[2-Hydroxy-3-(2-hydroxy-1.1-dimethylamino)-propoxy]-1.4-benzodioxan*, F. 91—92°; 4-[3-Chlor-2-hydroxypropoxy]-xanthon, F. 158—159°; → *4-[2-Hydroxy-3-isopropylaminopropoxy]-xanthon*, F. 145—146°; *4-[2-Hydroxy-3-isopropylaminopropoxy]-xanthen*, F. 128—129°; 6-Hydroxy-3.4-dihydro-2H-1.5-benzodioxepin, F. 109—110°, → *6-[3-tert.-Butylamino-2-hydroxypropoxy]-3.4-dihydro-2H-1.5-benzodioxepin*, F. 86—87°; *6-[2-Hydroxy-3-isopropylaminopropoxy]-3.4-dihydro-2H-1.5-benzodioxepin*, F. 67—68°; *4-[2-Hydroxy-3-tert.-butylaminopropoxy]-xanthon*, F. 120—121°; *4-[2-Hydroxy-3-(2-hydroxy-1.1-dimethyläthylamino)-propoxy]-*

xanthon, F. 128—129°; *4-[2-Hydroxy-3-(2-hydroxy-1.1-dimethyläthylamino)-propoxy]-xanthen*, F. 126°; *4-[2-Hydroxy-3-(1-methyl-3-phenylpropylamino)-propoxy]-xanthon*, F. 127—129°, isomere Form, F. 106—108°; *9-Hydroxy-2-[2-hydroxy-3-isopropylaminopropoxy]-xanthen*, F. 136 bis 138°; *5-[3-Cyclopentylamino-2-hydroxypropoxy]-1.4-benzodioxan*, F. 87—88°; *5-[2-Hydroxy-3-allylaminopropoxy]-1.4-benzodioxan, Hydrogenoxalat*, F. 146—147°; 7-Hydroxy-2.3.4.5-tetrahydro-1.6-benzodioxocin, F. 64—65°, → *7-[3-tert.-Butylamino-2-hydroxypropoxy]-2.3.4.5-tetrahydro-1.6-benzodioxocin, Hydrochlorid*, F. 118—119°; 6- oder *8-Brom-5-[2-hydroxy-3-isopropylaminopropoxy]-1.4-benzodioxan*, F. 98—99°; 4-Hydroxyxanthen, F. 121 bis 122°, → *4-[2-Hydroxy-2-isopropylaminopropoxy]-xanthen*, F. 128—129°; 8-Hydroxychroman-4-on, F. 166—167°, → *8-[2-Hydroxy-3-isopropylaminopropoxy]-chroman-4-on*, F. 90—91°; *4-[2-Hydroxy-3-isopropylaminopropoxy]-xanthen*, F. 128—129°; *2.3-Dihydro-6-[2-hydroxy-3-isopropylaminopropoxy]-benzofuran*, F. 96—99°; *5-[3-tert.-Butylamino-2-hydroxypropoxy]-1.4-benzodioxan*, F. 71 bis 72°; *5-[2-Hydroxy-3-(1-methyloctylamino)-propoxy]-1.4-benzodioxan, Hydrochlorid*, F. 121—122°; *5-[1.4-Benzodioxan-5-ylmethyl]-3-butyloxazolidin*, F. 65—66°. — *β-Adrenerg. Blocker*, Mittel gegen *Herzarrhythmien* u. *Angina pectoris*. (**Brit. P. 1 058 822** vom 30/7. 1963, ausg. 15/2. 1967.) — 17 S. R. Bauereis 4846

1446 Merck & Co., Inc., Rahway, N.J., USA, **Herstellung von 3-Aminopyrazinoylguanidinen** der allg. Formel **I** [R = Trihalogenmethyl-, OH-, Alkoxy- Alkyl-,

I 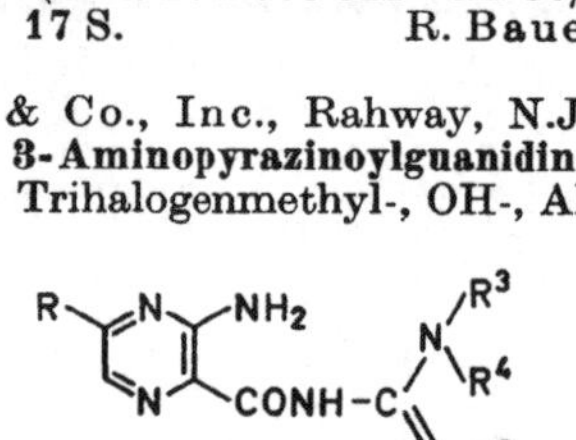

Cycloalkyl-, Aryl-, Arylalkyl-Gruppe, —N(R')R''; R', R'' = H, Amino-, Amidino-, Cycloalkyl-, Alkyl-, Hydroxyalkyl-, Halogenalkyl-, Cycloalkylalkyl-, Phenylalkyl-, Alkylphenylalkyl-, Furylalkyl-, Pyridylalkyl-, Piperidylalkyl-, Pyrrolidinyl-, Alkylaminoalkyl-, Phenyl-, Halogenphenyl-, Alkylphenylgruppe; R^2 = H, Alkyl; R^3, R^4 = H, Alkyl-, Hydroxyalkyl-, Phenyl-, Phenylalkyl-, Naphthylalkyl-, Halogenphenylalkyl-, Alkylphenylalkyl-, Alkoxyphenylalkyl-, Oktahydro-1-azocinylalkyl-, Pyridylalkyl- oder Alkylreste, die mit dem N-Atom einen Heterozyklus bilden] durch Rk. von entsprechenden 3-Aminopyrazincarbonsäurealkylestern unter wasserfreien Bedingungen mit einem Guanidin der allg. Formel $R^2N = C(NH_2)N(R^3)R^4$. — 3-Aminopyrazinoylguanidine: *5-Hydroxy-, Hydrochlorid (HCl)*, Zers. >310° (W.). — *5-Amino-, HCl*, F. 286—288° (Zers.) (W.). — *5-Dimethylamino-*, F. 224—225° (wss. Isopropylalkohol). — *5-Methoxy-, HCl*, F. 229—230° (Zers.) (W.). — *5-Benzylamino-, HCl*, F. 231—233° (Zers.) (W.). — *5-Methyl-*, F. 210° (Zers.) (A.). — *5-Cyclohexyl-*, F. 221—222° (Zers.) (verd. HCl/NaOH). — *5-Phenyl-*, F. 224—226° (Zers.) (Acetonitril-W.); *5-Isopropylamino-*. — *5-[Cyclopropylmethyl]-amino-*. — *5-Anilino-*. — *5-Trifluormethylamino-*. — *5-[Piperidyl-(4)-methyl)-*. — *5-Pyrrolidino-*. — 1-[3.5-Diaminopyrazinoyl]-guanidine: *3.3-Dimethyl-, HCl*. — *3.3-Tetramethylen-, HCl*. — *2.3-Dimethyl-, HCl*. — *3-[2-Hydroxyäthyl]-, HCl*. — *3-Phenyl-, HCl*. — *3-Benzyl-*. — *3-[4-Methoxybenzyl]-*. — Verb. mit *diuret.* u. *natriuret. Eigenschaften*. (**Oe. P. 252 939** vom 28/4. 1964, ausg. 10/3. 1967.) — 11 S. W. Schubert 4846

1447 Ciba Akt.-Ges., Basel, Schweiz (Erfinder: George de Stevens, Summit, und Robert Paul Mull, Florham Park, N.J., USA), **Herstellung von 1-[3-Alkoxy-3-phenylpropyl]-4-phenylpiperazinen.** Zu D. A. S. 1 212 539; C. **1967**, 16-1674 ist nachzutragen: Die 1-[3-Alkoxy-3-phenylpropyl]-4-phenylpiperazine erhält man durch Rk. eines N-Phenylpiperazins mit einem reaktionsfähigen Ester eines 3-Alkoxy-3-phenylpropanols (Schwz. P. 433 332) oder durch Rk. eines 2mal reaktionsfähig veresterten N.N-[2-Hydroxyäthyl]-N-[3-alkoxy-3-phenylpropyl]-amins mit einem Phenylamin (Schwz. P. 433 339) oder durch Rk. eines 3-Alkoxy-3-phenylpropylamins mit einem 2mal reaktionsfähig veresterten N.N-Di-[2-hydroxyäthyl]-N-phenylamin (Schwz. P. 433 338). — *Gefäßerweiternde Mittel*, bes. bei der *Reynaudschen Krankheit* oder *Causalgia*; *diagnost. Mittel* zur Prüfung der *Nebennierenfunktion*; *Entzündungshemmer*, bes. für *Arthritis*. (**Schwz. PP. 433 332, 433 338** u. **433 339** vom 30/10. 1963, ausg. 30/9. 1967. U. S. Prior. 15/11. 1962.) — 4 S. — 3 S. — 3 S. R. Bauereis 4846

1448 Ciba Akt.-Ges., Basel, Schweiz (Erfinder: George de Stevens, Summit, und Robert Paul Mull, Florham Park, N.J., USA), **Herstellung von 1-[3-Alkoxy-3-phenylpropyl]-4-phenylpiperazinen** erfolgt durch Rk. eines Äthylendiamins mit einem Äthylenglykolester oder durch Red. der entsprechenden Carbonyl- oder Thiocarbonylverbindung. — Durch Rk. von N-[3-Phenyl-3-äthoxypropyl]-N'-[3-methylphenyl]-äthylendiamin mit Äthylenbromid erhält man das *1-[3-Phenyl-3-äthoxypropyl]-4-[3-methylphenyl]-piperazin*, $Kp._{0,05}$ 172—174°; *Dihydrochlorid*, F. 166°. — Durch Red. von 1-[β-(4-Methylphenyl)-β-äthoxypropionyl]-4-[2-chlorphenyl]-piperazin mit $LiAlH_4$ → *1-[3-(4-Methylphenyl)-3-äthoxypropyl]-4-[2-chlorphenyl]-piperazin*, $Kp._{0,04}$ 184—186°; *Hydrochlorid* F. 150—152°. — Analog: *1-[3-Methoxy-3-(4-methylphenyl)-propyl]-4-[2-methylphenyl]-piperazin*, $Kp._{0,12}$ 180—182°; *Hydrochlorid*, F. 163°. — *4-[2-Chlorphenyl]-1-[3-methoxy-3-(4-methylphenyl)-propyl]-piperazin*, $Kp._{0,05}$ 182—184°. — *1-[3-Äthoxy-3-(4-methylphenyl)-propyl]-4-[2-methoxyphenyl]-piperazin; Dihydrochlorid*, F. 186°. — *4-[2-Methoxyphenyl]-1-[3-methoxy-3-(4-methylphenyl)-propyl]-piperazin; Dihydrochlorid*, F. 175—177°. — *1-[3-Äthoxy-3-(4-methylphenyl)-propyl]-4-[2-methylphenyl]-piperazindihydrochlorid*, F. 164—166°. — *Blutdrucksenkende* u. *diuret. wirkende Mittel*. (**Schwz. PP. 433 337, 433 340** vom 3/10. 1963, ausg. 30/9. 1967 u. **434 269** vom 30/10. 1963, ausg. 14/10. 1967.) — 2 S. — 3 S. — 3 S. R. Bauereis 4846

1449 Lepetit S. p. A., Mailand, Italien (Erfinder: Giorgio Cignarella und Emilio Testa), **Herstellung von Piperazinderivaten** erfolgt durch Rk. eines α-substituierten α-Bromessigsäurebenzylamids mit einem α-substituierten Glycinäthylester, erhitzen des entstandenen Iminodiessigsäureesterbenzylamids u. Red. des 2.6-substituierten 4-Benzyl-3.5-diketopiperazins mit $LiAlH_4$. — Beispiel: Durch Rk. von α-Brompropionsäurebenzylamid mit α-Alaninäthylester erhält man das N-[α-Carbäthoxyäthyl]-alaninbenzylamid, $Kp._1$ 165 bis 170°, Ausb. 82%. Durch Erhitzen dieser Verb. auf 200 bis 220° erhält man das 2.6-Dimethyl-4-benzyl-3.5-diketopiperazin, $Kp._{0,5}$ 148—150°, F. 62—63°, Ausb. 80,6%, Hydrochlorid, F. 212—214°. Durch Red. dieser Verb. mit $LiAlH_4$ erhält man das *2.6-Dimethyl-4-benzylpiperazin*, $Kp._{0,6}$ 85°, Ausb. 97%. Durch Hydrierung in Ggw. von Pd/C erhält man daraus das *2.6-Dimethylpiperazin*, Kp. 150—160°, F. 118—120°. Analog wurden folgende Piperazine (I) erhalten: N-[1-(1-Carbäthoxyisopropyl)]-alaninbenzylamid, $Kp._{0,8}$ 145,6°, → 2.2.6-Trimethyl-4-benzyl-3.5-diketo-I, $Kp._{0,8}$ 160°, Hydrochlorid, F. 217 bis 220°, → *2.2.6-Trimethyl-4-benzyl-I*, $Kp._{0,6}$ 80—85°; *1-Benzoyl-4-benzyl-2.6-dimethyl-I*, $Kp._1$ 190°, $C_{20}H_{24}N_2O$, 96%, → *1-Benzoyl-2.6-dimethyl-I*, Kp. 110—112°, $C_{13}H_{18}\cdot N_2O$, 87,5%, *Tartrat*, F. 198—200°, → *1-Benzyl-2.6-dimethyl-I*, $Kp._{0,6}$ 97—98°, $C_{13}H_{20}N_2$, 92%, → *1-Benzyl-4-benzoyl-2.6-dimethyl-I*, $Kp._1$ 200°, F. 117—119°, $C_{20}H_{24}\cdot N_2O$, 80%, → *4-Benzoyl-2.6-dimethyl-I*, $Kp._1$ 160°, F. 117 bis 119°, $C_{13}H_{18}N_2O$; *1-Propionyl-2.2.6-trimethyl-4-benzyl-I*, $Kp._{0,4}$ 120—125°, $C_{17}H_{26}N_2O$; *1-Propionyl-2.2.6-trimethyl-4-cinnamyl-I*, $Kp._{0,5}$ 160—170°, $C_{19}H_{28}N_2O$; *1-Propionyl-3.4.5-trimethyl-I*, $Kp._{0,8}$ 98—100°; *1-Propionyl-2.4.6-trimethyl-I*, $Kp._{0,6}$ 73—75°; *1-Propionyl-2.6-dimethyl-4-cinnamyl-I*, $Kp._{0,2}$ 175—180°; *1-Cinnamyl-2.6-dimethyl-4-propionyl-I*, $Kp._{0,6}$ 182°; *1-Propionyl-2.6-dimethyl-I*, $Kp._{0,5}$ 90—93°; *1-Propionyl-3.5-dimethyl-I*, $Kp._{0,5}$ 85°; *1-Benzoyl-2.6-dimethyl-I*, $Kp._{0,5}$ 128—130°; *1-Benzyl-2.6-dimethyl-I*, $Kp._{0,6}$ 97—98°; *1-Benzyl-3.5-dimethyl-I*, $Kp._{0,8}$ 85—86°; *1-Propionyl-2.6-dimethyl-4-benzyl-I*, $Kp._{0,5}$ 140°; *1-Benzyl-2.6-dimethyl-4-propionyl-I*, $Kp._{0,4}$ 140—145°; *1-Benzoyl-2.6-dimethyl-4-benzyl-I*, $Kp._1$ 190—195°; *1-Benzyl-2.6-dimethyl-4-benzoyl-I*, $Kp._1$ 200°; *1-Benzyl-3.4.5-trimethyl-I*, $Kp._{0,6}$ 95—100°; *1.2.6-Trimethyl-I*, $Kp._{40}$ 85 bis 90°; *1-Benzyl-2.4.6-trimethyl-I*, Kp.$_{0,4}$ 100°; *2.4.6-Trimethyl-I*, Kp.$_{40}$ 80°; *1-Benzyl-3-isopropyl-5-methyl-I*, Kp.$_{0,5}$ 100—102°; *1.2.2.6-Tetramethyl-I*, Kp.$_{40}$ 93—95°; *2.2.6-Trimethyl-I*, F. 158—162°; *1.2.2.4.6-Pentamethyl-I*, Kp.$_{22}$ 69—70°, F. 180°; *1-Benzyl-3.3.5-trimethyl-I*, Kp.$_{0,6}$ 80 bis 85°; *1.2.6-Trimethyl-I*, Kp.$_{40}$ 85—87°; *1-Benzyl-3.4.5-trimethyl-I*, Kp.$_{0,6}$ 95—96°; *1-Benzyl-2.4.6-trimethyl-I*, Kp.$_{0,4}$ 100°; *2.4.6-Trimethyl-I*, Kp.$_{40}$ 85°; *1.2.2.6-Tetramethyl-I*, Kp.$_{40}$ 93—95°; *1-Benzyl-3.3.4.5-tetramethyl-I*, Kp.$_{0,5}$ 95—97°; *1-Propionyl-3.3.4.5-tetramethyl-I*, Kp.$_{0,8}$ 98—100°; *1-Propionyl-2.2.6-trimethyl-I*, Kp.$_{0,4}$ 94°; *1-Propionyl-2.2.4.6-tetramethyl-I*, Kp.$_5$ 115—120°; *1-Propionyl-2.6-dimethyl-4-benzhydryl-I*, F. 130—132°; *1-Benzhydryl-2.6-dimethyl-I*, F. 91—93°, Kp.$_{0,5}$ 150°, *Hydrochlorid*, 296—300°; *1-Cinnamyl-2.6-dimethyl-4-benzhydryl-I*, F. 171 bis 173°; *1-Benzhydryl-3-isopropyl-5-methyl-I*, F. 65 bis 68°, *Hydrochlorid*, F. 212—215°; Kp.$_{0,6}$ 145—150°; *1-Benzhydryl-3.3.5-trimethyl-I*, F. 94—96°. — *Analgetika*. (**Brit. P. 1 069 204** vom 11/12. 1962, ausg. 17/5. 1967.) — 10 S. R. Bauereis 4846

1450 Aziende Chimiche Riunite Angelini Francesco, Rom, Italien, **Herstellung von substituierten 1-Aryl-3-aminopropinen** durch Rk. von Arylacetylen mit einem Amin u. CH_2O. — Beispiel: Durch Rk. von Phenylacetylen mit N-Phenylpiperazin u. Trioxymethylen erhält man das *1-Phenyl-3-N'-phenylpiperazinopropin*, Kp.$_{0,3}$ 175°, *Dihydrochlorid*, F. 203°. Analog wurden erhalten: *1-Phenyl-3-N-morpholinopropin*, Kp.$_{0,2}$ 125°, *Hydrochlorid*, F. 166°; *1-Phenyl-3-N'-methylpiperazinopropin*, Kp.$_{0,2}$ 135°, *Dihydrochlorid*, F. 199°; *1-Phenyl-3-pyrrolidinopropin*, Kp.$_{0,2}$ 110°, *Hydrochlorid*, F. 222°; *1-Phenyl-3-N'-[β-hydroxyäthyl]-piperazinopropin*, Kp.$_{0,2}$ 177°, *Dihydrochlorid*, F. 203°; *1-m-Chlorphenyl-3-N'-methylpiperazinopropin*, Kp.$_{0,1}$ 134°, *Dihydrochlorid*, F. 230°; *1-m-Chlorphenyl-3-dimethylaminopropin*, Kp.$_{0,1}$ 84°, *Hydrochlorid*, F. 186°; *1-m-Chlorphenyl-3-N'-phenylpiperazinopropin*, *Dihydrochlorid*, F. 218°; *1-p-Chlorphenyl-3-N'-methylpiperazinopropin*, Kp.$_{0,1}$ 143°, *Dihydrochlorid*, F. 255°; *1-p-Chlorphenyl-3-dimethylaminopropin*, Kp.$_{0,2}$ 92°, *Hydrochlorid*, F. 192°; *1-p-Chlorphenyl-3-N'-phenylpiperazinopropin*, F. 111°, *Dihydrochlorid*, F. 221°; *1-Phenyl-3-N'-benzylpiperazinopropin*, *Dihydrochlorid*, F. 250°; *1-Phenyl-3-[4'-hydroxy-4'-phenylpiperidino]-propin*, F. 104°, *Hydrochlorid*, F. 184°; *1-m-Chlorphenyl-3-N'-[β-hydroxyäthyl]-piperazinopropin*, Kp.$_{0,1}$ 172°, *Dihydrochlorid*, F. 230°; *1-p-Chlorphenyl-3-N'-[β-Hydroxyäthyl]-piperazinopropin*, F. 81°, *Dihydrochlorid*, F. 262°; *1-Phenyl-3-N'-carbäthoxypiperazinopropin*, Kp.$_{0,2}$ 170°, *Hydrochlorid*, F. 185°; *1-Phenyl-3-N'-o-chlorphenylpiperazinopropin*, *Hydrochlorid*, F. 188°; *1-Phenyl-3-N'-m-chlorphenylpiperazinopropin*, F. 63°, *Hydrochlorid*, F. 199°; *1-Phenyl-3-N'-p-chlorphenylpiperazinopropin*, F. 93°, *Dihydrochlorid*, F. 198°; *1-Phenyl-3-N'-o-tolylpiperazinopropin*, *Hydrochlorid*, F. 198°; *1-Phenyl-3-[4'-phenylpiperidino]-propin*, Kp.$_{0,2}$ 176°, *Hydrochlorid*, F. 176°; *1-Phenyl-3-[N-methyl-N-benzylamino]-propin*, Kp.$_{0,05}$ 132°, *Phosphat*, F. 119°; *1-Phenyl-3-[N-methyl-N-3.4-dimethoxybenzylamino]-propin*, Kp.$_{0,1}$ 188°, *Hydrochlorid*, F. 174°; *1-o-Tolyl-3-N'-methylpiperazinopropin*, Kp.$_{0,1}$ 125°, *Dihydrochlorid*, F. 237°; *1-p-Nitrophenyl-3-morpholinopropin*, F. 90°; *1-p-Aminophenyl-3-morpholinopropin*, F. 99°; *1-p-Acetylamino-3-morpholinopropin*, F. 135°, *Hydrochlorid*, F. 240°. — Mittel gegen *Magenulcera*, *Sedativa*, *Spasmolytika*, *Analgetika*, *Antiphlogistika*. (**Brit. P. 1 055 548** vom 22/10. 1965, ausg. 18/1. 1967. It. Prior. 23/8. 1965.) — 4 S. R. Bauereis 4846

1451 Sandoz Akt.-Ges., Basel (Erfinder: Albert Hofmann und Franz Troxler, Bottmingen), Schweiz, **Herstellung von Indazolen** der allg. Formel I (ein Rest

I 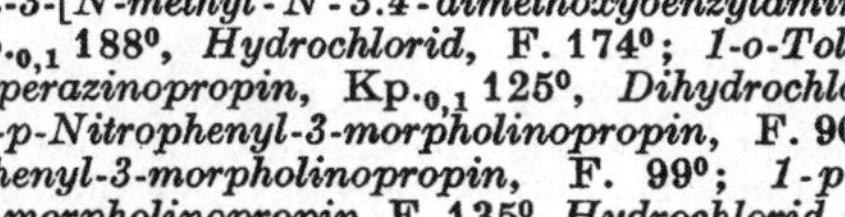

R^1 u. R^2 = H oder $-OCH_3$, der andere = H), dad. gek., daß man ein reaktionsfähiges Deriv. einer entsprechend substituierten Indazol-[3]-essigsäure (z. B. deren Halogenide, Azid oder Ester) mit 1-Phenylpiperazin umsetzt u. das entstandene Prod. mit $LiAlH_4$ reduziert. — Beispiel: *2-Nitro-5-methoxyzimtsäure*, F. 225—227°, + $FeSO_4$ + NH_3 (30 Min. bei 95°) → *2-Amino-5-methoxyzimtsäure*, F. 177—179°, + $NaNO_2$ + HCl + Na_2SO_3 → *[5-Methoxy-3-indazol]-essigsäure*, F. 170—172°, + CH_2N_2 → *[5-Methoxy-3-indazol]-essigsäuremethylester*, + 1-Phenylpiperazin (3$^1/_2$ Std. bei 150°) → *[5-Methoxy-3-indazol]-essigsäure-4-phenyl-1-piperazid*, F. 201—202°, + $LiAlH_4$ (1 Std. in sd. Dioxan) → *5-Methoxy-3-[2-(4-phenyl-1-piperazinyl)-äthyl]-indazol*, F. 141—143°. — *Neuroleptika*. (**Schwz. P. 437 313** vom 25/3. 1964, ausg. 30/11. 1967.) — 3 S. O. Schön 4846

1452 Schering Akt.-Ges. (Erfinder: Hans Priewe und Klaus Gutsche), Berlin, **2-Aminopyrimidin (I)-Derivate**, die in 5-Stellung durch Z substituiert sind, erhält man durch Rk. von 1.1-Dialkoxyäthanen der allg. Formel $Z-CH_2-CH(OR)_2$ mit einem sauren halogenhaltigen Kondens.-Mittel (PCl_5), wobei eine Alkoxygruppe gegen Chlor ausgetauscht wird, u. gleichzeitige oder nachfolgende Zugabe eines Formamids der allg. Formel R^1R^2N-CHO. Das Formylierungsprod. wird mit einem Guanidinsalz u. Alkalihydroxid oder Alkalialkanoat in einem niederen Alkohol umgesetzt (Z = Alkyl- oder Alkoxyreste, deren Kette durch ein oder mehrere O-Atome unterbrochen sein kann; R = niederer Alkylrest oder — falls Z = Alkoxyrest — auch Z; R^1 u. R^2 = Alkylreste; R^2 kann auch Phenyl bedeuten). — Methoxyäthoxyacetaldehyddimethoxyäthylacetat + PCl_5 + Dimethylformamid → β-Dimethylamino-α-methoxyäthoxyacrolein (**II**). — **II** + Guanidinnitrat → *5-Methoxyäthoxy-***I**, F. 80—81° (CCl_4). — Analog erhält man: *5-Cyclohexyloxy-***I**, F. 72—73°. — *5-Äthoxyäthoxyäthoxy-***I**, braunes Öl. — *5-Tetrahydrofurfuryloxy-***I**, braunes Öl. — *Heilmittelzwischenprodukte*. — Vgl. Brit. P. 997 631; C. **1967**, 12-1760. (**Schwz. P. 433 344** vom 10/10. 1961, ausg. 30/9. 1967. D. Prior. 18/10. 1960, 22/2., 23/2. u. 2/3. 1961.) — 3 S. A. Jahn 4846

1453 Imperial Chemical Industries Ltd., London, Großbritannien (Erfinder: Derrick Michael O'Mant), **3-Phenylchinazolin-2.4-dione**, die im Benzolrest, der in 3-Stellung gebunden ist, durch Halogen, NO_2, CF_3 substituiert sind, erhält man durch Cyclisierung entsprechender Carbanilide in Ggw. saurer Katalysatoren. Es wurden erhalten Chinazolin-2.4-dione: *3-(2.4-Dichlorphenyl)-*, F. 255—257°. — *3-(2-Chlorphenyl)-*, F. 231 bis 233°. — *3-(4-Chlorphenyl)-*, F. 297°. — *3-(3.4-Dichlorphenyl)-*, F. 317°. — *3-(4-Nitrophenyl)-*, F. 375°. — *3-(2-Bromphenyl)-*, F. 212—213°. — *3-(4-Fluorphenyl)-*, F. 272—274°. — *3-(4-Jodphenyl)-*, F. 354—356°. — *3-(2-Brom-4-methylphenyl)-*, F. 208—210°. — *3-(2-Brom-4-nitrophenyl)-*, F. 294—296°. — *3-(4-Brom-2-methylphenyl)-*, F. 241—243°. — *3-(4-Brom-3-methylphenyl)-*, F. 294—296°. — *3-(2.4-Dibromphenyl)-*, F. 253—254°. — *3-(2.5-Dibromphenyl)-*, F. 283—284°. — *3-(3.4-Dibromphenyl)-*, F. 341—342°. — *3-(2.5-Dichlorphenyl)-*, F. 228 bis 230°. — *3-(2-Brom-4-chlorphenyl)-*, F. 255—258°. — *3-(4-Brom-2-chlorphenyl)-*, F. 260—262°. — *3-(4-Chlor-2-jodphenyl)-*, F. 288—290°. — *3-(2.4.6-Tribromphenyl)-*, F. 298—301°. — *3-(2.4.6-Trichlorphenyl)-*, F. 261—264°. — *3-(2.4-Dibrom-6-chlorphenyl)-*, F. 272—274°. — *3-(3-Trifluormethyl-phenyl)-*, F. 310—312°. — *Antiallerg.* u. *entzündungshemmende Mittel*. (**Brit. P. 1 059 271** vom 5/2. 1964, ausg. 15/2. 1967.) — 5 S. A. Jahn 4846

1454 N. V. Koninklijke Pharmaceutische Fabrieken V/h Brocades-Stheeman & Pharmacia, Meppel, Niederlande (Erfinder: Gerardus Johannes Bertramszoon Corts), **1.2.3.4.6.7.8.12c-Octahydroindolo-[3.2-a]-chinazolin (I)**, das in 2-Stellung durch niedere Alkyl- oder ggf. durch Halogen oder den Methylendioxyrest substituierte Phenylreste u. in 8-Stellung durch niedere Alkylreste substituiert ist, erhält man durch Red. ($LiAlH_4$) entsprechender **I**-4-one. — *8-Methyl-***I**, F. 99—100,5° (PAe.). — *2.8-Dimethyl-***I**, F. 88,5—91°, *Hydrochlorid*, $C_{17}H_{23}ClN_2$, F. 309—311° (A.-Ae.). — **I**, *Hydrochlorid*, $C_{15}H_{19}ClN_2$, F. 265—267° (Methanol). — *2-Methyl-I*, *Hydrochlorid*, F. 298—299° (A.-Ae.). — *2-[p-Chlorphenyl]-I*, *Hydrochlorid*, F. 289—292° (Methanol). — *2-[3'.4'-Methylendioxyphenyl]-I*, *Hydrochlorid*, $C_{22}H_{23}ClN_2O_2$, F. 294—296°. — *2-[p-Chlorphenyl]-8-me-*

thyl-**I**, F. 158—159° (Bzl.-PAe.), *Hydrochlorid*, F. 296 bis 299° (A.). — *Analget., antiphlogist.* u. *antiepilept. Mittel.* (**Brit. P. 1 064 585** vom 15/9. 1964, ausg. 5/4. 1967.) — 10 S. A. Jahn 4846

1455 VEB Arzneimittelwerke Dresden, Radebeul (Erfinder: Herbert Goldner, Günther Dietz und Ernst Carstens), **7-Hydroxyxanthin (I)-Derivate** der allg. Formel **II** erhält man durch Rk. von 4-Amino-5-

II 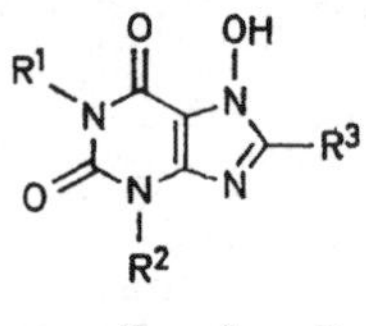 III 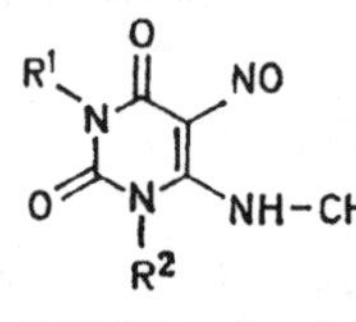

nitrosouracilen der allg. Formel **III** mit HNO_2 oder deren Estern (R^1 u. R^2 = Alkylreste; R^3 = H, Aralkylrest oder R^1). — 1.3-Dimethyl-4-n-butylaminouracil + Isoamylnitrit → *1.3-Dimethyl-8-n-propyl*-**I**, $C_{10}H_{14}N_4O_3$, F. 154 bis 154,5° (W.). — Analog erhält man: *1.3-Dimethyl-8-isopropyl*-**I**, $C_{10}H_{14}N_4O_3$, F. 221—223° (W.). — *7-Hydroxy-8-benzyltheophyllin*, $C_{14}H_{14}N_4O_3$, F. 216—218°. — *Heilmittel.* (**Brit. P. 1 019 920** vom 26/3. 1963, ausg. 9/2. 1966.) — 5 S. A. Jahn 4846

1456 Nippon Shinyaku Co. Ltd., Kyoto, Japan, **7-[γ-Diisobutylamino-β-hydroxypropyl]-theophyllin**, F. 152°, erhält man durch Rk. von Theophyllin mit N.N-Diisobutyl-3-halogen-2-hydroxypropylamin. *Heilmittelzwischenprodukt.* (**Brit. P. 1 062 954** vom 15/2. 1965, ausg. 22/3. 1967. Jap. Prior. 17/11. 1964.) — 3 S. A. Jahn 4846

1457 Aspro-Nicholas Ltd., London, Großbritannien (Erfinder: John William James, James Albert Baker und John Dixon Shrive), **1.3-Benzoxazin-2.4-dion** erhält man durch langsame Zugabe eines niederen Chlorameisensäurealkylesters zu Salicylamid in wss. Medium bei 20—70° in Ggw. einer anorgan. Base u. unter Rühren. Dann hält man das Rk.-Gemisch noch so lange auf Rk.-Temp., bis die Bldg. von festem Prod. beendet ist. Ausb. bis 85,4%. — *Heilmittel.* (**Brit. P. 1 069 367** vom 1/10. 1964, ausg. 17/5. 1967.) — 3 S. A. Jahn 4846

1458 Sandoz Patents Ltd., Toronto, Ontario, Canada (Erfinder: Jany Renz, Jean Pierre Bourquin, Hans Winkler, Basel, Conrad Brüschweiler, Birsfelden, und Gustav Schwab, Neu-Allschwil, Schweiz), **Herstellung von Phenthiazin (I)-Derivaten.** Zu Ung. P. 151 409; C. **1966**, 47-2737 sind nachzutragen: *3-Methylsulfonyl-10-[2'-(1''-methylpiperidyl-2'')-äthyl-1']*-**I**, F. 121 bis 123°. — *3-Äthylsulfonyl-10-[2'-(1''-methylpiperidyl-2'')-äthyl-1]*-**I**, F. 105—107°; *Benzolsulfonat*, F. 147 bis 149° (A.). — *Therapeutika.* (**Brit. P. 1 048 852** vom 1/7. 1963, ausg. 28/9. 1966. Schwz. Prior. 19/7., 19/7., 23/10. u. 23/10. 1962. **Schwz. P. 416 686** vom 19/7. 1962, ausg. 31/1. 1967.) — 5 S. — 3 S. A. Jahn 4846

1459 Rhône-Poulenc Soc. An., Paris, Frankreich, **Phenthiazin (I)-Derivate** der allg. Formel **II** erhält man

II 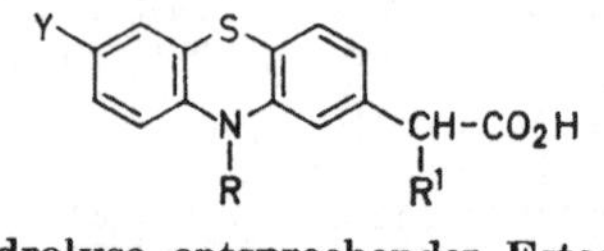

1. durch Hydrolyse entsprechender Ester, Nitrile oder Carbamide, 2. durch Hydrolyse u. Decarboxylierung entsprechender Phenthiazinyl-(3)-malonsäureester oder 3. durch Willgerodt- bzw. Willgerodt-Kindler-Rk. von **3-Acetyl-I**-Deriv. u. nachfolgende Hydrolyse der Rk.-Prod. [R = H oder CH_3; R^1 = R oder C_2H_5; Y = H, Halogen C_1—C_4-Alkyl-, Alkoxy- oder Alkylmercaptorest; R = CH_3, falls R^1 u. Y = H]. — 3-Acetyl-10-methyl-**I** + S + Morpholin → [10-Methyl-3-**I**-yl]-acetomorpholid (**II**), F. 185—187°. — **II** + KOH → *[10-Methyl-3-**I**-yl)-essigsäure*, F. 146° (Bzl.). — *[7-Methoxy-10-methyl-3-**I**-yl]-essigsäure*, F. 160—161° (Bzl.). — *[7.10-Dimethyl-3-**I**-yl]-essigsäure*, F. 137° (Bzl.-Cyclohexan). — *[7-Chlor-3-**I**-yl]-essigsäure*, F. 255° (Butylacetat). — *[7-Methoxy-3-**I**-yl]-essigsäure*, F. 238—240° (Butylacetat). — *2-[3-**I**-yl]-propionsäure*, F. 240° (A.). — *2-[10-Methyl-3-**I**-yl]-propionsäure*, F. 144° (Acetonitril). — *2-[10-Methyl-3-**I**-yl]-buttersäure*, F. 174° (A.). — *2-[7-Methoxy-10-methyl-3-**I**-yl]-propionsäure*, F. 124—125° (Diisopropyläther). — *Heilmittel.* (**Brit. P. 1 048 680** vom 27/10. 1965, ausg. 16/11. 1966. F. Prior. 29/10., 29/10., 30/10., 28/12. 1964, 24/9., 24/9. u. 24/9. 1965.) — 17 S. A. Jahn 4846

1460 Smith, Kline & French Laboratories, Philadelphia, übert. von: Paul N. Craig, Roslyn, Pa., USA, **Phenthiazine** der allg. Formel **I** erhält man durch Rk. von

I 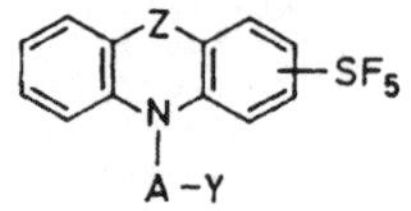

Aminophenylschwefelpentafluorid mit Acetanhydrid, Kondens. des gebildeten N-Acylderiv. mit Brombenzol in Ggw. von Alkali u. Cu-Pulver u. Hydrolyse des gebildeten Rk.-Prod. zum Phenylaminophenylschwefelpentafluorid, das mit S in Ggw. von katalyt. Mengen J_2 zum Phenthiazin cyclisiert wird. Dieses kann zum Sulfoxid oder Sulfon ox. werden. Die Phenthiazinderiv. werden mit tert. Aminoalkylestern umgesetzt (Z = S, SO, SO_2, A = C_{2-6}-Alkylenrest; Y = Dialkylaminorest mit 1—6 C-Atomen im Alkylrest; heterocycl. Aminorest mit ≤ 2 O-, N- oder S-Atomen u. 4—12 C-Atomen). — Als Zwischen- u. Endprod. wurden erhalten: m-Acetamidophenylschwefelpentafluorid, F. 135—136,5°. — 3-Pentafluorschwefeldiphenylamin, *2-Pentafluorschwefelphenthiazin* (**II**), F. 186—187,5°. — *10-(3'-Dimethylaminopropyl]*-**II**. — *10-[3'-(4''-Methyl-1''-piperazinyl)-propyl]*-**II**. — *Dimaleat*-**II**-*5-oxid.* — **II**-*5.5-Dioxid.* — *10-(3'-Piperazinylpropyl)*-**II**. — *10-[3'-(N-Acetoxyäthylpiperazinyl)-propyl]*-**II**-*Dihydrochlorid.* — *10-(3'-(N-Hydroxyäthoxyäthylpiperazinyl)-propyl]*-**II**. — *Tranquillizer, Anthelminthika, Antihistaminika, Mittel mit Wrkg. auf das Zentralnervensystem.* (**U. S. P. 3 260 717** vom 23/5. 1963, ausg. 12/7. 1966.) — 3 S. A. Jahn 4846

1461 Egyesült Gyógyszer és Tápszergyár (Erfinder: Lajos Toldy, József Borsi, Boris Dumbovich, Márton Fekete und István Tóth), Budapest, Ungarn, **Herstellung von Phenthiazinestern** der allg. Formel **I** (A = H, Halogen, Alkoxyrest oder CF_3; X = zwei-

I 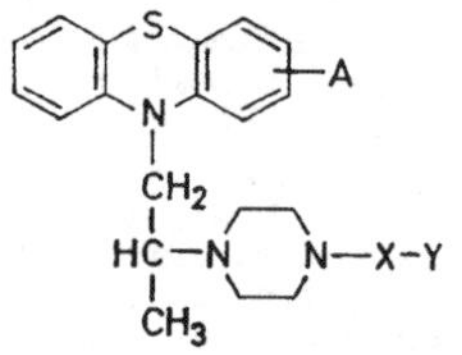

wertige KW-Stoff-Kette; Y = OCOR; R = Trimethoxyphenyl- oder Pyridylrest) durch Rk. von Verb. der allg. Formel **I** mit Y = OH mit einem Trimethoxybenzoyl- oder Pyridincarbonsäurehalogenid. — 10-[β-(4'-{β'-Hydroxyäthyl}-piperazino)-propyl]-phenthiazin (**II**) u. 3.4.5-Trimethoxybenzoylchlorid werden bei Raumtemp. in Dichloräthan umgesetzt: **II**-*3.4.5-Trimethoxybenzoat, Difumarat*, F. 195—197°. — Analog folgende 3.4.5-Trimethoxybenzoate: *3-Chlor-10-[β-(4'-{β'-Hydroxyäthyl}-piperazino)-propyl]-phenthiazin, Difumarat*, F. 215 bis 217°. — *3-Chlor-10-[β-4'-{β'-Hydroxypropyl}-piperazino)-propyl]-phenthiazin-, Difumarat*, F. 206—208°. — *3-Methoxy-10-[β-(4'-{β'-Hydroxyäthyl}-piperazino)-propyl]-phenthiazin-, Difumarat*, F. 191—193°. — *Heilmittel.* — Vgl. Ung. P. 151 491; C. **1967**, 23-1765. (**Oe. P. 250 373** vom 14/1. 1964, ausg. 10/11. 1966. Ung. Prior. 22/1. 1963.) — 3 S. K.-D. Stolp 4846

1462 Deutsche Gold- und Silber-Scheideanstalt vormals Roessler (Erfinder: Albert Gross und Kurt Thiele), Frankfurt/M., **Herstellung von substituierten 4-Azaphenthiazin (I)-Derivaten.** Zu Brit. P. 961 385; C. **1966**, 25-1686 ist nachzutragen: 2-[5-Chlor-2-amino-3-

pyridylmercapto]-phenylamin → *2-Chlor-I*, F. 183°, Ausb. 58%. — *Heilmittel*. (**Schwz. P. 433 324** vom 22/8. 1962, ausg. 30/9. 1967. D. Prior. 3/10. 1961.) — 2 S.
A. Jahn 4846

1463 Merck & Co., Inc., Rahway, N.J., USA, (Erfinder: Lily Baxendale), **6-Trifluormethylbenz-1.2.4-thiadiazin-1.1-dioxid (I)-Derivate,** die in 3-Stellung durch Alkyl- oder Cycloalkylreste substituiert sind, erhält man durch Rk. von 2-Amino-4-trifluormethylbenzolsulfonamid (II) mit entsprechenden Carbonsäuren oder deren Anhydriden. — II + Acetanhydrid → 3-Methyl-I, F. 328° (wss. A.). — *Heilmittel*. (**Brit. P. 1 054 632** vom 11/3. 1963, ausg. 11/1. 1967.) — 2 S. A. Jahn 4846

1464 American Home Products Corp., New York, N.Y., USA (Erfinder: Stanley Charles Bell), **Benzdiazepinderivate.** Zu U. S. P. 3 176 009; C. **1967**, 20-1703 ist die Herst. von 5-monocycl. Aryl-1-monocarboxylacyl-3-monocarboxylacyloxy-1.3-dihydro-2H-1.4-benzdiazepin-2-onen durch Erhitzen von 5-monocycl.-Aryl-1.3-dihydro-2H-benzdiazepin-2-on-4-oxid mit dem Anhydrid einer Monocarbonsäure auf ≧ 50° nachzutragen. Es wurden erhalten: 1-Acetyl-3-acetoxy-1.3-dihydro-2H-1.4-benzdiazepin-2-one: *7-Chlor-5-phenyl-*, $C_{19}H_{15}ClN_2O_4$, F. 170—172° (Cyclohexan). — *5-(o-Chlorphenyl)-7-chlor-*, $C_{19}H_{14}Cl_2N_2O_4$, F. 171—173°. — *5-Phenyl-7-trifluormethyl-*. *5-p-Tolyl-7-brom-*. — *5-(2-Thienyl)-7-nitro-*. — *5-(p-Trifluormethyl-phenyl)-7-methylsulfonyl-*. — *5-(p-Fluorphenyl)-*. — *5-(p-Methoxyphenyl)-7-chlor-*. — Ferner: 7-Chlor-5-phenyl-1.3-dihydro-2H-1.4-benzdiazepin-2-one: *1-Chloracetyl-3-acetoxy-*, $C_{19}H_{14}Cl_2N_2O_4$, F. 195—197°. — *1-Propionyl-3-propionoxy-*. — *1-Benzoyl-3-benzoyloxy-*. — *1-Phenylacetyl-3-phenylacetoxy-*. — *1-Chloracetyl-3-chloracetoxy-*. — *Psychotherapeutika*. (**Brit. P. 1 059 107** vom 4/10. 1963, ausg. 15/2. 1967. U. S. Prior. 5/10. u. 5/10. 1962.) — 8 S.
A. Jahn 4846

1465 Upjohn Co., Kalamazoo, Mich., USA, **10.11-Dihydro-5H-dibenzo-[b.e]-1.4-diazepin(I)-Derivate,** die in 5-Stellung durch $-C_nH_{2n}N(R^1)R^2$ u. ggf. in jedem Benzolring durch Y substituiert sind, erhält man durch Red. entsprechender 11-Ketoverb. mit $LiAlH_4$ (R^1 u. R^2 = H oder C_{1-8}-Alkylreste; R^1 u. R^2 können zusammen mit dem N-Atom den 5—7gliedrigen Rest —NZ bilden; Z = Alkylen-, Oxaalkylen, Thiaalkylenrest; n = 2—4; Y = Cl, F, CF_3, C_{1-8}-Alkyl-, C_{1-8}-Alkoxyrest; falls Y = H, kann $-C_nH_{2n}N(R^1)R^2$ nicht die Dimethylaminopropylgruppe bedeuten). — Es wurden erhalten: *5-(2-Diäthylaminoäthyl)-I, Dihydrochlorid*, $C_{19}H_{27}Cl_2N_3$, F. 221,5—223° (Ae., Aceton). — *5-(3-Diäthylaminopropyl)-I*, $C_{20}H_{27}N_3$, F. 81 bis 83°. — *5-(3-Methylaminopropyl)-I*, gelbliches Öl. — *Dihydrochlorid*. — *Stimulantien* für das *Zentralnervensyst., Pseudocholinesteraseinhibitoren*. (**Brit. P. 1 056 045** vom 17/7. 1963, ausg. 25/1. 1967. U. S. Prior. 28/8. 1962.) — 6 S. A. Jahn 4846

1466 Upjohn Co., Kalamazoo, Mich., USA, **10.11-Dihydro-5H-dibenzo-[b.e]-1.4-diazepin(I)-Derivate,** die in 10-Stellung durch $-C_nH_{2n}N(R^1)R^2$ u. in jedem Benzolring durch Y substituiert sind, erhält man durch Red. der entsprechenden 10.10-Dihydro-5H-dibenzo-[b.e]-1.4-diazepin (I)-11-on-deriv., bes. mit $LiAlH_4$ (n = 2—4; R^1 u. R^2 = H, oder C_{1-8}-Alkyl; beide Reste zusammen können mit dem N-Atom die Gruppe —NZ mit 5—7 Ringgliedern bilden; Z = Alkylen-, Oxaalkylen-, Thiaalkylen- oder N-Niederalkylazaalkylenrest; Y = H, Cl, F, CF_3, C_{1-8}-Alkyl-, C_{1-8}-Alkoxyrest). — Es wurden erhalten: *10-(2-Diäthylaminoäthyl)-I, Dihydrochlorid*, $C_{19}H_{27}Cl_2N_3$, F. (Zers.) 199,5—200,5°. — *10-(3-Dimethylaminopropyl)-I, Dihydrochlorid*, $C_{18}H_{25}Cl_2N_3$, F. 176—177°. — *10-(3-Methylaminopropyl)-I, Hydrochlorid*, hygroskop. Stoff. — *10-(3-Diäthylaminopropyl)-I, Dihydrochlorid*. — *Tranquilizer, psych. Stärkungsmittel, Diuretika, Antihistaminika, Enzyminhibitoren*. (**Brit. P. 1 059 182** vom 17/7. 1963, ausg. 15/2. 1967. U. S. Prior. 28/8. 1962.) — 7 S.
A. Jahn 4846

1467 Dr. Karl Thomae G. m. b. H., Biberach/Riß, **Herstellung von 5.6-Dihydro-11H-pyrido-[2.3-b]-[1.4]-benzodiazepinen.** Zu D. A. S. 1 205 106; C. **1966**, 35-1763, sind folgende Verb. der allg. Formel I nachzutragen: R^1 =

I

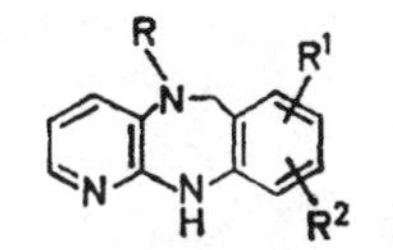

R^2 = *H*; R = CH_3, F. 95°. — *R*=CH_2—CH_2—$N(CH_3)_2$; *Di-Hydrochlorid* (= *Di-HCl*), F. 230° (Zers.). — *R*=CH_2·$CH_2CH_2N(CH_3)_2$, Kp.$_{0,15}$ 180°, F. 89—91°. — *R* = *Benzyl*, F. 138—139°. — *R* = *β-Morpholinoäthyl*, F. 138—139° — *R* = *γ-[4-Methylpiperazino]-propyl*, Kp.$_{0,01}$ 214°. — *R* = *β-Piperidinoäthyl-*, Kp.$_{0,04}$ 208—210°. — *R* = CH_2·CH_2CH_3, Kp.$_{0,01}$ 155—160°. — R^1 = *9-Cl*, R^2=*H*; *R* = *H*, F. 182—183°. — *R* = CH_3, F. 104—106°. — *R* = C_2H_5, F. 92—94°. — *R* = *n*-C_3H_7, Kp.$_{0,05}$ 173—175°, F. 78—79°. *HCl*, F. 198—201°. — *R* = *Benzyl*, F. 136°. — *R* = CH_2·$CH_2N(CH_3)_2$, F. 99—101°. — *Heilmittel*. (**Oe. P. 250 866** vom 6/8. 1964, ausg. 10/11. 1966. D. Prior. 22/8. 1963.) — 9 S. K.-D. Stolp 4846

1468 Sebastian Bago, Buenos Aires, Argentinien, **7-Chlor-2-methylamino-5-phenyl-3H-1.4-benzdiazepin-4-oxid (I)-2.6-di-tert.-butylnaphthalin-1.5-disulfonat (II),** $C_{50}H_{52}O_8N_6S_2Cl_2$, F. (Zers.) 240—243° (A.), erhält man durch Rk. von I-Hydrochlorid mit **II**. *Tranquillizer mit Langzeitwirkung*. (**Brit. P. 1 074 217** vom 20/9. 1965, ausg. 5/7. 1967.) — 2 S. A. Jahn 4846

1469 Biorex Laboratories Ltd., London, Großbritannien (Erfinder: John Cameron Turner und William Alan McFarlane Davies), **Glycyrrhetin- und Oleanolsäure-Derivate** der allg. Formel $XCONR^1R^2$ (X = der 18α- oder 18β-Glycyrrhetinsäure- oder Oleanolsäurerest, R^1 u. R^2 = H, Alkyl, Cycloalkyl, Aralkyl oder Aryl bzw. mit dem N ein heterocycl. Rest) erhält man durch Acylierung der OH-Gruppe der 18α- oder 18β-Glycyrrhetinsäure, Überführung der dabei erhaltenen 3-Ketosäure in das Säurechlorid u. Rk. des letzteren mit einem Amin der allg. Formel R^1NHR^2. — Aus 3-O-Acetyl-18β-glycyrrhetinsäurechlorid erhält man durch Rk. mit Cyclohexylamin das *Cyclohexylamid*, F. 264—265°, $[\alpha]_D^{23}$ +133 ± 1°; ähnlich das *Piperazinamid*, F. 273—274°; *Heptamethylenimid*, F. 249,5—250°, $[\alpha]_D^{25}$ +122 ± 1°; *Diäthylamid*, F. 228—229°, $[\alpha]_D^{20}$ +117,5 ± 1°; *N-Methylpiperazinamid*, F. 243—245°, $[\alpha]_D^{20}$ +120 ± 1°; *m-Trifluormethylanilid*, F. 262—263°, $[\alpha]_D^{20}$ +166 ± 1°; *Anthranilid*, F. > 350°; *p-Carbomethoxyanilid*, F. 282—283°, $[\alpha]_D$ 200 ± 1°; u. das *Morpholinid*, F. 252—254°, $[\alpha]_D$ +129 ± 1°. Ferner ist noch beschrieben die Herst. von *O-Lauroyl-18α-glycyrrhetinsäure-N-methylpiperazinamid*, F. 159—160°, $[\alpha]_D^{20}$ +47,5 ± 1°, das *18β-Isomere*, F. 105 bis 105,5°, $[\alpha]_D^{23}$ +105 ± 1; *3-O-[β-Carboxypropionyl]-18β-glycyrrhetinsäureanthranilid*, F. 265—266°, $[\alpha]_D^{20}$ +124 ± 1°; *18β-Glycyrrhetinsäure-N-methylpiperazinamid*, F. 252—253°, $[\alpha]_D^{20}$ +140 ± 1°; *3-O-Acetyloleanolsäure-o-carbomethyoxyanilid*, F. 216—217°, $[\alpha]_D^{20}$ +32 ± 1°; *Oleanolsäure-o-carboxyanilid*, F. 232—234°, $[\alpha]_D^{20}$ +35 ± 4°; *18β-Glycyrrhetinsäureanthranilid*, F. 355°; *18β-Glycyrrhetinsäure-p-carboxyanilid*, F. 355°, $[\alpha]_D$ +215 ± 4°, u. das *18β-Glycyrrhetinsäuremorpholid*, F. 243—245°, $[\alpha]_D$ +141 ± 1°. — *Entzündungshemmende Mittel*. (**Brit. P. 1 060 844** vom 11/2. 1965, ausg. 1/3. 1967.) — 5 S.
R. Bollinger 4846

1470 Roussel-Uclaf, Paris, Frankreich, **Herstellung von 1-Cyancolchiceinamiden.** Zu D. A. S. 1 209 122; C. **1967**, 9-1895 ist nachzutragen: In gleicher Weise läßt sich 1-Cyancolchicin mit sek., auch aromat. Aminen umsetzen. *1-Cyano-N-benzylcolchiceinamid*, F. 260—261,5°. — *Arzneimittel*. (**Brit. P. 1 058 418** vom 30/10. 1963, ausg. 8/2. 1967. F. Prior. 7/5. 1963.) — 4 S.
C. Lüttgen 4846

1471 Hardman & Holden Ltd., Manchester, Lancashire, Großbritannien (Erfinder: John Harry Wallice Turner, Malcolm Hirst Parkin und Eric Walker Downs), **Herstellung organischer Aluminiumverbindungen** erfolgt durch Erhitzen eines Al-Alkoholats mit einer ggf. substituierten Salicylsäure in einem chlorierten KW-Stoff-Lösungsmittel. — *Arzneimittel*. (**Brit. P. 1 071 943** vom 10/3. 1965, ausg. 14/6. 1967. **Zusatz zu Brit. P. 888 666; C. 1966, 14-1743.**) — 2 S.
R. Bauereis 4846

1472 Shionogi & Co. Ltd., Osaka, Japan, **O.S-Bis-[alkoxycarbonyl]-thiaminderivate** der allg. Formel I (R^1 =

I 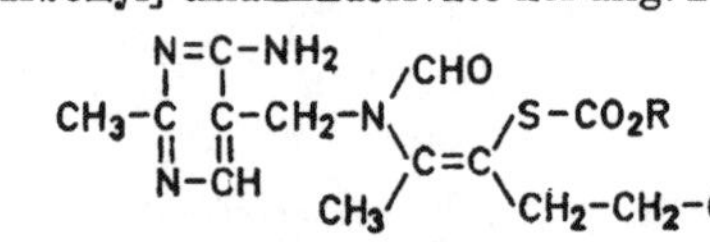

CO_2R) erhält man durch Rk. eines S-Alkalisalzes von Thiamin (Aneurin, Vitamin B_1) mit 1—1.2 Moläquivalenten eines Pyrocarbonsäurediesters (vgl. Bull. Soc. Chim. France 1965, 382—85) der allg. Formel $RO_2C-O-CO_2R$ als Alkoxycarbonylierungsmittel in wss. Lsg. < Normaltemp. u. weitere Rk. des gebildeten S-Alkoxycarbonylthiamins der allg. Formel I (R^1 = OH) mit 1 bis 1,2 Moläquivalenten eines Pyrocarbonsäurediesters in wss. Medium in Ggw. von 1—1,2 Moläquivalenten Alkalihydroxids unter Kühlung < Normaltemp. (R = C_{1-5}-Alkylrest). — Es wurden erhalten: *O.S-Bis-(äthoxycarbonyl)-thiaminhydrochlorid, Monohydrat*, F. (Zers.) 121 bis 123° (Aceton). — *O.S-Bis-(methoxycarbonyl)-thiamin*, F. 139° (Zers.). — *Vitamin-B_1-Präp. mit Langzeitwirkung.* (**Brit. P. 1 072 834** vom 12/1. 1966, ausg. 21/6. 1967. Jap. Prior. 30/9. 1965.) — 8 S. A. Jahn 4847

1473 Soc. Civile de Recherches Scientifiques et Industrielles „Sodersi", Paris, Frankreich, **Desoxyribonucleate (I) von organischen Verbindungen, besonders Pyridoxin (II) und Hydroxocobalamin** erhält man durch Salzbldg. aus den beiden Komponenten oder durch Rk. von Alkali-I mit entsprechenden Salzen der beiden Basen. I—II, F. 154° (Zers.), *Hydrochlorid*, F. 206—208° (Zers.). — *Heilmittel.* (**Brit. P. 1 069 096** vom 22/4. 1963, ausg. 17/5. 1967. **U. S. P. 3 287 351** vom 22/11. 1963, ausg. 22/11. 1966. Beide F. Prior. 23/11. u. 23/11. 1962.) — 2 S. — 3 S. A. Jahn 4847

1474 Upjohn Co., Kalamazoo, Mich., USA, **16-Hydroxy- und 16-Halogen-17(20)-pregnen-21-säureester.** Man setzt z. B. 3.11-Diketo-cis-4.17(20)-pregnadien-21-säuremethylester mit SeO_2 in tert.-Butanol u. Essigsäure um → *16β-Hydroxy-3.11-diketo-trans-1.4.17(20)-pregnatrien-21-säuremethylester* (I), $C_{22}H_{26}O_5$, F. 206—208°, neben dem *16α-Hydroxy-cis-isomeren* (II), F. 225—228° (nach chromatograph. Aufarbeitung). — Analog: 3.11-Diketo-trans-4.17(20)-pregnadien-21-säuremethylester → *16α-Hydroxy-3.11-diketo-trans-1.4.17(20)-pregnatrien-21-säuremethylester*, $C_{22}H_{26}O_5$, F. 164—167°. — 5α-Hydroxy-6β-methyl-3.11-diketo-cis-17(20)-pregnen-21-säuremethylester-3-cycl.-äthylenketal → *5α.6β-Dihydroxy-6β-methyl-3.11-diketo-trans-17(20)-pregnen-21-säuremethylester-3-cycl.-äthylenketal*, F. 192—194°, neben *5α.16α-Dihydroxy-6β-methyl-3.11-diketo-cis-17(20)-pregnen-21-säuremethylester-3-cycl.-äthylenketal*, F. 213—215°. — *5α.16β-Dihydroxy-6β-fluor-3.11-diketo-trans-17(20)-pregnen-21-säuremethylester-cycl.-äthylenketal*, F. 234—235°, *neben 5α.16α-Dihydroxy-6β-fluor-3.11-diketo-cis-17(20)-pregnen-21-säuremethylester-cycl.-äthylenketal*, F. 160—162°. — *3β-16β-Dihydroxy-11-keto-5α-trans-17(20)-pregnen-21-säuremethylester-3-acetat*, $C_{24}H_{34}O_6$, F. 227—231°, neben *3β-16α-Dihydroxy-11-keto-5α-cis-17(20)-pregnen-21-säuremethylester-3-acetat*, $C_{24}H_{34}O_6$, F. 182—185°. — *3.11-Diketo-16β-hydroxy-5α-trans-17(20)-pregnen-21-säuremethylester-3-cycl.-äthylenketal*, $C_{24}H_{34}O_6$, F. 255—258°, neben *3.11-Diketo-16α-hydroxy-5α-cis-17(20)-pregnen-21-säuremethylester-3-cycl.-äthylenketal*, $C_{24}H_{34}O_6$, F. 214—219°. — *3-Acetoxy-11-keto-16α-hydroxy-16β-methyl-trans-17(20)-pregnen-21-säuremethylester*, $C_{25}H_{36}O_6$, F. 195—198°, neben *3-Acetoxy-11-keto-16-methyl-16-hydroxy-cis-17(20)-pregnen-21-säuremethylester*, $C_{25}H_{36}O_5$, F. 194—196°. — I + CrO_3-Pyridinkomplexverb. → *3.11.16-Triketo-trans-1.4.17(20)-pregnatrien-21-säuremethylester*, $C_{22}H_{24}O_5$, F. 290—293°. — Analog: *5α-Hydroxy-6β-fluor-3.11.16-triketo-cis-17(20)-pregnen-21-säuremethylester-3-cycl.-äthylenketal*, $C_{24}H_{31}FO_7$, F. 180—182°, welches sich mit Li-tri-tert.-butoxy-AlH_4 in Tetrahydrofuran red. läßt → *5α.16β-Dihydroxy-6β-fluor-3.11-diketo-cis-17(20)-pregnen-21-säuremethylester-3-cycl.-äthylenketal*, $C_{24}H_{34}FO_7$, F. 252 bis 256°. — II + Methansulfonylchlorid → *II-16-Methansulfonat*, $C_{23}H_{28}O_7S$, F. 170—172°, welches sich durch Rk. mit Tetrabutylammoniumacetat in Methyläthylketon überführen läßt → *16β-Hydroxy-3.11-diketo-cis-1.4.17-(20)-pregnatrien-21-säuremethylester-16-acetat*, $C_{24}H_{28}O_6$, F. 196—200°; *freie 16β-Hydroxyverb.*, $C_{22}H_{26}O_5$, F. 245 bis 247°. — 3.11-Diketo-cis-5.17(20)-pregnadien-21-säuremethylester-3-cycl.-äthylenketal läßt sich wie vorst. hydroxylieren → *3.11-Diketo-16β-hydroxy-trans-5.17(20)-pregnadien-21-säuremethylester-3-cycl.-äthylenketal*, $C_{24}H_{32}O_6$, F. 263—265°, neben *3.22-Diketo-16α-hydroxy-cis-5-17(20)-pregnadien-21-säuremethylester-3-cycl.-äthylenketal*, $C_{24}H_{32}O_6$, F. 238—243°, u. *3.11-Diketo-7.16-dihydroxy-5.17(20)-pregnadien-21-säuremethylester-3-cycl.-äthylenketal*, $C_{24}H_{32}O_7$, F. 268—270°. — Zur Herst. der 16-Halogenverb. setzt man z. B. II mit N-(2-Chlor-1.1.2-trifluoräthyl)-diäthylamin in CH_2Cl_2 um → *16β-Fluor-3.11-diketo-cis-1.4.17(20)-pregnatrien-21-säuremethylester*, $C_{22}H_{25}FO_4$, F. 208—211°; *trans-Isomeres*, F. 151—153°. — Analog: I → *16α-Fluor-3.11-diketo-trans-1.4.17(20)-pregnatrien-21-säuremethylester*, $C_{22}H_{25}FO_4$, F. 195—198°. — *16α-Fluor-3β-hydroxy-11-keto-5α-trans-17(20)-pregnen-21-säuremethylester-3-acetat*, $C_{24}H_{33}FO_5$, F. 233—234°. — *3β-Hydroxy-11-keto-16β-fluor-5α-cis-17(20)-pregnen-21-säuremethylester-3-acetat*, $C_{24}H_{33}FO_5$, F. 126—129°. — *5α-Hydroxy-6β.16α-difluor-3.11-diketo-trans-17(20)-pregnen-21-säuremethylester-3-cycl.-äthylenketal*, $C_{24}H_{32}F_2O_6$, F. 207—210°. — *5α-Hydroxy-6β.16β-difluor-3.11-diketo-cis-17(20)-pregnen-21-säuremethylester-3-cycl.-äthylenketal*, $C_{24}H_{32}F_2O_6$, F. 212—215°. — *5α-Hydroxy-6β-methyl-16α-fluor-3.11-diketo-trans-16(20)-pregnen-21-säuremethylester-3-cycl.-äthylenketal*, $C_{25}H_{35}FO_6$, F. 199—202°. — *5α-Hydroxy-6β-methyl-16β-fluor-3.11-diketo-cis-17(20)-pregnen-21-säuremethylester-3-cycl.-äthylenketal*, $C_{25}H_{35}FO_6$, F. 193—195°. — *5α-Hydroxy-6β.16α-difluor-3.11-diketo-trans-17(20)-pregnen-21-säuremethylester-3-cycl.-äthylenketal* (**IIIa**), $C_{24}H_{32}F_2O_6$, F. 215—217°. — *5α-Hydroxy-6β.16α-difluor-3.11-diketo-cis-17(20)-pregnen-21-säuremethylester-3-cycl.-äthylenketal*, $C_{24}H_{32}F_2O_6$, F. 203 bis 205°. — *16β-Chlor-3.11-diketo-cis-1.4.17(20)-pregnatrien-21-säuremethylester*, $C_{22}H_{25}ClO_4$, F. 142—143°. — *5α-Hydroxy-6β-fluor-16β-chlor-3.11-diketo-cis-17(20)-pregnen-21-säuremethylester-3-cycl.-äthylenketal*, $C_{24}H_{32}ClFO_6$, F. 195—197°. — *16α-Chlor-3.11-diketo-5α-trans-17(20)-pregnen-21-säuremethylester-3-cycl.-äthylenketal* (**III**), $C_{24}H_{33}ClO_5$, F. 207—208°. — *16α-Chlor-3.11-diketo-cis-1.4.17-(20)-pregnatrien-21-säuremethylester*, $C_{22}H_{25}ClO_4$, F. 206 bis 209°. — *5α-Hydroxy-6β-methyl-16α-chlor-3.11-diketo-trans-17(20)-pregnen-21-säuremethylester-3-cycl.-äthylenketal*(**IV**), $C_{25}H_{35}ClO_6$, F. 203—205°; *freies 3.11-Dion*, $C_{23}H_{31}ClO_5$, F. 221—223°. — *3.11-Diketo-6α-methyl-16α-chlor-trans-4.17(20)-pregnadien-21-säuremethylester*, $C_{23}H_{29}ClO_4$, F. 178—180°. — *16α-Chlor-5α-hydroxy-6β-fluor-3.11-diketo-trans-17(20)-pregnen-21-säuremethylester-3-cycl.-äthylenketal*, $C_{24}H_{32}ClFO_6$, F. 189—194°. — Zur Überführung der vorst. Verb. in Hydrocortisone kann man wie üblich die 21-Säure- u. die 11-Ketogruppe red. u. dann die 17-Stellung hydroxylieren. Die 16-Chlorverb. sind jedoch gegen $LiAlH_4$ empfindlich u. werden bes. mit Diisobutyl-$LiAlH_4$ (**V**) reduziert. — **III** + $LiAlH_4$ → *11β.-21-Dihydroxy-5α-trans-17(20)-pregnen-21-säuremethylester-3-cycl.-äthylenketal*, F. 126—127° — Dagegen: **IV** + **V** → *5α.11β.21-Trihydroxy-6β-methyl-16α-chlor-17(20)-pregnen-3-on-3-cycl.-äthylenketal-21-acetat* (nach Acetylierung), $C_{26}H_{39}ClO_6$, F. 148—149°. — **IIIa** + $LiAlH_4$ → *5α.11β.21-Trihydroxy-6β.16α-difluor-trans-17(20)-pregnen-3-on-3-cycl.-äthylenketal* (**VI**), $C_{23}H_{34}F_2O_5$, F. 207°. — *5α-11β-21-Trihydroxy-6β.16α-difluor-cis-17(20)-pregnen-3-on-3-cycl.-äthylenketal* (**VII**), $C_{23}H_{34}F_2O_5$, F. 195—196°. — **VI**-*21-Acetat* (**VIII**), $C_{25}H_{36}F_2O_6$, F. 207—209°. — **VII**-*21-Acetat*, $C_{25}H_{36}F_2O_6$, F. 186—188°. — **VIII** läßt sich wie üblich mit OsO_4 u. N-Methylmorpholinoxidhydroperoxid in tert.-Butanol hydroxylieren → *5α.11β.17α-Trihydroxy-6β.16α-difluor-21-acetoxypregnen-3.20-dion-3-cycl.-äthylenketal*, $C_{25}H_{36}F_2O_8$, F. 245—247°, welches sich mit äthanol. HCl spalten läßt → *6α.16α-Difluorhydrocortison-21-acetat*, $C_{23}H_{30}F_2O_6$, F. 228—230°; daraus durch übliche Dehydrierung mit SeO_2 → *6α.16α-Difluorprednisolonacetat*, $C_{23}H_{28}F_2O_6$, F. 243—245°. — Analog: *16α-Chlor-5α-hydroxy-6β-methyl-3.11-diketo-cis-17(20)-pregnen-21-säuremethylester-3-cycl.-äthylenketal*, $C_{25}H_{35}ClO_6$, F. 217—219°; *freies 3.11-Dion*, $C_{23}H_{31}ClO_5$, F. 231—232°. — *16α-Chlor-5α.11β.17α.21-tetrahydroxy-6β-methylpregnan-3.20-*

dion-21-acetat-3-cycl.-äthylenketal, $C_{26}H_{39}ClO_8$, F. 245 bis 250° (Zers.). — *16α-Chlor-6α-methylhydrocortisonacetat*, F. 205—207°. — *16α-Chlor-6α-methylprednisolonacetat*, $C_{24}H_{31}ClO_6$, F. 244—247°. — 3.11-Diketo-16β-hydroxy-trans-5.17(20)-pregnadien-21-säuremethylester-3-cycl.-äthylenketal + N.N-Diäthyl-1.2.2-trichlorvinylamin → *3.11-Diketo-16α-chlor-trans-4.17(20)-pregnadien-21-säuremethylester* (**X**), $C_{22}H_{27}ClO_4$, F. 196—198°, neben *3.11-Diketo-16β-hydroxy-trans-4.17(20)-pregnadien-21-säuremethylester*, $C_{22}H_{28}O_5$, F. 224—226°. — **IX**-*3-cycl.-Äthylenketal*, $C_{24}H_{31}ClO_5$, F. 167—169°, welches sich durch Rk. mit Peressigsäure überführen läßt → *3.11-Diketo-5β.6β-oxido-16α-chlor-trans-17(20)-pregnen-21-säuremethylester-3-cycl.-äthylenketal*, F. 153—170°, neben dem 5α.6α-Oxidoisomeren (**X**), F. 195—198°. — **X** + **V** u. dann Acetylierung → *5α.11β.21-Trihydroxy-16α-chlor-21-acetoxy-trans-17(20)-pregnen-3-on-21-acetat-3-cycl.-äthylenketal*, F. 198—203° (Zers.), neben *5α.6α-Oxido-11β.21-dihydroxy-16α-chlor-trans-17(20)-pregnen-3-on-21-acetat-3-cycl.-äthylenketal*, F. 186—192°. — *Corticoide* mit bes. *entzündungshemmender* Wrkg.; Zwischenprod. zur Herst. von Heilmitteln. (**Brit. PP. 1 084 467** u. **1 084 468** vom 11/11. 1964, ausg. 20/9. 1967. U. S. Prior. 9/12. 1963.) — 30 S. — 26 S. U. Sievers 4847

1475 Glaxo Laboratories Ltd., Greenford, Großbritannien (Erfinder: Joseph Elks, Peter John May und Niall Galbraith Weir), **17.21-Orthoester von Steroiden.** Man setzt z. B. Betamethason (= 9α-Fluor-11β.17α.21-trihydroxy-16β-methyl-1.4-pregnadien-3.20-dion; **I**) mit Orthovaleriansäuremethylester in Ggw. von p-Toluolsulfonsäure in Bzl. um → **I**-*17.21-Orthovaleriansäuremethylester* (**II**), $C_{28}H_{39}FO_6$, F. 153—154° (Zers.). — Analog: **I**-*17.21-Orthoessigsäureäthylester*, $C_{26}H_{35}FO_6$, F. 156—157° (Zers.). — **I**-*17.21-Orthopropionsäureäthylester*, $C_{27}H_{37}FO_6$, F. 205—212°. — **I**-*17.21-Ortho-n-buttersäuremethylester*, $C_{27}H_{37}FO_6$, F. 148°. — **I**-*17.21-Orthoisobuttersäuremethylester*, $C_{27}H_{37}FO_6$, F. 173°. — **I**-*17.21-Orthoisovaleriansäuremethylester*, $C_{28}H_{39}FO_6$, F. 176°. — **II**-(*B-Isomeres*), F. 148—149°. — *9α-Chlor-11β-hydroxy-16β-methyl-17α.21-(1′-äthyl-1′-äthoxymethylendioxy)-pregna-1.4-dien-3.20-dion*, $C_{22}H_{29}ClO_5$, F. 152—157°. — *Entzündungshemmer.* (**Brit. P. 1 043 347** vom 10/5. 1963 u. 28/1. 1964, ausg. 21/9. 1966.) **Belg. A. S. 647 709** vom 8/5. 1964, bekanntgemacht 9/11. 1964. **Schwz. P. 485 267** vom 8/5. 1964, ausg. 31/10. 1967. Beide Brit. Prior. 10/5. 1963 u. 28/1. 1964.) U. Sievers 4847

1476 E. Merck Akt.-Ges. (Erfinder: Klaus Irmscher und Hans-Günther Kraft), Darmstadt, **3-Methylen-1-dehydrosteroide.** Zu D. A. S. 1 215 703; C. **1967**, 4-1757 ist nachzutragen: Durch Erhitzen von 1.3.17α-Trimethyl-1-androsten-3.17β-diol mit konz. HCl in A. unter Rückfluß erhält man *1.17α-Dimethyl-3-methylen-1-androsten-17β-ol*, $[\alpha]_D^{20}$ +52° ($CHCl_3$); λ_{max} 240—241 mμ; $E_{1cm}^{1\%}$ 654. — *Anabolikum.* (**Schwz. P. 484 247** vom 22/4. 1964, ausg. 14/10. 1967. D. Prior. 12/7. 1963.) — 3 S. W. Gengenbach 4847

1477 VEB Jenapharm, Jena (Erfinder: Reinhard Hüttenrauch, Alfred Schubert und Günter Dörner), **4-Chlor-11β.17β-dihydroxy-17α-methylandrost-4-en-3-on** (**I**), F. 205—207°, erhält man durch Rk. von 3.17-Diäthylendioxyandrost-5-en-11-on mit $LiAlH_4$ in Ae. → *3.17-Diäthylendioxyandrost-5-en-11β-ol*, welches sich durch saure Ketalspaltung, Überführung in das 3-Pyrrolidylenamin u. Rk. mit CH_3MgBr überführen läßt → *11β-Hydroxy-17α-methyltestosteron*; daraus durch Rk. mit H_2O_2 in Ggw. von NaO → *4.5-Epoxido-17β-hydroxy-17α-methylandrostan-3-on*, welches sich durch Spaltung mit aceton. HCl überführen läßt → **I**. — *Anabolikum* mit geringer androgener Wirkung. (**Brit. P. 1 058 208** vom 23/8. 1965, ausg. 30/12. 1966.) — 3 S. U. Sievers 4847

1478 British Drug Houses Ltd., London, Großbritannien (Erfinder: Derek Burn, Robert Victor Coombs und Vladimir Petrow), **6-Halogenmethyl-3-oxo-4.6-steroiddiene** erhält man durch Rk. der entsprechenden 6-Hydroxymethylverb. mit einem chlorierenden, bromierenden oder jodierenden Mittel bei 0—50°. — **Man setzt** 17β-Acetoxy-6-hydroxymethyl-19-norandrosta-4.6-dien-3-on (**I**) in Bzl. mit Trichlorvinyldiäthylamin um → *17β-Acetoxy-6-chlormethyl-19-norandrosta-4.6-dien-3-on*, F. 171—173°. — Analog: **I** + Triphenylphosphindibromid in Acetonitril → *17β-Acetoxy-6-brommethyl-19-norandrosta-4.6-dien-3-on*, F. 99—101°. — *17β-Acetoxy-6-chlormethylandrosta-4.6-dien-3-on*, F. 138—139°. — *17β-Acetoxy-6-brommethylandrosta-4.6-dien-3-on*, F. 123°. — *17α-Acetoxy-6-chlormethylpregna-4.6-dien-20-on*, F. 171,5°. — *17α-Acetoxy-6-brommethylpregna-4.6-dien-3.20-dion*, F. 141°. — *17α-Acetoxy-6-chlormethyl-16-methylenpregna-4.6-dien-3.20-dion*, F. 240—242°. — *17α-Acetoxy-6-brommethyl-16-methylenpregna-4.6-dien-3.20-dion*, F. 199° (Zers.). — *21-Acetoxy-6-chlormethyl-11β.17α-dihydroxypregna-4.6-dien-3.20-dion*, F. 215° (Zers.). — *21-Acetoxy-6-brommethyl-11β.17α-dihydroxypregna-4.6-dien-3.20-dion*, F. 192—193°. — *6-Chlormethyl-16α.17α-isopropylidendioxypregna-4.6-dien-3.20-dion*, F. 205°. — *21-Acetoxy-6-chlormethyl-17α-hydroxypregna-4.6-dien-3.11.20-trion*, F. 185° (Zers.). — *6-Brommethyl-16α.17α-isopropylidendioxypregna-4.6-dien-3.20-dion.* — *17α-Acetoxy-6-jodmethyl-16-methylenpregna-4.6-dien-3.20-dion* F. 152—154. — *17α-Chloräthinyl-6-chlormethyl-17β-methoxy-19-norandrosta-4.6-dien-3-on.* — *Hormonwirksame Heilmittel.* (**Brit. P. 1 061 241** vom 8/2. 1965, ausg. 8/3. 1967.) — 11 S. U. Sievers 4847

1479 Lepetit S. p. A., Mailand, Italien (Erfinder: Giangiacomo Nathansohn, Gianfranco Odasso und Emilio Testa), **Spiro-oxazolinverbindungen der Androstanreihe.** Man setzt z. B. 3β-Hydroxyspiro-[androst-5-en-17.4′-(3′α)-imidazolin]-2′.5′-dion (**I**) u. sein 3′β-Isomeres (**II**) 10 Min. mit Py. unter Rückfluß um → **I**; F. > 350°; $[\alpha]_D^{25}$ —114°, neben **II** (aus der Mutterlauge); F. > 350°; $[\alpha]_D^{25}$ —63,8°. — **II** läßt sich durch 8std. Erhitzen mit wss. äthanol. KOH auf 180° überführen → *3β-Hydroxy-17β-aminoandrost-5-en-17α-carbonsäure* (**III**), $C_{20}H_{31}NO_3 \cdot H_2O$, welche sich durch 1std. Erhitzen mit Acetanhydrid auf 100° überführen läßt → *3β-Acetoxy-spiro-[androst-5-en-17.4′-(3′β)-oxazolin-2′-methyl-5′-on*, $C_{24}H_{33}NO_4$, F. 185—187°. — **III** + Acetanhydrid wie vorst. u. dann Verdünnen mit W. bei 50—60° → *3β-Acetoxy-17β-acetamidoandrost-5-en-17α-carbonsäure*, F. 251 bis 253°. — **I** + äthanol. wss. KOH wie vorst. → *3β-Hydroxy-17α-aminoandrost-5-en-17β-carbonsäure*, $C_{20}H_{31} \cdot NO_3$; *Diacetylderiv.*, F. 268—271°. — Analog: *3β-Acetoxyspiro-[androst-5-en-17.4′-(3′α)-oxazolin]-2′-methyl-5′-on*, $C_{24}H_{33}NO_4$, F. 157—159°. — *3β-Hydroxyspiro-[5-androstan-17.4′-(3′β)-imidazolin]-2′.5′-dion*, F. > 350°; $[\alpha]_D^{25}$ —45°; *3′α-Isomeres*, F. > 350°; $[\alpha]_D^{25}$ 4,1°. — *3β-Hydroxy-17β-amino-5α-androstan-17α-carbonsäure*, $C_{20} \cdot H_{33}NO_3 \cdot H_2O$; *Diacetylderiv.*, F. 264—265°. — *3β-Acetoxyspiro-[5α-androstan-17.4′-(3′β)-oxazolin]-2′-methyl-5′-on*, $C_{24}H_{35}NO_4$, F. 199—201°. — *3β-Hydroxy-17α-amino-5α-androstan-17β-carbonsäure*; *Diacetylderiv.*, F. 275 bis 277°. — *3β-Acetoxyspiro-[5α-androstan-17.4′-(3′α)-oxazolin]-2′-methyl-5′-on*; *Diacetylderiv.*, $C_{24}H_{35}NO_4$, F. 170 bis 171°. — *Entzündungshemmer*; Zwischenprod. zu deren Herstellung. (**Brit. PP. 1 056 675** u. **1 056 676** vom 24/7. 1964, ausg. 25/1. 1967.) — 5 S. — 3 S. U. Sievers 4847

1480 British Drug Houses Ltd., London, Großbritannien (Erfinder: Peter Feather und Vladimir Petrow), **17α-Alka-1′.3′-diinylsteroide** erhält man durch Alkylierung der entsprechenden 17α-Butadiinylverb.(als Metallsalz) unter wasserfreien Bedingungen. — Man setzt 17α-Butadiinyl-3-methoxyöstra-1.3.5(10)-trien-17β-ol mit CH_3J in fl. NH_3 u. in Ggw. von Na, $Fe(NO_3)_3$ u. Tetrahydrofuran um → *3.17β-Dimethoxy-17α-(penta-1′.3′-diinyl)-östra-1.3.5(10)-trien*, F. 112,5°. — Analog [(penta-1′.3′-diinyl) = **P**; (hexa-1′.3′-diinyl) = **H**]: 3.17β-Dimethoxy-17α-**P**-östra-2.5(10)-dien, welches sich durch Rk. mit methanol. HCl überführen läßt → *17α-**P**-17β-methoxy-19-norandrost-4-en-3-on*; $[\alpha]_D^{27}$ —103°. — 3β.17β-Bis-(tetrahydro-2′-pyranyloxy)-17α-butadiinylandrost-5-en, F. 68—73° + C_2H_5J wie vorst. → *17α-**H**-androst-5-en-3β.17β-diol*, F. 144—145°. — *17α-**P**-17β-methoxy-6α-methyl-19-norandrost-4-en-3-on.* — *17α-**P**-3-methoxyöstra-1.3.5(10)-trien-17β-ol*, F. 131,5°. — *4-Methyl-17β-methoxy-17α-**P**-östra-1.3.5(10)-trien.* — *17β-Hydroxy-4-methyl-17α-**P**-östra-1.3.5(10)-trien*, F. 192,5°. — *17β-Methoxy-17α-**P**-östra-1.3.5(10)-trien.* — *17β-Hydroxy-17α-**P**-östra-1.3.5(10)-*

trien. — *3.17β-Dimethoxy-17α-***H***-östra-1.3.5(10)-trien,* F. 80,5°. — *17α-(n-Hepta-1'.3'-diinyl)-3-methoxyöstra-1.3.5(10)-trien-17β-ol,* F. 65,5°. — *17α-***H***-3-methoxyöstra-1.3.5(10)-trien-17β-ol,* F. 66—69°. — *17α-***P***-androst-5-en-3β.17β-diol,* F. 236°. — *17β-Äthoxy-17α-***H***-3-methoxy-östra-1.3.5(10)-trien,* F. 71,5°. — *17β-Hydroxy-17α-***P***-19-norandrost-4-en-3-on,* F. 117,5°. — *17β-Hydroxy-17α-***H***-19-norandrost-4-en-3-on,* F. 163°. — *17β-Hydroxy-17α-(n-hepta-1'.3'-diinyl)-19-norandrost-4-en-3-on,* F. 199,5°. — *17α-P-17β-hydroxyandrost-4-en-3-on,* F. 134,5°. — *17α-***H***-17β-hydroxyandrost-4-en-3-on,* F. 125°. — *17α-***P***-östra-1.3.5(10)-trien-3.17β-diol,* F. 148—158°. — *Hormonwirksame Heilmittel.* (**Brit. P. 1 074 869** vom 2/7. 1965, ausg. 5/7. 1967.) — 14 S. U. Sievers 4847

1481 British Drug Houses Ltd., London, Großbritannien (Erfinder: Peter Feather und Vladimir Petrow), **17α-(3'.3'.3'-Trifluorprop-1'-inyl)-17β-hydroxyderivate von 1.3.5(10)-Östratrienen** erhält man durch Rk. der entsprechenden 17-Oxoverb. mit einem 3.3.3-Trifluorprop-1-inylierungsmittel. — Man setzt Östronmethyläther mit Äthyl-MgBr u. 3.3.3-Trifluorpropin um → *17α-Trifluorpropinyl-3-methoxyöstra-1.3.5(10)-trien-17β-ol,* F. 167,5—168,5°; *17-Methyläther,* F. 80—80,5°. — Analog: *17α-Trifluorpropinylöstra-1.3.5(10)-trien-3.17β-diol,* F. 170°. — *17α-Trifluorpropinyl-1-methylöstra-1.3.5(10)-trien-3.17β-diol.* — *17α-Trifluorpropinyl-4-methylöstra-1.3.5(10)-trien-17β-ol,* F. 128—128,5°. — *17α-Trifluorpropinylöstra-1.3.5(10)-trien-17β-ol.* — *Claudogen* u. *östrogen* wirksame *Heilmittel.* (**Brit. P. 1 056 168** vom 3/4. 1964, ausg. 25/1. 1967.) — 6 S. U. Sievers 4847

1482 Beecham Group Ltd., Brentford, Großbritannien (Erfinder: Harry Smith), **Penicilline** der allg. Formel R^1—CO—CONH—CH(R)—CO—NH—A erhält man durch entsprechende Acylierung von 6-Aminopenicillansäure oder α-Aminopenicillinen [R = Alkyl-, Aralkyl-, Aryl- oder heterocycl. Rest; R^1 = R oder Alkoxy-, Aralkoxy-, Aryloxy-, NH_2 oder substituierter NH_2-Rest; A = in 6-Stellung gebundener Rest der Penicillansäure (**I**)]. — Es wurden erhalten: Na-Salze: *6-[D-α-Oxalamido-α-phenylacetamido]-***I**. — *6-[D-α-Äthoxyoxalamido-α-phenylacetamido]-***I**. — *6-[D-α-Benzoylformamido-α-phenylacetamido]-***I**. — *6-[D-α-Pyruvamido-α-phenylacetamido]-***I**. — *α-[Äthoxyoxalamido]-butylpenicillin.* — *α-[Äthoxyoxalamido]-β-phenyläthylpenicillin.* — *α-[Äthoxyoxalamido]-α-[2-furyl]-methylpenicillin.* — *α-[Äthoxyoxalamido]-α-[3-thienyl]-methylpenicillin.* — *Bakterizide.* (**Brit. P. 1 058 818** vom 3/12. 1964, ausg. 4/1. 1967.) — 4 S. A. Jahn 4848

1483 Beecham Group Ltd., Brentford, Großbritannien (Erfinder: Harry Smith), **Penicilline** der allg. Formel X—NH—NH—CO—NH—CH(R)CO—NH—A erhält man durch Rk. von Verb. der allg. Formel R—CH·(NH_2)—CONH—A mit Hydrazocarbonylchloriden der allg. Formel Cl—CONHNHX oder durch Rk. von 6-Aminopenicillansäure mit Verb. der allg. Formel X—NH—NHCONH—CH(R)CO_2H [R = Alkyl-, Aryl-, Aralkyl-, heterocycl. Rest; X = H, Alkoxycarbonyl-, Aralkoxycarbonyl-, Aryloxycarbonyl-, Acylrest; A = in 6-Stellung gebundener Rest der Penicillansäure (**I**)]. — *6-(D-α-Benzyloxycarbonylhydrazocarbonylamino-α-phenylacetamido)-***I**, *Na-Salz.* — *6-(D-α-Hydrazinocarbonylamino-α-phenylacetamido)-***I**. — *Bakterizide.* (**Brit. P. 1 061 335** vom 16/2. 1965, ausg. 8/3. 1967.) — 4 S. A. Jahn 4848

1484 Beecham Group Ltd., Brentford, Großbritannien (Erfinder: Brian William Hatt und Harry Smith), **Penicilline** der allg. Formel R—CH(NH_2)CO—NH—A erhält man durch bas. Hydrolyse von Penicillinen der allg. Formel R^1SO_2X—OCO—NHCH(R)—CO—NH—A [R = Alkyl-, Aralkyl-, Aryl-, heterocycl. Rest; R^1 = Alkyl-, Aralkyl-, Arylrest oder salzbildender Rest; X = C_{2-6}-Alkylenrest; A = in 6-Stellung gebundener Rest der Penicillansäure (**I**)]. — 6-[D-α-(2-p-Toluolsulfonyläthoxycarbonylamino)-α-phenylacetamido]-**I**, Na-Salz + Triäthylamin + W. → *6-[D(—)-α-Amino-α-phenylacetamido]-***I**, *Trihydrat,* F. 200—201° (Zers.). — Analog: *α-Amino-γ-methylmercaptopropylpenicillin, α-Aminopropylpenicillin.* — *α-Aminobutylpenicillin.* — *α-Aminopentylpenicillin.* — *6-(D-α-Amino-γ-methylmercaptobutyramido)-***I**. — *Antibiotika.* (**Brit. P. 1 064 898** vom 23/3. 1965, ausg. 12/4. 1967.) — 5 S. A. Jahn 4848

1485 Beecham Group Ltd., Brentford, Großbritannien (Erfinder: Brian William Hatt und Harry Smith), **Penicilline** der allg. Formel R—CH(NH_2)·CONH—A erhält man durch Rk. von Penicillinen der allg. Formel B—CO—NH—CH(R)—CO—NH—A mit einem Schwermetallsalz bei pH 1—7, bes. mit Cu(II)-Acetat bei pH 3 [R = Phenyl-, heterocycl. Rest; A = in 6-Stellung gebundener Rest der Penicillansäure (**I**); B = 8-Chinolylrest, der ggf. durch 1—2 Halogenatome, niedere Alkyl- oder Alkoxyreste substituiert ist]. — 6-(D-α-Chinol-8-yloxycarbonylamino-α-phenylacetamido)-**I**, Na-Salz + Cu(II)-Acetat → *6-[D-(—)-α-Aminophenylacetamido]-***I**. — *Bakterizide.* (**Brit. P. 1 066 107** vom 18/3. 1965, ausg. 19/4. 1967.) — 3 S. A. Jahn 4848

1486 Merck & Co., Inc., Rahway, N.J., USA, **Herstellung von Penicillin (I)-Derivaten.** Zu Ung. P. 151 887; C. **1967,** 32-1786 sind nachzutragen: *p-Guanidinophenyl-***I**. — *5-Methyl-3-[p-guanidinophenyl]-4-isoxazolyl-***I**. — *p-Guanidinophenoxymethyl-***I**. — *p-Guanidinomethylphenyl-***I**. — *p-Guanidinomethylbenzyl-***I**. — *p-Guanidinobenzyl-***I**. — *2.6-Dimethoxy-4-guanidinophenyl-***I**. — *Therapeutika.* (**Brit. P. 1 058 383** vom 11/6. 1964, ausg. 8/2. 1967. U. S. Prior. 14/6. 1963.) — 7 S. A. Jahn 4848

1487 Løvens Kemiske Fabrik Produktionsaktieselskab, Ballerup, Dänemark (Erfinder: Wagn Ole Godtfredsen), **3-Aminoadamantyl-(1)-penicillin** u. seine Alkyl- oder Dialkylaminoderiv. mit 1—4 C-Atomen im Alkylrest sowie deren Salze u. Ester erhält man durch Rk. von 6-Aminopenicillansäure mit funktionellen Deriv. von 3-Aminoadamantancarbonsäuren oder durch Hydrierung von 3-Azidoadamantyl-(1)-penicillin. *3-Aminoadamantyl-(1)-penicillin,* $C_{19}H_{27}N_3O_4S \cdot H_2O$, F. 235° (Zers.); $[\alpha]_D^{20}$ + 253° (in W.). — *Triäthylaminsalz.* — *Na-Salz.* — 3-Dimethylaminoadamantyl-(1)-penicillin. — *Antibiotika, die resistent gegen Penicillinase sind.* (**Brit. P. 1 074 331** vom 28/9. 1964, ausg. 5/7. 1967.) — 12 S. A. Jahn 4848

1488 Farbenfabriken Bayer Akt.-Ges., Leverkusen (Erfinder: Hans-Bodo König, Richard Wegler und Dieter Borrmann), **Penicillansäure (I)-Derivate** der allg. Formel HO—C(R^3)(R^4)—C(R^1)(R^2)—CO—A erhält man durch Rk. von 6-Amino-**I** mit β-Lactonen der allg. Formel R^3C(R^4)C(R^1)(R^2)CO—O [A = in 6-Stellung gebundener Rest der 6-Amino-**I**; R^1 u. R^2 = (a), (b) oder (c), R^3 u. R^4 = (a) oder (d). (a) = H, Alkyl-, Cycloalkyl-, Aralkyl-, Aryl- oder heterocycl. Rest; (b) = F, Cl, Br, OR, —OCHO, —OCOR, —OC(S)R, —OCON($R)_2$, —SR, —SC(O)R, —SC(S)R, —S—C(O)·N($R)_2$, —S(O)R, —S—C(S)N($R)_2$, —SO_2R oder —SO_2·N($R)_2$; R entspricht (a) mit Ausnahme von H; (c) = —C(O)R, —C(R)=NR, —CO_2R, —C(O)SR, —C(S)SR, —C(O)N(R_2), —C(S)N(R_2), CN, —C(:NR)N($R)_2$, —C·(OR)=NR, —C(Halogen)$_3$, —N(R)COR, —N(COR)$_2$, —N(R)CO_2R, —N(R)C(S)OR, —N(R)C(S)SR oder —C($OR)_3$; (d) = —CH_2-Halogen, —CH(Halogen)$_2$, —C(Halogen)$_3$, —C($R)_2$Halogen, —CH(R)Halogen oder —C(R)($Hal)_2$.] — *6-[1'-(2''.4''-Dichlorphenoxy)-2'-hydroxy-3'.3'.3'-trichlorbutyrylamino]-***I**. — *6-[1'-(2''-chlorphenoxy)-2'-hydroxy-3'.3'.3'-trichlorbutyrylamino]-***I**. — *6-[1'-(2''.6''-Dichlorphenoxy)-2'-hydroxy-3'.3'.3'-trichlorbutyrylamino]-***I**. — *6-[1'-(4''-Chlorphenoxy)-2'-hydroxy-3'.3'.3'-trichlorbutyrylamino]-***I**. — *6-[1'-Phenoxy-2'-hydroxy-3'.3'.3'-trichlorbutyrylamino]-***I**. — *6-[1'-(3''-Chlorphenoxy)-2'-hydroxy-3'.3'.3'-trichlorbutyrylamino]-***I**. — *6-[1'-(3''.4''-Dichlorphenoxy)-2'-hydroxy-3'.3'.3'-trichlorbutyrylamino]-***I**. — *6-[1'-(2''.5''-Dichlorphenoxy)-2'-hydroxy-3'.3'.3'-trichlorbutyrylamino]-***I**. — *6-[2'-Hydroxy-3'.3'.3'-trichlorbutyrylamino]-***I**. — *6-[1'-Phenyl-2'-hydroxy-3.'3.'3'-trichlorbutyrylamino]-***I**. — *6-[1'-Benzyl-2'-hydroxy-3'.3'.3'-trichlorbutyrylamino]-***I**. Die Reinheit der Prod. schwankt zwischen 16 u. 75%. — *Antibiotika.* (**Brit. P. 1 086 494** vom 2/10. 1964, ausg. 11/10. 1967. D. Prior. 2/10. 1963.) — 7 S. A. Jahn 4848

1489 American Home Products Corp., New York, N.Y., USA, **Herstellung von Penicillansäure (I)-Derivaten.** Man setzt 6-Aminopenicillansäure (**II**) mit einem der

2.5-Oxazolidindione (III) D-4-Phenyl-III, 3-Oxa-1-aza-spiro-[4.4]-nonan-2.4-dion, 4-Methyl-III u. 3-Oxa-1-aza-spiro-[4.5]-decan-2.4-dion bei pH 3,8–7, bes. 4,3–6,5, im wss. Medium in Abwesenheit organ. Lsgm. um, wobei das Verhältnis der molaren Konz. von III : II $\leqq$ 0,5 u. die molare Konz. an II $\leqq$ 0,08, bes. $\leqq$ 0,04 beträgt, u. erhält *D-α-Aminobenzylpenicillin*, *6-[1-Aminocyclopentan-carboxyamido]-I*, *6-[1-Aminocyclohexancarboxamido]-I* in aus dem Rk.-Gemisch leicht gewinnbarer Form. Umwandlungsgrade bis 100%. — Kurven, Tabellen. — *Antibiotika*. (**Brit. P. 1 082 427** vom 6/5. 1966, ausg. 6/9. 1967. U. S. Prior. 13/5. 1965. **Zusatz zu Brit. P. 977 609; C. 1966, 29-1727.**) — 11 S. A. Jahn 4848

1490 Tarchominskie Zaklady Farmaceutyczne „Polfa", Warschau, Polen, **Acylierung von 6-Aminopenicillansäure,** bes. in Form ihrer Salze mit sek. oder tert. Aminen, mittels Pyridylestern, bes. 3-Pyridylestern z. B. der Phenoxyessigsäure oder der DL-α-Carbobenzyloxyaminophenylessigsäure in Ggw. bifunktioneller Katalysatoren bei Raumtemp. oder darunter. — *Antibiotika*. (**Brit. P. 1 085 606** vom 21/7. 1966, ausg. 4/10. 1967. Poln. Prior. 21/7. 1965.) — 2 S. A. Jahn 4848

1491 Distillers Co. Ltd., Edinburgh, Großbritannien (Erfinder: Roy Sherlock), **6-[β-Amino-β-phenylpropionamido]-penicillansäure** u. deren nicht giftige Salze, z. B. das *K-Salz*, erhält man durch Rk. von 6-Aminopenicillansäure mit β-Amino-β-phenylpropionsäure, die am Aminorest eine Schutzgruppe trägt (ROCO-; R = Alkyl-, Benzyl-, Phenyl- oder Triphenylmethylrest) u. Abspaltung der Schutzgruppe unter milden Bedingungen (katalyt. Hydrierung). — *Bakterizide*. (**Brit. P. 1 057 028** vom 24/10. 1962, ausg. 1/2. 1967.) — 3 S. A. Jahn 4848

1492 Ciba Akt.-Ges., Basel (Erfinder: Ernst Vischer, Basel, Bruno Fechtig, Hans Bickel, Binningen, Rolf Bosshardt und Jakob Urech, Basel), Schweiz, **Cephalosporin C-Derivate** der allg. Formel I

I 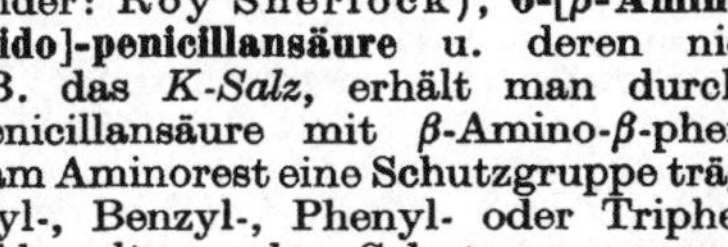

[A = in C_7-Stellung gebundener Rest eines Esters der Cephalosporansäure (II)] erhält man durch Ringschluß von Cephalosporin C (III) mit einem Isothiocyansäureester u. Veresterung des Prod. in 4-Stellung von II. Die Verb. der allg. Formel I können zu *7-Amino*-II hydrolysiert werden. — III + C_6H_5SCN → *7-[4-(1-Phenyl-2-thiono-5-oxoimidazolid-4-yl)-butyryl]-amino*-II; *Methylester. Äthylester; n-Butylester*. — *Bakterizide*. (**Schwz. P. 426 828** vom 22/12. 1961, ausg. 30/6. 1967.) — 3 S. A. Jahn 4848

1493 A/B Astra Apotekarnes Kemiska Fabriker, Södertälje, Schweden, **Cephalosporinderivate** der allg. Formel R—CO—NH—A [A = an C_7 gebundener Rest der *Cephalosporansäure* (I); R = organ. Rest] erhält man durch Rk. von 7-Amino-I mit einer Verb. der allg. Formel X—Si(R^1)(R^2)(R^3) u. Rk. des silylierten Prod. mit Carbonsäuren der allg. Formel RCO_2H oder deren reakt. Deriv. u. hydrolyt. Entfernung der Schutzgruppe [R^1, R^2, R^3 = C_{1-6}-Alkylreste; X = Halogen, N(R^4)(R^5); R^4 = R^1, H; R^5 = R^4, Si(R^1)(R^2)(R^3)]. — Beispiele für die Herst. von *7-Phenylacetamido*-I. — *7-(2-Thienylacetamido)*-I. — *7-(Phenoxyacetamido)*-I. — *7-(α-Phenoxybutyramido)*-I. — *7-(α-Methoxy-3.4-dichlorphenylacetamido)*-I. — *7-(α-Azidophenylacetamido)*-I. — *7-(D-α-Aminophenylacetamido)*-I. — *Antibiotika*. (**Brit. P. 1 073 530** vom 16/12. 1963, ausg. 28/6. 1967. Schwed. Prior. 14/12. 1962.) — 6 S. A. Jahn 4848

1494 Commercial Solvents Corp., New York, N.Y., USA, **Herstellung von Bacitracinmethanmetallsulfinaten,** dad. gek., daß man 1 (Mol) Bacitracin (I) in wss. Lsg. mit 1–15 eines lösl. Formaldehydmetallsulfoxylats zu einem lösl. Bacitracinmethanmetallsulfinat u. dieses mit einem lösl. Metallsalz zu einem unlösl. Bacitracinmethanmetallsulfinat umsetzt. — Aus Formaldehyd-Na-sulfoxylat u. I → *Bacitracinmethan-Na-sulfinat* (II) der Formel

$$\begin{array}{c} | \quad | \qquad\qquad\qquad\quad | \quad | \\ -\mathrm{C}-\mathrm{N}-\mathrm{CH_2}-\mathrm{SO_2Na}\ (-\mathrm{C}-\mathrm{N}- = \text{Teil von I}); \text{ analog} \\ | \qquad\qquad\qquad\qquad\quad | \end{array}$$

das entsprechende *K*- u. *Ca-Sulfinat*. — Aus II u. $ZnSO_4$ → Nd., *Bacitracinmethan-Zn-sulfinat*; analog das entsprechende *Mn-Sulfinat*. — *Antibiotika, Futterzusatzstoffe*. — Toxizitätstabelle. (**Brit. P. 1 072 337** vom 19/11. 1965, ausg. 14/6. 1967. U. S. Prior. 22/1. 1965.) — 4 S. Georg Vogel 4848

1495 Leningradsky Nauchno-Issledovatelsky Institute Antibiotikov, Leningrad, UdSSR (Erfinder: Valjter Osvaljdovich Kuljbakh und Marija Pavlovna Karpenko), **Alkalisalze von Antibiotika mit Polyen- und Lactonstruktur** erhält man durch Rk. von Antibiotika, bes. *Nystatin* (I) u. *Levorin* mit Alkalialkoholaten, bes. Na-Butylat, im wasserfreien Medium, bes. CH_3OH. Hierbei wird der Lactonring nicht gesprengt. Durch die Salzbldg. sinkt die DL_{50} bei I von 18 mg/kg auf 35,7 mg/kg bei I-Na-Salz. (**Brit. P. 1 061 898** vom 20/2. 1964, ausg. 15/3. 1967.) — 4 S. A. Jahn 4848

1496 Lepetit S. p. A., Mailand, Italien, **Herstellung des neuen Antibiotikums Tetrahexin** durch Züchtung von *Streptomyces tetrahexinicus* ATCC 14 972 in üblichem Nährmedium. Elementaranalyse: 65,55(%) C, 8,46 H, 1,32 N, 24,67 O. pK_a = 5,1 u. 6,8. Negativer Ninhydrintest. Fehling positiv. Rotviolettfärbung mit konz. H_2SO_4 (Polyen-Struktur). UV- u. IR-Spektrum. (**Brit. P. 1 057 051** vom 2/3. 1964, ausg. 1/2. 1967. U. S. Prior. 19/3. 1963.) — 9 S. K.-H. Kähler 4848

1497 Industrie Biologique Française, Gennevilliers, Frankreich (Erfinder: Annie Aubriot), **Herstellung des neuen Antibiotikums DX 27** durch Züchtung von *Streptomyces gabonae sp. Aubriot 272* (ATCC 15 282) in üblichem Nährmedium unter aeroben Bedingungen. Summenformel $C_{32}H_{41}O_6N_2S$, F. 212°. Molgew. 590. Positiver Biuret-, negativer Ninhydrintest, negative Fehlingreaktion. (**Brit. P. 1 069 846** vom 29/12. 1962, ausg. 17/5. 1967.) — 5 S. K.-H. Kähler 4848

1498 Smith, Kline & French Laboratories Ltd., Welwyn Garden City, Großbritannien (Erfinder: Patrick Michael Guy Bavin und Horace Frederick Ridley), **2-[5-Nitro-2-furyl]-benzimidazol,** F. 230 bis 231°, erhält man durch Rk. des Bisulfit-Additionsprod. von 5-Nitrofuraldehyd mit o-Nitrophenylendiamin. — *Bakterizid, Trichomonazid*. (**Brit. P. 1 072 735** vom 4/9. 1963, ausg. 21/6. 1967.) — 2 S. R. Bauereis 4852

1499 Warner-Lambert Pharmaceutical Co., Morris Plains, N.J., USA, **2.6-Bis-[2-äthylhexyl]-hexahydro-7a-methyl-1H-imidazo-[1.5-c]-imidazol,** $Kp._{0,02}$ 125°, erhält man durch Rk. von 5-Amino-1.3-bis-[2-äthylhexyl]-hexahydro-5-methylpyrimidin mit CH_2O oder CH_2O abgebenden Mitteln. — Verw. vgl. D. A. S. 1 209 249; C. **1967,** 22-2754. — *Bakterizid*. (**Brit. P. 1 060 194** vom 6/8. 1965, ausg. 1/3. 1967. U. S. Prior. 20/8. 1964.) — 2 S. A. Jahn 4852

1500 Ravizza Soc. An., Lausanne (Erfinder: Jean-Louis Falk, Genf), Schweiz, **2-Acetamido-4-[5-nitro-2-furyl]-thiazol,** gelborange, Zers. > 270°, erhält man durch Rk. von 5-Nitro-2-halogenmethylfurylketon mit N-Monoacetylthioharnstoff in Ggw. eines Halogenwasserstoffakzeptors. — *Bakterizid*. (**Schwz. P. 417 599** vom 25/6. 1964, ausg. 15/2. 1967.) — 2 S. A. Jahn 4852

1501 Fabriques de Produits de Chimie Organique de Laire, Issy, Frankreich, **4-Methyl-5-[γ-halogenpropyl]-thiazole** erhält man in 6stufigem Verf. durch Chlorierung von 4-Methyl-5-(β-hydroxyäthyl)-thiazol, Rk. der *β*-Chloräthylverb. mit KCN, Verseifung der β-Cyanäthylverb., Veresterung u. Red. zu γ-Hydroxypropylverb. u. Halogenierung. Beispiel für Herst. von *5-(γ-Chlorpropyl)*-I [I = *4-Methylthiazol*], $Kp._3$ 90–100°, u. dessen *Äthandisulfonat 2 : 1*, F. 167–168°, über die Zwischenstufen *5-β-Chloräthyl*-I, $Kp._4$ 100–105°. — *5-(Propionitril)*-I, $Kp._{0,14}$ 110–112°. — *5-Propionsäure*-I, F. 179°. — *5-(γ-Carbäthoxypropyl)*-I, $Kp._4$ 124°. — *5-(γ-Hydroxypropyl)*-I, $Kp._5$ 141–142°. — *Fungizide*. (**Brit. P. 1 058 696** vom 10/8. 1965, ausg. 4/1. 1967. F. Prior. 12/8. u. 10/11. 1964.) — 5 S. A. Jahn 4852

1502 Farbenfabriken Bayer Akt.-Ges., Leverkusen (Erfinder: Karl-Heinrich Mayer, Siegfried Petersen, Maria Brömmelhues und Manfred Plempel), **2-Pyridinaldehydthiosemicarbazone** der allg. Formel $R^1-N[R^2]-C(=S)-NH-N=CH$-2-pyridyl, R^1 R^2 = C_1-C_6-Alkyl, C_2-C_6-Alkenyl, die direkt oder über ein Heteroatom miteinander verbunden sein können) erhält man durch Rk. von 2-Pyridinaldehyd mit einem Thiosemicarbazid der allg. Formel $R^1-N[R^2]-C(=S)-NH-NH_2$ in Ggw. eines Lösers für die Ausgangsstoffe u. eines Nichtlösers für das Thiosemicarbazon. Aus N^4-Dipropylthiosemicarbazid, F. 98—100° u. 2-Pyridinaldehyd in heißem Methanol → *Dipropylaminthiocarbonyl-2-pyridinaldehydhydrazon*, $C_{13}H_{20}N_4S$, F. 120—122°. — Analog: *2-Pyridinaldehydhydrazone*: *Piperidinothiocarbonyl-*, $C_{12}H_{16}N_4S$, F. 137—139°. — *4-Methyl-Δ^3-piperidinothiocarbonyl-*, $C_{13}H_{16}N_4S$, F. 130—132°. — *Morpholinothiocarbonyl-*, $C_{11}H_{14}N_4OS$, F. 152—154°. — *Dimethylaminothiocarbonyl-*, F. 123—125°. — *Pyrrolidinothiocarbonyl-*, F. 193—194°. — *Hexamethyleniminothiocarbonyl-*, F. 110—112°. — *4-Methylpiperidinothiocarbonyl-*, F. 132—133°. — *3.4-Dimethyl-Δ^3-piperidinothiocarbonyl-*, F. 135—137°. — *3.3-Dimethylpiperidinothiocarbonyl-*, F. 120—122°. — *Antimykot.* wirksame *Heilmittel*, bes. gegen *Penicillium comune*, vgl. Tabellen. (**Brit. P. 1 084 700** vom 23/8. 1966, ausg. 27/9. 1967. D. Prior. 28/8. 1965.) — 7 S. A. Ullrich 4852

1503 Asahi Kasei Kogyo K. K., Osaka, Japan, **Pyroglutaminsäureanhydrid**, $C_{10}H_{10}N_2O_4$, F. 320° (Zers.), *D-Verb*; $[\alpha]_D^{20}$ +152° (in 2%ig. HCO_2H), *L-Verb*. $[\alpha]_D^{20}$ —151° (in 2%ig. HCO_2H), erhält man durch W.-Abspaltung aus Pyroglutaminsäure (**I**) oder durch Alkoholabspaltung aus **I**-Estern. — Spektren. *Mittel gegen Mikroben.* (**Brit. P. 1 068 814** vom 5/5. 1965, ausg. 17/5. 1967. Jap. Prior. 9/5. 1964.) — 7 S. A. Jahn 4852

1504 American Cyanamid Co., Wayne, N.J., USA, **Herstellung von 8-substituierten 4.7-Indolochinonen.** Zu U. S. PP. 3 206 471; C. **1967**, 38-1817, 3 226 385; C. **1967**, 40-1737, 3 215 705; C. **1968**, 11-2585 u. 3 206 411; C. **1968**, 15-2692 ist nachzutragen: (Crotonsäure = **I**) β-n-Propylamino-**I**-äthylester, Kp.$_{14}$ 119—119,5°; β-Isopropylamino-**I**-äthylester, Kp.$_{11}$ 106—106,5°; β-n-Butylamino-**I**-äthylester, Kp.$_{14}$ 129,5—131°; β-Äthylamino-β-methyl-**I**-äthylester, Kp.$_{14}$ 118—121°; (5-Hydroxyindol-3-carbonsäureäthylester = **II**) 1.2.6-Trimethyl-**II**, F. 222 bis 225°; 1-n-Propyl-2.6-dimethyl-**II**, F. 193,5—195°; 2.6-Dimethyl-1-isopropyl-**II**, F. 202—203°; 1-n-Butyl-2.6-dimethyl-**II**, F. 176—177°; 1-β-Hydroxyäthyl-2.6-dimethyl-**II**, F. 196—197,5°; 1.2-Diäthyl-6-methyl-**II**, F. 164—166°; 1.6-Diäthyl-2-methyl-**II**, F. 207—208°; (5-Hydroxyindol = **III**) 1.2.6-Trimethyl-**III**, F. 130—131,5°; 2.6-Dimethyl-1-n-propyl-**III**, F. 125—128°; 2.6-Dimethyl-1-isopropyl-**III**, F. 94—95°; 1-n-Butyl-2.6-dimethyl-**III**, F. 73,5—75°; 1-β-Hydroxyäthyl-2.6-dimethyl-**III**, F. 121 bis 123°; 1.2-Diäthyl-6-methyl-**III**, F. 88—90°; 1.6-Diäthyl-2-methyl-**III**, F. 80,5—81,5°; (5-Methoxyindol = **IV**) 2.6-Dimethyl-**IV**, F. 94—96°; 1.2.6-Trimethyl-**IV**, F. 75—77°; 1-β-Hydroxyäthyl-2.6-dimethyl-**IV**, F. 78 bis 80°; 1-[β-Methansulfonyloxyäthyl]-**IV**, F. 118—120°; 6-Methyl-**IV**-2-carbonsäuremethylester, F. 147—149°; 1-Äthyl-6-methyl-**IV**-2-carbonsäuremethylester, F. 101 bis 102°; 1-Äthyl-2-hydroxymethyl-6-methyl-**IV**, F. 103 bis 106°; 2-Acetoxymethyl-1-äthyl-6-methyl-**IV**, F. 96—97°; (5-Methoxyindol-3-carboxaldehyd = **V**) 2.6-Dimethyl-**V**, F. 227—228,5°; 1.2.6-Trimethyl-**V**, F. 174—178°; 2.6-Dimethyl-1-propyl-**V**, F. 117,5—119,5°; 2.6-Dimethyl-1-isopropyl-**V**, F. 172—174°; 1-Butyl-2.6-dimethyl-**V**, F. 96 bis 97°; 1.2-Diäthyl-6-methyl-**V**, F. 95,5—97°; 1.6-Diäthyl-2-methyl-**V**, F. 109—110°; 1-[β-Methansulfonyloxyäthyl]-2.6-dimethyl-**V**, F. 187,5—189°; 2-Acetoxymethyl-1-äthyl-6-methyl-**V**, F. 122,5—123,5°; 1-Äthyl-2-methoxycarbonyl-6-methyl-**V**, F. 178,5—180°; 3-Acetyl-1-äthyl-2.6-dimethyl-**IV**, F. 88—89°; 1-Äthyl-2.6-dimethyl-**III**-3-carboxaldehyd, F. 256—259° (Zers.); 3-Acetyl-1-äthyl-2.6-dimethyl-**III**, F. 262—265° (Zers.); 1-Äthyl-2.6-dimethyl-4.5-dioxoindol-3-carbonsäureäthylester, F. 115 bis 118°; 1-Äthyl-2.6-dimethyl-4.5-dioxoindol-3-carboxaldehyd, F. 214—216°; 3-Acetyl-1-äthyl-2.6-dimethyl-4.5-dioxoindol, F. 164—166°; 1-Äthyl-4.5.7-trihydroxy-2.6-dimethylindol-3-carbonsäureäthylester, Triacetat, F. 157—159°; 1-Äthyl-4.5.7-trihydroxy-2.6-dimethylindol-3-carboxaldehyd, Triacetat, F. 194—195°; 4.5.7-Triacetoxy-3-acetyl-1-äthyl-2.6-dimethylindolenolacetat, F. 195—200°; *1-Äthyl-2.6-dimethyl-4.7-dioxo-***III***-carbonsäure*, F. 220—223°; *1-Äthyl-2.6-dimethyl-4.7-dioxo-***III***-3-carboxaldehyd*, F. 213—215°; *3-Acetyl-1-äthyl-2.6-dimethyl-4.7-dioxo-***III**, F. 172—175°; *1-Äthyl-2.6-dimethyl-4.7-dioxo-***IV***-3-carbonsäuremethylester*, F. 82—83°; *1-Äthyl-2.6-dimethyl-4.7-dioxo-***V**, F. 133—135°; *5-Äthoxy-1-äthyl-2.6-dimethyl-4.7-dioxoindol-3-carboxaldehyd*, F. 117 bis 119°; *3-Acetyl-1-äthyl-2.6-dimethyl-4.7-dioxo-***IV**, F. 126 bis 127°; *1-Äthyl-3-hydroxymethyl-2.6-dimethyl-4.7-dioxo-***IV**, F. 85—87°; *1-Äthyl-3-hydroxymethyl-2.6-dimethyl-4.7-dioxo-***IV**, F. 85,5—86,5°; *5-Äthoxy-1-äthyl-3-hydroxymethyl-2.6-dimethyl-4.7-dioxoindol*, F. 65—70°; *1-Äthyl-3-[1'-hydroxyäthyl]-2.6-dimethyl-4.7-dioxo-***IV**; 6-Methyl-**IV**, F. 119—120°; 1-Äthyl-3-formyl-6-methyl-4-nitro-**IV**-2-carbonsäuremethylester, F. 182—184°; 1-Äthyl-3-formyl-6-methyl-4.5-dioxoindol-2-carbonsäuremethylester, F. 207—210° (3-Formyl-5-methoxy-4-nitroindol = **VI**) 2.6-Dimethyl-**VI**, F. 280°; 1.2.6-Trimethyl-**VI**, F. 183 bis 187°; 1-Propyl-2.6-dimethyl-**VI**, F. 136—138°; 1-Butyl-2.6-dimethyl-**VI**, F. 127—128°; 1.2-Diäthyl-6-methyl-**VI**, F. 151—154°; 1.6-Diäthyl-2-methyl-**VI**, F. 181—182,5°; 1-[β-Methansulfonyloxyäthyl]-2.6-dimethyl-**VI**, F. 181,5 bis 183°; 1-Äthyl-2-acetoxymethyl-6-methyl-**VI**, F. 198 bis 200°; 1-Äthyl-3-formyl-6-methyl-4-nitro-**IV**-2-carbonsäure, F. 216—217°; 1-Äthyl-3-formyl-6-methyl-4-nitro-**IV**-carboxamid, F. 252—254°; 1-[β-Fluoräthyl]-2.6-dimethyl-**VI**, F. 175—178°; 1-[β-Acetoxyäthyl]-2.6-dimethyl-**VI**, F. 179—180°; (4-Amino-5-methoxyindol-3-carboxaldehyd = **VII**) 1.2.6-Trimethyl-**VII**, F. 150 bis 154°; 1-Äthyl-2.6-dimethyl-**VII**, F. 117,5—118,5°; 1-Propyl-2.6-dimethyl-**VII**, F. 128—129°; 1-n-Butyl-2.6-dimethyl-**VII**, F. 129,5—131°; 1-Äthyl-2-hydroxymethyl-6-methyl-**VII**, F. 182—182,5°; 1-Äthyl-2-acetoxymethyl-6-methyl-**VII**, F. 136—138°; 1-Äthyl-2-aminocarbonyl-6-methyl-**VII**, F. 202—203°; 1-[β-Methylsulfonyloxymethyl]-2.6-dimethyl-**VII**, F. 133—135°; 1.6-Diäthyl-2-methyl-**VII**, F. 110,5—112,5°; 1-β-Fluoräthyl-2.6-dimethyl-**VII**, F. 139 bis 141°; 1-β-Acetoxyäthyl-2.6-dimethyl-**VII**, F. 178 bis 180°; 1-[β-Azidoäthyl]-2.6-dimethyl-**VII**, F. 123—124°; 1-[β-Rhodanoäthyl]-2.6-dimethyl-**VII**, F. 190—193°; 1-β-Chloräthyl-2.6-dimethyl-**VII**, F. 120—123°; 1-β-Methylmercaptoäthyl-2.6-dimethyl-**VII**, F. 128,5—130°; 1-[β-Hydroxyäthyl]-2.6-dimethyl-**VII**, F. 157—159°; (5-Methoxy-4.7-dioxoindol-3-carboxaldehyd = **VIII**) *1.2.6-Trimethyl-***VIII**, F. 146—148°; *2.6-Dimethyl-***VIII**, F. 236—240°; *1-Äthyl-2.6-dimethyl-***VIII**, F. 125—129°; *1-Propyl-2.6-dimethyl-***VIII**, F. 134—135°; *1-Isopropyl-2.6-dimethyl-***VIII**, F. 97—99°; *1-n-Butyl-2.6-dimethyl-***VIII**, F. 82,5—83°; *1.2-Diäthyl-6-methyl-***VIII**, F. 76—77,5°; *1.6-Diäthyl-2-methyl-***VIII**, F. 83—83,5°; *1-Äthyl-2-β-acetoxyäthyl-6-methyl-***VIII**, F. 142—144°; *1-Äthyl-2-hydroxymethyl-6-methyl-***VIII**, F. 128,5—130°; *1-β-Fluoräthyl-2.6-dimethyl-***VIII**, F. 114—117°; *1-β-Azidoäthyl-2.6-dimethyl-***VIII**, F. 80—81°; *1-β-Rhodanoäthyl-2.6-dimethyl-***VIII**; *1-β-Chloräthyl-2.6-dimethyl-***VIII**, F. 113—113,5°; *1-β-Methylmercaptoäthyl-2.6-dimethyl-***VIII**, F. 77—79°; *1-β-Äthyl-2-aminocarbonyl-6-methyl-***VIII**, F. 197—199°; 4.5.7-Triacetoxy-3-diacetoxymethyl-1-äthyl-6-methylindol-2-carbonsäuremethylester, F. 139—149°; *1-Äthyl-3-formyl-6-methyl-4.7-dioxo-***III***-2-carbonsäure*, F. 161—163°; (3-Hydroxymethyl-5-methoxy-4.7-dioxoindol = **IX**) *1-Äthyl-6-methyl-***IX**, F. 78—81°; *1-Äthyl-2.6-dimethyl-***IX**, F. 85—87°; *1-Äthyl-6-methyl-***IX***-2-carbonsäuremethylester*, F. 80—82°; *2.6-Dimethyl-***IX**, F. 233—235°; *1-Isopropyl-2.6-dimethyl-***IX**, F. 76 bis 78°; *1-Butyl-2.6-dimethyl-***IX**, F. 68—70°; *1.6-Diäthyl-2-methyl-***IX**, F. 128—129°; *1-β-Fluoräthyl-2.6-dimethyl-***IX**, F. 116—118°; *1-Äthyl-2-methoxycarbonyl-6-methyl-***IX**, F. 83—84°; *1-Äthyl-2-aminocarbonyl-6-methyl-***IX**, F. 200 bis 202°; *1-Äthyl-3-hydroxymethyl-6-methyl-4.7-dioxo-***IV***-2-carbonsäuremethylester*, F. 82—84°; 1-Äthyl-4.5.6.7-tetrahydro-2-methyl-4-oxoindol, F. 74—75°; 2.6-Dimethyl-1-äthyl-4.5.6.7-tetrahydro-4-oxoindol, F. 77 bis 79°; 1-Äthyl-4-hydroxy-2-methylindol, F. 98—102°; 2.6-Dimethyl-1-äthyl-4-hydroxyindol, F. 141—143°; 2.6-Dimethyl-1-äthyl-5-hydroxymethylen-4.5.6.7-tetrahydro-4-oxoindol, F. 71—74°; 2.6-Dimethyl-1-äthyl-4-hydroxy-5-

indolcarboxaldehyd, F. 129—130,5°; 1-Äthyl-4-hydroxy-2.5.6-trimethylindol, F. 98—102°; 4-Acetoxy-1-äthyl-2-methylindol, F. 71—73°; 4-Acetoxy-2.6-dimethyl-1-äthylindol, F. 61—63°; 4-Acetoxy-1-äthyl-2.5.6-trimethylindol, F. 113—114,5°; 4-Acetoxy-1-äthyl-2-methyl-3-indolcarboxaldehyd, F. 165—168°; 4-Acetoxy-2.6-dimethyl-1-äthyl-3-indolcarboxaldehyd, F. 168—171°; 4-Acetoxy-1-äthyl-2.5.6-trimethyl-3-indolcarboxaldehyd, F. 165 bis 168°; 1-Äthyl-4-hydroxy-2-methyl-3-indolcarboxaldehyd, F. 169—170°; 2.6-Dimethyl-1-äthyl-4-hydroxy-3-indolcarboxaldehyd, F. 178—180°; 1-Äthyl-4-hydroxy-2.5.6-trimethyl-3-indolcarboxaldehyd, F. 162—163,5°; *1-Äthyl-2-methyl-4.7-dioxo-3-indolcarboxaldehyd*, F. 148—155°; *2.6-Dimethyl-1-äthyl-4.7-dioxo-3-indolcarboxaldehyd*, F. 146 bis 149°; *1-Äthyl-2.5.6-trimethyl-4.7-dioxo-3-indolcarboxaldehyd*, F. 125—127°; *1-Äthyl-2-methyl-4.7-dioxoindol*, F. 86—87°; 4.7-Diacetoxy-1-äthyl-2-methylindol; 4.7-Diacetoxy-1-äthyl-2-methyl-3-indolcarboxaldehyd, F. 124 bis 126°; *1-Äthyl-2-methyl-4.7-dioxo-3-indolcarboxaldehyd*, F. 148—159°; *5.6-Dibrom-1-äthyl-3-formyl-2-methyl-4.7-dioxodinol*, F. 200—210° (Zers.); *5-Brom-1-äthyl-3-formyl-6-methoxy-2-methyl-4.7-dioxoindol*, F. 131—135°; *6-Brom-1-äthyl-3-formyl-5-methoxy-2-methyl-4.7-dioxoindol*, F. 180 bis 181°; *1-Äthyl-3-formyl-2.6-dimethyl-5-methylthio-4.7-dioxoindol*, F. 126—128°; *1-Äthyl-2-methyl-5-p-toluolthio-4.7-dioxo-3-indolcarboxaldehyd*, F. 175—178°; *1-Äthyl-2-methyl-6-p-toluolthio-4.7-dioxo-3-indolcarboxaldehyd*, F. 189—190°; *1-Äthyl-6-methoxy-2-methyl-4.7-dioxo-3-indolcarboxaldehyd*, F. 165—175°; *1-Äthyl-2-methyl*-**VIII**, F. 159 bis 168°; *5-Chlor-1-äthyl-2.6-dimethyl-4.7-dioxo-3-indolcarboxaldehyd*, F. 145—150°; (1-Äthyl-3-hydroxymethyl-2-methyl-4.7-dioxoindol = **X**) *5-Chlor-6-methyl*-**X**, F. 110 bis 117°; *5-Hexyloxy-6-methyl*-**X**, F. 70—71°; *5-Methylmercapto-6-methyl*-**X**, F. 66—90°; **X**, F. 90—95°; *5.6-Dibrom*-**X**, F. 115—122°; *6-Methyl*-**X**, F. 127—129°; *5.6-Dimethyl*-**X**, F. 175—178°; *5-Methoxy*-**X**, F. 164—165°; *6-Brom-5-methoxy*-**X**, F. 114—138°; *5-Methoxy*-**X**, F. 164 bis 165°; *5-Brom-6-methoxy*-**X**, F. 137—138,5°; *5-Methoxy-6-methyl*-**X**-*methylcarbonat*, F. 137—138°, *-äthylcarbonat*, F. 112—113°, *-phenylcarbonat*, F. 115—117°; *5-Äthoxy-6-methyl*-**X**-*phenylcarbonat*, F. 108—112°; *1-Äthyl-5-methoxy-6-methyl-4.7-dioxo-3-phenoxycarbonyloxymethyl-2-indolcarboxamid*, F. 174—176°; *5-Methoxy-6-methyl*-**X**-*carbamat*, F. 200—202°; *1-Äthyl-6-methyl*-**IX**-*carbamat*, F. 165—166°; *1-Äthyl-6-methyl*-**IX**-*2-carboxamidcarbamat*, F. 247—248°; *5-Methoxy-6-methyl*-**X**-*diphenylcarbamat*, F. 159—161°, *-dimethylcarbamat*, F. 119—120°, *-phenylcarbamat*, F. 156—158°, *-amylcarbamat*, F. 124—125°; *6-Methyl-5-methylamino*-**X**-*carbamat*, F. 237—240°, *-methylcarbamat*, F. 213—215°; *5-Hydroxy-6-methyl*-**X**-*methylcarbamat*, F. 190—192°; *5-Methoxy-6-methyl*-**X**-*methylcarbamat*, F. 168—170°, *-diäthylcarbamat*, F. 103—106°, *-N-[3-dimethylaminopropyl]-N-methylcarbamat*, F. 60 bis 61°, *-allylcarbamat*, F. 121—122°, *-methylcarbamat*, F. 168—170°; (3-Hydroxymethyl-5-methoxy-4.7-dioxoindolmethylcarbamat (= **XI**), *1.2.6-Trimethyl*-**XI**, F. 209 bis 210°; *1-Propyl-2.6-dimethyl*-**XI**, F. 170—172°; *1-Isopropyl-2.6-dimethyl*-**XI**, F. 172—173,5°; *1-Butyl-2.6-dimethyl*-**XI**, F. 127—129°; *1.2-Diäthyl-6-methyl*-**XI**, F. 157—159°; *1.6-Diäthyl-2-methyl*-**XI**, F. 142—145°; *1-Äthyl-2-[2-tetrahydropyranyloxy]-methyl-6-methyl*-**XI**, F. 119—121°, *1-β-Fluoräthyl-2.6-dimethyl*-**XI**, F. 162—163°; *1-β-Azidoäthyl-2.6-dimethyl*-**XI**, F. 139—140°; *1-β-Chloräthyl-2.6-dimethyl*-**XI**, F. 157,5—159,5°; *1-Methylmercaptoäthyl-2.6-dimethyl*-**XI**, F. 151—152°; *1-β-[2-Tetrahydropyranyloxy]-äthyl-2.6-dimethyl*-**XI**, F. 133,5—135°; *1-Äthyl-2-methoxycarbonyl-6-methyl*-**XI**, F. 175—176°; *2.6-Dimethyl*-**IX**-*3-propylcarbamat*, F. 275°; *5-Methylmercapto-6-methyl*-**X**-*methylcarbamat*, F. 184—185°; *5-Chlor-6-methyl*-**X**-*methylcarbamat*, F. 182—183°; *5-Methoxy-6-brom*-**X**-*propylcarbamat*, F. 144—146°; *5.6-Dibrom*-**X**-*propylcarbamat*, F. 187—191°; *5-Methoxy*-**X**-*propylcarbamat*, F. 144—146°; *5-Brom-6-methoxy*-**X**-*propylcarbamat*, F. 162,5—164°; *6-Methoxy*-**X**-*propylcarbamat*, F. 136—138°; *5-Hexyloxy-6-methyl*-**X**-*methylcarbamat*, F. 95,5—96,5°; *5-Äthoxy-6-methyl*-**X**-*methylcarbamat*, F. 156 bis 158°; *5.6-Dimethyl*-**X**-*methylcarbamat*, F. 175—178°; *6-Methyl*-**X**-*methylcarbamat*, F. 133—137°; *5-Methoxy-6-methyl*-**X**-*isopropylcarbamat*, F. 151—153°, *-äthylcarbamat*, F. 159—160°, *-propylcarbamat*, F. 129—130°, *-butylcarbamat*, F. 116—117°, *-bis-[carbäthoxymethyl]-carbamat*, F. 151—154°, *-m-chlorphenylcarbamat*, F. 148—149°, *-o-methoxyphenylcarbamat*, F. 170—171°, *-α-naphthylcarbamat*, F. 169—170°, *-p-fluorphenylcarbamat*, F. 140 bis 146°, *-benzylcarbamat*, F. 117—117,5°, *-N.N-pentamethylencarbamat*, F. 163—164°, *-4-methylpiperazin-1-carboxylat*, F. 134—136°, *-N.N-äthylencarbamat*, F. 123 bis 125°, *-β-naphthylcarbamat*, F. 209—210°, *-cyclohexylcarbamat*, F. 159—160°, *-cyanoäthylcarbamat*, F. 147 bis 149°, *-3-methylmercaptopropylcarbamat*, F. 116—118°, *-4-[3-dimethylaminopropyl]-piperazin-1-carboxylat*, F. 126 bis 128°; *5-Äthylamino-6-methyl*-**X**-*methylcarbamat*, F. 144—148°; *5-Äthylenimino-6-methyl*-**X**-*methylcarbamat*, F. 168—169°; *5-Dimethylamino-6-methyl*-**X**-*methylcarbamat*, F. 192—194°; *5-Hydroxyäthylamino-6-brom*-**X**-*isopropylcarbamat*, F. 136—142°; *5-Diäthylaminoäthylamino-6-methyl*-**X**-*methylcarbamat*, F. 149—150°; *5-Brom-6-methylamino*-**X**-*propylcarbamat*, F. 168—169°; *5-Brom-6-amino*-**X**-*propylcarbamat*, F. 178° (Zers.); *5-Benzylamino-6-methyl*-**X**-*methylcarbamat*, F. 170—171°; *5-Amino-6-methyl*-**X**-*carbamat*, F. 195—205° (Zers.); *5-Cyclohexylamino-6-methyl*-**X**-*methylcarbamat*, F. 115—117°; *5-Amino-6-methyl*-**X**-*methylcarbamat*, F. 170° (Zers.); *5-Methylamino-6-methyl*-**X**-*carbamat*, F. 237—240°; *5-Hydroxy-6-methyl*-**X**-*methylcarbamat*, F. 178—181° (Zers.); *5-[Diäthyl]-[methyl]-ammoniummethylamino-6-methyl*-**X**-*methylcarbamat*, F. 103° (Zers.); *1-Äthyl-2-hydroxymethyl-6-methyl*-**IX**-*3-methylcarbamat*, F. 164—166°; *1-Hydroxymethyl-2.6-dimethyl*-**XI**-*3-methylcarbamat*, F. 153—154°; *1-Äthyl-2-formyl-6-methyl*-**XI**, F. 147—148,5°, *-2-methoxyoxim*, F. 165—167°, *-2-oxim*, F. 190—190,5°; *2-Cyano-1-äthyl-6-methyl*-**XI**, F. 146—148°; *1-Äthyl-2-formyl-6-methyl*-**XI**-*2-semicarbazon*, F. 212—214°; *2-Acetoxymethyl-1-äthyl-2.6-dimethyl*-**XI**, F. 143—145°; *1-Äthyl-2-hydroxymethyl-6-methyl*-**XI**-*2-methylcarbamat*, F. 193—194°; *2-Chlormethyl-1-äthyl-6-methyl*-**XI**, F. 143—144°; *2-Acetylthiomethyl-1-äthyl-6-methyl*-**XI**, F. 143—144°; *2-Methoxymethyl-1-äthyl-6-methyl*-**XI**, F. 165—166°; *2-Fluormethyl-1-äthyl-6-methyl*-**XI**, F. 137—138°; *β-[5-Methoxy-2.6-dimethyl-3-(N-methylcarbamoyloxymethyl)-4.7-dioxo-1-indolyl]-äthyldimethylsulfonium, Jodid*, F. 128—129,5°; *2-Aminomethyl-1-äthyl-6-methyl*-**XI**, F. 129—130°; *5-Methoxy-6-methyl*-**X**-*acetat*, F. 144—145°; *5-Äthylenimino-6-methyl*-**X**-*carbamat*, F. 230—235°. *Antibakterielle Mittel.* (**Brit. P. 1 087 325** vom 9/9. 1964, ausg. 18/10. 1967. U. S. Prior. 11/10., 11/10., 11/10., 11/10., 11/10., 11/10., 11/10. u. 11/10. 1963.) — 67 S. R. Bauereis 4852

1505 Sumitomo Chemical Co. Ltd., Osaka, Japan, **4-Amino-3(2H)-pyridazinone (I)**, die in 2-Stellung R^1 u. in 6-Stellung R^2 tragen, erhält man durch Erhitzen eines 3.6-Di-R^2-4-aminopyridazins in Ggw. von Alkalihydroxiden oder -alkoholaten, oder durch Alkylierung von 4-R^4-6-R^2-3(2H)-pyridazinonen mit R^3-Halogenid oder Dialkylsulfat oder durch Rk. von 2-alkyl-4-amino-6-halogen-3(2H)-pyridazinonen mit einem Alkohol der allg. Formel R^5-OH [$R^1 = C_1-C_4$-Alkyl, falls R^2 = Halogen oder C_1-C_4-Alkoxy; R^1 = H, C_1-C_4-Alkyl; falls R^2 = Alkoxy; R^3 = Alkyl mit 1—4 C-Atomen; R^4 = Amino-, Acylaminorest, Halogen; $R^5 = C_1-C_4$-Alkyl]. — *2-Methyl-6-methoxy*-**I**, $C_6H_9N_3O_2$, Prismen, F. 157—158° (Äthylacetat). — *2-Methyl-6-chlor*-**I**, $C_5H_6ClN_3O$, F. 148—148,5° (Äthylacetat). — *Heilmittel zwischenprodukte.* (**Brit. P. 1 063 885** vom 30/6. 1964, ausg. 30/3. 1967. Jap. Prior. 1/7. 1963.) — 5 S. A. Jahn 4852

1506 Sumitomo Chemical Co. Ltd., Osaka, Japan, **Sulfanilylaminopyridazinone** der allg. Formel **I** erhält man

I 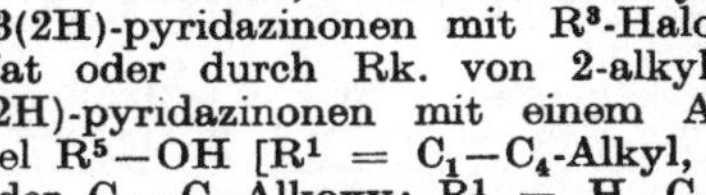

durch Rk. von 4-Amino-3(2H)-pyridazinonen mit p-Acylaminobenzolsulfonylhalogenid u. nachfolgende Hydrolyse des Rk.-Prod. (R^1 = H, C_1-C_4-Alkyl; R^2 = Halogen, C_1-C_4-Alkoxy). — Es wurden erhalten: 4-Sulfanilylamino-3(2H)-pyridazinone: *2-Methyl-6-*

methoxy-, $C_{12}H_{14}N_4O_4S$, Prismen, F. 215° (Methanol). — *6-Methoxy-*, $C_{11}H_{12}N_4O_4S$, Nadeln, F. 249—250° (Methanol). — *2-Methyl-6-chlor-*, $C_{11}H_{11}ClN_4O_3S$, Prismen, F. 185—186° (Methanol). — Als Zwischenprod.: *2-Methyl-4-(p-acetylaminobenzolsulfonylamino)-6-methoxy-3-(2H)-pyridazinon*, $C_{14}H_{16}N_4O_5S$, Prismen, F. 242—243° (Methanol). — *Bakterizide.* (**Brit. P. 1 068 884** vom 30/6. 1964, ausg. 30/3. 1967. Jap. Prior. 1/7. u. 3/7. 1963.) — 6 S.
A. Jahn 4852

1507 Eli Lilly & Co., Indianapolis, Ind., USA (Erfinder: William Nathaniel Cannon), **Oxjodinium- und Thiajodiniumverbindungen** der allg. Formel **I** (Y =

I 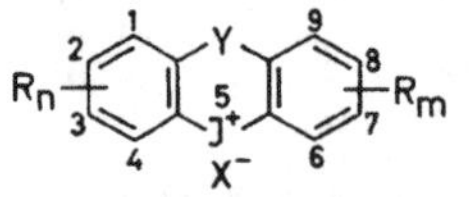

O, S; R = C_{1-3}-Alkyl, C_{1-3}-Halogenalkyl, Halogen, Nitro, Amino, Sulfamoyl; n u. m = 0—3; X = Anion) erhält man durch Cyclisierung von ggf. substituierten Jodosodiphenyläthern oder -thioäthern mit konz. H_2SO_4 oder H_3PO_4. Durch Hydrolyse von [2-Dichlorjod]-diphenyläther, F. 70—72°, mit NaOH erhält man den 2-Jodosodiphenyläther, F. 70—72° u. daraus durch Cyclisierung mit H_3PO_4 das *Dibenz-[b.e][1.4]-oxjodiniumchlorid*, F. 249—250°. Genannt werden: *3.7-Dinitrodibenz-[b.e][1.4]-oxjodiniumbisulfat, Bis-[dibenz-[b.e][1.4]-oxjodinium]-sulfat, Bis-[3.7-dichlordibenz-[b.e][1.4]-oxjodinium] sulfat, 3-Chlordibenz-[b.e][1.4]-oxjodiniumchlorid. — Bakterizide, Fungizide.* — Wrkg.-Tabellen. (**Brit. P. 1 056 418** vom 5/8. 1964, ausg. 25/1. 1967.) — 9 S.
R. Bauereis 4852

1508 **Abbott Laboratories,** USA (Erfinder: **William B. Martin**), *Medikamente.* (**F. P. [Méd.] Add. 13** vom 7/6. 1961, ausg. 3/4. 1963. U. S. Prior. 29/12. 1960. Zusatz zu F. P. [Méd.] 257; C. 1965, 45-1785. — C. **1966,** 35-1741 [Brit. P. 955 849].)

1509 **Riker Laboratories, Inc.,** Northridge, Calif., USA, *Inhalationsmittel mit bronchienerweiternder Wirkung.* (**Brit. P. 1 002 467** vom 20/3. 1964, ausg. 25/8. 1965. U. S. Prior. 21/3. 1963. — C. **1966,** 26-1751 [D. A. S. 1 203 910].)

1510 **Merck & Co., Inc.,** Rahway, N.J., USA, *α-Hydroxyaliphatische Carbonsäuren.* (**Brit. PP. 966 485** u. **966 486** vom 24/5. 1961, ausg. 12/8. 1964. U. S. Prior. 25/5. 1960 u. 27/4. 1961. — C. **1966,** 10-1774 [Oe. P. 230 878] u. C. **1963,** 17872 [Ung. P. 17 872].)

1511 **Merck & Co., Inc.,** Rahway, N.J., übert. von: **Edward J. Cragoe jun.,** Lansdale, Pa., USA, *[α-Alkylidenacyl]-phenoxy- und Phenylthiomethansulfonsäuren.* (**U. S. P. 3 250 804** vom 27/2. 1963, ausg. 10/5. 1966. — C. **1963,** 18-1673 [D. A. S. 1 243 174].)

1512 **C. H. Boehringer Sohn,** Deutschland, *Herstellung von Phenylalkancarbonsäureamiden.* (**F. P. 1 336 388** vom 3/8. 1962, ausg. 18/12. 1963. D. Prior. 4/8. 1961. — C. **1965,** 43-1863 [D. A. S. 1 166 766].)

1513 **Farbwerke Hoechst Akt.-Ges. vormals Meister Lucius & Brüning,** Frankfurt/M. (Erfinder: **K. Sturm, W. Siedel** und **R. Weyer**), *Substituierte 3-Sulfamyl-6-aminobenzoesäuren.* (**Schwed. P. 203 771** vom 10/4. 1964, ausg. 26/4. 1966. D. Prior. 13/4. 1963. — C. **1967,** 4-1717 [D. A. S. 1 213 846].)

1514 **Consortium Technique de Diffusion de Marques,** Paris, Frankreich, *Herstellung von 2-Acetoxy-3.5-diisopropylbenzoesäureamiden.* (**Brit. P. 982 249** vom 18/10. 1961, ausg. 3/2. 1965. F. Prior. 18/10. 1960. — C. **1966,** 28-2479 [F. P. 1 285 920].)

1515 **Abbott Laboratories,** USA (Erfinder: **Bruce W. Horrom**), *Benzamid-Derivate.* (**F. P. [Méd.] 3 102** vom 2/12. 1963, veröff. 10/3. 1965. U. S. Prior. 18/9. 1962. — C. **1967,** 20-1684 [U. S. P. 3 133 964].)

1516 **Byk-Gulden Lomberg, Chemische Fabrik G.m.b.H.,** Konstanz (Erfinder: **J. Gedeon** und **K. Bolz**), *m-Kresolsulfonsäure–Formaldehyd-Kondensationsprodukt.* (**Schwed. P. 203 479** vom 30/12. 1957, ausg. 19/4. 1966. D. Prior. 22/2. 1957. — C. **1958,** 12772 [D. A. S. 1 031 799].)

1517 **Stauffer Chemical Co.,** New York, N.Y., USA, *Aluminiummonohydroxydiacetylsalicylat–Acetessigsäureäthylester-Chelat.* (**Brit. P. 971 637** vom 20/4. 1961, ausg. 30/9. 1964. U. S. Prior. 28/4. 1960. — C. **1966,** 39-1883 [U. S. P. 3 082 152].)

1518 **Carter Products, Inc.,** New York, N.Y., USA (Erfinder: **F. M. Berger** und **B. J. Ludwig**), *N-Monosubstituierte Dicarbamate.* (**Schwed. PP. 204 138** u. **204 139** vom 22/10. 1959, ausg. 10/5. 1966. U. S. Prior. 24/4. 1957 u. 18/4. 1958. — C. **1961,** 11425 [D. A. S. 1 068 242].)

1519 **C. F. Boehringer & Soehne G.m.b.H.,** Mannheim (Erfinder: **E. Haack, A. Hagedorn, W. Peschke, W. Aumüller** und **H. Wagner**), *Sulfonylharnstoffderivate.* (**Schwed. PP. 203 471** u. **203 472** vom 28/11. 1957, ausg. 19/4. 1966. D. Prior. 5/12. 1956. — C. **1964,** 18-1613 [U.S.P. 2 953 578].)

1520 **Rhône-Poulenc Soc. An.,** Paris, Frankreich, *Herstellung von Diisothiocyanaten.* (**Oe. P. 247 865** vom 15/1. 1964, ausg. 27/6. 1966. F. Prior. 21/1. u. 20/11. 1963. — C. **1968,** 11-1697 [D. P. [DDR] 49 842].)

1521 **F. Hoffmann-La Roche & Co. Akt.-Ges.,** Basel, Schweiz (Erfinder: **B. Hegedüs** und **P. Zeller**), *Polyhydroxybenzylhydrazide.* (**Schwed. P. 204 298** vom 15/6. 1962, ausg. 17/5. 1966. Schwz. Prior. 16/6. 1961. — C. **1966,** 6-1703 [D. A. S. 1 165 607].)

1522 **F. Hoffmann-La Roche & Cie. Soc. An.,** Schweiz, *Substituierte Hydrazine.* (**F. P. 1 337 332** vom 13/7. 1962, ausg. 20/12. 1963. **F. P. [Méd.] 2 083** vom 9/7. 1962, ausg. 18/3. 1965. Beide Schwz. Prior. 14/7. 1961. — C. **1966,** 34-1728 [D. P. [DDR] 40 502].)

1523 **J. R. Geigy Akt.-Ges.** (Erfinder: **Rudolf Pfister** und **Alfred Sallmann**), Basel, Schweiz, *Herstellung von Carbostyrilderivaten.* (**Schwz. PP. 390 256** vom 10/8. 1960, ausg. 30/7. 1965, u. **391 703** vom 10/8. 1960, ausg. 15/9. 1965. **D. P. [DDR] 31 042** Kl. 12p vom 31/7. 1961, ausg. 5/11. 1964 [Ausschließungspatent]. Schwz. Prior. 10/8. 1960. — C. **1964,** 35-1467 [Ung. P. 150 888] u. C. **1966,** 25-2579 [Oe. P. 233 008].)

1524 **Wm. S. Merrell Co.** (Erfinder: **Frank Patrick Palopoli, Harvey Douglas Benzon, Robert Edward Allen** und **Edward Lewis Schiemann**), *Herstellung von heterocyclischen und Cycloalkylderivaten von 1.1- oder 1.2-Diaryläthylenen und 1.1- oder 1.2-Diaryläthanen.* (**Aust. P. 251 630** vom 29/9. 1960, ausg. 11/6. 1964. U. S. Prior. 1/10. 1959. — C. **1966,** 30-1672 [F. P. [Méd.] 688].)

1525 **N. V. Philips' Gloeilampenfabrieken,** Eindhoven (Erfinder: **Hendrik Evert van Geelen,** Weesp), Niederlande, *Herstellung von 8-[2'.6'.6'-Trimethylcyclohexen-1'-yl]-6-methyloctatrien-(3.5.7)-on-(2).* (**Niederl. P. 109 020** vom 6/5. 1960, ausg. 17/8. 1964. — C. **1966,** 25-2558 [Oe. P. 236 582].)

1526 **Rhone-Poulenc Soc. An.,** Paris, Frankreich (Erfinder: **N. M. Préau**), *3-(1'-Adamantyloxy)-propionsäure.* (**Schwed. PP. 203 473** u. **293 474** vom 21/3. 1962, ausg. 19/4. 1966. F. Prior. 24/3. 1961 u. 22/2. 1962. — C. **1966,** 14-1683 [D. A. S. 1 197 880].)

1527 **Sterling Drug, Inc.,** New York, N.Y., USA (Erfinder: **R. La Grone Clarke**), *Herstellung von Tetrahydrofurfurylaminoverbindungen.* (**Schwed. P. 204 009** vom 26/8. 1960, ausg. 3/5. 1966. U. S. Prior. 27/8. 1959. — C. **1964,** 35-1457 [Brit. P. 907 528].)

1528 **Sandoz Akt.-Ges.,** Basel (Erfinder: **Ernst Jucker,** Ettingen, **Anton Ebnöther,** Reinach, **Jean-Michel Bastian,** Birsfelden, **Erwin Rissi,** Basel, und **André Stoll,** Birsfelden), Schweiz, *9.10-Dihydro-4H-benzo-[4.5]-cyclohepta-[1.2 : b]-thiophene.* (**D. P. [DDR] 48 629** Kl. 12p vom 27/7. 1964, ausg. 20/6. 1966 [Ausschließungspatent]. **Oe. P. 243 258** vom 29/7. 1964, ausg. 10/11. 1965. Beide Schwz. Prior. 29/7., 20/12. 1963 u. 26/5. 1964. — C. **1967,** 21-1880 [D. A. S. 1 225 660].)

1529 **May and Baker Ltd.,** Großbritannien, *Isoindolinone.* (**F. P. [Méd.] 2 089** vom 22/8. 1962, ausg. 18/3. 1965. Brit. Prior. 28/7. 1961 u. 8/1. 1962. — C. **1967,** 11-1864 [Brit. P. 979 994].)

1530 **Sandoz Ltd.,** Basel, Schweiz, *Herstellung von 1.3.4-substituierten Pyrazolon-(5)-verbindungen.* (**Brit. P. 973 360** vom 27/3. 1961, ausg. 28/10. 1964. Schwz. Prior. 22/4. 1960 u. 24/1. 1961. — C. **1963,** 4148 [Ung. P. 149 912] u. C. **1966,** 27-1634 [F. P. 1 305 389].)

1531 **J. R. Geigy Akt.-Ges.,** Basel, Schweiz, *4-Substituierte 1.2-Diaryl-3.5-dioxopyrazolidine.* (**Ind. P. 75 481** vom 23/2. 1961, ausg. 16/12. 1963. **F. P. [Méd.] 1 244** vom 27/5. 1961, ausg. 20/3. 1963. **F. P. 1 305 368** vom 28/2. 1961, ausg. 30/1. 1963. Beide Schwz. Prior. 1/3. 1960. — C. **1966,** 37-1819 [Brit. P. 956 850].)

1532 **Mead Johnson & Co.** (Erfinder: **Homer C. Scarborough**), *Herstellung von 1.2-Diphenyl-4-carbamoyl-3.5-pyrazolidindion.* (**Aust. P. 251 559** vom 21/8. 1961, ausg. 11/6. 1964. U. S. Prior. 2/9. 1960. — C. **1966,** 29-1689 [Brit. P. 918 066].)

1533 **Ciba Soc. An.,** Schweiz, *Herstellung von 1-[β-Dimethylaminoäthyl]-2-[p-äthoxybenzyl]-5.6-dichlorbenzimidazol.* (**F. P. 1 310 493** vom 21/3. 1961, ausg. 8/3. 1963. Schwz. Prior. 22/3. 1960. — C. **1966,** 37-2683 [Can. P. 689 237].)

1534 **J. R. Geigy Akt.-Ges.,** Basel, Schweiz (Erfinder: **C. J. Morel**), *Imidazolderivate.* (**Schwed. P. 203 769** vom 13/3. 1962, ausg. 26/4. 1966. Schwz. Prior. 14/3. 1961. — C. **1966,** 34-1749 [D. A. S. 1 164 415].)

1535 **Ciba Soc. An.,** Schweiz, *3-[α-Arylalkyl]-sydnonimine.* (**F. P. 1 337 786** vom 13/6. 1962, ausg. 30/12. 1963. Schwz. Prior. 13/6. u. 22/9. 1961. — C. **1966,** 43-1890 [Brit. P. 962 293].)

1536 **Ciba Soc. An.,** Schweiz, *Herstellung von Sydnoniminen.* (**F. P. 1 337 787** vom 13/6. 1962, ausg. 30/12. 1963. Schwz. Prior. 13/6., 22/9. 1961 u. 13/4. 1962. — C. **1966,** 43-1890 [Brit. P. 963 459].)

1537 **Ciba Soc. An.,** Schweiz, *Herstellung von 3-Aryl-N-alkanoylsydnoniminen.* (**F. P. 1 337 788** vom 13/6. 1962, ausg. 30/12. 1963. Schwz. Prior. 13/6., 22/9. 1961 u. 13/4. 1962. — C. **1966,** 43-1890 [Brit. P. 961 628].)

1538 **J. R. Geigy Akt.-Ges.,** Basel, Schweiz (Erfinder: **A. Sallmann** und **R. Pfister**), *Herstellung von Cumarinderivaten.* (**Schwed. P. 204 297** vom 14/11. 1961, ausg. 17/5. 1966. Schwz. Prior. 15/11. 1960. — C. **1965,** 45-1806 [Brit. P. 957 462].)

1539 **Olin Mathieson Chemical Corp.,** USA (Erfinder: **Wilbur Benedict McDowell**), *1-Methyl-2-[hydroxyiminomethyl]-pyridiniumsalze.* (**F. P. 1 377 651** vom 18/11. 1963, ausg. 19/2. 1965. U. S. Prior. 19/11. 1962. — C. **1966,** 40-1753 [U. S. P. 3 155 674].)

1540 **British Drug Houses Ltd.,** London, Großbritannien (Erfinder: **V. Petrow** und **O. Stepehenson**), *Substituierte 4-Phenylpiperidinderivate.* (**Schwed. P. 203 478** vom 10/3. 1958, ausg. 19/4. 1966. Brit. Prior. 12/3. 1957. — C. **1963,** 22829 [Aust. P. 225 790].)

1541 **C. F. Boehringer & Soehne G.m.b.H.,** Mannheim, *Alkoxypiperidinderivate.* (**Oe. P. 239 221** vom 23/11. 1962, ausg. 25/3. 1965. D. Prior. 25/11. 1961. — C. **1964,** 41-1440 [D. A. S. 1 159 954] u. C. **1967,** 2-1812 [Brit. P. 966 278].)

1542 **Roussel-Uclaf,** Frankreich, übert. von: Laboratoires Français de Chimiothérapie, *4-[2'-Carbomethoxyphenylamino]-7-chlorchinolin.* (**F. P. [Méd.] 1 399** vom 10/7. 1961, ausg. 1/4. 1963. — C. **1966,** 28-1674 [Brit. P. 964 143].)

1543 **Norwich Pharmacal Co.,** Norwich, N.Y., USA (Erfinder: **F. F. Ebetino** und **G. C. Wright**), *4-Amino-6.7-dialkoxychinoline.* (**Schwed. P. 203 631** vom 26/11. 1963, ausg. 26/4. 1966. U. S. Prior. 6/12. 1962. — C. **1966,** 22-1676 [D. A. S. 1 202 280].)

1544 **F. Hoffmann-La Roche & Co. Akt.-Ges.,** Basel, Schweiz (Erfinder: **A. Brossi**), *2-Oxobenzochinolizine.* (**Schwed. P. 203 630** vom 23/9. 1960, ausg. 26/4. 1966. Schwz. Prior. 24/9. 1959. — C. **1963,** 20521 [D. A. S. 1 134 678].)

1545 **Soc. Industrielle pour la Fabrication des Antibiotiques (S.I.F.A)**, Frankreich (Erfinder: **Jacques R. Boissier** und **Roger Ratouis**), *Herstellung von Piperazinderivaten.* (**F. P. 1 337 097** vom 24/10. 1962, ausg. 18/12. 1963. Brit. Prior. 25/10. 1961. – C. **1967**, 48-1633 [Brit. P. 970 130].)

1546 **May & Baker Ltd.**, Dagenham, Großbritannien (Erfinder: **A. S. F. Ash, A. M. Creighton** und **W. R. Wragg**), *N-Phenylpiperazinderivate.* (**Schwed. P. 203 768** vom 20/10. 1960, ausg. 26/4. 1966. Brit. Prior. 20/10. 1959. – C. **1968**, 25-1854 [U. S. P. 3 170 926].)

1547 **Manufacture de Produits Pharmaceutiques A. Christiaens Soc. An.**, übert. von: **Pierre Marie Vanhoof**, Brüssel, Belgien, *1H-Indeno-[2.1-d]-pyrimidine.* (**U. S. P. 3 170 924** vom 27/3. 1961, ausg. 23/2. 1965. Brit. Prior. 1/4. 1960. – C. **1966**, 24-1663 [Brit. P. 956 269].)

1548 **American Cyanamid Co.**, USA (Erfinder: **Elliott Cohen** und **James Robert Vaughan jun.**), *Chinazolinone-(4).* (**F. P. 1 369 307** vom 2/9. 1959, ausg. 7/12. 1964. U. S. Prior. 24/12. 1958 u. 7/4. 1959. – C. **1966**, 50-1752 [F. P. [Méd.] 625].)

1549 **J. R. Geigy Akt.-Ges.**, Basel, Schweiz, *Herstellung von 3.4-Dihydro-2.4-dioxo-2H-pyrido-[2.3 : e]-1.3-oxazinen.* (**Oe. PP. 243 272** u. **243 273** vom 13/11. 1962, ausg. 10/11. 1965. Beide Schwz. Prior. 14/11. 1961. – C. **1966**, 27-1644 [U. S. P. 3 122 538].)

1550 **Dr. Karl Thomae G.m.b.H.**, übert. von: **Josef Roch**, Biberach/Riß, *Herstellung von aminosubstituierten Purinderivaten.* (**Can. P. 687 222** vom 5/11. 1959, ausg. 26/5. 1964. – C. **1966**, 25-1684 [Schwz. P. 378 894].)

1551 **Sandoz Akt.-Ges.**, Basel, Schweiz (Erfinder: **J. Renz, J. P. Bourquin, G. Gamboni** und **G. Schwarb**), *Phenthiazinderivate.* (**Schwed. P. 204 294** vom 7/3. 1958, ausg. 17/5. 1966. Schwz. Prior. 8/3., 8/4., 17/4., 29/5. u. 18/12. 1957. – C. **1961**, 8039 [D. A. S. 1 090 667].)

1552 **Rhône-Poulenc Soc. An.**, Paris, Frankreich (Erfinder: **P. Gailliot** und **J. Baget**), *Phenthiazine.* (**Schwed. P. 203 884** vom 26/2. 1958, ausg. 3/5. 1966. F. Prior. 31/5., 20/9. 1957 u. 16/1. 1958. – C. **1961**, 14023 [F. P. 1 199 227].)

1553 **Knud Abildgaard** und **Løvens Kemiske Fabrik ved A. Kongsted**, Ballerup, übert. von: **Peter W. Feit**, Kogens Lyngby, und **Erling I. Nielsen**, Charlottenlund, Dänemark, *Herstellung von 3.4-Dihydrobenzo-1.2.4-thiadiazin-1.1-dioxiden.* (**Can. P. 687 339** vom 1/5. 1961, ausg. 26/5. 1964. Brit. Prior. 6/5. u. 22/7. 1960. – C. **1966**, 39-1911 [Brit. P. 946 864].)

1554 **J. R. Geigy Akt.-Ges.**, Basel, Schweiz (Erfinder: **W. Schindler** und **H. Dietrich**), *Azepinderivate.* (**Schwed. P. 203 887** vom 27/5. 1960, ausg. 3/5. 1966. Schwz. Prior. 28/5. 1959 u. 29/1. 1960. – C. **1965**, 12-1719 [Oe. P. 219 604].)

1555 **Dr. A. Wander Soc. An.**, Bern (Erfinder: **Jean Schmutz**, Muri bei Bern, und **Fritz Hunziker**, Bern), Schweiz, *Herstellung von 5-Dibenzo-(b, e)(1.4)-diazepinderivaten.* (**Brit. P. 907 646** vom 19/1. 1960, ausg. 10/10. 1962. Schwz. Prior. 23/1. u. 24/12. 1959. **Schwz. P. 375 728** vom 23/1. 1959, ausg. 30/4. 1964. **Niederl. P. 110 264** vom 7/6. 1960, ausg. 15/12. 1964. – C. **1966**, 28-2515 [Oe. P. 228 215].)

1556 **Spofa, Sdruženi podnikû pro zdravotnickou výrobu**, Prag, ČSSR, *Herstellung von 6.11-Dihydrodibenz-[b.e]-thiepinderivaten.* (**Brit. P. 1 013 574** vom 8/6. 1962, ausg. 15/12. 1965. Tschech. Prior. 8/6. 1961 u. 24/3. 1962. – C. **1966**, 26-1712 [D. P. [DDR] 31 380].)

1557 **Spofa Sdruženi Podnikû pro zdravotnickouvýrobu** (Erfinder: **Miroslav Protiva, Miroslav Rajšner, Zdeněk Votavá, Jirina Metyšová, Edita Adlerová, Vera Seidlová** und **Zdeněk Vejdelěk**), *6.11-Dihydrodibenz-[b.e]-thiepine.* (**F. P. 1 332 145** vom 8/6. 1962, ausg. 18/11. 1963. Tschech. Prior. 8/6. 1961, 24/3. u. 24/3. 1962. **F. P. [Méd.] 3 138** vom 8/6. 1962, veröff. 29/3. 1965. – C. **1966**, 26-1712 [D. P. [DDR] 31 380].)

1558 **F. Hoffmann-La Roche & Co. Akt.-Ges.**, Basel, Schweiz, *Herstellung von Benzoxazepinderivaten.* (**Oe. P. 246 162** vom 23/4. 1964, ausg. 12/4. 1966. U. S. Prior. 5/4. 1963. – C. **1967**, 22-1739 [Brit. P. 1 016 526].)

1559 **Sandoz Akt.-Ges.**, Basel (Erfinder: **Albert Hofmann**, Bottmingen, **Paul Stadler**, Biel, **Franz Troxler**, Bottmingen, Schweiz, **Albert Frey**, Essex Fells, und **Hans Ott**, Convent Station, N.J., USA), *Hydrierungsprodukte der Lysergsäurereihe.* (**Schwz. P. 396 024** vom 22/8. 1960, ausg. 14/1. 1966. – C. **1967**, 36-1968 [Oe. P. 226 379].)

1560 **Soc. Farmaceutici Italia**, Mailand (Erfinder: **Ernst Boris Chain, Antonio Tonolo** und **Cesare Bonino**, Rom), Italien, *Herstellung eines D-Lysergsäure- und D-Isolysergsäureamids.* (**Oe. P. 251 198** vom 24/8. 1960, ausg. 27/12. 1966. It. Prior. 19/7. 1960. Zusatz zu Oe. P. 239 966; C. 1966, 29-2698. – C. **1965**, 23-2550 [U. S. P. 3 060 104].)

1561 **Shionogi & Co. Ltd.**, Osaka, übert. von: **Yoshiro Sawa, Shin Maeda**, Hyogo-ken, und **Naoki Tsuzi**, Osaka-ken, Japan, *3-Hydroxy-6-oxo-N-alkylmorphinane und 3-Alkoxy-4-aryloxy-6β-hydroxy-N-alkylmorphinane.* (**U. S. P. 3 256 286** vom 4/4. 1963, ausg. 14/6. 1966. Jap. Prior. 9/4. 1962. – C. **1966**, 45-1845 [Can. P. 695 728].)

1562 **Louis-Lafon**, Paris, Frankreich, *Nicotinsäurediester von Dimethylpapaverolin.* (**Brit. P. 929 190** vom 9/12. 1960, ausg. 19/6. 1963. F. Prior. 14/12. 1959. – C. **1966**, 32-1692 [F. P. [Méd.] 794].)

1563 **Ciba Soc. An.**, Schweiz, *Des-[acetylamino]-thiocolchicin.* (**F. P. [Méd.] 2 019** vom 6/9. 1962, ausg. 30/11. 1964. Schwz. Prior. 14/6. 1961. – C. **1967**, 25-2976 [Brit. P. 955 766].)

1564 **Dr. Robert Pfleger, Chemische Fabrik**, Bamberg (Erfinder: **Heinz Bertholdt**, Lichteneiche, **Robert Pfleger**, Bamberg, und **Wolfram Schulz**, Darmstadt), *Herstellung von Azoniaspiranen des Nor-3α- bzw. -3β-Tropanols.* (**D. P. [DDR] 39 727** Kl. 12p vom 10/2. 1964, ausg. 25/6. 1965 [Ausschließungspatent]. D. Prior. [Bundesrepublik Deutschland] 5/3. 1963. – C. **1966**, 26-1713 [D. A. S. 1 194 422].)

1565 **Horst Schinske**, Radebeul, **Helga Weinert**, Dresden, **Rudolf Schirutschke**, und **Werner Grawert**, Radebeul, *Herstellung eines Mutterkornalkaloid-Gesamtkomplexes.* (**Tschech. P. 115 816** vom 22/11. 1961, ausg. 15/8. 1965. D. Prior. 8/2. 1961. – C. **1966**, 26-1714 [D. P. [DDR] 28 275].)

1566 **Soc. An. Oletta**, Luxemburg, Luxemburg, übert. von: **Jean Louis Paul Mainil**, Watermael-Boitsfort, Belgien, *Alkaloid aus Phyllanthus discodeus.* (**U. S. P. 3 272 796** vom 13/8. 1962, ausg. 13/9. 1966. Belg. Prior. 16/8. 1957. – C. **1961**, 3088 [Belg. P. 560 107].)

1567 **Badische Anilin- & Soda-Fabrik Akt.-Ges.**, übert. von: **Wilhelm Sarnecki, Axel Nürrenbach** und **Werner Reie**, Ludwigshafen/Rh., *Axerophthylphosphoniumsalze.* (**U. S. P. 3 294 844** vom 20/5. 1963, ausg. 27/12. 1966. D. Prior. 23/5. 1962. – C. **1964**, 20-1601 [D. A. S. 1 155 126].)

1568 **Hoffmann-La Roche, Inc.**, Nutley, N.J., USA, übert. von: **John Mervyn Osbond**, Welwyn Garden City, Herts., Großbritannien, *Pyridoxine.* (**U. S. P. 3 285 924** vom 19/3. 1964, ausg. 15/11. 1966. Brit. Prior. 3/1., 21/3. u. 10/10. 1962. – C. **1968**, 4-2170 [F. P. 1 343 270].)

1569 **E. Merck Akt.-Ges.** (Erfinder: **Gustav Schorre**), Darmstadt, *Herstellung eines S-Derivats von Vitamin B_6.* (**D. A. S. 1 198 365** Kl. 12p vom 18/5. 1960, ausg. 12/8. 1965. **U. S. P. 3 086 023** vom 3/5. 1961, ausg. 16/4. 1963. D. Prior. 18/5. 1960. – C. **1965**, 33-1826 [Brit. P. 924 955].)

1570 **Pierrel S.p.A.**, Mailand, Italien, *Herstellung von Hydroxycobalamin.* (**Oe. P. 251 204** vom 8/2. 1962, ausg. 27/12. 1966. Brit. Prior. 12/6. 1961. – C. **1966**, 22-1691 [D. A. S. 1 200 827].)

1571 **Francesco Vismara S.p.A.**, Italien (Erfinder: **Alberto Ercoli** und **Rinaldo Gardi**), *Neue androgen und anabolisch wirksame Heilmittel.* (**F. P. [Méd.] 3 612** vom 10/4. 1962, veröff. 18/10. 1965. It. Prior. 12/4. 1961. – C. **1965**, 30-1828 [D. A. S. 1 181 213].)

1572 **Merck & Co., Inc.**, Rahway, N.J., USA, *Steroide.* (**Oe. P. 232 659** vom 21/3. 1960, ausg. 25/3. 1964. U. S. Prior. 24/3. 1959. – C. **1966**, 25-1695 [D. A. S. 1 196 653].)

1573 **N. V. Philips' Gloeilampenfabrieken**, Eindhoven, Niederlande *Herstellung von 10α-Methylsteroiden.* (**Ind. P. 76 105** vom 4/4. 1961, ausg. 10/9. 1963. – C. **1966**, 30-1687 [F. P. 1 290 654].)

1574 **Glaxo Laboratories Ltd.**, Großbritannien, *Herstellung von 16-Methylsteroiden.* (**F. P. 1 451 166** vom 23/11. 1960, veröff. 25/7. 1966. Brit. Prior. 26/11. 1959. – C. **1964**, 36-1510 [U. S. P. 3 060 199].)

1575 **Upjohn Co.**, USA (Erfinder: **Frank Harris Lincoln, William Paul Schneider** und **George Basil Spero**), *Herstellung von 6α.16β-Dimethylsteroiden.* (**F. P. 1 467 003** vom 16/3. 1960, veröff. 19/12. 1966. U. S. Prior. 18/3. 1959. – C. **1964**, 22-1631 [Brit. PP. 898 291 u. 898 295].)

1576 **Schering Akt.-Ges.**, Deutschland, *Herstellung von 1.2α-Methylensteroiden.* (**F. P. 1 439 311** vom 26/4. 1965, veröff. 12/4. 1966. D. Prior. 25/4. 1964. – C. **1967**, 21-1907 [D. A. S. 1 226 574].)

1577 **Merck & Co., Inc.**, USA (Erfinder: **Frank Allen Cutler jun., James Arthur Hause** und **Meyer Sletzinger**), *Enolacylate von 16-Alkyl-20-ketosteroiden.* (**F. P. 1 447 112** vom 7/9. 1959, veröff. 20/6. 1966. U. S. Prior. 8/9. 1958. – C. **1963**, 12139 [U. S. P. 2 970 157].)

1578 **Upjohn Co.**, USA (Erfinder: **Barney John Magerlein, Robert David Birkenmeyer** und **Fred Kagan**), *Herstellung von 16α- und 16β-Fluorsteroiden.* (**F. P. 1 448 706** vom 10/1. 1961, veröff. 4/7. 1966. U. S. Prior. 11/1. 1960. – C. **1964**, 9-1574 [U. S. P. 3 016 392].)

1579 **Upjohn Co.**, USA (Erfinder: **John Edward Pike** und **Robert Warren Jackson**), *Herstellung von 6-Fluor-Δ^4-3-ketosteroiden.* (**F. P. 1 450 357** vom 29/7. 1960, veröff. 18/7. 1966. U. S. Prior. 30/7. 1959. – C. **1963**, 12140 [Brit. P. 878 759].)

1580 **Ciba Ltd.**, Basel, Schweiz, *Herstellung von 18.20-Oxidosteroiden.* (**Niederl. P. 108 695** vom 11/2. 1960, ausg. 15/6. 1964. Schwz. Prior. 12/2., 23/4. u. 3/7. 1959. – C. **1966**, 26-1724 [D. A. S. 1 163 321].)

1581 **Scherico Ltd.**, Schweiz (Erfinder: **Masato Tanabe, Elliot L. Shapiro** und **Eugene P. Oliveto**), *3-Hydroxy-1.5-bis-dehydrosteroide.* (**F. P. [Méd.] 4 300** vom 15/1. 1964, veröff. 25/7. 1966. U. S. Prior. 16/1. u. 7/3. 1963. – C. **1966**, 33-1726 [U. S. P. 3 127 428].)

1582 **N. V. Organon**, Oss, Niederlande, *Herstellung von 3.3-Alkyliden-19-norsteroiden.* (**Belg. A. S. 654 772** vom 23/10. 1964, bekanntgemacht 23/4. 1965. Niederl. Prior. 23/10. 1963. – C. **1968**, 17-1837 [Ung. P. 152 542].)

1583 **Merck & Co., Inc.**, USA (Erfinder: **Meyer Sletzinger**), *6-Substituierte 16α-Methylpregnane.* (**F. P. 1 447 113** vom 21/9. 1959, veröff. 20/6. 1966. U. S. Prior. 1/10. 1958. – C. **1962**, 15699 [U. S. P. 2 929 815].)

1584 **Merck & Co., Inc.** (Erfinder: **Norman Wendler, David Taub** und **Robert Hoffsommer jun.**), *16-Alkyliden-11-oxygenierte Steroide der in Ring A ungesättigten Pregnanreihe.* (**Aust. P. 250 476** vom 10/3. 1960, ausg. 23/4. 1964. U. S. Prior. 24/3. 1959. – C. **1966**, 25-1695 [D. A. S. 1 196 653].)

1585 **Olin Mathieson Chemical Corp.**, USA (Erfinder: **Josef Fried**), *Antiandrogen wirksame Steroide der A-Norpregnan- und A-Norpregnenreihe.* (**F. P. [Méd.] 4 049** vom 21/10. 1963, veröff. 4/4. 1966. U. S. Prior. 24/7. 1962. – C. **1967**, 41-1736 [U. S. P. 3 170 919].)

1586 **Merck & Co., Inc.**, USA (Erfinder: **Ralph Franz Hirschmann, Arthur Allan Patchett, Avery Rosegay** und **Gerald Joseph Kent**), *17α-Hydroxy-20-oxo-4-pregneno-[3.2-c]-pyrazol und das entsprechende 4.6-Pregnadienderivat.* (**F. P. [Méd.] 4 030** vom 18/9. 1963, veröff. 28/3. 1966. U. S. Prior. 20/6. 1962 u. 4/3. 1963. – C. **1967**, 39-1725 [Belg. A. S. 633 906].)

1587 **Syntex Soc. An.**, Mexiko (Erfinder: **John Edwards** und **Howard J. Ringold**), *Herstellung von Fluorsteroiden der Androstanreihe.* (F. P. **1 438 159** vom 31/5. 1960, veröff. 4/4. 1966. Mexikan. Prior. 1/6. 1959. – C. **1964**, 43-1547 [U. S. P. 3 080 392].)

1588 **Upjohn Co.**, USA (Erfinder: **John Claude Babcock** und **Arnold Charles Ott**), *Herstellung von 11α.17α-Dimethylandrostan-11β.17β-diol.* (**F. P. 1 447 114** vom 25/9. 1959, veröff. 20/6. 1966. U. S. Prior. 26/9. 1958. – C. **1962**, 13871 [D. A. S. 1 123 320].)

1589 **Ormonoterapia Richter S.p.A.**, Italien, *17α-Vinylöstr-5(10)-en-17β-ol-3-on.* (**F. P. [Méd.] 4 197** vom 11/5. 1963, veröff. 6/6. 1966. It. Prior. 12/5. 1962. – C. **1967**, 3-1844 [F. P. 1 362 733].)

1590 **Novo Terapeutisk Laboratorium A/S**, Kopenhagen, Dänemark (Erfinder: **J. Schlichtkrull**), *Herstellung eines Insulinpräparates*. (**Schwed. P. 203 522** vom 30/11. 1957, ausg. 19/4. 1966. Dän. Prior. 1/12. 1956. – C. **1961**, 2033 [Brit. P. 835 638].)

1591 **Ciba Akt.-Ges.**, Basel (Erfinder: **Robert Schwyzer**, Riehen, **Heini Kappeler**, Bettingen, und **Beat Iselin**, Riehen), Schweiz, *Herstellung von neuen Dekapeptiden*. (**Schwz. P. 408 948** vom 3/6. 1960, ausg. 30/9. 1966. – C. **1967**, 9-1907 [D. A. S. 1 205 546].)

1592 **Chinoin Gyógyszer és Vegyészeti Termékek Gyára R. T.**, Budapest (Erfinder: **Lajos Stankovics, Ferenc Varga, György Dóbiás, György Szécsey, László Tardos, Ilona Erdély**, Budapest, und **Eva Szentirmay**, Erd), Ungarn, *Herstellung von Antibiotika-Additionsverbindungen*. (**Oe. P. 247 519** vom 4/11. 1963, ausg. 10/6. 1966. Ung. Prior. 12/2. u. 19/2. 1963. – C. **1968**, 12-1679 [D. P. [DDR] 37 206].)

1593 **Farbenfabriken Bayer Akt.-Ges.**, Leverkusen, *Herstellung von wäßrigen Lösungen von in Wasser unlöslichen organischen Verbindungen*. (**Brit. P. 909 606** vom 17/2. 1961, ausg. 31/10. 1962. D. Prior. 19/2. 1960. – C. **1966**, 26-2404 [D. A. S. 1 132 925].)

1594 **Chas. Pfizer & Co., Inc.**, Brooklyn, N.Y., USA, *Herstellung von Penicillinen*. (**Oe. P. 251 189** vom 28/9. 1960, ausg. 27/12. 1966. U. S. Prior. 28/9. 1959. – C. **1965**, 4-1844 [F. P. [Méd.] 229].)

1595 **American Cyanamid Co.**, New York, N.Y., USA (Erfinder: **P. P. Minieri, H. Sokol, M. C. Firman, J. H. E. J. Martin, N. Bohonos, B. M. Duggar, S. E. De Voe, A. P. Doerschuk, B. A. Bitler** und **M. A. Petty**), *Herstellung von Tetracyclin*. (**Schwed. P. 203 612** vom 30/7. 1954, ausg. 26/4. 1966. U. S. Prior. 28/9., 15/10. u. 27/10. 1953. – C. **1959**, 12944 [D. A. S. 1 026 481].)

1596 **American Cyanamid Co.** (Erfinder: **Michael Joseph Martell jun., James Howard Boothe** und **Joseph Peter Petisi**), *Tetracyclinderivate*. (**Aust. P. 271 029** vom 9/5. 1962, ausg. 1/12. 1966. U. S. Prior. 24/10., 22/12. 1961 u. 7/2. 1962. – C. **1968**, 13-1723 [Brit. P. 1 003 474].)

1597 **American Cyanamid Co.** (Erfinder: **George Sieger** und **William Barringer**), *Herstellung einer 6-Dimethyltetracyclin- oder 7-Chlor-6-demethyltetracyclin–Al-Komplexverbindung*. (**Aust. P. 251 341** vom 12/4. 1961, ausg. 28/5. 1964. U. S. Prior. 21/4. 1960. – C. **1966** 28-1703 [F. P. [Méd.] 1 077].)

1598 **Glaxo Laboratories Ltd.**, Großbritannien, *Cephalosporin-C-Derivate*. (**F. P. 1 337 775** vom 16/5. 1962, ausg. 30/12. 1963. Brit. Prior. 16/5. 1961 u. 26/1. 1962. – C. **1967**, 44-1701 [Brit. P. 1 012 943].)

1599 **C. F. Boehringer & Soehne G.m.b.H.**, Mannheim, übert. von: **Alfred Grafe**, Weinheim, *Bestimmung der Virusadsorptionskapazität von Aluminiumoxid*. (**U. S. P. 3 250 596** vom 8/4. 1963, ausg. 10/5. 1966. **Brit. P. 1 010 005** vom 6/4. 1964, ausg. 17/11. 1965. U. S. Prior. 8/4. 1963. – C. **1966**, 26-1739 [D. A. S. 1 203 912].)

1600 **A/B Astra Apotekarnes Kemiska Fabriker** (Erfinder: **Sven Lindvall** und **Karl Hogberg**), *Eisen enthaltendes Präparat für intramuskuläre Injektion*. (**Aust. P. 250 424** vom 24/2. 1961, ausg. 23/4. 1964. Schwed. Prior. 26/10. 1960. – C. **1966**, 37-1782 [F. P. [Méd.] 1586].)

1601 **Andrew Peru**, Dearborn, übert. von: **John J. Ceriotti**, St. Clair Shores, Mich., USA, *Antibakterielle Mittel*. (**U. S. P. 3 282 277** vom 6/2. 1962, ausg. 1/11. 1966. – C. **1967**, 48-1593 [Can. P. 678 213].)

1602 **J. R. Geigy Akt.-Ges.**, Basel, Schweiz (Erfinder: **E. Model** und **J. Bindler**), *Bakterizide Diphenyläther*. (**Schwed. P. 203 401** vom 21/2. 1964, ausg. 5/4. 1966. Schwz. Prior. 22/2. 1963. – C. **1966**, 46-1769 [D. P. [DDR] 39 732].)

1603 **J. R. Geigy Akt.-Ges.**, Basel, Schweiz, *Herstellung von Diphenyläthern*. (**Oe. P. 245 554** u. **245 555** vom 21/2. 1964, ausg. 10/3. 1966. Beide Schwz. Prior. 22/2. 1963. – C. **1966**, 46-1769 [D. P. [DDR] 39 732].)

1604 **Herbert C. Stecker**, *Trifluoralkoxysubstituierte Anilide*. (**Aust. P. 267 686** vom 19/4. 1963, ausg. 23/6. 1966. U. S. Prior. 20/4. 1962. – C. **1966**, 28-1716 [U. S. P. 3 142 703].)

1605 **Ciba Corp.**, Del., USA, übert. von: **Karl Hoffmann**, Binningen, und **Ernst Sury**, Basel, Schweiz, *N-Alkylpiperidine*. (**U. S. P. 3 153 046** vom 22/5. 1961, ausg. 13/10. 1964. Schwz. Prior. 20/5. 1960. – C. **1966**, 32-1745 [F. P. 1 310 507].)

1606 **Allen & Hanburys Ltd.**, London, Großbritannien, *Herstellung von Chinaldinverbindungen*. (**Oe. P. 243 799** vom 11/9. 1963, ausg. 25/11. 1965. Brit. Prior. 12/9. 1962. – C. **1966**, 26-1743 [Brit. P. 980 394].)

G. Analytische Chemie, Laboratoriumspraxis

G–1. Allgemeine Verfahren und Apparate

1607 **Gegenüberstellende Betrachtung von Diffusionspumpen und Molekularpumpen.** W. Becker. (Vakuum-Techn. **17** (1968) 3, 62–67; Hauptabt. Wiss. u. Forsch., Arthur Pfeiffer Hochvakuumtechn. G.m.b.H., Wetzlar; dt.) H.-D. Schenke 5010

1608 **Ionen-Zerstäuberpumpen mit hohem Argon-Saugvermögen.** W. Bächler. (Vakuum-Techn. **17** (1968) 3, 59–62; Leybold-Heraeus GmbH & Co., Köln; dt.) — Ionenzerstäuberpumpen des Diodentyps, die ein Saugvermögen für reines Ar von mindestens 30% des N-Wertes u. eine hohe Ar-Stabilität aufweisen, lassen sich bei geeigneter Materialauswahl u. Verw. pillenförmiger Elemente als Kathoden bauen. Durch eine mit Hohlräumen versehene Oberfläche wird ein Abblättern aufgestäubter Flitter von den Elektroden ausgeschlossen. H.-D. Schenke 5010

1609 **Methode zur Messung der Treibmittelrückströmung an Diffusionspumpen mit Hilfe radioaktiver Markierung.** Kurt Winkler, Werner Fleischer, Winfried Birkigt und Karl-Heinz Schneider. (Vakuum-Techn. **17** (1968) 2, 41–49; Inst. für Phys. Chem., DAW zu Berlin; dt.) — Die Markierung des naphthen. Treibmittels D-6 mit ^{82}Br gestattet die schnelle u. bequeme Messung von Rückströmungsraten in unterschiedlicher Höhe über dem Pumpenflansch, auf verschiedenen Radien innerhalb einer Ebene des Meßdomes u. bei verschiedenen Ansaugdrücken. Es werden Messungen während der Anfahrphase der Diffusionspumpe durchgeführt u. eine Öldampfsperre getestet. H.-D. Schenke 5010

1610 **Elektronisch gesteuerter Vakuumofen mit linearem und hyperbolischem Temperaturanstieg im Bereich von $-195{,}8^0$ bis $+400^0$.** D. Molzahn und M. Durm. (Vakuum-Techn. **17** (1968) 5, 125–31; Inst. für Kernchem., Philipps-Univ., Marburg; dt.) — Vf. beschreiben eine elektron. App., die einen Ofen wahlweise mit linearem oder hyperbol. Heizprogramm zur Aufnahme von Desorptionsspektrogrammen fester Körper steuert. Beide Programme beginnen bei der Temp. des fl. N_2 u. heizen den Ofen in 1, 2 oder 5 Std. bis ca. $+400^0$ auf. H.-D. Schenke 5012

1611 **Eichung des „Surface-Meter" nach der BET-Gasadsorptionsmethode zur Messung der spezifischen Oberfläche feinverteilter Mineralteilchen.** W. T. Yen und T. Salman. (Canad. Mining J. **89** (1968) 1, 36–39; McGill Univ., Montreal; engl.) — Das „Surface-Meter" nach Bell wurde mit Hilfe der BET-Meth. geeicht u. hinsichtlich seiner Anwendung auf pulverförmige Mineralien (Kieselsäuremehl u. Hämatit) überprüft. Die Übereinstimmung der nach beiden Meth. erhaltenen Werte liegt innerhalb einer Fehlergrenze von 1%. G. Malow 5028

1612 **Neue Verbesserungen bei der absoluten Eichung von Neutronenquellen.** K. W. Geiger. (Metrologia [Berlin] **4** (1968) 1, 8–14; Div. of Appl. Phys., Nat. Res. Council of Canada, Ottawa; engl.) — Vgl. ibid. **3** (1967) 51. — Vf. gibt einen Überblick über die Meth. der Eichung radioakt. Neutronenquellen mit bes. Betonung des Verf. des $MnSO_4$-Bades. Für Be(α, n)-Quellen ist die Meßgenauigkeit gegenwärtig auf etwas weniger als ±1% beschränkt. Eine weitere Verbesserung würde genauere Werte für die Querschnitte der direkt oder indirekt mit der Eichung in Zusammenhang stehenden Nuklide u. eine bessere Kenntnis des von der Quelle emittierten Neutronenspektrums voraussetzen. — 65 Literaturangaben. H.-D. Schenke 5030

1613 **Methoden zur Messung des Dampfdruckes von Wasser und anderen Flüssigkeiten.** P. T. John und R. S. Sekhon. (J. sci. ind. Res. [New Dehli] **27** (1968) 2, 50–57; Nat. Phys. Labor., New Dehli; engl.) — Vf. beschreiben die neuesten Entw. bei der Messung u. der Kontrolle des Dampfdruckes von W. u. anderen Flüssigkeiten. — 100 Literaturangaben. H.-D. Schenke 5032

1614 **Dynamische Gaschromatographie zur Messung der Permeabilität von Filmen.** T. L. Caskey. (Rev. Plásticos mod. **19** (1968) 142, 259–63; Dow Chem. Co., Western Div. Res. Labor., Walnut Creek, Calif.; span.) — Da die Meßmeth. der Permeabilität von Plastikfilmen u. -folien für Gase nicht sehr empfindlich waren, wurde ein neues Syst. entwickelt. Dieses Syst. benutzt zwei Gasströme u. arbeitet mit Drücken von 1 Atm auf beiden Seiten des Films, der in einer Spezialzelle befestigt ist. Das Gas tritt in die eine Kammer der Zelle ein, während He durch die andere Seite der Zelle strömt. Das Gas, das durch den Film dringt, wird vom He-Strom aufgenommen u. zum Chromatographen mit einem He-Detektor geführt. Konz. u. Flußgeschw. sind direkt proportional der GTR der benutzten Folie. Das Syst. bleibt im Gleichgew. bei einer Flußgeschw. von 2 cm^3/Min. u. der Detektor zeigt O_2 oder ein anderes Gas noch in der Größenordnung von

10 ppm an. Als He-Analysator wird ein Varian Aerograph. verwendet. J. Markert 5032

1615 **Öl-Extrusionsmethoden und Methoden des konstanten Druckbereiches zur Bestimmung der Oberflächengröße von granulierten Kohlepulvern.** P. T. John und R. S. Sekhon. (Carbon [Oxford] **5** (1967) 3, 281–85; Ind. Physics Div., Nat. Labor., New Dehli; engl.) — Es werden Oberflächengrößenmessungen nach einer neuentwickelten Ölextrusionsmeth. mit den Ergebnissen der Meth. des konst. Druckbereiches u. der Meth. nach Blaine (1943) an Kohlepulvern, CaF_2, Fe_2O_3, Graphit u. Seltenerdmetallfluoriden miteinander verglichen. Die Ölextrusionsmeth. ist zur Oberflächengrößenbest. von Kohlepulvern geeignet. G. Malow 5042

1616 **Modifiziertes Kapillar-Dilatometer für den Lösevorgang.** Mizuho Nisizawa. (J. appl. Polymer Sci. **12** (1968) 4, 969–70; Dep. of Chem., Defense Acad., Yokosuka, Japan; engl.) — Zur Unters. des Lösevorganges von Makromol. wird ein modifiziertes Instrument zur Messung von Vol.-Änderungen beschrieben. H.-D. Schenke 5044

1617 **Oberflächentemperaturmessungen mit Hilfe des Infrarotfernsehens.** Georges-Albert Boutry und Michel Jatteau. (C. R. hebd. Séances Acad. Sci., Sér. A et B **266** (1968) 4, B 214–B 217; Labor. d'Électron. et de Phys. appl., Paris; franz.) — Meßmeth. u. -Vorr. werden beschrieben. Die Kamera verwendet einen Photoleitfähigkeitsdetektor (Ge mit Hg-Dotierung), der bei 20 °K betrieben wird u. bis $\approx 14\ \mu m$ empfindlich ist. Die Meth. ergibt Isothermen-Oberflächenkarten, deren Isothermen einen Temp.-Abstand von bis zu 0,1° bei einer Breite von $\leqq 0{,}05°$ aufweisen (Objekttemp. um 33°). J. Pickardt 5052

1618 **Photoelektrisches Pyrometer zur Messung der wahren Temperatur von Wolfram.** 2. Mitt. **Berücksichtigung der Änderung der effektiven Wellenlänge des Pyrometers.** V. D. Dmitriev und G. K. Cholopov. (Ž. prikl. Spektroskopii 8 (1968) 3, 416–20; russ.) — 1. vgl. ibid. 8 (1968) 216. H. Roschkowski 5052

1619 **Entwicklungsrichtungen in der Partialdruckmessung.** E. W. Blauth. (Vakuum-Techn. **17** (1968) 4, 90–98; Inst. für Plasmaphys., Garching bei München; engl.) — Vf. bespricht die Probleme, die sich aus der Anpassung von Massenspektrometern an die bes. Anforderungen ergeben, die an Partialdruckanalysatoren zu stellen sind. H.-D. Schenke 5057

1620 **Messung niedriger Drücke.** S. Choumoff. (Bull. Inform. sci. techn., Commissariat Énergie atom. **1968**, 126, 3–37; Soc. gén. du Vide, Choisy-le-Roi; franz.) — Überblick über die Meth. zur Messung von Drücken $< 10^{-6}$ Torr. — 67 Literaturangaben. J. Pickardt 5054

1621 **Neue Vakuum-Mikrowaage.** Frank LeCerf. (Messtechnik [Braunschweig] **76** (1968) 5, 114–17; Adelebsen; dt.) — Vf. beschreibt eine nach dem Prinzip der automat. elektromagnet. Kraftkompensation arbeitende, spannbandgelagerte Vakuum-Mikrowaage hoher Tragkraft (25 g pro Schale), die statt eines zentralen Drehspul-Magnetsyst. 2 in Reihe geschaltete, symmetr. zum Spannband angeordnete Spulen–Magnet-Syst. aufweist. Neuartige Bandgehänge üben dabei die Funktion von Endschneiden aus. Die Waage kann mit einfachsten Mitteln für sehr genaue Druckmessungen (Skalenwert 0,01 Torr) im Druckbereich von 10^{-2} bis 800 Torr eingesetzt werden. H.-D. Schenke 5054

1622 **Vorschlag zur Verwendung einer Mikrowaage zur absoluten Druckmessung im Hochvakuum.** H. L. Eschbach und H. Moret. (Vakuum-Techn. **17** (1968) 2, 29–33; Euratom, Zentralbüro für Kernmessungen, Geel, Belgien; dt.) — Mit der Mikrowaage als Mol.-Vakuummeter kann man Drücke im 10^{-5} Torr-Bereich mit einer Genauigkeit von einigen Prozent messen. Sie hat gegenüber anderen Mol.-Vakuummetern den Vorteil, daß die auftretenden Kräfte direkt gemessen werden u. daß durch die Anwendung des Substitutionsprinzips Nullpunktswanderungen u. Einfl. durch Änderung der Empfindlichkeit ausgeschlossen werden. H.-D. Schenke 5054

1623 **Kondensation des Quecksilberdampfes im Vakuumsystem und ihr Einfluß auf die Meßgenauigkeit niedriger Drücke.** Z. Češpiro. (Vakuum-Techn. **17** (1968) 3, 68–72; Fak. für techn. Phys. u. für Kernphys., TH, Prag; dt.) — Vf. beschreibt die Arbeitsweise eines verbesserten Kompressionsmanometers nach Mac Leod, bei dem der durch die Saugwrkg. einer Kühlfalle verursachte Meßfehler nur ca. 0,01 % beträgt. Der Verlauf der Hg-Dampfkondens. in der geschlossenen App. u. der Einfl. des an Manometerwänden vorkommenden Hg werden untersucht. Die Entstehung einer sek. Hg-Dampfströmung im Laufe von ca. 10 Min. nach der Benetzung der Manometerwand mit Hg ist möglich. H.-D. Schenke 5054

1624 **Einige Restgasanalysen im Ultrahochvakuum mittels des Omegatrons.** H. Kubala und K. Müller. (Vakuum-Techn. **17** (1968) 4, 87–90; Inst. für theoret. Phys., Univ., Karlsruhe; dt.) — In einem ausgeheizten Rezipienten aus Glas, der ständig mit einer Ionengitterzerstäuberpumpe verbunden bleibt, werden quant. Restgasspektren mit Hilfe eines Omegatrons aufgenommen, die bei Erhitzung von App.-Teilen wie einfachen Metallverdampfungsöfen oder Trägern für dünne Aufdampfschichten durch Kontakt der austretenden Gase mit Glühkathoden u. Gettermaterial entstehen. Dosiert zugegebenes O_2 wird durch solchen Kontakt stark verändert. Es werden hauptsächlich CO u. CO_2 beobachtet. H.-D. Schenke 5054

1625 **Apparatur zur Bestimmung der Teilchendichte von Katalysatortabletten und Strangpreßkörpern durch Quecksilbereindringmessungen.** W. M. Keely. (Chemist-Analyst **56** (1967) 1–2, 35–36; Chemetron Chemicals, Div. of Chemetron Corp., Louisville, Ky.; engl.) J. Pickardt 5056

1626 **Genaue Bestimmung der Grundviskosität.** O. F. Solomon und B. S. Gottesman. (J. appl. Polymer Sci. **12** (1968) 4, 971–72; Labor. de Chim. Macromol.; Inst. Politechn. „Gheorghe Gheorghiu-Dej", București; engl.) — Mit Hilfe der von Vf. abgeleiteten Gleichung $c/\eta_{sp} = -kc + (1/[\eta])$ können $[\eta]$ u. die Hugginssche Konst. k bestimmt werden. H.-D. Schenke 5058

1627 **Widerstandskapazität einer Kapillarleitfähigkeitsmeßzelle.** J. A. Schufle und Wesley W. L. Fang. (Chem. and Ind. **1968**, 28, 946–47; Chem. Dep., N.Mex. Highlands Univ., Las Vegas, N.Mex.; engl.) — Unters. an Kapillardurchmessern zwischen 3 u. 0,005 mm zeigen, daß sich die Widerstandskapazität mit ausreichender Genauigkeit aus den Maßen der Kapillare ber. läßt, wenn deren Durchmesser 0,1 mm nicht übersteigt. H. Tullhoff 5066

1628 **Tiefendosen von Spaltneutronen in einem gewebeähnlichen Material.** Lubomír David. (Jaderná Energie **13** (1967) 7, 241–45; Praha, ČSAV, Radiol. dosimetrie ÚJV; tschech.) — An einer unendlichen Platte von gewebeähnlichem Material werden für Eindringtiefen von 0, 5, 10, 20 u. 30 cm die Neutronenfluß–Umwandlungs-Faktoren untersucht u. ihre Abhängigkeit von der Neutronenenergie (0,1 keV–10 MeV) bestimmt. Mittelwerte dieser Umwandlungsfaktoren für das Spaltneutronenspektrum in Abhängigkeit von der Schwellenenergie werden berechnet. Verschiedene Aktivierungsintegratoren werden bez. ihrer Eignung für die Messung der Dosen schneller Neutronen in Geweben verglichen. R. K. Müller 5068

1629 **^{60}Co/Co-Verhältnis zur Bestimmung der schnellen Neutronendosis der Atombombe in Hiroshima und Nagasaki.** S. Kawamura, M. Izawa, T. Maruyamå, E. Tanaka und M. Hashizume. (Health Physics **13** (1967) 7, 801–06; Chem. Div. Nat. Inst. of Radiolog. Sci., Anagawa-cho, Chiba-shi, Japan; engl.) — Vf. schlagen ein Verf. zur Best. des ^{60}Co/Co-Verhältnisses in Eisenmaterial vor, bei dem die optimalen Bedingungen für die Entfernung von Fe, die Co-Reinigung durch Anionenaustausch, die Ce-Absorptionsbest., die Darst. der Probe u. die Best. der ^{60}Co-Aktivität beschrieben werden. Die Meth. ist bei geeigneten Vorsichtsmaßnahmen zur Dosimetrie schneller Neutronen an Stellen, die weniger als 1300 m von den Explosionszentren entfernt sind, anwendbar. U. Drehmann 5068

1630 **Verbesserte Wärmeleitfähigkeitszelle.** O. K. Crosser und R. K. Prabhudesai. (Hydrocarbon Processing **47** (1968) 4, 137–40; Univ. of Okla., Norman, Okla.; engl.) – Vf. geben Konstruktionshinweise für Parallelplatten–Wärmeleitfähigkeitszellen zur genaueren u. reproduzierbaren Messung. H.-D. Schenke 5070

1631 **Dielektrisch geheizter Fühler für Wasserdampfdruck.** G. F. Byrne und C. W. Rose. (Science [Washington] **161** (1968) 3839, 368–69; Div. of Land Res., Commonwealth Sci. and Ind. Res. Organiz., Canberra; engl.) – Die Eichkurve des kleinen, einfachen Instruments zur Messung des W.-Dampfdrucks hängt nur von der Druck/Temp.-Kurve einer gesätt. LiCl-Lsg. ab. H.-D. Schenke 5070

1632 **Trennungsmethoden in der anorganischen Analyse.** P. J. Antikainen. (Suomen Kemistilehti **41** (1968) 3, A 44–A 56; finn.) – Übersichtsvortrag. J. J. Pohl 5081

1633 **Verwendung von OsO_4 als Katalysator in der Titrimetrie.** 6. Mitt. **Das Problem der Stabilität von OsO_4-Lösungen und deren Desaktivierung.** P. K. Norkus und S. P. Stul'gene. (Ž. analitičeskoj Chim. **23** (1968) 3, 443–44; Inst. chim. i chim. technol. AN Litovskoj SSR, Vilnj; russ., Auszug: engl.) – 5. vgl. ibid. **22** (1967) 1, 101; 2. vgl. C. **1969**, 4-1817. – Vf. untersuchten die Stabilität der wss. Lsg. von OsO_4 in Abhängigkeit von der Acidität, der Zeit u. der Temperatur. Lsg. mit einer Konz. $\geq 0{,}3$ n an NaOH sind stabil u. können als Katalysator bei Redoxtitrationen verwendet werden. In Ggw. von NH_3, Aminen, CN^- u. TeO_4^{2-} ist die katalyt. Wirksamkeit des OsO_4 verringert. H. Heegn 5086

1634 **Präparation von o.o'-Dichlordithizon und Untersuchungen seiner Komplexbildungseigenschaften mit Metallen.** R. S. Ramakrishna und M. Fernandopulle. (Analytica chim. Acta [Amsterdam] **41** (1968) 1, 35–41; Dep. of Chem., Univ. of Ceylon, Colombo; engl.) – Die Darst. des Reagenzes erfolgt durch Red. von Nitroformazan, das durch Kupplung von Nitromethan mit o-Chlorbenzoldiazoniumchlorid hergestellt wird. Das Spektrum des reinen Reagenzes in CCl_4 aufgenommen, zeigt zwei Maxima bei 470 u. 670 nm mit $\varepsilon_{670} = 33100$. Von folgenden Metallen sind der pH-Bereich maximaler Extraktion, die Wellenlänge maximaler Extinktion u. der molare Extinktionskoeff. angegeben: *Hg(II)* pH 4–5, 500 nm, 80900; *Ag* 2–3, 470, 38700; *Cu(II)* 3,5–5, 570, 77400; *Zn* 8, 560, 105000; *Pb* 10–12, 530, 90300; *Bi* 8–11, 520, 76100; *Cd* 8–9, 550, 94600; *Co* 9, 550 u. *Ni* 10, 460. Die Extraktionskonst. von Pb in CCl_4 beträgt im pH-Bereich von 5–11 0,049. K. Henning 5086

1635 **Neues organisches Reagenz für die Papierchromatographie. Identifizierung und Trennung von Cu(II), Hg(II), Co(II), Ni(II), Zn(II).** E. Popper, Eugena Florean und P. Marcu. (Rev. roum. Chim. **13** (1968) 7, 909–12; Fac. de Pharm., Cluj; franz.) – 2-Mercapto-5-anilino-1.3.4-thiodiazol bildet mit den genannten Ionen farbige Verb., die zur Identifizierung auf Chromatogrammen dienen können. Letztere erfolgte aufsteigend an Schleicher-Schüll-Papier mit n-Butylalkohol/Essigsäure/W. (4 : 1 : 5). Cu(II): grün, (Nachw.-Grenze in μg) 1,29; (R_f) 0,32. Hg(II): gelb, 1,85; 0,83. Co(II): braun, 0,76; 0,16. Ni(II): braun, 1,18; 0,18. Zn(II): weiß, 2,62; 0,25. J. Pickardt 5086

1636 **Neue chromogene Reagenzien vom Ferroin-Typ.** 1. Mitt. **Substituierte, mit 6-Cyano-2.2'-dipyridyl verwandte Triazine.** Alfred A. Schilt und Keith R. Kluge. (Talanta [London] **15** (1968) 5, 475–78; Dep. of Chem., Northern Ill. Univ., DeKalb, Ill.; engl.) – Die Chelate einiger, die $-N{=}\overset{|}{C}{-}\overset{|}{C}{=}N$-Gruppe enthaltender Verb. mit Fe(II), Co(II), Ni(II) u. Cu(I) werden spektralphotometr. untersucht. Keine der neuen Verb. ist den zur Zeit gebräuchlichen Reagenzien überlegen. W. Grimmich 5086

1637 **Antipyrinperchlorat, Substanz für die Standardisierung nichtwäßriger Lösungen von Laugen und Säuren.** A. I. Busev, V. K. Akimov und I. A. Emel'janova. (Ž. analitičeskoj Chim. **23** (1968) 4, 616–19; Mosk. gos. univ. im. Lomonosova; russ., Auszug: engl.) – Antipyrinperchlorat (**I**) verhält sich in verschiedenen organ. Lsgm. amphoter u. ist wegen seiner Eig. als Standardsubstanz für Säuren u. Laugen in nichtwss. Lsg. geeignet. Wie aus zahlreichen Vers. hervorgeht, wird für die Neutralisation von 1 Mol **I** genau 1 Val einer anorgan. oder organ. Säure oder Lauge verbraucht. M. Krause 5090

1638 **Quecksilberkontaktierung einer Platin-Rohrelektrode.** T. O. Oesterling und Carter L. Olson. (Analyt. Chem. **39** (1967) 13, 1543–46; Coll. of Pharm., O. State Univ., Columbus, O.; engl.) – Vf. beschreiben die Herst. eines in bezug auf die physikal. u. elektrochem. Eig genügend stabilen Hg-Filmes einer Pt-Rohrelektrode zur Analyse einer Reihe strömender Metallionenlösungen. Die aus Vers. mit dieser Elektrode ber. Diffusionskoeff. stimmen gut mit Literaturwerten überein. H.-D. Schenke 5098

1639 **Chronoamperometrie an Quecksilberfilm-Rohrelektroden.** T. O. Oesterling und Carter L. Olson. (Analyt. Chem. **39** (1967) 13, 1546–49; engl.) – Vgl. vorst. Referat. – Vf. leiten die Strom/Zeit-Gleichung für die Elektrolyse stehender Lsg. an einer Rohrelektrode, die unendlich lang oder an den Enden geschlossen ist, ab. Bei Elektrolysezeiten < 1 Sek. stimmen die nach dieser Gleichung ber. Ströme gut mit den nach der Cottrell-Gleichung ber. überein. Die an offenen Pt-Rohrelektroden endlicher Länge mit Hg-Filmen gemessenen Ströme von Chronoamperogrammen stimmen ziemlich gut mit den nach beiden Gleichungen für Elektrolysezeiten < 1 Sek. ber. Werten überein. Bei längeren Zeiten sind die Vers.-Ströme bei der Elektrolyse stehender Lsg. von Pb(II), Cd(II), Tl(I), Bi(III), Cu(II), $Co(NH_3)_6^{3+}$ u. $K_3Fe(CN)_6$ um ca. 10% größer als die nach der Gleichung für die Rohrelektrode berechneten. H.-D. Schenke 5098

1640 **Analyse der Verwendung eines IR-Kompensators bei potentiostatischen Untersuchungen.** A. Bewick. (Electrochim. Acta [London] **13** (1968) 4, 825–30; Dep. of Phys. Chem., Univ. of Newcastle-upon-Tyne; engl.) – Analyse des Einfl. eines IR-Kompensators auf das Verh. des rückgekoppelten Syst. eines Potentiostaten. M. Frenzel 5100

1641 **Polymikrogasanalysator.** A. Ja. Averbuch. (Zav. Labor. **34** (1968) 5, 541–42; Leningrad, technol. inst. im. Lensoveta; russ.) – Ausführliche Beschreibung einer Mikroapp. zur Gasanalyse, bestehend aus einer 10-ml-Meßbürette mit 0,02 ml Ablesegenauigkeit sowie 4 Absorptionspipetten gefüllt mit 33%ig. KOH-Lsg.; 20%ig. KBr-Lsg. (gesätt. mit Br_2); alkal. Pyrogallollsg. u. einer Suspension von CuO in H_2SO_4. Als Sperrfl. wird 5 bis 10%ig. H_2SO_4 (mit $MgCl_2$ gesätt.) verwendet. Herbert Hoffmann 5104

1642 **Selektivität der optisch-akustischen Methode der Gasanalyse.** 3. Mitt. **Experimentelle Untersuchung der Änderung der Selektivität bei Änderung des Gasdrucks in der Kammer der Gasanalysators.** P. I. Bresler. (Optika i Spektroskopija **24** (1968) 1, 132–36; russ.) – 2. vgl. C. **1968**, 35-1944. – An einem kommerziellen opt.-akust. Gasanalysator OA 5501 wird die Veränderung der Selektivität mi tdem Gasdruck in Modellvers. zur Best. von Acetylen im Gemisch mit Methan, Propan, n-Butan, Äthylen, Propylen u. Butylen untersucht. Die Bedingungen zur optimalen Selektivität der App. werden abgeleitet. H. Roschkowski 5104

1643 **Cyclotron-Massenspektrometer mit nichtbeschleunigten synchronisierten Ionen.** V. Mercea. (Isotopenpraxis **4** (1968) 4, 128–33; Inst. for Atomic Phys., Cluj, Roumania; engl.) – Theorie u. Schema eines Cyclotron-Massenspektrometers mit einem Modulator werden behandelt. Durch n-fachen Durchlauf wird die gleiche Auflsg. erreicht wie bei einem Synchrometer mit n Modulatoren, doch ist die Intensität höher. Die synchronen Ionen sind weder beschleunigt noch verlangsamt. H. Bethke 5106

1644 **Mathematische Lösung quantitativer Massenspektrometrie mit Standardgemischen.** John M. Ruth. (Analytic. Chem. **40** (1968) 4, 747–50; Res. Dep., Ligett and Meyers Tobacco Co., Durham, N.C.; engl.) – Ist bei quant. massenspektrometr. Analyse eine Druckmessung im Einlaßsyst. nicht möglich, fällt die Lsg. über die Best. der Empfindlichkeitskoeff. aus. Vf. beschreiben vollständige mathemat. Lösungen über die Meth. der Standardgemische. Ein experimenteller Unterschied besteht nur in der Messung eines Standardgemisches derselben Komponenten an Stelle der Druckmessung bei der Registrierung der reinen Komponenten. Die quant. Best. bei Probeneinführung ist somit möglich, nach Korrektur auch bei frakt. verdampfenden Komponenten. H. Bethke 5106

1645 **Abschätzung der Fehlerquellen bei der Funkenmassenspektroskopie.** R. K. Skogerboe, A. T. Kashuba und G. H. Morrison. (Analytic. Chem. **40** (1968) 7, 1096—99; Chem. Dep., Cornell Univ., Ithaca, N.Y.; engl.) — Systemat. Unters. der Fehlerquellen bei der quant. Funkenmassenspektrometrie unter Zugrundelegung der üblichen Cu-Standards zeigen, daß heterogene Verteilung der Spurenelemente, Randzonenvariation im Funkenplasma u. D.-Unterschiede die Hauptfehlerquellen sind. Dagegen sind systemat. Veränderungen im Plasma u. Abweichungen der Photoplatten unerheblich. Bei guter Normierung sind Standardabweichungen 5—10% möglich. H. Bethke 5106

1646 **Massenspektrometer mit Hochfrequenzionisierung und digitaler Datenverarbeitung. Anwendung der Isotopenanalyse.** C. T. Huynh, J. Garcia und L. Espagno. (Rev. Physique appl. **3** (1968) 1, 33—45; Suppl. zu: J. Physique, Labor. de Chim.-Phys., Centre de Rech. SNPA, Pau; franz.) — Beschreibung eines einfachfokussierenden Massenspektrometers mit 10 cm Radius. Bei einem Arbeitsdruck von 10^{-2} bis 10^{-3} Torr in der Ionenquelle erfolgt die Ionisierung durch ein Hochfrequenzfeld von 80 MHz u. 80 W Ionenbeschleunigung bei 1—3 kV. Bei Spaltbreiten von 0,5mm × 8 mm beträgt das Auflösungsvermögen 80. Mit steigender Beschleunigungsspannung steigt der Totalionenstrom u. sinkt die Energiestreuung. Die Ionenausb. steigt nicht linear mit dem Partialdruck. Es erfolgt „on-line"-Datenverarbeitung. Als Anwendungsbeispiel beschreiben Vf. die Isotopenanalyse von ^{12}C u. ^{13}C in gaschromatograph. getrenntem CO_2. H. Bethke 5106

1647 **Kombination Gaschromatograph–Massenspektrometer zur Bestimmung organischer Substanzen.** Reimar Kranz. (Messtechnik [Braunschweig] **76** (1968) 6, 121 bis 128; Inst. für Reaktorwerkstoffe, Kernforsch.-Anlage Jülich G.m.b.H., Jülich; dt.) — Zusammenfassende Darst. der Kombination Gaschromatograph/Massenspektrometer. Als Anwendung wird die Trennung u. Analyse von Gasen, die aus U-haltigem Flußspat u. aus keram. Flußspäten extrahierbar sind, beschrieben. Es zeigt sich eine direkte Abhängigkeit der Konz. der organ. Prod. von der Aktivität der Wirtskristalle. H. Bethke 5106

1648 **Massenspektrometer zur Untersuchung dünner Schichten.** H. W. Werner und H. A. M. de Grefte. (Vakuum-Techn. **17** (1968) 2, 37—41; Philips Forsch.-Labor., Eindhoven; dt.) — Der zu untersuchende Festkörper wird in die Ionenquelle des Massenspektrometers gebracht u. mit einem Bündel Ar^+-Ionen der Energie 11 keV bombardiert. Durch den Ionenbeschuß werden Gitterbausteine herausgelöst, die die Oberfläche verlassen u. deren Ionenanteil näher untersucht wird. Die Meth. ist für eine quant. Analyse von Festkörpern verwendbar, wenn man die Ausb. der Bldg. von Ionen für die einzelnen Elemente kennt u. über evtl. auftretende Matrixeffekte auf Grund von Messungen an Vgl.-Proben genügend informiert ist. Die Best. der Ausb. für verschiedene Elemente sowie Matrixeffekte werden besprochen. H.-D. Schenke 5106

1649 **Empfindliche Absorptionsspektrometrie durch kontinuierliche Reflexion an Spiegelflächen für elektrochemische Untersuchungen.** David C. Walker. (Analytic. Chem. **39** (1967) 8, 896—901; Chem. Dep., Univ. of Brit. Columbia, Vancouver; engl.) — Vf. verwendet eine Meth., bei der der Strahl eines kontinuierlich arbeitenden Gaslasers so gegen die Oberfläche einer gebogenen, polierten Ag-Elektrode gerichtet wird, daß er viele winzige Reflexionen erleidet, zur absorptionsspektrophotometr. Unters. der Vorgänge an der H_2-Elektrode. Die App. wird beschrieben, u. Berechnungen zur Ermittlung der Extinktionskoeff. der an der Kathode auftretenden Zwischenprod. werden durchgeführt. J. Pickardt 5116

1650 **Verdampfung durch Elektronenbeschuß in der Atomabsorptionsspektrometrie.** François Rousselet, Maurice Louis Girard und Claude Amiel. (C. R. hebd. Séances Acad. Sci., Sér. C **266** (1968) 25, 1682—84; Chaire de Biochem. appl., Fac. de Pharm., Paris; franz.) — Vf. beschreiben eine geeignete Vorr., die gegenüber den üblichen Meth. eine Empfindlichkeitssteigerung (Nachw.-Grenze für Ca z. B. $1 \cdot 10^{-9}$ g) bewirkt u. bes. für Elemente geeignet ist, die erst bei sehr hohen Temp. verdampfen oder deren Resonanzlinie im fernen UV liegt. J. Pickardt 5116

1651 **Bestimmung metallischer Elemente mit Hilfe der Atomabsorptionsspektrophotometrie unter Verwendung eines brennbaren Pulvers.** Pierre Miaud und Jacques Robin. (Bull. Soc. chim. France **1968**, 2, 854—55; Inst. nat. des Sci. appl. de Lyon, Labor. de Chim. Ind. et Anal., Villeurbanne; franz.) — Vf. beschreiben App. u. Meth. zur Atomabsorptionsspektrometrie unter Verw. einer Flamme, die durch Verbrennen eines Pulvers nach Venghiattis erzeugt wird. Erste Ergebnisse von Na-, Mg-, Pb-, Cu- u. Al-Best. werden angegeben. J. Pickardt 5116

1652 **Messung der integralen Extinktion von Infrarot-Absorptionsbanden mit dem Zweitschreiber zum UR 10.** Reiner Heess. (Jenaer Rdsch. **12** (1967) 2, 129—31; Inst. für Phys. Chem., Dt. Akad. der Wiss., Berlin-Adlershof; dt.) — Der Einsatz des extinktionslinearen Zweitschreibers zum IR-Spektrophotometer Zeiss-UR 10 für Intensitätsmessungen wird beschrieben. Die Leistungsfähigkeit des Geräts wird getestet. F. Langenbucher 5116

1653 **Messung von Infrarotspektren gaschromatographischer Fraktionen mit vielfachregistrierender Interferenzspektrometrie.** M. J. D. Low und Stanley K. Freeman. (Analytic. Chem. **39** (1967) 2, 194—98; Rutgers, State Univ., New Brunswick, N. J.; engl.) — In einer IR-Durchflußzelle werden die gaschromatograph. Eluate mit einem Michelson-Interferenzspektrometer (Block Modell 200) untersucht. Der Bereich von 2500—200 cm^{-1} wird innerhalb von 1 Sek. registriert. Die Interferogramme werden auf Magnetband gespeichert u. können in IR-Spektren umgewandelt werden. Als Beispiele werden IR-Spektren von Verb. angegeben, die im Gaschromatogramm aufgelöste, teilweise aufgelöste u. unaufgelöste Peaks zeigen. Die Mindestmengen Substanz betragen 0,1—0,005 μl bei 100—300 Registrierungen. M. Meyer zur Heyde 5116

1654 **Verwendung von weißem Paraffinöl für die quantitative IR-Absorptions-Spektralanalyse.** A. V. Kerimbekov, L. A. Nesterova und L. Ja. Panova. (Ž. analitičeskoj Chim. **23** (1968) 4, 589—93; VNII Ljuminoforov; russ., Auszug: engl.) — Wie aus den entsprechenden IR-Absorptionsbanden hervorgeht, ist eine Reihe organ. Substanzen in weißem Paraffinöl lösl., wobei die Löslichkeit mit steigender Temp. wächst. Vf. arbeiteten eine Analysenmeth. für Pyrolyseprod. aus, mit deren Hilfe es möglich war, 5 Substanzen (Diphenyl, Naphthalin, Acenaphthen, Anthracen u. Phenanthren) nebeneinander zu bestimmen. Es wurde eine Paste mit 7 Gew.-% Analysensubstanz in Paraffinöl verwendet. Der Analysenfehler beträgt bei günstigsten Arbeitsbedingungen 8—10%. M. Krause 5116

1655 **Quantitative Röntgenspektralmikroanalyse.** 2. Mitt. N. P. Il'in und L. E. Loseva. (Zav. Labor. **33** (1967) 8, 951—54; Inst. Geochim. i anal. chim. im. W. I. Wernadskowo AN SSSR; russ.) — 1. vgl. ibid. **32** (1966) 5, 543. — Die Rolle der unterschiedlichen Absorption der Röntgenstrahlung durch Probe bzw. Standard wird präzisiert. Vf. zeigt die Abhängigkeit der notwendigen Absorptionskorrekturen von der Größe der Absorptionskoeff. der analyt. Linien in den zu untersuchenden Proben; danach sind im Prinzip für beliebige Elemente in beliebigen Vielkomponentensyst. Korrekturen erhältlich. An Mikroanalysatoren RSASch-2 u. HMA-4B (Hitachi) erhaltene Werte für bin. u. höhere Syst. stimmen gut mit den Berechnungen überein. D. Linke 5116

1656 **Spektroskopie in aufgetrennten Flammen.** 3. Mitt.: **Verwendung einer aufgetrennten Distickstoffmonoxid/Acetylen-Flamme für die thermische Emissionsspektroskopie.** G. F. Kirkbright, A. Semb und T. S. West. (Talanta [London] **15** (1968) 5, 441—50; Chem. Dep., Imp. Coll., London; engl.) — 2. vgl. ibid. **15** (1968) 199. — Die Auftrennung einer vorvermischten N_2O/C_2H_2-Flamme an einem modifizierten handelsüblichen Méker-Brenner wird beschrieben. Die reduzierende Zone zwischen den Kegeln der aufgetrennten brennstoffreichen Flamme zeigt geringen Strahlungsuntergrund. Auf Grund ihrer reduzierenden Atmosphäre u. hohen Temp. ist diese Flamme zur Anregung von Elementen, die hochschmelzende Oxide bilden, geeignet. Die relativen Intensitäten einiger Emissionslinien von Al, Be, Mo, Ti, V u. W werden untersucht. W. Grimmich 5118

1657 **Beugungsgitter.** E. W. Palmer und J. F. Verrill. (Contemporary Physics **9** (1968) 3, 257—76; Div. of Opt. Metrology, Nat. Phys. Labor., Teddington; engl.) — Vf. beschreiben die Herst. von Beugungsgittern für alle in Frage kommenden Spektralbereiche, die Eig. idealer u. unvollkommener Gitter u. geben einen Überblick über ihre Verw. in Forschung u. Industrie. H.-D. Schenke 5118

1658 **Anwendung eines Michelson-Interferometers zur Eichung von mit einem photoelektrischen Fabry-Perot-Spektrometer erhaltenen Spektren.** H. T. Duong, S. Gerstenkorn und J. M. Helbert. (Rev. Physique appl. **2** (1967) 4, 249—52; Suppl. zu: J. Physique; Labor. Aimé-Cotton, Bellevue et CEA, Saclay; franz.) — Zur Eichung eines Spektrums, das mit Hilfe eines Hypeac-Spektrometers erhalten wurde, diente ein Interferometer vom Saunders-Typ. Vergleich mit Messungen der Hg-Linie $\lambda = 4077$ Å nach einer HF-Meth. ergab eine Genauigkeit von $\geqq 10^{-4}$. J. Pickardt 5118

1659 **Laser-Mikrosonde zur spektrographischen Analyse.** R. Trucco. (Energia nucleare **15** (1968) 4, 277—81; Labor. CISE, Segrate, Milano; engl.) — Beschreibung der App. u. ihrer Leistungsfähigkeit in Abhängigkeit von der Laserqualität. H.-D. Schenke 5118

1660 **Neue Art eines Schnell-Abtast-Monochromators zur Analyse chemischer Laser.** David W. Gregg und Scott J. Thomas. (Appl. Physics Letters **12** (1968) 4, 144 bis 146; Lawrence Radiat. Labor., Univ. of Calif., Livermore, Calif.; engl.) — Das Syst. besteht aus einem in den Laser-Hohlraum eingebauten Gitter u. einem rotierenden Laserspiegel. Die theoret. Spektralauflösung. des Gitters wird erreicht. H.-D. Schenke 5118

1661 **Spektrographische Bestimmung von Cr und Ni in Stählen mit Laseranregung.** J. Vilnat, N. Liodec und J. Debras-Guédon. (Bull. Soc. franç. Céram. **1967**, **74**, 21—26; Soc. Franç. de Céram.; franz.) — Vf. beschreiben die Verw. eines Lasers als Anregungsquelle zur spektrograph. Analyse. Als Anwendungsbeispiele werden Best. von Ni u. Cr angegeben. — Bei Stählen mit 0,91% Cr beträgt der Fehler der Best. 0,04%. J. Pickardt 5118

1662 **Fluoreszenzanalyse anorganischer Stoffe.** D. P. Ščerbov. (Zav. Labor. **34** (1968) 6, 641—59; russ.) — Übersichtsarbeit über Veröffentlichungen der Jahre 1962 bis Mitte 1966 mit 297 Literaturhinweisen für die Best.-Verf. von 40 Elementen. Für jedes der 40 Elemente sind die Bedingungen der Rk. für die Best. nach der fluorimetr. Meth. tabellar. zusammengestellt. E. Pfluger 5122

1663 **Bestimmung der Fluoreszenzstrahlungsdauer im Nanosekundenbereich in Lösungen mit Hilfe eines Phasenfluorimeters.** L. Gáti und I. Szalma. (Acta Univ. Szegediensis, Acta physica chem. [N.S.] **14** (1968) 1/2, 3—12; Inst. of Exper. Phys., Attila József Univ., Szeged; engl.) — Mit Hilfe eines neuen Phasenfluorimeters, mit dem Fluoreszenzabklingzeiten zwischen 0,1 u. 30 nSek. mit einem abs. Fehler von ca. ± 0,07 nSek. gemessen werden können, wird der Einfl. der Sekundärlumineszenz auf die Abklingzeit untersucht. Durch ein relativ einfaches Verf. zur Best. der wahren Abklingzeit kann die schwierige Korrektur der Sekundärlumineszenz auf Grund anderer Lumineszenzeig. umgangen werden. H.-D. Schenke 5122

1664 **Röntgen-Monochromatoren und -Resonatoren aus Einkristallen.** Richard D. Deslattes. (Appl. Physics Letters **12** (1968) 4, 133—35; NBS, Washington, D.C.; engl.) — Einkrist.-Stücke, deren Form so ist, daß eine Röntgenbeugung an 2 nichtparallelen Atomebenen möglich ist, sind Monochromatoren für bestimmte Wellenlängen. Bestimmte Ebenenpaare in Si u. Ge lassen Wellenlängen durch, die genügend nahe bei charakterist. Linien liegen, um intensive, hoch monochromat. Strahlen erzeugen zu können. Für tautozonale Ebenen derselben Krist.-Form sind Resonatoren u. Retroreflektoren möglich. H.-D. Schenke 5126

1665 **Einführung in die Hochspannungselektronenmikroskopie.** M. J. Makin und J. V. Sharp. (J. Mater. Sci. **3** (1968) 4, 360—71; Unit. Kingdom Atom. Energy Authority Res. Group, AERE, Harwell, Berks.; engl.) — Die charakterist. Grundzüge der Hochspannungs-Elektronenmikroskopie werden abgehandelt; bes. wird der Einfl. der Mikroskopspannung auf die Eig. krist. Festkörper im Hinblick auf die Bldg. von Beugungskontrasten durch Defekte u. die Erzeugung von Strahlenschäden diskutiert. Durch Spannungen von 500—1000 kV lassen sich bei elektronenmkr. Unters. Folien von 1—2 μm Dicke bei mittleren Ordnungszahlen der jeweiligen Elemente verwenden, so daß die Eig. der dünnen Filme mehr den Vol.-Eig. der Proben ähneln. Weiter lassen sich Beugungsmuster von kleineren Ausscheidungen als bisher erhalten; u. Dunkelfeld-Mikrographien können ohne ein Kippen des Strahls erzeugt werden. W. Laqua 5128

1666 **Zugspannungs-Mikroapparatur für das OPL-Elektronenmikroskop.** Marguerite Fumeron, Eve-Lyne Mathé und Michel Jaulin. (J. Microscop. [Paris] **7** (1968) 1, 1—4; Fac. des Sci., Poitiers; franz.) — Vf. beschreiben eine mechan. angetriebene Vorr. zur Unters. der plast. Deformation von Leg. u. Metallen. — Die Wanderung von Versetzungen unter Zug bei dünnen FeC-Plättchen wird an Hand zahlreicher Abb. demonstriert. J. Pickardt 5128

1667 **Eliminierung sphärischer Aberration und Erhaltung der Phasenkontrastinformation in der Elektronenmikroskopie.** M. F. Moody. (Nature [London] **218** (1968) 5138, 263—65; Rockefeller Univ., New York; engl.) — Vf. beschreibt eine Meth. zur Best. von Amplitude u. Phase (frei von sphär. Aberration) der Elektronenwelle nach Durchtritt durch einen Kristalliten unter Verw. des opt. Syst. eines konventionellen Elektronenmikroskops. J. Pickardt 5128

1668 **Automatischer Probenwechsler für den „low-level"-β-Aktivitätsmeßplatz von Philips.** W. G. de Ruig. (Int. J. appl. Radiat. Isotopes **19** (1968) 6, 545—47; Rijkszuivelstation, Leiden; engl.) — Zum „low-level"-β-Aktivitätsmeßplatz PW 4127 wurde ein Probenwechsler für 6 Proben entwickelt. Das Gerät wird beschrieben u. die Arbeitsweise erläutert. K.-F. Poulheim 5130

1669 **Einfacher automatischer Probenwechsler für die Flüssigkeitsszintillationszählung.** K. Winkler, A. Peters, D. Karsten, K.-H. Schneider und J. Franke. (Isotopenpraxis **4** (1968) 6, 206—12; Dt. Akad. der Wiss., Berlin-Adlershof; dt.) — Beschreibung eines automat. Drehteller-Probenwechslers mit direkter opt. Ankopplung nur eines Szintillationsmeßkopfes an die Probenküvetten. Die Zählanordnung ist für ^{14}C u. β-Strahler geeignet, weniger für ^{3}H. J. Pickardt 5130

1670 **4π-Plastszintillationsdetektor.** Gilbert B. Forbes. (Int. J. appl. Radiat. Isotopes **19** (1968) 6, 535—39; Dep. of Pediatrics, Univ. of Rochester School of Med., Rochester, N.Y.; engl.) — Es werden die Konstruktion u. die Arbeitscharakteristik eines kleinen 4π-Ganzkörperzählers zur Messung von ^{40}K u. ^{137}Cs in Säuglingen beschrieben. Der Detektor besteht aus einem Plastszintillationshohlzylinder mit den Maßen 12 in. Innendurchmesser · 24 in. Außendurchmesser · 30 in. sowie 16 5-in.-Dumont-Photomultipliern. Das Detektorsyst. ist mit einer kombinierten Stahl–Blei-Abschirmung umgeben. Die Kalibrierungsfaktoren für ^{137}Cs, ^{40}K, ^{85}Sr u. ^{133}Ba werden angegeben. Eine

Bewegung der Probe in Richtung der Längsachse des Detektors hat keinen Einfl. auf die Zähleffektivität. Ein Einfl. des Probenvol. auf die Zählrate ist feststellbar. K.-F. Poulheim 5130

1671 **Halbleiterdetektoren in der Isotopentechnik.** V. Schuricht. (Isotopenpraxis 4 (1968) 6, 197–206; Dresden, TU, Inst. für Anwendung radioakt. Isotope; dt.) — Übersicht über Aufbau, Arten, Eig. von Halbleiterdetektoren, ihre Anwendung zur Spektroskopie u. Zählung von Teilchen u. Quanten sowie ihren Einsatz in der physikal., techn., biolog. u. medizin. Forschung, in der Technik u. im Strahlenschutz. — 85 Literaturangaben. J. Pickardt 5130

1672 **Messung von Tritium in der Gasphase unter besonderer Berücksichtigung des Nulleffekts des Zählers.** P. R. B. Ward und P. Wurzel. (Int. J. appl. Radiat. Isotopes 19 (1968) 6, 529–33; Div. of Hydraulic and Sanitary Engng. Univ. of Calif., Berkeley, Calif.; engl.) — Es wird die Bedeutung verschiedener Faktoren diskutiert, die bei der Messung von ^3H in W. durch Umwandlung der Proben in Äthan mit nachfolgender Gaszählung eine Rolle spielen. Die Unters. ergaben, daß bei der Gasherst. die Quellen von Verunreinigungen schwer zu isolieren sind. Daten über die Arbeitsweise des Zählers werden angegeben. Es wurde die minimal nachweisbare ^3H-Menge bestimmt, die durch Schwankungen der Nulleffektzählrate u. durch Fehler bei der Elektrolyse bedingt ist. Die optimale Anordnung einer kombinierten Abschirmung aus Blei u. Bor in Paraffinwachs u. Beton wird beschrieben; die Nulleffektzählrate beträgt dabei 0,8 Ipm bei einem Äthandruck von 2 at. K.-F. Poulheim 5130

1673 **Wasserdampfzähler zur Messung von Tritiumwasser.** Tan Takahashi, Tatsuji Hamada und Yasuko Takahashi. (Int. J. appl. Radiat. Isotopes 19 (1968) 6, 511–15; Radiat. Labor., Inst. of Phys. and Chem. Res., Komagome, Tokyo; engl.) — Es wird über einen ^3H-W.-Dampfzähler berichtet, der mit einer elektron. Schaltung verbunden ist, die den Zähler für die Dauer von mehreren 100 μSek. nach einem Eingangsimpuls sperrt. Es wurde festgestellt, daß eine Eingangsempfindlichkeit von weniger als 1 mV u. eine genügend lange Sperrzeit der Schaltung die Gütekennziffern des Zählers bestimmen. K.-F. Poulheim 5130

1674 **Bestimmung von Multipolaritäten von elektromagnetischen Kernübergängen. Anwendung auf die Zerfälle $^{170}Hf \rightarrow {}^{170}Lu$; $^{177}W \rightarrow {}^{177}Ta$.** J. P. Husson. (J. Physique 28 (1967) 3/4. 271–76; Inst. de Phys. Nucl., Orsay; franz.) — Beschreibung einer App. zur Best. der Multipolaritäten von γ-Übergängen durch Messung der Koeff. der inneren Konversion durch gleichzeitige Registrierung der Konversionsspektren mit Si- u. der γ-Spektren mit Ge(Li)-Detektoren. Herbert Weber 5130

1675 **p^+-Nachkontaktierung von Lithium-gedrifteten Germanium-Gammastrahldetektoren.** J. B. Mooney. (Nuclear Instruments Methods [Amsterdam] 50 (1967) 2, 242–44; Varian Assoc., Palo Alto, Calif.; engl.) — Die Nach- oder Neukontaktierung der Detektoren mit GaIn-Eutektikum bei 425° wird beschrieben. W. Reusse 5130

1676 **Problematik der Anwendung von Systemen zur Messung verzögerter Koinzidenzen.** N. A. Eissa und Gy. Máté. (Acta physica Acad. Sci. hung. 23 (1967) 3, 259–76; Nucl. Res. Inst., Hung. Acad. of Sci., Debrecen; engl.) Heinrich J. Schroeder 5130

1677 **Aufbau eines pulsierenden Neutronengenerators.** Cz. Bobrowski und J. Massalski. (Isotopenpraxis 3 (1967) 4, 148–50; Kraków, Inst. für Kerntechnik der Akad. für Bergbau u. Hüttenwesen; dt.) — In dem Generator werden 14-MeV-Neutronen nach der Rk. $T(d,n)^4_2He$ erzeugt. Die Anlage kann sowohl im Impulsbetrieb als auch stationär arbeiten. Im Dauerbetrieb können je nach Deuteronenenergie bis zu 10^8 n/s erzeugt werden. H. Glaser 5132

1678 **Gleichzeitige Herstellung von Niederschlags- und Schälchenproben für Radioaktivitätsmessungen.** E. B. Beetch und B. A. Paulson. (Chemist - Analyst 56 (1967) 1–2, 35; Mankato State College, Mankato, Minn.; engl.) — Eine Meth. zur gleichzeitigen Herst. von Zählproben des Nd. u. des eingedampften Filtrats bei Fällungsrk. mit radioakt. Material wird beschrieben. J. Pickardt 5132

1679 **Induktive Mikrokalorimetrie.** H. Garski. (Z. angew. Physik 24 (1968) 4, 206–11; Inst. für Gesteinshüttenkunde, RWTH Aachen; dt.) — Eine Vers.-Anordnung zum schnellen kontinuierlichen Messen spezif. Wärmen u. Umwandlungsenthalpien bei hohen Temp. wird beschrieben. Die Erwärmung des Materials erfolgt durch induktives Heizen eines an dünnen Thermoelementdrähten frei hängenden Metalltiegels. Die Ergebnisse von Vers. mit Al_2O_3, ZnO, NaCl u. Quarz werden diskutiert. J. Pickardt 5136

1680 **Theorie zum Zellengleichgewicht im Differential-Wärmeleitfähigkeitsmesser und eine praktische Ausgleichsmethode.** Keiichiro Hozumi und Hideo Tamura. (Japan Analyst 16 (1967) 11, 1193–99; Fac. of Pharmaceut. Sci., Kyoto Univ., Sakyo-ku, Kyoto; jap., Auszug: engl.) — Vf. führen eine theoret. Analyse zum Ausgleich der Empfindlichkeiten der Ableitmesser (Katharometer) durch. Die beiden Leitungsströme können durch Einbau eines Widerstandes in die Brückenschaltung korrigiert werden. H.-D. Schenke 5136

1681 **Differenztemperatur-Kurven bei Schmelz-, Unterkühlungs- und Erstarrungsprozessen.** A. van Tets und H.-G. Wiedemann. (Naturwissenschaften 54 (1967) 24, 642; Mettler Forsch.-Labor., Greifensee, Schweiz.; dt.) — Diskussion über den Verlauf von Temp.- u. DTA-Kurven bei Schmelz-, Unterkühlungs- u. Erstarrungsvorgängen. Nahezu theoret. Kurvenverläufe lassen sich erzielen, wenn Proben- u. Referenzzelle gut gegeneinander isoliert sind, wenn ein guter Wärmekontakt zwischen der Meßstelle des Thermoelementes u. der Probe besteht sowie bei langsamen Aufheiz- (AHG) u. Abkühlungsgeschwindigkeiten. Bei Schmelzprozessen verhält sich die Peakhöhe proportional zur Wurzel der AHG bzw. umgekehrt proportional zur Schmelzzeit. G. Gattow 5136

1682 **Reinheitsbestimmung durch Differentialthermoanalyse.** P. B. Bowman und L. B. Rogers. (Talanta [London] 14 (1967) 3, 377–83; Lafayette, Ind., Purdue Univ., Dep. of Chem.; engl.) — Die Verunreinigung von hochreinem Benzophenon („3RR") mit 4-Methylbenzophenon wurde differentialthermoanalyt. durch Messung der F.-Erniedrigung einer unreinen gegenüber einer reinen Probe u. Berechnung des Fremdstoffgeh. sowie durch Vgl. der Flächen unter den DTA-Kurven einer Probe- u. einer Bezugssubstanz bestimmt. Zwischen 0,3 u. 2 Mol-% ist die Fläche der Reinheitsdifferenz zwischen den Proben proportional. Die Unsicherheit beim zweiten Verf. ist nur halb so groß wie beim ersten. H. G. Walch 5136

1683 **Einfaches Gerät zur Herstellung eines Chromatographiegradienten.** Bennett F. Horton. (J. Chromatogr. [Amsterdam] 27 (1967) 1, 263–66; Dep. of Biochem., Med. Coll. of Ga.; engl.) — Das beschriebene Gerät (Tudor Sci. Glass Co., Belvedere, S.C.) ist zur Herst. eines prakt. linearen Chromatographiegradienten geeignet. R. Dörfeld 5138

1684 **Standardisierung wasserhaltiger Kieselsäure für die Dünnschichtchromatographie.** A. I. Gurevich und G. N. Chukreeva. (J. Chromatogr. [Amsterdam] 31 (1967) 2, 583; Inst. for Chem. of Natural Prod., USSR Acad. of Sci., Moscov; engl.) — An einer 0,5 mm starken bindemittelfreien Schicht von Kieselsäuren (K.) der Aktivitätsstufen (AS) II–V zeigen in CCl_4 gelöste Azofarbstoffe analoge R_F-Werte wie an Al_2O_3 der AS II–V. Bei 110 bis 115° getrocknete K. entspricht der AS I, die durch W.-Aufnahme relativ schnell in die AS II abfällt. Die AS III, IV u. V erhält man durch Zugabe größerer W.-Mengen (30, 40 u. 50%); K. dieser niederen AS (III, IV, V) spalten jedoch leicht wieder W. ab, wodurch höhere AS entstehen. R. Dörfeld 5138

1685 **Einfache Apparatur zur zweidimensionalen Papierelektrophorese.** J. H. Buchanan und M. C. Corfield. (J. Chromatogr. [Amsterdam] 31 (1967) 1, 274–78; Wool Ind. Res. Assoc., „Torridon", Leeds; engl.) — Vf. beschreiben eine einfache App. u. ihre Anw. am Beispiel der Trennung einiger Aminosäuren u. Farbstoffe.

J. Pickardt 5138

1686 **Fehler der Peakflächen infolge unregelmäßigen Papiervorschubs.** G. W. Girling, A. R. Gigg und M. R. Heley. (J. Chromatogr. [Amsterdam] **31** (1967) 2, 525—27; Benzole Producers Ltd., Watford By-Pass, Watford, Herts.; engl.) — Vf. diskutieren den Einfl. von Papiervorschubgeschw.-Änderungen. Die Geschw.-Konstanz 7 verschiedener Schreibertypen wird verglichen.

J. Pickardt 5138

1687 **Ursache der aromatischen Affinität zu „Sephadex"-Dextrangelen.** Helmut Determann und Irmhild Walter. (Nature [London] **219** (1968) 5154, 604—05; Inst. für Org. Chem., Univ., Frankfurt am Main; engl.) — Ursache für das Zurückhalten aromat. Verb. mit niedrigem Mol.-Gew. durch „Sephadex"-Dextrangele ist das Vorhandensein von Äthergruppen im Gel. Harnstoff verringert die Affinität, KSCN verstärkt sie.

H.-D. Schenke 5138

1688 **Eigenschaften von dekristallisierter Baumwollcellulose bei der Gelpermeation.** L. F. Martin und S. P. Rowland. (J. Chromatogr. [Amsterdam] **28** (1967) 1, 139—42; Southern Utilizat. Res. and Dev. Div., U.S. Dep. of Agric., New Orleans, La.; engl.) — Dekrist. Baumwollcellulose ist für Verb. mit einem Molgew. (M) <1500 durchlässig. Durch Messung der maximalen Elutionsvol. von Erythrose, Fructose, Maltosemono-, Raffinosepenta- u. Stachyosetetrahydrat wird die Retentionsabhängigkeit von M an Säulen mit unmodifizierter, dekrist. Cellulose u. mit 5,2% CH_2O versetzter Cellulose mit entsprechender Vernetzung bestimmt. In beiden Fällen wird eine umgekehrte Proportionalität zwischen Retention u. M gefunden. Durch lineare Extrapolation werden die M-Grenzen zu ca. 1750 (unmodifiziertes Gel) bzw. ca. 1400 (modifiziertes Gel) bestimmt; aus der Abhängigkeit ist die Best. des genauen inneren Vol. der Säulen möglich. Vf. diskutieren das Verhältnis vom gesamten inneren Vol. zum effektiven inneren Fl.-Volumen. Die Chromatographie von Makromol. an Gelsäulen mit hoher Geschw., bei der in vielen Fällen eine ausgezeichnete Beziehung zwischen dem Elutionsvol. u. log M besteht, kann zur Best. von M der Makromol. benutzt werden.

H.-D. Schenke 5138

1689 **Kristalline, unlösliche Salze mehrbasischer Metalle.** 5. Mitt. **Ionenaustauschereigenschaften von kristallinem und amorphem Zirkoniumarsenat.** E. Torracca, U. Costantino und M. A. Massucci. (J. Chromatogr. [Amsterdam] **30** (1967) 2, 584—92; Labor. di Chim. delle Radiazioni e Chim. Nucl. del CNEN, Rome; engl.) — 4. vgl. J. inorg. nuclear Chem. **29** (1967) 571. — Amorphes Zirkoniumarsenat (I) setzt sich beim Kochen unter Rückfluß in 4m H_3AsO_4-Lsg. zu krist. $Zr(HAsO_4)_2 \cdot H_2O$ (II) um. Beim Übergang von I nach II nehmen die Ionenaustauschkapazität u. die Hydrolysebeständigkeit zu. Die Aufnahmefähigkeit für Li^+, Na^+, K^+, Rb^+, Cs^+, Tl^+ u. Ba^{2+} wurde in Abhängigkeit vom pH-Wert gemessen. An I wird Cs^+ unterhalb pH 2,6 stärker absorbiert als K^+ u. Na^+, zwischen pH 2,6 u. 3,8 ändern sich die Affinitäten zu $K^+ > Cs^+ > Na^+$ u. zwischen 3,8 u. 4,65 zu $K^+ > Na^+ > Cs^+$. Oberhalb pH 4,65 ist die Reihenfolge zu $Na^+ > K^+ > Cs^+$ vertauscht, bis schließlich Hydrolyse des I eintritt. An II werden Rb^+ u. Cs^+ in saurem Medium nur wenig ausgetauscht, während die Aufnahme von Li^+, Na^+ u. K^+ in 2 pH-Bereichen von 3—5 u. 6—8 erfolgt. Bei weniger als halb umgesetztem II sind die Gleichgew.-pH-Werte für $Cs^+ > Rb^+ > Li^+ > Na^+ > K^+$; bei mehr als halb umgesetztem II sind sie für $Cs^+ > Rb^+ > K^+ > Na^+ > Li^+$. Die Tl^+-Aufnahme an II nimmt mit dem pH-Wert zu, während Ba^{2+} bei tieferem, konst. pH-Wert absorbiert wird. Die Änderungen in der Aufnahmefähigkeit der Ionen untereinander wird mit der pH-abhängigen Hydratbldg. der Ionen erklärt. Der Na^+/H^+-Austausch an II ist irreversibel. II gleicht in vielen Eig. dem krist. Zirkoniumphosphat.

E. Schrage 5138

1690 **Papierchromatographie anorganischer Substanzen.** 7. Mitt. **Wirksamkeit von Lösungsmitteln auf der Grundlage von Benzylalkohol.** Gr. Popa und T. Năşcuţiu. (Rev. roum. Chim. **13** (1968) 3, 315—24; Dep. of Analyt. Chem., Univ., Bucharest; engl.) — 6. vgl. ibid. **12** (1967) 7, 853; 3. vgl. C. **1968**, 16-1907. — Das chromatograph. Verh. nachst. Substanzen an Whatman-Nr. 1-Papier wurde unter Verw. von Lsgm. auf der Grundlage von *Benzylalkohol* (I)/HCl, z. T. mit Hilfe von radioakt. Tracern untersucht (Tabelle der R_F-Werte): $LiCl$, $NaCl$, KCl, $RbCl$, $CsCl$, $CuCl$, $H[AuCl_4]$, $AgNO_3$, $BeCl_2$, $MgCl_2$, $CaCl_2$, $SrCl_2$, $BaCl_2$, $ZnCl_2$, $CdCl_2$, $HgCl_2$, $ScCl_3$, YCl_3, $LaCl_3$, $PrCl_3$, $EuCl_3$, $TbCl_3$, $AlCl_3$, $GaCl_3$, $InCl_3$, $TlCl_3$, $TiCl_4$, $ZrOCl_2$, $HfOCl_2$, $ThCl_4$, $SnCl_2$, $(NH_4)_2 \cdot [SnCl_6]$, $Pb(NO_3)_2$, NH_4VO_3, Na_2HAsO_4, $SbCl_3$, $SbCl_5$, $YbCl_5$, $BiCl_3$, $CrCl_3$, $(NH_4)_6Mo_7O_{24}$, Na_2WO_4, $UO_2(NO_3)_2$, H_2SeO_3, Na_2SeO_4, Na_2TeO_3, H_6TeO_3, $MnCl_2$, $HReO_4$, $FeCl_3$, $CoCl_2$, $NiCl_2$, K_2RuCl_6, $(NH_4)_3[RhCl_6]$, $PdCl_2$, K_2OsO_4, H_2PtCl_4, H_2PtCl_6. Die Lsgm. aus I u. 1—8n HCl bilden zwei Phasen u. sind ungeeignet. I u. 10n bzw. 12n HCl im Verhältnis 4:1 bilden homogene Mischungen, bei deren Verw. die anorgan. Ionen über das gesamte Chromatogramm verteilt werden. Zusatz von A., Aceton, Methyläthylketon oder Dioxan fördert die Mischbarkeit der Lsgm. u. erlaubt die Verw. weniger konz. HCl-Lösung. Derartige Lsgm.-Gemische, bes. I/A./6n HCl im Verhältnis 2:2:1 oder I/Dioxan/8n HCl im Verhältnis 2:2:1, erlauben Vielfachtrennungen, vor allem der Elemente der Ammoniumsulfidgruppe.

A. Blaschette 5138

1691 **Pyrolyse — Gaschromatographie.** W. G. Fischer. (G-I-T Fachz. Lab. **11** (1967) 6, 562—70; Fischer Labortechn., Bad Godesberg; dt.) — Beschreibung eines Gerätes zur automat. Stufenpyrolyse für die Gaschromatographie („Pyromatik"). Durch die Möglichkeit automat. aufeinanderfolgender Pyrolyseschritte bei steigenden Temp. u. Aufnahme des jeweiligen Chromatogramms der Pyrolyseprod. werden bes. zur Identifizierung von Plasten u. Elasten wesentlich mehr Informationen als mit der herkömmlichen einstufigen Pyrolyse erhalten.

K. Metzner 5138

1692 **Wiederholte gaschromatographische Analyse thermischer Zersetzungsprodukte.** Paul D. Garn und Gaylord D. Anthony. (Analytic. Chem. **39** (1967) 12, 1445 bis 1448; Univ. of Akron, Akron, O.; engl.) — Vf. beschreiben eine App. zur Unters. von Kinetik u. Mechanismus therm. Zersetzungen mit Hilfe eines Gaschromatographen.

J. Pickardt 5138

1693 **Universelles Vorreaktorsystem zur Pyrolyse und Gaschromatographie (Pyrographie) von Polymeren.** F. Sonntag. (Kolloid-Z., Z. Polymere **224** (1968) 1, 69—71; 4355 Waltrop, Ostring 19; dt.) H.-D. Schenke 5138

1694 **Kombination von Trocken- und Flüssig-Probeninjektor für die Verteilungsgaschromatographie.** Richard E. Bailey, Orthan M. Unders und Donald P. Grettie. (J. Gas Chromatogr. **6** (1968) 6, 340—43; Portland, Oreg., Univ. of Oreg. Med. School.; engl.) — Beschreibung einer Vorr., die die wahlweise Dosierung fester oder fl. Proben ermöglicht.

C.-E. Döring 5138

1695 **Trennung flüchtiger Stoffe von Feststoffen im Injektionsteil eines Gaschromatographen.** Robert J. Levins und Robert M. Ikeda. (J. Gas Chromatogr. **6** (1968) 6, 331—35; Richmond, Va., Philip Morris Res. Center; engl.) — In den Injektionsteil eines Gaschromatographen wird eine teilweise mit Substanz gefüllte Röhre eingesetzt, die mit Trägergas gespült wird. Bei therm. stabilen Stoffen werden Injektionsteil u. Säule gleichzeitig temperatusprogrammiert. Bei therm. instabilen Proben wird die Röhre bei niederer Temp. (ca. 80°) vorgespült, wobei die flüchtigen Stoffe auf die bei Raumtemp. befindliche Säule gelangen. Nach Entfernen der Röhre wird die Säule temperaturprogrammiert. Anwendungsbeispiele werden mitgeteilt.

C.-E. Döring 5138

1696 **Gaschromatographische Fraktions-Falle als Infrarotzelle.** Jack T. Ballinger, Terry T. Bartels und John H. Taylor. (J. Gas Chromatogr. **6** (1968) 5, 295—97; St. Louis, Mo., McDonnell Co.; engl.) — Beschreibung einer als Auffänger einsetzbaren IR-Gaszelle, die mit fl. N_2 gekühlt u. bis 200° erhitzt werden kann. Bei Strömungsgeschw. von 25—150 ml/Min. u. Acetonkonz. von 1,0—0,06 μl beträgt die Wirksamkeit der Abscheidung 90% bei Optimalbedingungen. Das Weg-zu-Vol.-Verhältnis der Zelle beträgt 0,8, die Durchlässigkeit 70% des einfallenden Lichtes. C.-E. Döring 5138

1697 **Sammlungs- und Überführungsvorrichtung für gaschromatographische Fraktionen.** B. A. Bierl, Morton Beroza und John M. Ruth. (J. Gas Chromatogr. **6** (1968) 5, 286—91; Beltsville, Md., Entomology Res. Div., U.S. Dep. of Agric.; engl.) — Die Fraktionen werden an einer kurzen Säule mit einer auf Trockeneistemp. gekühlten gaschromatograph. Packung gesammelt u. durch schnelles Erhitzen u. Durchleiten eines Trägergas-Pulses aus einer Dosierspritze wieder eluiert. Die leicht herstellbare Vorr. fängt polare u. unpolare Stoffe geringer u. großer Flüchtigkeit in Mengen bis 10 μg wirksam auf. Hohe Ausb. wurden bei Trägergasgeschw. von 30—100 ml/Min. erzielt. C.-E. Döring 5138

1698 **p–n-Übergangsdetektor für die Gaschromatographie.** C. Eden und Y. Margoninski. (J. Gas Chromatogr. **6** (1968) 6, 349—50; Jerusalem, Hebrew Univ.; engl.) — Nach der Theorie des p–n-Überganges wird der Umkehrstrom einer Halbleiterdiode (Ge oder Si) durch therm. erzeugte Träger bewirkt u. daher durch die Art der gasf. Umgebung beeinflußt. Vf. beschreiben einen auf dieser Grundlage entwickelten Detektor u. teilen seine Charakteristika mit. C.-E. Döring 5138

1699 **Neutronenaktivierungsanalyse als quantitativer gaschromatographischer Element-Detektor.** S. P. Cram und J. L. Brownlee jun. (J. Gas Chromatogr. **6** (1968) 6, 313—20; Urbana, Ill., Univ. of Ill., Dep. of Chem.; engl.) — Die Neutronenaktivierungsanalyse durch Szintillations–Pulshöhen-Spektrometrie ist eine hochempfindliche u. selektive Detektionsmeth. für die Elementanalyse in der Gaschromatographie. Ihr geringer Zeitbedarf wird durch die Anwendung kurzlebiger Isotope ($t_{1/2} < 30$ Min.) demonstriert. Aktivierungsquerschnitt, Isotopenverteilung, Halbwertszeit sowie der Neutronenfluß begrenzen den Anwendungsbereich der Methode. Die Empfindlichkeit ist unabhängig von der chem. Natur des Eluats u. kann bei Fehlen spektraler Störungen für die interessierenden Eluate berechnet werden. Durch die gaschromatograph. Trennung wird die Interpretation der Pulshöhenspektren sehr vereinfacht. Es wird gezeigt, daß die theoret. Nachw.-Grenze (für organ. Halogenverb.) der Meth. realisiert werden kann. C.-E. Döring 5138

1700 **Ventil zur Umgehung des Detektors.** Morris Cranmer. (J. Gas Chromatogr. **6** (1968) 6, 352; Perrine, Fla., Pesticides Res. Labor.; engl.) — Beschreibung eines Ventils, bei welchem durch Umschalten an stelle des von der Säule kommenden Elutionsgases ein Spülgas durch den Detektor geleitet wird, der dadurch vor unnötiger Verschmutzung geschützt wird. C.-E. Döring 5138

1701 **Mikroporenstruktur poröser Polymerensäulen.** Julian F. Johnson und Edward M. Barrall II. (J. Chromatogr. [Amsterdam] **31** (1967) 2, 547—49; Chevron Res. Co., Richmond, Calif.; engl.) — Vf. untersuchen die Eig. verschiedener poröser aromat. KW-Stoffpolymerer (Porapak, Par) als Säulenpackungsmaterial. Die Retentionszeiten von Luft, CO_2, CH_4, C_2H_6, C_3H_8, C_2H_4 u. C_3H_6 bei Verw. verschiedener Prod. werden verglichen u. der Einfl. der Porengrößenverteilung diskutiert. J. Pickardt 5138

1702 **Glasperlen als gaschromatographisches Trägermaterial.** 2. Mitt. **Geätzte Glasperlen.** Augustus M. Filbert und Michael L. Hair. (J. Gas Chromatogr. **6** (1968) 4, 218—21; Corning, N.Y., Corning Glass Works.; engl.) — 1. vgl. ibid. **6** (1968) 3, 150. — Vf. behandeln Glasperlen unterschiedlicher Zus. [Soda–Kalk–Glas: 60,0% SiO_2; 13,0% Na_2O; 14,0% CaO; 13,0% MgO (**A**); Na-Silicatglas: 85,4% SiO_2; 14,6% Na_2O (**B**)] mit HF–H_2SO_4-Lsg. unter kontrollierten Bedingungen u. vergleichen das Retentionsverh. unpolarer u. polarer Verb. (Phenanthren, o-Phenylphenol, Py.) an Trennsäulen mit einer Belegung von 0,3 Gew.-% Phenylsiliconöl DC 550. Bei **A** führt die Behandlung zu einer starken Zunahme der Oberflächenaktivität (Ca^{2+} als potentiell akt. Lewis-Säure-Zentren), was zu starker Schwanzbldg. führt. Da **B** kein Ca enthält, sind Trennwirksamkeit u. Peaksymmetrie sehr gut. C.-E. Döring 5138

1703 **Bestimmung absoluter Entropien aus gaschromatographischen Retentionsdaten.** Frederick W. Williams und Homer W. Carhart. (J. Gas Chromatogr. **6** (1968) 5, 280—85; Washington, D.C., Naval Res. Labor.; engl.) — Vf. zeigen, daß für die homologen Reihen der n-Alkane, 2-Methyl-, 2.2-Dimethyl-, 2.3-Dimethyl-, 3-Methylalkane, 1-Alkene, n-Alkohole, n-Alkylbenzole u. Cyclohexane die Beziehung $\log V_R' = AS^0 + B$ gilt (V_R' = korr. Retentionsvol., S^0 = abs. Entropie, A, B Konstanten). Durch Extrapolation lassen sich Entropiewerte für andere Glieder der homologen Reihe gewinnen. C.-E. Döring 5138

1704 **Einfluß der Viskosität eines Peaks in einer gaschromatographischen Trennsäule auf die quantitative Analyse.** Norman Dyson und Anthony B. Littlewood. (Analytic. Chem. **39** (1967) 6, 638—41; School of Chem., Univ. Newcastle upon Tyne; engl.) — Die Ggw. einer Komponente in einer gaschromatograph. Trennsäule verändert die Viskosität des Trägergases u. damit bei konst. Eingangsdruck die Strömungsgeschwindigkeit. Durch Einsatz eines Viskositätstransduktors als Detektor für die Gaschromatographie läßt sich zeigen, daß mit Detektoren, deren Empfindlichkeit, wie bei Wärmeleitfähigkeitszellen, Gasdichtewaagen u. einigen Typen von Ionisationsdetektoren, von der Strömungsgeschw. abhängt, Fehler bis zu 10% bei der quant. Analyse auftreten können. K. Metzner 5138

1705 **Gaschromatographische Auflösung von γ-Strahl-Szintillationsspektren für die Neutronenaktivierungsanalyse kurzlebiger Isotope.** S. P. Cram und J. L. Brownlee jun. (J. Gas Chromatogr. **6** (1968) 6, 305—13; Urbana, Ill., Univ. of Ill., Dep. of Chem.; engl.) — Vf. kombinieren Neutronenaktivierungsanalyse u. Verteilungsgaschromatographie zur Analyse kurzlebiger Isotope ($t_{1/2} < 30$ Min.). Der verwendete Gaschromatograph besitzt ein spezielles Dosiersystem. Am Säulenausgang (1,3 ft. × 1/8 in. Teflon mit 0,5% Dionylphthalat, Packung Porapak Q + 15 Gew.-% Chromosorb P mit 3% Halocarbonöl) ist ein Mikrothermistor mit (3 · 3) in.-NaJ(Tl)-Szintillationskrist. in Reihe geschaltet. Zusätzlich ist ein FID mit dem Detektorsyst. gekoppelt. Die Anwendung der Kombination zur Analyse bestrahlter organ. Halogenverb. wird diskutiert. Mit Hilfe dieser Kombination wird eine Empfindlichkeitssteigerung der Aktivierungsanalyse durch Eliminierung maskierender Aktivitäten, Auflösung überlappender Photopeaks, Entfernung von Matrix-Aktivitäten, durch hohe Zählwirksamkeit unter den Bedingungen hoher Auflösung sowie durch Verminderung der Totzeit des Analysators erreicht. C.-E. Döring 5138

1706 **Gaschromatographischer Vergleich der Selektivitäten von Alkalihalogeniden gegenüber organischen Isomeren und Homologen.** Bohdan T. Guran und L. B. Rogers. (Analytic. Chem. **39** (1967) 6, 632—37; Chem. Dep., Purdue Univ., Lafayette, Ind.; engl.) — Die Chloride, Bromide u. Jodide von Na u. K wurden nach unterschiedlicher therm. Vorbehandlung der 80—120-mesh-Korngrößenfraktion auf ihre Adsorptionseig. gegenüber 12 organ. Verb. (Ketone, Ester, Alkohole, KW-Stoffe) untersucht. Zur Erklärung der auftretenden Effekte werden H-Brückenbindungen der Alkohole mit den Restmengen des adsorbierten W. angenommen. Sind die Anionen nicht wesentlich größer als die Kationen, so hängt die Wechselwrkg. mit den polaren Carbonylgruppen in Ketonen nicht nur von der Konfig., sondern auch vom Kation ab. K. Metzner 5138

1707 **Theoretische und praktische Untersuchung der Wirksamkeit und Leistung präparativer Kolonnen mittleren Durchmessers. Änderungen der inneren Kolonnenstruktur.** Marie-Blanche Dixmier, Bernard Roz und Georges Guiochon. (Analytica chim. Acta [Amsterdam] **38** (1967) 1/2, 73—88; Soc. ERSI, Montrouge; franz.) — Vf. untersuchen den Einfl. verschiedener Parameter auf die Wirksamkeit u. Leistung von Kolonnen für die präparative Gaschromatographie. Es wird gezeigt, daß die HEPT im Bereich von 1–5 cm ∅ fast proportional mit dem Kolonnendurchmesser zunimmt. Die HEPT nimmt auch in Abhängigkeit vom injizierten Probenvol. zu; diese Abhängigkeit ist eine Potenz des Vol., die von der Qualität der Säulenpackung abhängt u. recht klein (bis 1,2) werden kann. Leicht diffundierende Trägergase (H_2, He) ermöglichen eine Steigerung der Leistung bis auf das Dreifache. Die Leistung nimmt mit dem Säulendurchmesser zu. Sind ein bekanntes Gemisch u. ein festes Vol. an stationärer Phase gegeben, so kann der Kolonnendurchmesser ber. werden, bei dem die größte Probenmenge aufgegeben werden kann. Die Leistung einer präparativen Einheit wird mehr durch die Beladbarkeit der Säulen als durch den Wirksamkeitsverlust bei steigendem Durchmesser begrenzt, sie kann durch gleichmäßiges Einlegen von Glasstäben parallel zur Säulenachse verbessert werden. J. Pickardt 5138

1708 **Anwendung von Salicylaldoxim in der Lösungsmittelextraktion.** Ingvar Dahl.. (Analytica chim. Acta [Amsterdam] **41** (1968) 1, 9–14; Chem. Inst. A, Univ. of Oslo, Blindern, Oslo; engl.) — Die Extrahierbarkeit der Elemente *Mg, Mn, Co, Ni, Cu, Zn, Cd, Hg* u. *Pb* mit Lsg. von Salicylaldoxim in Bzl. wird in Abhängigkeit von der Reagenzkonz. u. vom pH-Wert untersucht. Vollständige Extraktion (E $\geqq$ 99,9%) von 0,0001 m Metallsg. mit 0,01 m Reagenslsg. wird erreicht bei Cu bei pH 3–9,5; Ni bei pH 6,5–9 u. Pb bei pH 7,4–9 (H_3BO_3/NaOH-Puffer). Mn wird in Ggw. des H_3BO_3-Puffers nicht extrahiert u. aus alkal. Lsg. beträgt E = 70% bei pH 10,5. Beim Co beträgt E = 98% bei pH 8. Die Extraktion von Cd verläuft anormal. Sie beginnt bei pH 9 u. beträgt bei pH 13 erst 90%. Die photometr. Best. ist möglich beim Cu bei pH 4 durch Extinktionsmessung bei 347 nm mit ε = 8400 u. E $\geqq$ 99,5%; beim Ni bei pH 7,0, 387 nm ε = 5300 u. E > 99% u. beim Co bei pH 7,9, 375 nm, ε = 10000 u. E $\approx$ 97%. Die Eichkurven sind beim Cu u. Co linear im Bereich von (2,5 bis 100) · 10^{-6} u. beim Ni von (5–200) · 10^{-6} m. K. Henning 5140

1709 **Anwendung der Ionenlumineszenz zur Analyse isolierender Materialien durch Spektromikrographie.** Jean-Pierre Mériaux, Michèle Busset, Robert Goutte und Clément Guillaud. (C. R. hebd. Séances Acad. Sci., Sér. A et B **266** (1968) 24, B1437–B1440; Inst. nat. des Sci. appl., Villeurbanne, Rhône; franz.) — Wird eine feste Oberfläche mit einem positiven Ionenstrahl (z. B. K^+ von 15 keV) beschossen, so treten aus ihr neutrale Atome in angeregtem Zustand aus, die Licht derselben Wellenlängen, wie sie im Bogenspektrum der Atomsorte vorhanden sind, aussenden. Bei Verw. entsprechender Interferenzfilter kann das Licht einer bestimmten Atomsorte ausgeblendet u. photographiert werden. Man erhält so direkt ein Bild von der Verteilung des betreffenden Elements auf der Probenoberfläche, das nicht, wie bei der Elektronenstrahlmikrosonde, durch elektr. Aufladung der Probe gestört wird. — Die Anwendung wird am Beispiel der Analyse von Ca, Al u. Na in einem Mineral mit verschiedenen Einschlüssen demonstriert. J. Pickardt 5144

G–2. Analyse der Elemente und anorganischen Verbindungen

1710 **Quantitative Trennung von Calcium, Strontium und Phosphat.** N. S. Chickerur und T. S. B. Narasaraju. (Analyst **93** (1968) 1106, 344; Dep. of Chem., Banaras Hindu Univ., Varanasi, India; engl.) — Nach der Abtrennung des PO_4^{3-} als Ammoniummolybdatophosphat werden Ca^{2+} u. Sr^{2+} als Carbonate gefällt, diese mit HNO_3 bis zur Trockne eingedampft u. das entstandene Nitratgemisch mit einem Überschuß von trockenem Aceton über Nacht behandelt. $Ca(NO_3)_2$ ist lösl., während $Sr(NO_3)$ zurückbleibt. H.-D. Schenke 5152

1711 **Bestimmung von in Flüssigkeiten gelöstem Sauerstoff durch Isotopenverdünnung.** N. N. Muchin und V. B. Aleskovskij. (Ž. analitičeskoj Chim. **23** (1968) 2, 249–54; Leningradskij technol. inst. im. Lensoveta; russ., Auszug: engl.) — Nach einer kurzen Gegenüberstellung der zur O_2-Best. in Fl. üblichen Meth. wird die Anwendung der Isotopenverdünnungsanalyse mit massenspektrometr. Indikation bei der Unters. von wss. $HClO_4$, wss. KOH, dest. W., Nitrobenzol, n-Butylalkohol, A., Essigsäure, Bzl., n-Octan, Aceton u. CCl_4 beschrieben. Zur Markierung wurde auf 6% ^{18}O angereichertes O_2 verwendet, das durch Elektrolyse von $Na^{18}OH$ gewonnen wurde. Für hohe Konz. wurde ein maximaler relativer Fehler des Verf. von 5% ermittelt. Die geringste bestimmbare Menge betrug 3 · 10^{-7} Mol. C. Herold G 239

1712 **Elektrochemisches Verfahren zur Bestimmung der Löslichkeit eines reaktionsfähigen Gases in einem Elektrolyten.** W. M. Vogel und S. W. Smith. (J. electroanalyt. Chem. Interfacial Electrochem. [Lausanne] **18** (1968) 3, 215–18; Pratt & Whitney Aircraft, Middletown, Conn.; engl.) — Das Verf. erfordert weder eine Eichung mit einer bekannten Lsg. noch die Kenntnis schwierig zu erhaltender Daten, wie des Diffusionskoeff., jedoch muß die elektrochem. Wertigkeit des Rk.-Gases bekannt sein. Die Löslichkeiten von O_2 in 85%ig. (w/w) KOH bei 225° u. in 30%ig. (w/w) H_2SO_4 bei 50° werden gemessen. H.-D. Schenke G 239

1713 **Automatische Messungen von H_2O_2 unter Benutzung eines Xylenolorange–Titan(IV)-Systems.** Carleton D. Nordschow und Arnold R. Tammes. (Analytic. Chem. **40** (1968) 2, 465–66; Coll. of Med., Univ. of Ia., Iowa City, Ia.; engl.) — In einer unter Verw. von Bauteilen des Autoanalyzers konstruierten App. wird H_2O_2 durch Xylenolorange/Ti(IV)-Sulfat bei 550 nm photometr. bestimmt. Die Meth. eignet sich zur Best. von µMol-Mengen H_2O_2 in biolog. Medien. M. Geisler G 240

1714 **Titrationen von Nitriten mit elektrisch erzeugtem Brom.** Franco Magno und Mario Fiorani. (Ricerca sci. **38** (1968) 2, 119–22; Ist. di Chim. Anal., Univ., Padova; engl.) — Nitrit wird mit elektr. erzeugtem Br bei einem pH-Wert von 3,5 titriert. Der Br-Überschuß wird mit ebenfalls elektr. erzeugtem Cu (I) zurücktitriert. Innerhalb des Konz.-Bereiches von 10^{-4} bis 10^{-5} m ist der Fehler < 1%. H.-D. Schenke G 243

1715 **Erfahrungen mit der Alizarinkomplexan-Methode zur photometrischen Fluorbestimmung.** R. Sulzberger. (Probl. Methodik Fluor-Bestimm. biol. Mater., Kolloquium Forsch.-Inst. schweiz. Aluminium AG, Neuhausen am Rheinfall, Schweiz, **1966** (1967) 74–92; Alusiusse, Forsch.-Inst., Neuhausen am Rheinfall; dt.) — Es wird ein Verf. beschrieben, bei dem ein Alizarinkomplexan–La-Komplex (Mol-Verhältnis 1:2) in Ggw. von Acetatpuffer (pH 4,5–4,6) sowie 25 Vol.-% Aceton verwendet u. nach 30 Min. die Durchlässigkeit bei 620 nm bestimmt wird. Die Standardabweichung bei 20 u. 30 µg F/100 ml beträgt ± 0,06 bzw. ± 0,10. Es besteht weitgehende Unempfindlichkeit gegen SO_4^{2-}, H_2O_2 u. SO_2. Al, Fe u. PO_4^{3-} stören. Die Störung durch Al kann durch Komplexieren mit Oxin u. Ausschütteln mit $CHCl_3$ oder durch Verw. eines Reagenzkomplexes mit dem Mol-Verhältnis 2 : 1 vermieden werden. D. Gerlatzek G 246

1716 **Wasserdampfdestillation des Fluors mittels einer verbesserten Apparatur.** H. J. Huber. (Probl. Methodik Fluor-Bestimm. biol. Mater., Kolloquium Forsch.-Inst. schweiz. Aluminium AG, Neuhausen am Rheinfall, Schweiz, **1966** (1967) 174–80; Abt. Tierernährung, ETH Zürich; dt.) — Es wird die Dest.-App. der Fa. Büchi, Flawil, Schweiz, beschrieben, die mit Essigsäureisoamylester (Kp. 140°) als Wärmeüberträger arbeitet, u. durch Vgl. mit der App. „Hohenheim-Rheinfelden" sowie einer Varianzanalyse der Testergebnisse die Leistungsfähigkeit aufgezeigt. D. Gerlatzek G 246

1717 **Infrarotküvette zur Untersuchung adsorbierter fluorierter Phasen. Anwendungsbeispiele.** G. Lieux und O. Hartmanshenn. (Bull. Soc. chim. France **1968**, 5, 1855–59; Centre d'Études nucl. de Saclay; franz.) —

Vf. beschrieben eine derartige Vorr. zur Unters. der Adsorption sehr aggressiver F-Verb. (ClF_3, ClF, PF_5, HF usw.) an festen Fluoriden im Temp.-Bereich –196 bis 350°. – Als Anwendungsbeispiel wird die Einw. von wasserfreiem HF auf festes, wasserfreies NaF untersucht. Auf die Bldg. von $NaHF_2$ kann aus dem Auftreten zweier Banden bei 1585 u. 1310 cm^{-1} geschlossen werden, ferner tritt eine Verb. NaH_2F_3 auf. An der Oberfläche erfolgt die Adsorption von HF in Form gewinkelter polymerer Ketten (3470 u. 3165 cm^{-1}).
J. Pickardt G 246

1718 **Polarographische Bromitbestimmung.** R. D. Sal'nikova und A. A. Sacharov. (Izvest. vysšich učebnych Zavedenij [Ivanovo], Chim. i chim. Technol. **11** (1968) 3, 267–68; Petrozavodskij gos. univ. im. Kuusinena; russ.) – Als Modifikation der von Chapin [J. Amer. chem. Soc. **56** (1934) 2211] beschriebenen Meth. zur Best. des BrO_2-Geh. alkal. Br_2-Lsg. nach Rk. des Hypobromits mit Phenol u. Red. des BrO_2^- mit Na-Arsenit wird der Arsenitüberschuß polarograph. bestimmt.
E. Bomke G 248

1719 **Fluoreszenzanalytische Bestimmung von Sulfidionen im Nanogrammbereich.** Adolf Grünert, Karlheinz Ballschmiter und Günther Tölg. (Talanta (London] **15** (1968) 5, 451–57; Inst. für anorg. Chem. u. Kernchem., Univ., Mainz; dt.) – Die Best. von 1 bis 10 ng S^{2-}/ml beruht auf der Fluoreszenzlöschung einer alkal. Fluorescein/Hg(II)–Acetat-Lsg. durch S^{2-}, organ. Sulfide oder Thioverbindungen. Zur Standardisierung wird eine Diphenylthioharnstofflsg. verwendet. Die Standardabweichung für die Best. von 3,5 ng S^{2-}/ml beträgt 0,17 ng/ml. Die Meth. eignet sich zur Best. kleinster S-Mengen in organ. Substanzen nach einem hydrierenden Aufschluß. W. Grimmich G 253

1720 **Genaue massenspektrometrische Bestimmung geringer Kohlendioxidkonzentrationen in Stickstoff.** Ernest E. Hughes und William D. Dorko. (Analytic. Chem. **40** (1968) 4, 750–55; Inst. for Materials Res., Nat. Bur. of Stand., Washington, D.C.; engl.) – CO_2 in N_2 im Konz.-Bereich von 180–380 ppm kann auf ± 1% massenspektr. bestimmt werden. Die Messung erfolgt bei hohen Drücken (1 Torr im Einlaßsyst.) u. unterschiedlicher Verstärkung der Signale bei m/e 28 u. m/e 44. Die quant. Best. wird durch Vgl. mit Standardgemischen vorgenommen. H. Bethke G 260

1721 **Potentiometrische Titration von Hexafluorosilicat.** Rudolf Geyer und Hubert Mücke. (Z. Chem. **8** (1968) 7, 276–77; TH für Chem. „Carl Schorlemmer", Leuna-Merseburg; dt.) – SiF_6^{2-} kann durch Titration mit KCl-Lsg. (0,1–0,2n) in 70–95%ig. CH_3OH unter Verw. K-empfindlicher Glaselektroden bestimmt werden. In Ggw. von HF wird dieses zunächst durch ZnO gegen Methylorange neutralisiert. Die Meth. wird mit acidimetr. Best.-Meth. verglichen. J. Pickardt G 261

1722 **Analyse der Rückstoßprodukte in neutronenbestrahlten Phenylarsenverbindungen.** 1. Mitt. **Mono-, Di- und Triphenylarsenverbindungen.** G. Großmann und A. Zeuner. (Isotopenpraxis **4** (1968) 6, 215–19; Inst. für Anorg. und Anorg.-techn. Chem., TU, Dresden; dt.) – Vf. beschreiben ein Trennverf., mit dessen Hilfe die Aktivitätsausb. für Mono-, Di- u. Triphenylarsenverb. sowie für nicht organ. gebundenes As in bestrahlten Phenyl–As-Verb. bestimmt werden können. Zur Überführung der verschiedenen Verb. mit gleicher Anzahl Phenylgruppen am As in eine bestimmte chem. Form wird eine Ox. mit $KBrO_3$/KBr-Lsg. durchgeführt. Die Ox.-Prod. werden mit W. ausgeschüttelt. Arsen-, Phenylarson- u. Diphenylarsinsäure werden durch Ionenaustausch, Triphenylarsin durch Al_2O_3-Chromatographie abgetrennt. Zur Reinigung u. Ausb.-Best. von Di- u. Triphenyl–As-Prod. finden Kristallisations- u. Fällungsrk. unter Ausnutzung des Prinzips der Isotopenverdünnungsanalyse Anwendung. Ein Trennschema für folgende Verb. wird angegeben: $PhAsH_2$, Ph_2AsH, Ph_3As, $(PhAs)_5$, $(Ph_2As)_2$, PhAsO, $(Ph_2As)_2O$, PhAsO · $(OH)_2$, $Ph_2AsO(OH)$ u. Ph_3AsO. J. Pickardt G 265

1723 **Extraktionsuntersuchungen von Antimonbromid in Benzol.** Apostolos P. Grimanis und Isidore Hadzistelios. (Analytica chim. Acta [Amsterdam] **41** (1968) 1, 15–21; Chem. Dep., Nucl. Res. Center „Democritos", Athen; engl.) – Sb(III) (0,1 mg/ml) wird durch Bzl. aus einem Gemisch aus 10 m H_2SO_4/0,03 m HBr quant. extrahiert. Unter diesen Bedingungen werden As(III), Ge(IV), Se(IV) u. Sn(II) nahezu quant., Hg(II), Bi u. Te zu 74,1; 10 bzw. 5,5% extrahiert. Anschließend wird die Extraktion aus dem Gemisch 5m H_2SO_4/0,01 m KJ untersucht, wobei sich Sb, As, Ge, Sn, Se u. Hg zu 99,8; 44,4; 0,08; 99,0; 85,1 bzw. 51,2% extrahieren lassen. Bi u. Te zersetzen sich. Im extrahierten Sb-Bromid ist das Verhältnis von Sb : Br = 1 : 3.
K. Henning G 266

1724 **Radiogravimetrische Bestimmung von Kalium.** 2. Mitt. Włodzimierz Rodziewicz und Kazimierz Grędzdzicki. (Chem. analit. [Warszwaa] **12** (1967) 2, 273–80; Kat. Chem. Nieorgan. Politechniki, Gdańsk; pol.) – 1. vgl. C. **1968**, 37-2136. – Zur Fällung von *K* als Hexanitrokobaltat (III) liegen optimale Bedingungen vor, wenn die K-Konz. < 0,26 Grammatome/l ist, das Verhältnis $Na_3[Co(NO_2)_6]$: $K_2Na[Co(NO_2)_6]$ zwischen 2:1 u. 10:1 liegt u. die Lsg. 0,15 bis 0,30 Mole CH_3COOH/l enthält. Ca^{2+} hat keinen Einfl. auf die Löslichkeit von $Me_3[Co(NO_2)_6]$. Mg^{2+} ruft in höheren Konz. einen geringen Effekt hervor. Geringe Dichteschwankungen in der ^{42}K-haltigen Lsg. haben keinen wesentlichen Einfl. auf die Genaugikeit der radiometr. Best. von K. Die relativen Fehler liegen bei Lsg. mit D. von 1,00–1,04 g/cm^3 im Bereich von 0–3%. Die untersuchten Lsg. enthielten nur sehr geringe Mengen ^{40}K, dessen Aktivität bei der Fehlerberechnung nicht berücksichtigt wurde.
I. Degen G 275

1725 **Störungen bei der Atomabsorptionsspektrophotometrie von Calcium.** C. Rocchiccioli und A. Townshend. (Analytica chim. Acta [Amsterdam] **41** (1968) 1, 93–98; Dep. of Chem., Univ., Birmingham; engl.) – Angeregt wird in einer Luft/Propan-Flamme bei einem Luftdruck von 15 psi u. 5,5 cm WS für Propan. Gemessen wird bei 422,5 nm. Untersucht werden die Störeinfl. auf die Absorption von Ca durch Na_2SiO_3, H_3PO_4, H_2SO_4, Na_2EDTA, HNO_3, CH_3COOH, 8-Hydroxychinolin in 0,3m Essigsäure u. Chloridlsg. von Al, Ba, Fe, La, Mg, Na u. Sr. K. Henning G 283

1726 **Komplexometrische Titration von Calcium in Gegenwart größerer Mengen Magnesium.** S. Tsunogai, M. Nishimura und S. Nakaya. (Talanta [London] **15** (1968) 4, 385–90; Fac. of Fisheries, Hokkaido Univ., Hakodate, Japan; engl.) – Ca^{2+} bildet mit *Glyoxal-bis-(2-hydroxyanil)* in organ. Lsgm. einen roten Komplex, der durch EGTA entfärbt wird. Der Fehler bei der Best. von Ca^{2+} in Meerwasser betrug < 0,1%. Sr u. Mg stören, lassen sich aber durch empir. Korrekturfaktoren eliminieren. U. Geisler G 283

1727 **Jodometrische Bestimmung Phenyl–Zn-organischer Verbindungen.** Ju. N. Baryšnikov und A. A. Kvasov. (Ž. analitičeskoj Chim. **23** (1968) 4, 630–31; NII chim. pri Gorkovskom gos. univ. im. Lobatschevskij; russ., Auszug: engl.) – In Ggw. von Dioxan oder Ae. können bei Überschuß von J_2 die C–Zn-Bindungen (A) in Verb. vom Typ ZnR_2 bestimmt werden. Dabei tritt unter J-Anlagerung eine Spaltung der A auf. Man kann das Überschüssige J_2 oder die gebildeten Zn^{2+} maßanalyt. bestimmen. M. Krause G 288

1728 **Spektrographische Bestimmung von Verunreinigungen in Cadmiumtellurid.** V. G. Tipcova, B. S. Krasulina, V. A. Michajlov und I. B. Semenova. (Ž. analitičeskoj Chim. **23** (1968) 4, 622–24; Mosk. inst. stali i splavov; russ., Auszug: engl.) – Nach Unters. über die Verdampfung von CdTe (I) aus der Bohrung einer Kohleelektrode im Wechselstromlichtbogen wurde eine Meth. für die direkte spektrograph. Best. von Mg, Pb, Sn, Ni, Bi, Cu, Ag (Gruppe A) u. Fe, Au, Al (Gruppe B) als Verunreinigungen in I ausgearbeitet. Der mittlere quadrat. Fehler beträgt für die Elemente der Gruppe A 7–16% u. für die der Gruppe B 22–25%.
M. Krause G 289

1729 **Aktivierungsanalytische Quecksilberbestimmung.** F. Kukula und M. Křivánek. (Isotopenpraxis **4** (1968)

2, 57—59; Řžež, CSSR, Inst. jadernych issledovanij čechoslovackoj akad. nauk; russ.) — Bei der beschriebenen Analyse von zonengeschmolzenem Ga u. von Mehl wurde das Hg durch substöchiometr. Extraktion mit Diäthyldithiocarbamat aus alkal. Lsg. abgetrennt. Durch Zusatz von EDTA u. Citronensäure konnten Störelemente bis auf Ag u. Au ausgeschaltet werden. Unters. zur Anpassung des Verf. an ein saures Milieu werden kurz erläutert. C. Herold G 290

1730 **Polarographische Bestimmung von Quecksilber in sulfidischen-alkalischen Lösungen.** E. I. Savičev und Z. S. Septarova. (Zav. Labor. 34 (1968) 6, 672—73; Sredneaziatskij NI i proektnyj inst. cvetn. metallov; russ.) — Das Verf. beruht auf dem Polarographieren in Na-Acetat in Ggw. von KJ u. J. Die Red. des Hg findet in den Grenzen von 0—0,3 V gegen die Hg-Bodenelektrode statt. Das auf der Kurve gebildete Max. wird durch Zugabe von 1 %ig. Gelatine- oder Agar-Agar-Lsg. unterdrückt. Gebracht wird die genaue Verf.-Vorschrift u. abs. Best.-Werte mit den Fehlergrenzen von —1,8 bis +1,25 relativ. E. Pfluger G 290

1731 **HgJ_2/J^--Gleichgewicht in einer Lösung aus 96% Methanol und 4% Wasser. Spektrophotometrische Methode zur Bestimmung von anorganischem Quecksilber(II).** M. H. Abraham, G. F. Johnston und T. R. Spalding. (J. inorg. nuclear Chem. 30 (1968) 8, 2167—71; Joseph Kenyon Labor., Univ. of Surrey, London; engl.) — Die Stabilitätskonst. der dritten Stufe für das Syst. Hg^{2+}/J^- in 96 %ig. Methanol beträgt 7,4 · 10^4 l/Mol. Vf. geben die molaren Extinktionskoeff. für HgJ_2 u. HgJ_3^- in diesem Lsgm. für mehrere Wellenlängen an. Anorgan. Hg(II) kann durch Messung der Extinktion der HgJ_3^- bei 301,5 301,5 nm in einer Lsg. von 2,5 · 10^{-3} m KJ in 96 %ig. Methanol mit einem Fehler von ca. 1 % bestimmt werden. H.-D. Schenke G 290

1732 **Lösungsmittelextraktion von Indium(III) mit Carbonsäuren.** George K. Schweitzer und M. M. Anderson. (Analytica chim. Acta [Amsterdam] 41 (1968) 1, 23—28; Dep. of Chem., Univ. of Tenn., Knoxville, Tenn.; engl.) — Untersucht wird die Extraktion von 10^{-5} bis 10^{-7} Molen $In(ClO_4)_3$-Lsg. aus 0,1 m $NaClO_4$-Lsg. mit unverd. Lsg. von Pentanon-, Hexanon-, Heptanon-, Octanon-, 10-Undecanon- u. 9-Octadecanonsäure u. 0,1 m Lsg. von N-Benzoyl-N-phenylhydroxylamin, TTF, Octanon-, Hexanon-, Pentanon-, Butanon- u. Propionsäure in $CHCl_3$. Die erzielten Verteilungskoeff. liegen in den letzten drei Syst. bei log D < 0, während in allen anderen Syst. die Werte zwischen log D 2—3 liegen. Das Syst. Hexanonsäure/$CHCl_3$ wird eingehender untersucht durch Variation der Hexanonsäurekonz. im Bereich von 0,5—0,15 m. Anschließend werden die Extraktionen mit 0,1 m Hexanonsäure in Hexanol, Hexanal, $CHCl_3$, Hexan u. Methylhexanoat als inertem Verdünnungsmittel miteinander verglichen u. aus den Ergebnissen für das Syst. Hexanonsäure/$CHCl_3$ eine allgemeingültige Gleichung abgeleitet. K. Henning G 296

1733 **Emissionspektroskopische Analyse von Spuren von Seltenerdmetallen durch Kathodenstrahlanregung.** 1. Mitt. **Qualitative Untersuchungen.** Simon Larach. (Analytica chim. Acta [Amsterdam] 41 (1968) 2, 189—95; RCA Labor., Princeton, N.J.; engl.) — Linienemissionen von f-f-Übergängen in Seltenen Erden, die in einer Matrix enthalten sind, werden durch Anregung mit Kathodenstrahlen erhalten. Die unterschiedliche Energie dieser Emissionslinien wird zum Nachw. von Spuren Seltener Erden verwendet, eine zerstörungsfreie Best. ist durch Vgl. mit den Hauptlinienspektren schnell durchzuführen. Matrixeffekte, verdeckte Störungen u. die Verw. der Linienform werden diskutiert. K. Henning G 303

1734 **Nachweis von Seltenerdmetallen in ionischen Festkörpern durch Röntgenstrahlenlumineszenz.** W. A. Shand. (J. Mater. Sci. 3 (1968) 4, 344—48; Dep. of Nat. Philos., Univ., Aberdeen; engl.) — Alle dreiwertigen Seltenerdmetalle lassen sich in Einkrist. von $LiYF_4$, LaF_3 oder CaF_2 durch ihre charakterist. Lumineszenzwellenlängen nach Anregung mit Röntgenstrahlen qual. u. quant. bestimmen. Seltenerdmetallionen lassen sich bis herab zu 0,01 ppm in den angegebenen Ionenkrist. nachweisen; eine Identifizierung ist bei diesen Konz. nicht möglich. Eine Identifizierung läßt sich bis herab zu Geh. von 1 ppm durchführen. Für Konz. von 1—1000 ppm besteht ein linearer Zusammenhang zwischen der Lumineszenz-Intensität u. der Konzentration. W. Laqua G 303

1735 **Spektrophotometrische Bestimmung von Titan(IV) als Titan–Naphthol-Komplex in Methanol.** N. V. Černaja und S. Ja. Šnajderman. (Ukrainskij chim. Ž. 34 (1968) 7, 718—19; Kievskij politechn. inst.; russ.) — Best. von Ti in Stählen u. künstlichen Gemischen unmittelbar aus der sauren Lsg. ohne vorangehende Extraktion. In saurer Lsg. reagiert Ti mit 1.8-Dihydroxynaphthalin (I) unter Bldg. der Verb. $[TiO(HNpht)]^+$ (HNpht = einwertiges Anion des I; λ = 480 nm). Nach dem Auflösen des Stahles in HCl u. Ox. mit HNO_3 wird nach Zusatz von NH_4CNS u. $Na_2S_2O_3$ das Fe vollständig red.; dann werden 0,2 m I-Lsg. in Methanol (50—100facher Überschuß zur Ti-Konz.) beigefügt, auf pH 1 eingestellt u. photometriert. E. Pfluger G 321

1736 **N-Benzoyl-N-phenylhydroxylamin und die Bestimmung von Titan.** B. K. Afghan, R. G. Marryatt und D. E. Ryan. (Analytica chim. Acta [Amsterdam] 41 (1968) 1, 131—38; Dep. of Chem., Dalhousie Univ., Nova Scotia, Canada; engl.) — Benzoylphenylhydroxylamin bildet mit Ti in 10 n HCl einen tern. Komplex, der sich mit $CHCl_3$ extrahieren läßt. Durch Extinktionsmessung bei 380 nm läßt sich für den Bereich von 1—6 ppm eine lineare Eichkurve aufstellen. Zur Best. von Ti in Stählen wird mit $SnCl_2$ komplexiert u. durch Zusatz von SCN^- kann in diesem Fall die Empfindlichkeit gesteigert werden. Nb stört in Ggw. von $SnCl_2$ erheblich. K. Henning G 321

1737 **Untersuchungen über die Störungen bei der spektrophotometrischen Bestimmung von Titan mit Sulfosalicylsäure.** Mohsin Qureshi, Jagdish P. Rawat und Fahmida Khan. (Analytica chim. Acta [Amsterdam] 41 (1968) 1, 164—66; Chem. Labor., Aligarh Muslin Univ., Aligarh, India; engl.) — Die Best. für den Bereich von 5—100 μg Ti wird ausgeführt durch Zugaben von 5 ml wss. 20 %ig. Sulfosalicylsäurelsg., 1 Tropfen schwachsaurer 5 %ig. $FeCl_3$-Lsg. u. so viel NH_3-Lsg., daß Gelbfärbung auftritt. Dann werden 20 ml Acetatpufferlsg. pH 4 (6,5 g $NaCH_3COO$ u. 10,5 ml CH_3COOH/l) u. 5 ml 4 %ig. Mercaptoessigsäure hinzugefügt, auf 50 ml aufgefüllt u. nach 10 Min. die Extinktion bei 355 nm gemessen. Es stören: Bi, Ce, Co, Cr, Cu, Mo, Pd, Pt, Te, U, W, V, Citrat, Tartrat, $S_2O_3^{2-}$ u. F^-. Durch Zusatz von 5% Ascorbinsäure wird die Störung von Co, Pt, Pd u. Cu beseitigt, wobei der gebildete Nd. abzentrifugiert wird. K. Henning G 321

1738 **Entfernung und Bestimmung von Sulfat in Zirkoniumoxidhydraten.** Sylviane Prévost. (Bull. Soc chim. France 1968, 5, 1997—99; Labor. de Chim., Fac. des Sci. de Paris; franz.) — Sulfatverunreinigungen in $ZrO_2 \cdot xH_2O$-Proben können durch Hydrolyse mit n/20 NaOH-Lsg. entfernt u. im Filtrat nach Ansäuern mit HCl gravimetr. als $BaSO_4$ bestimmt werden. J. Pickardt G 322

1739 **Spektralanalyse von reinem Blei.** L. E. Usenko und S. V. Kalinčuk. (Zav. Labor. 34 (1968) 6, 686—88; Fiz.-techn. inst. nizkich temperatur AN Ukr.SSR; russ.) — Über die spektralanalyt. Best. von Si, Al, Fe, Ca, Mg u. Cu in 99,9995 %ig. Pb wird berichtet. Die zur Analyse ausgewerteten Spektrallinien u. die Konz.-Grenzen der Verunreinigungen werden mitgeteilt. Der Fehler der Meth. liegt zwischen 16—24 %. Herbert Hoffmann G 328

1740 **Polyäthylenpolyamin als Maskierungsreagenz bei der komplexometrischen Bleibestimmung.** I. M. Jurist. (Zav. Labor. 34 (1968) 5, 539—40; russ.) — Über die komplexometr. Pb-Best. mit 20 %ig. Polyäthylenpolyamin PAM als Maskierungsmittel für Ni, Cd u. Zn bei pH 9 wird berichtet. Für die Summen Pb + Cd u. Pb + Zn wird Methylthymolblau u. für Pb + Ni Murexid als Indikator verwendet. Nach erfolgter Summentitration werden durch PAM-Zusatz die Zn u. Cd-Komplexe zerstört u. die äquivalente Komplexonmenge kann

mit Pb-Salz zurücktitriert werden. Bei Pb-Mengen von 9—22 mg tritt eine Abweichung von ±0,5% auf.
Herbert Hoffmann G 328

1741 **Anwendung von Verdampfungs-Anregungs-Kurven zur Ermittlung der Bedingungen für die spektrochemische Analyse von Tantaloxid.** J. Bril und J. Vinot. (Talanta [London] **14** (1967) 8, 897—900; Cie Pechiney, Grenoble; franz.) — Die Ermittlung optimaler Bedingungen zur spektrograph. Analyse von Ta-Oxid wird erleichtert, wenn man die Verdampfungskurven der interessierenden Elemente betrachtet. Die Meth. wird zur Best. von Cr, Fe, Hf, Ni, Nb, Ti, Y u. Zr in Mengen von 10—1000 ppm angewendet. J. Pickardt G 332

1742 **Bestimmung von Chromspuren durch Isotopenverdünnung mit stabilen Isotopen und Massenspektrometrie.** A. Hedley. (Analyst **93** (1968) 1106, 289—91; Bragg Labor., Naval Ordnance Inspect. Establ., Sheffield; engl.) — Durch Isotopenverdünnung mit ^{53}Cr u. anschließende Massenspektrometrie wird der Geh. von Cr im Konz.-Bereich von 0,003—0,2% in Stählen, Cu- u. Al-Leg. bestimmt. Die mit Tracerlsg. versetzte Probe wird in HCl gelöst, mit HNO_3 ox., mit H_2SO_4 bis zum Auftreten von Dämpfen eingeengt, Cr(III) mit $Ce(SO_4)_2$ zu Cr(VI) ox., schließlich das Cr(VI) mit MIBK u. daraus wieder mit W. extrahiert. Die möglichst weit eingeengte Lsg. wird massenspektrometr. untersucht.
H.-D. Schenke G 335

1743 **Ammoniumcitrat, Sulfosalicyl- und Oxalsäure als Aktivatoren für die Mikrobestimmung von Cr(VI) nach der kinetischen Methode.** E. I. Jasinskene und E. B. Bilidene. (Trudy Akad. Nauk Lit. SSR, Ser. B **1968,** 1 (52), 3—9; Vil'njusskij gos. univ. im. Kapsukasa; Vil'njuskij gos. pedagog. inst.; russ., Auszug: engl.) — Sulfosalicylsäure (I), Oxalsäure (II) u. Ammoniumcitrat (III) aktivieren die Ox. von Methylorange mit H_2O_2 in Ggw. von Cr(VI). Bestimmt wird die Abhängigkeit der RG von der Konz. der Rk.-Komponenten; es werden 3 Best.-Meth. für Cr(VI) in Ggw. von **I, II** u. **III** ausgearbeitet. Die Empfindlichkeit der Meth. ist entsprechend $1{,}24 \cdot 10^{-2}$; $1{,}84 \cdot 10^{-2}$ u. $1{,}64 \cdot 10^{-2}$ $\mu g/cm^2$. Der mittlere Analysenfehler beträgt 7—8%. Bestimmt wird ferner der Einfl. vieler Begleitionen auf die RG sowie der annähernde Wert der E mit u. ohne Aktivatoren für katalyt. u. nichtkatalyt. Reaktionen. E. Pfluger G 335

1744 **Amperometrische Titration von Mo(VI) mit V(II) und Cr(II).** E. R. Nikolaeva, P. K. Agasjan und K. Ch. Trarenova. (Vestnik Moskovskogo Univ., Ser. II **23** (1968) 2, 135—39; russ., Auszug: engl.) — Mo(VI) wurde unter Verw. von 2 Pt- oder W-Elektroden bzw. eines W-(—)-Pt-(+)-Paares ($\Delta E \approx 100$ mV) in 2 m HCl bei 20—25° mit 0,05 m VCl_2-Lsg. bzw. in 4—6 m HCl bei 65—70° mit 0,05 m $CrCl_2$-Lsg. amperometr. titriert. Die Meth. eignet sich zur Mo-Best. in Stählen u. Leg., wobei vor der Titration das Fe abzutrennen ist.
E. Bomke G 336

1745 **Maskierung der Reaktion zwischen Molybdat und Cyanoferrat(II) in Gegenwart von Natriumfluorid.** E. N. Krjačko und Ju. V. Karjakin. (Ž. analitičeskoj Chim. **23** (1968) 4, 619—22; Woronžskij technol. inst.; russ., Auszug: engl.) — Durch Bldg. von MoO_3F^-, das eine größere Stabilität als $[MoO_3 \cdot Fe(CN)_6]^{4-}$ (**I**) besitzt, tritt bei der Rk. zwischen Molybdat (**II**) u. $[Fe(CN)_6]^{4-}$ in Ggw. von NaF (**III**) ein Maskierungseffekt auf. Die größte Farbschwächung wurde beim Verhältnis **I** : **III** = 1 : 1 beobachtet. Der Einfl. verschieden hoher **III**-Geh. auf die Eichkurve wurde untersucht. Bei Konz. von **III** ≥0,01 m wird die untere Best.-Grenze von **II** merklich verschoben. M. Krause G 336

1746 **Molybdän(VI)–Hydroxylamin-Komplexe.** 3. Mitt. **Chelometrische Bestimmung von Molybdän als ternärer Molybdän(VI)–Hydroxylamin–EDTA-Komplex und Vergleich des Verfahrens mit der bereits bekannten Titriermethode von Molybdän(V) mit EDTA.** Erik Lassner und Hartmann Schedle. (Talanta [London] **15** (1968) 7, 623—27; Metallwerk Plansee Akt.-Ges., Reutte, Österreich; dt.) — 2. vgl. C. **1969,** 12-0044. — Mo(VI) wird von Hydroxylamin (**I**) nicht red., sondern komplex gebunden, wobei gleichzeitig Depolymerisation eintritt. Dieser Mo(VI)-Komplex ist befähigt, mit Chelatbildnern, insbesondere auch mit Chelonen, tern. Komplexe vom Typ Mo(VI) : I : EDTA (1 : 1 : 1) zu bilden. Zur quant. Bldg. dieses Komplexes wird die Mo-Lsg. mit einem I-Überschuß (1—2 g/l) versetzt, auf einen pH von 2—5 gebracht u. zum Sieden erhitzt. Nach Zugabe eines Überschusses an EDTA-Standard-Lsg. wird noch 15 Min. gekocht. Die Rücktitration erfolgt entweder bei pH 2 mit Bi-Lsg. gegen Xylenolorange bzw. Methylthymolblau oder bei pH 4,5 mit Cu-Lsg. gegen PAN, jeweils bei 80°. Weinsäure u. W stören. Die Standardabweichung beträgt bei 10—50 mg Mo s = ±0,03 mg Mo. Vorteile gegenüber der Titriermeth. von Mo(V) mit EDTA sind die geringe Eigenfarbe des Mo(VI)–I–EDTA-Komplexes gegenüber dem Mo(V)–EDTA-Chelat u. dem dadurch besseren Indikatorumschlag am Titrationsendpunkt, weiter das günstigere 1 : 1-Verhältnis von Mo : EDTA im Komplex gegenüber 2 : 1 im Mo(V)–EDTA-Komplex. Dadurch ergibt sich ein günstigerer stöchiometr. Umrechnungsfaktor. Aus diesen Vorteilen ergibt sich eine bes. gute Reproduzierbarkeit. Nachteile sind der empir. Umrechnungsfaktor u. die geringere Selektivität.
K. Seyfert G 336

1747 **Anwendung eines modifizierten Gegenstromextraktionsverfahrens zur Bestimmung von Wolfram in Molybdän.** S. Kallmann, E. W. Hobart und H. K. Oberthin. (Analytica chim. Acta [Amsterdam] **41** (1968) 1, 29—34; Ledoux & Co., Teanek, N.J.; engl.) — Zur Best. von 5 ppm W oder mehr in einer Mo-Matrix wird ein Gegenstromextraktionsverf. beschrieben, bei dem zur Trennung ein Gemisch aus 6 m HCl/2,4 m HF/säuregesätt. MIBK verwendet wird. Der Extraktionsgrad beträgt bei einem Schritt 85% für Mo u. 15% für W.
K. Henning G 337

1748 **Dünnschichtchromatographie anorganischer Ionen. Selektive Abtrennung des Urans.** Margrit Lesigang-Buchtela und Karl Buchtela. (Mikrochim. Acta [Wien] **1967,** **3,** 570—74; Analyt. Inst., Univ., Wien; dt.) — Die Trennung des U von 55 anderen Elementen erfolgt auf Kieselgelplatten nach Stahl (2 g Stärke in 55 ml W. + 28 g Kieselgel HR). Als Laufmittel wird die obere Phase von Hexon/TBP/4,7 n HNO_3-Lsg. (100 : 1 : 10) verwendet. K. Henning G 339

1749 **Methode zur Bestimmung der Wertigkeit von Mangan.** K. K. Deshmukh, B. G. Apte und V. Damodaran. (Indian J. Chem. **6** (1968) 1, 51; Nat. chem. Labor., Poona; engl.) — Mn in höheren Ox.-Stufen wird mit Oxalsäure/H_2SO_4 zum Mn(II) red. u. anschließend mit Na-Wismutat zum Mn(VII) ox.; die Ox.-Stufe ergibt sich aus der Differenz der Oxalsäuremengen, die für die erste Red. benötigt wird, gegenüber der Menge, die zur Red. der aufox. Probe erforderlich ist.
J. Pickardt G 350

1750 **Analytik seltener Oxydationsstufen.** 4. Mitt. **Cyanatomanganat(I). Qualitative Untersuchungen.** S. Vicente-Pérez, R. Pérez Pérez und F. Lucena-Conde. (Inform. Quím. analít. **21** (1967) 4, 125—33; Cat. de Quím. Analyt., Univ., Salamanca; span.) — 8. vgl. C. **1968,** 47-1955. — $K_5[Mn(CN)_6]$ (I) bildet Nd. mit Nb(V), Th(IV), Ti(IV), Zr(IV), Tl^{3+}, Cd^{2+}, Ni^{2+}, Co^{2+}, Zn^{2+}, Ca^{2+}, Sr^{2+}, Ba^{2+}, Mg^{2+}, Li^+, Rb^+ u. Cs^+. I red. SeO_3^{2-}, TeO_3^{2-}, Os(IV), Pt(IV), Au(III), Bi(III), Sb(III), Pd^{2+}, Cu^{2+}, Pb^{2+}, Hg_2^{2+} u. Ag^+ zum Metall u. Mo(VI), W(VI), V(V) u. Ce^{4+} unter Farbänderung zu niederen Ox.-Stufen. Mit Fe^{3+} bildet sich Berliner Blau, mit Hg^{2+} ein Nd. von Mn_2O_3 neben $Hg(CN)_4^{2-}$. U(VI), Ta(V), Ge(IV), As(III), Cr^{3+}, Al^{3+}, Be^{2+}, Sn^{2+} u. Tl^+ reagieren mit I nicht. W. Grimmich G 350

1751 **Elektrochemische Oxydation von Rhenium, Molybdän, Wolfram und einigen Rheniumlegierungen. Analytische Anwendungen.** S. Tribalat, C. Piolet und Dj. Mofidi. (Bull. Soc. chim. France **1968,** 2, 844—48; franz.) — Die Kurven E = f(i) bei der anod. Ox. von Re, Mo, W u. binären Re-Leg. in verschiedenen Medien wurden bestimmt. Die Oxydierbarkeit des Re hängt vom Ordnungsgrad seines Krist.-Gitters ab. — Auf Grund der Kurven werden verschiedene analyt. Anwendungen diskutiert: Coulometr. Analyse bei konst. Stromstärke von Re-Nd. auf verschiedenen Trägern (das Auflsg.-Potential hängt von der Vorbehandlung des Metalls ab); Freisetzen von H_2, das bei der Kristallisation von Re in Ggw. von H_2 eingeschlossen wird; Auflsg. u. coulometr. Analyse von elektrooxydierbaren Re-Leg., z. B. feste Lsg. von Re in Mo oder W (hierbei ist das Auflsg.-Potential eine lineare Funktion des Re-Gehalts); Homogenitätsunters. solcher Legierungen. J. Pickardt G 352

1752 **Verbesserung der Eisenbestimmung mit Ferroin durch Bildung von Ionen–Assoziations-Komplexen mit organischen Farbstoffen.** M. Knížek und M. Musilová. (Talanta [London] **15** (1968) 5, 479—81; A. S. Popv's Res. Inst. of Radiocommun., Prague; engl.) — Durch Extraktion von $[Fe(II)\text{-}(1.10\text{-Phenanthrolin})_3]^{2+}$ in Ggw. der Anionen von monosulfonierten Azofarbstoffen in 1.2-Dichloräthan wird die Empfindlichkeit der Fe-Best. erhöht. W. Grimmich G 354

1753 **Beiträge zur quantitativen Dünnschichtchromatographie. 7. Mitt. Spektralphotometrische Bestimmung des Eisens mit MDCM nach Abtrennung von Metallen der Ammoniumsulfidgruppe.** G. Pokorny und W. Beyer. (Mikrochim. Acta [Wien] **1968, 3,** 582—85; Inst. für anorg. anal. Chem., Univ., Graz; dt.) — 6. vgl. ibid. **1968,** 2, 386. — Fe(III) kann mittels Dünnschichtchromatographie mit den Fließmitteln n-Propanol/6 n HCl (75 : 25), n-Butanol/6 n HCl (75 : 25), n-Butanol/Aceton/6 n HCl (50 : 25 : 25) u. iso-Butanol/Aceton/6 n HCl (50 : 25 : 25) bei Fließzeiten von 130—70 Min. im Bereich von 3—30 μg von Metallen der Ammoniumsulfidgruppe getrennt werden. Anschließend wird die Fe-Zone von der Platte gesaugt, das Trägermaterial mit 5 ml 0,1 n HCl ausgewaschen, zur photometr. Best. mit 4 ml 1%ig. MDCM-Lsg. versetzt, 2mal mit je 4,5 ml $CHCl_3$ extrahiert u. die Extinktion bei 510 nm gemessen.
K. Henning G 354

1754 **Verbesserte Methode zur gleichzeitigen absorptiometrischen Bestimmung von Co und Ni mit Chinoxalin-2.3-dithiol.** J. A. W. Dalziel und A. K. Slawinski. (Talanta [London] **15** (1968) 4, 367—72; Chelsea Coll. of Sci. and Technol., London; engl.) — *S-2-(3-Mercaptochinoxalinyl)-thiuroniumchlorid* wird in Ammoniakpuffer bei pH 10 zu *Chinoxalin-2.3-dithiol* hydrolysiert, Zn^{2+} wirkt stabilisierend. Die Co-(1 : 3)- oder/u. Ni-(1 : 2)-Komplexe werden bei 472 bzw. 520 nm vermessen. Die Empfindlichkeit liegt bei 0,0017 (0,0029) $\mu g/cm^2$ für Co(Ni). Es stören Ag(I), Cu(II), Pd(II), Cd(II), Hg(II), Sn(II), Pb(II), Bi(III), Pt(IV). U. Geisler G 356

1755 **Bestimmung des Häufigkeitsverhältnisses von Kupferisotopen mit Hilfe einer Oberflächenionisationsmethode.** Tadao Kanzaki, Seiichiro Yokozuka und Hidetake Kakihana. (Japan Analyst **16** (1967) **1,** 7—15; Res. Labor. of Nucl. Reactor, Tokyo Inst. of Technol., Meguro-ku, Tokyo; jap., Auszug: engl.) — Die Einauffängermeth. erwies sich gegenüber der Doppelauffängermeth. als besser geeignet. Bei Anwendung der Einauffängermeth. wurden folgende experimentelle Folgerungen gezogen: Die Genauigkeit beträgt ± 0,5% (Standardabweichung). — $Cu(NO_3)_2$-Proben ergeben bessere Ergebnisse als $CuCl_2$. — Unter den Zwei- oder Einfadenanordnungen ergab die Kombination von Re-Ionisierungsfaden u. W-Verdampfungsheizfaden die besten Ergebnisse. — Der $^{63}Cu^+$-Ionenstrom, die Ströme für die Heizfäden u. die Zeit vom Heizbeginn bis zur Messung der Ionenpeaks ($^{63}Cu^+$, $^{65}Cu^+$) sollten in einer Serie von Experimenten konst. gehalten werden. — Beim Vgl. von Isotopenverhältnissen sollte dieselbe Ionisierungskammer benutzt werden. — Die für eine Messung erforderliche Zeit beträg ca. 2 Stunden.
J. Pickardt G 358

1756 **Spektrophotometrische Bestimmung von Kupfer mit Pikramin R.** V. I. Bogdanova und Ju. M. Dedkov. (Zav. Labor. **34** (1968) 6, 688—90; SO AN SSSR, inst. geologii i geofiz. AN SSSR, inst. geochim. i anal. chim. im. Vernadski; russ.) — Über die photometr. Best. von Cu(II) mit Pikramin in salzsaurer Lsg. (0,6 ml HCl 1 : 1 für 1—7 mg u. 1 ml für 7—70 mg) bei 555 nm im Gerät SF-4 wird berichtet. Sb, As, Sn, Bi, Mg, Ca, Al, Zn, Cd, Se, Te u. Mn stören die Best. nicht, hingegen Co u. Ni. Ein Vgl. mit der polarograph. Cu-Best. zeigt gute Übereinstimmung. Eine ausführliche Arbeitsvorschrift wird angegeben. Herbert Hoffmann G 358

1757 **Möglichkeit zur Analyse von Halbleiterlegierungen mittels Atomabsorptions-Flammenspektrometrie.** N. P. Ivanov und G. V. Kozyreva. (Vestnik Moskovskogo Univ., Ser. II **22** (1967) **1,** 102—03; kaf. anal. chim.; russ.) — Am Beispiel der Analyse von $CuInTe_2$ wird die absorptionsflammenphotometr. Best. für Cu, In u. Te beschrieben. Gegenseitige Störungen der Elemente In, Ga, Sb, Cu, Te u. Se (Verhältnis 1 : 10^4) wurden nicht beobachtet. 20 mg Substanz werden in 8 ml Königswasser gelöst, die Lsg. wird auf 250 ml verd. u. gemessen (Cu bei 324,7 nm In 303,9 u. Te 214,3 nm); als Eichproben dienen Lsg. von Cu in HNO_3 (5—25 ppm), In u. Tellursäure in Königswasser (10—40 ppm In, 40—70 ppm Te). Die Mittelwerte aus 4 Best. weichen um —1,7% (Cu), —2,2% (In) u. +1,1% Te von der Theorie ab.
H.-J. Ostmann G 358

1758 **Amperometrische Goldbestimmung mit Quecksilber(I)-nitrat.** V. M. Tarajan, G. N. Šapošnikova und G. S. Ačarjan. (Zav. Labor. **34** (1968) 5, 522—23; Erevanski gos. univ.; russ.) — Au(III) kann in Ggw. von Cd^{2+}, Bi^{3+}, Cu^{2+}, Ni^{2+}, Co^{2+}, Zn^{2+}, Mn^{2+}, SeO_3^{2-}, TeO_3^{2-}, WO_4^{2-} u. MoO_4^{2-} in 0,1—0,5m HCl bei +0,4 V (bezogen auf eine HgJ_2-Elektrode) an Graphitelektroden mit 0,002m $Hg_2(NO_3)_2$-Lsg. titriert werden. Der Diffusionsstrom ist zwischen $1{,}5 \cdot 10^{-5}$ u. $1{,}36 \cdot 10^{-3}$m der Au(III)-Konz. proportional. Zur Best. des Au-Geh. in Erzen wird es zunächst aus der Probelsg. mit einem Überschuß an $Hg_2(NO_3)_2$ in elementarer Form gefällt u. nach Wiederauflsg. amperometr. titriert.
E. Bomke G 360

1759 **Alkalinitratschmelze zur Bestimmung von Ruthenium.** S. R. Biswas und J. Mukerji. (Indian J. Chem. **6** (1968) 1, 51—52; Central Glass & Ceramic Res. Inst., Jadavpur, Calcutta; engl.) — Optimale Ergebnisse wurden erhalten, wenn die Probe bei 350° 4 Std. mit KNO_3/KOH (1 : 0,3 Gew.-Teile) im Pt-Tiegel geschmolzen wurde. J. Pickardt G 363

1760 **Photometrische Bestimmung von Magnesium mit Titangelb in Silicat- und Carbonatgesteinen.** W. H. Evans. (Analyst **93** (1968) 1106, 306—10; Labor. of Gov. Chemist, Cornwall House, London; engl.) — Störende Metallionen der NH_3-Gruppe werden vor der Mg-Best. durch doppelte Fällung mit Succinat abgeschieden, der störende Einfl. von Ca durch 0,4% Rohrzucker ausgeschaltet. F^- ist mit $HClO_4$ abzurauchen. 10—50 μg Mg sind bestimmbar. Die abs. Genauigkeit bei der Analyse von synthet. Mischungen sowie bei Best. von Eichzusätzen an Mg zu Gesteinen beträgt 99,9—100,3% mit einer relativen Standardabweichung von 0,015.
G. Wünsch 5158

1761 **Gebrauch von Lanthan und Schwefelsäure zur Unterdrückung von Störungen bei der flammenphotometrischen Bestimmung von Ca in Bodenextrakten.** C. C. Evans und H. M. Grimshaw. (Talanta [London] **15** (1968) 4, 413—15; Merlewood Res. Stat., Nature Conservancy, Grange-over-Sands, Lancashire; engl.) — Störungen durch Fe, Al, PO_4^{3-} können durch Zugabe von La u. H_2SO_4 bei der flammenphotometr. Analyse von Ca in Bodenproben unterdrückt werden. Die Unters. wurden in der Sauerstoff/Acetylen-Flamme bei 422,7 nm durchgeführt. U. Geisler 5160

1762 **Direkte massenspektrometrische Bestimmung von atmosphärischem Kohlendioxid.** Ernest E. Hughes und William S. Dorko. (Analytic. Chem. **40** (1968) 6, 866 bis 69; Inst. of Materials Res., Nat. Bur. of Stand., Washington, D.C.; engl.) — CO_2 atmosphär. Luft kann mit einem Fehler von 1% massenspektrometr. ohne zusätzliche Anreicherung bestimmt werden, wenn O_2 zuvor durch P gebunden wird. Nach Filtrierung u. Trocknung der Luft strömt sie durch einen Kolben mit weißem P, der für mehrere Proben verwendet werden kann. Bei der massenspektrometr. Analyse des CO_2 dient $^{40}Ar^+$ als innerer Standard. H. Bethke 5164

1763 **Absorptionsspektrometer mit Anwendung einer optischen Beziehung für den Nachweis von SO_2-Spuren.**

R. B. Kay. (Appl. Optics 7 (1967) 4, 776—78; Dep. of Physics and Astron., Univ. of Fla., Gainesville, Fla.; engl.) — Es wurde ein Gerät entwickelt, mit dem SO_2-Spuren in der Luft nachgewiesen werden können. Das Gerät, mit dem die UV-Absorption von SO_2 gemessen wird, beruht auf einer linearen Beziehung zwischen der relativen UV-Absorption u. dem SO_2-Partialdruck sowie der Bahnlänge des UV-Strahls in der Absorptionskammer. Das Gerät ist zur Best. der momentanen SO_2-Konz. im ppb-Bereich geeignet. K.-H. Bielicki 5164

G–3. Analyse organischer Verbindungen

1764 **Automatisierung und organische Mikroelementaranalyse.** R. Levy. (Bull. Soc. chim. France **1968**, 5, 2173—90; Centre nat. de la Rech. Sci., Thiais; franz.) — Übersicht über Grundlagen, Meßmeth. u. Automatisierungstendenzen in der Mikroelementaranalyse. — 74 Literaturangaben. J. Pickardt 5176

1765 **Polarographische Mikrobestimmung von Halogen in organischen Verbindungen nach Verbrennung im Sauerstoffkolben.** G. M. Habashy, Y. A. Gawargious und B. N. Faltaoos. (Talanta [London] **15** (1968) 4, 403 bis 409; Amer. Univ., Cairo; engl.) — Halogen in organ. Verb. wird nach Verbrennen der Probe in Halogenid oder Halogenat übergeführt u. polarograph. bestimmt. Der Fehler liegt < 0,5%. Es können teilweise, stark u. vollständig halogenierte, feste oder fl., aromat. u. aliphat. Verb. analysiert werden. U. Geisler 5176

1766 **Nachweis der Methoxylgruppe durch Infrarotspektroskopie.** I. A. Degen. (Appl. Spectroscopy **22** (1968) 3, 164—66; Res. Labor., Kodak Ltd., Harrow, Middlesex; engl.) — 81 aliphat. u. aromat. Methyläther u. -ester wurden IR-spektroskop. untersucht. Alle Verb. zeigen eine Bande im Bereich 2800—2860 cm^{-1}. C-Methyl- oder Äthoxygruppen absorbieren in diesem Bereich nicht. Störung verursachen Aldehyde, Methylamine, Aminosäurehydrochloride u. einige N-Heterocyclen. M. Meyer zur Heide 5178

1767 **Nachweis von N-Methylgruppen durch NMR-Spektroskopie.** J. B. Davis. (Chem. and Ind. **1968**, 32, 1094; Roche Products Ltd., Welwyn Garden City, Herts; engl.) — Um das N-Methyl-Singulett R_2NCH_3 deutlich von anderen Methylgruppen im gleichen Bereich (7,4 bis 7,9 τ) unterscheiden zu können, genügt die Zugabe von ca. 2 Tropfen CF_3COOH zu einer 20-mg-Probe. Durch Bldg. des Ammoniumsalzes $R_2NHCH_3^+$ wird das CH_3-Signal um 0,5—0,7 τ zu kleineren Feldern verschoben, gleichzeitig erfolgt in einigen Fällen Aufspaltung zu einem Dublett durch Kopplung mit dem NH^+-Proton (I = 3—5 Hz). Andere Methylgruppen werden durch CF_3COOH um maximal 0,1 τ verschoben. H. Bethke 5178

1768 **Bestimmung von Carboxyl-, Sulfat- und Sulfonatgruppen durch direkte Titrimetrie.** G. Venkateswara Rao und K. T. Achaya. (Indian J. Chem. **5** (1967) 4, 150—52; Hyderabad 9, Regional Res. Labor.; engl.) — Die Probe wird in Ae./95%ig. A. gelöst u. zur Best. des Gesamtsäuregeh. mit A./KOH gegen Phenolphthalein titriert. Diese Lsg. wird angesäuert u. zur Best. der COOH-Gruppe mit NaOH gegen Thymolphthalein titriert. Eine zweite Probe wird zur Best. von COOH- u. SO_4-Gruppen mit 0,5 n HCl 20 Min. auf 60° erwärmt. Das hydrolysierte Material wird mit Ae. extrahiert u. mit KOH/A. in Ae./95%ig. A. (1 : 1) gegen Phenolphthalein titriert. I. Degen 5178

1769 **Schnelle gaschromatographische Trennung von Kohlenwasserstoffen etwa 200° unterhalb ihres Siedepunktes mittels Wassers als stationärer Phase.** Barry L. Karger und Arleigh Hartkopf. (Analytic. Chem. **40** (1968) 1, 215—17; Dep. of Chem., Northeastern Univ., Boston, Mass.; engl.) — Ein Gemisch von n-Alkanen (C_{10-14}) wird an einer 3-m-Säule (Chromosorb P, beladen mit 45% W.) innerhalb 45 Min. bei 20° analysiert. Zum Ausgleich des W.-Verlustes wird das He-Trägergas mit W.-Dampf angefeuchtet. Die gaschromatograph. Trennungen an W. erfolgen bei niedrigen Temp. wesentlich schneller als an den üblichen Trennflüssigkeiten. U. Hädicke G 560

1770 **Spezifische Retentionsvolumina der homologen C_5–C_{12}-n-Alkane an n-C_{28}, n-C_{32} und n-C_{36}-Alkanen und Squalan.** E. C. Pease und S. Thorburn. (J. Chromatogr. [Amsterdam] **30** (1967) 2, 344—56, Acton W3, Brunel Univ., Dep. of Chem.; engl.) — Vf. bestimmten die spezif. Retentionsvol. von 35 reinen aliphat. KW-Stoffen im C_5–C_{12}-Bereich an den stationären Phasen Squalan, n-Octakosan, n-Dotriakontan u. n-Hexatriakontan. Analysenbedingungen: Ein speziell konstruierter Gaschromatograph mit FID, Säulenlänge 160 cm, ∅ 0,42 cm, Säulenimprägnierung 6,3—6,4% stationäre Phase auf nicht säuregewaschenem Chromosorb G, Säulentemp. 80—120°. Die Retentionswerte werden mit den Werten früherer Arbeiten verglichen. Gleichungen zur Umrechnung der spezif. Retentionsvol. in die Verteilungskoeff. u. in die Kovats-Retentionsindizes werden angegeben. I. Lindenhahn G 560

1771 **Alkali-Schmelze-Gaschromatographie von Alkylsulfonaten.** Terumichi Nakagawa, Koichiro Miyajima und Toyozo Uno. (J. Gas Chromatogr. **6** (1968) 5, 292—94; Kyoto, Japan, Univ., Fac. of Pharmaceut. Sci.; engl.) — LiOH, NaOH, KOH, RbOH u. CsOH werden mit Alkylsulfonat vermischt u. zwischen 250° u. 500° zur Rk. gebracht. Die Rk.-Prod. werden mittels Gaschromatographie u. IR-Analyse als end- u. innenständige Olefine identifiziert. Rk.-Temp. u. Art des Alkalihydroxids sind ohne Einfl. auf die Art der Rk.-Produkte. Bei Durchführung der Rk. in einem Pyrolysator, der mit einem Gaschromatographen in Reihe geschaltet ist, verändert sich die relative Retention des Pyrolysats (n-Nonan als Standard) in Abhängigkeit von der Rk.-Temp. u. der Art des eingesetzten Alkalihydroxids. C.-E. Döring G 560

1772 **Gaschromatographische Bestimmung ungesättigter Kohlenwasserstoffe an silbersalzhaltigen Trennsäulen.** 2. Mitt. **Quantitative Trennung aller bindungsisomeren n-Octene, n-Hexine und Hexadiene mit konjugierten und kumulierten Doppelbindungen.** E. Bendel, B. Fell, W. Gartzen und G. Kruse. (J. Chromatogr. [Amsterdam] **21** (1967) 2, 531—34; Inst. für Techn. Chem., TH, Aachen; dt.) — 1. vgl. C. **1963**, 17811. — Die Verb., bis auf n-Hexin-(1), konnten an Chromosorb R (60—80 mesh), das mit 25% einer kalt gesätt. Lsg. von $AgBF_4$ in β,β'-Oxydipropionitril belegt wurde, getrennt werden. Die Abtrennung des n-Hexin-(1) von seinen Isomeren u. Hexadienen gelingt an einer Ag-salzfreien Säule [Ucon LB 550 X, 20% auf Chromosorb R (45—60 mesh)], wobei das Hexin-(1) einerseits u. die Summe der übrigen Verb. andererseits bestimmt werden. J. Pickardt G 580

1773 **Vanadin(V)-Komplexe als Reagenzien zur photometrischen Bestimmung von Alkoholen.** Motoharu Tanaka und Isao Kojima. (Analytica chim. Acta [Amsterdam] **41** (1968) 1, 75—81; Labor. Anal. Chem., Nagoya Univ., Chikusa-ku, Nagoya, Japan; engl.) — Zur Best. von Alkoholen im Bereich von 0,1—0,0001 m kann mit (2-Methyl-8-hydroxychinolinato)-V(V) in $CHCl_3$ bzw. mit wss. (Acetylacetonato)-V(V) oder V-Maltolatlsg. (pH 2,45) umgesetzt werden u. dann die Extinktionen gegen eine Blindlsg. bei 495, 450 bzw. 445 nm gemessen werden. Die Bldg.-Konst. der n-Butanolester betragen für den 2-Methyl-8-hydroxychinolinkomplex in Bzl./$CHCl_3$ (1 : 1) 4 ± 2 u. für den Maltolatkomplex in Bzl. $10^{3.8 \pm 0.2}$. K. Henning 600

1774 **Qualitative und quantitative Isotopenanalyse von wasserstoff- und deuteriumenthaltenden Äthylgruppen ($CH_xD_{3-x}CH_yD_{2-y}$—) mit Hilfe kombinierter NMR- und Massenspektroskopie.** W. Saur, H. L. Crespi, L. Harkness, G. Norman und J. J. Katz. (Analyt. Biochem. [New York] **22** (1968) 3, 424—30; Argonne Nat. Labor., Argonne, Ill.; engl.) — Die fermentative Spaltung von Glucose u. Mannose zu CH_3CHO u. CH_3CH_2OH wurde in D_2O durchgeführt, so daß ein Gemisch verschiedener deuterierter Alkohole entstand: $CH_xD_{3-x}CH_yD_{2-y}OH(D)$. Die exakte quant. Isotopenbest. durch NMR- u. massenspektrometr. Unters. dient als Kontrolle des vermuteten Mechanismus des enzymat. Prozesses. Die NMR-Daten liefern gute Aussagen für die partiell deuterierten Prod., die Massenspektren dagegen hauptsächlich für vollständig deuterierten, da bei gemischten Prod. Isotopenaustausch erfolgt. Gemessen wurden die Acetate, so daß ein innerer

Standard für das NMR-Integral vorlag, doch zeigte sich, daß das Integral der CH_3CO-Gruppe stets zu klein war. Über den Wert im Massenspektrum für CD_3CD_2–OAc konnte ein neuer Standard eingeführt werden. Das Ergebnis der kombinierten Analyse lautet: CH_3CD_2OAc 1,8 (Mol-%), $CH_2DCHDOAc$ 3,9, CH_2DCD_2OAc 23,2, $CHD_2CHDOAc$ 4,8, CHD_2CD_2OAc 28,8, $CD_3CHDOAc$ 4,8, CD_3CD_2OAc 33,3. H. Bethke G 610

1775 **Bestimmung von Glykolen und ihren Estern durch Verteilungsgaschromatographie.** N. N. Kosenko und L. V. Galuzo. (Ž. analitičeskoj Chim. **23** (1968) 3, 432 bis 435; Kemerovskij azotnotukovog zav.; russ., Auszug: engl.) — Es wird eine Meth. zur Best. von Glykolen, deren Estern u. W. angegeben. Die gaschromatograph. Analyse erfolgt an Trikresylphosphat auf Teflon, der relative Fehler liegt zwischen 0—8%. Die Meth. findet Verw. bei der Best. der erwähnten Substanzen in Äthylenglykol, Di- u. Triäthylenglykol. Analysendauer: 20—25 Minuten. G. Tischer G 620

1776 **Differential-Titration von β-Nitroalkoholen.** V. M. Aksenenko und E. G. Aksenenko. (Zav. Labor. **34** (1968) 5, 535—36; Altajskii NII chim. technol.; russ.) — Die β-Nitroalkohole (0,003—0,2 n) werden in 40 ml Aceton gelöst u. potentiometr. mit 0,1 n $(C_2H_5)_4NOH$ in Bzl./A. mit einer Glaselektrode gegen eine Kalomelelektrode titriert. Die Titrationskurven der bin. u. tern. Gemische von Trinitroäthanol, 2.2-Dinitropropanol-1, 2.2-Dinitropropandiol-1.3, 2.2.8.8-Tetranitro-4.6-dioxononandiol-1.9, 1-Nitropropanol-2 u. Nitroäthanol werden angegeben u. ihre Zus. mitgeteilt. Herbert Hoffmann G 620

1777 **Schnelle photometrische Mikrobestimmung der freien Fettsäuren.** Robert D. Mackenzie, Thomas R. Blohm, Edward M. Auxier und Andrew C. Luther. (J. Lipid Res. **8** (1967) 6, 589—97; Dep. of Biochem., Merrel Co., Cincinnati, O.; engl.) — Freie Fettsäuren (**A**) beliebigen Sättigungsgrades bilden mit Rhodamin B-Hydrochlorid (**I**) in Ggw. von Uranylacetat (**II**) als Stabilisator einen Farbkomplex, der bei Kettenlänge der **A** > 10 quant. mit Bzl. oder Toluol extrahiert u. dessen Geh. photometr. bei λ_{max} 545 nm bestimmt wird. Zur Best. wird die **A**-haltige Substanz mit H_3PO_4 u. Methylal/Methanol (4 : 1) versetzt, dann mit Methanol, W. u. Petroläther. Nach Abdampfen des Lsgm. wird der Rückstand in Bzl. oder Toluol gelöst u. mit einer Lsg. von **I**/**II** angefärbt. Das Beersche Gesetz ist auf 2 Geradenabschnitten verschiedener Steigung einer zweiphasigen Standardkurve gültig (Komplexänderung). Bereich 1: 0,05—0,15 μMol/ml, Bereich 2: 0,2—0,4 μMol/ml. Die störenden Phospholipide werden durch Zeolith entfernt. G. Ast G 810

1778 **Bestimmung der Kettenverlängerung von Fettsäuren.** Joseph L. Rabinowitz. (Analyt. Biochem. [New York] **22** (1968) 3, 498—510; Univ. of Pa. School of Dental Med., Philadelphia, Pa.; engl.) — Es wird über eine Meth. berichtet, mit der das Verhältnis der Kettenverlängerung von Fettsäuren (**A**) zur de novo-Synth. in biolog. Syst. bestimmt werden kann. Für die Unters. wurden α-, ω- oder einheitlich mit ^{14}C-markierte **A** verwendet. Bei Verw. von **A**-bildenden Enzymsyst. wurden $^{14}C_{(1)}$- u. $^{14}C_{2(1.2)}$-Acetat als Vorstufen für die **A**-Bldg. eingesetzt. Mit Hilfe des Schmidtschen Säureabbaus ($R-COOH + HN_3 \rightarrow R-NH_2 + N_2 + CO_2$) konnte der Anteil an radioakt. Carboxyl–CO_2 u. durch Ox. des Amins mit dem Slyke-Folch-Reagenz der Anteil des akt. Alkyl–CO_2 bestimmt werden. Aus dem Verhältnis der spezif. Aktivitäten von Carboxyl- u. Alkyl–CO_2 lassen sich die Verlängerungen der **A**-Ketten errechnen. Tabellen zur Interpretation der nach dieser Meth. erhaltenen Daten wurden vom Vf. ausgearbeitet. Vers. mit *Stearin-*, *Palmitin-*, *Arachidon-*, *Linol-*, *Linolen-* u. *Ölsäure* sowie **A**-Gemischen ergaben, daß in Ggw. von ungesätt. **A** diese vor dem Abbau nach Schmidt hydriert werden müssen, da sonst zuviel Carboxyl–CO_2 gefunden wird. P. Ziska G 810

1779 **Bildung der γ-Methylthio-γ-butyrolactone von γ-Methylsulfinyl-γ-methylthio-Buttersäuren.** Z. Štefanac, A. Deljac und K. Balenović. (Bull. sci. [Zagreb], Sect. A **12** (1967) 11—12, 307; Zagreb, Prirodoslovno-matemat. fak., Zavod za organsku Kem. i biokem.; engl.) — Die Pyrolyse von γ-Methylsulfinyl-γ-methylthio-buttersäuren (unsubstituiert, α-Acetamido- u. α-o-Phthalimido-) führt nicht zu den erwarteten 1-Methylthio-1-alkenen, sondern zu γ-Methylthio-γ-butyrolactonen (IR- u. NMR-Spektren). Aus den Methylestern der Buttersäuren werden die Methylester der entsprechenden 3.4-ungesätt. 4-Methylthiocarbonsäuren erhalten. Es wird angenommen, daß die Lactone unter intermediärer Bldg. einer H-Bindung zwischen der Carboxylgruppe als Protonendonator u. der Sulfinylgruppe als Akzeptor entstehen. W. Betcke G 810

1780 **Dünnschichtchromatographie von Dinitrophenylhydrazonen biologisch interessanter Ketosäuren.** H. H. Berlet. (Analyt. Biochem. [New York] **22** (1968) 3, 525 bis 529; Neurolog. Klinik der Univ., Göttingen; engl.) — Vf. untersuchte das chromatograph. Verh. der 2.4-Dinitrophenylhydrazone von *Brenztrauben-*, *α-Ketobutter-*, *Glyoxyl-*, *β-Hydroxybrenztrauben-*, *Oxalessig-* u. *α-Ketoglutarsäure*. Die R_F-Werte nach eindimensionaler Chromatographie an Cellulose- u. Kieselgelschichten mit 6 verschiedenen Fließmittelgemischen wurden ermittelt. Eine vollständige Auftrennung aller 6 Hydrazone ist jedoch nur durch zweidimensionale Dünnschichtchromatographie an Kieselgel mit den Laufmitteln n-Butanol/A./0,5 n NH_3-Lsg. (70 : 10 : 20) u. Bzl./THF/CH_3COOH (57 : 35 : 8) möglich. P. Ziska G 870

1781 **Bestimmung von Diäthylamin-Hydrochlorid mit Hypobromit.** N. Velghe und A. Claeys. (Bull. Soc. chim. belges **77** (1968) 5—6, 327—39; engl.) — Beste Ergebnisse der amperometr. Titration von Diäthylamin mit Hypobromit werden bei einem pH-Wert von 8,3—9,6 erzielt. Konz. im Bereich von $5 \cdot 10^{-2}$ m (Genauigkeit besser als ± 0,1%) bis $5 \cdot 10^{-4}$ m (besser als ± 0,30%) werden bestimmt. Die Abweichung der Ergebnisse von denen der argentometr. (0,23%) u. der Säure–Basen-Titration (0,51%) ist gering. Die amperometr. Titration kann mit großer Geschw. durchgeführt werden. H. D. Schenke G 910

1782 **Technik zur Verbesserung der gaschromatographischen Eigenschaften tertiärer Amine sowie des Amitriptylins.** Howard B. Hucker und Joan K. Miller. (J. Chromatogr. [Amsterdam] **32** (1968) 2, 408—13; Merck Inst. für Therapeut. Res., West Point, Pa.; engl.) — Die gaschromatogr. Trennung einer Reihe tert. Amine wurde verbessert, indem man sie vor der Analyse nach Hoffmann erschöpfend methylierte. Die Unters. erfolgte an einem Gaschromatographen mit FID u. fest gepackten Säulen, die Chromosorb G, beladen mit 3% QF-1, enthielten, bei Temp. von 130—170°. U. Hädicke G 910

1783 **Einsatz der Ninhydrinlösung nach Rosen in dem Beckman/Spinco-Aminosäure-Analysator.** William S. Knight. (Analyt. Biochem. [New York] **22** (1968) 3, 539 bis 542; Chem. Dep., Harvard Univ., Cambridge, Mass.; engl.) — Für die automat. Aminosäure (**AS**)-Analyse hat Rosen den Zusatz von CN^- zum Puffersyst. vorgeschlagen, wodurch eine bessere Stabilität des Ninhydrin-Reagenzes (**NR**) gegenüber Licht u. Luft erreicht wird. Vf. hat dieses modifizierte **NR** mit Erfolg in den Beckman/Spinco-**AS**-Analysator eingesetzt u. das alte Ninhydrinsyst. durch ein neues, einfacheres Fließschema ersetzt. Die Verw. von benzylalkoholhaltigen Puffern ist nicht zu empfehlen, da sie meist Spuren an Benzaldehyd enthalten, der mit CN^- reagiert u. damit die Ninhydrinfarbausb. vermindert. Die Eignung des **NR** wurde an Hand der guten Reproduzierbarkeit der Analysenwerte demonstriert, die bei der Best. von 2 **AS**-Standardgemischen (neutrale u. saure sowie bas. **AS**) nach 50 bzw. 25facher Wiederholung erhalten wurden. P. Ziska G 950

1784 **Fluorimetrische Bestimmung von Glycin und anderen Aminosäuren mit 2.4-Butandion.** E. Sawicki und R. A. Carnes. (Analytica chim. Acta [Amsterdam] **41** (1968) 1, 178—80; Nat. Center for Air Pollution Control, Cincinnati, O.; engl.) — Zur Best. versetzt man 1 ml wss. Probelsg. mit 2 ml wss. Reagenzlsg. [$NaCH_3COO/CH_3COOH$/2.4-Butandion (25 : 0,4 : :,5)] u. erhitzt unter Verw. eines Kühlfingers 10 Min. lang auf dem W.-Bad. Dann wird gekühlt, 1 ml wss. 4%ig. HCOH-Lsg. hinzugegeben, erneut erhitzt u. wieder abgekühlt. Anschließend wird die Fluoreszenz mit Hilfe eines Aminco-Bowman-Spektro-

fluorimeters mit 0,1-ml- u. 1-ml-Küvetten mit F 405/470 sofort gemessen. Im Bereich von 0,05—60 μg Glycin ist das Beersche Gesetz erfüllt. Die Standardabweichung, ermittelt aus 11 Messungen, beträgt ± 2,9%.
K. Henning G 950

1785 **Schnellmethode zur Bestimmung von Tributylphosphat.** V. T. Orechov, V. A. Minaev, und G. V. Bogdanov. (Zav. Labor. **34** (1968) 5, 537—38; Moskau, chim. technol. inst. im. D. I. Mendelejeva; russ.) — 5—20 ml Probe werden mit 5—7 n HNO_3, gesätt. mit $Al(NO_3)_3$, im Scheidetrichter 1 Min. lang geschüttelt. Die Konz. an HNO_3 in der wss. Phase muß 4—6 n sein. Nach 10 Min. werden 2—10 ml der organ. Phase in einen Titrierkolben gegeben, 50—100 ml dest. W. u. 2—3 Tropfen alkohol. Methylrotlsg. (0,1—0,2%ig.) zugefügt u. anschließend mit 0,1 bzw. 0,2 n Lauge titriert. Die Berechnung erfolgt nach folgender Formel: $C = a \cdot k \cdot N/b(1-0{,}415\, a \cdot k \cdot N/b)$ a = Laugeverbrauch; b = Probevol.; N = Titer der Lauge; k = korr. Laugekoeffizient. Es wurden bis zu 0,2049 Mol/l bei einem Fehler von ca. 1% bestimmt.
Herbert Hoffmann G 980

1786 **Bestimmung von Mono- und Trinitrotoluol in Dinitrotoluol durch Dünnschichtchromatographie.** T. B. Bejder, T. P. Bočkareva und E. S. Michaleva. (Zav. Labor. **34** (1968) 5, 540—41; Novomosk. chim. kombinat; russ.) — Die Trennung erfolgt an Silicagelplatten 2,5 cm × 7,5 cm, die vorher mit 0,05—0,1%ig. Rhodamin 6Z präpariert wurden, mit Cyclohexan/$CHCl_3$ (7 : 4) als Laufmittel. Die Auswertung wird durch Ausmessen der fluoreszierenden Flecken im UV-Licht u. Vgl. mit Standardchromatogrammen durchgeführt. Dauer der Analyse 15 Minuten. Es können bis zu 0,05 mg Verunreinigungen erfaßt werden. Herbert Hoffmann G 1010

1787 **Chromatographische Bestimmung von Brenzcatechinaminen und verwandten Substanzen.** R. J. Merrills und J. P. Farrier. (Analyt. Biochem. [New York] **21** (1967) 3, 475—77; Dep. of Biochem. Pharmacol. Pfizer Ltd., Sandwich, Kent; engl.) — Zur polarograph. Best. der durch Gradientenelutionschromatographie an Whatman-P11-Cellulosephosphatsäulen getrennten Brenzcatechinaminen u. verwandten Substanzen wird deren anod. Zers.-Spannung herangezogen, wobei noch 0,2 μg erfaßt werden sollen. Beschrieben wird die Best. von *3.4-Dihydroxyphenylessigsäure, L-Tyrosin, 3.4-Dihydroxyphenylalanin, Tyramin, Adrenalin, Dopamin* u. *Noradrenalin.* H. Walther G 1320

1788 **Komplexometrische Bestimmung einiger Amine.** F. Albert, Eva Butuceanu und Margareta Cupfer. (Rev. roum. Chim. **13** (1968) 7, 905—07; Polytechn. Inst. „Gheorghe Gheorghiu-Dej", Bukarest; dt.) — 2-Naphthylamin, Benzidin, p-Phenylendiamin (I), o-Tolidin, Morpholin u. Brucin werden unter Makro-, Semimikro- u. Mikrobedingungen komplexometr. bestimmt. Das bei der Komplexbldg. mit $CdSO_4$ überschüssig gebliebene Cd^{2+} wird mit Komplexon III gegen Eriochromschwarz T als Indikator titriert. I wird in Ggw. von o- u. m-Phenylendiamin bestimmt. H.-D. Schenke G 1710

1789 **Verwendung quasilinearer Fluoreszenzspektren bei der Analyse mehrkerniger aromatischer Kohlenwasserstoffe.** J. Jäger. (Atmospheric Environment **2** (1968) 3, 293—94; Inst. of Hygiene, Prague; engl.) — Quasilineare Fluoreszenzspektren vieler mehrkerniger KW-Stoffe bestehen aus sehr feinen „Linien", die eine Identifizierung u. direkte Best. der Verb. in Gemischen mit ausreichender Genauigkeit ermöglichen, vorausgesetzt einige spezif. Bedingungen werden genau eingehalten.
H.-D. Schenke G 2600

1790 **Präzisierung der Methodik bei der Bestimmung von Anthracen.** L. D. Gluzman, M. K. Tomaševskaja, Z. V. Ostrovskij, L. N. Kulja, L. I. Dacenko und V. I. Titova. (Koks i Chim. **1968**, 6, 46—48; (UChIN); russ.) — Unters. des Einfl. der Ox.-Mischung (OM) (CrO_3 + CH_3COOH) auf Anthracenverluste durch Überdosierung des Ox.-Mittels u. zu lange Behandlungsdauer bei der Umwandlung in Anthrachinon (I). Die Ox. von reinem Anthracen kann mit 10 ml OM während 30—60 Min. erfolgen. Die Rk.-Mischung wird anschließend auf 400 ml mit Eiswasser verd., 30 Min. lang stehengelassen, filtriert u. getrocknet. Ein Korrekturzuschlag von +1,28% ist wegen der Verluste durch I-Löslichkeit in der essigsauren Mutterlauge erforderlich. E. Pfluger G 2800

1791 **Ultraviolett-spektralphotometrische Bestimmung von Anthracen-Spuren in Phenanthren.** Motohisa Furusawa, Masaaki Maruyama und Tsugio Takeuchi. (J. chem. Soc. Japan, ind. Chem. Sect. [Kōgyō Kagaku Zasshi] **71** (1968) 2, 305—06; Fac. of Engng., Yamanashi Univ., Kofu, Japan; jap., Auszug: engl.) — Anthracen (I) hat ein Absorptionsmax. bei 380 nm, Phenanthren (II) zeigt bei dieser Wellenlänge nur schwache Absorption. In handelsüblichen II-Prod. sind jedoch außer I einige weitere, bei 380 nm absorbierende Verunreinigungen enthalten. Vf. empfiehlt zur Best. von I folgendes Verf.: Ein Glasrohr von ca. 5 mm innerem Ø wird 10 cm lang mit I-freiem II beschickt u. darauf 2 g der Probe gebracht. Nach 10maligem Zonenschmelzen wird der mit den Verunreinigungen angereicherte Teil entfernt u. der Rest in 25 ml o-Dichlorbenzol gelöst. Zu 10 ml dieser Probelsg. werden 200 mg Maleinsäureanhydrid (III) zugegeben, die Mischung 10 Min. lang gekocht, um I in das Addukt umzuwandeln, das keine Absorption bei 380 nm zeigt. Nach der Extraktion des III-Überschusses mit NaOH-Lsg. wird die Extinktion der Probelsg. bei 380 nm gemessen unter Benutzung dieser I-freien Lsg. als Blindwert. I kann bis zu einem Geh. von 0,001 % bestimmt werden.
H.-D. Schenke G 2800

1792 **Papierchromatographie von 1-Aminoanthrachinonmonosulfonsäure in Bromierungsprodukten.** E. V. Sokolova und A. A. Čerkasskij. (Zav. Labor. **34** (1968) 5, 523—27; NII org. poliproduktov i krasitelej; russ.) — Über die radialpapierchromatograph. Trennung auf Rundfiltern 15 bis 17 cm Ø von 1-Aminoanthrachinon-2-, -3-, -4-, -5-, -6-, -7- u. -8-sulfonsäure wird berichtet. Als Chromatographierkammer diente ein Exsikkator. Als Laufmittel wurden A./W., Propanol/W., A./HCl, Propanol/HCl u. W./HCl (alle 3 : 1) verwendet. Die R_F-Werte der 7 Verb. sowie die Absorptionskurven der Verb. in 1, 10, 20, 25 u. 30%ig. HCl werden mitgeteilt.
Herbert Hoffmann G 2910

1793 **Polarographische Prüfung von N^1-substituierten 2-Methyl-4(5)-nitroimidazolen.** M. Slamnik, F. Kajfež und V. Šunjić. (J. polarogr. Soc. **13** (1967) 2, 83—85; Novo mesto, Yugoslavia, KRKA Pharmaceut. and Chem. Works, Inst. for Antibiotics, Pharm. and Technol.; engl.) — Die 4-o-5-Nitroisomeren der N^1-substituierten 2-Methylimidazole werden in Lsg. mit pH 4,1 polarograph. bei E 1/2 −0,40 ± 0,02 V bzw. −0,30 ± 0,02 V (gegen SCE) reduziert. Die Stellung der Nitrogruppen läßt sich auf diese Weise schnell ermitteln. H. Marsen G 3122

1794 **Bestimmung einiger Amine durch potentiometrische Titration mit Natriumnitrit.** Franjo Ebel. (Tehnika [Beograd] **22** (1967) 7, 1252—54; Zemun, Razvojna labor. „Galenika"; serbokroat.) — Zur schnellen u. einfachen Best. verschiedener Amine (*Anilin, o-* u. *p-Phenylendiamin, o-, m-* u. *p-Aminobenzoesäure, Metanilsäure, Sulfanilamid, Sulfamethoxypyridazin, Sulfaguanidin, Sulfachlorpyridazin, Sulfamerazin, Sulfadimidin, Anästhesin, Aminoantipyrin, Monomethylaminoantipyrin, Benzidin, Tolidin, Procainhydrochlorid, α-* u. *β-Naphthylamin, Diphenylamin, 2.4-Dinitrophenylhydrazin, 4-Amino-2.6-dihydroxypyrimidin, Isoniazid* u. *Niacin*) wurden diese in 50 ml 1 n NaOH, 50 ml HCl d = 1,16 u. 25 ml 25%ig. KBr-Lsg. gelöst u. bei +5 bis +8° mit 0,1 n $NaNO_2$-Lsg. potentiometr. titriert. Dabei diente Pt als Indikator- u. SCE als Bezugselektrode. H. Cnobloch G 3272

1795 **Dünnschichtchromatographische Trennung von Purin- und Pyrimidinderivaten.** J. E. Ciardi und E. P. Anderson. (Analyt. Biochem. [New York] **22** (1968) 3, 398—408; Nat. Cancer Inst., Bethesda, Md.; engl.) — An Celluloseschichten MN 300 G wurden mit 6 verschiedenen Laufmittelgemischen in einer vom Vf. beschriebenen Sandwich-Kammer folgende Purine, Pyrimidine u. deren Deriv. chromatographiert u. die R_F-Werte bestimmt: *Adenin* (I), *Guanin* (II), *Hypoxanthin, Xanthin, Harnsäure, Adenosin, Guanosin, Inosin, Xanthosin, AMP, GMP, IMP, ADP, GDP, IDP, ATP, GTP, ITP, Coenzym A, NAD, NADP, FAD, S-Adenosylmethionin,*

Allantoin, Harnstoff, Methionin, Uracil (III), *Cytosin* (IV), *Thymin, Uridin, Cytidin, Desoxyuridin, Desoxycytidin, Thymidin, UMP, CMP, Desoxy-UMP, Desoxy-TMP, UDP, CDP, UTP, CTP, UDP-Glucose, UDP-N-acetylglucosamin, Dihydrouracil, β-Ureidopropionsäure* sowie *β-Alanin.* Zur Trennung von RNS-Bausteinen wie I, II, III, IV sowie ihrer Ribonucleoside u. 5'-Ribonucleotide empfiehlt sich die zweidimensionale, absteigende Dünnschichtchromatographie mit den Fließmitteln Isopropanol/HCl/W. (170 : 41 : 39) in der 1. Richtung u. wassergesätt. n-Butanol/NH_3-Lsg. (100 : 1) oder i-Buttersäure/0,5 n NH_3-Lsg., pH 3,6 (10 : 6) in der 2. Dimension.
P. Ziska G 3272

1796 **Spektrophotometrische Bestimmung von Derivaten der Thiobarbitursäure.** J. Morvay, V. Nikolasev, S. Karády und F. E. Szontágh. (Acta Univ. Szegediensis, Acta physica chem. [N.S.] 14 (1968) 1/2, 55—59; Dep. of Obstetrics and Gynaecol., Univ. Med. School, Szeged; engl.) — Thiobarbitursäurederiv. (TB) u. ihre Na-Salze werden in abs. A., in dem sie als [Cu(II)(TB)$_4$]-Komplexe vorliegen, bei 360 nm photometr. bestimmt. Die Genauigkeit der in 1-cm-Küvetten durchgeführten Messungen liegt für den 10—70 μg/ml-Bereich bei ± 1%.
H.-D. Schenke G 3272

1797 **Analytische Anwendung kurzlebiger Umwandlungsprodukte von Phenothiazinen.** J. Meunier, F. Leterrier, B. Viossat, J. Capette und P. Douzou. (Agressologie [Paris] 9 (1968) 1, 37—41; Paris, Hôpital d'Instruction des Armées du Val-de-Grace; franz.) — Durch Umsatz mit starken Säuren oder durch Ox. werden aus den Phenothiazinverb. *Phenothiazin, Levomepromazin, Chlorpromazin, Propericiazin, Perphenazin* Radikale gebildet, die durch EPR-Spektren identifiziert werden.
H. Rüssel G 3292

1798 **Bestimmung von Melamin in wäßrigen Lösungen.** T. M. Levčenko und V. A. Kiričenko. (Zav. Labor. 34 (1968) 5, 531—32; A. N. Ukr. SSR, inst. obscej neorg. chim.; russ.) — Melamin wird in wss. Lsg. mit Cl_2-W. (3—6 g akt. Cl/l) zum Hexachlorprod. umgesetzt. Dieses Prod. kann sowohl jodo- wie auch turbidimetr. weiter analysiert werden. Bei der jodometr. Meth. beträgt der Fehler ±9 u. bei der turbidimetr. ±4%.
Herbert Hoffmann G 3313

1799 **Verteilungsgaschromatographie der Trimethylsilylderivate von Zuckern unter Verwendung von trägerbeschichteten offenen Röhrensäulen.** Warren Averill. (Instrument News 18 (1968) 2, 10—11; Perkin-Elmer Corporat.; engl.) — Die Deriv. von 12 verschiedenen Zuckern wurden untersucht, um die allg. Verwendbarkeit dieser Meth. zu prüfen. Die besten Ergebnisse lieferte OV 17 (Methylphenyl-Silicon). XE-60 (Nitril-Silicon) ergab keine Trennung von β-Fructose (I) u. Mannose (II). SE-30 (Methyl-Silicon-Gummi): keine Trennung von Saccharose (III) u. Lactose (IV). SE-52 (Methylphenyl-Silicon-Gummi): keine Trennung von I, II, III u. IV. FS-1265 (Fluor-Silicon): Unvollständige Trennung der meisten Zucker.
I. Liske G 3400

1800 **Verbesserte Methode zur Erkennung und radioaktiven Bestimmung von Monosacchariden auf Dünnschicht- oder Papierchromatogrammen.** Andrew E. Gal. (J. Chromatogr. [Amsterdam] 34 (1968) 2, 266—68; Bethesda, Md., Nat. Inst. of Health, Nat. Inst. of Neurol. Diseases and Blindness, Labor. of Neurochem.; engl.) — Vf. untersuchte ^{14}C-D-Glucose. 3 modifizierte Sprühreagenzien: $AgNO_3$, TTC u. p-Aminobenzoesäure eignen sich zur Erkennung von reduzierenden Zuckern, außer Aminozuckern. Die Best. wurde mit einem Packard-Tricarb, Modell 3003, durchgeführt. Bei den beiden Chromatographieverf. schwankte der gefundene Geh. von 75 bis 82% bezogen auf den theoret. Wert.
I. Liske G 3400

1801 **Störung durch Perchlorsäure bei der Anthronreaktion auf Kohlenhydrate.** E. P. Bachelard. (Analytica chim. Acta [Amsterdam] 42 (1968) 1, 171—73; Canberra, Dep. of Forestry; engl.) — Es wird gezeigt, daß $HClO_4$ die Best. von Kohlenhydraten beeinflussen kann. Das ist bes. bei der Extraktion kleiner Mengen Stärke aus pflanzlichem Gewebe der Fall.
I. Liske G 3400

1802 **Trennung der Anomeren von Glycosylphosphaten.** Donald L. MacDonald. (Carbohydrate Res. [Amsterdam] 6 (1968) 3, 376—81; Dep. of Biochem. and Biophys., Oreg. State Univ., Corvallis, Oreg.; engl.) — Vf. trennt die Anomeren von *D-Glucopyranosylphosphat* u. von *D-Galaktopyranosylphosphat* durch Säulenchromatographie an neutralem Dowex-1-X8 (100—200 mesh). Die Trennung erfolgte durch Gradientenelution mit einer Triäthylammoniumhydrogencarbonatlsg. (0,05 m → 0,3 m) vom pH 7,5. Die α-D-Anomeren kamen jeweils als erste von der Säule. Die Anomeren von *2-Desoxy-D-erythropentofuranosylphosphat* u. von *D-Ribofuranosylphosphat* wurden unter obigen Bedingungen nicht getrennt.
H.-U. Melchert G 3400

1803 **Chromatographisch-densitometrische Methode zur quantitativen Analyse der Zucker von Flavonoidglykosiden.** Joseph W. Mizelle, William J. Dunlap und Simon H. Wender. (J. Chromatogr. [Amsterdam] 28 (1967) 2, 427—28; Chem. Dep., Univ. of Okla., Norman, Okla.; engl.) — 0,25—1,0 mg Flavonoidglykosid wird mit 5 ml 3%ig. HCl 1—2 Std. hydrolysiert, u. die Zucker (A) werden über eine kleine Säule mit Polyclar AT Polyvinylpyrrolidon von den Aglykonen quant. getrennt. Nach Elution der A mit W. werden sie über eine Anionenaustauschersäule von Amberlite IR-45 gereinigt u. auf Adsorbil I-Silicagel mit n-Propanol/Äthylacetat/W. (7 : 1 : 2) dünnschichtchromatograph. aufgetrennt. Besprüht wird mit Anilin/Oxalsäure-Reagenz mit nachfolgendem 30 Min. Erhitzen auf 105°. Anschließende erfolgt Best. der A mittels Densitometrie. Die Best. der A in Naringin ist angegeben, u. es wird darauf hingewiesen, daß das Verf. gut bei Flavanontriglykosiden geeignet ist.
K. Herrmann G 3450

1804 **Methode zur Erfassung von ortho-Dihydroxylgruppen in Flavonoiden mittels Ultraviolett-Spektroskopie.** K. R. Markham und T. J. Mabry. (Phytochemistry 7 (1968) 7, 1197—1200; Cell Res. Inst., Univ. of Tex., Austin, Tex.; engl.) — Durch Zusatz von $AlCl_3$ oder $AlCl_3$ + HCl zur methanol. Lsg. wird das Absorptionsmax. der langwelligen UV-Bande um unterschiedliche Beträge verschoben. Hiermit können ortho-OH-Gruppen im B-Ring von Flavonen, Flavonolen, Chalkonen u. Auronen ebenso wie freie 3- oder 5-OH-Gruppen erkannt werden. Ebenso können ortho-OH-Gruppen im A-Ring erfaßt werden, wenn sie nicht durch H-Brücken mit der Carbonylgruppe verbunden sind. Angabe der auf Zusatz von $AlCl_3$ u. $AlCl_3$ + HCl erhaltenen Maxima von zahlreichen Flavonoiden.
K. Hermann G 3450

1805 **Einfaches Verfahren zur Bestimmung des Gesamtalkaloidgehaltes der Chinarinde.** László Nyitray. (Gyógyszerészet [Pharmazie] 11 (1967) 12, 463—65; Kaposvár, Gyógyszertári Központ; ung.) — Vf. empfiehlt anstatt der langwierigen u. einen Perforator benötigenden Meth. der Pharm. Hung. V. ein schnelles u. einfaches Verf. für die Best. der Totalalkaloide der *Cortex Chinae succirubrae Pavon.* Die Alkaloide werden mit Ameisensäure erschöpfend extrahiert, mit NaOH freigesetzt u. mit einem Ae./C · HCl_3-Gemisch herausgelöst. Die Lsgm. werden abdest., der Rückstand in Chlorbenzol gelöst u. in wasserfreiem Milieu mit Dimethylgelb/Methylenblau als Indikator mit in Dioxan gelöster 0,02 n $HClO_4$ titriert.
G. Ligeti G 3500△

1806 **Stabilisierung von Xanthophyll und Carotin durch Äthoxyquin während der Dünnschichtchromatographie.** J. W. Nelson und A. L. Livingston. (J. Chromatogr. [Amsterdam] 28 (1967) 2, 465—67; Western Reg. Res. Labor., Agric. Res. Serv,, US Dep. of Agric., Albany, Calif.; engl.) — Xanthophylle u. Carotin werden während der Dünnschichtchromatographie leicht ox. u. isomerisiert. Dies kann bei Verw. von Bzl./1-Butanol (100 : 2) auf Silicagel G/Ca$(OH)_2$ (1 : 6) durch Zusatz von Äthoxyquin (I; 6-Äthoxy-2.2.4-trimethyl-1.2-dihydrochinolin) als Antioxydanzium in Mengen ab ca. 200 mg/100 ml Fließmittel verhindert werden, so daß *Lutein* u. *Neoxanthin* prakt. zu 100%, *β-Carotin* zu 94% (bei 750 mg I/100 ml zu 100%), *Violaxanthin* zu ca. 80% wiedergefunden werden.
K. Herrmann G 3550

1807 **Gaschromatographie der Diterpene.** N. Iconomou. (Planta med. [Stuttgart] 1967, Suppl., 60—67;

Zürich, Eidgenöss. TH, Pharm. Inst.; dt.) — Die gaschromatograph. Auftrennung von 10 verschiedenen Harzsäuren aus dem Harzbalsam einiger Pinusarten konnte unter Verw. zweier Säulen nebeneinander durchgeführt werden, u. zwar wurde einmal mit Diäthylenglykolsuccinat (DEGS) als polarer Trennfl. [5% auf Chromosorb W, HMDS (80—100 mesh)] bei 220° (Säulentemp.) u. He als Trägergas u. zusätzlich mit Apiezonfett N (APN) als apolarer Trennfl. [10% auf Anakrom ABS (70—90 mesh)] bei 270°, ebenfalls mit He-Trägergas, gearbeitet, wobei in beiden Fällen Glassäulen der Abmessung 2 m × 3 mm benutzt wurden. Es wurde ein FID verwendet, die Harzsäuren wurden als Methylester zugeführt. Die folgenden relativen Retentionswerte, bezogen auf Methylabietat, wurden gemessen: *Pimarat* 0,77 (APN) u. 0,48 (DEGS); *Sandaracopimarat* 0,79 u. 0,55; *Palustrat* 0,83 u. 0,66; *Isopimarat* 0,86 u. 0,72; *Levopimarat* 0,88 u. 0,66; *Dehydroabietat* 0,88 u. 1,00 *Dihydroabietat* 0,89 u. 0,56; *Tetrahydroabietat* 0,94 u. 0,48; *Abietat* 1,00 u. 1,00; *Neoabietat* 1,09 u. 1,14. — Unter den Ergebnissen findet sich der erste Hinweis über das Vorkommen der Sandaracopimarsäure im Harzbalsam von *Pinus maritima*. W. Betcke G 3600

1808 **Gaschromatographische Bestimmung höherer Terpenalkohole nach Silylierung.** Wolfhart Seidenstükker. (Z. analyt. Chem. **237** (1968) 4, 280—89; Unters.-Labor. der BASF, Ludwigshafen; dt.) — Höhermol. tert. Terpenalkohole lassen sich in Form ihrer Trimethylsilyläther gaschromatograph. unzersetzt bestimmen. Die Silylierung gelingt gut mit Trimethylsilylacetamid, die quant. Umsetzung wird IR-spektroskop. überwacht. Die gaschromatograph. Trennung erfolgte auf einer 50-m-Kapillarsäule. Eine Identifizierung wird durch Retentionszeitvgl. u. z. T. durch Massenspektrometrie erreicht. G. Tischer G 3600

1809 **Trennung wasserlöslicher Steroide und Carotinoid-Vorstufen durch Dünnschichtchromatographie an DEAE-Cellulose.** Richard E. Dugan, Esther Rasson und John W. Porter. (Analyt. Biochem. [New York] **22** (1968) 2, 249—59; Madison, Wis., Univ., Dep. of Physiol. Chem.; engl.) — Mevalonsäure (**I**) u. seine Stoffwechselprod., **I**-Phosphat (P) u. -Pyrophosphat (PP), Isopentenyl-P u. -PP, Dimethylallyl-PP u. Farnesyl- bzw. Geranylgeranyl-P u. -PP, trennen Vf. an einer DEAE-Cellulosesäule u. Lsg. steigender Konz. von $(NH_4)_2CO_3$ oder K_2HPO_4. Außer für Isopentenyl- u. Dimethylallyl-PP u. abgesehen von der Überlappung der Retentionszeiten der **I**-P mit den anderen Verb., bietet die Meth. gute Trennmöglichkeiten für diese Verbindungen. Die verwendeten bas. Elutionsmittelsyst. bieten eine ausgezeichnete Reinigungsmöglichkeit an DEAE-Cellulose für säurelabile u. -stabile Stoffwechselprod. der **I**. A.-M. Fretzdorff G 2700

1810 **Einfluß des pH auf die Trennung von Nucleotiden durch Elektrophorese und Chromatographie auf Ionenaustauschpapier.** Giovanni Serlupi-Crescenzi, Carlo Paolini und Tersilio Leggio. (Analyt. Biochem. [New York] **23** (1968) 2, 263—71; Ist. Superiore di Sanità Rome; engl.) — Chromatographie: Vf. verwenden Whatman-DE 81 (Diäthylaminoäthylcellulose) u. DE 81 mit Polyäthylenüberzug (P) 15cm × 15 cm zur aufsteigenden Chromatographie (Laufhöhe 13 cm). Die erhaltenen R_F-Werte von 12 Nucleotiden (CMP, UMP, AMP, GMP, CDP, UDP, ADP, GDP, CTP, UTP, ATP, GTP) unter Verw. von 1 m Essigsäure (**I**)/Na-Citratpuffer (**II**) (pH 3,3; 3,5; 3,7) sind angegeben. Die R_F-Werte erhöhen sich bei Verw. von DE 81 P unter Verkürzung der Laufzeit. Eine gute Trennung von AMP (R_F = 0,59), ADP (0,41) u. ATP (0,16) erhält man beim Vorwaschen von DE 81 P mit Puffer bei pH 3,5, ohne Vorbehandlung ähnliche Trennung bei pH 3,7—3,8 in weniger als 30 Min. Laufzeit. Elektrophorese: App. nach Markham u. Smith (Biochem. J. **52** [1962] 552). Benötigte Substanz: Eindimensional 10 mμMol, zweidimensional für DE 81 150 mμ Mol, DE 81 P 60 mμMol. Die Laufstrecken der angegebenen 12 Nucleotide für DE 81 u. DE 81 P (Puffer: 0,1 m **I**/**II**, Potentialgradient 25 V/cm, Laufzeit 180 Min.) sind angegeben. Bei niedrigem pH laufen die Monophosphate voran, gefolgt von den Di- u. Triphosphaten. Bei pH 5,0 laufen die Deriv. derselben Base zusammen. Bei höheren pH-Werten verhält sich DE 81 wie normales Papier. Durch zweidimensionale Elektrophorese ist eine Auftrennung der 12 Nucleotide möglich. Vorwaschen von DE 81 P verkürzt die Laufzeit um die Hälfte. E. Haase-Sajak G 3850

1811 **Gaschromatographie der L-Ascorbinsäure und Dehydroascorbinsäure.** K. Pfeilsticker. (Z. analyt. Chem. **237** (1968) 2, 97—103; Univ. -Inst. für Lebensmittelchem., Univ., Frankfurt/Main; dt.) — Durch Überführung der L-Ascorbinsäure u. der Dehydroascorbinsäure in die entsprechenden Trimethylsilylderiv. gelingt eine gaschromatograph. Trennung. Die Silylierung wird in Acetonlsg. mit einer Mischung von Hexamethyldisilazan u. Trimethylchlorsilan durchgeführt. Die gaschromatograph. Analyse erfolgt an Siliconkautschuk SE 52 auf Celite. Die Silylierung in Py.-Lsg. ist unzweckmäßig, da die Endprod. bei der nachfolgenden GC-Best. gleiche Retentionszeiten haben. G. Tischer G 3850

1812 **Dünnschichtchromatographie von Chinonen: Plastochinone und Tocopherylchinone.** C. Tendille. (Z. analyt. Chem. **236** (1968) 340—44; CNRA, Versailles; franz.) — Durch Chromatographie an Kieselsäurekolonnen u. -dünnschichten unter Verw. von Isooctan/Ae.-Gemischen verschiedener Zus. konnten Chinonverb. in Chloroplasten getrennt werden: α- u. γ-Tocopherole u. -Tocopherylchinone; Plastochinone PQ_A (oder PQ_{45}), PQ_B u. PQ_C sowie synthet. PQ_{45}, PQ_{20} u. PQ_{10}. J. Pickardt G 3850

1813 **Identifizierung saurer Mucopolysaccharide durch Mikro-Elektrophorese.** J. Kenneth Herd. (Analyt. Biochem. [New York] **23** (1968) 1, 117—21; Buffalo, State Univ. of N.Y., Children's Hospital, Dep. of Pediatr.; engl.) — Die Best. wurden bei pH 6,9 in Phosphatpuffer u. bei pH 3,0 in Py./Ameisensäure-Puffer bei Raumtemp. durchgeführt. Jeweils 0,1 %ig. Lsg. von Hyaluronsäure, Chondroitinsulfat A, B u. C, Heparinmonosulfat, Heparin u. Keratinsulfat wurden als Vgl.-Substanzen eingesetzt. Das Verf. ist einfach, schnell u. bedarf keiner bes. Ausrüstung. I. Liske G 4070

1814 **Dünnschichtchromatographie der Malto-Oligo- und -Megalosaccharide mit gemischten Trägerstoffen und mehrfacher Berieselung.** C. Nash Huber, H. D. Scobell, Han Tai und E. F. Fisher. (Analytic. Chem. **40** (1968) 1, 207—09; Decatur, Ill., A. E. Staley Manufacturing Co.; engl.) — Die Platten wurden mit einem Gemisch von Silicagel G u. Kieselgur G im Verhältnis 3 : 1 beschichtet. Als Lsgm.-Syst. wurden 1-Propanol/A./W. in verschiedenen Variationen u. 1-Propanol/Nitromethan/W. (5 : 2 : 3) eingesetzt. Die Technik der mehrfachen, eindimensionalen Chromatographie ermöglicht die Analyse der Maltodextrine mit einem Polymerisationsgrad von 1—23. Zur Trennung der Megalosaccharide eignet sich die kontinuierliche Chromatographie besser, die ca. 16—30 Std. dauert. I. Liske G 4070

1815 **Neue Technik für die Elektrophorese von Proteinen.** D. H. Leaback und A. C. Rutter. (Biochem. J. **108** (1968) 3, 19P, Stanmore, Middlesex, Inst. of Orthopaedics, Biochem. Dep.; engl.) — Auf Platten aus 3% Polyacrylamidgel wandern Ampholyte (Proteine) in einem pH-Gefälle bis zu einer bestimmten Gleichgew.-Position. Der hierfür notwendige pH-Gradient wird erreicht u. aufrechterhalten durch Trägerampholyte (Ampholines von LKB Instruments Ltd.) unter dem Einfl. eines elektr. Feldes. Da dieses Gel die freie elektr. Wanderung der Proteine nicht behindert, tritt keine Mischung durch Konvektion auf, u. auch die Endosmose wird herabgesetzt durch die Verw. von gewaschenem Gel niedriger Leitfähigkeit u. den Verzicht auf den üblichen Papierdocht. Das Verf. gestattet auch den Nachw. von Komponenten sehr geringer Konz., da mit der Annäherung an den Gleichgew.-Zustand die Proteinbanden sich verschärfen. Beispiel: Trennung von Hämoglobinen. A.-M. Fretzdorff G 4080

1816 **Auftrennung komplexer Gemische von Nucleinsäurebasen, Nucleosiden und Nucleotiden durch zweidimensionale Dünnschichtchromatographie auf Polyäthylenimin-Cellulose.** Helen P. Raaen und Francis E. Kraus. (J. Chromatogr. [Amsterdam] **35** (1968) 4,

531—37; Oak Ridge, Tenn., Nat. Labor., Anal. Chem. Div.; engl.) — Auftrennung komplexer Gemische von Nucleinsäurebasen (A), Nucleosiden (B) u. Nucleotiden (C) erreichen Vf. durch zweidimensionale Dünnschichtchromatographie an Polyäthyleniminсellulose, wobei die Art der Nucleobase keine Rolle spielt. Wird ein Chromatogramm in der 1. Dimension mit W. u. in der 2. Dimension mit n-Butanol/Methanol/W./NH_3-Lsg. entwickelt, wandern nur A u. B, während C am Startpunkt bleibt. Wird ein 2. Chromatogramm in der 1. Richtung mit 0,2 → 1,0 → 1,6 m LiCl u. in der 2. Richtung mit 0,5 → 2,0 → 4,0 m Ameisensäure/Na-Formiatpuffer entwickelt u. schaltet man zwischen beiden Schritten zur Entfernung von A u. B u. von LiCl ein Waschen des Chromatogramms mit Methanol ein, erreicht man eine Auftrennung von Gruppe C.

A.-M. Fretzdorff G 4090

1817 **Trennung von Nucleinsäuren auf einer modifizierten, methylierten Albumin-Kieselgursäule.** H. Altmann, I. Dolejs und F. Fetter. (Analyt. Biochem. [New York] 21 (1967) 3, 477—80; Inst. für Biol. u. Agric., Reaktorzentrum, Seibersdorf; engl.) — Durch Verw. von granuliertem Kieselgur u. nachfolgender Bearbeitung mit methyliertem Albumin u. NaCl-Lsg. bei pH 6,7 wird eine gut trennende Säulenfüllung für Nucleinsäuren erhalten. Als Elutionsmittel dient NaCl-Lsg.

H. Walther G 4090

1818 **Automatisierte Systeme zur fluorimetrischen Bestimmung von Nucleinsäuren mittels der Ethidiumbromidtechnik.** K. van Dyke und C. Szustkiewicz. (Analyt. Biochem. [New York] 28 (1968) 1, 109—16; W.Va. Univ. Med. Center, Morgantown, W.Va.; engl.) — Das auf Paoletti u. Lepecq zurückgehende, sehr einfache, spezif. u. empfindliche Verf. zur Best. von RNS u. DNS unter Verw. von Ethidiumbromid (I) wurde zu einer automat. Analysenmeth. weiterentwickelt. Zur Best. von DNS in Ggw. von RNS wird letztere bei erhöhter Temp. durch Zugabe von Pankreas-Ribonuclease zerstört. Die Fluoreszenz von Lsg. die Nucleinsäuren u. I enthalten, ist stark temperaturabhängig, so daß sich eine Temperierung der App. empfiehlt, um eine genügende Reproduzierbarkeit zu gewährleisten. H. Reinert G 4090

1819 **Charakterisierung von Oligoribonucleotiden durch ihre UV-Absorption mit Hilfe von Computern.** Jane Nicolet Toal, George W. Rushizky, Arnold W. Pratt und Herbert A. Sober. (Analyt. Biochem. [New York] 23 (1968) 1, 60—71; Nat. Inst. of Health, Bethesda, Md.; engl.) — Unter Zuhilfenahme von Computern (IBM/620, Honeywell 800) wurden die UV-Absorptionsspektren von 34 Di-, Tri- u. Tetraoligonucleotiden aus RNS u. Polyadenylsäure eingehend untersucht u. die photometr. Konst. für die pH-Werte 1,7 u. 12 bei 6 verschiedenen Wellenlängen (240, 250, 260, 270, 280, 290 nm) berechnet. Die ber. Extinktions- u. Hyperchromizitätsverhältnisse (Extinktion der hydrolysierten Verb. dividiert durch die Extinktion der intakten Verb.), die Lage der Absorptionsmaxima u. -minima sowie eine Abschätzung der Reinheit der untersuchten Verb. wird tabellar. mitgeteilt. Das beschriebene Verf. der enzymat. Hydrolyse von Oligomeren erlaubt eine rasche Best. der Hyperchromizität u. der Basenverhältnisse. Die Vorteile des Verf., sowie die Grenzen seiner Anwendbarkeit werden diskutiert. H. Reinert G 4090

1820 **Chromatographie von Proteinen und Nucleinsäuren auf Papier und Dünnschichten.** 2. Mitt. **Schnellchromatographie. Einfluß des Papiertyps. Kurvenmäßige Darstellung.** Klausdieter Bauer. (J. Chromatogr. [Amsterdam] 35 (1968) 4, 538—48; Serolog. Inst. der Univ., Heidelberg; dt.) — 1. vgl. ibid. 32 (1968) 529. — Die chromatograph. Entw. von Proteinen (A) oder Nucleinsäuren erfolgt in einem diskontinuierlichen Gradienten fallender Konz. eines Fällungsmittels wie HCl, CH_3COOH, $MgSO_4$- oder $(NH_4)_2SO_4$-Lösung. Dadurch wird zunächst die Adsorption von A am Träger begünstigt. Durch Konz.-Herabsetzung der Fällungsmittel wird eine Desorption u. nachfolgende Wanderung der einzelnen A erreicht. Die Eignung verschiedener Papiersorten für die Gradientenchromatographie von Humanserum, Hammelcitratblut u. einem pharmazeut. Protaminpräp. wurde an den Papieren Schleicher & Schüll (S & S) 2042b Mgl, 2045a, 2040a, 289, 290, 6, Macherey & Nagel 214, 218, 261 sowie Whatman Nr. 1 untersucht. Die mit Amidoschwarz 10B angefärbten A-Fraktionen wurden mit dem Zeiss-Densitometer ausgewertet. Während mit den meisten Papieren die chromatograph. Entw. 75—90 Min. dauert, beträgt die Entw.-Zeit bei Verw. von S & S 2040a nur 25—30 Minuten. P. Ziska G 4090

1821 **Bestimmung der Produkte der DNS-Alkylierung.** A. O. Olson. (J. Chromatogr. [Amsterdam] 35 (1968) 2, 292—94; McMaster Univ., Hamilton, Ontario; engl.) — Es wird ein einfaches, auf der zweidimensionalen Chromatographie an Cellulosedünnschichten beruhendes Verf. beschrieben, das eine Trennung der bei der Alkylierung von DNS mit ^{14}C-markiertem N-Methyl-N-nitro-N-nitrosoguanidin bzw. N-Methyl-N-nitroso-p-toluolsulfonamid entstehenden methylierten Basen 7-Methylguanin, 1- u. 3-Methyladenin erlaubt. Die erzielten Ergebnisse stimmen gut mit den Befunden überein, die durch Fraktionierung der Säurehydrolysate der alkylierten DNS an Dowex-Säulen (50 WX2) erhalten wurden.

H. Reinert G 4090

G-4. Analyse biologischer Materialien, forensische Analyse

1822 **Bestimmung von Gesamt-Schwefel in Gräsern durch indirekte Polarographie des Sulfat-Ions.** M. I. E. Long. (Analyst 93 (1968) 1106, 339—41; Animal Health Res. Centre, Entebbe, Uganda; engl.) — Der S des Grases wird durch einen $HNO_3/Mg(NO_3)_2$-Aufschluß in SO_4^{2-} übergeführt u. als $PbSO_4$ gefällt. Nach dem Zentrifugieren wird der Nd. in gesätt. NH_4Cl-Lsg. gelöst u. der Pb-Geh. polarograph. bestimmt.

H.-D. Schenke 5206

1823 **Probleme bezüglich der Analyse des Fluors in vegetabilischen Geweben.** P. E. Pilet. (Probl. Methodik Fluor-Bestimm. biol. Mater., Kolloquium Forsch.-Inst. schweiz. Aluminium AG, Neuhausen/Rheinfall, Schweiz, 1966 (1967) 10—72; Inst. de Biol. et Physiol. Végétale, Univ. Lausanne; franz.) — Grundsatzreferat über pflanzenphysiolog. Bedeutung des Fluors u. die Wichtigkeit der Ausarbeitung einer Standardmeth. (Probenahme, Best.-Verf. u. Referenzmodus) zur F-Analyse in Pflanzenmaterial. — 83 Literaturangaben.

D. Gerlatzek 5206

1824 **Schnellbestimmung von Kupfer in Pflanzen durch Neutronenaktivierungsanalyse.** Apostolos P. Grimanis. (Talanta [London] 15 (1968) 3, 279—85; Chem. Dep., Nuclear Res. Center Democritos, Aghia Paraskevi, Attikis, Athens; engl.) — Nach der Bestrahlung im Kernreaktor ($2{,}2 \cdot 10^{12}$ Neutronen $cm^{-2}s^{-1}$, therm. Fluß) werden die Proben in Ggw. von Cu-Trägerlsg. in dem Gemisch $HClO_4$ (70%ig.)/HNO_3/H_2SO_4 (konz.) gelöst. Das Cu wird als Cupferronat in $CHCl_3$ extrahiert u. mit konz. NH_3-Lsg. reextrahiert. Anschließend wird es als Sulfid gefällt u. der Nd. mit HNO_3 aufgenommen. Die 0,51-MeV-Vernichtungsstrahlung des ^{64}Cu wird mit der eines in gleicher Weise behandelten Standards verglichen. Die chem. Ausb. an abgetrenntem Cu wird ermittelt, indem ein abgemessener Teil der Cu-Lsg. noch einmal mit therm. Neutronen bestrahlt wird u. die induzierte ^{66}Cu-Aktivität (1,04 MeV) mit der eines in gleicher Weise behandelten Standards verglichen wird. Die Genauigkeit der Meth. beträgt nach der Analyse eines biolog. Standards mit bekanntem Cu-Geh. 5,5% (relative Standardabweichung). Die Erfassungsgrenze liegt bei 0,3 μg Cu bei 35 Min. Bestrahlung, bei längerer Bestrahlung liegt sie niedriger.

K. R. Fröhner 5206

1825 **Origanum-Öle und ihre analytische Untersuchung durch Gaschromatographie und Infrarotspektroskopie.** C. Calzolari, B. Stancher und G. Pertoldi Marietta. (Analyst 93 (1968) 1106, 311—18; Trieste, Univ., Ist. di Merceologia; engl.) — Beschreibung der gaschromatograph. Unters. der ätherischen Öle von *Origanum* an festgepackten u. Kapillarsäulen u. der Identifizierung der im Eluat erscheinenden einzelnen Komponenten mit Hilfe der IR-Spektroskopie. Folgende Verb. wurden identifiziert: *Bicycl.* oder *tricycl. Terpene, α-* u. *β-Pinen,*

Camphen, Myrcen, α- u. γ-Terpinen, Limonen, 1.8-Cineol, Pentylalkohol, p-Cymol, Linalol, Caryophyllen, Borneol, Carvon, Thymol u. *Carvacrol*.
A.-M. Fretzdorff 5206

1826 **Bestimmung von Tocopherolen und Isopren-Chinonen in Korn und Keimlingen von Weizen (Triticum vulgare).** G. S. Hall und D. L. Laidman. (Biochem. J. **108** (1968) 3, 465—73; Bangor, Univ. College of North Wales, Dep. of Biochem. and Soil Sci.; engl.) — Ein Vgl. verschiedener Extraktionsverf. zeigt, daß sich für die quant. Extraktion der Tocopherole u. Isopren-Chinone aus Weizenkörnern u. -keimlingen Propan-2-ol/$CHCl_3$ (1 : 1) eignet. Gradienten-Elutions-Säulenchromatographie an säuregewaschenem Al_2O_3 trennt die Tocopherole in 3 Gruppen, die sich durch die Anzahl der Methylgruppen am aromat. Ring unterscheiden. Die einzelnen Gruppen werden gaschromatograph. in ihre Komponenten aufgetrennt u. UV-photometr. bestimmt. Die Trimethyltocopherolfraktion muß jedoch vor der Gaschromatographie von Triglyceriden befreit u. in die entsprechenden Methylester überfgeührt werden.
A.-M. Fretzdorff 5206

1827 **Trennung der Dianthron- und Anthrachinon-Glykoside in Senna und Rhabarber an Sephadex LH-20-Säulen.** J. H. Zwaving. (J. Chromatogr. [Amsterdam] **35** (1968) 4, 562—65; Groningen, State Univ., Labor. of Pharmacognosy; engl.) — Dianthron- u. Anthrachinon-Glykoside aus Sennesblättern u. Rhabarber lassen sich gut an Sephadex LH-20 u. 70%ig. Methanol als Elutionsmittel trennen. Anthrachinonaglykone werden als letzte eluiert. Obwohl eine Trennung aller verschiedenen Glykoside dieser Pflanzen nicht möglich ist, lassen sich die genannten Glykoside gut trennen, allerdings ohne Trennung von Rheindiglykosid. A.-M. Fretzdorff 5206

1828 **Dünnschichtchromatographisch-fluorimetrische Methode zur Bestimmung von Scopolin und Scopoletin in Tabak.** B. C. Winkler, W. J. Dunlap, L. M. Rohrbaugh und S. H. Wender. (J. Chromatogr. [Amsterdam] **35** (1968) 4, 570—71; Chem. and Botany-Microbiol. Dep., Univ. of Okla., Norman, Okla.; engl.) — Tabakextrakte werden auf Platten aus 1 Teil Polyamid u. 0,1 Teil lösl. Kartoffelstärke (zur Verbesserung der Textur) mit Bzl./Methanol/98%ig. Ameisensäure (4 : 1 : 0,1) aufgetrennt u. die entsprechenden Flecke mit 5 ml warmem Methanol extrahiert. Anschließend erfolgt die fluorimetr. Bestimmung. K. Herrmann 5206

1829 **Problematik der Bestimmung eines biologisch zutreffenden Fluorwertes von mit Erde verunreinigtem und durch Immision kontaminiertem pflanzlichem Material.** H. J. Huber. (Probl. Methodik Fluor-Bestimm. biol. Mater., Kolloquium Forsch.-Inst. schweiz. Aluminium AG, Neuhausen/Rheinfall, Schweiz **1966** (1967) 117 bis 127; Abt. Tierernährung, ETH Zürich; dt.) — Es wird dargelegt, wie unterschiedlich der F-Geh. eines tier. Knochens durch mit Erde aufgenommenes F beeinflußt werden kann u. die Notwendigkeit einer sorgfältigen Probenahme aufgezeigt. D. Gerlatzek 5208

1830 **Plutonium in Umgebungs- und in biologischem Material.** P. J. Magno, P. E. Kauffman und B. Schleien. (Health Physics **13** (1967) 12, 1325—30; U.S. Publ. Health Serv., Northeastern Radiolog. Health Labor., Winchester, Mass.; engl.) — Bei Pu-Konz.-Best. in verschiedenen Umgebungs- u. biolog. Proben wurde festgestellt, daß 1. Milch keinen wesentlichen Pu-Beitrag zur Nahrung liefert; 2. der Nahrungs-Pu-Beitrag für Körpergewebe im Vgl. zu dem aus der Inhalation vernachlässigbar klein ist u. 3. die Leber die höchste ^{239}Pu-Konz. hat, die ca. 1,6mal größer als die in der Lunge u. ca. 10mal höher als die in den Knochen ist.
U. Drehmann 5208

1831 **Automatische Bestimmung von Harnstoff und Glucose in 20 Mikroliter-Proben.** J.-M. Boigné und N. Boigné. (Ann. Biol. clin. **26** (1968) 3—4, 365—73; Paris, Hôpital Saint-Vincent-de-Paul; franz.) — Zur Best. von Harnstoff wird die Rk. mit Diacetylmonoxim in H_2SO_4 u. Photometrie bei 480 nm angewendet. Glucose wird mit $CN^-/[Fe(CN)_6]^{3-}$ umgesetzt u. bei 420 nm photometriert. H. Rüssel 5212

1832 **Spektrophotometrische Schnellbestimmung von niedermolekularem Dextran im Blut.** Richard E. Jensen, Arne Langsjoen, Raymond Lewandowski und Jon Bortz. (Analytica chim. Acta [Amsterdam] **42** (1968) 1, 162—65; St. Peter, Minn., Gustavus Adolphus College, Dep. of Chem.; engl.) — Für die Best. von Dextran 40, einem Plasma-Verdünnungsmittel, wird folgende Schnellmeth. beschrieben: 2,0 ml Blut werden mit 50%ig. wss. Trichloressigsäure enteiweißt u. 2 ml zentrifugiert. 10 μl des klaren Zentrifugats werden mit 7,0 ml 0,2% Anthron in konz. H_2SO_4 versetzt, das Rk.-Gemisch 5 Min. im sd. W.-Bad erwärmt, abgekühlt u. der Dextrangeh. photometr. bei 625 nm gegen W. bestimmt.
A.-M. Fretzdorff 5212

1833 **Photometrische Methode zur Bestimmung von Harnsäure unter Verwendung von Uricase und Peroxydase.** G. D. Domagk und H. H. Schlicke. (Analyt. Biochem. [New York] **22** (1968) 2, 219—24; Physiol.-chem. Inst., Univ., Göttingen; engl.) — Die photometr. Best. der Harnsäure beruht auf der Rk. des bei der Uricasewrkg. entstehenden H_2O_2 mit o-Dianisidin: Harnsäure $+ O_2 + 2\,H_2O \xrightarrow{\text{Uricase}}$ Allantoin $+ CO_2 + H_2O_2$, H_2O_2 + o-Dianisidin $\xrightarrow{\text{Peroxydase}}$ Farbstoff $+ H_2O$. Bei der Best. wird 1 ml Serum durch Zugabe von 2 ml abs. A. deproteinisiert u. nach 10 Min. bei 3600 g 5 Min. lang zentrifugiert. 1 ml des Überstandes wird in 2,5 ml Glycin/Boratpuffer (pH 8,5) mit 0,05 ml Uricase für 3 Std. bei Raumtemp. im Dunklen inkubiert. Dann werden 0,5 ml der o-Dianisidin-Peroxydasemischung zugegeben u. unmittelbar darauf bei 436 nm photometriert. Um die gelbe Farbe des Serums zu eliminieren, wird ein Blindwert ohne Uricase verwendet. Das Lambert-Beersche Gesetz ist bis zu einer Konz. von 20 mg% erfüllt.
H. Wolf 5214

1834 **Trennung und Mikrobestimmung von Lipiden durch Dünnschichtchromatographie und anschließende Densitometrie.** C. M. van Gent. (Z. analyt. Chem. **236** (1968) 344—50; Leyden, Univ., Gaubius Inst.; engl.) — Vf. beschreibt eine Meth. zur schnellen Analyse von Lipidgemischen, bes. aus Blutserum. 5—10 μg des Gemisches werden auf Kieselgeldünnschichten aufgetragen, bis zur Mitte der Platte mit $CHCl_3$ u. anschließend mit Hexan /$CHCl_3$ (3 : 1) entwickelt, wobei Trennung in Sterin- u. Glycerinester, freie Steroide, unveresterte Fettsäuren u. Phospholipide erfolgt. Nach Verkohlen mit 10%ig. H_2SO_4 werden die verschiedenen Verb.-Klassen densitometr. bestimmt. J. Pickardt 5214

1835 **Verhalten von Serumbilirubin bei der Dünnschichtchromatographie.** R. Cabannes und A. Sendrail. (Ann. Biol. clin. **26** (1968) 1—2, 113—25; Toulouse, Hôpital Purpan; franz.) — Wird Bilirubin aus dem Serum kranker Neugeborener gewonnen, so erhält man dünnschichtchromatograph. stets 4, manchmal auch 5 Substanzflecken. Nach Isolierung der Flecken u. Rechromatographie erhält man wieder 4 ident. Flecken. Vf. vermuten, daß bei der Chromatographie eine Depolymerisation stattfindet. H. Rüssel 5214

1836 **Automatische Bestimmung von Bilirubin in Galle nach Jendrassik.** J. Chariot und C. Roze. (Ann. Biol. clin. **26** (1968) 1—2, 127—32; Paris, Hôpital Bichat; franz.) — Die Galle wird mit W. verd. u. mit Coffein- u. Diazoreagenz versetzt. Der Auto-Analyzer mißt die Extinktion bei 550 nm. — Flußdiagramm.
H. Rüssel 5220

1837 **Anwendung der magnetischen Kernresonanz-Spektroskopie bei der Bestimmung der Molekülstruktur von Verbindungen niederen Molekulargewichtes im Harn.** John A. Dean. (Clin. Chem. [New York] **14** (1968) 4, 326—38; Dep. of Chem., Univ. of Tenn., Knoxville, Tenn.; engl.) — Die NMR-Spektren von Guanin, Hypoxanthin, Adenin, Phenacetin, Nicotinsäureamid, Kreatinin, N-sek.-Butylanilin, Uridin u. 1β-Xylofuranosyluracil werden zur prinzipiellen Erläuterung der NMR-Spektroskopie herangezogen. H. Bethke 5224

1838 **Schnelle und zuverlässige Methode zur Bestimmung von Harn-Östriol bei Schwangerschaft.** Wei Y. Huang. (Steroids **11** (1968) 4, 453—64; Dep. of Gynecol. and Obstetrics, Marquette School; Dep. of Med., Milwaukee,

Wis.; engl.) — Der durch Kochen mit konz. HCl hydrolysierte Harn wird mit Ae. extrahiert, die vereinigten Auszüge neutralisiert u. zur Trockne eingedampft. Zur Trennung des Östriols (I) von Östron, 17β-Östradiol u. anderen Steroiden wird der Rückstand in wenig heißem, 95%ig. A. aufgenommen, in n-Heptan/Toluol (1 : 1, v/v) übergeführt u. mit dest. W. ausgeschüttelt. Die untere, wss. Phase, die nur noch I enthält, wird mit Ae. extrahiert. Der trockene Rückstand wird in 8 ml 95%ig. A. gelöst u. mit der Lsg. die Kober-Rk. nach der Brown-Meth. durchgeführt. Die Extinktion wird bei **460**, **500** bzw. 540 nm gemessen. Ein Blindwert u. 2 Standardwerte (10 u. 20 μg) werden parallel angesetzt. Bei Kontrollvers. werden 90,7 ± 7,4% (Standardabweichung) erfaßt. 2 Harnproben können innerhalb von 5—6 Std. von einer Kraft analysiert werden. H.-D. Schenke 5224

1839 **Spektralfluorimetrische Bestimmung von 5-Hydroxytryptamin (Serotonin) im Harn.** C. Dreux. (Ann. Biol. clin. **26** (1968) 3—4, 357—63; Paris, Fac. de Pharm. Chaire de Biochem. appl.; franz.) — Der Harn wird in salzsaurer Lsg. mit Florisil behandelt, wobei Serotonin (I) in Lsg. bleibt. Anschließend wird mit Äthylacetat 2mal extrahiert. Aus der wss. Lsg. extrahiert man I nach Zusatz von alkal. Boratpuffer mit Butanol. Der Butanolextrakt wird mit Boratpuffer gewaschen u. I mit Formiatpuffer vom pH 4 reextrahiert. Nach Zugabe von HCl bestimmt man I fluorimetr. (Anregung bei **304**, Messung bei 550 nm). H. Rüssel 5224

1840 **Kolorimetrische Bestimmung von Phenothiazinen im Harn.** P. Lafargue. (Ann. Biol. clin. **26** (1968) 3—4, 465—66; Toulouse, Hôpital Larrey; franz.) — Phenothiazine (**A**) werden aus alkal. Harn mit PAe. extrahiert u. der Extrakt mit $NaNO_2$ in konz. HCl geschüttelt. Eine Rotfärbung zeigt **A** an. Die Färbung wird durch Erhitzen auf 58° stabilisiert. H. Rüssel 5224

1841 **Übersichtsanalysen von biologischem Material auf Spurenelemente mit Hilfe der Funken-Massenspektrometrie.** C. A. Evans jun. und G. H. Morrison. (Analytic. Chem. **40** (1968) 6, 869—75; Dep. of Chem., Cornell Univ., Ithaca, N.Y.; engl.) — Bei verschiedenen biolog. Materialien (Blutserum, Pflanzenblätter, Knochen, Lungengewebe) wurden Spurenelemente im Konz.-Bereich von 100 ppm bis zu wenigen ppb massenspektrometr. durch Funkenanregung bestimmt. Die Standardisierung ermöglicht Genauigkeiten um ±10%. Die Ergebnisse wurden mit emissionsspektroskop. Daten verglichen. H. Bethke 5230

1842 **Fehlerquellen bei der Fluoranalyse und Interpretation der analytischen Ergebnisse.** Chl. Kopp. (Probl. Methodik Fluor-Bestimm. biol. Mater., Kolloquium Forsch.-Inst. schweiz. Aluminium AG, Neuhausen/Rheinfall, Schweiz **1966** (1967) 128—43; Tierhygien. Inst., Univ. Freiburg/Br.; dt.) — Da die Probenahme aus verschiedenem biolog. Material bes. schwierig ist, wird an Hand von F-Best. in Rippenknochen von Rindern aufgezeigt, welchen Schwankungen der Fe-Geh. unterworfen sein kann. Es wird festgestellt, daß die fettfreie Knochensubstanz das geeignetste Bezugselement für die Angabe des F-Geh. ist. D. Gerlatzek 5230

1843 **Bestimmung von Submikrogrammengen Quecksilber in Geweben.** T. Y. Toribara und C. P. Shields. (Amer. ind. Hyg. Assoc. J. **29** (1968) 1, 87—93; Rochester, N.Y., Univ. of Rochester School of Med. and Dentistry, Dep. of Radiat. Biol. and Biophys.; engl.) — Das Material wird über Nacht mit einer Lsg. von $NaNO_3$ in konz. HCl behandelt. Nach Filtration sorbiert man Hg am Anionenaustauscher Amberlite IRA-400. Daraus wird es mit einer Lsg. von Thioharnstoff in verd. HNO_3 eluiert. Man fällt als HgS zusammen mit CdS u. bestimmt Hg durch Messung der UV-Absorption der verdampften Sulfide. Es sind bes. Maßnahmen zum Schutz gegen Verflüchtigung von Hg aus den Proben u. gegen Einschleppen aus Reagenzien u. Luft erforderlich. H. Rüssel 5230

1844 **Dünnschichtchromatographische Bestimmung von Polyaminen.** John E. Hammond und Edward J. Herbst. (Analyt. Biochem. [New York] **22** (1968) 3, **474**—**84**; Univ. of N.H., Durham, N.H.; engl.) — Zur Best. von *Putrescin* (**I**), *Spermidin* (**II**) u. *Spermin* (**III**), in Geweben oder Bakterien, werden diese mit Trichloressigsäure (**IV**) extrahiert, die Extrakte durch Ausschütteln mit Ae. von **IV** befreit u. die Polyamine am Kationenaustauscher AG 50W-X2 gebunden u. dann mit 6 n HCl eluiert oder durch Extraktion mit n-Butanol von den nichtbas. Begleitsubstanzen getrennt. Die weitere Auftrennung der Polyamine erfolgt durch eindimensionale Dünnschichtchromatographie an Kieselgel G oder Cellulose CC41 mit den NaCl-gesätt. Laufmitteln Diäthylenglykolmonomethyläther/Propionsäure/W. (70 : 15 : 15) oder Äthylenglykolmonomethyläther/Propionsäure/W. (70 : 15 : 15). Die getrockneten Platten werden mit Ninhydrin besprüht u. die einzelnen gefärbten Flecke von den Platten abgeschabt u. nach Eluation mit 71%ig. A. bei 575 nm photometriert. Vf. bestimmten Anfärbbarkeit u. R_F-Werte von folgenden Verb.: **I**, **II**, **III**, *Monoacetyl*-**I**, *Acetyl*-**II** A u. B, *Diacetyl*-**II**, *Monoacetyl*-**III**, *Diacetyl*-**III**, *Äthanolamin*, *1.3-Propandiamin*, *Cadaverin*, *N-(3-Aminopropyl)-1.3-propandiamin*, *Histamin*, *His*, *Lys*, *Arg*, *Orn* sowie *Citrullin*. Die Leistungsfähigkeit der Meth. wurde an Hand der Best. von **I**, **II**, **III** im Extrakt von *Escherichia coli* demonstriert. P. Ziska 5230

1845 **Densitometrische Mikrobestimmung von Gangliosiden aus dem Gesamtlipidextrakt nach Dünnschichtchromatographie.** Konrad Sandhoff, Klaus Harzer und Horst Jatzkewitz. (Hoppe-Seyler's Z. physiol. Chem. **349** (1968) 3, 283—87; MPI für Psychiatrie, Neurochem. Abt., München; dt.) — Die dünnschichtchromatograph. Ab- u. Auftrennung der Hauptganglioside des Rinder- u. Rattenhirns direkt aus dem Gehirngesamtlipidextrakt (ca. 1,5 mg) erfolgt mit Platten, die mit 2 verschiedenen Gelen beschichtet sind. Die einzelnen Komponenten (5—25 μg) werden dann durch Verkohlung mit 2%ig. H_2SO_4 in Eisessig sichtbar gemacht u. auf der Platte densitometr. bestimmt. Der mittlere Fehler beträgt bei 5 Best. ± 2%. Jürgen Peters 5230

1846 **Natriumbestimmung in Hühnereidotter.** M. L. Richardson. (Talanta [London] **15** (1968) 5, 485; S. Z. Wick & Sons Ltd., Oldham, U.K.; engl.) — Vf. verwendet eine auf Na^+ ansprechende Glaselektrode. W. Grimmich 5232

1847 **Anwendung der Dünnschichtchromatographie bei toxikologischen Analysen.** R. Truhaut, C. Boudène u. J.-R. Claude. (Ann. Biol. clin. **26** (1968) 1—2, **93**—**111**; Hôpital de Ville-Evrard, Neuilly-sur-Marne; franz.) — Übersichtsarbeit. — 94 Literaturzitate. H. Rüssel 5234

1848 **Kombination von Gas- und Dünnschichtchromatographie in der toxikologischen Analyse.** H. J. Battista und G. Machata. (Chromatographia [Braunschweig] **1968**, **3/4**, 104—07; Wien, Univ., Inst. für gerichtl. Med.; dt.) — Vf. stellen zunächst einen Ae.-Extrakt nach der Meth. von Stas-Otto her u. untersuchen ihn nach üblichen Vorproben gas- u. dünnschichtchromatographisch. Es sind die Retentionszeiten u. R_F-Werte von 11 Barbitursäurederiv., 12 anderen Arzneimitteln u. 5 Barbituratmetaboliten angegeben. H. Rüssel 5234

G–5. Analyse technischer Produkte

1849 **Volumetrische Bestimmung von Beryllium in Gegenwart großer Mengen Uran.** G. Uny, Tran Van Danh und J. Spitz. (Analytica chim. Acta [Amsterdam] **41** (1968) 1, 173—75; Sect. de Métallurg., Centre d'Études Nucl. de Grenoble, Grenoble; franz.) — Zur Best. von mindestens 5 mg Be in Ggw. von bis zu 500 mg U fügt man H_2O_2-Lsg. zur Probelsg., stellt mit 10n NaOH-Lsg. zunächst pH 11 u. dann mit 4n bzw. 0,1n H_2SO_4 pH 8,5 ein. Nach Zugabe von NaF-Lsg. pH 8,5 werden nach 3 Min. die in Freiheit gesetzten OH^--Ionen mit H_2SO_4 bei einer Titrationsgeschw. von 0,05 ml/Min. potentiometr. bestimmt. 2 OH^--Ionen sind 4 F^- äquivalent. Die Genauigkeit liegt im Bereich von 1—3%. K. Henning 5241

1850 **Trennung von Zirkonium-95 von Niob-95 und Trennung von Zirkonium-95 und Niob-95 von verschiedenen anderen Nukliden.** Richard H. Marsh und Richard B. Hahn. (Analytic. Chem. **40** (1968) 3, 641–43; Sci. Res. Staff, Ford Motor Co., Dearborn, Mich.; engl.) — Aus der mit Trägersubstanzen angereicherten HCl-sauren Lsg. der zu trennenden Isotope wird unter H_2O_2-Zusatz bei 50–60° mit $(NH_4)_2HPO_4$ das Zr als Zirkonylphosphat gefällt. Die in Lsg. bleibende Peroxyniobsäure wird nach HNO_3-Zusatz gekocht, bis Nb-Phosphat ausfällt. Aus den mit Ge(Li)-Festkörperzähler aufgenommenen Spektren wurden die Dekontaminationsfaktoren errechnet. Die Trennung $^{95}Zr/^{95}Nb$ u. die Trennung ^{95}Zr oder ^{95}Nb von Spaltprod.-Gemischen ist einwandfrei.
K. R. Fröhner 5241

1851 **Spektrophotometrische Bestimmung von Nickel in Meerwasser mit Pyridin-2-aldehyd-2-chinolylhydrazon.** B. K. Afghan und D. E. Ryan. (Analytica chim. Acta [Amsterdam] **41** (1968) 1, 167–70; Dep. of Chem., Dalhousie Univ., Halifax, Nova Scotia, Canada; engl.) — Die vom Vf. [Analytica chim. Acta **37** (1967) 91] bereits angegebene Meth. wird durch Anwendung von Bzl. als Extraktionsmittel modifiziert: 1 ml 0,0001 m Ni-Lsg. wird mit 5 ml 0,05%ig. wss. Reagenzlsg. (pH 3–4), 10 ml 10%ig. Na-Citratlsg. u. 10 ml NH_3/NH_4Cl-Pufferlsg. (pH 10) versetzt, mit 25 ml Bzl. extrahiert u. die Extinktion bei 515 nm (ε = 67000) gemessen. Cd, Co, Cu, Fe, Hg u. Zn stören. Nach Zusatz von Thioglykollsg. bilden nur noch Fe u. Ni extrahierbare Spezies. Fe kann bei pH 10 mit Ascorbinsäure u. KCN maskiert werden. Nach Zusatz von HCOH wird Ni demaskiert u. kann selektiv bestimmt werden. K. Henning 5242

1852 **Verunreinigung der Atmosphäre und analytische Chemie.** P. Chovin. (Bull. Soc. chim. France **1968**, 5, 2191–2215; Labor. Municipal de la Préfecture de Police, Paris; franz.) — Übersicht über die wichtigsten analyt. Verf. zur Best. folgender Luftverunreinigungen: SO_2, H_2S, Staub, NO, NO_2, NH_3, F-Deriv., O_3, Peracetylnitrat, CO, KW-Stoffe, bes. auch kanzerogene, Teerkomponenten u. andere. — 339 Literaturangaben.
J. Pickardt 5242

1853 **Mikrobestimmung von Orthophosphat nach der Ringofenmethode.** Sham L. Sachdev und Philip W. West. (Atmospheric Environment **2** (1968) 4, 331–37; Coates Chem. Labor., La. State Univ., Baton Rouge, La.; engl.) — 0,1 µg Orthophosphat können mit o-Dianisidin-Molybdat-Reagenz nach der Ringofenmeth. bestimmt werden. Zr(IV), Al(III) u. Th(IV) stören bei 100fachem Überschuß. Die Meth. ist von Interesse für die Unters. der Luftverunreinigung. H.-D. Schenke 5242

1854 **Absorption von Methyl- und Äthylquecksilberverbindungen aus Luft und ihre Analyse.** A. L. Linch, R. F. Stalzer und D. T. Lefferts. (Amer. ind. Hyg. Assoc. J. **29** (1968) 1, 79–86; Deepwater, N.J., E.I. du Pont de Nemours & Co.; engl.) — Da die Absorption mit den üblichen Mitteln unbefriedigend verläuft, führen Vf. eine Lsg. von JCl als Absorptionsmittel ein. Die eigentliche Best. erfolgt nach der Dithizon-Methode.
H. Rüssel 5242

1855 **Gaschromatographische Bestimmung von C_1–C_{12}-Kohlenwasserstoffen in Automobil-Abgasen.** Louis J. Papa, Donald L. Dinsel und William C. Harris. (J. Gas Chromatogr. **6** (1968) 5, 270–79; Wilmington, Del., E. I. du Pont de Nemours & Co.; engl.) — Vf. analysieren C_1- u. C_2-KW-Stoffe an einer Säule ($3^1/_2$ ft. · $^1/_8$ in.) mit Poropak T u. Q u. die C_3–C_{12}-KW-Stoffe an einer Kapillare aus rostfreiem Stahl (150 ft. · 0,02 in.) mit Siliconöl DC-200, wobei die Arbeitstemp. zwischen −65 u. +120° programmiert wird. Die Nachw.-Grenze der Meth. liegt bei 1 ppb (v/v). Etwa 200 Peaks im Chromatogramm zeigen die Ggw. von > 200 paraffin., olefin. u. aromat. KW-Stoffen an. Meth. zur Identifizierung werden angegeben. Die Analysenzeit liegt bei 25–30 Minuten. C.-E. Döring 5242

1856 **Gaschromatographische Analyse gasförmiger Produkte aus der Pyrolyse fester städtischer Abfallstoffe.** Ronald I. Jerman und Lyle R. Carpenter. (J. Gas Chromatogr. **6** (1968) 5, 298–301; La Mesa, Calif., City of San Diego Utilities Dep.; engl.) — Feste Abfallstoffe werden in einer elektr. beheizten Retorte (12 in. · 4 in.) pyrolysiert u. die gasf. Stoffe H_2, O_2, N_2, CH_4, CO, CO_2, C_2H_4, C_2H_6 in verschiedenen Säulensyst. untersucht. Zur qual. Analyse werden eine Silicagel-(10 ft. · $^1/_4$ in.), Mol.-Sieb 5 Å (1 ft. · $^1/_4$ in.) u. eine weitere Silicagel-Säule (4 ft. · $^1/_4$ in.) in Reihe geschaltet u. zwischen 30 u. 200° mit Temp.-Programmierung betrieben. Zur quant. Analyse werden zwei Parallelsäulen mit Mol.-Sieb 5 Å (8 ft. · $^1/_4$ in., 30/60 mesh) sowie mit Polypak 2 (4 ft. · $^1/_4$ in., 120/200 mesh) verwendet. Als Trägergas dient He (50 ml/min), als Detektor eine Wärmeleitfähigkeitszelle.
C.-E. Döring 5242

1857 **Bestimmung von Spuren Nickel, Mangan, Kobalt und Eisen in Zinksulfid-Leuchtmasse durch Neutronenaktivierung.** C. Persiani und J. F. Cosgrove. (Electrochem. Technol. **6** (1968) 5/6, 205–07; Gen. Telephone and Electronics Labor., Inc., Bayside, N.Y.; engl.) — Das näher beschriebene Verf. stellt eine Kombination von therm. Neutronenaktivierung, Lsgm.-Extraktion u. Ionenaustauschtrennung (Trennungsschema) dar. Die Ergebnisse werden mit den opt. ermittelten Werten verglichen. W. Wesly 5243

1858 **Quantitative Bestimmung von Cristobalit und Quarz.** E. G. Walker und D. A. Holdridge. (Trans. Brit. ceram. Soc. **67** (1968) 5, 199–203; Brit. Ceramic Res. Assoc., Stoke-on-Trent; engl.) — Kleine Anteile krist. Kieselsäure werden in einer großen Menge Begleitmaterial differentialthermoanalyt. bestimmt. Der entsprechende, reversible Peak liegt bei 250° u. erstreckt sich über einen Bereich von 2–5°. Es werden Geh. von 10–20% Kieselsäure bestimmt; die untere Grenze liegt bei ca. 1% Quarz in Ton. H.-D. Schenke 5244

1859 **Bestimmung von metallischem Eisen, Nickel und Kobalt in reduzierten Erzen und Oxiden.** K. Kinson, J. E. Dickeson und C. B. Belcher. (Analytica chim. Acta [Amsterdam] **41** (1968) 1, 107–12; Broken Hill Pty. Co. Ltd., Shortland, Australia; engl.) — Zur Best. werden 500 mg der pulverisierten Probe in 50 ml 5%ig. (v/v) methanol. Bromlsg. unter Kochen gelöst, filtriert, mit 50 ml Methanol gewaschen, 20 ml 50%ig. HCl u. 5 ml 75%ig. $NH_2OH \cdot HCl$-Lsg. hinzugegeben u. nach beendeter Red. bis zur Gelbfärbung 3%ig. H_2O_2-Lösung. Nach 5 Min. langem Kochen wird auf 200 ml aufgefüllt u. die Best. durch Atomabsorption ausgeführt.
K. Henning 5245

1860 **Spektrochemische Analyse von Kohlenstoffstählen und schwach legierten Stählen durch das Verfahren des Spitze–Platte-Funkens und des Wechselstrom-Lichtbogens unter Verwendung eines registrierenden, photoelektrischen Spektrometers.** Isoshi Kawashima, Takeshi Miyazaki und Isamu Tanaka. (J. spectroscop. Soc. Japan [Bunkô Kenkyû] **16** (1967) 3, 103–12; jap., Auszug: engl.) — Unter Verw. des Verf. des Spitze–Platte-Funkens u. des Wechselstrom-Lichtbogens wird die photoelektr. Emissionsanalyse von C- u. schwach legierten Stählen (als Ersatz der chem. Analysenverf.) für laufende Best. erprobt. Zur Ermittlung der Eichkurven für Si, Mn, Cu, Ni, Cr, Mo, V, Ti, Co, Al, Sn u. W dienen zahlreiche Proben verschiedener Stähle. Die Genauigkeit der spektrochem. Verf. entspricht der der chem. Analyse. Jedes der genannten Elemente ist bei einer Konz. in der Größenordnung von 0,01% mit einem Fehler von 20% meßbar. Das Funkenverf. ist dem Bogenverf. bez. Linearität der Eichkurven, Fehlen des Einfl. von störenden Linien u. CN-Banden überlegen, aber bez. der Intensität der Spektrallinien von Al, Co, Sn u. W unterlegen. Der Einfl. der Form der Graphitgegenelektrode auf die Intensität der Bogen- bzw. Funkenspektrallinien wird erörtert.
W. Wesly 5245

1861 **Stickstoffbestimmung in einem aluminiumberuhigten Stahl mit einer Isotopen-Verdünnungsmethode unter Verwendung von $Al^{15}N$.** Keiichi Furuya, Shoichiro Okuyama, Takashi Tachikawa und Hitoshi Kamada. (Talanta [London] **15** (1968) 3, 327–32; Fac. of Engng., Univ. of Tokyo, Bunkyo-ku, Tokyo, Japan; engl.) — Im Gegensatz zu Vakuumschmelzen mit Pt- oder Fe-Schmelzbad u. zur Isotopenverdünnungsmeth. mit gasf. $^{15}N_2$ liefert die Isotopenverdünnungsmeth.

mit angereichertem $Al^{15}N$ Resultate, die mit denen der chem. Analyse übereinstimmen. Vf. beschreiben die Herst. von mit ^{15}N angereichertem AlN. Die Stahlproben für die $Al^{15}N$-Meth. erhalten die Form eines Tiegels u. eines den Innenraum weitgehend ausfüllenden Stopfens; in den Hohlraum wird die abgewogene Menge $Al^{15}N$ eingefüllt. Die verwendete App. wurde in Talanta **11** (1964) 581 u. in Japan Analyst **14** (1965) 330 beschrieben. Die Best. des extrahierten N_2 erfolgte massenspektrometrisch. K. R. Fröhner 5245

1862 **Einfluß von Sulfideinschlüssen auf die Bestimmung von Schwefel in Stahl mit Hilfe der Emissionsspektroskopie.** P. S. Bramhall. (Metallurgia [Manchester] 77 (1968) 464, 275—77; Inter-Group Labor. of the Brit. Steel Corporation; engl.) — Bei der emissionsspektroskop. S-Best. (0,01—0,09%) in Stahl können durch Ggw. von Sulfideinschlüssen fehlerhafte Ergebnisse verursacht werden, wie methallograph. u. analyt. Unters. zeigen. Die Beobachtung wird zu deuten versucht. Zur Verminderung der Fehlereinfl. werden Empfehlungen (Wahl u. Behandlung der Proben) gegeben. W. Wesly 5245

1863 **Analyse und Zusammensetzung von Sulfidflecken auf Weißblech.** G. Evans und D. R. Gabe. (Brit. Corrosion J. **3** (1968) 3, 105—12; Steel Co. of Wales Div., Brit. Steel Corp., Swansea; engl.) — Vf. beschreiben eine coulometr. Meth. zur Best. von Sulfidflecken auf Sn u. Weißblech. Durch Eichung mit einer Ionenred.-Meth. wird ein elektrochem. Äquivalent von 0,1128 μg/mC berechnet. Durch Elektronenbeugung werden die Flecken auf ihre Zus. hin untersucht. In bei Labor.-Vers. erhaltenen Flecken werden SnO (schwarz), SnO_2, SnS (schwarz) u. Sn_2S_3 (rot) gefunden. H.-D. Schenke 5245

1864 **Bestimmung des Kohlenstoffgehaltes von Carbiden zur Hartmetallherstellung.** Erik Lassner und Wolfgang Thomich. (Arch. Eisenhüttenwes. **39** (1968) 5, 339—42; Metallwerk Plansee Akt.-Ges., Reutte, Tirol; dt.) — Eine krit. Gemeinschaftsprüfung des coulometr. u. konduktometr. Verf. (im Vgl. mit dem gasvolumetr. u. gewichtsanalyt. Verf.) zur Best. des C-Geh. von Carbiden zeigt, daß die beiden Verf. der Eichung (mit Na-Oxalat, $CaCO_3$ oder einem Carbid mit gravimetr. ermitteltem C-Geh.) bedürfen. Die Reproduzierbarkeit des coulometr. entspricht der des gravimetr. Verf., wogegen das konduktometr. Verf. eine statist. nicht gesicherte, geringfügig größere Streubreite als das gravimetr. Verf. aufweist. Auf Grund des geringen Zeitbedarfes eignen sich das coulometr. u. das konduktometr. Verf. zur betrieblichen C-Bestimmung. W. Wesly 5245

1865 **Röntgenfluoreszenz-Analyse von Mineralölen.** R. Louis. (Chemie-Ing.-Techn. **40** (1968) 11, 538—42; Forsch.-Labor., Esso Akt.-Ges., Hamburg-Harburg; dt.) — Vf. beschreibt Vor- u. Nachteile der Röntgenfluoreszenzanalyse für die Unters. von Mineralölen u. Benzinen. Die Einfl. apparativer Faktoren auf die Nachw.-Grenzen eines leichten Elements (S) u. eines mittelschweren (Fe) werden näher untersucht. H.-D. Schenke 5247

1866 **Untersuchung verschiedener Benzolproben mit Hilfe der Verteilungsgaschromatographie.** V. M. Nabivač und S. S. Jacenko. (Ukrainskij chim. Ž. **34** (1968) 7, 747—50; Dnepropetrovskij chim.-technol. inst. im. F. E. Dzeržinskogo; russ.) — Verw. des Gerätes „Cvet-1" u. einer kombinierten Kolonne (kK). Der 1. Teil von 2m Länge enthält Chromosorb W (CW) mit 18% Polyäthylenglykoladipinat u. der 2. Teil von 2 m Länge CW mit 20% Ester des Triäthylenglykols mit n-Buttersäure (He als Trägergas mit 3l/Std., Temp. 65°). Die Identifizierung der Begleitstoffe wurde durch Zugabe von reinen Stoffen in die Probe auf der kK u. 3 anderen Kolonnen durchgeführt, die stationäre Phasen verschiedener Polarität enthielten (Dinonylphthalat, 7.8-Benzochinon u. Polyäthylenglykol-600). Es wurden 8 Bzl.-Proben aus verschiedenen Werken untersucht u. folgende Begleitstoffe ermittelt: n-Pentan, Cyclopentan, n-Hexan, H_2S + 3.3-Dimethylpentan, 2.3-Dimethylpentan + Methylcyclopentan, 3.3-Dimethylpentan, Methylcyclohexan, nicht identifizierbarer KW-Stoff, Thiophen, Toluol. E. Pfluger 5247

1867 **Probleme der gaschromatographischen Fettanalyse.** Monique Heintz. (Oléagineux **23** (1968) 4, 251 bis 258; Thiais, CNRS, Labor. de Lipochem.; franz.) — Überblick über die gaschromatograph. Analysenmeth. für Fette u. ihre Bestandteile wie gesätt., ungesätt., geradkettige u. verzweigte Fettsäuren, für Triglyceride, polyfunktionellen Fettsäuren u. für den unverseifbaren Anteil. — 87 Literaturangaben. A. Fretzdorff 5249

1868 **Lichtstreuungsphotometer für den Winkelbereich 6—170°.** G. Meyerhoff, U. Moritz und R. L. Darskus. (J. Polymer Sci., Part B **6** (1968) 3, 207—12; Inst. für Phys. Chem., Univ., Mainz; engl.) — Aus Daten über die Lichtstreuung von Polymerenlsg. kann auf das Molgew. u. die Größe des Gelösten u. auf den 2. Virialkoeff. des osmot. Druckes geschlossen werden. Ein geeignetes Meßgerät wird beschrieben u. über Messungen an einer Polystyrollsg. in trans-Dekalin berichtet. J. Pickardt 5250

1869 **Bestimmung von Biuret in Harnstoff und gemischten Düngemitteln.** J. J. Geurts, J. E. Van Stelle und E. G. Brinkman. (Analytica chim. Acta [Amsterdam] **41** (1968) 1, 113—20; N.V. Nederlandse Staatsmijnen, Gelen; engl.) — Zur Best. gibt man zur Probe 5 ml 0,05m $CuSO_4$-Lsg., stellt auf 0,9m NH_3 u. 0,3m NaOH ein u. filtriert dann über einen Anionenaustauscher gefüllt mit Dowex 1-X4 in der OH-Form (50—100 mesh) unter Verw. einer Säule von 22 mm ⌀ u. 200 mm Länge. Dann wird mit 120 ml 0,9m NH_3-Lsg./0,3m NaOH-Lsg. gewaschen u. anschließend der Cu–Biuret-Komplex mit 100 ml 2m KNO_3-Lsg. u. weiteren 100 ml 0,2m HNO_3 eluiert. Zur Titration mit EDTA gegen Glycinthymolblau wird mit HCl bis zur Gelbfärbung angesäuert, dann mit Urotropin alkal. gemacht u. mit 0,01m EDTA-Lsg. titriert. Bis zu 0,5g $(NH_4)_2CO_3$ oder Carbamat stören nicht. K. Henning 5253

1870 **Massenspektren einiger Carbamate und verwandter Harnstoffderivate.** 2. Mitt. W. R. Benson und J. N. Damico. (J. Assoc. off. analyt. Chemists **51** (1968) 2, 347—65; Div. of Food Chem., Food and Drug Administration, Washington, D.C.; engl.) — Zusammenstellung u. Diskussion der Massenspektren von 14 Carbamaten, 5 Dithiocarbamaten, 1 Thiocarbamat u. 5 Phenylharnstoffderiv., die als Pestizide Verw. finden. H. Bethke 5253

1871 **Vergleich von Arbeitsweisen zum Nachweis und zur Bestimmung von Triazinherbiziden, die mittels Dünnschichtchromatographie getrennt werden.** 2. Mitt. **Reflexionsspektroskopie.** R. W. Frei und N. S. Nomura. (Mikrochim. Acta [Wien] **1968**, 3, 565—73; Dep. of Chem., Dalhouse Univ., Halifax, N.S. Canada; engl.) — 1. vgl. C. **1969**, 6-1754. — Die Trennung wird auf 0,25mm dicken Silicagelplatten mittels aufsteigender Technik mit 2% Methanol in $CHCl_3$ ausgeführt. Anschließend wird bei 60° 10 Min. getrocknet u. die Flecken im UV-Licht lokalisiert. Durch Entnahme der Flecken u. Messung in einer Reflexionsmeßzelle wird eine Genauigkeit von $\pm$ 3% erzielt. Mittels Absorptionsspektroskopie wird eine Genauigkeit von $\pm$ 1,5% erzielt. K. Henning 5253

1872 **Rückstandsanalyse von Carbamat- und Triazin-Pestiziden durch Mikrowellen-Emission.** Carl A. Bache und Donald J. Lisk. (J. Gas Chromatogr. **6** (1968) 5, 301—04; Ithaca, N.Y., Cornell Univ.; engl.) — Vf. analysieren *Banol* (I), *Mesurol* (II) u. *Ciba-10573* [O-(1.3-Dithiolan-2-yl)-phenyl-N-methylcarbamat, III] in Form der entsprechenden Phenole an Borosilicatglassäulen (6 ft. · $^1/_8$ in.) mit 10 Gew.-% DC-200 auf Gas Chrom Q bei 102° (I), 152° (II) bzw. 188° (III). III wird auch als Trimethylsilylderiv. bei 188°, *Atrazin* in unveränderter Form bei 168° analysiert. Die Detektion (0,05—0,5 ppm) erfolgt durch die Messung der Emission des atomaren S bzw. Cl nach vorhergehender Anregung in einem Niederdruck-He-Plasma. C.-E. Döring 5253

1873 **Gemeinschaftsuntersuchung zur Fluorbestimmung in Nahrungsmitteln.** George D. Ritchie. (J. Assoc. off. analyt. Chemists **51** (1968) 4, 773—76; Plant Prod. Div., Canada Dep. of Agricult., Ottawa, Ontario; engl.) — 9 Labor. untersuchten 3 handelsübliche Prod. mit F-Geh. von 0,006, 0,012 u. 0,055% sowie einen Eichstandard

(Phosphatgestein) mit 3,4% F. Die Proben wurden mit gesätt. Mg-Acetat-Lsg. verascht u. der Willard-Winter-Dest. unterworfen. Der F-Geh. wurde durch Extinktionsabnahme des Zr-SPADNS-Lackes bei 570 nm bestimmt. Die Mittelung der 9 Einzelergebnisse ergab: (0,0063 ± 0,0028), (0,0124 ± 0,0019), (0,0575 ± 0,0075) u. (3,28 ± 0,37)%. Die Problematik zuverlässiger F-Analysen wird aufgezeigt, indem für alle 9 Labor. die Dest.-Zeiten sowie die zur Neutralisation der Destillate benötigte Laugemenge tabelliert sind, die in weiten Grenzen variieren. D. Gerlatzek 5255

1874 **Gaschromatographie von Äthylenoxid und seinen toxischen Rückständen.** S. Ben-Yehoshua und P. Krinsky. (J. Gas Chromatogr. **6** (1968) 6, 350–51; Bet Dagan, Israel, Volcani Inst. of Agric. Res.; engl.) — Vf. bestimmen Spuren von Äthylenglykol, Diäthylenglykol, Äthylenchlorhydrin in Aceton-Extrakten von Äthylenoxid-behandelten Nahrungsmitteln durch Gaschromatographie an verschiedenen Trennsäulen. Arbeitsbedingungen werden mitgeteilt. C.-E. Döring 5255

1875 **Restmengenbestimmung von o-Phenylphenol in Citrusfrüchten.** E. Kröller. (Dtsch. Lebensmittel-Rdsch. **63** (1967) 8, 242–44; Bundesgesundheitsamt, Max-v.-Pettenkofer-Inst., Berlin-Dahlem; dt.) — Vf. schlägt eine Meth. vor, bei der Abtrennung u. Reinigung durch W.-Dampfdest. in eine mit Diisopentyläther beschickte Vorlage erfolgen u. o-Phenylphenol (I) anschließend mit 4%ig. NaOH-Lsg. ausgeschüttelt wird. Die photometr. Best. erfolgt nach Zugabe von 4-Aminoantipyrin- u. $K_3[Fe(CN)_6]$-Lsg. bei 510 nm, wobei sich die Farbintensität innerhalb von 30 Min. nicht ändert. Die Auswertung erfolgt an Hand einer Eichkurve für 0,5–100 mg I/kg mit einem maximalen Fehler von 15%. Der Blindwert beträgt für Orangen 0,1–0,5, für Zitronen ca. 0,8 mg I/kg. K. Herrmann 5255

1876 **Fehlermöglichkeiten bei der Fluorbestimmung und ihre Eliminierung sowie Fluorabtrennung mit einer weitgehend automatischen Destillationsapparatur.** W. Oelschläger. (Prob. Methodik Fluor-Bestimm. biol. Mater., Kolloquium Forsch.-Inst. schweiz. Aluminium Akt.-Ges., Neuhausen am Rheinfall, Schweiz **1966** (1967) 93 bis 116; Inst. für Tierernährungslehre, Landwirtschaftl. Hochschule Stuttgart-Hohenheim; dt.) — Es wird auf Fehlerquellen bei Probenahme, Mahlung, Aufschluß, Dest. u. Einengen des Destillats hingewiesen u. die Probenvorbereitung von Rauh-, Saft- u. Kraftfuttermitteln, Blatt-, Boden- u. ölhaltigen Proben sowie von Bienen, tier. Organen, Harn u. Kot beschrieben. Die Dest.-App. „Hohenheim-Rheinfelden" wird erläutert. D. Gerlatzek 5255

H. Angewandte Chemie

H–3. Anorganische Industrie

1877 **Zustandsgleichung für flüssigen Stickstoff.** A. A. Vasserman und V. A. Rabinovič. (Inž. fiz. Z. **12** (1967) 3, 342–48; Odessa, Inst. inž. morskogo flota.; russ.) — Angabe einer experimentell bestimmten Zustandsgleichung für fl. N_2, die in befriedigender Übereinstimmung pvT-Werte im Temp.-Bereich von 63,15 bis 140 °K (für D. $\omega = 1{,}8-3{,}1$ bei Drücken bis zu 700 bar) beschreibt. — 16 Literaturangaben. W.-D. Heußner H 243

1878 **Gewinnung von 60–68%iger HNO_3 bei der Fabrikation konzentrierter Salpetersäure.** M. M. Karavaev und G. A. Skvorcov. (Chim. Prom. **43** (1967) 4, 273 bis 277; russ.) — Vgl. C. **1967**, 11-0568, 27-2196. — Die Gewinnung von HNO_3 mit einer Konz. $c_{HNO_3} = 60$ bis 68% hängt vom Partialdruck der N-Oxide p_{NO+NO_2} (Torr), der Verweilzeit des Gases in der Kühlzone (τ, Sek.) u. der Endkühltemp. t (°C) ab nach $c_{HNO_3} = A + 0{,}026\, p_{NO+NO_2} - 12{,}31 \exp(-0{,}065\,\tau) - 0{,}0062\, t^{1,806}$, wobei A bei Zunahme von $n = [NO_2 + NO]/[H_2O]$ von 0,3 auf 2,0 von 45,0 auf 63,0 steigt. Es werden 2 Schemata für den Prozeß mitgeteilt (Abb.). Bei einem wird das ganze Rk.-W. zur Gewinnung von HNO_3 mit = 64% verwendet, die restlichen N-Oxide in konz. HNO_3 absorbiert, beim anderen Schema wird zur Herst. von 65–68%ig. HNO_3 ein Teil des W. abgeführt (Erhöhung von n auf ≧ 0,7), indem das Gas in Schnellkühlern unter Gewinnung von 30–35%ig. HNO_3 abgekühlt wird u. die restlichen N-Oxide durch konz. HNO_3 absorbiert werden. R. K. Müller H 243

1879 **Gewinnung von azeotroper Salzsäure ohne Destillation.** Pedro Ferrer Pi und Luis Condal Bosch. (Afinidad **24** (1967) 251, 345–51; span.) — Die Genauigkeit der Zus. von azeotrop. HCl-Lsg. wird nicht zu 1 : 10000, sondern zu 1 : 1000 angenommen. Aus Diagrammen auf Grund von korrigierten Literaturdaten wird ein Nomogramm entwickelt, das es ermöglicht, die Unterlagen für die Gewinnung der azeotropen Lsg. (Zusatz von HCl bzw. von W.) aus dem spezif. Gew. der Ausgangssäure in der Dest.-Kolonne zu berechnen. R. K. Müller H 247

1880 **Darstellung und Eigenschaften von geformtem Silicagel.** V. A. Dzis'ko, D. V. Tarasova, M. S. Borisova, A. S. Tichova, G. P. Višnjakova, R. I. Nazarova und S. V. Ryžak. (Chim. Prom. **43** (1967) 4, 284 bis 286; russ.) — Zur Herst. von hochdispersem Silicagel wird *Wasserglas* (I, Modul ca. 3) mit W. auf 1,24 g/l verd., filtriert u. mit NH_4NO_3 im Verhältnis $NH_4^+/Na^+ = 1{,}2$ (NH_4NO_3-Konz. 80–100 g/l) bei 70° umgesetzt, so daß die SiO_2-Endkonz. ca. 5% beträgt. Das Hydrogel wird abfiltriert, mit dest. W. NO_3^--frei gewaschen, restliches Na^+ durch Rk. mit 5%ig. NH_4NO_3-Lsg. entfernt (70°, 1 Std.), die geformte Paste (87% W.) bei 110° getrocknet u. in der Muffel 6 Std. lang auf 900° erhitzt. Statt I kann auch K-Silicat, statt NH_4NO_3 auch NH_4Cl oder $(NH_4)_2SO_4$ verwendet werden. Fällung bei 70° (50°, 20°) führt zu größeren Poren, Verminderung des W.-Geh. von 87 auf 65% zu 50% kleineren Poren u. 3facher Festigkeit. R. K. Müller H 261

1881 **Vorbereitung von Karatau-Phosphoriten für die Elektrodestillation des Phosphors.** A. V. Smorodinnikov und V. A. Šamarin. (Chim. Prom. **43** (1967) 4, 277–81; russ.) — Um *Karatau-Phosphorit* (I) zur Elektrodest. von P in stückige Form überzuführen, werden Gemische von zerkleinertem I mit einem „Flußmittel" (Quarzit, Sand, Heizungsschlacke, Asche usw.) u. Koks hergestellt u. unter Verw. von Abgasen der Elektroöfen in einem Vakuum von 200–600 mm W.-Säule auf Temp. bis 1180° erhitzt (gesintert). Die so erhaltenen Agglomerate sind im Elektroofen leichter zu dosieren als stückiger I ohne Agglomeration. Bei 1300° werden in 40 Min. aus agglomeriertem (stückigem) I (−10 + 8 mm) 22 (8,9)% P gewonnen. Der Aciditätsmodul der Agglomerate beträgt 0,8–0,9. R. K. Müller H 264

1882 **Eigenschaften von gesinterten WC–NbC–10% Co-Legierungen.** Hisashi Suzuki, Takaharu Yamamoto und Ichiro Kawakatsu. (Nippon Kinzoku Gakkai-Si [J. Japan Inst. Metals] **31** (1967) 12, 1368–73; Fac. of Engng., Univ. of Tokyo, Tokyo; jap.) — Die Eig. verschiedener, 1 Std. lang bei 1375° im Vakuum gesinterter WC (I)–NbC (II)–10% Co-Leg. werden als Funktion ihres II- u. C-Geh. mit den ibid. **31** (1967) 585 beschriebenen Eig. von I–TaC (III)–10% Co- u. I–TiC (IV)–10% Co-Leg. verglichen. II löst sich bei Raumtemp. kaum in der Binderphase u. enthält bei Raumtemp. ca. 18% I. Die Zus. der Binderphase u. der C-Geh. der II-Phase schwanken mit dem C-Geh. der Legierungen. Mit steigendem II-Geh. dehnt sich der (I + II + γ)-3-Phasenbereich der Proben aus; der Ausdehnungsbereich liegt zwischen dem von I–III–Co- u. von I–IV–Co-Legierung. Die Phasengrenze zwischen dem (I + II + γ)- u. (II + γ)-Phasenbereich liegt bei ca. 75% II-Geh.; somit liegt die Grenze bei höherem I-Geh. als bei IV enthaltenden Proben. Der II-Geh. an der Grenze nimmt mit steigendem C-Geh. geringfügig zu (ebenso wie bei III enthaltenden Proben). Die

Härte der Leg. ist höher als die der I–III–Co-Leg.; jedoch ist die Querbruchfestigkeit geringer. Der Einfl. von **II** auf die Eig. der Proben liegt zwischen dem Einfl. des Geh. an **III** u. an **IV**. W. Wesly H 270

1883 **Gefüge der Legierung ML10 nach langzeitigen Erwärmungen.** V. A. Blochina, G. G. Solov'eva und N. M. Tichova. (Metallovedenie termičeskaja Obrabotka Metallov **1967**, 7, 69—70; russ.) — Elektronenmkr. Unters. des Einfl. langandauernder Erwärmungen (bis zu 3000 Std.) bei 150, 175, 200 u. 250° nach Abschreckung u. Alterung auf das Feingefüge der Mg-Leg. *ML10* mit 2,2—2,8(%) Nd, 0,1—0,7 Zn u. 0,4—1,0 Zr. Erwärmungen bei 150° mit einer Dauer bis zu 2500 Std. sowie bei 175° von 775 Std. Dauer führten nicht zu einer Veränderung der Feinstruktur. Erhöhte Erwärmungstemp. bis 200° mit einer Haltezeit von 1000 Std. führt zum Auftreten intermetall. Ausscheidungen an den Korngrenzen in Form einer zerrissenen Kette. Diese Gefügeveränderung wird von einer gewissen Festigkeitsabnahme begleitet. Eine Zunahme der Haltezeit bei 200° auf 2000 Std. bewirkt keine weitere Veränderungen des Gefüges u. der mechan. Eig.; mit Zunahme der Haltezeit (bei 250° auf 2000—3000 Std.) wird eine Vergröberung der an den Korngrenzen u. im Korninnern der Phase ausgeschiedenen Teilchen beobachtet. Jedoch wird die Vergröberung der Zerfallsprod. der festen Lsg. nicht von einer weiteren Veränderung der mechan. Eig. im Vgl. zu den Eig. nach einer 1000std. Erwärmung bei 250° begleitet. H. Hochstein H 282

1884 **Eigenschaften und Eigenarten von Hartchromüberzügen.** H.-R. Kaiser. (TZ prakt. Metallbearb. **61** (1967) 1, 19—25; Essen; dt.) — Literaturübersicht. — 44 Literaturangaben. F. Vier H 335

1885 **Warmfeste Eigenschaften von V–Mo-Legierungen.** M. I. Gavriljuk, V. T. Eršova und N. I. Micheev. (Metallovedenie termičeskaja Obrabotka Metallov **1967**, 7, 57—59; russ.) — Unters. der Eig. gegossener u. verformter W–Mo-Leg. mit 0,5—67% Mo. Eine Erhöhung der Warmfestigkeit von W durch Legieren des Mischkrist. ist begrenzt durch ein Gebiet von verhältnismäßig niedrigen Temp., die 0,6 der Schmelztemp. nicht übersteigen. Zur Erhöhung der Festigkeitswerte bei Temp. über das 0,6fache der Schmelztemp. ist eine Heterogenisation der Metallstruktur erforderlich. H. Hochstein H 337

1886 **Lösungen von Uranylsalzen in Butylphosphaten.** Henry Brusset und Alain Coulon. (Chim. Ind., Génie chim. **98** (1967) 5, 734—41; Paris, Fac. de Sci., Labor. de Chim. systémat.; franz.) — Im Zusammenhang mit der Extraktion von UO_2-Salzen aus wss. Lsg. durch *Tributylphosphat* (I) werden die Spektren des Syst. $UO_2(NO_3)_2$-I im mittleren IR-Bereich untersucht. Sie lassen eine Rk. der P=O-Gruppe von **I** mit dem U-Atom erkennen. Auch feste Verb. von $UO_2(NO_3)_2$ u. UO_2Cl_2 mit Trialkylphosphaten werden gebildet u. in fester Form u. in CCl_4-Lsg. untersucht. Gemische von **I** u. Dibutylphosphat bilden schon vor der Einführung von UO_2-Salzen Mol.-Verb. u. zeigen verschiedenes Verh. bei der Extraktion von $UO_2(NO_3)_2$ u. UO_2Cl_2. — 34 Literaturangaben. R. K. Müller H 339

1887 **Einfluß einer magnetischen Ultraschallschmelzung auf den Kristallisationsprozeß und das Gefüge verschleißfester Legierungen.** M. S. Poljak. (Metallovedenie termičeskaja Obrabotka Metallov **1967**, 7, 51—53; VNII ÉMAL'-Chim Maš; russ.) — Feststellung einer bedeutenden Verschleißfestigkeitserhöhung von beim Aufschmelzen durch ein magnet. Ultraschallfeld behandelten Leg. mit 1,7(%) C, 7 V, 7 W, 4 Cr, 2 Mo (Herst. beschrieben). Diese Wrkg. ist eine Folge der Gefügeveränderung der Legierungen. Die Gefügeveränderung u. folglich auch die Erhöhung der Festigkeit wird durch die bes. Bedingungen der Metallerstarrung bei elast. Schwingungen u. durch die gleichzeitige Einw. des Magnetfeldes hervorgerufen. H. Hochstein H 354

1888 **Gewinnung von Ferrosilicochrom.** Bonifacy Loska, Zdzisław Kuliński und Eugeniusz Gürtler. (Wiadomości hutnicze **23** (1967) 7/8, 214—18; pol.) — Bericht über die Ergebnisse poln. Vers. zum Erschmelzen von Fe–Si–Cr-Leg. aus Quarz, Koks u. Ferrochrom im elektr. Ofen (5000 kW) mit einem Energieaufwand von ca. 7580 kWh/t. R. K. Müller H 354

1889 **Vakuumschmelze der Legierungen FeNi50.** Stanisław Księżarek. (Rudy Metale nieżelazne **12** (1967) 7, 349—53; pol.) — Im Vgl. mit der Schmelze im offenen Induktionsofen wird der Einfl. der Vakuumschmelze auf Zus. u. Eig. der anisotropen Leg. *Fenitext 50* mit 49,3(%) *Ni*, 0,40 *Mn*, 0,12 *Si* u. a. untersucht. Die Unterschiede im O_2-Geh. der Leg. sind gering, auch die Vakuumschmelze ohne Verw. von Desox.-Mitteln, die flüchtige Oxide bilden, führt nicht zu einer wesentlichen Verminderung des O_2-Geh. im Vgl. mit der offenen Schmelze. Eine intensive Desox. durch C findet nur bis zu einem bestimmten C-Geh. statt. Bei Erniedrigung des C-Geh. von 0,04 auf 0,006% beeinflußt eine weitere Zunahme des Vakuums u. der Entgasungsdauer die Abnahme des O_2-Geh. nicht. Mit zunehmendem O_2-Geh. nimmt die magnet. Permeabilität ab, die Koerzitivkraft zu. R. K. Müller H 356

1890 Engelhard Industries, Inc., Newark (Erfinder: John Turner Budd, Wenonah, N.J., James Howard Conklin, Shegherdstown, W.Va., Richard Clyde Glogau, West Chester, Pa., und Holger Christian Andersen, Morristown, N.J.), USA, **Gewinnung von zur Verflüssigung geeignetem reinem Stickstoff** aus dem bei der Herst. von HNO_3 durch NH_3-Verbrennung entstandenen Restgasgemisch, das O_2, CO_2 u. Oxide des N enthält. Das Gasgemisch wird in Ggw. eines Edelmetalls als Katalysator mit einem Brennstoff umgesetzt, um den Geh. des Gasgemisches an O_2 u. N-Oxiden zu senken. Vor u./oder nach der Rk. mit dem Brennstoff wird das Gasgemisch mit einem Äthanolamin u./oder einer wss. alkal. Lsg. behandelt um das CO_2 u. die N-Oxide aus dem Gemisch zu entfernen. Das behandelte Gas wird dann mit W. gewaschen u. getrocknet um den reinen N_2 zu erhalten. — Vorr., Zeichnung. (**Schwz. P. 432 481** vom 18/6. 1962, ausg. 15/9. 1967.) — 6 S. E. Miessgang H 243

1891 Gesellschaft für Linde's Eismaschinen Akt.-Ges., Wiesbaden, **Herstellung von NH_3-Synthesegas** durch Zerlegen von H_2 enthaltenden Gasgemischen bei niedrigem Druck u. tiefer Temp. u. Auswaschen des CH_4, CO u. O_2 mit fl. N_2, wobei das Gasgemisch in $\geqq 1$ von $\geqq 3$ cycl. wechselbaren Regeneratoren in eine Kondensat- u. eine rohe H_2-Fraktion zerlegt wird, die Kondensatfraktion im Regenerator abgeschieden u. dann wieder verdampft wird u. die prakt. den gesamten H_2 neben Resten an CH_4, CO u. N_2 enthaltende H_2-Fraktion in einem vorher von Kondensat befreiten Regenerator auf Raumtemp. erwärmt, im Wärmeaustausch mit N_2–H_2-Gemisch zu tiefer Temp. abgekühlt, mit fl. N_2 gewaschen u. zum reinen H_2–N_2-Gemisch umgewandelt wird. — 3 Verf.-Schemata. (**Oe. P. 254 222** vom 19/3. 1964, ausg. 10/5. 1967. **F. P. 1 482 529** vom 21/3. 1964, ausg. 3/6. 1966. Beide D. Prior. 21/3. 1963 u. 11/3. 1964.) — 14 S. — 13 S. M. Knaack H 243

1892 Inventa Akt.-Ges. für Forschung und Patentverwertung, Zürich (Erfinder: Wilhelm Deiters, Chur), Schweiz, **Gewinnung von NH_3** aus einem NH_3 enthaltenden Gas, bes. Koksofengas, durch Auswaschen mit H_2SO_4 (**I**) unter Rückführung der aus dem gebildeten $(NH_4)_2SO_4$ (**II**) regenerierten Säure in den Waschprozeß, wobei das NH_3 enthaltende Gas nach Abscheidung des kondensierbaren NH_3-W. mit der aus **II** regenerierten **I** vermischt u. mit dem NH_3-W. neutralisiert wird, das dabei entstehende **II** als wss. Lsg., ggf. nach Konz. u. Zers. bei 200—800°, mit lösenden Schmelzen von NH_4- oder Alkalibisulfaten, Alkalipyrophosphaten u./oder -sulfaten behandelt wird, wobei zur scharfen Trennung des NH_3 von **I** ein Alkalisulfat zugegen ist u. nach Rk. kontinuierlich in die vorhergehende Stufe des Prozesses zurückgeführt wird, die einem Abspaltungsgrad von 50% des im eingesetzten **II** gebundenen NH_3 entspricht. — Verf.-Schema. (**Oe. P. 254 225** vom 3/11. 1964, ausg. 10/5. 1967. **F. P. 1 429 548** vom 25/2. 1965, ausg. 11/5. 1966. Beide Schwz. Prior. 27/2. 1964.) — 8 S. — 7 S. M. Knaack H 243

1893 Air Products and Chemicals, Inc., USA (Erfinder: Lee S. Gaumer jun.), **Herstellung von NH_3 aus H_2 u. N_2** in Ggw. eines Katalysators bei anschließender Verflüssigung des Rk.-Prod., wobei der Druck der Ausgangsgase in einer Expansionsturbine von 39 auf 2,5 kg/cm² abfällt, man gleichzeitig einen von 26—32 kg/cm² vorkomprimierten Anteil an frischem NH_3 durch die Turbine führt u. das entspannte Ausgangsgas zur Kühlung des komprimierten Synth.-Gases benutzt. — 2 Verf.-Schemata. (**F. P. 1 466 324** vom 10/9. 1965, veröff. 20/1. 1967. U. S. Prior. 10/9. 1964.) — 5 S. M. Knaack H 243

1894 Krebs & Co., Zürich, Schweiz (Erfinder: Eduard C. Krebs, Neuilly-sur-Seine, und Jacques Fleck, Paris, Frankreich), **Quantitative Gewinnung von Chlor aus daran armen Gasgemischen.** Man behandelt ein Gasgemisch mit einer Suspension eines mit Cl reagierenden Metalls, bes. Hg, in W. oder in der Lsg. eines, die Löslichkeit des entstehenden Metallchlorids fördernden anderen Chlorids, wodurch Cl an das Metall gebunden wird. Aus dem Metallchlorid können durch elektrochem. Zers. Cl u. Metall gewonnen werden. (**Schwz. P. 420 077** vom 17/9. 1963, ausg. 15/3. 1967.) — 2 S. K. Demmler H 247

1895 Rumanian Minister of Petroleum and Chemical Industry, Bukarest, Rumänien, **Gewinnung von Schwefeldioxid aus Gips.** Ein geschmolzenes Gemisch aus $CaSO_4$ u. NaCl wird unter Verw. einer Anode aus graphitierter Kohle u. einer Fe-Kathode elektrolysiert. (**Brit. P. 1 093 404** vom 26/2. 1965, ausg. 29/11. 1967. Rumän. Prior. 2/3. 1964.) — 2 S. E. Miessgang H 253

1896 W. R. Grace & Co., übert. von: Carl V. McDaniel Laurel, und Philip K. Maher, Baltimore, Md., USA, **Herstellung von synthetischem Faujasit** der Zus. $Na_2O : Al_2O_3 : 3{,}2—5{,}8\ SiO_2 : n\text{-}H_2O$ ($n < 9$) mit effektiver Porenweite 13 Å u. der Fähigkeit des Kationenaustausches Na gegen H, durch Altern einer aus NaOH, Al_2O_3 u. amorphem SiO_2 bestehenden Mischung während 3—300 Std. bei 20—60°, Erhitzen auf 75—100°, Kühlen u. Filtrieren. — *Adsorptionsmittel.* (**U. S. P. 3 264 059** vom 13/1. 1964, ausg. 2/8. 1966.) — 4 S. V. Habernickel H 261

1897 Dow Corning Corp., USA (Erfinder: Edward Lane Kern und Dennis Willem Hamill), **Herstellung von einkristallinem SiC** durch Überleiten Si u. C enthaltender Gase, bes. $SiCl_4$ u. CH_4, über ein auf 1650—2000° erhitztes Substrat mit einem SiC-Krist.-Gitter, z. B. Saphir, auf dem sich *SiC* einkristallin abscheidet. (**F. P. 1 495 043** vom 26/8. 1966, veröff. 15/9. 1967. U. S. Prior. 27/8. 1965.) — 2 S. P. Kühn H 261

1898 International Business Machines Corp., Armonk, N.Y., USA (Erfinder: Werner Spielmann und Ekkehard Ebert), **Herstellung einer einkristallinen Schicht aus Siliciumcarbid** durch therm. Zers. eines KW-Stoffs, bes. Propan, an einem Träger aus einkrist. Si, z. B. bei 1300°, ggf. in Ggw. eines Trägergases, wie Ar, u. unter Anwendung eines Vakuums von $1—10^{-5}$ Torr. (**Brit. P. 1 092 582** vom 2/2. 1966, ausg. 29/11. 1967.) — 3 S. H. Roos H 261

1899 Stamicarbon N.V., Heerlen, Niederlande, **Gewinnung von Phosphorsäure aus wäßrigen Lösungen,** die zusätzlich HNO_3 enthalten, indem man die Ausgangslsg. mit einem aliphat. Keton C_{4-13} oder aliphat. Äther C_{4-13} extrahiert, wobei ≥ 90 Gew.-% der HNO_3 u. ≤ 10 Gew.-% der H_3PO_4 in die organ. Phase aufgenommen werden. — Diagramme, Verf.-Schema. (**Brit. P. 1 063 248** vom 8/10. 1964, ausg. 30/3. 1967. Niederl. Prior. 8/10. 1963.) — 10 S. H.-W. Wille H 264

1900 Israel Mining Industries-Institute for Research and Development (Erfinder: Ruth Blumberg und Abraham Baniel), Haifa, Israel, **Phosphorsäuregewinnung durch Lösungsmittelextraktion.** Es werden wss., durch Aufschluß von $Ca_3(PO_4)_2$ mit HCl erhaltene Lsg. mit ≥ 1 Amid der allg. Formeln $R^1—CO—N(R^2)(R^3)$, $R^4[CO—N(R^2)(R^3)]_2$ oder $R^5—CO—N(R^7)—R^9—N(R^8)—CO—R^6$ extrahiert. Es können noch Butanole, Pentanole oder KW-Stofflsgm., wie Xylol, zugesetzt werden (R^1, R^2, R^3, R^5, R^6, R^7 u. R^8 = H oder KW-Stoffgruppe; R^4 u. R^9 = zweiwertige KW-Stoffgruppe; R^2 u. R^3 können auch zusammen mit N ein heterocycl. Ringsyst. bilden). Der Lsgm.-Extrakt wird mit W. reextrahiert. (**Schwz. P. 427 759** vom 15/8. 1962, ausg. 14/7. 1967. Israel. Prior. 20/8. 1961.) — 4 S. H.-W. Wille H 264

1901 Shell Internationale Research Mij. N.V., Den Haag, Niederlande (Erfinder: Edward Guy Masdin, Peter Charles Lucas und Jacobus Josephus Hofstra), **Herstellung von Phosphorpentoxid** aus Phosphaterzen erfolgt dadurch, daß das Erz mit Kieselsäure in Abwesenheit von Red.-Mitteln ohne Rk. in einem Vorerhitzer therm. behandelt u. in einen Hochtemp.-Reaktor mit vorbestimmter u. geregelter Menge eines C-haltigen Red.-Mittels übergeführt wird, wobei sich im unteren Reaktorteil eine Schmelze bildet. Die hierzu erforderliche Wärme wird durch Verbrennung von elementarem P u. CO im oberen Teil unter geregelter Ox.-Mittelzufuhr, bes. von O_2 oder mit O_2 angereicherter Luft, erzeugt. (**Brit. P. 1 094 918** vom 28/6. 1966, ausg. 13/12. 1967.) — 5 S. H.-W. Wille H 264

1902 Fisons Fertilizers Ltd., Felixstowe, Suffolk, Großbritannien (Erfinder: Frank William Bennett), **Herstellung von Dicalciumphosphat und Phosphorsäure** erfolgt durch Erhitzen einer Mischung aus einem Mono-Ca-phosphat, z. B. Superhosphat, mit einem W.-Geh. von 2—60 Gew.-% u. einem organ. Lsgm. mit einem Kp. von 55—200° auf 10° bis zum Kp. der Mischung. Als Lsgm. dienen aliphat. Alkohole mit 3—6 C-Atomen, z. B. n-Propanol, n-Butanol, n-Pentanol oder Hexanol, Ketone, wie Aceton oder Cyclohexanon, Carbonsäuren mit 2—4 C-Atomen, wie Essigsäure, Dioxan, N.N-Dibutylacetamid oder Tetrahydrofuran. (**Brit. P. 1 089 682** vom 24/7. 1964, ausg. 1/11. 1967.) — 2 S. H. Roos H 264

1903 General Electric Co., Schenectady, N.Y., USA, **Herstellung von kristallinem Aluminium-, Gallium-, Indiumphosphid** erfolgt dadurch, daß ein Überschuß des entsprechenden Metalls mit Zn-Phosphid (Zn_3P_2) in Inertgas zwischen 700 u. 1000° umgesetzt wird. Hierbei gebildetes Zn u. Zn-Phosphidreste werden unter kurzzeitiger Temp.-Erhöhung auf 1100° weggedampft. Im dann verschlossenen Reaktor wird das Phosphid unter Erhitzung auf 1250° im überschüssigen Metall gelöst u. unter langsamer Abkühlung aus der Lsg. krist. abgeschieden. (**Brit. P. 1 089 709** vom 12/8. 1966, ausg. 8/11. 1967. U. S. Prior. 16/9. 1965.) — 4 S. H.-W. Wille H 264

1904 Israel Mining Industries-Institute for Research and Development, Haifa, Bay, Israel, **Herstellung von Monoalkaliphosphaten** erfolgt dad., daß wss. Phosphorsäure mit einem Alkalichlorid (KCl, NaCl, NH_4Cl) $<180°$, bes. zwischen 120 u. 160, in Ggw. eines inerten organ. Lsgm. (I), dessen Kp. beim Druck während der Rk. oberhalb des Kp. eines azeotrop. Gemisches von HCl u. W. unter denselben Bedingungen liegt, umgesetzt wird, wobei Dämpfe von I u. HCl abgeleitet werden. Als I werden eingesetzt: aliphat. KW-Stoffe, z. B. n-Octan, aliphat. Äther, z. B. Diisoamyläther, chlorierte KW-Stoffe, z. B. Tetrachloräthan. — Beispiele. (**Brit. P. 1 080 661** vom 1/2. 1965, ausg. 23/8. 1967. Israel. Prior. 30/3. 1964.) — 4 S. H.-W. Wille H 264

1905 Fisons Fertilizers Ltd., Felixstowe, Suffolk, Großbritannien (Erfinder: Frank William Bennett), **Herstellung von Phosphaten von Metallen der 2. Gruppe des Periodischen Systems der Elemente** erfolgt dadurch, daß Hydroxide, Oxide oder wasserlösl. Salze dieser Metalle, bes. von Mg, Ca, Sr, Ba, Zn mit wss. H_3PO_4 in Ggw. eines $>60°$ sd. organ. Lsgm. bei 60° umgesetzt werden. Als Salze werden bes. Acetate, als organ. Lsgm. aliphat. Monocarbonsäuren mit 2 bis 4 C-Atomen, Ester, Ketone, Essigsäure, Äthylacetat, Aceton, Dioxan, Tetrahydrofuran, Tributylphosphat, Trichloräthanol, Alkohole, Fettsäureamide in Toluol eingesetzt. Es werden bes. $CaHPO_4$ u. $BaHPO_4$ gewonnen. — Beispiele. (**Brit. P. 1 089 681** vom 24/7. 1964, ausg. 1/11. 1967.) — 2 S. H.-W. Wille H 264

1906 Laporte Titanium Ltd., London, Großbritannien (Erfinder: William Noel Dear), **Herstellung von feinteiligen Oxiden** von Ti, Zr, Fe, Al, Si durch Gasphasenox. der Chloride bei 1000—1300° in einer langgestreckten Rk.-Kammer unter Vorheizen der Rk.-Teilnehmer (**R**) auf eine solche Temp., daß sich eine physikal. Mischtemp. von ≧700° ergibt. Der 2. **R** wird stromabwärts vom 1. **R** durch konzentr. um den Strom des 1. **R** angeordnete Einlässe eingeführt u. der stromabwärts von der Einführungsstelle des 2. R liegende Teil der Rk.-Kammer durch ein Wärmetauschmedium gekühlt, so daß dessen Oberflächentemp. 900° nicht übersteigt. Stromaufwärts vom 2. **R** wird durch konzentr. angeordnete Einlässe ein körniges schwerschmelzbares Material, suspendiert in einem Gas, so in die Kammer eingeführt, daß es deren Wände im Bereich des Einlasses für den 2. **R** von Ansätzen frei hält. — *Pigmente.* — Vorrichtung. (**Brit. P. 1 092 883** vom 10/6. 1963, ausg. 29/11. 1967.) — 20 S. H. Roos H 270

1907 Badische Anilin- & Soda-Fabrik Akt.-Ges., Ludwigshafen/Rh. (Erfinder: Karl Otto Schmitt, Mannheim, Guenter Hansen, Frankenthal, und Hans Mueller, Ludwigshafen/Rh.), **Herstellung von Natriumbicarbonat und Ammoniumchlorid** erfolgt durch Rk. von NH_3 mit CO_2 in einer NaCl enthaltenden Mutterlauge. In der 1. Stufe wird die Gesamtmenge an NH_3 in die Mutterlauge eingeleitet u. nur so viel CO_2, das zur Bldg. einer Menge an $NaHCO_3$ notwendig ist, daß die Mutterlauge stets gesätt. ist, während sie auf <60° gehalten wird. Die Mutterlauge wird dann bei <35° in die 2. Stufe eingetragen, in die das restliche CO_2 eingeführt wird. Ohne zu Kühlen wird das $NaHCO_3$ gefällt, abgetrennt, frisches NaCl in der verbleibenden Mutterlauge gelöst u. daraus durch Kühlen das NH_4Cl gefällt. Nach dessen Abtrennung wird die Mutterlauge in die 1. Stufe zurückgeführt. (**Brit. P. 1 064 558** vom 8/3. 1966, ausg. 5/4. 1967. D. Prior. 9/3. 1965.) — 3 S. E. Miesgang H 274

1908 Beryllium Metals & Chemicals Corp., USA, **Herstellung von Be-Chlorid** aus mineral. BeO im Cl_2-Strom in Ggw. von Si oder einer Si-Leg. bei 800—1600°. (**F. P. 1 469 062** vom 20/12. 1965, veröff. 10/2. 1967.) — 3 S. M. Knaack H 281

1909 Nippon Gaishi K.K., Nagoya, Japan, **Herstellung von pulverförmigem aktivem Berylliumoxid** durch Lösen von Be-Sulfat, -Carbonat, -Acetat, -Nitrat, -Chlorid, -Oxalat, -Hydroxid in wss. Lsg. von H_2SO_4, HNO_3, HCl, NH_4OH. Der pH-Wert der Be-Salzlsg. wird auf 1,5—5,0 eingestellt u. die Lsg. so eingedampft, daß ein viskoser Be-Komplex entsteht. Diesen zersetzt man durch mehrstd. Erhitzen auf 300—1200°. (**Brit. P. 1 080 253** vom 23/12. 1964, ausg. 23/8. 1967. Jap. Prior. 26/12. 1963.) — 11 S. H. Nebelsiek H 281

1910 Licentia Találmányokat Ertékesitö Vállalat (Erfinder: Janos Vladar, Llona Vladar, Istvan Sarkany und Tivadar Palagyi), Budapest, Ungarn, **Gewinnung der Carbonate des Calciums und Magnesiums** durch Kalzinieren des gebrochenen Minerals, z. B. Dolomits. Man schlämmt mit W. aus u. führt die Oxide in Hydroxide über. Die Suspension läßt man unter Druck mit CO_2 unter Einw. von Ultraschall reagieren u. filtriert das Carbonat unter Druck ab. (**Brit. P. 1 074 099** vom 9/12. 1963, ausg. 28/6. 1967.) — 5 S. H. Nebelsiek H 282

1911 Reynolds Metals Co., Richmond, übert. von: Hubert Martin, Chesterfield Connty, Va., USA, **Herstellung von reinem Aluminium** durch Kristallisation von *Al* aus fl. *Al–Hg-Amalgam*. In eine in Ruhe befindliche Amalgamsäule, die von einer Amalgamschicht mit niedrigem Al-Geh. umgeben ist, wird von unten her heißes Al–Hg-Amalgam eingeführt, wobei das Al auskrist. u. die Krist. an die Oberfläche steigen, von wo sie entfernt werden können. Das verbrauchte Amalgam wird ebenfalls am oberen Ende der Säule abgezogen. — Abbildung. (**U. S. P. 3 301 666** vom 31/8. 1964, ausg. 31/1. 1967.) — 4 S. M. Neckermann H 294

1912 Produits Chimiques Pechiney-Saint-Gobain, Paris, Frankreich, **Gewinnung von Hydrargillit** (**I**) in Form feiner, regulärer Krist. einer Dicke von 100 bis 200 (Å) u. einer Länge von 200—1000. Man fällt aus einer Na-Aluminatlauge $Al(OH)_3$, wäscht aus u. erhält einen Filterkuchen, der ≦35 Gew.-% Al_2O_3 mit geringen Mengen einer einwertigen Säure enthält. Diesen läßt man 2 Tage bei <40° stehen, suspendiert ihn anschließend in wss. NH_4OH-Lsg. oder in der wss. Lsg. eines Amins, u. läßt wieder einige Tage bei Temp. ≦120°, bes. <90° stehen. Nach dem Abtrennen von I wäscht man mit wss. NH_4OH-Lsg. u. trocknet nach erneutem Zentrifugieren im O_2-Strom bei ca. 110°. (**Brit. P. 1 062 124** vom 26/5. 1964, ausg. 15/3. 1967. F. Prior. 27/5. 1963.) — 4 S. H. Nebelsiek H 294

1913 W. R. Grace & Co., New York, N.Y., USA (Erfinder: Frank George Ciapetta, Brownell Carr und Charles Patton Wilson), **Herstellung von Tonerdegelen** durch Bereitung eines Schlammes aus Al-Salzlsg. mit einem Alkalialuminat in wss. Lsg., Sprühtrocknung des Schlammes, Waschen u. Schlußtrocknung. Dabei stellt man das Verhältnis von Alkalialuminat zu Al-Salz so ein, daß der pH-Wert des Schalmmes 4,5 bis 6—7,0 ist. (**Brit. P. 1 076 450** vom 2/11. 1964, ausg. 19/7. 1967. U. S. Prior. 6/12. 1963.) — 4 S. H. Nebelsiek H 294

1914 Österreichische Stickstoffwerke Akt.-Ges., Linz/Donau (Erfinder: Alfred Schmidt, Ferdinand Weinrotter und Walter Müller), Österreich, **Herstellung von Aluminiumfluorid** durch Rk. einer Fluorsiliciumsäure unter Rühren bei ca. 45—75° mit festem $Al(OH)_3$. Die Rk.-Temp. von ≧97° läßt man 5 bis 15 Min. bestehen, dann filtriert man SiO_2 u. läßt $AlF_3 \cdot 3\,H_2O$ aus dem Filtrat unter Rühren in 3—6 Std. bei 80—100° auskristallisieren. (**Brit. P. 1 074 665** vom 18/1. 1966, ausg. 5/7. 1967.) — 3 S. H. Nebelsiek H 294

1915 United States Atomic Energy Commission, Germantown, Md., USA, **Suboxide der Seltenen Erden** erhält man z. B. durch teilweise Zers. der entsprechenden höheren Oxide im Hochvakuum oder in reduzierender Atmosphäre bei erhöhter Temperatur. — Beispiele: Spezif. Widerstand (Ω-cm) bei 298 °K: $GdO_{1,495}$ 8×10^2, $ErO_{1,489}$ 1×10^3, $HoO_{1,490}$ $1 + 10^3$, $LuO_{1,465}$ 6×10^2, $YO_{1,491}$ 6×10^2. Verw. als Magnetkerne, Halbleiter, Elemente für Laser. (**Brit. P. 1 082 808** vom 29/10. 1964, ausg. 6/9. 1967. U. S. Prior. 20/1. 1964.) — 4 S. H. Nebelsiek H 303

1916 British Titan Products Co. Ltd., Billingham, Durham, Großbritannien (Erfinder: Eric Street), **Herstellung von Titandioxid-Pigment durch Hydrolyse.** Das Ausgangsmaterial wird mit H_2SO_4 behandelt, wobei eine 1. $Ti(SO_4)_2$-Lsg., bes. einer Konz. von 80 bis 250 g/l TiO_2, erhalten wird; diese 1. Lsg. wird hydrolysiert, bes. durch Kochen mit W., wobei zweckmäßig 7—25 % der Lsg. schneller zum W. gegeben werden als der Rest; das gewonnene TiO_2-Hydrat wird erneut mit H_2SO_4 bei erhöhter Temp. u. erhöhtem Druck, z. B. bei 150—180° u. 40—50 psig, in der Weise behandelt, daß eine viskose Fl. entsteht, die mit W. oder verd. Säure zur Bldg. einer 2. $Ti(SO_4)_2$-Lsg. gemischt wird. Diese 2. Lsg. wird dann hydrolysiert u. das TiO_2-Hydrat kalziniert. (**Brit. P. 1 085 359** vom 22/9. 1965, ausg. 27/9. 1967.) — 5 S. H. Roos H 321

1917 E. I. du Pont de Nemours & Co., Wilmington, Del., USA, **Titandioxidpigment in Rutilform**, bestehend aus Einzelkrist. aus ≧95 Gew.-% TiO_2 einer solchen Korngröße, daß ≦20 % >0,3 μ u. ≦10 % <0,08 μ sind, mit einem Lichtstreukoeff., der bei 4570 Å, 1,460 mal so groß ist wie bei 6100 Å u. bes. überzogen mit ≦15 Gew.-% Al_2O_3, SiO_2 u./oder TiO_2, erhält man durch Suspendieren von TiO_2-Pigment, das z. B. durch Gasphasenox. von $TiCl_4$ erhalten wurde, in einer wss. Lsg. einer Al-, Si- u./oder Ti-Verb., Einstellen eines zur Fällung der Oxidhydrate erforderlichen pH, bes. bei 50—100°, u. Einstellen eines pH von 6—9, bes. von 7,5 bis 8,3, zur endgültigen Umhüllung der TiO_2-Kristalle.

(**Brit. P. 1 085 724** vom 24/2. 1965, ausg. 4/10. 1967. U. S. Prior. 24/2. 1964.) — 9 S. H. Roos H 321

1918 E. I. du Pont de Nemours & Co., Wilmington, Del., USA, **Herstellung von Titandioxid** durch Gasphasenox. von $TiCl_4$ mit O_2 oder O_2 enthaltendem Gas, wobei $TiCl_4$, ggf. auch das O_2-Gas, mittels einer durch einen elektr. Lichtbogen erzeugten Plasmaflamme (I) auf Rk.-Temp. erhitzt wird. $TiCl_4$ oder O_2-Gas kann mit anderen Gasen, z. B. CO, Inertgas, wie Ar, oder Cl_2 in I geleitet werden. Die Erhitzung in I erfolgt bes. auf Temp., bei denen die Gase ionisiert werden. — *Pigmente.* (**Brit. P. 1 088 924** vom 11/6. 1965, ausg. 25/10. 1967. U. S. Prior. 26/6. 1964.) — 9 S. H. Roos H 321

1919 American Cyanamid Co., Wayne, N.J., USA (Erfinder: Joseph Francis Skrivan), **Herstellung von Titandioxid in Anatasform** durch Gasphasenox. eines Ti-Halogenids in Ggw. von B oder einer flüchtigen B-Verb., z. B. BCl_3, in Mengen von 0,1—10 Gew.-%, bezogen auf das Fertigprodukt. Zweckmäßig wird die Rk. in Ggw. eines Kernbildners, z. B. von $AlCl_3$, durchgeführt. — *Pigmente.* (**Brit. P. 1 091 227** vom 20/10. 1966, ausg. 15/11. 1967. U. S. Prior. 1/12. 1965.) — 4 S. H. Roos H 321

1920 Laporte Titanium Ltd., London, Großbritannien (Erfinder: Herbert George Birkett), **Herstellung von Titandioxidpigmenten** durch Hydrolyse einer wss. $TiOSO_4$-Lsg. mit W.-Geh. $\leqq$ 55 Gew.-%. Der Lsg. wird eine wasserlösl. organ. Verb. (I), in der 2 benachbarte C-Atome eine OH-Gruppe tragen, in Mengen von 3—70 g/l zugesetzt u. die Lsg. zur Hydrolyse erhitzt. Als I kommen z. B. α-Hydroxysäuren, wie Glykol-, Milchsäure, oder Polyalkohole, wie Mannit, Äthylenglykol, Glycerin, Erythrit, in Betracht. Durch das Vorhandensein von weiteren Kationen, z. B. von V, Be, Al, Fe(II), Mn(II), Cr kann die Menge der organ. Verb. red. werden. Zweckmäßig werden der Lsg. TiO_2-Keime aus einer vorhergehenden Charge zugegeben. (**Brit. P. 1 092 102** vom 14/2. 1964, ausg. 22/11. 1967.) — 5 S. H. Roos H 321

1921 Pacific Engineering and Production Co., USA (Erfinder: Fred D. Gibson jun., Bruce B. Halker und Robert L. Thayer), **Elektrolytische Herstellung von PbO_2**, indem es an Graphit-, Ti-, Ta-, Zr-, Hf- oder Cd-Elektroden aus Lsg., die $Pb(NO_3)_2$, HNO_3 u. 0 bis 0,2 g/l Fe enthalten, bei pH 3,8—4 u. $>80^0$ mit 620 bis 1020 A/m² Ausgangsstromdichte bis 215—645 A/m² Endstromdichte niedergeschlagen wird. Cu, Ni u. Chlorid sollen abwesend sein. — 4 schemat. Zeichnungen. (**F. P. 1 483 489** vom 16/6. 1966, veröff. 2/6. 1967. U. S. Prior. 16/6., 22/7. 1965 u. 13/1. 1966.) — 15 S. J. Bardeleben H 328

1922 Union Carbide Corp., USA, **Herstellung von V_2O_3.** Man erhitzt ein Gemisch aus NH_4-Vanadat (I) u. NH_3 auf 580—950° in Ggw. von W.-Dampf u. in reduzierender Atmosphäre, z. B. im H_2-Strom, u. kühlt das gebildete V_2O_3 auf 180°, bevor man es in O_2 enthaltende Umgebung gibt. Als I werden NH_4-Meta-, -Hexa-, -Deka- u. -Vanadylvanadat verwendet. — 4 Zeichungen. (**F. P. 1 478 120** vom 29/4. 1966, veröff. 21/4. 1967.) — 6 S. M. Knaack H 330

1923 VEB Elektrochemisches Kombinat Bitterfeld, Deutschland, **Herstellung von Eisenoxid** mit erhöhtem spezif. Gew., geeignet für hochschmelzbares oxid. Material, durch Fällen von Fe(II)-Carbonat aus einer Fe(II)-Lsg., bes. $FeSO_4$, mit einem NH_4HCO_3—$(NH_4)_2CO_3$-Gemisch, u. zwar tropfenweise unter starkem Rühren u. Konstanthalten der Temp., worauf der entstandene Krist.-Brei unter Luftzutritt auf 600° erhitzt wird. (**F. P. 1 479 974** vom 16/5. 1966, veröff. 5/5. 1967.) — 4 S. M. Knaack H 354

1924 **United Kingdom Atomic Energy Authority**, London, Großbritannien (Erfinder. **P. T. Walker**), *Herstellung von schwerem Wasser.* (**Schwed. P. 203 879** vom 31/7. 1957, ausg. 3/5. 1966. Brit. Prior. 2/8. 1956. — C. **1962**, 5057 [F. P. 1 180 420].)

1925 **Henkel & Cie. G.m.b.H.**, Düsseldorf, übert. von: **Kurt Lindner** und **Elfriede Eichler**, Berlin, *Herstellung flüssiger, lagerbeständiger, Aktivsauerstoff enthaltender Konzentrate.* (**U. S. P. 3 194 768** vom 30/6. 1961, ausg. 13/7. 1965. D. Prior. 7/7. 1960. — C. **1966**, 25-2778 [D. A. S. 1 121 594].)

1926 **Rhône-Poulenc Soc. An.**, Paris, Frankreich, *Herstellung von Nitrosylhydrogensulfat.* (**Brit. P. 1 014 443** vom 13/3. 1964, **ausg.** 22/12. 1965. F. Prior. 9/4. 1963. — C. **1967, 49/50-2004** [F. P. 1 361 468].)

1927 **Allied Chemical Corp.**, New York, N.Y., übert. von: **George A. Elliott**, Petersburg, und **William P. Moore jun.**, Chester, Va., USA, *Gewinnung von Hydrazin.* (**Can. P. 690 761** vom 12/10. 1962, ausg. 14/7. 1964. U. S. Prior. 16/11. 1961. — C. **1966**, 32-2059 [U. S. P. 3 133 870].)

1928 **E. I. du Pont de Nemours & Co.**, Wilmington, Del., übert. von: **Donald McMillan**, Ogden, Dunes, und **Charles C. Quarles**, Crown Point, Ind., USA, *Herstellung von Fluorwasserstoff.* (**Can. P. 699 483** vom 29/6. 1961, ausg. 8/12. 1964. U. S. Prior. 13/7. 1960. — C. **1966**, 37-2247 [U. S. P. 3 102 787].)

1929 **Deutsche Akademie der Wissenschaften zu Berlin** (Erfinder: **Carl-Heinz Vogel**), Berlin, *Herstellung von halbleiterreinem Selen.* (**D. A. S. 1 207 354** Kl. 12i vom 21/7. 1964, ausg. 23/12. 1965. — C. **1966**, 26-2129 [D. P. [DDR] 37 451].)

1930 **United States Borax and Chemical Corp.**, USA (Erfinder: **Herbert Charles Newson**, **William George Woods** und **Allen Lyle McCloskey**), *Herstellung asymmetrischer Borazole.* (**F. P. 1 321 317** vom 7/5. 1962, ausg. 10/6. 1963. U. S. Prior. 10/5. 1961. — C. **1966**, 47-2207 [Brit. P. 948 882].)

1931 **N. V. Philips' Gloeilampenfabrieken** (Erfinder: **Wilhelmus Knippenberg**), *Herstellung von Siliciumcarbidkristallen.* (**Aust. P. 253 594** vom 14/12. 1960, ausg. 27/8. 1964. Niederl. Prior. 17/12. 1959. — C. **1966**, 31-2100 [F. P. 1 282 688].)

1932 **Albright & Wilson (Mfg.) Ltd.**, Oldbury (Erfinder: **John Edward Such**, Birmingham, und **Derek Aubrey Palgrave**, Dudley), Großbritannien, *Herstellung von kristallisierten Ammoniumphosphaten.* (**D. A. S. 1 271 688** Kl. 12i vom 5/5. 1964, ausg. 4/7. 1968. Brit. Prior. 10/5. u. 21/10. 1963. — C. **1968**, 29-2347 (F. P. 1 392 360].)

1933 **Stamicarbon N. V.**, Heerlen, übert. von **Abraham H. de Rooij**, Geleen, und **Jan Elmendorp**, Brunssum, Niederlande, *Wiedergewinnung von Phosphorsäure.* (**U. S. P. 3 363 978** vom 6/10. 1964, ausg. 16/1. 1968. Niederl. Prior. 8/10. 1963. — C. **1968**, 30-2224 [F. P. 1 410 678].)

1934 **International Business Machines Corp.**, New York, N.Y., USA, *Herstellung von Verbindungen aus Elementen der Gruppen II B oder III B mit solchen aus V B oder VI B.* (**Ind. P. 85 614** vom 13/12. 1962. — C. **1966**, 26-2094 [D. A. S. 1 195 276].)

1935 **Soc. d'Électro-Chimie, d'Électro-Métallurgie et des Aciéries Électriques d'Ugine**, Paris, übert. von: **Jean Guérin**, Grenoble, Frankreich *Herstellung von Alkalicyaniden.* (**U. S. P. 3 365 270** vom 26/3. 1964, ausg. 23/1. 1968. D. Prior. 30/3. 1963. — C. **1967**, 29-2246 [Brit. P. 1 009 345].)

1936 **Farbenfabriken Bayer Akt.-Ges.**, Leverkusen, *Herstellung von Alkalimetallborhydriden.* (**Brit. P. 962 005** vom 20/7. 1961, ausg. 24/6. 1964. D. Prior. 22/7. 1960. — C. **1966**, 39-2326 [F. P. 1 295 711].)

1937 **Montecatini Soc. Gen. per l'Industria Mineraria e Chimica**, Italien (Erfinder: **Iti Mini**), *Herstellung von wasserfreiem Na_2SO_4.* (**F. P. 1 342 556** vom 21/12. 1962, ausg. 7/2. 1964. It. Prior. 22/12. 1961. — C. **1966**, 38-2105 [Can. P. 690 311].)

1938 **National Lead Co.** (Erfinder: **Adrian Richard Pitrot**), *Kieselsäure–Pb–Titanat-Pigmente.* (**Aust. P. 271 474** vom 18/12. 1961, **ausg.** 15/12. 1966. — C. **1966**, 36-2120 [Brit. P. 930 354].)

1939 **National Lead Co.**, New York, N.Y., USA, *Herstellung von mit Wasser benetzbarem Rutil-Pigment.* (**Brit. P. 953 936** vom 21/12. 1961, ausg. 2/4. 1964. U. S. Prior. 22/12. 1960. — C. **1966, 33-3054** [Oe. P. 233 144].)

1940 **Union Carbide Corp.**, New York, N.Y., USA, *Herstellung von Titanboridpulver.* (**Oe. P. 234 637** vom 27/4. 1962, ausg. 10/7. 1964. U. S. Prior. 3/5. 1961. — C. **1966**, 29-2135 [Brit. P. 968 011].)

1941 **E. I. du Pont de Nemours & Co.**, Wilmington, Del., übert. von: **Geoffrey Meadows**, Kennett Square, Pa., und **George W. Sears jun.**, Wilmington, Del., USA, *Herstellung von kolloidalem kubischem Zirkonoxid.* (**Can. P. 699 392** vom 25/2. 1960, ausg. 8/12. 1964. — C. **1966**, 25-2101 [U. S. P. 3 110 681].)

1942 **Chemische Fabrik Hoesch K.G.**, Düren (Erfinder: **Alfred Szczepanek** und **Günter Koenen**, Lendersdorf), *Herstellung von zweibasischen Bleisalzen anorganischer Säuren.* (**D. A. S. 1 276 018** Kl. 12n vom 10/10. 1963, ausg. 29/8. 1968. — C. **1968**, 34-2265 [F. P. 1 412 643].)

1943 **E. I. du Pont de Nemours & Co.**, Wilmington, übert. von: **Wendell E. Dunn jun.**, Newark, Del., USA, *Herstellung von Niobpentachlorid.* (**Can. P. 697 103** vom 31/8. 1961, ausg. 3/11. 1964. U. S. Prior. 4/11. 1960. — C. **1966**, 28-2075 [U. S. P. 3 107 144].)

H–6. Organische Industrie

1944 **Mechanismus der durch Kupfer–Pyridin-Komplexe katalysierten Methyläthylketon-Oxydation.** V. D. Komissarov und E. I. Denisov. (Neftechimija **7** (1967) **3**, 420—26; Inst. fiz. chim. AN SSSR; russ. — *Methyläthylketon* (I) wird in wss. Lsg. bei 50—70° durch mol. O_2 in Ggw. von Cu–Py.-Komplexen zu *Essigsäure* u. *Acetaldehyd* oxydiert. Auf der Grundlage der kinet. Unters. der Rk. wird ein Ox.-Mechanismus vorgeschlagen. Unter der Wrkg. des Py. enolisiert I, das Enol wird in der innerkoordinativen Sphäre des Komplexes $Cu^{2+}Py._m$ (m = 2,3) über ein Peroxidradikal u. Hydroperoxid zu den genannten Endprod. oxydiert. Das durch Red. des Cu^{2+} entstandene Cu^+ wird durch O_2 wieder aufoxydiert. K. Jasche H 510△

1945 **Elektrochemisches Verfahren der Alkoholyse von Fettsäuretriglyceriden durch mehrwertige Alkohole.** M. M. Fal'kovič und K. M. Gol'dberg. (Lakokrasočnye

Mater. Primenenie **1967** 4, 6—9; russ.) — Am Beispiel der Alkoholyse von ***Fettsäuretriglyceriden*** (I) durch Einw. von Glycerin, Xylit u. Pentaerythrit (Mol-Verhältnis I : Alkohol = 1:3 bzw. 1:2 bzw. 1:1,5) bei 200—230° wird das ausgearbeitete elektrochem. Alkoholyseverf. getestet. Als Anoden können Metalle verwendet werden, deren Deriv. zugleich als Alkoholysekatalysatoren wirken können, z. B. Pb, Mn, Ferromangan, Sn usw. Das Kathodenmaterial beeinflußt den Prozeßverlauf nicht. Alle den elektr. Strom leitenden Materialien können daher als Kathode verwendet werden. An den genannten Beispielen wird die Abhängigkeit der Prozeßdauer von der Stromdichte u. der Elektrodenfläche untersucht. Insgesamt wird gezeigt, daß das elektrochem. Alkoholyseverf. die Möglichkeit zur Verkürzung der Prozeßdauer, zur Senkung der Rk.-Temp., zur besseren Lenkung der Rk. bei gleichzeitiger verbesserter Qualität der Alkoholysate gibt. K. Jasche H 510△

1946 **Sekundärprodukte der Bromierungsreaktion von 1.1.1-Trifluor-2-chloräthan bei hoher Temperatur.** Andrea Scipioni, Giampaolo Gambaretto, Giangiorgio Troilo und Carla Fraccaro. (Chim. e Ind. [Milano] **49** (1967) 6, 577—82; Ist. di Chim. ind., Fak. di Ing., Univ., Padova; ital.) — Vf. untersuchen die Bromierung von $CF_3—CH_2Cl$ (I) in Gasphase bei hoher Temp. u. stellen den Einfl. verschiedener Variablen (Temp., Verweilzeit, Mol-Verhältnis) auf den Ausgang der Rk. fest. Die infolge von Sekundärrk. durch Kondens., Dehydrohalogenierung, intermol. Umlagerung u. Disproportionierung neben dem Monobromderiv. sich bildenden Verb. werden festgestellt. Die therm. Stabilität von *$CF_3—CHClBr$* (II) u. *$CF_3—CClBr_2$* wird bestimmt, um den wahrscheinlichen Bldg.-Mechanismus der Sekundärprod. zu demonstrieren. II (Anästhetikum) wird industriell aus I durch Bromierung hergestellt. Die in Gasphase bei 450—500° ablaufende Rk. führt zu Nebenprod., die wegen ihrer Toxizität die Reindarst. von II erschweren. Die im Rohprod. vorkommenden 18 Nebenprod. werden gaschromatograph. getrennt u. durch IR-Spektrum identifiziert. Es werden die sich aus den Nebenprod. ergebenden möglichen Rk.-Schemata abgeleitet u. diskutiert. W. Rauchenberger H 560

1947 **Kinetik der Bromierung von 1.1.1-Trifluor-2-chloräthan.** Andrea Scipioni, Giampaolo Gambaretto und Giangiorgio Troilo. (Chim. e Ind. [Milano] **49** (1967) 6, 583—86; Ist. di Chim. ind., Fak. di Ing., Univ., Padova; ital.) — Vf. untersuchen die Kinetik der 3 Hauptrk. der Bromierung von $CF_3—CH_2Cl$ (Monobromierung, Dibromierung u. intermol. Umsetzung) an Hand der Temp.-Abhängigkeit der 3 Geschw.-Konstanten. Aus den in der Industrie angewandten Rk.-Bedingungen wurden folgende Resultate abgeleitet: 1. Die Bromierungsrk. verläuft mit erhöhter Geschw. u. einem schon bei kurzer Verweilzeit fast vollständigen Verbrauch von Br_2. 2. Mit erhöhtem Verhältnis $Br_2/CF_3—CH_2Cl$ erhöht sich die Ausb. an Dibromprod., ebenfalls bei Temp.-Erhöhung, vermindert sich jedoch mit erhöhter Verweilzeit. Die Nebenprod. nehmen zu mit Erhöhung von Temp., Verweilzeit u. Mol-Verhältnis. Es wurden die Aktivierungsenergien der 3 Rk. ber. u. mit den experimentell abgeleiteten Werten in guter Übereinstimmung gefunden.
W. Rauchenberger H 560

1948 **Herstellung und Verwendung von Propylen.** 1. Mitt. Friedrich Andreas und Karl-Heinz Gröbe. (Chem. Techn. **20** (1968) 3, 151—59; Hauptabt. Anwendungstechn., VEB Leuna-Werke; dt.) — Es werden die verschiedenen Verf. aufgeführt, in denen *Propylen* (I) neben Äthylen anfällt. Die Verw. von I zur Darst. von Isopropylalkohol, Propylenoxid, Acrolein u. Acrylnitril wird ausführlich, zur Darst. von Acrylsäure u. Aceton kurz beschrieben. — 23 Literaturangaben.
M. Jatkowski H 570

1949 **Herstellung und Verwendung von Propylen.** 2. Mitt. Friedrich Andreas und Karl-Heinz Gröbe. (Chem. Techn. **20** (1968) 5, 289—97; dt.) — 1. vgl. vorst. Referat. — Es wird die Verw. von ***Propylen*** **(I)** zur Darst. von ***Allylchlorid*** (Heißchlorierung von I) mit Weiterverarbeitung zu ***Epichlorhydrin*** u. ***Glycerin*** (Schema einer Anlage), zur Oxosynth. von *n-Butyraldehyd*, zur Polymerisation zu *Poly-[4-methylpenten-(1)]*, *Polypropylen*, *Tri-* u. *Tetrapropylen* u. zu Mischpolymerisaten mit Äthylen sowie zur Darst. von *Isopren*, *Cumol* u. *Hepten* durch Alkylierung u. die Disproportionierung, von Propylen zu *Buten-2* u. *Äthylen* behandelt u. diskutiert. — 43 Literaturangaben. M. Jatkowski H 570

1950 **Spezifität der Wirkung eines Chromkatalysators bei der Dehydratisierung von Pentanol-(2).** L. Ch. Frejdlin, V. Z. Šarf und V. Š. Abdumavljanova. (Neftechimija 7 (1967) 4, 603—08; Inst. organ. chim. im. Zelinskogo AN SSSR; russ.) — Cr_2O_3 katalysiert selektiv die Dehydratisierung sek. Alkohole, z. B. des Pentanol-(2) (I), unter Bldg. von α-Olefinen. Die W.-Abspaltung aus I wird begleitet von einer Dehydrierung u. einer Isomerisierung des gebildeten α-Olefins, wie die Bldg. von *Methylpropylketon* u. von *Penten-(2)* zeigen. Nach Vorbehandlung des Katalysators mit H_2 wird dessen Dehydratisierungsaktivität erhöht; nach Erhitzen des Cr_2O_3 im N_2-Strom wird die Dehydrierung bevorzugt, während sich eine Vorbehandlung des Cr_2O_3 mit Luft auf die Aktivität hinsichtlich der Doppelbindungsverschiebung im gebildeten Olefin auswirkt. Mit Py. vorbehandelter Katalysator zeigt eine verminderte Aktivität u. verschiebt die Zers.-Rk. von I auf die Seite der Dehydrierung. Zugleich steigt stark der Penten-(1)-Geh. unter den n-Pentenen an. K. Jasche H 570△

1951 **Chromatographische Analyse flüssiger Oxydationsprodukte des Propylens.** Alicja Szostak und Maria Lewicka. (Probl. Syntezy org. **18** (1967) 10, 673—80; Blachownia Śląska, Inst. ciężk. Synt. organ.; pol.) — Für die Prod. der katalyt. Ox. von Propylen zu *Acrylnitril* nach der Meth. der Ammonolyse u. der Ox. zu *Acrolein* (I) sowie der Red. von I zu *Allylalkohol* werden Chromatogramme aus der Analyse in der Al_2O_3-Kolonne mit A. oder Methyläthylketon bzw. Diäthylketon als Lsgm. tabellar. u. graph. wiedergegeben. Die techn. Proben werden mit Modellgemischen verglichen.
R. K. Müller H 610

1952 **Oxoniumtetrafluoroborate als Carbonylierungskatalysatoren bei der Herstellung von Carbonsäuren.** S. Pawlenko. (Chemie-Ing.-Techn. **40** (1968) 1/2, 52 bis 55; Schering AG, Bergkamen; dt.) — Für die Herst. von *Carbonsäuren* oder *Estern* durch Anlagerung von CO u. W. bzw. Alkohol an Olefine werden als neue Carbonylierungskatalysatoren Oxoniumtetrafluoroborate ($[ROH_2]\cdot[BF_4]$; R = CH_3 oder H) vorgeschlagen, die eine kontinuierliche u. ökonom. Carbonsäureherst. ermöglichen. Herst. u. Eig. der Katalysatoren sowie die mit einer kontinuierlich arbeitenden Vers.-App. gesammelten Erfahrungen werden mitgeteilt. Es wird die Carbonylierung von Äthylen, 2-Äthylhexen-(1) u. Tetramerpropylen beschrieben. R. Hintsche H 800

1953 **Katalytische Dehydrierung von Propylamin.** G. Russo und A. Di Lorenzo. (Chim. e Ind. [Milano] **49** (1967) 7, 697—700; Ist. di Chim. ind. e di Impianti chim., Univ., Napoli; ital.) — Vf. untersuchen das Verh. von Propylamin (I) über schwach dehydrierenden Katalysatoren auf Cu-Basis unter Änderung von Temp., Verweilzeit u. Konz. von I. Unter den Prod. wurde eine imin. Verb., *Propylpropylidenimin* (II), das bei Berichten über Dehydrierung aliphat. Primäramine noch nicht erwähnt wurde, festgestellt. Vers.-Technik: Katalysator „Harshaw Cu 1808" 42% CuO, 38% Cr_2O_3 wurde mit H_2/N_2 bei 400° zu metall. Cu reduziert. Die I-Dämpfe wurden mit Ar verdünnt, die Rk.-Prod. gaschromatograph. getrennt u. IR-spektroskop. untersucht. Acetonitril wurde im Gegensatz zu anderen Autoren nicht gefunden, dagegen *Propionitril*, II u. *Dipropylamin*. Als unbeständiges Zwischenglied wird *Propylimin* vermutet, das bei der weiteren Umsetzung H_2, NH_3 u. KW-Stoffe abgibt. W. Rauchenberger H 910

1954 **Einfluß der Zusätze auf die Oxydation von Benzoesäure zu Phenol.** William D. Gurowitz. (Ind. Engng. Chem., Process Design Development 7 (1968) 1, 122—24; Benzene Res. Labor., Dow Chemical Co., Mildand, Mich.; engl.) — Die Ox. von Benzoesäure zu *Phenol* (I) als Schritt der Toluolox. zu I mit Cu-Benzoat als Katalysator wird von Teerbldg. begleitet, die Erhöhung der Viskosität u. Verminderung der Ausb. zur Folge hat. Zusatz von Antioxydanzien wie auch von Radikalinitiatoren erhöht die Teerbldg. u. deren negative Auswrkg. im Gegensatz zum Bericht von Albright et al. [ibid. **5** (1966) 71]. R. Hintsche H 1060

1955 **Wirkung von Chlordioxid auf einwertige Phenole.** Urszula Glabisz. (Chem. Techn. **19** (1967) **6**, **352—356**; Abt. für anorgan. chem. Technol. TH Szczecin, VR Polen; dt.) — Die Bldg. von *Chinonen* bei der Ox. von einwertigen Phenolen mit freier p-Stellung durch Chlordioxid (I) wird bestätigt. Der Einfl. der Phenolkonz., der Chlordioxidmenge u. der Rk.-Zeit auf den Rk.-Verlauf wird untersucht. Die Rk.-Prod. der Rk. zwischen I u. Phenol, o-Kresol, 3.5-Xylenol, o-Chlorphenol, p-Chlorphenol, 2.4-Dichlorphenol werden chromatograph. u. polarograph. untersucht. K. Titze H 1190

1956 **Oxydation von Kohlenwasserstoffen mit Metallsalzen in flüssiger Phase. 5. Mitt. Reversibilität der negativen Wirkung der Katalysatorkonzentration und die Beziehung zwischen diesem Effekt und den Molekulargewichten der Katalysatoren.** Kanekichi Kagami. (Rep. Government chem. ind. Res. Inst., Tokyo **68** (1968) 4, 169—75; jap., Auszug: engl.) — 4. vgl. ibid. **62** (1967) 351. — Untersucht werden die Ox. von Xylol u. Toluol zu *Methylbenzoe-* bzw. *Benzoesäure* bei Verw. von *Mn-*, *Ni-*, *Co-Naphthenaten*, *-Linolaten*, *-Stearaten* u. *-Oleaten* als Katalysatoren. Die sinkenden Ausb. mit steigender Katalysatorkonz. sind nicht auf eine Vergiftung desselben zurückzuführen. Vielmehr bilden sich Assoziationsverb. zwischen Katalysator u. KW-Stoff, die keine Aktivität mehr besitzen. Durch Verdünnen mit dem betreffenden KW-Stoff werden diese Verb. gespalten u. die katalyt. Aktivität des Katalysators wiederhergestellt. Der Konz.-Bereich, in dem der negative Effekt auftritt, kann durch Messung des Molgew. des Katalysators im jeweiligen KW-Stoff bestimmt werden. M. Jatkowski H 1210

1957 **Identifizierung der Bestandteile des Destillates von Cyclohexanon, hergestellt durch Flüssigphasenautoxydation von Cyclohexan und nachfolgende katalytische Dehydrierung von Cyclohexanol.** Nagaaki Takamitsu und Hirotaka Sumida. (J. chem. Soc. Japan, ind. Chem. Sect. [Kōgyō Kagaku Zasshi] **70** (1967) 11, 2138 bis 2142; Central Res. Inst., Ube Ind. Ltd., Ube-shi, Yamaguchi-ken, Japan; jap., Auszug: engl.) — Mittels Kombination verschiedener analyt. Verf. wurden als Verunreinigungen *n-Amylalkohol*, *Cyclopentanol*, *Capronaldehyd*, *Methyl-n-butylketon*, *Äthyl-n-butylketon*, *Di-n-propylketon* u. *Cyclopentanon* neben kleinen Mengen von *Cyclohexen*, *Bzl.*, *Diäthylketon*, *n-Butanol*, *Methyl-n-amylketon* im für die ε-Caprolactamproduktion verwendeten *Cyclohexanon* festgestellt. R. Hintsche H 1960

1958 Imperial Chemical Industries Ltd., London, Großbritannien (Erfinder: Donald Harper und Arthur Lambert), **Bis-1.1.[2¹-hydroxy-3¹.5¹-dimethylphenyl]-alkane** erhält man durch Rk. von 2.4-Dimethylphenol mit aliphat. Aldehyden C_{7-12} u. Behandeln des Rk.-Gemisches mit Lsgm., wie Alkoholen, Alkylestern, aliphat., cycloaliphat., aromat. oder olefin. KW-Stoffen, durch Chlor substituierte KW-Stoffe oder deren Gemische. Die Kondens. wird bei 60—180, bes. 90—110°, in Ggw. von HCl oder Friedel-Crafts-Katalysatoren durchgeführt. — Ein Gemisch aus 2.4- u. 2.5-Dimethylphenol gibt mit Nonaldehyd bei 100—105° in 35%ig. wss. HCl u. Behandeln des Rk.-Gemisches mit PAe. *3.3.5-Trimethyl-bis-1.1-[2¹-hydroxy-3¹.5¹-dimethylphenyl]-hexan*, F. 165—168°. — *Weichmacher für Polyvinylchlorid.* (**Brit. P. 1 076 142** vom 5/2. 1964, ausg. 19/7. 1967.) — 3 S. R. Bollinger H 560

1959 R. J. Reynolds Tobacco Co., Winston Salem, N.C., USA, **4-[4-Oxo-2.6.6-trimethyl-2-cyclohexen-1-yl]-1.3-butadien,** $C_{13}H_{18}O$, $Kp._{0,15}$ 61—65°, erhält man aus α-Jonon durch Rk. mit tert.-Butylchromat, Red. des entstandenen 5-Oxo-α-jonons zu 5-Oxo-α-jonol u. anschließendes Erhitzen mit $KHSO_4$. — *Tabakaromatikum.* (**Brit. P. 1 078 424** vom 6/11. 1964, ausg. 9/8. 1967. U. S. Prior. 29/11. 1963.) — 2 S. R. Bollinger H 570

1960 Imperial Chemical Industries Ltd., London, Großbritannien (Erfinder: David Geoffrey Mead), **Monohalogenierte Olefine** erhält man durch Rk. eines Olefins mit einem Halogenwasserstoff u. O_2 bei 250 bis 550° in Ggw. eines Katalysators, bestehend aus 0,01 bis 2, bes. 0,02—1 Gew.-% Pt oder Rh oder deren Verb. auf TiO_2, ZrO_2 oder Al_2O_3 (spezif. Oberfläche von 0,5 bis 50 m², bes. < 30 m²) als Träger. Dem Katalysator können noch Verb. der seltenen Erdmetalle oder von Cu, Fe, U, Pb, Ti oder Zr zugesetzt werden, auch Verb. der Alkali- oder Erdalkalimetalle. — Durch Rk. von C_2H_4, verd. mit N_2, mit HCl u. O_2 bei 400° in Ggw. eines Katalysators, der durch Imprägnieren von Al_2O_3 (spezif. Oberfläche von 22 m² pro g) mit einer Lsg. von $CuCl_2$, $CeCl_3$ u. NH_4-Chlorrhodit mit anschließendem Erhitzen auf 1000° hergestellt wurde, erhält man *Vinylchlorid.* (**Brit. P. 1 086 222** vom 14/1. 1965, ausg. 4/10. 1967. **Zusatz zu Brit. P. 968 933; C. 1966, 32-2398.**) — 7 S. R. Bollinger H 570

1961 Sumitomo Kagaku Kôgyô K.K., Ôsaka (Erfinder: Tsugio Nishimura, Takeshi Yamahara und Hiroshi Kishimoto, Niihama), Japan, **Herstellung höherer Alkohole** durch Rk. von Olefinen mit CO u. H_2 in Ggw. von Carbonylisierungskatalysatoren bei hohem Druck u. hoher Temp., worauf man bei ≧ 170° unter einem solchen CO-Partialdruck, daß sich der Katalysator nicht zersetzt, u. einem dem CO-Partialdruck gleichen oder größeren H_2-Partialdruck hydriert u. das Rk.-Prod. mit W. oder saurer wss. Lsg. unter einem CO-Partialdruck von ≧ 50 at hydrolysiert. — Im 1300-cm³-Autoklav drückt man zu 196 (g) Isohepten u. 3 Co-Naphthenat bis 300 at ein Gemisch aus H_2 u. CO im Mol-Verhältnis 2, hält 20 Min. bei 160° u. 90 Min. bei 180°, gibt zu der Rk.-Fl. 20 cm³ W. u. rührt 1 Std. bei 150° u. 50 at CO-Druck: Fl. mit 72,3(%) *Octylalkohol*, 2,3 Octylformiat, 40 Octylaldehyd, 13,4 Olefin u. Paraffin, 8% Hochsiedendem. (**Jap. A. S. 6 168/1967** vom 16/1. 1962, ausg. 13/3. 1967.) — 2 S. M. Pankow H 610

1962 N. V. Organon, Oss (Erfinder: Josef Ferdinand Arens, Hilversum, Lambert Brandsma, Jutphaas, und Hubertus Antonius Maria Jacobs, Utrecht), Niederlande, **Herstellung ungesättigter Verbindungen** der allg. Formel $HC{\equiv}C-CH{=}C(CH_3)-CH{=}CHOR_2$ (R_2 = aliphat. KW-Stoffrest mit 1—6 C-Atomen). Man läßt ein Alkinylacetal der allg. Formel $CH_3-C{\equiv}C-C\cdot(CH_3)(OR_1)-CH_2-C(OR_2)(H)-OR_2$ (R_1 = H-Atom, aliphat., aromat. oder heterocycl. KW-Stoffrest, bes. Tetrahydropyranylrest) mit einer „starken Base nach Brönsted", d. h. einer Verb. mit starker Protonenaffinität, wie Na-, Li-Amid, -Hydrid, Methylamin, reagieren. — Zum Beispiel aus *1.1-Dimethoxy-3-hydroxy-3-methylhexin-(4)-tetrahydropyranyläther* [$Kp._1$ 85—95°, erhalten durch Rk. von C_2H_5MgBr in Ae. mit Propin u. nach Zusatz von Bzl. bei —12° mit $CH_3COCH_2CH(OCH_3)_2$ u. Rk. des entstandenen *1.1-Dimethoxy-3-hydroxy-3-methylhexins-(4)*, $Kp._{10}$ 97,5—100°, mit Dihydropyran in Ggw. von Toluolsulfonsäure] bei —35° in fl. NH_3 mit KNH_2 → *1-Methoxy-3-methylhexadien-(1.3)-in-(5)*, $Kp._{10}$ 73 bis 78°. — *Zwischenprod. für Verb. der Vitamin-A-Reihe.* (**Niederl. P. 122 627** vom 27/3. 1964, ausg. 17/7. 1967.) — 3 S. F. Böhm H 610

1963 Badische Anilin- & Soda-Fabrik Akt.-Ges. (Erfinder: Ulrich Gerloff, Juergen Jahn und Adolf Schleicher), Ludwigshafen/Rh., **Formaldehyd** erhält man durch kombinierte Ox. u. Dehydrierung von Methanol bei 450—700° an Ag-Krist., die von Netzen, Gaze oder perforierten Platten aus Cr–Ni-Stahl gehalten werden. Die Zus. beträgt z. B. 1,5—26% Cr, 1,5—26% Ni, 0,005—0,25% C, Rest Fe, bes. 17—19% Cr, 9—11% Ni, 0,005—0,25% C, Rest Fe, ggf. unter Zusatz von 0,3 bis 5, bes. 1,5—2,5% Mo. (**Brit. P. 1 067 083** vom 20/8. 1964, ausg. 3/5. 1967. D. Prior. 21/8. 1963.) — 2 S. A. Jahn H 670

1964 Monsanto Co., St. Louis, Mo., USA, **Herstellung von Carbonsäuren** durch O_2-Ox. von Olefinen, bes. Propylen → ***Essigsäure***, erfolgt bei 160—250° u. 0,5—350 at in Ggw. eines völlig veresterten Polyhydroxyalkans, -cycloalkans oder Polyglykols, bes. von Propylenglykoldiacetat als Lsgm., u. bes. in Abwesenheit eines Katalysators. (**Brit. P. 1 082 572** vom 11/2. 1965, ausg. 6/9. 1967. U. S. Prior. 12/2. 1964.) — 14 S.

O. Müller-Meiningen H 810

1965 Mitsubishi Rayon K. K., Tôkyô (Erfinder: Yôzô Takayama, Mitaka, Yukio Nakayama, Tôkyô, Yasuhiro Tetsumichi, Kawasaki, und Shigeru Mizukami, Tôkyô), Japan, **Herstellung von Acrylsäure oder Methacrylsäure** aus Acrolein oder Methacrolein durch Ox. in der Gasphase mittels eines Katalysators, der W zusammen mit Sn, Sb, Bi, Cr oder Co, z. B. als Oxide, enthält, bei 300—500°. — 50 (Gew.-Teile) Wolframsäure u. 64,8 Sb_2O_5 werden in Form von (6—10-Maschen) Kugeln bei 540° 10 Std. gebrannt. Zu dem Katalysator leitet man ein Gas aus 9(%) Acrolein, 9 O_2, 49 N_2 u. 33 W.-Dampf bei 455° bei einer Rk.-Dauer von 8 Sek. u. das Rk.-Gemisch in kaltes Wasser. (Jap. A. S. 6244/1967). — Auch P, V u. Sn enthaltende Katalysatoren können verwendet werden. — 234 (Gew.-Teile) Ammoniumvanadat u. 350 Oxalsäure werden in 2000 W. mit 24 85%ig. Phosphorsäure, 452 $SnCl_2$ u. 360 Alundum gemischt, getrocknet u. 5 Std. bei 500° gebrannt. Zu dem Katalysator von 300° leitet man ein Gemisch mit 10(%) Acrolein, 52 O_2 u. 38 W.-Dampf; Rk.-Dauer 5 Sekunden. (Jap. A. S. 6245/1967). — Bei der Herst. ungesätt. Säuren, bes. von Acryl- u. Methacrylsäure, kann man als Katalysator auch V-Oxide oder V, O, P u. Co, Cr, Mn, Bi oder As enthaltende Verb. im Atomverhältnis der mehrwertigen Metalle zu V = 0,1 : 1—1 : 0,1 u. von P:V = 0,1—5 verwenden; Rk.-Temp. 250—500°, Rk.-Dauer 1—30 Sekunden. — 117 (Gew.-Teile) Ammoniumvanadat u. 175 Oxalsäure in 2000 W. werden mit 360 Alundum zu 6—10-Maschenkörnern geformt u. 5 Std. bei 500° gebrannt. 10(Vol-%) Acrolein, 60 O_2 u. 30 W.-Dampf enthaltendes Gas wird bei 300° mit einer Verweildauer von 4 Sek. über den Katalysator geleitet. (**Jap. A. SS. 6244/1967, 6245/1967** vom 27/9. 1963 u. **6246/1967** vom 18/10. 1963, alle ausg. 14/3. 1967.) — 2 S. — 2 S. — 2 S.

M. Pankow H 810

1966 Celanese Corp. of America, New York, N.Y., USA, **Carbonylverbindungen** werden erhalten durch Rk. von Olefinen mit endständiger Doppelbindung u. mindestens einer funktionellen Gruppe mit gesätt. Fettsäuren, deren Anhydriden, Salzen oder Estern in Ggw. eines freie Radikale bildenden Katalysators bei 50 bis 250°. — Man erhitzt z. B. ein Gemisch aus 77 g Allylchlorid (III), 2,4 kg Essigsäure (I) u. 15 g Di-tert.-butylperoxid 70 Std. auf 115—120° u. erhält 11 g *5-Chlorvaleriansäure*, $Kp._{0,125}$ 43—46°. — Analog: Allylbromid + I → *5-Bromvaleriansäure*. — Allylcyanid + I → *5-Cyanvaleriansäure* (II), $Kp._{20}$ 46—50°. — Vinylessigsäure + I → *Adipinsäure*, F. 150—153°. — Methallylchlorid + I → *2-Methyl-5-chlorvaleriansäure*. — Methallylcyanid + I → *5-Methyl-II*. — III + Propionsäure → *6-Chlorcapronsäure*. (**Brit. P. 1 087 702** vom 27/1. 1965, ausg. 18/10. 1967. U. S. Prior. 30/1. 1964.) — 4 S.

O. Müller-Meiningen H 810

1967 Montecatini Soc. Gen. per l'Industria Mineraria e Chimica, Mailand, Italien, **Herstellung ungesättigter Carbonsäuren** der allg. Formel R—CH=CH—CH_2—CH=CH—COOR′ (R = H, Phenyl, aliphat., cycloaliphat. Rest mit ≦10 C-Atomen; R′ = H, gesätt. aliphat., cycloaliphat., arylaliphat. Rest mit ≦10 C-Atomen). Man läßt eine Verb. der allg. Formel R—CH=CH—CH_2OH bei 35—65° in Ggw. von $Ni(CO)_4$ u. einer unterschüssigen Menge HCl mit einer Verb. der allg. Formel R′OH u. einem Gemisch aus 25—75(%) CO u. 75—25 Acetylen reagieren. — Zum Beispiel leitet man bei 60° gleiche Mengen CO u. Acetylen in eine Mischung aus 100 (g) CH_3OH u. 20 Allylalkohol u. läßt gleichzeitig eine Lsg. von 20 $Ni(CO)_4$ in 30 cm^3 CH_3OH u. eine 20%ig. methanol. HCl-Lsg. zufließen → *1.4-Pentadiencarbonsäuremethylester*, Kp. 150—155°. (**Niederl. P. 123 320** vom 18/5. 1960, ausg. 15/12. 1967. It. Prior. 19/5. 1959.) — 2 S.

F. Böhm H 810

1968 Argus Chemical Corp., New York, N.Y., USA (Erfinder: Arthur Calvin Hecker und Mark William Pollock), **Herstellung von Estern beziehungsweise Ketonen** erfolgt durch Erhitzen von prim. oder sek., bes. C_2—C_{50}-Alkoholen in Ggw. eines Salzes einer aliphat. C_2—C_{30}-Carbonsäure, die bes. während der Rk. aus dem Alkohol entsteht, mit einem Metall der Gruppe IIB des Period. Syst., bes. Cd oder Zn, auf 25—350°. — Als zusätzlichen Katalysator kann man bes. 0,01—1 Gew.-% eines neutralen organ. Triphosphits verwenden. — Rk.-Verlauf: 1. R—CH_2OH → R—CHO + H_2; 2. 2 R—CHO + H_2O → R—CH_2OH + RCOOH; 3. R—CH_2OH + R—COOH → R—COO—CH_2—R + H_2O bzw. RCH(OH)R → $[R]_2CO$ + H_2. — Man erhitzt z. B. Decanol in Ggw. von 20 Gew.-% Cd-Isooctanoat (I) unter Rückfluß bis zur Endtemp. von 280° u. Beendigung der H_2-Entw. (6 Std.) u. erhält ein Gemisch aus 89,8(%) *Decansäuredecylester*, 4,28 Decanal, 2,23 Decansäure u. 4,5 Decen. — Benzylalkohol + 20 Cd-2-Äthylhexanoat → 89,6 *Benzylsäurebenzylester*, 1,61 2-Äthylhexansäure, 2,08 Benzoesäure u. 6,1 Benzaldehyd. — 0,69 Isooctanol + 0,0377 Mol Cd-Acetat → *Isooctansäureisooctylester*, Kp. 279°. — Octanol-(2) (Caprylalkohol) + I bei 133—292° → Gemisch aus 19,98 *Methylhexylketon* mit Ausgangsprodukt. — Weitere Beispiele mit Neopentylglykol u. Äthylenglykol als Ausgangsprodukte. (**Brit. P. 1 061 852** vom 11/1. 1965, ausg. 15/3. 1967.) — 5 S.

O. Müller-Meiningen H 810

1969 Monsanto Co., St. Louis, Mo., USA, **N-Vinyl-N-methylacetamid (I).** CH_3NH_2 gibt mit Acetaldehyd *N-Äthylidenmethylamin*; daraus mit Acetanhydrid in Ggw. von $(C_2H_5)_3N$ bei Temp. < — 5° u. anschließendes Behandeln mit einer wss. Lsg. von K_2CO_3 → **I**, $Kp._{12}$ 52°. — *Zwischenprod.* für *Polymere*. (**Brit. P. 1 082 017** vom 25/9. 1964, ausg. 6/9. 1967. U. S. Prior. 27/9. 1963.) — 5 S.

R. Bollinger H 810

1970 Rohm & Haas Co., Philadelphia, Pa., USA, **Herstellung von N-Arylalkanimidoarylester,** z. B. *N-[3.4-Dichlorphenyl]-propionimidophenylester*, durch Rk. von N-[3.4-Dichlorphenyl]-propionimidchlorid mit Na-Phenolat. Analog *N-[3.4-Dichlorphenyl]-propionimido-4-methoxyphenylester*. (**Port. P. 46 936** vom 27/12. 1966, Auszug veröff. 12/7. 1967. U. S. Prior. 20/1. 1966.)

W. Wittholz H 810

1971 Bougies de la Cour, Oelegem, Belgien, **Gesättigte, α-substituierte aliphatische Dicarbonsäuren,** z. B. *Nonyl-2-decandisäure* HOOC—CH[$(CH_2)_8$—CH_3]—$[CH_2]_7$—COOH u. *Octyl-2-undecandisäure* HOOC—CH[$(CH_2)_7$—CH_3]—$[CH_2]_8$—COOH, werden erhalten durch Rk. von 1 (Mol) Ölsäure (I) mit 1—2 HCOOH (II) bei 10—35, bes. 25°, in Ggw. eines Gemisches von H_2SO_4 mit bes. 12—14% H_3PO_4, 5—20% Eisessig oder Mono-, Di- oder Trichloressigsäure, in dem sich I löst u. II in CO u. H_2O gespalten wird, in geschlossenem Gefäß ohne Verw. von Druck. Als „Aussalzmittel" für das Endprod. kann CH_3COOH dienen. (**Brit. P. 1 067 811** vom 4/8. 1964, ausg. 3/5. 1967. Luxemburg. Prior. 7/8. 1963.) — 5 S.

O. Müller-Meiningen H 820

1972 Imperial Chemical Industries Ltd., London, Großbritannien (Erfinder: Alan Lewis Crowther und Herbert George Lawley), **ε-Caprolacton (I), Adipinsäure (II) und Monocarbonsäuren** werden erhalten durch O_2-Ox. von nicht >10 (Mol) Cyclohexanol (III) in Ggw. eines gerad- oder verzweigtkettigen aliphat. Mono- oder Di- oder eines aromat. Aldehyds, bes. von n-Butyraldehyd (IV), u. keines oder bes. eines carbonsauren Co-, Mn-, Ni-, V-, Cr-, Ti- oder Ru-Salzes (0,0001 bis 0,01 Gew.-%, ber. auf III) als Katalysator u. bes. eines Lsgm., bei 45—135, bes. 95—115°. — Man gibt z. B. innerhalb 4½ Std. 0,5 (g-Mol) IV bei 93—96° u. Normaldruck zu 0,5 III, während gleichzeitig 15 l/Std. O_2 unter Rühren (2000 U/Min.) eingeleitet werden. Das Rk.-Gemisch enthält 0,128 *Cyclohexanon*, 0,018 I, 0,018 II, 0,005 *Glutar-*, 0,002 *Bernstein-* u. 0,319 *n-Buttersäure*, außerdem nicht umgesetztes 0,096 IV u. 0,22 III. — Bei kontinuierlicher Arbeitsweise führt man unerwünschte Rk.-Prod. wieder in die Ox. zurück. (**Brit. P. 1 086 951** vom 21/6. 1964, ausg. 11/10. 1967.) — 4 S.

O. Müller-Meiningen H 820

1973 Chas. Pfizer & Co., Inc., New York, N.Y., USA, **Herstellung der Na-, K- oder Ca-Salze von Bernsteinsäure (I)-monoalkylestern** (C_{14}—C_{20}-Alkyl). — Man erhitzt

z. B. ein Gemisch aus 50 (g) I-Anhydrid, 121 Cetylalkohol (Hexadekanol) u. 300 Toluol 2 Std. unter N_2 zum Kp. u. erhält nach Abkühlen u. Vakuumtrocknen bei 40° 67 (65%) *Monocetyl*-**I**-*ester* (F. 58,5—60°). — Analog werden erhalten 89% *Monostearyl*-**I**-*ester* (F. 73—74°) sowie *Monotetradecyl*- u. *Monoeicosyl*-**I**-. — Man gibt z. B. zur Lsg. von 40 *Monocetyl*-**I**-*ester* in 200 ml Aceton eine Lsg. von 4,8 Na·OH in 20 ml W. bei < 40°, kühlt dann auf 10° u. erhält nach Vakuumtrocknen bei 50° 36,6 (93%) *Na-Cetylsuccinat.* — Analog erhält man die übrigen Salze, die *als Zusätze zum Mehl* (0,1—3 Gew.-%) bei der Herst. von Sauerteiggebäck dienen u. dessen *Altbackenwerden verhindern* sollen. (**Brit. P. 1 077 988** vom 6/9. 1965, ausg. 2/8. 1967. U. S. Prior. 7/4. 1965.) — 7 S. O. Müller-Meiningen H 820

1974 Celanese Corp. of America, New York, N.Y., USA, **Aliphatische Dicarbonsäuren, deren Salze, Ester und Nitrile** werden erhalten durch Rk. von Acetylen–KW-Stoffen mit einem 10—100 mol. Überschuß je Acetylenbindung einer gesätt. Fettsäure, deren Anhydrid, Salzen, Estern oder Nitril bei 50—150° in Ggw. eines freie Radikale bildenden Katalysators, bes. eines organ. Peroxids. — Beispiele: Acetylen (**I**) + CH_3COOH (**III**) in Ggw. von Di-tert.-butylperoxid → 60(%) *Adipinsäure* (**II**), F. 150—151°. — **I** + Propionsäure → 50 *2.5-Dimethyl*-**II**. — Vinyl-**I** + **III** → 30 *4-Carboxymethyloctandisäure.* — **I** + CH_3COONa → *Di-Na-adipat.* — **I** + Methylacetat → *Dimethyladipat.* — **I** + CH_3CN → *Adiponitril.* (**Brit. P. 1 086 528** vom 27/1. 1965, ausg. 11/10. 1967. U. S. Prior. 30/1. 1964.) — 4 S. O. Müller-Meiningen H 820

1975 Imperial Chemical Industries Ltd. of Australia and New Zealand Ltd., Melbourne, Australien, **Reduktive Dimerisierung α,β-ungesättigter Nitrile oder Ester** erfolgt durch Rk. von Alkali- oder Erdalkaliamalgam in fl. Phase, welche außer dem monomeren Ausgangsprod. eine Protonenquelle, wie W., bes. einen Polymerisationsinhibitor u. quatern. NH_4-, Phosphonium- oder tert. Sulfoniumsalze enthält, die ausschließlich aliphat. Reste am N-, P- oder S-Atom gebunden enthalten u. die völlige Red. des Monomeren unterdrücken, wobei man die fl. Phase bei einem vorher zu bestimmenden pH von 1,5—9,5, bes. 7,5—9,5 u. auf einer Temp. < 60°, bes. 35—60°, hält. Bes. enthält die fl. Phase Tetraalkyl-NH_4-Kationen (Alkyl C_1—C_4). — Bes. wird Acrylnitril (**I**) in W., das 0,1—10 Mol-% des quatern. Salzes gelöst enthält (Mol-Verhältnis **I** : W. = 10—1 : 1—20), in *Adiponitril* (**II**) u. ggf. Propionitril als Nebenprod. übergeführt. — Crotonsäurenitril → *3.4-Dimethyl*-**II**. — Acrylsäureäthylester → *Adipinsäurediäthylester.* — 69 Beispiele. (**Brit. P. 1 068 497** vom 5/4. 1965, ausg. 30/3. 1967. Aust. Prior. 16/4. u. 27/8. 1964.) — 20 S. O. Müller-Meiningen H 820

1976 Oesterreichische Stickstoffwerke Akt.-Ges., Linz, Österreich, **Herstellung von Hydroxycarbonsäure-Salpetersäureestern** der allg. Formel R—CH[ONO_2]—COOX (R = geradkettiges Alkyl mit mindestens 4 C; X = H oder C_1—C_4-Alkyl). — Man leitet z. B. 50 (g) Penten-(1) zusammen mit O_2 bei 0—5° in 220 fl. N_2O_4 innerhalb 3 Std. ein, leitet das Abgas durch 100 N_2O_4, treibt dann den N_2O_4-Überschuß mit O_2 bei 50—60° ab, verestert den Rückstand in 750 ml CH_3OH in Ggw. von H_2SO_4 u. erhält den *HNO_3-Ester* (**I**) von *α-Hydroxyvaleriansäuremethylester*, C_3H_7—CH[ONO_2]—$COOCH_3$; $Kp._{10}$ 92—96°; Ausb. 72%. — Hepten-(1) + N_2O_4 → 72(%) **I** von *α-Hydroxyönanthsäuremethylester*, $Kp._{10}$ 110—115°. — Octen-(1) → 76,5 **I** von *α-Hydroxycaprylsäure.* — Decen-(1) → *α-Hydroxycaprinsäure*-, Dodecen-1 → *α-Hydroxylaurinsäure*-, Tetradecen-(1) → *α-Hydroxymyristinsäure*-, Octadecen-(1) → *α-Hydroxystearinsäure*-**I**. — Gemisch aus C_8-, C_9- u. C_{10}-α-Olefinen + N_2O_4 → Gemisch aus *α-Hydroxycapryl*-, *α-Hydroxypelargon*- u. *α-Hydroxycaprinsäure*-**I**. — Gemisch aus C_{18}-, C_{19}- u. C_{20}-α-Olefinen → Gemisch aus *α-Hydroxystearin*-, *α-Hydroxyarachidin*- u. *α-Hydroxynonadecancarbonsäure*-**I**. — Lsgm. u. Zwischenprod. bes. zur Herst. von als *Netz*- u. *Pflanzenschutzmittel* dienenden Hydroxycarbonsäuren u. ihren Estern. (**Brit. P. 1 078 045** vom 16/2. 1966, ausg. 2/8. 1967. Oe. Prior. 5/3. 1965.) — 4 S.
O. Müller-Meiningen H 850

1977 Fujisawa Yakuhin Kôgyô K. K., Ôsaka (Erfinder: Suminori Umio, Kawanishi, Kazuo Kariyone, Kyôto, Kunihiko Tanaka, Ôsaka, und Takashi Hagino, Ibaragi), Japan, **Herstellung von 2'-Halogenglyoxylanilidoximen** der Formel $XC_6H_4NHCOCH:NOH$ (X = Halogen) durch Erhitzen von 2-Halogenanilin mit dem doppelten Äquivalent Malonsäurediester auf 150 bis 160°, Verseifen des 2'-Halogenmalonanilidsäureesters u. Rk. mit HNO_2 in Ggw. von 1 Äquivalent Dimethylsulfoxid. — *2'-Chlormalonanilidsäureäthylester*, F. 53—55° (Bzl.–Ligroin). — *2'-Chlormalonanilidsäure*, F. 152 bis 153° (Zers.). — *2'-Chlorglyoxylanilidoxim*, F. 143—145° (Äthylacetat–Ligroin), gelbe Kristalle. (**Jap. A. S. 6488/1967** vom 21/7. 1965, ausg. 16/3. 1967.) — 3 S.
M. Pankow H 860

1978 Armour & Co., Chicago, Ill., USA, **Diamindioxide** der Formel $CH_3(CH_2)_xCH[(CH_2)_zN(O)R^1R^2]\cdot(CH_2)_yN(O)R^3R^4$ [R^1, R^2, R^3, R^4 = CH_3, C_2H_5, —(CHA·$CH_2O)_{a,b,c,d}H$; A = H, CH_3; a, b, c, d = 1—50; x + y = 6—22; z = 0—2] werden hergestellt durch Rk. der Amine mit starken Oxydationsmitteln. — *Tetramethylaminomethylstearylamindioxid; äthoxyliertes Aminomethyl*- u. *Aminostearylamindioxid.* — *Detergenzien.* (**Brit. P. 1 064 188** vom 8/10. 1965, ausg. 5/4. 1967. U. S. Prior. 9/10. 1964.) — 4 S. A. Debo H 900

1979 Marchon Products Ltd., London, Großbritannien (Erfinder: Adolf Koebner, Herbert Alexander Potts und David Proudfoot Brodie), **Herstellung von Aminen** der allg. Formel $Z[OC_pH_{2p}]_nN(R)—[C_qH_{2q}\cdot O]_xH$, Z = Alkyl, Alkenyl, mit 8—18 C-Atomen, Alkylphenyl mit 6—16 C-Atomen im Alkyl; R = $—[C_qH_{2q}O]_xH$, $Z[OC_pH_{2p}O]_n$- (Z = Alkylphenyl), C_1—C_4-Alkyl; p = 2, 3; q = 2, 3; n = 2—9; x = 1—20; erfolgt durch Rk. eines organ. Schwefelsäureesters mit einem Alkylolamin in einem Lsgm. bei mindestens 100° u. ggf. Rk. des entstandenen tert.-Amins mit Äthylen- oder Propylenoxid zur Erhöhung des Wertes von x (Brit. P. 1 087 413) u. Ox. des tert.-Amins mit einem Peroxydierungsmittel (Brit. P. 1 087 414). — Durch Rk. von Lauryltrioxyäthylenschwefelsäure mit Diäthanolamin bei 210—220° erhält man das *Lauryltrioxyäthylen-bis-[2-hydroxyäthyl]-amin*; daraus durch Ox. mit H_2O_2 das entsprechende *N-Oxid.* — Ferner werden genannt: *Lauryltrioxyäthylen-bis-[2-hydroxypropyl]-amin; -oxid.* — *Lauryltrioxypropylen-bis-[2-hydroxyäthyl]-amin, -oxid.* — *p-Nonylphenyltetraoxyäthylen-bis-[2-hydroxyäthyl]-aminoxid.* — *Oberflächenakt. Mittel.* (**Brit. PP. 1 087 413** vom 25/6. 1963 u. **1 087 414** vom 22/7. 1963, beide ausg. 18/10. 1967. **Zusatz zu Brit. P. 992 860; C. 1967, 32-2765.**) — 5 S. — 8 S. R. Bauereis H 910

1980 Marchon Products Ltd., London, Großbritannien (Erfinder: Adolf Koebner und Herbert Alexander Potts), **Herstellung von quaternären Ammoniumsalzen** der allg. Formel $A(OC_pH_{2p})_xN^{\oplus}R^1R^2R^3X^{\ominus}$ (A = Alkyl, Alkenyl mit 8—18 C-Atomen; p = 2 oder 3; x = 3—20; R^1 = C_{1-4}-Alkyl; R^2 u. R^3 = R^1, $A[OC_p\cdot H_{2p}]_x$-, $—[C_qH_{2q}O]_yH$; q = 2 oder 3; y = 1—20; R^2 u. R^3 = zusammen mit dem N-Atom ein 5- oder 6 gliedriger Heterozyklus; R^3 = Benzyl; $X^{\ominus}$ = Anion) erfolgt durch Rk. eines organ. Schwefelsäureesters mit einem Amin in Ggw. eines Lsgm. u. einer Base bei ≧ 100°, Rk. des entstandenen Amins mit einem organ. Halogenid oder Sulfat u. ggf. Austausch des Anions durch doppelte Umsetzung. — Beispiel: Rk. von Na-Lauryltrioxyäthylensulfat mit Dimethylamin bei 180° → Lauryltrioxyäthylendimethylamin. Hieraus mit Benzylchlorid → *Lauryltrioxyäthylenbenzyldimethylammoniumchlorid.* Ferner genannt: *Lauryltrioxyäthylen-trimethylammoniumchlorid, bis-[2-hydroxyäthyl]-methylammoniummethosulfat* u. *-bis-[2-hydroxypropyl]-methylammoniumchlorid.* — *Oberflächenakt. Mittel.* (**Brit. P. 1 084 184** vom 14/7. 1964, ausg. 20/9. 1967.) — 6 S. R. Bauereis H 910

1981 Stauffer Chemical Co., New York, N.Y., USA, **Hydroxymethylphosphonsäure** erhält man durch Rk. von H_3PO_3 mit Paraformaldehyd (**I**) (wobei **I** in stöchiometr. Mengen bis zu 0,5 Mol. im Überschuß angewendet wird) bei 50—150°, bes. 90—120°, in wss. HCl. H_3PO_3 kann aus

PCl_3 u. W. in situ erzeugt werden. Ausb. 87—90%. Zwischenprod. für *flammhemmende* Mittel in *Polyurethanschaum*. (**Brit. P. 1 076 244** vom 10/2. 1966, ausg. 19/7. 1967. U. S. Prior. 2/4. 1965.) — 3 S. A. Jahn H 980

1982 Ethyl Corp., New York, N.Y., USA, **2.6-Dialkylphenole** erhält man aus 2-Alkylphenolen durch Alkylierung mit einem Olefin in Ggw. von katalyt. Mengen eines Al-2-Alkylphenoxids. — Aus 2-tert.-Butylphenol (I) erhält man durch Rk. mit Al in n-Hexan bei 20—30° Al-Tris-[2-tert.-butylphenoxid] (II). I gibt mit Isobutylen bei 26—52° in Ggw. von **II** *2.6-Di-tert.-butylphenol*. — *Antioxydanzien* u. *Zwischenprod.* für *Antioxydanzien*. (**Brit. P. 1 087 880** vom 5/11. 1964, ausg. 18/10. 1967. U. S. Prior. 5/11. 1963.) — 7 S. R. Bollinger H 1060

1983 Standard Oil Co., Chicago, Ill., USA, **Gewinnung von Terephthalsäure** aus der Rk.-Mischung, die durch katalyt. Ox. von p-Dialkylbenzol mit O_2 in Ggw. von Essigsäure als Rk.-Medium erhalten wurde. Man erhitzt die Mischung bei erhöhtem Druck auf 500—600 °F, kühlt auf 300—350 °F, läßt Terephthalsäure bei dieser Temp. krist., trennt ab, wäscht sie mit Essigsäure u. trocknet. (**Brit. P. 1 056 319** vom 10/12. 1964, ausg. 25/1. 1967. U. S. Prior. 11/12. 1963.) — 6 S. L. Stadelmann H 1220

1984 Showa Denko K. K., Tokio, Japan, **Carbonsäureester** erhält man durch Erhitzen einer Mischung aus einem aromat. Nitril, z. B. Benzonitril, Terephthalonitril, einem mehrwertigen Alkohol, z. B. Äthylenglykol, Glycerin, W. u. einer geringen Menge eines Pb-Salzes oder -Oxids auf 170—280°. — Zum Beispiel *Bis-(β-hydroxyäthyl)-isophthalat*. (**Brit. P. 1 066 161** vom 1/4. 1965, ausg. 19/4. 1967. Jap. Prior. 6/4. 1964.) — 9 S. L. Stadelmann H 1220

1985 Halcon International, Inc., New York, N.Y., USA (Erfinder: David Brown, Alfred Vanterhoit Cowan und John Hiram Lutz), **Gewinnung von Phthalsäureanhydrid.** Man ox. Naphthalin, o-Xylol oder Methylnaphthalin in Dampfphase partiell, läßt entstandenes Phthalsäureanhydrid sich in Methylnaphthalin kondensieren u. trennt es aus der Aufschlämmung ab. (**Brit. P. 1 068 549** vom 4/12. 1964, ausg. 10/5. 1967.) — 4 S. L. Stadelmann H 1220

1986 Sun Oil Co., Philadelphia, Pa., USA, **Mikrobielle Oxydation von mehrkernigen aromatischen Kohlenwasserstoffen** zu entsprechenden Hydroxysäuren erfolgt durch Fermentation mit *Corynebacterium nov. sp.* (ATCC 15570) in Ggw. eines Kohlehydrats, wie Glucose. — Durch Ox. von Naphthalin erhält man z. B. *Salicylsäure*. (**Brit. P. 1 056 729** vom 27/8. 1965, ausg. 25/1. 1967. U. S. Prior. 1/9. 1964.) — 7 S. R. Bauereis H 1250

1987 Mitsui Sekiyu Kagaku Kôgyô K. K., Tôkyô (Erfinder: Yasuhiro Fujita, Ôtake), Japan, **Herstellung von p-Methoxybenzoesäure** aus p-Methoxytoluol in organ. Lsgm. durch Rk. mit O_2 u./oder O_3 bei $\leq 170°$ in Ggw. von Salzen von Co, Mn, Cr oder Pb u. Br oder Br enthaltenden Verbindungen. — 1 (Teil) Methoxytoluol, 4 CH_3COOH, 0,08 Mn-Acetat, 0,01 Benzylbromid u. 0,03 30%ig. HBr werden bei 160° u. 30 kg/cm² mit 100 l/Std. Luft (20% O_2) behandelt. Man verdampft die Essigsäure u. krist. aus Wasser. (**Jap. A. S. 6171/1967** vom 6/4. 1963, ausg. 13/3. 1967.) — 2 S. M. Pankow H 1250

1988 Soc. d'Études Scientifiques et Industrielles de l'Ile-de-France, Paris, Frankreich, **Herstellung von Alkoxytrifluormethylbenzoesäuren** erfolgt nach folgendem Beispiel: Durch Verseifung von 4-Chlor 3-cyanbenzomethyltrifluorid mit 63%ig. H_2SO_4 bei 152° erhält man die 2-Chlor-5-trifluormethylbenzoesäure, F. 92,5—93,5°, $C_8H_4ClF_3O_2$. Durch Rk. der Säure mit Diazomethan u. Umsetzung des Methylesters mit Na-Methoxid erhält die *2-Methoxy-5-trifluormethylbenzoesäure*, F. 104—105°, $C_9H_7F_3O_3$. Analog wurden erhalten: *2-Methoxy-3-nitro-5-trifluormethylbenzoesäure*, F. 141—142°, $C_9H_6F_3NO_5$; *3-Amino-2-methoxy-5-trifluormethylbenzoesäure*, F. 110—112°, $C_9H_8F_3NO_3$; *2-Methoxy-3-chlor-5-trifluormethylbenzoesäure*, F. 108,5 bis 110°, $C_9H_6ClF_3O_3$; *2-Methoxy-3-brom-5-trifluormethylbenzoesäure*, F. 100—111°, $C_9H_6BrF_3O_3$. — Zwischenprod. für *Pharmazeutika* u. *Farbstoffe*. (**Brit. P. 1 079 676** vom 9/6. 1965, ausg. 16/8. 1967. U. S. Prior. 16/6. 1964.) — 3 S. R. Bauereis H 1250

1989 État Français, Ministre des Armées, Delegation Ministerelle pour l'Armement (Direction des Poudres), Paris (Erfinder: Serge Lecolier, Saint-Arnoult-en-Yvelines, Seine-et-Oise), Frankreich, **Herstellung von p-Alkoxyphenylalkylencarbonsäuren** erfolgt durch alkal. Hydrolyse eines *p-Alkoxyphenylalkylenthiamids*. — Beispiel: p-Äthoxyacetophenon, $Kp._{0,1}$ 110 bis 112°, gibt mit Morpholin u. S *p-Äthoxyphenylessigsäurethiomorpholid*, Ausb. 75—85%. Durch Hydrolyse dieser Verb. in Ggw. von K_2CO_3 erhält man p-Äthoxyphenylessigsäure, F. 85—86°, Ausb. 92%. — Analog wurde p-Äthoxyphenylpropionsäure, F. 103—104°, Ausb. 80%, erhalten. (**Schwz. P. 438 366** vom 16/7. 1965, ausg. 15/12. 1967. F. Prior. 17/7. 1964.) — 3 S. R. Bauereis H 1250

1990 Sandoz Soc. An., Basel, Schweiz, **Herstellung von N-Propinyl-N-methylbenzylaminen,** die ggf. im Bzl.-Kern durch eine Tri- oder Tetramethylenkette oder durch die Gruppe $-CH=CH-O-$ substituiert sind, durch Rk. entsprechend substituierter N-Methylbenzylamine mit Propinylverb. $CH\equiv C-CH_2-X$ (X = Säurerest) in Ggw. eines Säureakzeptors, durch Methylieren von Propinylbenzylamin oder durch Rk. von N-Methylpropinyl-(2)-amin mit entsprechend substituierten Benzylverbindungen. (**Port. P. 46 486** vom 29/9. 1966, Auszug veröff. 12/7. 1967. Schwz. P. 30/9., 30/9. 1965, 6/5. u. 11/5. 1966.) W. Wittholz H 1310

1991 E. I. du Pont de Nemours & Co., Wilmington, Del., USA, **α.α-Di-(fluoralkyl)-benzylamine** der allg. Formel $Q[C(CF_2Y^1)(CF_2Y^2)-NH_2]_n$ werden hergestellt durch Rk. von HQH mit $Y^1-CF_2-C(=NH)CF_2Y^2$ in Ggw. eines Friedel-Crafts-Katalysators. [Y^1 = F, Cl, Perfluoralkyl; ω-Chlorperfluoralkyl mit 1—6 C-Atomen; $Y^2 = Y^1$, H; wenn Y^2 = H, dann Y^1 = F, Perfluoralkyl; n = 1, 2; Q = Rest von mono- oder polycycl. Verb., die 1, 2 oder 3 6gliedrige aromat. Ringe enthalten, oder eine polycycl. Verb., die 2 6gliedrige aromat. Ringe enthält, die über eine O-, S-, N(R)- oder $(CH_2)_m$-Brücke verbunden sind; R = H, Phenyl, C_1-C_6-Alkyl; m = 1—6]. — *Benzylamine*: *4-Hydroxy-α.α-bis-(trifluormethyl)-*, $C_9H_7F_6NO$, $Kp._1$ 80°; F. 70—73°; (Ausb.) 50%. — *4-Methoxy-α.α-bis-(trifluormethyl)-*, $C_{10}H_9F_6NO$, $Kp._{1,2}$ 65°; F. 53—53,5°. — *4-Methyl-α.α-bis-(trifluormethyl)-*, $C_{10}H_9F_6N$, $Kp._{100}$ 125°. — *3.5-Dimethyl-4-hydroxy-α.α-bis-(trifluormethyl)-*, F. 65—68°. — *4-Phenyl-α.α-bis-(trifluormethyl)-*, $C_{15}H_{11}F_6N$, F. 93—96°; $Kp._2$ 135°. — *α.α-Bis-(trifluormethyl)-*, $C_9H_7F_6N$; $Kp._{60}$ 95°. — *4-Dimethylamino-α.α-bis-(trifluormethyl)-*, $C_{11}H_{12}F_6N_2$, F. 58,5—59,5°. — *4-Dimethylamino-α-trifluormethyl-α-difluormethyl-*, $Kp._1$ 70—80°. — *4-Amino-α.α-bis-(trifluormethyl)-*, $C_9H_8F_6N_2$, F. 69—70°; $Kp._{4,5}$ 81°. — *4-Chlor-α.α-bis-(trifluormethyl)-*, $C_9H_6ClF_6N$, $Kp._{1,25}$ 50°. — *4.4'-Bis-(2-aminohexafluorisopropyl)-diphenyläther*, $C_{18}H_{12}F_{12}N_2O$, F. 50—52°; $Kp._{0,2}$ 124°, neben *4-Phenoxy-α.α-bis-(trifluormethyl)-*, $Kp._{0,2}$ 117—119°. — *9-(2-Aminohexafluorisopropyl)-anthracen*, $C_{17}H_{11}F_6N$, F. 210°. — *4-Fluor-α.α-bis-(trifluormethyl)-*, $C_9H_6F_7N$, $Kp._{10}$ 69°. — *4.4'-Bis-(2-aminohexafluorisopropyl)-diphenylamin*, $C_{18}H_{13}F_{12}N_3$, F. 83—85°; $Kp._{0,75}$ 175°. — *2.4-Bis-(2-aminohexafluorisopropyl)-phenol*, $C_{12}H_8F_{12}N_2O$, F. 82 bis 84°; $Kp._{0,05}$ 70°. — *4.4'-Bis-(2-aminohexafluorisopropyl)-diphenylsulfid*, $C_{18}H_{12}F_{12}N_2S$, $Kp._{0,3}$ 173—176°. — *4.4'-Bis-(2-aminohexafluorisopropyl)-bibenzyl*, $C_{20}H_{16}F_{12}N_2$, $Kp._{1-2}$ 145—146°; 16%. — *4-Brom-α.α-bis-(trifluormethyl)-*, $C_9H_6BrF_6N$, F. 35—36°; $Kp._{10}$ 122°. — *4-Methyl-α-trifluormethyl-α-chlordifluormethyl-*, $C_{10}H_9ClF_5N$, $Kp._{0,75}$ 79°. — *4-Methyl-α.α-bis-(pentafluoräthyl)-*, $C_{12}H_9F_{10}N$, $Kp._{0,5}$ 30° (Drehbandkolonne); 8%. — UV- u. NMR-Spektren. — *Weichmacher*, *Wärmeüberträger*; Zwischenprod. für Polymere. (**Brit. P. 1 078 828** vom 13/5. 1966, ausg. 21/6. 1967. U. S. Prior. 14/5. u. 30/12. 1965.) — 12 S. A. Debo H 1310

1992 Seekay Chemical Co., Brooklyn, N.Y., USA (Erfinder: Charles Kapar), **Herstellung von Tris-[acetamido]-aminen** der allg. Formel $N[CH_2-C(=O)-NH-CH_2-R]_3$ (R = C_1-C_{10}-KW-Stoffrest), dad. gek., daß man Nitrilotriacetonitril (I) mit einem prim. Amin der allg. Formel NH_2-CH_2-R u. W. bei 40—150° umsetzt, das Rk.-Prod. trocknet (W.-Geh. < 3%) u. mit einer wasserlösl. organ. Fl. reinigt. — Aus **I**, Benzylamin u. W. durch Erwärmen auf 80° u. dann 7 Std. unter Rückfluß, Trocknen (W.-Geh. 2,8%) u. Lösen des schwarzen Rückstands in wenig Aceton → krist. *Tris-[benzylacetamido]-amin*, F. 145° (Methanol); (Ausb.) 76%. — Analog Amine: *Tris-[N-methylacetamido]-*, F. 152°; 78%. *Tris-[N-cyclohexylmethylacetamido]-*, krist.; 67%. *Tris-[N-decylacetamido]-*, Pulver; F. 137°; 66%. — Verbesserung der Eig. von *thermoplast. Polymeren*; Umwandlung der Rk.-Prod. in *Trismethylolverb.* zur *Textilveredelung* bzw. in *Äthylenoxidderiv.* zur Herst. von *Polyestern*; Verw. der *Cl-Deriv.* als *Bleich-* u. *Desinfektionsmittel*. (**Brit. P. 1 085 878** vom 24/6. 1965, ausg. 4/10. 1967. U. S. Prior. 25/6. 1964.) — 4 S. Georg Vogel H 1310

1993 Monsanto Chemicals (Australia) Ltd., West Footscray, Victoria, Australien, **Herstellung von o-Phenylendiamin,** F. 101—103°, Ausb. 89,4%, das ggf. durch Hydroxyalkyl, Alkoxy oder Halogenalkyl mit je 1—4 C-Atomen substituiert sein kann, erfolgt durch Hydrierung eines o-Nitroanilins in Ggw. eines Pt-Metalls in der Dampfphase. — Zwischenprod. für *Farbstoffe*; *photograph. Chemikalien*; *Biozide*. (**Brit. P. 1 077 920** vom 16/12. 1965, ausg. 2/8. 1967. Aust. Prior. 18/12. 1964.) — 3 S. R. Bauereis H 1310

1994 Frank Edward Smith, Hanger Hill, Middlesex, und Algraphy Ltd., London, Großbritannien, **Diazonium-Reineckeate** der allg. Formel $R-\overset{\oplus}{N}\equiv N[Cr(NH_3)_2 \cdot SCN)_4]^{\ominus}$ erhält man durch Rk. von Diazoniumchloriden bzw. deren Zn-Doppelsalzen mit NH_4-Reineckeat (R = substituierter Arylrest). — (Reineckeat = **I**) *4'-Methoxydiphenylamino-4-diazonium-***I**, Zers. ca. 108°. — *4-Dimethylaminobenzoldiazonium-***I**, Zers. ca. 100°. — *N-Äthyl-N-hydroxyäthyl-4-aminobenzoldiazonium-***I**, Zers. 128°. — *4-Phenylacetylamino-2.5-diäthoxybenzoldiazonium-***I**, Zers. 122°. — Prod. zur Herst. *lichtempfindlicher Schichten für die Diazotypie*. (**Brit. P. 1 080 153** vom 9/3. 1965, ausg. 23/8. 1967.) — 2 S. A. Jahn H 1320

1995 A/S Dumex, Kopenhagen, Dänemark, **Herstellung von L-3.4-Dihydroxy-α-methylphenylalanin** durch Hydrolysieren der entsprechenden 3.4-Methylendioxyverb. in Ggw. eines HCHO bindenden Mittels. — Trennung des DL-3.4-Methylendioxy-α-methylphenylalanins in die *D-* u. *L-Form* über die weinsauren Salze, von denen die D-Form in konz. wss. Weinsäure zuerst ausfällt, während die L-Form anschließend ausgefällt u. durch Auflösen in W. bei pH 5—6 in die freie *Aminosäure* als Nd. übergeführt wird. (**Port. PP. 47 035** u. **47 036** vom 17/1. 1967, Auszug veröff. 4/8. 1967. Beide Dän. Prior. 20/1. 1966.) W. Wittholz H 1350

1996 Union Carbide Corp., übert. von: Bernard Kanner, Tonawanda, N.Y., USA, **Aminoorganofluorsilane** der allg. Formel $(Y-R)_bSi(R')_c(X)_{3-b-c}F$ (R = KW-Stoffrest ohne aliphat. Mehrfachbindung; R' = C_1–C_{10}-KW-Stoffrest ohne aliphat. Mehrfachbindung; X = F, OR'; Y = $-NH-G$, $-NH \cdot C_dH_{2d}NG_2$; G = H, R', $C_\alpha H_{2d}OH$; b = 1—2; c = 0—1; d = 1—6) werden hergestellt durch Hydrierung der entsprechenden Cyanorganofluorsilane oder durch Rk. von Halogenorganofluorsilanen mit NH_3 oder den entsprechenden Aminen. — *Methyldifluorsilane*: *δ-Aminobutyl-*, $Kp._{20}$ 63°; (Ausb.) 74%. — *δ-Amino-γ.γ-dimethylbutyl-*, $Kp._{1,5}$ 38,5°; 28%. — *N-β-Aminoäthyl-γ-aminoisobutyl-*, $Kp._{0,6}$ 81°; 60%. — *N-Phenyl-γ-aminoisobutyl-*, $Kp._{1,5}$ 115°; 70%. — *γ-Aminoisobutyl-*, $Kp._{747}$ 152—154°. — *p-Aminophenyl-*, $Kp._{15}$ 115—116°. — *N-Phenyl-γ-aminoisobutyltrifluorsilan*, $Kp._{2,7}$ 95—100°. — *Schlichten* für *Glasfasern*. (**U. S. P 3 347 896** vom 3/10. 1963, ausg. 17/10. 1967.) — 4 S. A. Debo H 1380

1997 Monsanto Research Corp., St. Louis, Mo., übert. von: James A. Webster, Dayton, O., USA, **Halogenarylorganodisilalkane** der allg. Formel $[alk\text{-}Si \cdot (R)(ar\text{-}X_m)-CH_2-CH_2]_2(CH_2)_n$ (alk = C_1—C_6-KW-Stoff; ar = C_6—C_{12}-Aryl ohne aliphat. Mehrfachbindung; X = Halogen; m = 1—5; n = 0—6; R = alk, ar, ar-X_m; Summe der C-Atome = 20—36) werden hergestellt durch Anlagerung von 1 Mol $CH_2{=}CH(CH_2)_n-CH{=}CH_2$ an 2 Mol eines entsprechenden Triorganohydrogensilans oder durch Rk. von 1 Mol $CH_2{=}CH(CH_2)_n-CH{=}CH_2$ mit 2 Mol eines Diorganohalogenhydrogensilans oder eines Organodihalogenhydrogensilans u. anschließende Rk. nach Grignard. — *2.9-Bis-(m-bromphenyl)-2.9-dimethyl-2.9-disiladecan*, $Kp._{0,02}$ 193—196°; n_D^{25} 1,5556, aus m-Bromphenyldimethylsilan, $Kp._{10}$ 89—91°; n_D^{25} 1,5382. — *2.9-Bis-(m-chlorphenyl)-2.9-dimethyl-2.9-disiladecan*, $Kp._{0,04}$ 178°, aus m-Chlorphenyldimethylsilan, $Kp._{20}$ 89°. NMR-Spektren. — *Hydraul. Flüssigkeiten.* (**U. S. P. 3 347 897** vom 24/12. 1963, ausg. 17/10. 1967.) — 7 S. A. Debo H 1380

1998 General Electric Co., Schenectady, N.Y., USA, **Disiloxane** der allg. Formel $(A)_3SiO-Si(A)_3$ (A = $C_6H_5-O_m-C_6H_4O-$, $C_{10}H_7O-$; m = 0, 1) erhält man durch Rk. eines Hexachlordisiloxans, $Cl_3Si-O-SiCl_3$, mit Phenylphenol, Phenoxyphenol oder einem Naphthol in Ggw. eines Amins als Säurebinder bei 200—325°. — Aus o-Phenylphenol erhält man durch Rk. mit Hexachlordisiloxan in Ggw. von Py. das Disiloxan *[(o-Phenylphenol)$_3$Si]$_2$O*. Ähnliche Verb. erhält man durch Rk. mit p-Phenylphenol, p-Hydroxyphenyläther u. mit α- oder β-Naphthol. — Verw. vgl. Brit. P. 909 403. (**Brit. P. 1 086 982** vom 20/1. 1965, ausg. 11/10. 1967. U. S. Prior. 24/1. 1964.) — 7 S. R. Bollinger H 1380

1999 Yissum Research Development Co., Jerusalem, Israel (Erfinder: Jacob Silbiger und Joshua Fuchs), **Disilazane** werden hergestellt durch Rk. von Polysilazanen mit Halogensilanen, ggf. in Ggw. eines Katalysators. — $Cl-Si(CH_3)_2-NH-Si(CH_3)_3$, $Kp._{32}$ 68 bis 69°. — $Cl-Si(CH_3)_2-NH-Si(CH_3)_2-Cl$, $Kp._{27,5}$ 78 bis 79°. — $C_6H_5-Si(CH_3)_2-NH-Si(CH_3)_2-C_6H_5$, $Kp._{0,04}$ 130°; n_D^{25} 1,5395. — $(CH_3)_3Si-NH-Si(CH_3)_2-C_6H_5$. — *Oberflächenbehandlungsmittel* für *Silicate*. (**Brit. P. 1 086 250** vom 23/4. 1965, ausg. 4/10. 1967. Israel. Prior. 12/11. 1964.) — 6 S. A. Debo H 1380

2000 Badische Anilin- & Soda-Fabrik Akt.-Ges. (Erfinder: Fritz Beck und Ludwig Schuster), Ludwigshafen/Rh., **Selektive Hydrierung von Dreifach- und einzelnen Zweifachbindungen** wird in fl. Phase in Ggw. von H-Ionen, bes. in W., durchgeführt, in dem Elektrolyte gelöst sind, bzw. in einem polaren nicht wss. Lsgm., ggf. im Gemisch mit W., in Ggw. feinverteilter Metalle, wie Pt, Pd, Rh, Ir, Ni, Co, Fe, Cu, ggf. mit Zusätzen, wie Zn-, Pb-Acetat, Py., NH_3, Triäthanolamin, ggf. auf einem Träger, wobei während der Hydrierung das Bezugspotential (**I**) gemessen wird; die Hydrierung wird abgebrochen, wenn **I** ein Max. durchläuft. **I** ist die Potentialdifferenz zwischen der Katalysator-Oberfläche u. einer Bezugselektrode. Zum Beispiel Hydrierung von 2-Butindiol-(1.4) zu 2-Butendiol-(1.4) u. einer Doppelbindung des Cyclooctadiens-(1.5). (**Brit. P. 1 059 386** vom 5/5. 1964, ausg. 22/2. 1967. D. Prior. 10/5. 1963.) — 8 S. R. Bollinger H 1810

2001 Halcon International, Inc., New York, N.Y., USA, **Cycloalkanole** erhält man durch Ox. von Cycloalkanen mit O_2 oder O_2-haltigem Gas in Ggw. von entwässerter Orthoborsäure u. Hydrolyse des erhaltenen Borsäureesters. Die bei der Aufarbeitung anfallende wss. Lsg. der Orthoborsäure wird in einem KW-Stoff suspendiert, auf 140—155° erhitzt u. W. entfernt. — Aus Cyclohexan durch Einleiten von Luft bei 165° u. 120 psig in Ggw. von Metaborsäure *Cyclohexanol*; die Hydrolyse des zunächst erhaltenen Borsäureesters wird bei 165° u. 200—210 psig durchgeführt. (**Brit. P. 1 069 733** vom 15/9. 1964, ausg. 24/5. 1967. U. S. Prior. 19/9. 1963.) — 5 S. R. Bollinger H 1850

2002 Ciba Ltd., Basel, Schweiz, **Monoester von α,β-ungesättigten Carbonsäuren** mit einem cycloaliphat. Ring im Alkoholrest der allg. Formeln $R^2CH{=}C(R^1)C({=}O) \cdot O(1)A(2)OH$ oder $HO(2)A(1)OC({=}O)CH{=}C(R^1)C({=}O) \cdot O(1)A(2)OH$ bzw. $HO(2)A(1)OC({=}O)C({=}CH_2)CH_2C \cdot ({=}O)O(1)A(2)OH$ (A = cycloaliphat. Rest C_{5-10}; R^1 u. R^2 = H oder CH_3) erhält man durch Rk. einer α,β-ungesätt. Säure mit einem cycloaliphat. 1.2-Monoepoxid. — 3.4-Epoxytetrahydrobenzylalkohol gibt mit Acrylsäure ein Gemisch aus *1-Acryloyloxy-2-hydroxy-4-hydroxymethylcyclohexan* u. *1-Acryloyloxy-3-hydroxymethyl-6-hydroxy-*

methylcyclohexan; ähnlich: *1-Acryloyloxy-2-hydroxy-4.4-* oder *-5.5-dihydroxymethylcyclohexan*; *3-* oder *4-Acryloyloxy-exo-tricyclo-5.2.1.0^2.6^-decandiol-4(oder 3)*, *8(oder 9)*; *1.1-Bis-[glycidoxymethyl]-methacryloyloxy-4-hydroxycyclohexan*; *3''-Methacryl-4''-hydroxycyclohexyl-2-spiro-[5.5']-1'-methacryl-2'-hydroxycyclohexandioxan-(1.3)* u. *Maleinsäuredi-[2-hydroxytetrahydrobenzalglycerin-5]-ester*. — *Zwischenprod.* für *Polymere* u. *Mischpolymere*. (**Brit. P. 1 087 854** vom 1/12. 1964, ausg. 18/10. 1967. Schwz. Prior. 2/12. 1963.) — 17 S. R. Bollinger H 1850

2003 Firmenich & Cie., Genf, Schweiz (Erfinder: Georg Büchi, Cambridge, Mass., USA), **2-[Penten-(2')-yl-(1')]-3-methylcyclopenten-(2)-on-(1)** erhält man durch Rk. eines Metallderiv. des 2-Methylfurans, das man durch Rk. von 2-Methylfuran mit einer alkalimetallorgan. Verb. herstellt, mit einem Hexen-(3)-yl-(1)-halogenid, bes. Hexen-(3)-yl-(1)-bromid, Aufspaltung des erhaltenen 2-Methyl-5-[hexen-(3')-yl-(1')]-furans mit saurem Mittel, bes. bei pH 1—2 zu Undecen-(8)-dion-(2.5) u. Ringschluß in Ggw. von wss. KOH oder NaOH bei pH ca. 13—14. — Aus 2-Methylfuran mit cis-Hexen-(3)-yl-(1)-bromid in Ggw. von Li in Tetrahydrofuran → *2-Methyl-5-[cis-hexen-(3')-yl-(1')]-furan*; n_D^{26} 1,4671, daraus durch Behandeln mit 20%ig. H_2SO_4 → *cis-Undecen-(8)-dion-(2.5)*, $Kp._{0,02}$ 65°, daraus mit NaOH in A. → *Jasmon*, n_D^{26} 1,4955. — *Riechstoff*. (**Schwz. P. 439 274** vom 3/3. 1964, ausg. 15/12. 1967.) — 4 S. R. Bollinger H 1960

2004 E. I. du Pont de Nemours & Co., Wilmington, Del., USA, **Oxydation von Cycloalkanen** zu den entsprechenden *cycl. Alkoholen* u. *Ketonen* erfolgt in fl. Phase in Ggw. eines Pinakolborat-Anhydrids der allg. Formel {[R—C(CH_3)—O]$_2$B}$_2$O (R = CH_3, tert.-Butyl oder 1.1.2.2-Tetramethylpropyl), eines inerten Lsgm., z. B. Diphenyl, Trichlor-, Dichlor- oder Nitrobenzol, u. bes. Co-Naphthenat als Katalysator mit O_2 oder einem 0,5—30, bes. 21 Mol-% enthaltenden Gas. Die Ox. von Cyclohexan erfolgt z. B. bei 125—200° u. 7—18 at, die von Cyclodecan bei 150—225° u. 1—5 at. — Die erhaltenen Prod. können zu den entsprechenden Dicarbonsäuren weiter ox. werden. (**Brit. P. 1 061 877** vom 12/7. 1965, ausg. 15/3. 1967. U. S. Prior. 14/7. 1964.) — 4 S. O. Müller-Meiningen H 1960

2005 R. J. Reynolds Tobacco Co., Winston-Salem, N.C., USA, **Synthese von Dehydrojonon** durch Halogenierung von α-Jonon in Ggw. von Chinolin oder 2.6-Lutidin, bes. mit Br_2, u. Dehydrohalogenierung des Rk.-Prod., bes. durch Erhitzen auf 90—100° in Ggw. von N.N-Dimethylanilin, Chinolin, N.N-Diäthylanilin. Die Halogenierung wird bes. in inertem Lsgm., z. B. $CHCl_3$, ausgeführt, das vor der Dehydrohalogenierung wieder entfernt wird. (**Brit. P. 1 078 609** vom 15/11. 1965, ausg. 28/6. 1967. U.S. Prior. 17/3. 1965.) — 2 S. H. Roos H 1960

2006 Firmenich & Cie., Genf (Erfinder: Albert Eschenmoser, Dorothea Felix, Zürich, und Max Stoll, Genf), Schweiz, **Iron und Ironabkömmlinge** erhält man aus Verb. der allg. Formel $R^1CH_2(CH_3)C=CH\cdot(CH_2)_2\cdot C(CH_3)=CHCH=C(R^2)COCH_2R^3$ (R^1, R^2 u. R^3 = H oder CH_3) durch Behandeln mit dem Rk.-Prod. aus CH_2N_2 u. einem Metallsalz, bes. einem Zn-Halogenid, wie ZnJ_2, unter Ausschluß von O_2 u. Behandlung des erhaltenen Cycloalkanderiv. der allg. Formel

$R^1CH_2(CH_3)C—CH(CH_2)_2C(CH_3)=CHCH=C(R^2)COCH_2\cdot$
\/
CH_2

R^3 mit einem sauren Cyclisationskatalysator, wie einer Brönstedt-Säure, z. B. H_2SO_4, H_3PO_4 oder Gemische aus H_2SO_4 u. CH_3COOH, bzw. einer Lewis-Säure, z. B. BF_3. — Trans-Pseudojonon gibt mit einem Gemisch aus CH_2N_2 u. ZnJ_2 in Ae. → *1.1-Dimethyl-2-[3-methyl-7-oxo-octadien-(3.5)-yl-(1)]-cyclopropan*, $Kp._{0,05}$ 100—129°, daraus durch Behandeln mit H_3PO_4 → Gemisch aus *trans-α-Iron*, *cis-α-Iron* u. *β-Iron*. — *Riechstoffe*. (**Schwz. P. 424 765** vom 11/2. 1963, ausg. 31/5. 1967.) — 3 S. R. Bollinger H 1960

2007 Firmenich & Cie., Genf, Schweiz (Erfinder: Roger Firmenich, Georges Firmenich und Robert Emile Firmenich), **Iron** erhält man durch Behandeln von 1.1-Dimethyl-2-[3-methyl-7-oxo-3.5-octadien-1-yl]-cyclopropan mit H_3PO_4 oder H_2SO_4 oder einem Gemisch aus H_2SO_4 u. CH_3COOH oder einer Lewis-Säure, wie BF_3. — Aus ZnJ_2 erhält man durch Rk. mit CH_2N_2 in Ae. Bis-[jodmethyl]-Zn, daraus durch Rk. mit trans-pseudo-Jonon bei Raumtemp. bis 50° *1.1-Dimethyl-2-[3-methyl-7-oxo-3.5-octadien-1-yl]-cyclopropan*, $Kp._{0,05}$ 100—129°; durch Behandeln mit H_3PO_4 erhält man daraus ein Gemisch aus *trans-α-Iron*, *cis-α-Iron* u. *β-Iron*, $Kp._{0,1}$ 90°. — *Riechstoffe*. (**Brit. P. 1 061 731** vom 11/2. 1964, ausg. 15/3. 1967. Schwz. Prior. 11/2. 1963.) — 3 S. R. Bollinger H 1960

2008 Roussel-Uclaf, Paris, Frankreich, **1.3-Dioxo-2-alkylcyclopentane** erhält man durch Rk. von Acylsuccinaten der allg. Formel $RCH_2COCH(COOR^1)CH_2\cdot COOR^2$ (R, R^1 u. R^2 = Alkyl) mit einem Alkalimetallalkoholat, wobei das entstehende 1.3-Dioxo-2-alkyl-4-alkoxycarbonyl-I (I = cyclopentan) verseift u. decarboxyliert wird. — Propionylbernsteinsäurediäthylester gibt mit K-tert.-Butylat u. anschließender chromatograph. Reinigung *1.3-Dioxo-2-methyl-4-äthoxycarbonyl*-**I**, $C_9H_{12}O_4$, F. 105°, die *freie Säure*, F. 160°; daraus durch CO_2-Abspaltung *1.3-Dioxo-2-methyl*-**I**, $C_6H_8O_2$, F. 114°; ähnlich: *1.3-Dioxo-2-äthyl*-**I**, $C_7H_{10}O_2$, F. 175°; *1.3-Dioxo-2-n-propyl*-**I**, F. 180°; *1.3-Dioxo-2-isopropyl*-**I**, $C_8H_{12}O_2$, F. 218°. (**Brit. P. 1 057 116** vom 24/4. 1964, ausg. 1/2. 1967. F. Prior. 26/4., 10/7. u. 20/12. 1963.) — 8 S. R. Bollinger H 1970

2009 Eastman Kodak Co., Rochester, N.Y., USA (Erfinder: James Cuthbert Martin), **Cyclobutanonderivate**, die in 3-Stellung durch eine Alkoxyvinylgruppe der allg. Formel $—C(R^4)=C(R^3)OR^2$ (R^3, R^4 u. R^2 = H, Alkyl) substituiert sind, erhält man durch Rk. eines Ketens der allg. Formel $RR^1C=C=O$ mit einem 1.3-Butadien der allg. Formel $R^2OC(R^3)=C(R^4)C(R^5)=CR^6R^7$ (R u. R^1 = H, Alkyl, R^5, R^6, R^7 = H, Alkyl, R^2 auch Aryl). — Aus Dimethylketen mit 1-Methoxy-1.3-butadien → *3-(2-Methoxyvinyl)-2.2-dimethylcyclobutanon*, $Kp._{9,5}$ 88—90°; ähnlich *3-(2-Methoxyvinyl)-2-butyl-2-äthylcyclobutanon*, $C_{13}H_{22}O_2$, $Kp._3$ 95—98°. Herst. ähnlicher Verb. ohne Angabe von Kennzahlen ist beschrieben. — *Weichmacher, bes. für Cellulosebutyratacetat*. (**Brit. P. 1 079 900** vom 21/12. 1965, ausg. 16/8. 1967. U. S. Prior. 23/12. 1964.) — 11 S. R. Bollinger H 1980

2010 Chisso Corp., Osaka, Japan, **Diels-Alder-Kondensationsprodukte** erhält man durch Rk. von α,β-ungesätt. Nitrilen oder Estern der allg. Formel $CH_2=CRR^1$ (R = H oder CH_3; R^1 = $COOR^2$ oder CN; R^2 = Alkyl C_{1-20}) mit einem 1.3-Dien bei Temp. von Raumtemp. bis 70°. — Methacrylat gibt mit Butadien in Bzl. in Ggw. von $AlCl_3$ *Δ^3^-Tetrahydrobenzoesäure*-**I** (**I** = *methylester*), $Kp._{20}$ 73—73,5°; ähnlich: *Δ^3^-Tetrahydrotoluylsäure*-**I**, $Kp._{20}$ 90—92°; *cis-2-Methyl-Δ^3^-tetrahydrobenzoesäure*-**I**, $Kp._{40}$ 103—105°; *Chlor-Δ^3^-tetrahydrobenzoesäure*-**I**, $Kp._{12}$ 95°; *Δ^3^-Tetrahydrobenzoesäureoctadecylester*; *1-Methyl-Δ^3^-cyclohexencarbonsäure*-**I**; *5-Norbornencarbonsäure*-**I**, $Kp._{12}$ 86—88°; *3.4-Dimethyl-3-cyclohexencarbonsäure*-**I**, $Kp._{20}$ 104—106°. — *Zwischenprod.* für *Epoxide*. (**Brit. P. 1 076 804** vom 29/3. 1966, ausg. 19/7. 1967. Jap. Prior. 29/3. 1965.) — 4 S. R. Bollinger H 2010

2011 Herbert C. Brown, West Lafayette, Ind., USA, **Organoborverbindungen** werden hergestellt durch Rk. von Diboran mit ungesätt. organ. Verb. in fl. Zustand in Ggw. von schwachen Lewis-Basen als Katalysatoren. — *Borane*: *Tri-n-hexyl-*, $Kp._{30}$ 185—188°; (Ausb. 100%). — *Tricyclohexyl-*, $Kp._2$ 130—132°; 100%. — *Tributyl-*; 75%. — *Tri-n-octyl-*, $Kp._2$ 144—146°; > 80%. — Katalysatoren sind Diglyme, Ae., Tetrahydrofuran, Tetrahydropyran, Triäthylenglykoldimethyläther, Äthylacetat, Nitrobenzol, Benzoesäureäthylester, Äthylsilicat, Methylborat, Diäthylsulfid. (**U. S. P. 3 345 418** vom 29/8. 1957, ausg. 3/10. 1967.) — 4 S. A. Debo H 2180

2012 F. Hoffmann-La Roche & Cie. Soc. An., Basel, Schweiz, **Herstellung von Acetylen-Derivaten** der Formel I, in welcher die Bzl.-Kerne A u. C eine tert.-Alkoxyaminogruppe u. eine oder 2 Halogenatome oder niedere Alkylgruppen enthalten, während die Kerne B u. D 1—3 Substituenten enthalten können, z. B. Halogenatome, niedere Alkyl- oder Alkoxygruppen, Nitro-, di-

I 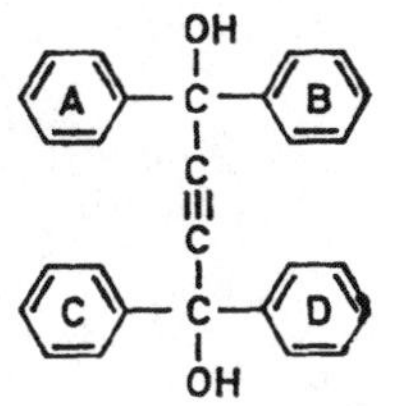

substituierte Amino- u. tert.-Alkoxyaminogruppen, durch Rk. eines entsprechend substituierten Benzophenons mit Acetylen in Ggw. einer Organometallverb., wobei als Ausgangsstoffe z. B. folgende 4-[β-Diäthylaminoäthoxy]-3-methylbenzophenone in Betracht kommen: 3′-Chlor-, 3′-Fluor-, 4′-Nitro-, 2′-Nitro-4′-chlor-, 2.6-Dimethyl-2′.4′-dichlor-, 4′-Brom- u. 3.3′-Dichlor-. (**Port. P. 45 452** vom 11/3. 1966, Auszug veröff. 5/4. 1967. Schwz. Prior. 12/3. 1965.) W. Wittholz H 2250

2013 Cotton Silk and Man-Made Fibres Research Association, Manchester, Lancashire, Großbritannien (Erfinder: Gerald Lund und Frank Samuel Henry Head), **Hydroxybenzophenonsulfone** erhält man nach folgendem Beispiel: Durch Rk. von 5-Thiol-2-hydroxybenzoesäure mit 2-Chloräthanol erhält man die 5-[β-Chloräthylthio]-2-hydroxybenzoesäure, F. 151—152°, $C_9 \cdot H_9ClO_3S$. Durch Ox. dieser Verb. mit H_2O_2 erhält man die 5-[β-Chloräthylsulfonyl]-2-hydroxybenzoesäure, F. 163 bis 164°, $C_9H_9ClO_5S$. Durch Rk. dieser Säure mit Oxalylchlorid erhält man das 5-[β-Chloräthylsulfonyl]-2-hydroxybenzoylchlorid (I), F. 87—88°. Durch Ox. von p-[β-Chloräthylsulfonyl]-toluol mit Cr_2O_3 erhält man die p-[β-Chloräthylsulfonyl]-benzoesäure, F. 227—228°, $C_9 \cdot H_9ClO_4S$, -chlorid, F. 97—98°. Durch Rk. von I mit Bzl. in Ggw. von $AlCl_3$ erhält man das *5-[β-Chloräthylsulfonyl]-2-hydroxybenzophenon*, F. 150—151°, $C_{15}H_{13} \cdot ClO_4S$. Analog wurden erhalten: *2.4-Dihydroxy-4′-[β-chloräthylsulfonyl]-benzophenon*, F. 146—147°, $C_{15}H_{13} \cdot ClO_5S$; *2-Hydroxy-4-methoxy-4′-[β-chloräthylsulfonyl]-benzophenon*, F. 125—126°, $C_{16}H_{15}ClO_5S$; *5-[β-Chloräthylsulfonyl]-2-hydroxy-4′-methoxybenzophenon*, F. 154—155°; *5-[β-Chloräthylsulfonyl]-2.2′-dihydroxy-4-methoxybenzophenon*, F. 105—106°, $C_{16}H_{15}ClO_6S$. — *UV-Schutzmittel für Cellulosetextilien*. (**Brit. P. 1 079 037** vom 26/10. 1963, ausg. vom 9/8. 1967.) — 8 S. R. Bauereis H 2380

2014 Ciba Ltd., Basel, Schweiz, **Herstellung von 4′-Nitrodiphenyl-4-carbonsäure** erfolgt durch Acylieren von Diphenyl mit einem (halogenierten) Acetylhalogenid in Ggw. von $AlCl_3$ in Nitrobenzol, Nitrieren des $AlCl_3$-Komplexes im gleichen Medium mit konz. HNO_3 in Ggw. von $AlCl_3$, Zers. des Komplexes mit W. u. Ox. des Nitro-4-(halogen)-acetyldiphenyls. (**Brit. P. 1 059 350** vom 3/1. 1966, ausg. 15/2. 1967. Schwz. Prior. 8/1. 1965.) — 3 S. W. Ude H 2410

2015 Warner-Lambert Pharmaceutical Co., Morris Plains, N.J., USA, **Herstellung von 2-[4-Biphenylyl]-buttersäure (I).** Man erhält durch Rk. von Chloralhydrat mit Malonsäure in Ggw. von Py. bei 3std. Erhitzen auf 60—70° *β-Hydroxy-4.4.4-trichlorbuttersäure* (F. 113—116°; $CCl_3-CH[OH]-CH_2COOH$), die man mit CH_3COONa u. Acetanhydrid 3 Std. auf 95° erhitzt, wobei man *Trichlorcrotonsäure* ($Cl_3C-CH=CH-COOH$; F. 114—116°) erhält. — Zur Lsg. von 10 (g) dieser Verb. in 50 ml Chlorbenzol (II) gibt man eine Lsg. von 10 $TiCl_4$ (III) in 10 ml II bei 5° u. anschließend 48,5 Biphenyl, worauf man 19 Std. auf 60—65° erhitzt, anschließend wird HCl u. Eis zugesetzt, mit Ae. extrahiert, der Ae.-Extrakt mit NaOH behandelt u. mit HCl angesäuert, wobei man 14,5 *4.4-Dichlor-2-[4-biphenylyl]-3-buttersäure* (IV) ($C_6 \cdot H_5-C_6H_4-CH[CH=CCl_2]-COOH$; F. 168—169°) erhält. An Stelle von III kann man als Katalysator auch $AlCl_3$, $FeCl_3$, $SnCl_4$, $ZnCl_2$ oder Zn-Metall u. an Stelle von Chlorbenzol CS_2 oder Nitrobenzol verwenden. Red. von 1 IV in Ggw. von 0,1 10%ig. Pd-Kohle, 0,13 NaOH u. 20 ml CH_3OH mit H_2 bei 25° liefert in 1 Std. → 0,7 (90%) I, $C_6H_5-C_6H_4-CH[C_2H_5]-COOH$, F. 126—127°. — *Zwischenprod.* für *Pharmazeutika*. (**Brit. P. 1 087 887** vom 19/5. 1965, ausg. 18/10. 1967. U. S. Prior. 8/6. 1964.) — 3 S. O. Müller-Meiningen H 2410

2016 Gulf Research & Development Co., Pittsburgh, Pa., USA, **Herstellung von Hydroxybenzophenoncarbonsäuren** durch Halogenierung eines 1.1-Bis-[4-alkylphenyl]-alkans oder eines 1.1-Bis-[3.4-dialkylphenyl]-alkans, Ox. des kernhalogenierten 1.1-Diphenylalkans mit HNO_3 zur 4.4′-Dicarbonsäure oder 3.4.3′.4′-Tetracarbonsäure u. Hydrolyse der halogenierten Säure. *Monochlorbenzophenon-4.4′-dicarbonsäure*, F. 330—335°, Ausb. 85%, → *Monohydroxybenzophenon-4.4′-dicarbonsäure*, F. 250—255°, Ausb. 63%; *Monochlorbenzophenon-3.4.3′.4′-tetracarbonsäure*, F. 185—190°, 38%, → *Monohydroxybenzophenon-3.4.3′.4′-tetracarbonsäure*, F. 115 bis 120°; *Dichlorbenzophenon-4.4′-dicarbonsäure*, F. 225 bis 240°, 56%, → *Dihydroxybenzophenon-4.4′-dicarbonsäure*, F. 280—300°. — *Stabilisatoren* gegen *Ultraviolett-Licht*. (**Brit. P. 1 083 195** vom 17/11. 1964, ausg. 13/9. 1967. U. S. Prior. 23/12. 1963.) — 5 S. R. Bauereis H 2470

2017 Montecatini Soc. Gen. per l'Industria Mineraria e Chimica, Mailand, Italien, **Ungesättigte bicyclische Kohlenwasserstoffe mit kondensierten Ringen** der allg. Formel I (R u. R^1 = H, CH_3, gleich oder ver-

I 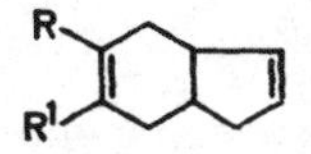

schieden) erhält man durch Copolymerisation von Cyclopentadien oder Dihydrocyclopentadien mit Butadien, Isopren, Dimethylbutadien in Lsgm. bei 80—280°. — Aus Isopren u. Cyclopentadien durch Erhitzen auf 190—200° in Bzl. im Autoklav → *6-Methyl-4.7.8.9-tetrahydroinden*. (**Brit. P. 1 055 688** vom 23/9. 1965, ausg. 18/1. 1967. It. Prior. 25/9. 1964.) — 6 S. R. Bollinger H 2560

2018 Bridge Chemicals Ltd., Welwyn Garden City, Hertfordshire, Großbritannien (Erfinder: Barry David Jones und David Pedrick Hansell), **1.2.3-Indantrionhydrat** erhält man durch Rk. eines Phthalsäuredialkylesters mit Dimethylsulfoxid in Ggw. von Alkalihydrid in Inertgas, Ansäuern des Prod. mit HCl u. Hydrolyse mit Wasser. (**Brit. P. 1 079 748** vom 9/7. 1965, ausg. 16/8. 1967.) — 5 S. R. Bollinger H 2650

2019 International Flavors and Fragrances, Inc., New York, N.Y., USA (Erfinder: Ernst Theodore Theimer und Jack Herbert Blumenthal), **7-Acetyl-2a.3.4.5-tetrahydro-1.1.5.5-tetramethylacenaphthen** erhält man aus 1.1-Dimethyltetralin durch Halogenierung u. anschließende Rk. des dabei erhaltenen Halogendimethyltetralins mit Methallyl-Mg-halogenid, das dabei entstehende 1.1-Dimethyl-4-methallyltetralin wird zum Acenaphthenderiv. cyclisiert u. dieses anschließend in der 7-Stellung acyliert. — Aus Dimethyltetralin erhält man durch Rk. mit tert.-Butylhypochlorit *Chlordimethyltetralin*, daraus durch Rk. mit Methallyl-MgCl *1.1-Dimethyl-4-methallyltetralin*, $Kp._{0,4}$ 106°, daraus durch Ringschluß in Ggw. von 88%ig. H_2SO_4 *2a.3.4.5-Tetrahydro-1.1.5.5-tetramethylacenaphthen*, $Kp._{4,8}$ 116°, durch Rk. mit CH_3COCl in Ggw. von $AlCl_3$ wird daraus das *7-Acetylderiv.* vom F. 117—118° hergestellt. — *Riechstoff*. (**Brit. PP. 1 071 012 u. 1 071 013** vom 21/4. 1965, ausg. 7/6. 1967.) — 4 S. — 3 S. R. Bollinger H 2750

2020 Sandoz Akt.-Ges., Basel (Erfinder: Ernst Jucker, Ettingen, und Anton Ebnöther, Reinach), Schweiz, **Substituiertes 10.11-Dihydrodibenzo-(a.d)-cycloheptadien-(1.4)**, wobei der Substituent in 5-Stellung die allg. Formel $=C(R^1)CH_2NR^2R^3$ hat (R^1 = H oder Alkyl; R^2 u. R^3 = Alkyl, oder R^2 zusammen mit R^1 oder R^3 Alkylen $\leqq C_5$), erhält man aus der entsprechenden 5-Hydroxy-Verb. durch Behandeln mit einem Alkalimetall in einem Alkohol u. anschließende W.-Abspaltung. — 5-Hydroxy-5-[1′-dimethylaminoisopropyl]-dibenzo-(a.e)-cycloheptatrien gibt mit Na in Methylisobutylcarbinol *5-Hydroxy-5-[1′-dimethylaminoisopropyl]-dibenzo-(a.d)-cycloheptadien-(1.4)*, *Hydrochlorid*, F. 242°; daraus durch Erhitzen mit konz. HCl *5-[1′-Dimethylaminoisopropyliden]-dibenzo-(a.d)-cycloheptadien-(1.4)*, *Hydrochlorid*, F. 213—214°; ähnlich *5-Hydroxy-5-[1′-methylhexahydroazepinyl-(3′)]-dibenzo-(a.d)-cycloheptadien-(1.4)*, *Hydrochlo-*

rid, F. **234–237°** (Zers.); *5-[1′-Methylhexahydroazepinyliden-(3′)]-dibenzo-(a.d)-cycloheptadien-(1.4), Hydrochlorid*, F. 196–197° (Zers.). – Vgl. D. A. S. 1 182 664; C. **1966, 6-1704.** (**Schwz. P. 421 942** vom 6/7. 1961, ausg. 15/4. 1967. **Zusatz zu Schwz. P. 402 838; C. 1967, 10-1889.**) – 2 S. R. Bollinger H 2910

2021 Sandoz Akt.-Ges., Basel (Erfinder: Ernst Jucker, Ettingen, und Anton Ebnöther, Reinach), Schweiz, **5-[1′-Methylpyrrolidyliden-(3′)]-dibenzo-[a.d]-cyclohepta-(1.4)-dien,** erhält man durch Hydrierung von 5-[1′-Methylpyrrolidyliden-(3′)]-dibenzo-[a.e]-cycloheptatrien mit H_2 u. Pd–Kohle. – *Hydrochlorid*, F. 274–276°. – Vgl. D. A. S. 1 182 664; C. **1966, 6-1704.** (**Schwz. P. 421 943** vom 6/7. 1961, ausg. 15/4. 1967. **Zusatz zu Schwz. P. 402 838; C. 1967, 10-1889.**) – 2 S. R. Bollinger H 2910

2022 Universal Oil Products Co., Des Plaines, übert. von: Henryk A. Cyba, Evanston, Ill., USA, **Dithiophosphorylepoxyalkane** der allg. Formel $(RO)_2 \cdot P(=S)-S-R'-\overset{O}{CH-CH}-R''$ [R = H, KW-Stoff; R″ = H, KW-Stoff; $(RO)_2P(=S)-S-$] werden hergestellt durch Rk. eines Alkalidithiophosphats mit einem Halogenepoxid in Ggw. eines O-haltigen polaren Lösungsmittels. – *1-(Diisopropoxydithiophosphoryl)-2.3-epoxypropan*, n_D^{20} 1,5180. – *1.4-Bis-(diisopropoxydithiophosphoryl)-2.3-epoxybutan*, rötlichbraun, n_D^{20} 1,5278. – *1-(Ditridecyloxydithiophosphoryl)-2.3-expoxypropan*, n_D^{20} 1,4885. – Weitere Beispiele. – *Insektizide*; *Schmiermittelzusätze*; *Stabilisatoren* für *Polyolefine* u. organ. Verbindungen. (**U. S. P. 3 349 103** vom 20/12. 1963, ausg. 24/10. 1967.) – 5 S. A. Debo H 3030

2023 Dow Chemical Co., Midland, Mich., USA (Erfinder: Wiliam Perkins Coker, Prella Mays Phillips und Gordon Russell Miller), **Herstellung von Aziridinylestern** erfolgt durch Umestern eines Mono- oder Diesters einer aromat. oder aliphat. Carbonsäure mit einem β-A-Alkohol (A = Aziridinyl), bes. in Ggw. eines Alkalialkoholats. – *2-[1-A-]Äthylacetat*, **Kp.₆₃** 99–100°, aus n-[2-Hydroxyäthyl]-aziridin u. Äthylacetat in Ggw. von Na-2-[1-A]-Äthylat. – *2-[1-A]-Äthylbutyrat*, $Kp._{1,5}$ 66°. – *2-[1-A]-Äthylmethacrylat*, $Kp._{0,1}$ 44–50°. – *2-[1-A]-Äthylacrylat*, $Kp._{0,75}$ 37°. – *2-[1-A]-Äthylbenzoat*, $Kp._{0,13}$ 90–100°. – *Di-[2-(1-A)-äthyl]-adipat*, $Kp._{0,2}$ 135°; n_D^{23} 1,4674. – *2-[1-A]-Isopropylacetat*, $Kp._{2,25}$ 45°; n_D^{23} 1,4294. – *Zusätze zur Verhinderung* der *Korrosion* von *Al* durch *entfettende Lsgm.* u. des *Wachsens* von *E. coli*. (**Brit. P. 1 075 585** vom 23/3. 1965, ausg. 12/7. 1967.) – 7 S. C. Lüttgen H 3030

2024 Ciba Akt.-Ges., Basel (Erfinder: Peter Liechti, Binningen, Adolf Siegrist, Basel, und Erwin Maeder, Aesch), Schweiz, **Herstellung eines Dichlortetrahydrothiophen-2.5-dicarbonsäurechlorids** erfolgt durch Rk. von *Tetrahydrothiophen-2.5-dicarbonsäure*, F. 116–122°, mit chlorierenden Mitteln ($POCl_3$, PCl_3, Cl_2). Durch Rk. des entstandenen *Dichlortetrahydrothiophen-2.5-dicarbonsäurechlorids*, $Kp._{0,06}$ 83,5°, mit Anilin → *Anilid*, F. 281–290°, u. mit CH_3OH → *Thiophen-2.5-dicarbonsäuredimethylester*, F. 149–150°. Saure Verseifung des Dichlortetrahydrothiophen-2.5-dicarbonsäurechlorids → *Thiophen-2.5-dicarbonsäure*, F. 310–313°. Rk. von Tetrahydrothiophen-2.5-dicarbonsäure mit $SOCl_2$ → *Tetrahydro-2.5-dicarbonsäurechlorid*, $Kp._{12}$ 144–146°. – Zwischenprod. für *Textilhilfsmittel*. (**Schwz. P. 437 347** vom 20/7. 1961, ausg. 30/11. 1967.) – 3 S. R. Bauereis H 3071

2025 S. p. A. Ferrania, Mailand, Italien, **Pyrazolonderivate** erhält man durch Rk. eines p-Hydrazinobenzophenons mit einem β-Ketocarbonsäurederivat. – p-Hydrazinobenzophenon gibt mit Acetessigsäureester *1-p-Benzoylphenyl-3-methylpyrazolon*, F. 176–177°; ähnlich: *1-p-Benzoylphenyl-3-stearylpyrazolon*, F. 64–65°, daraus mit $HClSO_3$ das *3′-Sulfonsäurederiv.*, F. 280°; ferner folgende *1-p-Benzoylphenyl-3-R-pyrazolone*: $R = NHCOC_6 \cdot H_4NO_2(4)$, F. 250–251°; $NHCOC_6H_4NHCOCH_3(4)$, F. 275–276°; $NHCOC_6H_4NHCO(CH_2)_{12}CH_3(4)$, F. 100 bis 102°; $NHCOC_6H_4NHSO_2C_6H_4[CONHC_6H_3COOH(3)NH \cdot CO(CH_2)_{16}CH_3(5)]$, F. 210–225°. – *Farbkuppler in der Farbenphotographie*. – Diagramme. (**Brit. P. 1 078 164** vom 30/7. 1965, ausg. 2/8. 1967. It. Prior. 30/7. 1964.) – 10 S. R. Bollinger H 3122

2026 Gevaert Photo-Producten N. V., Mortsel (Erfinder: Marcel Jacob Monbaliu, Arthur Henri De Cat, Mortsel, und Raphael Karel Van Poucke, Mechelen), Belgien, **Herstellung von 3-Acylamino-, 3-Ureido- und 3-Thioureido-5-pyrazolonen** durch Rk. von 3-Amino-5-pyrazolonen mit Säureanhydriden oder -chloriden, organ. Isocyanaten bzw. Isothiocyanaten in einem wasserfreien Lsgm. bei 10–80°, dad. gek., daß man die Rk. in Ggw. einer Lewis-Säure (als Katalysator) durchführt. – Man löst z. B. 80 (g) $AlCl_3$ in 250 ml CH_2Cl_2, gibt unter Eiskühlung 52,2 1-Phenyl-3-amino-5-pyrazolon anteilsweise zu u. läßt in 30 Min. bei 30° 88,5 Octadecylisocyanat zutropfen, worauf man noch 3 Std. bei 40° nachreagieren läßt → 113 (= 80%) *1-Phenyl-3-[3-octadecylureido]-5-pyrazolon*, F. 159°. – Analog nachst. 5-Pyrazolone (Ausb. in % der Theorie): *1-Phenyl-3-[1-n-butyl-3-octadecylureido]-*, F. 89–90°, (65). – *1-Phenyl-3-[3-phenylureido]-*, F. 235°, (82). – *1-[m-n-Hexadecyloxyphenyl]-3-[3-n-butylureido]-*, F. 106–108°, (92). – *1-[m-n-Hexadecyloxyphenyl]-3-[3-benzylureido]-*, F. 127°, (93). – *1-[m-n-Hexadecyloxyphenyl]-3-[3-phenylureido]-*, F. 179°, (93). – *1-[m-n-Hexadecyloxyphenyl]-3-[3-(2-thienyl)-ureido]-*, F. 145–150°, (52). – *1-[p-n-Hexadecylsulfonylphenyl]-3-[3-(2-thienyl)-ureido]-*, F. 175°, (68). – *1-[p-n-Hexadecylsulfonylphenyl]-3-[3-n-butylureido]-*, F. 204°, (95). – *1-[p-n-hexadecylsulfonylphenyl]-3-[3-phenylureido]-*, F. 216°, (79). – *1-[p-n-Hexadecylsulfonylphenyl]-3-[3-benzylureido]-*, F. 193°, (85). – *1-[p-n-Hexadecylsulfamoylphenyl]-3-[3-n-butylureido]-*, F. 189°, (91). – *1-[p-n-Hexadecylsulfonylphenyl]-3-[3-(p-fluorsulfonylphenyl)-ureido]-*, F. 228°, (86). – *1-[p-n-Hexadecylsulfamoylphenyl]-3-[3-(1-naphthyl)-ureido]-*, F. 208°, (71,5). – *1-[p-(N-n-Hexadecyl-N-benzamidosulfamoyl)-phenyl]-3-[3-phenylureido]-*, F. 190°, (68). – *1-[p-n-Hexadecylsulfamoylphenyl]-3-[3-phenylureido]-*, F. 235°, (77). – *1-Phenyl-3-[3-phenyl-2-thioureido]-*, F. 218°, (64,5). – *1-Phenyl-3-[3-methyl-2-thioureido]-*, F. 240° (81). – *1-Phenyl-3-benzoylamino-*, F. 223°, (86). – *1-Phenyl-3-acetylamino-*, F. 220°, (83). – *1-[p-n-Hexadecylsulfonylphenyl]-3-acetylamino-*, F. 152–154°, (90). – *1-[p-n-Hexadecylsulfonylphenyl]-3-cyclohexanoylamino-*, F. 189°, (64). – *1-[p-n-Hexadecylsulfonylphenyl]-3-[2′-thienoylamino]-*, F. 175°, (95). – *1-[p-n-Hexadecylaminosulfonylphenyl]-3-pivaloylamino-*, F. 135–137°, (69). – *Na-Salz vom 1-[p-Sulfophenyl]-3-palmitoylamino-*, (57). – *1-[p-(N-Hexadecyl-N-acetylsulfamoyl)-phenyl]-3-benzoylamino-*, F. 197 bis 198°, (84). – *1-[2-Benzothiazolyl]-3-benzoylamino-*, F. 225°, (80,5). – *1-[p-n-Hexadecylsulfonylphenyl]-3-[2′-nitro-6′-carboxybenzoylamino]-*, F. >260°, (87,5). – *1-[p-n-Hexadecylaminosulfonylphenyl]-3-acetylamino-*, F. 217–218°, (89). – *1-[p-Methylsulfonylphenyl]-3-[2′-carboxynonadecanoylamino]-*, F. 175°, (52). – Ferner werden nachst. Herst.-Verf. für Ausgangsstoffe beschrieben: *m-n-Hexadecyloxynitrobenzol*, F. 54°, + H_2 + Raney-Ni (80°, 105 at) → 97% *m-n-Hexadecyloxyanilin*, F. 66°, + Isoamylnitrit + $SnCl_2$ → *m-n-Hexadecyloxyphenylhydrazin*, F. 68°, + β-Äthoxy-β-aminoacrylsäureäthylesterchlorhydrat → *1-[m-n-Hexadecyloxyphenyl]-3-amino-5-pyrazolon*, F. 112°. – *p-n-Hexadecylmercaptochlorbenzol*, F. 45°, + H_2O_2 (bei 80–90° in Essigsäure) → *p-n-Hexadecylsulfonylchlorbenzol*, F. 65–66°, + Hydrazin (in sd. Glykolmonomethyläther) → *p-n-Hexadecylsulfonylphenylhydrazin*, F. 100°, + β-Äthoxy-β-aminoacrylsäureäthylesterchlorhydrat → *1-[p-n-Hexadecylsulfonylphenyl]-3-amino-5-pyrazolon*, F. 170°. – *p-n-Hexadecylsulfamoylbrombenzol*, F. 86°, + N_2H_4 (in sd. Glykolmonomethyläther) → *p-n-Hexadecylsulfamoylphenylhydrazin*, F. 112°, + β-Äthoxy-β-aminoacrylsäureäthylesterchlorhydrat → *1-[p-n-Hexadecylsulfamoylphenyl]-3-amino-5-pyrazolon*, F. 182°. – *1-[p-Methylsulfonylphenyl]-3-amino-5-pyrazolon*, F. 248–250°. – Thienoylchlorid + NaN_3 (in Aceton) → 79,5% *2-Thienoylazid*, F. 35°, (in sd. Toluol) → 67% *2-Thienylisocyanat*, Kp. 158°. – p-Fluorsulfonylanilin + $COCl_2$ (in Äthylacetat) → 93% *p-Fluorsulfonylphenylisocyanat*, $Kp._{0,7}$ 100–102°. – *Photograph. Farbkuppler*. (**Schwz. P. 438 331** vom 7/10. 1964, ausg. 15/12. 1967. **F. P. 1 415 852** vom 7/10. 1964, veröff. 20/9. 1965.

Belg. A. S. 654 108 vom 8/10. 1964, bekannt gemacht 8/4. 1965. Alle U. S. Prior. 8/10. 1963.) — 8 S. — 13 S. — 37 S. O. Schön H 3122

2027 F. Hoffmann-La Roche & Cie. Soc. An., Basel, Schweiz, **Herstellung von Imidazolderivaten** der allg. Formel **I** (X = Methyl-, Acetyl-, Carbalkoxy-,

I 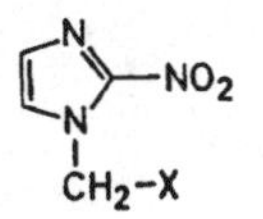

Carbamoylgruppe, welche ggf. durch 1—2 niedere Alkylgruppen N-substituiert sein kann, oder Phenylgruppe, ggf. durch NO_2 oder Halogen substituiert) durch Rk. von 2-Nitroimidazol (**II**) mit einem Alkylierungsmittel X—CH_2—Hal (Hal = Halogen) oder Diäthylsulfat oder X—CH_2—A (A = Alkyl-, Phenyl-, oder Alkylphenylsulfonyloxygruppe) in Ggw. von Alkalialkoxid u. organ. Lösungsmittel. — Zum Beispiel Rk. von **II** mit Chloressigsäureäthylester zu *2-Nitroimidazolyl-(1)-essigsäureäthylester*; analog mit N-Methylchloracetamid → *2-Nitroimidazolyl-(1)-N-methylacetamid*; mit Chloracetamid die entsprechende *Acetamidverb.*; Rk. von **II** mit Chloraceton → *1-[2-Nitroimidazolyl-(1)]-propanon-(2)*; mit p-Nitrobenzylchlorid → *1-[p-Nitrobenzyl]-2-nitroimidazol.* (**Port. P. 45 593** vom 7/4. 1966, Auszug veröff. 24/4. 1967. U. S. Prior. 9/4. 1965.) W. Wittholz H 3122

2028 F. Hoffmann-La Roche & Cie. Soc. An., Basel, Schweiz, **Herstellung von Imidazolderivaten** der allg. Formel **I** (X = H, Halogen, niedere Alkyl- oder

I 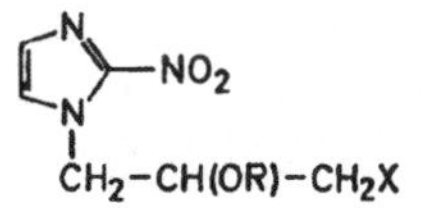

OH-Gruppe; R = H; oder R u. X zusammen = einfache Bindung) durch Rk. von 2-Nitroimidazol (**II**) mit einem Epihalohydrin, z. B. Epichlorhydrin, in Ggw. eines bas. Katalysators, Behandlung des Zwischenprod. mit Alkalihydroxid in wss. Lsg. u. Gewinnung des 1-[2.3-Epoxypropyl]-2-nitroimidazols, ggf. Veresterung des Zwischenprod. mit einer niederen Alkancarbonsäure, z. B. von 1-[2-Nitroimidazolyl-(1)]-3-chlorpropanol-(2) (**III**) mit Essigsäureanhydrid zum entsprechenden Acetat. Aus **III** durch Abspalten von HCl *1-[2.3-Epoxypropyl]-2-nitroimidazol*; Hydrolyse mit HBr → **III** entsprechende *3-Bromverbindung.* Aus **II** mit Propylenoxid → *1-[2-Nitroimidazolyl-(1)]-propanol-(2)*; mit 1.2-Epoxy-3-methoxypropan wird die entsprechende *3-Methoxypropanol-(2)-Verb.* erhalten; das durch Rk. von **II** mit Epichlorhydrin u. Abspalten von HCl erhaltene Zwischenprod. wird mit H_2SO_4 zum *1-[2-Nitroimidazolyl-(1)]-propandiol-(2.3)* hydrolysiert. (**Port. P. 45 594** vom 7/4. 1966, Auszug veröff. 24/4. 1967. U. S. Prior. 9/4. 1965.) W. Wittholz H 3122

2029 Établissements Kuhlmann, Paris (Erfinder: Robert Frédéric Michel Sureau, Enghien-les-Bains, und Victor Marie Dupré, Louvres, Seine-et-Oise), Frankreich, **Hydroxyindazoliumverbindungen.** Zu F. P. 1 364 647; C. **1967**, 47-2467 ist nachzutragen: Aus 1.2-Dimethyl-6-aminoindazoliumchlorid durch Erhitzen im Autoklav auf 180° in Ggw. von konz. H_2SO_4 in W. → *1.2-Dimethyl-6-hydroxyindazoliumchlorid*, $C_9H_{11}ClN_2O$, daraus mit diazotiertem p-Chloranilin *gelber Farbstoff*, $C_{15}H_{14}Cl_2N_4O \cdot H_2O$, geeignet zum *Färben von Polymeren u. Copolymeren des Acrylnitrils.* (**Brit. P. 1 061 658** vom 24/4. 1964, ausg. 15/3. 1967. F. Prior. 25/4. 1963.) — 5 S. R. Bollinger H 3122

2030 Eastman Kodak Co., Rochester, N.Y., USA (Erfinder: Edward Underwood Elam), **4.4'-Bis-[benzoxazol-2-yl]-stilben** (**I**) u. seine Derivate die in beliebiger Stellung durch Halogen, Alkylreste ≧ C_2, Aryl-, Alkoxy-, Acyloxy-, Alkylsulfonyl-, Arylsulfonyl CN, Acyloxy-, Amino-, Carbamyl- oder Carbamyloxyreste substituiert sein können, erhält man durch oxydative Kondens. entsprechender 2-[p-Tolyl]-benzoxazole mittels S, bes. bei 200—350°. — Es wurden folgende *Stilbene* (**II**) erhalten: **I.**-*4.4'-Bis-[5-chlorbenzoxazol-2-yl]*-**II**, F. 305 bis 310° (Trichlorbenzol). — *4.4'-Bis-[5-chlor-6-methylbenzoxazol-2-yl]*-**II**, F. 379°. — *4.4'-Bis-[6-methylsulfonylbenzoxazol-2-yl]*-**II**. — *4.4'-Bis-[5-methoxybenzoxazol-2-yl]*-**II**, F. 342°. — *4.4'-Bis-[5-methylbenzoxazol-2-yl]*-**II**, F. > 400°. — *4.4'-Bis-[5-tert.-amylbenzoxazol-2-yl]*-**II**, F. 298—299°. — *4.4'-Bis-[5-phenylbenzoxazol-2-yl]*-**II**. — *4.4'-Bis-[5-cyanbenzoxazol-2-yl]*-**II**, F. > 400°. — *4.4'-Bis-[5.7-dichlorbenzoxazol-2-yl]*-**II**, F. 392—397°. — *4.4'-Bis [4.5.6-trichlorbenzoxazol-2-yl]*-**II**, F. 364—375°. — *4.4'-Bis-[benzoxazol-2-yl]-2.2'-dichlor*-**II**, F. 322—324°. — *Opt. Aufheller.* (**Brit. P. 1 072 918** vom 8/5. 1964, ausg. 21/6. 1967. U. S. Prior. 29/5. 1963.) — 6 S. A. Jahn H 3132

2031 Nippon Kayaku K. K., Tokio, Japan, **Bis-benzoxazolylstilbene** erhält man durch Rk. von Stilben-4.4'-dicarbonsäure mit o-Aminophenolen, die ggf. durch einen C_{1-4}-Alkylrest substituiert sind, in Ggw. von PCl_3 oder eines anderen Halogenierungsmittels. Es wurden erhalten: *4.4'-Bis-[benzoxazolyl-(2)]-stilben* (**I**), ferner **I**-Deriv., die in 5- u. ggf. 5'-Stellung des Benzoxazolylrestes durch CH_3, C_2H_5 oder $(CH_3)_3C$ substituiert sind. — *Opt. Aufheller*, bes. *für Polyolefinfasern.* (**Brit. P. 1 065 516** vom 12/3. 1965, ausg. 19/4. 1967. Jap. Prior. 13/3., 7/4. u. 30/6. 1964.) — 14 S. A. Jahn H 3132

2032 Ciba Ltd., Basel, Schweiz, **Bis-oxazolylstilbene** der allg. Formel **I** erhält man durch Rk. von Stilbendi-

I 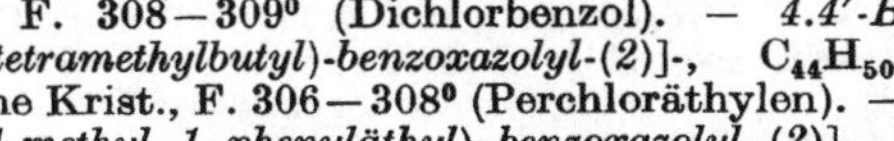

carbonsäuren mit o-Hydroxyaminoverb., durch Ox. von 2-[p-Methylphenyl]-oxazolen (**II**) mit S bei 270—320° oder durch Kondens. von **II** mit 2-[p-Formylphenyl]-oxazolen. Ferner kann man Dihydrostilbenderiv. zu Stilbenderiv. dehydrieren (A^1 u. A^2 = Benzol- oder Naphthalinrest). — *4.4'-Bis-[5-methylbenzoxazolyl-(2)]-stilben*, gelbe Krist., $C_{30}H_{22}O_2N_2$, F. 272—273° (Dimethylformamid + A.). — *4.4'-Bis-[benzoxazolyl-(2)]-stilben*, $C_{28}H_{18} \cdot N_2O_2$, F. 358—360°. — *4.4'-Bis-[5-tert.-butylbenzoxazolyl-(2)]-stilben*, $C_{36}H_{34}O_2N_2$, F. 312—314°. — Stilbene: *4.4'-Bis-[4-methylbenzoxazolyl-(2)]-*, $C_{30}H_{22}N_2O_2$, brillantgelbe Krist., F. 296—330°. — *4.4'-Bis-[6-methylbenzoxazolyl-(2)]-*, $C_{30}H_{22}N_2O_2$, F. 308—315°. — *4.4'-Bis-[5.6-dimethylbenzoxazolyl-(2)]-*, $C_{32}H_{26}N_2O_2$, F. > 370°. — *4.4'-Bis-[5-äthylbenzoxazolyl-(2)]-*, gelbe Krist., $C_{32}H_{26}N_2O_2$, F. 233°. — *4.4'-Bis-[5-n-propylbenzoxazolyl-(2)]-*, gelbe Krist., $C_{34}H_{30}N_2O_2$, F. 332—340° (Dichlorbenzol). — *4.4'-Bis-[5.7-dimethylbenzoxazolyl-(2)]-*, $C_{32}H_{26}N_2O_2$, gelbe Nadeln, F. 308—309° (Dichlorbenzol). — *4.4'-Bis-[5-(1.1.3.3-tetramethylbutyl)-benzoxazolyl-(2)]-*, $C_{44}H_{50}N_2O_2$, blaugrüne Krist., F. 306—308° (Perchloräthylen). — *4.4'-Bis-[5-(1-methyl-1-phenyläthyl)-benzoxazolyl-(2)]-*, gelbliche Krist., $C_{48}H_{38}N_2O_2$, F. 245—249° (Perchloräthylen). — *4.4'-Bis-[5-isopropylbenzoxazolyl-(2)]-*, $C_{34}H_{30}N_2O_2$, F. 278—280° (Tetrachloräthylen). — *4.4'-Bis-[5-isobutylbenzoxazolyl-(2)]-*, $C_{36}H_{34}N_2O_2$, F. 271—273° (Perchloräthylen). — *4.4'-Bis-[7-(1-methylpropylbenzoxazolyl-(1)]-*, brillantgelbe Nadeln, $C_{36}H_{34}N_2O_2$, F. 239—241° (Tetrachloräthylen). — *4.4'-Bis-[5-benzylbenzoxazolyl-(2)]-*, $C_{42} \cdot H_{30}N_2O_2$, F. 296—297° (Dichlorbenzol). — *4.4'-Bis-[4-methyl-5.7-di-(tert.-butyl)-benzoxazolyl-(2)]-*, $C_{46}H_{54}N_2O_2$, gelbliche Nadeln, F. 332—334° (Toluol). — *4.4'-Bis-[5-n-dodecylbenzoxazolyl-(2)]-*, $C_{52}H_{66}N_2O_2$, gelbliche Krist., F. 190—192°. — *4.4'-Bis-[5-n-nonylbenzoxazolyl-(2)]-*, $C_{46} \cdot H_{54}N_2O_2$, grüngelbe Krist., F. 204—206°. — *4.4'-Bis-[5-phenylbenzoxazolyl-(2)]-*, $C_{40}H_{26}N_2O_2$, F. 340—344°. — *4.4'-Bis-[5-cyclohexylbenzoxazolyl-(2)]-*, $C_{40}H_{38}N_2O_2$, F. > 350° (Dichlorbenzol). — *4.4'-Bis-[5-chlorbenzoxazolyl-(2)]-*, $C_{28}H_{16}Cl_2N_2O_2$, F. 302° (Trichlorbenzol). — *4.4'-Bis-[2.3-naphthoxazolyl-(2)]-*, $C_{36}H_{22}N_2O_2$, Zers. > 400° (Dibutylphthalat). — *4.4'-Bis-[1.2-naphthoxazolyl-(2)]-*, $C_{36} \cdot H_{22}N_2O_2$, F. > 330° (Dichlorbenzol). — *4.4'-Bis-[4.5-tetramethylenbenzoxazolyl-(2)]-*, $C_{36}H_{30}N_2O_2$, zitronengelbe Krist., F. 282—285° (Dimethylformamid). — *4.4'-Bis-[5-carbomethoxybenzoxazolyl-(2)]-*, $C_{32}H_{22}N_2O_6$, F. > 280°. — *4.4'-Bis-[5-carbäthoxybenzoxazolyl-(2)]-*, $C_{34}H_{26}N_2O_6$, F. > 275° (Dichlorbenzol). — *4.4'-Bis-[5-carboisopropoxy-*

benzoxazolyl-(2)]-, $C_{36}H_{30}N_2O_6$, F. > 270° (Dichlorbenzol). — *4.4'-Bis-[5-carbobutoxybenzoxazolyl-(2)]-*, $C_{38}H_{34}N_2O_6$, F. > 250° (Dioxan). — *4.4'-Bis-[5-(carbo-2-äthylhexyloxy)-benzoxazolyl-(2)]-*, $C_{46}H_{50}N_2O_6$, F. > 240° (Dioxan). — *4.4'-Bis-[5-carbo-n-octadecyloxybenzoxazolyl-(2)]-*, $C_{66}H_{90}N_2O_6$, F. > 240° (Toluol). — *4.4'-Bis-[5-carboallyloxybenzoxazolyl-(2)]-*, $C_{36}H_{26}N_2O_6$, F. > 270° [Dimethylformamid (DMF)]. — *4.4'-Bis-[6-carbomethoxybenzoxazolyl-(2)]-*, $C_{32}H_{22}N_2O_6$, zitronengelbe Nadeln, F. > 320° (Dichlorbenzol). — *4.4'-Bis-[6-carbäthoxybenzoxazolyl-(2)]-*, $C_{34}H_{26}N_2O_6$, zitronengelbe Krist., F. > 340° (Dichlorbenzol). — *4.4'-Bis-[5-carbo-β-methoxyäthoxy)-benzoxazolyl-(2)]-*, $C_{36}H_{30}N_2O_8$, F. > 320° (Xylol). — *4.4'-Bis-[5-carbomethoxy-7-methoxybenzoxazolyl-(2)]-*, $C_{34}H_{26}N_2O_8$, F. > 350° (Dichlorbenzol). — *4.4'-Bis-[5-carboxybenzoxazolyl-(2)]-*, F. > 350° (Dimethylsulfoxid). — *4.4'-Bis-[5-carbobenzyloxybenzoxazolyl-(2)]-*, $C_{44}H_{30}N_2O_6$, gelbe Nadeln, F. > 318°. — *4.4'-Bis-[5-(carbo-1.1.3.3-tetramethylbutoxy)-benzoxazolyl-(2)]-*, $C_{58}H_{58}N_2O_6$, gelbliche Nadeln, F. > 340° (Dichlorbenzol). — *4.4'-Bis-[5-(N-morpholinocarbonyl)-benzoxazolyl-*, $C_{38}H_{32}N_4O_6$, Nadeln, F. (Zers.) 325° (DMF). — *4.4'-Bis-[5-carboxamidobenzoxazolyl-(2)]-*, $C_{30}H_{20}O_4N_4$, dunkelgelbes Pulver, F. > 350° (Dimethylsulfoxid). — *4.4'-Bis-[5-(β-carbomethoxy)-äthylbenzoxazolyl-(2)]-*, $C_{36}H_{30}N_2O_6$, gelbe Prismen, F. > 190° (DMF). — *4.4'-Bis-{5-[2-(β-hydroxyäthylaminocarbonyl)-äthyl]-benzoxazolyl-(2)}-*, $C_{38}H_{36}N_4O_6$, F. > 310° (DMF). — *4.4'-Bis-[5-(β-carboxyäthyl)-benzoxazolyl-(2)]-*, $C_{34}H_{26}N_2O_6$, gelbes Pulver, F. > 310° (DMF). — *4.4'-Bis-[5-(β-cyanäthyl)-benzoxazolyl-(2)]-*, $C_{34}H_{24}N_4O_2$, gelbe Prismen, F. > 320° (DMF). — *4.4'-Bis-[5-(n-octylaminocarbonyl)-benzoxazolyl-(2)]-*, $C_{46}H_{52}N_4O_4$, F. > 320° (DMF). — *4.4'-Bis-[5-(β-phenyläthylaminocarbonyl)-benzoxazolyl-(2)]-*, $C_{46}H_{36}N_4O_4$, gelbes Pulver, F. > 250° (DMF). — *4.4'-Bis-[5-(β-hydroxyäthylaminocarbonyl)-benzoxazolyl-(2)]-*, $C_{34}H_{28}N_4O_6$, F. > 350° (Dimethylsulfoxid). — *4.4'-Bis-[5-(n-octylaminosulfonyl)-benzoxazolyl-(2)]-*, $C_{44}H_{52}N_4O_6S_2$, gelbliche Nadeln, F. 297—298° (Dioxan). — *4.4'-Bis-[5-(methylaminosulfonyl)-benzoxazolyl-(2)]-*, $C_{30}H_{24}N_4O_6S_2$, gelbliche Nadeln, F. > 300° (Dioxan). — *4.4'-Bis-[6-(äthylaminosulfonyl)-benzoxazolyl-(2)]-*, $C_{32}H_{28}N_4O_6S_2$, F. (Zers.) 230° (DMF–A.). — *4.4'-Bis-[6-(methylaminosulfonyl)-benzoxazolyl-(2)]-*, $C_{30}H_{24}N_4O_6S_2$, F. (Zers.) 352° (DMF–A.). — *4.4'-Bis-[6-aminosulfonylbenzoxazolyl-(2)]-*, $C_{28}H_{20}N_4O_6S_2$, F. > 360° (DMF–A.). — *4.4'-Bis-[5-sulfobenzoxazolyl-(2)]-*, *Di-Na-Salz*, $C_{28}H_{16}N_2O_8S_2Na$, Nadeln, F. > 360° (wss. A.). — *Bis-n-octadecylaminsalz*, $C_{64}H_{96}N_4O_8S_2$, F. > 360° (DMF–A.). — *4,4'-Bis-[5-(isopropylaminosulfonyl)-benzoxazolyl-(2)]-*, $C_{34}H_{32}N_4O_6S_2$, Nadeln, F. 355—356° (DMF). — *4.4'-Bis-[5-(phenylaminosulfonyl)-benzoxazolyl-(2)]-*, $C_{40}H_{28}N_4O_6S_2$, F. 310—311° (Dioxan). — 4-[Benzoxazolyl-(2)]-stilbene: *4'-[5-tert.-Butylbenzoxazolyl-(2)]-*, $C_{32}H_{26}N_2O_2$, F. 299—300° (Chlorbenzol). — *4'-[5-(1.1.3.3-Tetra-methylbutyl)-benzoxazolyl-(2)]-*, $C_{36}H_{34}N_2O_2$, F. 180—181°. — *4'-[4-Methyl-5.7-di-(tert.-butyl)-benzoxazolyl-(2)]-*, $C_{37}H_{36}N_2O_2$, F. 266—267° (Toluol–A.). — *4'-[6-Carbomethoxybenzoxazolyl-(2)]-*, $C_{30}H_{20}N_2O_4$, F. > 305° (Dichlorbenzol). — *4'-[5-(Carbo-2-äthylhexyloxy)-benzoxazolyl-(2)]-*, $C_{37}H_{34}N_2O_4$, F. > 310° (Dioxan). — *4'-[5-(β-Cyanäthyl)-benzoxazolyl-(2)]-*, $C_{31}H_{21}N_3O_2$, Nadeln, F. > 340° (Chlorbenzol). — Ferner: *4-[5-tert.-Butylbenzoxazolyl-(2)]-4'-[5-methylbenzoxazolyl-(2)]-stilben*, $C_{33}H_{28}N_2O_2$, F. 320—330° (Trichlorbenzol). — *Opt. Aufheller.* (**Brit. P. 1 063 797** vom 2/11. 1964, ausg. 30/3. 1967. Schwz. Prior. 14/11. 1963 u. 12/5. 1964.) — 39 S.
A. Jahn H 3132

2033 Ciba Ltd., Basel, Schweiz, **Bis-oxazole** der allg. Formel **I** erhält man entweder durch Rk. von Dicarbon-

I 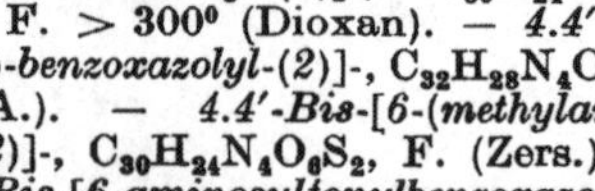

säuren der allg. Formel $HO_2C-CH=CH-R-CO_2H$ mit entsprechenden o-Hydroxyaminoverb. (H_3BO_3 als Katalysator, 120—260°) oder durch Rk. von p-Carboxybenzaldehyd mit 1 Mol 2-Methylbenzoxazol u. nachfolgende Kondens. des Rk.-Prod. mit 1 Mol einer o-Hydroxyaminoverb. (R = p-Phenylenrest, der ggf. substituiert ist; A^1 u. A^2 = an den Oxazolring ankondensierte, ggf. substituierte Benzolreste). — *ω-[Benzoxazolyl-(2)]-4-[5-methylbenzoxazolyl-(2)]-styrol*, Nadeln, $C_{23}H_{16}N_2O_2$, F. 262 bis 262,5° (Tetrachloräthylen). — *ω.p-Bis-[benzoxazolyl-(2)]-styrol*, $C_{22}H_{14}N_2O_2$, F. 321° (Tetrachloräthylen = TA). — *ω-[Benzoxazolyl-(2)]-4-[5-tert.-butylbenzoxazolyl-(2)]-styrol*, $C_{26}H_{22}N_2O_2$, F. 237—238° (Dioxan–W.). — *ω-[Benzoxazolyl-(2)]-4-[5.6-dimethylbenzoxazolyl-(2)]-styrol*, $C_{24}H_{18}N_2O_2$, F. 308—309° (TA). — *ω-[Benzoxazolyl-(2)]-4-[5-isopropylbenzoxazolyl-(2)]-styrol*, $C_{25}H_{20}N_2O_2$, F. 186 bis 187,6° (TA + A.). — *ω-[Benzoxazolyl-(2)]-4-[5-(1.1.3.3-tetramethylbutyl)-benzoxazolyl-(2)]-styrol*, $C_{30}H_{30}N_2O_2$, F. 254—255° (Cyclohexan). — *ω-[Benzoxazolyl-(2)]-4-[5-benzylbenzoxazolyl-(2)]-styrol*, $C_{29}H_{20}N_2O_2$, F. 228—230° (Perchloräthylen). — *ω-[5-Methylbenzoxazolyl-(2)]-4-[benzoxazolyl-(2)]-styrol*, $C_{23}H_{16}N_2O_2$, F. 262—262,5° (Dioxan–A.). — *ω.p-Bis-[benzoxazolyl-(2)]-styrol*, $C_{24}H_{18}N_2O_2$, Nadeln, F. 267,4—267,6° (TA). — *ω-[5-Methylbenzoxazolyl-(2)]-4-[5.6-dimethylbenzoxazolyl-(2)]-styrol*, $C_{25}H_{20}N_2O_2$, Nadeln, F. 324,2—324,7° (TA). — *ω-[5-Methylbenzoxazolyl-(2)]-4-[5.7-dimethylbenzoxazolyl-(2)]-styrol*, $C_{25}H_{20}N_2O_2$, Nadeln, F. 250—251° (TA). — *ω-[5-Methylbenzoxazolyl-(2)]-4-[5-tert.-butylbenzoxazolyl-(2)]-styrol*, $C_{27}H_{24}N_2O_2$, Nadeln, F. 232,2—232,4° (Dioxan–A.). — *ω-[5-Methylbenzoxazolyl-(2)]-4-[5-(1-methyl-1-phenyl)-äthylbenzoxazolyl-(2)]-styrol*, $C_{32}H_{26}N_2O_2$, Nadeln, F. 223,5—224° (Dioxan–A.). — *ω-[5-Methylbenzoxazolyl-(2)]-4-[5-cyclohexylbenzoxazolyl-(2)]-styrol*, $C_{29}H_{26}N_2O_2$, F. 206—208° (Dioxan–A.). — *ω-[5-tert.-Butylbenzoxazolyl-(2)]-4-[5-chlorbenzoxazolyl-(2)]-styrol*, $C_{26}H_{21}ClN_2O_2$, F. 260—260,5° (TA). — *ω-[5-tert.-Butylbenzoxazolyl-(2)]-4-[5.6-dimethylbenzoxazolyl-(2)]-styrol*, $C_{28}H_{26}N_2O_2$, F. 257—257,2° (TA). — *ω-[5-tert.-Butylbenzoxazolyl-(2)]-4-[5-phenylbenzoxazolyl-(2)]-styrol*, $C_{32}H_{26}N_2O_2$, Nadeln, F. 239,6—240° (TA). — *ω.p-Bis-[5-tert.-butylbenzoxazolyl-(2)]-styrol*, $C_{30}H_{30}N_2O_2$, F. 258,5—259° (Toluol). — *ω-[5-tert.-Butylbenzoxazolyl-(2)]-4-[7-methylbenzoxazolyl-(2)]-styrol*, $C_{27}H_{24}N_2O_2$, Nadeln, F. 201—202° (Toluol–A.). — *ω-[5-tert.-Butylbenzoxazolyl-(2)]-4-[5-carbomethoxybenzoxazolyl-(2)]-styrol*, Nadeln, $C_{28}H_{24}N_2O_4$, F. 229—230° (CCl_4). — *ω-[5-Methylbenzoxazolyl-(2)]-4-[5-(2-äthylhexyloxycarbonyl)-benzoxazolyl-(2)]-styrol*, $C_{32}H_{32}N_2O_4$, Nadeln, F. 240° (CCl_4). — *ω-[5-tert.-Butylbenzoxazolyl-(2)]-4-[5-carboxybenzoxazolyl-(2)]-styrol*, $C_{27}H_{22}O_4N_2$, Nadeln, F. 316—317° (Dioxan–Toluol). — *Na-Salz*; *ω-[5-Methylbenzoxazolyl-(2)]-4-[5-(n-octylcarboxamido)-benzoxazolyl-(2)]-styrol*, $C_{32}H_{33}N_3O_3$, Nadeln, F. 281—283° (Toluol). — *Opt. Aufheller.* (**Brit. P. 1 078 256** vom 21/8. 1964, ausg. 21/6. 1967. Schwz. Prior. 29/8. 1963.) — 19 S.
A. Jahn H 3132

2034 Ciba Ltd., Basel, Schweiz, **Benzoxazolylthiophenderivate** der allg. Formel **I** erhält man durch Red. ent-

I 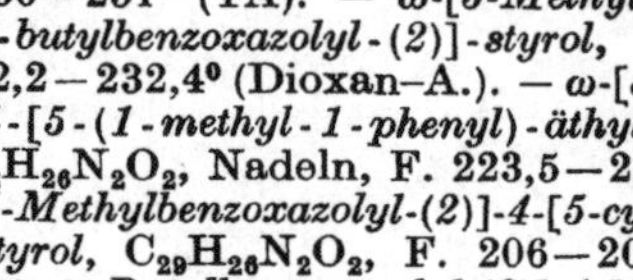

sprechender Nitroderiv., die durch Kondens. von 2-Phenylthiophencarbonsäuren mit o-Aminophenolen erhältlich sind. Die Aminoderiv. können z. B. durch Diazotierung, Kupplung mit Aminen u. Ox. in entsprechende Triazolderiv. umgewandelt werden (einer der Reste X u. X^1 = prim., sek. oder tert. Aminorest, carbocycl. Acylamino-, Sulfonamido-, Ureido- oder heterocycl. N-haltiger Rest, der andere = H). — Es wurden Verb. der allg. Formel I erhalten: *X = H, X^1 = 5-Amino*, $C_{17}H_{12}N_2OS$, F. 166—167° (Methanol–CH_2Cl_2). — *X = H, X^1 = 6-Amino*, $C_{17}H_{12}N_2OS$, Nadeln, F. 198—199° (Methanol–CH_2Cl_2). — *X = H, X^1 = 5-$NHCOCH_3$*, $C_{19}H_{14}N_2O_2S$, Nadeln, F. 215—216° (Chlorbenzol). — *X = 4-NH—CO—CH_3, X^1 = H*, $C_{19}H_{14}N_2O_2S$, Nadeln, F. 219—220° (wss. Dioxan). — *X = H, X^1 = 5-$NHCO(CH_2)_6CH_3$*, $C_{25}H_{26}N_2O_2S$, F. 181—182° (Chlorbenzol). — *X = H, X^1 = 5-$NHCOC_6H_4(p)-NHCO(CH_2)_{14}CH_3$*, $C_{40}H_{47}N_3O_3S$, F. 218 bis 219° (Chlorbenzol). — *X = H, X^1 = 5-$NHCOCH=CH_2$*, $C_{20}H_{14}N_2O_2S$, F. 219—220° (Chlorbenzol). — *X = H, X^1 = 5-$NHCOC(CH_3)=CH_2$*, $C_{21}H_{16}N_2O_2S$, F. 215 bis 216° (Chlorbenzol). — *X = H, X^1 = 5-$NHCOC_6H_4(p)-C(CH_3)_3$*, $C_{28}H_{24}N_2O_2S$, F. 257—258° (wss. Dioxan). — *X = H, X^1 = 6-$NHCO(CH_2)_6CH_3$*, $C_{25}H_{26}N_2O_2S$,

F. 209—210° (Chlorbenzol). — $X = H$, $X^1 = 6\text{-}NH-CO \cdot (CH_2)_{14}CH_3$, $C_{33}H_{42}N_2O_2S$, F. 266—256° (?) (Dioxan). — $X = H$, $X^1 = 6\text{-}NH-COCH{=}CH_2$, $C_{20}H_{14}O_2N_2S$, F. 232 bis 233° (Chlorbenzol). — $X = H$, $X^1 = 6\text{-}NHCOCH_2CH_2 \cdot Br$, $C_{20}H_{15}N_2O_2SBr$, F. 237—239° (Dioxan). — $X = H$, $X^1 = 5\text{-}NHSO_2C_6H_4(p)-CH_3$, $C_{24}H_{18}N_2S_2O_3$, F. 211 bis 212° (Äthylenchlorid–A.). — $X = H$, $X^1 = 5\text{-}NHSO_2 \cdot CH_2Cl$, $C_{18}H_{13}O_3N_2ClS_2$, F. 215—216° (Methanol–Äthylenchlorid). — $X = H$, $X^1 = 6\text{-}NHSO_2C_6H_4(p)-CH_3$, $C_{24}H_{18}N_2S_2O_3$, F. 219—212° (?) (Methanol–CH_2Cl_2). — $X = H$, $X^1 = 5\text{-}NHCONHC_6H_5$, $C_{24}H_{17}O_2N_3S$, F. > 300° (Dimethylformamid–A.). — $X = H$, $X^1 = 6\text{-}NHCONH \cdot C_6H_5$, $C_{24}H_{17}O_2N_3S$, F. > 300° (Dimethylformamid–A.). — $X = H$; X^1 = *5-[2.4-Dichlor-symm.-triazinyl-(6)-amino]*, $C_{20}H_{11}N_5Cl_2SO$, F. 249—250° (Chlorbenzol). — $X = H$, X^1 = *6-[2.4-Dichlor-symm.-triazinyl-(6)-amino]*, $C_{20}H_{11}N_5 \cdot Cl_2SO$, F. 255—256° (Chlorbenzol). — $X = H$, X^1 = *5-[2-Chlor-4-phenylamino-symm.-triazinyl-(6)-amino]*, $C_{26}H_{17} \cdot ON_6ClS$, F. 234—235° (Chlorbenzol). — $X = H$, X^1 = *5-[2-Chlor-4-sulfanilo-symm.-triazinyl-(6)-amino]*, F. 293—295° (Zers.). — $X = H$, X^1 = *5-[2.4-Bis-(β-diäthanolamino)-symm.-triazinyl-(6)-amino]*, $C_{28}H_{31}N_7O_5S$, F. 196—198° (A.). — $X = H$, X^1 = *5-[2.4-Di-n-butylamino-symm.-triazinyl-(6)-amino]*, $C_{28}H_{31}N_7OS$, F. 177—178° (wss. Dioxan). — $X = H$, X^1 = *5-[2.4-Dimethoxy-symm.-triazinyl-(6)-amino]*, $C_{22}H_{17}N_5O_3S$, F. 235—236° (Chlorbenzol). — $X = H$, X^1 = *5-[2.4-Diamino-symm.-triazinyl-(6)-amino]*, $C_{20} \cdot H_{15}N_7OS$, F. 271—272° (Dioxan). — $X = H$, X^1 = *6-[1.2-Naphthotriazolyl]*, $C_{27}H_{16}N_4OS$, Nadeln, F. 266—267° (Chlorbenzol). — *Opt. Aufheller.* (**Brit. P. 1 084 175** vom 9/3. 1965, ausg. 20/9. 1967. Schwz. Prior. 20/3. 1964.) — 18 S. A. Jahn H 3132

2035 Farbwerke Hoechst Akt.-Ges. vormals Meister Lucius & Brüning, Frankfurt/M., **2-(Cyanstyryl)-benzoxazole** erhält man durch Rk. von o-Aminophenol oder o-Aminonaphthol mit 2-, 3- oder 4-Cyanzimtsäurechlorid u. Erhitzen der N-Acylverb. auf 150 bis 300°. — Es wurden erhalten: Benzoxazole: *2-(4'-Cyanstyryl)-5-methyl-*, F. 200—202° (Butanol). — *2-(4'-Cyanstyryl)-7-methyl-*, F. 162—163°. — *2-(4'-Cyanstyryl)-5.6-dimethyl-*, F. 198—200°. — *2-(4'-Cyanstyryl)-5-chlor-6-methyl-*, F. 218—219°. — *2-(4'-Cyanstyryl)-5-phenyl-*, F. 186°. — *2-(4'-Cyanstyryl)-5-chlor-*, F. 226—228°. — *2-(3'-Cyanstyryl)-5-methyl-*, F. 165—166°. — *2-(3'-Cyanstyryl)-5.6-dimethyl-*, F. 193—194°. — *2-(3'-Cyanstyryl)-5-chlor-6-methyl-*, F. 192—193°. — *2-(3'-Cyanstyryl)-5-methoxy-*, F. 160—162°. — *2-(3'-Cyanstyryl)-5-phenyl-*, F. 162 bis 164°. — *2-(4'-Cyanstyryl)-5-tert.-butyl-*, F. 154—155°. — *2-(4'-Cyanstyryl)-*, F. 202—203°. — *2-(4'-Cyanstyryl)-5.7-dimethyl-*, F. 207—208°. — *2-(3'-Cyanstyryl)-5.7-dimethyl-*, F. 169—170°. — *2-(2'-Cyanstyryl)-5-methyl-*, F. 157 bis 158°. — *2-(2'-Cyanstyryl)-5.6-dimethyl-*, F. 202—204°. — *2-(2'-Cyanstyryl)-5.7-dimethyl-*, F. 150—153°. — *2-(2'-Cyanstyryl)-5-chlor-6-methyl-*, F. 200—202°. — *2-(2'-Cyanstyryl)-5-phenyl-*, F. 153—154°. — *2-(2'-Cyanstyryl)-5-chlor-*, F. 162—165°. — Verw. als *Textilhilfsmittel*; vgl. Can. P. 682 512; C. **1967, 44-2834.** (**Brit. P. 1 055 184** vom 6/6. 1963, ausg. 18/1. 1967. D. Prior. 9/6. 1962.) — 4 S. A. Jahn H 3132

2036 F. Hoffmann-La Roche & Co. Akt.-Ges., Basel, Schweiz, **4-Methoxyisoxazol (I)** u. seine in 5-Stellung durch einen niederen Alkylrest (R) substituierten Deriv. erhält man durch Rk. von Verb. der allg. Formel $R-CO \cdot CH_2OCH_3$ mit Dimethylformamid u. mit $POCl_3$ oder $CO \cdot Cl_2$, bes. bei 0—100°, u. Kondens. der cis–trans-Aldehydmischung aus Verb. der allg. Formeln $R-C(Cl){=}C(OCH_3) \cdot CHO$ mit Hydroxylaminsalzen. *5-Methyl-I*, $Kp._{100}$ 108°. (**Brit. P. 1 077 275** vom 31/3. 1966, ausg. 26/7. 1967. U. S. Prior. 6/4. 1965.) — 3 S. A. Jahn H 3132

2037 J. R. Geigy Akt.-Ges., Basel, Schweiz (Erfinder: William Herbert Hook und Jack Raymond Green), **4-[5-Nitrofurfuryliden-(2)-amino]-1.2.4-triazolon-(5)-derivate**, die in 1-Stellung durch R^1 u. in 3-Stellung durch R^2 substituiert sind, erhält man durch Rk. von 5-Nitro-2-furanaldehyd mit 4-Aminotriazolonen, durch Nitrierung von 2-Furfurylidenaminotriazolonen oder durch Cyclisierung von 5-Nitro-2-furanaldehydcarbohydrazonen mit Alkyl- oder Aralkylorthomonocarbonsäureestern (R^1 = H, Hydroxyalkyl-, Halogenalkyl-, Alkanoyl-, Alkenoyl-, Alkoxycarbonylrest; R^2 = H, geradkettiges C_1-C_5-Alkyl). — {4-[5-Nitrofurfuryliden-(2)-amino]-1.2.4-triazolon-(5) = I} I, F. (Zers.) 216° (Dimethylformamid). — *3-Methyl-*I, F. 267° (Zers.). — *3-Äthyl-*I, F. 240° (Zers.). — *1-Acetyl-*I, F. 205°. — *1-Propionyl-*I, F. 240°. — *1-n-Butyryl-*I, F. 174°. — *1-n-Valeryl-*I, F. 154°. — *1-n-Caproyl-*I, F. 144—145°. — *1-Hydroxymethyl-*I, F. 189° (Zers.). — *1-Hydroxymethyl-3-methyl-*I, F. 264° (Zers.). — *1-Hydroxymethyl-3-äthyl-*I, F. 172—174° (Zers.). — *1-Carbäthoxy-*I, F. (Zers.) 207° (Dimethylformamid–A.). — *1-Chlormethyl-*I, F. 154—156°. — *1-Crotonyl-*I, F. 217—219° (A.–Dimethylformamid). — *1-(2-Hydroxyäthyl)-*I, F. 158 bis 160° (A.–Dimethylformamid). — *1-(3-Hydroxypropyl)-*I, F. 142—143°. — *1-(3-Chlorpropyl)-*I, F. 141—143°. — *Mittel zum Schutz von organ. Verb. gegen Bakterien-* u. *Pilzbefall.* (**Brit. P. 1 060 586** vom 12/9. 1964, ausg. 8/3. 1967.) — 8 S. A. Jahn H 3153

2038 Chemische Fabrik Pfersee G. m. b. H., Augsburg, **Herstellung von Perfluorcarbonsäuren** erfolgt durch *Elektrofluorierung* von gesätt. aliphat. Dicarbonsäuren, deren Halogeniden oder Anhydriden, wobei als Ausgangsmaterial eine Dicarbonsäure benutzt wird, deren γ- u. δ-Stellung von einer der beiden Carboxylgruppen vollständig fluoriert ist. Durch Elektrofluorierung von γ.γ.δ.δ-Tetrafluorsebacinsäure erhält man eine Mischung der *Methylester* von *Perfluor-ε-[2-tetrahydrofuran]-capronsäure* u. *Perfluor-δ-[2-tetrahydropyran]-valeriansäure.* — *Oberflächenakt. Mittel.* (**Brit. P. 1 077 801** vom 25/6. 1964, ausg. 26/7. 1967. D. Prior. 25/6. 1963.) — 2 S. R. Bauereis H 3211

2039 A. Boake, Roberts & Co. Ltd., London, Großbritannien (Erfinder: John Colin Clark), **Cis- und trans-[2'-Methylpropen-(1')]-2-yl-4-methyltetrahydropyran** erhält man aus Citronellol durch Rk. mit Cl_2 in Ggw. einer Base, wie Alkalicarbonat, -hydroxid, Amin, bes. tert.-Amin, bei −50 bis +100°, ggf. in inertem Lsgm.; das entstehende Chlorcitronellol [3-Chlor-2.6-dimethylocten-(1)-ol-(8)] wird mit 10—40%ig. wss. Lsg. einer starken Säure, wie H_2SO_4, H_3PO_4, in Ggw. von Cu(I)-Halogenid behandelt, oder Chlorcitronellol wird dehydrochloriert u. mit der Säure behandelt. — Aus Citronellol mit Cl-Gas in Ggw. von Na_2CO_3 → *3-Chlor-2.6-dimethylocten-(1)-ol-(8)*, daraus mit 20%ig. wss. H_2SO_4 in Ggw. von Cu(I)-Chlorid → *cis-* u. *trans-[2'-Methylpropen-(1')]-2-yl-4-methyltetrahydropyran.* — *Riechstoffe.* (**Brit. P. 1 079 421** vom 18/6. 1964, ausg. 16/8. 1967.) — 7 S. R. Bollinger H 3211

2040 Firmenich & Cie., Genf (Erfinder: Günther Ohloff, Bernex), Schweiz, **Herstellung von cyclischen Äthern**, dad. gek., daß man 2.6-Dimethyloctandiole-[2.8], die in 6.7-Stellung eine Doppelbindung aufweisen können u. in 3-Stellung eine disubstituierte Aminogruppe tragen, deren Substituenten untereinander gleiche oder verschiedene KW-Stoffreste sind u. die ggf. durch Heteroatome miteinander verknüpft u. zusammen mit dem N-Atom einen heterocycl. Ring bilden, durch Ox. in die entsprechenden 3-N.N-disubstituierten 2.6-Dimethyl-3-aminooctan- bzw. -octendiol-[2.8]-3-N-oxide überführt u. die N-Oxide der cyclisierenden Pyrolyse unterwirft, um 4-Methyl-2-[2-methylpropen-(1)-yl-(1)]-tetrahydropyran bzw. 4-Methyl-2-[2-methylpropen-(1)-yl-(1)]-dihydropyran zu erhalten. — Beispiel: Rk. von (+)-*2.6-Dimethyl-2.3-epoxyoctanol-[8]*, $[\alpha]_D^{20}$ +2,2°, mit Dimethylamin → *2.6-Dimethyl-3-N.N-dimethylaminooctandiol-[2.8]*, $Kp._{0,01}$ 124—126°. Ox. mit H_2O_2 → *2.6-Dimethyl-3-N.N-dimethylaminooctandiol-[2.8]-3-N-oxid*, Ausb. 99%. Pyrolyse des N-Oxids → Gemisch der *cis–trans-Isomeren von* (+)-*4-Methyl-2-[2-methylpropen-(1)-yl-(1)]-tetrahydropyran*, $Kp._{12}$ 56°, $[\alpha]_D^{20}$ +25,8°. Analog: (−)-*2.6-Dimethyl-2.3-epoxyoctanol-[8]*, $[\alpha]_D^{20}$ −4°, → *cis-trans-Isomerengemisch von* (−)-*4-Methyl-2-[2-methylpropen-(1)-yl-(1)]-tetrahydropyran*, $Kp._{12}$ 58°, $[\alpha]_D^{20}$ −42,2°; *2.3-Epoxynerol*, $Kp._{0,7}$ 80—82°, → *2.6-Dimethyl-3-N.N-dimethylamino-cis-octen-[6]-diol-[2.8]*, $Kp._{0,05}$ 138—140°, → *4-Methyl-2-[2-methylpropen-(1)-yl-(1)]-dihydropyran.* — *Riechstoffe.* (**Schwz. P. 487 845** vom 26/3. 1964, ausg. 30/11. 1967). — 3 S. R. Bauereis H 3211

2041 Takeda Chemical Industries Ltd., Osaka, Japan, **Substituierte Dialkylsulfoxide und -sulfone** der allg. Formel $R-CH_2-S(O)_n-CH_3$ (R = 5- oder 6gliedriger Heterocyclus mit einem O oder S; n = 1, 2) werden hergestellt durch Ox. von $R-CH_2-S-CH_3$. — *Methyltetrahydrofurfurylsulfoxid*, $Kp._{0,3}$ 105—108°; $Kp._{0,15}$ 100 bis 102°; (Ausb.) 100%. — *2-(Methylsulfinylmethyl)-tetrahydropyran*, $Kp._{0,7}$ 105—106°; 54%. — *3.4-Dihydro-2-(methylsulfinylmethyl)-2H-pyran*, $Kp._{0,4}$ 128—132°; 44%. — *Methyltetrahydrofurfurylsulfon*, F. 37—42°; 83%. — *Methylfurfurylsulfon*, F. 65—66°; 77%. — *2-(Methylsulfonylmethyl)-tetrahydropyran*, F. 103—105°; 94%. — *2-(Methylsulfonylmethyl)-thiophen*, F. 94—95°. — *Flammschutzmittel*. (**Brit. P. 1 069 379** vom 24/2. 1966, ausg. 17/5. 1967. Jap. Prior. 24/2. u. 25/8. 1965.) — 5 S.
A. Debo H 3211

2042 Merck & Co., Inc., Rahway (Erfinder: Erwin Frederick Schoenewaldt, Watchung), N.J., USA, **Herstellung von 7.8-Dimethoxy-2.5-dimethyl-6-hydroxy-2-[4′.8′.12′-trimethyltridecyl]-chroman**, $Kp._{0,01}$ 155—160°, durch Rk. von 2.3-Dimethoxy-5-methylbenzochinon mit einem metall. Red.-Mittel in saurem Medium u. Zusatz von Phytol oder Isophytol zu dem Rk.-Gemisch. — *Antioxydans*. (**Schwz. P. 439 323** vom 18/12. 1964, ausg. 15/12. 1967. U. S. Prior. 20/12. 1963.) — 2 S.
R. Bauereis H 3211

2043 Mitsubishi Chemical Industries Ltd., Tokio, Japan (Erfinder: Hisashi Senshu und Masao Yamashita), **Herstellung von Naphthalimidderivaten** erfolgt durch Verätherung eines 4-Mercaptonaphthalimids. Rk. von N-Methyl-4-chlornaphthalimid mit Na_2S → *N-Methyl-4-mercaptonaphthalimid*, F. 214,5—216,2°. Rk. dieser Verb. mit Dimethylsulfat → *N-Methyl-4-methylthionaphthalimid*, F. 219,5—220°. Analog: *N-Methyl-4-n-butylthionaphthalimid*, F. 101—102,5°; *N-n-Butyl-4-mercaptonaphthalimid*, F. 116,5—118°, → *N-n-Butyl-4-methylthionaphthalimid*, F. 330°; *N-[2′-Hydroxyäthyl]-4-methylthionaphthalimid*, F. 176,8—177,2°; *4-Methylthionaphthalimid*, F. 285,2—288,8°; *N-[N′.N′-Dimethylamino]-propyl-4-methylthionaphthalimid*, F. 196—201,5°; *N-Phenyl-4-methylthionaphthalimid*, F. 296,8—271,2° (?); *N-Methyl-4-[2′-hydroxy]-äthylthionaphthalimid*, F. 127,5—131,5°; *N-Methyl-4-(N′.N′-dimethylaminoäthylthio]-naphthalimid*, F. 121,8—124°; *N-Methyl-4-benzylthionaphthalimid*, F. 178,8—179,5°; *N-Methyl-4-[4′-nitro]-phenylthionaphthalimid*, F. 237,5—238,5°. — *Optische Aufheller*. (**Brit. P. 1 054 486** vom 18/10. 1963, ausg. 11/1. 1967.) — 11 S.
R. Bauereis H 3231

2044 Whiffen & Sons Ltd., Loughborough, Großbritannien, **Cyanursäure** erhält man durch Erhitzen von Harnstoff u./oder Biuret, bes. auf 150—220°, in Ggw. eines oder mehrerer dimethylsubstituierter Cyclohexanole u./oder symm. trimethylsubstituierter Cyclohexanole, bes. einer bei 172—195° sd. Mischung von Dimethylcyclohexanolen. (**Brit. P. 1 053 852** vom 27/6. 1962, ausg. 4/1. 1967.) — 2 S. A. Jahn H 3313

2045 Monsanto Co., übert. von: William F. Symes, Webster Groves, Mo., USA, **Kristallines [(Monotrichlor)-tetra-(monokaliumdichlor)-pentaisocyanurat** der Formel **I**

I 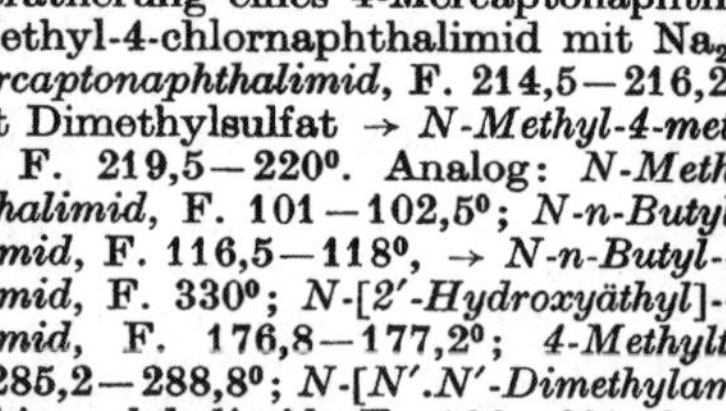

erhält man durch Rk. einer wss. Lsg. von Mono-K-dichlorisocyanurat mit der wss. Lsg. einer Säure, die mit den Ausgangs- u. Endstoffen keiner Oxidored. unterliegt, bes. einer Mineralsäure, in einer Menge, daß ein pH von ca. 4,6—5 aufrechterhalten wird. — *Bleich-*, *Ox.-* u. *Desinfektionsmittel*. (**U. S. P. 3 275 630** vom 16/12. 1963, ausg. 27/9. 1966.) — 10 S. A. Jahn H 3313

2046 Upjohn Co., Kalamazoo, Mich., USA, **1H-2.1.3-Benzthiadiazin-2.2-dioxidderivate**, die in 1-Stellung durch R^2, in 4-Stellung durch R u. im Benzolring durch $(R^1)_n$ substituiert sind, erhält man durch Rk. von Sulfamid mit 2-Aminobenzophenonen u. ggf. Alkylierung der Prod. in 1-Stellung [R = niederer Alkyl- oder (substituierter) Phenylrest; R^1 = Halogen, CF_3, $SONH_2$, niederer Alkyl-, Alkoxyrest; n = 0, 1 oder 2; R^2 = H, niederer Alkyl-, Phenyl-, Benzyl-, α-Methylbenzyl-, Phenäthylrest]. — 1H-2.1.3-Benzthiadiazin-2.2-dioxid = I. *4-Methyl-I*, $C_8H_8N_2O_2S$, F. 208—210° (Isopropanol). — *4-Phenyl-I*, $C_{13}H_{10}N_2O_2S$, F. 214,5—216,5° (Isopropanol). — *1-Methyl-4-phenyl-I*, F. 204,5—208°. — *1-Benzyl-4-phenyl-I*, $C_{20}H_{16}N_2O_2S$, gelbe Prismen, F. 153—154° (A.). — *6-Chlor-4-phenyl-I*, $C_{13}H_9ClN_2O_2S$, F. 205—207° (Äthylacetat). — (**Brit. P. 1 084 428** vom 18/3. 1966, ausg. 20/9. 1967. U. S. Prior. 29/3. 1965.) — 7 S.
A. Jahn H 3333

2047 Upjohn Co., Kalamazoo, Mich., USA, **3.4-Dihydro-1H-2.1.3-benzthiadiazin-2.2-dioxidderivate**, die in 1-Stellung durch R^2, in 4-Stellung durch R u. im Benzolring durch $(R^1)_n$ substituiert sind, erhält man durch Red. entsprechender Benzthiadiazinoxide [R = niederer Alkyl-, (substituierter) Phenylrest; R^1 = Halogen, CF_3, $SONH_2$, niederer Alkyl-, Alkoxyrest; n = 0, 1 oder 2; R^2 = H, niederer Alkyl-, Phenyl-, Benzyl-, α-Methylbenzyl-, Phenäthylrest]. — *4-Phenyl-3.4-dihydro-1H-2.1.3-benzthiadiazin-2.2-dioxid*, $C_{13}H_{12}N_2O_2S$, F. 133,5 bis 135° (Bzl.). — (**Brit. P. 1 084 429** vom 18/3. 1966, ausg. 20/9. 1967. U. S. Prior. 29/3. 1965.) — 5 S.
A. Jahn H 3333

2048 Monsanto Co., Del., übert. von: George L. Broussalian, Overland, Mo., USA, **Herstellung von 1.2.5-Oxathiazin-S-Dioxiden** erfolgt durch Rk. von SO_3 mit HCN oder organ. Nitrilen (I) u. einem Olefin (α-Tetradecen, α-n-Buten) oder Acetylen (**III**) oder eines β-Sultons (**II**) oder Carbylsulfats mit HCN oder **I**, wobei **II** durch Sulfonieren von **III** hergestellt wird. — Acetonitril u. 1-n-Hexadecen in CH_3Cl werden bei 0—10° langsam mit fl. SO_3 versetzt u. 2 Std. gemischt → *3.4-Dihydro-4-n-tetradecyl-6-methyl-1.2.5-oxathiazin-S-dioxid* (inneres Anhydrid), das durch Erwärmen auf 50° in Eisessig in entsprechende *vicinale Acetoxy-n-hexadecan-1-sulfonsäure* übergeführt wird; daraus durch Hydrolyse mit W. bei 80° → *2-Acetamido-1-n-hexadecansulfonsäure*, die mit NaOH neutralisiert wird. Beim Abkühlen des Gemisches auf 0° scheiden sich Krist. ab, die zu 90% aus *Na-2-Acetamido-1-n-hexadecansulfonat* u. zu 10% aus *Na-2-Acetoxy-1-hexadecansulfonat* bestehen. — Weitere Beispiele. — *Waschrohstoffe* u. *Kalkseifendispergiermittel*. (**U. S. P. 3 235 549** vom 21/8. 1962, ausg. 15/2. 1966. **Brit. P. 1 064 125** vom 20/8. 1963, ausg. 5/4. 1967. U. S. Prior. 21/8. 1962.) — 7 S. — 11 S.
C. Lüttgen H 3343

2049 F. Hoffmann-La Roche & Co. Akt.-Ges., Basel, Schweiz, **2.3-Dihydro-1H-benzdiaz-[1.4]-epinon-(2)-4-oxidderivate.** Zu Port. P. 43 240; C. **1966**, 48-2530 sind folgende Deriv. nachzutragen: *3.7-Dichlor-5-phenyl-*, Nadeln, F. 210—211° (Tetrahydrofuran-Hexan). — *7-Chlor-5-phenyl-*, F. 234—235° (A). — *3-Chlor-7-nitro-5-phenyl-*, F. 215—216°. — *3-Chlor-7-trifluormethyl-5-phenyl-*, F. 222—223°. (**Brit. P. 1 081 944** vom 25/11. 1964, ausg. 6/9. 1967. U. S. Prior. 27/11. 1963.) — 9 S.
A. Jahn H 3370

2050 Farbwerke Hoechst Akt.-Ges. vormals Meister Lucius & Brüning, Frankfurt/M., **N-Vinyl-Verbindungen** der allg. Formel $R^1C(=O)N(R^2)CH=CR^3R^4$ (R^1 u. R^2 = Alkyl; R^3 u. R^4 = H oder Alkyl; R^1 u. R^2 können zusammen einen Ring bilden) erhält man aus einer N-[α-Alkoxyalkyl]-Verb. der allg. Formel $R^1C(=O) \cdot N(R^2)CH(OR^5)CHR^3R^4$ (R^5 = Alkyl) durch Erhitzen in fl. Phase in Ggw. eines Katalysators, bestehend aus einem säureaktivierten Al_2O_3, aus Al-Phosphat oder ZrO_2 oder Mischungen davon. — N-[α-Methoxyäthyl]-caprolactam gibt beim Erhitzen auf 90—140° bei 50 bis 80 mm Hg in Ggw. von Al_2O_3 *N-Vinylcaprolactam*, $Kp._{20}$ 129—130°, F. 34—35°; ähnlich: *N-Vinylpyrrolidon-(2)*, $Kp._{11}$ 91—93°; *N-[β.β-Dimethylvinyl]-pyrrolidon-(2)*, $Kp._{10}$ 113—114°; *N-[β.β-Dimethylvinyl]-caprolactam*, $Kp._{12}$ 135—137°; *N-Vinyl-N-methylacetamid*, $Kp._{25}$ 70—71°. — *Zwischenprod.* für *Polymere*. (**Brit. P. 1 079 314** vom 4/8. 1964, ausg. 16/8. 1967. D. Prior. 20/7. 1963.) — 6 S. R. Bollinger H 3370

2051 Pure Chemicals Ltd., Liverpool, Großbritannien (Erfinder: Vincent Oakes), **Alkylzinntrihalogenide** werden hergestellt durch Rk. von Alkylhalogeniden mit Sn(II)-Halogeniden in Ggw. von organ. Lewis-Basen als Katalysatoren. — *Octyl-*$SnBr_3$; *Butyl-*$SnBr_3$, in Ggw. von $(C_6H_5O)_3P$, Dimethylformamid, $(C_8H_{17}O)_3P$, $(C_6H_5)_3P$, Äthoxypropionitril, Äthoxyäthylacetat, Polyäthylenglykol. (**Brit. P. 1 064 178** vom 27/8. 1964, ausg. 5/4. 1967.) — 3 S. A. Debo 6680

2052 Imperial Chemical Industries Ltd., London, Großbritannien (Erfinder: Keith Andrew Taylor), **Iridiumkomplexverbindungen mit zweizähnigen Phosphinliganden** werden hergestellt durch Rk. von $(R_n-X-R^1-X^1-R_n)$ mit IrL_yL' (R = H, ggf. substituierter KW-Stoffrest; n = 1, 2; R^1 = 2wertiger organ. Rest mit einer Kette von 1—4 C-Atomen; X u. X^1 = Elemente der Gruppe 5b oder 6b des Periodensyst.; L = neutraler Ligand; L′ = anion. Ligand; y = 3, 4). — $Ir[(C_6H_5)_2P-CH_2-CH_2-P(C_6H_5)_2]_2Cl \cdot 2\,H_2O$, orange, F. 229°. —*CO*—$Ir[(C_6H_5)_2PCH_2CH_2P(C_6H_5)_2]_2Cl$, gelb, F. 205°. — $Ir \cdot [(C_6H_5)_2PCH_2P(C_6H_5)_2]_2(CO)Br$, gelb, F. 210—215°. — $Ir[(C_6H_5)_2PCH_2CH_2SC_6H_5]_2Br$, gelb, F. 150—157°. — *Katalysatoren* zur Hydrierung *olefin.* oder *acetylen.* ungesätt. *Verbindungen.* (**Brit. P. 1 085 762** vom 30/4. 1965, ausg. 4/10. 1967.) — 4 S. A. Debo 6680

2053 **Soc. Chimica dell'Aniene S.p.A.**, übert. von: **Umberto Giacopelli** und **Mario Manca**, Rosignano Solvay, Livorno, Italien, *Herstellung von Methylbromid.* (**Can. P. 692 934** vom 21/1. 1964, ausg. 18/8. 1964. It. Prior. 29/1. 1963. — C. **1966**, 31-2428 [D. A. S. 1 206 415].)

2054 **Imperial Chemical Industries Ltd.**, Großbritannien, *Kontinuierliche Herstellung von niederen Olefinen.* (**F. P. 1 309 459** vom 13/10. 1961, ausg. 25/2. 1963. Brit. Prior. 13/10. 1960. — C. **1966, 37-2597** [Brit. P. 976 966].)

2055 **Esso Research and Engineering Co.** (Erfinder: **Robert Cahn**), *Herstellung eines einen hohen Anteil an* C_5-C_{18}*-Olefinen enthaltenden Gasstromes.* (**Aust. P. 251 527** vom 11/1. 1961, ausg. 4/6. 1964. U. S. Prior. 12/2. 1960. — C. **1966**, 37-2600 [Brit. P. 944 758].)

2056 **Pittsburgh Plate Glass Co.**, Pittsburgh, Pa., übert. von: **Robert E. McGreevy** und **Joseph E. Milam**, New Martinsville, W.Va., USA, *Herstellung von chlorierten ungesättigten Kohlenwasserstoffen.* (**Can. P. 677 712** vom 8/3. 1962, ausg. 7/1. 1964. U. S. Prior. 16/5. 1961. — C. **1966**, 37-2602 [F. P. 1 326 717].)

2057 **Showa Denko K.K.**, Tokio, übert. von: **Taijiro Oga**, Tokio, **Michitoshi Kitabatake**, Kawasaki-shi, Kanagawa-ken, **Masao Ogawa** und **Masazumi Kusunoki**, Yokohama, Japan, *Herstellung von 1.3-Dichlorolefinen.* (**U. S. P. 3 285 978** vom 7/10. 1963, ausg. 15/11. 1966. Jap. Prior. 11/10., 11/10. 1962, 9/8., 9/8. u. 9/8. 1963. — C. **1968**, 1-2519 [F. P. 1 376 809].)

2058 **National Lead Co.**, USA (Erfinder: **John Happel** und **Charles Joseph Marsel**), *Herstellung ungesättigter Kohlenwasserstoffe.* (**F. P. 1 315 272** vom 5/1. 1962, ausg. 19/4. 1963. U. S. Prior. 10/1. 1961. — C. **1966**, 29-2513 [Brit. P. 957 631).]

2059 **Monsanto Chemicals Ltd.**, London, Großbritannien (Erfinder: **Robert James Stephenson**), *Herstellung von Allyläthern.* (**Brit. P. 916 566** vom 14/11. 1960, ausg. 23/1. 1963. Zusatz zu Brit. P. 913 919; C. 1966, 49-2616. — C. **1966**, 32-2405 [Can. P. 690 214].)

2060 **Esso Research and Engineering Co.**, Del., übert. von: **Adolph A. Austin**, Colonia, N.J., USA, *Herstellung primärer Alkohole.* (**U. S. P. 3 270 065** vom 6/7. 1961, ausg. 30/8. 1966. — C. **1968**, 7-2568 [D. A. S. 1 232 937].)

2061 **Esso Research and Engineering Co.**, Del., übert. von: **Joseph Kern Mertzweiller** und **Horace Marion Tenney**, Baton Rouge, La., USA, *Alkohole aus Olefinen.* (**U. S. P. 3 255 259** vom 7/3. 1961, ausg. 7/6. 1966. — C. **1966**, 47-2650 [F. P. 1 315 275].)

2062 **Continental Oil Co.**, USA (Erfinder: **Jerry Anthony Acciarri** und **Eugene Flynt Kennedy**), *Al-Alkyle zur Herstellung von Alkoholen.* (**F. P. 1 318 147** vom 21/3. 1962, ausg. 10/5. 1963. U. S. Prior. 30/3. 1961. — C. **1967**, 45-2297 [D. P. [DDR] 44 722].)

2063 **International Flavors & Flagrances, Inc.**, USA (Erfinder: **Seymour Lemberg**), *Acyclische ungesättigte Alkohole.* (**F. P. 1 332 794** vom 4/7. 1962, ausg. 20/11. 1963. U. S. Prior. 17/7. 1961. — C. **1966**, 17-2721 [Brit. P. 953 776].)

2064 **Continental Oil Co.**, übert. von: **William R. Bradley**, Ponca City, Okla., USA, *Kontinuierliche Herstellung von Calciumalkoxyalkoholaten.* (**U. S. P. 3 285 968** vom 23/11. 1962, ausg. 15/11. 1966. — C. **1966**, 30-2387 [D. A. S. 1 206 418].)

2065 **Böhme Fettchemie G.m.b.H.**, Düsseldorf, übert. von: **Horst Baumann**, Düsseldorf, und **Johann Heinrich Helberger**, München, *Salze von organischen Sulfonsulfinsäuren.* (**U. S. P. 3 291 822** vom 23/12. 1964, ausg. 13/12. 1966. D. Prior. 26/2. 1959. — C. **1963**, 22900 [D. A. S. 1 117 565].)

2066 **Montecatini Soc. Gen. per l'Industria Mineraria e Chimica**, Mailand, Italien (Erfinder: **Guido Greco, Angelo De Michele** und **Antonio Ralizzoni**), *Formaldehyd.* (**It. P. 650 528** vom 30/3. 1961. — C. **1965**, 47-2497 [D. A. S. 1 171 895].)

2067 **Farbwerke Hoechst Akt.-Ges. vormals Meister Lucius & Brüning**, übert. von: **Günter M au**, Frankfurt/M., *Herstellung von Aldehyden und Ketonen.* (**U. S. P. 3 28 4 507** vom 16/7. 1963, ausg. 8/11. 1966. D. Prior. 20/7. 1962. — C. **1967**, 46-2469 [D. A. S. 1 232 941 u. Brit. P. 1 038 464].)

2068 **Farbenfabriken Bayer Akt.-Ges.**, Leverkusen, *Carbonsäurechloride.* (**Brit. P. 942 621** vom 9/11. 1961, ausg. 27/11. 1 963. D. Prior. 12/11. 1960. — C. **1966**, 36-2430 [F. P. 1 305 091].)

2069 **National Lead Co.**, USA (Erfinder: **Abraham Clearfield**), *Herstellung wasserlöslicher Zr-Verbindungen.* (**F. P. 1 311 455** vom 22/11. 1961, ausg. 20/3. 1963. U. S. Prior. 30/12. 1960. — C. **1966**, 40-2170 [U. S. P. 3 104 248].)

2070 **National Lead Co.**, New York, N.Y., USA, *Acetatozirkonylhalogenide.* (**Brit. P. 965 788** vom 29/12. 1961, ausg. 6/8. 1964. U. S. Prior. 30/12. 1960. — C. **1966**, 40-2170 [U. S. P. 3 104 248].)

2071 **Rohm & Haas Co.**, Philadelphia, Pa., USA, *Herstellung von Acryl- und Methacrylsäureestern.* (**Brit. P. 976 304** vom 27/3. 1961, ausg. 25/11. 1964. U. S. Prior. 6/4. 1960. — C. **1966**, 31-2470 [F. P. 1 285 780].)

2072 **Montecatini Soc. Gen. per l'Industria Mineraria e Chimica** (Erfinder: **Adolfo Quilico, Francesco Minisci, Giuseppe Belvedere** und **Mirella Cecere**), Mailand, Italien, *Herstellung von Adipinsäure- und Nitrocyclohexan.* (**D. P. [DDR] 28 644** Kl. 12o vom 1/12. 1961, ausg. 5/9. 1964 [Ausschließungspatent]. It. Prior. 6/12. 1960 u. 30/3. 1961. — C. **1966**, 37-2575 [Brit. P. 969 793].)

2073 **Chemische Werke Hüls Akt.-Ges.**, übert. von: **Kurt Wember**, Marl, *Herstellung von Estersalzen ungesättigter Dicarbonsäuren.* (**U. S. P. 3 285 945** vom 1/11. 1963, ausg. 15/11. 1966. D. Prior. 9/11. 1962. — C. **1967**, 44-2738 [D. A. S. 1 227 888].)

2074 **Halcon International, Inc.**, New York, N.Y., übert. von: **Jack B. Feder**, Dumont, N.J., USA, *Gewinnung von Maleinsäureanhydrid.* (**Can. P. 680 976** vom 21/7. 1961, ausg. 25/2. 1964. U. S. Prior. 21/7. 1960. — C. **1966**, 39-2717 [U. S. P. 3 054 806].)

2075 **Armour & Co.**, USA (Erfinder: **Sydney Harold Shapiro** und **Murray C. Cooperman**), *Herstellung quaternärer Ammoniumnitrate.* (**F. P. 1 318 190** vom 23/3. 1962, ausg. 10/5. 1963. U. S. Prior. 24/8. 1961. — C. **1967**, 21-2789 [U. S. P. 3 175 004].)

2076 **General Mills, Inc.**, USA (Erfinder: **Edgar Robert Rogier**), *N-[β-Cyanäthyl]-aminohydroxyalkansäurenitrile.* (**F. P. 1 285 079** vom 29/3. 1961, ausg. 6/7. 1962. U. S. Prior. 1/4. 1960. — C. **1966**, 29-2566 [U. S. P. 3 157 689].)

2077 **Ethyl Corp.**, USA, *Herstellung von Trimethylphosphat.* (**F. P. 1 336 379** vom 1/8. 1962, ausg. 18/12. 1963. — C. **1968**, 7-2597 [D. A S. 1 230 413].)

2078 **Imperial Chemical Industries Ltd.**, Großbritannien, *Herstellung der isomeren Xylole.* (**F. P. 1 336 042** vom 17/10. 1962, ausg. 11/12. 1963. Brit. Prior. 17/10. 1961. — C. **1966, 32-2443** [Brit. P. 963 756].)

2079 **National Smelting Co. Ltd.**, London, übert. von: **William K. R. Musgrave**, Durham, Großbritannien, *Herstellung hochfluorierter Aromaten.* (**Can. P. 695 304** vom 30/4. 1962, ausg. 29/9. 1964. Brit. Prior. 8/5. 1961. — C. **1966**, 37-2641 [Brit. P. 960 279].)

2080 **Soc. des Usines Chimiques Rhône-Poulenc**, Seine, Frankreich (Erfinder: **Pierre Marchand und Jean-Baptiste Grenet**), *Herstellung von o-Hydroxybenzylalkoholen.* (**F. P. 1 328 945** vom 28/3. 1962, ausg. 20/9. 1963. — C. **1968**, 10-2548 [Brit. P. 979 656].)

2081 **Chemetron Corp.**, Chicago, Ill., übert. von: **Erwin A. Lehto**, Newport, Tenn., USA, *Herstellung von p-Alkylphenolen.* (**Can. P. 688 542** vom 18/10. 1961, ausg. 9/6. 1964. U. S. Prior. 28/10. 1960. — C. **1966**, 40-2508 [F. P. 1 305 721].)

2082 **Sandoz Akt.-Ges.** (Erfinder: **Jany Renz, Jean-Pierre Bourquin, Hans Winkler** und **Pierre Gagnaux**), *Herstellung von 3-Nitro-4-bromthioanisol.* (**Aust. P. 271 030** vom 23/5. 1962, ausg. 1/12. 1966. Schwz. Prior. 24/5. 1961. — C. **1965**, 22-2560 [Oe. P. 231 428].)

2083 **Shell Oil Co.**, New York, N.Y., USA, übert. von: **Willem Brackman**, Haarlem, Niederlande, *Herstellung von aromatischen Nitrilen.* (**U. S. P. 3 110 722** vom 23/5. 1960, ausg. 12/11. 1963. Niederl. Prior. 2/7. 1959. — C. **1966**, 37-2646 [Can. P. 696 652].)

2084 **N. V. Philips' Gloeilampenfabrieken**, Niederlande, *Herstellung von 2.6-Dichlorbenzonitril.* (**F. P. 1 337 174** vom 29/10. 1962, ausg. 20/12. 1963. Niederl. Prior. 30/10. 1961. — C. **1966**, 32-2452 [Can. P. 698 235].)

2085 **Imperial Chemical Industries Ltd.**, London, übert. von: **Deryck Harry Derbyshire** und **Arthur Dudley Craven**, Harrogate, Großbritannien, *p-Toluylsäure.* (**U. S. P. 3 159 672** vom 25/6. 1962, ausg. 1/12. 1964. Brit. Prior. 3/7. 1961. — C. **1966**, 33-2509 [Brit. P. 971 172].)

2086 **Farbenfabriken Bayer Akt.-Ges.**, Leverkusen, übert. von: **Richard Wegler**, Leverkusen, und **Engelbert Kühle**, Köln, *Herstellung von Verbindungen mit geschützten Isocyanatgruppen.* (**U. S. P. 3 080 368** vom 29/5. 1959, ausg. 5/3. 1963. D. Prior. 31/5. 1958. — C. **1960**, 14886 [D. A. S. 1 073 480].)

2087 **E. I. du Pont de Nemours & Co.** (Erfinder: **Leo Ahramjian**), Wilmington, Del., USA, *Herstellung organischer Isothiocyanate.* (**D. A. S. 1 157 602** Kl. 12o vom 5/2. 1962, ausg. 21/11. 1963. U. S. Prior. 7/2. 1961. — C. **1966**, 38-2465 [U. S. P. 3 139 449].)

2088 **J. R. Geigy Soc. An.**, Schweiz (Erfinder: **John D. Spivack**), *Aralkylphosphonate und -phosphinate.* (**F. P. 1 320 375** vom 13/4. 1962, ausg. 29/5. 1963. U. S. Prior. 14/4. 1961. — C. **1966**, 25-2550 [Brit. P. 948 880].)

2089 **Badische Anilin- & Soda-Fabrik Akt.-Ges.**, Ludwigshafen/Rh., *Herstellung von 1.5-Cyclooctadien.* (**Brit. P. 944 440** vom 6/7. 1961, ausg. 11/12. 1963. D. Prior. 17/9. 1960. — C. **1966**, 39-2753 [F. P. 1 300 595].)

2090 **Cities Service Research and Development Co.**, New York, N.Y., USA, *Cycloolefine mit mindestens 8 C-Atomen und 2 C=C-Bindungen im Ring.* (**Brit. P. 944 574** vom 30/5. 1961, ausg. 18/12. 1963. U. S. Prior. 22/8. 1960 u. 25/1. 1961. — C. **1966**, 31-2498 [F. P. 1 297 933].)

2091 **Toyo Rayon K.K.**, Tokio, Japan, *Herstellung von Nitrosoverbindungen und Oximen.* (**Ind. P. 78 351** vom 4/9. 1961, ausg. 6/9. 1963. — C. **1966**, 29-2629 [Can. P. 693 865].)

2092 **Halcon International, Inc.** (Erfinder: **Irwin Schlossman**), *Herstellung von Ketoximen.* (**Aust. P. 271 014** vom 24/4. 1962, ausg. 24/11. 1966. U. S. Prior. 24/4. 1961. — C. **1968**, 3-2645 [F. P. 1 350 623]).

2093 **VEB Leuna-Werke „Walter Ulbricht"** (Erfinder: **Karl Smeykal** und **Klaus Moll**), Leuna, *Alkalisalze der Cyclohexancarbonsäure.* (**Brit. P. 976 919** vom 27/6. 1963, ausg. 2/12. 1964. — C. **1966**, 31-2503 [D. P. [DDR] 33 282].)

2094 **Rhône-Poulenc Soc. An.**, Paris, übert. von: **André Cometti**, Maisons-Alfort, und **François Debarre**, Antony, Frankreich, *Isocyanatalkylcyclohexanderivate*. (**U. S. P. 3 288 831** vom 1/7. 1963, ausg. 29/11. 1966. F. Prior. 6/7. 1962 u. 21/1. 1963. – C. **1966**, 38-2489 [Ung. P. 151 548].)

2095 **„Reanal" Finomvegyszergyár**, Ungarn, *Herstellung von 1.2-Diaminocyclohexan*. (**F. P. 1 315 990** vom 29/12. 1961, ausg. 22/4. 1963. Ung. Prior. 30/12. 1960. – C. **1963**, 2624 [Ung. P. 149 979] u. C. **1966**, 31-2508 [D. P. [DDR] 32 764].)

2096 **National Research Development Corp.** (Erfinder: **Robert Stephens** und **John Colin Tatlow**), Großbritannien, *Herstellung von fluorierten Aromaten*. (**F. P. 82 531** vom 30/10. 1962, ausg. 5/6. 1964. Brit. Prior. 1/11. 1961. Zusatz zu F. P. 1 240 807; C. 1964, 20-2439. – C. **1966**, 29-2600 [Can. P. 693 956].)

2097 **General Aniline & Film Corp.**, New York, übert. von: **Albert F. Strobel**, Delmar, und **Sigmund C. Catino**, Castleton, N.Y., USA, *α-Cyan-2-alkenoxy-1-naphthalinacrylsäureester*. (**U. S. P. 3 149 146** vom 9/3. 1960, ausg. 15/9. 1964. – C. **1968**, 14-2109 [Brit. P. 980 092].)

2098 **Monsanto Chemicals Ltd.**, London, übert. von: **Ernest Bryson McCall**, Llangollen, und **Brian Beard Millward**, Urexham, Großbritannien, *Arylierung von Arylsilanen*. (**U. S. P. 3 294 831** vom 26/9. 1962, ausg. 27/12. 1966. Brit. Prior. 17/10. 1961. – C. **1966**, 44-2576 [Brit. P. 966 798].)

2099 **Rhône-Poulenc Soc. An.**, Paris, übert. von: **Pierre Lafont**, Sainte Foy-Les-Lyon, und **Gilbert Vivant**, Lyon, Frankreich, *Diolderivate des Cyclooctans*. (**U. S. P. 3 288 812** vom 5/7. 1963, ausg. 29/11. 1966. F. Prior. 9/7. 1962. – C. **1967**, 21-3084 [Brit. P. 1 000 684].)

2100 **Devoe & Raynolds Co., Inc.** (Erfinder: **David Alan Shimp** und **John Edward Kuhn**), USA, *Herstellung von Epoxidverbindungen*. (**F. P. 1 336 444** vom 22/8. 1962, ausg. 13/12. 1963. U. S. Prior. 2/10. 1961. – C. **1968**, 16-2555 [Brit. P. 1 007 854].)

2101 **Consortium für elektrochemische Industrie G.m.b.H.**, Deutschland, *Herstellung von Epoxygruppen enthaltenden Vinyläthern*. (**F. P. 1 336 597** vom 19/10. 1962, ausg. 16/12. 1963. D. Prior. 21/10. 1961. – C. **1967**, 42-2732 [Schwz. P. 407 076].)

2102 **Shell Oil Co.**, New York, N.Y., USA, übert. von: **Robert W. F. Kreps** und **Arie Klootwijk**, Amsterdam, Niederlande, *Herstellung von Epoxyestern von α.α-Dialkylmonocarbonsäuren*. (**Can. P. 690 633** vom 16/5. 1961, ausg. 14/7. 1964. Niederl. Prior. 16/5. 1960. – C. **1966**, 32-2482 [U. S. P. 3 142 686].)

2103 **Shell Oil Co.**, New York, N.Y., übert. von: **George B. Payne**, Berkeley, Calif., USA, *Herstellung von Epoxynitrilen, besonders Glycidonitril*. (**Can. P. 681 778** vom 24/5. 1960, ausg. 10/3. 1964. U. S. Prior. 25/6. 1959. – C. **1966**, 36-2530 [U. S. P. 2 980 708].)

2104 **E. I. du Pont de Nemours & Co.**, Wilmington, übert. von: **William J. Middleton**, Claymont, Del., USA, *Herstellung von 2.4-Bis-[perhalogenalkyl]-2.4-difluor-1.3-dithietanen*. (**Can. P. 690 074** vom 2/7. 1960, ausg. 7/7. 1964. U. S. Prior. 17/8. 1959. – C. **1966**, 29-2610 [U. S. P. 3 117 977].)

2105 **E. I. du Pont de Nemours & Co.** (Erfinder: **Armand Brachman**), *Herstellung von cyclischen ungesättigten Acetalen*. (**Aust. P. 249 308** vom 17/11. 1960, ausg. 20/2. 1964. – C. **1966**, 37-2682 [Brit. P. 945 809].)

2106 **Rhône-Poulenc Soc. An.**, Paris, übert. von: **Jacques G. Robert** und **Cornel Crisan**, Sceaux, Seine, Frankreich, *Herstellung von 1-[2'-(3''-Carboxypropionyloxy)-äthyl]-2-methyl-5-nitroimidazol*. (**Can. P. 690 736** vom 19/6. 1962, ausg. 14/7. 1964. F. Prior. 7/7. 1961. – C. **1966**, 34-1733 [D. P. [DDR] 37 796].)

2107 **Ciba Ltd.**, Basel, übert. von: **Adolf E. Siegrist**, Basel, **Erwin Maeder**, Muenchenstein, und **Peter Liechti**, Binningen, Schweiz, *Herstellung von 1-Methyl-1.2-di-[benzimidazolyl-(2')]-äthylen-Derivaten*. (**Can. P. 692 861** vom 31/5. 1962, ausg. 18/8. 1964. Schwz. Prior. 5/6. 1961. – C. **1966**, 32-2884 [Brit. P. 941 866].)

2108 **Ciba Ltd.**, Basel, Schweiz, *Phenylbenzoxazole*. (**Brit. P. 941 990** vom 14/9. 1960, ausg. 20/11. 1963. Schwz. Prior. 23/9. u. 8/12. 1959. – C. **1966**, 50-2712 [F. P. 1 279 273].)

2109 **Mitsui Kagaku Kogyo K.K.**, Japan, *Herstellung von 2-Styryloxazolen*. (**F. P. 1 336 949** vom 31/8. 1962, ausg. 18/12. 1963. Jap. Prior. 12/9., 12/9. 1961 u. 18/7. 1962. – C. **1966**, 41-3020 [Brit. P. 967 483].)

2110 **Shell Internationale Research Mij., N. V.**, Den Haag, Niederlande, *Herstellung von Lactamen*. (**Brit. P. 971 858** vom 27/5. 1963, ausg. 7/10. 1964. D. Prior. 28/5. 1962. – C. **1966**, 33-2544 [Can. P. 688 409].)

2111 **Soc. Rhodiaceta**, Seine, Frankreich (Erfinder: **Lucien Bonnard**), *Herstellung von 2-Azabicyclo-[2.2.2]-octanon-(3)*. (**F. P. 1 332 615** vom 29/5. 1962, ausg. 20/11. 1963. – C. **1966**, 29-2623 [Can. P. 689 463].)

2112 **Soc. Nationale des Pétroles d'Aquitaine** (Erfinder: **Lino Vio**), Frankreich, *Herstellung von 2.5-Dihydroxy-1.4-dithianen*. (**F. P. 1 336 860** vom 27/7. 1962, ausg. 18/12. 1963. – C. **1967**, 8-2708 [Brit. P. 1 000 685].)

2113 **Farbwerke Hoechst Akt.-Ges. vormals Meister Lucius & Brüning**, Deutschland, *Herstellung von Nucleosiden*. (**F. P. 1 324 011** vom 24/5. 1962, ausg. 5/7. 1963. D. Prior. 24/5. 1961. – C. **1966**, 34-1750 [D. A. S. 1 206 907].)

2114 **J. R. Geigy Soc. An.**, Schweiz, *Herstellung von Triazinderivaten*. (**F. P. 1 380 270** vom 23/1. 1964, ausg. 10/3. 1965. Schwz. Prior. 24/1. 1963. – C. **1967**, 42-2526 [Brit. P. 1 011 575].)

2115 **J. R. Geigy Soc. An.**, Schweiz, *Herstellung von Triazinderivaten*. (**F. P. 1 380 272** vom 23/1. 1964, ausg. 10/3. 1965. Schwz. Prior. 24/1. 1963. – C. **1967**, 19-2650 [Brit. P. 1 018 987].)

2116 **United States Borax and Chemical Corp.**, USA (Erfinder: **William George Woods**, **Irving Swem Bengeldsorf** und **Don Lester Hunter**), *Herstellung von Vinylbor-Verbindungen*. (**F. P. 1 331 848** vom 23/8. 1962, ausg. 12/11. 1963. U. S. Prior. 24/8. 1961. – C. **1967**, 31-2560 [Brit. P. 1 009 305].)

2117 **Ajinomoto Co., Inc.**, Tokio (Erfinder: **Yoshio Tshuchiya**, Yokohama-shi, **Tadao Takenishi**, Setagaya-ku, Tokio, **Tetsuya Kato**, Kawasaki-shi, **Nobutoshi Muramatsu**, Ota-ku, **Masaharu Yoshikawa**, Yokohama-shi, **Hisao Mori**, Setaya-ku, und **Takehiko Ichikawa**, Yokohama-shi), Japan, *Herstellung von 5'-Ribonucleotiden*. (**Schwz. P. 404 682** vom 30/1. 1963, ausg. 15/7. 1966. Jap. Prior. 30/1., 11/4., 10/9. u. 21/11. 1962. – C. **1968**, 4-2195 [F. P. 1 346 082].)

2118 **Ajinomoto Co., Inc.**, Tokio, übert. von: **Yoshio Tsuchiya**, Yokohama-shi, Kanagawa-ken, **Tadao Takenishi**, Tokio, **Tetsuya Kato**, Kawasaki-shi, Kanagawa-ken, **Nobutoshi Muramatsu**, **Hisao Mori**, Tokio, **Masahani Yoshikawa** und **Takehiko Ichikawa**, Yokohama-shi, Kanagawa-ken, Japan, *Herstellung von 5'-Ribonucleotiden*. (**U. S. P. 3 288 780** vom 25/2. 1964, ausg. 29/11. 1966. Jap. Prior. 30/1., 11/4., 10/9. u. 21/11. 1962. – C. **1968**, 4-2195 [F. P. 1 346 082].)

2119 **Henkel & Cie. G.m.b.H.**, Düsseldorf, übert. von: **Günther Bruno**, Philadelphia, Pa., USA, und **Hubert Schirp**, Düsseldorf, *Organoaluminiumverbindungen*. (**U. S. P. 3 291 819** vom 20/4. 1961, ausg. 13/12. 1966. D. Prior. 23/4. u. 17/5. 1960. – C. **1966**, 43-2805 [Brit. P. 914 053].)

2120 **Imperial Chemical Industries Ltd.** (Erfinder: **Joseph Chatt** und **Bernard Shaw**), *Herstellung von komplexen Metallcarbonylen*. (**Aust. P. 250 525** vom 8/2. 1961, ausg. 23/4. 1964. Brit. Prior. 18/2. u. 9/12. 1960. – C. **1966**, 38-2410 [Brit. P. 966 481].)

H–8. Farbstoffe

2121 **Herstellung Si-haltiger Azofarbstoffe.** I. N. Gorbačeva und A. A. Čerkasskaja. (Izvest. vysšich učebnych Zavedenij [Ivanovo], Chim. i chim. Technol. **10** (1967) 6, 684–87; russ.) — 2 saure Azofarbstoffe auf der Basis von p-Aminobenzyltrimethylsilan werden beschrieben. Die Einführung der Trialkylsilylgruppe hat weder Einfl. auf den Verlauf der Adsorptionskurve noch auf die Lichtbeständigkeit des Azofarbstoffs. Die Bromierung von *Trimethylbenzylsilan* (**I**) mit Br in Ggw. von Fe führt ausschließlich zur Bldg. von *p-Brombenzyltrimethylsilan* (**II**).

Versuche: *Benzyltrimethylsilan* (**I**), $Kp._5$ 55–56°, durch Grignard-Rk. aus Trimethylchlorsilan u. Benzylchlorid; 76% (Ausb.). — *p-Brombenzyltrimethylsilan* (**II**), $Kp._3$ 88–89°, a) durch Bromierung von **I** mit Br in Ggw. von Fe; 68,5%; b) durch Grignard-Rk. aus p-Brombenzylbromid u. Trimethylchlorsilan. — *p-Trimethylsilylmethylbenzoesäure* (**III**), F. 176–177° (PAe.), aus **II** nach Carborn u. Parker. — *p-Trimethylsilylmethylbenzoesäureamid* (**IV**), F. 143–145° (PAe.), durch 1std. Kochen von 11 g **III** mit 40 ml Thionylchlorid, Abdest. des Chloridüberschusses, Gießen des Rückstandes in 142 ml 25%ig. NH_4OH u. Behandeln mit Eis; 95,5%. — *p-Aminobenzyltrimethylsilan* (**V**), $Kp._3$ 90–91°, F. 33–34°, durch Zugabe von 7,1 g **IV** zu 148 ml einer 0,5n NaOCl-Lsg., die auf 5° gekühlt wurde, 20 Min. Rühren bei dieser Temp., Steigerung der Temp. auf 65–70°, weiter 15 Min. Rühren, W.-Dampfdest., Extraktion mit Ae. u. Abdest. des Lsgm.; 1 g. — *1-Acetamino-8-naphthol-3.6-disulfosäure-4-trimethylsilylmethylazobenzol*, durch Zugabe von 1,15 g (0,0064 Mol) **V** zu einem Gemisch aus 20–40 g Eis u. 0,8 g rauchender H_2SO_4, nach Bldg. eines weißen Nd. Zugabe der äquivalenten Menge einer 30%ig. $NaNO_2$-Lsg., Filtrieren u. Gießen des Filtrats zu einer Lsg. von 3,26 g 1-Acetamino-8-naphthol-3.6-disulfosäure in 15 ml Wasser. — *2-Naphthol-6-sulfosäure-4-trimethylsilylmethylazobenzol*, analog. K. Koller 6842

2122 **Saure Azofarbstoffe aus Diphenylalkanen.** V. N. Kljnev und L. A. Dogadkina. (Izvest. vysšich učebnych Zavedenij [Ivanovo] Technol. tekst. Prom. **1967**, 5, 114–16; Ivanovsk. chim.-technol. inst.; russ.) — Diese werden durch Kupplung in schwach alkal. Medium dargestellt u. die Trocken- u. Naßreib-, Avivier-, Schweiß-, Licht- u. Wetterechtheit auf Capron untersucht. Die Möglichkeit covalenter Bindungen der Diphenyltrichlormethylmethanfarbstoffe mit der Faser wird diskutiert. Die folgenden Farbstoffe färben im schwach sauren Bad Wolle u. Naturseide u. Capron in den angegebenen Farben: *Sulfanilsäure* (**I**) → *4.4'-Dioxydiphenyldimethylmethan* (**II**), gelb. — *γ-Säure* → **II**, granat. — **I**-*Säure* → **II**, granat. — **I** → *4.4'-Dioxydiphenyltrichlormethylmethan* (**III**), gelb. — *γ-Säure* → **III**, blauviolett. — **I**-*Säure* → **III**, $C_{34}H_{23}Cl_3N_4O_{10}S_2$, granat; 75% (Ausb.). — *4.4'-Diaminodiphenyltrichlormethylmethan* (**IV**) → *Salicylsäure*, gelb. — **IV** → *γ-Säure*, $C_{34}H_{23}Cl_3N_6Na_2O_8S_2$, bordeaux; 80%. — **IV** → **I**-*Säure*, rotorange. — **IV** → *Naphthol-(2)-sulfonsäure-(6)*, orange. — **IV** → *H-Säure*, violett. — **IV** → *Naphthionsäure*, rotorange. Ch. Maniewski 6842△

2123 **Hydroxyalkylester der 1-Aminoanthrachinon-2-carbonsäure als Dispersionsfarbstoffe.** V. I. Erichov und V. F. Borodkin. (Izvest. vysšich učebnych Zavedenij [Ivanovo], Chim. i chim. Technol. **10** (1967) 5, 571–73; russ.) — Bei der Rk. von *1-Aminoanthrachinon-2-carbonsäurechlorid* (**I**) mit Äthylen-, Tetramethylen-, Diäthylenglykolnatrium werden *β-Hydroxyäthyl-*, *δ-Hydroxybutyl-*, *Monodiäthylenglykol-* u. *β-(p-Hydroxybenzolsäure)-äthylester* der *1-Aminoanthrachinon-2-carbonsäure* (**II**) erhalten. Ihre Eig. u. die Möglichkeit ihrer Verw. als Dispersionsfarbstoffe werden untersucht. Sie können zur Färbung von Lawsan verwendet werden (die Färbemeth. wird beschrieben) u. zeigen eine hohe Stabilität.

Versuche: *1-Aminoanthrachinon-2-carbonsäurechlorid* (I), $C_{15}H_8O_3NCl$, F. 400°, durch 4std. Kochen von 0,05 Mol **II**, 0,06 Mol PCl_5 u. 90 ml $POCl_3$ als Lsgm., Abkühlen, Filtrieren u. Waschen des Nd. mit CCl_4. Aus dem Filtrat können nach Abdest. des Lsgm. weitere Mengen gewonnen werden; 79% (Ausb.). *Methylester*, F. 228°, durch Kochen von I mit dem entsprechenden Alkohol. *Äthylester*, F. 197°, analog. — 1-Aminoanthrachinon-2-carbonsäureester: Durch 30 Min. Erhitzen von 0,01—0,05 Mol des entsprechenden Na-Glykolats in 50 ml des entsprechenden Glykols mit 0,01—0,05 Mol **I** auf 140°, Abkühlen u. Gießen in 100—150 ml W., Filtrieren, Waschen mit W. u. Trocknen. So werden erhalten: *β-Hydroxyäthyl-*, $C_{17}H_{13}O_5N$, F. 223°; 78%. — *δ-Hydroxybutyl-*, $C_{19}H_{17}O_5N$, F. 121°; 84%. — *Monodiäthylenglykol-*, $C_{19}H_{17}O_6N$, F. 144°; 83%. — *β-(p-Hydroxybenzoesäure)-*, $C_{24}H_{17}O_7N$, F. 210°; 89%. K. Koller 6864

2124 Farbenfabriken Bayer Akt.-Ges., Leverkusen (Erfinder: Winfried Kruckenberg, Leverkusen, und Konrad Weis, Köln), **Herstellung von Monoazofarbstoffen** der allg. Formel $R-N=N-Ar-N(X^1)-X^2$ erfolgt durch Rk. von diazotierten Aminoverb. der Bzl.- oder Thiadiazolreihe mit einer Aminoarylverb. der allg. Formel $Ar-N(X^1)-X^2$ [R = ggf. substituierter Bzl.- oder Thiadiazolrest; Ar = Arylen; X^1 = Alkylen, das eine mit einem aliphat. Alkohol veresterte Carboxylgruppe trägt; X^2 = Cyanalkyl; in Ar stehen die Azogruppe u. der $-N(X)^1-X^2$-Rest in p-Stellung zueinander; die Farbstoffe sind frei von SO_3H- u. COOH-Gruppen]. — Diazotiertes 2-Cyan-5-chloranilin u. N-Phenyl-N-*β*-(carbomethoxy)-äthyl-N-*β*-cyanäthylamin (**I**) → rotes Pulver. — Ferner (Farbe auf Polyester): 5-Amino-3-phenyl-1.2.4-thiadiazol → **I**, rotstichigorange. — 3-Chlor-4-cyananilin → **I**, gelbstichigorange. — 3.4-Dicyananilin → **I**, gelbstichigorange. — 2.5-Dicyananilin → **I**, gelbstichigorange. — 2-Cyan-4-nitroanilin → **I**, blaustichigrot. — 2.4-Dicyananilin → **I**, rotstichigorange. — 4-Nitroanilin → **I**, rotstichigorange. (**D. A.-S. 1 218 090** Kl. 22a vom 6/10. 1959, ausg. 2/6. 1966.) — 2 S. A. Jahn 6842

2125 Sandoz Akt.-Ges., Basel (Erfinder: Heinz Wicki, Allschwil), Schweiz, **Herstellung von Trisazofarbstoffen** der allg. Formel **I** (V u. V' = Amino, OH;

I

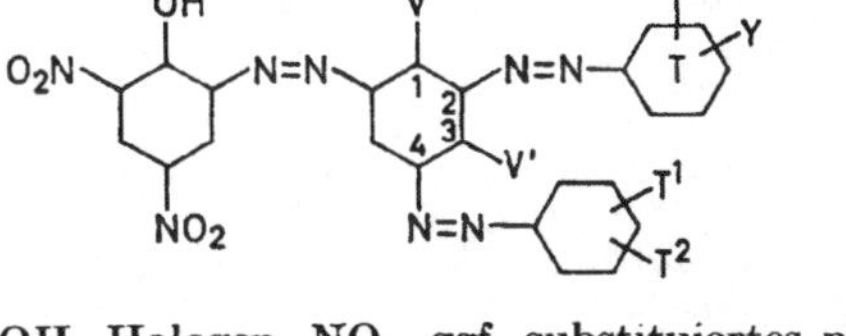

X = H, OH, Halogen, NO_2, ggf. substituiertes niedrigmol. Alkyl, Alkoxy, SO_3H; Y = H, OH, Halogen, NO_2, ggf. substituiertes Alkyl, Alkoxy oder $-NH-C_6H_3\cdot(Z)-W$; W = H, SO_3H; Z = H, OH, NO_2, ggf. substituiertes niedrigmol. Alkyl, Alkoxy u. dieser Bzl.-Kern oder der Bzl.-Kern T enthält eine SO_3H-Gruppe; T^1 = H, Halogen, NO_2; T^2 = Halogen, NO_2). Die Farbstoffe können noch mit metallabgebenden Mitteln behandelt u. zum Färben u. Bedrucken von Leder (**L**) verwendet werden. Sie haben ein gutes Egalisiervermögen, eine Nuance-Konstanz auf Ledern unterschiedlicher Gerbung, ein gutes Farbstoffaufbauvermögen in neutralem bis schwach saurem Färbebad, eine gute Schleifechtheit auf Chromveloursleder, gute Migrationsechtheit auf Polyvinylchlorid u. Crêpe-Gummi u. gute Naß-, Licht-, Schweiß-, HCHO- u. Bügelechtheit. — 1 (Mol) 1-Amino-2-hydroxy-3.5-dinitrobenzol (**II**) wird diazotiert, in soda-alkal. Lsg. auf 1 1.3-Dihydroxybenzol (**III**) gekuppelt, auf den erhaltenen Monoazofarbstoff wird 1 der diazotierten Verb. 4-Amino-2-sulfodiphenylamin in soda-alkal. Lsg. gekuppelt, die Lsg. des Disazofarbstoffs mit HCl auf pH 5,5 gestellt, Na-Acetat zugesetzt u. die Diazoverb. aus 1 1-Amino-4-nitrobenzol zugesetzt, so daß die Kupplung bei ca. pH 5 erfolgt. Der Trisazofarbstoff, ein dunkelbraunes Pulver, färbt **L** dunkelrotbraun. Mit krist. $FeSO_4$ in wss. Lsg. 1 Std. bei 98° behandelt → dunkelbraunes Pulver, färbt **L** dunkelbraun. — **II** → **III** wird in die Co-Komplexverb. übergeführt, mit diazotierter 1-Aminobenzol-4-sulfonsäure gekuppelt u. diazotiertes 1-Amino-3-nitrobenzol auf den Disazofarbstoff gekuppelt → dunkelbraunes Pulver, färbt **L** rotbraun. — Weitere Beispiele mit Farbstoffen, die metallfrei oder als Cu-, Co-, Cr- oder Fe-Komplexverb. **L** rotbraun, dunkelbraun oder violettbraun färben. — Färbebeispiele. (**Schwz. P. 444 996** vom 22/4. 1964, ausg. 29/2. 1968. **Brit. P. 1 099 641** vom 13/4. 1965, ausg. 17/1. 1968. Schwz. Prior. 22/4. 1964.) — 8 S. — 10 S. O. Roick 6842

2126 Cassella Farbwerke Mainkur Akt.-Ges., Frankfurt/M. (Erfinder: Richard Fleischhauer und Friedrich Aldebert), **Herstellung von Tetrakisazofarbstoffen** der allg. Formel $K^3-N=N-K^1-N=N-V-N=N-K^2-N=N-K^4$ (V = Rest einer ggf. im Phenylkern substituierten tetrazotierten 4.4'-Diaminodiphenylaminsulfonsäure; K^1 = Rest einer gekuppelten u. dann diazotierten 1-Aminonaphthalinsulfonsäure, in 4-Stellung gekuppelt u. ggf. in o-Stellung zur Aminogruppe substituiert; K^2 = K^1 oder Rest einer gekuppelten u. dann diazotierten Aminohydroxynaphthalinsulfonsäure; K^3 u. K^4 = gleiche oder verschiedene ggf. im Bzl.-Kern oder an der Aminogruppe substituierte 1.3-Diaminobenzole). — Die Farbstoffe färben Leder, Polyamide, bes. pflanzliche Fasern u. Viskoseseide blauschwarz. — Man tetrazotiert 4.4'-Diaminodiphenylamin-2-sulfonsäure, kuppelt in essigsaurer Lsg. mit 1-Amino-2-äthoxynaphthalin-6-sulfonsäure u. das erhaltene Zwischenprod. in alkal. Lsg. mit 2-Amino-8-hydroxynaphthalin-6-sulfonsäure (**I**), tetrazotiert den Disazofarbstoff u. kuppelt ihn mit 1.3-Diaminobenzol in alkal. Lösung; dunkles Pulver, das in schwach alkal. W. leicht lösl. ist u. Baumwolle (**A**) blauschwarz färbt. Ähnlich erhält man den Farbstoff *1-Amino-3-β-hydroxyäthylaminobenzol* (**II**) ← *1-Aminonaphthalin-6-sulfonsäure* → *4.4'-Diamino-3'-methyldiphenylamin-2-sulfonsäure* → **I** → **II**, der **A** blauschwarz färbt u. leicht ätzbar ist. — Weitere Tabellenbeispiele. (**Brit. P. 1 105 350** vom 9/12. 1966, ausg. 6/3. 1968. **F. P. 1 504 324** vom 12/12. 1966, veröff. 23/10. 1967. Beide D. Prior. 11/12. 1965.) — 4 S. — 3 S. O. Roick 6842

2127 Toms River Chemical Corp., Toms River (Erfinder: Joseph William Fitzpatrick, Pine Beach, Phillip Wehner, Toms River, und John David Hildreth, Beachwood), N.J., USA, **Herstellung von 1-Amino-2-benzoyl-4-hydroxyanthrachinonfarbstoffen** erfolgt durch Erhitzen von 1-Amino-2-benzoyl-4-halogenanthrachinonen mit konz. H_2SO_4 oder Oleum, bes. in Ggw. von H_3BO_3, bes. bei 120—180°. *1-Amino-2-benzoyl-4-hydroxyanthrachinon*, blaues Pulver. — Färbevorschrift. (**Schwz. P. 448 337** vom 30/7. 1964, ausg. 29/3. 1968. **Brit. P. 1 033 269** vom 16/9. 1964, ausg. 22/6. 1966. Beide U. S. Prior. 27/9. 1963.) — 2 S. — 3 S. A. Jahn 6864

2128 Farbenfabriken Bayer Akt.-Ges., Leverkusen (Erfinder: Max Schwarz und Günter Breidbach), **Anthrachinonfarbstoffe** der allg. Formel $V-[-N(R)-C\cdot(R^1)=N(R^2)-R^3]_n^+X^-$ (V = von SO_3H u. COOH freier Anthrachinonrest, der mindestens OH-, Cycloalkyloxy, Aryloxy, Arylthio, Arylamino, Sulfon, ggf. N-substituiertes Sulfonamid, Sulfonylamino, NO_2, Aryl, bes. Phenyl, Thiazolyl, Oxazolyl, Oxdiazolyl, Imidazolyl, Carbonsäureester u./oder ggf. N-alkyl oder N-cycloalkyl substituiertes Carbonsäureamid enthält; R = H, Alkyl; R^1 = H, Alkyl, Aryl; R^2 u. R^3 = Alkyl, die ggf. über ein Heteroatom miteinander verbunden sein können; n = ganze Zahl; X = Anion) erhält man durch Rk. der sek. oder prim. Aminogruppen enthaltenden Anthrachinone bei 20—100° mit Verb. der allg. Formel $O=C(R^1)-N(R^2)-R^3$ in Ggw. anorgan. oder organ. Säurehalogenide. — Farbstoffe, geeignet zum Färben von Wolle, Seide, Baumwolle, aromat. Polyestern (**P**), Celluloseacetaten,

Polypropylenfasern, Polymeren u. Mischpolymerisaten des Acrylnitrils, Polyvinylchloridfasern (**PVC**) oder synthet. Superpolyamiden (**N**) oder Superpolyurethanen. — 22 (g) (anthrachinon = **I**) 1.5-Diamino-4.8-dihydroxy-2-brom-**I** erhitzt man in 200 ccm Nitrobenzol mit 13 Dimethylformamid (**II**) auf 50°, gibt tropfenweise unter Rühren 20,8 $SOCl_2$ zu u. rührt 3 Std. bei 50—60°. Der Farbstoff **III** ein in W. leicht lösl. rotbraunes Pulver,

III 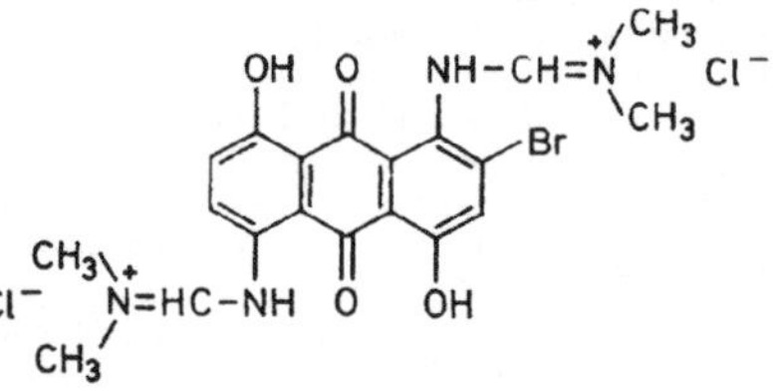

färbt **P** blau. — Ähnlich erhält man Farbstoffe aus **II**, $SOCl_2$ u.: 1-Amino-4-hydroxy-2-phenoxy-**I**, gelbes Pulver, färbt **P** licht- u. waschecht rot, 2,5-Acetatseide orange, **N**, Cellulosetriacetat u. **PVC** scharlachrot; 1-Amino-4-hydroxy-2.3-diphenoxy-**I**, gelbes Pulver, färbt **P** licht-, sublimier- u. waschecht rotviolett. — 1.4-Diamino-2.3-dichlor-**I**, goldgelbes Pulver, färbt **P** blaustichig-violett. — Aufzählung zur Rk. geeigneter durch Formelbilder erläuterter Aminoanthrachinone. — Färbevorschriften. (**Brit. P. 1 017 617** vom 29/1. 1964, ausg. 19/1. 1966. **Belg. A. S. 657 178** vom 16/12. 1964, bekanntgemacht 16/4. 1965. Beide D. Prior. 19/12. 1963.) — 6 S. — 19 S. O. Roick 6864

2129 Imperial Chemical Industries Ltd., London, Großbritannien (Erfinder: David Crawford Eaton), **Anthrachinon (I)-dispersionsfarbstoffe** erhält man durch Rk. der **I**-Deriv. mit mindestens einer Hydroxyalkylgruppe mit ≧ 2 C-Atomen u. prim. OH-Gruppe mit Acrylnitril (**II**) in Ggw. eines bas. Katalysators. — 1-β-Hydroxyäthylamino-**I** + **II** → *1-β-(β'-Cyanäthoxy)-äthylamino*-**I**, färbt Polyäthylenterephthalat (**P**) scharlach. — *1-Amino-2-brom-4-β-[β'-(cyanäthoxy)-äthyl]-amino*-**I**, färbt **P** rötlichblau. — *1.4-Bis-[β-(β'-cyanäthoxy)-äthylamino]*-**I**, färbt **P** rötlich blau. — *1.4-Bis-[γ-(β'-cyanäthoxy)-propylamino]-5.8-dihydroxy*-**I**, färbt **P** blaugrün. — *1-Methylamino-4-[4'-methyl-2'-(2''-β-cyanäthoxy)-äthylsulfamyl]-anilino*-**I**, färbt **P** blau. — Tabellenbeispiele. (**Brit. P. 1 016 651** vom 6/10. 1962, ausg. 12/1. 1966.) — 5 S. A. Jahn 6864

2130 Toms River Chemical Corp., Toms River (Erfinder: Arthur David Olin, Lakewood), N.J., USA, **Herstellung eines rotbraunen Küpenfarbstoffes der Perinonreihe** bes. für Cellulosefasern erfolgt dadurch, daß man 1.4.5.8-Naphthalintetracarbonsäure mit einer Mischung von o-Phenylendiamin u. 4-Äthoxy-o-phenylendiamin, bes. zwischen 130 u. 180° in inerten organ. Lsg. oder in W. umsetzt. (**D. A. S. 1 271 861** Kl. 22e vom 4/9. 1964, ausg. 4/7. 1968. **Schwz. P. 452 087** vom 28/7. 1964, ausg. 31/5. 1968. Beide U. S. Prior. 5/9. 1963.) — 2 S. — 2 S. H.-W. Wille 6866

2131 Farbwerke Hoechst Akt.-Ges. vormals Meister Lucius & Brüning, Frankfurt/M. (Erfinder: Otto Fuchs, Frankfurt/M., und Reinhold Deubel, Kelkheim/Taunus), **Herstellung wasserlöslicher Phthalocyanin (I)-farbstoffe** der allg. Formel $Pc[CH_2N^{\oplus}(R^1)(R^2)\cdot(R^3)X^{\ominus}]_n$ erfolgt durch Quaternierung der entsprechenden **I**-Aminoverb. (R^1 u. R^2 = niedrigmol. Alkyl, Hydroxyalkyl, die zusammen einen Ring bilden können; R^3 = Hydroxyalkyl; Pc = **I**-Rest; X = OH, Anion einer anorgan. oder organ. Säure; n = 2—4). — Die Verb. färben bes. Cellulose leuchtend türkisblau. — Tris-(ω-N-dimethylaminomethyl)-kupfer-**I** wird mit Äthylenoxid oder Propylenoxid quaterniert; vgl. F. P. 1 363 007; C. **1967**, 18-2897. (**D. A. S. 1 220 065** Kl. 22e vom 14/7. 1962, ausg. 30/6. 1966.) — 3 S. A. Jahn 6870

2132 Monsanto Co., St. Louis, Mo. (Erfinder: William Bruce Tuemmler, Catonsville, Md.), USA, **Herstellung von gegebenenfalls metallhaltigen Polyphthalocyaninen** erfolgt durch Erhitzen von Pyromellithsäurenitril (**I**), ggf. zusammen mit Phthalsäurenitril (≦ 50%) in Abwesenheit von O_2, ggf. in Ggw. feinverteilter Metalle oder Metallsalze auf Temp. > F. von **I** (300 bis 350°). Die Verb. sublimieren im Gegensatz zu den monomeren Phthalocyaninen. (**D. A. S. 1 218 095** Kl. 22e vom 11/11. 1958, ausg. 2/6. 1966. U. S. Prior. 13/11. 1957.) — 3 S. A. Jahn 6870

2133 Ciba Akt.-Ges., Basel (Erfinder: Willy Müller und Karl Ronco, Riehen), Schweiz, **Herstellung von Pigmentfarbstoffen** erfolgt durch Verlackung von Monoazofarbstoffen der allg. Formel $HO_3S-C_6H_2(R)(CF_3)-N=N-A-(SO_3H)_{n-1}$ mit Erdalkali- oder Schwermetallverbindungen. (A = Rest einer Kupplungskomponente; R = H, Halogen; n = 1 oder 2). — *2-Amino-4-trifluormethylbenzolsulfonsäure* (**I**) → *2-Hydroxynaphthalin-3-carbonsäureanilid* (**II**)*-4'-sulfonsäure, Ba-Lack*, färbt Polyvinylchlorid (**PVC**) rot. — *Ca-Lack*, färbt **PVC** gelbstichig rot. — *Sr-Lack*, färbt **PVC** orange. — **I** → **II**-*3'-Sulfonsäure, Ca-Lack*, färbt **PVC** gelbstichigrot. — *Ba-Lack*, färbt **PVC** rot. — **I** → **II**-*2'-Sulfonsäure, Ca-Lack*, färbt **PVC** orange. — *Ba-Lack*, färbt **PVC** rotorange. — *Sr-Lack*, färbt **PVC** orange. — *Mn-Lack*, färbt **PVC** scharlach. — **I** → *N-Methyl*-**II**-*4'-sulfonsäure, Ca-Lack*, färbt **PVC** orange. — *Ba-Lack*, färbt **PVC** gelborange. — *Ni-Lack*, färbt **PVC** orange. — **I** → *2-Hydroxynaphthalin-3-carbonsäure-1'-naphthylamid-4'-sulfonsäure,Ca-Lack*, färbt **PVC** gelbstichigrot. — *Ba-Lack*, färbt **PVC** rot. — **I** → **II**-*2'-chlor-5'-sulfonsäure, Ca-Lack*, färbt **PVC** gelbstichig-scharlach. — *Mn-Lack*, färbt **PVC** scharlach. — **I** → **II**-*2'.5'-Dimethoxy-4'-sulfonsäure, Ca-Lack*, färbt **PVC** gelbstichigscharlach. — *Sr-Lack*, färbt **PVC** rotorange. — **I** → **II**-*2'.5'-Dichlor-4'-sulfonsäure, Ca-Lack*, färbt **PVC** rot. — *Ba-Lack*, färbt **PVC** rot. — *Mn-Lack*, färbt **PVC** rot. — **I** → **II**-*2'-Methoxy-5'-sulfonsäure, Ca-Lack*, färbt **PVC** scharlach. — *Ba-Lack*, färbt **PVC** rotscharlach. — **I** → **II**-*2'-chlor-5'-sulfonsäure, La-Lack*, färbt **PVC** gelbstichigrot. — *Ba-Lack*, färbt **PVC** gelbstichigrot. — **I** → **II**-*4'-chlor-3'-sulfonsäure, Ca-Lack*, färbt **PVC** scharlach. — *Ba-Lack*, färbt **PVC** scharlach. — *Sr-Lack*, färbt **PVC** scharlach. — *Mn-Lack*, färbt **PVC** gelbstichigrot. — *Ni-Lack*, färbt **PVC** braunstichigrot. — *2-Amino-5-trifluormethylbenzolsulfonsäure* (**III**) → **II**-*4'-Sulfonsäure, Ca-Lack*, färbt **PVC** rot. — *Ba-Lack*, färbt **PVC** rot. — **III** → *6-Brom*-**II**-*4'-Sulfonsäure, Ca-Lack*, färbt **PVC** blaustichig-rot. — *Ba-Lack*, färbt **PVC** blaustichigrot. — *5-Chlor*-**I** → **II**-*4'-Sulfonsäure, Ba-Lack*, färbt **PVC** rot. — *Mn-Lack*, färbt **PVC** rot. — *2-Trifluormethyl-4-aminobenzolsulfonsäure* → **II**-*4'-Sulfonsäure, Ca-Lack*, färbt **PVC** rot. — *Sr-Lack*, färbt **PVC** rot. — *Ba-Lack*, färbt **PVC** rot. — *Ni-Lack*, färbt **PVC** rot. — 2-Amino-4-chlor-6-trifluormethylbenzolsulfonsäure → **II**-4-Sulfonsäure, *Ba-Lack*, färbt **PVC** rot. — *Mn-Lack*, färbt **PVC** rot. — *Ca-Lack*, färbt **PVC** rot. — **I** → *Acetessigsäure* (**IV**)*-4-chlor-2.5-dimethoxyanilid, Ba-Lack*, gelbes Pulver. — *Ca-Lack*, färbt **PVC** gelb. — **I** → **IV**-*2-Methyl-5-methoxy-4-acetylaminoanilid, Ca-Lack*, färbt **PVC** grünstichiggelb. — *Ba-Lack*, färbt **PVC** grünstichiggelb. — **I** → **IV**-*2-Methyl-4(4'-acetoacetylamino-2'-methylphenyl)-anilid, Ca-Lack*, färbt **PVC** gelb. — *Ba-Lack*, färbt **PVC** reingelb. — **I** → *Indandion-(1.3), Ca-Lack*, färbt **PVC** gelb. — *Ba-Lack*, färbt **PVC** grünstichiggelb. — **I** → *Perinaphthindandion-(1.3), Ca-Lack*, färbt **PVC** gelb. — *Ba-Lack*, färbt **PVC** gelb. — **I** → *1.2-Diphenylpyrazolidindion-(3.5), Ca-Lack*, färbt **PVC** grünstichig-gelb. — *Ba-Lack*, färbt **PVC** gelb. — **I** → **II**, *Ca-Lack*, färbt **PVC** gelbstichig rot. (**D. A. S. 1 275 231** Kl. 22a vom 6./12. 1963, ausg. 14/8. 1968. Schwz. Prior. 7/12. 1962 u. 12/11. 1963.) — 7 S. A. Jahn 6872

2134 J. R. Geigy Akt.-Ges., Basel, Schweiz (Erfinder: Eric Richard Inman, Oldhall)/Paisley, und Hugh Macdonald Smith, Bearsden/Glasgow, Schottland, Großbritannien), **Herstellung von Pigmenten auf Naphthindolizindionbasis** der allg. Formel **I** erfolgt dadurch, daß man ein Naphth-[2.3-b]-indolizin-6.11-dion der allg. Formel **II** mit einem Mono-N-aroylarylendiamin der allg. Formel $H_2N-A-NH-CO-B$ (**III**) kondensiert. Hierbei bedeuten: A = Arylen-, bes. Phenylenrest, der ggf. durch in W. nicht sauer dissoziierende Substituenten, bes. Halogen, niedere Alkyl-, Alkoxy-, Aryloxygruppen sub-

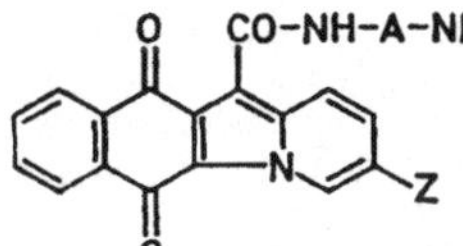

I

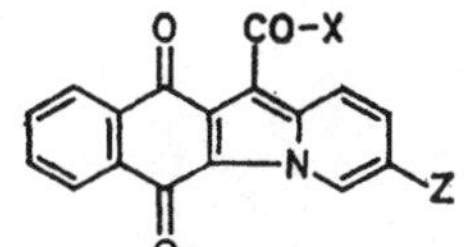

II

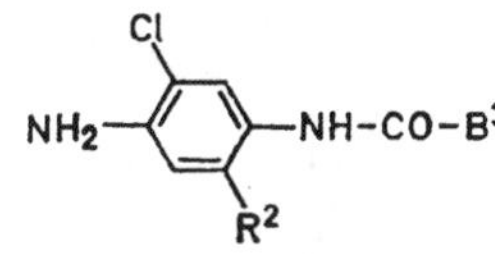

IV

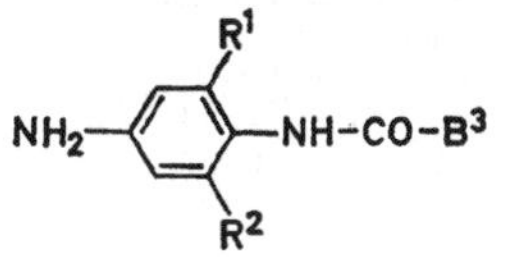

V

VI

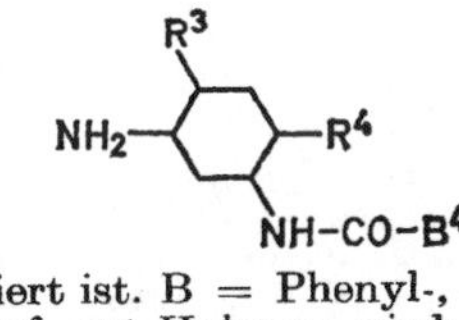

VII

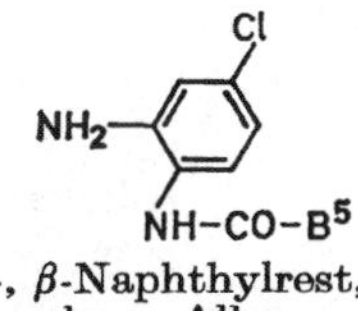

stituiert ist. B = Phenyl-, α-Naphthyl-, β-Naphthylrest, der ggf. mit Halogen, niederen Alkyl-, niederen Alkoxy-, CF_3-, Cyan-, niederen Alkylsulfonyl-, Arylsulfonylgruppen substituiert ist u. Z = H oder niedere Alkylgruppe. Falls X = OH ist, wird PCl_3 als Kondens.-Mittel eingesetzt. Als **III** werden bes. Benzamide der allg. Formeln **IV**—**VII** eingesetzt. Hierbei bedeuten: R^1 u. R^2 = H, Cl, Br; R^3 = H, Cl; R^4 = H, CH_3; B^3 = Chlorphenyl-, Bromphenyl-, Methylphenyl-, Naphthyl-, Bromnaphthylgruppe, B^4 = Chlorphenyl-, Bromphenyl-, Methoxyphenylgruppe, B^5 = Chlorphenylgruppe. Beispiel: 58 (Teile) 2.4.4'.5-Tetrachlor-3'-aminobenzanilid werden in 1300 o-Dichlorbenzol (**VIII**) bei 100° gelöst u. in eine Lsg. von 46 Naphth-[2.3-b]-indolizin-6.11-dion-12-carbonsäurechlorid (**IX**) in 2610 **VIII** eingemischt. Nach 17std. Sieden am Rückfluß werden aus der abgekühlten Lsg. durch Filtration u. Waschen mit **VIII**, PAe., A., W. u. Trocknen 75,5 Teile rotvioletter nadelförmiger Krist. F. >300°, gewonnen, die ggf. aus Nitrobenzol umkrist. werden. Nach Vermahlen der Krist. mit Na-Acetat in Ggw. kleiner Mengen Xylol erhält man einen feindispersen roten Pigmentfarbstoff, der in Druckfarben einverleibt auf Papier rotviolette, lichtechte Drucke, in PVC-Folien oder in Einbrennlacken kastanienbraune Farbtöne liefert. Bei Einsatz von N-(3-Amino-4-chlorphenyl)-1-naphthamid (**X**) in Py. erhält man orangerote Krist., >300°, die PVC scharlachrot färben. Bei Einsatz von 4-Brom-4'-chlor-3'-aminobenzanilid an Stelle von **X** → tiefrote Krist., F. >300°. — Tabellen u. weitere Beispiele. — *Pigmente zum Färben hochmol. hydrophober organ. Prod., wie Firnisse, Kautschuk, Lacke, Kunststoffe, bes. PVC, Viskose- u. Cellulosematerial, sowie für Druckfarben.* (**Schwz. P. 446 576** vom 8/12. 1964, ausg. 15/3. 1968. Brit. Prior. 10/12. 1963. **Brit. P. 1 066 250** vom 10/12. 1963, ausg. 26/4. 1967.) — 10 S. — 23 S.

H.-W. Wille 6872

2135 Aziende Colori Nazionali Affini ACNA S.p.A. (Erfinder: Tommaso Lucchini und Mattia Triggiani), Mailand, Italien, **Herstellung von linearem Chinacridon in der γ-Kristallform** erfolgt dadurch, daß rohes lineares Dihydrochinacridon in H_2SO_4 gelöst u. durch Zugabe von W. als sehr feinteiliges α-Dihydrochinacridon (**I**) ausgefällt wird. Dieses wird dann als wss. Paste oder als feingetrocknetes Pulver mit einer Korngröße von höchstens 1 μ, bes. mit Na-m-Nitrobenzolsulfonat zu γ-Chinacridon ox.; roter *Pigmentfarbstoff.* (**D. A. S. 1 270 715** Kl. 22e vom 22/2. 1965, ausg. 20/6. 1968. It. Prior. 2/3. 1964.) — 2 S.

H.-W. Wille 6872

2136 Farbenfabriken Bayer Akt.-Ges., Leverkusen (Erfinder: Karl-Heinz Schündehütte, Opladen, und Kersten Trautner, Köln), **Herstellung von Reaktivfarbstoffen** der allg. Formel F–[–N(R)—$(K)_p$ —A$]_m$ F = Rest eines organ. Farbstoffes oder Vorprod. aus der Reihe der Azo-, Anthrachinon-, Azaporphin-, Oxazin-, Dioxazin-, Triphenylmethan-, Nitro-, Azomethin-, Benzanthron-, Dibenzanthronfarbstoffe oder polycycl. Kondens.-Prod. aus Anthrachinon-, Benzanthron- u. Dibenzanthronverb.; K = $-SO_2-$, —CO;— p = 0, 1; R = H, ggf. durch Halogen-, Cyan-, Sulfonsäure- oder Carbonsäuregruppen substituierte aliphat., carbocycl. oder heterocycl. Rest; m = 1—4; A = heterocycl. 5-Ring, der mindestens ein N-, S- u./oder O-Atom im Ring u. eine abspaltbare Sulfonylgruppe an ein C-Atom in Nachbarstellung zum N-, S- u./oder O-Atom gebunden enthält u. der durch Alkyl, Aralkyl, carbocycl. OH, Mercapto, acyliertes oder substituiertes Amino, Alkyloxy, Aralkyloxy, Aryloxy, Alkylthio, Arylthio, Halogen, Carboxy, Carboalkoxy, Carbonamido, Alkylcarbonyl, Aralkylcarbonyl, Arylcarbonyl, Sulfinsäure, Sulfonsäure, Sulfonamid, Nitro oder Nitril substituiert sein kann, dad. gek., daß man Verb. der allg. Formel F—NH · R, mit einer Verb. der allg. Formel B–(–K–$)_{\bar{p}}$A, B = abspaltbarer Rest, wie Halogen; falls p = 0 oder 1, oder Sulfonylgruppen, falls p = 0 ist, umsetzt u. im Falle der Verw. von Vorprod. diese durch Azokupplung oder durch Kondens. in die gewünschten Endfarbstoffe überführt. (**Oe. P. 263 972** vom 28/12. 1965, ausg. 12/8. 1968. **Brit. P. 1 123 865** vom 17/12. 1965, ausg. 14/8. 1968. Alle D. Prior. 28/12. 1964.) — 54 S. — 54 S.

Gerhard Koch 6895

2137 **Badische Anilin- & Soda-Fabrik Akt.-Ges.** (Erfinder: **Kurt Ehrmann**), Deutschland, *Herstellung von aromatischen Aminosulfonsäuren.* (**F. P. 1 336 648** vom 25/10. 1962, ausg. 16/12. 1963. D. Prior. 26/10. 1961. – C. **1967,** 45-2392 [D. A. S. 1 233 408].)

2138 **Badische Anilin- & Soda-Fabrik Akt.-Ges.,** übert. von: **Guenter Lange, Guenter Krehbiel, Hans-Joachim Grasshoff,** Ludwigshafen/Rh., und **Fritz Kohler,** Mannheim, *Herstellung von wasserlöslichen Farbstoffen.* (**Can. P. 681 277** vom 6/6. 1960, ausg. 3/3. 1964. D. Prior. 11/6. 1959. – C. **1966,** 34-2651 [D. A. S. 1 153 839].)

2139 **Farbwerke Hoechst Akt.-Ges. vormals Meister Lucius & Brüning,** Frankfurt/M., *Herstellung wasserunlöslicher Monoazofarbstoffe.* (**Ind. P. 75 543** vom 27/2. 1961, ausg. 6/11. 1963. – C. **1966,** 26-2699 [D. A. S. 1 188 229].)

2140 **L. B. Holliday & Co. Ltd.,** Huddersfield, Großbritannien, *Herstellung kobalthaltiger Monoazofarbstoffe.* (**Niederl. P. 107 522** vom 18/3. 1960, ausg. 17/2. 1964. Brit. Prior. 23/3. 1959 u. 15/2. 1960. – C. **1966,** 29-2824 [Brit. P. 885 457].)

2141 **L. B. Holliday & Co. Ltd.,** Huddersfield, Großbritannien, *Herstellung metallhaltiger Monoazofarbstoffe.* (**Niederl. P. 108 605** vom 23/10. 1958, ausg. 15/6. 1964. Brit. Prior. 24/10. 1957. u. 5/8. 1958. – C. **1966,** 33-2706 [Brit. P. 864 093].)

2142 **Imperial Chemical Industrie Ltd.,** London, übert. von: **Frank Hall, Robert Norman Heslop, Frank Lodge, Ian Durham Rattee** und **Frederick Andrew Waite,** Manchester, Großbritannien, *Farbstoffe.* (**U. S. P. 3 246 004** vom 31/12. 1962, ausg. 12/4. 1966. Brit. Prior. 21/1. 1960. – C. **1966,** 27-2647 [Ind. P. 74 753].)

2143 **Imperial Chemical Industries Ltd.,** London (Erfinder: **George de Winter Anderson, Peter Frederick Clark, Peter Albert Mack** und **Frederick Andrew Waite,** Manchester, Lancs.), Großbritannien, *Herstellung wasserlöslicher Azofarbstoffe.* (**Schwz. PP. 410 234** u. **410 235** vom 3/3. 1961, ausg. 31/10. 1966. Beide Brit. Prior. 7/3. 1960, 3/1. u. 13/2. 1961. – C. **1965,** 49-2542 [Brit. P. 923 068].)

2144 **Imperial Chemical Industries Ltd.,** London, übert. von: **Herbert Francis Andrew,** Manchester, Großbritannien, *Monoazoreaktivfarbstoffe.* (**U. S. P. 3 261 826** vom 13/5. 1963, ausg. 19/7. 1966. Brit. Prior. 28/5. 1962. – C. **1968,** 33-2999 [F. P. 83 724].)

2145 **Imperial Chemical Industries Ltd.,** London, Großbritannien, *Herstellung metallhaltiger Monoazofarbstoffe.* (**Ind. P. 74 339** vom 3/12. 1960, ausg. 10/5. 1963. Brit. Prior. 21/12. 1959. – C. **1966, 30-2652** [Brit. P. 924 599].)

2146 **Imperial Chemical Industries Ltd.,** London, Großbritannien (Erfinder: **Herbert Francis Andrew** und **Donald Buckley**), *Reaktive Trihalogenpyrimidingruppen enthaltende Monoazofarbstoffe für Cellulose, tierische Fasern und Polyamide.* (**Brit. P. 938 806** vom 13/7. 1960, ausg. 9/10. 1963. – C. **1966,** 36-2690 [Ind. P 77 288].)

2147 **Sandoz Ltd.,** Basel, übert. von: **Jakob Benz,** Oberwil, und **Hanspeter Uehlinger,** Basel, Schweiz, *Herstellung von metallhaltigen, einen Polyhalogenpyrimidylrest enthaltenden Monoazofarbstoffen.* (**U. S. P. 3 288 776** vom 1/7. 1963, ausg. 29/11. 1966. Schwz. Prior. 10/4. 1959. – C. **1963,** 16366 [F. P. 1 253 728].)

2148 **Martin-Marietta Corp.,** New York, N.Y., USA, *Herstellung von Azodisulfidfarbstoffen.* (**Belg. A. S. 644 985** vom 10/3. 1964, bekanntgemacht 1/7. 1964. U. S. Prior. 6/9. 1963. – C. **1967,** 29-2712 [Brit. P. 1 018 459].)

2149 **Imperial Chemical Industries Ltd.,** London (Erfinder: **Brian Ribbons Fishwick** und **Eric Leslie Johnson,** Blackley/Manchester, Lancs.), Großbritannien, *Herstellung von Benzazolylazofarbstoffen.* (**Schwz. PP. 410 231** vom 2/11. 1959, ausg. 31/10. 1966, u. **411 178** vom 2/11. 1959, ausg. 15/11. 1966. Brit. Prior. 3/11. 1958 u. 7/10. 1959. – C. **1963,** 18644 [F. P. 1 242 433, Brit. PP. 859 899 u. 859 900].)

2150 **Otto B. May, Inc.,** Newark, übert. von: **Ernest M. May,** Summit, und **Andrew Fono,** Montclair, N.J., USA, *Disazo-β- oder -γ-resorcylsäurefarbstoffe.* (**U. S. PP. 3 236 829** vom 14/1. 1963, ausg. 22/2. 1966, u. **3 251 822** vom 30/8. 1962, ausg. 17/5. 1966. – C. **1968,** 11-2715 [F. P. 1 370 011].)

2151 **Imperial Chemical Industries Ltd.**, London (Erfinder: **Raymond Deverell-Smith** und **Christopher David Marrable, Blackley/Manchester,** Lanc.), Großbritannien, *Herstellung von 5-sulfo-2-hydroxybenzoesauren Salzen basischer Farbstoffe*. (**Schwz. P. 405 566** vom 4/5. 1961, ausg. 29/7. 1966. Brit. Prior. 6/5. 1960 u. 2/3. 1961. – C. **1964**, 14-2422 [Brit. P. 913 438].)

2152 **American Cyanamid Co.**, Stamford, Conn., übert. von: **Robert G. Weyker**, North Plainfield, N.J., **Robert M. Yarrington,** Richmond, O., und **Samuel M. Gerber**, Bound Brook, N.J., USA, *Darstellung von Auraminen*. (**Can. P. 693 612** vom 22/3. 1962, ausg. 1/9. 1964. U. S. Prior. 4/4. 1961. – C. **1966**, 33-2707 [Brit. P. 975 844].)

2153 **Allied Chemical Corp.**, New York (Erfinder: **Herman Gerson,** New York, N.Y., **John F. Santimauro,** Wyckoff, und **Vincent C. Vesce,** Saddle River, N.J.), USA, *Herstellung von feinverteiltem farbstarkem Chinacridon*. (**Schwz. P. 393 596** vom 29/4. 1960, ausg. 15/11. 1965. U. S. Prior. 1/5. 1959. – C. **1963**, 11828 [F. P. 1 255 770].)

2154 **Ciba Ltd.**, Basel, übert. von: **Paul Kniel,** Muttenz, Schweiz, *Herstellung von 2.3.4-Trichloranthrachinon-1-carbonsäureestern*. (**U. S. P. 3 284 472** vom 28/1. 1963, ausg. 8/11. 1966. Schwz. Prior. 2/2. 1962. – C. **1967**, 10-2941 [Brit. P. 964 482].)

2155 **Imperial Chemical Industries Ltd.**, London, Großbritannien (Erfinder **Edwin Dennis Harvey** und **Frank Lodge**), *Wasserunlösliche Anthrachinonfarbstoffe*. (**Brit. P. 1 010 745** vom 10/10. 1963, ausg. 24/11. 1965. – C. **1968,** 11-2721 [Belg. A. S. 646 061].)

2156 **Imperial Chemical Industries Ltd.**, London, übert. von: **David Crawford Eaton** und **James Wardleworth**, Manchester, Großbritannien, *Wasserunlösliche Anthrachinonfarbstoffe*. (**U. S. P. 3 205 241** vom 28/5. 1963, ausg. 7/9. 1965. Brit. Prior. 29/10. 1958. – C. **1963,** 3767 [Brit. P. 870 948].)

2157 **Clairol, Inc.**, New York, übert. von: **Milos Zdenek Bil,** Flushing, N.Y., und **Walter H. Brunner**, Easton, Pa., USA, *Blaue Anthrachinonfarbstoffe*. (**U. S. P. 3 168 441** vom 31/7. 1961, ausg. 2/2. 1965. – C. **1968,** 7-2763 [Brit. P. 969 377].)

2158 **E. I. du Pont de Nemours & Co.**, Wilmington, Del., übert. von: **John Charles Firestine**, South River, N.J., USA, *Farbstoffe*. (**U. S. P. 3 073 699** vom 17/3. 1959, ausg. 15/1. 1963. – C. **1962,** 6279 [D. A. S. 1 112 403].)

2159 **Ciba Ltd.**, Basel, Schweiz (Erfinder: **Eugen Johann Koller** und **Raymond Gunst**), *Herstellung von wasserlöslichen Azophthalocyaninfarbstoffen*. (**Aust. P. 246 544** vom 13/7. 1960, ausg. 12/9. 1963. **Brit. P. 949 502** vom 12/7. 1960, ausg. 12/2. 1964. Zusatz zu Brit. P. 903 408; C. 1964, 16-2389. Beide Schwz. Prior. 16/7. 1959 u. 10/6. 1960. – C. **1966**, 26-2704 [F. P. 78 073].)

2160 **Farbwerke Hoechst Akt.-Ges. vormals Meister Lucius & Brüning,** Frankfurt/M., *Dicyclohexylaminsalze von komplexen Metallverbindungen wasserunlöslicher Azofarbstoffe*. (**Ind. P. 78 450** vom 12/9. 1961. – C. **1966,** 35-3156 [D. A. S. 1 204 763].)

2161 **Ciba Ltd.** (Erfinder: **Karl Seitz, Henri Riat** und **Max Stäuble**), *Herstellung von Farbstoffen*. (**Aust. P. 250 116** vom 26/7. 1960, ausg. 9/4. 1964. Schwz. Prior. 7/8. 1959 u. 9/6. 1960. – C. **1966,** 37-2847 [Brit. P. 903 048].)

H–13. Schädlingsbekämpfungsmittel

2162 Monsanto Chemicals (Australia) Ltd., West Footscray, Australien, **2-Trichlormethylbenzoxazol** u. seine im Benzolring durch Halogen, NO_2, OH, Alkyl, Alkoxy, Aryloxy, Carbalkoxy, Halogenalkyl, Alkoxyalkyl, Aryl (ggf. Halogen, NO_2, Alkyl, Alkoxy als Substituenten) substituierten Deriv. erhält man durch Rk. von o-Aminophenolen mit Trichloressigsäurealkylesterimiden. *2-Trichlormethylbenzoxazol* (**I**), Prismen, F. 60° (wss. A.). – *5.7-Dichlor*-**I**, $C_8H_2Cl_5NO$, F. 84° (CH_3OH). – *5-Chlor-7-phenyl*-**I**, $C_{14}H_7Cl_4NO$, F. 111° (CH_3OH). – *5-Nitro*-**I**, F. 79°. – *5-Chlor*-**I**, F. 84°. – *6-Nitro*-**I**, F. 80° (CH_3OH). – *Herbizide, Fungizide*. (**Brit. P. 1 087 779** vom 16/12. 1965, ausg. 18/10. 1967. Aust. Prior. 18/12. 1964.) – 4 S. A. Jahn 7365

2163 Murphy Chemical Co. Ltd., St. Albans, Hertfordshire, Großbritannien (Erfinder: Max Pianka und John Duncan Edwards), **2.6-Dinitro-4-alkylphenole und deren Carbonate** der allg. Formel **I** (R = Alkyl,

I

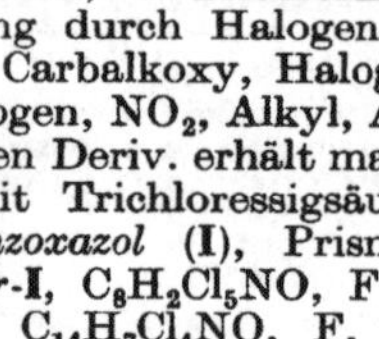

R^1 u. R^2 = n-Alkyl) erhält man durch Rk. des entsprechenden Dinitrophenols, das man durch Nitrierung des Phenols herstellt, mit einem Halogenameisensäureester. – Aus 4-(1-n-Propyl-n-butenyl)-anisol, $C_{14}H_{20}O$, Kp.$_{17}$ 145–150°, durch Hydrierung das *n-Butylderiv.*, $C_{14}H_{22}O$, Kp.$_{15}$ 139–143°, daraus durch Hydrolyse *4-(1-n-Propyl-n-butyl)-phenol*, $C_{13}H_{20}O$, F. 61–64°, ähnlich folgende *4-R-phenole*: *R = 1-Äthyl-n-pentyl-*, $C_{13}H_{20}O$, Kp.$_{15}$ 154–155°; *1-n-Propyl-n-pentyl-*, $C_{14}H_{22}O$, F. 36–37°, Kp.$_{1,8}$ 124–125°; *1-n-Butyl-n-pentyl-*, $C_{15}H_{24}O$, F. 55°, Kp.$_{20}$ 180°; *1-Äthyl-n-hexyl-*, $C_{14}H_{22}O$, Kp.$_{10}$ 153–154°; *1-n-Propyl-n-hexyl-*, $C_{15}H_{24}O$, Kp.$_{12}$ 167°; *1-n-Butyl-1-hexyl-*, $C_{16}H_{26}O$, Kp.$_{11}$ 186–187° u. *1-n-Pentyl-n-hexyl-*, $C_{17}H_{28}O$, Kp.$_{0,45}$ 131,5–132°. Durch Nitrierung aus diesen Phenolen folgende *4-R-2.6-dinitrophenole*: *R = 1-n-Propyl-n-butyl*, $C_{13}H_{18}N_2O_5$, *Cyclohexylaminsalz* (**II**), F. 197 bis 199°; *1-Äthyl-n-pentyl*, $C_{13}H_{18}N_2O_5$, **II**, F. 171–172°; *1-n-Propyl-n-pentyl*, $C_{14}H_{20}N_2O_5$, **II**, F. 179,5–181°; *1-n-Butyl-n-pentyl*, $C_{15}H_{22}N_2O_5$, **II**, F. 184–185°; *1-Äthyl-n-hexyl*, $C_{14}H_{20}N_2O_5$, **II**, F. 164–166°; *1-n-Propyl-n-hexyl*, $C_{15}H_{22}N_2O_5$, **II**, F. 165–166°; *1-n-Butyl-n-hexyl*, $C_{16}H_{24}\cdot N_2O_5$, **II**, F. 180–182° u. *1-n-Pentyl-n-hexyl*, $C_{17}H_{26}N_2O_5$, **II**, F. 183–184°. – Durch Rk. mit Chlorameisensäureester aus diesen nitrierten Phenolen folgende Carbonate der allg. Formel $ROOCO(1)C_6H_2NO_2(2)NO_2(6)CHR^1R^2(4)$, **R** = CH_3, **R**^{1} = C_2H_5, **R**^{2} = C_4H_9, $C_{15}H_{20}N_2O_7$, n_D^{20} = 1,5188; C_2H_5, C_2H_5, C_4H_9, $C_{16}H_{22}N_2O_7$, n_D^{20} = 1,5148; CH_3, C_3H_7, C_3H_7, $C_{15}H_{20}N_2O_7$, n_D^{20} = 1,5179; C_2H_5, C_3H_7, C_3H_7, $C_{16}H_{22}N_2O_7$, n_D^{20} = 1,5127; CH_3, C_3H_7, C_5H_{11}, $C_{17}N_{24}N_2O_7$, n_D^{20} = 1,5126; C_2H_5, C_3H_7, C_5H_{11}, $C_{18}H_{26}N_2O_7$, n_D^{20} = 1,5085; CH_3, C_3H_7, C_4H_9, $C_{16}H_{22}N_2\cdot O_7$, n_D^{20} = 1,5131; C_2H_5, C_3H_7, C_4H_9, $C_{17}H_{24}N_2O_7$, n_D^{20} = 1,4995; CH_3, C_4H_9, C_5H_{11}, $C_{18}H_{26}N_2O_7$, n_D^{20} = 1,5102; C_2H_5, C_4H_9, C_5H_{11}, $C_{19}H_{28}N_2O_7$, n_D^{20} = 1,5063; *sek.-Butyl*, C_3H_7, C_4H_9, $C_{19}H_{28}N_2O_7$, n_D^{20} = 1,5033; CH_3, C_4H_9, C_4H_9, $C_{17}H_{24}N_2O_7$, n_D^{20} = 1,5132; C_2H_5, C_4H_9, C_4H_9, $C_{18}H_{26}N_2O_7$, n_D^{20} = 1,5085; CH_3, C_5H_{11}, C_5H_{11}, $C_{19}H_{28}\cdot N_2O_7$, n_D^{20} = 1,5072; C_2H_5, C_5H_{11}, C_5H_{11}, $C_{20}H_{30}N_2O_7$, n_D^{20} = 1,5040; C_3H_7, C_2H_5, C_5H_{11}, $C_{18}H_{26}N_2O_7$, n_D^{20} = 1,5068; $CH(CH_3)_2$, C_2H_5, C_5H_{11}, $C_{18}H_{26}N_2O_7$, n_D^{20} = 1,5062; C_4H_9, C_2H_5, C_5H_{11}, $C_{19}H_{28}N_2O_7$, n_D^{19} = 1,5049; *sek.-Butyl*, C_2H_5, C_5H_{11}, $C_{19}H_{28}N_2O_7$, n_D^{19} = 1,5030; *Isobutyl*, C_2H_5, C_5H_{11}, $C_{19}H_{28}N_2O_7$, n_D^{20} = 1,5035; C_6H_{13}, C_2H_5, C_5H_{11}, $C_{21}H_{32}N_2O_7$, n_D^{19} = 1,5012; C_8H_{17}, C_2H_5, C_5H_{11}, $C_{23}H_{36}N_2O_7$, n_D^{19} = 1,4930; *1-Methyl-n-heptyl*, C_2H_5, C_5H_{11}, $C_{23}H_{36}N_2O_7$, n_D^{19} = 1,4927; $C_{10}H_{21}$, C_2H_5, C_5H_{11}, $C_{25}H_{40}N_2O_7$, n_D^{19} = 1,4926; CH_3, C_2H_5, C_5H_{11}, $C_{16}H_{22}N_2O_7$, n_D^{24} = 1,5133; C_2H_5, C_2H_5, C_5H_{11}, $C_{17}H_{24}\cdot N_2O_7$, n_D^{24} = 1,5048. – *Pestizide*. (**Brit. P. 1 070 755** vom 7/8. 1964, ausg. 1/6. 1967.) – 10 S.

R. Bollinger 7375

2164 Murphy Chemical Co. Ltd., St. Albans, Hertfordshire, Großbritannien (Erfinder: Max Pianka und John Duncan Edwards), **Dinitrocarbonate, Carboxylate und Thioester** der allg. Formel **I** [X = O oder S, Y =

I

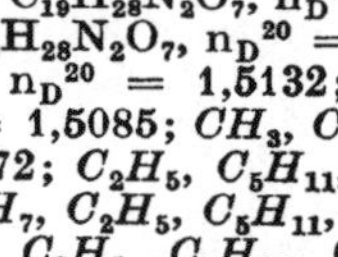

O, S oder einfache Bindung, R^1 = (substituiertes) Alkyl, R^2 = verzweigtes Alkyl] erhält man durch Rk. eines Phenols der allg. Formel $HO(1)C_6HR^2(5)NO_2(2)CH_3(3)\cdot NO_2(4)$ oder des entsprechenden Phenylats mit einem Halogenameisensäureester der allg. Formel $ZCXYR^1$ (Z = Cl, Br, J, bes. Cl). – Aus 2-tert.-Butyl-5-methylphenol durch Nitrierung das *4.6-Dinitroderiv.*, $C_{11}H_{14}\cdot N_2O_5$, F. 95°, daraus mit Chlorameisensäuremethylester das *Methylcarbonat*, $C_{13}H_{16}N_2O_7$; ähnlich folgende *Carbonate* der allg. Formel *R-2-tert.-butyl-4.6-dinitro-5-methylphenylcarbonat*, *R = Äthyl-*, $C_{14}H_{18}N_2O_7$, F. 62–63°; *Isopropyl-*, $C_{15}H_{20}N_2O_7$, F. 99–101°; *sek.-Butyl-*, F. 56–58°; *n-Heptyl*, n_D^{19} = 1,4955; *β-Äthoxyäthyl*, $C_{16}H_{22}N_2O_8$, F. 64–66°; *Allyl-*, $C_{15}H_{18}N_2O_7$, F. 65°; *Tetrahydrofurfuryl-*, $C_{17}H_{22}N_2O_8$, F. 66–68°; *β-Chloräthyl-*, $C_{14}H_{17}ClN_2O_7$, F. 105–108,5°; *n-Butyl-*, n_D^{15} = 1,5125; *1'-Methyl-n-heptyl-*, n_D^{15} = 1,4930; *Isoamyl-*, n_D^{15} = 1,5063; *Phenyl-*, $C_{18}H_{18}N_2O_7$, F. 100–102°; *Cyclohexyl-*, $C_{18}H_{24}N_2O_7$, F. 88–89°; *Benzyl-*, F. 117–118°, u. *2.3-Dibrompropyl-*, n_D^{15} = 1,5542. – Aus 2-Isopropyl-4.6-dinitro-5-methylphenol mit Chlorameisensäureäthylester *2-Isopropyl-4.6-dinitro-5-methylphenylcarbonat*, $C_{13}H_{16}N_2O_7$, F. 66–68°. Aus 2-sek.-Butyl-5-methylphenol durch Nitrierung das *4.6-Dinitroderiv.*, F. 46–48°, daraus *Äthyl-2-sek.-butyl-4.6-dinitro-5-methylphenylcarbonat*, $C_{14}H_{18}N_2O_7$, F. 71 bis

72^0, ähnlich: *R-2-sek.-butyl-4.6-dinitro-5-methylphenylcarbonat, R = Isopropyl-*, $C_{15}H_{20}N_2O_7$, F. 68–72^0; *n-Octyl-*, $C_{20}H_{30}N_2O_7$, $n_D^{20} = 1{,}4969$; *β-Äthoxyäthyl-*, $C_{16}\cdot H_{22}N_2O_8$; *Methyl-*, $C_{13}H_{16}N_2O_7$, F. 83–$84{,}5^0$; *Allyl-*, $C_{15}H_{18}N_2O_7$, F. 72–$72{,}5^0$. Aus 2-sek.-Amyl-5-methylphenol durch Nitrierung das *4.6-Dinitroderiv.*, $C_{12}H_{16}\cdot N_2O_5$, $Kp._{0,1}$ $122{,}5^0$, daraus mit Chlorameisensäureäthylester *Äthyl-2-sek.-amyl-4.6-dinitro-5-methylphenylcarbonat*, $C_{15}H_{20}N_2O_7$, $n_D^{18} = 1{,}5132$; ähnlich: *R-2-sek.-Amyl-4.6-dinitro-5-methylphenylcarbonat, R = Isopropyl-*, $C_{16}\cdot H_{22}N_2O_7$, $n_D^{18} = 1{,}5085$; *Methyl-*, $C_{14}H_{18}N_2O_7$, $n_D^{19} = 1{,}5192$; *Allyl-*, $C_{16}H_{20}N_2O_7$, $n_D^{19} = 1{,}5197$; *n-Octyl-*, $C_{21}\cdot H_{32}N_2O_7$, $n_D^{22} = 1{,}4959$; *β-Äthoxyäthyl-*, $C_{17}H_{24}N_2O_8$, $n_D^{22} = 1{,}5030$. *2-tert.-Butyl-4.6-dinitro-5-methylphenyl-R, R = -propionat*, $C_{14}H_{18}N_2O_6$, F. 53–54^0; *-isobutyrat*, $C_{15}\cdot H_{20}N_2O_6$, F. 99–103^0; *-β.β-dimethylacrylat*, $C_{16}H_{20}N_2O_6$, F. 105–107^0; *-acetat*, $C_{13}H_{16}N_2O_6$, F. 86–87^0. *2-sek.-Butyl-4.6-dinitro-5-methylphenyl-R, R = -furoat*, $C_{16}H_{16}\cdot N_2O_7$, F. 141–142^0; *-propionat*, $C_{14}H_{18}N_2O_6$, F. 50,5 bis 52^0; *-β.β-dimethylacrylat*, $C_{16}H_{20}N_2O_6$, F. 97–99^0; *-isobutyrat*, $C_{15}H_{20}N_2O_6$, F. 54,5–56^0. *2-sek.-Amyl-4.6-dinitro-5-methylphenyl-R, R = -propionat*, $C_{15}H_{20}N_2O_6$, $n_D^{19} = 1{,}5181$; *-isobutyrat*, $C_{16}H_{20}N_2O_6$, $n_D^{24} = 1{,}5108$; *-α-furoat*, $C_{17}H_{18}N_2O_7$, F. 109–111^0. Ferner beschrieben die Herst. von *2-Capryl-4.6-dinitro-5-methylphenol*, $C_{15}\cdot H_{22}N_2O_5$, $Kp._{0,5}$ 161^0, *S-Methyl-2-capryl-4.6-dinitro-5-methylphenylthiolocarbonat*, $C_{17}H_{24}N_2O_6S$, $n_D^{15} = 1{,}5335$, u. *2-Capryl-4.6-dinitro-5-methylphenylcrotonat*, $C_{19}H_{26}\cdot N_2O_6$, $n_D^{16} = 1{,}5250$. — *Pestizide*. (**Brit. P. 1 080 282** vom 22/6. 1963, ausg. 23/8. 1967.) — 23 S.

R. Bollinger 7375

2165 Farbenfabriken Beyer Akt.-Ges. (Erfinder: Werner Meiser und Bernhard Homeyer), **Nematozide N-Nitroso-halogenaniline** erhält man durch Einführung der Nitrosogruppe in N-Monoalkylaniline mit $Na\cdot NO_2$ (**I**) u. Säure oder mit nitrosen Gasen. — N-Methyl-o-chloranilin in verd. HCl wird bei 5^0 mit wss. **I**-Lsg. unter Kühlen versetzt u. 2 Std. gerührt. → *N-Nitroso-N-methyl-2-chloranilin*, $Kp._{1,2}$ 89^0. Man versetzt 4-Fluoranilin in abs. Ae. tropfenweise mit Dimethylsulfat, kocht 6 Std. lang, filtriert u. dest. aus dem Filtrat N-Methyl-4-fluoranilin ab, das wie vorher mit **I** behandelt wird → *N-Nitroso-N-methyl-4-fluoranilin*, $Kp._{0,05}$ 78–80^0. Analog: *N-Nitroso-N-methyl-2-trifluormethyl-4-chloranilin*, $Kp._{0,05}$ 86^0, u. *N-Nitroso-N-n-butyl-2-chloranilin*, $Kp._{0,3}$ 116^0. (**Aust. P. 272 057** vom 17/9. 1964, ausg. 12/1. 1967. D. Prior. 18/10. 1963.) — 14 S.

C. Lüttgen 7375

2166 Stauffer Chemical Co. (Erfinder: Clewellyn W. Fancher und James T. Hallett), **Phthalimidomethylmono- und dithiophosphate.** 39,1 g N-Chlormethylphthalimid in Bzl. werden mit einer wss. Lsg. von K-O-Methyl-O-n-propylphosphordithioat versetzt u. 2 Std. lang gekocht, worauf die Bzl.-Schicht aufgearbeitet wird → *N-Phthalimidomethyl-O-methyl-O-n-propylphosphordithioat*, Ausb. 96%; n_D^{30} 1,5809. — Analog folgende *N-Phthalimidomethylphosphordithioate*: *O-Äthyl-O-n-propyl-*, n_D^{30} 1,5746. — *O-Äthyl-O-isopropyl-*, F. 75–85^0. — *O-Methyl-O-äthyl-*, n_D^{30} 1,5860. — *O-Methyl-O-isopropyl-*, halbfest. — *Schädlingsbekämpfungsmittel*. (**Aust. P. 272 185** vom 27/3. 1963, ausg. 19/1. 1967. U. S. Prior. 12/4. 1962.) — 10 S.

C. Lüttgen 7375

2167 American Cyanamid Co., Wayne, N.J., USA, **Herstellung von p-Phenylen-thiophosphorsäureestern.** Zu Port. P. 42 577, C. **1966,** 6-2949 ist nachzutragen: Darst. von $S[C_6H_4OP(:O)(OCH_3)_2\text{-}(p)]_2$, n_D^{25} 1,5860, 91% (Ausb.); $S[C_6H_4OP(:O)(OC_2H_5)_2\text{-}(p)]_2$, n_D^{25} 1,5610, 82%; $SO_2[C_6H_4OP(:O)(OCH_3)_2\text{-}(p)]_2$, F. 66–$68^0$; $SO_2[C_6H_4\cdot OP(:O)(OC_2H_5)_2\text{-}(p)]_2$, n_D^{25} 1,5524. — *Insektizide*. (**Brit. P. 1 039 238** vom 28/5. 1964, ausg. 17/8. 1966. U. S. Prior. 12/6. 1963.) — 10 S.

A. Debo 7375

2168 **Farbenfabriken Bayer Akt.-Ges.**, Leverkusen (Erfinder: **W. Schäfer, R. Wegler** und **L. Eue**), *Herbizide Mittel*. (**Schwed. P. 203 561** vom 31/1. 1963, ausg. 19/4. 1966. D. Prior. 1/2. 1962. – C. **1966,** 24-2850 [Brit. P. 966 283].)

2169 **Rohm & Haas Co.** (Erfinder: **Dougal H. McRae**), *Herbizide*. (**Aust. P. 271 391** vom 28/8. 1962, ausg. 15/12. 1966. U. S. Prior. 31/8. 1961. – C. **1966,** 45-3103 [U. S. P. 3 154 398].)

2170 **Rohm & Haas Co.**, Philadelphia, Pa., USA (Erfinder: **H. F. Wilson** und **D. H. McRae**), *Herbizid*. (**Schwed. P. 203 707** vom 2/5. 1963, ausg. 26/4. 1966. U. S. Prior. 3/5. 1962. – C. **1965,** 20-2303 [Port. P. 40 862].)

2171 **Shell Internationale Research Mij. N. V.** (Erfinder: **Tadao Suzuki** und **Takeshige Honjo**), *Herbizide*. (**Aust. P. 271 275** vom 27/8. 1963, ausg. 8/12. 1966. Jap. Prior. 29/8. 1962. – C. **1966,** 28-2975 [Brit. P. 972 978].)

2172 **Shell Internationale Research Mij. N. V.**, Den Haag, Niederlande (Erfinder: **H. Shiina** und **N. Wadayama**), *Unkrautvernichtungsmittel*. (**Schwed. P. 202 018** vom 23/1. 1964, ausg. 15/2. 1966. Jap. Prior. 25/1. 1963. – C. **1965,** 18-2270 [Port. P. 41 966].)

2173 **O. R. Hansen**, Kopenhagen, Dänemark, *Unkrautbekämpfungsmittel*. (**Schwed. P. 202 567** vom 23/12. 1960, ausg. 8/3. 1966. Brit. Prior. 23/12. 1959. – C. **1964,** 42-2082 [D. A. S. 1 157 029].)

2174 **Geigy Chemical Corp.**, Greenburgh, übert. von: **Ralph Miller**, Pleasantville, N.Y., USA, *Granulierte herbizide Mittel*. (**U. S. P. 3 149 953** vom 14/6. 1961, ausg. 22/9. 1964. – C. **1966,** 31-3099 [Can. P. 694 406].)

2175 **Spencer Chemical Co.** (Erfinder: **Otto Hoffmann**), *Saatgutbehandlungsmittel*. (**Aust. P. 270 315** vom 8/5. 1962, ausg. 20/10. 1966. U. S. Prior. 8/5. 1961. – C. **1967,** 2-3153 [Brit. P. 973 236].)

2176 **N. V. Philips' Gloeilampenfabrieken**, Eindhoven, Niederlande, *Herstellung und Verwendung herbizider Polychlorbenzolverbindungen*. (**Brit. P. 1 017 693** vom 22/6. 1962, ausg. 19/1. 1966. Niederl. Prior. 26/6. 1961 u. 17/5. 1962. – C. **1968,** 10-3029 [Niederl. P. 110 761] u. C. **1968,** 9-3053 [Oe. P. 241 902].)

2177 **Farbenfabriken Bayer Akt.-Ges.**, Leverkusen (Erfinder: **Werner Schäfer, Richard Wegler**, Leverkusen, **Ludwig Eue**, Köln, und **Hellmuth Hack**, Opladen), *Herstellung von Imidazolidin-Derivaten*. (**Oe. P. 250 343** vom 22/2. 1965, ausg. 10/11. 1966. D. Prior. 21/2. 1964. – C. **1968,** 20-3018 [D. A. S. 1 217 963].)

2178 **Farbenfabriken Bayer Akt.-Ges.**, Leverkusen, übert. von: **Erich Klauke, Engelbert Kühle, Ferdinand Grewe**, Köln, **Helmut Kaspers** und **Richard Wegler**, Leverkusen. *Fungizide Mittel*. (**U. S. P. 3 285 929** vom 31/10. 1961, ausg. 15/11. 1966. D. Prior. 3/11. u. 25/11. 1960. – C. **1965,** 22-2187 [Brit. P. 927 834].)

2179 **Boots Pure Drug Co. Ltd.**, Nottingham, Großbritannien (Erfinder: **A. F. Hams, J. R. Housley** und **J. Collyer**), *Fungizides Saatgutbeizmittel*. (**Schwed. P. 203 831** vom 24/10. 1963, ausg. 26/4. 1966. – C. **1967,** 43-2754 [D. A. S. 1 231 051].)

2180 **Ethicon, Inc.**, Somerville, N.J., USA (Erfinder: **W. R. Boehme**), *Herstellung von Dialdehydmonoaddukten*. (**Schwed. P. 201 889** vom 3/1. 1962, ausg. 15/2. 1966. U. S. Prior. 3/1. 1961. – C. **1966,** 3-2949 [Brit. P. 945 578].)

2181 **Rohm & Haas Co.** (Erfinder: **Chien-Pen Lo**), *Pestizide*. (**Aust. P. 271 307** vom 1/6. 1961, ausg. 8/12. 1966. U. S. Prior. 10/6. 1960. – C. **1966,** 19-3096 [U. S. P. 3 129 261].)

2182 **Sumitomo Chemical Co. Ltd.**, Osaka, Japan (Erfinder: **S. Suzuki, Y. Nishizawa, K. Fujü, T. Kadota, M. Nakagawa, Y. Suzuki** und **H. Sakamoto**), *Insektizid*. (**Schwed. P. 203 400** vom 3/9. 1960, ausg. 5/4. 1966. Jap. Prior. 3/9. u. 23/9. 1959. – C. **1965,** 4-2367 [D. A. S. 1 166 790].)

2183 **Imperial Chemical Industries Ltd.**, London, Großbritannien (Erfinder: **R. J. Fielden, R. F. Homer** und **R. L. Jones**), *Herstellung quaternärer Salze*. (**Schwed. P. 202 680** vom 18/7. 1956, ausg. 8/3. 1966. Brit. Prior. 20/7. 1955 u. 1/6. 1956. – C. **1960,** 1303 [F. P. 1 158 756].)

2184 **Swift & Co.**, Chicago, Ill., USA, *Herstellung von Alkylolamiden höherer Fettsäuren*. (**Brit. P. 1 037 022** vom 6/3. 1963, ausg. 20/7. 1966. U. S. Prior. 23/5. 1962. – C. **1967,** 49/50-2828 [F. P. 1 349 807].)

2185 **Farbenfabriken Bayer Akt.-Ges.**, Leverkusen (Erfinder: **Engelbert Kühle** und **Klaus Sasse**, Köln), *Herstellung von Isothiocyanaten*. (**Schwz. P. 413 819** vom 2/7. 1963, ausg. 15/12. 1966. D. Prior. 20/7. 1962 u. 28/3. 1963. – C. **1966,** 28-2990 [Brit. P. 966 843].)

2186 **Farbenfabriken Bayer Akt.-Ges.**, Leverkusen, übert. von: **Karl Mannes**, Leverkusen, **Karlfried Wedemeyer**, Köln, und **Günter Unterstenhöfer**, Opladen, *Phosphorsäureester, -esteramide und -esterdiamide*. (**U. S. P. 3 294 875** vom 12/3. 1963, ausg. 27/12. 1966. D. Prior. 15/3. 1962. – C. **1965,** 7/8-2368 [D. A. S. 1 160 436].)

2187 **Farbenfabriken Bayer Akt.-Ges.**, Leverkusen (Erfinder: **E. Enders** und **G. Unterstenhöfer**), *Thiophosphorsäureester*. (**Schwed. P. 203 560** vom 21/7. 1961, ausg. 19/4. 1966. D. Prior. 23/7. 1960. – C. **1966,** 7-3160 [U. S. P. 3 071 594].)

2188 **Montecatini Soc. Gen. per l'Industria Mineraria e Chimica**, Mailand, Italien (Erfinder: **C. A. Peri**), *Herstellung von N-Monomethylamiden der O.O-Dimethyldithiophosphorylessigsäure*. (**Schwed. P. 203 127** vom 27/12. 1962, ausg. 29/3. 1966. It. Prior. 28/12. 1961. – C. **1966,** 15-3048 [Oe. P. 237 632].)

2189 **Institut Français du Pétrole, des Carburants & Lubrifiants**, Paris, übert. von: **Pierre Baumgartner**, Asnières, Frankreich, *Herstellung von Chlorpikrin*. (**U. S. P. 3 069 476** vom 11/1. 1960, ausg. 18/12. 1962. F. Prior. 15/1. 1959. – C. **1963,** 3745 [D. A. S. 1 124 029].)

2190 **Farbenfabriken Bayer Akt.-Ges.**, Leverkusen, übert. von: **Klaus Sasse**, Köln, **Richard Wegler**, Leverkusen, und **Günter Unterstenhöfer**, Opladen, *Metallierte Derivate des 2.3-Dimercaptochinoxalins*. (**U. S. P. 3 095 413** vom 6/1. 1961, ausg. 25/6. 1963. **Aust. P. 250 524** vom 16/1. 1961, ausg. 23/4. 1964. Beide D. Prior. 16/1. 1960. – C. **1966,** 40-2540 [Brit. P. 919 248].)

2191 **VEB Farbenfabrik Wolfen**, Wolfen (Erfinder: **K. Thiele** und **H. Näser**), *Mottenvertilgungsmittel*. (**Schwed. P. 202 433** vom 4/7. 1960, ausg. 1/3. 1966. – C. **1963,** 12653 [D. P. [DDR] 23 769].)

2192 **VEB Farbenfabrik Wolfen**, Deutschland, *Herstellung von Sulfonamiden*. (**F. P. 1 320 028** vom 8/11. 1961, ausg. 27/5. 1963. – C. **1966,** 29-3182 [D. P. [DDR] 33 022].)

Redaktionsschluß: 19. Dezember 1968

Herausgeber: Prof. Dr. Heinrich Bertsch, Berlin, und Prof. Dr. Dr. h. c. Wilhelm Klemm, Münster
Stellvertretende Herausgeber: Prof. Dr.-Ing. Dr. rer. nat. h.c. Eberhard Leibnitz, 104 Berlin, Schiffbauerdamm 19, Fernsprecher: 42 55 71 und Prof. Dr. Bertold Reuter, 1 Berlin 30, Geisbergstraße 39, Fernsprecher: 2 11 90 91
Chefredakteure und verantwortlich für den Inhalt: Dr. Helga Völz, 104 Berlin, Schiffbauerdamm 19, Fernsprecher: 42 55 71 und Dr.-Ing. Christian Weiske, 1 Berlin 30, Geisbergstraße 39, Fernsprecher: 2 11 90 91
Stellvertretender Chefredakteur: Dr.-Ing. Günter Pötzscher, 1 Berlin 30, Geisbergstraße 39, Fernsprecher: 2 11 90 91

Akademie-Verlag GmbH, 108 Berlin, Leipziger Str. 3–4 (Fernsprecher: 22 04 41, Telex-Nr. 011 2020) und Verlag Chemie, GmbH, 6940 Weinheim/Bergstr., Pappelallee 3 (Fernsprecher: (0 62 01) 36 35; Fernschreiber. 46 5516 vchwh d). Bestellnummer: 1007/140.
Das Chemische Zentralblatt erscheint wöchentlich. Preis des Jahrganges einschl. Schnellreferatedienst, Autoren-, Patent-, Sach- u. Formelregister 3200,–; einseitig bedruckte Ausgabe: 3700,–. Abgabe der Zeitschrift nur mit sämtlichen Registern. Abbestellung nur bis spätestens 6 Wochen vor Ablauf des Kalenderjahres

Satz u. Druck: VEB „Maxim Gorki", Altenburg, und VEB Leipziger Druckhaus, Leipzig
Veröffentlicht unter der Lizenznummer 1273 des Presseamtes beim Vorsitzenden des Ministerrates
Printed in Germany

FSC
www.fsc.org
MIX
Papier | Fördert gute Waldnutzung
FSC® C083411

Kolibri 360 GmbH
Ferdinand-Jühlke-Straße 7
99095 Erfurt, Deutschland
produktsicherheit@kolibri360.de